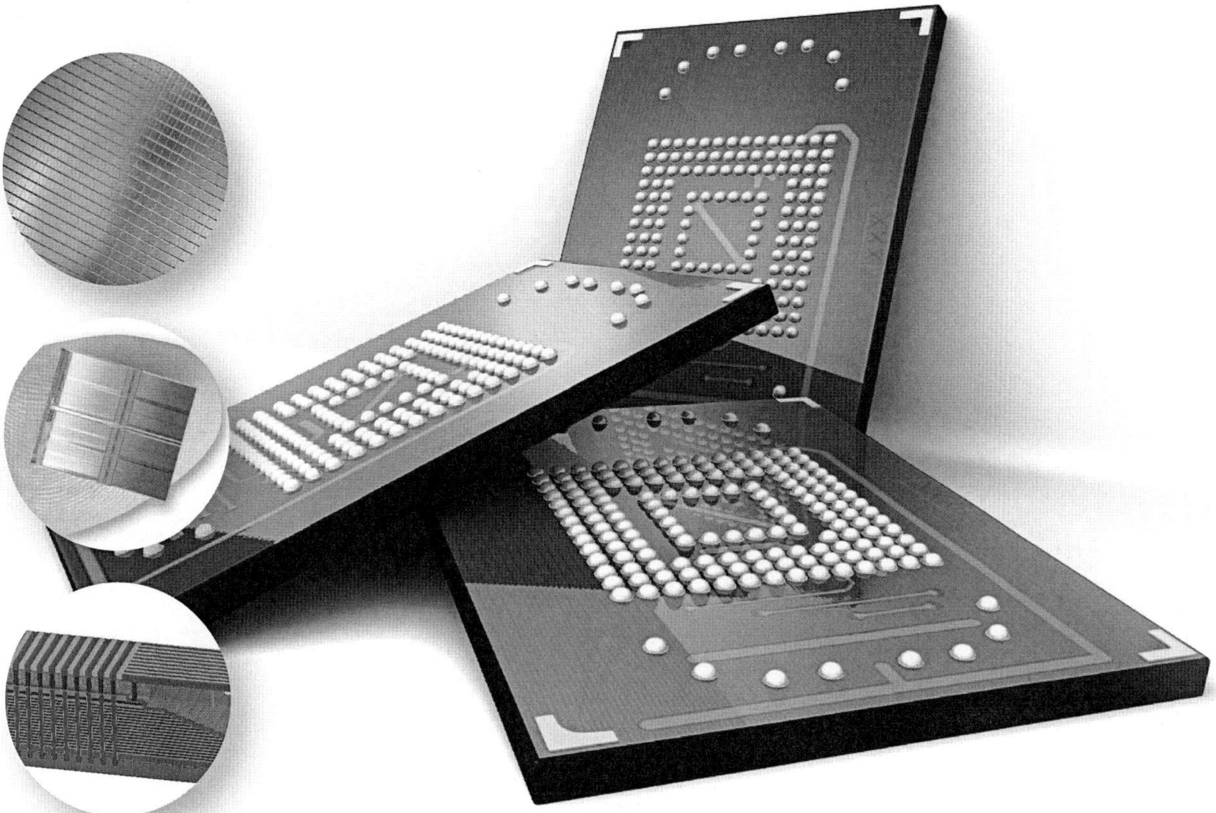

Basic Insight 개정판

NAND Flash 메모리 동작특성

The Operating characteristics of NAND FLASH MEMORY

진종문 지음

홍릉과학출판사

이 책을 故 수필가 진웅기선생께 바칩니다.

서문

문명의 발달을 정보의 저장 측면에서 살펴보면, 문명 발달의 근본적이고 중요한 요소 중의 하나로 정보(data)의 저장능력과 유통 가능한 용량(density)의 크기를 들 수 있다. 저장능력이 시간 제한적 소모성이고 소규모의 정보 저장용량 밖에 사용할 수 없었던 문명보다는, 상대적으로 신뢰성이 높은 저장능력과 보다 많은 대규모의 정보 저장용량을 사용할 수 있는 문명이 훨씬 앞서나갈 수 있었는데, 이는 정보의 용량과 문명 발달의 비례관계에서 알 수 있다. 어떤 정보 저장매체를 활성화 시켜 사용하느냐는 문명의 지속적 생존에 커다란 영향을 끼치게 된다.

오랫동안 인류는 자연에서 주어지는 매체를 이용하여 정보를 저장하고 활용하다가, 종이라는 매체를 발견하고부터는 문명이 대 변혁을 겪는다. 종이는 정보전달과 사용상의 용이성뿐만이 아니고, 정보를 저장하는 용량의 단위가 자연매체에 비하여 매우 큰 폭으로 증가하여 그렇지 않은 곳과 차별성을 갖도록 하였다. 이는 곧 대용량의 정보를 계승 발전시킬 수 있는 종이를 사용하는 지역은 문명이 비약적으로 발전해 나아갔고, 종이를 사용하지 못한 지역은 정보의 유통량 자체가 상대적으로 제한되어 문명의 발달 속도가 느려져 결국 종이 문명에 비하여 사회 전반에 걸친 대부분의 문명이 낙후됨으로써, 일시적으로는 종이 없이도 문명이 융성하기는 하였으나, 장기적으로는 종이를 먼저 사용한 문명에게 흡수 통합되거나 정복당하여 문명 자체가 쇠퇴하거나 소거(Erasure)되는 운명을 겪게 되었다.

정보 저장매체와 정보 저장용량은 서로에게 영향을 주면서 발전을 거듭하여 왔다. Visible한 정보 저장매체가 이용되었던 저장기능이, 산업사회에 들어오면서 non-visible한 정보 저장매체로 점차적으로 확산하는 변화를 겪게 되어, 종이 이외에 전축판, 테이프, 필름, 콤팩트 디스크 등 플라스틱 정보 저장매체가 추가되었다. 이런 변화 역시 용이성, 편리성이란 장점도 있지만 그보다 근본적으로는 저장매체가 발전하여 data를 담을 수 있는 용량이 급격히 늘어났다는 데 있다. 그러나 이런 흐름도 잠시, 그 후 반도체기술이 발달하면서 아날로그적으로 사용되어 오던 data 저장기능 방식이 반도체 메모리 디바이스의 등장으로 디지털 개념으로 바뀌었다. Data 저장매체가 자연 소재에서 인위적 생산품으로, 인위적 생산품도 visible에서 non-visible로, non-visible도 아날로그에서 디지털로 변화하였고, 디지털도 휘발성에서 비휘발성으로 진화를 거듭하여, 반도체 디바이스의 대표적인 메모리 중의 하나인 DRAM이라는 휘발성 메모리가 나온 후에, 비휘발성 메모리인 NOR Flash와 NAND Flash가 나타나게 되었다.

Flash 메모리의 등장은 1980년대로 볼 수 있고, 그 이후 조금씩 성장해와서 2000년대 초반부터 NAND Flash 메모리가 본격적으로 대량생산에 들어갔다. 2010년대 중반 이후부터는 비휘발성 메모리가 휘발성 메모리보다 사용량이 많아지고 있다. NAND Flash의 가장 큰 장점은 bit당

저렴한 생산비용과 비용 대비 우수한 성능이다. 이는 NAND가 몇 개의 혁신적인 구조를 갖게 됨으로 가능해졌는데, 이런 것들이 성능과 용량은 향상되고 증가하면서 생산비용은 계속적으로 낮아지는 선 순환을 유발시켜, 공급자 및 사용자에게 동시에 긍정적인 효과를 주게된다. 그러나 NAND Flash도 nano-technology를 구현하는 데 있어서, 포화상태에 다다른 기술적 한계로 인하여, 위기를 맞고 있다. 제품/공정/장비 관련의 신규 기술들은 개발되고 난 후, 기술적 포화상태로 진입하는 기간은 점점 짧아지고 있다. 또한, 회로 선 폭을 줄일 수 있는 미세화의 한계인 30nm ＞20nm ＞1$x$nm가 2010년 초반에 이미 지나갔고, 미세화 대신 제품 다변화(TLC, 3D) 및 고도화된 공정방법(DPT, SPT)이 자리매김하면서 용량을 키워가고 있지만, 향후 3D(3-Dimension), TLC(Triple bit NAND)의 용량대비 생산비용의 매력이 소진되기 전에 차세대 신제품이 나와야 한다. NAND도 다른 디바이스로 대체될 운명에 처해질 것이지만, 신제품들도 비휘발성의 기능은 기본적으로 보유해야 하는 등, NAND의 중요한 기능과 성능은 다음에 나타날 미래 제품들에 밑거름이 되면서 NAND Flash의 기초개념은 더욱 발전해 나갈 것이다.

<신궁이 되는 비결을 찾아 헤매던 궁수가 어느 산에 신궁이 있단 소식을 듣고 찾아갔다. 소문대로 표시된 과녁마다 예외 없이 명중되어 있었다. 신궁에게 비결을 물었다. “먼저 쏘아라. 그런 다음 붓으로 과녁을 그려 넣어라.”> ‘2030 기회의 대이동’을 쓴 최윤식 선생의 글이다. 이는 기술과 시대라는 두 마리 토끼를 한꺼번에 잡을 수는 없으므로, 요령을 피우라는 과거의 의미가 아니라, 현대의 의미는 기술을 기반으로 맞춤형 시장을 개척하여야 신궁이 된다고 말하고 있다. 선도기술이 아무리 좋아도 시대가 혹은 시장이 요구하는 기술에 합당하지 않으면 성공하지 못 한다. NAND Flash가 만개된 원인은 2000년대 초 삼성과 Apple이 활 시위를 당겼다. 그 당시 NAND Flash 기술의 왕좌에 있던 Toshiba는 기술은 있었지만 NAND Flash 시장을 활성화 시키지는 못하고 있었다. 전세계적으로 NAND Flash의 응용시장이 좁아서 NAND 제품을 소비할 데가 마땅히 없는 상황에서, NAND Flash 시장을 제대로 열기 위해 규모의 삼성이 먼저 혁신의 Apple을 찾아가서 높은 공급량과 낮은 가격이란 화살로 NAND Flash를 응용한 새로운 응용제품의 필요성을 타진했고, 마침 Apple도 새로운 응용기기를 개발하고 있던 참에 NAND Flash가 탑재된 iPod가 탄생되었다. iPod는 MP3의 대명사가 되었고, 그 후 1~2년 동안은 1992년의 4M bit DRAM의 호황과 같이, 공급자 위주의 NAND 시장이 도래했다. 그러나 삼성의 실책은 MLC가 불가능하다고 판단하고 SLC(Single bit NAND)에 안주하고 있는 사이, Hynix와 Toshiba는 MLC(Double bit NAND)를 삼성보다 1년 먼저 출시하여 활성화된 시장의 승자가 되었다. MLC의 기술이 시대에 맞추어 제대로 접목된 것이다. Samsung과 Apple이 쏘아 놓은 화살에 Hynix와

Toshiba가 과녁을 그려 넣은 결과가 되었다. 물론 그 이후에 Samsung도 MLC를 개발하였으며, MLC의 학습효과를 반면교사 삼아, 이번에는 Samsung이 TLC 시장에서는 선제적으로 참여하여, TLC와 3D에서는 화살을 먼저 쏘고 과녁도 그려 넣고 있다. 앞으로 1~2년 거치, 근 3~4년의 향방은 3D 기반의 NAND가 비휘발성 메모리의 시장을 좌우할 것이다. (@ 2015년 초판발행 당시 기준) 이제 메모리 반도체시장도 전세계적으로 볼 때, 휘발성 계열이든 비휘발성 계열이든, 선도기술의 이점을 안고 BIG3(@DRAM) 혹은 BIG4(@NAND)의 선점 체제로 굳어지고 있는데, 특히 메모리 반도체 수준으로 볼 때, 현재 한국은 초강대국의 위치에 공고히 서 있으며, 여기에는 SK Hynix와 Samsung이 주도적 역할을 하고 있다.

다른 디바이스도 유사하겠지만, NAND Flash에서는 혁신적인 아이디어가 많다. 그 중 용량확대 측면의 3대 변혁을 뽑는다면 1) SLC로부터 MLC로 진화되면서, 고안된 MLC 코딩 방식으로 동일 하드웨어 셀로 소프트웨어 용량을 2배(MLC), 3배(TLC)로 늘릴 수 있게 된 것이 가장 크며, 2) 그 이외에 프로그램 동작 시의 inhibit line에 대한 self-boosting 방법으로, 사면이 절연체로 둘러 싸여 있는 선택된 셀의 플로팅 게이트에 대해서만 선별적으로 전자를 주입하여 정보를 구분 및 저장할 수 있게 하였으며, 3) 단계별 프로그램 방식인 ISPP을 이용하여 cell 간의 문턱전압 분포폭을 획기적으로 줄여서 MLC의 V_{th}(threshold voltage)분포, TLC의 V_{th}분포를 일정 전압 이내의 영역 내에서 안정적으로 조절이 가능하게 하였다.

제품 측면으로 보면, CTD를 이용한 3D 영역에서도 TLC나 QLC(Quad bit NAND)에 버금가는 획기적인 방법이 나와서, NAND를 한 단계 업그레이드 할 것이다. Technology 측면으로 보면, 포토 공정 장치의 하나인 EUV(Extreme Ultra Violet)의 적용으로 이와 연관된 기술들이 추가적으로 개발되어 10nm 초반급 회로 폭(space를 포함한 half-pitch)의 미세화를 달성할 것이며, TLC가 접목된 3D-TLC-1ynm의 NAND Flash는 비휘발성 메모리 시장을 휩쓸 태풍의 위력이 될 것이다. 그러나 2020년 초반에는 MOSFET base의 셀 축적 방식도 한계에 다다르게 되고, 비휘발성 기능을 갖고 있는 미래제품들인 PCRAM(Phase-change RAM), MRAM(Magnetic RAM), ReRAM (Resistance RAM)의 non-MOSFET base 제품들의 혁신적인 발상을 담아 낸 Hybrid 제품이 등장할 것이다. 향후 단단위 nm급 Technology node 제품인 nano-NAND의 개발은 메모리 용량의 big bang에 견인차 역할을 할 것이다.

휘발성 메모리, 특히 DRAM은 일찌감치 Intel 주도하에 인터페이스 사양 등이 전세계적으로 통일되어, 이론서들이 다채롭게 나와있지만, 비휘발성 제품 사양은 한 방향으로 정립되지 못하고 삼국시대와 같이 국가별, 업체별로 각양각색의 각축전 양상으로 치닫고 있다. 현재 인터페이스 스펙으로 ONFi(Open NAND Flash interface)진영과 Toggle진영이 양분되어 있는데, 서서히 Toggle 인터페이스로 방향이 통일되어 가고 있는 추세이다. DRAM은 main computer 분야에서는, Intel의 등대 역할로 미래기술이 어느 정도 안정적이고 예측 가능하지만, NAND는 아직까지는 혼돈 속에 있다. 아이러니는, 통일된 양식을 사용하는 정보의 공유와 전달을 위하여 사용되는 최첨단의 NAND 제품은, 정작 NAND 자체적인 영역 내에서는 통일되지 못하여 개별 기술들이 사방에 흩어져 있을 뿐만 아니라, 이런 개별 기술들을 묶음으로 엮어낸 NAND Flash 메모리의 전문서적 또한 매우 드물고, 이들 전문서적들이 worldwide하게 한, 두 권 나와 있지만, 이마저도 대부분 사양되어가고 있는 제품인 NOR Flash 위주로 되어있다. 그러나 시장의 흐름은 NAND Flash를 뛰어넘어 곧 차세대 제품이 등장할 것이고, 그렇게 되면 NAND의 이론서를 내놓기가 더욱 어려워질 것이므로 NAND 산업의 성장에 맞게, 여러 관점으로 바라본 NAND Flash 메모리의 이론서들이 뒤늦게나마 신속히 나와서 non-MOSFET base 비휘발성 제품 세대를 위한 기반을 쌓아 놓아야 하고, worldwide 통일된 NAND 이론을 체계화시킴으로써 이를 발판으로 더욱 발전된 차세대 메모리들이 개발되도록 밑거름을 다져 놓아야한다. 그렇지 않으면 몇 년 후에, NAND Flash를 뛰어넘는 차세대 제품이 등장하게 되면, NAND Flash의 이론을 체계화시킬 수 있는 기회를 놓칠 수도 있다. 이에 NAND Flash 기반의 SLC와 MLC 제품 중의 기본이 되는 동작 특성 위주로 기반 이론들을 정립하여 "NAND Flash 메모리 동작특성"을 출간하게 되었다.

"NAND Flash 메모리 동작특성"은 NAND Flash의 기초가 되는 동작 및 동작으로인한 특성을 다루었기 때문에, NAND Flash를 처음 접하려고 하는 학생들, 혹은 NAND Flash 메모리를 응용한 시스템을 다루는 기술자들에게 도움이 되었으면 한다. NAND Flash의 기초이자 핵심 3대동작인 Program, Erasure, Read로 들어가기 전에, NAND Flash와 연결된 반도체 물리 현상에서부터, NAND의 Architecture 및 NAND의 성공여부를 결정짓는 문턱전압(Threshold Voltage)이 형성하는 분포에 대한 중점사항들을 개념적 흐름으로 전개하였다. 고체 내에서의 random한 carrier 운동을 에너지 측면으로 분석하는데 있어서, 확률적 해석에 좀 더 무게를 두었으며, 특히, V_{th}을 이용한 SLC에서부터 MLC와 TLC로의 제품 분화는 NAND Flash의 핵심 중의 핵심인 혁신적인 발상으로서 숙독이 필요한 부분이며, 최대한 쉽게 서술하려고 심사숙고 하여, NAND의 기초부터 차례로 story형식으로 NAND 이론이 발전해 가는 모습을 담아, NAND란 제품의 속성을 전반적으로 이해할 수 있도록 영역을 넓게 그리고 기술적 깊이는 얇게 구성하였다. 휘발성 메모리의 Write 동작과는 다른 방식으로 정보를 저장하는 Non-volatile의 Program 동작도 오랜 기간 동안의 고안이 담겨있는 진화의 산물로서 이들을 발전시킨 선구자들에게 경의를 표한다. Erasure와

Read 동작 또한 Program 동작에 버금가는 중요하고 획기적인 발상들이 도처에 숨어있어서 독자들이 NAND Flash의 수많은 발명자들의 발자취를 따라가며 희열을 느껴보길 바란다.

전체 내용을 이해하는 데 도움이 될 수 있도록 필요하다고 여겨지는 중간중간에 약간의 Tip이 넣어져 있고, 그 중에는 일부 개인적인 제안도 있는데, 이런 부분은 건너 띄고 지나가도 흐름 전개상 인지하는 데 문제가 없다. 본 내용은 10개 Chapter로 구성되었으며, 각 Chapter는 약 2개에서 5개 Session으로 나뉘어져 있다. Session과 식)과 <그림>의 번호는 Chapter마다 개별적으로 번호를 부여했다. 내용 중의 동일 Chapter 내의 <Session 참조>인 경우에는 Chapter를 별도로 표시하지는 않았고, 다른 Chapter일 경우에만 <Chapter>를 구분하여 표시했다.

이 책을 집필하는 데 도움 말씀을 주신 SK하이닉스의 남종기 수석연구원께, 그리고 책의 출간을 허락한 SK하이닉스에 특별한 감사를 드리며, 저자가 20년 넘게 근무하고 있는, 최첨단 반도체 제품을 생산하는 SK하이닉스에 누가 되지 않도록, 사용된 내용과 용어에 있어서는 worldwide 공통으로 사용하는, 혹은 국내외 관련 서적/학술지/특허/각 제조사의 homepage에 발표/공표된 개념 및 기술적 내용과 용어를 새롭게 발전시켜 전개하였다. 특히 NAND Flash memory의 용어는 NAND specification이 통일되어 있지 않기 때문에, 일부는 각자의 환경에 맞게 다양하게 사용되고 있는 현실을 감안하여, 이 책에서도 독자적으로 사용된 용어들이 있다.

홍릉과학출판사는 새로운 분야, 일반적으로 소개되지 않은 중요하면서 희귀성 있는 전문 분야 자료를 발굴하는 데 깊은 관심과 헌신적인 열정을 쏟는 출판사로서, 그런 흐름 속에 이번 "NAND Flash 메모리 동작특성"이 출판되게 되었다. 이 출판사는 과학 서적 출간을 위한 많은 투자를 통하여 과학인력 양성과 우리나라의 과학발전에 커다란 기여를 해왔다. 이 책을 근사하게 꾸며주신 홍릉과학출판사의 총괄 박찬혁 님, 교정 하금홍 님, 편집 손명선 님께 감사드린다.

2015년 5월(초판)
2016년 5월 일부수정(개정판)
진 종 문

추천사

세계 기업들의 평균 수명은 13년이고, 대한상공회의소가 발표한 통계에서 우리나라 중소제조업의 평균수명도 거의 13년에 가깝다고 한다. 제조회사마다 다르지만, NAND Flash도 시장에 나온지 13년에서 15년 사이가 되었다. NAND Flash의 나이가 세계 기업들의 평균 수명을 갓 넘기면서, 현재 NAND Flash를 초창기부터 만들어 왔던 제조 회사들이 모두 지속적으로 경영되고 있으며, 어느 때보다도 가장 활발한 활동을 보이고 있는 것을 보면 격세지감을 느끼지 않을 수 없다.

돌이켜보면, SK하이닉스의 전신인 하이닉스 반도체 재직 당시, Flash memory에서는 NOR Flash를 main 사업으로 진행하다가 NAND Flash라는 열차로 바꿔 탄 것은, 지금 생각해보면 무모하다고 할 수 있을 정도의 큰 변화이었지만, 하이닉스를 일으켜 세운 도화선이 되었다. 고민에 고민을 거듭한 끝에 그래도 비교적 잘 나가고 있던 NOR Flash 사업의 장래 비전이 밝지 않다고 판단하여, NOR를 접고 NAND를 선택한 것은 NAND Flash가 2000년대 중반, 한 때는 하이닉스에서 연 영업이익이 1조원을 능가하는 효자가 되기도 하여, 결국 어려운 상황의 회사를 turn around하게 만든 계기가 되었다. 하이닉스 반도체(구)의 전신인 현대전자가 1996년 증시에 입성한 후로 건실한 성장세를 보이다가, 유동성 위기에 몰려 워크아웃에 들어간 절대 절명의 위기 속에서 NAND Flash 사업을 결정한 것이었고, 그 당시에 어렵게 결정된 NAND Flash가 하이닉스의 워크아웃을 졸업시킨 주역이 되었다. 지금은 NAND Flash memory가 DRAM memory와 어깨를 견줄 수 있는 사업으로 발전된 것을 보면 상전벽해라 할 것이다. 이는 파란만장 했던 하이닉스 반도체(구)의 역사를 거울삼아, 향후 SK하이닉스가 영속 가능하게 할 시사점을 던지고 있다.

세계적 흐름으로 볼 때도, NAND Flash memory의 흥망성쇠는 하이닉스의 NAND Flash 역사와 맥을 같이 한다. 현재 4개 회사가 NAND Flash의 권능적 기술로 시장을 주도해나가고 있지만, 일찍이는 비휘발성 계열의 EPROM, NOR Flash를 거치면서 SGS-Thomson, Intel, AMD 등 세계 유수의 기업들이 Flash 사업을 먼저 시작했음에도 불구하고, NOR 시장의 하향 트렌드로, 이제 NAND Flash 사업은 한국 2개 업체, 일본 1개 업체, 미국 1개 업체 등 총 4개 업체로 정리되는 흐름이다. NAND는 현재 HDD 및 휘발성 메모리 시장의 대체 부품으로도 도약하고 있어서, NAND의 도전을 받고 있는 이들 영역의 제품들과 NAND Flash가 더욱 활발하게 발전해 나가고 있다. 2000년대는 NAND Flash가 양적 성장을 했다면, 2010년대 이후에는 질적 성장을 해야 한다. 특히, NAND를 기반으로 하는 응용사업을 지원해야 할, NAND의 이론서는 거의 마련되어 있지 못하다. 지금까지는 NAND Flash와 응용 시장이 개별적으로 발전해 왔다면, 향후에는 이 두 영역이 이론적 기본 원리를 바탕으로 밀접하게 서로 도움을 주고 받으면서, 통합 기술의 정합성을 확보해야 할 것이다.

이번에 출간되는 "NAND Flash 메모리 동작특성"은 그런 의미에서 NAND의 질적 성장을 위한 NAND Flash memory의 이론을 정립하는 계기가 될 것이다. 그리고 이의 이론 정립을 통하여 NAND 교육을 활성화하고, NAND Flash를 기반으로 한, 2차 응용제품에 끼칠 시너지 영향은 크다 하겠다. 본 기술서는 NAND Flash의 기초 이론에서부터 단계별로 심화되는 내용으로 전개되어 있고 기본에 충실한 내용으로 이루어져 있어서, NAND에 대한 기초를 닦는 후학들에게 바람직한 초석이 될 수 있을 것이다. 더 나아가 이를 발판으로 NAND 관련 많은 2차, 3차의 이론서들이 출간되고, 기술의 변곡점에 있는 NAND 및 차세대 제품들의 개발이 더욱 활성화되어, 반도체 memory의 산업발전에 이바지하길 기대한다.

2015년 3월

박상호

前) 매그나칩 반도체 회장

매그나칩 반도체 대표이사

하이닉스 반도체 대표이사

IBM 구매기술담당 부사장

차례

CHAPTER 03

NAND Flash의 기본 소자, MOSFET 특성

CHAPTER 04

NAND Flash의 Architecture

CHAPTER 05

Threshold Voltage와 제품 다변화

CHAPTER 06

Program, Electron Injection

CHAPTER 09

NAND의 신뢰성과 불량 Mechanism

CHAPTER 10

NAND Density 확장 방향

CHAPTER 01

에너지 양자화와 Fermi 확률함수

Session 1 NAND Flash와 양자역학
Session 2 에너지 Band와 일함수
Session 3 Fermi 확률함수

NAND Flash Memory를 통하여 궁극적으로 얻고자 하는 것은 정보의 저장과 유통이다. 정보를 저장하기 위한 hardware 매체로는 여러 가지가 있지만, memory 반도체가 효과적인 수단이고, 그 중 NAND Flash Memory가 가장 효율적인 저장 매체로 부각되고 있다. NAND Flash에서 정보는 “1” 혹은 “0”이란 digit의 binary 조합에 의해서 저장되는데, 이런 정보를 구분하기 위하여는 여러 방법이 있겠지만, 현재는 전류 혹은 전압의 차이로 구분한다. 전압과 전류는 호환적 인자이고 전류의 본질은 전자 이동이므로 결국 정보를 구분하려면, 전자가 NAND Flash 내에서 얼마나 흐르는지와 어떻게 이동하는지가 파악되어야 한다. 그런데 전자라는 것은 미시의 세계이므로 전자상태는 통계적으로 밖에 달리 유추해 낼 방안이 현재로서는 없어서, 이를 정립한 것이 반도체에 적용하여 사용하는 양자통계 중의 하나인 Fermi-Dirac 통계이다.

Current란 전자의 수에 비례하므로 NAND Flash memory의 floating gate 혹은 charge trap device에서 전자가 몇 개가 존재하는지를 계산해내야 하며, 이는 전자 혹은 hole인 carrier의 농도를 알아내어 유추한다. Carrier의 존재는 energy와 연관이 있는 것으로 밝혀졌는데, 이는 Fermi 분포의 확률함수에 의존하여 계산해낸다. 이런 에너지와 Fermi 확률함수는 슈뢰딩거(Schrödinger)의 양자역학으로부터 출발하였으며, 양자역학은 에너지와 전자궤도 등이 양자화되었다는 것으로서 NAND Flash의 본질을 이해하는 기초를 제공한다. 특히, NAND Flash의 3대 동작인 program, erasure, read 중에 program과 erasure operation은 NAND Flash cell 내에서 수직축 방향으로 동작하는 기능들이고, read는 수평축 방향으로 동작하는 기능이다. 수직축 동작 기능 중에 가장 중요한 기능이, electron들이 FN tunneling을 이용하여 floating gate에 charge/ discharge되는 과정이고, 이런 FN tunneling의 본질은 energy가 양자화된 상태로부터 출발함으로, 전자들의 이동을 Fermi 확률함수를 이용하여 풀어낸다. 수평축 동작기능 중에 가장 중요한 기능은 source와 drain 단자를 연결하는 channel 형성으로, channel 길이와 폭에 의해 electron들의 흐름에 영향을 끼친다. NAND cell의 수직축과 수평축을 결합하여 나타내는 중요한 기능은 threshold voltage로서 NAND Flash는 threshold voltage의 기능을 이용한 device라고 해도 과언이 아니다.

<Chapter 1>과 <Chapter 2>를 두어 NAND Flash의 동작과 연관된 반도체 기초에 대하여 다루었다. <Chapter 1>에서는 반도체 현상을 설명하는 데 필요한 기반이론인 원자 내에서의 전자들의 energy 양자화 상태와 양자화된 여러 원자의 격자들이 모여서 형성한 전자 group들의 energy band를 알아본 후, <Chapter 2>에서 다룰 반도체 특성과 연결하였다. 이를 통하여 <Chapter 3>에서 NAND Flash의 기본 device인 MOSFET 기반 위에, NAND Flash의 기초 원리인 FN tunneling에 대하여 이해하고자 한다. NAND Flash는 MOSFET에 floating gate라는 gate를 하나 더 추가한 advanced MOSFET device라고도 할 수 있다.

Session 1 NAND Flash와 양자역학

NAND Flash라는 반도체는, 고체 내에서의 전자의 이동 특성으로부터 출발하는데, 고체 내의 전자의 이동특성과 성질을 알려면, 물리학의 여러 개념 중 반도체와 연관된 이론으로, 불확정성 원리와 슈뢰딩거의 파동방정식을 확인하고 가야 한다. 특히, NAND Flash의 핵심동작인 program과 erasure는 FN tunneling이란 방식으로 electron이 이동하는데, 이는 energy 양자화의 sub 개념인 energy band와 energy gap의 개념이 기초가 된다.

1-1 NAND Flash와 양자역학 관계

고전역학에서는 물체를 거시적인 안목으로 다룬 뉴턴방정식이 모든 것을 설명했듯이, 거시세계와는 다른 미시세계의 새로운 개념과 새로운 언어로 된 양자역학과 슈뢰딩거방정식이 NAND Flash의 풀리지 않은 문제들을 해결해주고 있다. 고전역학에서는 거시적인 입장으로, 눈에 보이는 물체의 위치와 측정이 가능한 속도의 관계를 위치에너지와 운동에너지로 풀어냈는데, 이는 어떤 시간에 물체의 속도를 측정할 수 있고 어떤 위치에 있는지 알 수 있다면, 시간 변수에 따른 target 물체의 지나간 시간과 앞으로의 시간에, 그 물체가 어디에 존재했었는지 어디에 존재할 것인가와 얼마의 운동에너지를 갖게 될 것인지를 계산할 수 있고, 또한 동시에 2가지를 한꺼번에 인지할 수 있었다.

고전역학 범위에서는 입자성과 파동성이 떨어져서 개별적으로 발전되어오다가, 약 100여년 전에 조세프 톰슨에 의하여 전자가 발견되면서, 입자성과 파동성 2가지를 모두 갖고 있는 전자의 성질로 인하여, 양자역학에서는 2가지 성질 모두에 대하여 언급하고 있다. 불확정성 원리는 미시세계의 물체 성질이 입자성과 파동성을 모두 갖고 있지만, 또한 입자성인지 파동성인지 명확하지 않은 애매한 속성이 있다는 논리이고, 슈뢰딩거방정식은 입자성과 파동성에 대한 운동방정식을 확률로 정리한 공식이다. <Session 1>에서는 광범위한 양자역학과 난해한 슈뢰딩거 방정식을 깊이있게 다루는 것이 아니고, NAND cell 내에서의 전자의 흐름을 이해하는데 필요한 개념적 부분을 도입하여 연관관계를 적용하였다.

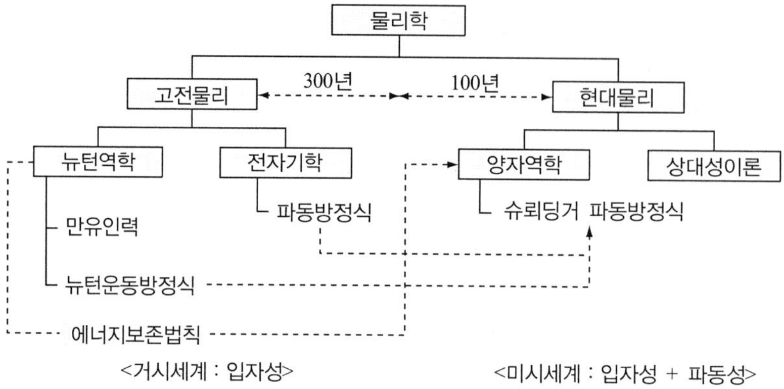

❐ CH1. 그림 1-1 뉴턴역학과 슈뢰딩거역학

양자란 알갱이를 뜻한다. 연속적이지 않고 분리되었다는 의미이다. 이런 양자의 개념은 눈에 보이지 않는 미시세계의 물체들뿐만 아니고, 입자에서 더 나아가서, 에너지도 연속적이지 않고 양자화되어 있다는 것으로, 불확정성 원리는 원자 내에서 전자의 위치를 입자성과 파동성이 양립하여 동시에 2가지를 정확하게 알아낼 수는 없고 확률적으로 밖에 표현되지 못한다는 것을 말해준다. 에너지의 양자화와 전자가 존재할 확률 개념이 에너지준위(level) 혹은 수많은 원자가 모여 형성되는 에너지 band(입체적 개념) 개념으로 연결되어, 원자 내에서의 전자의 상태와 행동을 추론할 수 있게 하고, NAND Flash 내에서 전자와 hole의 이동을 해석할 수 있게 한다.

전자의 이동은 cell Tr 내의 전류의 흐름을 제공하고, NAND Flash의 floating gate 내에서의 energy band와 energy gap을 양자역학의 파동방정식이 개입하여 계산해 낼 수 있으며, floating gate의 technology가 한계에 다다를수록 NAND 내에서의 전자의 흐름이 더욱 복잡해지고 NAND의 성능을 구현하는 난이도가 높아져서, 전자상태 및 행동과 연관된 반도체물리학의 중요성이 점점 커지고 있다.

1-2 불확정성 원리

원자를 구성하는 입자 중의 하나인 전자의 위치와 운동에너지를 한꺼번에 정확히 측정한다는 것은 불가능하다고 했다. 입자인 전자나 중성자의 위치를 정확하게 측정하면 할수록, 전자나 중성자의 속도는 부정확할 수밖에 없고, 반대로 전자나 중성자의 속도를 정확하게 측정하면 할수록 위치를 정확하게 알 수 없다는 해석으로 베르너 하이젠베르크가 양자역학의 측정에 대한 가설로서 불확정성 원리를 발표했다.

$$\Delta x \Delta p \geq \frac{\hbar}{2} \qquad \text{식1)}$$

불확정성 원리의 식1)은, 위치의 변화와 운동량의 변화에 대한 곱은 일정한 상수 이상의 값으로서 서로 trade off 관계인 두 물리량을 동시에 측정할 경우, 두 개의 측정오차의 곱은 항상 $\frac{h}{4\pi}$ 보다 크다는 것이다. 여기서 Δ는 변화하는 오차를 나타내므로 Δx는 위치의 오차이고, Δp는 운동량의 오차이며, h는 양자역학의 기본 상수인 플랑크상수이다. $\hbar$는 플랑크상수인 h를 원주률의 2배로 나눈 값인 $\hbar = \frac{h}{2\pi}$ 이다.

이러한 해석은 불연속적인 물리량을 갖는 입자인 전자나 중성자도 파동의 성질을 갖고 있어서 전자나 중성자를 파동함수로 나타내었고, 이때의 파동 조건은 입자는 주파수가 다른 수많은 파동으로 이루어진 것으로 보았다. 다른 여러 주파수를 갖는 파동이 많아질수록 좁은 공간에 집중되어 있는 입자인 전자나 중성자의 위치가 좀 더 확실해지는 반면, 운동량의 불확실성은 커진다. 거꾸로 다른 여러 주파수를 갖는 파동이 적어질수록 위치가 점점 불확실해지는 반면, 운동량의 확실성은 커진다. Δx를 줄이려고 하면 Δp가 커지고, 운동량 p의 오차를 줄이려고 하면 위치의 오차 x가 커진다는 것으로, 입자의 위치가 명확히 파악될수록 해당 입자의 속도는 알 수 없다는, 즉 속도와 위치 둘 사이의 관계에서 불확정한 성질이 있다는 것이다. 또한, 이의 개념을 확장하여 에너지와 시간과의 사이에도 적용할 수 있다. 즉, $\Delta E \Delta t >$ 일정상수이다. 측정 입자의 에너지와 시간을 동일한 위치에서 2가지 factor를 정확하게 파악할 수는 없다는 것이다. 이러한 불확정에 대한 개념들은 원자 내에서의 전자의 위치와 에너지를 확률적으로 파악하는 데 기초가 되었다.

불확정성 원리의 해석에 대한 보완

그런데 최근 2012년에 불확정성 원리를 보완한 연구결과가 나왔다. 하기 식은 불확정성 원리의 식에 2개의 항목을 추가해서 보다 정교하게 다듬은 것으로 오스트리아 빈 공대 하세가와 유지와 일본 나고야대 오자와 마사나오가 공동연구로 밝혀냈다. <Nature Physics. 2012년 1월 15일> 참조.

$$\varepsilon_x \eta_p + \varepsilon_x \sigma_p + \sigma_x \eta_p \geq \frac{\hbar}{2} \qquad \text{식1-1)}$$

이는 입자인 전자나 중성자들을 측정하는 기술이 발전하면서 정밀도가 향상되어 가능했던 실험이다. σ_p와 σ_x는 $\varepsilon_x \eta_p$인 $\Delta x \Delta p$를 측정하기 전에 원자가 원래 갖고 있었던 quantum fluctuation으로서, 중성자가 자전하는 가로와 세로의 두 방향의 Spin값을 동시에 측정 가능함으로써, 어떤 특정 조건 하에서는 전자나 중성자의 위치와 속도를 동시에 측정할 수 있다는 것을 입증해내었다. 이는 학계의 논란을 거쳐 불확정성 원리가 update될 수도 있겠다는 흐름으로 가고 있다. 학계에서는, 하이젠베르그의 불확정성 원리를 측정하는 행위로 좁혀서 설명한 것으로 인한 해석과 원리의 차이를 해소하는 데에 의미가 있겠다고, 그 연구결과의 의미를 두고 있다. 즉, 불확정성 원리를 지금까지는 측정하는 범위로만 너무 좁게 해석하였다는 뜻으로 좀 더 확장된 의미의 적용이 필요하다는 입장이다.

1-3 슈뢰딩거 파동방정식과 NAND Flash

거시세계의 고전역학적으로는, 설명할 수 없는 입자성과 파동성이 동시에 존재한다는 불확실한 상태인 미시세계에서, 전자의 위치와 운동에너지가 trade off 관계가 있어서, 미시세계에서는 동시에 2개 요소를 정확히 파악할 수 없다는 불확정성의 기본 원리는 유효하며, 따라서 측정하기 어려운 전자의 존재는 확률로 파악할 수밖에 없고, 이런 전자의 위치와 운동에너지의 관계를 슈뢰딩거는 파동방정식으로 풀어냈다(불확정성 원리가 세상에 발표되기 전에 슈뢰딩거의 파동방정식이 먼저 나왔다). 슈뢰딩거 방정식은 시간변수와 시간독립변수의 2가지로 전개될 수 있는데, NAND Flash의 적용은 시간독립변수의 슈뢰딩거 방정식을 통하여 <Session 2>에서 에너지의 양자화를 도출하였고, 이를 통하여 여러 원자가 격자상태로 연결될 경우, energy band와 energy band gap 개념이 형성된다. 이는 Fermi 확률함수를 이용하여 NAND Flash가 program과 erasure 동작을 수행하는 데 기본 근간이 되는 electron의 동작특성을 제공한다.

1-3-1 양자 개념과 파동방정식

물리학은 입자성과 파동성이 양립하기도 하고 화합하기도 하면서 발전해 온 역사다. 고전역학에서부터 시작하여 파동방정식이 나오기까지는 400여년에 걸쳐서 약 20여명의 중요한 과학자들의 공로가 있었고, 입자성과 파동성의 발전의 일등공신은 빛이다. 뉴턴이 거시 물체에 대한 운동양상을 운동의 법칙으로 정리해 낸 후에, 뉴턴이 입자라고 주장한 빛이 파동성질을 갖고 있다고 호이겐스가 뒤집었고, 그 뒤 빛이 파동의 성질을 갖는 전자기파라는 것이 패러데이, 외르스테드, 맥스웰에 걸쳐서 밝혀졌다. 그러나 후에 일함수의 원리가 되는 광전효과를 근거로 아인슈타인은 빛이 입자라고 다시 주장하게 된다. 특히, 뉴턴역학이 지배하지 못하는 미시세계에서의 입자들에 대한 입자성과 파동성은 플랑크상수를 발견한 플랑크와 슈뢰딩거방정식을 완성한 슈뢰딩거 및 불확정성의 원리를 발견한 하이젠베르그에 의하여 완성되었다. 에너지는 연속적이지 않고 어떤 일정한 최소의 크기 이상으로만 존재한다는 양자론의 기초를 플랑크가 세웠고, 그 최소의 크기를 플랑크상수 h라 명명했다. 반대로 말하면 최소 단위의 크기 h 이하로 되는 에너지는 존재할 수가 없다. 이는 전자의 최소 단위인 전하 e도 양자화되어 있어서 최소의 크기 e보다 작은 전하는 있을 수 없는 원리와 같다.

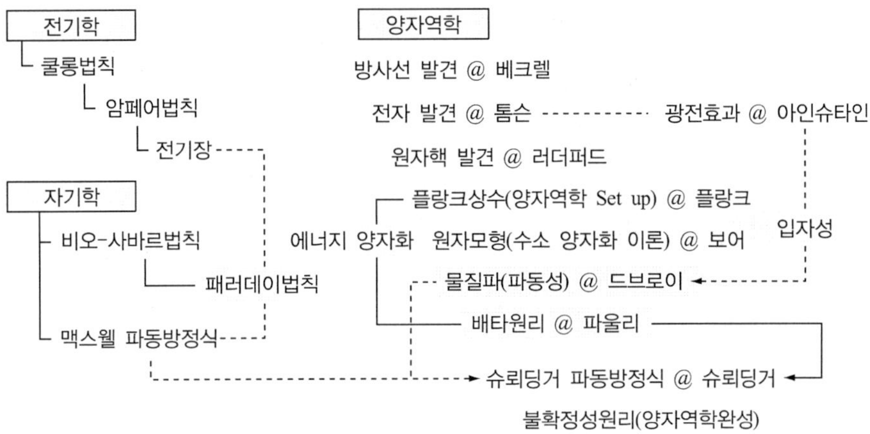

❒ CH1. 그림 1-2 양자역학 체계도 @ 슈뢰딩거 파동방정식에 영향을 끼친 연관 관계

양자란 산발적으로 따로 분리되어 있는 물리적 독립체의 최소단위이다. 양자에너지는 이런 이산된 미시세계의 매우 적은 에너지 덩어리를 의미하여, 양자화란 연속된 큰 덩어리를 더 이상 나눌 수 없는 알갱이로 측정해내는 해석을 의미한다. 원자에서 나오는 순수한 에너지가 있다고 하자. 순수에너지란 에너지가 원자 이외에 다른 아무것에도 의존하지 않고 존재하는 경우를 말한다. 이때의 에너지량은 진동수에 비례하므로

$$E = hf = \frac{hc}{\lambda} \quad \text{식2)}$$

h는 플랑크상수, f는 진동수이고 c는 광속, λ는 파장이다. 최소단위의 에너지 알갱이 곱하기 진동수로 구해진 에너지는, 에너지가 크면 진동수가 크고, 에너지가 작으면 진동수가 작아 지며, 거꾸로 진동수 입장에서 energy를 바라본 상황도 마찬가지 비례관계이다. 진동수 차이에 의하여 에너지는 눈에 보이는 가시광선이 되기도 하고 자외선 혹은 적외선 혹은 방사선이 된다. 이 에너지의 차이는 결국 원자 내의 원자핵이 전자를 끌어당기는 전기력에 의하여 결정되고 원자 내의 에너지 level의 결과가 되며, 이 에너지 level은 연속적이지 않고 h라는 작은 최소 단위의 n배수로 형성된다. 즉, 정해져 있는 동일 원자 내의 전자 궤도와 다른

전자 궤도 사이의 에너지 차이는 h의 n배수로 나타낼 수 있다. 만약 h를 0으로 보내면 f는 무한대가 되어야 하고, 진동수가 무한대인 전자기파를 내보내는 원자는 존재하지 않으므로, h는 0일 수 없으므로 h는 최솟값을 갖는 알갱이로 되어야 하며 이것이 양자이론의 시발점이다.

양자역학으로 입자의 상태를 파동함수로 나타낼 수 있지만, 입자입장으로 측정하면 입자의 파동함수는 더 이상의 파동함수가 아닌 입자상태로 측정된다. 파동은 여러 파동 상태가 중복되어 있는 함수를 뜻하며, 파동함수는 입자 상태와 확률 사이를 함수로 표현한 것이다. NAND cell 내의 전자를 예로 들자면, 전자가 존재하는 상태를 상태함수 Ψ(프사이)로 나타내는데, 이는 운동에너지와 potential energy의 합으로 나타낼 수 있다. Fermi가 슈뢰딩거 파동방정식을 도체 안에서 전자분포에 대한 확률함수로 발전시켰고, Fermi 확률함수는 반도체로 도입되어, cell 내의 전자의 존재 상태와 전자의 존재 확률을 함수관계로 해석해내는 데 이용된다. 개념적으로도 고전역학이나 양자역학 모두, 불변의 법칙인 에너지보존의 법칙 하에서 적용되고 있으며, 이를 이용하여 전체에너지 E를 운동에너지와 potential energy의 합으로 나타낸 것과 <CH1.그림 1-3>의 개념으로 연관된 방정식들을 유도하면 슈뢰딩거방정식을 얻는다.

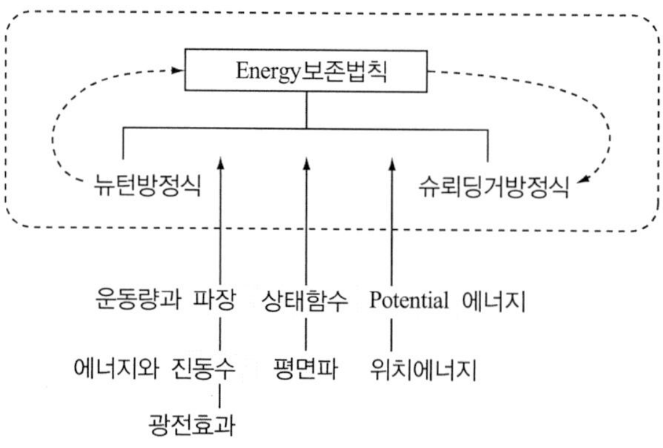

❐ CH1. 그림 1-3 에너지보존법칙의 지배를 받는 고전역학과 양자역학

식3)에서 식7)을 이용하면, 거시세계를 지배하는 뉴턴방정식으로부터 에너지보존법칙이 유도되고, 에너지보존법칙으로부터 미시세계를 지배하는 슈뢰딩거방정식이 유도된다. 슈뢰딩거방정식의 의미는, 거시세계의 개념과 미시세계의 개념은 확연히 다르므로 뉴턴의 방정식은 미시세계에서는 적용되지 않지만, 에너지보존법칙은 거시세계든, 미시세계든 동일하게 적용된다는 의미이다. 미시세계에서는 에너지를 더 이상 쪼갤 수 없는 알갱이로 이루어진 양자화 에너지로 해석하면 되고, 거시세계에서는 에너지를 potential 에너지와 운동에너지가 서로 주고 받으면서 전체 에너지를 일정하게 유지해 나가는 보존성을 갖는 에너지로 해석한

다. 즉, 거시세계 에너지는 vector개념의 에너지이고, 미시세계는 특정할 수 없는 파동함수로 이루어진 확률개념의 에너지이다.

- 뉴턴방정식 운동 제2법칙 : $F = ma = m\frac{dv}{dt} = m\frac{dv}{dx}\frac{dx}{dt} = mv\frac{dv}{dx}$ 식3)
- 에너지보존법칙 : $E = \frac{1}{2}mv^2 + V = \frac{p^2}{2m} + V$ 식4)
- 에너지와 진동수 : $E = hf$ 식5)
- 운동량과 파장 : $p = \frac{h}{\lambda}$ 식6)
- 평면파의 상태방정식 : $\Psi(x, t) = Ae^{i(kx - wt)}$ 식7)
- potential energy : $V(r),\ r = \sqrt{x^2 + y^2 + z^2}$ 식7-1)

1-3-2 슈뢰딩거 파동방정식과 Floating Gate

슈뢰딩거의 파동방정식은 NAND cell 내에서도 대부분의 electron 상태를 나타낼 수 있는 양자역학적 현상을 해석해 주는 상태방정식이다.

$$E\Psi = i\hbar\frac{\partial}{\partial t}\Psi = -\frac{\hbar^2}{2m}\nabla^2\Psi + V\Psi \qquad \text{식8)}$$

이는 1개의 원자에 대하여 3차원 공간 상에서 전개한 2차 편미분방정식이다. 상태함수는 파동함수에 의한 상태라는 의미로서, 식8)은 시간에 따라 상태가 어떻게 변하는지를 예측할 수 있게 해주는 식으로 입자가 x와 $x+dx$ 사이에 발견될 확률을 나타낸다. i는 $\sqrt{-1}$이고 ∇^2은 미분을 두 번 한다는 연산자이다. 더 이상 쪼갤 수 없는 에너지의 최소단위인 h는 광자가 갖는 에너지와 진동수와의 비로도 구할 수 있다. m은 질량이고 V는 potential energy인데, V는 potential과 시간이란 두 개의 변수를 갖는 함수로 사용하기도 하고, 혹은 시간변수와는 독립적으로 potential 한 개의 변수로만 사용하기도 한다. Potential energy는 뉴턴방정식의 위치에너지에 해당하는 것으로서 미시세계에서 potential energy는 전기력에 의하여 electron에 작용하는 energy이다. 왜냐하면 원자 속에 작용하는 energy 중에는 탄성력 potential이나 중력 potential이 원자 속의 전기력 energy에 우선하여 영향을 끼칠 수는 없다. 즉, 두 지점의 전위차이가 potential energy가 되는데, 두 지점 중의 하나는 원자핵이고 다른 하나는 원자핵으로부터 떨어져 있는 전자이다. 따라서 원자 내의 potential energy는 원자핵과 전자 사이의 전위차이이므로 원자핵을 영전위로 볼 때, 원자핵으로부터 떨어진 전자가 갖는 전위 에너지가 potential energy이다.

식8)은 원자 내에서 전자가 존재할 여러 가능성에 대하여 확률적으로 예측할 수 있게 한 것으로, 파동함수를 이용하여 파동과 유사한 행태를 보이는 전자의 운동을 설명했다. 슈뢰딩거 파동방정식과 뉴턴의 운동 제2법칙은 같으면서도 다르다. 뉴턴의 운동 제2법칙은 target 입자의 크기가 해당 입자의 파동에 비하여 매우 큰 값으로 파동이 무시되는 조건이었고, 파동방정식에서 다루는 target 입자의 파동은 해당 입자가 작아서 입자의 크기에 비하여 파동을 무시할 수 없는 조건이다. 즉, 파동의 파장을 zero로 놓으면 슈뢰딩거 파동방정식은 뉴턴의 제2법칙과 같아지지만, 파장 zero의 조건은 파동방정식의 출발가정을 의미 없게 하는 조건이므로 거시세계와 미시세계는 차원이 다르다는 것이다. 차원이 다르다는 것은 개념에서부터 원리의 접근 방법 등 모든 면에서 다르므로, 뉴턴역학과 양자역학이 같은가 혹은 다른가의 이슈는 별 의미 없는 논쟁이다. 우주의 논리와 지상의 논리가 일맥상통 하다고 해서, 연속선상에서, 거시의 논리가 미시의 논리와 같은 것은 아니다. 또한, 뉴턴역학은 고전물리학 원리 전체를 지배하고 논리의 흐름을 대표하지만, 슈뢰딩거방정식은 양자역학의 여러 법칙과 원리의 일부분이다. 그러나 슈뢰딩거방정식은 양자원리의 많은 법칙들과 풀리지 않은 원인들을 올바르게 해석하고 이해하게 한다.

Ψ는 파동함수 혹은 상태함수라고 하는데, 상태라는 것은 시간에 따라 변하기 때문에, 상태함수는 시간의 함수지만, 식을 단순한 조건으로 해석하기 위하여 시간 독립적으로 파동방정식을 전개하기도 한다. 슈뢰딩거방정식의 전개는 복잡하여 세부적인 중간 전개는 생략하였다.

Time dependent 슈뢰딩거방정식 :

$$E\Psi(r,t) = i\hbar\frac{\partial}{\partial t}\Psi(r,t) = -\frac{\hbar^2}{2m}\nabla^2\Psi(r,t) + V(r)\Psi(r,t) \qquad \text{식9)}$$

Time independent 슈뢰딩거방정식 :

$$E\Psi(r) = -\frac{\hbar^2}{2m}\nabla^2\Psi(r) + V(r)\Psi(r) \qquad \text{식10)}$$

식8), 식9), 식10)은 모두 슈뢰딩거 파동방정식이며 독립변수에 따라 동일한 것을 표현만 다르게 나타낸 식이다. 식9), 식10)은 시간 종속적인 방정식과 시간 독립적인 슈뢰딩거 방정식으로서, 상태함수를 시간변수 t에 따라 편미분을 했고, 위치변수 $(x,\ y,\ z)$에 따라 편미분을 하여 총 두 번 미분한 연산식인데, 이는 거꾸로 두 번 적분을 하면 Ψ^2인 확률밀도가 얻어진다. 이는 설정된 시간에 주어진 공간 내에서 파동함수가 나타낼 수 있는 확률로서, 확률밀도는 전자를 발견할 확률이 높은지 낮은지를 상태적으로 나타내는 함수이다. 예를 들어 Ψ^2의 값이 0.5라면 전제된 공간에서 전자를 발견할 가능성이 50%라는 의미이다. 즉, 전자는 원자 내의 어디에 존재하는지 정확하게 측정할 수는 없지만 원자 내의 어딘가에는 존재하므로 전자의 상태함수를 공간전체 3 dimension$(dx,\ dy,\ dz)$으로 무한대 적분을 하면 존재할 확률은 100%인 확률밀도함수 값이 1이 된다.

$$\int_{-\infty}^{+\infty} \Psi * \Psi dxdydz = 1 \qquad \text{식11)}$$

식11)은 도체나 부도체 등 자연적으로 존재하는 물체를 구성하는 원자 내에서의 입자가 존재할 확률 값인데, 이것이 NAND Flash에서 중요한 이유는 Fab 공정에서 인위적으로 만든 floating gate 내에서는 target site 범위 내에 위치(valence band 혹은 conduction band)하는 전자가 존재할 상태의 확률을 알 수 있기 때문이며 <Session 3. 참조>, 또한 floating gate 내에서 전자가 점유할 target area들이 설정되면, NAND Flash를 만들기 위한 조건들을 조율할 수 있기 때문이다. 또한, 이는 NAND Flash의 동작상에서 interference 등에 영향을 끼치는 floating gate 주변으로 trap되는 electron들이 존재할 확률을 유도해내는 데 활용될 수 있으며 이와 동일한 방식으로 3D-CTD에도 적용된다.

1-3-2-1 Brief한 슈뢰딩거 파동방정식 전개

에너지 보존법칙을 이용하여, 뉴턴의 운동방정식 제 2법칙으로부터 슈뢰딩거 파동방정식을 간편산으로 유도했다. 뉴턴의 운동 제2법칙으로부터 출발해 보자.

$$F = ma = m\frac{dv}{dt} = m\frac{dv}{dx}\frac{dx}{dt} = mv\frac{dv}{dx} \qquad \text{식12)}$$

$$\int_{x_1}^{x_2} f(x)dx = \int_{v_1}^{v_2} mvdv = \frac{1}{2}m{v_2}^2 - \frac{1}{2}m{v_1}^2 \qquad \text{식13)}$$

물체가 어느 위치에 존재하든 에너지보존법칙에 의하여 운동에너지와 potential 에너지를 더한 총 에너지는 항상 일정하므로 식13)으로부터

$$E = \frac{1}{2}mv^2 + V(x) \qquad \text{식14)}$$

는 일정한 값을 얻는다. 이는 뉴턴의 운동에너지는 에너지보존법칙과 같다는 의미의 식이다.
전체 에너지 $E = E_1 + E_2$ (E_1 : 운동에너지, E_2 : potential energy)

$$E = \frac{1}{2}mv^2 + V = \frac{p^2}{2m} + V \qquad \text{식15)}$$

$p = mv$는 선운동량(공간 변수로는 x축 1개로 하였음)

양변에 상태함수 Ψ를 곱한 경우에도 에너지보존법칙은 유지된다.

$$E\Psi = \frac{p^2}{2m}\Psi + V\Psi \qquad \text{식16)}$$

이고, 3차원 공간(직교좌표계)을 편미분한 연산자를 이용하여 전개하면

$$p^2\Psi = (p_x^2 + p_y^2 + p_z^2)\Psi = -\hbar^2\left(\frac{\partial^2}{\partial x^2} + \frac{\partial^2}{\partial y^2} + \frac{\partial^2}{\partial z^2}\right)\Psi = -\hbar^2\nabla^2\Psi \qquad \text{식17)}$$

식17)을 식16)에 대입하면

$$E\Psi = \frac{p^2}{2m}\Psi + V\Psi = -\frac{\hbar^2}{2m}\nabla^2\Psi + V\Psi \qquad \text{식18)}$$

이다. $E\Psi$는

$$E\Psi = i\hbar\frac{\partial}{\partial t}\Psi \qquad \text{식19)}$$

이므로

$$i\hbar\frac{\partial}{\partial t}\Psi = -\frac{\hbar^2}{2m}\nabla^2\Psi + V\Psi \qquad \text{식20)}$$

을 얻는다.

Session 2 에너지 Band와 일함수

<Session 1>과 <Session 2>에서는 전자가 원자 내에서 어떤 형태로 존재하는가와 이를 뒷받침 하는 이론에 대한 것이다. 특히 <Session 2>에서는 전자가 원자 내에서 양자화에 따라서 분포할 수 있는 energy band와 전자껍질 위치에 따른 일함수에 대한 개념을 정리하였고, <Session 3>에서는 원자 내에서 전자가 분포할 존재확률에 관한 Fermi 확률함수를 다룬다.

원자 내의 전자는 원자 내의 공간에서만 파동성 회전운동을 하므로 공간적으로 원자를 벗어 날 수는 없으므로, 이런 공간 model을 슈뢰딩거의 파동방정식에 대입하면, 원자 내의 energy는 무한대의 에너지벽을 갖는 quantum potential well을 설치한 것과 같은 효과가 된다. 양끝의 거리가 제한된 공간에서의 운동은 Sine파의 특성이 되고 경계조건에 의하여 연속성이 사라진 양자화 인자를 도출할 수 있다. 이런 개개의 원자들이 3차원의 공간에서 격자를 이룬 여러 입자들이 모여 energy를 형성하면, silicon 같은 경우는 cubic cm당 1×10^{22}개의 원자 구조를 형성하므로, 연동되어 있는 원자 내의 개별 energy level도 같은 수의 level수가 모이므로 band(묶음 단위의 띠) 형태를 이룬다. 이런 band는 band 내에서 각각의 전자 energy들이 동일한 energy level로 존재할 수 없는 배타원리에 의하여 형성되며, 이는 반도체의 특성을 형성하는 기초가 된다. 양자화된 energy band 개념은 다른 application인 통신, 전자부품, 레이저 등 전자산업 전반에 걸쳐서도 기준 원리가 되고, 특히 NAND Flash에서는 FN tunneling의 기반이 된다.

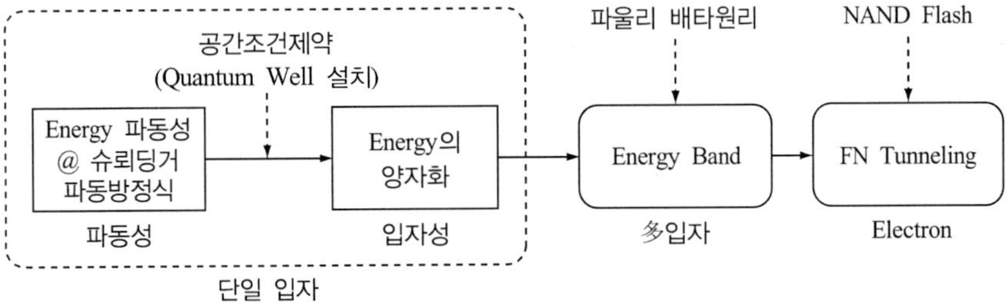

❒ CH1. 그림 2-1 Energy 파동성으로부터 > 양자화를 거쳐 > Energy Band 형성 과정

즉, 양자화란 어떤 현상을 digital적으로 표현한 것으로서, 단락되어 있지 않고 연속된 analog 상태를 counting 할 수 있는 개념 혹은 자연수의 개념으로 바라본 것이다. 예를 들자면, 소리가 전달될 때, analog화된 공기를 매질로 공기 밀도를 이용하여 귀청을 울리는데, 이

때 공기가 밀집된 정도를 양자화되었다고 해석할 수 있다. <그림 2-2>에서 bar와 bar 사이에는 공기가 전혀 없는 것이 아니고 상대적으로 밀집된 정도가 작다는 표시이다.

❐ CH1. 그림 2-2 음파가 전달되는 과정에서의 공기 밀집도를 양자화한 형태

발전소에서 발생된 전기의 전달이나 통신에서의 전자기파의 전달 및 태양으로부터 빛에너지가 복사되는 현상도 양자화된 파(signal)나 양자화된 에너지가 전달된다고 볼 수 있다. 이와 같은 현상이 원자 내에서의 전자체계에서도 유사하게 일어난다. 이렇게 전자들이 band를 이루면서 몰려있는 띠를 전자껍질이라고 하며, 에너지 상태에서도 정수화된 값으로 나타낼 수 있고, 이를 양자화 에너지(quantized energy)라고 한다. 이때 양자화 에너지의 표현은 기본량을 찾아내어, 기본량의 몇 배라는 식으로 수식화되면 이해하기가 용이해진다.

2-1 양자우물 내에서의 에너지 양자화

전자가 원자 내에서 존재할 확률이 100%인 가상적인 경계를 설정하여 이를 quantum well(양자우물)이라 할 경우, quantum well은 양쪽에 장벽(전위가 무한대 : 장벽이 높아 뛰어 넘지 못하고 well 속에 갇혀 있을 확률이 100%가 된다)이 있는 조건이 되고, 장벽이 있는 조건 속에서 전자가 운동을 하게 되면 파동함수를 그리며, 이때의 파동함수는 sine파 함수가 된다. 양쪽에 node가 있는 줄에 에너지를 가하여(흔들어서) 운동시키면 줄이 sine wave를 그리는 형태이다.

$0 < x < L$의 L은 원자 내의 경계로, 슈뢰딩거 방정식에 시간을 독립적으로 하여 식10)에 적용하면 식21)과 같이 된다. 식10)의 potential energy V는 $0 < x < L$에서는 0이고, $x < 0$, $x > L$의 영역에서는 무한대이며 <CH1. 그림 2-3. 참조>, x축 방향으로만 한정되어 있으므로

$$E\Psi = -\frac{\hbar^2}{2m}\frac{d^2\Psi}{d^2x} + 0\Psi,\ \ 0 < x < L \qquad \text{식21)}$$

이 된다. 보통 슈뢰딩거방정식이라 함은 time independent 슈뢰딩거방정식 식10)을 뜻한다. 그러나 시간 독립적 방정식은 일반적인 미분방정식이 아닌 특별한 종류의 미분방정식으로 상수 E도 함께 구해진다. 상태함수 $\Psi(x)$의 상수인 고유값 E가 곱해진 고유값 방정식은 전자

의 상태를 확률적으로 구하기 위하여, 전자가 움직이는 원자 범위 이내로 조건을 한정하여 제한하였고, 원자 내에 갇혀 있는 전자는 밖으로 빠져나갈 수 없으므로, 이해하기 쉽도록 선형 형태로 개념화하여 $0 < x < L$으로 가정하였다. 따라서 원자 내의 환경은 한정되고 밀폐된 공간이므로 원자 내의 전자는 quantum well의 환경과 같다고 볼 수 있고 식21)은 고유의 에너지값을 갖는다. 이는 반대 관점으로 표현하자면, quantum well의 크기는 원자 내의 전자들의 에너지에 비례하여 결정된다고 볼 수 있다.

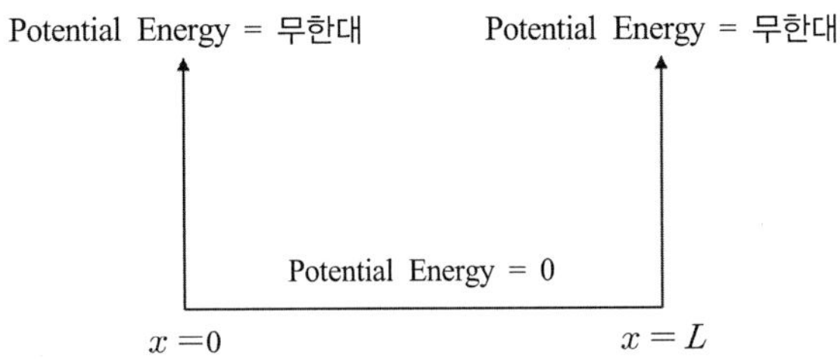

❒ CH1. 그림 2-3 Quantum Well @ $x = L$

상태함수와 potential energy는 반비례 관계에 있다. 가정된 quantum well 밖에서는 potential energy는 무한대이므로 상태함수는 "0", 즉 전자가 존재할 확률이 없고, 반대로 quantum well 안에서는 potential energy는 "0"이므로 전자가 존재할 확률이 100%가 된다. 이때의 파동방정식은 식22)와 같이 sine파와 cosine파의 합으로 도출될 수 있다.

$$\Psi = A\sin k_1 x + B\cos k_2 x \qquad \text{식22)}$$

이때

$$k_1 = \sqrt{\frac{2mE}{\hbar^2}} \qquad \text{식23)}$$

로 주어진다. 식22)에서 x가 0 node 혹은 L node 위치에서 Ψ가 "0"이 되려면 $A\sin k_1 x$와 $B\cos k_2 x$는 "0"이어야 하는데, $\cos 0$의 값은 zero가 아니므로 B가 "0"이 된다. 따라서

$$\Psi = A\sin k_1 x \qquad \text{식24)}$$

이다. 이때 A가 "0"이면 quantum well 안에 전자가 없다는 것으로, 가정이 모순이 되어 항상 $A > 0$이어야 한다. 따라서 $\sin k_1 0 = 0$(경계조건) 혹은 $\sin k_1 L = 0$(경계조건)이므로, 상태함수 식24)의 해로 식25)를 얻는다.

$$k_1 = n\frac{\pi}{L} \quad @n=1,\ 2,\ 3,\ \cdots \qquad \text{식25)}$$

이때 k_1은 앞에 서술한 양자화의 개념처럼, 경계조건 L로 나눈 π의 n배화로 양자화되어 있고 연속적인 속성은 없다.

한편, 시간에 독립적인 슈뢰딩거 방정식 식10)에서 원자 내의 전자가 외부에서 힘이 주어지지 않는 조건인 potential energy가 0인 경우의 식21)을 정리하면

$$-\frac{\hbar^2}{2m}\nabla^2\Psi(x) = E\Psi(x) \qquad \text{식26)}$$

식23)의 k_1이 $\sqrt{\frac{2mE}{\hbar^2}}$ 일 경우, E를 구하여 식26)에 대입하면

$$\nabla^2\Psi(x) + k_1^2\Psi(x) = 0 \qquad \text{식27)}$$

이고, 식23)과 식25)에 의하여, 에너지 E는

$$\boxed{E = \frac{n^2h^2}{8mL^2} = \frac{n^2\pi^2\hbar^2}{2mL^2}},\ n=1,\ 2,\ 3\ \cdots \qquad \text{식28)}$$

이 된다. 여기서 n은 양자수로서 파동방정식을 해석하는 과정에서 도입되었고, 에너지 E가 양자화되는 과정으로 전개했다. 이는 앞에서 예를 든 공기를 매개체로 한 밀폐된 공간 내에서 종파인 음파 에너지의 확률적인 quantization과 같은 현상이다.

지금까지의 내용을 조금 더 발전적으로 정리하자면, 원자 내의 전자가 어디에 위치하는지는 명확하게 측정할 수는 없지만, 원자 내의 전자에 의한 에너지의 합은 sine파를 그리며 quantization화 된다. 이는 원자 내의 전자가 quantized된 에너지에 의하여 원자 내에서 확률적으로 전자껍질이란 층층($n=1$, 2, 3 ⋯)의 level에 분포하면서 타원운동을 하는 근거가 된다.

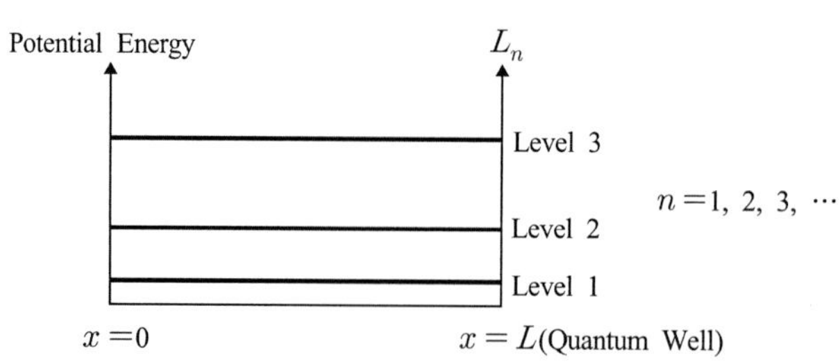

❐ CH1. 그림 2-4 Quantum Well의 길이가 긴 경우, 양자우물에서의 에너지 Level

에너지 불변의 법칙에 따라 전체 에너지는 같으므로, quantum well의 길이 L이 커질수록 energy level이 낮아지고 그에 따라 energy level과 energy level 간의 간격 또한 좁아진다. 반대로 quantum well의 길이 L이 좁아질수록 총에너지가 불변이므로 에너지 level이 높아지면서 동시에 에너지 level과 level 간의 Gap 또한 넓어져서 에너지의 quantization이 커진다.

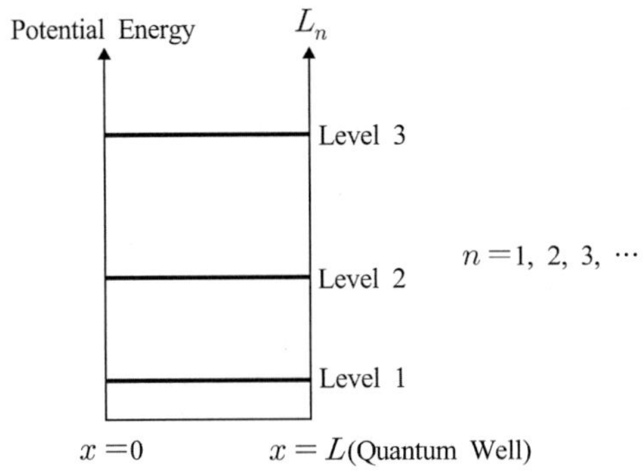

❒ CH1. 그림 2-5 Quantum Well의 길이가 좁은 경우, 양자우물에서의 에너지 Level

원자 내에서 $x = L$의 길이가 수 Å(Angstrom : 100억분의 1m)일 때, 최저 level의 energy는 약 1meV의 10분의 1정도이다. meV는 1,000분의 1eV이며, 에너지의 단위인 eV는 electron volt (전자볼트)의 약자로서, 전자 1개가 1volt의 전위에 해당되는 전계를 거슬러 올라가는데 필요한 energy로서

$$E = qV \qquad \text{식29)}$$

이므로, $1\text{eV} = (1.6 \times 10^{-19}\text{C}$: 전자 1개$) \times 1\text{V} = 1.6 \times 10^{-19}\text{J}$[Joule]이다.[1)]

정리하자면, 에너지는 더 이상 나누어질 수 없는 최소한의 덩어리로 이루어져 있으며, 에너지가 존재하는 곳에 전자가 분포해 있을 확률이 높고, 에너지 level의 특성을 파악하면 원자 내에서 전자가 존재해 있는 위치를 확률적으로 파악할 수 있다. 그에 따라 식27), 식28)로부터 원자 내에 양자화 개념에 따른 양자수가 유도된다. <CH1. 그림 2-4>와 <CH1. 그림 2-5>는 원자 내에서 양자수가 position할 확률 orbital의 기초개념이다.

---

1) 미시세계에서는 절대치가 낮은 단위의 숫자를 사용해야 하는데, 고전역학의 단위인 Kg, J 등의 단위를 사용하면 너무 커서 소수점 처리하기가 복잡해진다. 전자, 원자핵들의 에너지를 표현하는 데 eV를 사용하면 편리하다.

2-2 3차원에서의 에너지 양자화와 양자수

지금까지는 원자 내의 전자의 확률적 존재에 대하여 평면적으로 살펴보았다. 반도체는 원자들이 격자구조를 갖춘 배열의 연속으로서 각각 원자들 속에 있는 전자와 관련된 에너지에 대하여 알아보고, 실질적으로 고체의 원자배열은 3차원이므로 3차원에서의 에너지가 양자화되는 상태를 살펴보겠다.

1개의 양자수를 갖고서도 전자 껍질 개념만으로 에너지의 quantization을 설명할 수 있지만, 슈뢰딩거방정식을 실질적인 원자 model로 대입하여 풀면, 3개의 양자화 수가 도출된다. 이들 3개의 양자수를 각각 주양자수, 방위양자수, 자기양자수라고 한다. 양자수는 전자가 원자핵을 도는 궤도(orbital)모양, 즉 공간모형을 결정짓기 때문에 3개의 양자수로 전자가 어떤 상태인지를 추정해낼 수 있다. 실질적으로 orbital의 모양은 주양자수와 방위양자수(부양자수) 및 자기양자수로 결정된다. 주양자수가 main orbital의 크기를 결정한다면 방위양자수와 자기양자수는 주양자수가 결정해준 크기 내에서 sub-orbital과 sub-sub-orbital의 모양을 결정한다. 여기서 orbital이라는 의미는 전자가 궤도상의 궤적을 따라서만 정확하게 돈다는 의미가 아니라, 확률적으로 해당 orbital에 존재할 가능성이 높다는 의미이다.

즉, 파동방정식을 해석하여 3차원 공간 상에서 전자를 발견할 확률분포를 그려낸 궤도가 원자 orbital이다. 상기 3개의 양자수 이외에 orbital의 모형과는 상관이 없지만, 전자가 spin을 하고 이 spin으로 인한 전자 상태가 달라지는 양자수로서 spin양자수가 하나 더 있다. Spin 양자수는 전자의 spin에 따른 각운동량의 크기를 나타내는데, 이로 인하여 중요한 배타원리가 발견되었고 이를 통하여 energy band 개념이 마무리 되면서 최종적으로 정립되었다.

2-2-1 주양자수

주양자수 n은 전자껍질을 규정한다(식28 참조). 궤도반경을 양자화한 것으로 전자가 어떤 껍질에 속해 있느냐와 quantum well size인 L로 에너지 Level을 구분하여 전자의 상태(에너지의 양자화)를 추정한다. 주양자수의 양자화에 의하여 어떤 전자껍질에 들어갈 수 있는 최대 전자 총수는 $2n^2$이고 n은 전자껍질(main orbital) = 자연수, 1, 2, 3, 4, …이다. $n=1$인 첫 번째 껍질에는 전자수가 최대 2개까지, $n=2$일 경우는 전자수가 최대 8개까지, 3번째 껍질에는 전자가 최대 18개 혹은 8개까지 들어갈 수 있다. n의 값이 클수록 main orbital의 평균 반경이 길어지고 potential 에너지 level이 높아진다. 주양자수는 전자가 원자핵으로부터 얼마나 멀리 떨어져 있나를 결정하는 양자수로, 궤도의 반지름은 n제곱에 비례하여 길어진다.

즉, 태양을 중심으로 각 행성들의 orbital이 겹치지 않고 양자화되어 떨어져 있어서 질서를 유지하는 형태와 유사하다. 태양계와 원자계는 유사성은 있으나, quantization에 의한 수치나 정리된 공식은 일치하지는 않는다. 즉, 큰 개념으로는 같은 부분이 많으나 세부개념은 일치하지 않는다. 그럼에도 불구하고 태양계와 원자계의 일치하는 부분을 비교하면, 설명이 용이해진다. 다음 <CH1. 그림 2-6>은 보어의 가설에 의한 수소 orbital이다.

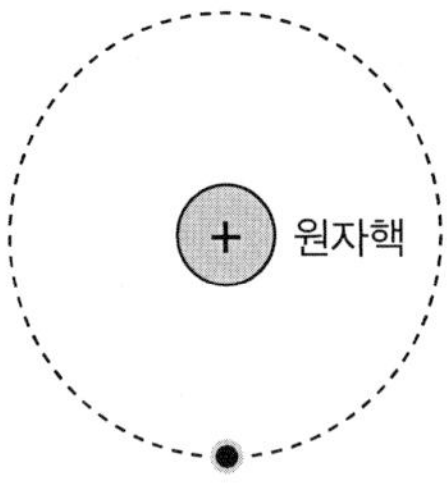

❒ CH1. 그림 2-6 보어의 원자모형으로 수소에 한하여 설명이 가능한 Orbital

수소 이외의 다른 원소의 orbital은 보어의 가설이 맞지 않는다. Orbital이 명확하게 분리되었다는 양자화 궤적 개념은 양자역학 초기에 플랑크와 보어의 주장으로서, 후기 양자역학에서는 양자화 개념이 확률개념으로 전환되면서 현재는 확률적 양자역학이 정설로 받아들여지고 있다.

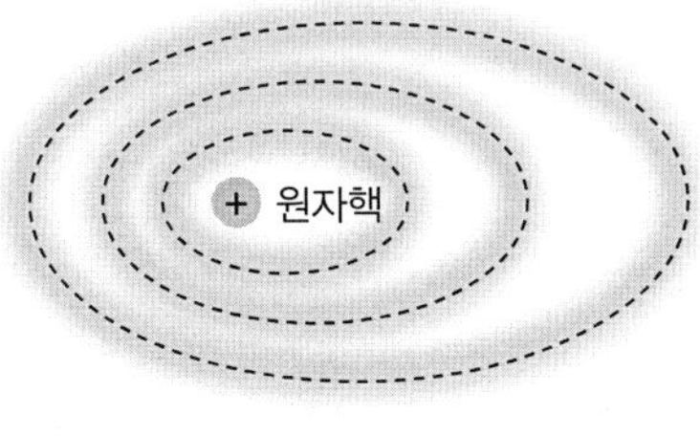

❒ CH1. 그림 2-7 확률적 양자 개념의 원자 모형

전자들이 전자껍질 상에서 원자핵을 중심으로 회전하는 데 원자번호가 상승할수록 전자껍질이 증가하여, 마치 양파핵을 중심으로 여러 양파껍질 상에서 전자들이 타원운동을 하고 있는 형태이다. Orbital의 level은 양자화되어 있어서, orbital level이 potential energy level과 함수관계에 있고, orbital level이 상위 level 혹은 하위 level로 jumping 시 전자는 에너지를 흡수하거나 혹은 방출하여야 한다. 이때의 ΔE는 최소 단위의 양자화를 n배화하여 존재하며, n배화에 matching되지 않은 energy의 주입은 원자 내의 전자에 아무런 영향을 주지 못하고, 전자가 에너지를 방출할 때도 최소 단위의 에너지를 n배화된 크기로 방출한다. 따라서 임의

의 크기의 에너지를 가한다고 원자 내 전자들의 이동이 발생되는 것이 아니라, 특수한 조건이 만들어지고 한정된 경우에 한하므로, 삼라만상의 물체들이 예측되지 못하게 줄어들거나 확대되지는 않는다. 절연체의 최외각전자가 에너지를 받아 전도대로 이동하는 데 수 eV~1xeV 정도라면 절연체도 도체처럼 전류가 흐를 수 있음에도 불구하고, 외부에서 임의의 에너지를 절연체에 가한다고, n배화로 matching되는 energy가 없기 때문에 절연체가 도전성을 나타내지는 못한다. 또한, 이런 에너지 n배화 개념으로 NAND Flash 내에서 전자의 이동상태를 설명할 수 있게 되었다. NAND Flash에서 가장 중요한 index 중의 하나인 drain current가 시작될 때의 원소 type에 따른 threshold voltage의 크기가 차이 나는 것은, 각 원소별로 n배화되는 양자수가 다르기 때문에 주양자수가 차이가 나고, 이에 따라 energy band to band gap 차이가 나므로 원자에서 전자가 이탈하는 데 필요한 energy가 다르므로 발생되는 차이이다. 또한 NAND Flash의 program/ erasure 동작 시에 substrate에서 floating gate(planer type)로 혹은 channel에서 CTD(vertical type)로 electron을 FN Tunneling 시킬 때의 charge/discharge energy도 주양자수의 orbital level에 따른 양자화된 energy 차이에 해당된다.

2-2-2 방위양자수

방위양자수는 각양자수 혹은 부양자수라고도 하는데, sub-orbital을 도는 전자의 각운동량을 양자화하여 나타낼 수 있는 것으로 $l = 0, 1, 2, \cdots, n-1$로 구분하여 기호로는 s, p, d, f로 나타낸다. 주양자수와 같은 궤도에 있으면서 얼마나 길죽한 타원인지, 아니면 얼마나 원형에 가까운 타원인지를 구분한다. 방위양자수는 고체 내 다입자계의 격자구조일 경우는 합성각운동량으로써 별도로 다르게 구분한다. 전자의 궤도가 각도에 따라 양자화되었다는 것은 제만에 의하여 밝혀졌다. 빛을 내는 기체 type들을 매우 큰 자기장 속에 넣었더니 스펙트럼의 수가, normal 상태일 경우 1개에 비하여, 기체 type에 따라서 $2l+1$개로 증가하는 현상을 발견하였고 이를 제만효과라 한다.

방위양자수 역시 주양자수와 같이 방위양자수값이 커질수록 주양자수에 의한 양자화된 에너지 level 사이에서, 에너지 level이 약간씩 차이가 나면서 높아지지만, 주양자수의 energy level 간격을 뛰어 넘을 수는 없다. 방위양자수와 태양계의 유사성을 보면, 각 행성들도 태양을 중심으로 궤적을 그리면서 orbital이 타원운동을 한다. 반지름의 길이가 언제나 일정한 원의 초점은 중심이 하나이지만, 타원 orbital은 2개의 초점이 있는데 타원의 초점이 2개 중 하나는 원자핵이 들어 앉아 있고, 다른 하나는 비어있어서 무게 중심이 한쪽으로 치우쳐져, 비어있는 초점이 원자핵을 중심으로 원운동을 하는 세차운동을 하게 된다. 전자가 세차운동을 하는 orbital 측정 시 하나의 초점에 자리한 원자핵으로부터 멀리 떨어진 긴 반지름의 장축

타원 궤적을 돌 때가 짧은 반지름의 단축 타원 궤적을 돌 때보다 측정될 가능성이 높기 때문에 전자의 orbital이 실제적으로는 타원의 궤적이지만 원의 궤적처럼 측정될 수 있다. 장축이 짧은 수소 핵을 도는 전자의 orbital은 타원 내의 2개 초점 사이가 짧아서 거의 원운동이라 할 수 있다. 방위양자수 관련 원자계와 태양계의 비교는 여러 학설이 있고, 상기는 여러 학설 중의 일부를 소개한 정도로서 좀 더 물리학이 발전되면 어느 정도까지가 같고 어느 정도부터 다른지가 명확하게 밝혀질 것이다.

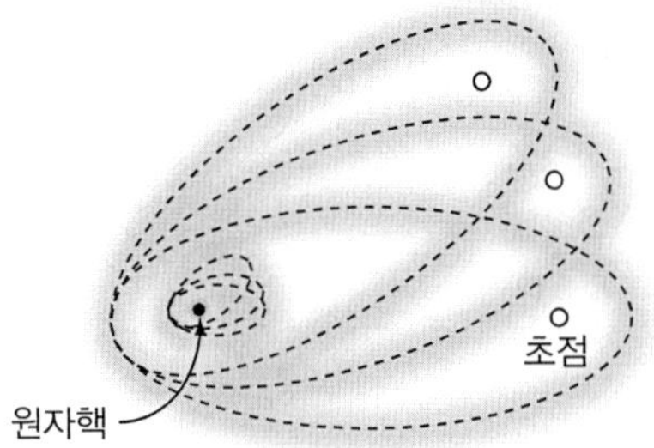

❒ CH1. 그림 2-8 원자핵을 중심으로 세차운동을 하는 양자화된 전자의 궤적

2-2-3 자기양자수

자기양자수는 궤도각운동량 방향에 대한 양자화를 나타내는 것으로 z축 방향(원자핵 축 방향 대비) 대비 궤도면이 얼마나 기울어졌나를 나타낸다. 방위양자수 내에서 sub-sub-orbital의 공간적 배치와 방향에 따른 변수가 자기양자수이다. 지구가 중심축(태양축 방향 대비)에 비하여 23.5도 기울어진 것도 자기양자화와 같은 개념으로 볼 수 있다. Orbital의 설명을 돕기 위하여 main orbital, sub-orbital, sub-sub-orbital로 구분하였는데, 실질적으로 전자 1개를 갖는 수소(1s orbital)를 제외하고는 main orbital은 개념적인 것이고, orbital 형태적으로는 sub-orbital과 sub-sub-orbital이 최종 orbital의 모형이다. 이와 같은 3족지의 양자수를 조합하여 sub-sub-orbital을 그려보면 궤적의 형태가 매우 다양함을 알 수 있다.

2-2-4 Spin 양자수

Spin 양자수는 지구가 자전을 하고 있는 개념과 유사한 형태라는 의견이 지배적인데, 지구처럼 동일한 방향으로 연속적인 자전 형태는 아니고, 궤적을 도는 전자는 시계방향 혹은 반시계방향으로 spin한다. 이는 원자에서 나오는 orbital의 스펙트럼 선은 근접된 2개의 선으로 관찰되어, 이는 전자가 2가지의 방향으로 spin하고 있다는 증거로 해석되었다. Sub-sub-orbital에는 전자가 최대 2개씩 들어갈 수 있고, 동일 orbital 내에 존재하는 2개의 전자는 각기 서로 다른 spin을 가진다. Spin 양자수는 $s=\frac{1}{2}$로 정하였고, s는 전자의 spin 각운동량을 표시하는 양자수로서 spin 방향이 시계방향(down spin : $-\frac{1}{2}$)인지 반시계방향(up spin : $+\frac{1}{2}$)인지에 따라 최대 2개 경우의 수가 나오며, 각 경우에 따라 부호를 + 혹은 −로 정했다. 다결정고체인 경우일 때, spin 양자수의 값은 spin하는 방향이 동일 방향인지 반대 방향인지에 따라 그리고 spin하는 전자의 개수에 따라 가감된다.

자기양자수까지는 양자수가 정수로 알려졌지만, spin양자수부터는 양자수가 정수가 아닌 수까지로 확대되었다. Spin에 의한 고유의 각운동량은 어느 방향이나 동일한 값인 $\frac{h}{2\pi}$이다 (h는 플랑크 상수, $\frac{h}{2\pi}=\hbar$). Spin 양자수를 고려한 식에서는 h보다 $\hbar$를 사용하는 것이 더 편리하다. 4개의 양자수 n, ℓ, m, s의 조합 중에서도 원자 내의 수많은 전자 중에 1개 전자라도 동일한 양자수를 갖는 경우가 있을 수 없다는, spin 방향을 정리한 배타원리를 W. Pauli (파울리)가 밝혀냈다.

동일한 양자상태를 갖는 2개 이상의 전자가 존재하지 않는다는 배타원리를 발견한 파울리는, 동일한 자기양자수가 2개 존재하는 것을 보고, 자기양자수 이외의 추가적인 다른 spin 양자수가 존재할 것이라고 예측하였다. 그 예측은 silver 원자가 불균일한 자기장 속에서 각운동량이 각각 2개로 분리되는 현상을 발견한 다른 2명의 물리학자들에 의해 spin 양자수가 입증되었다. 전자 spin은 형태적으로는 나타나지 않는 스스로의 회전이므로 spin 양자수에 따른 별도의 orbital은 존재하지 않고 energy level만 구분한다.

2-2-5 양자수에 대한 Summary

여기서 중요한 개념은, 전자껍질의 상태를 전자의 spin 상태까지 구분하여 4가지 category로 나눔으로써, 원자핵을 중심으로 공전과 자전을 하고 있는 전자의 고유한 상태는 전자가 아무리 많아도 2개 이상의 전자가 동일한 상태로 있을 수 없는 energy level이라는 것이다.

결론적으로 슈뢰딩거의 파동방정식의 해를 구하여 주양자수, 방위양자수, 자기양자수인 3개의 상태를 갖는 양자수가 나왔고, 파울리가 새롭게 1개를 더하여 총 4개의 양자수로 원자핵을 돌고 있는 전자의 상태적 실체를 밝혀냈다. 이는 원자 내의 energy level에 대한 상세한 구조를 해석하게 해준다. NAND Flash를 이해하는 데 있어서, 양자수 중에는 주양자수까지만 이해해도 되고 나머지 양자수는 배타원리에 통합된 개념으로 알아두면 된다. 주양자수와 배타원리는 energy band 개념의 기초가 된다. 슈뢰딩거방정식과 파울리의 배타원리는 수소 원자에 대해서 적용하였지만, 수소 이외의 다른 모든 다전자원자에 대하여도 동일하거나 유사하게 적용할 수가 있어서, 4개의 양자수가 모두 같은 원자가 존재할 수 없다는 원리가 적용된다. 이렇게 하여 멘델레프가 발견하여 정리한 원소의 주기율표의 각각의 특성이나 원리를 이해하게 되었고, 그에 따라 반도체에서는 energy band의 개념이 정립되면서 N-type과 P-type의 반도체가 나타났다.

2-3 Energy Band

지금까지는 원자 내에서 전자들의 움직임을 살펴보았지만, <Session 2-3>에서는 원자가 분자를 이룬 상태, 나아가서 multi 원자가 격자를 이룬 상태를 energy적으로 생각해 보자. 반도체의 궁극적인 목표는 고체 내의 전자들을 조정하여 원하는 성능을 내도록 하는 것이다. 따라서 전자의 개수 및 전자들이 머무는 site 등을 알아내야 하고, 전자들이 어떤 조건에서 어떻게 이동하는지도 추정해내야 한다. 그러나 원자 내에서 개별 전자의 위치나 시간 변수에 의한 특성을 정확하게 파악할 수 없으므로, 전자가 존재할 확률은 에너지 level에 비례하므로 에너지를 독립변수로 하여 전자가 존재할 확률을 함수로 나타내었다. 원자들이 격자화되어 있는 고체 내에서도 파울리의 배타원리가 적용되어 각각의 에너지 level이 모여 서로 겹치지는 않으면서 연합하여 있는 형태로 에너지가 띠를 이루게 되며, 이를 energy band라 한다.

2-3-1 Energy Band 형성

에너지 band를 정리하자면, 전자가 동시에 동일한 에너지, 동일한 위치에 존재할 수 없다는 원리에 의해서 에너지 level의 양자화가 성립된다. 3개의 양자수가 같은 상태일지라도 전자의 spin 방향이 같은 방향일 수 없게 되며, spin이 반대방향이면 spin에 의한 자력선의 방향도 오른손 법칙에 의하여 하나는 up되고 다른 하나는 down됨으로써 모든 개개의 전자들은 고유의 에너지 레벨을 갖게 된다.

즉, 전자의 세차운동으로 인하여 원자 내의 같은 궤도를 도는 두 개의 전자가 타원인 원주상의 절반의 거리 차이를 두고 반복적으로 회전을 하는데, 각각 spin이 다른 방향이어서 전자 간의 충돌이 될 수 없다. 이는 근본적으로 전자끼리는 동일 전하를 띠고 있으므로, 아무리 근접해도 서로 반발하여 절대 부딪칠 수 없으므로 에너지 level이 분리될 수밖에 없기 때문이다. 원자 내에서 orbital 반경을 포함한 4족지의 양자수로 인하여 불연속적인 에너지 분포를 갖는 원자들이 격자상태로 모이면, orbital에는 전자들이 무수히 많은 확률로써 각각의 전자들은 약간씩 서로 다른 에너지상태를 갖는다.

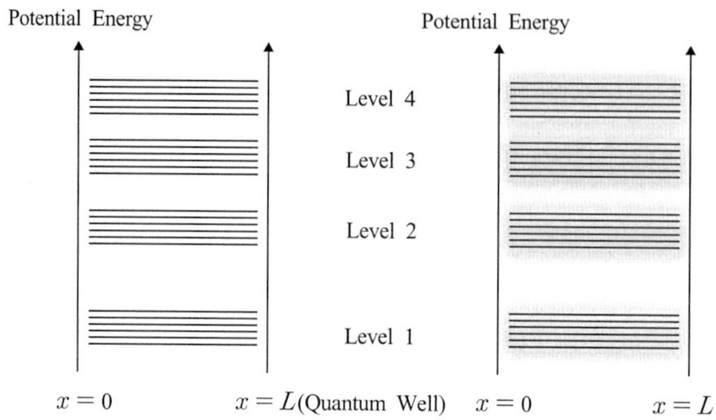

❐ CH1. 그림 2-9 Multi 원자에 의한 에너지 양자화

예를 들어 1 cubic cm당 1×10^{22}개가 되는 원자수를 갖는 원소의 격자 내의 전자가 갖는 split된 개별 전자의 energy 간격을 계산해 보면, 전자가 위치하는 주양자수 orbital의 총 energy 크기가 수eV ~ 수십eV 이내 이므로, 최대치 수십eV를 1×10^{22}로 나누어 보면 약 1×10^{-20}~1×10^{-21}eV가 된다. 이는 서로 배타적인 energy level 상태는 유지되면서 점점 많은 원자가 모일수록 energy level 간격이 좁아지고, 결국 "Split & Together"와 같은 서로 충돌하지도 않고 또 서로 겹치지도 않는, 그러면서 거의 continuous한 energy level을 이루어 energy band 형태를 이룬다.

즉, energy band는 주양자수로 양자화된 개별 원자들의 에너지 level의 여러 원자들의 묶음이므로, energy band가 양자화된 것이다. 주양자수의 전자껍질이 양자화되어 있으므로, energy band와 band 사이도 양자화되어 있다. <Chapter 1>에서의 energy band는, 양자화된 여러energy band 중에 최외각 orbit 상의 에너지 준위 band인 valence band와 그보다 한 단계 높은 level인 conduction band에 대하여만 다루겠다.

엄밀하게는 conduction band의 실체가 있는 것은 아니다. 원자 내의 band로는 valence band가 최외각 band로서 더 이상은 없다. Conduction band는 원자 속에 있던 전자가 이미 energy를 얻어서 원자로부터 escape하여 원자 밖에서 머문 전자 상태의 energy level이다. 즉, conduction band는 물리적으로는 원자와 원자의 격자 사이에 있는 전자들의 energy level 상태인 셈이다. Conduction band는 valence band에 속한 전자들의 움직임을 설명하기 위하여 valence band의 next level인 energy band를 하나 더 추가하여 전자와 에너지 관계 및 전자가 어디에 있는지의 존재 가능성을 energy level을 통하여 유추해낼 수 있게 한다.

2-3-2 Energy Band와 Electron 존재

실제의 energy band는 원자핵으로부터의 거리 및 각각의 양자수의 변수에 의하여 원자궤도

선형결합 혹은 분자궤도 함수이론 등의 복잡한 함수로 표현되나, 여기서는 그런 복잡한 변수들을 단순화하여 energy band는 주양자수 n개의 전자껍질마다 energy군이 형성된다는 가정 하에, 최외각껍질을 도는 최외각전자들에 의해 형성된 energy band 관점에서 다루겠다. 즉, 방위양자수, 자기양자수, spin 양자수와 관련된 energy에 대하여는 생략하겠으며, 또한 valence band 이하의 내부의 energy band는 원자 외부에는 영향을 끼치지 않으므로 이 역시 논외로 한다.

최외각껍질의 전자들이 형성한 최상위의 energy level인 valence band 내의 전자들이 energy를 얻으면 valence band 보다 높은 에너지 level인 conduction band(전도대)로 전자가 이동한다. Valence band는 공간에 대한 potential과 경계조건이 주어지면 슈뢰딩거방정식을 통해서 공간에 존재할 전자의 확률과 에너지로 정의할 수 있다. 에너지가 더 높아서 conduction band로 이동했다는 뜻은 핵력 혹은 원자핵의 구심력이 거의 미치지 못한다는 의미이다. Potential energy는 원자핵의 구심력에 반비례하고 원자핵으로부터의 거리에 비례하여, valence band까지 orbital의 energy가 증가함으로써, 이런 개념의 연속선상으로 conduction band energy가 valence band energy 보다 높다라고 leveling되었다. Band와 band 사이를 forbidden band(금지대)라고 naming 하였는데, 엄밀하게 본다면, 이 또한 잘못된 naming이고 이를 lacking area라고 해야 정확한 표현이다. 왜냐하면 절대온도 0°K일 경우만 forbidden band에서 전자가 0%인 반면, 절대온도가 0°K 보다 높은 경우는 forbidden band에도 전자가 존재하나 확률적으로 볼 때 존재할 확률이 conduction & valence band 내(allowed area)에 비하여 희박하다는 의미이기 때문이다. <CH1. 그림 2-2>와 비교.[2)]

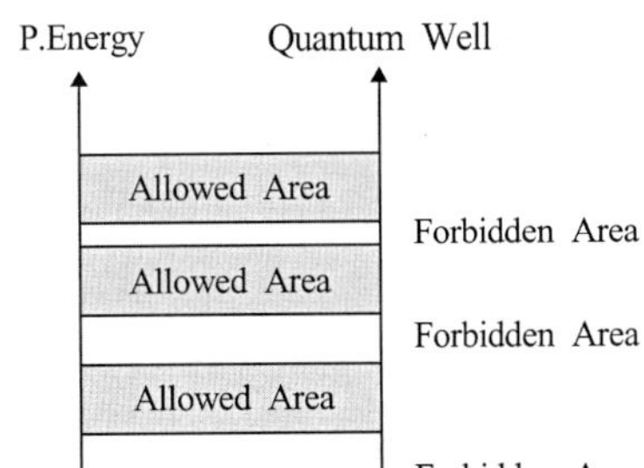

❐ CH1. 그림 2-10 에너지 양자화에 의한 Multi 원자가 형성한 Energy Band

2) Valence band는 가전자대라고도 하지만 가전자대란 말은 일본식 용어를 그대로 해석한 것으로 이해하기가 난해한 면이 있고, 엄밀한 의미에서는 가전자대 보다는, 말 뜻 그대로 valence band, 즉 최외각전자대라고 하는 것이 본래의 의미에 가깝다.

2-3-3 Band Gap vs 원자구심력

Valence band와 conduction band 사이의 energy level 격차인 band gap은 원자핵으로부터 최외각전자에 미치는 구심력에 따라 비례하고, 원자핵과 전자 사이의 거리에 반비례하므로 원자핵에 가까운 band gap일수록 크고, 원자핵에서 멀어질수록 작아진다. 전자껍질 $n=1$과 $n=2$ 사이의 band gap이 가장 크고, 최외각 band와 conduction band 사이의 gap이 가장 작다.

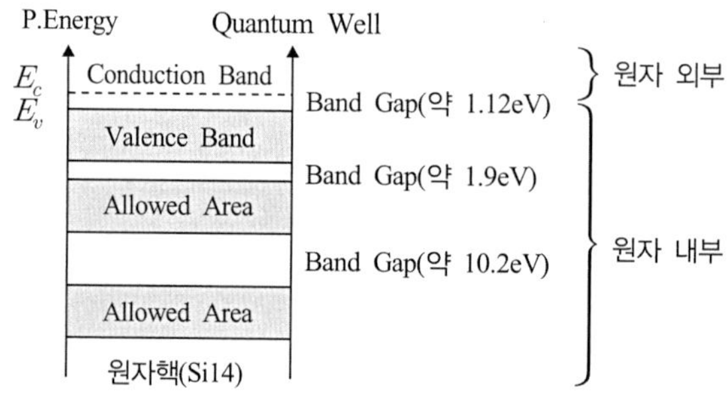

❒ CH1. 그림 2-11 Band Gap들의 차이 @ Si14

2-3-4 Band Gap vs 절연체, 반도체, 도체

원자의 구성상 최외각전자가 제일 높은 에너지 level을 갖고 있으며, 원자입장에서는 최외각껍질 밖은 원자를 떠난 전자를 의미한다. 전자가 원자를 떠난다는 것은 외부로부터 에너지를 얻은 전자가 원자핵의 구심력을 이겨내고 원자핵의 속박에서 뛰쳐나가서 전자가 어느 원자로부터도 속박되지 않는 자유전자가 되었다는 뜻이다. 여기서 외부에서 주어지는 energy는 전기에너지이거나, 열energy, 혹은 빛에너지로서 이것을 energy level적으로 설명하면, valence band에서 conduction band로 이동되었다고 하는데, 이때의 escape에 드는 에너지는 각 원소마다 차이가 있다. 전자들의 potential energy는 원자핵으로부터 멀어질수록 크며 그만큼 원자핵의 구속력을 덜 받으므로, 전자를 떼어내는 입장에서 보면 원자핵력 대비 전자를 떼어내는 에너지는 반비례한다. 원자핵에 가까이에 있는 전자일수록 떼어내는 에너지는 더 많이 필요하여, 도체인 경우는 최외각전자가 아주 적은 energy를 얻거나, 아니면 외부의 energy가 없어도 쉽게 자유전자가 된다. 원자핵의 구심력이 가장 큰 것은 절연체이고, 그 다음이 반도체이며, 도체의 원자핵 구심력은 미약하거나 아예 없는 경우도 있다. 그에 따라 band gap도 비례한다. Valence band와 conduction band 사이에 존재하는 band gap은 물질의 특성에 따라 다르지만, 동일한 조건 하에서, 절연체가 제일 안정된 결합상태를 보이므로 절연체의 band gap이 가장 크다. 일반적으로 최외각 절연체는 band gap이 약 10eV 정도로서 원자와 원자 사이의 결합력이 매우 강하여 상온(300°K)일 때에도 전자들이 원자에서 탈출하지 못하며 극히 일부만 conduction band로 이동함으로써 전자들이 극도로 낮은 전도도를 유지하고 있다. 이런 정도는 current 흐름에 전혀 기여하지 못한다.

반도체는, 전자가 공유결합을 풀고 원자로부터 탈출할 수 있는 에너지인 일함수가 절연체와 도체의 중간 형태로서, 그와 연관된 모든 것이 중간 정도 level에 있다. 반도체의 band gap도 절연체와 도체의 중간 정도의 gap을 갖고 있어서, band gap이 2eV 이하이면 반도체로 보고, 대체적으로 band gap이 2eV 이상이면 절연체로 본다. Si14인 경우는 절연체의 약 10분의 1인 1.12eV이고, Ge32인 경우는 상온에서 Si14의 약 2분의 1인 0.67eV이면서 도체보다 band gap이 평균 10배 정도 크다. 그에 따라 반도체는 전도도도 절연체와 도체의 중간 정도의 도전성을 가진다. 그러나 band gap이 아무리 적어도 절대온도 0°K일 경우는, 모든 최외각전자가 여기(들뜬상태)되지 않기 때문에 절연체 특성을 갖는다.

자유전자를 방출할 가능성이 제일 높은 도체는 energy band적인 측면에서는 valence band가 conduction band와 일부 영역이 겹쳐져 있기도 하고, 상온에서 band gap이 절연체의 100분의 1, 반도체의 10분의 1 정도인 0.1eV 정도 되는 매우 좁은 gap을 유지하고 있어서, 전자들이 쉽게 원자로부터 이탈하여 매우 높은 전도도를 가진다. <CH1. 그림 2-12>는 절연체, 반도체, 도체의 band gap을 나타낸 것으로 절연체에서 도체로 갈수록 band gap이 좁아짐을 알 수 있다. 도체를 구성하는 원자에서 가장 먼저 떨어져 나올 전자는 최외각껍질에 존재하는 전자이다. Valence band의 최상위 level까지 electron이 들어차 있고, 도체이므로 valence band의 최상위 level이 전도대에 위치하여, 전도대에 있으면서 valence band에 위치한 electron들은 추가적인 energy가 없어도 도체 내에서 흐른다. 물리적으로 electron이 전도대에 위치한다는 것은 valence band를 벗어나 있기 때문에 원자라는 굴레에 속박되어 있지 않고, 원자들의 격자와 격자 사이에 존재해 있는 상태로서, 원자와 어떤 구속력도 전자에 작용되지 않고 있는 관계이다.

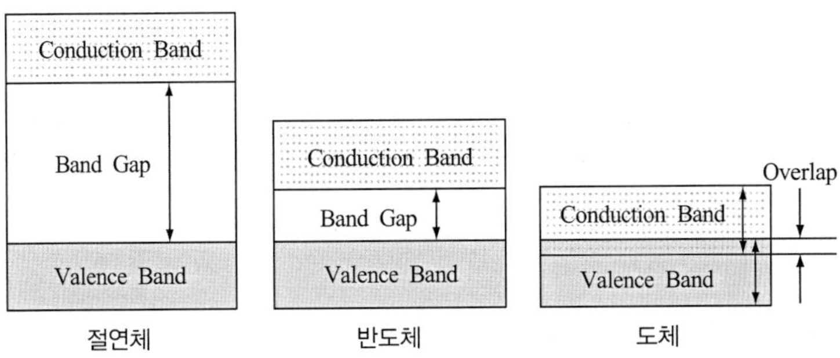

❒ CH1. 그림 2-12 절연체, 반도체, 도체에서의 Energy Band Gap

2-3-5 Band Gap과 반도체 재질

반도체 소자는 고체를 이용한 소자이기 때문에 solid state device라고 하며(solid state drive는 다른 의미임) 반도체 내 전자의 도전현상을 이용하여 전자회로를 구성하고, 또 이와 유사한 기능에 사용된다. 반도체 소자를 이루는 가장 핵심적인 고체 소자는 단결정 실리콘이지만, 반도체의 기초 물질인 wafer의 재질로는 진성반도체인 Silicon14뿐만 아니고 동족원소인 Germanium32를 사용하기도 한다. 그런데 Germanium32는 Silicon14에 비하여 원소기호로는 동일한 4족이면서 원자핵을 둘러싼 전자들이 18개가 더 많다. 이는 Ge32가 Si14에 비하여 전자껍질($2n^2$: n = 자연수) level이 1개 더 많다는 의미이다.

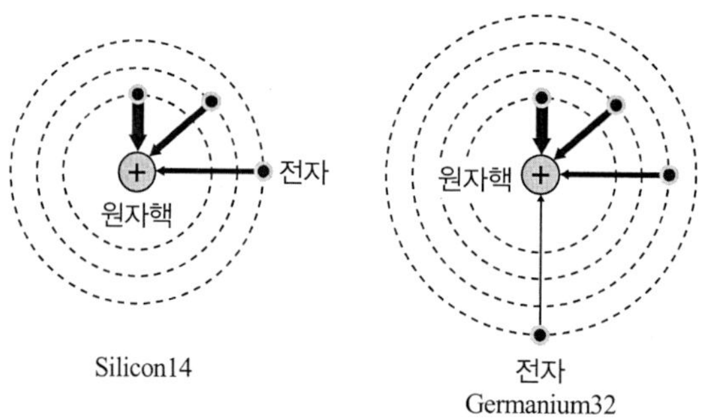

❒ CH1. 그림 2-13 Si14와 Ge32의 원자 Orbital에 따른 핵력 변화

원소의 성질은 최외각전자가 몇 개로 되어 있느냐로 결정되어 Ge32든 Si14이든 4족의 성질을 띠지만, Ge32의 전자껍질 숫자가 더 많음으로써 원자핵으로부터 Si14에 비하여 Ge32의 최외각전자가 더 멀리 떨어져 구심력의 영향이 작아지므로 Si14의 band gap이 Ge32의 band gap에 비하여 약 2배 높다. Band gap이 작으면 온도변화에 따라 혹은 외부에서 가해지는 energy 변화에 따라 valence band에 있던 전자들이 쉽게 conduction band로 옮겨져서 전자 개수가 exponential하게 상승하여 전류가 흐르기 쉬워진다. Electron이 너무 쉽게 여기 되어도 온도안정성이 저하되고 반도체 내에서 발생되는 current를 control하기가 도리어 어려워지므로, 반도체에서는 Germanium32는 특수한 경우에 한정적으로 사용하고, 대부분 일반적으로는 Silicon14를 wafer의 주원료로 많이 사용하며, NAND Flash memory를 fabrication 시키는 wafer도 마찬가지이다.

또한, Germanium32는 광산 등 한정된 area에서만 구할 수 있지만, Silicon14는 바닷가나 산에 가면 구할 수 있다. 물론, 반도체용 Silicon으로 사용할 수 있는 모래는 특수한 모래이어야 하며, 현재까지는 반도체 재질로서 Silicon을 대체할 만한 물질은 아직 나타나지 않았다. 모래는 산화규소(SiO_2) 형태로 존재하므로 산소를 떼어내고 순도 99.999 …999%의

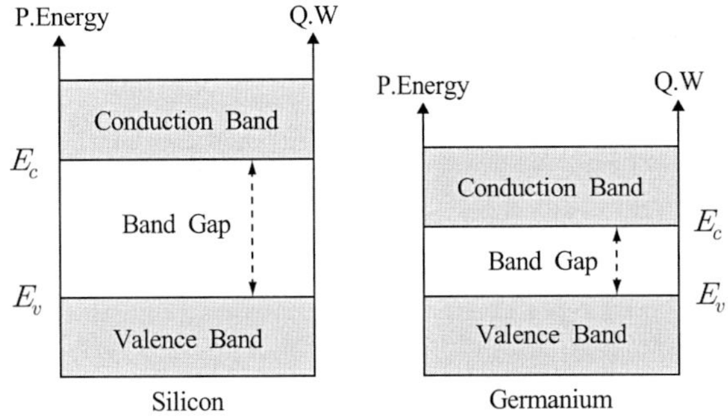

❐ CH1. 그림 2-14 4족 원소의 Silicon14 vs Germanium32의 Band Gap

nine-eleven(9가 11개) 실리콘을 얻기 위하여는 모래를 용융과 응고 상태를 번갈아 가며, 고체와 액체라는 형태를 변화시키는 작업을 여러 번 반복해야 한다. 이렇게 해서 얻은 단결정 순수 실리콘 용융액으로부터 Silicon ingot이란 길다란 실리콘 원주를 뽑아내어 냉각시킨 후, 두께가 매우 얇은 원판인 실리콘 wafer를 특수 절삭기를 이용하여 감자칩 같은 형태로 썰어낸 형태가 wafer이다. 단원소 반도체인 Si14/Ge32 이외의 energy band gap을 변형하기 위하여, 2원소 wafer base 물질로는 화합물반도체(예 : Ga31As33, Ga31N7, Si14C6)를 사용한다. (3원소, 4원소를 wafer base 물질로도 사용한다.) 발광소자, 레이저소자, 고속소자로 활용되는 화합물반도체는 3족-5족, 2족-6족 혹은 4족-4족을 결합시켜 4족 원소(Silicon 혹은 Germanium)와 유사한 기능을 하는 base 물질로 사용하는데, 화합물반도체의 band gap은 대체적으로 4족 원소보다 크다(예 : Ga31As33의 Band Gap 1.43eV).

2-3-6 Band Gap vs 격자간격

Band gap의 폭은 물체를 이루는 물리적인 격자간격에 따라서도 변화된다. 격자는 원자핵과 원자핵 간의 배치와 position인데, band gap은 원자핵과 원자핵 간의 거리에 반비례한다. 원자핵 간의 거리가 좁을수록 원자핵으로부터 발생되는 구심력이 커지고 구심력이 커지면 최외각전자를 떼어내는 에너지가 더 많이 들어간다. 이는 격자간격이 좁을수록 band gap이 커져서 그만큼 전자가 conduction band로 이동하기가 어렵다는 것으로서, 반도체에서도 Si14와 Ge32의 차이는 원자의 격자 간 거리에 의해서도 band gap에 영향을 미치게 된다. Ge32 band gap이 Si14 band gap보다 작은 이유 중의 하나는 Ge32의 원자핵 간의 거리가 Si14의 원자핵 간의 거리보다 넓어서 최외각전자에 미치는 구심력이 Ge32인 경우가 Si14 경우보다 작기 때문이기도 하고, 원자번호와도 연관이 있다. 원자번호가 클수록 전자껍질 수가 비례하여 많아지고, 전자껍질의 수가 많을수록 최외각전자가 원자핵으로부터 멀리 떨어지며, 이는 곧 원자핵 간의 거리인 격자 간격도 비례하여 멀어진다.

2-4 반도체인 경우의 일함수

일함수는 workfunction(WF)을 직역한 단어이다. WF는 體內의 입자가 體外로 escape하는 데 드는 energy로 정의하였는데, 이는 아인슈타인의 광전효과에서 출발하였다. 광전효과란 도체를 진공 속에 넣고 외부에서 energy(빛)를 가했더니 도체 내에 있던 전자가 도체로부터 탈옥하여 진공 속으로 튀어나온 결과를 얻은 실험으로서, 이때 전자가 탈출하기 까지 투입된 energy를 workfunction이라 정했다.

도체일 경우의 일함수는 제대로 정의되어 있고 energy band 개념이 없어도 되므로 간단하지만, 반도체에서의 일함수는 최외각 전자껍질의 orbital을 돌고 있는 전자를 원자로부터 떼내서 體(반도체) 밖으로 전자를 배출하는 데 필요한 일 혹은 energy로서 도체보다는 약간 더 복잡하다. 반도체를 진공 속에 넣어서 아인슈타인과 동일한 실험으로 진공 속으로 전자가 튀어 나오도록 하는 광전효과를 낼 수는 없지만, 그러나 개념은 도체를 사용하는 경우와 동일하게 적용할 수 있다. 광전효과와 유사한 반도체의 operation으로는 EPROM의 lens에 빛을 주사하여 EPROM의 floating gate에 들어있는 전자를 erasure시키는 operation이 있다. 혹은 LED와 같은 optical 반도체에서는 빛을 인가하여 전류를 흐르게 하거나, 반대로 전류를 흐르게 하여 반도체로부터 빛을 발광시키게 하는 등, 디바이스 동작 시에 사용되는 상기 예의 에너지가 일함수에 근접된 energy에 해당한다.

반도체의 WF는 시작을 Fermi level로 정하고, WF의 ending은 體外의 energy level로 정했다. 불순물 반도체에서 體外란 임의의 불순물 type 반도체에서 다른 type의 불순물 반도체로 넘어가는 경계를 말한다. 따라서 WF는 Fermi level ~ outer layer 사이의 energy level이 되고, Fermi level은 전자가 존재할 확률이 50%되는 energy level로서 <Session 3>에 상세히 소개된다.

원자핵으로부터의 구심력이 약해진다는 것은 전자껍질의 단계가 증가하는 방향이고, 이는 원자핵으로부터 최외각전자들이 받는 힘이 줄어들게 되며, 곧 최외각전자를 떼어내는 일함수가 적게 들어가는 방향이다. Band gap과 마찬가지로 일함수도 원자핵에 가까이 갈수록 커지고 멀어질수록 작아지므로 일함수는 최외각전자의 일함수가 가장 작고 $n=1$의 orbital을 돌고 있는 전자의 일함수가 가장 크며 일함수의 작용 방향은 구심력 방향에 반대방향이다.

2-4-1 전자껍질과 일함수

전자가 보유하고 있는 potential 에너지는 원자핵과 전자 사이의 거리에 비례하여 원자핵에 가까이 있을수록 target 전자의 potential 에너지는 작고, 멀리 떨어져 있을수록 크다. 역으로 원자로부터 target 전자를 떼어내는 에너지인 일함수는 원자핵에 가까울수록 크고 멀리 떨어져 있을수록 작으므로 potential energy와 일함수는 반비례한다. 단일 원자인 경우, 주양자수 n이 증가할수록 전자를 떼어내는 일함수는 $n=1$인 경우 -13.7eV이고, $n=2$인 경우는 -3.4eV, $n=3$인 경우의 최외각 전자를 떼어내는 일함수는 -1.5eV이다. minus기호는 일함수와 핵력이 반대방향이기 때문에 붙였다. 최외각전자껍질의 energy level과 일함수의 차이는 drain 전류 I_{ds}가 흐르기 시작하는 임계전압인 threshold voltage(V_{th})의 차이에도 영향을 끼치므로, 거꾸로 V_{th}를 알아내면 반도체 type별 일함수를 유추할 수 있게 된다. Si14의 V_{th}가 Ge32의 V_{th}보다 높은 것으로 Si14의 일함수가 Ge32의 일함수보다 높은 것을 알 수 있다. 그러나 V_{th}의 차이가 곧바로 일함수의 차이로 정확하게 일치하는 상관관계는 아니고, V_{th}와 일함수 간에 비례적인 함수관계가 있다는 것이다.

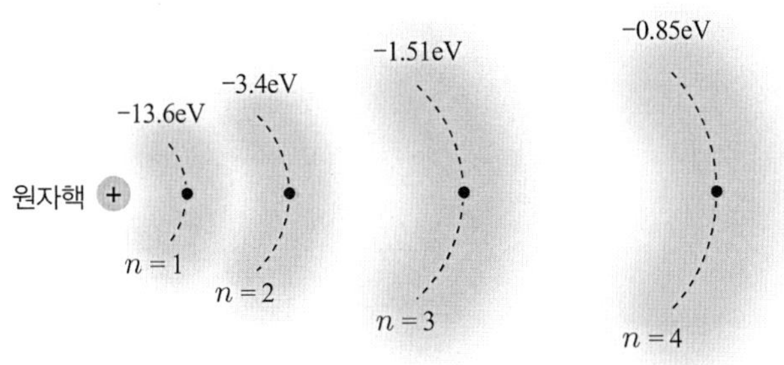

❒ CH1. 그림 2-15 원자핵으로부터 거리와 주양자수에 반비례하는 일함수

주양자수 n으로 양자화된 전자 궤도의 전자들이 보유한 총에너지량은 모든 궤도들이 그리고 각각의 궤도들이 27.2eV(각 orbital당 최대전자수를 보유한 경우)로 일정하다. 각 궤도별 총에너지량은 각 궤도에서의 최대 전자수×전자 1개당 갖는 일함수로 도출된다. 하기 <CH1. 그림 2-16>에 따르면 총 에너지량이 일정함으로 각 주양자수별 일함수는 n이 아무

주양자수	최대전자수[개]	일함수[eV]	총에너지량[eV]
1	2	-13.6	27.2
2	8	-3.4	27.2
3	18	-1.5111	27.2
4	32	-0.85	27.2
5	50	-0.5442	27.2
6	72	-0.3778	27.2
7	98	-0.2776	27.2
8	128	-0.2125	27.2
9	162	-0.1679	27.2

❒ CH1. 그림 2-16 주양자수에 따른 전자껍질 별 일정한 총에너지량(각 전자껍질 내의 최대전자수 × 일함수)

리 높아도 얼마든지 쉽게 구할 수 있다. 그러나 일함수는 단순히 전자궤도를 도는 전자의 수에 의해서만 결정되는 것이 아니고 원자핵으로부터의 거리에 의해서도 반비례하는 영향을 받는데, <CH1. 그림 2-16>은 이에 대한 영향은 무시한 경우이다.

전자는 할당된 궤적을 매우 빠른 속도로 타원운동을 하기 때문에 항상 동일한 궤적위로 움직이는 것이 아니라, 편차가 있는 분산 운동을 하고, 속도와 위치를 동시에 측정할 수 없으므로 확률적으로 나타내어질 수밖에 없으므로, 이렇게 표현된 함수가 <Session 3>에 소개될 전자분포에 대한 Fermi 확률함수이다.

Session 3 Fermi 확률함수

<Session 3>에서는 원자 내에 분포된 carrier들이 온도변수, 농도변수, 반도체 type 변수들에 따라 어떤 확률로 존재하는지를 Fermi 확률함수를 통하여 해석하고, 이를 통하여, <Chapter 2. Session 1-2>에 소개될 전자들이 존재할 수 있는 상태를 나타내는 상태밀도(DOS : density of state)를 알아낸 뒤, NAND Flash의 floating gate, channel 등 각 layer에서 전자들이 얼마나 존재하게 되는지를 energy적으로 산출하여 전자의 전도도와 개수를 추정할 수 있도록 연결하였다.[3)]

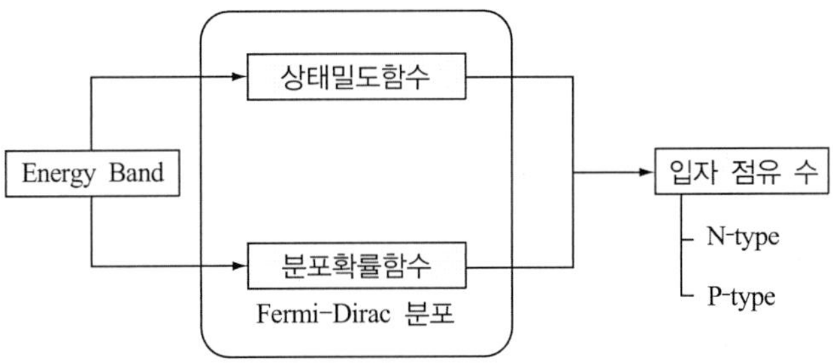

❐ CH1. 그림 3-1 에너지와 Fermi 확률함수의 연관관계

Fermi 확률함수는, 원자 내에서 최외각전자들의 분포는, 미시의 세계에 존재하므로, 확률로 밖에 유추할 수 없으며, 이에 대하여 energy를 매개체로 해석하는 방법을 파울리의 배타원리와 슈뢰딩거방정식의 개념으로부터 영향을 받아서 이탈리아 천재 물리학자인 Fermi가 고안해냈다. 이는 Fermi가 톰슨에 의하여 발견된 전자가 금속 내에서 어떻게 존재하는가를 연구하다가 정리한 함수이다. 전자들은 입자이자 동시에 파동이고, 파동의 본질은 에너지로 보기 때문에 에너지가 많은 상태(양자상태)에서는 전자들이 존재할 확률이 높은 것으로 해석하였다.

3-1 Fermi 확률함수와 전자의 존재

도체 내에서 전자의 존재를 설명하였던 Fermi 확률함수를, 도체 안에서 자유전자 model을 제안한 A.좀머펠트가 이를 반도체로 응용하였다. 이는 금속에서의 전자가 존재할 분포를 확

3) Fermi 분포함수, Fermi-Dirac 분포함수, Fermi 함수, Fermi 통계, Fermi-Dirac 통계 등이 약간씩의 미세한 의미의 차이는 있으나, 구분하지 않고 통칭하여 Fermi 확률함수라 하겠다.

률함수로 나타내는 것이었으나, 반도체에서는 전자의 존재와 반도체의 전도성을 나타낼 수 있는 함수가 되었다.

$$f(E) = \frac{1}{e^{(E-\mu)/kT} + 1} \qquad \text{식30)}$$

식30)의 분포를 페르미 분포라고 하는데, 이는 어떠한 energy level에 있는 양자상태를 입자가 점유할 확률을 나타내는 것으로서 반도체물리의 기초이자 시작이면서, 반도체소자의 기본이 되는 방정식이다. 유도과정은 생략하였고, Fermi 함수를 이해하기 위하여 식을 구성하는 각 요소들을 살펴보자.

Fermi 확률함수는 반도체를 구성하는 원자 내에서 몇 가지 변화하는 factor들에 따라서 electron 혹은 hole이 존재하는(점유된) 개체수가 얼마나 되는지를 수치로 혹은 확률값으로 나타낼 수 있다. 이는 궁극적으로 전류값을 산출하기 위함이고, 전류값은 carrier 개체수 혹은 농도에 의하여 결정된다. 나타내고자 하는 입자가 전자일 경우의 에너지 E는 독립변수로 quantum well barrier의 원자 내에서 최외각전자껍질 상의 전자 혹은 잉여전자에 대한 potential energy를 의미한다. k는 볼츠만 상수이며, T는 절대온도, μ는 화학 potential energy level로서 Fermi energy라 하며 $\mu = E_f$로 적용된다. 불순물 원소가 doping됨에 따라 화학적 energy가 증가하면서 비례하여 E_f가 결정된다. E_f는 Fermi energy level로서 기저상태인 절대온도 $T=0^\circ\text{K}$일 때의 전자의 energy level이다. E가 E_f와 같아질 경우에는 원자 내에서 최외각 전자가 존재할 확률 $f(E)$값이 1/2, 즉 50%가 된다. 이는 carrier energy E를 독립변수로 둔 함수값 중에서 carrier의 에너지가 Fermi energy level과 같아질 때, 해당 에너지를 보유한 carrier가 원자 내 최외각껍질에서 존재할 확률이 50%라는 의미이다. 종속변수인 $f(E)$는 carrier가 어떤 potential energy를 가질 때 원자 내에서 얼마만큼의 확률로 carrier가 존재(점유)할 것인가를 나타낸다. 주로 관심사항은 순수반도체에 불순물을 주입한 후에 일정 energy를 가질 때, majority carrier와 minority carrier들이 최외각전자껍질에 혹은 conduction band에 얼마 정도의 확률로 존재할 것이냐이다. 이를 통하여 carrier 개체수를 산출하고 current를 유추하여 계산해내며, 최종적으로 정보를 전달하는 데 있어서 ON으로 전달할 것인지 OFF로 전달할지를 결정하는 barometer를 제공한다.

3-1-1 Fermi 확률함수의 NAND Flash로의 적용

반도체 내에서 Fermi 확률함수를 적용하는 환경 혹은 조건은 1) 반도체 재질이 확정되어, 이에 따른 energy band gap이 미리 결정되어 있고(대부분 silicon14 wafer 사용), 2) 정상적인

electron의 operation은 절대온도보다 높은 상온에서 동작($T=300^{\circ}K$)하며(절대온도 $0^{\circ}K$에서는 어떠한 반도체도 동작을 하지 않으며, 지구상에 그런 동작조건은 있을 수 없으므로), 3) Fermi 확률함수는 원자라는 양자우물 내에서의 carrier의 분포에 대한 확률이다. 4) 또한 반도체 불순물 type은 미리 결정되어 있어야 하므로, 불순물은 5족 혹은 3족으로 주어지고, 5) energy level적으로는 carrier의 분포를 확인하기 위하여는 최외각 band인 valence band와 conduction band 및 그 두 사이의 gap인 band gap을 포함한 영역을 다룬다.

정리하자면, Fermi 확률함수의 독립변수는 energy이며, Fermi 확률함수는 carrier(electron, hole) energy의 변화에 따라, 종속변수인 확률값이 설정된다. Carrier energy의 변화는 온도/doping type/doping 농도에 의하여 가변되며, 이런 변화들에 의하여 carrier가 원자 내에 존재하는 확률이 각기 다르게 나타난다. Fermi 확률함수 분석은 energy에 변화를 끼치는 요소들을 검토하고, 이에 대한 확률반응이 어떻게 나타나는지를 살펴보는 것이다. Fermi 확률함수는 carrier energy 변화에 따라 carrier가 존재할 확률을 개산해 낼 수 있는 편리한 함수로써, Fermi 함수가 없으면, 매번 복잡한 통계현상을 물리학적으로 접목시켜야 하고, 이를 다시 carrier의 존재에 응용하여야 하는데, 이들의 난해한 전개가 반도체의 물리적 해석을 더디게 하였을 것이다.

<Session 1>의 슈뢰딩거방정식 식11)인 전자의 확률밀도함수를 원자 내의 전체공간으로 무한대 적분을 하면 전자의 존재확률은 100%가 되듯이, Fermi 확률함수도 dx에 대하여 전체를 적분하면 전자가 존재할 분포확률이 100%가 된다.

$$\int_{-\infty}^{+\infty} f(E)dx = 1 \qquad \text{식31)}$$

페르미 분포는 반도체 내의 carrier의 개체수를 계산할 수 있게 해준다. Channel 상의 majority/minority carrier량이 얼마나 되는지(drain current량 유추), floating gate 내의 carrier의 개수를 셀 수 있게 하여 회로 선 폭이 20nm급 혹은 10nm급 Technology의 floating gate가 carrier를 몇 개까지 보유할 수 있는지, 그래서 NAND Flash의 data를 처리하는 분포를 몇 개까지 형성시킬 수 있을지, TLC의 program 분포 7개를 control할 수 있을지를 예측할 수 있게 한다.

3-2 Fermi 확률함수 특성

고체 결정 내에서 전자의 분포를 파악하기 위해서는 Fermi-Dirac의 통계를 사용한다. 이것은 원자 내의 전자가 특정 에너지를 갖고 있을 때를 가정하여, 해당 전자의 존재 확률을 가늠하게 해준다. 왜냐하면 전자가 보유하고 있는 에너지 크기에 따라 valence band인지 conduction band인지 어느 area에 존재할 것이냐가 현저하게 달라지기 때문이다. Fermi 확률함수의 특성 전개는 먼저 온도 case로 구분한 후에, 각 온도 case의 반도체 type별 및 농도에 따른 변화를 살펴보겠다.

3-2-1 절대온도 0°K인 경우

온도가 변하면 Fermi energy level값(임계점)의 변화는 없지만, Fermi 확률함수 내의 임계점을 기준으로 Fermi 확률함수의 기울기가 변한다. Fermi 확률함수는 절대온도 0°K일 때는 기울기가 없는 flat상태이고 온도가 상승할수록 기울기는 exponential 함수 곡선에 따라 경사가 급해진다. 온도는 반도체가 동작하지 않은 절대온도가 $T=0°K$일 때와 반도체가 사용되는 일반적인 경우의 상온(room temperature) $T=300°K$일 때로 나누었다.

식30)에서 Potential energy E는 변화되는 carrier(전자)의 Energy이며, 페르미 준위(E_f)보다 큰 에너지 E가 확보할 전자의 확률 $f(E)$는 절대온도 $T=0°K$인 기저상태일 때, kT는 zero로 가고, $1/kT$는 무한대이므로 $e^{+\infty}$가 되어, $f(E)$는 zero에 다가간다. 즉, $T=0°K$일 때 페르미 레벨보다 큰 에너지 영역에서는 전자가 양자우물 내에서 존재하지 않는다. 에너지 E가 E_f보다 작은 영역일 때는 식30)에 대입하면 $e^{-\infty}$의 값은 0이므로 $f(E)=1$이 되어, 전자가 존재할 확률이 100%에 가까워진다.

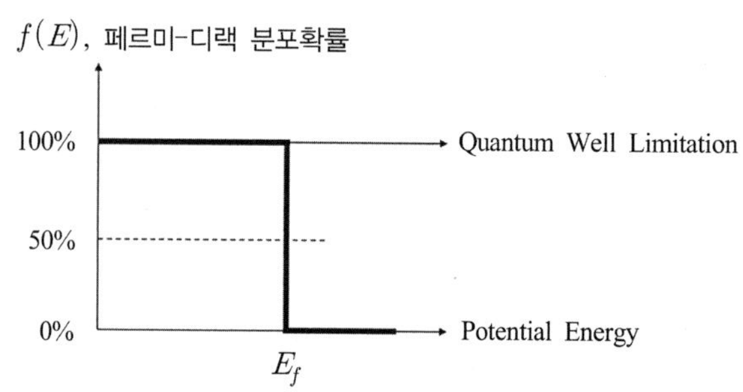

❐ CH1. 그림 3-2 전자의 분포확률함수 $f_n(E)$ vs Energy @ $T=0°K$인 기저상태

<CH1. 그림 3-2>는 E가 E_f보다 $\pm\Delta E$의 차이로 크거나 작을 때, 전자의 존재확률이 0%에서 100%로 혹은 100%에서 0%로 급격히 전환되는 $T=0°K$인 기저상태 조건에서의 해석이다. 절대온도 0°K일 때는 전자가 분포하는 확률함수의 임계치($E=E_f$) 이하의 영역에서는 전자들이 가득 차 있고, 임계치 이상의 영역에서는 전자들이 없는 계단식 함수를 나타낸다. Graph의 임계치는 전자가 보유한 에너지의 한계선 혹은 전자가 존재하는 임계선(E_f)이 된다.

기저상태란 외부에서 어떤 작은 열에너지도 주어지지 않는 상태를 의미하며, 모든 전자나 원자핵 내의 소립자들이 열에너지가 전무하므로, 열에너지 이외의 에너지로 움직여야 하는 상태를 말한다. 페르미-디랙 확률함수의 독립변수와 종속변수인 x축과 y축을 서로 바꾸면, energy band를 해석해놓은 graph <CH1. 그림 2-14>와 같이 y축이 동일하게 energy축으로 되어 해석상 수월해진다. <CH1. 그림 3-2-1>의 좌측 그림과 우측 그림은, x축과 y축을 switching 해놓은 상태의 동일한 graph이다.

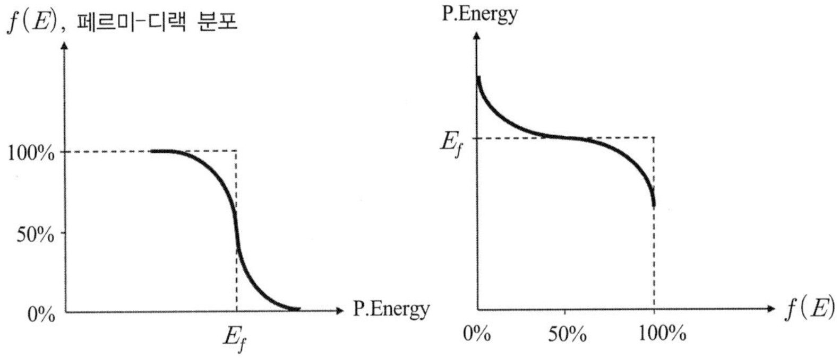

❐ CH1. 그림 3-2-1 $T=0^{\circ}$K(점선), $T=300^{\circ}$K(실선)일 때, 분포의 확률함수

3-2-1-1 Intrinsic Case

도체에서는 최외각전자껍질의 energy level이 conduction band에 위치해 있는 반면, 순수 Silicon14만으로 구성된 intrinsic 반도체에서는 최외각전자껍질의 energy level이 valence band에 있는 것이 다르므로, 기저상태(절대온도 0°K)일 때의 반도체에서는 전자는 conduction band에 전자가 0% 존재해 있어서 절연기능을 갖는다. 전자들이 모두 valence band에 있다는 것은 4족 원소-4족 원소 결합에 공유되는 전자들이 모두 원자와 원자 사이의 결합 속에 들어앉아 움직임이 없다는 것으로서, Fermi-Dirac분포의 Fermi 확률함수로는 valence band 내의 전자들이 존재하는 확률은 100%가 된다.

Intrinsic 반도체에서도 Fermi level($E_i = E_f$)은 50%의 확률이므로 x축의 확률함수축 상에서는 Fermi level은 0%와 100% 사이에 있다. 이때의 확률 0%와 100%는 flat 상태이므로, 50%인 Fermi level은 그 중간에 위치해 있다. Intrinsic일 때의 carrier 농도 또한 전자의 농도 = hole의 농도이므로, 이때의 Fermi level은 y축의 potential energy축 상의 valence band 최상위 level과 conduction band 최하위 level 사이의 중간에 위치한다. <CH1. 그림 3-3> 참조. (그러나 반도체를 사용하는 환경에서는 절대온도 0°K의 상황은 극지방에서도 있을 수 없으며, 일반적으로는 실온인 절대온도 300°K를 기준으로 $\pm \Delta T$로 사용되는 경우가 대부분이다) $f_n(E)$는 carrier가 election인 경우, 에너지가 E일 때의 Fermi 확률함수이다.

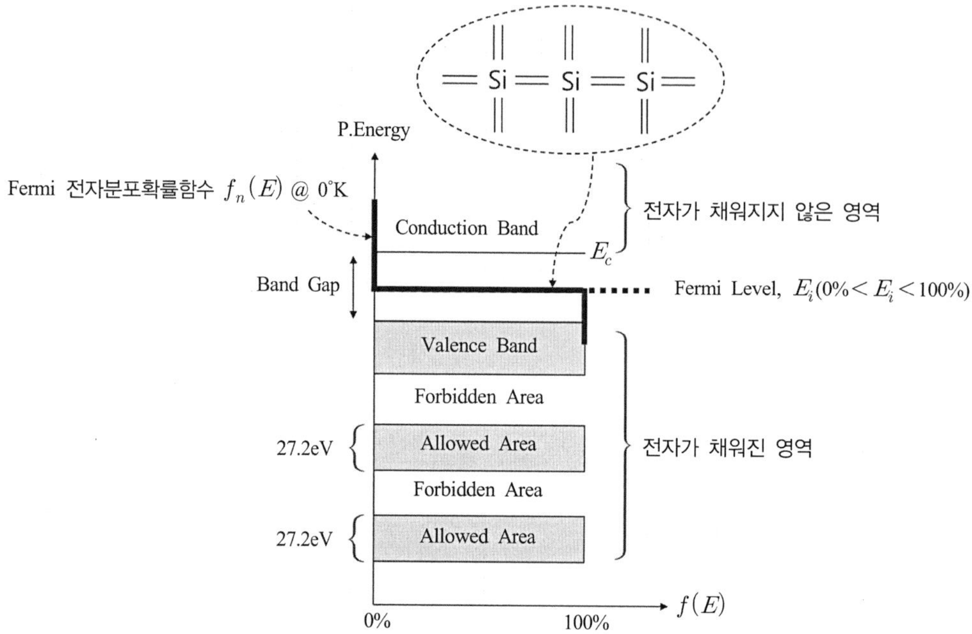

❒ CH1. 그림 3-3 Intrinsic 반도체의 Energy Band와 전자분포의 Fermi 확률함수 $f_n(E)$ @ $T=0$°K

3-2-1-2 5족 불순물 원소가 Doping된 Case(Extrinsic Case)

Doping 반도체인 경우는 Fermi 확률함수가 doping된 량에 비례하여 상승하므로 doped Fermi level(E_f)은 intrinsic Fermi level(E_i)보다는 상위 level에 있다. Doping process와 관련된 electron들의 분포 및 상세내역은 <Chapter 2. Session 2>에서 다루겠다. 절대온도 0°K일 때는 모든 energy(potential energy, 운동에너지)의 상승이 없으므로 아무리 doping이 많이 되어 Fermi 확률함수가 conduction band 가까이 상승해도 전자의 여기(들뜬 상태)나 움직임은 없다.

Fermi level이 상승하여 일함수가 아무리 적어져도 외부로부터 받는 energy가 없으므로 전자가 원자로부터 탈출하지 못하며, 공유결합된 원자는 전기적으로 중성이다. 원자 내의 모든 전자들은 물리적 결합입장인 bond model로 볼 때, 최외각껍질 이하의 level로 들어차 있으며 활동하지 않고 숨을 죽이고 있는 형국이다. 불순물 농도가 증가하여 잉여전자 개체수가 많아져도 energy가 불충분하여 적극적으로 뛰쳐나갈 의지가 없는 전자들이므로 전도도에 기여하지 못한다. 이때의 원자 내의 최외각전자는 conduction band로 옮겨간 전자가 하나도 없이 모두 원자 내에 남아있으므로 절연체 역할을 한다. 5족 원소로는 P15, As33, Sb51 등이 있으나 최근에는 P15나 As33을 Sb51보다 많이 사용하는 추세이다. $f_{n_n}(E)$는 n-type 내의 electron에 대한 $f(E)$이다.

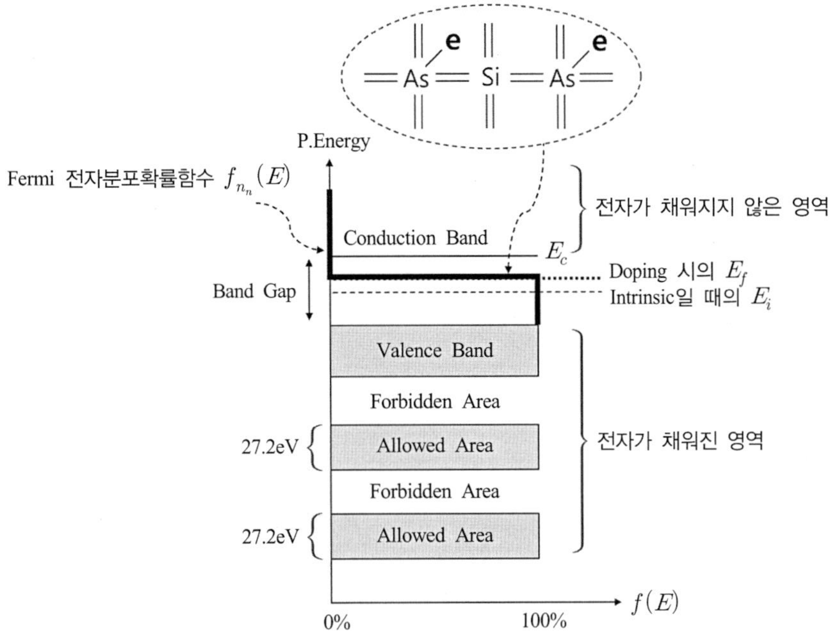

❒ CH1. 그림 3-4 5족 원소 불순물 Doping된 N-type 반도체의 Energy Band와 Majority Carrier인 전자분포의 Fermi 확률함수 $f_{n_n}(E)$ @ $T=0^{\circ}$K

3-2-1-3 3족 불순물 원소가 Doping된 Case(Extrinsic Case)

3족-4족 공유결합 상태에서 3족 원소 dopant가 증가하면 Fermi level이 valence band 쪽으로 접근한다. 절대온도 0°K일 경우에는 N-type과 마찬가지로, 3족 원소가 doping된 P-type에서도 potential energy 혹은 운동에너지는 기저상태이므로 hole에 채워지는 전자의 이동이 전무하여 절연체에 가깝다. $f_{n_p}(E)$는 P-type 내의 electron에 대한 $f(E)$이다.

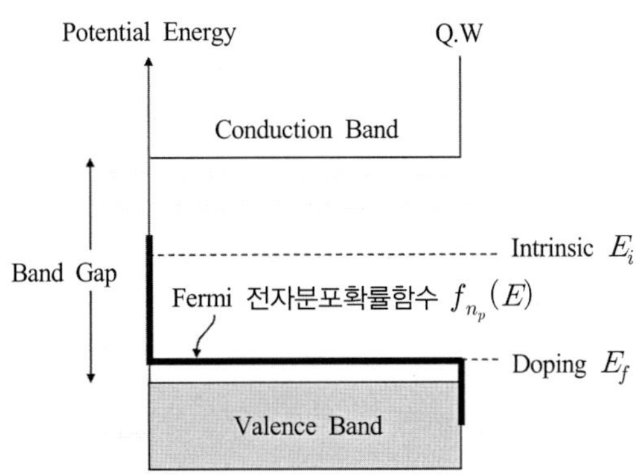

❒ CH1. 그림 3-5 3족 원소 불순물 Doping된 P-type 반도체의 Energy Band와 Minority Carrier인 전자분포의 Fermi 확률함수, $f_{n_p}(E)$ @ $T=0^{\circ}$K

<CH1. 그림 3-6>은 3족 불순물 doping된 P-type 반도체에서의 majority carrier인 Hole분포의 확률함수이다. Fermi level은 minority carrier인 전자분포 확률함수의 energy level과 같고, 3족 원소로는 B5를 사용하는데, B5-Si14족 공유결합한 결과, B5와 Si14 간에 발생된 hole 역시 energy가 전무하므로 움직이지 않으며, 원자 전체적으로는 전기적으로 중성이다. <CH1. 그림 3-6>의 B-1은 Fermi level에서의 원자의 bonding model 상태를 나타낸 것으로서, B-1 내의 bold circle은 hole을 뜻하며, energy 공급이 전무하여 외부로부터 전자가 hole로 들어오지 못한다.

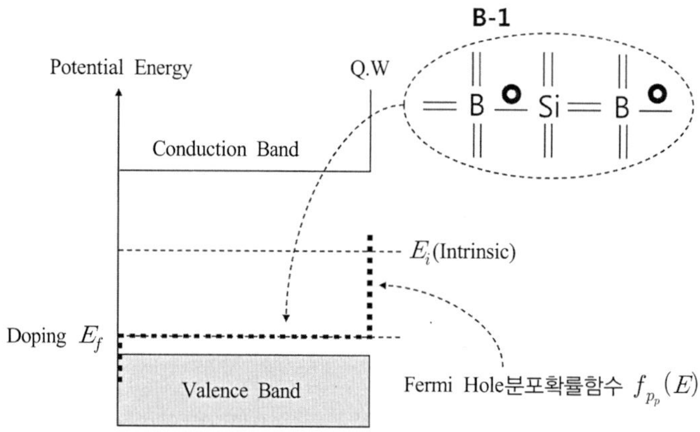

❐ CH1. 그림 3-6 3족 원소 불순물 Doping된 P-type 반도체의 Energy Band와 Majority Carrier인 Hole분포의 Fermi 확률함수, $f_{p_p}(E)$ @ $T=0^\circ$K

3-2-1-4 $T=0^\circ$K일 때, Fermi Level 의미

$T=0^\circ$K일 때는 physical적으로 살펴보면 최외각껍질을 돌고 있는 전자들이 모두 원자 내에 갇혀서 최외각껍질에 존재하는 상태이므로, 엄밀한 의미에서는 확률 50%를 나타내는 Fermi level은 절대온도 0°K에서는 의미가 없다. $E=E_f$일 때, 전자가 존재(점유)할 확률이 50%인 Fermi level이란, Fermi level 정도의 에너지를 보유한 양자 상태에 전자가 원자 내의 최외각전자껍질에 존재할 확률이 50%라는 의미이지, 원자 내의 최외각전자 중의 50%가 Fermi level 만큼의 에너지를 보유하고 있다는 것은 아니다. Fermi 확률함수 입장에서 보면, 원자 내 전자들의 potential energy는 기저상태를 가지며 E_f를 기준으로 전자의 존재확률이 0% 혹은 100%로 극명하게 분리된다. 이때 Fermi level은 0%와 100% 사이 중간에 있다. 절대온도가 0°K일 때는, Fermi level은 전자가 보유할 수 있는 가장 높은 energy임을 뜻한다. 물론 최외각전자보다 전자껍질이 하위에 있는 다른 모든 전자궤도의 에너지 레벨은 최외각껍질의 에너지 레벨보다 적은 에너지 레벨(동시에 $E<E_f$)이기 때문에 전자들이 모두 들어차 있어서 분포확률

이 100%가 된다.

정리하면, carrier의 energy가 Fermi level 보다 하위 level의 energy를 보유한 양자 상태인 경우에는 carrier가 존재할 확률이 100%이다<CH1, 그림 3-2 참조>. Fermi level은 온도가 상승할수록 Fermi 확률함수의 온도에 따른 변곡점으로 작용하며, 온도에 따라 Fermi level이 비례하여 상승/하강 하지는 않고 농도에 따라 비례한다. Fermi level의 움직임을 살피면 농도변수에 대한 Fermi 확률함수를 해석하는 데 용이하다.

3-2-1-4-1 불순물 Type 및 Doping 농도변수에 의한 Fermi Level 차이

Fermi 확률함수는 carrier type 및 온도에 따라서도 가변적이면서, 또 고체 내에서의 입자 수를 많게 혹은 적게 하는 불순물이 doping된 농도에 따라서도 변한다. Carrier농도는 일정한 영역 속에서의 carrier가 밀집되어 있는 정도를 말한다. 불순물 doping량은 입자의 수에 영향을 주어 electron이 많도록 doping할 경우(N형 반도체)는 비례하여 Fermi 확률함수가 conduction band 가까이 접근하므로 Fermi level이 함께 shift하여 올라가고, hole이 많도록 doping할 경우(P형 반도체)에는 Fermi 확률함수(Fermi level 포함)가 valence band 가까이 접근하여 간다.

N-type, P-type으로 doping(이온-임플란테이션)을 했다는 것은 Si14의 격자구조상에 일정한 조건 하에서 외부에서 강제적(기존 격자구조를 파괴한 후, 에너지를 가하여 격자구조를 재구성)으로 energy를 인가한 것이므로 carrier의 potential energy 전체에도 변화가 생긴 것이다. 5족 원소 doping일 경우 majority carrier인 electron이 많아지는 방향이므로 electron의 potential energy는 높아지는 방향으로 작용하고, 3족 원소 doping인 경우는 minority carrier인 electron이 줄어드는 방향으로서 electron의 potential energy가 낮아지는 방향이다. Electron의 potential energy가 낮아진다는 것은 반대로 hole의 potential energy가 높아지는 방향이다. 즉, 5족 혹은 3족 불순물 원소를 doping할 경우의 Fermi 확률함수는 진성반도체(intrinsic, 불순물이 doping 되지 않은 순수 Si14 혹은 순수 Ge32만으로된 반도체)일 경우의 Fermi 확률함수보다, doping

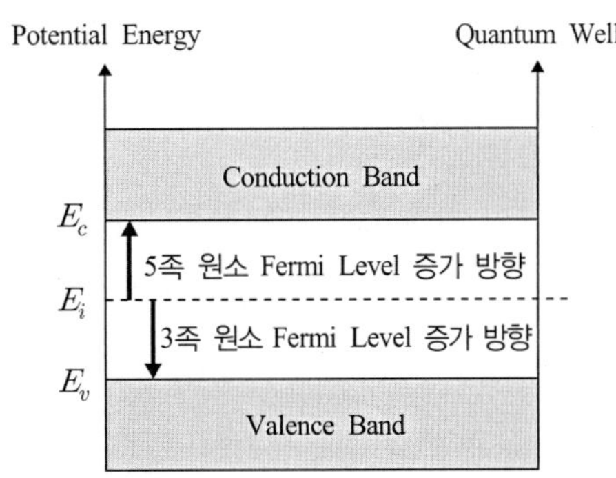

❐ CH1. 그림 3-7 불순물 Type vs Fermi Level의 변화 @ 4족 원소 기준

type과 doping량에 따라 conduction band 혹은 valence band 쪽으로 비례적으로 shift한다<CH1. 그림 3-7> 참조. 따라서 Fermi level도 연동되어 양쪽의 band 쪽으로 이동한다. 불순물 농도를 가능한 범위 내에서 최대로 높이면, 전도율이 Si14로 된 intrinsic반도체일 경우에 비하여 수만 배 혹은 수십만 배까지도 상승할 수 있어서 불순물 농도를 조절하면, 반도체를 절연체처럼 사용할 수도 있고 아니면 도체처럼 사용할 수도 있다. Doping 농도는 <Chapter 2>에 소개되는 비저항에 영향을 주어 물질을 절연체, 반도체, 도체로 구분할 수 있도록 해준다.

<CH1. 그림 3-8>은 반도체 type에 따라서 변화하는 band gap(B.G.)의 차이 및 doping type (+doping 농도)에 따라서 변화하는 Fermi level을 보여준다. Band gap 및 Fermi level의 변화에 의하여 threshold voltage, drain current, program time, erasure time 등 NAND의 주요 특성인자들이 영향을 받는다.

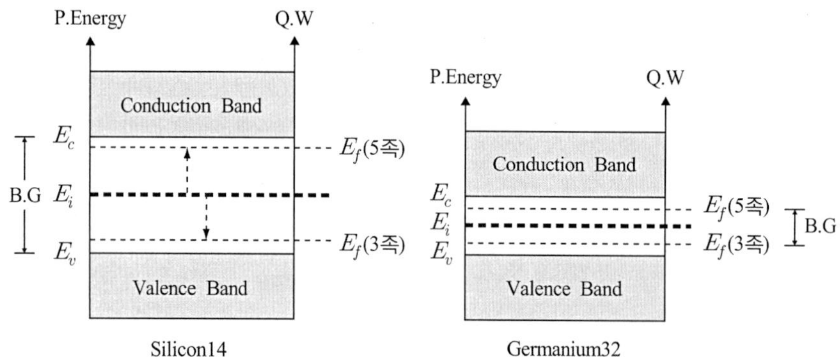

❐ CH1. 그림 3-8 4족 원소별 Doping Type 및 농도에 따른 Band Gap 및 Fermi Level 변화

3-2-2 상온(T= 300°K)일 경우

온도가 상승하면 전자의 potential energy가 높아지므로 원자로부터 탈옥하는 자유전자가 많아져 원자 내에 전자들이 존재할 확률이 점점 희박해지는 반면, 온도가 하강하면 potential 에너지가 낮아지고 전자들이 점점 최외각전자껍질 내로 들어 앉게 되어 전자가 원자 내에서 존재할 확률이 점점 증가하게 된다.

NAND가 동작하는 대부분의 일반적인 경우는 절대온도가 $T>0$°K인 경우인데, 전자가 원자 내에 존재할 확률은 T(온도)변수와 $E-\mu$(에너지 준위와 Fermi level 간의 차이) 변수에 의하여 $f(E)$가 결정된다. $T>0$°K인 모든 경우, P.energy가 페르미 레벨(E_f)과 같을 경우는 $f(E)=\frac{1}{2}$이 되어 전자가 분포할 확률이 50%가 된다. 식30)에서, 에너지가 Fermi level보다 높아져 energy 격차가 벌어질 경우는 전자가 원자의 valence band 내에 분포할 확률이 지수함

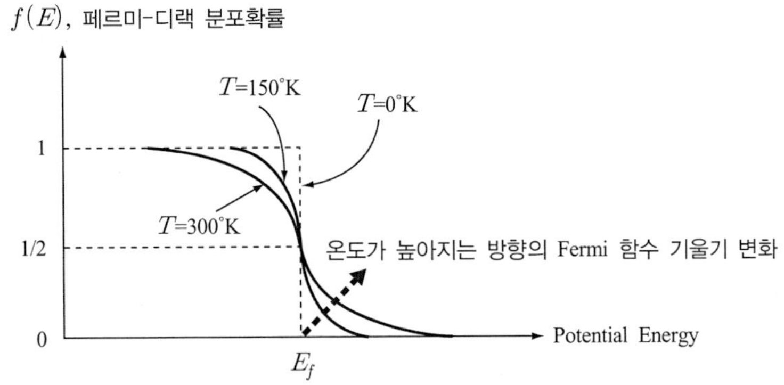

❒ CH1. 그림 3-9 $T>0°K$인 경우, 온도변화에 따른 $f(E)$ vs P.Energy에 대한 Trend @ 페르미-디랙 분포

수적으로 급격히 줄어들어 zero에 가까워지게 된다. 에너지가 E_f보다 적어져 energy 격차가 발생되는 경우는 전자가 원자 내에 분포할 확률이 지수함수적으로 급격히 상승하여 $f(E)=1$에 근접하면서 electron이 원자의 valence band 내에 존재할 확률이 100%에 가까워진다. 그러나 Fermi level인 E_f 자체는 온도에 따라 변하지 않는 반면, 온도가 상승, 하강함에 따라 Femi level을 중심으로 좌우영역에서 Fermi 확률함수 graph의 기울기가 높아지고 혹은 낮아진다.

$T=0°K$일 경우는 전자가 존재할 확률이 0%에서 100% 혹은 100%에서 0%로 급격히 변하므로 전자의 존재가 비교적 쉽게 설명이 되지만, $T>0°K$인 경우는 복잡해진다. 특히 반도체의 forbidden band내에서의 electron이 존재할 확률에 대하여는 <Chapter 2. Session 1-2-6>에 정리해 놓았다. 상온 상에서 각 에너지의 level에 따라 전자의 존재확률이 지수함수적으로 변하여 이의 경계선을 Fermi 확률함수로 정했다. 분포확률은 반도체 내의 전자의 개수를 예측하는 데 있어서, 1) conduction band와 valence band 영역에서 중요한 확률적 근거를 제시하며, 2) 온도변화 및 농도 변화에 따른 에너지 level과 carrier가 어느 band에 점유(채워짐)해 있을 확률 간의 함수 관계를 설명해준다.

3-2-2-1 Intrinsic Case

Fermi 확률함수는 전자가 존재할(채워질) 가능성에 대한 확률을 의미하므로, energy가 E_f level에서는 전자들이 존재할 가능성이 어떤 경우이든 50%이고, E_f보다 낮은 에너지영역에서는 전자들이 valence band(VB)에 존재할 가능성이 Fermi-Dirac 확률함수에 따라 점점 높아지며, E_f보다 높은 에너지영역에서는 전자들이 VB에 존재할 가능성이 점점 낮아진다. Intrinsic일 경우는 Fermi level은 energy band gap의 정중앙에 위치해 있지만, doping 농도에 따라 기준이 되는 Fermi level이 변한다. <CH1. 그림 3-10>의 A부분은 전자가 VB에 존재할 가능성이 0%에 근접하고, B부분은 전자가 VB에 존재할 가능성이 100%에 근접하는 부분이 되겠다. A부분은 바꾸어 말하면, electron이 원자를 탈출하여 conduction band(CB)로 유입되어 자유전자가 될 확률이 거의 100%에 가깝다는 의미이다.

$T > 0°K$일 경우, Fermi level 50%의 의미는 50% 확률 자체보다는 전자가 존재할 확률이, Fermi 확률함수에서 변곡점을 나타낸다는 의미가 더 크다. 즉, 상온일 경우는 Fermi level을 기준점으로 확률함수의 기울기가 온도에 따라 변한다. Si-Si 결합에서 전자가 탈출하면 탈출한 만큼 원자는 양전하를 띤다. <그림 3-10> A영역(energy banding model)에서는, 상온에서 electron이 escape하여 Si14족 양전하로 변한 Si14의 공유결합 상태를 A-1에 물리적 bonding model로 표시하였다. Bonding model B-1인 상태에서 energy가 높아지면 전자가 이탈하여 A-1 상태가 되며, Si14 원자는 양전하를 띄게 된다. 그러나 intrinsic 결합에서는 공유결합 자체가 튼튼하기 때문에 전자가 이탈되는 현상은 발생되기 힘들다. 또한 일부의 electron이 Si14로부터 escape되었다 하여도 current에 기여하지 못하는 소수 개수(cm^2당 10^{10}개)일 뿐이다. 이때 hole도 같이 생성되므로 EHP(Electron-Hole Pair)가 된다. 이정도 개수는 상온에서 끊임없이 생성, 소멸을 반복한다.

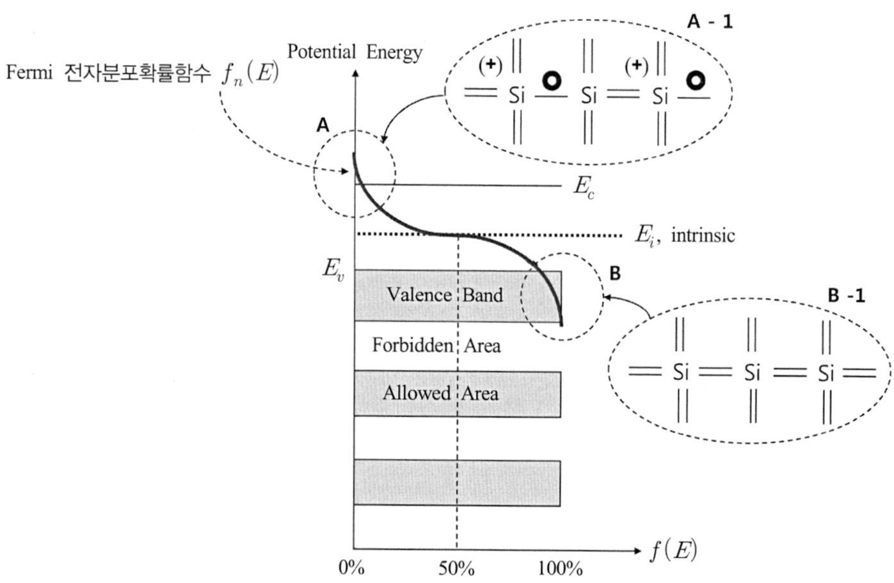

❐ CH1. 그림 3-10 Intrinsic 반도체의 Fermi 확률함수 및 원자 내 전자가 존재할 확률 @ T=300°K일 경우

지금까지는 전자입장에서 Fermi 확률함수를 논하였고, hole입장에서도 electron과 상호보완 관계가 성립한다. 동일 energy level에서 확률적으로

$$f_p(E) = 1 - f_n(E) \quad \text{식32)}$$

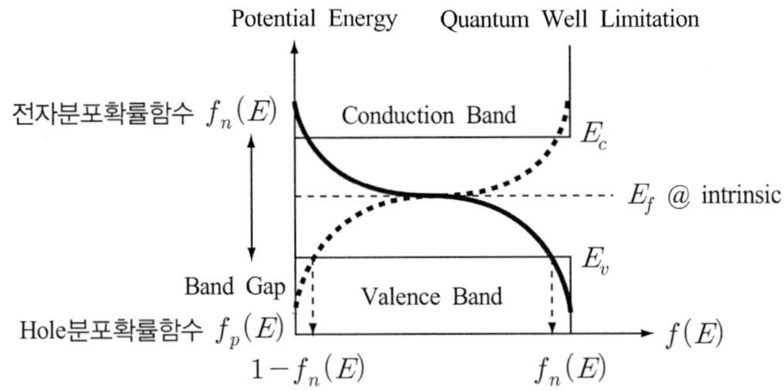

❒ CH1. 그림 3-11 Intrinsic 반도체의 전자분포와 Hole분포의 Fermi 확률함수 @ 상온

이다. $f_n(E)$는 전자의 확률, $f_p(E)$는 hole의 확률이다. 식32)를 풀이하자면, CB에 전자가 존재하는 음의 전하량만큼, VB에도 hole의 양전하량이 존재한다는 의미이다. 순물이 섞이거나 doping되지 않은 100% 순수 Silicon14 혹은 Germanium32로 공유결합된 intrinsic 반도체에서의 전자와 hole의 농도는 동일하므로, band gap의 중간에 위치하는 Fermi level을 중심으로 Fermi 분포의 전자와 hole의 온도변화에 따른 trend도 좌우대칭으로 동일하다.

3-2-2-2 5족 불순물 원소가 Doping된 Case

앞에서는 intrinsic인 경우, Fermi 확률함수의 온도변화에 대하여 살펴보았는데, 이제는 재질을 바꾸어, 5족 원소로 doping된 N-type 반도체에 대한 Fermi 확률함수의 농도변화에 따른 전자가 존재(점유)할 확률의 변동을 알아보자. cm^3당 1×10^{22}개 Si14원자가 격자로 존재하는데, 불순물은 cm^3당 1×10^{15}~1×10^{18}개 정도 도핑한다. 이 정도의 전자개수는 되어야 의미있는 전류의 흐름을 만들 수 있기 때문이다.

3-2-2-2-1 5족 원소 Doping에 따른 Fermi Level Position

Potential energy는 농도에 비례하므로 5족 원소 doping 시에는 majority carrier인 electron분포의 확률함수 $f_n(E)$의 Fermi level은 intrinsic의 Fermi level보다 conduction band에 더 가까이 접근한다. Minority carrier인 Hole분포의 확률함수의 Fermi level은 majority carrier와 같지만 확률적으로는 동일 energy level에서 electron과는 반대의 궤적인 $1-f_n(E)$를 그린다. 실질적으로 hole은 VB에만 있으므로 <CH1. 그림 3-12>의 점선 그래프는 VB에서만 유효하다. 또한 minority hole의 그래프는 intrinsic hole들이 majority electron의 공격 (EHP 소멸)을 받은 후의 VB에 남아있는 hole들의 궤적이다($p_0 = n_i^2/N_d$). <CH1. 그림 3-12>의 실선그래프는 CB에서만 유효하다. VB 내에서의 격자 속의 전자는 전류에 영향을 끼치지 않는다.

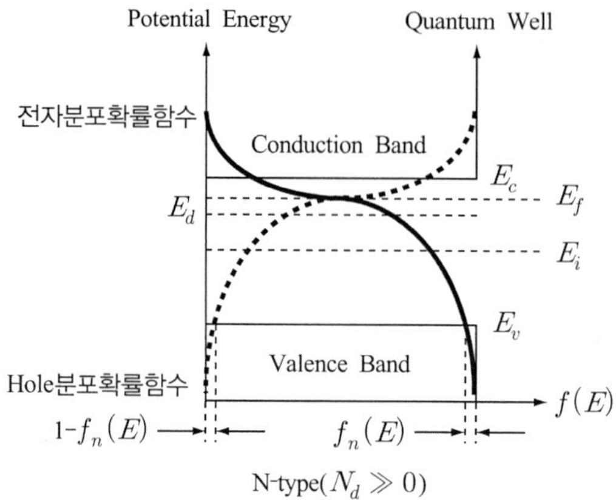

❒ CH1. 그림 3-12 5족 불순물 원소가 Doping된 전자분포와 Hole분포의 Fermi 확률함수

<CH1. 그림 3-12>에서 N_d는 silicon에 doping된 5족 donor의 농도인데 $N_d \gg 0$인 경우의 Fermi level은 $E_d < E_f < E_c$에 위치하게 된다. 농도가 높을수록 E_f가 E_c에 근접한다. E_d는 5족으로 doping된 silicon의 평균 donor energy level이다. 즉 5족 원소의 normal doping일 경우, $E_c - E_d$ (0.05eV) 이상의 energy를 얻어야 N_d의 majority carrier electron이 conduction band level의 energy band로 진입하여 자유전자가 된다. E_d도 사실상 농도와 온도에 따른 변수이나, 편의상 상수로 취급하여 다룬다. Si14의 원자핵으로부터 약 0.05nm 이격되어 있는 최외각전자를 떼어내는데 Band gap 에너지인 1.12eV가 필요한데 반하여, Si14-P15(4족-5족) 공유결합시 발생된 잉여전자는 P15원자핵으로부터 0.05nm 이상 이격되어 있고 공유결합으로 구속되어 있지 않으므로, 이를 탈출시키는 데는 band gap 에너지의 20분의 1 정도인 0.05eV면 가능하다.

3-2-2-2-2 5족 원소 Doping과 Fermi 확률함수 해석

Doping 상태(extrinsic) 하의 절대온도가 $T > 0^{\circ}$K(상온 : 300°K)일 때의 valence band에서부터 conduction band까지의 전자가 존재할 영역을 Fermi 확률함수로 <CH1. 그림 3-13>에 나타내었다. 전자는 Fermi 확률함수 이하의 확률영역(값)에서 존재(점유)하며, 존재할 수 있는 확률은 intrinsic 반도체와 마찬가지로 energy level에 따라서 100%에서 0%까지 변화한다. 절대온도 $T = 0^{\circ}$K 상태의 Fermi 확률함수는 계단식으로 변화되었는 데 반하여, doping과 $T > 0^{\circ}$K 상태일 경우는 1) doping 농도에 비례하여 Fermi 확률함수의 graph가 전 구간에 걸쳐 ΔE만큼 상승하므로, conduction band에서도 전자가 존재할 가능성이 농도에 비례된 energy 증가분인 ΔE만큼 높아지며, 2) Fermi level 상의 확률 50% point를 변곡점으로 온도변화에 따라 $f(E)$의 기울기가 exponential하게 비례한다.

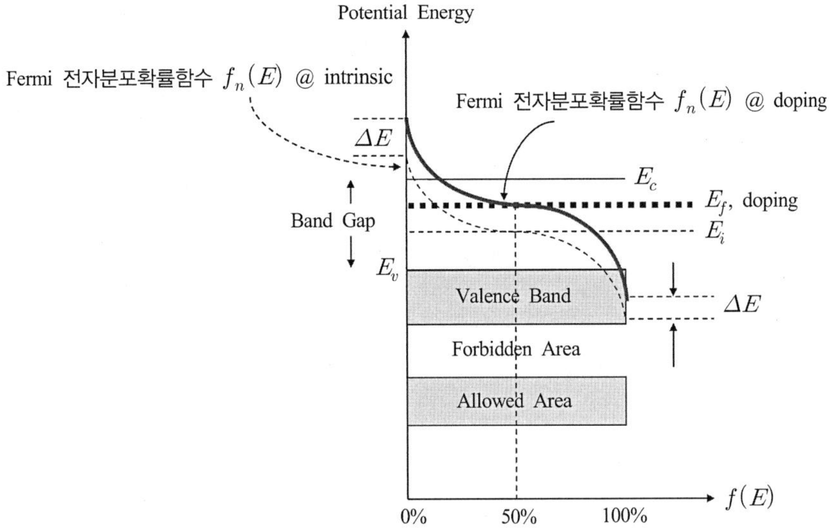

❒ CH1. 그림 3-13 Fermi 전자분포확률함수 $f_n(E)$와 Majority Carrier인 전자의 존재(점유) 확률 @ N-type doping 및 T=300°K일 경우

앞 Session에서 언급한 carrier 상태관련하여 좀 더 자세한 설명을 하자면, Fermi 확률함수에 의거해서는 band gap 내에서, 전자의 P.energy level에 따라 전자가 존재할 가능성이 있는 것으로 확률적으로는 계산되나, band gap 내에서는 다음 장에 나오는 DOS(Density Of State)인 전자가 존재할 상태(밀도)가 없기 때문에 conduction band와 valence band 사이의 forbidden area에서는 물리적으로는 전자가 존재하지 않는다. 이는 에너지 양자화($E=fh$) 개념과 일치한다. 그러나 엄밀하게는 forbidden area는, lacking area로서 극소량의 carrier는 존재하지만 존재하는 영역에 비하여 상태밀도가 무시할 정도로 작기 때문에 존재하지 않는 것으로 간주한다. <Chapter 2. Session 1-2-6> 참조.

5족-4족 공유결합 후에 원자 내의 전자 상태를 energy 차이에 따라 <CH1. 그림 3-14>에 비교하였다. Fermi 확률함수는 기저상태에서 출발하여 온도가 높아짐에 따라, 기울기가 flat에서 점차 급경사가 되므로 valence band에서의 전자의 존재확률은 기저상태일 때의 100%에서 온도가 증가함에 따라 100% 이하로 점점 줄어들게 되지만, 전자의 존재확률이 50%되는 Fermi energy 준위는 기저상태일 때나 상온일 때나 변함이 없다.

Doping 농도에 비례하여 확률함수 전체가 intrinsic에 비하여 ΔE 상승하므로, 농도에 비례하여 Fermi level도 같이 상승하게 된다. 즉, 농도를 높였다는 자체는 단위 cubic당 전자수가 많아진 것으로서 전자 개수가 많아진 것은, 동일한 확률인 경우, 그만큼 potential energy가 높아졌다는 것이고 이는 E_c에 보다 접근했다는 의미이다. 따라서 doping 농도가 높을수록 전자의 개체수가 많아지므로 conduction band에 전자가 존재할 확률이 높아진다. 이는 minority

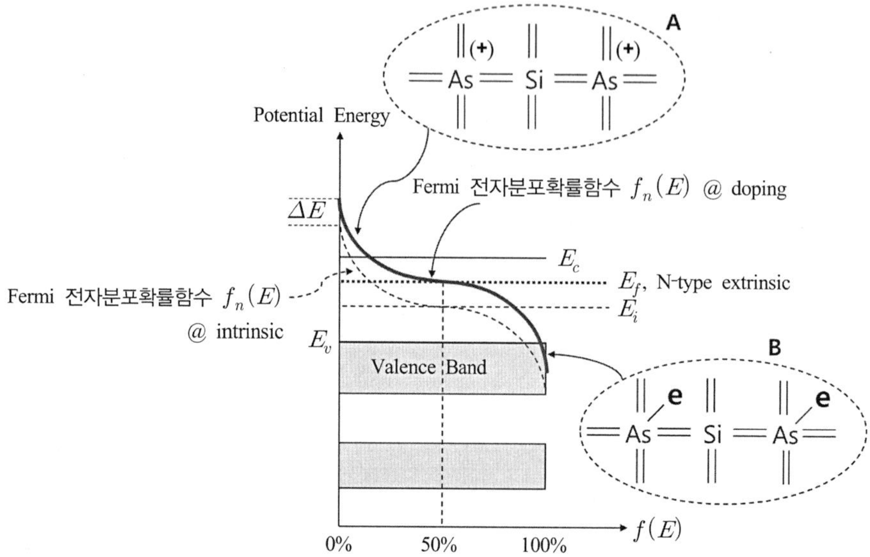

❒ CH1. 그림 3-14 Energy 변화에 따른 원자 내의 전자상태와 전자분포확률, @ $T=300^{\circ}$K/N-type

carrier인 hole의 경우는 반대로 적용되어 doping 농도가 높아질수록, 5족 불순물 농도가 높아짐에 따라 전자가 존재할 확률이 높아졌으므로 hole이 존재할 확률이 낮아진다. N-type과 P-type 반도체인 5족-4족/3족-4족 공유결합 mechanism에 대하여는 <Chapter 2>에서 자세히 다룬다. 5족-4족 결합 후의 전자의 energy level이 E_i보다 낮아지는 경우에는 <CH1. 그림 3-14의 B 영역> 전기적으로 중성상태로 VB에서 As33에 잉여전자("$-e$"표시)가 공유결합의 결과로 붙어있는 형태가 많아지고 있다는 것이다. 이 경우 온도가 높아질수록 기울기가 exponential하게 급해져 같은 energy level일 경우 확률값의 변동이 크다. A area는 온도가 상온이므로 잉여전자가 에너지를 공급받아서 공유결합에서 탈출하였을 경우, As33 원자는 잉여전자가 탈출한 양만큼 양이온화(A area 내의 "+")되었다. 잉여전자의 energy level이 높아진 만큼 전자분포에 대한 Fermi 확률함수에 의해서 잉여전자가 원자 내에서 남아있을 확률도 energy level에 반비례하여 낮아졌다. 지금까지는 majority carrier인 electron 위주로 다루었는데, minority carrier hole인 경우는 silicon 격자에서 공급받는다. 다만 Intrinsic 전자농도는 $1.5\times10^{10}/cm^3$로 extrinsic 전자농도인 $1\times10^{15}\sim1\times10^{18}$개$/cm^3$에 묻히게 된다.

온도 상승에 비례하여 Fermi 분포의 기울기가 급경사가 되고, doping 농도가 높아짐에 따라 Fermi level이 conduction band와 근접해지면서 전자가 CB에 존재할 확률이 커진다. 이때 최외각전자들의 potential energy가 높아지면 원자를 쉽게 이탈할 수 있는 상태가 되며, 이탈된 전자들이 conduction band로 옮겨가서 전도도에 기여한다. 즉, P.energy가 높아지면 원자 내의 전자들이 여기 상태로 되어 이탈률이 높아지므로 원자 내의 전자의 존재확률은 그만큼 줄어든다. 또한, 불순물 농도가 높아지면 전자의 개체수가 많아져서 전류가 비례하여 많이 흐른다. <CH1. 그림 3-14>의 A영역에서는 에너지가 높아짐에 따라 원자 내의 최외각전자의 잉여전자는 점점 남아있지 않고 conduction band로 옮겨간다. E_c의 energy level부터 전도도에 기여하므로 E_c energy level이 n-channel에서의 threshold voltage V_{th}에 영향을 끼친다. A영역에서는 잉여전자가 원자로부터 이탈하여 원자와 원자 사이에 존재할 확률이 높고 원자 내에 잔존할 확률이 거의 없다. <그림 3-14>에서 분포확률이 5%라고 가정하면, 이는 전자가 도전영역에 있을 확률이 95%이고 원자 내 valence band에 존재할 확률이 5%라는 의미이다.

3-2-2-3 3족 불순물 원소를 Doping한 Case

3족-4족 결합에 의한 P-type 반도체 내에서의 농도변화와 온도변화에 의한 hole이 원자 내에 존재할 확률을 살펴보자. 3족-4족 doping도 불순물 3족 원소를 투입하여 majority hole을 생성하고, minority electron은 상온조건 하의 intrinsic에서 공급된다.

3-2-2-3-1 3족 원소 Doping에 따른 Fermi Level Position

3족 원소 doping된 반도체의 경우, 5족 원소 doping반도체와는 개념은 동일하고 방향과 결과치는 반대이다. 3족 doping된 carrier의 Fermi level이 움직이는 방향이 5족 doping과 상반되어, majority carrier인 Hole분포의 확률함수인 $f_p(E)$의 Fermi level은 hole 농도가 높아질수록 진성반도체의 Fermi level보다 valence band로 가까이 다가간다. 3족 불순물 반도체에서의 minority carrier인 electron분포의 확률함수의 Fermi level은 majority carrier인 hole의 Fermi level과 동일하게 움직인다. Minority carrier는 energy level 상에서는 확률적으로는 majority carrier인 hole과는 반대의 궤적인

$$f_{n_p}(E) = 1 - f_{p_p}(E) \qquad \text{식33)}$$

을 그린다. 식32)의 intrinsic case 참조. $f_{n_p}(E)$는 P-type에서의 전자 확률함수이고, $f_{p_p}(E)$는 P-type에서의 hole 확률함수이다. Silicon에 doping된 3족 acceptor의 농도인, $N_a \gg 0$인 경우 Fermi level은 E_v에 접근하여 $E_a > E_f > E_v$(electron potential energy level 기준)에 위치한다. 농도가 높을수록 E_f가 E_v에 근접한다. $f_{n_p}(E)$는 CB에서만 전류를 발생시키고 VB에서는 전류 발생에 기여하지 못한다. $f_{p_p}(E)$는 VB에서만 전류에 기여하고 소수반송자(전자)는 $n_0 = n_i^2/N_a$에 의하여 결정된다. 소수반송자(전자)는 intrinsic Si14구조에서 공급되며, 다수반송자(hole) 농도에 의하여 공격(EHP소멸)받은 후, 살아남은 전자들이 $f_{n_p}(E)$의 확률로 CB에서 활동한다. Intrinsic Si14로부터 발생된 hole(EHP 생성)은 도핑된 다수반송자(hole)에 묻혀 존재가 드러나지 않는다.

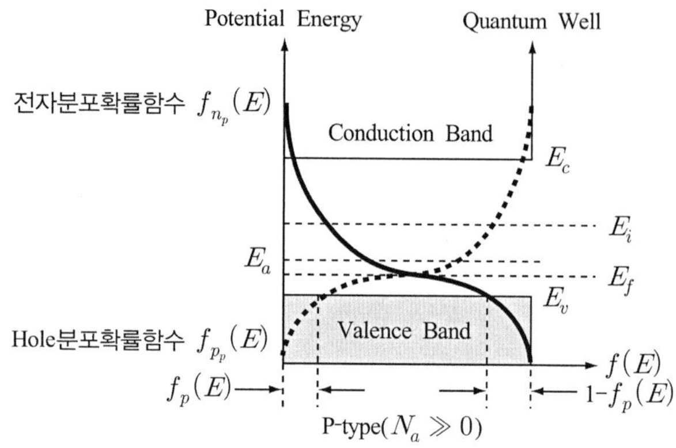

❒ CH1. 그림 3–15 3족 불순물원소가 Doping된 Hole분포와 전자분포의 Fermi 확률함수, $f_p(E)$ @ 상온 25˚C

3-2-2-3-2 3족 원소 Doping과 Fermi 확률함수 해석

3족 불순물 원소를 doping한 경우도 5족 불순물인 경우와 유사하게, 온도가 상승함에 따라 Fermi 확률함수의 기울기가 급해지고, doping 농도가 상승함에 비례하여 Fermi level이 valence band에 근접한다. 이는 hole 주변에 포진해 있던 공유결합상태의 전자들이 온도 상승에 따라 들뜨며, doping 농도에 따라 hole의 개체수가 많아지고, 원자결합 상태적으로 볼 때 불안정하게 결합되어 있는 hole로 electron이 쉽게 채워지게 됨에 따라 이웃 원자의 hole이 연이어서 발생되어, hole이 valence band에 존재할 확률이 커지게 되는 결과이다. Hole 입장에서는 온도가 높아짐에 따라 활발해진 전자의 영향으로 hole의 발생율이 커지고, 또 농도가 상승함에 따라 hole의 개체수가 많아짐으로, hole이 valence band에 존재할 확률이 높아진다. <CH1. 그림 3–16>의 A area는 3족–4족 결합에 의하여 전기적으로 중성이면서, B5와 Si14족 공유결합 연결 상에 pair로 공유해야 할 전자가 1개로만 채워져 1개의 전자가 부족해진 상태일 때의, Hole분포의 Fermi 확률함수 관계이다. 이때 hole의 energy level이 최저의 상태이므로 hole이 원자 내에 존재할 확률은 100% 가까이 된다. B–1 area는 A–1 area에 있던 hole의 P.energy가 상승된 hole의 energy level과 Fermi 확률함수의 관계이다. 상승의 의미는 hole 속으로 전자가 점점 활발하게 채워져서 hole이 원자 내(VB)에 존재할 확률이 줄어들게 되는 상태이다. Hole로 이동하는 전자는 P-type dopant에 인접되어 있는 것들이다. 이들은 3족–4족 공유결합에 2개씩의 전자를 공유한 결합에 참여하고 있던 이웃 원자에 위치하고 있는 전자들이거나, Si–Si intrinsic 결합에 참여한 전자들이다. Hole energy level은 전자 energy의 증가방향과 반대방향으로서 hole에 전자가 charge되면, 전자의 potential energy는 감소하고 hole의 potential energy는 증가한다. 이때의 물리적인 현상은 원자 내 발생된 hole은 없어져서 확률이 줄어드는 방향이고, valence band 내의 다른 동일 개수의 hole들이 파생되어, 결국 hole이 이동한 모양이 되면서 current에 기여한다. 전기적으로는 격자 속에 있는 P-type dopant 원자들은 전자들이 들어온 양만큼 음전하(Na^- : 음전하 도펀트 농도)로 charge된다. 농도가 커지거나 온도가 상승하면 hole이 VB에 존재할 확률이 높아진다.

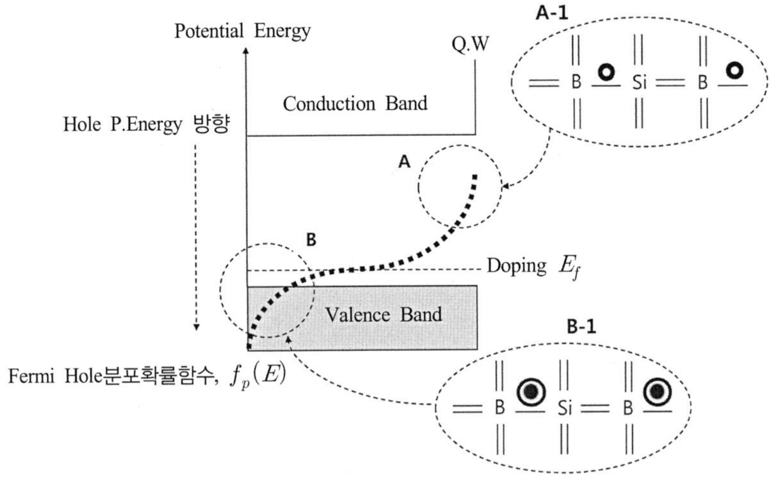

❐ CH1. 그림 3-16 3족 불순물 원소로 Doping된 P-type 반도체의 Majority Carrier인 Hole분포의 Fermi 확률함수, $f_p(E)$ @ 상온

Donor와 Acceptor에 대하여

<Chapter 2>에서 다루겠지만, 불순물(dopant)이 Si14와 결합하여 생성시킨 doping된 중성원자를 donor 혹은 acceptor라 한다. 순수 silicon 반도체에 doping하는 불순물인 dopant로는 전자를 생성시키는 5족 원소 P15, As33, Sb51 중에서는 모두 사용 가능하고, hole을 생성시키는 3족 원소 B5, Al13, Ga31, In49 중에서는 B5(붕소)를 사용한다. 5족(As33)-4족(Si14)가 공유결합 후에, 5족 dopant인 원자는 donor가 되어 잉여전자를 1개 공급할 수 있어서 원자가 중성상태에서 잉여전자가 빠져나가면, 양의 전하 상태로 되고, 3족(B5)-4족(Si14)가 공유결합 후에, 3족 dopant였던 원자는 acceptor가 되어, 전자를 1개 받게 되면 중성상태에서 음의 전하 상태로 된다(보통 말하기 쉽게 자유전자를 donor, hole을 acceptor라고 칭하기도 한다).

Donor energy(E_donor), acceptor energy(E_acceptor)는 donor가 전자를 방출하거나 혹은 acceptor의 hole이 이동할 수 있는 최소한의 임계 에너지 값이다. 이는 Fermi 확률함수를 해석하는 데 있어서 donor energy가 독립변수로서 Fermi 확률함수에 적용되면, donor energy level일 때의 원자 내에서 majority carrier의 확률을 유추할 수 있게 해준다. Acceptor인 경우도 majority carrier인 hole 분포의 확률을 유추할 수 있도록 한다.

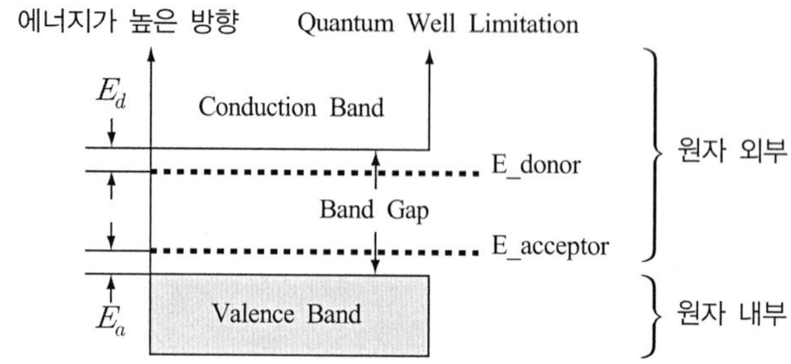

❒ CH1. 그림 3-17 Donor Energy와 Acceptor Energy @ 5족 원소 doping 시

<CH1. 그림 3-17>에서 E_d는 donor energy이고 E_a는 acceptor energy이다. Donor/acceptor energy는 잉여전자를 떼어내고 혹은 잉여 hole을 채워 넣는 데 사용하는, 잉여라는 말을 없애는 데 들어가는 에너지이다. 5족 원자가 4족 Si에 결합되면 1개의 잉여전자가 남고, 이 잉여전자를 원자핵으로부터 떼어내는 데는 에너지가, silicon은 평균 0.05eV 정도 소요(Ge32는 0.01eV)되며, 이것이 donor energy level이 된다. <CH1. 그림 3-17>의 E_d에 해당하는 energy 차이이다. 잉여 hole도 유사하다. E_a는 hole에 전자가 채워지면서 발산하는 energy이다. 단일 원소 결정질 물질 보다 band gap이 큰 화합물반도체(예: Ga31As33, Ga31P15, Si14C6)에서는 화합물반도체를 구성하고 있는 3족 혹은 5족 원소 대신, dopant 물질로 2족, 6족 원소로 치환하여 형성한 donor/acceptor energy는 단원소반도체 보다 약 10분의 1까지 적게 만들 수 있다. 이는 화합물반도체의 N-type, P-type의 E_d 혹은 E_a가 단원소반도체 보다 conduction band 혹은 valence band에 더 가깝다고 볼 수 있다. 한편 4족 원소(Si14, Ge32)가 화합물반도체와 결합하는 경우는 치환되는 화합물반도체의 원소(3족 혹은 5족)에 따라 donor가 형성되기도 하고 acceptor가 나오기도 한다.

−13.6eV인 수소의 전자 하나를 떼어내는 에너지 혹은 −1.12eV(band gap)인 Si의 전자 하나를 떼어내는 에너지와 비교하면 donor energy는 200분의 1 혹은 20분의 1 수준(Si14인 경우)으로서, 이렇게 낮은 donor 에너지가 반도체 산업이 발전하게 된 원동력이 된다. Acceptor energy도 마찬가지이다. 더욱이 dopant의 농도를 높이면 더욱 낮은 energy를 사용하여서도 잉여 electron/hole을 방출 시킬 수 있으며, 이에 대한 상관관계를 정립한 것이 Fermi 확률 함수이다. 반도체 내에서 control 가능한 전류를 발생시키는 데 높은 에너지를 사용해야 한다면 그에 따른 부수적인 제약으로 반도체 산업이 발전하는 데 장애요인이 되었을 것이다.

5족-4족 결합은 엄밀하게는 4개의 최외각전자들과 공유결합 후 최종적으로 잉여전자가 1개가 남게 되므로, 원자핵 입장에서는 1개의 전자가 외롭게 돌고 있는 수소 원자의 전자와 유사한 상황이 된다. 그러나 두 경우(불순물 결합 vs 수소원자) 전자를 떼어내는 데 필요한 에너지 차이는 원자핵과의 이격거리 및 결합된 결속력 차이로 극과 극으로써, 이는 잉여전자로 인한 영향뿐 아니고 원자핵으로부터의 반경에 반비례하는 영향도 받기 때문이다.

3-2-2-4 Majority/Minority Carrier 이동을 위한 Energy 방출 및 흡수

N-type과 P-type에서 다수/소수 Carrier가 conduction band 혹은 valence band로 이동하는데 소요되는 energy와 Fermi 함수와의 관계를 살펴보자.

3-2-2-4-1 Hole 이동과 Energy

5족-4족 결합의 minority carrier인 hole과 3족-4족 결합의 majority carrier인 hole은 같은 hole이지만 성격은 다르다. 3족-4족의 hole은 화학적 공유결합 mechanism에 따른 잉여 hole로 인하여 빈자리가 발생된 다수의 외인성 hole(10^{15}~10^{18}개 - cm^{-3})인 반면, 5족-4족 결합에 의한 hole은 잉여 hole이 아닌 진성 Si14 최외각전자의 탈출로 인하여 전기적으로 unbalance가 발생된(EPH) 원자의 양성화에 기인하여 파생된 극소수의 hole(1.5×10^{10}개 - cm^{-3})이다. 따라서 P-type 3족의 majority carrier인 hole을 채우는 데는 neighbor 원자 내의 valence band에 있는 이웃의 다른 전자가 개입되고, 반대로 N-type 5족 반도체의 intrinsic 전자 이탈로 인한 minority carrier인 hole은 상온에서 열에너지에 의하여 수시로 진행되는 intrinsic EHP 생성-소멸(결합) 활동에 의존하면서 동시에 N-type 다수반동자(전자)의 영향을 받는다($p_0 = n_i^2/N_d$).

<CH1. 그림 3-18>에서 화살표의 방향은 전자의 energy적 이동 방향으로서, 화살표의 크기는 N-type인 경우는 격자와 격자 사이에서 존재하던 전자가 minority carrier인 hole 속으로 끌려 들어가면서(EHP소멸) 방출하는 energy격차를 example로 제시한 것이다. N-type일지라도, 상온에서 intrinsic 경우처럼 cm^3당 1×10^{22}개의 Si14 격자구조로부터, 1.5×10^{10}개의 전자-hole pair(EHP)의 생성-결합 현상은 중단되지 않는다.

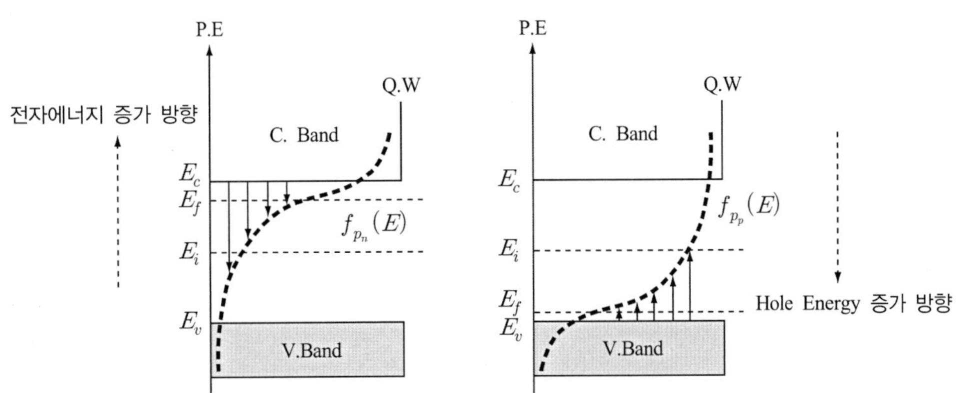

❐ CH1. 그림 3-18 Electron이 Hole을 채우는 데 소요되는 Energy 격차의 예 @ electron 기준

P-type인 경우는 자유전자가 없는 대신, valence band의 energy level에 있던 이웃 원자 내의 전자가 majority carrier인 hole 속으로 들어가는 데 소요되는(외부로부터 얻어야 할) energy로, 이는 P-type 반도체의 hole에 대한 Fermi 확률함수 $f_{p_p}(E)$의 독립변수인 energy 변동에 따라서 hole이 current를 발생시키는 데 필요한 (흡수) energy량이다. <CH1. 그림 3-18>은 Hole 이동을 electron 이동으로 설명하였다. N-type의 intrinsic hole(소수반송자)이건, P-type의 extrinsic hole(다수반송자)이건, 이웃격자구조 혹은 자유전자에서 electron이 공급되어 hole이 소멸하는 근본적 현상은 동일하다.

3-2-2-4-2 Electron 이동과 Energy

마찬가지로 5족-4족 결합의 majority carrier(donor)인 전자와 3족-4족 결합의 minority carrier인 전자의 성격이 다르다. N-type의 전자는 공유결합 후의 잉여전자 발생후 보유한 carrier이므로 mobility가 높아서 energy를 공급받으면 쉽게 conduction band로 이동한다. P-type의 minority carrier인 극소수의 전자는 intrinsic 격자에서 열에너지를 공급받아 EHP 생성된 후, extrinsic hole의 공격(소멸)에도 살아남은 intrinsic 전자들이다. <CH1. 그림 3-19>는 N-type의 majority electron 혹은 P-type의 minority electron(EHP에 의한 intrinsic electron)이 각각 해당되는 P.E. level에서 conduction band로 혹은 valence band로 이동하면서 current에 기여하는 데 소요되는 energy의 격차를 example로 제시한 것이다.

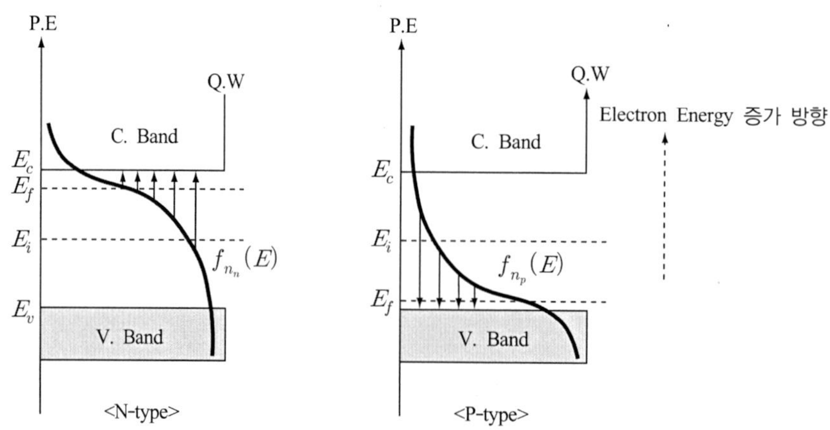

❒ CH1. 그림 3-19 Electron이 Current에 기여하는데 소요되는 Energy 격차의 예 @ electron 기준

<CH1. 그림 3-19>에서 화살표의 방향은 전자의 이동에 따른 에너지의 흡수 혹은 방출 방향으로서, 화살표의 크기는 N-type인 경우는 전자가 escape하는 데 Fermi 확률함수의 P.energy level에 따라서 소요되는(흡수) energy이고, P-type인 경우는 전자가 valence band energy

level을 갖고 있는 hole 속으로 끌려 들어가면서 Fermi 확률함수의 P.energy level에 따라서 방출하는 energy량이다.

3-2-3 Fermi 확률함수에 대한 Summary

Fermi 확률함수의 해석은 앞에서 설명한 농도 차이에 의한 energy level의 상승 및 하락의 변수가 있으며, 온도변화에 따른 기울기의 변수가 더해져 상온일 때, energy level이 얼마로 변하여 Fermi 확률함수의 지수함수적인 trend에 따라 carrier의 원자 내의 존재확률이 어느 정도로 변동되었느냐가 관건이다.

또한, 어느 type 어느 carrier이건, 불순물 농도에 의하여 carrier 분포확률함수의 energy level이 확정된 후, wafer 재질에 따라 band gap도 고정되므로, 온도가 상승/하락하면서 Fermi 확률함수가 변화되는 기울기에 따라, 에너지가 높아지고(혹은 낮아지고), 그에 따라서 원자 내의 carrier의 존재확률은 영향을 받는다. 한편, 극단적으로 온도가 떨어져서 energy가 줄게 되면 carrier가 valence band에 존재할 확률은 더욱 커지면서 0°K일 때는 energy가 바닥상태이므로 carrier들이 valence에 존재할 확률이 100%가 된다. 이는 물리적으로도 온도가 상승하면 energy가 상승하여 전자들이 원자핵의 연결을 끊고 자유전자가 되는 숫자가 많아지며(carrier가 전자인 경우), 온도가 하락하면 energy가 줄어들어 전자들이 원자 내에서 머물게 되는 개체수가 많아지는 현상과 같다.

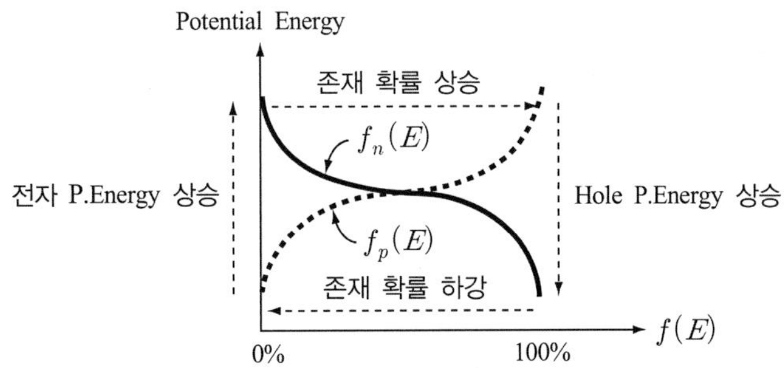

❐ CH1. 그림 3-20 Potential Energy 변화에 따른 Fermi 확률함수의 Carrier 확률값 변동 @ intrinsic인 경우

Energy 양자화($E = fh$)로 인하여 energy band가 구분되었고, band의 구분으로 band gap이 발생했으며, band gap은 NAND Flash에서 current가 흐르는 시점의 voltage level인 threshold voltage에 영향을 주고, Fermi level은 NAND Flash의 channel에서의 전자들의 conductivity의 변수가 된다. Band gap은 반도체 type인 Silicon14 혹은 Germanium32에 따라서 영향을 받고, Fermi level은 doping type(5족 혹은 3족 원소)과 doping된 양에 따라서 변화하며, Fermi 확률

은 농도와 온도변수로 인하여 달라진다.

결국 구심력의 세력에 의하여 band gap이 영향을 받아서 반도체 특성으로는 threshold voltage의 차이가 나타나고, 원자 간의 결합 type 상태에 따라서 Fermi level이 영향을 받아서 반도체 특성으로는 current의 차이를 발생시키며, 이는 특히 NAND Flash에서는 program, erasure 및 read 성능에 영향을 끼친다. 즉, 반도체의 원소 type 및 불순물의 type들이, <Chapter 2>에서 소개되는 Si14 based 혹은 Ge32 based PN junction에서 voltage를 외부에서 내부로 biasing했을 때, 최초로 current를 흐르게 하는 전압인 threshold voltage(V_{th}) 및 drain current (I_d) 등 반도체 특성과도 직접 연관되는 한편, 거꾸로 반도체의 특성인 V_{th} 의 차이를 측정하여, 각 전자껍질 간의 일함수 및 substrate의 농도도 V_{th} 로부터 유추할 수 있다. <Chapter 3. Session 4-6> 참조.

References

기초물리학 (1980) (Fundamentals of Physics, David Halliday, Robert Resnick, 1974) 김명수, 김인호, 나병욱 et al., 공역, 이우출판사

마이크로전자공학(Microelectronics) (1983) 이우일, 임제석 공역(Jacob Millman), 탑출판사

물리전자공학 (1980) 이종욱, 동일출판사

반도체 공정(Semiconductor Device Processing) (2008) 김학동, 홍릉과학출판사

반도체 물성과 소자(Semiconductor Physics & Devices : Basic Principles) (1999) 김광호, 송정근, 이용재, 최역환 공역(Donald A. Neamen), 반도출판사(McGraw-Hill)

반도체 소자 공학(Fundamentals of Semiconductor Devices) (2005) 서정하, 김동명, 박재우, 신장규, 이천, 이희덕 역(Berry Lise Anderson, Richard L. Anderson), 한티미디어(McGraw-Hill)

집적회로 설계를 위한 반도체 소자 (2008) 이형옥 편저, 남두도서

차교수와 물리산책, nucl-a.inha.ac.kr

현대물리학 (1983) (Foundation of Modern Physics, Paul A.Tipler, 1968) 김현창, 박동수, 노동택 et al., 공역, 광림사

Digital and Analog Systems, Circuits, and Devices (1973) Belove Schachter Schilling, MacGraw-Hill

Energy band leveling modulation doped quantum well (1991.10.29) US05061970, Motorola Inc.

Fermi-Dirac 분포를 고려한 Poisson 방정식의 이산화 방법, (1999) 윤석성, 이은구, 김철성, 대한전자공학회 학술대회, pp 907-910

Fundamentals of Semiconductor Devices (1978) Yang, E.S, McGraw-Hill Inc.

Integrated Electronics: Analog and digital circuits and systems (1972) Jacob Millman, Christos C. Halkias, McGraw-Hill Inc.

Integrated semiconductor memory device having quantum well buried in a substrate (2004.04.20) US06724660, STMicroelectronics S.A.

Memory device with band gap control (2012.09.11) US08264864, Meyer Rene

Microelectronics : Digital and Analog Circuits and Systems (1979) Jacob Millman, McGraw-Hill Inc.

Multiple quantum well structure and semiconductor device using the same (1995.02.21) US05392306, Kokusai Denshin Denwa Kabushiki Kaisha

Neamen의 물성과 소자(Semiconductor physics and devices : basic principles) (2012) 김광호, 김용상, 송정근 et al., 공역 (Neaman Donald A.), McGraw-Hill

Nonvolatile memory devices with multiple layers having band gap relationships among the layers (2011.07.05) US07973355

Quantum physics (1974) Stephen Gasiorowicz, John Wiley & Sons Inc.

Quantum well structure and semiconductor device using the same (1992.06.16) US05122844, Kokusai Denshin Denwa Kabushiki Kaisha

Semiconductor device having a vertical quantum well via and method for making (1994.02.22) US05289014, Motorola Inc.

Semiconductor device with active quantum well gate (1993.06.22) US05221849, Motorola Inc.

Semiconductor quantum well structure and semiconductor device using the same (1998.12.08) US05848085, Canon Kabushiki Kaisha

CHAPTER 02

Carrier 생성과 Energy Level

Session 1 N-type, P-type 반도체 내의 상태밀도와 분포확률

Session 2 PN/NP Junction에서의 Carrier 이동과 Energy Level

<Chapter 1>에서는 양자화의 개념을 기초로 하여, 에너지 band 및 에너지 band gap 개념을 전개하였으며, 이를 발전시켜 Fermi 확률함수를 이용한 원자 내에서의 carrier들이 존재하는 확률을 살펴보았다. <Chapter 2>에서는 5족/3족 불순물 반도체에 대한 각각의 majority/minority carrier의 생성을 소개하였고, Fermi 분포확률함수와 상태밀도함수를 통한 NAND cell 내에서의 electron과 hole인 carrier의 점유상태 및 점유개체수 산출에 대하여 물리화학적 관점으로 접근하였다.

불순물 반도체 내의 carrier 분포 및 개체수는 carrier들이 존재해 있을 상태함수와 확률함수로부터 계산해내는데, 이를 기반으로 NAND Flash cell을 구성하는 PN Junction 및 carrier 이동특성을 energy 측면에서 해석하고자 한다. PN Junction은 NAND Flash의 기본 소자인 MOSFET의 구성요소 중의 일부이고, 온전한 MOSFET은 <Chapter 3>에서 다룬다. <Chapter 2>의 전개 순서는 하기 <CH2. 그림 0-0>과 같다.

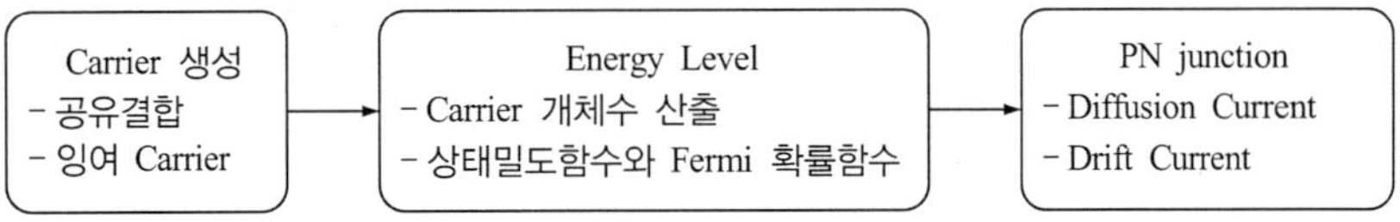

❒ CH2. 그림 0-0 〈Chapter 2〉의 전개순서

나아가서 <Chapter 3>에서는 NAND Flash를 형성하는 기초소자인 N형과 P형 반도체를 결합한 NPN, PNP-type에 대한 carrier의 분포확률과 energy와의 연관관계 및 변화특성을 통한 carrier 개체수를 산출해내고, carrier이동 특성과 연결하였다.

Session 1 N-type, P-type 반도체 내의 상태밀도와 분포확률

NAND Flash의 기초를 습득하기 위하여는 NAND operation에 들어가기 전에, 에너지의 흐름과 majority/minority carrier들의 생성과 소멸까지를 포괄적으로 이해하여야 한다. <Chapter 1>에서는 단일원자 내에서의 양자상태적 입자와 에너지의 상관관계를 다루었는데, <Chapter 2>에서는 다(多)원자 간의 carrier 상태와 energy의 상호관계를 연결하였다. 그 중 <Session 1>에서는 device 측면에서 원자 간의 결합을 통하여 carrier인 전자와 hole들을 생성하는 과정을 알아보았고, 상태밀도함수와 Fermi 분포확률함수를 통하여 carrier 개체수를 산출하였다. <Session 2>에서는 <Session 1>에서 형성된 불순물 반도체를 결합하여 PN Junction을 형성시킨 후, carrier 이동으로 인한 current와 연관된 에너지 관계를 통하여 <Chapter 3>에서는 MOSFET 내의 majority/minority carrier의 이동현상을 나타내었다.

1-1 공유결합과 잉여 Carrier

공유결합이란 뜻 그대로 원자와 원자가 결합을 하는 데 있어서 같이 전자를 공유했다는 의미이고, 공유결합을 하는 순수한 원자 대신 불순물 원자를 대치하면 잉여 carrier가 생성되는데, 잉여 carrier란 그렇게 결합한 행위의 결과로 carrier가 부가적으로 발생된다는 말이다. 이들 잉여 carrier와 energy의 상호작용은 잉여 carrier의 생성에서부터 소멸까지 연이어져 있다. 그런데 이 잉여 carrier가 잉여라는 불필요하다라는 뉘앙스로 느낄 수 있는 말에 어울리지 않게, 모든 반도체의 특성을 좌지우지하고 반도체산업을 이끈 주인공으로서, 본 Session에서는 잉여 carrier가 남긴 발자취와 그들의 특성들을 살펴보겠다.[1)]

1-1-1 비저항에 의한 반도체 구분

반도체는 도체와 부도체의 중간 상태, 아니면 반쯤은 전기가 통하고 반쯤은 통하지 않은 물체로 일반적으로 인식되어 있지만, 반도체는 저항값 자체만으로 구분하기 보다는, 저항특성적인 측면에 있어서 전기저항률로 구분하는 것이 보다 정확한 구분방법이다. 전기저항률

1) 잉여 carrier는 잉여라는 푸대접 의미 보다는 좀 더 비중있는 의미를 부여하여, extrinsic carrier 혹은 movable carrier, 혹은 비평형 carrier가 좀 더 원래의 역할에 맞는 의미가 될 것이다.

(Resistivity : ρ 비저항)이란 전기저항의 비례상수이다. 저항 R은 길이 L에 비례하고 단면적 A에 반비례하여, 식으로 나타내자면

$$R = \rho \times \frac{L}{A} \qquad \text{식1)}$$

로 표시되므로, 비저항의 단위로는 Ωcm가 된다. 이때 비례상수 ρ(roh)를 비저항 혹은 저항률이라고 하며 물질의 종류에 따라 값이 변한다. 절연체, 도체 등 모든 물체들의 비저항값이 각기 다르므로, 그런 성질을 이용하여 3체(절연체, 반도체, 도체)를 비저항으로 구분하면 편리하다.

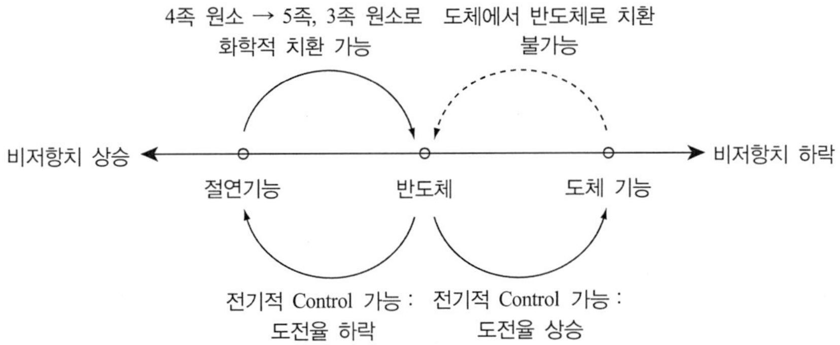

❐ CH2. 그림 1-1 비저항 Resistivity 변화에 따른 도전율 변화

비저항으로 물질을 분류하면, 일반적으로 부도체(혹은 절연체) 비저항값은 10^6~10^2[Ωcm], 도체의 비저항은 $10^{-5} \sim 10^{-10}$[Ωcm], 반도체는 그 중간으로 $10^2 \sim 10^{-4}$[Ωcm]로 본다. 그중 특히 반도체의 비저항값들은 일정하지 않고 온도변화에 가변적이다. 반도체의 base 물질로 사용되는 순수 Silicon14 혹은 순수 Germanium32 등은 중간적인 비저항값을 갖지만, 엄밀하게는 절연체 쪽에 더 가깝다. 순수반도체로 전기적 조절을 하려면 conductivity(전도도)를 높이는 작업, 즉 resistivity를 낮추는 작업이 필요한데, 순수결정체인 Silicon14에 Silicon이 아닌 다른 원소(불순물)를 주입하면 불순물의 농도가 변화하여 전도도가 높아진다. 반도체란, 순수결정체(Si14 or Ge32)에 불순물(3족 혹은 5족)을 주입하여 불순물 농도가 높아짐에 따라, 변화된 물질 내의 비저항을 낮추어 만든 물체라고 정의할 수 있다. 비저항값은 농도 및 온도 영향뿐만이 아니라, 첨가된 불순물의 종류에 따라서도 차이가 난다.

1-1-2 N-type, P-type 반도체 성질

절연체 특성을 갖고 있는 단원자인 순수반도체는 그 자체만으로는 의미가 없으므로 순수반도체를 응용하여 원하는 기능을 수행하는 소자(device)를 만들어야 하고, 원하는 target에 따라 control되어야 하는데, 이런 device는 일정한 방향의 전기적 특성을 지녀야 control할 수 있으므로, 전기소자적 기능을 가능하게 하기 위하여 불순물을 투입하는 화학적 치환을 한다. 이렇게 해서 만든 전기소자(electrical device)들로는 N-type 반도체와 P-type 반도체가 있다. N-type은 negative type을 의미하고, P-type은 positive type의 첫 글자로서, negative는 음전하인 electron에서 왔고 positive는 양전하인 hole을 뜻한다. 모든 반도체의 기본은 N-type과 P-type의 조합으로 구성되므로, N-type과 P-type의 생성과정과 이들 내부에서의 carrier의 활동 및 energy 관계를 이해하여야, 반도체의 기초 개념을 정립할 수 있다.

순수결정체인 Si14나 Ge32는 4족 원소이고, <Chapter 1>에서 소개되었지만, 불순물은 3족 원소인 Boron5(B), Aluminum13(Al), Indium49(In)이거나 혹은 5족 원소인 Phosphorus15(P), Arsenic33(As), Antimony51(Sb)으로서, N-type은 4족 원소에 5족 원소를 주입한 것이고, P-type은 4족 원소에 3족 원소를 주입하여 만든다. Silicon14와 같은 동족원소이자 wafer의 substrate 물질인 Germanium32도 Si14에 비하여 물리적으로 band gap 차이만 다를 뿐, 화학적으로는 같은 성격을 띠므로 N-type, P-type을 형성하는 과정은 Silicon14의 과정과 동일하다. 단, Ge32는 작은 band gap으로 인하여 operation 시 80°C 이상에서 파괴되지만, Si14는 Ge32보다 band gap이 크기 때문에 device의 동작 시 내부 온도가 180°C에서도 파괴되지 않아서, 대부분의 실제 활용할 때는 Si14를 사용하고 Ge32는 특수한 경우에서만 적용한다.

Electrical device란 외부에서 전압을 가하면, 내부에서 음전하 혹은 양전하가 발생되어 통제될 수 있는 전류가 흐르는 소자를 의미한다. 이것이 가능한 이유는 처음부터 아무 동작도 발생되지 않는 순수한 Silicon14/Germanium32 물질에 인위적으로 계산된 5족, 3족 물질들을 첨가하여, 예측 가능한 동작을 일으키도록 하는 것이므로 input과 output 관련 인과관계의 연결고리만 알면, 반도체의 특성을 이해하고, 비록 미시 세계 전자들의 움직임이지만, 통제된 동작을 하는 반도체로 만들 수 있게 된다.

지구 상에서는 산소 다음으로 많은 원소가 규소인데, 규소의 단일 결정은 원자와 원자 간에 공유결합되어 있어서 최외각전자를 떼어내는 데 많은 에너지(수소 원자의 최외각전자를 떼어내는 데 보다는 10분의 1, 불순물 공유결합으로 만들어진 잉여전자를 방출시키는 데 드는 에너지보다는 20배)가 필요하지만, Si14에 5족 원소를 주입(doping)하여 만든 N-type의 잉여전자는 작은 에너지를 가해도 떼어낼 수 있다. <Chapter 1. Session 3-2-2. Tip : Donor와 Acceptor에 대하여> 참조.

원자에서 떨어져 나온 잉여전자는 마치 금속 내의 자유전자와 유사하게 동작하는 성질을 가진다. 금속 내의 자유전자를 통제하는 변수는 외부에서 가해주는 전위차와 금속 자체의 저항성분으로 통제수단이 극히 제한적이지만, 반도체는 통제할 수 있는 변수들이 금속에 비하여 다양하기 때문에, 반도체는 특성이 도체에 비하여 복잡함에도 불구하고, 의도하는 목적에 맞추어 자유자제로 활용될 수 있는 device가 되었다.

N-type과 같은 방법으로 Si14/Ge32에 3족 원소를 주입하여 hole이 발생되도록 만든 P-type의 잉여hole은 전자와 반대로 양전하의 성격을 띈다. Hole 역시 4족 intrinsic 반도체에 비하여, 전류를 흐르게 하는데 에너지가 덜 필요하다. N-type, P-type 자체만으로는, 잉여electron이 5족-4족 결합상태에서 빠져 나오지 않거나, electron이 3족-4족 결합상태 속으로 채워져 들어가지 않는 한 그 자체만으로는 전기적으로 중성 상태이다. 이동도 측면에서는 잉여electron은 도체 내의 자유전자와 유사한 이동도(mobility)를 갖지만, 잉여hole은 인접한 electron이 잉여hole을 채워야 비로서 이동하기 때문에 잉여 hole의 mobility가 잉여electron에 비하여 저하되는 소극적인 성질이 있다.

1-1-3 4족 원소와 4족 원소 간의 공유결합

전자껍질 상에 존재하는 원자들의 전자개체수의 최대치 N_max는 N_max = $2n^2$, n은 주양자수를 나타내며 자연수로서, 원자 내의 전자는 $2n^2$(n = 전자껍질 순번)의 개수를 채워야 해당 궤도에서 안정적인 balance를 이룬다. $n = 1$(첫 번째 껍질)일 때는 전자수가 2개, $n = 2$(두 번째 껍질)일 때는 전자수가 8개, $n = 3$(세 번째 전자껍질)일 때는 전자수가 18개를 갖는데, 이런 상태는, 원자 내에서 양성자의 개수와 전자의 개수가 일치하여 전기적으로 중성을 이룬 균형상태이다. 또한, 전자는 내부 껍질부터 차곡차곡 채우는 성질이 있어서 Si14 같은 경우는 총 전자수가 14개(원소기호 참조)이므로 3개의 전자껍질로 이루어지는데, 마지막 3번째 껍질인 최외각전자껍질에는 전자가 총 4개만 존재한다.

원자와 원자의 결합 시에도 전자껍질 상의 안정적인 전자 개수와 동일한 개수로 유지하려는 경향이 있어서, 최외각껍질 상의 전자의 결합이 가능한 2개, 8개, 18개 혹은 32개가 되도록, 원자들은 전자결합상태를 8배수 혹은 18배수의 전자 개수로 만들려는 성질이 있다. 공유결합은, 1개 원자로는 최외각전자를 $2n^2$ 배수로 유지하지 못하는 경우, 이를 보완하기 위하여 차선책으로 2개 이상의 원자가 결합하여 최외각전자를 서로 공동으로 소유하는 것을 말하는데, 이는 공유할 원자들이 공평하게 서로 공유할 전자를 한 개씩 혹은 한 개 이상씩의 전자를 내놓고 공유하는 것이다. 총전자수가 1개인 수소는 첫 번째 껍질에 있는 것이 곧 최외각전자가 되며 최외각전자도 당연히 1개이므로, 수소가 분자로 안정된 상태를 유지하기 위하여 서로 1개씩의 전자를 내놓고 총 2개를 공유하여 안정적인 수소분자의 상태를 유지한다. 원자와 원자의 결합 시에는 최외각껍질의 전자만 기여하고, 내부 껍질에 있는 전자들은 결합에 관여하지 않는다. 수소 분자(H_2)는 예외적으로 두 개의 전자를 2개의 원자가 서로 공동으로 소유하는 공유결합 형태로 $n=1$번째 전자껍질을 채워서 안정하게 유지하지만, 규소의 순결정체는 4개 방향으로 4개의 Si14 원자들이 입체적으로 결합한다. 규소 원자와 규소 원자 사이의 결합 시, 모든 Si14들이 최외각껍질에 있는 전자를 4개 방향으로 각각 1개씩을 공유하여 최외각전자 4개 모두가 공유결합에 참여한다. 이렇게 되면, 4개 방향 중 각각의 방향으로는 전자 2개씩을 공동으로 소유하고, 최외각껍질의 총 전자수는 각각의 규소원자들이 최외각전자 수로 8개를 소유하여 안정된 상태가 된다.

원자가 안정된 상태이면, 최외각껍질에 더 이상의 전자를 추가하기도 힘들고 떼어내기도 힘들다. 따라서 전자들이 이동하여야 할 필요성이 없어지고, 전하의 전도도가 떨어져, Si14의 공유결합은 절연체에 가까운 성질을 띤다. 이를 순수 Si14 혹은 순수 Ge32 분자 상태인 intrinsic silicon 혹은 intrinsic germanium이라 부른다. 이런 공유결합 상태는 실질적으로는 입체적인 구조를 갖고 있어서 각각의 규소/저마늄원자는 3차원의 공간에서 총 4개의 규소/저마늄원자들이 최적의 구조물 형태로 연결되어 있다. 이때의 Fermi level은 valence band와 conduction band 사이의 band gap 상의 정중앙에 위치하고 있으며, Fermi 확률함수 궤적은 conduction band나 valence band area에 걸쳐져 있지 않음으로 인하여, conduction band 혹은 valence band로의 carrier이동은 전무하다. <Chapter 1. Session 3-2-2-1 및 그림 3-20. 참조>

1-1-4 N-type 반도체

1-1-4-1 4족 원소를 5족 불순물 원소로 치환한 공유결합

Intrinsic Silicon14에 불순물(3족 혹은 5족 원소)을 강제로 넣는 것을 불순물 doping(1×10^{18}개/cm^3주입인 경우 : 주입농도비율, Si14 : Sb51 = 10K개 : 1개)이라 한다. Doping을 하는 목적은 전도도를 높여 resistivity를 낮추기 위함이다. 이때 doping 상태에 따라 intrinsic level에 있던 Fermi level이 N-type인 경우는 conduction band 가까이로, 농도에 비례하여 이동한다. 보통 Si14 1×10^{22}개/cm^3 격자 속에 Sb 약 1×10^{15}~10^{18}개/cm^3주입한다. 혹은 P-type인 경우는 Fermi level이 valence band 가까이로 농도에 비례하여 이동한다. <Chapter 1. Session 3>. 3차원 공간에서 Si14와 Si14 간의 공유결합한 상태에서 임의의 Si14 1개 원자 대신 5족인 Sb51(안티몬) 혹은 As33(비소) 1개 원자로 치환하면, Sb51은 주변의 4개의 Si과 공유결합하여 총 최외각전

자수를 9개로 만든다. 왜냐하면 Sb51은 5족 원소이므로 최외각전자(원자가전자)로 총 5개가 있어서, 그중 4개는 4개 방향에서 4개의 Si14 원자와 각각 1개씩의 전자를 내놓고 최외각 전자의 총 개수가 8개로 공유결합을 하고, 나머지 전자 1개는 공유결합을 하지 못하고 Sb51 원자와만 연결된 상태로 있다. 이렇게 결합된 extra electron 1개는 결합측면에서는 완전한 공유결합 상태도 아니고, 다른 원자에 공통으로 붙어있는 상태도 아닌, 단지 Sb51 원자하고만 최외각전자껍질 level에서 연결되어 있는, 결합측면에서 튼튼하지 못한 불안정한 상태에 있게 된다. 이격거리는 측정불가이나 보통 Si14 원자핵으로부터 Si 최외각전자는 0.05nm 잉여 전자는 Sb51 원자핵으로부터 그 이상 떨어져 있다고 할 수 있다. 이런 상태 하에서, 모든 Si14와 Sb51원자는 자체적으로 전기적 중성 상태이고 최외각전자들이 점유하고 있는 valence band의 에너지 영역에만 전자들이 가득 들어차 있어서, 외부에서 열에너지 혹은 전위차를 가하지 않는 한, 전자의 이동이나 전류의 흐름은 없다. 이와 같이 4족 원자와 5족 원자가 공유결합하여 전자 1개가 남게 되는 구조를 갖는 형태를 N-type 반도체라 한다. 즉, N-type은 electron과 hole 중에서, negative carrier인 electron을 많게 하여 이것을 majority carrier로 활용하기 위하여, 의도적으로 5족 원소를 주입하여 만든 반도체이다. 이때 minority carrier는 electron의 반대인 hole이 되는데 이는 silicon 격자(intrinsic 상태와 유사한)에서 공급받는다.

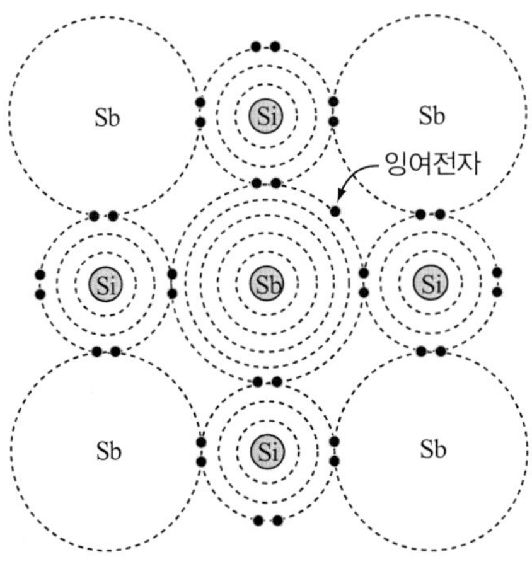

❒ CH2. 그림 1-2 Si14 원자가 Sb51 원자로 치환된 공유결합 @ N-type

<CH2. 그림 1-2> Sb51의 공유결합 하지 못한 1개의 전자는 Sb51 원자 내의 5번째 전자껍질에서 회전운동을 하는데, 그림처럼 2차원적인 원운동이 아닌 3차원적인 입체구면 상에서의 운동을 하면서, 파울리의 배타원리에 의하여 다른 공유결합된 전자들과 서로 부딪치거나 상호 걸림돌이 되지는 않고, 독립적인 공간을 확률적으로 점유하고 있다.

1-1-4-2 Donor Mechanism

전자를 방출한다고 하여 donor라고 이름 붙여진 Sb51 원소는, Sb51에서 electron 1개가 상온의 energy를 공급받아서 떨어져 나올 경우, 전기적으로는 떨어져나간 전자 양만큼 Sb51-Si14 결합은 양성화(+이온화) 된다. Sb51 이외에도 5족 원소인 Phosphorus15나 Arsenic33 등도 mechanism은 동일하지만, 원자번호가 높을수록 전자껍질이 하나씩 증가하여(P15 : 3개 껍질, As33 : 4개 껍질, Sb51 : 5개 껍질 등) 최외각전자가 원자핵으로부터 멀어지므로 그만큼 잉여 전자를 떼어내는 데 드는 energy가 반비례하여 약간씩 적게 든다. 외부에서 가해준 전위차로 인하여 전계가 형성되면, 자유전자들은 일정한 velocity를 유지하면서 양전위 쪽을 향하여 움직이므로, 이를 drift current라 한다. 혹은 전자들의 숫자가 많아지면, 전자 농도가 높아지고 전자 농도가 상대적으로 낮은 다른 體가 연결될 시, 외부로부터의 인가전압이 없어도 농도차이에 의한 diffusion current가 형성된다. <Session 2-3> 참조. 여기서 velocity는 자유전자의 속도인데, 일정한 방향성을 갖는 vector의 의미를 포함한다. 외부에서 더 이상 전계가 인가되지 않고 농도차이가 발생되지 않는다면 current는 형성되지 않고, Sb51 원자에서 escape된 전자들은 다시 random한 운동을 하거나, 혹은 양전위로 charge된 5족 원소(Sb51)에 끌려서 Sb51에 다시 들러붙는다. 그러나 상온이란 에너지가 계속적으로 공급되는 한, 전자들이 끊임없이 자유전자가 되고, 또 자유전자들의 일부는 Sb51로 복귀하기를 반복하면서, 전자의 발생과 재결합에 의한 소멸(recombination)이 일정한 평형상태를 유지한다. 평행상태란 외부작용력(온도, 농도, 전압 등)이 없는 상태로 주로 전자와 hole carrier의 농도가 일정(평형)한 상태를 의미한다. 즉, 열평형전자농도 n_0, 열평형 hole 농도 p_0가 일정다는 것이다. Chapter 2에서는 모두 평형 상태조건인 경우이다.

1-1-4-3 5족 원소-4족 원소 결합 Energy와 Fermi 확률함수

<Chapter 1. Session 3-2-2-2>에서 5족 불순물 농도에 따른 연관된 전자의 Fermi 분포확률을 알아본 것에 연이어서, <Chapter 1. Session 3-2-2-4-2>에서는 N-type/P-type Fermi 분포확률함수와 electron이 갖는 energy와의 관계를 들여다보면서, 전자가 존재하는 Fermi 확률함수상의 전자가 이동하기 위한 여기 에너지를 다루었는데, 이번 <Session 1-1-4-3>에서는 전자 관점에서 이를 좀 더 발전시켜 상세히 설명했다.

먼저 potential energy를 살펴보면, intrinsic 상태에 있던 Fermi level이 5족 원소 doping 농도에 비례하여 conduction band로 접근하는 것에 맞추어서, 전자 분포에 대한 Fermi 확률함수도 conduction band에 근접되는데, 실질적으로는 Fermi 확률함수의 potential energy level이 상승하여 Fermi level도 연동하여 상승한 결과이다. Fermi 확률함수 이하의 영역은 전자가 원자

내에 존재할 확률이 0%~100% 사이에 있는 영역이 되며, energy level이 상승함에 따라 확률은 상온에서 100%에서부터 0%를 향하여 점점 줄어든다. Fermi 확률함수는 농도에 비례하므로 단위 체적당 5족 donor가 증가하면 전자/Hole분포의 Fermi 확률함수 전체가 ΔE만큼 상향된다. 따라서 고농도 5족-4족 결합일 경우는 $E_f > E_d$이고, 저농도일 때는 $E_f < E_d$이다. MOSFET의 source와 drain termination은 의도적으로 $E_f > E_d$을 맞추기 위하여 고농도로 doping하며, 그럴 경우 전자를 떼어내는 데 드는 energy는, doping energy가 $E_f > E_d$인 경우, 0.05eV보다 적어진다. MOSFET의 P-type substrate도, doping 에너지가 $E_f < E_a$일 경우(electron energy 증가 방향 기준), hole의 mobility가 높아진다. <CH2. 그림 1-3>의 화살표는 $f_n(E)$의 변동에 따라서 electron을 여기(5족 원자로부터 탈출) 시키는데 소요되는 에너지 크기이다.

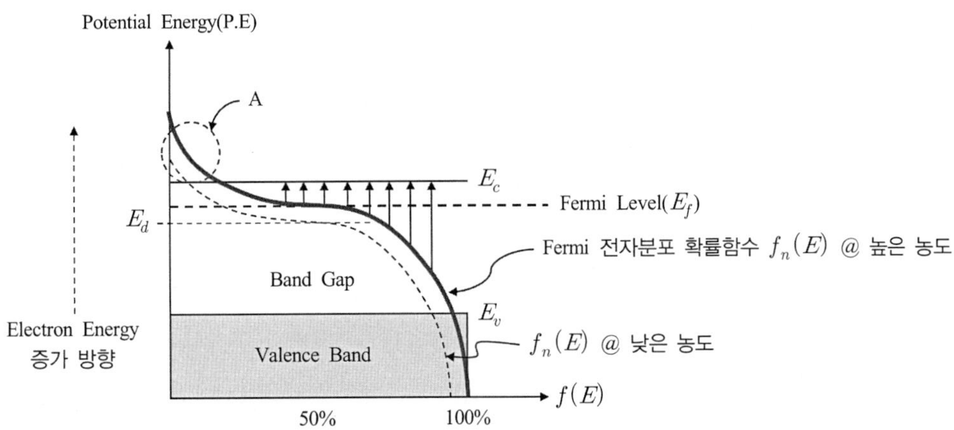

❐ CH2. 그림 1-3 N-type 반도체의 Majority Carrier인 전자에 대한 Fermi 확률함수 @ 상온 25℃

농도는 한 번 doping이 완료되면 더 이상 변하지 않으므로, 농도 다음으로 carrier 존재 확률에 영향을 끼치는 factor는 온도이다. 잉여전자가 원자 내에 존재할 확률은 잉여전자가 원자로부터 탈출하기 전에 잉여전자가 외부로부터 받은 potential energy에 따라 달라진다. 상온(300°K)에서 잉여전자의 potential energy가 Fermi energy level보다 높아지면, 이때의 잉여전자가 원자 내에 존재할 확률은 50% 미만이 된다(Fermi 확률함수가 fix된 상태). Potential energy와 Fermi level의 격차가 커질수록 존재 확률은 줄어든다. 그러다가 잉여전자는 일정 energy를 얻으면(P.E > E_c 조건) conduction band level로 전이하여 자유전자가 된다. 이때의 잉여전자는 Sb51 원자의 영향권에서 벗어나 Sb51의 최외각전자껍질에서 escape한 상태로서 energy적으로는 conduction band area에 위치하고, 물리학적으로는 격자와 격자 사이에서 random 운동을 시작한다.

<CH2. 그림 1-3>은 Si14-Sb51 결합일 때의 전자 분포에 대한 Fermi 확률함수의 상태를 나타낸 것으로 A 영역은 일정 energy를 얻은 잉여전자가 conduction band, 즉 격자와 격자 사이에 free하게 존재하고 있을 확률로서, 높은 energy를 갖게 되면 될수록 잉여전자가 원자 내에 존재 확률은 에너지에 반비례하여 0%를 향하여 떨어진다. 전자입장에서 물리학적으로는, 잉여전자가 energy를 얻어서 자유전자가 되어 원자 밖으로 탈출할 확률이 높아졌다는 뜻이다. 그러나 A영역의 전자도 N-type 반도체 밖으로 경계면을 통과하여 완전히 빠져나간 상태는 아니고 N-type의 體 내에 존재해 있는 상태이다. 잉여전자를 잃어서 양이온이 된 N-type donor인 N_d^+ 도 자유전자를 약하게 끌어당기기는 하지만, 전자를 다시 끌어들여 잉여전자 위치로의 구속력은 고농도로 doping된 P-type hole(최외각껍질위치)에 비하여 상대적으로 매우 적다. 또한, E_d가 일정할 때, 농도가 클수록 원자 내에 전자가 존재할 확률은 높아진다.

1-1-5 P-type 반도체

1-1-5-1 4족 원소를 3족 불순물 원소로 치환한 공유결합

Dopant로 5족 Sb51대신 3족 Boron5를 주입하면, Boron5는 주변의 4개의 Si14와 공동으로 전자를 나누어 소유하는데, 이때의 공유결합 mechanism은 N-type과 같지만, 최외각껍질 전자의 공유 상태를 보면, B5는 3족 원소이므로 최외각전자를 모두 공유하고도 8개가 되려면 1개가 부족하다. 4개의 Si14 중, 3개 전자를 주변의 3개 Si14와 공유결합 하고, 나머지 네 번째 Si14와는 상대방 Si14쪽 갖고 있는 1개의 전자하고만 공유결합을 하고 Boron5는 공유결합용으로 1개 전자를 제공하지 못한다. 네 번째 Si14 원자 입장에서는 최외각전자 4개를 모두 공유결합용 전자로 내놓았음에도 불구하고, 전자가 총 7개밖에 결합하지 못한 상태가 되어 Boron5와 결합한 side의 Si14는 전자 1개를 손해본다. 결국 Boron5와 네 번째 Si14는 총 최외각껍질에 공유하는 전자가 7개가 되어, 1개의 전자가 부족하고, 결합측면에서 강력하지 못한 불안정한 상태가 된다. 이렇게 전자 1개가 부족한 3족 원자와 4족 원자가 공유결합한 구조상태를 P-type 반도체라 한다.

이런 상황에서도 각각의 Si14와 B5 모든 원자 입장에서는 전기적 입장으로 볼 때, 전자를 얻거나 혹은 잃거나 한, 부족한 상태가 아니므로 N-type과 마찬가지로 P-type 반도체도 모두 중성 상태이다. 이때 공유결합 측면에서 1개 전자가 부족한 상태를 정공(hole)이라 하는데, B5-Si14 hole은 주변에서 돌아다니는 electron 하나를 끌어다 최외각전자로 총 8개를 채워, 화학적으로 안정적인 결합상태를 유지하려는 경향을 갖는다. B5 대신에 dopant로 3족인 다른 원소(Indium49, Aluminum13)들과 치환을 해도 동일한 mechanism을 보인다. 이렇게 하여

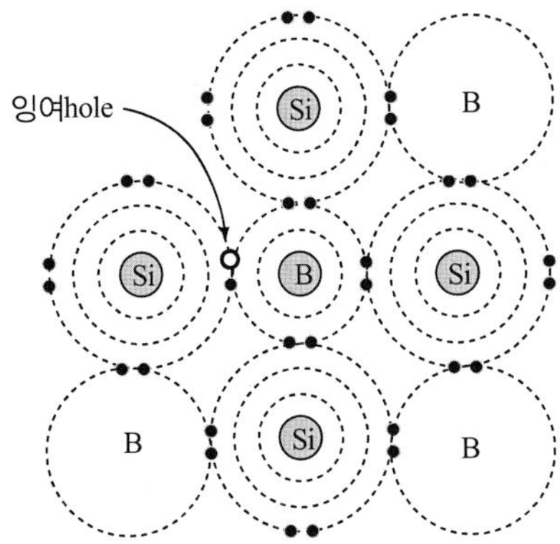

❒ CH2. 그림 1-4 Si14대신 Boron5로 치환된 P-type 반도체

만들어진 hole을 포함한 P-type 반도체는 전자를 끌어들이는 성질을 갖고 있으므로 acceptor라 이름 붙였고, majority carrier로 hole을 활용하기 위하여 의도적으로 3족 원소를 주입한다. 따라서 P-type 반도체에서는 N-type 반도체와는 반대로, majority carrier는 hole이 되고 minority carrier는 silicon 격자(intrinsic 상태와 유사한 농도)에서 공급되는 electron이 된다. 그러다가 외부에서 전계가 인가되면 majority carrier인 hole이 이동하므로 이를 전류가 흐른다고 표현한다. 전계와 상관없이 농도차이로 인하여 흐르는 hole의 확산전류도 N-type과 유사한 mechanism의 형태를 보인다. 그러나 실질적으로는 hole이 움직이는 것이 아니라, 전자가 hole로 들어가서 majority carrier인 hole이 이동하는 효과로 나타난다. 이렇게 하여 만들어진 P-type 반도체는 electron이 합류될 경우, 전기적으로는 (3족-4족 결합은) 3족 원자의 hole에 들어온 전자 양만큼 마이너스 이온화된다. N-type과 마찬가지로 상온이란 에너지가 계속적으로 공급되는 한 끊임없이 전자들이 hole을 채우고 또 빠져나가기를 반복하면서, hole의 발생과 소실이 일정한 평형상태(Chapter 2에서는 모두 평형상태조건이다)를 유지하지만, 절대온도 $T=0^{\circ}K$에서는 전자의 이동이 없어서 hole의 이동이 없으므로 어떠한 경우든 전류의 흐름은 없다.

1-1-5-2 Hole 이동 Mechanism과 Mobility

N-type electron의 mobility가 P-type hole에 비하여 높으므로, 저항은 N-type 보다는 P-type이 높다. 5족 불순물 반도체의 electron은 5족 원소 Sb51이 4족 원소 Si14와 공유결합 된 후, 에너지를 받아 원자로부터 떨어져 나와 자유롭게 이동하기 때문에 이동도가 높은 반면, 3족의 불순물 반도체의 hole은 주변의 전자가 hole을 채우고 그 hole을 채우기 위하여 이동했던 전자가 떠난 자리에 다시 hole이 발생되어 이동하는 방식이므로, electron 이동보다는 제한된 간접이동 방식으로 hole이 움직이는 형국이 되어, mobility가 electron에 비하여 상대적으로 느

리다. 또한, 확산 시의 이동도는 주입농도와도 반비례하는 상관관계를 갖는다. 주입농도가 높을수록 electron이건 hole이건 이동도가 줄어드는 것은 rush hour때의 교통체증 현상과 같이, 확산이동하는 데 electron 혹은 hole 등의 절대 개체수가 일정수준 이상 많아지면 서로의 부딪침이 많아져 이동에 오히려 장애요인으로 작용하기 때문이다.

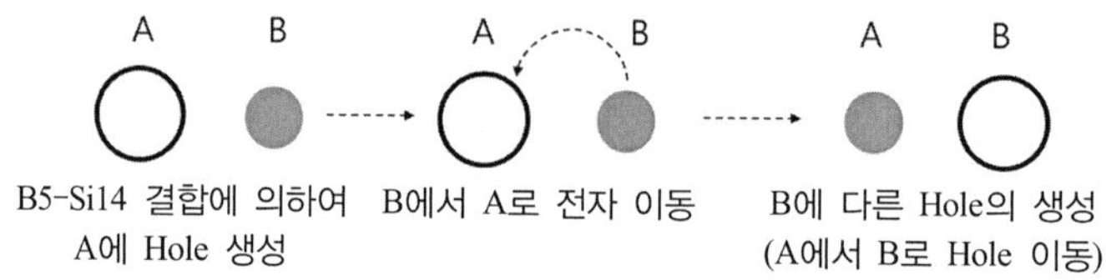

❐ CH2. 그림 1-5 Hole 이동 Mechanism @ Acceptor

1-1-5-3 3족-4족 결합 Energy와 Fermi 확률함수

Intrinsic 상태에서 band gap 중앙에 있던 Fermi level은 3족 doping에 비례하여 valence band 가까이로 다가가고, Hole분포의 Fermi 확률함수도 Fermi level이 이동한 $-\Delta E$(electron energy 증가 방향기준)만큼 전체적인 energy level이 내려간다. Donor처럼 acceptor도 hole의 Fermi energy level E_{f_p} 이하의 영역은 carrier인 hole이 존재할 확률이 50%~100% 사이에 있는 영역이 되며, P-type의 Fermi energy level E_{f_p} 이상의 영역은(hole energy 기준) hole이 존재할 확률이 0%~50% 사이가 된다. Fermi 함수가 E_v에 접근하는 것은 hole energy가 증가하는 방향이다. Fermi 확률함수가 fix된 상태에서 Energy leve이 E_v level에 다가감에 따라 minority carrier인 전자가 3족-5족 결합 내에 존재할 확률은 점점 커지고, majority carrier인 hole의 원자 내 존재 확률은 낮아진다. 반대로 energy level이 E_v에서 멀어짐에 따라 hole이 존재할 확률은 점점 증가하는 대신 전자가 존재할 확률은 낮아진다.

<CH2. 그림 1-6>은 Si14-B5 결합일 때의 majority/minority carrier의 Fermi 확률함수 상태를 나타낸 것이다. 3족-4족 결합에 의한 majority carrier인 hole을 base로 한 Fermi 확률함수도, 5족-4족 공유결합에 의한 majority carrier인 전자를 base로 한 경우와 유사한 trend를 보인다. 단, 이때의 Hole분포확률함수는 $f_p(E) = 1 - f_n(E)$의 trend를 보인다. <Chapter 1. Session 3-2-2-3. 참조>. <CH2. 그림 1-6>의 화살표는 $f_{p_p}(E)$의 변동에 따라 hole이 valence band로 join하는데 소요되는 에너지 크기이다. (이는 valence band에 위치한 electron이 hole로 투입되는데 필요한 energy와 같다). Hole의 농도가 증가하여 $E_{f_p} > E_a$(hole 에너지 증가방향 기준)일 경우, hole의 mobility가 증가하고, 그에 비례하여 hole이 이동하기 위하여 투입되는 에너지가 적어진다.

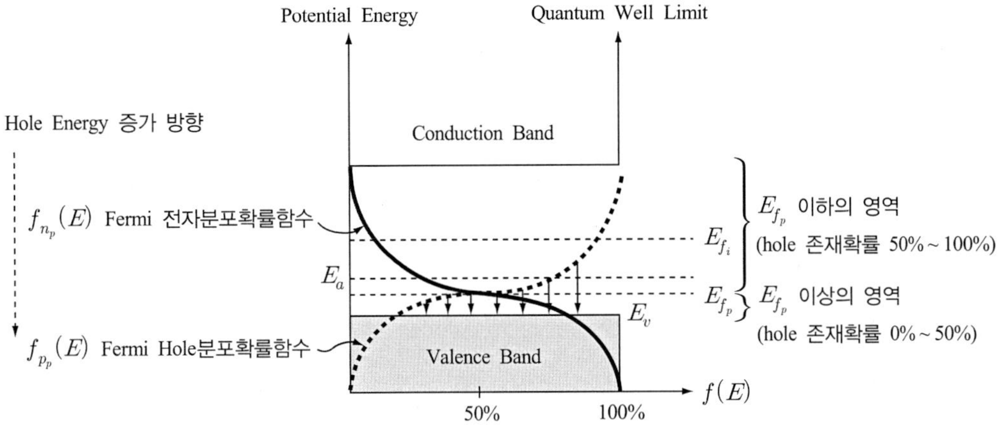

❒ CH2. 그림 1-6 P-type의 Majority/Minority Carrier인 Hole/Electron 분포에 대한 Femi 확률함수 @ 상온 25˚C

외부에서 3족-4족 dopant에 가해준 전위차로 인하여 전계가 형성이 되면, hole들은 일정한 velocity를 유지하면서 음전위 쪽을 향하여 움직이며 current를 형성한다. 여기서 velocity는 hole의 속도인데, electron 경우와 마찬가지로, 일정한 방향성을 갖는 vector의 의미를 포함한다. 외부에서 더 이상 전계가 인가되지 않는 상온조건이라면 current는 형성되지 않고, hole도 electron 경우처럼 electron에 비하여 속도는 느리지만 random 운동을 한다.

3족 원소 Solubility

실질적으로 P-type 반도체를 만들 때에는 Al13이나 In49보다는 Boron5를 이용한다. 5족 원소인 P15, As33, Sb51 등은 모두 N-type을 만들 때 dopant로 사용하는 데 문제가 없지만, P-type을 만들 때에는 3족 원소 모두 문제가 있다. Al13과 In49은 Si14고체 내에 주입을 한후, 높은 온도를 가하면 Al13은 Al13끼리, In49는 In49끼리 결합하여 solid solubility(고체 용해도)를 떨어뜨린다. 불순물반도체에서 Si14 내에 dopant들이 골고루 침투하여 Si14 원자와 치환되는 비율을 용해도라고 한다. Solubility는 2개 이상의 물질 내에서 2개 이상의 서로 다른 물질들이 격자들 간에 얼마나 서로 잘 섞이냐는 것인데, 반도체로 사용되는 dopant는 Si14 격자들과 상호 골고루 분산되어 있어야 한다. Solid solubility는 고체 내에서의 서로 다른 고체끼리의 용해도인데, 낮은 solid solubility로 인하여 3족 원소 B5, Al13, In49 중에는 Boron5를 주로 사용하고 Al13은 거의 사용할 수 없으며, In49는 hole을 발생시키는 활성화율의 저하로 불순물 농도가 낮은 곳에 제한적인 조건에서만 사용된다. Al13과 In49의 solid solubility가 저하되는 문제로 인하여 할 수 없이 B5를 사용하여야 하는데, B5는 입자의 크기가 작아서 고체에서 solubility와 diffusibility(확산도)가 도리어 너무 크다는 문제가 있다. B5는 silicon 뿐만 아니라 산화막과 질화막에서도 diffusion이 너무 잘 된다. 그래도 solubility가 너무 큰 것은 너무 작은 것보다는 부족한 부분을 control할 수 있기 때문에 3족 원소는 B5만을 사용할 수 있다. 따라서 B5의 활성화율을 낮추기 위하여 implantation 후 annealing 시간을 매우 짧게 한다거나, implantation도 낮은 압력을 사용한다거나, solid solubility와 diffusability를 낮추기 위하여 B5를 BF_2로 치환하여 사용하기도 한다.

1-1-6 Energy Level과 Carrier 분포확률

Electron potential energy의 증가 방향과 hole의 potential energy 증가 방향은 반대이다. Electron은 energy가 증가한다는 것은 원자핵과의 관계를 끊고 원자로부터 탈출하는 방향이라서 conduction band 방향으로 진입하지만, hole의 energy가 증가한다는 것은 hole의 이동이 활발하여야 하고 hole의 이동은 conduction band로 이동하는 것이 아니라 원자와 원자를 징검다리 삼아 건너 띄면서 이동하므로 valence band에서 이루어진다. Valence band는 원자핵의 영향 하에서의 최외각껍질의 energy band이다. P-type일 경우의 전자공급은 이웃원자 내의 valence band energy level의 전자들이 공급될 확률이 높다. Valence band에 전자가 존재한다는 의미는 전자입장에서는 electron energy가 줄어드는 방향이다.

동일한 원자 내에서 carrier의 energy 변동에 따라서 carrier가 원자 내에 존재할 확률이 변하는 함수관계를 보여준 Fermi 확률함수 관계에서도 electron과 hole은 상호보완 관계에 있다. carrier 존재확률과 carrier의 energy 관계를 살펴보면, <CH2. 그림 1-7>의 majority carrier가 P1에서 P2로 존재확률이 하락한다는 것은 majority carrier인 전자는 P.energy가 증가하는 방향이고, 역시 majority carrier인 hole도 P.energy가 증가하는 방향이다. 이는 current의 증가를 의미한다. 전자/hole의 P.energy가 증가한다는 것은 전자/hole이 원자 내에서 발견될 확률이

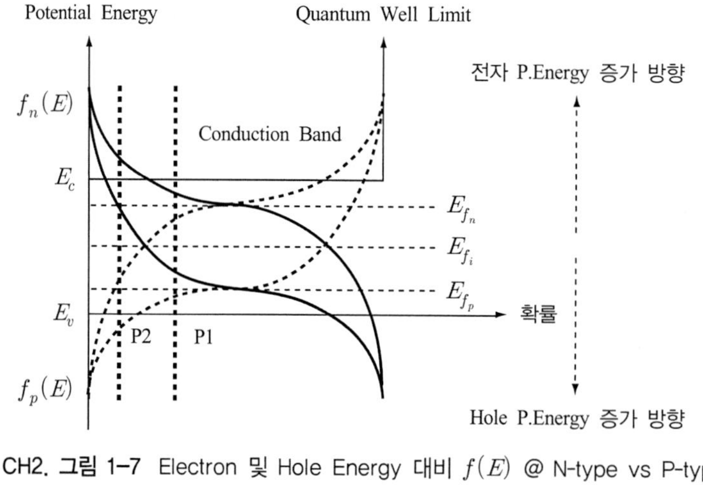

❐ CH2. 그림 1-7 Electron 및 Hole Energy 대비 $f(E)$ @ N-type vs P-type

낮아진다는 것이고, 이는 전자/hole이 원자 내부에 머물러 있지 않고 원자 밖으로 이동하던지 원자 내에서 소멸하고 다른 이웃 원자로 이동한다는 의미이다. Hole의 다른 원자로의 이동은 인접 원자의 공유결합한 electron이 넘어와서 hole을 채우면서 인접 원자에 다른 hole을 파생시켰으므로 hole이 인접 원자로 이동한 결과가 된다.

반대로 전자/hole의 P.energy가 감소하면 원자 내에 전자/hole이 존재할 확률이 증가한다. 이는 carrier들이 이동하지 않는 현상이므로 current의 감소를 의미한다. 여기서 $f_n(E)$와 $f_p(E)$는 각각 반도체 내에서 분포할 전자/hole의 확률을 의미한다. $f_p(E) = 1\text{-}f_n(E)$도 N-type 내에서 혹은 P-type 내에서의 majority carrier와 minority carrier 간의 함수이다. N-type일 경우는 동일 원자 내에서 전자의 P.energy가 감소하면 전자의 존재확률이 높아지고 $f_p(E) = 1\text{-}f_n(E)$이므로 동일 type 내에서 minority carrier인 hole의 존재확률 $f_p(E)$는 낮아진다. 즉, N-type인 경우, 전자들의 potential energy가 감소한다는 것은 전자들이 valence band로 들어올 확률이 높아진다는 것이고, 이는 valence band에 있는 hole에 전자가 채워질 가능성이 높아진다는 것이다. P-type인 경우도 방향은 반대이면서 N-type과 유사하다. Majority carrier인 경우는 상온의 열에너지 공급으로 Si14격자에서 끊임없이 intrinsic EHP(1.5×10^{10}개/cm^3 : 전자, hole)로 생성/소멸되는데, N-type은 majority electron들의 농도($1\times1.5^{15} \sim 10^{18}$개)로 intrinsic 전자($1.5\times10^{10}$개-$cm^{-3}$)들이 의미가 없어지고 hole($1.5\times10^{10}$개-$cm^{-3}$)만 유의미한 상태로 존재하게 된다. 이때 hole도 생성과 소멸을 반복하다가 외부에서 전압 bias가 발생하면 소수 carrier가 전류를 발생시킨다.

1-2 상태밀도와 Carrier 분포

DOS(Density of States)는 상태밀도를 의미하는데, 전자나 hole인 carrier가 반도체 내에 존재하는 양자화 상태(site)의 미시적 개념으로서, 단위 체적 및 단위 에너지 영역 내에서 양자역학적 입자들의 에너지 상태의 수를 의미한다. Energy level에 대한 상태밀도를 구하는 궁극적인 목적은 Fermi 확률함수와 결합하여 조건 및 위치가 주어졌을 때 carrier의 개체수를 확률적으로 계산해내기 위함이다. Carrier개체수를 알아내면 회로에 흐르는 전류를 추정할 수 있다. 설계된 전류의 최솟값을 달성하기 위하여, base material에 얼마의 농도로 doping하고, junction에 얼마의 전압을 인가하여, drain에 얼마의 current를 흘려서 회로를 동작시킬 것인지의 소자적 조건들과 그로 인한 결과를 가늠할 수 있기 때문이다.

1-2-1 농도와 Carrier 개체수

Carrier는 N-type과 P-type의 majority/minority, 4족이지 형태인 electron과 hole을 의미하는데, 요지는 미시세계 기준에서의 carrier 개체수를 계산해야 한다는 데 있다. 거시적 세계에서는 일반적으로는 밀도에 전체 면적 혹은 전체 체적을 곱해서 알갱이 수를 센다. 예를 들어, 평방미터당 몇 명의 사람이 존재하는가의 밀도를 알면, 사전에 계산된 전체 면적으로 밀도를 곱하면 총 인원수가 간단히 나온다. 체적의 경우도 동일한 방식이다. 그런데 미시세계에서는 단위 체적당 알갱이 수를 셀 수 없으므로 대신 농도를 구한다. 농도는 거시적 개념의 밀도에 비하여 오차 범위가 커질 수 있지만, 현재 적용할 수 있는 index는 농도보다 적합한 index는 마땅히 없다. 따라서 carrier 수(N_c)는 농도에 해당 체적을 곱하여 구한다. 체적은 단위 체적을 목적하는 공간까지 적분하여 계산해낸다.

$$\text{Carrier 수,}\quad \mathrm{N_c} = \int_{bottom}^{top} \text{농도}\ dv \qquad \text{식2)}$$

이다. 그런데 식2)의 이 농도는 doping 농도가 기준이 되지만, doping 시와 doping 후의 변수가 많기 때문에 유효농도로 구한다.

1-2-2 유효농도

유효농도는 실질적인 carrier의 개체수에 영향을 끼치는 농도를 말한다. 유효농도 값은, 같은 전자 혹은 같은 hole이라도 N-type과 P-type 반도체에 따라서, energy band에 따라서도 다르게 나타난다. 즉, 유효농도는 일률적인 절대농도가 아니라 상황과 변수에 따라서 상대적으로 적용되는 농도이다. 유효농도는 1) 먼저 carrier가 존재할 site가 확보되어야 하고, 2) 확보된 site 내에서 carrier가 존재하여야 한다. 1) 존재할 site라는 것은 거시적인 개념이고 미시적 개념은 carrier의 상태이며 이는 상태밀도함수(DOS의 함수)로 구한다. 2) Carrier가 존재한다는 것은 미시적으로는 확인하기 불가능하므로 존재(점유)의 확률을 구해서 유추하여야 하고, 그런 확률이 외부변수에 따라서 연동되어 변하므로, 이를 확률함수로 구현한 것이 Fermi 확률함수이다. 확률함수의 독립변수는 측정가능하고 control이 가능한 변수로 energy를 사용하였다. 독립변수를 확률함수에 input하면 존재의 확률이 얼마나 되는지 용이하게 계산된다. Carrier의 상태밀도함수의 독립변수도 control 가능한 변수이어야 하고, carrier에 직접적인 영향을 끼치는 index이어야 하므로 분포의 확률함수와 마찬가지로 energy가 적당하다. 따라서 1) 상태밀도를 2) 확률함수로 곱하면 carrier가 존재하는 유효농도(effective concentration)가 계산된다.

$$C_{eff} = \int_{bottom\ energy\ level}^{top\ energy\ level} D(E)f(E)dE \qquad \text{식3)}$$

식3)의 $D(E)$는 상태밀도함수이고 $f(E)$는 Fermi 분포확률함수이다. Energy 영역은 원자 내의 energy level이 양자화되어 분리되어 있으므로 energy는 conduction band 내의 energy 혹은 valence band 내의 energy를 각각 적분하여 유효농도 (C_{eff})를 구한다.

1-2-3 상태의 수

밀도의 개념을 도입하여, 부피와 에너지에 대한 단위 공간과 단위 에너지 내에서 미시세계에서의 상태의 수를 상태밀도로 정의하였다. 에너지 범위에서도 영역을 무한대의 에너지 영역으로 할 수 없으므로 단위 에너지 영역으로 한정하고, area도 임의의 단위 공간 내로 한정한다면 energy level 상태를 밀도개념으로 나타낼 수 있다. 총 상태의 수도, 상태밀도가 구해지면 상태밀도에, 구하고자 하는 공간과 구하고자 하는 에너지 level area를 곱해주면, 해당되는 area와 해당되는 에너지 구간에서의 상태 총수를 구할 수 있다. 에너지가 높아지면 비례하여 상태가 많아지기 때문에 상태 수가 증가한다. 상태 수의 증가는, 곧 carrier가 존재할 수 있는 energy level 수의 증가로 판단할 수 있다.

1-2-4 상태밀도함수

물체가 존재하려면, 먼저 물체(입자)가 존재할 수 있는 장소(상태)가 있어야 하듯이, 미시적인 경우에서도 단위 면적당의 밀도처럼 cubic 내에서 상태의 밀도를 계산한다. 상태밀도는 모든 에너지 영역, 공간 영역에서 일정한 함수관계를 유지하므로 이를 에너지와 함수관계를 갖는 식으로 나타낼 수 있다. 측정할 수 없는 미시의 세계에서는 입자가 있을 어떠한 상태로서 추정해내어야 하며, 상태밀도를 계산해내는 index로는 energy를 매개체로 했다. 광장에 모여있는 사람이 많아질수록 밀도도 올라가고 에너지가 높아지듯이, 에너지가 크면 상태의 밀도가 높다는 것으로, 복잡한 계산을 거쳐 Density of State $D(E)$는 energy E의 제곱근에 비례하는 것으로 추정해내었다. 에너지가 크면 에너지 제곱근에 비례하여 carrier도 여러 가지 상태를 만들어 낼 수 있다는 것이다.

$$\boxed{D(E) = \frac{4\pi(2m)^{\frac{3}{2}}}{h^3}\sqrt{E}} \qquad \text{식4)}$$

상태밀도함수 식의 유도 과정은 생략하겠고, 상기 식의 상태밀도 단위는 $[\mathrm{cm}^{-3}\ \mathrm{eV}^{-1}]$이다. 즉, $D(E)$는 $\sqrt{E}$에 비례하고, 유효질량의 $\frac{3}{2}$제곱에도 비례한다.

상태밀도에 관련된 carrier로는 electron이나 hole이 있고, electron과 hole의 부호는 반대이다. E는 독립변수이고 독립변수 E가 증가하면 DOS도 증가한다. 미시적인 자연현상은 거시적인 도형처럼 질서정연한 순서와 모양을 따르지 않는다. 상태의 함수는 매우 복잡하고 공식화하기 난해하지만 많은 부분을 간소화하여 <CH2. 그림 1-8>로 식4)를 간편하게 graph화 했다. DOS값은 임의의 단위 에너지 구간 내에 있는 carrier들이 갖고 있는 양자화된 상태다. 즉, DOS는 에너지와 연관된 전자(hole)들의 양자상태의 분포 밀도로서 임의의 energy level에서 DOS값이 적다는(많다는) 것은 그만큼 전자(hole)가 분포된 상태가 좁다는(넓다는) 것이다.

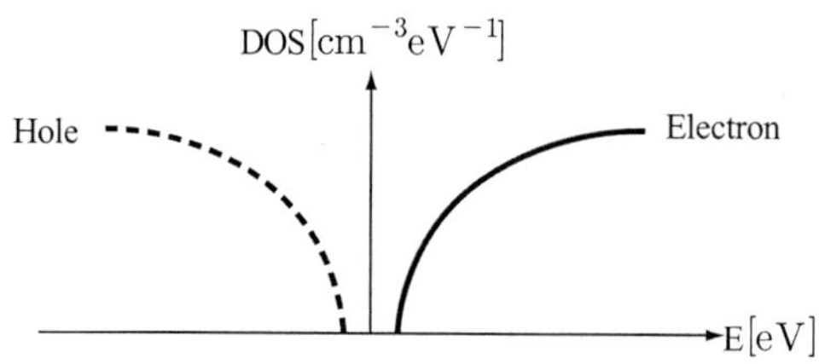

❒ CH2. 그림 1-8 전자와 Hole에 대한 상태밀도함수

<CH2. 그림 1-8>의 area 중에서 상태밀도함수 $D(E)$의 x축과 y축을 서로 switching하면 <그림 1-9>와 같이 된다. 이는 Fermi 확률함수의 graph축을 switching하여 편리하게 구성한 방식과 같다. 즉, 독립변수 energy를 y축으로 하고, DOS 함수를 x축으로 하여 graph에 대입하면, conduction band와 valence band area 내에서의 electron의 상태밀도 $D_n(E)$와 hole의 상

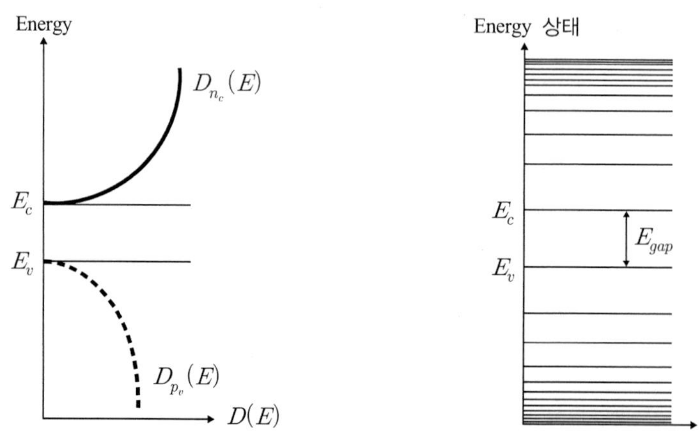

<$D(E)$에 따른 Energy 상태밀도 함수> <$D(E)$에 따른 Energy 상태의 밀집된 정도>

❒ CH2. 그림 1-9 Conduction Band와 Valence Band에서의 Majority Carrier인 전자와 Hole의 상태밀도

태밀도 $D_p(E)$로 나뉘어진다. <CH2. 그림 1-9>에서 $D_n(E) > D_p(E)$인 이유는 electron의 유효질량 m_n이 hole의 유효질량 m_p보다 크기 때문이다.

1-2-4-1 Conduction Band에서의 상태밀도

<CH2. 그림 1-9>의 $D_{n_c}(E)$은 conduction band에서의 전자에 대한 상태밀도함수를 의미한다.

$$D_{n_c}(E) = \frac{4\pi(2m_n)^{\frac{3}{2}}}{h^3}\sqrt{E-E_c} \qquad \text{식5)}$$

Intrinsic 상태의 $\sqrt{E}$는 N-type 불순물 상태일 때는 $\sqrt{E-E_c}$으로 변경되는데, 이는 conduction band에서의 energy는 항상 E_c보다 높은 경우만 발생되어, $E \geq E_c$이기 때문이다. 식5)의 m_n은 전자가 conduction band에 존재할 때의 유효질량이다.

1-2-4-2 Valence Band에서의 상태밀도

<CH2. 그림 1-9>의 $D_{p_v}(E)$는 valence band에서의 hole에 대한 상태밀도함수이다.

$$D_{p_v}(E) = \frac{4\pi(2m_p)^{\frac{3}{2}}}{h^3}\sqrt{E_v-E} \qquad \text{식6)}$$

Intrinsic 상태의 $\sqrt{E}$가 P-type 불순물 상태일 때는 $\sqrt{E_v-E}$로 변경된 것은 valence band에서의 energy는 항상 E_v보다 낮은 경우만 발생되어, $E_v \geq E$(election potential energy 기준)이다. 식6)의 m_p는 hole이 valence band에 존재할 때의 유효질량이다.

전자와 Hole의 유효질량에 대하여

일반적으로 지구상에서는 질량은 일정하다. 그러나 환경이 변하면 환경과 주고 받는 상대적 질량이 변하며, 이때의 변화된 환경 내에서의 상대적 질량을 유효질량이라 한다. 변화된 환경이라는 것은 광속으로 달리는 도체 속이라던가, 원자 내의 conduction band 혹은, valence band 등, 각각의 다른 환경에서 질량은 각기 다른 무게의 질량으로 작용하며, 이렇게 상대적인 변수를 적용한 질량이 유효질량이다. 따라서 conduction band 내의 전자 질량과 valence band 내의 hole 질량이 차이가 나므로 각기 다른 질량을 적용해야 근사된 상태밀도가 제각각 구해진다. 실험치에 의하면 상온에서 hole 유효질량(m_p)이 전자 유효질량(m_n)의 약 70% 정도되고 germanium32 반도체 내에서의 유효질량(m_{n_g}, m_{p_g})이 silicon14 반도체 내에서의 유효질량(m_{n_s}, m_{p_s})에 비하여 50% 정도 적다. <CH2. 그림 1-9>는 전자와 hole의 상태밀도함수에 각각의 유효질량을 적용한 DOS(상태밀도함수)의 trend이다.

1-2-5 Carrier 분포 및 점유 Carrier 개체수 산출

이제, 상태밀도와 Fermi 확률함수를 이용하여, conduction band 내의 전자 분포 및 점유하고 있는 전자 개체수와 식을 유도하고, valence band 내의 Hole분포 및 점유하고 있는 hole 개체수와 식을 구해보자. 또한, 상기 2가지 경우에 대한 각각의 minority carrier에 대해서도 알아보자.

1-2-5-1 Intrinsic 반도체의 carrier 개체수

$D_{n_c}(E)$는 conduction band에서의 전자에 대한 상태밀도이고, $D_{p_v}(E)$는 valence band에서의 hole에 대한 상태밀도이다. $f_{n_i}(E)$는 intrinsic 반도체의 전자분포에 대한 Fermi 확률함수이고, $f_{p_i}(E)$는 intrinsic 반도체의 Hole분포에 대한 Fermi 확률함수로서, Fermi 확률함수식에서 동일 type 반도체의 energy level이 같을 경우 $f_{n_i}(E) = 1 - f_{p_i}(E)$이다. Intrinsic인 경우이므로 전자분포는 conduction band, Hole분포는 valence band에 점유한 carrier 분포로 각각 구한다.

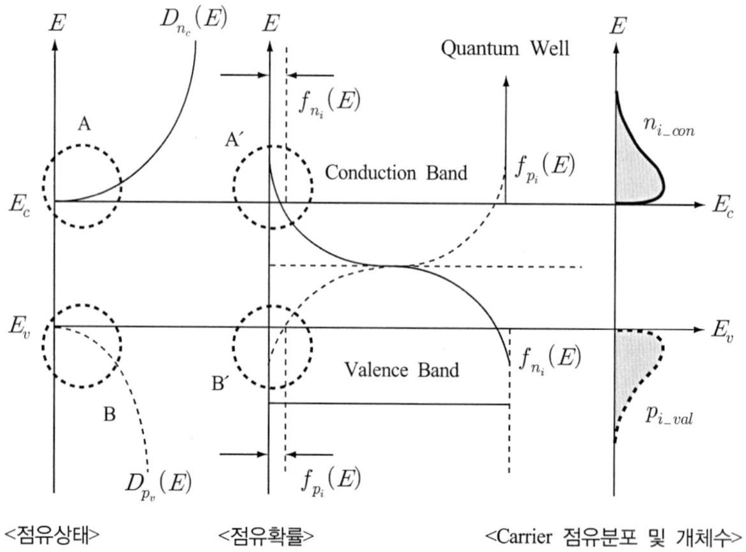

❒ CH2. 그림 1-10 전자와 Hole의 점유 분포 및 개체수 @ intrinsic

1-2-5-1-1 전자 개체수 : Conduction Band 영역 A × A′

<CH2. 그림 1-10>에서 intrinsic과 상온일 때의 conduction band area 내의 전자 농도(개체수) n_{i_con}는

$$n_{i\_con} = \int_{E_c}^{E} D_{n_c}(E) f_{n_i}(E) dE \qquad 식7)$$

$$n_{i\_con} = \int_{E_c}^{E_c + \Delta E} \frac{4\pi (2m_n)^{\frac{3}{2}}}{h^3} \sqrt{E - E_c} \frac{1}{1 + e^{(E - E_f)/kT}} dE \qquad 식8)$$

이다. 전자는 $E > E_c$ 조건(E_c 이상에서의 전자개체수)이다. 여기서의 m_n은 전자의 유효질량이다. 적분영역의 E는 energy가 E_c보다 높으면서 conduction band에 전자가 보유한 일정한 energy level까지로서, 일정 level이란 구하고자 하는 energy level $E_c \sim E_c + \Delta E$ 구간을 의미한다.

1-2-5-1-2 Hole 개체수 : Valence Band 영역 B × B′

<CH2. 그림 1-10>에서 intrinsic 상온일 때의 valence band area 내의 hole 농도(개체수) p_{i_val}은

$$p_{i\_val} = \int_{E}^{E_v} D_{p_v}(E) f_{p_i}(E) dE = \int_{E}^{E_v} D_{p_v}(E) \{1 - f_{n_i}(E)\} dE \qquad 식9)$$

$$p_{i\_val} = \int_{E_v - \Delta E}^{E_v} \frac{4\pi (2m_p)^{\frac{3}{2}}}{h^3} \sqrt{E_v - E} \frac{e^{(E - E_f)/kT}}{1 + e^{(E - E_f)/kT}} dE \qquad 식10)$$

이다. Hole은 $E < E_v$ 조건(E_v 이하에서의 hole개체수)이다. 여기서의 m_p는 hole의 유효질량이다. 적분영역의 E는 energy가 E_v보다 낮은 일정 level까지이며, 일정 level이란 구하고자 하는 energy level $E_v \sim E_v - \Delta E$ 구간을 의미한다.

Intrinsic에서의 carrier개체수를 정리해보자. 식8)과 식10)의 값을 구하면 intrinsic일 때의 상온에서 전자와 hole의 개체수가 산출된다. Intrinsic인 경우, carrier의 수는 Silicon 원자수(약 1×10^{22}개 @ 단원소 silicon으로 순도 9-11인 경우) 대비 약 1×10^{12}분의 1 수준으로 약 1.5×10^{10}개/cm^3 정도되며, 이는 2개 type carrier의 농도가 유사하다는 뜻이 된다. 이는 의미있는 전류를 발생시키기에는 부족한 수이다. 전류다운 전류가 흐르려면 cubic cm 이내에 최소한의 전자수로 약 1×10^{15}개가 있어야 하므로 intrinsic 반도체는 전자와 hole의 이동이 발생되어도 미미한 영향으로 절연체에 가깝다고 볼 수 있다. 반면 N^+ 혹은 P^+ source/drain 단자에서의 전자 혹은 hole 모두, silicon 원자수에 비하여 carrier의 수가 약 100분의 1 정도의 수준이기 때문에 전도도가 좋은 물체라고 볼 수 있다. <Chapter 2. Session 1-2-5-2 참조> 의미있는 전류를 생성시킬 수 있는 불순물 반도체(source/drain 단자) 정도의 전자 혹은 hole의 개수를 확보하기 위하여는 순수 silicon14 반도체에 5족 혹은 3족 불순물 주입 시 높은 doping 농도를 유지하여야 한다. Doping하는 방법으로는 확산과 ion implanting이 있는데, 이는 다음 <Chapter 2. Session 2-1-1>에서 다루겠다.

1-2-5-1-3 간편한 식

식8)과 식10)은 복잡하므로 이를 단순화시키기 위하여 에너지 E가 E_f+3kT 보다 큰 경우와 E_f-3kT 보다 작은 경우에는 Maxwell-Boltzmann 분포를 이용하면, 간편한 함수가 된다.

가) Conduction Band인 경우의 전자에 대한 간편산 : Energy Level > E_c인 경우

<CH2. 그림 1-11>의 A영역에서, $E\gg E_f+3kT$ 조건일 때, $e^{(E-E_f)/kT}\gg 1$이 되는 간편산을 구해 보자. Energy를 독립변수로 둔, 전자분포에 대한 Fermi 확률함수 $f(E)=\dfrac{1}{1+e^{(E-E_f)/kT}}$에서 energy level이 상승하면 $\Delta E=E-E_c$가 점점 커진다. $E-E_f\gg 3kT$ 이상일 경우에는, 전자의 분포확률함수인 $f(E)$가 energy에 반비례하여 전자분포의 확률값이 exponentially 감소하게 되어, $e^{3kT/kT}=e^3\gg 1$이므로,

$$f_{n_i\_con}(E)=e^{-(E-E_f)/kT} \qquad \text{식11)}$$

와 같은 보다 간단한 표현으로 된 분포함수를 가진다. f_{n_i}은 intrinsic일 때의 전자분포함수이다. 이를 Maxwell-Boltzmann 분포라 한다. 이제 간편산을 활용하여 intrinsic일 경우의 전자개체수를 구해 보자 @ $E\gg E_f+3kT$.

$$\boxed{n_{i\_con}=\int_{E_c}^{E_c+\Delta E}\frac{4\pi(2m_n)^{\frac{3}{2}}}{h^3}\sqrt{E-E_c}\ *\ e^{-(E-E_f)/kT}dE} \qquad \text{식12)}$$

$$n_{i\_con}=N_c\,e^{(E_f-E_c)/kT},\ \ N_c=\frac{2(2\pi m_n kT)^{\frac{3}{2}}}{h^3} \qquad \text{식12-1)}$$

E_f가 E_c로부터 멀어질수록 intrinsic 조건에서 conduction band 내의 전자농도 n_{i_con}는 줄어든다. $E_f = E_i$일 때 intrinsic이므로

$$n_{i\_con} = N_c e^{-(E_c - E_i)/kT} \quad \text{식12-2)}$$

이다.

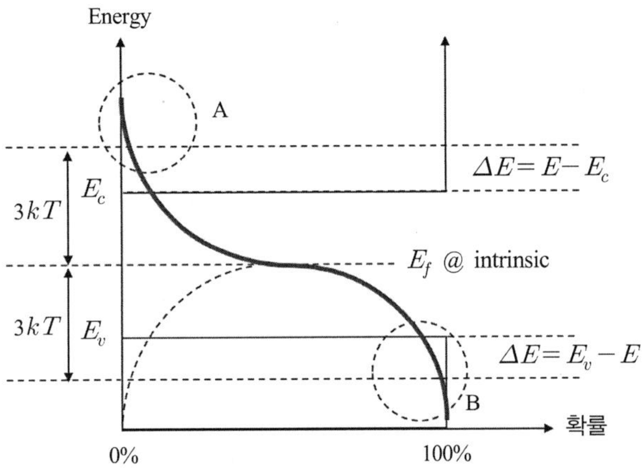

❐ CH2. 그림 1-11 $|E - E_f| \gg 3kT$일 때의 전자분포확률함수 @ intrinsic

나) Valence Band 내에서의 Hole에 대한 간편산 : Energy Level< E_v인 경우

Hole분포함수는 같은 energy 영역에 있는 전자분포함수를 구한 후에, $f_p = 1 - f_n$으로 대입하여 구해도 동일한 결과로 산출된다. Valence band 내의 전자 확률과 hole의 확률을 구한 후, hole의 점유개수를 산출한다.

나-1) Valence Band에서의 전자 확률

<CH2. 그림 1-11>의 B영역에서, $E \ll E_f - 3kT$이므로

$$f_{n_{i\_val}}(E) = \frac{1}{1 + e^{(E - E_f)/kT}} = \frac{1}{1 + e^{-3kT/kT}} = \frac{1}{1 + e^{-3}} = 1 \quad \text{식13)}$$

즉, $E < E_v$인 경우 energy가 낮아질수록 $f_{n_i}(E) = 1$로 근접되어 전자의 분포확률값이 exponentially 증가하게 되어 100%에 근접하게 된다. 이 경우는 원자 내의 전자가 모두 최외각전자껍질에 존재한다(f_{n_i}은 intrinsic일 때의 전자분포함수).

나-2) Valence Band에서의 Hole 확률

<CH2. 그림 1-12>의 C영역에서, energy level이 하강(전자 P.Energy 기준)하여 $E \ll E_f - 3kT$일 경우의 간편산인 Maxwell-Boltzmann 분포를 구해 보자.

$$f_{p_i\_val}(E) = 1 - f_{n_i\_val}(E) = 1 - \frac{1}{1+e^{(E-E_f)/kT}} = \frac{e^{(E-E_f)/kT}}{1+e^{(E-E_f)/kT}} \qquad \text{식14)}$$

이고, $E - E_f \ll -3kT$를 대입하면

$$f_{p_i\_val}(E) = \frac{e^{(E-E_f)/kT}}{1+e^{-3}} = e^{(E-E_f)/kT} \qquad \text{식15)}$$

이므로, 정리하면

$$f_{p_i\_val}(E) = e^{-(E_f-E)/kT} \qquad \text{식16)}$$

(f_{p_i}는 intrinsic일 때의 Hole분포함수) 결국 intrinsic일 때, Fermi 확률함수의 electron인 경우의 식과 hole인 경우의 식은 유사한 형태의 식11)과 식16)으로 도출되었다. 식16)은 $E_f - E \gg 3kT$ 조건을 대입하면, hole이 valence band에 존재할 분포확률은 exponential하게 0%로 접근된다는 의미이다. 여기서의 energy는 원자 내의 potential energy이고, 그 중 전자의 potential energy가 낮다는 것은 전자가 원자로부터 탈출하는 개수가 적어져서 전자가 원자 내에 머물 가능성이 많아진다는 것이고, 그에 따라 전자가 hole을 채울 확률도 높아지므로, hole이 원자 내에 존재할 확률이 낮아진다. 이는 원자 내에서 hole의 potential energy는 높아졌다는 것이다. Hole의 potential energy가 높아져서, hole이 이동한 것이다. 원자 내에서 전자와 hole의 potential energy는 상보의 관계에 있다. Valence band에서의 식13) $f_{n_i_val}(E)$와 식16) $f_{p_i_val}(E)$의 energy level인 독립변수 E는 모두 동일 energy level에서의 전자와 hole의 Fermi 확률함수이다.

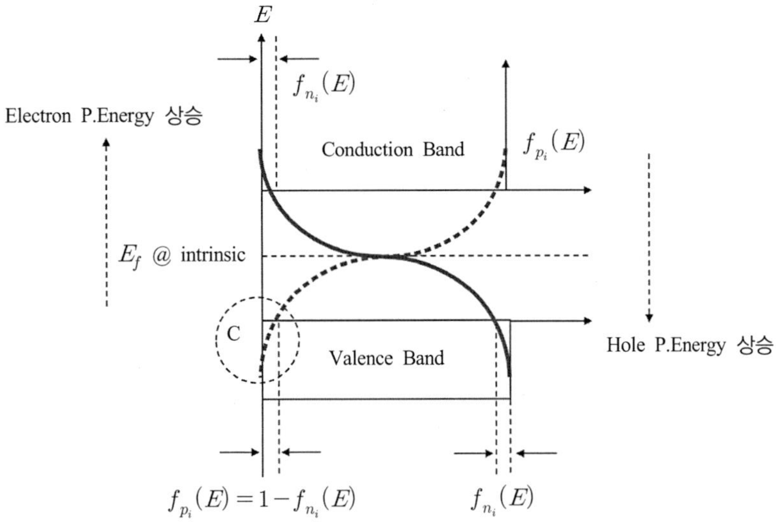

❐ CH2. 그림 1-12 $|E-E_f| \ll 3kT$일 때의 Hole분포확률함수 @ intrinsic

Hole P.Energy가 상승하여 $\Delta E = E_v - E$가 점점 커져서 $E_f - E \gg 3kT$일 경우의 Fermi 간편산을 적용하여, intrinsic일 경우의 valence band 내의 hole의 개체수를 구하는 식은

$$p_{i\_val} = \int_{E_v - \Delta E}^{E_v} \frac{4\pi(2m_p)^{\frac{3}{2}}}{h^3} \sqrt{E_v - E} \ * e^{-(E_f - E)/kT} dE \qquad \text{식17)}$$

가 된다. E_f가 E_v로부터 멀어질수록 intrinsic 조건에서 valence band 내의 hole 농도 p_{i_val}는 줄어든다.

$$p_{i\_val} = N_v \, e^{(E_v - E_f)/kT}, \ N_v = \frac{2(2\pi m_p kT)^{\frac{3}{2}}}{h^3} \qquad \text{식17-1)}$$

식12)과 식17)을 통하여 산출된 전자와 hole의 도수 분포가 <CH2. 그림 1-13>에 나타나 있다. <CH2. 그림 1-13>의 D영역의 carrier 개수는, energy가 E_c 혹은 E_v일 때의 상태함수 $D(E)$의 값인 $D(E_c)$ 혹은 $D(E_v)$일 때보다(A point : 그림 상의 약간의 오차는 무시) exponentially 감소하는 영역이다.

$E_f = E_i$일 때 intrinsic이므로,

$$P_{i\_val} = N_v \, e^{-(E_i - E_v)/kT} \qquad \text{식17-2)}$$

이다.

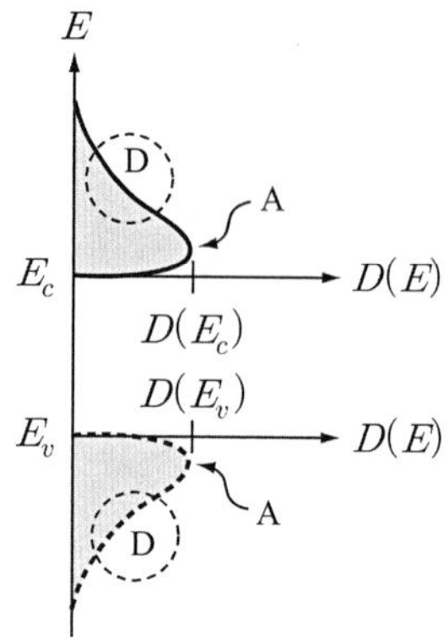

❒ CH2. 그림 1-13 전자와 Hole분포 및 Carrier 개체수의 Exponential Trend @ intrinsic

1-2-5-2 N-type의 Majority Carrier인 전자 분포 및 개체수 산출

Majority carrier인 경우, 5족-4족 결합에서는 conduction band에서만 전자의 상태가 있고, 3족- 4족 결합에서는 valence band에서만 hole의 상태가 있으므로, 5족-4족 결합에서, NAND Flash 내에 흐르는 current에 기여하는 전자는 E_c 이상의 energy area에서 Fermi 함수를 구하면 된다. 전자 개수는 intrinsic 경우와 동일한 방식으로 구하는 데, 먼저 전자가 존재하는 상태밀도함수를 구하고, 그 상태에 존재하는 Fermi 확률함수를 구한 다음, 2개 함수를 서로 곱한 후에 해당 energy 영역 내에서 적분을 하면 N-type 반도체 내의 majority carrier인 전자의 개체수가 구해진다.

$$n_{n\_con} = \int_{E_c}^{E} D_{n_c}(E) f_{n_n}(E) dE \qquad \text{식18)}$$

$$n_{n\_con} = \int_{E_c}^{E_c+\Delta E} \frac{4\pi(2m_n)^{\frac{3}{2}}}{h^3} \sqrt{E-E_c} \; \frac{1}{1+e^{(E-E_f)/kT}} dE \qquad \text{식19)}$$

N-type인 간편산도 intrinsic일 때와 동일하게 전개된다.

$$n_{n\_con} = N_c e^{\frac{E_f - E_c}{kT}}, \quad N_c = \frac{2(2\pi m_n kT)^{\frac{3}{2}}}{h^3} \qquad \text{식19-1)}$$

식 12-2)로부터(n_{n_con}은 열평형상태에서 Conduction Band의 electron 농도)

$$n_{n\_con} = n_{i\_con}\, e^{\frac{E_f - E_i}{kT}} \qquad \text{식19-2)}$$

1-2-5-2-1 $E > E_c$ 조건(E_c 이상)에서의 Carrier 개체수

n_{n_con}은 conduction band 내의 N-type의 majority 전자 개체수이고, m_n은 5족-4족 공유결합 전자의 유효질량이며, 간편산식은 intrinsic일 때의 식12-1)과 doping 시의 식19-1), 식19-2)를 준용하면 되므로 분포는 <CH2. 그림 1-14>와 같이 된다. E_f가 낮아질수록 $E_c - E_f$가 벌어지고 $E_f - E_i$가 작아지므로 conduction band 내의 전자 개체수인 n_{n_con}은 작아진다. 반대로 Fermi level이 증가할수록 conduction band 내의 전자 개체수는 많아진다.

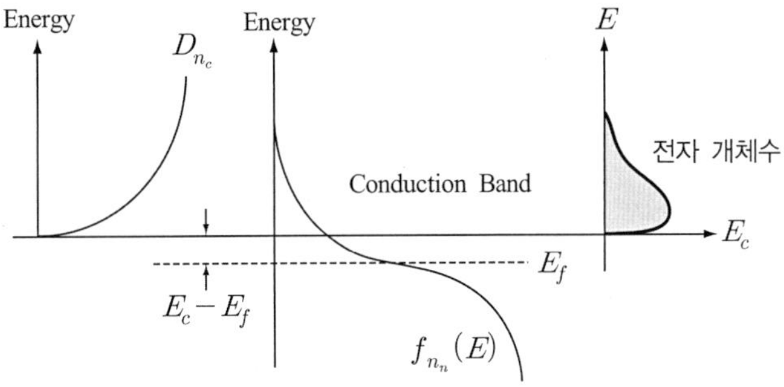

❒ CH2. 그림 1-14 Conduction Band 내의 Majority Carrier 전자점유 분포 및 개체수 @ N-type

상온 300°K, N-type silicon 반도체에서의 전자 개체수를 구해 보면, conduction band의 전자의 수는 약 2.8×10^{20}개[cm^{-3}]이다. 물론 상기의 majority carrier수는 근사치로 구한 것이다. 이는 silicon 원자 수(1×10^{22}개 cm^{-3}) 대비 약 100분의 3 수준이다. 이 정도의 전자 개수는 current 발생에 기여할 수 있는 의미 있는 숫자가 된다. 이는 dopant 재질, doping 방법 등 여러 변수들에 의하여 가변적이므로, dopant의 ion화율이 이상적인 100%이고 dopant의 농도 등이 normal 상태인 경우로 가정한 경우이다. 따라서 ion implantation 공정 시 투입되는 5족 dopant 농도를 조절하여 원하는 N-type의 E_{f_n}을 맞춘다. 이때 N-type 내에 흐르는 minority current는 intrinsic 일 때의 전자와 hole의 개체수(1×10^{10}개/cm^3)로부터 영향을 받으므로, ingot 생성 시의 단원소 silicon14의 순도 여부와 substrate, well의 P-type 농도 및 체심입방격자 혹은 면심입방격자 등의 Si14 격자구조가 영향을 끼친다. N-type시의 intrinsic electron 운동은 N-type의 majority electron 3백억배(소수이동자 1×10^{10}개/cm^3 대비)에 의하여 존재가 묻혀버린다.

N-type의 minority hole(1×10^{10}개-cm^{-3})은 상온 열에너지에 의하여 EHP의 생성과 소멸을 반복하다가 역 bias 전압이 인가될 때 음전압을 향하여 이동하면서 소수캐리어 전류를 발생

시킨다. 이때 minority hole보다 더 큰 농도흐름(전류)이 없기 때문에 소수반송자 정공은 N-type 역 bias시에 존재를 드러낸다.

1-2-5-3 P-type의 Majority Carrier인 Hole분포 및 개체수 산출

P-type의 valence band에서의 hole의 개체수를 구해 보자. Majority carrier인 경우, NAND Flash 내에 흐르는 current에 기여하는 hole은, 3족-4족 결합에서 valence band에서만 hole의 상태가 있으므로, E_v 이하의 energy area에서 Fermi 함수를 구하면 된다.

Hole숫자는 전자를 구할 때와 마찬가지로, hole에 대한 상태밀도함수를 구하고, 그 상태에 존재하는 hole의 분포확률함수를 구한 다음, 2개 함수를 서로 곱한 후에, 해당 energy 영역 내에서 적분을 하면 반도체 내의 hole의 숫자가 구해진다. 즉, hole 개체수는 $\int DOS$(상태밀도함수) × Fermi-Dirac 함수 @ hole이 된다.

$$p_{p\_val} = \int_{E_v - \Delta E}^{E_v} D_{p_v}(E) f_{p_p}(E) dE = \int_{E_v - \Delta E}^{E_v} D_{p_v}(E)\{1 - f_{n_p}(E)\} dE \qquad \text{식20)}$$

$$\boxed{p_{p\_val} = \int_{E_v - \Delta E}^{E_v} \frac{4\pi (2m_p)^{\frac{3}{2}}}{h^3} \sqrt{E_v - E} \; \frac{e^{(E-E_f)/kT}}{1 + e^{(E-E_f)/kT}} dE} \qquad \text{식21)}$$

P-type인 간편산식도 intrinsic일 때와 동일하게 전개된다.

$$p_{p\_val} = N_v \, e^{\frac{E_v - E_f}{kT}}, \quad N_v = \frac{2(2\pi m_p kT)^{\frac{3}{2}}}{h^3} \qquad \text{식21-1)}$$

식21-1)은 N-type의 minority carrier인 hole에 동일하게 적용가능하다. 식17-2)로부터 (p_{p_val}는 열평형상태에서 valence band의 hole 농도)

$$\boxed{p_{p\_val} = p_{i\_val} \, e^{\frac{E_i - E_f}{kT}}} \qquad \text{식21-2)}$$

1-2-5-3-1 $E_v > E$ 조건(E_v 이하)에서의 Carrier 개체수

p_{p_val}은 valence band 내의 P-type의 majority hole 개체수이고, $f_{p_{p_val}}(E)$는 P-type의 hole에 대한 Fermi 함수이며, $f_{n_{p_val}}(E)$는 P-type의 소수반송자 전자에 대한 Fermi 함수이다. 항상 $E_v > E$ 조건(E_v 이하에서의 hole 개체수)이고, m_p는 3족-4족 공유결합 hole의 유효질량이

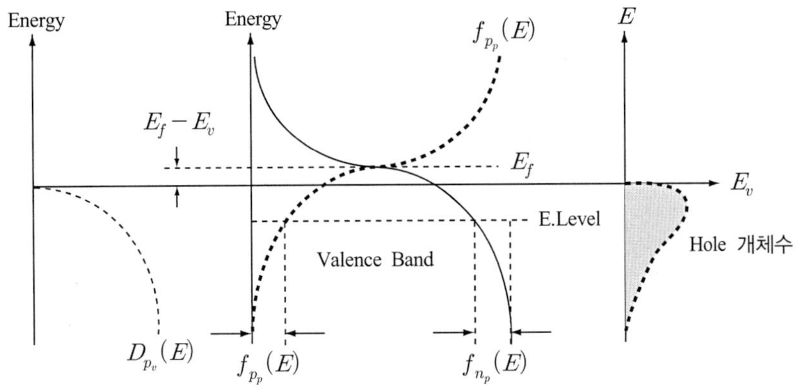

❒ CH2. 그림 1-15 Valence Band 내의 Majority Carrier Hole 점유분포 및 개체수 @ P-type

며, 간편산식은 intrinsic일 경우의 식16)을 활용하여, $f_{p_{p\_val}}(E)$ 대신 식21)에 대입하여 구하면 되므로, 분포는 <CH2. 그림 1-15>와 같이 된다. Fermi level이 높아질수록 (여기서 높아진다는 것은 전자 P.energy 기준) valence band 내의 hole 개수는 적어지고, E_f가 낮아질수록 hole의 농도 p_{p_val}의 식21-2)는 커진다.

상온 300°K, P-type silicon 반도체(P^+termination)에서의 hole의 개체수는 (valence band의 hole 개체수) 약 1.04×10^{20}개[cm^{-3}]정도로 3족 불순물을 임플란팅시킨다. 이럴 경우 같은 온도와 같은 농도 조건일 경우, hole의 개체수는 전자의 개체수 보다는 약 3분의 1 정도이며 silicon 원자수(약 1×10^{22}개 cm^{-3}) 대비 약 100분의 1 수준이 된다. 이 정도의 hole개체수는 current 발생에 기여할 수 있는 의미 있는 숫자라 하겠다. Hole 개체수도 전자 개체수와 마찬가지로 여러 변수에 의하여 영향을 받으므로 이상적인 경우로 가정을 하였다. 따라서 3족 dopant을 implanting 시에 농도를 조절하여 P-type의 E_{f_p}을 맞추고, 이를 통하여 거꾸로, 발생시킬 current를 구할 수 있다. 이때 P-type 내의 소수 carrier current는 intrinsic일 때의 hole 개체수 (1×10^{10}개 cm^{-3})로 부터 영향을 받으므로, 5족 dopant인 경우와 마찬가지로, 용융된 silicon14을 단원소결정질로 형성시킬 때의 순도와 silicon 격자구조 (FCC, BCC)가 영향을 준다.

1-2-5-4 N-type, P-type에서의 Majority와 Minority를 합한 총 Carrier 분포 및 개체수 산출

불순물 dopant로 doping된 각 type의 반도체 내에서의 전체 carrier의 분포 및 개체수를 구해보자. N-type과 P-type 반도체에서의 majority carrier와 minority carrier를 각각의 상태밀도함수와 Fermi 확률함수를 곱하여 적분하면 N-type 혹은 P-type에서 각각 majority carrier 개체수와 mior carrier 개체수가 산출된다.

1-2-5-4-1 N-type에서의 총 carrier, $n_{n\_con} + p_{n\_val}$

N-type에서 n_{n_con}은 conduction band의 majority carrier인 전자의 수이고, p_{n_val}은 valence band에서의 minority carrier인 hole의 수이다. <CH2. 그림 1-16>에서 상태밀도는 majority carrier

이건 minority carrier이건 모두 유사한 조건으로 적용될 수 있으며, $D_{n_c}(E)$은 conduction band에서의 전자에 대한 상태밀도이고, $D_{p_v}(E)$는 valence band에서의 hole에 대한 상태밀도이다. $f_n(E)$는 Fermi 전자분포확률함수이고, $f_p(E)$는 Fermi Hole분포확률함수이다. N-type 내에서의 majority carrier와 minority carrier의 공식산출상의 다른 점은 conduction band와 valence band에 leveling되어 있는 energy 및 carrier 유효질량의 차이이고, N-type일 때의 majority carrier 전자분포와 minority carrier hole의 분포(N-type과 intrinsic의 Si14격자분포는 동일하다)는 <CH2. 그림 1-16>과 같다. N-type 내의 E_f의 위치에 따라서 식19-2)와 식17-2)에 의하여 다수반송자 전자 n_{n_con}과 소수반송자 정공 p_{n_val}가 가변됨을 알 수 있으며, 각각의 개체수를 구할 수 있다. N-type에서 발생된 carrier의 속성을 알게 됨에 따라서 NPN 혹은 PNP의 source/drain junction을 뚫고 지나가는 electron의 행동추이를 해석할 수 있게 한다.

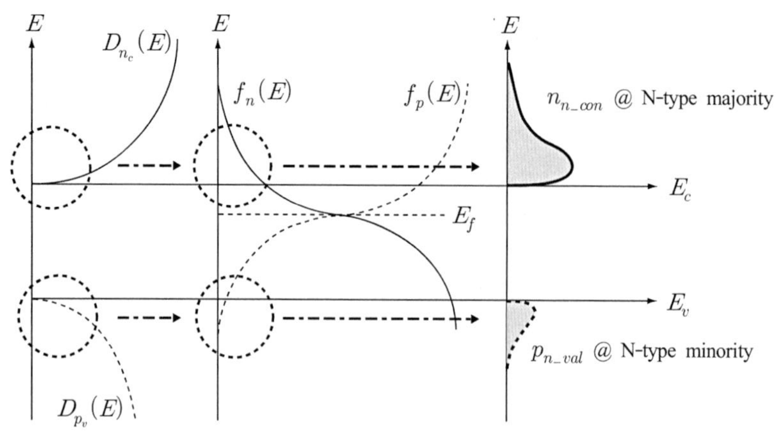

❒ CH2. 그림 1-16 Majority Carrier 전자와 Minority Carrier Hole의 점유분포 및 개체수 @ N-type

1-2-5-4-2 P-type에서의 총 carrier, $p_{p\_val} + n_{p\_con}$

P-type에서, p_{p_val}은 valence band에서의 majority carrier인 hole의 수이고, n_{p_con}은 conduction band에서의 minority carrier인 전자의 수이다. Hole의 개수도 전자 개수 산출방식과 동일하게 구하며 majority carrier hole과 minority carrier 전자분포(P-type과 intrinsic의 Si14격자수는 동일)는 <CH2. 그림 1-17>과 같다. 식21-2)와 식12-2)로부터 P-type 내의 hole 농도와 전자 농

도를 구할 수 있으며, E_f가 이동함에 따라서 p_{p_val}와 n_{p_con}이 함수관계를 갖고 그에 따라 달라지는 개체수를 계산할 수 있게 해준다. 이는 NPN 혹은 PNP의 source/drain junction에서의 hole의 행동특성을 이해할 수 있도록 한다.

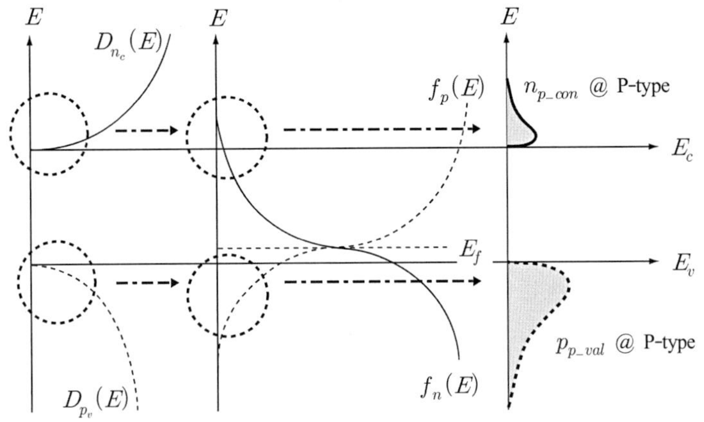

❐ CH2. 그림 1-17 Majority Carrier Hole과 Minority Carrier 전자의 점유분포 및 개체수 @ P-type

1-2-6 Fermi 확률함수의 모순을 해소하는 상태함수

<Chapter 1>의 Fermi 확률함수에 따르면 forbidden area에서도 Fermi 확률함수궤적이 나타나므로 forbidden area에서도 carrier들의 분포가 존재할 확률이 있다는 것이 되어, 이는 forbidden area가 뜻하는 의미와는 배치된다. Forbidden area는 carrier의 존재를 금지하는 영역을 뜻하지만, Fermi 확률함수에서는 오히려 확률적으로 forbidden area에서 더 높은 확률로 carrier들이 존재한다는 모순이 발생한다. 그러나 Fermi 확률함수는 함수의 궤적상 구해지는 수치들일 뿐이다. 상태함수 $D(E)$는 forbidden area에 존재하지 않으므로 carrier들이 실제적으로는 forbidden area에 존재할 site가 없어서 상태함수와 Fermi 분포함수를 곱한 결과는 forbidden area의 본래의 취지에 모순되지 않게 된다. 따라서 이는 원자궤적 level상의 주양자수에 따른 에너지 양자화 개념과 일치하므로, Fermi 확률함수에 대한 모순이 상태함수로 해소된다.[2] <CH2. 그림 1-18>은 intrinsic 경우의 단일원자와 여러 원자로 형성된 경우의 energy level 및 이에 따른 Fermi 함수와 상태함수와의 관계이다.

---

2) Forbidden area : <Chapter 1. Session 2-3-2>에서 언급되었지만, forbidden area에서는 carrier들이 전혀 존재하지 않는 것이 아니라, 일부는 존재하지만 conduction band area 혹은 valence band area에 비하여 상대적으로 매우 희박하다는 의미로서, forbidden area가 아니라 lacking area라고 하는 것이 좀 더 실제에 가까운 표현이 되겠다.

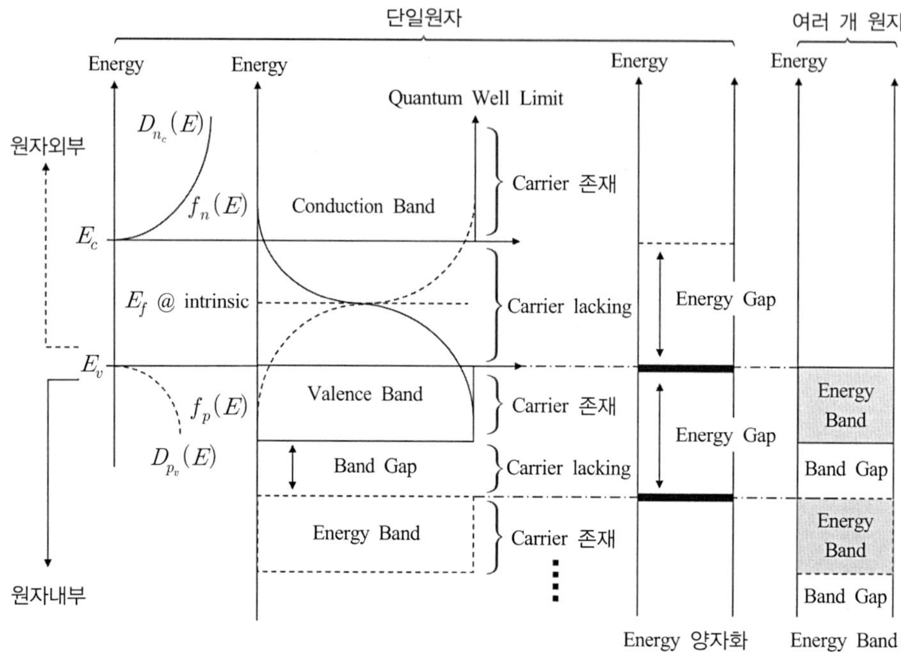

❐ CH2. 그림 1-18 Fermi 확률함수와 상태밀도함수에 의한 Carrier 존재 영역 @ intrinsic

Session 2 PN/NP Junction에서의 Carrier 이동과 Energy Level

<Chapter 2. Session 1>에서는 NAND Flash를 구성하는 기본단자(termination)를 형성하는 N-type 및 P-type 반도체 내의 carrier생성에서부터 점유상태, 분포확률과 점유개수에 대하여 확인하였고, <Chapter 2. Session 2>에서는 2개 단자를 접합한 NAND Flash의 기반구조인 NP/PN Junction이 어떻게 형성되고, junction을 가로지르는 전자의 이동현상 및 이와 연관된 energy의 흐름을 비교해보자.

2-1 PN Junction 형성을 위한 Wafer Fab 공정

NAND Flash를 형성시키기 위한 Fab 공정 step으로는 약 500여개 공정이 있지만, 여기서는 substrate 기판 위에 source junction과 drain junction을 형성시키기 위한 ion implantation 공정과, thermal oxidation/deposition에 의한 substrate와 floating gate 사이 및 floating gate와 control gate 사이를 절연시키는 2개 type의 dielectric layer를 요약하였다. <Chapter 2. Session 2-1>은 물리적/화학적 방식으로 carrier가 생성되는 과정의 이해를 통하여 NAND Flash 내에서의 carrier 이동을 쉽게 알 수 있도록 하였다.

2-1-1 Ion Implantation

Doping은 P-type/N-type wafer를 구성하고 있는 원소격자에 추가적인 dopant(불순물)을 주입하여, 더욱 높은 농도의 N^+(P-type 내), P^+(N-type 내)로 source와 drain 단자를 형성하는 것을 의미한다. Implanting은 이온 source에서 이온화된 원자(dopant)를 만들어 가속기에 넣어 가속시킨 후 target wafer에 강제로 침투시키는 방식이고, oxidation은 알맞은 환경조건을 만들어서 확산시킬 원소분자 dopant들을 silicon14 (Germanium32) 기판 위에 화학 결합시키는 방식이다. Deposition은 고온환경하에서 기체화합물을 silicon과 화학적/물리적으로 반응시켜 substrate 위에 layer를 쌓는 방식이다.

Implantation 순서는 NPN/PNP MOSFET을 구성시키기 위하여 먼저 P-well(@ N-Sub)/N-well(@ P-Sub)을 형성시킨 후에, 각각의 substrate 상에 FET의 기본 골격구조인 source단자와 drain 단자를 만든다. 5족 혹은 3족 process gas를 silicon substrate(기판) 위에 분사시킨 후,

일정조건을 주어 gas가 기판에 침투할 때까지 기다리는 평이한 방법으로는 고체와 chemical 결합이 거의 일어나지 않는다. 따라서 silicon 기판 위에 퍼져있는 process gas를 이온화 시킨 후에 기판에 반대극성의 높은 전압을 가하여 챔버내의 이온 gas를 끌어당겨서 강제로 기판에 침투하도록 강력한 작용을 하는 implantation 방식이 필요하다.

Implantation에 사용하는 process gas인 중성분자(BF_3, AsH_3, PH_3)를 Arc chamber 속에 넣어 열전자로 충돌시켜서 양이온(B^+, As^+, p^+)으로 생성시킨다. 이온은 중성원자에서 전자 하나를 뽑아내면 양이온이 된다. Dopant는 5족의 As33(비소) 혹은 3족의 B5(붕소)가 주로 사용되며, 필요한 dose량은 implanter의 beam current (middle/high)량에 맞추어 사전에 정확하게 계산된 양으로 doping 시에 조절하는데, 보통 단위면적당 10^{11}~$10^{16}/cm^2$의 dopant를 주입하여, 체적으로 cubic cm 당 10^{15}~10^{20}개 정도로 되게 한다. Doping 후의 발생되는 carrier 개수는 <Chapter 2. Session 1>에서 산출하였다. 주입할 원소, 즉 dopant들을 ion으로 만드는 이유는 substrate site에 강력한 반대극성 전압을 걸어서 ion화 된 dopant들이 기판 방향으로 끌리게 하기 위함이다.

이온주입방식은 Ion beam의 focus을 조정하여 blow up을 방지하고 x축/y축 scanner로 방향을 설정하면서 필요한 이온을 sorting(원소 질량에 따른 선별)시킨 가속된 힘으로 기판에 부딪히도록 하여 silicon격자(ingot 만들 때 형성된 N-type 혹은 P-type Sub) 속으로 ion을 침투(scanning 방식)시킨다. 형성된 ion을 기판에 충돌시키는 것을 ion 주입(ion implantation)이라고 부른다. Ion 주입 시에는 간단한 방법으로는 target 기판에 수직으로 doping하는 방식이 있는데, 수직으로 implanting시에는 doping할 단면적은 정확하게 doping되지만, doping depth를 조절하지 못하는 문제가 발생하므로, ion 주입 각도를 기울여서 주입을 하면, 주입각도에 따라 doping 하고자 하는 깊이라든가 위치 등을 용이하게 조절할 수 있다. P^+/N^+-type의 silicon substrate는 Si14 결정격자로 <100>, <110> 혹은 <111> crystal을 사용하면서 약 7~10도로 wafer를 tilt시키면, implanting ion들의 Si14원자핵과의 충돌치환률이 NO-Tilt 보다 급격히 상승한다.

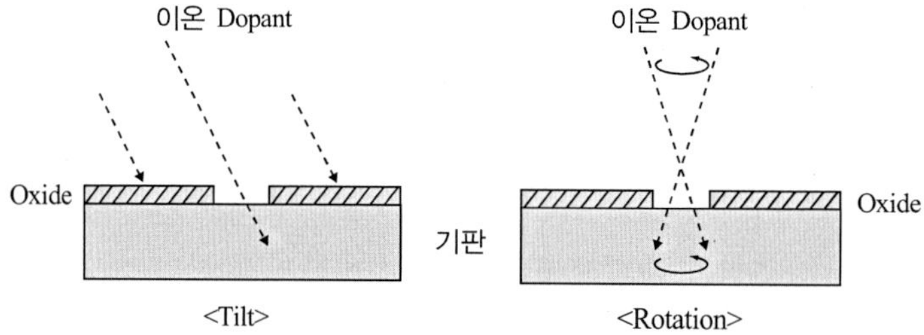

❐ CH2. 그림 2-1 Implantation 방향

그러나 tilting implantation은 골고루 doping 되지 못한다는 단점이 있으므로, 이를 해결하기 위하여 tilting 상태에서 다시 wafer를 360도로 rotation시켜가면서 implantation을 한다. Doping depth는 ion 주입각도(반비례)뿐만 아니고 주입에너지(0.5 MeV~2MeV) 에 의해서도 영향(비례)을 받는데, majority input 변수들을 보면, dopant type, ion화된 dopant 양, implanting energy, ion 주입각도에 따라 N-type이 될지 P-type이 될지, 농도가 얼마로 될지, 어느 site에 doping이 될지, 깊이는 얼마로 할 것인지 등이 결정된다. 또한 한 번 doping하는 것보다는 일반적으로 여러 번 doping하는 것이 밀도와 depth가 더욱 깊어진다. Ion이 기판에 침투하기 전에 기판 위에 oxidation layer로 masking하여 불필요한 site의 ion주입을 차단할 수 있어서 기판상의 원하는 위치에만 doping 할 수 있다. Transistor 단자를 만드는 방식으로는 ion implantation 이외에 확산(diffusion) 방식이 있는데, 임플란트 방식이 농도조절, 단자형태 형성에 유리하다.

2-1-1-1 Implantation 적용 Layer

불순물이 doping된 불순물 반도체 혹은 외인성(extrinsic) 반도체를 동작시키기 위하여 N-type과 P-type을 두 개의 막대기로 접촉 시키듯이 물리적으로 맞붙여 놓는다고 diode나 transistor가 만들어지고, 반도체가 동작하는 것은 아니고, contact area가 화학적 contact이 되어야 동작이 된다. MOSFET 개발 당시와 도입 초기에는 N-type과 P-type의 contact issue로 인한 initial operation 때문에 어려움이 컸다.

Implantation은 well 형성, P^+ S/D & N^+ S/D단자 형성, punchthrough 방지용 layer 형성, V_{th} 조절용 layer 형성 등이 있다. MOSFET 첫 번째 step을 형성하는 단계는, FET(Field Effect Transistor)가 들어갈 자리를 만드는데, 이를 well 형성이라고 한다. N-well/P-well을 형성하는 경우는, P-type/N-type Sub에 N-type/P-type 불순물인 5족/3족 원소를 doping한다.

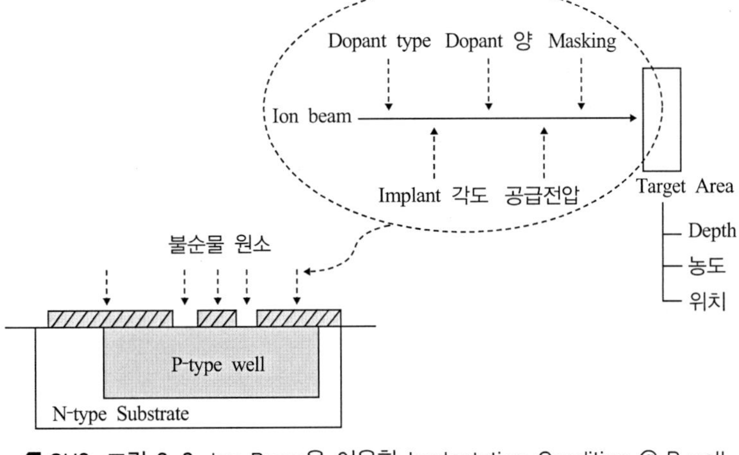

❐ CH2. 그림 2-2 Ion Beam을 이용한 Implantation Condition @ P-well

두 번째는 well상에 source/drain termination을 형성하는 step이다. Well을 형성한 후에는 P^+ S/D를 implantation하여 PNP-type MOSFET을 만들고, N^+ S/D를 implantation하여 NPN-type MOSFET를 형성한다. Source와 drain 단자 형성은 P-type(N-type) doping된 well에, 겹쳐서 N^+-type(P^+-type) 불순물인 5족(3족) 원소를 doping함으로써, well과의 chemical contact으로 source/drain junction을 형성시켜야, 비로서 carrier 교환과 energy 교환이 원활해진다. Termination이 N^+-type 불순물 doping인 경우를 예로 들자면, 1차 P-type well로 doping한 area 중의 일부 area(channel 영역)는 mask(oxide)로 차단시켜서 N^+-type으로 doping되지 않도록 한다. Masking 된 영역은 doping이 필요치 않는 area이고, masking되지 않은 area에는 N^+-type(고농도의 N-type 불순물) area를 형성하여 FET를 완성한다. 이때 implantation되는 면적과 깊이는 MOSFET의 특성을 결정하는 주요 factor가 된다. Implantation 시, doping할 5족 원소는 1차로 ingot 생성 시에 만들어진 3족 불순물 원소에 비하여 의도적으로 1,000배 정도의 고농도로 doping하여 source와 drain termination을 만든다. Doping한다는 것은 안정화된 intrinsic 반도체(평형상태)를 불안정하게 만들어서 그 불안정성을 이용하기 위함으로 불안정성을 극대화 시키기 위하여는 N^+-type과 P^+-type 불순물 농도를 position에 따라서 의도적으로 극과 극으로 차이 나게 한다. 불순물 농도는 silicon14 cubic cm 당 1×10^{22}~5×10^{22} 원자 개수 대비 1×10^{15}~1×10^{20}[/cm^3]정도 형성시켜서 사용하지만, V_{th} 전압, channel길이, 각 CD값 등을 종합하여 try & error 방식으로 flexible하게 조절한다.

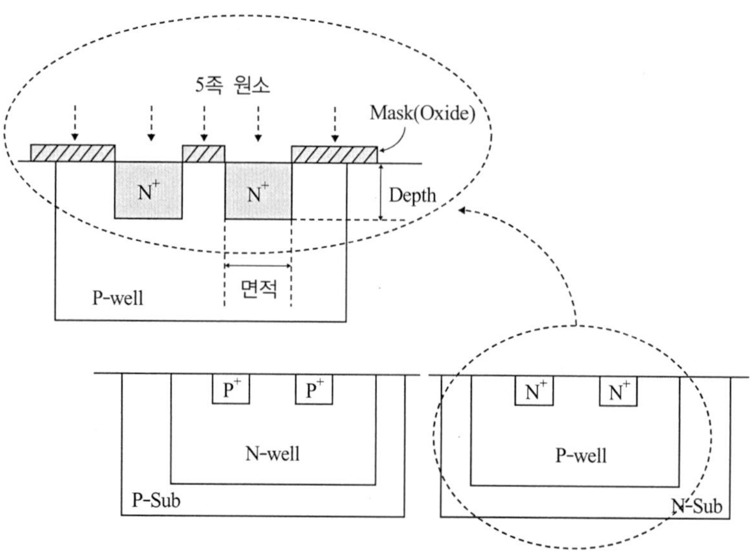

❐ CH2. 그림 2-3 PN Junction 및 PNP-type, NPN-type의 FET 형성

Ion implantation 시 doping dosage을 조절하면 높은 정밀도(주입량, 주입길이, 재현성)을 얻는다. P-type일 때는 상온에서 operation이 가능하여 B5을 이온으로 적용할 수 있다는 장점이 있고, N-type일 때는 5족인 P15, As33, Sb51 모두 사용 가능한 데 점차 As33을 많이 사용하는 추세이다. Ion implanting 후에는 추가적으로 annealing 공정을 수행하여야 한다.

2-1-1-2 Annealing

Implantation 후에는 furnace 내에서 높은 열처리의 일종인 담금질인 annealing을 한다. Annealing은 implantation 결과, 외부에서 침투한 다른 원자로 인하여 파괴된 기존의 격자 구조를 외부의 원자와 기존의 원자들이 원래의 격자구조로 원상 복귀하거나 혹은 다른 새로운 격자구조를 생성하여, 1) doping된 dopant들을 의도한 데로 donor 혹은 acceptor의 기능으로써 전기적으로 활성화시키는 목적과, 2) implanting된 원자들을 원하는 깊이까지 추가적으로 확산시키기 위함으로, annealing이 완료된 후에는 외부 조건으로 인하여 dopant들이 더 이상 불필요하게 확산되는 것을 막아 준다. 또한 implant로 파괴되거나 거칠어진 표면을 어느정도 평탄하게 해주는 효과도 있다. 그런데 annealing operation은 annealing 후에 외부로부터 공급되거나 operation 시 자체적으로 발생되는 열에너지로부터 dopant들의 추가확산을 완벽히 막을 수는 없고 최소화시키는 작용만을 할 뿐이다.

일반 담금질은 주로 서서히 온도를 올렸다가 급속히 냉각시키는 데 반하여, annealing은 장시간에 걸쳐서 furnace에 여러 wafer를 loading시켜 약 1000°C까지 온도를 올렸다가, 서서히 냉각시키는 normal annealing 방식(operation time 약 5시간)이 있고, B5등 높은 활성화율을 보유한 dopant들의 확산을 최소화시킬 목적으로 normal annealing에 비하여 온도를 급속히 상승시키고 급속히 냉각시키는 rapid(time : 1~2분) 방식이 있다. B5의 단점을 보완하기 위한 측면으로도 B5의 고온확산방식 대신 상온 ion implantation 방식이 개발되기도 한 것이다. Rapid annealing 방식은 시간적 이득이 있는 반면, wafer가 장당 장비를 차지하는 면적(1장씩 수행)이 커서 장비 throughput에 손해를 본다. Annealing의 temperature profile을 보면, 고온을 유지하는 timing이 길면, 격자구조의 상변화가, 파괴된 격자구조에서 재생된 격자구조로 회생이 가능하다. 재질의 미세구조를 변화시키는 현상을 이용하는 목적으로서, 상온(room temperature : 300°K)에서부터 고온으로 상승시켜 가열한 후에, 고온을 어느 일정 시간 동안 유지하고 나서, 다시 일정 시간에 걸쳐서 고온에서 상온으로 냉각시킨다. 그러나 높은 온도인 만큼 implant된 ion들이 Sub 내부로 깊숙히 확산할 수 있어서 time control이 중요하다.

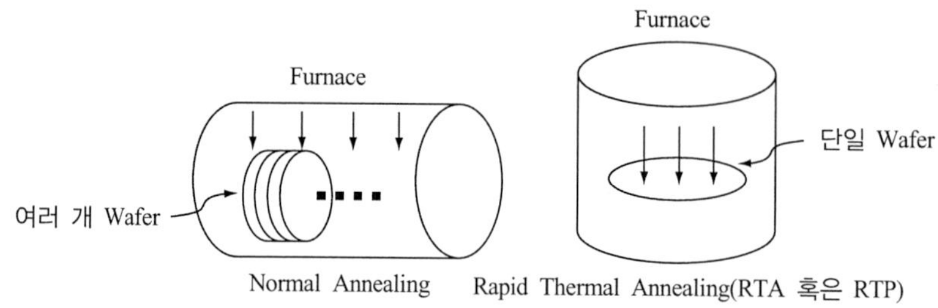

❐ CH2. 그림 2-4 Normal vs Rapid Annealing 방식

2-1-2 NAND Flash 공정상의 절연막 형성을 위한 산화막과 질화막

NAND Flash에서 활용되는 절연막으로는 여러 가지 목적에 알맞도록 여러 종류가 있지만, 크게 나누어 산화막과 질화막 위주로 알아보자. 산화막 형성을 위한 chemical은 산소분자 및 물분자를 사용하고, 질화막 형성을 위하여는 질소 분자 gas가 있다. 산소나 질소 process gas를 사용하는 경우는 dry 방식이고, 액체($2H_2+2O_2=2H_2O+O_2$ 등 사용)를 사용하는 경우는 wet 방식이라 한다. 실리콘산화막인 SiO_2는 전기적으로는 Germanium32 산화막보다 매우 양호한 부도체 역할을 해내고, Fab 공정 진행 중에는 필요하지 않은 다른 원소들의 확산을 굳건하게 차단시켜주는 보호막 역할을 톡톡히 해내므로 산화막으로는 Ge32보다는 Si14를 주로 사용한다. 질화막은 LP-CVD를 이용함으로 wet 방식은 없다.

2-1-2-1 산화막(Oxidation Layer) 형성 @ MOS(gate oxidation)

산화막을 형성하는 thermal oxidation 시에는 O_2을 이용한 건식 혹은 H_2O을 이용한 습식이 있다. 산화막을 형성하기 위하여는 먼저 pre-deposition(흡착)을 하는데, 이는 silicon 표면에 O_2를 달라붙게 한 후, 약 1,000℃ 조건 하에서 silicon 내부로 확산하도록 하여 target depth를 조절한다. 고온을 이용한 thermal oxidation은 산화제가 표면에 흡착 후 기판에 산화반응을 일으켜 산화막을 형성시킨다. 모든 표면은 공기 중의 산소에 닿으면 산화막을 형성하는데, 물질에 따라 다르지만 silicon은 상온에서는 1시간에 0.4Å thickness 정도 산화막을 자라게 한다(자연적 발생 산화). 반도체에서는 산화막으로서, 자연적으로 형성되는 산화막을 사용하는 것이 아니라, 오염되지 않은 조건을 갖춘 furnace 안에서 인위적으로 산화막을 형성시킨다. $Si+O_2=SiO_2$는 산소 Gas를 사용하므로 건식방식이고, $Si+2H_2O=SiO_2+2H_2$는 물 혹은 수증기를 사용하는 습식방식이다. 습식방식이 건식방식에 비하여 산화비율이 높고 SiO_2에서의 용해도가 건식에 비하여 100~1,000배 정도 높으므로 산화속도가 빠르지만, 막질의 품질이 떨어지는 단점이 있다. 최근에는 습식 품질을 많이 보완하였다. SiO_2 성장층과 SiO_2 확산층의 비율은 대략적으로 6대4의 비율로서, 산화반응은 항상 계면에서 발생된다. 확산시간이 장시간일수록 산화막이 두꺼워지면서 산화제가 SiO_2-substrate(silicon) 경계면까지 diffusion되는 시간이 길어져 확산 depth는 깊어지지만 확산 효율은 떨어진다.

이렇게 형성된 얇은 막은 NAND Flash에서는 channel과 floating gate 사이의 절연막인 tunnel oxide로서 gate-oxide층의 절연전압을 일정하게 유지시키도 하고, floating gate와 control gate 중간에 O-N-O(Oxide-Nitride-Oxide)층의 절연용으로도 응용되어 FG(floating gate)에서 control gate로 빠져나가는 electron을 막아낸다. 그 외, 증착작용만을 적용하여 만든 산화막으로는 doping 시의 mask용으로 불필요한 부분으로 dopant의 침투를 막는 데 사용하고, wafer의 surface 위에서 내부회로를 보호하기 위한 passivation역할을 하는 데에도 이용한다.

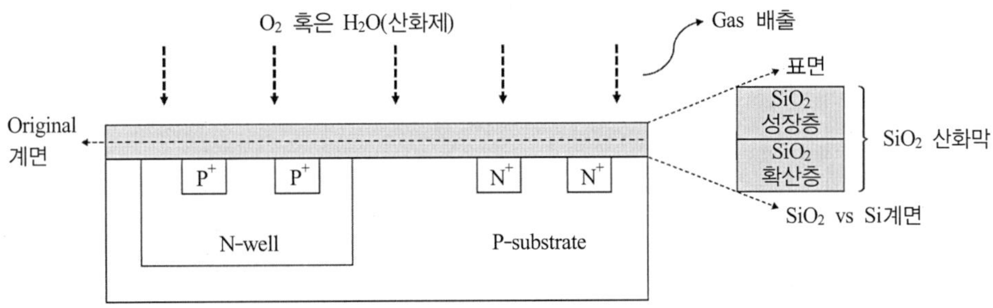

❒ CH2. 그림 2-5 CMOS에서의 Thermal Oxidation @ MOS층 형성

2-1-2-2 CVD(Chemical Vapor Deposition) 방식의 질화막 형성

Implantation과 확산은 주로 silicon기판 내부로 gas를 침투시켜서 사용하는 반면, 질화막은 silicon 기판 위로 막을 stacking해가는 화학증착방식인 CVD(Chemical Vapor Deposition)방법을 적용한다. DRAM의 capacitor 유전체 혹은 절연막 층이나, NAND cell간 분리 목적으로 사용되는 층간 절연층인 ILD(inner layer dielectric)에 적용 시에는 산화막 위에 추가로 질화막을 형성시켜 절연성을 더욱 높인다. 질화막 deposition은 증착방식이므로 중간 정도의 온도 조건하에서, 압력으로는 저압을 사용하여 process gas가 표면에 쉽게 달라붙도록 하는데 이를 Low Pressure CVD(LPCVD) 방식이라 한다. 이는 oxide(SiO_2)표면 위에 유화로 덧칠 하듯이 Si_3N_4층을 두껍게 쌓아가므로 균질한 화학조성으로 박막두께를 정확하게 조절할 수 있으나, 단점으로는 속도가 느리다. Oxidation(SiO_2)은 저압력이 필요치 않는 간단한 방식이지만, LP-CVD용 질화막은 저압환경을 만들어주어야 하므로 여러 종류의 pump를 사용하여 압력을 떨어뜨려야 하는 복잡한 방식이다. CVD 방식의 stacking 박막은 nitride film뿐만 아니고 앞서 언급한 silicon oxidation 박막층도 있으며, oxidation층의 증착 형성과정도 gas type만 다

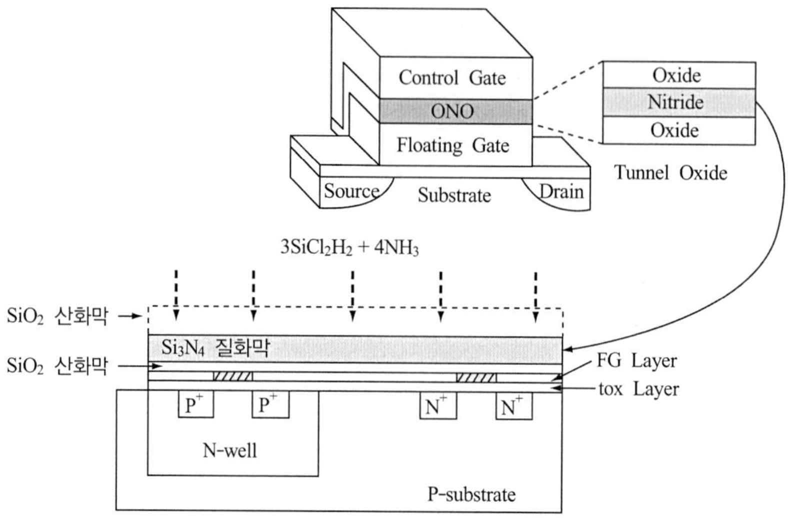

❐ CH2. 그림 2-6 CMOS에서의 CVD 방식을 적용한 Nitride Layer 형성 @ ONO층 형성

르지 질화막 형성과정과 유사하다. 절연박막을 형성하는 방법으로는 앞에서 거론된 oxidation, CVD 이외에도, 원자층을 층층으로 stacking하여 매우 얇은 막을 형성하는 Atomic Layer Deposition(ALD) 방식 등이 있다.

2-2 PN Junction의 Fermi 확률함수와 Carrier 산출

N-type, P-type의 각 termination에서의 carrier 산출은 <Session 1-2-5>에 상세히 언급되었고, NPN, PNP type의 MOSFET @ channel area 형성방식에 대해서는 <Session 2-1>에서 brief하게 소개되었다. 구조가 형성되었으므로 <Session 2-2>에서는 NPN 혹은 PNP에 대한 Fermi 확률함수 및 NPN/PNP 구조에 따른 농도변수를 통하여 carrier 개체수를 산출해보자. 또한 PN junction이 형성되는 과정에서 확산에 의한 carrier의 이동을 알아보았는데, 이제 그에 따른 에너지 상태(Session 2-6 참조)를 살펴보고자 한다. N-type과 P-type의 각 원자내의 energy level 변화는 크게 개별 원자내의 energy 변화와 원자와 원자 간의 interaction에 의한 energy변화로 나눌 수 있다. 원자 내에서는, 일단 형성된 energy level은 한번 격자구조가 형성되면 E_c, E_f, E_i, E_v 등은 더 이상의 변화 없이, energy level 그 자체가 고유값으로 형성된다. 단, 농도에 따라서는 E_f의 변화가 있을 수 있는데, 이는 농도의 implantation 및 annealing에 의한 치환에 따른 격자구조의 변화가 수반된 경우이다.

2-2-1 NPN Type FET의 Carrier 분포에 대한 Fermi 확률함수

NPN type FET인 경우, 농도가 높아지면 각 termination에서 Fermi 확률함수가 상승하므로, Fermi level도 농도에 비례하여 E_c 혹은 E_v에 가까이 접근한다. <Chapter 1. Session 3-2-1-4-1 참조>. 농도가 높은 N^+ area(source, drain termination)인 경우의 Fermi level은 E_c에 접근해있고(N-type), 상대적으로 농도가 낮게 doping된 P substrate의 Fermi level은 E_v 방향(P-type)이지만, 농도가 낮은 만큼 E_v와 Fermi level 간의 간격이 크다. Valence band E_v와 conduction band E_c 사이의 energy gap이 약 1.2eV(정확하게는 Si인 경우 1.12eV)일 때, $E_{f_n} - E_i \cong 0.6$eV(높은 농도의 N^+ 단자의 E_f가 거의 E_c에 근접한 경우)이고 $E_i - E_{f_p} \cong$ 0.4eV(P Sub)가 되어 $E_c - E_{f_n} < E_{f_p} - E_v$이다. <CH2. 그림 2-7>의 $f(E)$는 source와 drain 단자의 majority carrier인 N-type 전자 분포의 Fermi 확률함수와 P-type substrate의 majority carrier인 Hole분포의 Fermi 확률함수이다. <CH2. 그림 2-7>은 visual상 보기 쉽게 하기 위하여 확대한 energy level 배치 간격이다. 이를 바탕으로 NPN-type의 carrier 이동에 대한 전개를 해나가겠다.

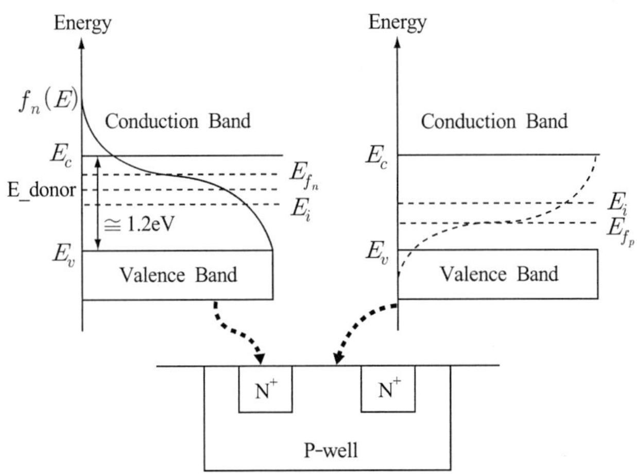

❒ CH2. 그림 2-7 NPN Type FET와 Fermi Level

2-2-2 PNP type FET의 Carrier 분포에 대한 Fermi 확률함수

PNP type FET의 각 termination은 NPN과는 반대 type의 doping 물질을 사용하므로, energy level도 source와 drain 단자는 n농도 대신 p농도에 대한 Fermi 확률함수를 구하고, substrate는 p농도 대신 n농도의 분포에 대한 Fermi 확률함수를 구한다. 농도가 높은 P^+ area(source, drain termination)는 $f_p(E)$가 E_v에 근접해 있다. n-sub의 $f_n(E)$는 낮은 농도만큼 E_c로부터 떨어

져 있다. P-type에서의 $E_c - E_v$도 동일 silicon base 이므로 약 1.2eV이고, $E_i - E_{f_p}$는 약 0.6eV이며, $E_{f_n} - E_i$는 약 0.4eV이므로 $E_{f_p} - E_v < E_c - E_{f_n}$이다. PNP type FET과 Fermi level의 연관관계는 <CH2. 그림 2-7>과는 반대로 position되어 있으며 생략하도록 한다.

2-2-3 Fermi 함수를 응용한 NPN type FET의 Minority Carrier 개체수 산출 @ P-well인 경우

지금까지는 NPN-type 각 area에서의 majority carrier 개체수 <Session 1-2-5>와 농도의 상관관계 <Session 2-2-1>에 대하여 알아보았는데, 이번에는 NPN-type 형성후의 N^+-type 단자와 P-well에서 각각 minority carrier의 개수를 산출해 보자. <CH2. 그림 2-7 참조>

2-2-3-1 N-type(N^+) 단자 내의 Minority Carrier 개체수 산출 @ p_n

동일 N-type 단자 내에서 intrinsic과 extrinsic과의 농도 관계식은 식19-2)와 식21-2)을 곱하여

$$\boxed{n_i^2 = n_n p_n} \quad \text{식22)}$$

(농도와 carrier의 개체수를 같은 개념으로 적용)

을 구한다. 이때 식19-2)와 식21-2)는 N-type과 P-type의 majority와 minority carrier 모두 적용 가능하다는 전재조건에 따른다. n_i는 intrinsic silicon의 carrier 개체수이고, n_n과 p_n은 각각 N-type시의 전자와 hole 농도이다. Intrinsic silicon의 carrier 개체수를 1.5×10^{10}개 cubic cm <Session 1-2-5 참조>으로 가정하자. N-type 단자의 majority carrier인 전자농도 n_n이 $1 \times 10^{19}/\text{cm}^3$일 때, N-type 단자의 minority carrier인 hole 농도 p_n을 구하면, $p_n = \dfrac{n_i^2}{n_n}$이므로

$$\text{minority carrier, } p_n = \frac{(1.5 \times 10^{10})^2}{1 \times 10^{19}} \cong 23\text{개/cubic cm} \quad \text{식23)}$$

이 된다. N-type 단자 내에서 단위 cubic cm당 majority carrier인 전자가 $1 \times 10^{19}/\text{cm}^3$개일 때, minority carrier인 hole은 약 23개/cm^3가 된다.

2-2-3-2 P-type 단자 내의 Minority Carrier 개체수 산출 @ n_p

동일 P-type 단자 내에서의 intrinsic과 extrinsic과의 농도 관계식은 식22)와 같이 에너지 level

에 대한 상태밀도 함수와 Fermi 확률함수를 이용하면 식24)가 유도된다.

$$n_i^2 = n_p p_p \qquad \text{식24)}$$

n_i는 intrinsic silicon 농도이고, n_p는 P-type의 소수 carrier인 전자농도이며, p_p는 P-type의 majority carrier인 hole 농도이다. N-type과 동일한 방식으로 n_i(약 1.5×10^{10}개/cm^3)을 가정하면, p_p가 1×10^{17}개/cm^3일 때, n_p는

$$\text{minority carrier, } n_p = \frac{n_i^2}{p_p} = \frac{(1.5 \times 10^{10})^2}{1 \times 10^{17}} = 2,250\text{개/cubic cm} \qquad \text{식25)}$$

이다. P-type 단자 내에서 단위 cubic cm당 majority carrier인 hole은 1×10^{17}개일 때, minority carrier인 전자는 약 2천개/cm^3정도로 산출된다. Doping 농도(N_d : donor 농도)가 상대적으로 큰(N^+로 doping된 source와 drain 단자) N-type의 소수 carrier인 hole 농도는, doping 농도(N_a : acceptor 농도)가 상대적(N^+에 비하여)으로 작은 P-well의 소수 carrier인 전자의 농도(substrate)보다 100배 적다. 즉, majority carrier 개체수는 doping 농도에 비례하지만, minority carrier 개체수는 doping 농도에 반비례한다.

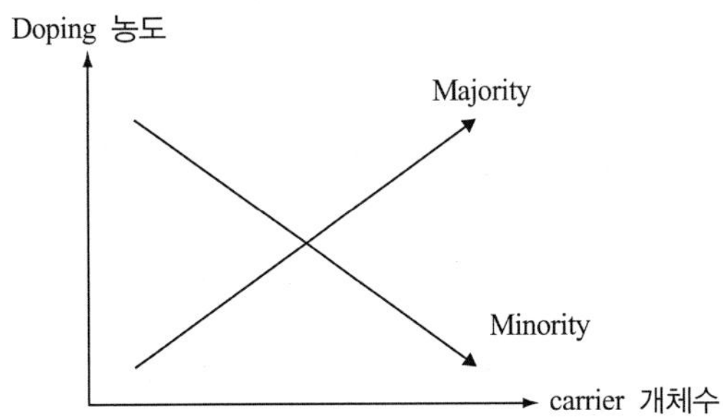

❐ CH2. 그림 2-8 Doping 농도에 따른 Carrier Type별 개체수에 대한 영향

이는 NPN이든 PNP든 화학적요소(dopant성분 및 농도, wafer순도, 확산/deposition/implantation 등의 공정변수)와 물리적요소(wafer결정 격자구조, 회로선폭, channel길이 등)에 의하여 총 n_i가 결정되고, 그에 따라 동일 termination 내에서 다수 및 소수 carrier의 총 개체수가 fix 되어짐을 알 수 있다. 또한 다수 혹은 소수 carrier 중 한 쪽을 산출하면 나머지 carrier 개체수도 연관시켜 도출된다. 각 단자 내에서의 정전하량을 확인하였으므로, termination에 인가되는 전계의 크기와 인가되는 시간 및 conductance을 확인하면 NPN 혹은 PNP의 각 단자 내의 최종 전류량이 도출된다.

지금까지는 NPN type FET인 경우에 대하여 알아보았는데, PNP type FET인 경우도 동일하게 전개하여 carrier 개체수를 산출할 수 있다.

2-3 전자 확산과 Hole 확산

공기 중의 연기가 퍼져나가는 현상과 같이 어떤 물질이 다른 매질 속으로 이동하여 들어가는 것을 확산이라 한다. 확산은 주로 유체에서 쉽게 일어난다. 확산의 습성은 농도 차이에 의하여 높은 농도에서 낮은 농도의 물질로 이동하여, 농도가 일률적으로 같아질 때까지, 혹은 평형상태가 될 때까지 carrier 이동이 계속된다. <Chapter 2. Session 2-1> 내용 중에서 확산은 반도체가 형태적으로 형성되어가는 wafer fabrication 공정 중에 발생되는 chemical 확산이고, <Chapter 2. Session 2-1> 이외의 <Chapter 2>에서의 확산은 Fab process가 완료된 후에, 반도체 동작 중에 발생되는 특히 MOSFET 내에서 전류를 형성시키는 데 기여하는 전자 혹은 hole의 이동에 대한 carrier 확산이다. 농도 차이가 발생되는 조건 하에서, 국부적 영역인 공핍영역대에 carrier들의 확산전류 <Chapter 2. Session 2-3>와 drift 전류를 포함한 전체전류 <Session 2-4>에 대하여 알아보자.

NAND Flash에서의 carrier에 의한 확산은 평형상태에서는 발생되지 않고 항상 비평형상태에서 발생된다. 비평형된 기울기가 형성되어야 기울기가 높은 쪽에서 낮은 쪽으로 확산이동이 일어난다. 농도적 측면의 평형상태란, 어느 위치나 농도가 같은 상태로서 농도가 같으므로 모든 농도의 근원인 carrier들의 움직임이 없다. 생성된 carrier인 전자나 hole은 농도의 변화를 일으키고, site별 농도의 차이가 발생되면 비평형상태가 되어 다시 평형상태로 회귀하려는 움직임이 발생된다. 이런 회귀 움직임으로 인하여 발생된 carrier의 이동 현상을 전류라 한다. Carrier인 전자나 hole의 이동은, 크게 확산에 의한 diffusion current와 전계에 의한 drift current로 나뉜다. 이 경우, 외부에서의 인가전압은 아직 없는 환경이다. 따라서 비평형상태인 공간적 불균일상태 하에서 전자와 hole의 확산과, 더불어 확산의 반대급부인 drift 전류 및 drift 전류의 근원이자 확산의 결과인 공핍영역 <Session 2-6-2>에 대하여 비교해 보겠다.

2-3-1 불순물 반도체 Type에 따른 Diffusion Current

<Chapter 2. Session 2-1>에서는 PN junction을 형성하기 위하여 wafer Fab 공정상에서의 N-type, P-type 각각에 대하여 불순물 반도체를 형성시키는 방법에 대하여 알아보았다. 여기서는 N-type과 P-type을 contact시켰을 때, 이렇게 각각 형성된 strurture 내에서 생성된

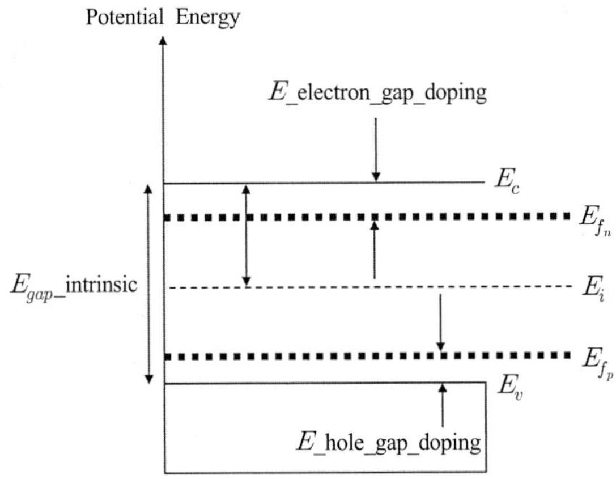

❐ CH2. 그림 2-9 Intrinsic vs Doping Energy Gap

carrier들이 chemical contact를 통하여 다른 type 영역으로 어떻게 확산되어 current에 기여하는지를 살펴보자. 즉, <Chapter 2. Session 2-1-1-1>의 diffusion은 carrier를 생성시키기 위한 chemical diffusion이고, <Chapter 2. Session 2-3-1>에서의 diffusion은 생성된 carrier들이 이동하여 전도도에 기여하는 electrical diffusion이다.

Intrinsic 반도체에서는 전자나 hole의 확산은 거의 불가능에 가깝지만 불순물로 doping된 N-type, P-type은 intrinsic에 비하여 carrier 확산이 잘 일어난다. 오히려 어떤 인가전압 조건에서는 도체 내의 전류 흐름보다도 전자나 hole의 속도가 더 빠르고 원활하게 진행되기도 한다. Intrinsic에서 전류가 흐르려면 E_c와 E_v 사이의 높은 energy gap을 carrier가 어렵게 뛰어넘어야 하지만, doping을 하면 전자는 E_{f_n}에서 E_c로, 그리고 hole은 E_{f_p}에서 E_v로 낮은 energy gap(intrinsic gap에 비하여 3분의 1 이하)을 넘으면 되므로 intrinsic에 비하여 current가 쉽게 흐른다.

2-3-2 Carrier 확산 Mechanism

일반적으로 전자의 확산은 물속에서 잉크가 퍼져나가는 현상과 유사하여 이해하기 쉬우나, hole의 확산은 인접 원자에 소속된 전자들이 도와주어야 일어나는 피동적인 확산 mechanism으로, 전자의 확산보다는 복잡하다. 도와준다는 의미는 먼저 인접원자로부터 전자가 탈출하는 데 필요한 충분한 energy가 공급되어야 하고, 또한 인접원자의 최외각전자가 원자핵과의 결합력으로부터 탈출하는 데 소요되는 energy가 크지 않아야 한다.

일반적으로 확산 현상이란 통계적으로 관측되었을 때, carrier들의 개체수가 많은 area는 개체수가 줄어들면서 거의 비슷한 시간에 개체수가 적은 area에서는 증가하는 현상을 말한다.

도체에서는 전자가 발생 즉시 자유전자가 되어 이동되거나, 도체매질의 전체 농도 균형이 일률적으로 맞춰어지기 때문에 확산 현상은 도체에서는 발생되지 않는다. 반도체에서는 불균일 농도가 발생하면 일정한 시간동안 균일하게 되려는 확산작용이 계속되고, 또 전체 매질 농도의 균형이 맞추어져서 확산이 멈춰지는 것이 아니라, 확산작용의 결과로 국부적으로 전기적 전압차가 발생되어 농도가 불균형인 상태에서 확산이 강제로 제지당한다는 점이 도체와 다르다. 따라서 확산 area 이외의 doping된(junction으로부터 먼 거리에 있는) N-type과 P-type 영역은 외부변화가 없는 한 농도 차이가 소멸되지 않고 그대로 유지된다.

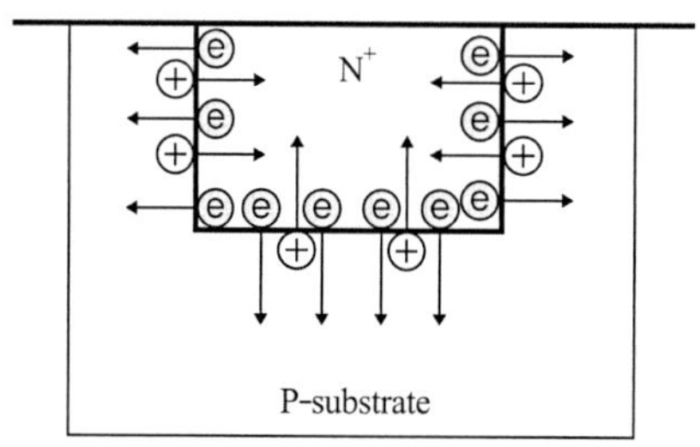

❒ CH2. 그림 2-10 Majority Carrier인 전자와 Hole 확산

2-3-3 확산계수와 확산전류

확산은 불균형으로 형성된 농도의 균형을 스스로 잡아가는 과정으로서, 고농도지역에서 저농도지역으로 carrier들이 이동하는 확산의 flux(f)는, 농도의 기울기(농도 n이 거리 x에 따라서 발생된 구배)가 클수록 carrier flux가 크다(Fick의 법칙). 농도 n의 기울기는 농도를 거리 dx로 미분하여 구한다. 이동은 산발적 random 형태이나 방향은 농도가 많은 쪽에서 상대적으로 농도가 적은 쪽을 향한다. NAND Flash 내에서 이동하는 carrier인 전자나 hole의 migration은 곧 전류의 흐름이므로 positive 물리량인 carrier의 flux를 통하여 전류를 산출할 수 있다.

$$f \propto \frac{dn}{dx}\left(\frac{dn}{dx} = \frac{n_2 - n_1}{x_2 - x_1}\right) \qquad \text{식26)}$$

$$f = -D\frac{dn}{dx} \qquad \text{식27)}$$

식26)은 flux가 고농도(n_2) 지역인 x_2 site에서 저농도(n_1) 지역인 x_1으로 이동하면서 단위거리 대비 줄어드는 농도를 나타낸 개념이고, 식27)은 비례상수를 도입하여 식26)을 공식화한 식이다. f는 carrier flux의 밀도이며 이는 carrier들이 면적 A를 통과하는 단위 면적당의 통과율이다. <CH2. 그림 2-11. 참조>. 식27)의 마이너스의 의미는 flux의 방향이 농도가 증가하는 방향과는 반대로 고농도지역에서 낮은 농도 지역으로 향한다는 의미이다. 비례상수 D (Diffusion)는 확산계수이며, 이는 intrinsic일 때의 전자나 hole의 농도(1×10^{10}개/단위 cubic)대비 불순물(N-type 혹은 P-type)의 농도와의 차이가 적을 때는 flux에 영향을 끼치지 않아서 D가 거의 일정한 값의 상수로 작용하지만, 불순물 carrier 농도가 intrinsic carrier농도보다 현저히 높을 때 D는 불순물 type과 농도의 차이, 이동도 및 온도에 따라서 변하는 함수가 된다. 대부분의 경우는 불순물 carrier의 농도가 intrinsic carrier의 농도보다 최소 천만 배 높기 때문에 확산계수 D는 일정하지 않고, 여러 변수들에 의하여 영향을 받는다.

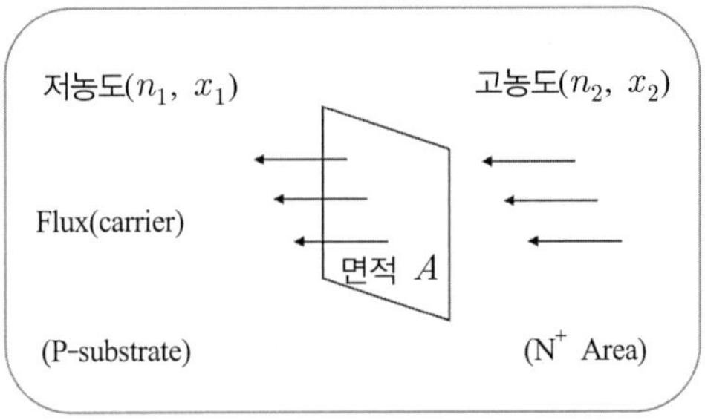

❒ CH2. 그림 2-11 고농도에서 저농도로, 일정 면적을 통과하는 Flux 이동 @ PN junction

NPN MOSFET 구조에서는 전자 n의 농도는 hole p의 농도보다 높게 N^+를 형성시키고, hole은 current를 흐르게 하는 최소한의 개수인 1×10^{15}개/cubic cm 이상 되도록 P-type 농도를 조절하는 것이 필요하고, 전자는 최소한 1×10^{18}개/cubic cm 이상 되도록 한다. 이는 intrinsic 상태의 Silicon14 원자수 1×10^{22}개/cubic cm 보다 만분의 1이 낮은 level이다. 확산계수 D는 온도와 전자의 이동도에 비례하고 전하량에 반비례한다. 이는 hole인 경우도 동일하게 적용된다.

$$D_n = \mu_n \frac{kT_n}{q_n} = k\frac{\mu_n T_n}{q_n} \qquad \text{식28)}$$

식28)의 D_n은 N-type일 때의 확산계수이며, μ_n은 전자의 이동도, q_n은 전자의 전하량, T_n은 전자에 영향을 주는 ambient 온도이며 k는 볼츠만상수이다. 온도와 전하량은 쉽게 측정되기 때문에, 나머지 이동도를 파악한다면 확산계수를 산출할 수 있어서 용이하게 전류밀도를 구할 수 있게 된다.

$$\frac{D_n}{\mu_n} = \frac{D_p}{\mu_p} = V_T \qquad \text{식29)}$$

$$V_T = \frac{kT}{q} = \frac{T}{11,600} \qquad \text{식30)}$$

식29)는 아인슈타인의 확산관계식으로서 N-type 전자의 확산이건, P-type hole의 확산이건 확산계수를 각 carrier의 이동도로 나누면 모두 일정한 값을 갖는다는 것으로, 일정한 값은 온도를 독립변수로 갖는 등가전압이다. 상온의 Si14에서 전자확산계수는 35cm^2/sec이고 hole의 확산계수는 13cm^2/sec이다. 온도가 일정한 상온 300°K에서는 Si14의 경우, 전자가 hole에 비하여 이동도가 약 3배 빠르므로, 전자의 확산계수가 hole의 확산계수에 비하여 약 3배 높다. Ge32인 경우는, 상온에서 전자가 hole에 비하여 이동도가 약 2배 빠르므로 전자의 확산계수도 hole에 비하여 약 2배 높다. 확산계수는 이동도에 영향을 많이 받고 전하량에 의해서는 (이동도에 비하여) 영향을 덜 받는다. 같은 전자인 경우 Ge32의 전자이동도가 Si14의 전자이동도 보다 약 3배 정도 빠르고, Ge32의 hole이동도가 Si14의 hole이동도에 비하여 약 4배 가까이 빠르다. Si14와 Ge32 간의 carrier 이동도가 차이가 나는 것은 carrier이동도는 valence band와 conduction band 간의 band gap차이 및 최외각전자의 free electron이 되기 위한 일함수(workfunction)에 반비례하기 때문이다. 따라서 전자와 hole 모두의 경우 Ge32의 확산계수가 Si14에 비하여 약 3배 정도 높게 형성되어 있다. 이는 Ge32의 원자번호가 Si14보다 크므로 전자껍질(Ge : 4개, Si : 3개)이 하나 더 있어서, 인접 hole로 전자를 공급하는 데 그만큼 최외각전자가 탈출하는 energy가 적게 필요하기 때문이다. <Chapter 1. Session 2-3-5, 그림 2-14> 참조.

Flux와 확산계수에 의한 전류밀도를 구해 보자. Carrier flux에 전자나 hole의 전하량을 곱하면 전류 밀도(J)가 된다.

$$J = q * f \qquad \text{식31)}$$

$$J_n = q_n D_n \frac{dn}{dx} \qquad \text{식32)}$$

$$J_p = - q_p D_p \frac{dp}{dx} \qquad \text{식33)}$$

J_n, q_n, D_n, n은 전자에 의한 변수 혹은 상수이고, J_p, q_p, D_p, p는 hole에 의한 변수 혹은 상수이다. 식33) 마이너스의 의미는 전자 및 hole의 이동 방향에 따라 전류의 방향을 맞춰놓기 위함이다.

2-4 NAND Flash 전류

NAND Flash에서 electron 혹은 hole을 이동시키게 하는 요인은 농도 차이가 발생할 때와 전압의 차이가 발생할 때이다. 농도의 차이로 carrier의 이동인 flux가 발생되고 flux에 전하량을 곱해주면 diffusion current가 된다. Diffusion current는 확산 계수에 의하여 영향을 받는다. Diffusion current가 흐른다는 것은 carrier가 이동된다는 것이고, diffusion carrier의 이동은 depletion area를 형성한다. Depletion area는 전위차를 발생시켜 drift current를 흐르게 하며, 전위차의 발생은 동시에 carrier의 이동을 제한하기 때문에 diffusion current를 억제하여 전체 current가 상호 균형을 맞추게 된다. 따라서 NAND Flash 내에 흐르는 총 전류는 diffusion current와 drift current를 합한 총량이다.

$$J = J_{diffusion} + J_{drift} \quad \text{식34)}$$

이므로 $J = q$(전하량)×flux(확산계수×농도의 기울기)+q×(carrier 이동도×carrier 농도×carrier에 끼치는 전계)가 된다. N-type, P-type 입장으로 볼 때, 외부에서 전계 energy가 공급되지 않은 상태에서 NPN 혹은 PNP 내에 흐르는 전류는 전자에 의한 전류와 hole에 의한 전류로 나눌 수 있으며, 각 carrier에 의한 전류는 각기 carrier type들의 확산전류와 확산작용으로 인하여 자체적으로 유발된 전계로 인한 Drift 전류로 분류된다.

$$J_{all} = J_{all\_n} + J_{all\_p} \quad \text{식35)}$$

$$J_{all\_n} = J_{diffusion\_n} + J_{drift\_n} = q_n D_n \frac{dn}{dx} + q_n \mu_n n \xi \quad \text{식36)}$$

$$J_{all\_p} = J_{diffusion\_p} + J_{drift\_p} = -q_p D_p \frac{dp}{dx} + q_p \mu_p p \xi \quad \text{식37)}$$

J_{drift_n}과 J_{drift_p}의 q는 전하량, μ는 이동도, n 혹은 p는 전자 혹은 hole 농도, ξ는 전계의 세기이다.

2-5 Electron-Hole의 Recombination

2개의 서로 다른 type의 단자가 chemical contact을 이룬 경우, chemical contact을 경계로 양 side에서 carrier의 농도차이에 의한 비평형상태가 형성된 후에 비평형상태를 해소하기 위하여 junction을 가로지르는 carrier들의 확산 이동이 발생된다. 이때 Junction을 넘어선 carrier들은 반대 type의 carrier들과 결합하여 양쪽 모두의 carrier들이 동시에 소멸되는데, 이런 현상을 recombination이라 부른다.

2-5-1 Recombination 시의 Carrier 이동 Mechanism

Substrate에 P-type 불순물이 형성된 후, drain과 source에 높은 농도의 N^+ 불순물이 doping되면, N^+-type 내의 majority carrier인 잉여전자들이 P-type쪽으로 확산해 나아가고, 반대로 P-type의 majority carrier인 잉여hole들은 N^+-type쪽으로 확산해간다. 이렇게 쌍방이 확산해 들어가면서 잉여전자는 P-type 영역으로 넘어가서 P-type의 majority carrier인 잉여hole에 흡수되어 들어간다.

N-type에서 잉여전자가 이동한다는 의미는 5족-4족 공유결합된 As33-Si14 상태의 잉여전자들이, silicon의 band gap인 1.2eV의 20분의 1 정도인, donor energy인 약 0.05eV의 결합력을 끊어내고 자유전자가 되었다는 것이고, 이런 현상은 상온에서 받은 energy만으로도 충분히 발생 가능하다. 농도를 얼마로 할 것이냐는 dopant 주입 전에 필요한 불순물 농도를 산출하여 type별로 주입할 gas 농도를 사전에 결정한다. <Session 2-2-3> 참조. N^+-type 영역의 전자는 자유롭게 이웃 원자들을 헤집고 P-Sub쪽으로 이동하는 적극적인 자유전자 형태이고, P-Sub hole의 이동은 이웃의 원자로부터 전자들이 넘어와서 hole을 채워야 이웃원자에 hole이 생성되면서 비로서 이동하게 되는 소극적인 특성을 띈다. 그런데 먼 site의 자유전자가 확산형태로 다가와 hole을 채울 경우에는 이웃 원자에서 새로 hole이 발생될 필요없이 electron(N-type)-hole(P-type)이 동시에 없어지는 결과가 되며, 이런 현상을 recombination이라 한다. Recombination은 확산에 의하여 이루어지지만, 동시에 recombination 결과로써, 확산을 막는 요소인 drift current를 제공한다.

2-5-2 Recombination 시의 Carrier확산에 따른 Energy Level @ PN 접합인 경우

전자들이 donor영역에서 acceptor영역으로 이동한다는 것은 donor의 전하량 입장에서 보면, 상온에서 잉여전자를 잃은 5족-4족 공유결합은 양전하 $N_d^{\ +}$가 되고, 잉여전자를 받은 P-type의 3족-4족 공유결합은 음전하 $N_a^{\ -}$가 된다. 에너지 입장에서는 N_d의 conduction band에 있는 잉여전자가 donor energy를 획득한 후에, 자유전자가 되었다가 P-type의 valence band 근방에 leveling 되어 있는 energy level에 있는 hole로 들어가서 전자와 hole 양쪽 모두 소멸되는 현상을 band to band recombination이라 한다.

NPN-type Tr에서의 전자의 확산이동에 의한 energy level의 변화를 살펴보자. <CH2. 그림 2-12>에서 물리적으로는 A′의 위치에 있던 majority carrier인 전자가 P substrate로 확산이동을 하여 B′위치의 hole과 recombination 후, 전자-hole이 동시에 소멸되는 band to band recombination인 경우를 가정해 보자. 외부에서의 전계 등의 energy 공급은 없고, 상온에서의 온도에 의한 energy 공급은 이루어지는 평형상태 조건이다. A′ 위치의 전자가 B′ 위치의 hole로 들어가는 경우, 전자는 양자우물 내에서 Fermi 확률함수 상의 임의의 energy level에 따른 변화되는 확률을 보유할 수 있으나, 편의상 50%의 존재확률을 갖고 있는 Fermi level의 energy상태라고 할 때, $f_n(E)$ 상의 A위치의 전자는 energy E_{f_n} level에서 B 위치의 E_{f_p} level로 하강하여 $E_{f_n} - E_{f_p}$의 energy를 방출한다. 물론 energy방출 과정은 한꺼번에 일시에 발생되지는 않고 N-type에서 escape될 때 energy를 획득하는 과정과, P-type으로 흡수될 때 energy의 방출이 일어난다. 방출된 energy의 형태는 열energy일 수도 있고 빛energy 형태일 수도 있으나, 일반적으로 반도체 내에서는 열energy가 방출된다. E_{f_n}은 거의 E_c에 근접해 있고 E_{f_p}도 E_v에 어느 정도 근접되어 거의 $E_c - E_v$정도의 energy drop이 발생되는 경우에는 electron이 escape될 때 필요한 energy는 미미하고, election이 hole로 결합될 때 방출되는 energy가 대부분이다. 5족-4족 공유결합된 전자입장으로는 junction을 넘어가는 확산은 평형상태라면 확률적으로 빈번하게 발생되지는 않는 현상이지만, 그러기 때문에 P-Sub 보다는 N^+에 1,000배 가까이 높은 고농도로 doping을 하여, 극단적인 비평형상태로 만들어서, 확률적으로 많은 donor에 의한 전자들의 확산이 인해전술식으로 일어나도록 유도한다.

<CH2. 그림 2-12>는 N^+-type 내의 1개 donor 원자에서 P-type 내의 다른 1개 acceptor 원자로 전자가 확산이동하면서 energy가 낮아지는 상태를 나타낸 것이다. 확산현상은 양쪽 방향으로 일어나므로, 전자에 의해서만이 아니고 hole에 의해서도 발생된다. 또한 majority carrier에 비하여, 영향은 작지만 minority carrier에 의해서도 진행되어, 총 4개 종류의 carrier 이동이

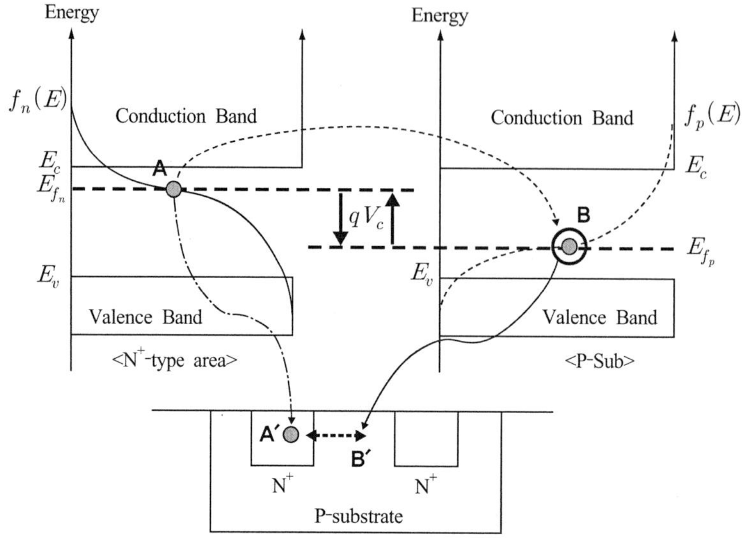

❒ CH2. 그림 2-12 FET에서의 전자 확산이동과 Energy Level @ NPN type

있다. 확산 이동된 전자에 의하여 5족-4족 결합된 N^+-donor는 양전하가 되고, 반대 site의 P-type 3족-4족 결합된 acceptor들은 음전하가 되어 이에 따라 내부적으로 발생된 파생전계에 의하여 강제적으로 diffusion carrier들이 평형상태로 회귀한다. 즉, diffusion carrier에 의하여 acceptor는 N_a^-가 되고 donor는 N_d^+가 되어, N_d^+와 N_a^- 사이에는 확산방향과는 반대방향의 전계가 형성된다. 이때의 전계를 V_c(접촉전위 : contact voltage)라 하며, V_c는 diffusion energy의 소멸에 따른 대체 에너지가 소생한 것이다. V_c는 N-type과 P-type 반도체가 접촉하여 생성된 전위차이이다. Diffusion 현상에서 확산 carrier에 의해서 발생된 파생전압 V_c는 doping에 의하여 형성된 N^+-type과 P-type 사이의 Fermi energy level이 평형되는 방향으로 작용한다.3)

---

3) Fermi level은, 원자가 carrier을 보유하는 것에 대한 존재 상태를 확률로 밖에 확인할 수 없어서, Fermi 분포확률함수가 구현되었고, 0%에서 100%까지의 확률로 존재하는 carrier의 함수 궤적 중에 50%의 확률로 존재하는 level을 편의상 Fermi level로 정의 했다. 즉, Fermi level을 energy 입장으로 표현하면, 단일 원자일 때, carrier가 50% 확률로 존재할 때의 carrier가 보유할 수 있는 최고의 energy level이다. 따라서 Fermi level E_f는 열적 평형상태에서 전자가 존재할 수 있는 확률이 50%되는 에너지 준위로써, 0°C에서 최외각전자가 갖는 에너지 level이다. 화학 성분이 서로 다른 물질 2개가 chemical contact 시의 E_f가 평준화하는 현상은, E_{f_n} 준위가 높은 쪽에서 낮은 쪽으로 전자가 이동하기 때문에 E_f가 일치하게 된다(실지로는 E_{f_p} 준위는 상승한다).

2-5-3 Fermi Level의 Positioning

<Chapter 2. Session 1-1-4-3>에서는 N-type 불순물일 때의 electron이 energy의 변수에 따라 원자 내에서 존재할 확률을 Fermi 확률함수에 근거하여 알아본 것인데(x축 방향), 이번에는 Fermi 확률함수 궤적상의 Fermi level의 위치(y축 방향)를 확인해 보자.

Fermi level은 전자가 존재할 확률이 donor 원자 내에서 50%되는 경우에 전자가 보유하는 최대의 energy level이므로, donor 내의 potential energy level이 Fermi level보다 상승하면 전자들이 더욱 많은 energy를 받아서 더욱 불안정하게 됨에 따라 전자가 donor에 존재할 확률이 Fermi level의 50%보다 줄어들면서, 동시에 전자들이 소속된 원자에서 탈출하게 될 확률이 50%보다 상승한다. 즉, 전자들이 원자 내에 존재할 확률은 energy에 반비례하여 그만큼 줄어든다. 반대로 potential energy가 줄어들면 원자 내의 전자들의 energy가 줄어들게 되어 전자들이 원자를 떠날 확률이 낮아지므로 전자들이 원자 내에 존재할 확률이 높아진다. Donor energy(E_d)는 잉여전자를 원자핵으로부터 끊어내어 전자들을 원자로부터 탈출시키는 energy level이므로 Si일 경우 상온에서 약 0.05eV인 E_d를 기점으로 energy level이 높아질수록 원자를 떠나기 시작하는 전자들이 급속히 많아진다. Carrier 농도가 높을수록 비례하여 증가하고, 농도가 낮아지면 감소하는 Fermi level은 농도에 연동되는 값이다. 물론 농도가 fix되면 Fermi 확률함수의 energy level도 고정된다. 따라서 농도가 높은 N^+-type(P-type에 비하여 1,000배 높음) 내의 Fermi 확률함수 상에서 Fermi level은 $f(E_d)$가 50%~100% 사이일 경우 E_f는 E_d와 E_c 사이에 존재하고, $f(E_d)$가 50% 이하인 구간에서는 E_f는 $E_f < E_d$영역에 존재한다.

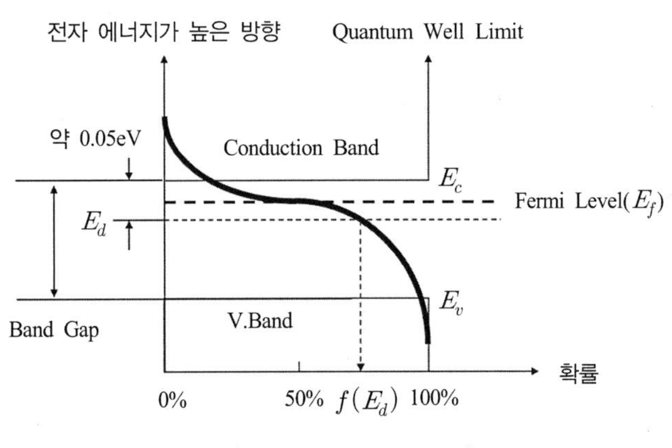

❐ CH2. 그림 2-13 Fermi Level의 Position

2-6 Junction과 에너지 Level

비평형상태에서 P-type과 N-type의 energy band 상호 간에 발생된 energy level 차이로 인하여, recombination이 진행되면, recombination에 의하여 양쪽 side의 P-type과 N-type 영역에서 공핍 영역(depletion area)이 발생되어 $N_a^{\ -}$와 $N_d^{\ +}$로 인한 전계가 새롭게 형성된다. 형성된 전계는 확산전류를 방해하는 방향이므로 recombination은 멈추고, 이 두 영역에서의 Fermi 확률함수의 energy 차이가 없어지면서, 공핍영역 내에서는 에너지적으로는 평형상태가 된다. 이는 소멸된 energy 차이만큼 전계가 형성되어 결국 새로 형성된 전계가 energy level 차이의 평형을 맞춰주기 때문이다. 그러나 <Chapter 3>에 언급될 외부로부터 인가되는 역방향/순방향 전계로 인하여, dopant(donor/acceptor) 내의 energy 상태는 다시 비평형상태로 되면서, Fermi level은 더욱 큰 편차로 영향을 받는다.

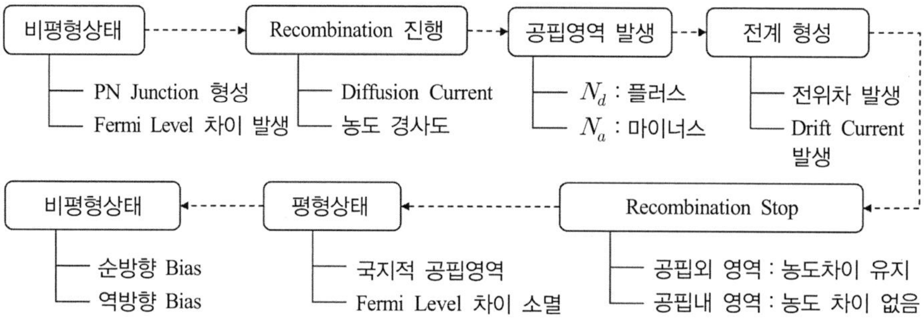

❒ CH2. 그림 2-14 Diffusion으로 인한 PN Junction의 변천과정

2-6-1 Carrier 이동에 따른 Energy 방출

Intrinsic 반도체에 N-type 및 P-type으로 dopant를 doping 후에 형성되는 Fermi level은 <CH2. 그림 2-15>와 같이 N-type일 때 E_{f_n}은 E_c 근처에 위치하고, P-type일 때 E_{f_p}는 E_v 근처에

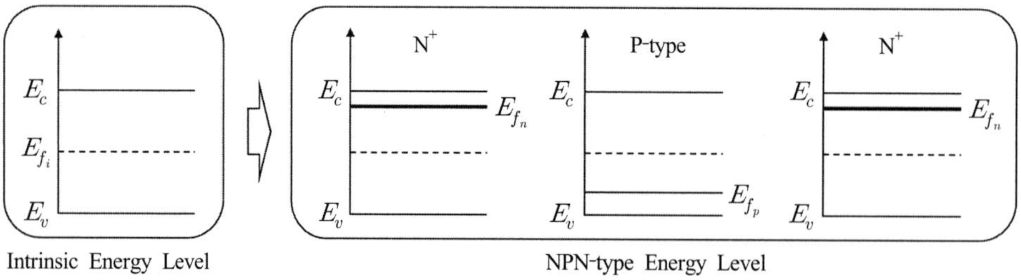

❒ CH2. 그림 2-15 Doping 전후의 Fermi Level

위치하는데, N-type농도가 높으므로 E_{f_n}은 E_{f_p}가 E_v에 접근해 있는 간격보다 E_c에 더욱 근접해 있다.

Doping 후의 NPN은 NP 혹은 PN junction 입장에서 볼 때, 농도가 비평형(non-equilibrium) 상태로서, junction 양쪽 side에서 energy와 carrier농도가 통일을 이루어 평형(equilibrium)상태로 되기 위한 carrier의 이동, 즉 확산이 진행된다. 확산 방향은 majority/minority carrier 모두 반대 편 site를 향한다. NPN에서의 확산은 N^+-type donor의 energy 방출과 동시에 5족-4족 결합상태의 잉여전자가 탈출하여 3족-4족 hole로 삽입되는 것을 의미한다. 이렇게 하여 생성된 영역을 depletion 영역이라고 하고, junction에 인접한 NP영역에서 발생하는데, electron이 빠져나간 area는 $N_d^{\ +}$ donor 영역이 되고 electron이 들어온 area는 $N_a^{\ -}$ acceptor 영역이 된다. 이 영역은 carrier가 deplete되었다고 하여 depletion area라고 칭했다. <CH2. 그림 2-16>은 NPN type 내의 majority carrier일 때의 Fermi 함수와 electron의 energy drop을 나타내었다. <Chapter 2. Session 2-5-2. 참조>. NP 혹은 PN 접합일 때의 전자 이동에 대한 energy drop은, MOSFET 구조의 PNP 접합에서도 hole을 기준으로 할 때에도 거의 유사한 mechanism으로 발생된다.

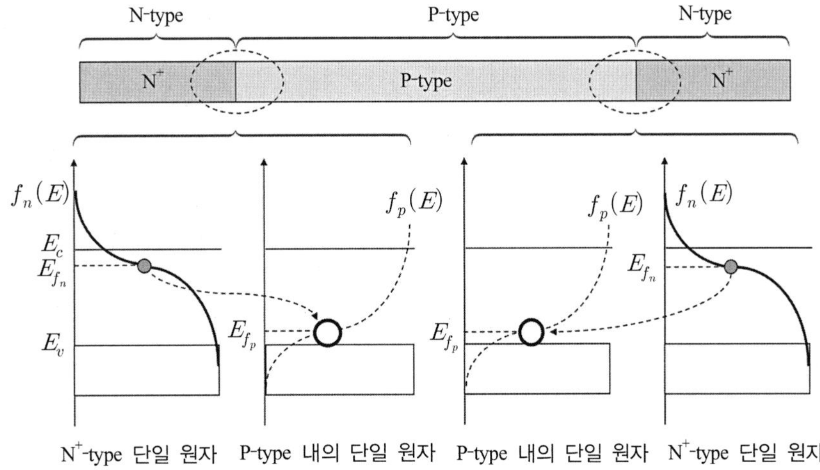

❒ CH2. 그림 2-16 Majority Carrier인 경우, Fermi 확률함수의 Energy 방출 및 Majority Carrier의 이동 @ NPN-type

2-6-2 공핍영역(Depletion Area)

확산원인과 확산작용으로 인한 확산전류에 대하여 살펴보았는데, <Chapter 2. Session 2-3 참조>, 이제 그 확산결과로써 발생된 전압장벽 및 전압장벽에 의한 energy 흐름을 알아보자.

2-6-2-1 공핍영역의 발생 @ NP와 PN Junction

공핍영역은 전자와 hole이 고갈되었다는 뜻으로, 잉여 carrier에 의한 농도차이가 없어지면서, 대신 NPN과 PNP가 갖고 있는 2개의 junction 영역에서 junction을 가운데 두고 양쪽 side의 국부적 영역에서 electron과 hole이 동시에 소멸되고 대신 전기적으로 대전된 영역이 발생된다. 이때 전자들은 5족-4족의 잉여결합에서 탈출하여 3족-4족 공유결합으로 들어간다. <CH2. 그림 2-17>의 플러스영역은 donor가 전자를 잃어서 양전위가 된 영역이고, 마이너스영역은 acceptor가 전자를 얻어서 음전위로 된 영역이며, 이 2개의 영역을 모두 공핍영역(depletion area)이라고 부르는데, 이는 2개 majority carrier인 전자와 hole 모두 소멸된 상태를 의미한다. 공핍영역의 width는 dopant 농도에 반비례하여 형성되므로, 농도가 큰 N-type area의 공핍영역이 좁고, 농도가 낮은 P-type area의 공핍영역은 넓다. Dopant(donor/acceptor) 내의 공핍영역 Width(W)는 $1/\sqrt{N}$에 비례한다. 이때 N은 dopant 농도이다. 공핍영역을 space charge region이라고도 하는데, 이는 전자-hole이 소멸된 후 dopant들이 각각 N_d^+, N_a^-로 변하여 내부적으로 depletion 영역에서 새롭게 전계를 형성하였기 때문에 공간전하영역이라고도 한다.

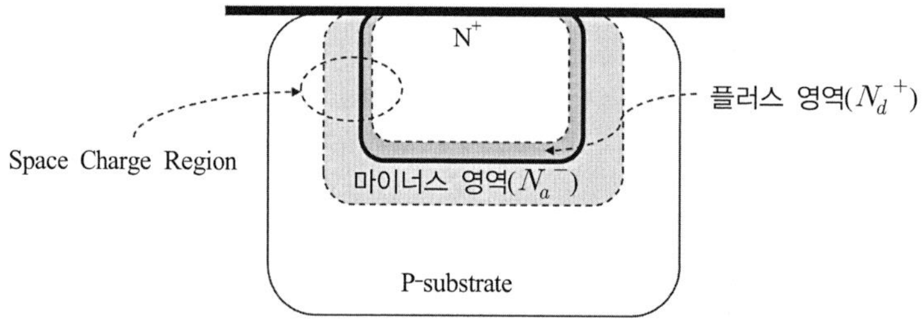

❒ CH2. 그림 2-17 N_d^+와 N_a^-의 공핍영역 형성

2-6-2-2 공핍영역의 전계형성 @ NPN type FET인 경우

NP와 PN을 접합하여 NPN type transistor가 되면, NP junction과 PN junction 상의 전계가 결합되어 NPN type 전계가 형성된다. N-type과 P-type 불순물 반도체를 농도가 1,000배 차이 나게 doping하여, 비평형상태로 만든 것은 carrier의 이동을 위하여 원인을 제공한 요소이고, 전자와 hole의 recombination은 그로 인하여 진행된 carrier들의 활동양상이며, 공핍영역은 carrier의 activity로 인하여 발생된 결과이다. 공핍영역 내의 N_d^+와 N_a^-로 인하여 전계가 형성됨으로 인하여 새로 형성된 전계가 carrier의 이동을 방해하는 요소로 작용하여 recombination이 더 이상 진행되지 못하고, 결국 농도에 의한 energy의 비평형상태가 국지적인 공핍영역에 의

해 발생된 전위차이로 인하여 공핍영역 내에서 carrier의 움직임이 멈춘, energy적으로 평형상태가 된다.

이때 N_d^+와 N_a^-에 의하여 junction을 가운데에 두고 접촉전위 V_c(contact voltage)가 발생된다. E_c, E_v에 대한 energy의 표현은, 편의상, $E_c \cong E_{f_n}$, $E_v \cong E_{f_p}$이므로 Fermi level로 대표하여 표현하겠다. 전계 에너지는 전계에 전하량을 곱한 것이므로, $E = qV$로부터 $V = E/q$이고, 2 site의 전계 형성은 Fermi level로 표현하면,

$$\boxed{V_{space} = V_c = (E_{f_n} - E_{f_p})/q} \quad \text{식38)}$$

이다. V_c는 비평형상태인 energy level 차이를 energy level이 평준화된 평형상태로 바꿀 수 있는 전위차이가 된다.

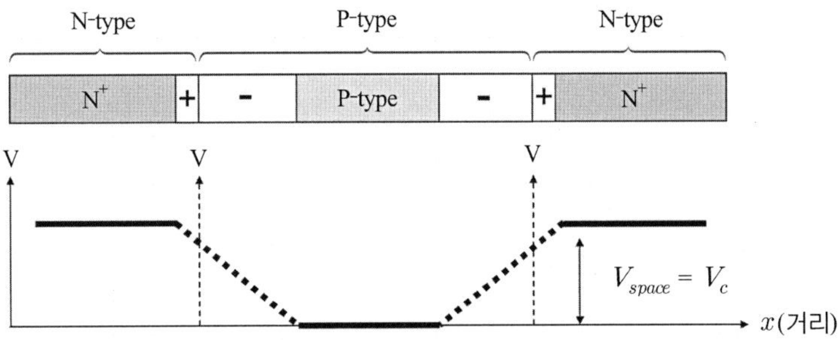

❒ CH2. 그림 2-18 공핍영역 내의 전계형성

2-6-3 Fermi Level 평탄화(Leveling 일체화) @ majority carrier인 경우

N+-type 내부 energy gap인 E_c, E_v, E_f 사이의 간격은 donor 원자 자체가 외부 전계로부터 영향을 받으면, 원자의 energy gap은 그대로 유지되면서 energy level 전체가 함께 shift-down되기도 하고 shift-up되기도 한다. <CH2. 그림 2-19>는 N+-type 혹은 P-type 내의 개별 원자의 dopant들에 대한 Fermi 확률함수를 독립변수인 energy level로 나타낸 것이다. Fermi level은 농도에 따라서 positioning된다. <Chapter 2. Session 2-5-3> 참조.

공핍영역을 가운데에 둔 2개의 서로 다른 type의 영역(공간전하)은 스스로 평형상태가 되지 못함으로, N_d^+와 N_a^-로 인하여 발생된 qV_c의 energy가 N-type에 가해지면, <CH2. 그림 2-15> 상태에서 qV_c만큼 N-type의 energy전체가 drop되면서 <CH2. 그림 2-19> 상태로 energy level이 재조정, 즉 Fermi level이 평탄화 된다. 여기서의 qV_c의 에너지는 공핍영역에 의해서 발생된 전계에 의한 에너지이다. 최종적으로 N-type과 P-type의 Fermi level이

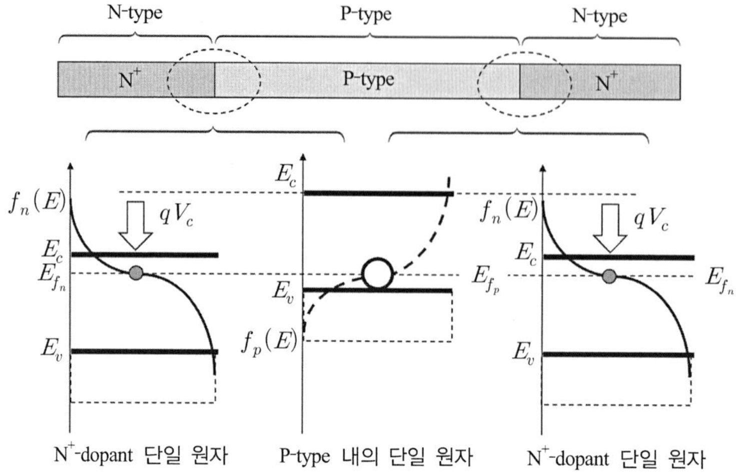

❒ CH2. 그림 2-19 평형상태로의 Fermi 확률함수의 Energy Leveling @ NPN-type

같아지는 energy level에서 N^+의 energy level의 하락이 멈추고 equilibrium 상태가 된다. 이때 전계 에너지 E가 가해지는 area는 junction을 기준으로 가해진다. Fermi level이 같아졌다는 것은 carrier들의 확산이동도 더 이상 없다는 뜻이다. 내부 majority carrier들이 이동하여 공간 전하에 의하여 전계를 형성하였다는 것은 외부에서 qV_c를 인가한 효과와 동일한 결과를 얻는다. <CH2. 그림 2-20>은 여러 carrier들의 물리적 확산에 의한 이동 상태를 나타낸 것이다. 농도가 높을수록 carrier 수도 많으므로 majority carrier인 전자는 P-type쪽으로, majority carrier인 hole은 N-type쪽으로 농도에 비례하여 흐른다.

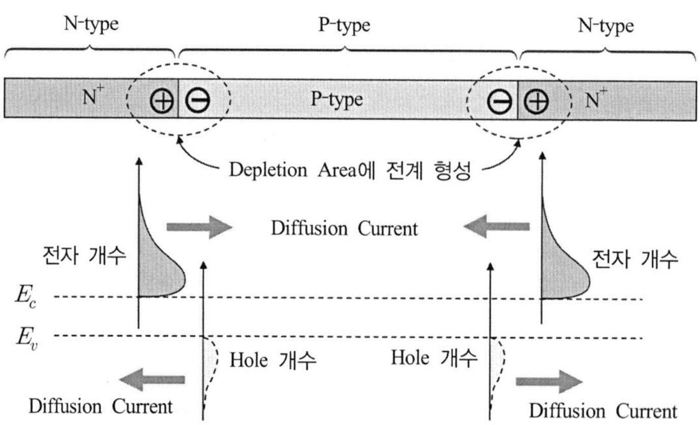

❒ CH2. 그림 2-20 Majority Carrier들의 확산 방향 @ NPN-type

즉, Carrier의 확산으로 인한 내부 전하영역의 발생으로 외부로부터의 전압이 없이도, N-type의 potential energy level이 하락하기 시작한다. N-type의 electron Fermi level E_{f_n}이 P-type hole

의 Fermi level인 E_{f_p}와 같아질 때, 즉 equilibrium 상태가 될 때까지 depletion 영역이 넓어지게 되어, qV_c만큼의 energy 차이가 상쇄된다. N^+-P type이 equilibrium 상태로 된다는 것은 처음부터 equilibrium(평형상태)가 된 것이 아니라, 처음에는 N^+ donor가 P-type acceptor보다 energy level이 높았으나, 확산작용에 의하여 농도가 높은 지역의 electron이 농도가 낮은 지역으로 이동하면서, 전계를 새롭게 형성하였기 때문이다. 한편 energy level은 Fermi 확률분포함수의 0% ~ 100%까지의 연속선상에 따른 광범위한 energy level을 분포하고 있으므로 표현상의 편리성을 위하여 50%의 존재확률인 Fermi level로 정하였으므로, chemical contact이 발생된 두 area사이의 energy 차이를 비교하려면, Fermi 확률함수 전체를 비교하는 것 보다는 N^+ donor의 Fermi level과 P-type acceptor의 Fermi level을 비교한 후 전체 차이를 확인하면 되겠다.

2-6-4 전계 영향에 의한 Drift Current @ minority carrier인 경우

Majority carrier의 확산전류로 인하여 depletion area에서 전계가 형성되면, N-type의 minority carrier인 hole은 P-type의 공핍영역에 형성된 음전하 영역의 마이너스 전계에 끌려서 P-type쪽으로 이동하고, P-type 내의 minority carrier인 electron은 N^+ site의 양전하 영역의 플러스 전계에 끌려서 N-type site쪽으로 이동한다. 이때 minority carrier로 인하여 발생된 전류는 drift current이며, 공핍영역으로 인한 전계가 높아질수록 비례하여 drift current가 증가하다가, majority carrier로 인한 diffusion current가 V_c에 의하여 점점 줄어들면서 drift current값과 동일해질 때, N-type과 P-type의 NPN-type FET는 전체적으로 평형상태가 된다.

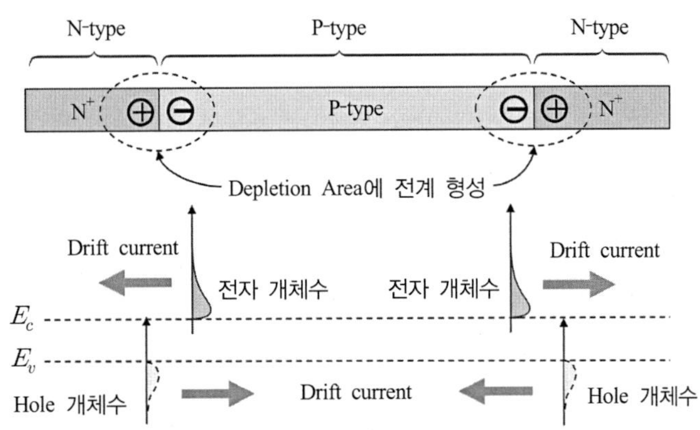

❒ CH2. 그림 2-21 Minority Carrier들의 전계에 의한 Drift

2-6-5 Energy Leveling 및 공핍영역에서의 전계 방향 Summary @ NPN-type

불균형된 doping으로 인한 diffusion current가 공핍영역을 발생시켜 전위차이를 유발시키면 비평형전계가 형성된다. 전계 방향은 N-type의 depletion area가 plus가 되므로 N-type에서 P-type으로 향한다. 전계가 형성되면 전계의 비평형으로 인하여 minority carrier에 의한 drift current가 생성되고, 각 termination 내의 energy level이 평준화 됨으로써 junction 근방의 국지적 area에 energy적으로, 전계적으로 평형상태를 이룬다. <CH2. 그림 2-22>는 지금까지의 majority carrier와 minority carrier들에 대한 물리적 이동, 파생 전계 생성, energy의 평준화 level에 대한 종합적 summary이다. $E_{f_n} = E_{f_p}$가 된다는 것은 V_c로 인하여 depletion area에서 N-type의 energy level이 shift-down했다는 의미이다.

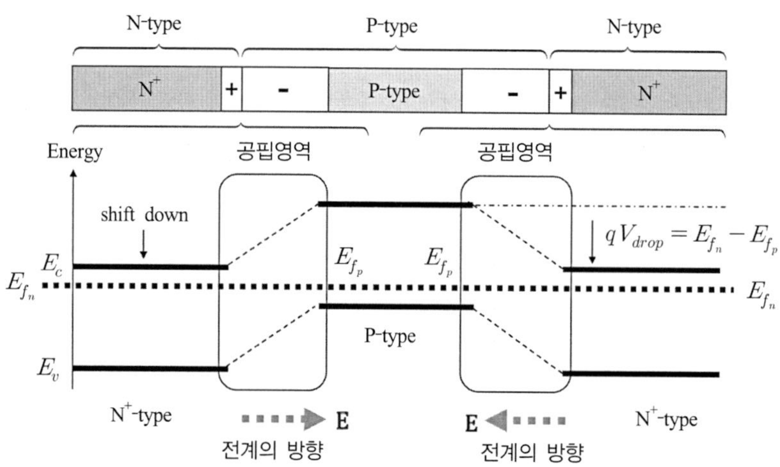

❒ CH2. 그림 2-22 Energy Leveling 및 공핍영역에 의한 전계 방향 @ NPN-type

2-6-6 Diffusion Current와 Drift Current에 의한 Energy 평형상태

Diffusion current와 drift current는 상반된 원인으로 인하여 발생하는데, 지금까지 언급된 MOSFET의 current 입장에서 요약해 보자. Diffusion current는 전계가 형성되지 않은 상태에서 농도의 변화 자체에 의하여 발생되고, drift current는 전계에 의한 것인데, 외부에서 voltage bias의 인가가 없다는 가정하에 전계는 diffusion current(majority carrier)가 원인을 제공한다. Carrier type별 구분으로는 diffusion current는 majority carrier에 의한 것이고 drift current는 minority carrier에 의한 것이며, 방향은 서로 반대가 된다. Doping 완료직후의 비평형상태에서는 diffusion current가 drift current에 비하여 크지만, 비평형상태가 평형상태로 진행되면서 전계의 상승에 따라 비례하여 drift current가 상승하다가, diffusion current가 drift current 전류량과 같아질 때 평형상태가 된다.

여기서의 평형상태란 외부에서는 어떠한 전계가 가해지지 않은 상태이며, 상온에서 carrier들의 생성률과 소멸률이 동일하면서, 동시에 junction을 통과하는 majority carrier량과 minority carrier량이 동일한 상태이다. 즉, diffusion current는 majority carrier들의 random 운동과 농도의 gradient에 의한 운동의 결과인 데 반하여, drift current는 minority carrier들의 전계에 의한 방향성 운동이다. 따라서 diffusion current는 확산계수에 의하여 영향을 받고 drift current는 minority carrier들의 mobility에 의하여 영향을 받는다. Diffusion current는 스스로의 전자나 hole 농도에 의하여 농도가 상대적으로 높은 site에서 낮은 site로 이동하고, drift current는 내부에서 결정된 전계의 위치와 세기에 의해서 방향과 전류량이 정해진다. NPN 반도체의 총전류는 diffusion current와 drift current을 모두 합한 전류로서, 총 current = drift current + diffusion current = 0이므로 평형상태일 때

$$q\mu nE = qD\frac{dn}{dx} \qquad \text{식39)}$$

이다. <Session 2-4> 참조.

Carrier 생성과 이동에 대한 전체 Summary

<Chapter 2>에서는 NAND Flash를 구성하는 termination 내의 carrier생성에서부터 시작하여, carrier의 상태밀도 및 분포확률을 통하여 carrier의 개체수를 산출하였고, 2개 단자를 연결하여 NP/PN Junction을 통과하는 전자의 이동현상 및 energy와의 관계를 알아보았다. NP junction에서의 Fermi 확률함수는 원자 내의 잉여carrier가 존재할 확률에 대한 energy 변화를 나타낸 것으로서, N-type의 잉여전자가 P-type으로 이동하면서, electron energy가 drop되어 평형상태가 된다. 혹은 P-type도 방향은 반대이지만 유사한 mechanism이다.

평형상태란 energy적으로 균형이 맞추어져 더 이상의 carrier 이동이나 확산이 일어나지 않는 경우이고, 외부에서 NAND Flash에 어떠한 전계에 의한 bias도 인가하지 않은 상태이다. PN 접합일 경우, P-type에 있는 majority carrier인 hole은 junction을 통과하여 반대 방향의 N-type 반도체를 향하고, N-type 내에 있는 majority carrier인 electron은 junction을 넘어서 반대 방향의 P-type을 향한다. Junction을 통과하여 상대방의 서로 다른 반도체 type으로 넘어간 electron과 hole들이 전계를 발생시켜 넘어오는 diffusion carrier들을 도리어 방해하기 때문에, 반도체 내에서는 diffusion이 계속적으로 일어나지는 못한다. 이는 junction을 가로질러서 넘어오는 carrier들의 확산 에너지와 같은 에너지에 해당하는 전계에너지가 유발되고, 전계에너지가

아이러니컬하게 carrier들의 이동을 막아서 diffusion current가 더 이상 진행하지 못한다. 물리적으로 carrier가 이동한다는 것은 energy적으로는 농도 차이에 의한 potential energy 차이가 발생되었다는 것이고, 확산에 의하여 recombination과 공핍영역이 생성된 후, 공핍영역에 의해서 새로운 반대 방향의 전계가 형성됨으로 인하여 carrier가 영향을 받아서 전자의 확산 이동이 멈추게 된 것이다. 그러나 junction으로부터 멀리 위치한 site도 균형이 잡혔다는 것은 아니고, NP와 PN의 junction에 인접한 공핍영역에서의 dopant들이 energy적으로 볼 때 non-equilibrium에서 equilibrium 상태로 바뀌어 energy level이 평준화되었다는 의미이다. 이때 새롭게 발생된 역 방향의 전계가 N^+-type donor의 depletion 영역 내의 electron energy level을 떨어뜨리는 역할을 했다. 즉, 이는 N^+와 P-type의 energy 차이인 $E_{f_n} - E_{f_p}$만큼의 에너지 차이인 역방향 전계 에너지가 파생되어 전위차가 발생된 것이고, 이는 확산작용으로 인한 energy level의 차이가 전계에너지(qV_c)로 전환된 것으로써, 전계에너지 qV_c가, Fermi level E_{f_n}을 E_{f_p}로 하락시켜 평형상태를 만들어주었다.

PN junction에 외부에서 bias를 인가하면 반도체는 다시 비평형상태가 된다. 이런 상태는 <Chapter 3>에서 다룬다. Drift current는 반도체 자체적인 내부전계에 의해서도 발생되지만, NAND Flash 단자 외부에서 순방향 bias 혹은 역방향 bias 전압을 인가할 때에 주로 발생된다. 이때에는 majority carrier와 minority carrier 모두 내부전계보다 몇 배 높은 외부전계에 의하여 영향을 받는다.

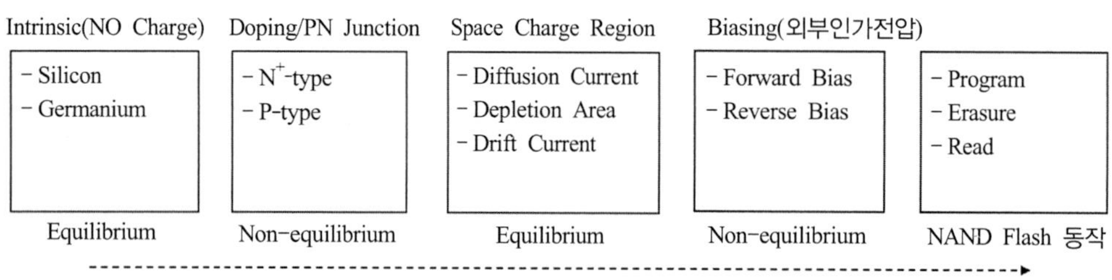

❒ CH2. 그림 2-23 NAND Flash를 동작(외부전압인가)시키기 전단계의 단계별 상태변화

References

고온에서 Schottky Barrier SOI nMOS 및 pMOS의 전류-전압 특성 (2009.4) 가대현, 조원주, 유종근, et al., 대한전자공학회, 전자공학회논문지-SD 46(4), pp 21-27

다중양자우물 구조의 Impurity Free Vacancy Diffusion (IFVD)에 의한 Band Gap Energy Tuning의 소자 집적을 위한 지역 선택성 조사 및 그 응용 (Band Gap Energy Tuning of the Multi Quantum Well By Impurity Free Vacancy Diffusion and its Area Selectivity for the Integration of the Devices and its Application) (1998.1) 여덕호, 윤경훈, 시상기, et al., 대한전자공학회 학술회의, pp 315-316

마스크 오정렬 및 결정 결함이 PN 접합 아이솔레이션의 항복 특성에 미치는 영향 (Effects of Mask Misalignment and Crystal Defects on the Breakdown Characteristics in the PN Junction Isolation) (1984.3) 조경익, 백문철, 송성해, 대한전자공학회, 전자공학회지 21(2), pp 47-53

마이크로전자공학(Microelectronics) (1983) 이우일, 임제석 공역, 탑출판사 (Jacob Millman)

반도체 공정 (Semiconductor Device Processing) (2008) 김학동, 홍릉과학출판사

반도체 물성과 소자(Semiconductor Physics & Devices : Basic Principles) (1999) 김광호, 송정근, 이용재, 최역환 공역(Donald A. Neamen), 반도출판사(McGraw-Hill)

반도체 소자 공학(Fundamentals of Semiconductor Devices) (2005) 서정하, 김동명, 박재우, 신장규, 이천, 이희덕 역(Berry Lise Anderson, Richard L. Anderson), 한티미디어(McGraw-Hill)

반도체 제조장치 입문 (2000) 임종성 역(前田 和夫), 성안당(공업조사회)

반도체 평가기술 (Techniques for characterization of semiconductors) (1994) 홍봉식, 구강원, 김광호역(Takashi Kadota), 기전연구사(Sangyo Tosho Publishing Co)

실리콘에 Boron 이온 주입에 의한 Ultrashallow PN접합 형성에 관한 연구 (2006.6) 김동수, 정원채, 대한전자공학회 학술대회 논문집, pp 56-59

집적회로 설계를 위한 반도체 소자 (2008) 이형옥 편저, 남두도서

화학 기상 증착법으로 저온 증착한 보론 포스파이드의 특성에 관한 연구 (2000.6) 윤여철, 김순영, 박윤권 et al., 대한전자공학회 학술대회 논문집, pp 294-297

Ⅲ-Ⅴ족 반도체에서 계단형 pn 접합의 해석적 항복전압 모델 (2004.9) 정용성, 대한전자공학회, 전자공학회논문지-SD 41(9), pp 1-9

Ammonia annealed and wet oxidized LPCVD oxide to replace ono films for high integrated flash memory devices (2000.12.19) US06162684, Advanced Micro Devices Inc.

Bandgap Engineering 도입하여 향상된 홀 터널링 특성을 구현한 SONOS 플래쉬 메모리 소자 (2009.7) 이동화, 박일한, 윤장근, et al., 대한전자공학회 학술대회, pp 393-394

Cell for Reducing Recombination of Electrons and Holes and Method for Manufacturing the Same (2012.06.12) US13494364, Bureau of Energy Ministry of Economic Affairs Wen-Chi Hou Tung-Hsien Wu Chih-Jui Ni Jyong-Sian Tsai Wen-Yi Tsai Chau-Nan Hong

Charge transfer complexes including an electron donor and an electron acceptor as basis of resistive memories (2008.11.25) US07455795, Infineon Technologies AG

Composite semiconductor device with Schottky and pn junctions (1994.01.11) US05278443, Hitachi, Haramachi Semiconductor

Diffusion Characterization of Doped Oxide and Nitride Film (1985) Jong Duk Lee, Won Chan Kim, Hong Shick Min, Chung Han Lee, 전자공학회지, 논문 85-22-2-15, pp97-105

Dual workfunction semiconductor device (2010.12.14) US07851297, Jakschik Stefan Kittl Jorge Adrian Henricus van Dal Marcus Johannes Lauwers Anne Niwa Masaaki

Electronic Materials and Devices (1975) David H.Navon, Houghton Mifflin Company

Etch의 기술 개발 및 Etch와 Lithography 기술 시장 동향 (2013.12) 이종근, 대한전자공학회, 전자공학회지 40(12), pp 18-30

Fabrication of multilayer patterns using adaptive two-step photolithography (2010.6) G. Lee, J. H. Han, S. Park, 대한전자공학회, ICEIC, pp 392-394

Fermi-Level Depinning of GaAs for Ohmic Contacts (2008) Hu, Jenny ; Donghun Choi ; Harris, James S. et al., Device Research Conference, pp 89-90, IEEE Conference Publications

Fermi-level pinning at the polysilicon/metal oxide interface-Part I (2004) Hobbs, C.C. ; Fonseca, L.R.C. ; Knizhnik, A. et al., Electron Devices, Volume: 51, Issue: 6, pp 971-977, IEEE Journals & Magazines

FET with Fermi level pinning between channel and heavily doped semiconductor gate (1987.10.06) US04698652, Hitachi Ltd.

Fundamentals of Semiconductor Devices (1978) Yang, E.S, McGraw-Hill Inc.

Integrated Electronics: Analog and digital circuits and systems (1972) Jacob Millman, Christos C. Halkias, McGraw-Hill Inc.

Integrated heterostructures of group III-V nitride semiconductor materials including epitaxial ohmic contact comprising multiple quantum well (2000.04.04) US06046464, North Carolina State University

Low pressure chemical vapor deposition apparatus of vertical type for fabricating semiconductor devices (2004.03.23) US06709525, Samsung Electronics

Method and apparatus for measuring surface carrier recombination velocity and surface Fermi level (2008.09.02) US07420684, Mitsubishi Denki Kabushiki Kaisha

Method for fabricating a dual workfunction semiconductor device and the device made thereof (2011.08.02) US07989898, Chang Shou-Zen Yu HongYu

Method for manufacturing semiconductor memory device using asymmetric junction ion implantation (2010.03.30) US07687350, Lee Min Yong Rouh Kyoung Bong Jin Seung Woo

Method of manufacturing nonvolatile semiconductor memory device by forming additional impurity doped region under the floating gate (1987.02.17) US04642881, Kabushiki Kaisha Toshiba

Microelectronics : Digital and Analog Circuits and Systems (1979) Jacob Millman, McGraw-Hill Inc.

Neamen의 물성과 소자(Semiconductor physics and devices : basic principles) (2012) 김광호, 김용상, 송정근 et al., 공역 (Neaman Donald A.), McGraw-Hill

n-type wide bandgap semiconductors grown on a p-type layer to form hole injection pn heterojunctions and methods of fabricating the same (1997.07.08) US05646419, California Institute of Technology

PN 공정을 이용한 Isolation을 이용한 Integrated Schottky Logic (PN Junction-Isolated Integrated Schottky Logic) (1984.1) 박희국, 김홍식, 박문평, et al., 대한전자공학회 학술대회 논문집 7(1), pp 19-21

Process for fabricating non-volatile memory by tilt-angle ion implantation (2007.02.20) US07179708, Chung Yuan Christian University

Quantum physics (1974) Stephen Gasiorowicz, John Wiley & Sons Inc.

Semiconductor device with alternately arranged P-type and N-type thin semiconductor layers and method for manufacturing the same (2012.05.15) US08178409, Xiao Shengan Han Feng

CHAPTER 03

NAND Flash의 기본 소자, MOSFET 특성

<Chapter 1>에서 원자 내의 energy가 양자화되었다는 개념은 energy band를 설명해 주었고, energy band가 layer별로 분리되어 나타나는 energy gap과 material의 차이에 따른 carrier 생성을 통하여 <Chapter 2>에서는 electron의 흐름을 살펴보았다. 특히, Fermi 확률함수와 상태밀도로 특정 area 내의 carrier들의 개체수를 산출해냄으로써, carrier의 이동을 비교적 정확히 파악할 수 있고, 이를 응용하여 다양한 기본 소자들이 고안되었는데, 그중에 <Chapter 3>에서 소개되는 MOSFET는 반도체 전반에 걸쳐 응용되는 소자이자, 특히 NAND Flash의 주춧돌이 되는 디바이스 구조이다.

MOSFET은 저항이 낮은 물질(단자)과 저항이 높은 절연체를 적절히 배치하여 도전성과 절연성을 가변적으로 사용할 수 있는 layer 구조로 이루어졌다고 하여, initial 글자를 따서 MOSFET이라 naming했다. 기능적으로 볼 때 MOS(금속산화반도체 : Metal Oxide Semiconductor)는 capacitor기능을 수행하고 FET(전계효과트랜지스터 : Field Effect Transistor)는 transistor 기능을 수행한다. MOS와 FET가 합해진 MOSFET의 field는 전계 및 전위차이가 영향을 주는 영역으로서, 전계란 외부에서 gate의 단자(terminal)를 통하여 수직방향으로 가하는 전압에 의하여 형성된 전압기울기를 가진 field를 의미하고, 전위차이란 source단자와 drain 단자의 수평축 상에 voltage level의 차이를 발생시켜 source와 drain 간에 전류가 흐르도록 유도한, 외부에서 가해주는 전압 차이이다.

Session 1 MOSFET Overall

MOSFET을 십자형태의 두 방향으로 들여다보면, 수평축 구조로는 source(N^+ doping된 poly silicon) – P substrate (P-type silicon) – drain(N^+ doping된 poly silicon)으로 연결되는 N–P–N 혹은 P–N–P junction panel이 있고, 수직축 구조로는 gate(metal 특성에 가까운 고농도 N^+-poly silicon) – oxide(SiO_2) – substrate (P-type 혹은 N-type으로 doping된 silicon)로 연결되는 MOS panel 구조로 나뉘어있는데, MOSFET의 특성과 성능은 이 두 개 축인 x축과 y축으로 cross되어 나타나는 상호보완적 구조로 형성되어있다. Capacitor 기능으로 MOS를 활용할 경우는, metal과 silicon(substrate) 사이를 oxide로 절연하여 channel용 전하를 gate쪽의 sub표면에 형성시키는 형태를 띤다. transistor 기능의 FET를 활용할 경우는, silicon을 P-type 혹은 N-type으로 불순물 화학 결합하여 substrate로 활용하고, 양쪽의 source와 drain단자는 substrate에 비하여 항상 반대 type으로 형성하며 substrate보다는 천 배 정도의 높은 농도로 doping한 비평형농도를 이용하도록 한다. MOSFET의 장점으로는 operation 하지 않을 때 흐르는 standby current가 상대적으로 적고, BJT에 비하여 구조가 간단하여 집적시키는 데 유리하기 때문에 memory 반도체 소자로, 가장 널리 응용되는 소자로서 NAND Flash에도 적용된다.

1-1 FET 수평구조

Source, gate, drain의 의미는 carrier의 이동을 기준으로, carrier를 공급하는 source, carrier가 흡수되어 빠져나가는 drain, 문을 여닫듯이 carrier의 흐름을 관리하는 gate로 naming되었고, substrate는 이런 여러 기능을 하는 termination들을 받쳐주는 기반역할을 한다. 수평방향인 x축 panel은 N–P–N type/P–N–P type transistor 역할을 하는데, NPN인 경우 이를 둘로 나눈 N–P junction과 P–N junction이 합하여 NPN을 이루고 있고, PNP-type도 마찬가지다. 이렇게 형성된 후에 x축 상의 drain에 전압을 인가하면, 가해주는 drain 전압의 세기에 비례하여 electron들이 drain쪽으로 빨려 들어가는 양이 정해진다. Current가 흐르는 시점의 gate에 인가되었던 전압의 세기를 문턱전압(threshold voltage)이라 부르고 V_{th} 혹은 V_t로 표시하며, V_{th}는 NAND Flash의 여러 factor들 중에서 가장 중요한 parameter 중의 하나가 된다. 즉, V_{gate}는 V_{th}를 결정하고, V_{drain}은 current량을 좌우한다.

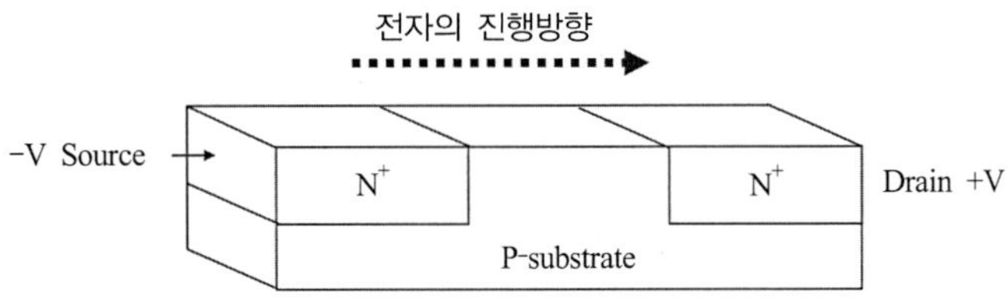

❒ CH3. 그림 1-1 MOSFET의 x축 Panel 및 전자의 Flow 방향 @ NMOS인 경우

1-2 MOS 수직구조

Field에 의하여 영향을 받는 FET는 MOSFET와 JFET(Junction FET)로 나눌 수 있다. 이 둘은 transistor 기능인 x축 구조는 동일하다고 볼 수 있지만, 다른 점은 JFET는 substrate에 직접 gate단자가 연결(매우 낮은 접촉 저항)되어 있고 MOSFET는 Gate 단자와 substrate 사이에 oxide라는 절연층을 두었다. 이 절연층에 형성되는 전계로 다른 어느 형태보다도 효과적으로 electron의 흐름을 의도하는 데로 조절할 수 있게 되며, Tr들을 고집적시킬 수 있는 진일보된 혁신적인 구조를 제공한다.

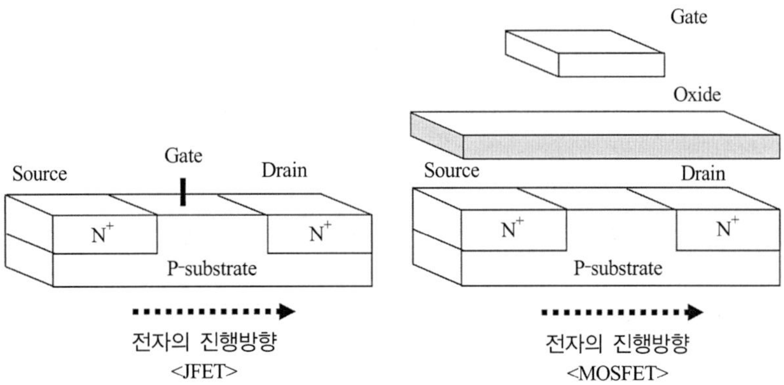

❒ CH3. 그림 1-2 JFET vs MOSFET 구조 비교

P-type sub인 경우, 수직방향으로, oxide panel은 중간 layer에 일정한 유전상수를 갖는 절연층이다. 이는 평행판 capacitor 기능을 하는데, gate에 가해지는 전압($+V$)에 의하여 oxide의 하층 layer인 P-type substrate에 electron들이 유기되면서 전자 Q가 형성된다. Electron이 유기되어 모여 있는 층을 channel이라 하며, channel은 substrate 전체에 channel이 골고루 퍼져서 형성되어 있는 형태가 아니라, 전기적으로 electron(P-type sub) 혹은 hole(N-type sub)이 계면에 모여있는 상태이다. P-type substrate에 유기되는 전하량은 $Q = CV$로서 C는 절연층인 oxide의 capacitance, V는 gate에 인가되는 전압의 크기이다. C의 성질은 구조 및 재질에 의

해 결정되어 $C=\varepsilon\frac{A}{d}$이고, ε은 oxide의 유전율, A는 top side oxide의 단면적, d는 gate와 substrate 간의 거리이면서 oxide의 두께다. 이때 중요한 factor인 V_{th}는 oxide의 두께 d에 민감하게 반응한다.

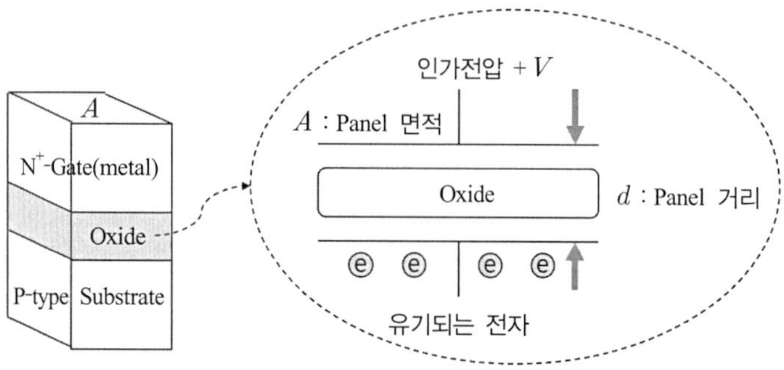

❐ CH3. 그림 1-3 MOSFET의 y축 방향 Panel 및 Capacitor 기능 @ NPN

NAND Flash에서는 이를 더욱 발전시켜서 2개 절연층과 2개 gate를 운영하면서 SOSOS (Silicon-Oxide-N^+-poly silicon-Oxide-Silicon) 구조를 형성한다. SOSOS 구조로 인하여 electron을 가둘 수 있게 되어 정보를 저장할 수 있는 nonvolatile type memory가 나오게 되었다. 구성된 물질을 약간씩 변화시키면서 3D에서는 SONOS, MONOS 등 다른 여러 가지 sub-type으로 파생되어 장점이 활용되기도 한다. <Chapter 10. Session 3-2> 참조.

1-3 수평과 수직구조가 결합된 MOSFET

수직축 방향으로 layer를 형성하는 MOS와 수평축 방향으로 layer를 형성한 FET로 구성된 4개 단자 중, substrate는 MOS와 FET가 구조적으로 같이 sharing된 area이다. MOS 수직축의 구조는 최소한 절연층이 1개 이상이고, FET 수평축 구조는 diode가 Source와 P-Sub 사이에 junction이 1개가 위치해있고, P-Sub와 drain 사이에 junction 1개가 더 있어서 junction이 총 2개가 위치해 있다. NPN인 경우, source는 0[V], drain은 $+V$[V]를 인가하여, 전자들이 source에서 drain으로 이동되도록 biasing된다. NP junction은 forward로 biasing되고, PN junction은 reverse로 biasing되므로 source junction은 majority carrier들이, drain junction은 minority carrier들이 넘나들도록 균형 있게 조절된다. <CH3. 그림 1-4>에서는 forward bias를 쉽게 인지하도록 source쪽에 $-V$[V]를 인가한 것으로 하였다. Carrier를 움직이게 하는 데 있어서는 source와 drain의 상대적인 전위차이에 의해서 carrier가 이동되므로 source가 0[V]이건 $-V$[V]이건 source보다 drain의 전위가 ΔV 전위차로 높으면 같은 mechanism으로 carrier들이 반응한다.

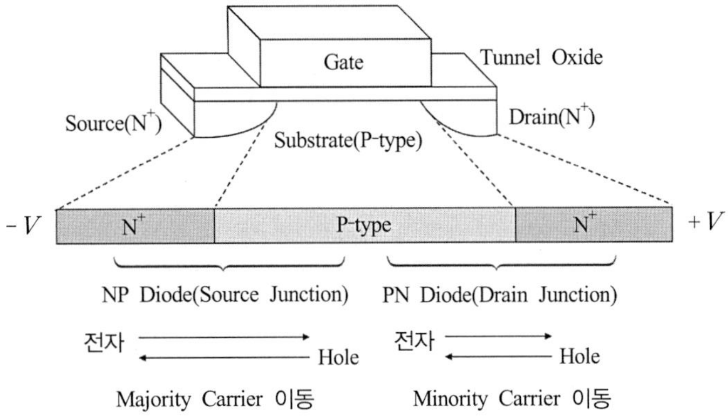

❐ CH3. 그림 1-4 MOSFET 구조와 Junction에서의 Carrier 이동

MOSFET 발명

정보화사회로 가는 데 기여한 발명품들이 많지만, 그중 MOSFET는 전자산업과 컴퓨터 산업에 기여한 가장 중요한 발명품 중의 하나로서 전자관련 논문과 특허에 인용되지 않는 곳이 별로 없을 정도로 MOSFET는 전자공학의 기초 중의 기초이자 전자산업의 발전사에 있어서 transistor 다음으로 경이적이라 할 수 있다. 그렇게 세상을 바꾼 MOSFET를 공동으로 발명한 두 사람 중 한 사람이 고 강대원 박사(+마틴 아탈라 박사)다. MOSFET는 SK하이닉스, 삼성전자, Toshiba, Micron이 만드는 NAND Flash와 SK하이닉스, Samsung, Micron이 만드는 DRAM 반도체와 같은, memory 반도체의 기반기술이 되는 것은 물론이고, CPU/System IC 등 적용되지 않는 반도체가 없을 정도의 업적으로서, transistor를 집적화하여 integrated circuit화 했고, 이를 통하여 용량의 대형화와 생산의 대량화의 길을 열어서 오늘날 전자 산업에 기여한 공로가 크다. 또한 강대원 박사는 Simon M.Sze 박사와 함께 nonvolatile 기초 원리인 floating gate를 개발하였고, 이를 이용하여 Intel에서는 1971년 EPROM을 상용화하였다.

Session 2 NAND Flash MOSFET의 수평축 기능

먼저 gate가 1개인 DRAM, SRAM 등 일반적으로 사용되는 MOSFET 구조를 기준으로 <Session 2>에서는 FET의 수평축을, <Session 3>에서는 MOS의 수직축 기능을 살펴본 후에, <Session 4>에서는 floating gate를 포함하여 gate가 2개인 MOSFET based NAND Flash mode에 대하여 살펴보자.

2-1 Carrier 이동 Mechanism @ NPN MOSFET

NPN MOSFET의 source junction에는 forward bias가 인가되고 drain junction에는 rieverse bias가 인가되어, source단자 N^+의 majority carrier인 전자는 source terminal에 인가된 음의 전위에 반발하여 source junction을 가로질러 반대 site인 P-type Sub을 향하여 이동하고, source 단자 N^+의 minority carrier인 hole은 majority carrier인 전자의 흐름과는 반대방향으로 이동한다. Forward bias인 경우의 총 전류의 합은 majority carrier와 minority carrier의 2가지 carrier type들의 이동을 합한 흐름이다. Majority carrier 입장에서는 source 단자의 N^+에서 P-type Sub로 흐르는 전자와 P-type Sub의 hole이 source site로 넘어와서 발생시키는 전류이고, minority carrier 입장에서는 N^+의 source hole과 P-type Sub의 electron이 source junction에서 멀어지는 흐름의 총합이 된다. 역 bias인가된 drain junction인 경우, drain terminal에서는 N^+-type의 majority carrier인 전자는 drain junction과 멀리 떨어지는 방향으로 이동하여 drain termination의 $+V$에 흡수되고, N^+의 minority carrier인 hole은 majority carrier 전자와 반대방향으로 drain junction을 가로질러 반대 site인 P-type substrate 로 이동한다. P-type Sub의 minority carrier인 전자는 drain junction을 가로질러 $+V$인 drain termination을 향하여 이동하고 majority carrier인 hole은 반대방향으로 움직인다. Drain junction의 국부적 depletion 영역에서는 절연체와 유사한 상태가 되어, reverse bias 상태의 drain junction을 가로질러서 이동하는 총 전류의 합은 majority carrier가 기여한 전류는 없고, minority carrier로 인한 전류만 흐른다.

상기는 개별 junction 관점이었지만, source junction과 drain junction을 연결하여 NPN MOSFET 관점에서의 carrier이동 상황은 달라진다. Source 단자 N^+의 majority carrier인 전자들이 forward bias가 인가된 source junction을 넘어가서, P-type Sub의 minority carrier들과 합류하면 P-type Sub의 majority carrier인 hole보다 minority type carrier가 더 많은 개체수의 전자들

을 형성한다. Reverse bias가 인가된 drain junction을 P-type Sub의 minority carrier인 전자들과 source terminal에서 넘어 온 electron들이 합하여 drain junction을 통과하면, source에서 drain으로 다량의 전류가 흘러서, current를 이용하여 data로써 인지하는 데 있어서 current량이 부족하지 않게 된다. 한편, 동일한 NPN MOSFET의 전위차가 발생되는 가정 하에서의 hole을 살펴보면, hole 방향은 전자방향과는 반대이고 전자와 동일하게 같은 carrier mechanism으로는 흐르지만, source/drain junction을 이동하는 개체수는 전자보다는 현저히 적다. 왜냐하면 시작 단계 시의 환경이 이미 Drain N^+의 minority carrier이므로 drain 단자로부터 sub을 거쳐 source 단자로의 hole 전류량을 늘리는 데는 한계가 있다.

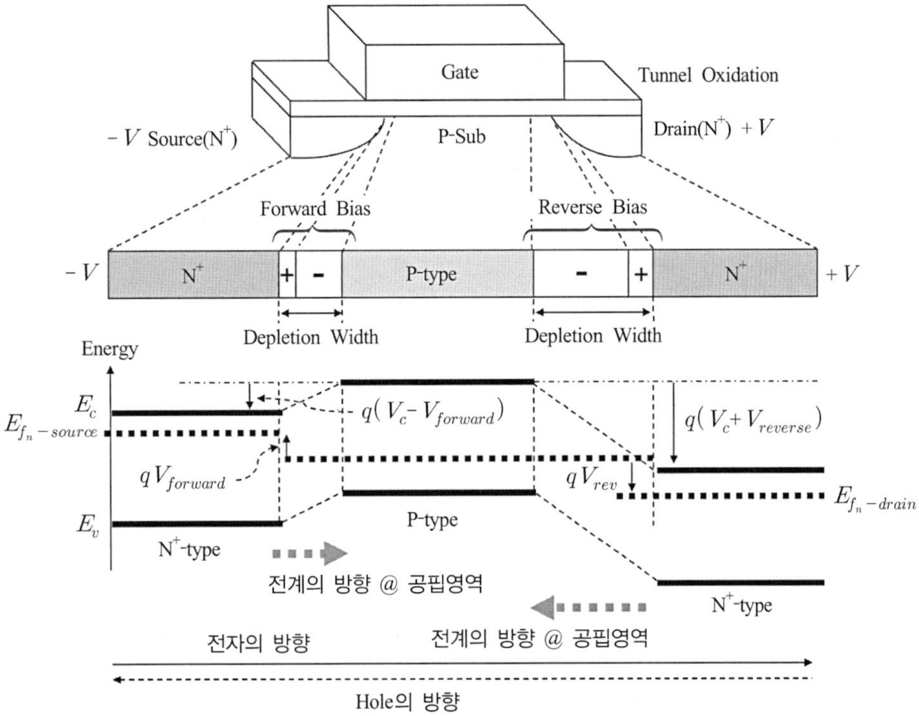

❐ CH3. 그림 2-1 전류 흐름과 단자에서의 Fermi Energy Level @ NPN-type

2-2 Forward Bias와 Reverse Bias의 Fermi 분포확률함수 변화

Majority, minority carrier들이 MOSFET 내에서 어떻게 이동하는지를 알아보았는데, 다음은 forward bias와 reverse bias에 대하여 이동 mechanism의 근원이 되는 energy 흐름과 그에 따른 전류특성을 살펴보자.

2-2-1 Forward Bias

NPN 각 3개 단자를 doping방식을 이용하여 형성하면, 외부에서 전압이 인가되지 않은 상태일 때, 각 단자별로 상이한 Fermi level이 diffusion current로 인한 공핍영역의 생성으로 접촉전위 $-V_c$가 가해짐으로써 3개 단자의 모든 Fermi level이 평탄하게 leveling된다. <Chapter 2. 그림 2-19 및 그림 2-22. 참조>. $-V_c(V_{contact})$는 NP/PN의 공핍영역에서 발생된 전계에 의한 역방향의 접촉전위차이다.

2-2-1-1 Biasing 방법

평형상태에서 이번에는 source junction에는 순방향, drain junction에는 역방향의 전위차를 만들어주는 경우를 보자(여기서는 V_c를 $V_{forward}$와 구분하기 위하여 V_c 전위를 $-V_c$로 표현했다). Source junction은, bias적인 입장에서 해석하면, NP junction에 순방향의 bias 전압이 외부적으로 인가되면, 순방향 bias는 두 개 영역 사이의 $-V_c$(역방향 접촉전위)를 줄여주는 방향이므로, barrier 전위는 Fermi level의 평형상태를 만들어 준 $-V_c$에서 bias된 전압 $+V_{forward}$ 만큼 up되어, source junction 내부적으로는 $-(V_c-V_{forward})$ bias 만큼의 전압이 형성된다. Forward bias상태는 외부에서 인가되는 forward bias 전계에 반비례하여, 역방향 bias인 접촉전위 $-V_c$로 인하여 넓혀진 공핍영역의 폭이 외부에서 인가한 순방향 bias만큼 좁아지고, source junction은 다시 비평형상태가 된다. 외부인가전압이, $-V_c$에 비하여 월등히 높아지면 source junction의 공핍영역은 소멸되고 junction에는 순방향의 bias만 걸린다.

2-2-1-2 Energy 입장의 해석

Energy 입장에서 해석하면, 외부 전압이 인가되지 않은 상태에서는, N^+ 영역의 majority carrier가 공핍영역으로 형성된 전계를 극복하고 P-type Sub 영역으로 넘어가려면 qV_c의 energy가 있어야 한다(V_c는 diffusion current에 의하여 발생된 접촉전위). qV_c의 energy는 초창기 doping농도의 차이에 의하여 공급되면서 NP단자 간의 Fermi level이 qV_c로 맞춰져 energy평형상태가 되었다. Energy의 평형상태가 되면 더 이상의 carrier의 이동이 없다. 이번에는 순방향 bias가 가해지면서 N-type drain에서 P-type Sub으로 electron이 이동하기 위한 조건으로 $-q(V_c-V_{forward})$의 energy ΔE 차이가 발생되었다. ΔE는 carrier가 이동할 energy 동력이다. Fermi level도 외부에서 biasing이 가해지기 전에는 source junction의 좌우 site 모두, 평형상태의 동일한 energy level이었으나, forward bias가 가해짐으로써 N^+ 영역의 전자분포에 대한 Fermi 확률함수의 전체 energy level이 높아짐으로(termination 내에서의 원자 자체의

energy gap은 그대로 유지), 연동하여 Fermi level도 $qV_{forward}$ 만큼 energy가 높아져서 source junction에서 electron이 쉽게 P-type substrate로 넘어가게 되는 근거가 된다. 순방향 bias는 source 단자의 모든 energy level을 상승시키는 역할을 하므로 source junction에 가해지는 접촉 전위만큼 하강했던 Fermi level이 다시 $\Delta V_{forward}$ 만큼 상승하여 energy leveling적으로 다시 비평형상태가 된다. 이때의 비평형상태는 의도한 target에 맞춘 비평형상태가 된다.

2-2-1-3 Carrier 이동의 해석

Carrier 이동 입장에서는, P-type에 비하여 약 1,000배의 농도(N^+)로 doping되었던 N-type인 source 단자에서 diffusion current가 발생되었다가, depletion 영역의 역bias된 V_c에 의하여 drift current의 반발로 인하여 current가 더 이상의 이동이 없어진다. 외부에서 $V_{forward}$ bias 전압이 인가되면 다시 electron이 drain방향을 향하여 source junction을 넘어서면서 drift current가 생성된다. 이를 식으로 나타내보면,

$$\Delta E = E_{f_n - source} - E_{f_p - sub} = q(V_{contact} - V_{forward}) \quad \text{식1)}$$

$$\boxed{V_c = \frac{kT}{q}\ln\left(\frac{N_a N_d}{n_i^2}\right)} \quad \text{식2)}$$

이다. 여기서 q : carrier 전하량, k : 볼츠만 상수, T : 절대온도, N_a : acceptor 농도, N_d : donor 농도, n_i : intrinsic silicon의 carrier 농도, V_c : contact voltage. $E_{f_n - source}$는 source termination

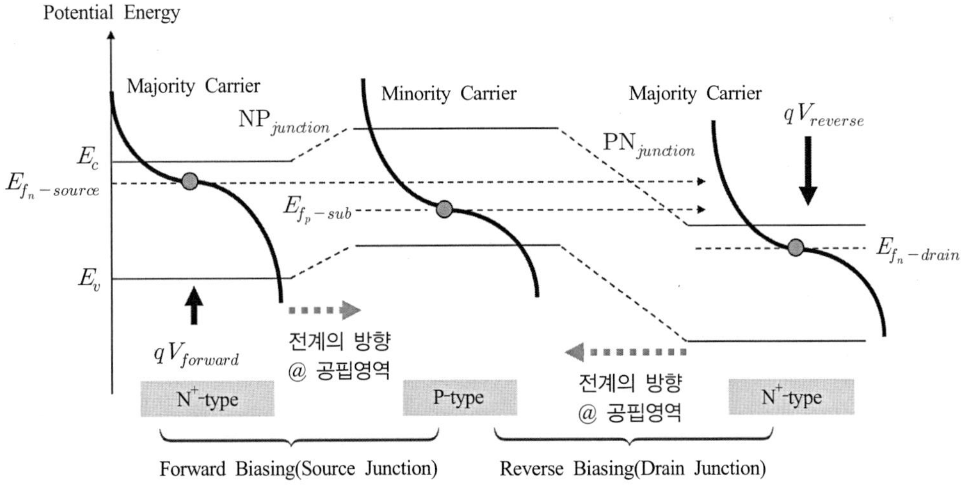

❒ CH3. 그림 2-2 NPN MOSFET의 Fermi Level 변화 및 Electron 이동 @ forward/reverse bias

에서의 electron에 대한 Fermi energy level이고 $E_{f_p - sub}$는 substrate에서의 hole에 대한 Fermi energy level이다. Contact 전압은 acceptor 농도와 donor 농도에 비례하고, acceptor와 donor에 의해서 발생된 carrier농도 및 전하량에는 반비례한다. <CH3. 그림 2-2> 참조.

2-2-1-4 전류량

이때의 전류량은 $V_{forward}$ 값에 비례하여 exponential하게 증가한다.

$$I = I_o(e^{\frac{qV}{kT}} - 1) \qquad \text{식3)}$$

I_o는 평형상태일 때의 original current량, V는 외부인가전압, k는 볼츠만 상수, T는 절대온도, q는 carrier의 전하량이다. 단, 식3)에서 drain current I는 $V > V_{th}$가 되어야 흐르기 시작한다. <Chapter 5>에서 상세히 다루겠지만, V_{th}는 threshold voltage로서 drain current가 증가하기 시작하는 시점으로, current가 dominant하려면 식3)의 전압 V가 최소한 약 2배 V_{th} ~ 3배 V_{th} 정도는 되어야 한다. V_{th}는 반도체의 성질에 따라서도 변하는데, Si14의 V_{th}는 약 0.6V(Si14의 V_{th}는 약 0.5V ~ 0.6V)이고 Ge32의 V_{th}는 약 0.2V(Ge32의 V_{th}는 약 0.18V ~ 0.2V)이다. Si14의 V_{th}가 Ge32의 V_{th}보다 3배 높은 것은 Si14의 최외각전자를 떼어내는 데 드는 energy가 Ge32의 최외각전자를 떼어내는 데 드는 에너지보다 크기 때문이다. 이는 최외각전자가 원자로부터 탈출하는 데 필요한 최소한의 에너지인 workfunction에 따라 비례적인

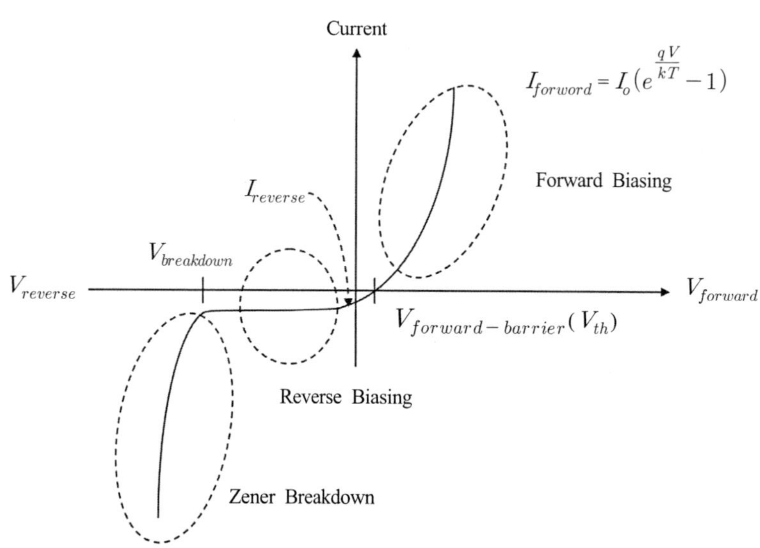

❐ CH3. 그림 2-3 Forward Bias, Reverse Bias, Zener Breakdown일 때, $I-V$ Curve

V_{th} 전압값을 갖는다. 이는 불순물(N-type or P-type)이 이온화하는 데 드는 energy인 E_d와 E_a 모두 base 원소가 Si14보다 Ge32일 때가, Si14에 비하여 5분의 1배 낮기 때문이다. Base material이 GaAs일 경우는 Ge32보다 V_{th}가 더욱 낮아질 수 있다. <CH3. 그림 2-3> 참조.

2-2-2 Reverse Bias

Drain junction(PN junction)에 역방향의 bias 전압이 인가되면, 순방향 bias 전압일 때와는 반대로, barrier 전위는 평형상태의 V_c에서 bias된 전압 $V_{reverse}$만큼 add되어 drain junction에는 $V_c+V_{reverse}$의 전압이 인가된다. 평형상태에서 N^+ drain 영역의 majority carrier가 P-type Sub 영역으로 넘어가려면 qV_c의 energy가 있어야 되는 반면, reverse bias 상태에서는 $q(V_c+V_{reverse})$의 높은 energy가 필요하다. <CH3. 그림 2-2> 참조.

$$E_{f_p-sub}-E_{f_n-drain}=q(V_{contact}+V_{reverse}) \qquad \text{식4)}$$

2-2-2-1 Energy 입장의 해석

P-type Sub와 N^+ drain 사이의 Fermi level도 평형상태에서는 같은 energy level이었으나, reverse bias가 가해짐으로써 N^+ drain 영역의 전자분포에 대한 Fermi 확률함수의 전체 energy level이, reverse bias에 비례하여 down shift되므로, energy level의 폭이 커지므로, 이와 연동하여 N^+ drain Fermi level도 $qV_{reverse}$만큼 energy폭이 더욱 커져서, majority carrier가 뛰어넘을 energy barrier는 그만큼 높아지는 반면, minority carrier는 반대로 쉬워진다.

2-2-2-2 Carrier 이동의 해석

Reverse bias를 인가한 N^+ drain 영역에서 P-type Sub로 minority carrier인 hole이 이동하는 경우를 생각해보자. Drain junction에서는 majority carrier인 electron/hole은 거의 이동이 없는 대신, drain junction은 비평형상태가 되어 reverse bias로 인한 minority carrier(hole)의 reverse current가 미약하게 증가한다. 평형상태에서는 diffusion current와 공핍영역의 전계에 의한 drift current량이 동일하게 된 상태이지만, reverse bias상태는 (외부에서 reverse bias 전계가 인가됨으로) 인가전압에 비례하여 공핍영역이 넓어지므로 minority carrier 입장에서는 증가 요인이 높아지게 되어 (미약한) 전류가 일정하게 흐르게 된다. 이때의 전류량은 minority carrier인 hole에 의한 적은 양 $I_{reverse}$이며 hole의 절대 개체수가 많지 않기 때문에 $V_{reverse}$의 증가와 상관없이 임계전압까지는 current량도 거의 일정하다.

2-2-2-2-1 Drain Junction의 특수성

그러나 P-type Sub에서 N^+ drain 영역으로 minority carrier인 electron이 이동하는 입장에서는, majority carrier인 hole 이동과는 확연히 다른 이동 mechanism을 보인다. P-Sub에서는 P-Sub 자체의 minority carrier인 electron 이외에, source junction에서 P-Sub로 넘어 온 majority carrier 이었던 electron이 있어서, 이 2개 종류의 electron이 합하여 drain termination의 +전위로 이동한다. Current량은 식3)에 따라 증가하는데, 이때의 I_o는 source 단자에서 넘어온 forward current이므로 대단히 큰 전류가 된다. P-Sub에서 N^+ drain 영역으로 이동하려는 Hole의 energy barrier(reverse 상태)는 높지만 electron의 energy barrier는 매우 낮은 level이 되어 electron이 drain junction을 쉽게 넘어서 $+V$인 drain 단자로 향한다. 다만 drain junction 상에 형성된 depletion area의 역방향 bias에 의한 depletion width modulation으로 인하여 drain current가 너무 많이 상승하는 것이 조절된다.

2-2-2-3 Zener Breakdown @ PN Junction Diode

P-type, N-type 모두 일정한 농도로 normal doping된 diode로 한정하였을 때, reverse bias가 증가하면 어느 한계 전압까지는 minority carrier에 의한 약한 전류가 증가하지 않고 일정하게 흐르다가 임계 reverse voltage 이상에서는, Δreverse voltage가 크지 않아도, minority carrier가 급증한다.

2-2-2-3-1 Breakdown

이때의 전압을 breakdown voltage라 한다. Reverse bias일 경우는 majority carrier들은 NP junction 반대방향으로 이동하여 majority carrier가 전류에 기여하는 부분은 없다. Minority carrier들은 reverse bias가 인가되면, 극소수의 carrier들만 junction을 가로질러서 이동하는데, breakdown voltage에서 더 이상의 reverse voltage 증가없이 갑자기 큰 전류가 흐르는 이유는, minority carrier들의 최외각전자들이 workfunction보다도 더 높은 전계에너지를 외부로부터 공급 받아서 donor의 최외각껍질에 있던 전자들이 원자핵의 구심력을 떨쳐내고 탈출한 electron 들이 일시에 많아지게 되고, 이 electron들이 반대방향의 양전위로 이동하면서 P-type site에서 N^+-type site로의 tunneling 현상으로 인하여 전자의 이동이 exponential하게 급증하기 때문이다.

2-2-2-3-2 Energy 입장의 해석

Fermi energy 입장에서는, minority carrier가 있는 site의 valence band보다도 반대 site의 conduction band가 더 낮아질 때, P-type의 valence band에 있던 minority carrier인 전자들이 반

대 site N-type의 conduction band로 급격히 많은 수가 이동하는 현상이 breakdown이다. NP junction을 예로 들자면, P-type에서 N^{+}-type site로 current가 급증하는 현상이다.

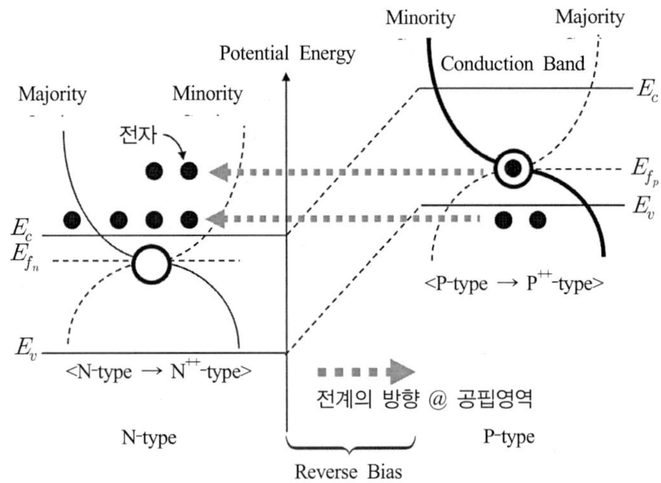

❒ CH3. 그림 2-4 Zener Breakdown인 경우의 전자 Tunneling

2-2-2-3-3 Zener Diode 성질

Breakdown 현상이 발생되면, 많은 carrier 개체수의 이동에 의한 carrier와 원자핵과의 충돌로 인하여 열이 발생되고, 이런 발열작용으로 대부분의 PN, NP junction이 파괴된다. 그러나 이를 역으로 이용하여 breakdown 시에도 격자구조가 파괴되지 않은 junction을 만든 반도체가 Zener diode이다. 이는 양쪽 P-type과 N-type을 높은 농도로 doping하여 valence band의 많은 양의 minority carrier가 반대 type의 conduction band로 이동하는 tunneling 현상이 발생되어도 junction이 파괴되지 않도록 한 것이다. Tunneling은 전자가 다른 site로 이동하는 데 있어서, 동일 energy level 혹은 하위 energy level(여기서는 valence band에서, 그보다 낮아진 conduction band의 energy level)로 이동하기 때문에 쉽게 이동이 가능하여 많은 양의 전자가 한꺼번에 옮겨가는 현상을 말한다. 그런데 이동 자체를 쉽게 하기 위하여는 공핍층의 두께가 얇아야 하고, carrier의 공급이 충분하려면 양쪽 side의 doping 농도를 normal 농도보다 1,000배 이상의 농도로 높인 경우에 한하여 junction이 파괴되지 않으면서 tunneling된다. <CH3. 그림 2-3>, <CH3. 그림 2-4> 참조. NAND Flash에서는 program 및 erasure operation 시에 사용되는 약 +20V의 높은 전압으로 인하여 substrate와 drain 사이 혹은 sub와 source 사이에 breakdown과 유사한 현상이 발생될 수 있으므로 drain 단자와 source 단자를 floating 시키는 등, 이에 대한 예방을 위한 scheme들이 발달되어 있다.

Session 3 NAND Flash MOSFET의 수직축 기능

FET 수평축의 전류의 이동은, FET 구조상의 source에서 발생된 전자가 substrate를 거쳐 drain으로 빠져나가는 과정인 데 반하여, MOS 수직축에서의 전자의 활동은, 전계 영향으로 substrate, oxide 혹은 floating gate(NAND Flash 경우) 내의 어느 곳에서든 한 곳에 전자들이 정체되고 정체된 전자들에 의해 channel이 형성되거나 혹은 floating gate로 electron이 charge되는 carrier mechanism이다. NAND Flash에서는 read operation 시에는 수평축이 주로 사용되고, program 및 erasure operation 시에는 수직축이 주로 사용된다.

일단 floating gate를 제외한 MOS 수직축의 3개 layer의 형성과정을 보면, gate는 N^+ poly로써 농도를 높여 전자가 다량으로 발생될 수 있는 낮은 저항을 조성하여 metal에 가까운 기능을 할 수 있도록 doping하였고, oxide는 SiO_2로써 절연성이 높은 물질로 doping 되었으며, substrate는 P-type/N-type 불순물로서 저항치로는 중간수준으로 wafer 생성 시 3족/5족을 혼합하여 형성하였다. MOS구조에서는 각 layer(termination)에서의 carrier 발생 mechanism을 살펴본 후, Fermi carrier 분포확률함수 및 Fermi level과 비교하면서 MOS의 기능 및 특성을 알아보자.

먼저, MOS상태는 외부에서 전압이 인가되지 않은 평형상태이고, 모든 각 자체 layer 내에서는 농도가 균질한 상태를 가정한다. NAND Flash인 경우, ONO, floating gate, oxide 내에서도 NO charge인 이상적인 상태를 가정하면, NAND의 floating gate(FG)가 존재하건 혹은 존재

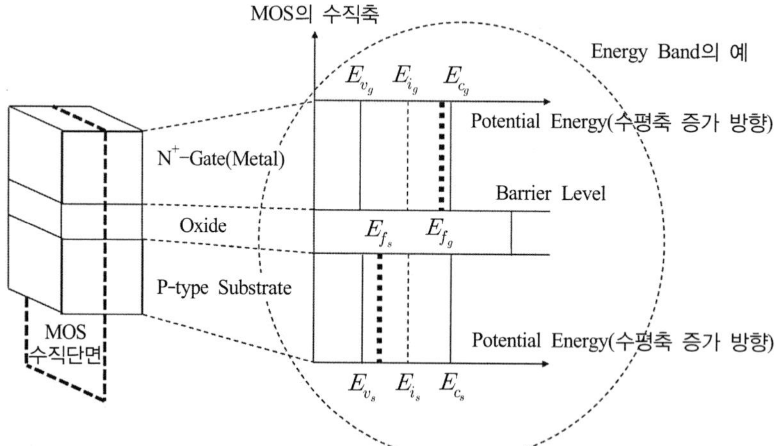

❒ CH3. 그림 3-1 각 Termination의 Physical 상태 vs Majority Carrier들의 Fermi Level @ 일반적 MOS의 평형상태 : Gate 전압 = 0V, Sub 전압 = 0V

하지 않는 일반적인 MOS이건, 동일한 특성을 보인다. <CH3. 그림 3-1>은 MOS의 수직 방향에 대한 단면과 이와 연관된 각 layer(termination)들이 평형상태일 때의 에너지와 Fermi level과의 연관관계이다. <CH3. 그림 3-1> 내에서는 편의상 energy level을 (우측 그림 참조) 수평축의 증가 방향과 비례하도록 배치하였는데, N^+ gate는 농도가 높기 때문에 Fermi level이 높아서 E_{f_g}(gate의 Fermi energy level)가 E_{c_g}(gate의 conduction band energy level)에 근접해 있고, substrate는 일반 불순물반도체이므로 E_{f_s}(sub의 Fermi energy level)가 E_{v_s}(substrate의 valence level)의 근방(근접보다는 멀리 떨어짐)에 있다.

3-1 FET 수평구조와 MOS 수직구조 상의 유사성

MOSFET의 수평과 수직을 비교하여보면, 수평으로는 전류변수를 조절하고 수직으로는 전압변수를 조절하는데, 두 수평과 수직축의 space charge area 및 energy level 사이에는 유사성이 있다. MOS의 oxidation layer는 평행판 형태의 layer인 capacitior 구조로 볼 수 있어서 수평구조에서 NPN MOSFET의 NP/PN junction의 좌우로 형성된 공핍영역 대신 절연층인 SiO_2를 삽입한 layer로 치환하면, 수직구조가 구조적으로 볼 때, NP-type diode를 90도 회전한 수직구조와 유사한 형태인, MOS 형태(Metal gate – Oxide – Substrate)가 된다.

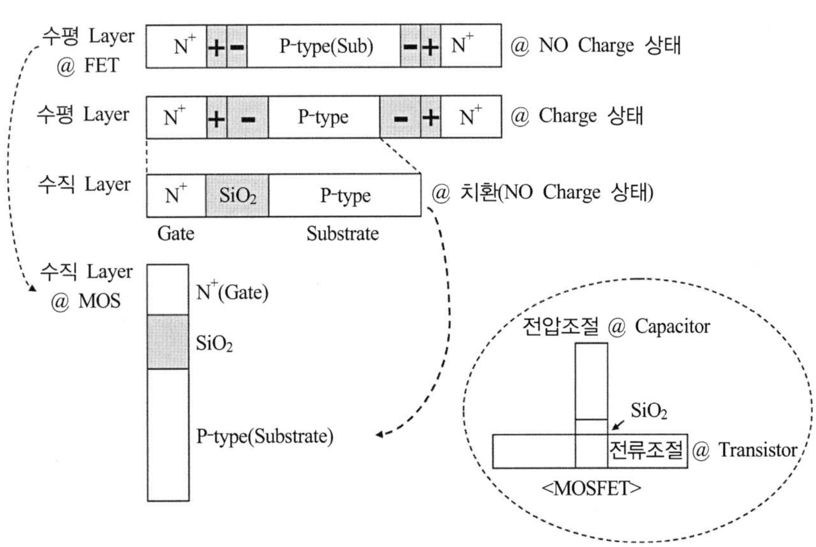

❐ CH3. 그림 3-2 MOSFET 수평구조와 수직구조의 비교 @ NMOS

V_{gate} 인가 시에 MOS 구조 내에서 SiO_2 layer와 P-type Substrate 간에는 space charge 영역이 발생된다. Gate는 고농도 N^+-poly이므로 metal과 유사한 기능을 한다고 가정하면, gate에

양의 전압 혹은 음의 전압을 가함에 따라, SiO_2 - P-type Substrate 경계면 중, P-type Substrate 영역에서는 PN 접합시 발생되는 전자의 depletion 혹은 enhancement의 space charge 형태를 보이는데, space charge area에서 electron인 (-)전하가 모여들기도 하고 electron이 depletion되기도 하여 carrier의 농도가 V_g에 따라 변화된다.

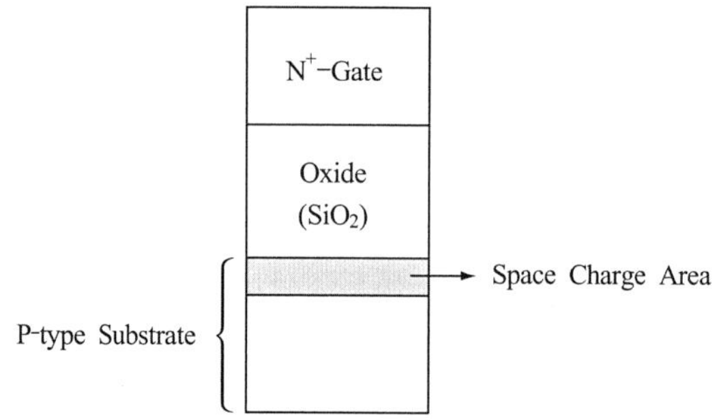

❐ CH3. 그림 3-2-1 수직 layer MOS구조에서의 Space Charge Area

따라서 <Session 2>에서 다룬 FET 수평방향 junction의 depletion 영역에서의 carrier 농도변화에 의한 Fermi energy level관계가, <Session 3> MOS수직방향의 단자들에 유기되는 Fermi energy level과 유사한 형태로 변화되므로 수직구조의 해석이 용이해진다. 따라서 <CH3. 그림 3-3>의 수평구조의 NP junction과 수직구조 MOS는 energy leveling 측면으로도 유사한 형태가 된다. FET의 수평구조, 평형상태일 때, Fermi level은

$$E_{f_{1n}}(\text{source인 } N^+\text{-dopant 내의 Fermi Level}) = E_{f_{1p}}(\text{P-type Sub 내의 Fermi Level})$$

이 되고, MOS의 energy level은 외부에서 전위차를 인가하여 평형상태를 만들었을 때,

$$E_{f_{2n}}(\text{gate인 } N^+\text{-dopant 내의 Fermi Level}) = E_{f_{2p}}(\text{수직축 Sub 내의 Fermi level})$$

로 될 수 있다. 이렇게 되면, 수평구조의 공핍영역에서의 energy band 경사와 동일하게 수직구조에서도 절연층에서 구배가 형성된다. 이는 수평측 NP junction에서의 energy level 구조와 수직축 energy level 구조는 공핍영역 대신 절연층이라는 물리적인 형태 차이는 있지만, 수직축 energy leveling과 수평측 energy leveling의 본질은 같다고 볼 수 있다. 수평구조 NP에서는 chemical contact의 농도 차이에 의한 V_c로 Fermi level을 맞추듯이, 수직구조 MOS에서는 절연층이 있어서 V_c로는 불가하므로 V_c 대신 외부에서 gate 단자에 직접전압을 가하여 Fermi level을 flat하게 맞춘다.

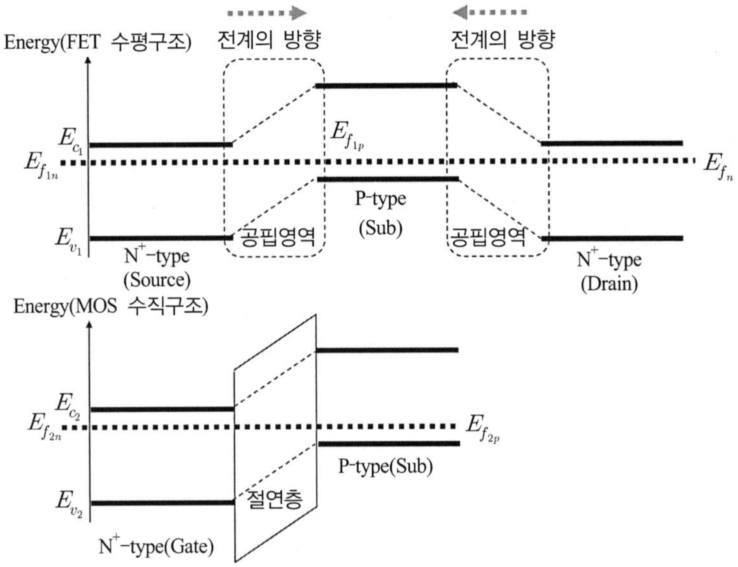

□ CH3. 그림 3-3 MOSFET의 수평구조 상의 Fermi Level과 수직구조 상의 Fermi Level 비교 @ Flat band 상태

그런데 상기 설명은 energy level을 flat band에서만 다루었지만, 실질적으로는 gate에 양의 전압 혹은 음의 전압을 가함에 따라 gate 내의 Fermi level이 변화가 발생되면서 동시에 계면에 위치한 space charge area에서 energy level은 flat band보다는 휘어진 non-flat band를 이룬다. 이는 gate에 양의 전압을 가하면 electron이 경계면으로부터의 거리에 따라서 exponential하게 모이고, gate에 음의 전압을 가하면 electron들이 계면으로부터 거리에 따라서 exponential하게 depletion되기 때문이다.

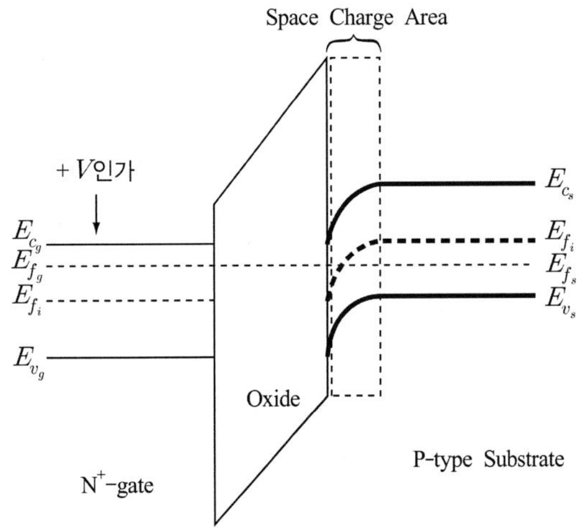

□ CH3. 그림 3-3-1 Gate에 양의 전압 인가 시, Space Charge Area에서의 Majority Carrier Energy Level @ gate는 electron, pSub는 hole

<CH3. 그림 3-3-1>에서 P-substrate의 energy level은 majority carrier인 hole의 Fermi 확률함수에 의한 energy level E_{f_s} 및 E_{c_s}와 E_{v_s}이고, N^+-gate는 majority carrier인 electron에 대한 Fermi energy level E_{f_g} 및 E_{c_g}와 E_{v_g}이다. E_{f_s}와 E_{f_g}는 flat band일 경우의 Fermi level이고 E_{f_i}는 intrinsic일 때의 Fermi level이다.

MOS구조 상에서 외부에서 인가전압이 전무할 경우는 <CH3. 그림 3-1>과 같이 $E_{c_g} = E_{c_s}$이면서 $E_{f_g} \neq E_{f_s}$이지만, N^+ gate에 flat band voltage인 양의 전압을 인가하면 $E_{c_g} \neq E_{c_s}$이면서 flat band인 $E_{f_g} = E_{f_s}$가 된다(E_{c_g}는 gate에서의 conduction band의 최하위 energy level, E_{f_g}는 gate에서의 majority carrier에 대한 Fermi level, E_{c_s}는 Sub에서의 E_c이고 E_{f_s}는 Sub에서의 majority carrier에 대한 E_f임). 또한 동시에 gate에 양의 전압이 상승할수록 P-Sub의 계면에 electron이 exponential하게 모여들며, hole은 exponential하게 감소한다. 따라서 <CH3. 그림 3-3-1>의 space charge area에서의 P-Sub 내에서 hole energy level이 down side로 exponential하게 하락한다. 반대로 N^+ gate에 음의 전압이 상승할수록 P-type Sub에서의 majority carrier인 hole의energy level은 space charge area에서는 up-side로 exponential하게 상승한다.

지금까지의 현상설명은 MOS의 수직구조에 대한 energy level trend이었지만, 이는 수평구조의 FET에서의 PN접합과 유사한 space charge 현상을 보인다. 그러나 carrier들이 gate전압에 따라 space charge area에서 depletion되거나 enhancement되는 현상을 비롯하여 표면전하 밀도, 경계면 전하효과 등은 이 책의 범위를 벗어나는 이론적 전개가 필요하므로 생략한다.

3-2 일함수와 Vacuum Level

원자핵의 인력으로부터 최외각전자들을 outer layer level로 방출하게 하는 energy를 일함수(workfunction : WF)라 한다. 일함수의 개념을 세운 아인슈타인의 진공 내의 광전효과와 동일한 개념을 MOS개념에도 도입한다면, 방출한다는 의미는 에너지 측면으로는 Fermi level에서 vacuum level까지의 energy 차이로써 금속 원자핵의 핵력으로부터 전자를 떼어내는 데 들어가는 energy이다. 이는 원자의 구심력이 미치는 범위(field)에서 완전히 영향을 받지 않는 거리로 떨어져 나간다는 것이며, 이는 최외각전자가 원자를 이탈한 후, 원자들의 격자와 격자 사이에서 diffusion 혹은 drift하는 level에서도 벗어나서 소속되어 있는 물체 자체에서 분리된 계면(N^+-type, 혹은 P-type과 다른 단자) 밖의 상태를 의미한다. 물리적으로 보았을 때 일함수의 시작은 최외각전자껍질이고 일함수의 끝은 물체 밖 계면이므로, 전자 입장으로는 outer layer level로 볼 수 있다. 평형상태의 <CH3. 그림 3-4>에서 최외각전자는 N^+ donor에서는

E_{f_g}의 energy level에 있고, P-type acceptor에서는 E_{f_s} level에 있으므로 WF_g는 WF_s보다 적다.

$$WF_s > WF_g \qquad \text{식5)}$$

Oxide barrier의 $E_{oxide-condution}$은 energy level 상으로는 outer layer level과 E_c 사이에 존재한다.

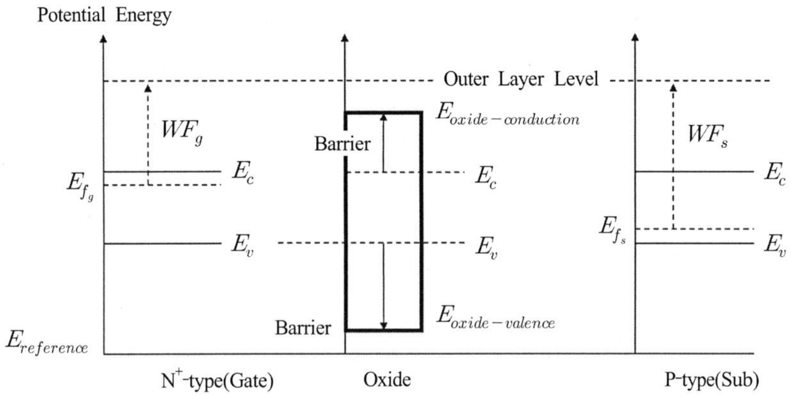

❒ CH3. 그림 3-4 Workfunction과 Oxide Barrier @ 평형상태

Hole입장에서의 energy level과 전자 입장에서의 energy level은, 방향은 반대이지만 개념은 동일하다. <Chapter 2. Session 1-1-6. 참조>. <CH3. 그림 3-5>에서 E_o는 물체의 표면인 surface level이고, E_c는 전자가 원자핵과의 결합으로부터 탈출할 수 있어서 전자가 최초로 excite될 수 있는 최저의 energy level이다. E_c와 E_o 사이는 물리적으로는 전자가 원자와 원자

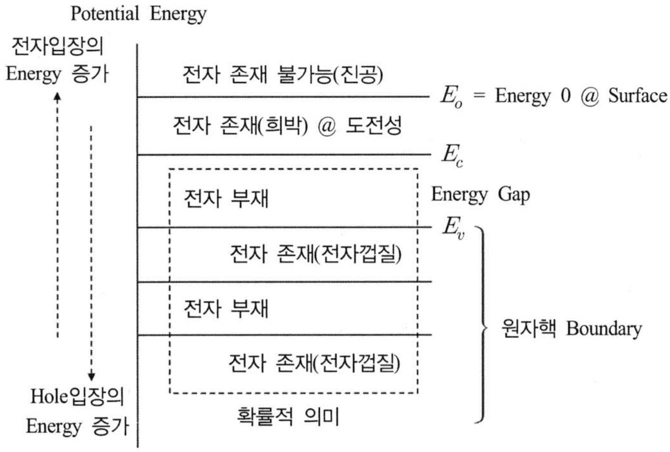

❒ CH3. 그림 3-5 전자 혹은 Hole 입장에서의 Energy 변화

사이에서 이동할 수 있는 energy 구간이다. 최외각전자가 원자를 탈출하는 데 필요한 energy는 energy gap에 비례하며, 최외각껍질 상의 전자가 존재할 수 있는 최고 높은 수준의 energy level은 E_v이다.

3-3 Carrier Mechanism과 Energy Level @ NAND Flash

<CH3. 그림 3-6>은 NAND Flash 내부의 cell 단면구조이다. Control gate는 DRAM의 normal gate와 같다고 보고, 여기서는 주로 control gate와 substrate의 연관관계를 살펴보겠다. ONO층과 floating gate는 일반적인 MOSFET동작 시에는 영향이 없는 이상적인 상태로 가정하여 무시한다(이는 C.gate와 substrate 사이의 capacitive coupling ratio를 100%로 가정한 상태이다). N^+로 doping된 source단자와 drain 단자 또한 무한대의 저항으로 연결된 것으로 하여 MOS 수직방향으로는 영향이 없는 것으로 가정하면, NAND cell 단면은 tox(tunnel oxide)를 가운데 둔 MOS구조가 된다. 불순물을 doping 하기 전의 intrinsic 상태는 control gate와 substrate의 E_c, E_v, E_{f_i} 및 majority/ minority carrier의 Fermi carrier 분포확률함수 등이 양쪽 단자에서 모두 동일한 energy level을 갖는다.

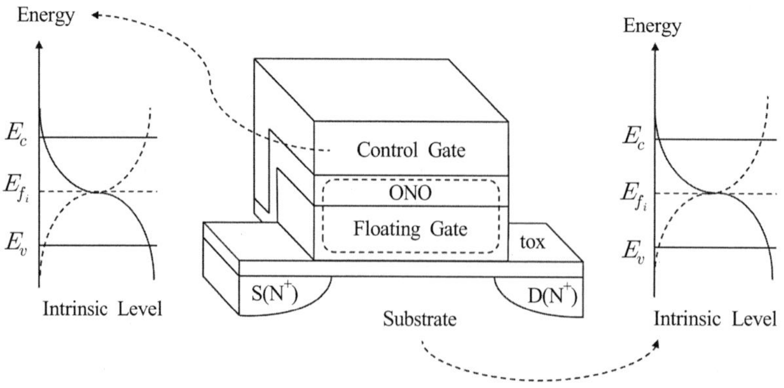

❒ CH3. 그림 3-6 NAND Flash Cell 내, Control Gate vs Substrate의 Energy Level @ 평형상태 intrinsic 일 경우

3-3-1 불순물 Doping 시의 Energy Level

불순물 doping된 차이에 의한 control gate와 substrate를 비교해 보자. 동일 silicon 상에 control gate에는 N-type으로 doping하고, substrate에는 P-type으로 doping한다. Control gate와는 농도는 동일하지만, Substrate을 다른 type으로 doping을 해서 type 이외의 나머지는 모두

동일하다고 가정하면, $E_c - E_v$의 energy gap은 같지만, Fermi level은 서로 달라진다. <Chapter 1. Session 3-2-1-4-1> 참고. Band gap 영역 내에서 $E_{c-gate} = E_{c-sub}$ 및 $E_{v-gate} = E_{v-sub}$이지만, N-type으로 doping된 control gate의 E_{f-gate}는 intrinsic의 E_{i-gate}보다 E_c 방향으로 높아지고, P-type으로 doping된 substrate에서는 E_{f-sub}가 E_{i-sub}보다 E_v방향으로 접근해 있다. 이때 외부에서 전압이 인가되지 않은 평형상태일 때, 양쪽 site에서의 농도 차이로 인하여, energy 차이인 qV_i가 발생된다. 이는 Fermi level(E_{f-gate}와 E_{f-sub})의 energy 차이로서, q는 전하량이다.

$$E_{f-gate} - E_{f-sub} = qV_i, \quad @ \quad V_i : \text{initial voltage} \qquad \text{식6)}$$

V_i는 gate에 N-type 농도로 그리고 sub에는 P-type 농도로, doping 시의 energy 차이에 따른 초기(initial)전압으로서, NP junction에서의 contact voltage인 V_c와 같은 개념이다. <Session 2-2-1-3> 참고. V_c는 chemical contact 시의 Fermi level 차이에 의한 전압차이이고, V_i는 분리되어 있는 layer 간의 Fermi level 차이를 zero로 맞추는데 소요되는 전압이다. N-type gate의 Fermi level이 높다는 것은, electron energy 입장에서 보았을 때, Fermi carrier 분포확률함수의 majority carrier인 electron의 energy가 substrate의 majority carrier hole의 Fermi 분포확률함수 energy level보다 높다는 의미로서, NP chemical에 접합의 정상상태라면 gate의 electron이 energy를 방출하고 substrate로 이동하는 energy mechanism이지만, MOS구조에서는 중간에 절연체가 가로막고 있어서 실질적으로 carrier들의 이동은 발생되지 않고 capacitor의 기능만 나타낸다.

<CH3. 그림 3-7>의 고정점은 energy적으로 gate와 substrate의 energy band가 절연층의 energy band와 chemical contact으로 고착되어 연결된 point이다. 3개 site(gate, oxide, substrate)

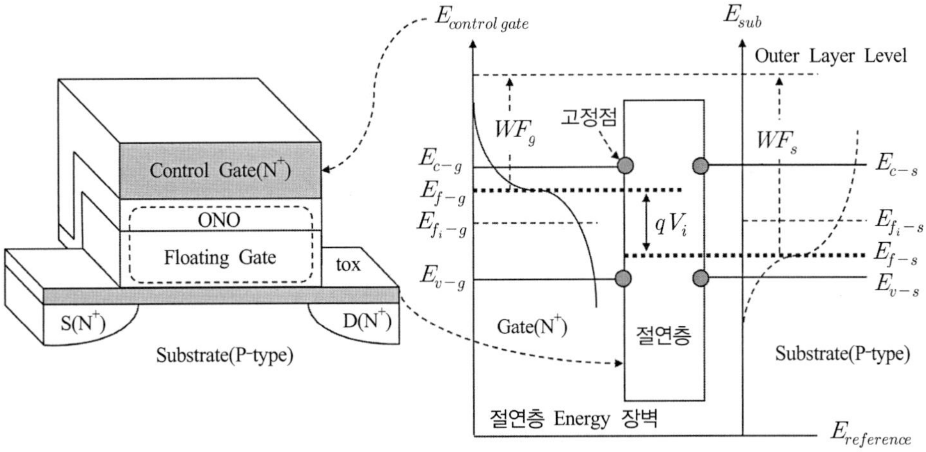

❐ CH3. 그림 3-7 N+ Doping Gate vs P-type Substrate의 Energy Level 차이 @ 평형상태

의 energy level 간격은 layer의 doping 시에 이미 chemical적으로, type별 농도형성이 완료되었으므로, 외부 변화가 발생해도 base material, doping type 및 농도가 변하지 않는 이상 energy level 간격은 변경되지 않는다. 다만, 외부에서 전위에너지가 인가될 경우, energy gap의 가감은 일어나지 않는 상태에서 동일 base material 내에서 energy 전체 level은 전계의 변화에 따라서 up/down shift 된다.

3-3-2 Gate의 고농도 Doping @ $E_c \sim E_f$

Control gate 농도를 substrate보다 높게 하면 $E_{f-gate} - E_{f_i-gate} > E_{f_i-sub} - E_{f-sub}$가 되어 E_{f-sub}가 valence band에 접근해 있는 정도보다 E_{f-gate}가 conduction band에 더 가까이 접근한다. C.gate를 metal 상태와 거의 동일한 특성으로 유지하기 위하여 N-type doping 농도를 더욱 고농도로 높일 경우, Fermi level은 농도가 높아질수록 conduction band energy level에 점점 접근하므로

$$E_{f-gate} \cong E_{c-gate} \qquad \text{식7)}$$

가 된다. <CH3. 그림 3-8>의 Fermi carrier 분포확률함수는 각 termination에서의 majority carrier에 대한 분포확률함수이다(분포확률함수의 x축은 확률변수이다). 이때 고농도 gate의 workfunction은 normal 농도일 때의 gate workfunction보다 $q\Delta V$만큼 적다. Substrate는 항상 ground를 유지하고 (특별한 경우인 NAND Flash의 program/erasure operation 시 등은 제외), floating gate는 NO charge이므로 외부와 영향을 주고 받지는 않으며 부도체 기능으로 가정했다.

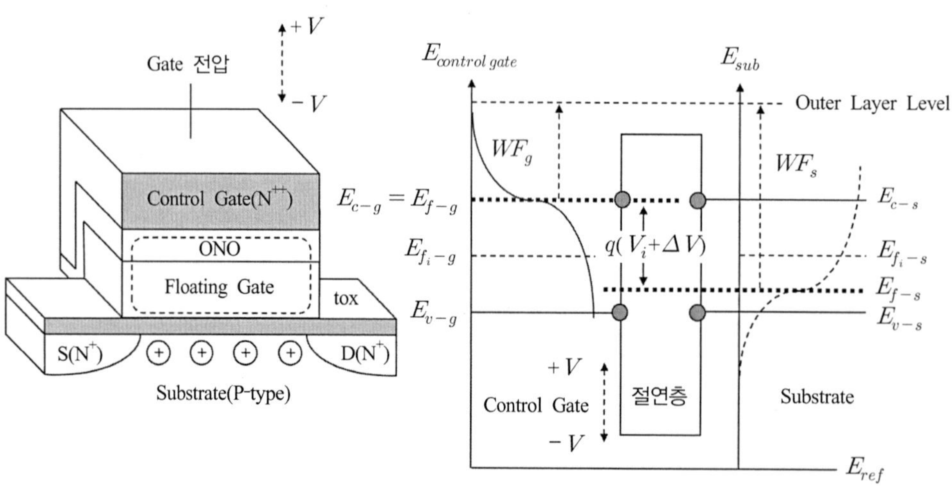

❒ CH3. 그림 3-8 고농도 N++ Doping Gate vs P Sub의 Fermi Level Energy 차이 @ $E_{f-g} = E_{c-g}$

3-4 Flat Band

Flat band는 C.gate(control gate)의 Fermi level이 substrate의 Fermi level과 같아지는 energy level을 의미한다. 외부에서 어떤 단자에도 전압을 인가하지 않는 한, $E_{c-g} = E_{c-s}$인 평형상태이지만, 비평형상태을 만들기 위하여 고농도 N^{++}로 doping된 C.gate에 전압을 인가하면, 그에 따라 C.gate의 energy band가 연동되어 비평형상태가 된다. C.gate에 전압을 인가하는 경우는 substrate에 channel을 형성시키는 경우, 혹은 FG에 electron을 charge/discharge시키는 program/erasure operation 등으로, 이런 비평형상태에 대한 FN tunneling 현상이라던가, substrate에 형성되는 channel 두께의 estimation이라던가 하는 것에 대한 energy level적인 해석이 필요하다.

따라서 MOS의 전체적인 모양새는 한쪽 terminal이 GND로 연결된 capacitor구조인데, GND로 연결된 terminal은 C.gate의 인가전압이 변동됨에 따라 가변적인 저항을 갖는 단자가 된 셈이 되므로 C.gate에 인가되는 전압을 변동시키면 channel에 유기되는 carrier의 양 역시, C.gate 전압에 따라 변화하게 된다. C.gate의 majority carrier인 electron의 Fermi level이 sub의 majority carrier인 hole의 Fermi level보다 potential energy가 높은 level(type 차이 및 농도 차이에 의함)이고, 이 둘의 에너지 차이를 $E_{flat\ band}$라 할 때, 이는 C.gate Fermi level과 sub의 Fermi level이 같아지는 데 필요한 energy로서, $E = qV$이므로,

$$E_{flat\ band} = qV_{i-flat\ band} \quad @ \ \mathrm{C.gate : normal\ doping} \qquad \text{식8)}$$

로서, V_i는 떨어져 있는 2개 site의 Fermi level이 동일한 level로 되는 데 있어서, 인가해야 할 initial 전압이다.

$$E_{f-gate} - E_{f-sub} = qV_i \quad @ \ E_{f-gate} \neq E_{c-gate} (\mathrm{C.gate : normal\ doping}) \qquad \text{식9)}$$

Flat band 시에 가해지는 control gate 전압이 변곡전압이 된다. Flat band에서 변곡의 의미는 물리적으로 P-type substrate의 계면(oxidation 근방)의 majority carrier가 hole에서 electron으로 바뀌는 전하 type의 changing point이다. 이는 P-type substrate의 계면에서 minority carrier인 electron에 의한 channel이 형성됨을 의미한다. Flat band가 되었다는 것은 <CH3. 그림 3-7>에서 E_{f-gate}가 하락했다는 것이다. 동일현상이지만 이를 sub입장에서 표현하면, E_{f-sub}가 상승했다는 것이다. E_{f-sub}의 상승은 substrate의 Fermi level의 상승이다. MOS구조에서는 flat band를 형성하기 위하여 N-type으로 doping된 control gate에 전압을 인가한다. C.gate의 Fermi level(E_f)이 E_{f-s} 가까이 접근하려면 C.gate에 인가하는 전압인 $V_g > V_{fb}$이며, 이는 계면

에서 electron이 hole 보다 많아진 상태가 된다.

N^{++} 고농도일 때는 N^{+} 농도보다 Fermi level이 E_c에 더욱 접근한 만큼 flat band가 되기 위하여는 energy가 더 필요하므로 인가전압도 비례하여 더 커진다.

$$\boxed{E_{f-gate} - E_{f-sub} = q(V_i + \Delta V)} \quad @ \ (\text{C.gate} : N^{++} \ \text{고농도}) \qquad \text{식10)}$$

$V_i + \Delta V$는 C.gate에 N^{++} 고농도로 doping 시($E_{f-gate} = E_{c-gate}$), C.gate와 substrate의 energy 차이에 따른 전압차이이므로 C.gate와 sub 사이에 $q(V_i + \Delta V)$를 인가하면 $E_{f-gate} = E_{f-sub}$가 된다.

Carrier 입장에서는 직접적으로 C.gate의 $+V$ 인가전압이 증가하므로, substrate에서는 양전하의 hole이 물러나고 음전하인 electron이, gate에 인가되는 $+V$를 향하여 모여든 형태이다. C.gate에서 인가되어야 할 전압을 세분화하면

$$V_g = V_{ox} + V_{fb} + V_{sub} \qquad \text{식11)}$$

이 된다. Substrate의 전압은 미약해서 무시해도 되므로, channel에 electron을 형성시키기 위해 인가하는 V_{gate}는 oxide에서 전압이 $drop(V_{oxide})$되는 전압과 C.gate와 sub 사이에 flat band를 만드는 데 들어가는 에너지에 해당하는 전압(V_{fb})을 합한 전압이다. Oxide에서 발생하는 voltage drop은 oxide의 capacitance와 sub channel에 charge되는 전하량에 의하여 결정된다. $Q = CV$이므로

$$V_{ox} = Q_{sub}/C_{ox} \qquad \text{식12)}$$

C_{ox}는 oxidation layer의 절연물질의 두께, 면적 및 유전상수에 의하여 결정된다.

$$C_{ox} = \varepsilon_0 \varepsilon_r \frac{A}{d} \text{이고,} \ \ Q_{sub} = \text{charged electron @ substrate} \qquad \text{식13)}$$

이다. ε_0는 절대치의 유전율이고, ε_r은 비유전율이다. V_{ox}가 0V인 경우는 oxide에서의 전압 drop이 전무한 경우인데, $Q_{sub} = 0$일 경우에 $V_{ox} = 0$이며, 이때 $V_g = V_{fb}$이다. 즉, control gate에 인가해주는 전압이 V_{fb}(flat band상태)가 될 때, Fermi level은 양쪽 site에서 같아지고 ($E_{f-gate} = E_{f-sub}$), substrate에는 channel에 아직 어떤 전하층도 형성되지 않는 상태 ($Q_{sub} = 0$)인 변곡점이 된다. Threshold 전압 V_{th}가 drain current가 시작되는 임계전압 point라면, flat band V_{fb}는 substrate에 N-type channel이 형성되기 시작하는 임계전압 point이다.

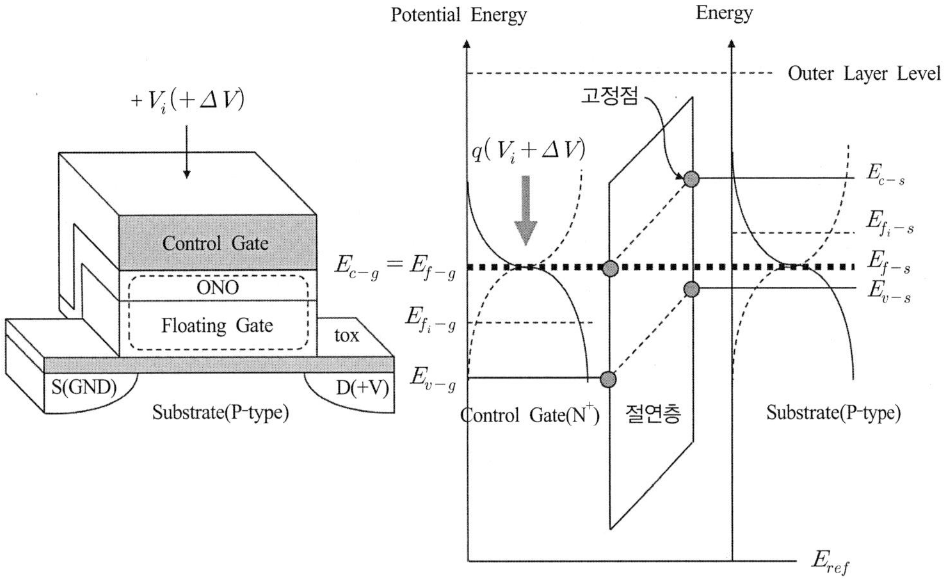

❒ CH3. 그림 3-9 Flat Fermi Level

3-5 Workfunction과 전계방향

Enhancement MOS type인 경우는 substrate에 carrier가 이동할 channel을 형성시켜야 한다. Substrate는 ground로 연결되어 있어서 sub영역의 energy level은 변함이 없는 반면, C.gate 전압을 $+V$ 혹은 $-V$로 변동시킴에 따라서, C.gate영역의 energy level만 변화시키면서 비평형 상태가 되도록 하고 이를 이용하여 channel에 electron이 형성되도록 한다. C.gate에 $+V$를 인가 시, 전압을 인가하지 않은 평형상태에 비하여 C.gate 단자 내 energy band상의 모든 energy level은 낮아진다. C.gate에 +전압을 인가한다는 것은 C.gate 단자 내에 존재하는 electron이 탈출하는 데 있어서의 barrier를 높게 쌓는 것이므로 workfunction이 이에 비례하여 커지고 electron이 양의 전압에 이끌려 C.gate로부터의 탈출을 어렵게 하는 방향으로 하락한다. 이는 C.gate의 electron이 절연층을 통과하기 매우 어려운 상황을 뜻한다. Chemical contact인 고정점은 외부 전압이 인가되어도 변동되지는 않고, 대신 절연체 내의 전계에 대한 기울기가 변한다. 따라서 절연층의 energy barrier는 substrate–C.gate 간에 구배가 형성되면서 C.gate side ($+V$)에서 sub side(GND) 방향으로 전계(E)가 형성된다. <CH3. 그림 3-10> 참조. 만약 물체 내의 energy gap이 외부 인가전압에 의해서 변동된다면, 물체의 특성이 변화되는 큰 혼란을 초래하므로, 그런 일은 정상조건에서는 발생되지 않는다.

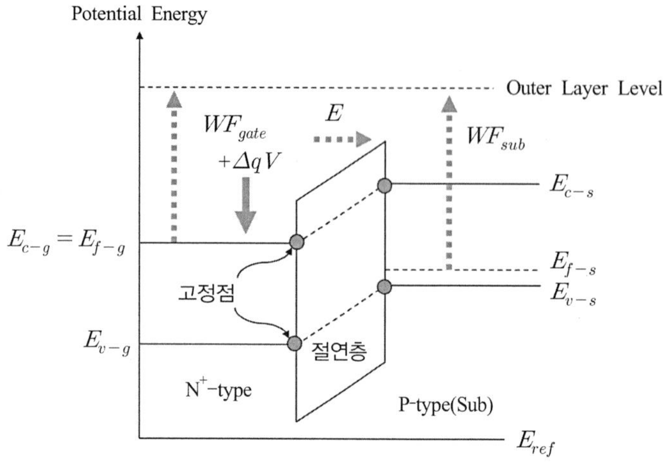

❐ CH3. 그림 3-10 Control Gate에 양의 전압 인가 시, Workfunction 및 Energy Level

<CH3. 그림 3-10>과는 반대로 C.gate에 $-V$를 인가할 경우는 workfunction이 줄어들므로, C.gate에 $+V$전압을 인가할 때와는 C.gate 내의 energy level의 모든 현상이 반대가 된다. $-V$가 인가된 C.gate 내 energy band 상의 모든 energy level은 $-V$을 인가하기 전에 비하여 높아져서 전자가 N^+-type C.gate 단자로부터 탈출하는 데 있어서, C.gate 단자에 인가된 전압에 반비례하여 인가된 $-V$만큼 C.gate 내의 electron들이 C.gate 단자를 벗어나는 데 수월하게 작용한다.

$$WF_{gate} < WF_{sub} \text{ @ C.gate에 } -V\text{인가시} \qquad \text{식14)}$$

C.gate에 $-V$인가시 C.gate와 contact되어 있는 oxidation 내의 energy band도 동조되어 shift-up

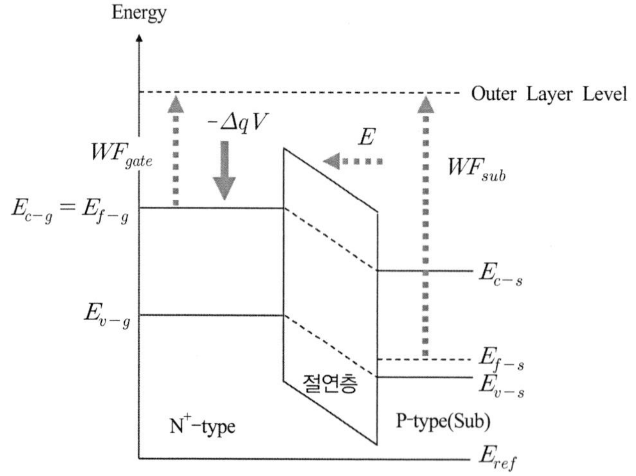

❐ CH3. 그림 3-11 Control Gate에 음의 전압 인가 시, Workfunction 및 Energy Level

되므로 sub side의 energy level과 비교시 구배가 형성되면서 sub side에서 C.gate side 방향으로 전계(E)가 형성된다. 물리적으로도 C.gate에 $-V$가 가해지면 electron들이 쉽게 C.gate를 이탈하려는 경향을 보인다.

즉, 외부에서 인가하는 전압은 각 termination 내의 energy band상의 energy gap을 변화시키지는 못하지만, termination 내의 energy level 전체를 일률적으로 낮추고 혹은 올려주기 때문에, termination별로 상이한 전압을 인가함에 따라, 해당 termination의 energy level의 변화가 발생되며, 이런 변화의 결과로서 절연층의 energy barrier의 구배를 형성하면서, 동시에 절연층의 potential barrier 두께도 상대적으로 얇아진다. 일반적인 전압의 변화에서는 절연층의 barrier thickness가 변화될지언정, 절연층의 barrier level을 뛰어넘는 carrier가 발생되지는 않는다. 그러나 더욱 높은 외부 전압을 인가할 경우에는 외부전압에 반비례하여 절연층의 thickness가 electrically 더욱 얇아지면서 두꺼운 절연층을 통과하지 못했던 carrier가, 상대적으로 매우 얇아진 절연층을 쉽게 통과하는 carrier가 발생하는 데, 이런 현상을 FN tunneling이라 한다. <Session 3-7-2. 참조>

3-6 Threshold Voltage(V_{th})

NAND가 enhancement MOS구조에서 이용하고자 하는 것 중의 하나는, C.gate 전압에 연동된 substrate에서의 N-channel을 control하기 위함이다(N-channel이란, oxide 방향의 P-Sub의 계면에 electron들이 모여들어 electron층을 형성하므로써, source단자에서 drain 단자로 electron

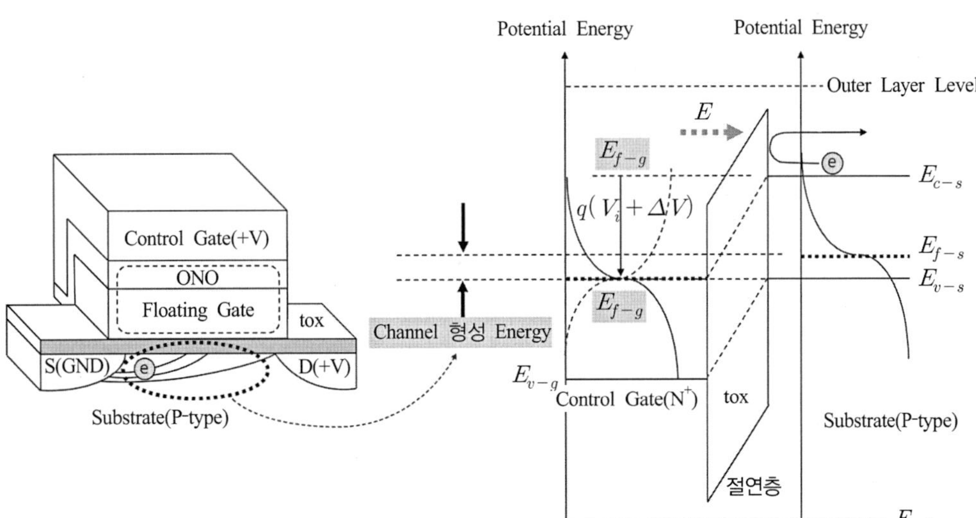

❒ CH3. 그림 3-12 P-Sub Minority Carrier에 의한 Electron-channel 형성 @ substrate

이 쉽게 이동하는 channel이다). 전계에 의한 electron 영향을 살펴보면, N^{++} C.gate의 Fermi level이 substrate Fermi level보다 qV_i(혹은 $+\Delta V$)만큼 높으므로, flat band 이상으로 C.gate에 (+)전압을 가하면, sub에 electron channel이 형성된다. V_g에 비례하여 minority carrier인 electron channel (substrate)이 두꺼워지면서 channel이 길이 방향으로도 늘어난다. 결국 source와 drain 간에 electron channel이 연결되어, source에서 drain으로 전류 I_d가 흐르는데, current가 substrate에 흐르기 시작하는 때의 C.gate 전압을 threshold voltage(V_{th})라 한다(단, drain은 $+V$로 계속 가해져 있어야 I_d가 흐르고, $+V_d$가 상승하면 비례하여 I_d가 상승한다). Threshold voltage는 threshold의 의미대로 문지방 전압을 뜻하는데, 이것도 drain에 인가하는 전압이 어느 정도 높아야 의미 있는 I_d가 흘러서 V_{th}를 구별할 수 있고, drain 전압이 너무 낮으면 의미 있는 I_d를 구별할 수 없다.

C.gate 전압을 증가시킴에 따라, C.gate 전압이 sub 전압(ground)보다 높으므로 sub 내 전자들이 $+V$에 비례하여 모여들기 시작하는데, 이는 P-type의 3족-4족 공유결합력보다 큰 양의 방향 전계 energy가 C.gate에 인가되어서, P-type 불순물 반도체의 공유결합으로부터 최외각 전자가 이탈하여 sub의 gate side 계면에 channel을 형성하기 시작한 것이다. Sub의 minority carrier인 전자들은 oxidation layer의 높은 energy barrier로 인하여 oxide를 통과하지는 못하고 substrate에 남는다. <CH3. 그림 3-12>의 substrate의 potential energy level 참조. 전자 숫자가 점점 증가하면 source에서 drain까지 연결되는 bridge를 형성하고, 이를 channel이라 부른다. Source drain 간의 channel이 성장하여 drain termination에 pinch-on될 때에 소요되는 energy를 threshold energy($E_{threshold}$)라 한다.

$$E_{th} = qV_{th} \quad \text{식15)}$$

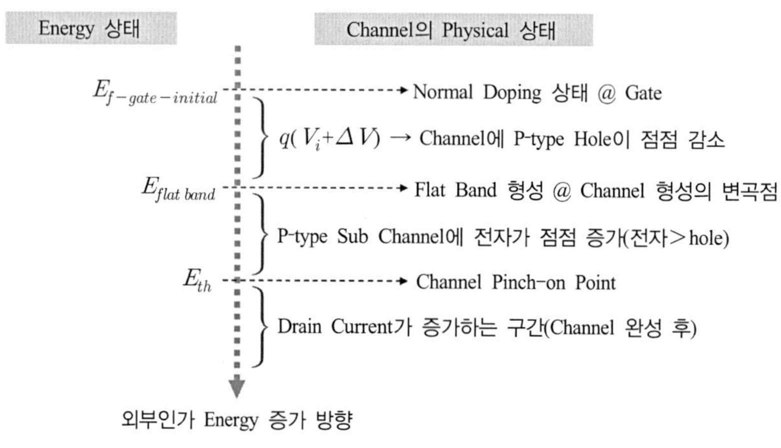

❒ CH3. 그림 3-13 외부에서 인가하는 Energy Level에 따른 Channel 상태

q는 P-Sub의 channel에 형성된 전자 전하량이다. P-type Sub의 electron은 절연층의 energy barrier의 electrical thickness가 얇아져도, energy가 약하여 oxide를 통과하지는 못하고 P-type Sub 내에 머물러 있다. 즉, Sub의 electron이 tox을 통과하지는 못하고 Sub에 channel만 형성될 정도의 전압 level을 C.gate에 인가한 것이다. Channel bridge가 source에서 drain까지 연결되기 전까지는 drain 전압을 높여도 channel과 drain termination이 연결되어 있지 못하므로 I_d가 흐르지 못하고, I_d는 반드시 source와 drain 사이에 전자 bridge가 연결된 후에 흐른다.

정리하자면, control gate의 인가전압에 비례하여 P-type substrate의 minority carrier인 electron channel이 점점 증가하여 source와 drain 사이의 sub 층에 electron channel이 연결되고, 양전위가 인가된 drain 전압에 끌려서 drain current가 흐르기 시작하는, control gate의 전압이 threshold voltage이다. V_{th}의 의미는, V_{th} 이상의 전압부터 drain current가 흐르기 시작한다는 뜻이다. NAND Flash는 V_{th}을 관리하여, NAND의 3대 동작을 수행할 뿐 아니라, NAND 제품을 다변화시켜 SW적으로 용량을 향상시킬 수 있다.

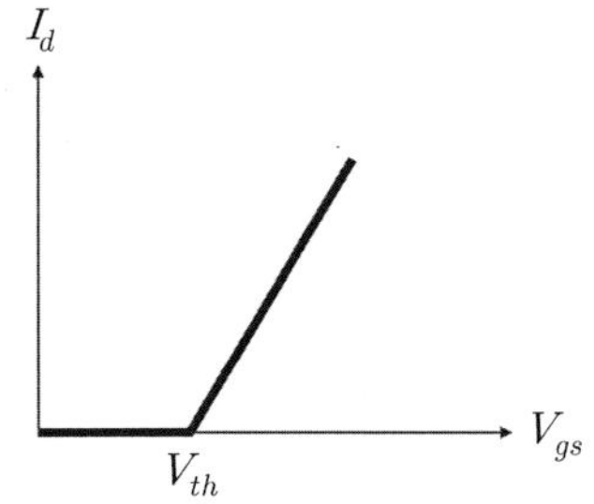

❐ CH3. 그림 3-14 Threshold Voltage

3-7 Floating Gate에 Electron을 Charge하는 방법

지금까지는 floating gate 내 어떠한 carrier도 charge되어 있지 않은, floating gate의 존재가 없는, 이상적인 경우의 control gate와 substrate관계를 알아보았다. 이제 floating gate에 electron을 charge하는 mechanism을 알아보자. Oxide tunneling은 전류가 흐르지 않아야 할 절연체인 oxide를 뚫고 substrate에서 floating gate로 전류가 넘어가는 현상을 말하는데, 이런 mechanism은 절연체 장벽을 뚫었다고 하여 tunneling이라 하고, hot carrier에 의한 tunneling과 cold carrier에 의한 FN tunneling으로 나뉜다. Hot carrier tunneling은 V_{th}보다 큰 V_g가 인가된 상태에서, source와 drain 사이에 electron channel이 형성된 후에, source를 출발하여 drain으로 향하던 일부 electron이 (source 0V, drain $+V$) channel을 통과하면서 가속되어 높은 전압의

drain 근방에서 2차 3차 충돌 현상에 의하여 높은 운동 energy를 받은 상태에서 control gate 전압에 끌려 drain으로 향하지 않고, 방향을 바꾸어 oxide를 뚫고 floating gate로 넘어가는 현상이다. 반면 FN tunneling은 source 혹은 drain 전압과는 상관없이 control gate 전압 상승에 비례하여 V_{cg}가 충분히 높아졌을 때, channel 형성 없이도 drain current와도 상관없이 Sub의 minority carrier인 electron이 직접 floating gate로 tunneling되는 현상이다. 이는 NAND Flash에서 floating gate를 charge 혹은 discharge 시킬 때의 가장 효과적인 방식으로 Fowler-Nordheim이 발견해 낸 tunneling이라고 하여 FNTunneling(FNT)라고 부른다.

3-7-1 Hot Carrier Injection(HCI)

Hot carrier는 말 그대로 뜨거운 전자를 의미하며, 전자가 뜨거워진 이유는 substrate 내에서 충돌에 의하여 열에너지를 발생시켰기 때문이다. 충돌의 개체는 대부분 자유전자와 원자핵을 촛점으로 돌고 있는 최외각전자들 사이에 이루어지는데, 자유전자가 source junction에서부터 높은 $+V_{ds}$로 인가된 drain termination을 향해 channel을 통하여 진행하면서, drain 전압의 크기와 source junction으로부터의 거리에 비례하여 가속되면서 drain junction 근방에 다가갈수록 더욱 높은 전계에 이끌려 많은 충돌이 발생된다. 자유전자가 충돌 후, 원자 내의 최외각전자들은 충돌해 온 자유전자로부터 운동에너지를 공급 받아서, 운동에너지를 높은 potential energy로 변환 후, 원자를 탈출하여 2차 자유전자를 만든다. 2차 자유전자들은 연이어서 3차, 4차 자유전자를 만들어내고, 전자가 빠져나간 원자는 양이온화 된다. 가속된 drain 단자 근방의 많은 자유전자들은 drain termination 방향으로 향하지만 일부는 적당히 높은 $+V_{cg}$의 영향으로 control gate로 항로를 변경한다. 그러나 control gate로 향하는 자유전자는 control gate에 도달하기 전에 substrate와 oxide의 계면에 trap(걸려 머문 상태) 되기도 하고, 좀 더 control gate에 다가갔지만 control gate까지 도달하기에는 energy가 부족한 전자들은 oxide 내부에서 trap되기도 한다. 그러나 energy가 충분한 electron들은 control gate를 향하여 전진하다가 floating gate 속으로 들어간다. (즉, FG에 trap된 상태로 볼 수 있다.) 이런 현상을 floating gate에 전자가 charge(Injection)되었다고 하고, ON/OFF를 구분할 정도의 충분한 electron이 floating gate에 charge되면 data가 program되었다고 한다. NAND Flash(초창기), NOR Flash는 이런 Hot Carrier Injection(HCI) 현상을 장점으로 활용하여 data를 저장하는 memory device이다.

Hot carrier는 엄밀하게는 MOSFET operation 입장에서는 비정상적인 전자의 activity이고, 수많은 문제들을 야기하는 불량 carrier들이다. Oxide 내부 혹은 oxide 계면에 trap된 전자는 고정되어 있는 전자도 있고 fix되어 있지 않고 oxide 계면 주위에서 수시로 움직이는 전자 등으로 예측할 수 없는 변수를 만들어 내어, (GIDL도 일종의 비정상적인 전자들의 흐름이다.) drain current인 I_d를 의도하지 못한 범위까지 변화시키기도 하고, 나아가서 threshold voltage인 V_{th}값에 까지도 영향을 끼치기 때문에 정상적인 MOSFET 기능을 방해하기도 한다. 심지어 역 bias된 drain junction의 공핍 area를 물리적으로 파괴시키기도 한다. 따라서 HCI를 이용하지 않은 operation이라면 필요치 않은 hot carrier를 방지하기 위하여, drain의 doping 농도를 낮추어서 전자－hole pair의 발생률을 줄인다거나, 인가되는 $+V_{gate-source}$, 혹은 $+V_{drain-source}$ 전압의 크기를 조절하여 전자의 운동에너지를 줄이는 등 다각적인 activity를 수행해야 한다. <CH3. 그림 3-15>의 정상 V_{gs1}, V_{gs2} 전류 curve는 HCI의 영향을 적게 받는 current이고, 비정상 V_{gs} curve는 HCI의 영향을 많이 받는 drain current가 된다. I_d-V_{ds} curve의 비정상 I_{sub}는 drain에서 substrate로 빠지는 leakage이다. Drain junction 근방에서 발생된 hole들은 drain 단자가 $+V$이므로 drain으로 가지 못하고 대부분 GND된 substrate로 빠져나가면서 불필요한 substrate current(I_{sub})를 흐르게도 한다.

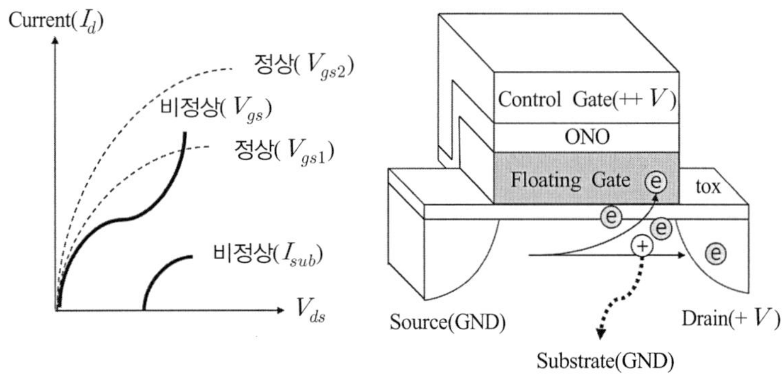

❐ CH3. 그림 3-15 Hot Carrier Injection 및 비정상 전자/Hole

3-7-2 Control Gate 전압과 FN Tunneling @ floating gate

Source와 drain terminal을 open시켜 무한대의 높은 저항을 형성한 상태에서, control gate의 인가전압이 점점 상승함에 따라, control gate 전압이 V_{th}에 비하여 n배 높은 전압으로 가해지면, P-type Sub의 minority carrier인 electron channel이 두껍게 형성됨에도 불구하고, electron들이 더 이상 drain 단자로 이동하지 못하고 유일하게 plus 전위인 control gate의 전압을 향하여 이동한다. Control gate에 가하는 높은 전압은 oxide barrier의 electrical oxide thickness를 얇게 하여, Sub에서 floating gate로 electron의 이동이 보다 용이해진다. 이는 Sub 경계면의 N channel 형성과는 상관이 없으므로 V_{th}의 전압의 크기가 얼마나 될 것이냐 와는 상관없이 P-type Sub에 있던 electron이 직접 oxide를 투과하여 floating gate로 charge되는데, 이를 FN tunneling이라 한다. 한편 절연층인 oxide는 CG에 높은 전압이 인가되어도 energy gap이 높은 원자들로 구성되어 있어서 매우 높은 전압에 의하여 결합구조가 파괴될지언정, oxide층을 구성한 원소의 전자가 원자에서 탈출하는 것은 거의 불가능하다.

즉, FN tunneling은 전자가 통과할 수 없는 절연막에 외부에서 강력한 전계를 인가하여 절연체의 높은 energy barrier의 두께를 electrically 얇게 하는 효과를 나타나게 하여 전자를 통과시키는 tunneling 방식이다. 물리적인 두께는 변함이 없지만, energy barrier가 oxide에 가해지는 electric field에 반비례하는 현상을 이용한 것이다. 전자가 통과하면서 흐르는 FN tunneling current는 두께에 반비례하므로 e^{-t}(t는 thickness)에 비례한다. 따라서 Oxide를 통과하는 current는 절연막의 두께에 exponential하게 반비례한다. FN tunneling은 NAND Flash device가 electron을 FG에 charge 혹은 discharge하는 mechanism으로서, data를 구분하는 방식으로는 program 혹은 erasure 동작이라고도 한다. Program 시의 조건은 CG(+20V), Sub(+0V)이고, erasure 시의 조건은 CG(+0V), Sub(+20V)로 서로 반대 방향의 인가 조건이다. <Chapter 6. Session 1-3>, <Chapter 7. Session 1-1> 참조.

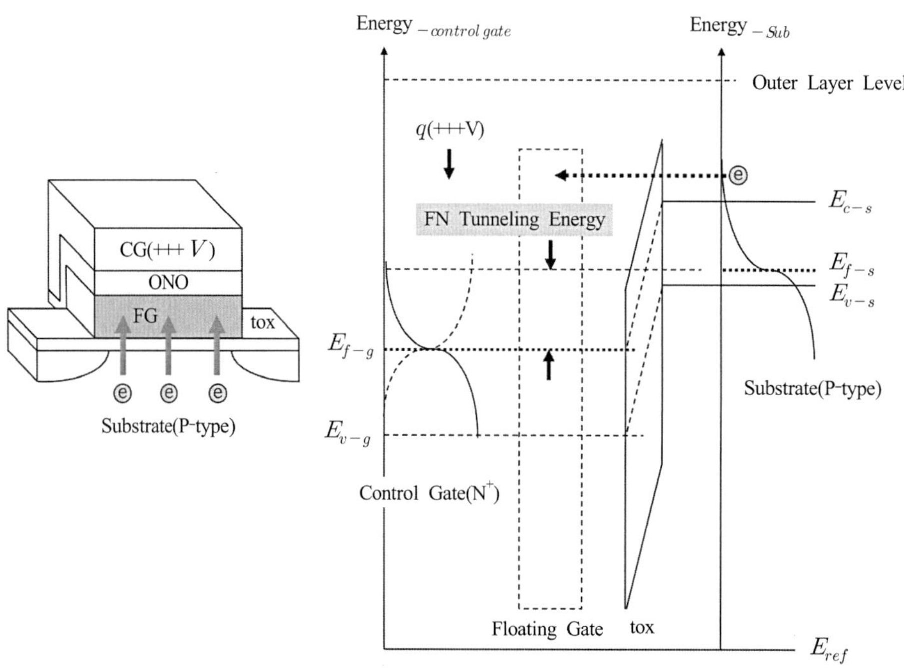

❒ CH3. 그림 3-16 FN Tunneling @ P-Sub minority carrier

FN tunneling 시에 소요되는 energy인 $E_{FN-tunneling}$은 threshold energy인 $E_{threshold}$ 보다 n배 높은 energy로서, FN tunneling 상태는,

$$E_{FN_{-tunneling}} > E_{f-sub} - E_{f-gate} > nE_{th} \quad @ \ n=1,\ 2,\ 3\cdots \qquad \text{식16)}$$

이다. 절연층의 전위 장벽의 electrical 두께는 높은 gate 전압에 반비례하여 얇아지고, 그에 따라 substrate의 minority carrier인 electron이 쉽게 oxide를 통과하여 floating gate로 charge된다. <CH3. 그림 3-16> 참조.

3-8 절연층 두께와 인가전압

전자가 절연층을 통과하는 tunneling이 일어나는 입장에서만 보면 절연층은 얇아야 한다. 절연층이 물리적으로 얇다는 것은 전자가 통과하면서 부딪힐 절연체를 구성한 원자들의 숫자가 적다는 것이다. 혹은 절연층 원자들의 숫자가 일정하지만, 뚫고 지나갈 전자들의 에너지가 높다는 것이다. 즉, electron의 에너지를 높인다는 것은 control gate에 높은 전위를 형성시켜서, 물리적인 절연층 두께는 변하지 않지만, 상대적으로 전기적인 절연층의 전위 두께가 얇아지게 되었다는 것이다.

반면 retention 측면에서는 oxide의 물리적인 두께는 어느 정도 두꺼울 필요가 있다. Oxide의 두께가 얇은 수nm일 경우는, control gate에 낮은 program용 전압을 인가해도 tunneling 현상이 발생되어 electron을 FG에 charge시킬 때는 유리해도, electron을 FG에 오래 담아(retention) 두어야 할 때에는 의도와는 반대로 electron이 쉽게 FG를 탈출하는 문제가 발생된다. 따라서 FG에 charge는 쉽게 되면서 data를 FG에 일정기간 가두어 둘 필요가 있을 때는 discharge가 어렵게 되도록 인가전압, tunnel oxide의 재질, 구조적 변수 등을 적절히 조절할 필요가 있다. NAND Flash 동작인 program과 erasure는 반대의 개념이지만, 2개의 반대 개념을 동일 NAND 구조에서 혼용하여 적절히 동작시켜야 한다. Floating gate에 전자를 charge할 때는 tunnel oxide을 관통하는 데 tunnel oxide의 두께가 수nm에서 수십nm 정도로 얇을 경우, 주변의 변수에 크게 의존되지 않고 substrate에서 직접 관통하여 floating gate로 charge 되지만, 수백nm 이상으로 oxide 층이 두꺼우면 charge조건이나 charge량이 많이 달라지므로 재질을 변경시켜 가면서 적절한 기능을 발휘하는 재질을 선택하는 것이 중요해진다.

정리하자면, oxide두께가 얇을 경우는 charge가 용이해지지만, discharge도 쉽게 되어 FG에 program data를 보존하기 어려워지므로, oxide의 두께는 어느 정도 최소한의 thickness를 유지하면서, 적절하게 재질을 맞춰주어야 하고, 전압으로는 charge/discharge를 control 할 수 있는 크기의 전압을 인가해야 한다. 과도하게 높은 인가전압 혹은 너무 낮은 인가전압은 물리적인 oxide의 두께를 전계효과적으로 너무 얇게 혹은 두껍게 되도록 하여 전자가 쉽게 혹은 어렵게 통과되도록 하는 효과가 있으므로, NAND의 구조 및 재질, cell to cell interference의 상태에 따라 최적의 인가전압 크기를 try & error을 거쳐, 찾는 것이 중요하다.

Session 4 NAND Flash MOSFET 특성

지금까지는 MOSFET의 수평구조와 수직구조의 각각에 대하여 다루었으므로, 이제 수평축과 수직축이 결합된 구조를 들여다보자. MOSFET의 종류와 특성은 분리되어 있는 것이 아니다. 또 수평축과 수직축도 밀접하게 서로 작용을 하여 2개 축이 결합된 하나의 MOSFET 구조로서 전체기능으로 나타난다. MOSFET을 종류별로 구분하면 기본적으로 4족지로 나뉜다. Carrier이동 mechanism으로는 enhancement mode와 depletion mode로 구분하고, 각 mode별로 well type을 구분하여 N-type well과 P-type well로 나눈다. NAND Flash memory에서는 P-type well을 사용하기 때문에, enhancement mode의 P-type well인 경우에 대하여 좀 더 세부적으로 들여다보겠다.

4-1 NAND Flash에 활용되는 MOSFET Mode

일반적인 memory 반도체는 gate가 1개이지만, NAND Flash와 NOR Flash는 control gate와 floating gate라는 2개의 gate을 갖고 있다. Control Gate(CG)는 일반 gate와 같이 input 전압을 조절하는 기능으로 사용되지만, Floating Gate(FG)는 nonvolatile만의 특징으로서, electron을 charge하고 discharge시켜서 V_{th} level에 영향력을 행사하고, 최종적으로 data의 ON 혹은 OFF가 판가름 될 수 있도록 한다. Floating gate가 존재함으로써, NAND Flash memory가 일반적인 다른 memory와 차별되는데, 그 중에 가장 크게 구분되는 기능으로는 program과 erasure operation이 있다. Control gate는 program operation 시에는 FG에 electron을 charge 하는 경우 V_{cg-PGM}으로 높은 전압을 사용하고, program 완료 후의 cell operation 시에는 V_{gs}인 낮은 전압을 사용하는, 2가지 경우가 있다. Erasure operation 시에는 control gate를 $V_{cg-ER}=0V$로 ground 시켜서 사용하며, erasure 완료 후 cell operation 시에는 V_{gs} 전압으로 사용한다. FG의 제일 중요한 기능은 carrier를 보유하는 기능이지만, program 기능이든 erasure 기능이든 FG의 최종 목적은 정보의 ON/OFF 변화에 따른 threshold voltage를 어떻게 구분시키고 FG가 보유한 carrier의 양과 V_{th}를 어떻게 연관시킬 것이냐 이다.

NAND Flash memory를 응용측면의 MOSFET으로 본다면, program cell과 erasure cell은 모두 enhancement mode로 동작된다. 물리적인 well type으로는 program 시 및 erasure 시에 NAND에서는 대부분 P-type well 한 가지만을 사용한다. Well type은 한 번 정해지면,

hardware type을 이리저리 바꿀 수는 없다. Program 후의 program verification과 program cell의 read operation은 control gate에 일반 V_{gs}(FG가 NO charge인 경우)보다는 program으로 인한 효과를 보상한 좀 더 높은 전압인 $V_{gs}+\Delta V$를 인가하여, N-channel을 형성시켜서 enhancement mode로 동작되도록 조정한다. FG가 erasure cell인 경우는 $V_{gs}-\Delta V$를 인가한다. P-well sub에 형성되는 channel type은, program FG이건 erasure FG이건 모두 electron channel이 사용된다. Program이라는 것은 floating gate에 electron을 charge하는 경우를 말하고, program의 반대개념인 erasure는 floating gate에 charge되어 있는 electron을 discharge시키고 동시에 hole을 charge시킨 형태를 말한다. Hole은 일부러 hole을 FG에 넣지는 않고 electron을 FG에서 과하게 빼내면 자동으로 hole을 charge시킨 것과 동일한 결과가 된다.

<Session 4-2, 4-3>에서는 enhancement mode의 전개 시, NAND Flash의 FG를 NO charge인 경우로 하여, FG의 영향이 없는 일반적인 경우의 MOSFET 동작특성을 다루었고, <Session 4-4>에서는 FG의 영향을 고려한 NAND Flash의 enhancement mode 특성을 소개하였다. MOSFET의 input parameter인 독립변수와 output result인 종속변수를 살펴보면, MOSFET 전체 기능이 파악된다. Input 변수는 주로 MOSFET의 biasing(수직축 입장)을 어떻게 할 것이냐 이고, biasing된 결과로 나오는 output 변수는 drain current(수평축 입장)를 어떻게 measure할 것이냐이다. <CH3. 그림 4-1>은 MOSFET에다가 floating gate의 기능을 추가한 NAND Flash memory의 기본구조이다. 이는 FG를 제외한다면 일반적인 MOSFET의 enhancement mode 절단면과 같다.

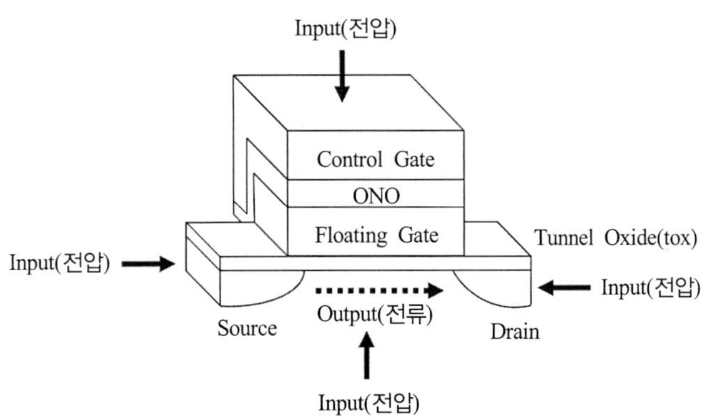

❒ CH3. 그림 4-1 NAND Flash Memory의 Input 및 Output

FG에 electron 혹은 hole이 전혀 없는 이상적인 NO charge인 경우, channel이 N-type인 NMOSFET에 input parameter로 substrate에 +0V를 인가하고 control gate에 $+V$를 인가하여 N channel을 형성한 후에, source를 ground로 연결하고 drain에 $+V$를 인가하면, source에서 drain쪽으로 drain current가 흐른다. N-channel에서의 전류는 substrate에 흐르는 계면전류 및 bulk 전류이

다. 그 중 계면전류가 majority로써, 계면전류는 농도가 높은 electron들이 oxide와 substrate 사이의 substrate 표면으로 밀집되어 source에서 drain으로 흐르는 electron들의 흐름이다.

4-2 $I-V$ 출력특성 @ V_{gs}가 일정하며, FG가 NO Charge 상태

V_{gs}가 고정된 전압인 경우에 drain voltage를 증가해가면서 drain current의 변화를 살펴보자. N channel이 source와 drain에 연결될 때의 control gate에 인가된 전압인 V_{th} 이상일 경우에, drain current(I_d)가 흐르기 시작한다. Control gate에 V_{th} 이상의 충분한 전압이면서 V_{gs}가 일정한 상태하에서, V_d(V_{ds}) 전압을 상승시키면, I_d(I_{ds})는 drain의 전압(V_d)에 비례하여 증가하다가, 어느 일정 변곡점 이상에서는 V_d를 증가시켜도 I_d가 더 이상 증가하지 않고 거의 일정하게 유지한다. 변곡점 이상의 I_d를 saturation current라 한다. 이상적 상태의 $I-V$ 출력특성은 V_d가 0V에서 변곡점까지의 linear 구간없이, $V_d > 0V$일 때부터 data를 인지 할 수 있는 target current까지 급격히 상승하여 I_d가 흐르는 계단형 궤적이지만, actual MOSFET는 linear구간에서 I_d가 일정한 기울기를 가진다.

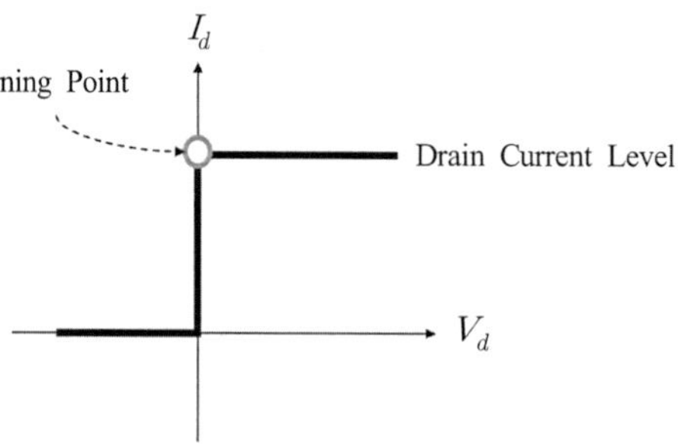

❐ CH3. 그림 4-2 $I-V$ 출력특성 @ 이상적인 경우

P-well의 N-channel이 pinch-on 된 후, V_{gs}가 일정하면 channel 길이는 linear구간에서 일정하지만, drain 근방에서 channel두께는 V_d에 비례하여 두꺼워지면서 I_d가 변곡점까지 V_d의 증가에 linear하게 증가한다. Drain voltage를 계속 증가시키면 역biasing된 drain junction에 역방향으로 인한 공핍영역이 증가한다. Drain junction에 접해있는 substrate 영역에서는 majority carrier인 hole이 $V_d(+V)$에 반비례하여 junction으로부터 멀어지고, drain 영역 내에서는 majority carrier인 electron이 drain 단자로 급속히 빠져나가면서 공핍영역은 $+V_d$에 비례하여 커진다. Substrate 영역의 minority carrier인 electron은 channel을 통하여 $+V_d$에 이끌려 drain으로 향하는데, 이때 source junction으로부터 넘어온 majority carrier인 electron과 합하여 drain 단자로 끌려들어가서 drain current를 증가시키는 데 중추적 역할을 한다. Drain 영역의

minority carrier인 hole은 $+V_d$에 반발하여 drain junction을 통과하여 channel을 역주행하여 source로 향한다.

NPN 구조에서 operation이 진행되다가 어느 일정한 V_d 이상에서는 도리어 N-channel 두께가 감소하기 시작하는데, 이때를 pinch-off되었다고하고 이때의 V_d를 포화전압이라 한다. 이때 substrate의 minority carrier 입장에서만 보면, V_d에 비례하여 minority carrier인 electron의 유입량이 source junction으로부터 급속히 증가하면서, 동시에 증가하는 drain junction의 공핍층 영향으로 이번에는 반대 현상으로, pinch-on되어 있던 channel이 pinch-off되므로 channel로부터 drain으로 유입되는 electron의 양을 감소하게 하는 원인이 된다. 따라서 electron의 총량은 증가요인과 감소요인이 합하여 V_d가 증가하여도 I_d가 일정하게 유지되는 saturation 영역으로 들어간다.

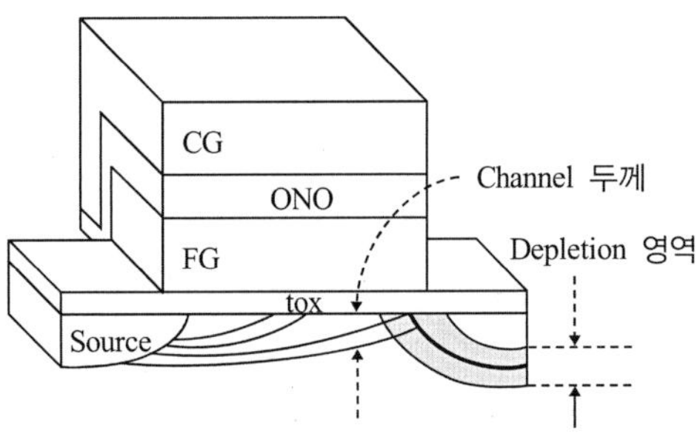

❑ CH3. 그림 4-3 V_d 증가에 따른 N-channel 및 Drain Junction에서의 Depletion 영역 증가 @ enhancement Mode

I_d가 V_d에 비례하여 증가하는 영역을 linear 영역이라 하고, J_d(drain junction)에서 pinch off 발생 후 V_d가 증가하여도 더 이상 I_d가 증가하지 않은 영역을 saturation 영역이라 한다. Saturation은 V_d의 한계 level 이상의 증가에 따라, N-channel의 electron들이 과도하게 drain으로 밀고 들어가면서, 동시에 반대급부 현상으로 drain junction의 공핍영역이 넓어져, 더 이상의 electron들이 drain방향으로 증가하지 않는 current의 포화현상이 발생되기 때문이다. 포화영역의 변곡점 이상에서, 포화전압 V_d의 계속적인 증가에 따라 N-channel인 유효 channel length는 점점 drain junction에서 source 방향으로 축소되지만, drain current는 V_d 증가로 인하여 줄어들지 않고 일정 I_d값을 유지한다.

V_d가 증가하면서 reverse bias된 drain junction의 depletion 영역에 N-channel이 연동되어 변화하는 현상을 N-channel modulation이라 한다. V_d의 증가 > drain junction의 depletion 증가 > N-channel의 length 축소의 과정을 거치면서 drain current의 balance가 맞춰진다. 엄밀하게는 Saturation 영역에서 I_d가 일정하지는 않고 V_d에 비례하여 I_d가 약간씩 상승하지만 영향은 미약하므로 무시한다. $I_{drain-saturation}$ 기울기는 $I_{drain-reverse}$의 기울기와 거의 유사하다.

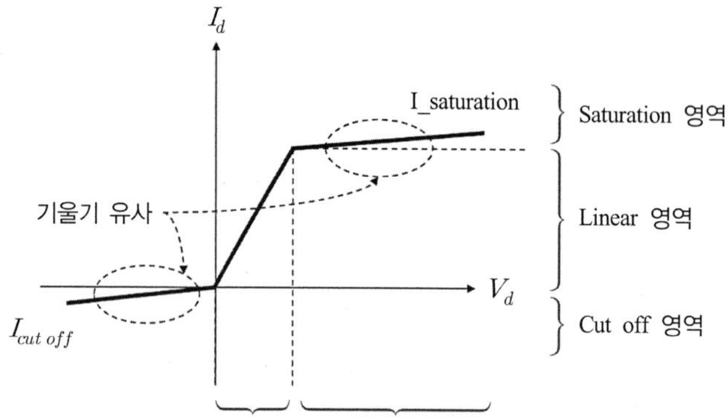

❒ CH3. 그림 4-4 V_{gs}가 일정할 때, $I_d - V_d$ 전기적 특성

4-2-1 Control Gate 전압(V_{gs})이 가변인 경우의 I-V curve

지금까지는 V_{gs}가 일정한 상태에서의 I_d vs V_d와의 특성에 대하여 알아보았다. I_d가 saturation되었을 때, 고정된 control gate 전압 V_{gs}를 상승시키면, N channel의 두께가 비례하여 증가하므로, 이는 electron이 통과하는 flux의 단면적을 높이므로, 결국 V_{gs}에 비례하여 I_d가 증가한다.

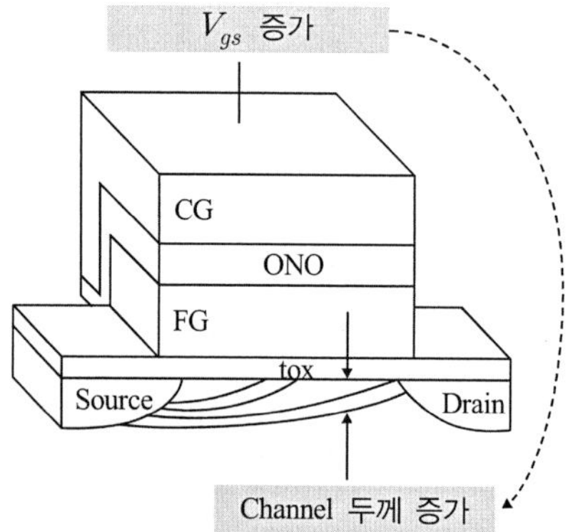

❒ CH3. 그림 4-5 V_{gs} vs Channel 두께

CG 전압(V_{gs})이 증가함에 따라 비례하여 $V_{turning\ point}$도 증가하면서 turning point의 trend는

$$y = Ax^2 \ @ \ A > 1 \qquad 식17)$$

의 궤적을 그린다. <CH3. 그림 4-6>의 graph에서, linear 구간의 전체 길이도, V_{gs}에 비례하므로, V_{gs}가 낮을 때는 linear 구간이 짧고, V_{gs}가 높을 때는 linear 구간도 비례하여 길어진다.

$V_{gs} < V_{th}$ 구간에서는, N-channel은 V_{gs}에 비례하여 길이 방향으로 증가하다가, $V_{gs} > V_{th}$ 구간에서는 V_{gs}에 비례하여, 일정구간까지, N-channel은 폭이 두꺼워진다.

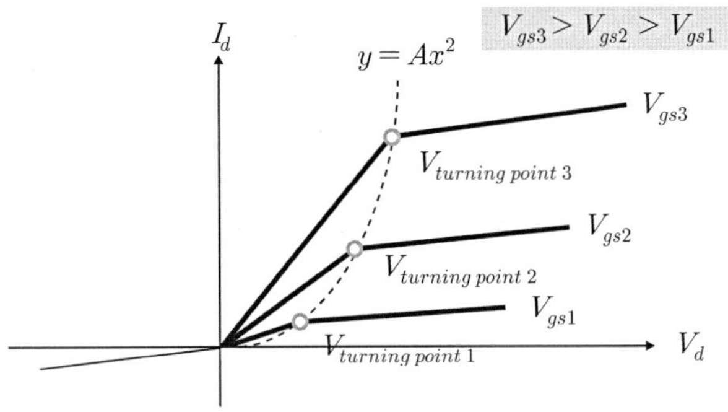

❒ CH3. 그림 4-6 V_{gs} 변화에 따른 $I_d - V_d$ Trend

P-channel인 경우는 I_d 및 V_d의 방향이 반대가 된다.

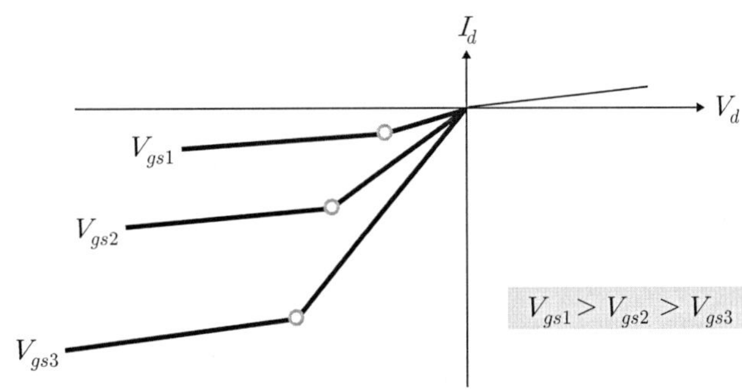

❒ CH3. 그림 4-6-1 pMOSFET의 $I_d - V_d$ Curve @ enhancement

4-3 Transfer 특성 @ FG가 NO-Charge 상태

입력특성은 입력단 factor들 간의 상호작용을 의미하고, 출력특성은 출력단 특성 즉 $I_d - V_{ds}$의 상호 변수작용을 말한다. Transfer 특성은 입력단 V_{gs}의 변화로 인한 종속변수인 출력단 I_d의 값 변화이다. Transistor란 Transfer + resistor이므로, transistor는 높은 입력단 저항을 낮은 출력단 저항으로 변화시켜서 높은 전류 이득과 증폭작용을 이용한 디바이스이다. 또한 transistor는 전달특성 $I_d - V_g$을 유용하게 사용한 소자이다. 전달특성으로 얻은 V_{th}값을 활용하여 NAND에서는 동일 물리적 cell로 multi bit을 얻는다.

MOSFET의 transfer 특성은 독립변수 V_{gs}에 따른 종속변수 I_d의 비례관계이다. MOSFET가 이상적인 특성일 경우, data의 ON 혹은 OFF를 용이하게 인지하기 위하여는, V_{gs}가

threshold voltage(V_{th}) 이상에서는 I_d가 가파른 기울기로 많이 흘러야 하고, V_{th} 이하에서는 I_d가 흐르지 않아야 한다. MOSFET가 actual인 경우 $V_{gs} > V_{th}$ 영역일 때는 V_{gs}에 비례하여 I_d가 linear하게 증가한다. (이때 I_d는 V_{ds}에도 비례한다. 즉, V_{gs}가 일정할 경우 I_d는 V_{ds}에 비례한다.) $V_{gs} < V_{th}$일 때는 V_{gs}가 감소함에 따라 I_d가 미약하게 감소하지만, 감소폭은 V_{ds}가 증가할수록 $|I_d|$의 변화폭은 V_{ds}에 비례한다. V_{gs}가 V_{th}를 전후하여 V_{th} 이상에서는 MOSFET가 동작하는 것으로 인지하고, V_{th} 이하에서는 MOSFET가 동작하지 않는 것으로 인지할 수 있도록 여러 factor를 적절히 조정하여 이상적인 transfer 특성에 가깝게 동작하도록 하는 것이 중요하다. <CH3. 그림 4-7> 참조.

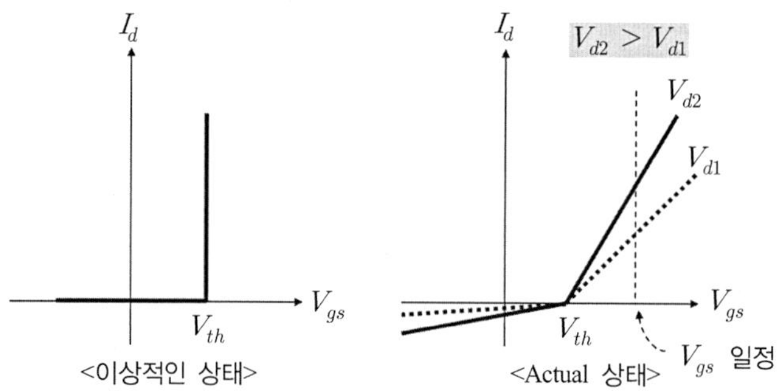

❒ CH3. 그림 4-7 Transfer 특성($I_d - V_{gs}$)

$V_{gs} < V_{th}$인 경우의 전류는 역방향의 minority carrier로 인한 leakage가 대부분이다. MOSFET가 V_{th} 이하일 때의 drain current I_d를 $I_{cut\,off}$라 하는데, 이때는 V_d에 상관없이 MOSFET의 $I_{cut\,off}$는 거의 흐르지 않는다. 따라서 channel이 drain termination과 bridge되지 않은 상태에서는 V_d가 상승하여도 $I_d \fallingdotseq 0$[A]이다. $I_{cut\,off}$의 값이 클 경우 standby current가 증가하므로 device의 power 손실이 크다.

P-channel인 경우는 I_d 및 V_{gs}의 방향이 반대가 된다.

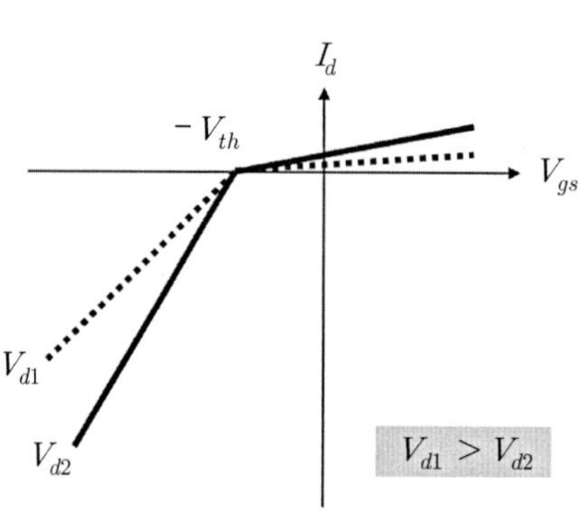

❒ CH3. 그림 4-7-1 pMOSFET의 $I_d - V_{gs}$ Curve @ enhancement

4-4 Program/Erasure 시의 MOSFET 특성

지금까지는 NAND Flash memory의 FG가 NO charge이면서 ONO와 tox로 인한 capacitance coupling이 없는 경우로서, 이상적인 pure MOSFET인 가정하에, $I-V$ 출력특성과 transfer 특성에 대하여 알아보았다. 이번에는 NAND의 FG가 electron으로 charge된 program 상태와 hole이 charge된 erasure 상태인 경우에 대하여 알아보겠다. 단, enhancement mode/P-well인 경우로 한정하여, NAND Flash의 floating gate로 인한 전기적 특성을 알아보자. 나머지 다른 type들도 근본적인 동작특성은 동일하므로, enhancement/P-well을 기준으로 해서 각 mode별 변수에 맞추어서 더하기 빼기를 하면 trend를 추적할 수 있다.

4-4-1 I-V 출력특성

4-4-1-1 FG에 Electron이 Charge된 경우 @ FG의 Program 시

FG에 electron이 charge되었을 경우에는 channel에 인가되는 실제 전압은 control gate 전압에서 floating gate에 charge된 영향을 제외해야 하므로, $V_{control\,gate} - V_{fg-program}$이 되어, drain current는 FG 내의 electron charge량에 반비례한다. FG에 charge된 electron은 channel의 electron을 밀어내므로 N-channel의 thickness를 얇게 하는 작용을 한다. 따라서 $V_{turning\,point}$가 FG에 charge된 electron량에 반비례하여 감소하고, drain의 current도 linear & saturation 전 영역에 걸쳐서 줄어들므로 FG의 program 상태는 read operation 시에 부정적인 영향을 준다.

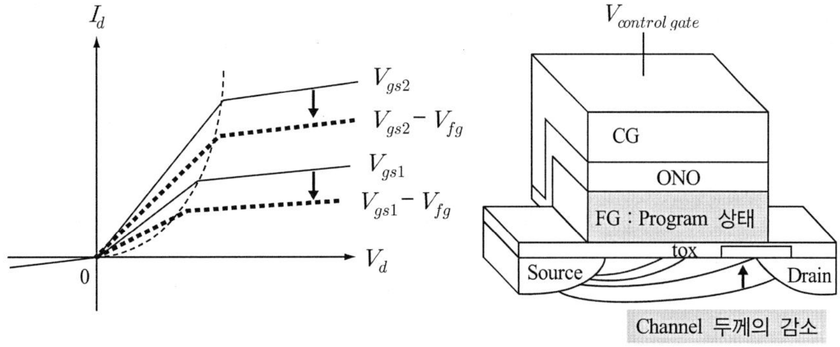

❒ CH3. 그림 4-8 FG가 Electron Charge된 경우의 $I_d - V_d$ Curve

4-4-1-2 FG에 Electron이 Discharge된 경우 @ FG의 Erasure 시

FG가 PGM된 경우와는 반대로, FG가 erasure된 경우는 erasure된 양에 비례하여 channel이 증가하고 그에 따라 current가 증가하며, channel에 영향을 끼치는 actual 총 전압은 $V_{control\ gate} + V_{fg-erase}$가 된다. FG가 discharge된 경우(FG가 erasure)는 FG가 hole로 채워져 있어서 electron을 당기는 효과로 인하여 N-channel의 thickness는 두꺼워지기 때문이다. 따라서 $V_{turning\ point}$가 FG의 erasure량에 비례하여 상승하고 I_d가 linear & saturation 전영역에 걸쳐서 상승하여 read operation 시에 긍정적인 영향을 준다.

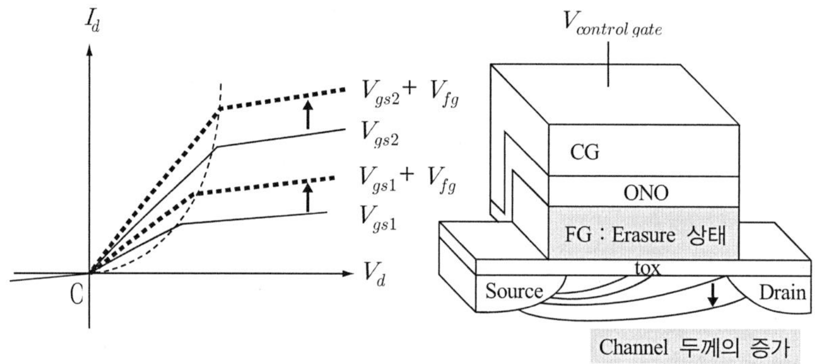

❐ CH3. 그림 4-9 FG의 Electron이 Discharge된 경우의 $I_d - V_d$ Curve

4-4-2 FG에 Electron이 Charge/Discharge된 경우의 Transfer 특성 @ Enhancement/P-well인 경우

FG에 electron이 charge된 경우의 transfer 특성은 <Chapter 6. Session 1-4-1>에, FG에 hole이 charge된 경우의 transfer 특성은 <Chapter 7. Session 1-3-1>에 상세히 거론되어 있다.

4-5 Snapback Current

$I_d - V_d$ curve의 saturation 영역에서 V_d가 계속 증가하면, drain junction의 depletion 영역의 폭이 넓어짐에도 불구하고 포화전류 I_d가 증가하지 않다가 drain의 depletion영역이 한계에 다다르면, 포화상태의 I_d가 다시 증가하게 되는 데, 이때의 V_d를 snapback전압($V_{snapback}$)이라 하고, $V_{snapback}$ 이후의 current I_d을 $I_{snapback}$이라고도 한다. Snapback current($I_{snapback}$)는 source와 drain 사이에 이미 형성되어 있던 channel을 통하여 flow되지는 않고, channel의 down side쪽으로 별도의 route인 source-well-drain을 통하여 flow된다.

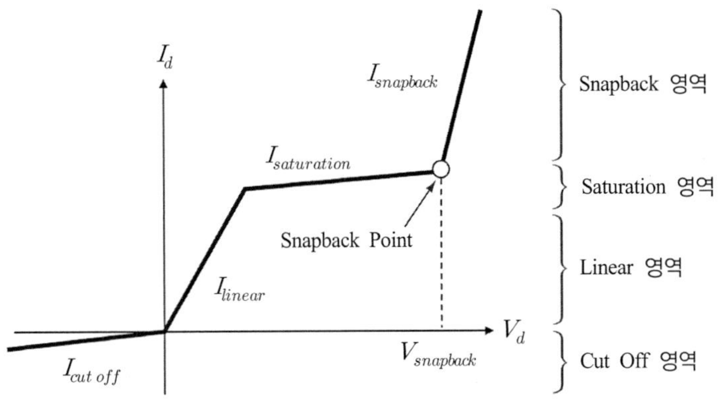

❐ CH3. 그림 4-10 Snapback Current와 영역 구분

N-channel이 pinch on된 이후에도, V_d가 계속적으로 증가하면, 이에 따라 drain junction에서 channel과 drain 사이에 pinch off가 발생되고, 나아가서 depletion영역이 넓어지게 되며, Sub의 minority carrier인 electron(source에서 넘어온 electron 포함)이 V_d가 증가함에 따라 많아져서 원자와 충돌하는 횟수가 늘어남으로써, 2차 전자방출된 electron-hole pair(EHP)가 증가한다. EHP 중 electron은 drain으로 빨려 들어가는 정상적인 route로서, EHP 중 electron 영향으로는 I_d만 slightly 증가하는 데 반하여, 갈 곳이 없는 hole은 well 하단이 역으로 biasing되어 있으므로 well의 $-V$를 향하여 흐른다. Hole이 well로 flow된다는 것은 없었던 current flow가 새로 발생된 route가 되고, flow되는 자체가 well 내에서의 전압차이를 유발시킨다. Well 하단의 source와 drain 사이의 중간 site의 Sub에 plus/minus전압강하가 발생하므로 인하여, source와 substrate 사이에 diode의 turn on 전압 이상이 되면, source와 well이 NP junction의 순방향 bias가 되어 source에서 well 쪽으로도 current가 유발한다. 그런 구조에서는 well과 drain 사이는 역방향 bias(drain이 $+V$)가 되어 있어서, source-well-drain 사이는 새롭게 transistor route가 lateral 방향으로 추가적으로 생성되고, 이는 포화상태에 있던 drain current를 다시 급증하

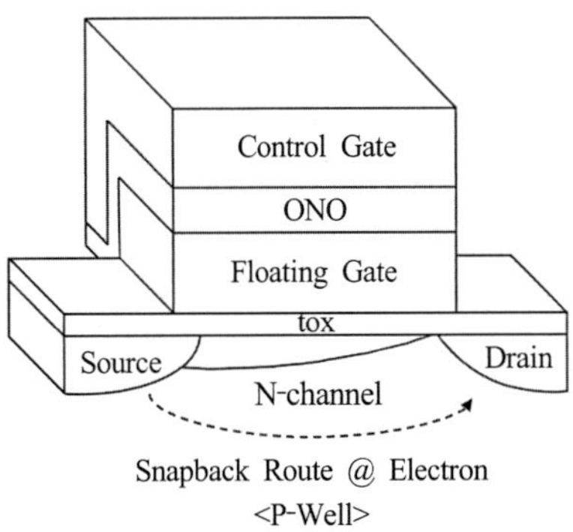

❐ CH3. 그림 4-11 Snapback Mechanism(New NPN Route)

게 만들며, 이때 I_d가 증가하는 point가 Snapback point이다(Snapback 이전의 source와 well 사이는 source가 0V, well이 $-V$로 인가되어 역 biasing되어 있음).

$I_d - V_d$ curve의 I_d는 V_{gs}에 의해서 비례적으로 상승하는 영향을 받는데, V_{gs}가 높아짐에 따라 J_{source}에서 순방향 diode의 turn_on이 일찍 시작되므로 $V_{snapback}$은 V_{gs}에 반비례하여 낮아진다. 이는 EHP가 발생되는 V_d의 point가 V_{gs}의 상승에 따라 일찍 시작되기 때문이기도 하다.

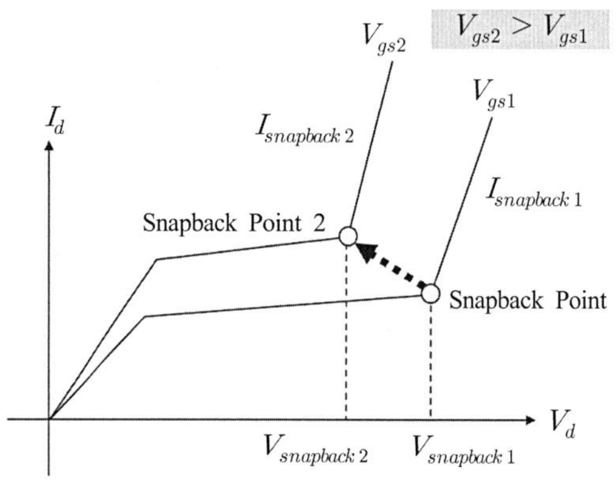

❐ CH3. 그림 4-12 V_{gs}변화에 의한 $V_{snapback}$ 감소

그러나 V_{gs}가 더욱 커지면 V_{gs}에 반비례하던 $V_{snapback}$은 다시 V_{gs}에 비례하기 시작하여 $V_{snapback}$이 높아진다. 이는 V_{gs}가 증가함에 따라 Snapback route를 따라 depletion 영역이 길어져서 Snapback의 saturation point가 높아지기 때문이다. Snapback은 $V_{snapback\,1}$이 $V_{snapback\,2}$

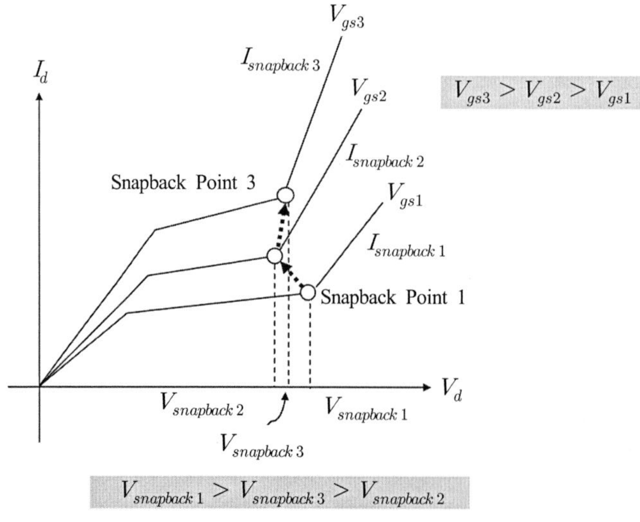

❐ CH3. 그림 4-13 $V_{snapback}$의 감소 및 증가

로 줄어들었다가, $V_{snapback\,3}$으로 다시 증가하게 되는 현상을 말한다. 그럼에도 불구하고 V_d가 계속 증가하면 drain junction 영역은 normal $I_d$route와 snapback route에 의한 높은 열에너지에 의하여 파괴된다.

4-6 Body Effect와 V_{th} 변동

V_{th}는 각 terminal에 인가하는 전압 level에 의해서 영향을 받는데, 그중 NAND Flash의 operation시에는 substrate에 인가하는 back biasing전압의 변화에 의하여도 V_{th}가 변한다. Well 혹은 substrate를 기판 혹은 body라고 하므로 Sub에 인가되는 전압으로 인하여 V_{th}가 변하는 현상을 body effect라 한다. 이는 substrate와 drain 사이(혹은 substrate와 source 사이)의 전압을 조절하는 크기에 따라서 V_{th}가 modulation되는 현상이다.

NMOSFET일 경우, NAND Flash의 program operation 시에는 substrate에 0[V]를 인가하고 erasure 시에는 +20[V]를 인가한다. Well은 외부와 독립적으로 보호되어야 하므로 substrate는 program 동작 혹은 erasure 동작 시 등의 특별한 경우를 제외하고는 일반적인 경우에는 외부와는 항상 역bias가 약하게 걸리게 하여 substrate을 보호한다. 그런데 Sub에 가하는 역bise는 V_{th}값에는 부정적인 영향을 준다. Sub에 음전압이 걸리면 inversion layer의 전자밀도가 높아지고, gate 하단의 gate 공핍층(Sub 내의 결핍영역)이 넓어지며, V_{sub}가 hole을 끌어당기므로 source junction과 drain junction에 공핍영역이 발생된다. 이는 V_{sub}에 인가되는 음전압에 의하여 source와 drain 사이의 electron channel 형성이 방해를 받는다. inversion layer의 고전자밀도로 인하여 V_{th}가 낮아지는 효과가 있지만, J_d역 바이어스 효과에 비하여 크지는 않다. Sub에 음전압이 인가되는 경우에는, Sub에 음의 전압이 인가되지 않은 경우와 동일한 V_{th}가 성립되기 위하여는 drain junction의 공핍영역을 축소시키기 위하여 gate에는 더 높은 V_{gs} 전압

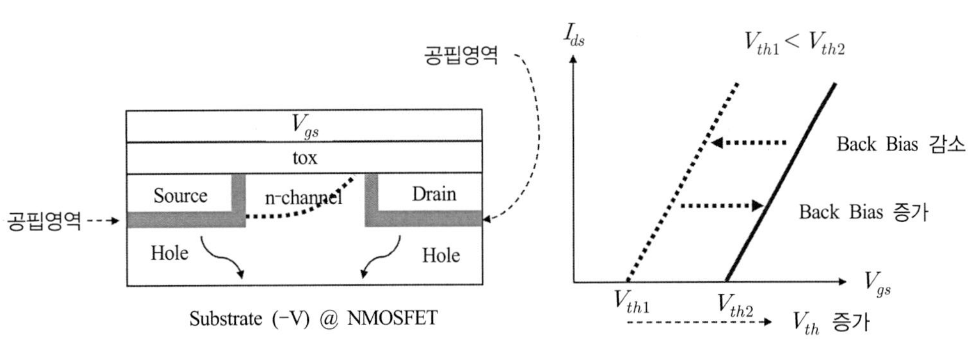

❒ CH3. 그림 4-14 $V_{back\,bias}$ 증감에 따른 V_{th} 변화, Body Effect

을 인가하여야 하므로, substrate에 음의 전압을 가한다는 것은 V_{th}값을 상승시키는 결과가 된다. V_{th}의 증가는 결국 I_d의 감소로 이어지고, I_d의 감소는 signal의 속도를 떨어뜨리므로, V_{th}는 되도록 낮추는 방향이 바람직하다. 따라서 body effect는, cell structure를 변경하지 않은 상태에서 threshold voltage를 $-\Delta V_{th}$만큼 변경하여야 할 때, substrate 전압을 조정하는데, substrate는 항상 역bise 상태가 되어 있어야 하므로 조정 폭은 많이 할 수는 없고 제한적인 범위 내에서만 일부 조절이 가능하다.

4-6-1 V_{th}을 이용한 Substrate 농도 측정

V_{th}를 결정짓는 주요 factor 중에는 $V_{sub-source}$(sub와 source 사이의 전압) 이외에도, 기판 농도인 substrate의 3족 dopant량에 따라 V_{th}가 비례한다. P-type의 농도가 클 경우, 그 만큼 majority carrier와 minority carrier의 절대수가 많아져서, 다른 인가변수가 동일할 경우 V_{th}의 증가폭이 상대적으로 커진다. $Q = CV$이므로 V_{th}는 oxide capacitance인 C_{ox}에 반비례하여, V_{th}는 oxide의 두께에는 비례한다.

$$V_{th} = Q_{sub}/C_{ox} \quad \text{식18)}$$

Oxide thickness(tox)가 두꺼워지면 증가하는 V_{th}는, V_{sub}을 같은 $\pm\Delta V_{sub}$로 변화시킬 경우에도, 또 농도 변수에 의하여도 V_{th}의 변화 폭이 다르게 나타나므로, oxide의 thickness와 면적을 계산한 다음, V_{sub}을 변화시키면서 V_{th}가 변화되는 값을 측정하면 거꾸로 substrate의 농도 N_a를 알아낼 수 있다.

$$\boxed{V_{th} \propto \frac{\sqrt{N_a}\sqrt{-V_{sub}}}{C_{ox}}} \quad \text{@ NMOSFET} \quad \text{식19)}$$

N_a는 P-type substrate의 majority carrier(acceptor) 농도, C_{ox}는 oxide capacitance, V_{sub}는 substrate의 인가전압이다. 식19)를 이용하여 substrate에 doping하는 dopant 농도를 조절하여 target V_{th}를 control할 수 있다.

실질적으로 V_{th}는 substrate에 인가하는 전압 자체보다는 $V_{bs}(V_{body} - V_{source})$ 전압차이에 의하여 영향을 더욱 많이 받기 때문에 substrate 전압을 일정하게 하고, V_{bs}를 줄이면(V_{source}을 높이면) V_{th}가 비례하여 낮아진다. 그러나 이때 V_{gs}가 영향을 받으므로 source 전압의 변화는(높이는 것은) 제한적이다. 따라서 body와 source가 동일하게 전압이 상승하고 하강하는 경우는 body effect는 크게 영향을 받지 않는다.

References

마이크로전자공학(Microelectronics) (1983) 이우일, 임제석 공역, 탑출판사(Jacob Millman)

반도체 물성과 소자(Semiconductor Physics & Devices : Basic Principles) (1999) 김광호, 송정근, 이용재, 최역환 공역(Donald A. Neamen), 반도출판사(McGraw-Hill)

반도체 소자 공학(Fundamentals of Semiconductor Devices) (2005) 서정하, 김동명, 박재우, 신장규, 이천, 이희덕 역(Berry Lise Anderson, Richard L. Anderson), 한티미디어(McGraw-Hill)

반도체 평가기술(Techniques for characterization of semiconductors), 1994(1989) 홍봉식, 구강원, 김광호역 (Takashi Kadota), 기전연구사(Sangyo Tosho Publishing Co)

정상상태에서 Fermi 분포를 고려한 드리프트-확산 방정식의 이산화 알고리즘(2001.6), 이은구, 강성수, 이동렬, et al., 대한전자공학회 학술대회 논문집, pp 157-160

집적회로 설계를 위한 반도체 소자 (2008) 이형옥 편저, 남두도서

터널링 전계효과 트랜지스터의 불순물 분포 변동 효과(2012.12), 장정식, 이현국, 최우영, 대한전자공학회, 전자공학회논문지 49(12), pp 179-183

A Current Based MOSFET Model for Integrated Circuit Design (1999) Sánchez- Sinencio, E. ; Andreou, A., Low-Voltage/Low-Power Integrated Circuits and Systems:Low-Voltage Mixed-Signal Circuits, Page(s): 7-55, Wiley-IEEE Press eBook Chapters

Analytical Model for the Threshold Voltage of Long-Channel Asymmetric Double-Gate MOSFET based on Potential Linearity (2008) Heejung Yang, Jihyun Kim, Aeri Son, et al., 전자공학회 논문지 논문 2008-45SD-2-1, pp71-76

Control of body effect in MOS transistors by switching source-to-body bias (1998.07.28) US05786724, Texas Instruments Incorporated

Dependence of Fermi level positions at gate and substrate on the reliability of ultrathin MOS gate oxides (1999) Yang, T. C. ; Sachdev, P. ; Saraswat, K.C., Electron Devices, Volume: 46, Issue: 7, pp 1457-1463, IEEE Journals & Magazines

Dependency of Tunneling Field-Effect Transistor (TFET) Characteristics on Operation Regions (2011.12) Min Jin Lee, Woo Young Choi, 대한전자공학회, 11(4), pp 287-294

Digital and Analog Systems, Circuits, and Devices (1973) Belove Schachter Schilling, MacGraw-Hill

Electronic Materials and Devices (1975) David H.Navon, Houghton Mifflin Company

Enhancement and depletion mode selection layer for field effect transistor (1986.10.07) US04616242, International Business Machines Corporation

Enhancing NAND flash floating gate performance (2012.04.24) US08163626, Swenburg Johanes Chu David Guarini Theresa Kramer Cho Yonah Ganguly Udayan Date Lucien

Fermi threshold field effect transistor including doping gradient regions (1996.06.11) US05525822, Thunderbird Technologies Inc.

Field effect transistor having saturated drain current characteristic (1996.12.17) US05585654, Handotai Kenkyu Shinkokai

Field effect transistor having unsaturated drain current characteristic (1996.09.17) US05557119, Handotai Kenkyu Shinkokai

Integrated Electronics: Analog and digital circuits and systems (1972) Jacob Millman, Christos C. Halkias/McGraw-Hill Inc.

Metal Oxide Semiconductor Field Effect Transistor (MOSFET) (2002) Ng, K., Complete Guide to Semiconductor Devices, Page(s): 175-190, Wiley-IEEE Press eBook Chapters

Method and apparatus for measuring surface carrier recombination velocity and surface Fermi level (2008.09.02) US07420684, Mitsubishi Denki Kabushiki Kaisha

Method and device to reduce gate-induced drain leakage (GIDL) current in thin gate oxide MOSFETs (2004.02.17) US06693012, Micron Technology Inc.

Method for fabricating MOS device with reduced anti-punchthrough region (1995.12.05) US05472897, United Microelectronics Corp.

Method for forming dielectrically isolated PMOS, NMOS, PNP and NPN transistors on a silicon wafer (1987.08.11) US04685199, RCA Corporation

Method for manufacturing a non-volatile memory having a floating gate oxide type fet provided with a tunnel oxide film (1995.06.13) US05424232, Sharp Kabushiki Kaisha

Method of measuring flat-band status capacitance of a gate oxide in a MOS transistor device (2008.01.01) US07315174, Dongbu Electronics

Method of measuring threshold voltage for a NAND flash memory device (2006.04.18) US07031210, Hynix Semiconductor Inc.

Methods of operating memory cell having asymmetric band-gap tunnel insulator using direct tunneling (2013.06.11) US08462557, Arup Bhattacharyya

Microelectronics : Digital and Analog Circuits and Systems (1979) Jacob Millman, McGraw-Hill, Inc.

Monolithic integrated enhancement mode and depletion mode field effect transistors and method of making the same (2008.11.11) US07449728, Tri Quint Semiconductor Inc.

MOS 소자의 FN 터널링 캐리어에 의한 성능저하에 관한 연구 (1993.2) 김명섭, 박영준, 민홍식, 대한전자공학회, 전자공학회논문지-A 30(2), pp 138-148

MOSFETs (2013) Burghartz, J., Guide to State-of-the-Art Electron Devices, Wiley-IEEE Press eBook Chapters

NAND flash memory device and method of forming a well of a NAND flash memory device (2009.06.23) US07551511, Lee Hee Youl

Neamen의 물성과 소자(Semiconductor physics and devices : basic principles) (2012) 김광호, 김용상, 송정근(Neaman Donald A.), McGraw-Hill

Non-volatile memory device with tunnel oxide (2003.06.17) US06580640, Micron Technology Inc.

Nonvolatile memory devices with multiple layers having band gap relationships among the layers (2011.07.05) US07973355, Baik Seung-Jae Kim Hong-Suk et al.

Non-volatile memory having a bias on the source electrode for HCI programming (2005.06.21) US06909638, Freescale Semiconductor Inc.

Non-volatile memory semiconductor device having an oxide-nitride-oxide (ONO) top dielectric layer (2009.08.18) US07576386, Lue Hang-Ting Lai Erh-Kun

Nonvolatile reprogrammable interconnect cell with FN tunneling device for programming and erase (2001.06.26) US06252273, Actel Corporation

P-Channel Nonvolatile Flash Memory With a Dopant-Segregated Schottky-Barrier Source/Drain (2010) Sung-Jin Choi, et al., Electron Devices, Volume: 57, Issue: 8, IEEE Journals & Magazines. pp 1737-1742

Performance and reliability optimizations of BE-SONOS NAND Flash using SiON bandgap-tuning tunneling barrier (2010) Jeng-Hwa Liao, et al., (IRPS), pp 639-643, IEEE Conference

pn Junction Diode (Copyright Year: 2002) Ng, K., Complete Guide to Semiconductor Devices, Page(s): 11-23, Wiley-IEEE Press eBook Chapters

Quantum Phenomena in MOS Transistors (2009) Bhattacharyya, A., Compact MOSFET Models for VLSI Design, Page(s): 339-381, Wiley-IEEE Press eBook Chapters

Reliability analysis of NAND gates with modified channel length in series n-MOSFETs (2012) Matsuda, T. ; Tokumitsu, Y., et al., (ICMTS), pp 91-94, IEEE Conference Publications

Semiconductor device having a semiconductor region in which either the conduction or valence band remains flat while bandgap is continuously graded (1989.12.12) US04887134, Canon Kabushiki Kaisha

Semiconductor device including n-channel fets and p-channel fets with improved drain current characteristics (2006.09.19) US07109568, Hitachi Ltd.

Semiconductor integrated circuit device and low breakdown voltage zener diode (1999.08.10) US05936288, Mitsubishi Denki Kabushiki Kaisha Kyoei Sangyo

Semiconductor Physics Review for MOSFET Modeling (2009) Bhattacharyya, A., Compact MOSFET Models for VLSI Design, Page(s): 1-53, Wiley-IEEE Press eBook Chapters

Series Resistance, Channel Length and Width, and Threshold Voltage (2006) Schroder, D., Semiconductor Material and Device Characterization, Page(s): 185-250, Wiley-IEEE Press eBook Chapters

Short-Channel Bulk-Type MOSFET의 문턱전압 도출을 위한 해석적 모델 (2010.12) 양진석, 오영해, 서정하, 대한전자공학회, 전자공학회논문지-SD 47(12), pp 17-23

Structure and fabrication method of tunnel field effect transistor with increased drive current and reduced gate induced drain leakage (GIDL) (2013.05.28) US08450792, Mohit Bajaj Kota V. R. et al.

VT-Modulation of Planar Tunnel Field-Effect Transistors with Ground-Plane under Ultrathin Body and Bottom Oxide (2014.4) Min-Chul Sun, et al., 대한전자공학회, 14(2), pp 139-145

CHAPTER 04 NAND Flash의 Architecture

Session 1	반도체 메모리 가계도	Session 3	NAND Flash Memory 구조
Session 2	Nonvolatile Memory 변천과정		

Memory는 성능과 수익성에서 경쟁력이 나날이 향상됨에 따라 산업영역은 점차 넓어지고 있다. 성능은 수요자가 바라보는 입장이고 수익성은 공급자적인 관점이다. 성능은 변화하는 시장의 요구에 맞추기 위하여 끊임없이 높아지면서, 반대로 가격은 계속 하락하여야 한다. 그 틈바구니에서 수익이 발생하려면 원가가 지속적으로 떨어져야 한다. Scale에 따른 technology가 결정되면 Fab process 비용은 거의 동일하기 때문에, 원가를 낮추는 여러 factor 중에 제일 중요한 요소 중의 하나는 density를 올리는 방법인데, high density 정책의 유지는 시장과 공급자를 동시에 만족시켜줄 수 있는 요소이다. Memory 성능도 여러 측면이 있지만, 전체 memory가 나아가는 방향으로 볼 때, 가장 중요한 요소 중의 하나는 전원을 off해도 data가 휘발되지 않아야 하는 nonvolatile 기능과, 여러 번 반복적으로 data 저장이 가능해야 하는 기능으로서 application상 이런 기능들의 중요성이 점점 높아져 가고 있다.

이런 핵심 요소들을 모두 갖춘 디바이스는 현재 NAND Flash 밖에 없다. 그동안 여러 종류의 디바이스들의 부침이 있어왔다. 최근 volatile 계열 중에는 DRAM이 대세이고 SRAM은 시장이 축소되어 있다. Nonvolatile 계열 중에는 NAND Flash만이 main 디바이스로 유지하고 있고, NOR 계열은 application 시장에서 입지가 점점 약화되어 가고 있는 추세이며 EPROM, EEPROM, MaskROM 등은 오래전에 시장에서 자취를 감추고 지금은 극히 한정된 niche application에서만 명맥을 유지하고 있다.

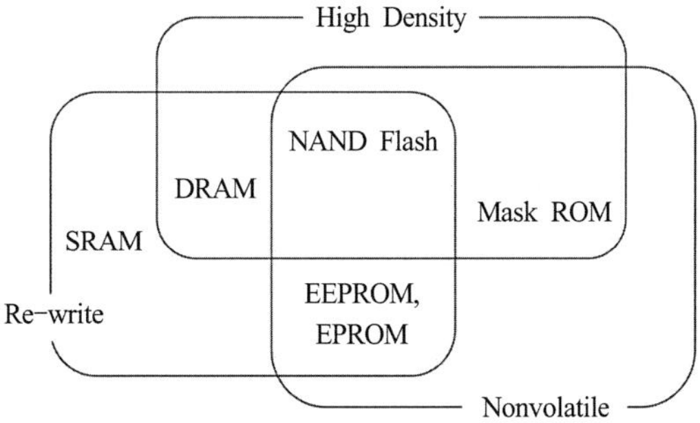

❐ CH4. 그림 0-0 기능별/용량별 Device 분류

NAND Flash의 3족이지 main 기능은 program, erasure 및 read operation이다. Volatile memory와 구분되는 nonvolatile memory의 기능적인 특징은 erasure 기능이고, 구조적인 특징은 floating gate이다. 정보의 구분은 DRAM은 capacitor 내에 전자의 유무에 따라 구분하는 반면, NAND는 floating gate 내의 전자의 유무 및 전자개체수가 저장된 량의 상태에 따라 구분하는 DRAM 보다 복잡한 구성과 기능을 갖고 있다. Nonvolatile memory는 floating gate를 이용하여 오랜기간 동안 정보를 저장할 수 있게 되었고, 이로 인하여 정보를 구분하고 저장하며 소거하는 방법까지, 휘발성 memory와는 확연히 다른 방법을 사용할 수 있게 되었다. <Chapter 4>에서는 먼저 NAND의 structure 및 그와 연관된 기능을 알아보고, <Chapter 5>에서는 기능적으로 density를 어떻게 확장할 수 있었는지와 주요 3대 동작을 <Chapter 6/7/8>에 걸쳐서 차례로 살펴보겠다.

Session 1 반도체 메모리 가계도

MOS를 기반으로 하는 반도체 메모리는 크게 volatile(휘발성)과 nonvolatile(비휘발성) 2가지로 나뉜다. Volatile은 전원이 끊어지면 memory(Cell이라는 공간)에 저장된 information(data)이 없어진다고 해서 휘발성 memory라 부르고, nonvolatile은 전원 공급이 차단되어도 cell 내의 일정한 공간 안에 저장된 data가 일정한 시간이 흐른 뒤에도 없어지지 않고 보존되는 소자라고 하여 nonvolatile memory라 부른다. Volatile memory는 Random Access Memory(RAM) 계열인 Dynamic RAM(DRAM)과 Static RAM(SRAM)이 있고, nonvolatile memory는 Read Only Memory(ROM) 계열인 read만 하고 data 변경이 불가능한 MaskROM과, 전기적으로 DATA를 쓰는 기능인 program이 가능한 Programmable ROM(PROM)으로 구성된다. PROM은 쓰여진 data를 어떻게 없앨 것이냐 하는 소거하는 방법에 따라, 빛으로 소거(erasure)하면 Erasure PROM(EPROM)이고 전기적으로 소거하면 Electrically EPROM(EEPROM)으로 나뉜다. 다시 EEPROM(혹은 E^2PROM)은 Erasure를 하는 영역의 단위에 따라 Byte-alterable과 Flash로 구분한다.

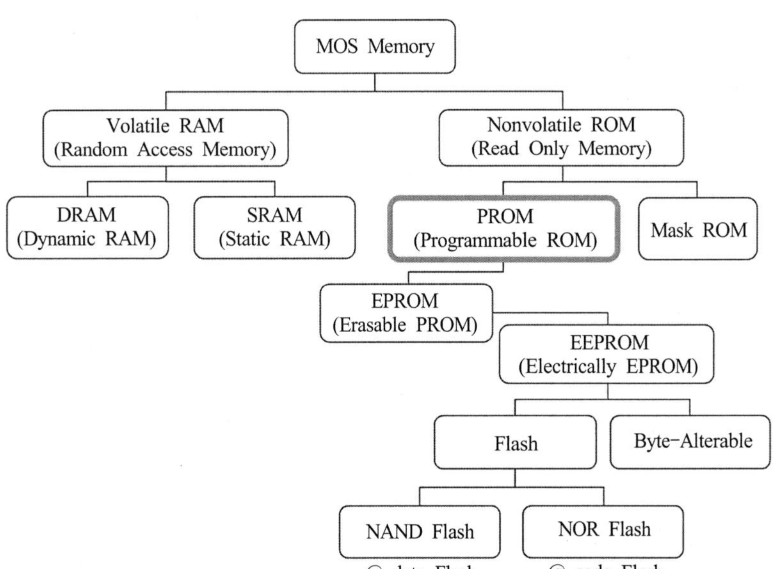

❒ CH4. 그림 1-1 Memory 체계도

Byte-alterable은 3대 operation(쓰기, 지우기, 읽기)이 byte 단위로 진행되어 기능적으로는 유연하고 active하지만 시간 delay가 많은 반면, Flash는 3대 operation을 page 단위 혹은 block 단위로 진행하여, byte 단위보다는 data를 활용하는 flexibility가 저하되지만 시간 delay가 적다. Flash는 내부 저장 area가 어떤 물리적 논리 회로로 구성되어 있느냐로 NOR Flash와 NAND Flash로 구분되는데, 논리 회로의 특성에 의하여 cell structure도 영향을 받는다. Cell structure에 의하여도 cell size가 직접적으로 좌지우지 되므로 이는 cell이 구현할 수 있는 최대 density size에 영향을 끼친다. 이 책에서 다루는 디바이스는 memory device의 장점이 집결된 NAND Flash이다.

Programmable과 Read Only 기능의 모순

<CH4. 그림 1-1>의 디바이스 체계는 오래 전부터 memory를 구분해오던 방식인데, RAM과 ROM은 device를 모두 read기능 입장에서 바라본 것으로 read 이외에 다른 기능인 erasure 기능 입장은 고려되지 못하였다. 특히, erasure 기능은 1970년대 초까지는 경험해보지 못했던 기능으로 erasure 기능을 채택함으로써 기능의 복잡도와 난이도가 erasure가 없는 경우에 비하여 몇 배 이상 증가했다. ROM으로 디바이스를 명명할 당시에는 erasure 기능이 미래에도 사용되지 않을 것으로 예측하였기 때문에 erasure 기능을 반영한 index로 제품체계를 구성하지 못하였다. 그러나 그 후로 erasure 기능이 성공하였음에도 ROM을 다른 이름으로 바꾸는 것을 실기하여 오늘날까지 사용되었다. 그래서 붙여진 이름이 Programmable ROM인데 ROM의 의미가 읽기만 하겠다는 Read only이므로 program을 하겠다는 Programmable과 Read Only는 의미상 서로 상충된다. 따라서 ROM 계열의 디바이스를 하방전개하기 위한 구분방식으로 기능에 맞는 naming으로 변경하는 것이, 의미상의 모순을 해결하는 디바이스 tree구조로 판단된다. Read Only(ROM)만 하다고 하면서 동시에 Program까지 한다는 상충된 의미를 한 단어 속에 넣어 사용하고 있는 모순된 말인 PROM을 ROM이란 단어에서 Only란 의미를 떼어내어야 의미가 정립될 수 있겠다.

예를 들자면, ROM은 MaskROM으로 한정하고 PROM부터는 ROM 계열이 아니라, program 기능과 erasure 및 read 기능을 함께 하므로, program 가능한 다른 계열로 분류하여 크게 nonvolatile을 Read Only 기능인 ROM과 Program & Erasure & Read 3족이지 기능을 갖는 PRM (Programmable Read Memory) 혹은 이와 유사한 naming으로 구분하고, PRM을 다시 EPRM (Erasable PRM) 및 EEPRM(Electrically EPRM)으로 나누는 것이 본연의 기능에 합당하게 되는 naming이라고 판단된다.

Session 2 Nonvolatile Memory 변천과정

NAND Flash와 연관된 제품인 DRAM, EPROM, EEPROM, NOR Flash 등과 NAND의 장단점을 비교하였고, historical하게 변천되는 과정을 비교해봄으로써 NAND의 구조와 특성을 보다 쉽게 이해할 수 있도록 연결하였다.

2-1 DRAM과 NAND 차이

MOSFET(Metal Oxide Semiconductor Field Effect Transitor : 금속산화막 반도체 전계효과 트랜지스터) 구조를 공통으로 적용하는 DRAM과 NAND의 비교는 cell을 구성하기 위한 구조와 data를 저장하는 방법상의 차이가 가장 두드러진다. 이것으로 인하여 기능과 특성들이 현격하게 다르게 나타낸다.

2-1-1 DRAM @ cell 구조

DRAM cell의 구조는 1개 Tr과 1개 capacitor로 구성되어 있으며, Tr은 data의 이동을 switching 하는 기능을 하고 capacitor는 data를 저장하는 기능을 한다. 그런데 capacitor는 electron을 장기간 가두는 능력이 미약하여 capacitor 내의 electron들이 쉽게 discharge된다. 따라서 전자방출을 방지하기 위하여는 data가 charge되어 있는 cell은 power가 ON되어 있는 동안은 electron charge상태가 유지되도록 일정한 주기로 계속 전압을 공급해주어야 한다. 이런 동작을 refresh 라 하는데, DRAM은 전원을 off하면 더 이상의 refresh를 할 수 없어서 capacitor 내의 electron 들이 소멸되므로 DRAM을 volatile 디바이스라 부른다.

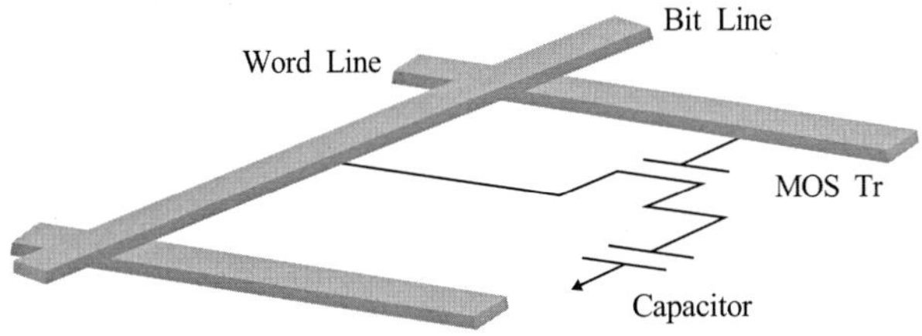

❐ CH4. 그림 2-1 DRAM 구조

2-1-2 NAND Flash @ cell 구조

반면, Flash(NOR, NAND)의 구조는 1개 Tr로만 구성되어 있어서, 구조적인 면에서 DRAM에 비하여 간단하다. 그러나 Tr 내에 DRAM의 capacitor 대신 Flash는 floating gate가 섬처럼 절연체에 둘러싸여 있어서, Floating Gate(FG)로 인한 기능은 Flash가 DRAM에 비하여 복잡하다.[1)] 초창기의 EPROM은 1개 Tr, 1개 FG로 구성되었지만 기능이 진화하면서 Tr이 없어지고 FG가 Tr 역할을 겸하게 되었다. 아니면 반대로 Tr 속으로 floating gate가 들어온 것이다. Floating gate 내로 electron을 charge 시키기는 힘들어도, 한 번 charge된 electron들은 floating gate 둘레에 강력한 절연물질로 둘러싸여 있어서 discharge되지 않고 data가 보존되므로 이를 nonvolatile 디바이스로 부르며, DRAM처럼 일정 주기로 refresh를 시켜주지 않아도 DATA가 장기간 동안 보존되는 장점이 있다. 그러나 FG 내에 electron을 보존하는 기능인 retention 기능을 의도적으로 약화시킨 후, semi-refresh를 적용하여 보상하고, 대신 retention과 trade off 관계에 있는 endurance 혹은 Flash의 다른 기능을 보강하면, refresh 동작을 거의 하지 않고 약하게 하면서 Flash device의 전체 기능적 측면에서 향상된 performance를 얻을 수 있겠다.

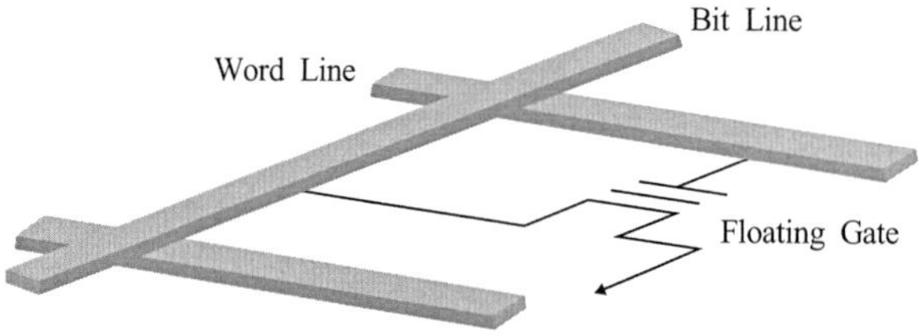

❒ CH4. 그림 2-2 NAND Flash 구조

<CH4. 그림 2-2> structure는 도식화한 형태이고 actual은 <CH4. 그림 2-3>과 같이 NAND cell은 bit line과 word line의 cross되는 지점에 위치해 있다. Word line으로 gate 전압을 공급하고 bit line의 시작 termination인 DSL에서 drain voltage를 공급한다. Word line으로는 program 시에는 high voltage인 $V_{cg_program}$을 공급하고, erasure 시에는 0[V]를 인가하며, read operation 시에는 일반 V_{cc} level 정도의 전압으로 V_{gs}(gate-source 전압)를 인가한다. Program과 erasure 동작 시를 제외한 일반 read 동작에서는 V_{gs}는 V_{cg}(control gate 전압)와 동일한 단자를 사용하므로 용어상 구분없이 사용하겠다. 단, V_{cg}라는 표현은 어떤 경우든 사용 가능해도, program 시의 인가전압을 V_{gs}라고 하지는 않는다. Program 시에는 source 단자를 floating

1) Floating gate란 의미는 어느 곳과도 연결되어 있지 않고 절연물질로 사방이 둘러쳐져 있어서, 부양되어 있는 의미로 붙여졌다.

시키기 때문이다. Substrate는 cell들을 공통으로 묶어 놓았으므로 동일 level의 전압이 인가된다. Substrate가 공통으로 사용되는 구조를 이용하여, <Chapter 6>에 소개될 self-boosting operation을 적용할 수 있다.

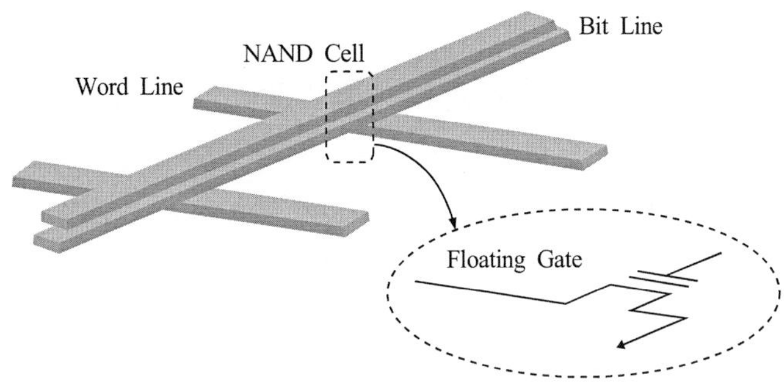

❐ CH4. 그림 2-3 NAND Flash 구조 @ actual

2-1-3 저장 방법 차이 @ DRAM과 NAND Flash Memory

NAND와 DRAM은 write기능과 read기능으로 이루어진 device로 기본동작은 같다고 볼 수 있다. DRAM의 write를 NAND에서는 program이라 하는데, program은 data를 cell에 저장한다는 의미에서는 write와 동일하지만 program은 data 저장+density 확장 기능이 있다. DRAM에서는 erasure 기능이 필요 없지만, NAND에서는 program 수행 후에 re-program을 하려면, NAND Cell의 구성요소 중의 하나인 floating gate 속의 electron들을 먼저 강제로 없애주어야 하기 때문에 erasure 기능이 필요하다. DRAM에서는 DRAM Cell의 구성요소 중의 하나인 capacitor 내의 electron들을 강제적으로 소거해주지 않아도 refresh 동작을 해주지 않으면 전자들이 자연 소멸된다.

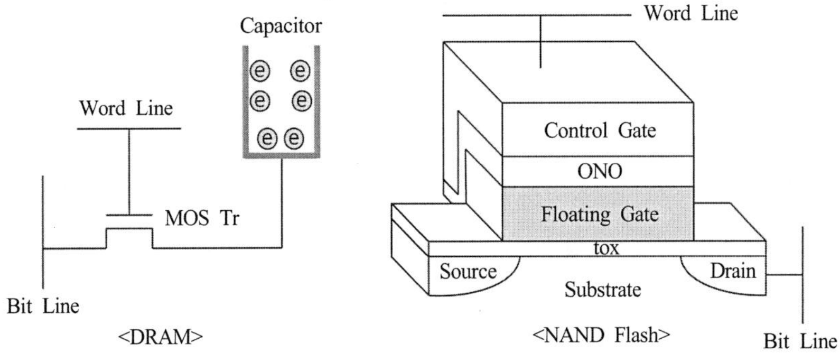

❐ CH4. 그림 2-4 저장방법 차이 @ DRAM과 NAND Flash Memory

그런데 NAND에서 erasure를 하면 erasure 기능 하나만 operation에 추가되는 것이 아니고 erasure 기능으로 인하여 부가적인 기능들이 발생한다. Erasure를 하기 전에 erasure를 하지 않아야 하는 동일 block의 인접 address에 보관(program)되어 있는 data들은 복사하여 다른 장소(address)로 옮겨 놓아야 유효한 data들이 erasure 되지 않고 보존된다. 왜냐하면 NAND의 erasure는 동작상 한 address cell 내에 저장된 data만 정확히 targeting하여 소거하는 것이 아니라, 그보다 더 넓은 영역인 block 내의 cell 모두를 일시에 erasure하기 때문에, erasure하지 않아야 하는 필요한 data들을 옮겨 놓지 않으면, 유지되어 있어야 할 data들이 erasure 시 함께 없어지므로, erasure하기 전에 이를 보존하기 위하여 추가적으로 복잡한 작업을 진행한다.

2-2 Nonvolatile Memory 진화

Nonvolatile memory 디바이스를 발명된 순서대로 나열하면 MaskROM, EPROM, EEPROM, Flash EEPROM, NOR Flash EEPROM, NAND Flash EEPROM으로 되는데, 구조와 main 기능들도 제품이 다양화 되면서 발명된 순서에 따라 확장되고 항상 되어왔다.

2-2-1 MaskROM

ROM은 User가 원하는 data를 다시 program하여 사용할 수 있는 Programmable ROM이 있고, ROM을 만드는 과정(공정)에서 한 번 program된 후에 더 이상 program할 수 없이 save된 data가 고정된 MaskROM이 있다. 일단 program되어 masking된 data들은 더 이상 erasure할 수 없게끔 보호 혹은 masking된다. 따라서 MaskROM의 사용처는 game기기나 노래방 기기 등 제조 시에 한 번 program이 진행된 이후에는 write가 더 이상 필요없이 계속적으로 읽어내기만 하는 맞춤형 application에 사용되는 진정한 ROM 제품이다. 이는 switching용으로 1개 Tr 및 data 저장용으로 1개 FG로 구성되어 cell size가 크다는 단점을 갖고 있는 nonvolatile memory의 초창기 device이다.

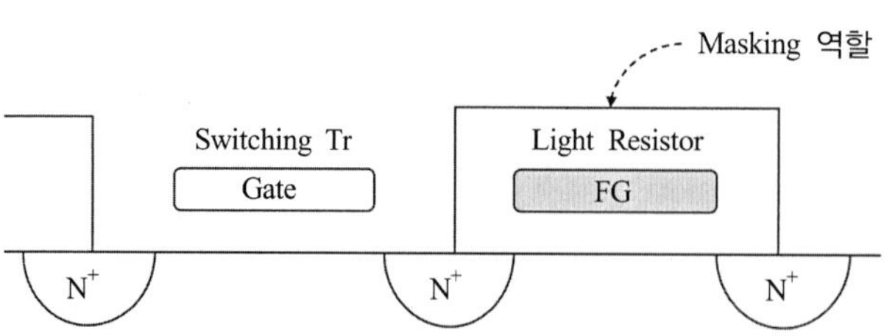

❒ CH4. 그림 2-5 MaskROM 단면

2-2-2 EPROM

한 번 program한 data는 더 이상 변경할 수 없는 MaskROM의 단점을 보완하기 위하여 1970년대 초에 Intel에서 EPROM(Erasable Programmable ROM)이 나왔다. MaskROM에서 사용하던 1개 Tr-1개 FG를 1개 Tr로 병합하여 전체 size를 획기적으로 줄일 수 있게 되었다. 이것은 한 번 program을 완료하였어도, device package의 top side에 붙어있는 lens를 통하여 UV(Ultra Violet)선을 투과시켜 cell 내의 floating gate에 charge된 electron들에게 높은 energy를 가하면, electron들이 energy를 받아서 floating gate를 escape하도록 하여, UV에 노출된 chip의 전체 cell들의 data를 erasure시킬 수 있다. 이때 UV의 energy는 최소한 4.9eV 이상되는 파장이어야 하는데, 장점은 원하지 않게 excess erasure될 가능성은 거의 없다(그러나 electrically erasure mode를 적용하는 EEPROM 이후의 제품인 경우는 target 대비 excess erasure되는 단점이 발생하기도 한다). EPROM은 erasure 후에는 필요에 따라 cell에 다시 program을 수행 할 수 있다.

Control gate는 floating gate에 전자를 charge시켜서 data를 program하도록 높은 전압을 공급하는 역할을 하는데, EPROM의 program 시에는 Hot Carrier Injection(HCI) 방식을 적용한다. EPROM은 Program 시 substrate에서 floating gate로 electron을 charge시킬 때 enhancement mode일 경우, substrate에는 0V, CG에는 높은 +++ V(약 24V~26V)를 적용한다. EPROM의 단점으로는 Floating Gate(FG) 위에 lens가 붙어 있어서 package size를 줄이는 데 한계가 있으므로 이를 보완하기 위하여 나온 디바이스가 EEPROM이다.

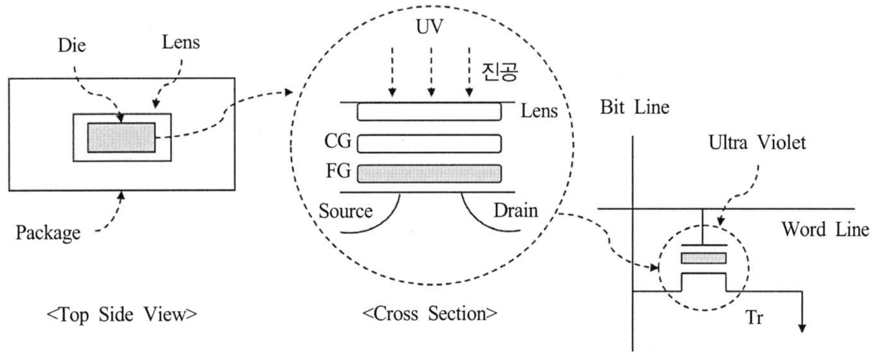

❒ CH4. 그림 2-6 EPROM Package 및 단면

2-2-3 EEPROM(Electrically EPROM)

EEPROM은 E^2PROM 혹은 Double EPROM이라고도 부른다. EPROM을 erasure할 때의 단점은 package size issue뿐만이 아니고 lens를 통하여 UV를 노출시키다 보니, erasure 시에 일부 영

역만을 erasure시킬 수 없이 chip 전체 cell의 모든 data를 erasure시켜야 한다는 것이다. UV를 사용하다 보니, UV를 발생할 수 있는 장비도 수반되어야 하고, UV operation을 진행함으로써 전체 process가 복잡해지며, program과 erasure 동작의 PE cycling 최대 횟수도 1,000 이하로 제약되는 문제가 대두되었다. 따라서 erasure를 UV대신 전기신호로 간단히 할 수 있는 EEPROM이 1970년대 말에 Intel에서 EPROM의 후속으로 나오게 되었고, 더욱이 이는 EPROM보다 package size가 4분의 1 정도로 작은 디바이스가 가능해져서 획기적인 디바이스의 발전으로 이어졌다. EEPROM은 byte(혹은 bit) 단위로 erasure할 수 있는 장점이 있으며, EPROM의 lens가 없어지는 대신 1개의 Tr이 추가되어 1개 MOS Tr과 stacking gate(floating gate + control gate)로 이루어진 구조로 된다. 이때 control gate는 EPROM에서는 program동작 시에만 사용하던 것을, EEPROM에서는 program 및 erasure 동작까지 확대하여 사용하였다.

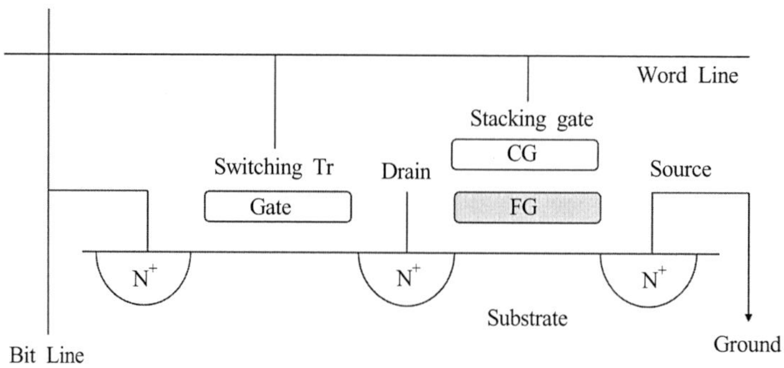

❒ CH4. 그림 2-7 EEPROM 단면

동작측면을 보면, MOS Tr은 switching 역할을 하고, 별도로 구성된 stacking gate인 CG와 FG가 program과 erasure 동작을 수행한다. Stacking gate에서는 control gate와 substrate의 전압차이를 이용하여 electron들을 floating gate에 charge/discharge을 진행하는데, program 시에는 EPROM의 hot electron 대신 Field Electron Emission이라고도 하는 FN Tunneling 방식을 사용하고, erasure 시에도 전압차이를 이용한 FN Tunneling 방식으로 electron을 소거한다. Electrically erasure 방식은 EPROM의 erasure operation의 불편함이 해소되어, program/erasure의 max cycling 횟수에 대한 target치가 EPROM에 비하여 100배 이상 높아지기는 했으나, 반면 program speed는 FN tunneling 방식을 사용하므로 EPROM의 HCI 방식에 비하여 100배 이상 늦어졌다.

2-2-4 Flash EEPROM

EEPROM에서 Byte의 작은 단위로 erasure를 하다 보니, 어느 일정 영역을 erasure하는 데 시간이 너무 많이 걸리게 되었고, 이런 단점을 개선하기 위하여 erasure 영역을 좀 더 넓게 가져갈 필요가 대두되어, sector 혹은 block 단위로 erasure를 할 수 있는 디바이스가 1980년대 중반에 Toshiba에서 나왔다. 이때 sector 혹은 block 전체를 한꺼번에 일괄적으로 erasure할 수 있다고 하여, 이런 기능을 하는 update된 EEPROM을 Flash(섬광)라고 naming했다. Flash EEPROM은 EEPROM 보다 구조가 더욱 간단해져서 종전의 1개 MOS Tr + Stacking Gate(2개)에서, 1개 MOS Tr을 skip하고 stacking gate(2개)로만 축소하여 사용하게 되었으며, 이때 stacking gate는 control gate와 floating gate가 아래 위로 stacking된 상태를 의미하고 MOS Tr의 switching 기능이 stacking Tr 속으로 들어왔다. 1개 MOS Tr이 없어짐으로써 package size도 더욱 작아지면서, 지금까지의 ROM 계열의 장점인 EPROM과 EEPROM의 장점을 모두 갖게 되는 디바이스가 출현하게 된 것이다.

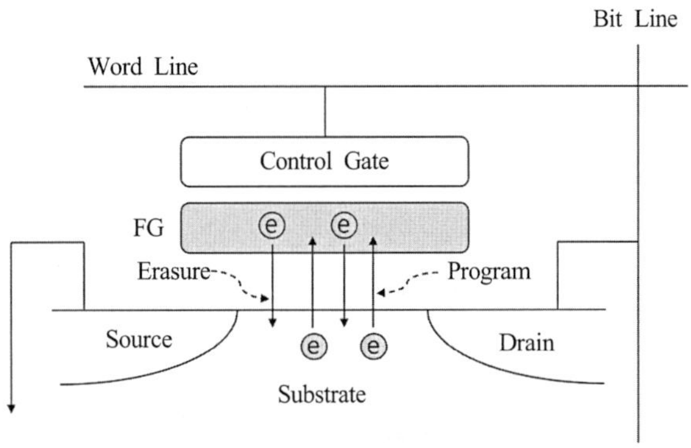

❐ CH4. 그림 2-8 Flash Floating Gate 단면 @ program과 erasure 시의 electron 이동

Operation을 보면, Flash memory는 별도의 additional MOS Tr이 없어서 한 개의 stacking gate가 Tr의 switching 역할도 같이 하도록 구성되었고, program과 erasure를 동작시키는 데 있어서는 EEPROM과 동일한 operation을 수행한다. 초창기에는 program operation은 hot carrier injection(HCI)방식을 사용하고 erasure는 FN Tunneling을 적용하였는데, tox의 두께가 얇아지면서 HCI의 단점인 tox 열화현상을 방지하기 위하여 program/erasure 모두 FN Tunneling 방식을 사용하는 추세이다. Program 시에는 control gate에 약 +24 ~ +26V 정도의 높은 전압을 인가하여 FG에 electron을 charge하고, erasure 시에는 substrate에 약 +20V 정도의 높은 전압을 인가하여 electron을 FG에서 discharge시킨다.

Flash memory의 내부에서 cell이 2-dimension 상에 이루는 집합의 형태를 array라고 부르는데, array type 관점으로 분류하면 NOR type과 NAND type으로 나뉜다. NOR와 NAND는 논리회로에서 따온 이름인데, 2가지 type 모두 NMOS형 Tr base로서 data를 저장하고 읽고 하는 기능의 input/output이 각각 NOR 및 NAND 논리의 input/output과 같고, 동일한 NOR/NAND 논리에 따라서 operation되기 때문에 붙여졌다. Charging carrier로 hole charged floating gate를 이용하여 $V_{th-hole}$ 분포를 사용한다면, hole charge 시의 늦은 hole의 속도 및 논리구성상의 복잡도가 증가하기 때문에, 현재는 거의 사용하지 않고, electron을 charging carrier로 활용한다.

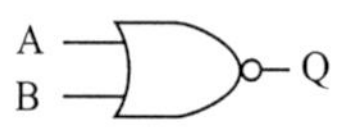

Input A	Input B	Output Q
0	0	1
0	1	0
1	0	0
1	1	0

NOR Truth Table

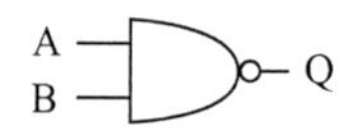

Input A	Input B	Output Q
0	0	1
0	1	1
1	0	1
1	1	0

NAND Truth Table

❒ CH4. 그림 2-9 NOR Gate Logic 및 NAND Gate Logic의 Truth Table

2-2-4-1 NOR Flash Memory @ cell array structure

NOR의 cell array 구조는 DRAM, SRAM 혹은 일반적인 memory 반도체 구조와 동일하게 W/L과 B/L이 만들어 낸 정방형 box안에 1개 cell씩 들어 차 있는 matrix 구조로서, NAND의 string 구조에 비하여 간단하다. NOR는 NAND에 있는 string이 없기 때문에 cell array를 access하는 방식이, 병렬방식으로서 read 및 program 시에 random read, random write가 용이하다. 병렬식 random mode란 bit line과 word line의 바둑판 구조에 의하여 accessing 방식이 chip 내의 임의의 target cell에 대하여 X, Y address만 주어지면, cell by cell random access 방식으로 진행하므로, 어떤 cell이건 direct accessing이 가능하다. 이는 단독 cell을 처리하는 경우, 혹은 data량이 소량을 처리해야 하는 경우에 유리하며, random operation 시 속도가 빠르다는 장점이 있지만, data량이 많을 경우에는 모든 data마다 모든 cell에 대하여 W/L과 B/L으로 accessing을 하여야 하기 때문에 program 시에는 serial accessing 방식보다 도리어 속도가 느려진다. Program 시 사용하는 byte 단위(한번에 저장하는 용량단위가 작음)를 기준으로 FNT와 HCI를 비교하자면, program의 FN tunneling 방식을 사용하는 EEPROM에 비하여는 HCI program 방식인 NOR가 100배 정도 빠르다.

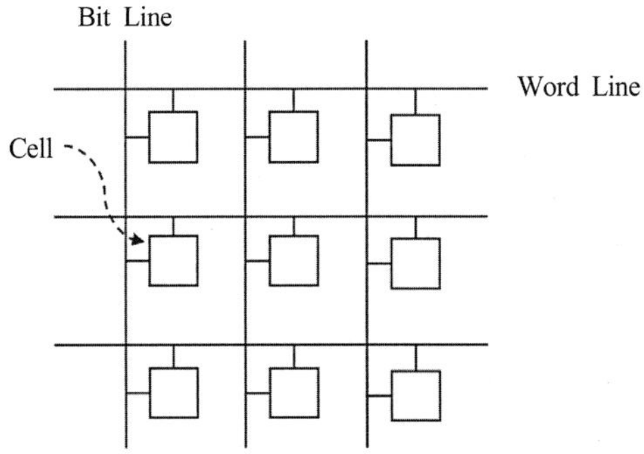

❐ CH4. 그림 2-10 NOR Flash Cell 병렬배치

NOR는 code flash memory라 하여 일반적인 저장용 data가 아닌 O/S program 등과 같이 중요한 coding data를 저장하는 데 주로 사용한다. 초창기에는 모든 type의 data에 적용하였지만 NAND의 출현으로 활용 area가 축소되었다. Code flash memory로는 여러 제품 중에 NOR Flash와 EEPROM을 들 수 있다. Code flash memory는 data의 input/output을 parallel로 처리하는데, 이는 처리하는 data량이 일반 data flash memory(NAND)에 비하여 적은 경우이면서 높은 신뢰성이 요구되는 data들에 적합하다. NOR는 bit당 cost가 NAND에 비하여 높아서 주로 high reliability용으로 많이 사용한다. Bit당 점유하는 면적도 각 physical cell별로 source contact과 drain contact이 전체 cell면적의 반정도의 portion이 되어 NAND에 비하여 크기 때문에 주로 1G bit 이하의 Mega bit 단위의 낮은 용량으로만 자주 사용된다. NOR Flash는 memory 저장용으로는 최근의 high density memory를 요구하는 application trend에 편승하지 못하고 niche market에 안주하게 됨으로 융성하던 NOR business가 약화되었다. Cell array base로 제품을 구분한다면 EEPROM과 NOR Flash는 일반적인 memory에서 사용하는 범용 병렬식 structure이고, NAND Flash가 돌연변이 structure인 셈이다.

2-2-4-2 NAND Flash Memory @ cell array structure

NAND Flash는 지금까지의 장점들을 모아놓은 형태의 device이다. 구조적으로는 CG와 FG의 stacking gate 형태라서 별도의 switching Tr이 없으므로 EEPROM에 비하여 집적도가 높고, 또 string 구조라서 data accessing 방식은 parallel이 아닌 serial 방식으로, 많은 양의 data를 program할 경우 NOR보다 속도가 빨라서 data 저장기능이 주목적인 data flash memory에 적합하다. Program 및 erasure 시에는 FN tunneling 방식을 사용하여 tunnel oxide layer의 열화가 HCI방식에 비하여 적으며 gate current가 거의 없기 때문에 power dissipation도 유리하다.

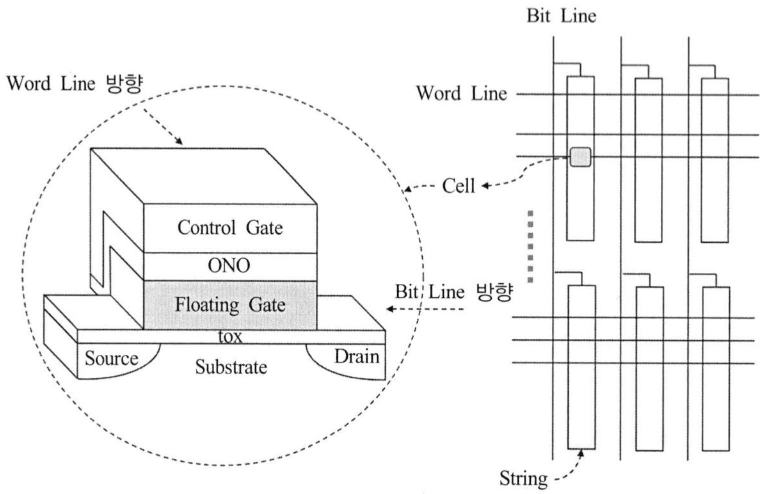

❒ CH4. 그림 2-11 NAND Flash 단면도 및 직렬배치

x축 방향으로는 word line축으로 data operation의 기본이 되는 page가 형성되어 있고 y축 방향으로는 bit line축으로 string 구조이다. Y-decoder를 통하여 input된 data들은 conventional HBL(Half of bit line) 혹은 ABL(All of bit line) 방식을 이용하여, page 단위를 기본 용량으로 data processing되며, data register(page buffer)라는 독특한 형태의 register를 이용하여 program/read 동작을 수행한다. <CH4. 그림 2-11>에서 NAND Flash의 bit line 방향과 <CH4. 그림 2-12>에서의 word line 방향을 결합하면 NAND Flash cell의 입체 구조가 형성된다.

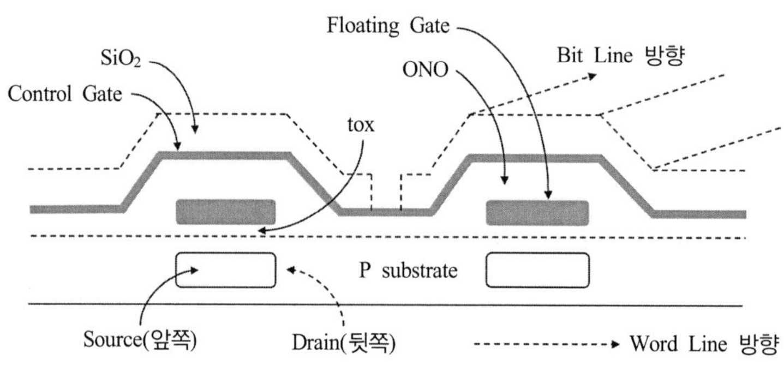

❒ CH4. 그림 2-12 NAND Flash 단면도 @ word line(x축) 방향

Page level을 bit line 방향으로 access할 때는 직렬 ascending방식으로 하면서, cell data는 page 단위로 한꺼번에 page(block 내)에서 data register(page buffer)로 이동시키므로, NAND는 내부에서는 직병렬식 page mode로 data를 입출력한다. Read operation speed는 random read 시 NOR에 비하여 NAND가 느리지만, sequential read/program 동작 시에는 program 속도는 NOR에 비하여 몇 배 빠르다. Sequential 동작을 수행할 수 있는 serial structure는 NAND 혹은 AND에서 볼

수 있는 구조인데, bit line 방향의 cell architecture가 string이라는 직렬구조로 구성되어 있음으로 해서 단점에 비하여 장점이 많다. <CH4. 그림 2-11>참조. String은 새끼줄에 굴비가 매달려 있는 형태인데, 한 번의 신호를 주어 직렬로 나열되어 있는 각 cell의 읽기 혹은 쓰기 동작을 연이어 할 수 있어서, cell당 단위속도는 빠르지는 않지만, cell과 cell 간의 처리 속도(string 방향)가 병렬구조인 NOR에 비하여 빠르기 때문에, 많은 양의 data를 처리하는 속도가 병렬방식에 비하여 직렬방식이 빠르다. 이런 방식이 개발되어 있지 않다면 현재 사용되는 mobile phone, note book, server 등에 사진이나 동영상, big data 등 원하는 data를 uploading하고 읽어내는 data processing에 많은 시간이 소모되어 digital 산업이 최근처럼 빠른 속도로 발전하지는 못하였을 것이다.

그러나 NAND Flash의 치명적인 단점은 HDD에 비하여 FG에 data를 쓰고, 읽고, 지우는 cycling의 최대 허용 횟수가 작고(HCI 방식보다는 FNT 방식의 cycling 최대허용횟수가 크다) data를 FG에 보존할 수 있는 retention time이 짧다는 데 있지만, cell당 source contact과 drain contact의 portion이 NAND가 NOR에 비하여 30분의 1 혹은 60분의 1로 DSL(Drain Select Line)과 SSL(Source Select Line)이 점유하는 portion size에 유리하므로 NAND의 cell size가 NOR에 비하여 현저히 작게 되어, bit당 NAND cost가 NOR에 비하여 저렴할 수 있어서 NAND 시장 점유율은 확대되는 추세이다. NOR에 비하여 NAND의 density는, SLC는 약 10배, MLC는 약 100배, TLC로는 약 1,000배에 해당하며, 향후 3D의 출현으로 약 10,000배까지도 차이가 나는 추세이다.

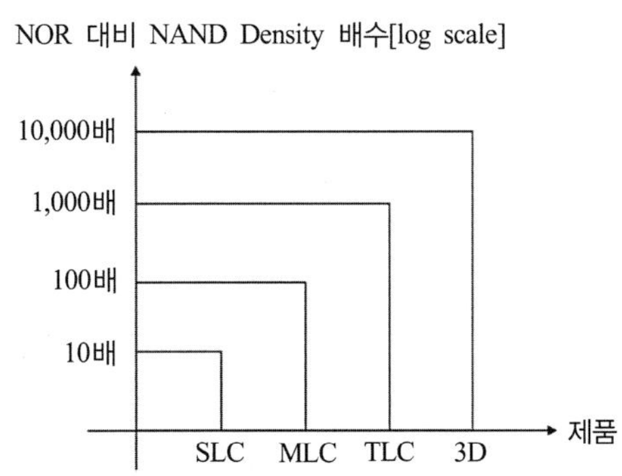

❒ CH4. 그림 2-13 NOR 대비 NAND 용량비율

한편, Density와 power dissipation을 제외한 NOR의 장점도 많다. NOR(낮은 용량) line 폭 간격이 NAND(높은 용량)에 비하여 여유있는 원인도 있지만, NOR cell의 병렬구조의 이점으로 인하여, NOR의 신뢰성은 NAND에 비하여 전반적으로 월등하고, operation time도 일부 대용량 data operation을 제외하곤 소량단위에서는 전반적으로 빠르며, cell 간의 간격도 넓다

보니 disturbance/ interference 영향도 크지 않다. 이런 NOR의 우월항목들은 NAND가 구조적으로 태생적으로 갖고 있는 단점에 대하여 향후 benchmarking하여 극복해야 할 방향이다.

2-2-5 Hot Carrier Injection과 FN Tunneling의 비교 @ Nonvolatile

<Chapter 3. Session 3-7>에서는 hot carrier injection(HCI)과 FN tunneling(FNT)의 기능적 측면에 대하여 알아보았고, <Session 2-2>에서는 HCI/FNT와 연관된 제품을 살펴보았으므로, 이제 이 둘을 종합하여 HCI와 FNT의 장단점을 비교해 보자.

Nonvolatile memory에서 어떤 product type이건 erasure operation에서는 FG에 있던 자유전자를 방출하는 것이므로, HCI 방식은 적용되지 않고 모두 FNT(FN tunneling) 방식으로만 사용된다. Erasure operation 시에는, floating gate 내에 있던 electron을, HCI 방식의 channel에 있던 electron들처럼 사전에 가속시킬 수가 없기 때문에, FG에서 전자를 substrate로 직접 빼내야 한다(EPROM은 erasure 시에 ultra violet light을 이용함으로 논외로 한다).

Program operation 시에는, nonvolatile memory로 사용하는 제품 중에서, HCI를 적용하는 것은 EPROM과 NOR Flash인데, 이는 HCI를 적용하여도, tox가 두껍기 때문에 신뢰성에 치명적인 손상이 없는 구조이다. Program speed는 HCI방식이 FNT보다는 빠르다. HCI는 channel이 형성된 후에 source에서 drain terminal쪽으로 다가가면서 점점 빠르게 이동하는 electron을 끌어 당기는 방식이고, FNT는 substrate에 존재해 있던 minority carrier인 electron을 사전 가속없이 floating gate로 잡아 당기기 때문에 FN tunneling의 program 방식보다는, HCI방식의 electron 이동이 빠를 수밖에 없다. Program 시 HCI를 적용할 경우, control gate에 인가하는 program 전압 level도 FNT에 비하여 50% 정도로 낮게 적용할 수 있다. 낮은 program 인가전압은 high voltage generator의 burden을 줄이고, program 전압이 작기 때문에 인접 cell에 disturbance 영향을 적게 준다.

반면, FNT는 drain current를 이용하기 않기 때문에, electron을 FG에 charge 시에는, minority carrier인 electron에 의하여 발생된 nano Ampere[nA]단위의 HCI에 비하여, 10분의 1정도(수백 pico Ampere)의 current가 전부이지만, HCI는 drain current를 이용하므로 electron을 FG에 charging 시에도 FNT에 비하여 높은 전류가 흐르면서 열이 많이 나는 단점이 있다. FNT의 program과 erasure 시에 가장 큰 변수는 tunnel oxide 두께(operation time이 두께에 비례)이지만, HCI는 tunnel oxide의 두께뿐만이 아니고 drain current를 이용하기 때문에 channel 길이도 영향을 끼친다. Channel 길이가 너무 짧으면 electron이 충분히 가속되지 못하고, 반대로 길면 너무 많이 가속되어 FG의 electron charge 효율이 저하된다. FNT는 channel 길이에 무관함으로 cell size reduction에 유리하다. 전체적으로 볼 때, HCI의 장점이 많지만, FNT가 HCI에 비하여 chip size와 소비전력이 적고 동작과 구조가 간단하여, NAND Flash에서는 program/erasure 동작을 FNT 방식으로 사용한다.

Session 3 NAND Flash Memory 구조

<Chapter 4. Session 3>은 NAND Flash 내부의 hardware 구성으로서, 큰 단위 영역인 chip에서부터 작은 단위로 내려가면서 plane > block > WL & BL의 구조적 역할에 대한 내용이다. NAND의 structure trend는 갈수록 고집적화 및 고기능화 되면서, chip size를 최소화시키는 방향으로 설정되어 있다.

3-1 Chip 구조

Hardware적으로 볼 때, NAND flash를 구성하는 제일 큰 단위로는 chip이 있고, 그 하위로는 plane이 있는데, plane은 보통 2개~4개의 plane으로 구성되어 chip을 형성한다. Chip은 크게 data를 저장하는 cell영역과 cell 이외의 영역인 peripheral 영역으로 나눈다. Cell영역은 core area, cell array, core array 혹은 cell matrix 등 다양하게 부른다. Memory array 혹은 cell array라고 하는 core 영역은 chip area 중에서 가장 큰 면적을 갖는다. 물리적인 구성으로는 순차적으로 plane > block > page로 나눌 수 있다. Peripheral 역할은 data의 Program/Erasure/Read를 support하는 기능으로서, address를 access한다거나, command를 처리한다거나, data의 input/output을 관장한다거나, high voltage를 생성시키는 등, cell array가 하는 기능 이외의 나머지 모든 control과 support 역할을 수행한다. Peripheral 영역은 analog 영역과 logic 영역이 있고, cell array의 address를 지정할 수 있도록 X-decoder, Y-decoder 등이 포함되어 있다. 기타 I/O pad 및 다른 몇 개의 작은 portion의 영역들이 chip을 구성한다.

좀 자세하게는, core area는 cell array 영역과 sensing 영역인 data register(page buffer)까지 관장한다. Analog area는 전압 level을 관리하며, high voltage를 발생시키는 voltage generator를 주관하고 있으며, logic area는 chip이 동작하는 데 필요한 명령어들의 interface 영역과 algorithm 영역을 포함한다. Logic과 analog area는 chip size를 줄이기 위하여 여러 plane들이 공통으로 사용하는데, 특성 혹은 다른 성능이 저하될 경우는 peripheral의 특정한 area를 떼내어 각 plane별로 분리해서 사용하는 등, area를 flexible하게 사용한다. Chip이 완성되면 용량을 높이기 위하여 몇 개 chip을 stacking하며, stacking된 chip은 X-decoder address에서 selection할 수 있는 address를 별도로 assign하여 chip to chip을 control한다.

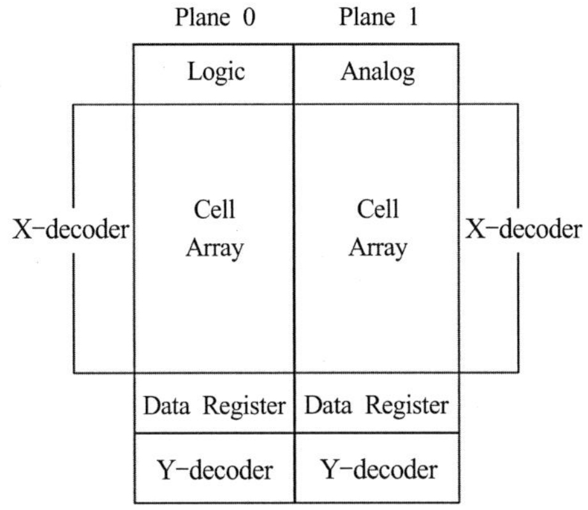

❐ CH4. 그림 3-1 2-Plane인 경우의 Chip Structure

3-2 Plane 구조

Plane의 cell array 영역은 몇 천 개의 block으로 이루어지며, block은 수십 개~수백 개의 page로 구성되고, page는 수천 개에서 수십만 개의 byte cell로 되어 있다. NAND 초창기에는 1개 chip당 1개 plane으로 구성되었으나, 2000년 중반 이후부터 performance를 향상시키기 위하여 1개 chip당 2개 plane으로 구성하기 시작했다. Chip당 사용하는 plane의 수가 늘어나면, 그에 따라 program과 read operation의 throughput이 향상되지만, 내부 구성이 복잡해지고 operation 시의 current가 plane수에 비례하여 많이 소모된다는 단점이 있다. 제품도 SLC에서 MLC로 다양해지면서 1개 plane보다는 multi-plane을 활용하는 것이 MLC에서 필요로 하는 성능을 meet하기에 보다 더 편리해진다. 그러나 NAND의 기본동작들이 plane 단위로 수행되고, 각 plane 동작들을 support하기 위해 peripheral 영역이라든지 공통으로 들어가는 보조 동작과 보조 영역들이 넓어지므로, plane이 많아질수록 chip size는 비례하여 커지기 때문에, plane 수는 되도록 최소로 설정된 방향이 바람직하다. 향후 TLC, 3D 등에서 다양해지는 성능을 감안하여 plane수는 각 제품별로 더욱 다양화 될 것이다.

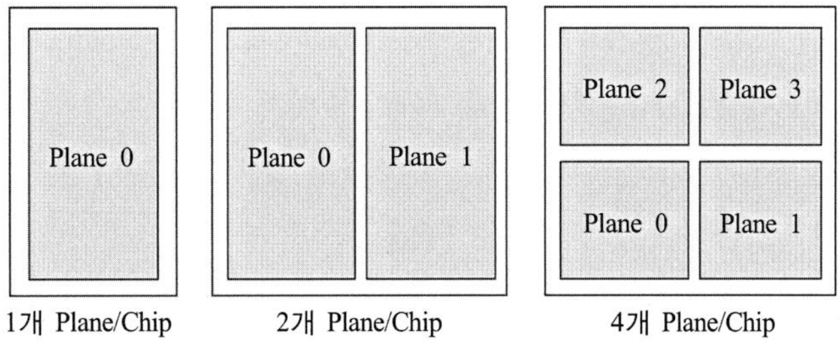

❐ CH4. 그림 3-2 NAND Flash Chip 내부의 Plane 구성

Plane의 의미는 plane 내에서 모든 기능을 독립적으로 할 수 있다는 데 있으므로, plane별로 별도의 X-decoder와 Y-decoder 및 data register가 할당되어 있다. 즉, 1개 chip 내에서 2개의 plane(plane 0, plane 1)을 사용하면 1개 chip이지만 2개의 chip이 동작하는 것 같은 효과를 볼 수 있다. 물론 그 효과가 2배의 효과로 나타나지는 않지만 평균적으로 1.2배~1.5배 정도는 된다. Plane operation에는 1개 plane씩 운용하는 single plane operation과 2개 plane씩 혹은 그 이상 운용하는 multi plane operation이 있다. Hardware적으로 chip 내에 plane이 multi개 있어도 plane operation을 multi로 하지 않고 serial로 진행한다면 single plane operation이 되어 multi plane을 구성한 의미가 없어지게 된다. NAND의 3대 operation 측면으로 보면, program과 read는 plane 별로 page 단위로 동작을 수행하고, erasure는 plane 별로 block 단위로 실시한다. Plane operation을 효과적으로 진행하기 위하여, cell의 동작은 각 plane별 block address와 page address가 모두 지정된 후에, 모든 plane의 operation이 동시에 병행으로 진행되면 operation time을 절약할 수 있다.

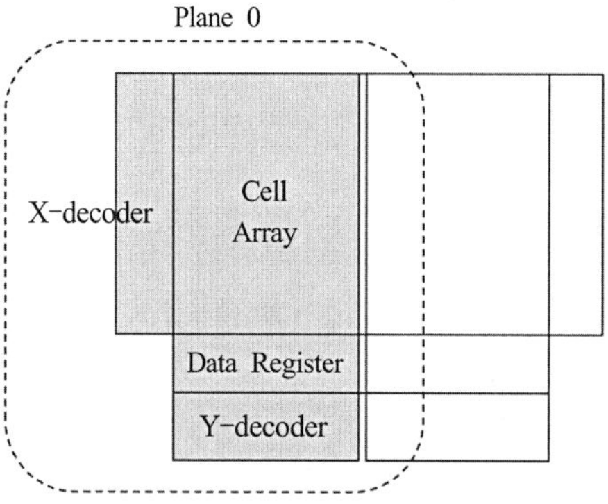

❒ CH4. 그림 3-3 Plane Structure

3-2-1 Pin Configuration과 각 Pin 기능

NAND package의 외부로 도출된 lead선(혹은 ball)들은 NAND가 외부와 communication할 수 있도록 연결해주는 역할을 한다. 가장 기본적인 pin이 data를 input/output시키는 DQ pin이다. Data가 8bit로 구성되어 있으므로, DQ pin은 8개가 있어서 #0~#7까지 번호가 정해진 pin으로 in/out되는 signal들은 data bus를 나타낸다. External voltage는 3.3V인 반면, internal voltage는 3.3V > 1.8V > 1.2V로 줄어드는 추세이다. I/O는 ×8을 사용하고 있으나, speed 경쟁이 치열하여, ×16, ×32까지 확대해 갈 것이다. Chip이 동작 가능하다는 signal을 주는 chip enable pin인 CE#(chip enable bar)pin이 low로 떨어짐으로써, 비로서 chip 내의 모든 동작이 가능하다. CE#가 high이면 다른 chip이 동작되고 있으므로 해당 chip은 standby 상태가 된다.

Chip이 enable되면, host에서 NAND로 command가 input되어야 하므로 Command Latch Enable(CLE) pin이 동작하고, 이어서 cell array 내의 address가 선택되어야 하므로 Address Latch Enable(ALE) pin으로 host에서 signal이 들어온다. CLE와 ALE에 signal이 들어오면, 이어서 DQ pin으로 들어오는 cycle들이 각각 command information 혹은 address information 혹은 data라는 신호로써, 내부 DQ control에서 각각 기능에 맞도록 처리된다. Chip 내부에서 operation이 진행되는 동안에는 R/B#(Ready Busy Bar)가 low로 떨어져서, NAND가 내부적으로 operation하여 바쁘니, 외부와 다른 signal을 주고 받지 못하도록 한다. R/B#가 high일 경우에는 chip이 ready상태이므로 next 동작을 외부와 진행할 수 있다. Read operation인 경우, chip 내부에서 cell array의 data를 read 완료 하였으면, RE#(Read Enable Bar) pin이 high로 올라가서, read한 data를 외부로 out시키도록 한다. 이때 data out은 data register에 있는 data들이 serial하게 NAND 밖으로 전달된다. Program operation인 경우, CLE와 ALE가 high가 되면, DQ pin에서 외부로부터 data을 접수하여 program할 command와 address가 fix된 후에, DQ의 data들은 WE#(Write Enable Bar)가 low로 떨어질 때 내부로 data를 들여와 cell array로 옮겨 놓는다. Program동작이 완료된 후, 내부 data가 다른 information으로 다시 program되거나 erasure되지 않도록 보호하기 위하여는 WP#(Write Protection Bar) pin을 low로 떨어뜨려 control한다. <Chapter 6. Session 4> 참조.

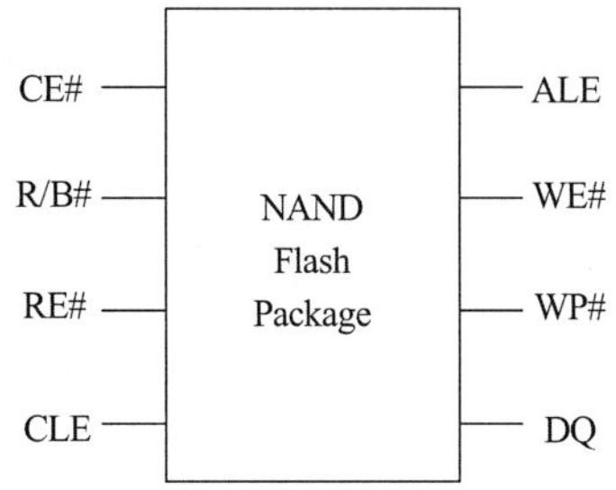

❒ CH4. 그림 3-4 NAND Flash Package의 간략화 한 Pin Configuration

3-3 Block 구조 및 기능

Plane은 수천 개의 block으로 나뉘는 데, 만약 plane을 block으로 세분하지 않은 상태에서, plane 전체를 동일단위 저장 영역으로 놓고 program, erasure, read operation을 진행할 경우, data를 이합집산시켜야 하는 data management가 거의 불가능하므로, 효율적인 data 관리를 위하여 plane을 보다 더 작은 단위인 block으로 세분화하여 동작시키는 것이 유리하다. NAND의 3대 operation 중 erasure 동작은 block 단위로 실시하고, program과 read operation은 block보다 더 세분화된 page 단위로 진행한다. Plane 내의 block 번호는, plane이 여러 개일 경우는, plane들을 zig-zag로 번갈아 가며 serial 번호로 assign한다. 1개 plane은 보통 block을 2K개 혹은 4K개 정도 보유한다.

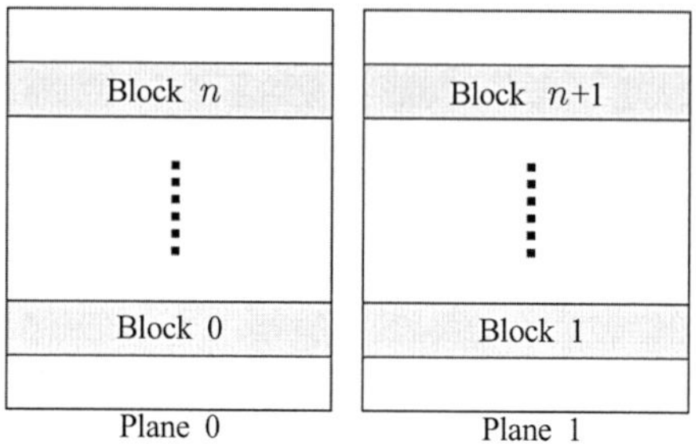

❒ CH4. 그림 3-5 Plane 내의 Block 구성

Block의 x축을 구성하는 단위가 page이고, y축을 구성하는 단위는 string으로서, block은 page와 string이 바둑판처럼 구성된 matrix 구조로 형성되어 있다. 이는 지도를 위도와 경도로 나누어 위치를 표시하는 방식과 같다. Page는 word line이고 string은 bit line을 지칭하는데, word line과 bit line 모두, 물리적으로는 분리되어 있으면서 또 연속적으로 연결된 cell로 이루어져 있다. Block은 보통 16개~128개의 page를 보유한다. Device의 density가 커짐에 따라 page수도 증가하여, 향후 block당 256개, 512개의 page를 예상할 수 있겠다. NAND Flash 초창기의 block은 chip의 용량이 1Gb 미만으로 cell수가 상대적으로 적은 small size block을 적용하였고, 2000년대 중반 즈음부터 chip의 용량이 1Gb 이상으로 늘어나서 cell수가 상대적으로 많은 large size block을 사용하였으며, 그 이후로는 모든 NAND Flash memory는 large block으로 구성되었다. 그후 Large block size가 계속적으로 확장되므로 small block과 large block을 구분하는 자체는, 현재로서는 의미가 거의 없어졌다.

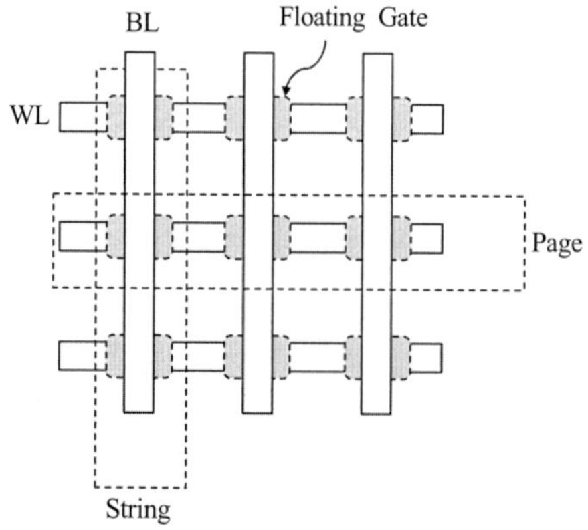

❒ CH4. 그림 3-6 Block 내의 Page와 String의 Structure

Page는 data를 저장하는 main area와 보조 역할을 하는 spare area로 구성되어 있고, string은 data를 program하고 erasure하는 FG가 포함된 NAND cell과, string 양끝에서 ON과 OFF를 조절하여 cell의 operation을 도와주는 FG를 포함하지 않은 MOS Tr인 DSL(Drain Select Line)과 SSL(Source Select Line)이라는 select Tr로 구성되어 있다. Select Tr은 FG가 없으므로 data를 저장할 수 없으므로 cell의 용량에 포함되지 못한다. Page size는 보통 4KB에서 8KB 정도의 cell을 갖지만 이 또한 증가 추세이다. <CH4. 그림 3-6-1>은 top side view인 <CH4. 그림 3-6>을 입체적으로 구성시킨 NAND cell array이다.

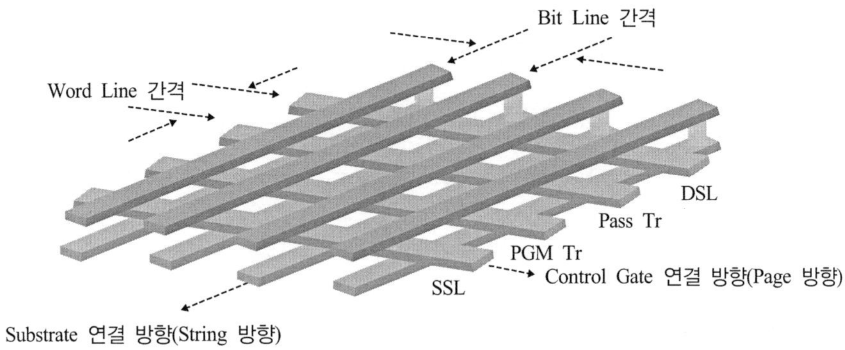

❒ CH4. 그림 3-6-1 Page방향의 Control Gate와 String방향의 Substrate로 이루어진 구조

3-3-1 *X*축으로 본 Block Structure

Main area와 spare area로 구성되어 있는 block 내의 main area size는 점점 증가하는 추세이지만 최근에는 saturation되고 있다. Main area는 cell area 혹은 data area라고도 하며 정보를 저장는 것이 주목적이다. Main area는 대부분 user의 필요에 의한 user area로써, user area가 전체 chip area 중에 제일 큰 portion을 점유한다. User가 S/W program을 저장할 수 있도록 배려해놓은 block을 system block이라고 하고, data in/out 등 buffer용으로 활용하는 area를 buffer block이라 한다. System block은 빠른 속도와 고신뢰성을 필요로 하기 때문에 MLC라 하더라도, 용량을 손해보고라도 SLC로 구성해 놓기도 한다.

Spare area는 main area의 operation을 support하기 위한 area로서, block information을 저장하고, bad block을 교환해 줄 여분의 cell을 확보해놓은 redundancy용으로 활용하며, 혹은 fail bit를 처리하기 위한 ECC로 운용한다. ECC에 할당되는 size는 ECC가 cover하는 ability에 따라서 변하므로 ECC size가 크다는 것은 그만큼 강력한 ECC 기능이 적용되었다는 의미이다. ECC는 fail bit 발생 시 software적으로 해결하는 기능을 하지만, redundancy 기능은 fail cell을 hardware적으로(물리적으로) 처리한다. 주로 spare area의 portion은 ≪ 5%를 할당하여 portion

을 낮추는 대신, main area의 portion은 되도록 높이는 것이 수익성에 도움이 된다. 이외에도 file system에 대한 information이라던가 기타 필요한 사항들을 저장해 놓기도 한다.

Spare Area Portion = Spare Area의 Cell의 수/Cell 전체 Area의 Cell의 수　　정리1)

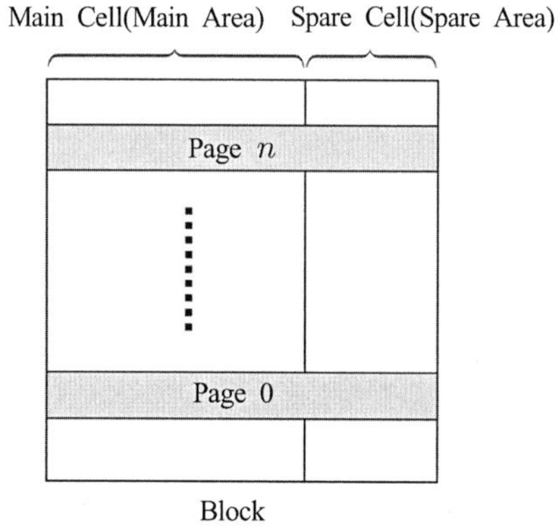

❒ CH4. 그림 3-7 Block과 Page 위치

3-3-2 *Y*축으로 본 Block Structure

모든 block들은 bit line을 통하여 sensing block과 연결된다. Sensing block은 block 내의 정보를 read 혹은 write하기 위한 buffer 기능으로서, 이를 data register 혹은 page buffer라고 부르는데, 여기서는 data register라고 사용하겠다. 2개의 block 사이에 bit line contact을 연결시켜 놓아서, 2개 string(DSL에서~cell area~SSL까지)이 BL contact을 가운데에 두고 공통으로 사용하면서 mirror 구조를 가지며, data register와 data를 주고 받는다. 따라서 BL contact 기준뿐

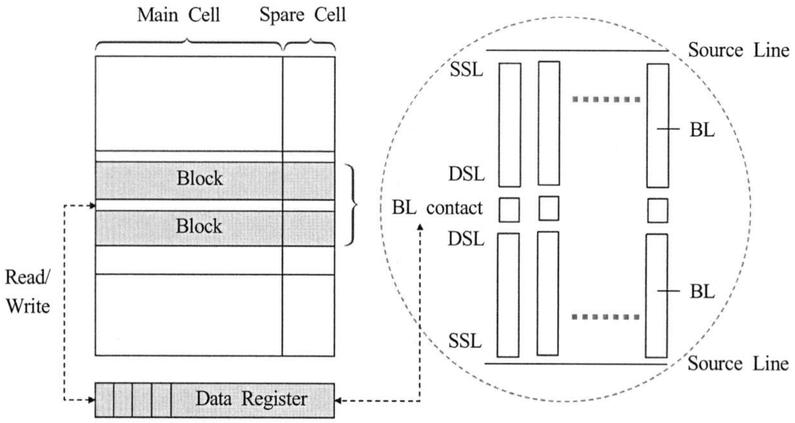

❒ CH4. 그림 3-8 Data Register와 Block의 Data Input/Output

만 아니라, common으로 사용되는 source line 기준으로도 string은 mirror 구조가 되고, 각 string 단위는 bit line contact과 source line을 반반씩 분할하여 사용하는 모양새가 된다.

Data Register도 main area와 spare area로 구성되어 있는데, 1개 plane이 operation 시에 1개 data register를 사용하며, data register는 chip이 data를 밖으로 실어 내보내고, data를 들여다 쓸 때 registering 역할을 한다. Data Register size는 일반적으로 page size와 동일한데, conventional HBL 방식일 때는 page size는 data register size에 비하여 두 배로 되어 2-page operation이 된다. 이때 ABL(all bit line) 방식은 page size가 증가하지 않으므로 ABL의 data register size는 physical page size와 동일하다. 혹은 conventional HBL 방식일 경우에도 page size = data register size가 되도록 사용하기도 하는데, 이럴 경우는 data register size를 불필요하게 2배 size로 확장하여 사용해야 하므로 잘 사용하지 않는 방식이다.2)

3-3-3 Block 종류 @ 내용상의 분류

Block은 물리적, 내용적, 성능적으로 구분될 수 있다. 내용적으로 분류하면 memory를 처리하는 core(main) block이 핵심으로 chip 내의 core block이 대부분의 portion을 점유하고 있으며, 이는 항상 fail이 없는 clean block으로 유지되어야 한다. Main/spare block 이외의 block을 extra block이라고 하며, extra block은 non-addressable block으로서, cell array area에 포함되지 않으므로 main block address로 관리하지 않고 별도로 구분한다. Extra block에는 CAM block, sensing block, extended block, OTP block 등이 있다.

Power를 ON하면 V_{cc}가 input되면서, NAND는 initialization부터 수행되는데, block 중 CAM block을 read하는 CAM operation을 device initialization이라고도 하며, CAM block은 제조사가 제조공정 시 발생된 cell fail을 포함하여 각종 필요한 information을 일정영역에 할당시킨다. 이는 또 user용으로 user가 필요하여 chip에 접근 시 가장 먼저 읽어내야 하는 information이 저장된 block이다. User가 필요한 information이란 device type에서부터 density, 제품 종류, speed, 사용될 전압 range, pin configuration, chip을 제조할 때 발생된 user용 fail status, 등등 제조사가 user에게 제공하는 NAND의 basic specification이다. 어떤 block은 bad block이므로 사용하지 않아야 하고, main block은 가용할 수 있는 density가 얼마나 되며, block size와 page size는 얼마나 되는지, fail이 발생되었을 경우 fail을 good으로 repair한 상황 및 repair한 결과가 연결된 mapping 상황 등이 담겨있다. 이는 user가 NAND 내의 문제되는 area를 인지하여

2) Conventional HBL(Half of Bit Line)은 bit line structure을 구분하는 방식 중의 하나 인데, bit line을 even bit line과 odd bit line인 2개 grouping으로 구분하여 동작하는 방식이다. 이를 EOBL(Even Odd Bit Line)이라고도 한다.

bad area(block)를 사용하지 않도록 선조치하고, user의 대처 능력을 높이기 위함으로, user가 NAND를 사용하기 전에 강제로 자동확인 할 수 있도록 auto read해 놓았다. CAM block에 저장된 중요한 data는 그 자체가 문제가 되면 안 되므로 동일 data를 여러 번(8번) 반복된 redundancy data를 CAM block 내의 다른 cell area에 program하여 놓기 때문에, 실제 data량보다는 많은 physical cell area을 CAM block 내에 준비해 놓아야 한다. <Chapter 8. Session 4. CAM Read> 참조.

Sensing block은 data register(page buffer)라고도 하는데, cell의 정보를 ON 혹은 OFF로 구분하여 확인할 수 있는 기능을 한다. Sensing은 current sensing과 voltage sensing으로 나뉘는데, conventional HBL은 주로 voltage sensing을 하고, ABL은 current sensing 혹은 voltage sensing을 한다. Sensing은 기준 level을 정하여, 기준 level에 meet되었는지 혹은 meet되지 못하였는지를 verification하여 ON 혹은 OFF로 판정한다. Data Register는 외부에서 입력되는 data를 page 내의 cell에 PGM(Program)하기 전에 data register의 저장공간에 임시로 저장하였다가 main cell에 program하고, 혹은 page 내의 main cell에 저장되어 있는 내부 data를 sensing하여 ON 혹은 OFF를 판별한 후에, 판정된 data를 외부로 전달할 때 활용한다. <Session 3-6. 참조>

Extended block은 말 그대로, 확장시킨 block으로 bad block이 예상보다 더 많이 발생되거나 하여 user에게 일정 수준의 good block portion을 제공하지 못할 경우를 대비하여 준비해 놓은 block으로 user에 대한 service용이다. Extended block은 기준이 정해져 있는 것이 아니기 때문에 block 개수가 많아지기도 하고 적어지기도 하여, chip 설계 시 여분으로 충분한 area를 확보했다가 제품품질이 좋아서 fail block이 적게 발생하면 이를 repair하는 데 사용하기도 하고, 혹은 data용 buffer block으로 사용하여 main block의 density를 넓혀주는 데 일조하기도 한다. MLC나 TLC는 신뢰성적인 면에서 SLC보다 취약하므로 MLC나 TLC 제품이지만 SLC 영역을 별도로 확보하여 user용 program 혹은 중요한 data들을 SLC 영역에 저장하는데, SLC 영역도 extended block 내의 일정 area를 활용할 수 있다. 공급자가 user에게 제공하는 density는 제품별로 정격 용량이지만, 실질적으로는 상황변수에 따라서 약간씩 추가적으로 더 많은 용량을 제공하기도 하고 혹은 약간 덜 제공되기도 한다. Extended block은 optional density이므로 다양하게 활용할 수 있어, user가 디바이스를 사용하는 기간 중에 발생된 run time fail들도 extended area에 별도의 area를 확보해 놓고 user가 memory를 사용 중에 user용 용량이 급격히 줄어드는 것을 방지 한다.

OTP block은 OTP(One Time Program) 용어 자체로 알 수 있듯이, 한 번 program 해 놓으면 그 다음부터는 읽기만 하고 write를 할 수 없게 해놓은 block이다. 물론 write도 못하니 erasure도 할 필요가 없다. 이는 일종의 read only 기능으로서 이 block에는 한 번 저장해 놓으면 다시 update할 필요가 없으면서 중요한 information을 저장해 놓는다. 그러나 program을 전혀 못하는 것은 아니지만, OTP block을 program하기 위해서는 일부러 복잡한 절차를 거치게 해 놓아서 정상적인 erasure/program이 안되도록 되어 있다. 이는 CAM block 내의 내용 중, 가장 중요한 내용들을 이중으로 OTP block에 넣어놓기도 하고, 혹은 CAM block과 OTP block으로 나누어서 save시켜 놓기도 한다.

Invalid block은 정상이 아닌 block을 의미한다. NAND Flash는 1개의 cell이라도 fail이 되면 전체 chip을 못쓰게 된다. 그러나 chip당 수백만 개~수십억 개되는 cell에서 fail이 발생되지 않을 수가 없다. 그래서 고안해 낸 것이 cell repair이다. 한정된 cell 이내에서 fail이 발생되면 wafer test 중, repair를 실시하여 fail chip을 good chip으로 살린다. Repair 동작은 예비로 둔 redundancy cell area에서 fail된 cell이 속한 column address를 good column address와 상호 swapping하여, host로부터의 address information 중 fail cell이 속한 column address가 access되었을 경우, good cell이 속한 column address로 옮겨지도록 한다.

NAND Flash는 fail 처리를 column level, block level, software level 등 여러 단계로 실시할 수 있어서 fail chip을 good chip으로 살려낼 여러 장치가 이중 삼중으로 마련되어 있다. Column level에서는 redundancy column을 이용하여 column replacement를 하고, block level에서는 invalid block에 대하여 physically bad block으로 처리를 하고 대신 good block을 사용할 수 있도록 하며, software level에서는 ECC 처리를 한다. Failure를 처리하는 데 있어서 NAND Flash의 단점은, chip이 완성된 후에는 fail 발생 시 block 내의 임의의 한정된 area인 cell 단위 혹은 page 단위로 erasure를 한다거나 program한 cell에 덮어쓰는 reprogram방식으로 fail correction을 하지 못하고, 좀 더 큰 단위의 memory cell인 block 단위로 erasure하여서 correction을 하던지, block 단위로 bad block 처리를 하여야 한다는 것이다. 이런 방식은 good cell의 누수가 많아질 수도 있다.

Valid block은 good block으로서 물리적으로 별도 site가 구분되어 있는 것이 아니라, 상기의 여러 가지 방법을 활용하여 block 내에 fail cell이 없이 모두 정상 cell로 동작되는 경우의 block들은 모두 valid block이다. 특히 Plane 내의 첫 번째 block인 top block address "0"을 갖는 block 0은 user가 맨 처음 access하는 block으로서, user가 사용하는 plane(chip)의 모든 중요하고 핵심적인 information이 입력되어 있으므로 항상 good block이어야 한다. Block 0 이외의 block에서는 physically fail cell을 포함하고 있어도 ECC engine으로 cover 가능한 fail cell 개수 이내이면 good block으로 처리되며, fail 회피방법이 동원되어 good block화, valid block화시켜서 사용된다.

3-3-4 Block Size

String size가 일정할 때, page size가 2배로 증가하면, block size는 자동으로 2배로 증가한다. 동일한 방식으로, page size가 일정할 때, string size가 2배로 증가하면, block size는 2배로 증가한다. 이때 block 내의 string 수를 반으로 줄이면 string size가 2배로 늘어나도 block size는 증가하지 않는다. NAND Flash memory의 초창기 제품인 SLC에서는 block이 small size block (약 512B + 16B = 528B)만 사용 되었다가, SLC에서 MLC로 제품 확대가 되면서 small block size가 유통되는 data량을 감당할 수 없어서, small block size의 4배인 large block size로 전환되었다.

3-3-4-1 Block size 계산

Block size 계산은 x축 cell수와 y축 cell수의 곱으로 나타낸다. x축 cell은 page size가 되고, y축 cell은 string size가 된다. Block은 2개 block이 2개 string을 mirror 형태로 구성하지만, 여기서는 block당 1개 string으로 가정한 경우이다.

$$B_{cell-size} = P_{cell-size} \times S_{cell-size} \qquad \text{식1)}$$

B_{cell}은 물리적 block의 cell수, P는 page size(page의 cell수)로서 main area 및 spare area를 모두 포함하고, S는 string size(string의 cell수)이다. NAND 초창기부터 conventional HBL 개념(even 혹은 odd 동작)이 있었던 것은 아니다. Page size가 작을 때에는 conventional HBL 방식이 필요없이 모두 ABL 방식이었다가, page size가 급증함에 따라 block size도 동시에 2배 늘어나면서 conventional HBL이 도입되었다. x축인 page size로는 conventional HBL일 경우, data register size 대비 physical적으로 page가 2-page operation으로 동작하므로 convertional HBL 기준으로 볼 때 block size가 2배로 늘어난다. 그 후, scheme이 발달하였고 PGM 시의 ABL의 장점이 크기 때문에 conventional HBL에서 다시 ABL 방식으로 전환되는 추세이다. MLC인 경우 각 물리적 cell당 2bit씩 동작하므로 conventional HBL의 block 용량은

Block Density(bit 수) = Data Register Size × 4배(Conventional HBL로 2배, 2bit/cell로 2배 @ MLC) × string size @ Conventional BL/MLC인 경우 정리2)

이다.

SLC인 경우는 physical cell의 개수와 동일하므로, 정리2)의 식에서 2분의 1배를 하여야 한

다. y축으로 string size가 16개 cell에서 32개 cell > 64개 cell > 128개 cell로 증가될 경우, 16개 cell 기준 대비, block size는 2배 > 4배 > 8배로 늘어난다. 실제의 string Tr 개수는 항상 FG cell의 개수 + DSL/SSL의 2개 select Tr을 더해 주어야 한다.

x축의 Data Register size는 page size에 alignment되어 있어서 2KB > 4KB > 8KB > 16KB 등, 확장은 2배수 단위로 증가한다. Chip 내의 전체 density는 bit수 기준으로 plane수와 block size를 감안하면,

Chip의 총 bit수(Density) = Plane 수 × Black 수 × Page 수(String Size) × Page 내의 cell 수(Page Size) × bit per cell 수	정리3)

이다. Block 내에서 page의 수는 bit line의 cell의 개수와 matching되며(128개 > 256개 > 512개로 늘어나는 추세이다), data register의 cell의 수는 ABL인 경우 word line의 cell의 개수와 1대 1로 matching된다.

3-3-4-2 String size 변화에 의한 Block size

2000년 중반에는 string size로 16개 cell을 사용했으나, 2010년대 중반에는 10년 사이에 string size가 4배 ~ 8배 증가되고 있는 추세이다. 그러나 다른 요소들의 발전 속도에 비하여 string size의 증가는 더딘 편이다. String size가 증가하면 signal의 왜곡이 심해지고, 전압 drop이 커져서 무한정 string size를 넓힐 수는 없다. String size을 증가시키면, sensing으로 data를 판독하는 데 있어서 정확도가 줄어드는 단점이 있는 반면, 공통으로 사용하는 DSL/SSL인 select Tr의 수를 상대적으로 줄일 수 있는 장점이 있다.

Normal case에서 string size가 2배 증가하는 경우의 수익률을 계산해보자. 이때 string size 축소를 포함한 여러 변수로 인하여 평균 cell size가 약 3 ~ 5% 감소한다고 가정(small block 시)하자. Cell size 축소로 인하여 chip size가 약 2% 줄어들면 수율이 90%일 때 실질적인 chip size의 감소효과는 약 2%미만 정도되므로, 이는 곧 동일 density 제품을 동일 wafer로 얻을 수 있는 전체 chip의 개수가 약 2% 증가한 것이므로, 기술적인 난이도(string size가 증가함에도 성능은 동일 조건)를 극복함으로써 제품 수익률이 약 2% 가까이 증가하는 효과를 얻는다. Chip의 density가 일정하다고 가정하면, cell size가 y축으로 N배 확장되면, x축으로 늘어서 있는 page size가 string size에 반비례하여 N분의 1로 줄어든다. 그로 인하여 chip이 동일 density일지라도 peripheral 영역의 감소효과를 낼 수 있다면, 전체적으로 chip size를 줄일 수 있게 된다. 실제로 cell size 관련 x-y축 대비 arrangement는 상기 설명과 같이 단순하지는

않고 복잡하다. NAND의 throughput은 scheme이 발달될수록 향상되지만, 물리적인 용량증가로 인하여도 개선된다. Block size가 커지면 block 단위로 진행하는 erasure throughput이 상승하고, program/read는 page 단위로 동작하므로 page size에 비례하여 throughput이 향상된다. (Program과 read operation 중에는, 특히 program 동작이 page size 증가에 따라 더 큰 throughput 개선 효과가 있다.)

이번에는 chip size가 일정한 조건하에서, block size가 2배로 증가하면 block개수를 절반으로 줄일 수 있다. Block수는 여러 항목 중에서 가장 flexible하지만 보통 1개 plane 내에 2k개~4k개이므로 page size가 8KB라면, chip size는 16Gb~32Gb로 된다. 여기서 plane을 2개로 할 수 있다면, 전체 density를 2배로 키울 수 있다. 그러나 chip size는 한 번 고정이 되면 변동될 수 있는 항목이 아니다. Chip size 이외에도 제품 계획 단계부터 고정되는 항목으로는 page size, string size이므로 block size도 자동으로 고정되며, 중간에 있는 block 개수를 flexible하게 조절하면서 chip 내의 structure가 형성된다. 물론 미세한 조정으로, string edge에서의 dummy cell 처리라던가 spare page size를 flexible하게 조절한다던가, 혹은 다른 미세 항목의 조절 등으로 서로 간에 약간의 보완을 추가적으로 할 수는 있다. Technology가 미세화함에 따라 string size가 증가하는 데, 현재 10nm 중반 대일 경우, string이 약 64~128개의 cell을 갖고 있으며, 향후 점점 많아지는 추세이다.

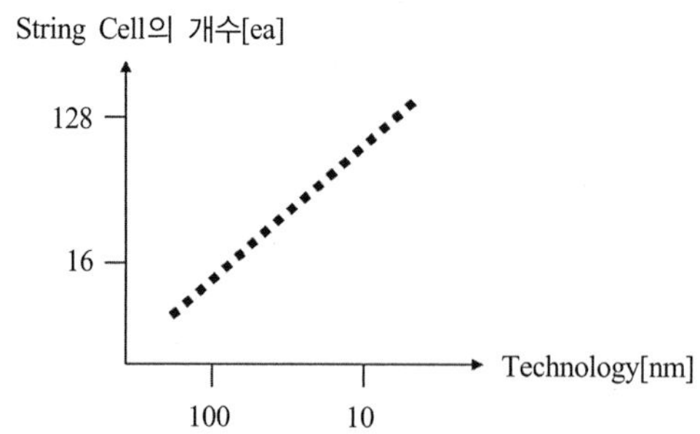

❒ CH4. 그림 3-9 Technology vs Sting Cell 개수

Pad 위치

Pad의 위치는 chip area에서 한쪽 side가 대세이나 양쪽 side로 위치시키기도 한다. Chip size 배열상 margin이 어느 정도 여유를 갖는 낮은 용량일 때는, pad 위치가 chip의 양쪽 side에 위치하는 경향이었으나, chip이 고용량이 되면서, structuring margin이 줄어들어, pad의 위치가 chip의 한쪽에 위치하는 경향이다. 그러나 고용량일지라도 NAND 성능과 신뢰성이 경쟁제품에 비하여 저하되는 TLC, 3D 제품에서는 성능을 보완하기 위하여 pad 위치를 chip의 양쪽 side로 조정하기도 한다.

3-3-4-3 Conventional HBL과 ABL의 Structure

Conventional HBL은 ABL에 비하면 2-page operation이므로 conventional HBL의 page size는 ABL type의 1/2배가 된다. Conventional HBL을 선택할 것인지, ABL을 적용할 것인지, page size를 길게 할 것인지, string size를 길게 할 것인지는 technology, 제품 type, density, 성능들을 고려하여 level에 맞는 option으로 선정되어야 한다.

Conventional HBL의 Page Size = Conventional HBL의 Odd(혹은 Even) Page Size 정리4)
= ABL Page Size의 1/2배

Conventional HBL의 Data Register Size × 2 = ABL의 Data Register Size 정리5)

Conventional HBL 방식을 사용하는 경우는, odd bit line을 묶어서 odd page라 하고 even bit line을 묶어서 even page라 하며, odd page는 odd bit들이 동작하는 page이고, even page는 even bit들이 동작하는 page이므로 word line size는 even page와 odd page를 합한 길이이다. ABL 방식을 사용할 때는 even과 odd의 구분 없이 사용된다.

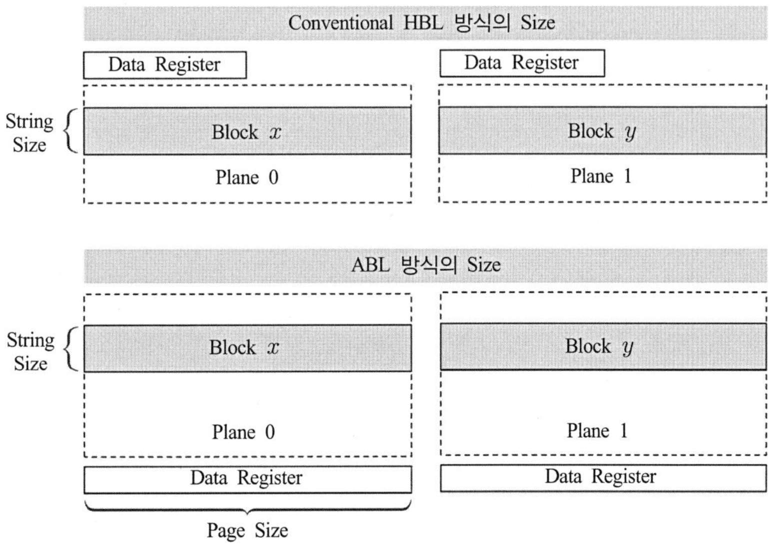

❒ CH4. 그림 3-10 Conventional HBL과 ABL의 Structure

3-3-5 Density 증가

Density와 여러 변수들, 예를 들자면, technology, 제품다변화(동일 technology하에서의 다양한 density 제품), performance, 신뢰성, 시장의 요구(가격 + application)들의 사이에서는 서로 간에 trade off 변수로 작용하여, 각 사항들이 density를 증가시키는 요인이 되기도 하고 density를 감소시키는 원인이 되기도 한다. 최근에 technology로 인한 density의 증가는 거의 saturation 되었지만, 대신 제품의 횡전개 및 다변화로 인한 density의 증가가 technology로 인한 density 증가를 앞서가는 추세다. Density의 증가는 data의 저장능력을 향상시켜, 기술난이도를 극복함으로써, 수익률에 기여하게 한다. 그러나 density 증가는 항상 긍정적인 측면만 있는 것은 아니어서, density 증가로 인하여 도리어 성능의 약화 등, density와 trade off 관계에 있는 다른 요소들이 희생되기도 한다. 선폭 technology가 10nm 가까이 접근하면서 제품 density는 128Gb을 넘어섰고, TLC/3D 제품이 다변화하면서 제품 density는 256Gb, 512Gb, 1Tb로 급속히 확장하고 있다.

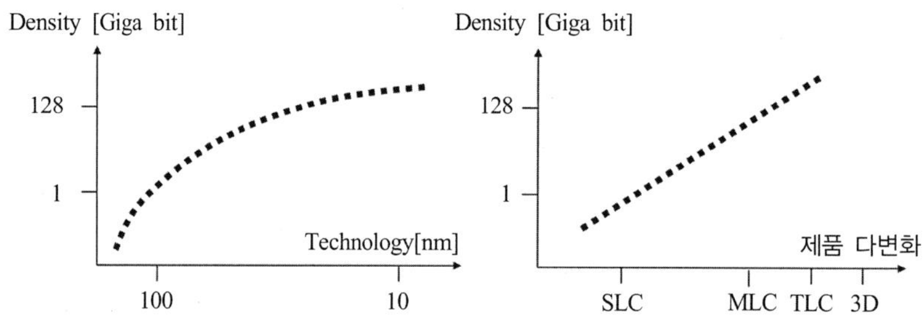

❐ CH4. 그림 3-11 Technology와 제품 다변화에 따른 Density 증가 방향

String size 증가에 의해서는 density의 증가는 계단식 형태를 띈다. 하기 string size 변천과 density의 증가 trend는 최근 10년 동안의 일반적으로 비례관계에 있는 trend이다(이는 제품변수를 don't care한 경우이다).

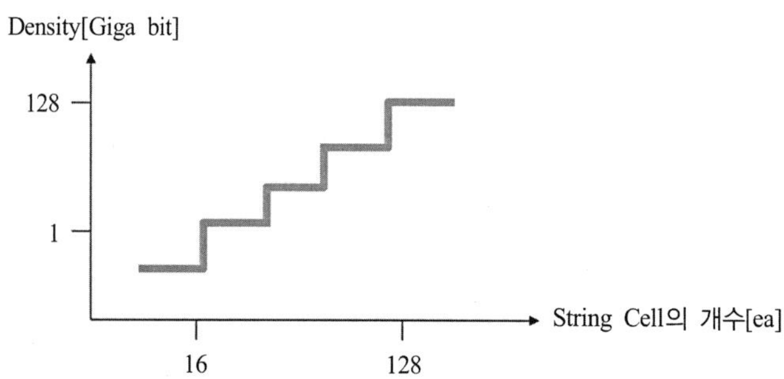

❐ CH4. 그림 3-12 String Cell 개수 대비 Density 변화

3-3-5-1 Over Provision

실질적인 제품의 total density는 user에게 공급하는 density보다 약간 크다. 즉, total density = user density + additional density가 필요한데, additional density로 maker는 bad block management

를 한다거나 garbage collection 등, density management를 하기 위한 여분의 density로 활용하고, user는 user용 저장 area로 사용한다. User에게 공급하는 density 대비 additional density의 비율을 Over Provision(OP)이라고 하는데, 이는 maker가 사용한 density를 제외한 후, user 입장에서 user에게 초과하여 제공하는 density 비율이라는 의미이다.

OP = (Total Density − User Density)/User Density = Additional Density/User Density 정리6)

OP 값이 높으면 높을수록 additional density가 많으므로 NAND의 cost 상승 효과가 발생되므로 maker 입장에서는 되도록 최소한의 필요한 over provision만을 유지할 수 있도록 control한다. 그러나 제품의 기능이 저하되면 될수록 반대로 OP density가 많이 필요해진다. 이는 사용 중에 떨어진 기능을 보상해주어야 하기 때문이다. OP 비율은 되도록 낮은 상태에서 정상적인 동작을 하는 NAND가 성능과 품질이 좋은 제품이다.

3-3-6 Bad Block 종류

3-3-6-1 Factory Bad Block

Cell이 처음부터 bad인 경우는 chip을 만들 때 발생되는 hardware적인 불량으로, bad가 생기면 만들 때에 해당 block을 invalid시키고 못쓰게 된 block의 정보를 chip 내의 첫 번째 block의 첫 page내에, 혹은 여분의 spare area에, 혹은 두 site 모두에 표시해둔다. 따라서 정상적인 operation 시에는 bad block address를 인지한 후, bad block을 skip하여 operation한다. 이는 random operation보다는 sequential operation 시에 유용하다. 이는 NAND를 만드는 공정 중에, 약한 block들을 미리 bad화 시키는데, 이는 user가 사용 중에 되도록 bad가 user에게 노출되지 않도록 하기 위함이다. 태생부터 bad인 block들을 모두 모아서 bad block 처리를 하는 이런 종류의 불량은 일종의 factory bad block이라고 한다. 공장에서 발생된 bad block이란 뜻이다. Factory bad block은 user가 사용하지 못하도록 해당되는 cell을 모두 erasure시키던가 block을 isolation시킨다.

3-3-6-2 Run Time Bad Block

Run time bad block은 user가 사용 중에 발생되는 user bad block이다. 사용 중에 일정 수준의 bad가 발생되는 경우는, memory device마다 모든 chip들이 갖는 일반적인 특성 중의 하나이다. 이는 한정된 신뢰성 특성 때문으로써, NAND Flash를 동작시키다가 fail이 감지되면, 해당 block을 bad block으로 처리하고 spare area에 이를 표시한다. 이때 fail은 read status check 시에 감지되며, 해당 bad block은 여분으로 준비해 둔 spare good block으로 대체하여 user가 사용토록 하고, 해당 bad block은 더 이상 사용되지 못하도록 bad block으로 sorting하여 처리된다. Bad block을 spare block으로의 대체 방식은 copy back operation으로 처리한다. <Session 3-8> 참조.

3-3-7 Bad Block Management(BBM)

Block이 physical fail이 되면 bad block이라 하고 더 이상 사용할 수 없는 block이 되므로 invalid화 시키고, 나머지 사용 가능한 block들을 good block화 시키는데, 이를 bad block management라 한다. Flash memory가 다른 memory 디바이스와 구분되는 커다란 특징으로는, 분포를 활용한 density 확대와 erasure 동작 및 block management와 page management가 있다. Block management 중에는 bad block management와 garbage collection 등이 있고, page management는 copy back PGM과 cache operation이 있다. Bad block은 정상적으로 동작하지 않는 block의 영역으로서, bad block의 허용치는 user의 이익우선주의에 따라 기준이 점점 tight해져간다. 보통 64Gb 제품인 경우 block수가 8천 개라고 가정하면, block size는 8 Mb가 된다. 8천 개의 block 중에는 valid 하지 않은 block이 5%라고 가정하면, 400개 block(3.2Gb)이고 3%로 가정하면, 240개(약 2Gb)가 사용하지 못하는 block이 된다.

NAND의 세부공정까지 포함하면 1,000여 개의 공정이지만, 대략 main 500여 개의 NAND factory 공정을 진행하면서, 1개 chip당 몇 백억 개의 bit가 모두 양품이 될 가능성은 확률적으로 희박하므로 1차 ECC 처리를 하지만, 이런 처리에는 한계가 있으므로 관리 한계를 over하여, out of control되는 일정 단위의 cell들을 grouping하여 management하게 된다. Copy back, garbage collection, wear leveling 등을 수행하여도 run time bad block은 계속 발생할 수밖에 없으며, 이런 run time bad block들이 발생될 때마다 계속적으로 update 시켜주어야 한다. 여기서 "일정단위"는 주로 block단위의 memory cell size를 뜻하는데, 이런 management를 못하는 경우는 chip 자체를 버려야 하니 손실이 막대하므로 bad block management는 소실대탐 하기 위한 모색이다. Bad block 처리는 invalid block 정보를 어느 site에 두어 관리할 것이냐가 관건이고, 어떤 형태로건 여러 가지 방법을 동원하여 bad block이 user에게 access되지 않도록 management된다.

3-3-7-1 ECC 처리

Read operation 시에 bad cell이 발생하면 먼저 ECC(Error Check Correction) 방식으로 처리하는 것이 편리하다. ECC는 bad block management에 속하는 것은 아니지만, bit fail 발생 시에는 ECC로 fail cell을 filtering 후에 BBM을 실시한다. NAND Flash는 chip 내의 bit fail이 어느 정도의 기준치 범위까지는 허용되는데, 이는 ECC 처리가 가능하고, ECC가 가능하지 않을 경우는 fail된 page가 속한 block을 bad block 처리하여 chip을 good chip처럼 계속 사용할 수 있기 때문이다. ECC engine은 NAND 내부에 두지는 않고, 주로 NAND 밖에서 NAND의 기능을 support해주는 별도의 controller에 포함시켜서 운영한다.

User가 NAND를 사용 전 혹은 read 시에 fail bit가 발생하여 fail bit를 ECC로 처리할 수 있는 최대한계치 fail bit수 이내이면 ECC로 cover하지만, fail bit 숫자가 ECC engine을 적용해서도 ECC로 처리할 수 있는 fail bit수가 over되어 out of control되는 경우는 해당 block 전체를 invalid로 처리한다. Fail bit가 많을지언정, ECC engine의 cover 능력에 따라 ECC가 cover 가능하면 bad block으로 처리하지 않는다<Chapter 8. Session 5-4. 참조>. 그런데 강력한 ECC engine일수록 parity bit수가 많아지고, parity bit수가 많아지면 spare area가 늘어나야 하므로 이는 chip size를 증가시키는 요인이 된다. ECC 능력도 correction code가 다양해지면서, BCH → Advanced BCH → LDPC → Advanced LDPC로 진화하고 있으며, 선폭 technology가 40nm급 이전까지는 1KB 당 0.5bit에서 4bit까지 cover 가능했었고, 그 이후 선폭이 40nm 미만의 Tech에서는 1KB당 ECC bit가 12bit > 24bit > 48bit > 96bit 이상으로 늘어남에 따라, 진보된 ECC engine으로 ECC coverage를 넓혀가고 있다.

Block '0'에 대하여

Block들은 block들끼리 서로 다른 block에 영향을 주지 않기 위하여 block과 block 사이에 blocking이 되어 있으므로, block 내에 관리 한계를 벗어난 fail이 발생되는 block은 invalid block으로 처리하여 사용하지 못하도록 한다. Invalid block을 구분하는 방법으로는 '0'번 block 혹은 맨 마지막 block을 사용한다. '0'번 block은 일종의 block 전체를 관리하는 control block 혹은 reserved block이다. '0'번 block에 valid block address와 invalid block address를 일정한 방식의 coding으로 구분해 놓아서, user나 동작상 chip에 접근할 때, 관리 block의 information부터 access하도록 하여 bad block으로는 원천적으로 접근할 수 없도록 해 놓는다. 따라서 '0'번 block은 어떤 경우든 good block이어야 하고 user에게 fail block이 아님을 명시해 준다. 그럼에도 불구하고 '0'번 block에서 fail cell이 발생된 경우는 확인된 fail page를 good page로 replace해 놓는다. Valid page는 redundancy block에서 공급한다. '0'번 block을 all valid

처리한 다음, '1'번 block부터 마지막 block까지의 block이 valid한지 invalid한지에 대한 information을 '0'번 block에 기록해 놓은 bad block list(BBL)를 둔다. 따라서 chip을 operation 하기 전에 '0'번 block의 information을 read하면 invalid block이 몇 개나 있는지, 어떤 address에 불필요한 block이 있는지, 가용할 수 있는 memory density는 얼마나 되는지 알 수 있다.

3-3-7-2 Invalid block Skip

해당되는 invalid block의 spare area 내에 첫 page와 마지막 page에 invalid라고 식별할 수 있는 code를 심어서 valid block과 구분되는 표시를 해 놓기도 한다. 이는 invalid block에 직접 bad marking을 하여 bad marking된 bad block을 skip할 수 있도록 한다. Block이 bad marking되어 있으면, 이를 건너 뛰고 다른 valid block을 사용하는 방식인데, 이는 sequential write를 할 경우 편리한 방법이다. Bad를 식별하는 방법은 여러 가지 약속으로 정해 놓으므로 제품 spec이나 data sheet 등을 참고해야 한다.

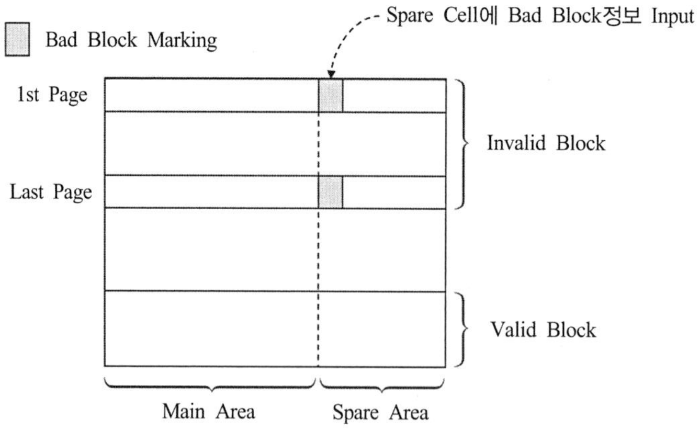

❐ CH4. 그림 3-13 Invalid Block Marking

3-3-7-3 FTL의 주소 변환

Invalid block일 경우, bad block information(BBL : bad block list)이 들어간 mapping table을 사용하여, redundancy area의 valid block을 대체하여 사용할 수 있도록 한다. NAND의 invalid block 정보인 physical address은 user가 이를 직접 이해하기는 난해하므로, logical address로 변경해서 이해하기 쉽도록 bad block 정보를 활용한다. 이를 관리하기 위한 FTL(Flash Translation Layer)은 NAND 단품과 system인 host와의 사이에서 중계역할을 해 주는 기능을 하는 controller에 있다.

Plane, block, page 등으로 구성되어 있는, NAND Flash 저장체계는 hard disk의 저장체계인

sector 개념과는 다른 structure를 갖고 있어서, NAND Flash의 저장체계를 host가 HDD 저장체계처럼 access하기 쉽도록(인지하도록) NAND의 program/read 동작을 수행 시 sector 단위로 변환시켜 주는 system이 FTL로서, 이는 controller가 갖고 있는 여러 기능 중에 NAND의 file 관리를 위한 기능을 한다. NAND가 다른 기억장치에 비하여 시장에 뒤늦게 뛰어들다 보니 이미 server, note book 등 모든 application 기기들이 DRAM과 HDD에 맞도록 설정되어 있고, 이런 운영체제인 file system과는 NAND의 operation이 matching되지 않는다. NAND는 program/read를 page별로 수행하고 erasure도 block 동작을 하지만 controller의 file system은 E/W을 sector별로 진행하므로 이에 대한 상호 matching을 FTL이 수행해 줄 필요가 발생된 것이다. 향후에는 host의 file system이 NAND에 맞춤형 운영체제를 갖추게 되면, FTL이 필요 없어질 수 있겠지만, 그때까지는 FTL을 유용하게 사용해야 한다.

정리하자면 FTL의 Mapping table은 block과 page의 physical address가 포함되어 있다. 모든 block의 physical address가 들어있는 mapping table에 bad block 정보도 추가하면 mapping 처리 과정에서 bad block address를 배제할 수 있기 때문에 user 입장에서는 사용하기가 편리해진다. Physical address는 NAND Flash 내의 실질적인 현주소인데 반하여, logical address는 host가 data를 관리하는 데 편리하게끔 짜여진 data이므로, NAND가 internal하게 사용하는 체계와 상이하게 sector개념으로 structuring되어 있다. NAND block의 physical address와 logical address의 변환에 대한 mapping table을 관리하는 FTL은 먼저 각 page별로 또 각 block별로 address를 변환하고, 이를 합하여 page와 block을 모두 control하는 hybrid mapping method를 활용한다.

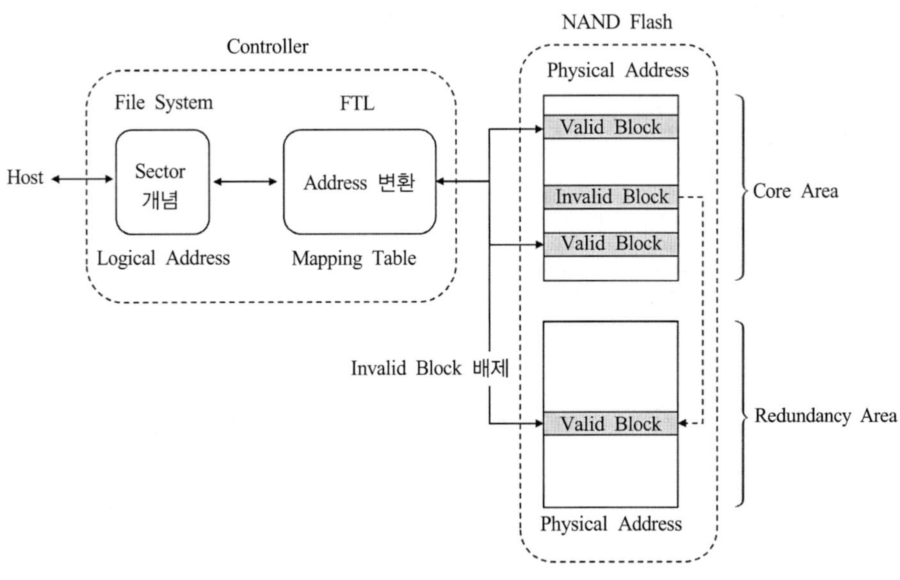

❐ CH4. 그림 3-14 FTL Mapping 기능

3-3-8 Garbage Collection

Garbage collection은 불필요한 것들을 모아 놓는다는 의미이다. 이는 앞에서 논의한 bad block management보다 좀 더 advance된 block operation으로서, 넓게 보면 garbage collection도 bad block management의 일종으로 볼 수 있지만, garbage collection은 cell 내의 유효공간을 더 넓히기 위하여 수행하는 invalid page에 대한 management이다. Garbage collection 역시 NAND 자체적으로 operation 할 수는 없고 controller 내의 FTL이 운영한다. (FTL을 NAND로 들여놓는다면, peripheral이 복잡해지는 것은 당연하고, chip size가 커지던지 memory 영역이 줄어들어야 한다.) Bad block에 있는 valid page(valid data)를 program되어 있지 않은 empty block(good block)으로 전부 옮겨놓고, bad block 내의 invalid data(invalid page) 전체를 erasure 시킨 후, 새로운 site로 옮겨놓은 valid page에 address를 재설정해 놓으면 invalid data인 garbage들이 모두 collection 후에 정리되며, bad block은 good block으로 재사용할 수 있어서 good block의 availability가 증가한다.

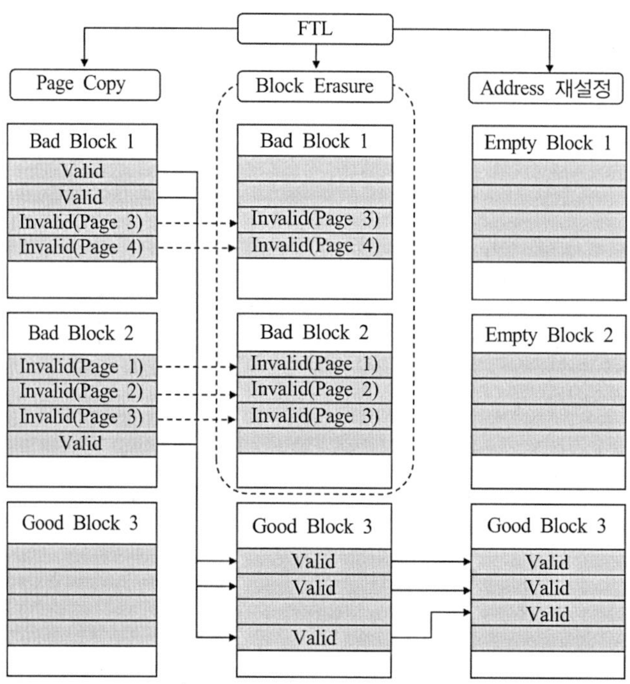

❒ CH4. 그림 3-15 Garbage Collection 동작 Flow

Garbage collection은 bad block management나 wear leveling(CH7. session 2-7 참조)의 burden을 줄여주며, garbage collection의 동작 후의 V_{th}분포 폭은 fail V_{th}들이 정리되므로 축소되는 장점이 있다. V_{th}분포에 대하여는 <Chapter 5. Session 2>에 상세히 나와 있다.

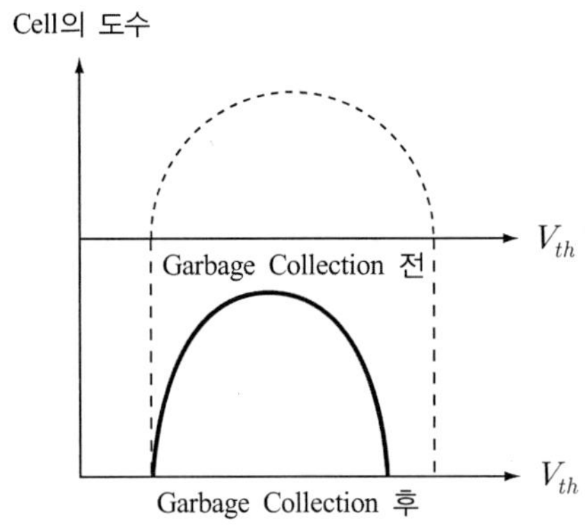

□ CH4. 그림 3-16 Garbage Collection 후의 V_{th}분포 폭 변화

3-4 Word Line 구조 및 기능

3-4-1 Cell Array

Cell array 혹은 memory array라고도 하는 core area는 memory cell이 모여 있는 핵심 영역이고 나머지는 memory cell의 operation을 support해 주는 보조영역이다. Cell을 access하기 위해서는 address가 먼저 I/O단을 거쳐 X-decoder와 Y-decoder를 통하여 core area로 들어와서 target cell을 지정한다. 지정한다는 것은 X-decoder에서 나온 word line(WL)과 Y-decoder에서 연결된 bit line(BL)의 교차되는 site에 있는 cell에 data를 program하거나 program된 정보를 read해내기 위하여 access한다는 것이다.

x축 방향의 page는 word line이라고 하는 공통으로 사용하는 line으로 묶여있으며, y축 방향의 string도 bit line이라고 하는 공통 line으로 연결되어 있는 데, 공통으로 묶여있다는 것은 구조적으로도 같은 물질로 연결되어 있고, 전압을 인가할 때도 모두 같은 전압으로 동시에 인가된다는 의미이다. 물론, 직렬로 연결된 중간 위치나 마지막 위치의 cell들은 앞 cell들의 전압 drop에 의하여, 처음에 물려있는 cell과 맨 나중에 물려있는 cell에 인가되는 전압은 약간 다르다. Word line은 X-decoder에 연결되어 있고 bit line은 even BL과 odd BL로 구분되면서 Y-decoder에 연결되어 있다.

Core area는 chip 전체 area의 약 70~80%를 점유하고, 대체적으로 peripheral area는 core area의 15~25%이므로, peri area는 chip 전체 area의 약 10~20%가 된다. Peripheral area는 power Tr, HV(High Voltage) 회로 등 면적을 넓게 차지하는 회로들이 많아서 축소하기가 어렵기 때문에, 회로 선 폭이 scale down된다고 해도 core area에 비하여 reduction rate가 작다. 따라서 core area의 reduction 개념은 회로 선 폭을 짧게 하는 물리적 축소 개념인데 반하여,

Peri area의 reduction 개념은 회로 선 폭의 물리적 축소뿐만이 아니고, Peri 영역이 동일 performance를 내면서 회로를 단축시키는 설계상의 배선회로와 공정상의 집적회로에 대한 압축개념이다. 설계상의 배선회로의 압축은 Boolean algebra, Karnaugh map 등의 기초적인 간소화 방식 및 design 관련 advanced algebra를 사용한다.

3-4-2 Word Line

Page는 block단위보다 작게 세분화된 cell집단으로서, block의 x축 방향으로 나열된 cell array이며 block과 동일하게 data 저장용 main 영역과 보조 기능을 하는 spare 영역으로 나눈다. Block 내의 총 page수는 제품에 따라 다르지만, 보통 32 page에서부터 128 page로 나뉘어 구성된다. Size가 큰 word line은 2개 page 혹은 4개 page로 나누어 사용하기도 한다. Page는 program과 read 동작을 진행하는 데 있어서 최소 단위가 되며, program이건 read이건 같은 page 내에서의 모든 cell들은 동시동작을 수행한다.

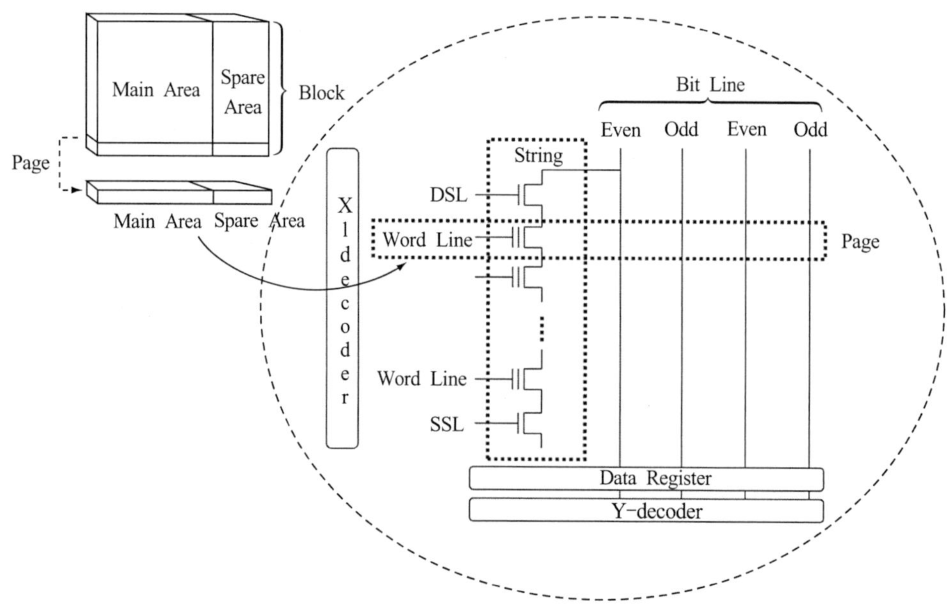

❐ CH4. 그림 3-17 Page 구조

3-4-3 Data Register(Page Buffer) @ size 관점

NAND Flash data 처리는 모두 data register(Page Buffer)를 경유하여 program되고 read되므로 data register 기능은 중추적 역할을 하는 동시에, Data register의 data 처리가 늦어지면 다른

모든 area에서 data register가 처리를 완료할 때까지 기다리고 있어야 한다. 또한 data register의 기능이 저하되면 NAND Flash 성능에 bottleneck이 된다.

Y-decoder 및 MUX을 포함한 data register area는, 중요한 역할에 비례하여, peri-area의 약 60~70% portion을 점유하고 chip size에서는 약 8~9% portion으로 비중이 큰 반면, X-decoder는 data register의 약 절반 수준을 차지하는 정도이다. 특수한 경우이지만, 성능을 높이기 위하여 data register을 chip의 아래위의 양쪽 side에 위치시키기도 한다. Data registe의 용량 size인 cell수는 2KB > 4KB > 8KB > 16KB > 32KB로 증가하고 있으며, 이는 ABL에서 page size와 같다. 그에 따라 spare area도 16B > 64B > 256B > 512B > 1KB 이상으로 증가하는데, spare area는 main area에 비하여 약 1~2% 정도의 수준을 유지한다.

정리하자면, data register는 2배수의 배율로 계속 증가하여 왔다. Page size는 main cell의 개수와 spare cell의 개수를 합한 cell의 수로서, data register의 cell수가 ABL의 page size와 같다(ABL type인 경우). y축으로 늘어선 cell들의 모임인 각 string들은 각각 data register에 1개씩 link되어 있어서, cell들의 data가 data register에 latch되므로, data register의 개수를 세어보면 page의 크기를 알 수 있다.

3-5 Bit Line 구조 및 기능

NAND Flash를 다른 nonvolatile device와 구분하는 핵심 structure는 bit line의 string 구조이다. Page도 여러 개의 page로 구성되어 있듯이 bit line(BL)도 여러 개의 BL으로 나뉘어있다. Block의 y축 방향으로 형성된 string size는 string에 달린 cell이 8개 cell에서 16개 cell > 32개

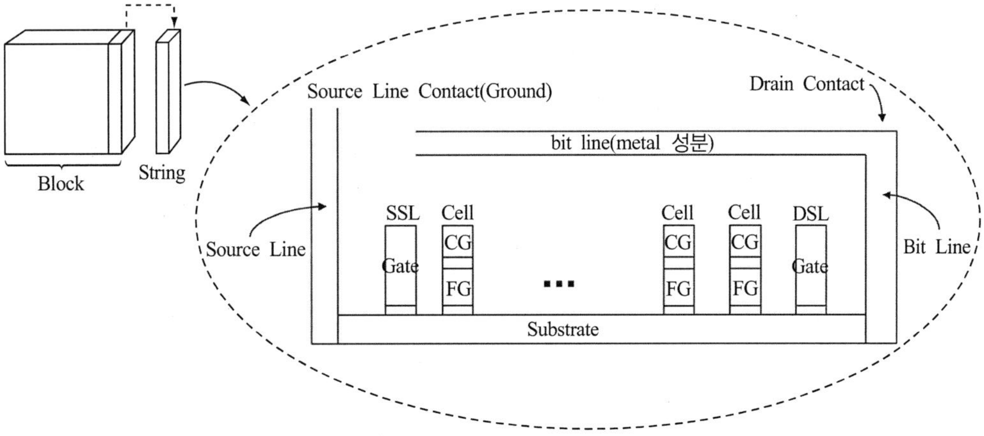

❒ CH4. 그림 3-18 Bit Line(String) 구조

cell > 64개 cell > 128개 cell 등으로 증가하면서 길이가 16개 cell string에서 128개 cell string으로 길어지고 있으며 그에 비례하여 block size도 커져간다.

각 bit line은 cell들이 같은 line에 연속으로 매달려있는 구조인 데, string이란 말은 이런 매달려 있는 모양을 nickname화한 것이다. String size가 커지면 cell당 DSL/SSL의 공유 portion이 감소하는 효과가 있으므로 동일 density/chip이라면 평균 die size가 감소한다. <그림 3-18>의 우측 그림은 string의 세부모습이다. 실제적으로는 string을 구성하는 cell은 y축 방향인 종축으로 연결된 구조를 갖는다.

정리하자면, FG의 구조가 volatile과 nonvolatile을 구분하는 핵심인자가 되듯이, string 구조는 NAND Flash가 NOR Flash로부터 구분되는 핵심 구조이다. String 구조는 gate가 종대 형태로 나열된 serial gate line이라고 할 수 있는데, string의 양쪽 끝에는 drain contact과 source contact이 있고, 그 둘 사이에 있는 cell의 개수가 string size가 된다. String 구조로 인하여 NOR에 비하여 NAND의 sequential program timing(t_{PGM})이 512byte 단위 기준으로 20배 가까이 줄어들었다.

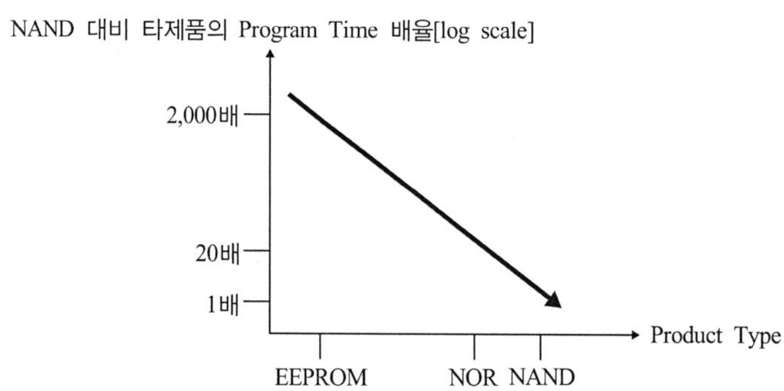

❒ CH4. 그림 3-19 Program Time 진화

NAND Flash는 NOR Flash에 비하여 t_{PGM}의 이득뿐만 아니고, 대단위 집적화가 가능하여 cell당 가격을 떨어뜨림으로써, NOR Flash와 HDD 시장을 대체할 수 있었으며, 향후 DRAM 및 다른 광범위한 memory market으로도 확대되고 있다. 개별 cell을 random 방식으로 accessing할 때는 NOR가 NAND보다 time이 빠르지만, NOR는 bit line contact이 cell별로 되어 있어서, 용량이 큰 data일 경우는 처리하는 속도가 NAND Flash에 비하여 느리고, NAND와 같은 용량을 담아내는 그릇은 NOR의 physical chip size가 커지는 단점이 있다.

3-5-1 DSL Tr과 SSL Tr의 역할

DSL(drain select line) Tr은 string과 data register를 ON 혹은 OFF시키는 switching 역할을 하고, SSL(source select line) Tr은 string과 SL(source line)사이를 ON 혹은 OFF 해주는 switching 역할을 한다. DSL Tr과 SSL Tr 모두 string의 양쪽 끝에 있으면서 신호를 이어주고 끊어내는 문지기 역할을 하는데, program 시에는 PGM할 BL의 target cell에 electron을 채워야 하기 때문에 DSL Tr의 gate에 V_{cc}를 가하여 DSL Tr을 ON시키고, SSL Tr의 gate에는 0V를 가하여 SSL Tr을 OFF시킨다. <Chapter 6. Session 2-1. 참조>.

반면 read 시 혹은 verification 시에는 DSL, SSL 양쪽 모두를 ON으로 해주어야 전류가 string을 관통하여 ground (SL)로 빠질 수 있어서 bit line의 전압 level을 측정할 수 있다. 단, read 시의 DSL Tr과 SSL Tr의 ON/OFF 시 시간차이를 두어야 target cell의 FG charge 여부를 진단할 수 있다. 즉, string 내의 임의의 cell을 read accessing 하기 위하여는 turn on된 DSL과 SSL이 string을 biasing시키고, target word line에 ON signal을 넣어서 target cell의 내용(program 혹은 erasure 상태)을access한다. SL(source line)을 통하여 모든 bit line에 ground level을 공통으로 공급하는 경우는 SSL Tr gate에 V_{cc}를 가하여 SSL Tr을 ON으로 동작시켜서 SL의 0V로 string line이 sink되도록 한다. 이는 string의 potential이 SL의 ground로 빠지도록 하는 역할이다. <Chapter 8. Session 2-2-2. 참조>.

Erasure operation 시에는 SL을 통하여 Sub에 +20V를 공급하기도 한다. Erasure 시에는 DSL Tr, SSL Tr 양쪽을 모두 floating시켜서 무한대의 저항을 만들어 DSL Tr과 SSL Tr의 역할은 없도록 하고, FG와 substrate 사이에서만 전위 차이에 의한 electron이 동작할 수 있도록 structuring되어 있다.

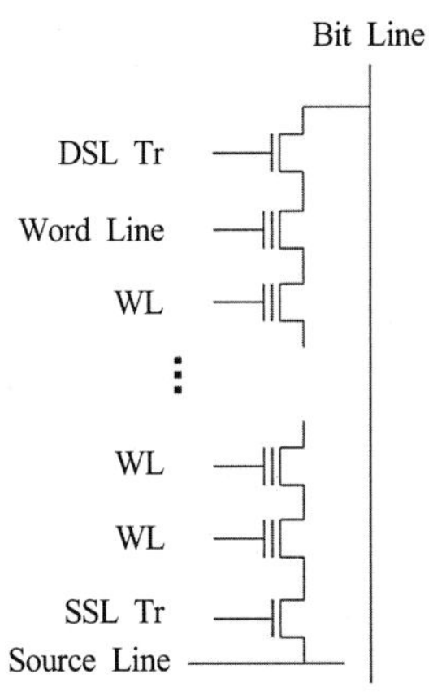

❐ CH4. 그림 3-20 String 상에서의 DSL과 SSL의 구조

3-5-2 Conventional HBL 기능

Bit line 동작은 conventional HBL 동작과 all bit line(ABL) 동작이 있다. Conventional HBL(Half of Bit Line) 방식은 program과 read 동작시 even cell과 odd cell을 번갈아 가면서 동작하는 방식으로 even bit line을 사용할 경우 odd bit line을 사용하지 않고, 반대로 odd bit line을 사용할 때면 even bit line을 사용하지 않는다. 이는 even cell은 even cell끼리, odd cell은 odd cell끼리 grouping한 후에, program과 read operation을 각 even cell group 혹은 odd cell group별로 수행하는 방식이다.

Program bias voltage 인가 측면으로 볼 때, odd bit line을 사용할 때면, even bit line이 동작되지 못하도록 강제적으로 even bit line을 inhibit 처리한다. Conventional HBL을 사용하는 목적 중의 하나는 동작하지 않는 bit line인 even 혹은 odd bit line을 shielding용으로 사용하여 cell 간의 간섭 효과를 줄이거나 차단하기 위함이다. Even bit line에 해당하는 cell들을 묶어서 even page로 program operation할 때는 odd bit line 전체에 V_{cc} 전압을 인가하여 self-boosting 시키고, odd bit line에 해당하는 cell들을 묶어서 odd page를 program시킬 때는 even bit line을 self-boosting시킨다. <Chapter 6. Session 2-3. 참조>. Self-boosting은 PGM동작 시의 이웃 BL의 PGM동작을 막는 독특한 방식으로 semi-shielding 효과를 가진다. 이렇게 이웃에 접해있는 bit line을 동작시키지 않는 이유는 신뢰성 및 인접 bit line 간의 cross talk를 방지하기 위해서인데, 신뢰성으로는 interference와 disturbance가 있다. 이는 인접된 bit line들이 동시에 모두 operation될 경우, 의도하지 않은 간섭 혹은 disturbance를 받아서 program되지 말아야 할 cell이 program되기도 하고 program되어야 할 cell이 program되지 못하는 경우가 발생되기 때문이다.

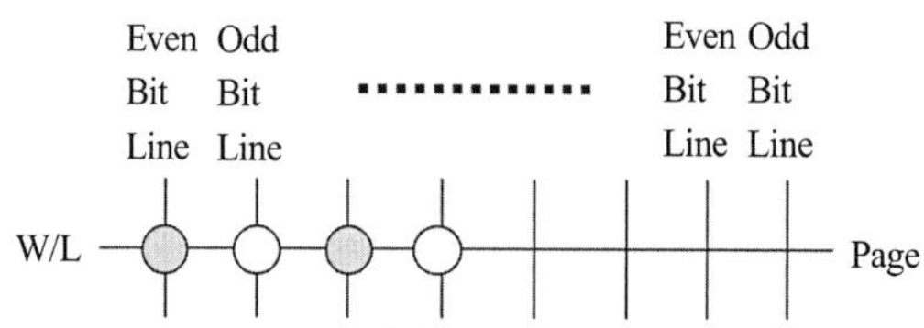

❒ CH4. 그림 3-21 Word Line 방향의 Page 내의 Even/Odd Cell

Program verification/erasure verification이나 read operation도 마찬가지로 모든 bit line을 한꺼번에 동작시키면 신호의 왜곡으로 인하여 cell의 상태를 정확하게 검증하지 못하고 잘못 판단할 가능성이 높다. 신호의 왜곡이 발생되면 read 시에 target cell이 physical 상태와는 다르게 program/erasure가 안되어 있어도 program/erasure가 된 것처럼 측정되어 data의 판단오류를 발생시키기도 한다. Cross talk은 서로 인접한 bit line 간에 원하지 않은 간섭을 주어 신호의 왜곡을 불러 일으킴으로써 의도하지 않은 결과를 내는 현상이다. 따라서 cell 동작 시에 인접한 bit line이 상호 간에 신호의 간섭 현상을 현격히 줄이는 conventional HBL 방식을 사용하는 것이 signal distortion을 줄이는 데 도움이 된다. 따라서 conventional HBL을 적용할 경우 read operation 시에는 unselected bit line을 0[V]로 ground시켜, program 동작 시와 마찬가지로 shielding 효과가 발생되도록 한다. 그렇지만 conventional HBL은 동작 area 내에서 전체 bit line 중에 50%만 동작하고 나머지 BL의 50%는 동작하지 않음으로써, 동작 측면에서 ABL 효율에 비하여 절반 가까이 떨어져서 program & erasure의 verification time 혹은 read operation time이 늘어난다.

3-5-3 ABL 기능

ABL은 All Bit Line의 약어로서, 동작 시 모든 bit을 동일하게 활용하는 방식으로 page size가 작을 때에는 ABL을 사용하다가 page sige가 커짐에 따라 conventional HBL이 적용되었다. 최근에는 conventional HBL의 단점을 cover할 ABL scheme이 개발되면서 다시 ABL의 적용을 넓혀가고 있는 추세이다. ABL은 program과 read operation 시 word line상에서의 모든 cell을 동작시키기 때문에 cell 동작 효율은 높지만, page size가 ABL과 같다면 ABL의 data register size가 conventional HBL에 비하여 두 배 이상 되어야 하고, read와 verification 시 sensing을 current sensing으로 한다. 그렇지만 WL상의 모든 cell을 한꺼번에 동작하기 때문에 verification & read time 및 program time은 conventional HBL에 비하여 절반 가까이 줄어든다. 최근에는 ABL의 단점인 cross talk과 interference, disturbance를 줄일 수 있는 방법들이 발전되어 ABL의 side effect들이 최소화되고 있다.

Conventional HBL과 ABL 장단점을 고려하여, program, read, verification 시에 conventional HBL과 ABL을 mix하여 hybrid operation 형태로 사용하기도 한다. 즉, program & read operation 모두 conventional HBL 혹은 ABL 한 가지 방식으로 진행하기도 하고, program할 때는 ABL 방식을 사용하고 read 시에는 conventional HBL 방식을 채택하는 혼합 방식을 사용하기도 한다. conventional HBL 방식을 채택할 것인지 ABL 방식을 채택할 것인지는 chip size, 성능, 신뢰성, 구현가능성 등의 장단점을 검토하여 종합적으로 판단되어야 한다.

ABL은 program/read 동작 시 모든 bit line을 동시에 동작하는 방식이므로, even/odd bit line을 서로 zig-zag로 동작하는 conventional HBL에 비하여, 인접 cell로부터 coupling 영향을 적게 받으므로 cell to cell의 interference(CCI)가 작다. Bit per cell의 개수가 높을수록 CCI에 취약함으로 제품이 SLC > MLC > TLC로 전개될수록 ABL type을 사용하는 것이 유리하다. 예

를 들어 conventional HBL에서 odd bit line에 위치하는 cell을 program 한 후에, even bit line에 위치하는 cell을 program 하면, even bit line에 위치하는 cell들의 control gate에 가하는 높은 program 전압으로 인하여, 이미 program된 odd bit line cell들의 V_{th}값이 높아지는 부정적인 영향을 받는 데, 같은 $+\Delta V_{th}$일 경우 bit per cell 개수가 높을수록 취약하다. 그러나 ABL에서는 모든 cell들이 동시에 program되어 인접 line의 동작 순서에 의한 영향이 많이 줄어든다. 또한 ABL은 conventional HBL에 비하여 낮은 bit line 전압을 사용할 수 있어서, read 시 짧은 evaluation time이 가능하여 전체 operation time을 conventional HBL에 비하여 절약할 수 있다.

ABL은 신뢰성 요소인 cell to cell의 interference와 disturbance를 줄이는데 conventional HBL에 비하여 효과적인 반면, ISPP 진행 시 각 pulse 완료 후에 수행되는 verification 시, BL_{even}과 BL_{odd}의 cell 모두 점검해야 함으로 verification time이 증가한다.

3-6 Data Register(Page Buffer) 구조 및 기능

외부에서 DQ을 통하여 들어온 data가 core cell로 들어가는 route인 core path상의 길목에 data register(DR)가 있어서, program 동작과 read 동작을 수행하는 주요 역할을 한다. Register의 의미는 page 단위의 data를 input/output 처리하는데 있어서 data를 임시로 저장해 놓는 회로이다. DR은 data의 input/output을 총괄하여, data가 input되면 이를 latching하고 even 혹은 odd bit line을 selection 한 후, program 할 수 있도록 bit line을 biasing 한다. Read 시에는 bit line과 SO node을 pre-charge하여 bit line 상태를 sensing하고, bit line의 전압을 증폭시켜 SO node로 전달하는 역할을 하면서 cell의 data을 read하고 verification(program/erasure 동작 시)한다. DR 배치는 DR을 plane의 한 쪽 side로만 배치하는 single side DR architecture와 core cell area의 아래위인 양쪽 방향으로 배치한 double side DR architecture가 있는데, double side 배치는 집적회로에 불리함으로 잘 사용하지 않고 소형화에 유리한 single side로 주로 배치한다.

3-6-1 Data Register 구조

Data register(page buffer)는 memory 반도체 중에서는 nonvolatile memory에만 있는 구조로서, 외부에서 cell로 data를 입력하는 경우, data register는 column decoder(혹은 출력 시는 cell array)로부터 받은 data를 cell에 input 시키는 데(혹은 외부로 output 시키는 데) 있어서, 중간에 registing 역할을 한다는 의미로 붙여진 이름이다. Page buffer라는 의미는 page와 column decoder 사이에서 buffer 역할을 한다는 의미로 naming 되어졌다.

DR은 구조적으로는 cell영역과 column decoder 사이에 있으면서 크기는 string size와는 상관없이 ABL page 혹은 conventional HBL의 odd page(혹은 even page)의 size와 같으며, cell array 동작의 편리성을 높이기 위하여 data register는 plane별로 1개씩 할당되어 있다. Data register는 좀 더 세부적으로는 data buffer와 cache buffer로 나뉘는데, data buffer는 data 처리 기능을 담당하고 cache buffer는 cache 기능을 담당한다. Cache buffer와 data buffer의 size는 동일하여야 cache 기능이 수행된다. 물론 cache 기능을 하지 않을 경우는 cache buffer가 필요 없다.[3)]

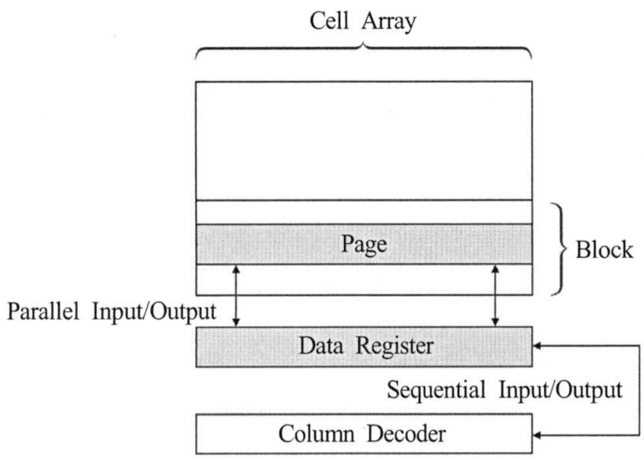

❒ CH4. 그림 3-22 Data Register(Page Buffer) Diagram

3-6-2 Data Register의 Data 처리 기능

Data Register는 3대 기본동작인 program, erasure, read 중에 program과 read 동작을 support하지만, erasure 동작은 관여하지 않는다. 세부적으로는 page read와 page program 및 copy back operation, cache operation 등이 있고, 그 외에 sub 기능들이 있으며, FTL 기능이 다양화 될수록 data register의 기능이 복잡해진다.

Cell의 동작은 반드시 data register를 거쳐서 진행되고, copy back & cache operation도 data register를 거치지만 copy back과 cache 동작은 특히 operation time을 줄이기 위한 목적이 크다. Read operation 시에는 cell에서 읽어낸 미약한 signal을 data register에서 sensing하고 amplification <Chapter 8. 참조>시키는 역할을 한다. Data의 input/output 처리란, program과 read operation을 수행하기 위하여 data을 in/out하면서 어떤 sequence 시점에 어느 site에서 data

3) Data register(DR)라는 용어보다는 page buffer(PB)라는 용어를 빈도수가 높게 사용하는데 반하여, DR은 실질적으로 기능상으로는 page에 대한 buffering 기능 보다는 page 내의 data을 이동하는데 있어서 registering 기능을 더 많이 사용한다. 특히 Cache operation 시에는 cache buffer와 data buffer를 생성시켜 사용하기 때문에, page buffer라는 용어를 사용할 경우에는 불편이나 혼동이 있을 수 있으나 DR로 표현할 경우는 혼동이 방지되므로, 본 서술에서는 page buffer보다는 data register라고 사용한다.

를 받아들이고, 어떤 site로 보낼 것인지, data register가 cell array와 host 간에 교통정리를 해주는 동작을 의미한다.

3-6-2-1 Page Read 시의 Data Register 역할

수천 개로 이루어져 있는 block에 저장된 data를 읽어낼 때는 page 단위로 data register를 거쳐서 빼내어 NAND밖으로 배출시킨다. Block에서 data register로의 data 이동은, page를 선택하는 데 있어서, 임의적인 random read 방식과 page 선택이 순차적인 sequential read 방식이 있고, data register에서 data out으로는 선입선출의 순서에 의한 serial read & serial out 방식이다. Random read는 block 내의 target address를 직접 access하여 cell을 read하고, sequential read는 page 0에서부터 건너 띄는 address 없이 +1 address씩 증가시켜 address accessing하는 reading 방식이다. Conventional HBL 방식으로 even cell과 odd cell을 구분하여 read할 때는 even cell only read 혹은 odd cell only read를 한다. Page address의 accessing이 끝나면 block 내에서 지정된 page의 모든 data들을 parallel로, cell array 내의 page에서 data register로 동시에 옮긴다. Data register로 옮겨진 data들은 serial로 read하여 순차적으로 data out 된다.

DQ pin을 통하여 read command가 input된 후, address가 지정되면 ready_busy(R/B) bar pin의 V_{cc}를 low로 떨어뜨려서 다른 operation은 못하고 target cell의 data을 read만 할 수 있도록 한 후, cell array에서 data register로 data를 옮기는 동작을 진행한다. Data register에서 data를 처리할 때는 R/B bar pin의 V_{cc}가 high로 되어 다른 operation을 병행으로 할 수 있도록 하면서 operation을 진행한다. Page에서 넘어온 even cell 혹은 odd cell data는 x축 및 y축 address 정보로 data가 selection되어 out된다. Read 시에는 SLC, MLC, TLC는 random과 sequential 방식 모두 가능하지만, 일반적으로 data량이 클 때는 sequential 방식이 선호된다.

Read하는 데 드는 총 소요 시간은 page read 시간(t_{read})과 data register에서 output하는 시간($t_{data\ out}$)을 합하여 측정한다. Page read 시간은 block 내의 target page를 sensing하는 데 소요되는 시간과 page 내의 cell data들을 data register로 1대 1 matching(y address 반영)하여 latching하는 데 소요되는 시간을 모두 합한 시간이다.

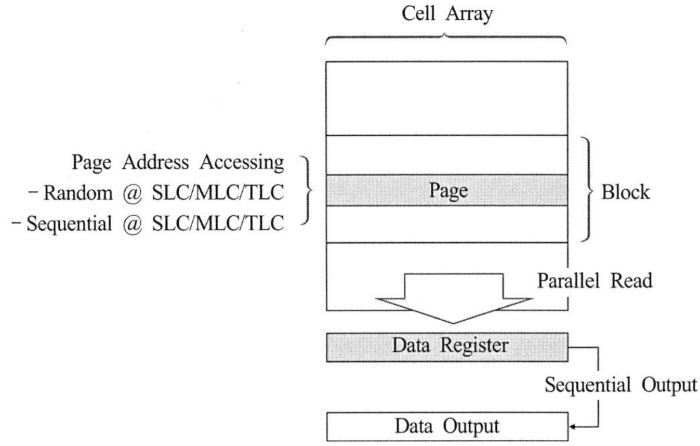

❒ CH4. 그림 3-23 Read 시의 Data Register 역할 @ page에서 data register로의 data output

3-6-2-2 Page Program 시의 Data Register 역할

Program할 때도 마찬가지로, data는 page 단위로 program을 한다. 동작은 DQ pin을 통하여 command가 input되고 address의 지정이 완료되면, 다음으로 외부 data를 data register가 차례로 받아들인다. Input된 data는 data register에 저장된다. Data가 data register에 임시 저장될 때는 read operation과 방향은 반대이지만, read 시와 동일한 serial 방식으로 data가 input 된다. Block 내의 page address는 random page mode @ NOR 혹은 sequential page mode @ NAND로 accessing된 후에, data register 내의 data가 page cell로 parallel하게 이동된다. Program 시에는 SLC/MLC/TLC 모두 sequential 방식을 사용하고, data량이 적을 때 일부 SLC에서 random mode를 사용한다. Program operation하는 데 소요되는 총 시간은 외부에서 data register에 data가

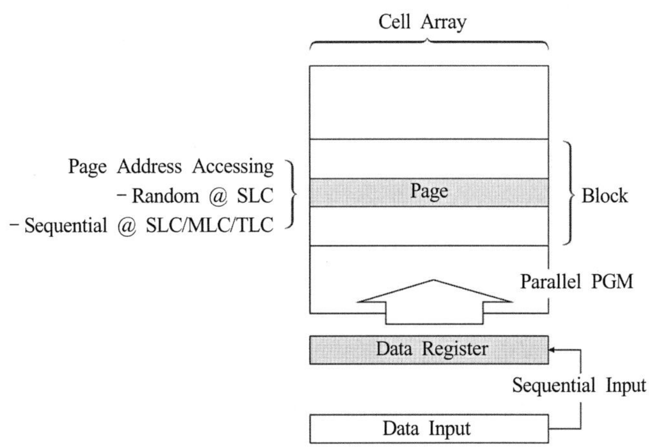

❒ CH4. 그림 3-24 Program 시의 Data Register 역할 @ data register에서 page로의 data input

input되는 시간(t_{input})과 data register에서 cell array 내의 target page로 data가 program되는 시간(t_{PGM})을 합한 시간이다.

3-7 Decoder 구조

Decoder는 row decoder(X-decoder)와 column decoder(Y-decoder)로 나뉘는데, row decoder는 cell array의 word line을 access하고 cell의 gate에 공급하는 전압을 제어하는 기능을 하며, column decoder는 cell array의 bit line을 access하고 data register 및 bit line에 공급하는 전압을 제어하는 기능을 한다.

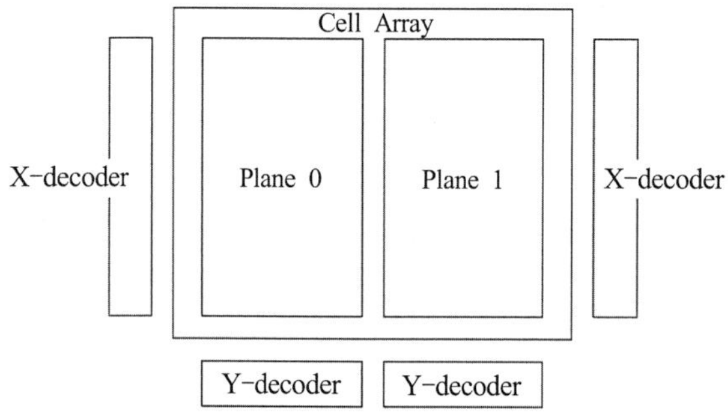

❒ CH4. 그림 3-25 Plane과 Decoder 구조

3-7-1 Cell의 Address Accessing

Block 내의 모든 각 cell들은 2개 decoder들의 분할된 address line과 alignment되어 있다. Alignment되었다는 의미는 row decoder의 address가 A_x개이고, column decoder의 address가 A_y개로 되면, cell array 내의 x축, y축 각각의 cell 개수는 2의 A_x제곱개 혹은 2의 A_y제곱개의 cell수와 각각의 decoder들이 alignment 및 matching되어 있다.

NAND Flash는 package에서 외부로 연결하는 contact pin수를 줄이기 위하여, data I/O pin을 통하여 I/O data, command information 및 address data도 같이 이용한다. I/O pin은 data를 구성하기 위하여 8개(혹은 16개)로 맞추어져 있으므로, I/O data는 물론이고 address data도 input될 때 8개씩 input/output되어 cycling을 N배로 늘릴 경우 총 data의 개수(density)는 $8 \times N$개의 address data가 된다(N은 input되는 signal의 cycle수 이다). 그러므로 $8 \times N$개의 총 address data로, 한쌍의 회로로 구성되어 있는 MUX/DeMUX에서는 x축 혹은 y축의 address와 matching 되게하는 multiplexing 방식으로 변환된다. 예를 들어 x축으로

cycling이 N번인 address data(A_{data})는

$$A_{data} = 2^{(8 \times N)} \qquad \text{식2)}$$

의 cell의 번지수로 mapping 전환되어 cell array를 access 할 수 있으며, y축도 동일하다. PGM 시에는 DeMUX가 활용되고, Read시에는 MUX가 동작한다. Cell array 번지 이외의 공통으로 사용되는 cell들은 X-decoder와 Y-decoder들이 분담해서 accessing한다.[4)]

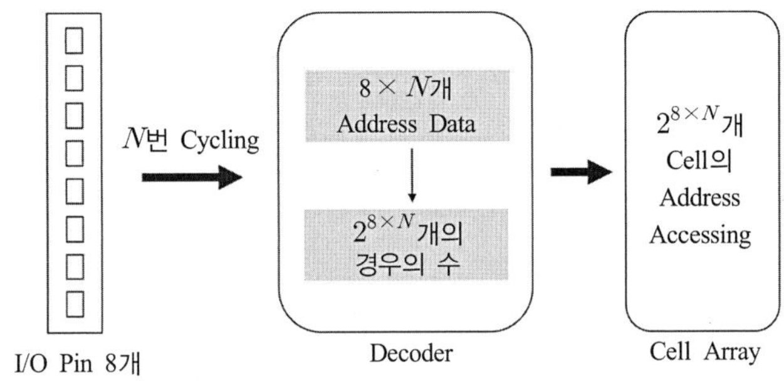

❐ CH4. 그림 3-26 Decoder의 Address Accessing Flow @ x축 방향

3-7-2 X-decoder

X-decoder를 거쳐 input되는 address를 row address라 한다. X-decoder는 plane, block, page의 위치를 확인한다. Chip은 2개~16개로 stacking되어 있는 chip 중의 1개를 chip enabling pin이 선택하고, plane에서는 2개~4개 사이의 어느 plane인지를 access한다(주로 2개 plane이 적용된다). 그 후 수천 개의 block에서 1개의 block을 설정하고, 수백 개의 page에서 1개의 page를 선택한다. 또한, X-decoder는 program 시 high voltage generator에서 공급해 준 약 +20V~+26V를 cell의 control gate에 공급하는 역할을 한다. X-decoder는 plane별로 1개의 X-decoder를 assignment하기도 하고 2개의 X-decoder를 assignment한다. 1개 plane-1개 X-decoder 방식은 block당 X-decoder가 한쪽으로만 연결되어있다. 1개 plane-2개 X-decoder 혹은 2개 plane

4) MUX/DeMUX는 주로 Logic Circuit에서 활용하는데, 여러 개의 input 변수들 중에서 선택선을 이용하여 하나를 selection한 후 출력선으로 연결하던지, 하나의 입력변수를 여러 개의 출력변수로 연결한 후 선택선을 이용하여 여러 개의 출력 변수 중에서 하나의 회선을 선택하여 출력하는 다중화 기술로서, MUX와는 반대 개념인 DeMUX도 같이 활용할 수 있기 때문에, program 시와 read 시에 cell을 assignment 하기 위하여 X-decoder와 Y-decoder에 적용한다. 이때 selection 선의 수는 다중화 선이 2^n개라면, n개가 소요된다.

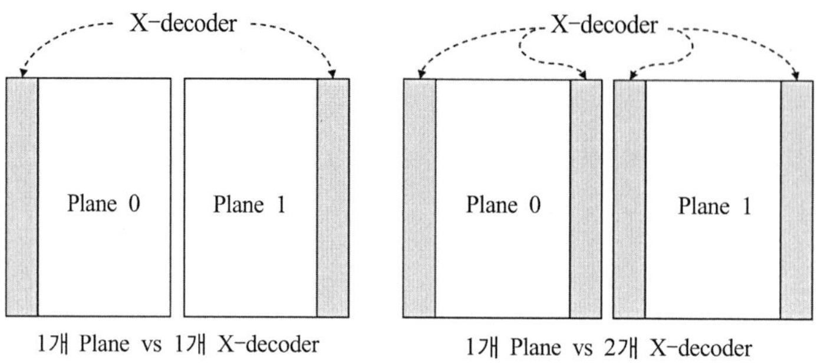

❒ CH4. 그림 3-27 Plane별 X-decoder 배치

-4개 X-decoder는 모두 block당 X-decoder가 양쪽 side로 연결되어 있으며, X-decoder가 2개일 때는 각 block을 반반씩 나누어 control한다. X-decoder는 일반적으로 plane당 1개를 사용하는데, 성능을 높이기 위하여 plane당 2개의 X-decoder를 사용하면, X-decoder 성능은 1.5배 가까이 향상되지만 chip size에 그만큼 부담이 된다. 3×8 decoder인 경우, 3개 binary data를 input 받아서 8개의 row address 중에 1개를 선택하여 access 신호를 보낼 수 있도록 회로가 구성되어 있다.

3-7-3 Y-decoder

전체적으로는 Y-address와 X-address는 서로 별개로 나뉘어져 있다. Y-decoder를 거쳐 input 되는 address을 column address라 한다. Y-address의 주요 임무는 operation이 시작되는 string의 위치를 access하는 것이다. 또한 Column address는 bank를 구분하여 bank 0인지 bank 1인지를 지정하고, main data register를 사용할 것인지 spare data register를 사용할 것인지를 선택한다. Data register에 할당된 address는 대부분 main data register로 할당되어 memory cell을 main address로 지정하는데, main address는 byte 지정 및 column cell을 assignment하는 데 사

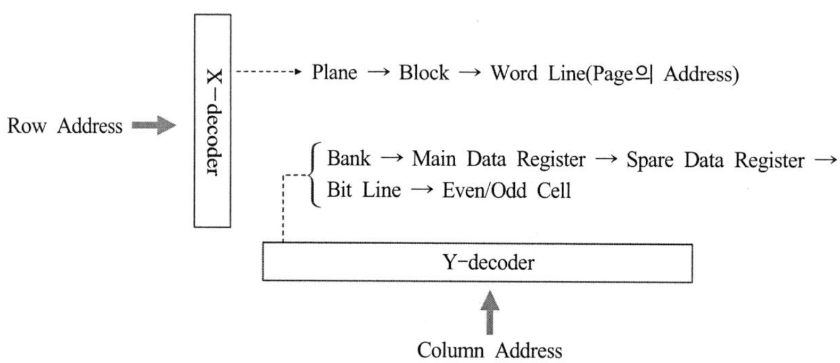

❒ CH4. 그림 3-28 Row Address와 Column Address의 Assignment

용되며, column cell은 even 혹은 odd cell로 나뉘어 지정된다. Spare data register를 지정한 address는 spare cell의 기능에 따라 구분하여 assignment한다.

3-8 Copy Back Program

종전까지는, block 내에 page 혹은 bit의 불량이 발생하면, 해당 page(or bit)를 erasure시키기 위하여 block 전체를 erasure시켜야 하기 때문에 불필요한 손실이 발생했다. 그러나 불량 block 내에 있는 valid data들을 손실되지 않게 하려면, valid page들은 data register를 거쳐서 이를 NAND 외부의 controller 혹은 이와 유사한 저장매체에 있는 external buffer로 save 시킨 후에, bad block 전체를 erasure 한다.

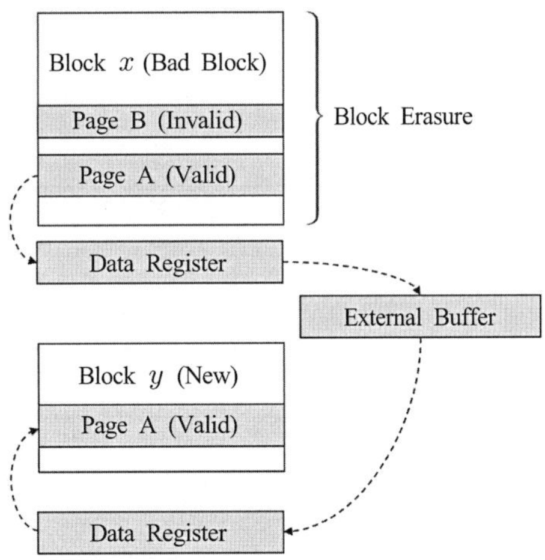

❐ CH4. 그림 3-29 External Buffer를 이용한 Copy방식

남아있는 invalid data(page B)와 함께 bad block인 block x <CH4. 그림 3-29>를 erasure 실시한 후에, chip 외부의 external buffer에 옮겨져 있던 valid data는 원상복귀 하여야 하므로, 새롭게 선택된 block y의 일정 address에 옮겨 놓는다. 이를 data의 copy동작이라 한다. 이렇게 data를 NAND Flash 외부로 빼내서 다시 원래 상태로 옮겨 놓는 작업은 chip 동작 상 data output/input 시간과 동작에 따르는 추가적인 작업이 소요된다.

Copy back program을 사용하면, data를 외부 buffer로 옮겼다가 다시 internal로 옮기는 번거로움을 간편하게 하고 data output/input 시간을 줄여서 device의 성능을 향상시킬 수 있다. Copy back program도 일종의 program 동작이지만 특수한 경우의 program 동작이라 할 수 있다. 먼저 copy할 data량이 data register(DR)의 density보다 적은 경우의 간단한 방법으로는, valid data(page C)를 data register로 이동시킨 후 <CH4. 그림 3-30>, bad block x 전체를 invalid data(Page D)와 함께 erasure한다. Block erasure 후에 data register에 저장되어 있는 valid data들을 다시 block x의 새롭게 설정된 address에 program한다.

Copy할 data량이 DR density보다 많을 때는 valid data(page C)를 DR로 이전 시킨 후, valid data를 다시 다른 제3의 block y에 program시키면, data가 external buffer까지 출력되었다가 다시 input되지 않아도 되므로 external buffer를 사용한 external copy방식보다 시간을 절약 할 수 있다. 즉, data량이 적을 때는 bad block을 erasure하는 동안 data register가 data량을 확보하고 있지만, data량이 data register의 용량을 초과하는 경우는 erasure하는 동안에 data register가 data register의 max density를 초과하는 많은 data를 확보하고 있을 수가 없으므로 valid data를 제3의 block으로 옮겨 놓은 후에 bad block을 erasure한다. 그런 후에 block x를 erasure해서 다시 새로운 block으로 사용한다. Block을 재사용하는 경우는 bad block의 원인이 mechanical fail이 아닐 경우 가능하고, block이 mechanical fail 혹은 신뢰성 fail이 발생시 bad block을 erasure해도 재생되지 않으므로 fail block으로 처리한다.

Multi plane copy back program

NAND의 기본 operation 단위가 program 동작과 read 동작은 page operation 단위이기 때문에, copy back operation이 가능하고, 또한 copy back을 수행하면서 동시에 multi plane operation도 가능하다. Plane이 2개 이상이면, multi plane copy back program 동작을 수행할 수 있는데, single plane에 비하여 multi plane을 동시에 운용하기 위한 command만 약간 달라지고 plane 내의 동작은 single plane copy back program과 동일하다. Multi plane copy back program을 실시하면 전체 copy back operation time을 줄일 수 있다.

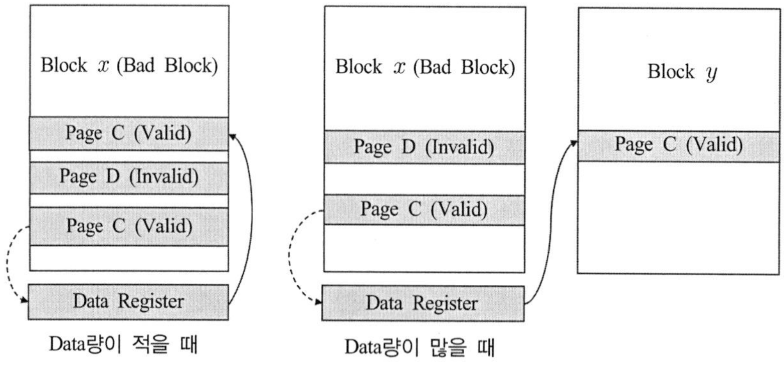

❐ CH4. 그림 3-30 Copy Back Program @ 1 plane인 경우

상기는 1개의 copy back operation에 대한 설명이다. Copy back의 throughput을 올리기 위하여 여러 copy back동작을 한꺼번에 진행하는 multi-copy back program도 있다.

3-8-1 Copy Back Operation 시의 소요시간

External buffer를 이용한 경우의 copy operation 소요시간은, page size를 8KB로 가정한다면,

$$t_{PGM\_external\,buffer} = t_R + t_{RC} \times 8\,\text{KB} + t_{WC} \times 8\,\text{KB} + t_{PGM} \qquad \text{식3)}$$

이다. t_R은 read time으로 valid data를 original block에서 data register로 꺼내는 시간이고, t_{PGM}은 program time으로 data register에서 target page address로 valid data를 program하는 시간이다. t_{RC}는 read cycle time이고 t_{WC}는 write cycle time으로서, t_{RC}, t_{WC}는 각각 data를 data register에서 external buffer로 serial로 꺼내고 또 external buffer에서 data register로 serial로 write하는 데 걸리는 time이므로 $(t_{RC}+t_{WC})\times$ 8K bytes는 8K byte를 data register에서 external buffer로 옮기고 다시 program back하는 데 소요되는 시간이다.

Copy back program일 경우의 소요시간은, external buffer를 사용하지 않기 때문에 t_{RC}와 t_{WC}가 절약되어

$$\boxed{t_{PGM\_copy\,back} = t_R + t_{PGM}} \qquad \text{식4)}$$

이다. 식4)는 식3)에 비하여 data가 data register에서 external buffer로, 또 external buffer에서 data register로 이동하는 시간이 단축된 시간으로 t_R은 80us, t_{PGM}은 1,200us이라고 가정하면 copy back program time은 1,280us이다. 따라서 copy back program을 사용할 경우, 1개 page 당 $(t_{RC}+t_{WC})\times$page size를 절약할 수 있다.

3-9 Cache 동작

Cache operation은 program 시와 read 시로 나눌 수 있고, 이 둘은 cache buffer를 사용한다는 측면에서는 개념적으로는 동일하지만, data transfer 방향은 서로 반대이다. Cache operation은 plane당 1개만 설정해놓은 data register의 한계를 극복하기 위한 목적으로 cache buffer를 두었고 data buffer와 함께 2개의 buffer를 적용하면서 수행하는 동작이다. Cache operation은 sequential read/sequential program 동작일 때 효과가 있고, random read/random program 시에는 효과가 없으며, random operation시에는 오히려 cache을 적용하는 것이, operation이 더욱 복잡해지고 동작 시간도 더 오래 걸리는 경우가 많다.

3-9-1 Cache Program Operation

Copy back program방식보다 한 단계 더 진전된 응용 PGM 방식으로는 cache PGM이 있다. 이는 copy back과는 다른 형태이지만, program time을 줄이기 위한 목적은 copy back과 같다. Operation상 다른 점은 copy back program은 fail 발생 시 시간을 단축하는 방식이고, cache PGM은 정상적인 program operation 시 시간을 단축하는 방식이다.

이는 외부에서 data register까지와 data register에서 cell array까지의 2개 operation을 진행상 serial로 하나씩 진행하는 것이 아니라, 2개 operation을 동시에 병행으로 처리하는 개념이다. Data register는 data buffer 이외에 cache buffer 하나를 더 추가하여 cache operation을 수행한다. 즉, cache program은 data register가 data를 target cell에 program하는 동안에, 기다리지 않고 병행으로 다음 data를 외부의 external 저장장치에서 내부(cache buffer)로 들여와 대기시켜 놓는 방식이다. 이는 Data register에서 cell array로 data를 program하는 동안(t_{PGM})에 외부에서 data를 data register까지 이동시키는 time인 t_{WC}(write cycle time)를 절약한다.

Y-decoder로부터 input되는 1st data는 cache buffer에 저장 후에, cache buffer의 data를 data buffer로 이동한다. Data buffer 내의 data들이 cell array 내의 target cell에 program되는 시간에, 동시에 2nd data가 external 저장장치에서 cache buffer로 이동함으로써 write 시의 cycling time(t_{WC})을 줄일 수 있어서, cache PGM은 +30% 정도 throughput이 개선된다. MLC, TLC인 경우 실질적으로 줄어드는 timing 계산은 <Chapter 6. Session 2-7-4>에 계산되어 있다.

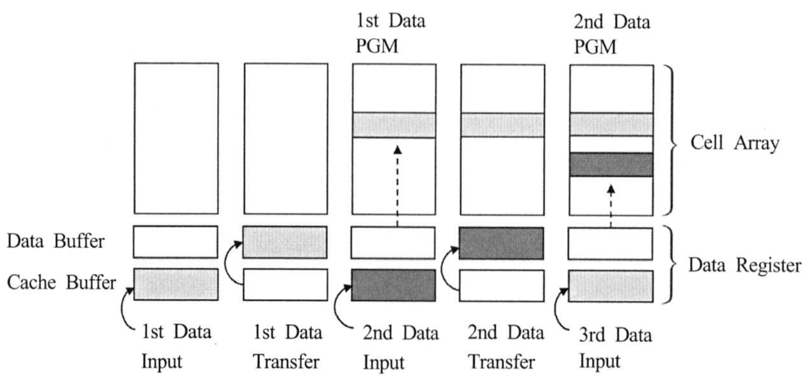

❐ CH4. 그림 3-31 Data Register(Page Buffer)의 Cache Program 동작

3-9-2 Cache Read Operation

Read operation 시에도 data read time을 절감하기 위하여 cache read 동작을 적용한다. 장점으로는 sequential operation 시에 cache program과 마찬가지로 operation time을 줄이는 효과를 얻는다. Cache read는 cache buffer가 data를 출력하는 동안, 기다리지 않고 동시에 next page의 data를 data buffer가 cell에서 data register로 옮겨옴으로 read cycling time(t_{RC})을 절감할 수 있다. 예를 들어, output되는 1st data는 cell array로부터 cell의 상태를 access하여 data buffer에 저장된 후에, data buffer 내의 data를 cache buffer로 이동한다. Cache buffer 내의 data들이 연속하여 output되는 시간에, 동시에 2nd data가 cell array로부터 data buffer로 저장되는 방법으로 read 시의 cycling time(t_{RC})을 줄일 수 있다.

Copy back 동작과 마찬가지로 NAND의 program/ read operation 단위가 page 단위이기 때문에 cache program/cache read가 가능하고 또한 cache 동작을 수행하면서 multi plane operation도 가능하다. Cache program과 cache read 및 multi plane operation까지 적용되면, multi plane cache program, multi plane cache read 동작이 가능하여, system의 data read/data program의 throughput이 normal인 경우에 비하여 2배 이상 향상(operation time이 약 1/2 이상 축소)된다.

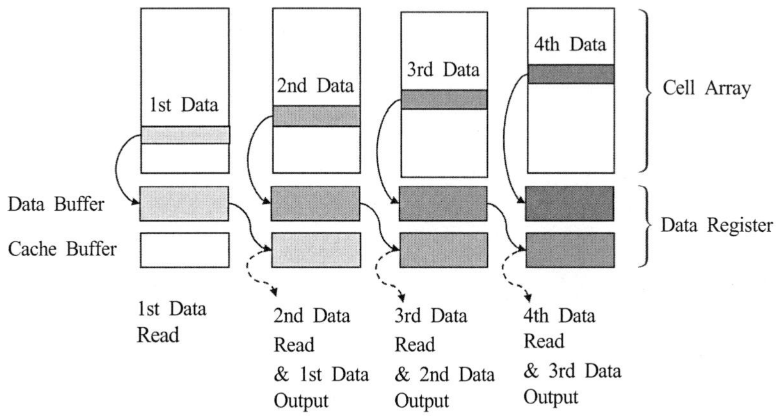

❒ CH4. 그림 3-32 Data Register의 Cache Read 동작

References

냅드 플래시 메모리 기반 저장 장치를 위한 낸드 플래시 메모리의 사양, 최적화 (2011.6) 김동건, 원삼규, 박상훈, et al., 대한전자공학회 학술대회, pp 324-327

반도체 소자 기술 (1993) 이병헌, 강회일, 문병주, 한국전자통신연구소

반도체 회로 설계 (1996) 박현철, 한성출판사

A 146 mm^2 8Gb NAND flash memory with 70nm CMOS technology (2005) Hara, T. ; Fukuda, K. ; Kanazawa, K. et al., Digest of Technical Papers. ISSCC. pp 44-584 Vol.1, IEEE Conference Publications

A 151-mm^2 64-Gb 2 Bit/Cell NAND Flash Memory in 24-nm CMOS Technology (2012) Fukuda, K. ; Watanabe, Y. ; Makino, E. et al., Solid-State Circuits, Volume: 47, Issue: 1 pp 75-84, IEEE Journals & Magazines

A 34 MB/s MLC Write Throughput 16Gb NAND With All Bit Line Architecture on 56nm Technology (2009) Cernea, R.-A. ; Long Pham ; Moogat, F. et al., Solid-State Circuits, Volume 44, Issue 1, IEEE Journals & Magazines

A High Performance Co-design of 26nm 64Gb MLC NAND Flash Memory using the Dedicated NAND Flash Controller (2011) ByoungSung You, JinSu Park, SangDon Lee, et al., Journal of Semiconductor Technology and Science Vol.11, No.2, pp121-129

A middle-1Xnm NAND flash memory cell (M1X-NAND) with highly manufacturable integration technologies (2011) Joowon Hwang ; Jihyun Seo ; Youngbok Lee, et al., Electron Devices Meeting (IEDM), pp 9.1.1-9.1.4, IEEE Conference Publications

A negative Vth cell architecture for highly scalable, excellently noise immune and highly reliable NAND flash memories (1998) Takeuchi, K. ; Satoh, S. ; Tanaka, T. et al., VLSI Circuits, pp 234-235, IEEE Conference Publications

Adaptive Garbage Collection Policy based on Analysis of Page Ratio for Flash Memory (2009) Lee Soung Hwan, Lee Tae Hoon, Chung Ki Dong, 정보과학회논문지 제36권 제5호, pp422-428

An Address Translation Technique for Large NAND Flash Memory using Page Level Mapping (2010) Hyunmin Seo, Ohhoon Kwon, Junseok Park, et al., 정보과학회논문지 제16권 제3호, pp371-375

Architecture and method for NAND flash memory (2008.05.13) US07372715, Micron Technology Inc.

Bad Block Management in NAND Flash Memory (2011) Technical Note TN-29-59, Micron Technology Home page

Bit line gate transistor structure for a multilevel, dual-sided nonvolatile memory cell NAND flash array (2012.12.18) US08335108, Peter Wung Lee Fu-Chang Hsu

Boot block features in synchronous serial interface NAND (2012.01.03) US08090955, Pekny Theodore T.

Caching method for NAND flash translation layer (2010.07.20) US07761648, Wu Chin-hsien Kuo Tei-wei Hsieh Hsiang-chi

Content addressable memory (CAM) devices having NAND-type compare circuits (2008.04.08) US07355890, Integrated Device Technology Inc.

Determining NAND Flash Ready/Busy Status (2005) Technical Note TN-29-13, Micron Technology Home page

Dual-plane type flash memory device having random program function and program operation method thereof (2008.08.12) US07411858, Hynix Semiconductor Inc.

Efficient garbage collection policy and block management method for NAND flash memory (2010) Kee-Hoon Jang ; Tae Hee Han, et al., Mechanical and Electronics Engineering (ICMEE), Volume: 1, pp V1-327-V1-331, IEEE Conference Publications

Flash Memories (1999) Paulo Cappelletti, Carla Golla, Piero Olivo et al., Klumer Academic Publishers, Massachusetts

Flash memory device for performing bad block management and method of performing bad block management of flash memory device (2008.10.07) US07434122, Samsung Electronics

Flash memory device with NAND architecture with reduced capacitive coupling effect (2008.07.01) US07394694, STMicroelectronics S.r.l.

Flash memory structure with enhanced capacitive coupling coefficient ratio (CCCR) and method for fabrication hereof (2012.06.05) US08193575, Hsu Louis C. Ouyang Xu Wang Ping-Chuan Yang Zhijian J.

Formation of memory cells and select gates of NAND memory arrays (2008.03.25) US07348236, Micron Technology Inc.

Garbage Collection Method for NAND Flash Memory based on Analysis of Page Ratio (2009) Seung-Hwan Lee, Dongseok Ok, Changbae Yoon et al., 정보과학회논문지 제15권 제9호

Handling defective memory blocks of NAND memory devices (2008.02.26) US07336536, Micron Technology Inc.

Hierarchical common source line structure in NAND flash memory (2011.07.12) US07978518, Pyeon Hong-Beom Kim Jin-Ki

http://www.imflsah.com

http://www.micron.com

http://www.samsung.com

http://www.skhynix.com

http://www.toshiba.semicon-strorage.com

Implementation of Efficient and Reliable Flash File System (2008) Jong-Won Jin, Tae-Hoon Lee, Seung-Hwan Lee, et al., Journal of Korea Multimedia Society Vol.11, No.5, pp651-660

Improving Performance Using Two-Plane Commands (2007) Technical Note TN-29-25, Micron Technology Home page

Inside NAND Flash Memories (2010) Rino Micheloni, Luca Crippa, Alessia Marelli, Spinger Verlag

Integrated circuit having NAND memory cell strings (2010.08.17) US07778073, Willer Josef Hofmann Franz Richter Detlev Nagel Nicolas

Integration Technology of 30nm Generation Multi-Level NAND Flash for 64Gb NAND Flash Memory (2007) Donghwa Kwak ; Jaekwan Park ; Keonsoo Kim et al., VLSI Technology, pp 12-13, IEEE Conference Publications

Memory array incorporating mirrored NAND strings and non-shared global bit lines within a block (2009.03.24) US07508714, SanDisk 3D LLC

Memory Management in NAND Flash Arrays (2005) Technical Note TN-29-28, Micron Technology Home page

Method and system for managing a NAND flash memory by paging segments of a logical to physical address map to a non-volatile memory (2013.12.17) US08612666, Robert J. Royer, Jr. Robert Faber Brent Chartrand

Method for source bias all bit line sensing in non-volatile storage (2008.12.30) US07471567, SanDisk Corporation

Method of bitline shielding in conjunction with a precharging scheme for nand-based flash memory devices (2001.05.29) US06240020, Advanced Micro Devices

Method of making EEPROM cell structure (1999.03.23) US05885871, STMicrolelectronics Inc.

Migrating from a Chip Enable care to a Chip Enable don't care NAND flash memory (2008) Application note AN2365, Micron Technology Home page

Multi-Level NAND Flash Memory with 63nm-Node TANOS (Si-Oxide-SiN-Al2O3-TaN) Cell Structure (2006) Chang-Hyun Lee ; Jungdal Choi ; Changseok Kang et al., VLSI Technology, Digest of Technical Papers. pp 21-22 IEEE Conference Publications

NAND flash architecture with multi-level row decoding (2012.05.29) US08189390, Kim Jin-Ki

NAND flash memory device having security redundancy block and method for repairing the same (2008.07.01) US07394689, Samsung Electronics

NAND flash memory device performing error detecting and data reloading operation during copy back program operation (2010.08.17) US07779341, Kim Hyung-Gon

NAND flash memory devices having shielding lines between wordlines and selection lines (2010.10.26) US07821825, Park Ki-Tae Choi Jung-Dal

NAND flash memory string apparatus and methods of operation thereof (2012.05.01) US08169827, Guzzi Pietro Visconti Angelo

NAND Flash Memory Technology (2008) Brewer, J. ; Gill, M. (Koji Sakui and Kang- Deog Suh) Nonvolatile Memory Technologies with Emphasis on Flash:A Comprehensive Guide to Understanding and Using Flash Memory Devices, Page(s): 223-311, Wiley-IEEE Press eBook Chapters

NAND Flash Memory 기반 저장장치 기술 동향, 2010, 방관후, 박상훈, 정의영, 전자공학회지 제37권 제3호, pp241-250

NAND Flash Performance Improvement Using Internal Data Move (2006) Technical Note TN-29-15, Micron Technology Home page

NAND Flash Performance Increase with program page cache mode Command (2006) Technical Note TN-29-14, Micron Technology Home page

NAND Flash Status Register Response in Cache Programming Operations (2007) Technical Note TN-29-26, Micron Technology Home page

Nand-structured flash memory (2009.12.08) US07630261, Abe Takumi Maejima Hiroshi Fukuda Koichi Hara Takahiko

Nonvolatile semiconductor memory device having configuration of NAND strings with dummy memory cells adjacent to select transistors (2006.07.18) US07079437, Kabushiki Kaisha Toshiba

Open NAND Flash Interface Specification Revision 2.0 (2008) Hynix Semiconductor, Intel Corporation, Micron Technology,Phison Electronics, Sony orporation, Spansion, STMicroelectronics, ONFi homepage

Optimization of control gate material and structure for enhancing 20nm 64Gb NAND flash reliability (2012) Hae Soo Kim ; Kang Jae Lee ; Kwang Hee Han et al., VLSI Technology, Systems, and Applications (VLSI-TSA), pp 1-2, IEEE Conference Publications

Page buffer circuit and method for multi-level NAND programmable memories (2008.02.26) US07336538, STMicroelectronics S.r.l.

Page Mapping Table Caching Technique for Large Scale NAND Flash Memory (2012) Sejin Shim, Hansu Kang, Sanghyuk Jung, et al., 한국통신학회 동계종합학술발표회, pp463-464

Row decoder circuit of NAND flash memory and method of supplying an operating voltage using the same (2007.01.09) US07161837, Hynix Semiconductor Inc.

Small-Block vs. Large-Block NAND Flash Devices (2005) Technical Note TN-29-07, Micron Technology Home page

Split gate NAND flash memory structure and array, method of programming, erasing and reading thereof, and method of manufacturing (2010.10.05) US07808839, Widjaja Yuniarto Cooksey John W. Chen Changyuan Gao Feng Lin Ya-Fen Lee Dana

Structure and method for measuring the channel boosting voltage of NAND flash memory at a node between drain/source select transistor and adjacent flash memory cell (2008.06.24) US07391663, Hynix Semiconductor Inc.

System and method for using over-provisioned data capacity to maintain a data redundancy scheme in a solid state memory (2013.12.03) US08601311, Robert L. Horn

Technology scaling impact on NOR and NAND flash memories and their applications (2006) Pon, H. Solid-State and Integrated Circuit Technology, pp 697-700, IEEE Conference Publications

Using Copyback Operations to Maintain Data Integrity in NAND Flash Devices (2008) Technical Note TN-29-41, Micron Technology Home page

Word line decoder in nand type flash memory device (2004.09.14) US06791878, Hynix Semiconductor Inc.

CHAPTER 05 Threshold Voltage와 제품 다변화

Session 1	NAND 동작의 임계전압, V_{th}
Session 2	V_{th}분포, NAND 성공의 열쇠
Session 3	V_{th}분포를 이용한 Density 확장

Threshold voltage(V_{th})는 DRAM, SRAM, NAND Flash memory 혹은 미래의 어떤 능동소자이든 모든 반도체에서 공통으로 사용되는 개념이다. NAND Flash에서의 V_{th}는, 일반적인 V_{th}의 의미인 전류가 흐르기 시작하는 전압의 값이란 의미에 추가하여, 제품 density를 확장하는 역할까지 수행한다. 또한 NAND는 V_{th}로 cell의 program/erasure 및 pass/fail 상태를 판단할 뿐만 아니고, 더 나아가 NAND performance의 많은 부분을 threshold voltage 및 V_{th}의 분포를 이용하여 측정 및 표현해낼 수 있도록 했다.

따라서 V_{th}를 통계적으로 산출해 낸 V_{th}값의 최적의 Gaussian(정규)분포 및 최소의 산포도는 NAND가 필히 확보해야 할 요소로서, 이는 제품이 구현해 내야 하는 성능 및 신뢰성과 trade off 관계에 있다. NAND가 SLC > MLC > TLC로 발전되면서 성능과 신뢰성 level을 나타내도록 구현하는 난이도가 높아지는 데 따라, 분포 형성이 어려워지므로 V_{th}의 최적분포를 어떻게 확보하느냐가 NAND가 제 기능을 발휘할 수 있느냐 없느냐의 관건이다. Program, erasure, read operation을 진행하기에 앞서서, 이들 동작과 연관되고 기초가 되는 threshold voltage 및 V_{th}값의 분포에 대한 특성을 살펴보고, 이를 통하여 NAND Flash만의 특징인 cell당 bit수를 늘리는 density 확대에 따른 SLC(1 bit per cell NAND) → MLC(2 bit per cell NAND) → TLC(3 bit per cell NAND)로의 제품 다변화를 살펴보도록 하자.

Session 1 NAND 동작의 임계전압, V_{th}

NAND Flash는 V_{th}값을 설정하는 것으로부터 시작한다. 문턱전압은 threshold voltage(V_{th})를 그대로 직역한 용어인데, 말 그대로 문턱은 다른 공간으로 들어가기 위하여 방문의 문턱을 넘어서는 임계점이라는 의미이다. Tr 상에서 전류가 흐르지 않던 상황이 전류가 흐르는 상황으로 변경되는 시점의 전압이 V_{th}로서, 전류가 흐르기 시작하면서 저항치가 급격히 감소한다. Transistor가 transfer + resistor를 합한 합성어 이므로 threshold voltage를 넘어서기 전에는, Tr의 입력단 저항과 출력단 저항의 크기가 거의 동등하게 높았지만, Threshold voltage 전압을 넘어서면서는 입력단의 저항은 변함이 없는데, 출력단의 저항이 급격히 줄어드는 현상을 보인다. 즉, NAND Flash는 능동소자이므로 출력단의 저항을 의도적으로 줄여 전류가 더 쉽게 흐르도록 한 것이다.

NAND Flash는 control gate와 channel(substrate) 사이에 삽입되어 있는 floating gate(FG)에 electron이 charge 혹은 discharge되면서, FG 내에 charge된 carrier들의 영향으로 인하여 V_{th}가 낮아지거나 높아진다. 머리카락 직경을 몇 만분의 1로 세분화 한 정도의 선 폭이 되는 미세회로 내에서, 전자들이 움직이는 변수에 따라 ON/OFF data를 구분하고, 많은 cell의 program/erasure 상태를 해석하여, 실측치가 target limit 내로 meet하도록 control하는 데 있어서, NAND Flash에서는 V_{th} 이외에 V_{th}를 대신할 다른 어떤 factor가 마땅히 없다. 즉, V_{th}는 NAND Flash memory의 동작을 운영하는 기준점이 된다.

V_{th}를 통계적 방법과 접목시킨 V_{th} 분포로 grouping하여 구분하였고, 더 나아가서 이를 응용하여 물리적인 cell상에 logical density를 기능적으로 확장할 수 있는 길을 열게 되었다. 최대 저장기간 측면에서도 DRAM/SRAM의 저장 가능 시간인 ms(milli second) 단위에 비하여 NAND Flash는 저장기간이 1년에서 10년 가까이 저장할 수 있는 탁월한 우월성을 갖게 되었지만, 단점으로는 저장된 정보를 제거하려면, 소거 process를 추가로 동작시켜야 한다. (volatile memory인 DRAM같은 경우, 64ms 후에 data가 자동 소멸되므로 소거 동작을 별도로 동작시킬 필요는 없다.)

1-1 MOSFET 내에서의 V_{th} 정의

Floating gate가 없는 conventional NMOSFET enhancement mode에서는, 전류가 source에서 drain으로 본격적으로 흐르기 시작하는 임계전압인 V_{th}는 MOS Tr이 동작하기 시작하는, 즉 첫 전류가 흐르기 시작하는 시점의 gate에 bias를 인가한 전압치로 정의되는데, gate의 전압은 gate와 source(source는 ground) 사이의 전압 V_{gs}이다. 전류 I_d는 gate의 전압이 V_{th}를 넘어서는 순간부터 흐르며, 흐를 수 있는 조건은 먼저 전류가 이동해야 할 통로인 channel이 형성되어야 하고, 둘째 electron을 끌어당기는 drain 전압 $+V$가 인가되어, source 전압이 주변의 전압보다 상대적으로 낮게 형성되어 있어야 한다.

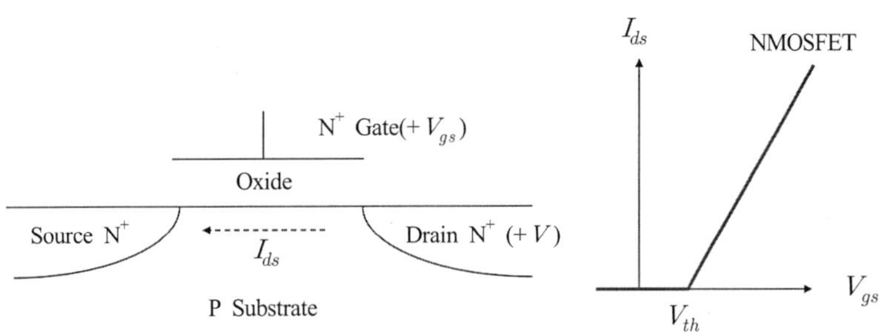

❒ CH5. 그림 1-1 NMOS Transistor 및 Threshold Voltage @ enhancement mode

1-2 V_{th} 특성

V_{th}에 가장 직접적으로 영향을 끼치는 변수는 substrate에 형성되는 channel이다. 이는 전류가 흐르려면, 전류가 흐르는 길인 channel이 형성되어야 하기 때문으로 channel의 속성은 경계면에 electron들이 집중적으로 모여있는 상태를 말한다. NAND Flash에서는 channel에 끼치는 2가지 변수로는 V_{gs} 이외에도 floating gate 내에 charge된 carrier로서, charge된 carrier의 종류와 양에 따라 channel폭이 변동된다. FG의 NO charge 상태에서는 FG가 없는 것과 동일한 intrinsic 상태이며, gate를 1개만 보유하고 있는 NMOS Tr의 특성과 유사하지만, FG가 charge된 상태에서는 FG에 electron/hole이 charge된 상태에 따라 서로 NAND 고유의 특성이 다르게 나타난다. Enhancement mode일 경우, gate 전압(V_{gs})이 증가할수록 비례하여 channel의 길이가 길어지고 폭도 두꺼워지며, 그에 따라 I_d도 saturation상태가 될 때까지 증가한다. V_{gs}가 증가한다고 channel 폭이 계속 증가하는 것은 아니고, linear 영역 후의 turning point 이후부터는 V_{gs}가 증가해도 더 이상 channel 폭이 증가하지 않는 saturation 영역이 된다. Depletion mode일 경우는

enhancement mode와는 반대로 gate 전압이 증가할수록 이미 형성되어있던 channel의 폭이 줄어들어 I_d가 감소한다. 여기서는 enhancement mode인 경우만 다루겠다.

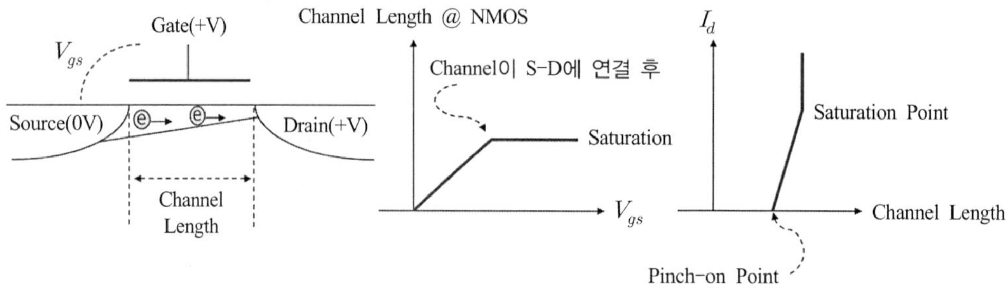

❐ CH5. 그림 1-2 Channel Length와 I_d & V_{gs}, @ enhancement mode

1-2-1 V_{th} 기울기 @ NAND Flash

Floating gate가 control gate와 substrate 사이에 존재하면(2-gate type), 실질적으로는 floating gate가 NO charge인 경우에도 1-gate type(conventional MOS)인 일반적인 NMOS Tr에 비하여 $I_d - V_{gs}$ graph의 기울기가 미약한 변화이지만, 상대적으로 낮아진다.

$$I_{ds-conventional\,type} > I_{ds-FG\,type} @ \ V_{gs} \text{의 동일인가 조건} \qquad \text{정리1)}$$

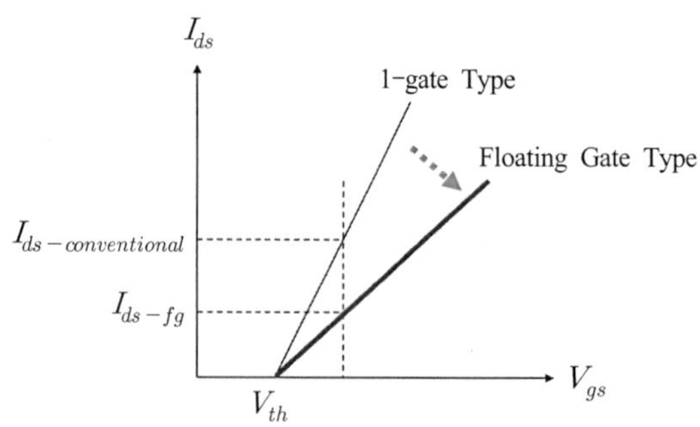

❐ CH5. 그림 1-3 $I_{ds} - V_{gs}$의 기울기 차이 @ floating gate type vs 1-gate type

동일 control gate의 전압을 인가할 때, floating gate type이 (FG에 NO charge 조건일지라도) 1-gate(conventional MOS) type에 비하여 I_{ds}가 적게 흐른다. 이는 동일 조건에서 substrate에 도달하는 전압이 1-gate type보다 floating gate type이 상대적으로 낮으며, 이는 floating gate type의, gate와 substrate 사이의 capacitance가 직렬 구조로 연결되어 있어서, 1-gate type의 control gate와 substrate 사이의 capacitance에 비하여 capacitive coupling ratio만큼 낮아지기

때문이다. FG 주변의 재질과 구조가 capacitance의 coupling ratio에도 영향을 끼친다. 이상적인 경우는 capacitive coupling ratio가 100%인 경우이고, 실질적으로는 100% 미만이다.

V_{th} 및 I_{ds}에 영향을 주는 index로는 CG에 인가하는 전압크기 V_{gs}와 FG의 electron charge량뿐만이 아니고, tunnel oxide의 두께가 두꺼울수록 I_{ds}가 감소하고 tunnel oxide의 유전율이 클수록 I_{ds}가 증가한다. <CH5. 그림 1-4>는 NAND Flash cell dimension을 비례적으로 도형화한 것이다(실질적인 ONO 두께는 tox 두께보다 약 1.5배 두꺼우며, tox와 ONO 모두, 하기 그림의 비례적 두께보다도 더 얇다).

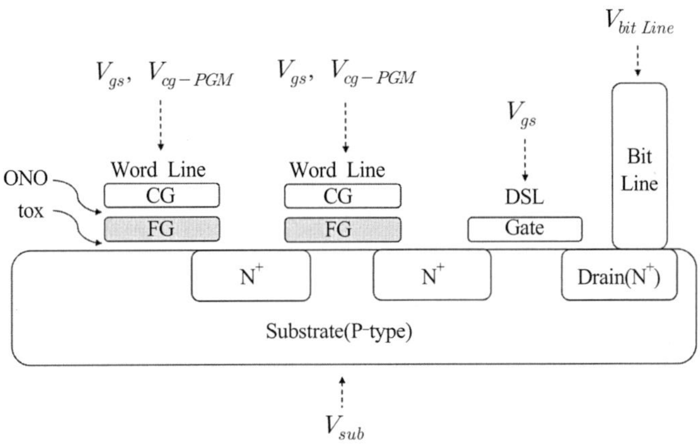

❒ CH5. 그림 1-4 NAND Flash Memory Cell 단면도

1-2-2 FG 내로 Charge되는 Carrier Type과 Carrier량에 따른 V_{th} 변화

V_{th} 변동값에 가장 큰 영향을 주는 요소는 FG의 carrier type과 charge량이다. FG 속에 charge되어 있는 carrier의 양에 따라 V_{th}값이 낮아지거나 혹은 높아지는 특성을 나타내는데, NO charge 상태, program(PGM) 상태, erasure(ER) 상태에 따라 V_{th}값이 다르게 영향을 받는다. FG에 electron이 charge되어 있는 program상태에서는 V_{th}의 값이 상승하고, hole이 charge된 (electron이 erasure된) 상태에서는 V_{th}값이 하강한다. 즉, V_{th}는 FG 내의 전자가 많아지면 높아지고 전자량이 적어지면 낮아진다. NO charge 상태란 FG가 양전하 혹은 음전하로 charge된 상태가 아닌 전하가 없는 intrinsic 상태로 program 혹은 erasure가 발생하기 전, cell의 original 상태로서, 이때의 V_{th}값은 중간값을 갖는다.

V_{th-PGM}과 $V_{th-no\ charge}$의 차이를 ΔV_{th-PGM}라고 하면, FG에 charge된 electron의 양 ($Q_{electron}$)과 ONO층인 control gate와 floating gate 사이의 capacitance값에 의하여 전압이 shift된다.

$$\Delta V_{th-PGM} = V_{th-PGM} - V_{th-no\,charge} = \frac{Q_{electron}}{C_{ono}} \quad \text{식1)}$$

$V_{th-no\,charge}$와 V_{th-ER}와의 차이인 ΔV_{th-ER}은 FG에 charge된 hole의 양(Q_{hole})과 ONO층인 control gate와 floating gate 사이의 capacitance값에 의하여 shift된 전압치로 결정된다(실질적으로 영향을 주는 capacitance 값으로는 C_{ono}라기보다는, FG 주변의 capacitance 합인 C_{total}이다. <Chapter 6. 식2, 식4> 참조).

$$\Delta V_{th-ER} = V_{th-no\,charge} - V_{th-ER} = \frac{Q_{hole}}{C_{ono}} \quad \text{식2)}$$

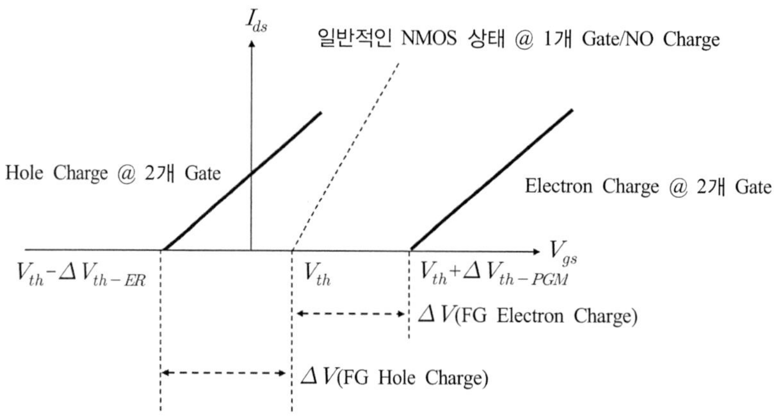

❐ CH5. 그림 1-5 V_{th} 기울기 및 FG가 PGM, Erasure 후의 V_{th}값 변화

V_{th}값이 FG에 charge된 carrier량에 의하여 영향을 받는다는 것은 복잡한 operation이지만, 이 복잡한 특성으로 인하여 오히려 nonvolatile memory의 장점이 volatile memory에 비하여 부각된다. Volatile memory는 FG가 없어서 FG 내로 electron의 program operation이 필요 없고 storage node(예, DRAM의 capacitor) 내에 write operation만 가능하다. 이는 별도로 position 되어 있는 switching Tr의 V_{th}값이 cell을 기판에 형성시킬 때부터 고정되어 있어서, V_{th}를 의도대로 조정할 수 없으므로, V_{gs}값이 V_{th}보다 큰 값이냐 작은 값이냐에 따라서만 연동된 current 흐름의 유무로 data의 ON 혹은 OFF를 판별한다.

NAND에서는 device가 SLC, MLC, TLC로 진화되면서 V_{th}영역대(V_{th} grouping)는 비례하여 다수의 영역으로 분화된다. Nonvolatile memory는 read operation을 하기 전에, program operation을 통하여 V_{th}를 자유자재로 control 가능하므로, V_{th}를 기준한 ON-OFF의 흑백논리(DRAM)로 data를 판별하는 것이 아니고, V_{th}을 여러 개의 영역으로 구분하여, target cell

의 V_{th}가 grouping된 영역범위 내에 있는지 없는지, 아니면 다른 어느 V_{th} group영역에 포함되는지로 판별하는 다중적 색깔론(V_{th} grouping : MLC는 4족지이고 TLC는 8가지)으로 operation한다.

1-2-3 V_{gs}에 의한 Channel 변화

Electron이 FG에 charge되어 있고, Sub의 channel에는 electron channel이 적절히 형성되어 있다고 가정하면, V_{gs}의 전압을 V++에서 V+로 감소시키면, FG 내의 electron들은 전체 양에서는 변함이 없지만, V_{gs} 감소에 반발하여 electron들이 FG 하단 쪽으로 이동하게 되고, FG 내의 hole들은 C.gate 단자쪽으로 접근한다. FG 하단의 전자들은 source와 drain 사이에 channel로 형성되어 있는 electron들을 밀어내고 양전하를 끌어 당겨, electron channel 두께가 V_{gs}에 비례하여 얇아지고 길이도 짧아진다(외부에서 인가되는 normal operation level의 약한 전압에 의해서는 FG 내의 carrier들은 FG 밖으로 탈출하지는 못한다). Control gate에 가해지는 전압이 정상동작 시에 인가하는 normal 전압일 때는 Sub의 carrier들도 tox를 뛰어넘어 FG로 charge될 정도의 energy를 얻지는 못하고, 다만 channel의 길이와 두께에만 영향을 끼친다.[1)]

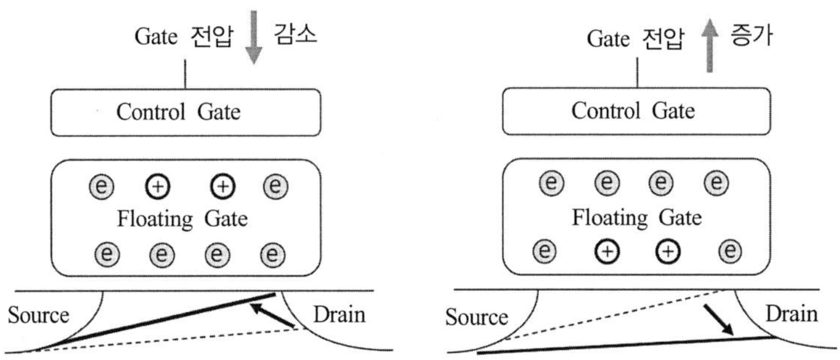

❒ CH5. 그림 1-6 V_{gs} 변화에 따른 Channel 길이 및 두께의, 축소 및 증가

반대로 V_{gs}의 전압을 V++에서 V+++로 증가 시키면, FG 내의 hole들은 반발하여 substrate 쪽으로 이동하게 되고, FG의 하단에 위치한 hole들은 Sub의 electron들을 끌어당겨 source와 drain 사이의 electron channel 두께가 V_{gs}에 비례하여 점점 두꺼워지고 길이도 길어진다. V_{gs}

1) Read와 verification 동작 시 I_d를 발생시키기 위한 biasing 전압으로서의 V_{cg}(control gate 전압)와 V_{gs}(gate와 source 간의 전압, NAND는 control gate와 source간의 전압)는 같은 개념의 전압으로서 병행으로 사용되지만, program 시의 사용하는 V_{cg-PGM}은 FG에 carrier를 charge하기 위한 전압으로서, source와 상관없이 source단자를 무한대로 floating 시켜놓은 상태에서의 CG에 인가하는 전압으로 V_{cg-PGM} 혹은 V_{PGM}으로 표현하겠다.

를 높이고 줄임에 따라 channel과 비례관계인 전류 I_d가 변동되지만, normal V_{gs}에 의해서는 threshold voltage V_{th}값 자체는 변동되지는 않는다. 상기 channel의 변화는 FG 내에 charge된 majority/ minority carrier의 양은 변함이 없다는 가정하에서, V_{gs}만을 변화시킨 후의 channel에 대하여 알아보았다. 지금까지는 FG가 program 상태인 경우를 예로 들었지만, FG가 erasure 상태인 경우에도 V_{gs}의 증감에 따라 channel의 두께와 길이가 변한다.

1-2-4 V_{th} Grouping, Density의 확장 개념

일반적인 MOSFET에서는 cell별로 고정된 1개의 threshold voltage값만 존재하므로, threshold voltage값의 limit 이상이면 전류가 흐르고, 이하이면 전류가 흐르지 않기 때문에, 1개의 물리적인 cell로 2개의 상태(ON-OFF)만을 나타낼 수 있도록 하여, 1개의 cell에 1개 bit만을 활용하고 2개의 binary code를 표현할 수 있는 메모리가 된다. 그러나 NAND에서는 FG의 carrier량을 조절하여 V_{th}값을 변동시킬 수 있다. 이는 일반적인 MOSFET과 차이이자 단점이면서 장점이고, 나아가 장점이 단점을 보상하고도 이득이 많다. V_{th}의 변동 특성을 이용하여 SLC에서는 V_{th}값을 erasure 영역과 program 영역으로 구분하여, 2개의 경우의 수를 나타낼 수 있도록 V_{th} level을 총 2개로 두었다.

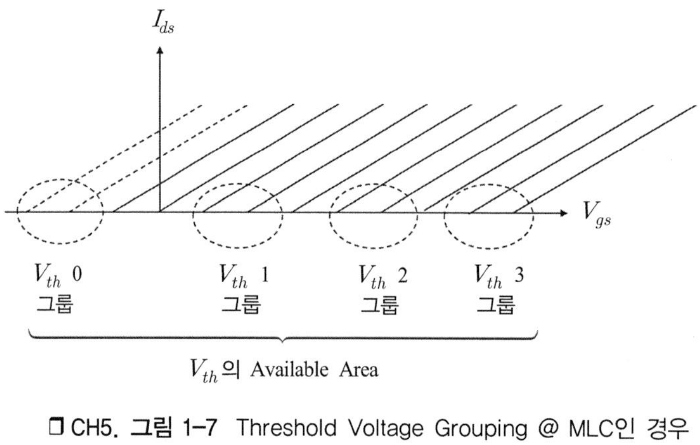

❒ CH5. 그림 1-7 Threshold Voltage Grouping @ MLC인 경우

MLC에서는 SLC와 동일 개수의 hardware cell로 V_{th}값을 이용하여 4개 경우의 수를 표현한다. MLC의 V_{th} grouping은 erasure 상태 1개, program 상태 3개로 나타내고, TLC에서는 V_{th} 영역을 8개 영역으로 구분하여 사용한다. V_{th} grouping은 V_{th}값의 available 영역 내에서 배분한 것으로, 이를 통하여 software적으로 제품 용량의 확장을 꾀하였다. NAND의 floating gate는 일반적인 MOSFET과는 다르게 data 표현방법에 있어서 MLC/TLC 등으로 flexible하게

확장할 수 있는 진보된 개념의 device라 하겠다. <Session 3-3-6. 참조>. SLC까지만 해도 NAND의 장점은, DRAM에 비하여 data를 오래 보관할 수 있고 erasure/write cycling을 할 수 있다는 장점뿐이었고, 1개 cell당 1개 bit을 활용한다는 density 측면은 동일했지만, MLC부터 DRAM과는 다른, quantum jump된 용량의 확장 개념이 장점에 추가된다.

1-2-5 V_{gs} 변화에 따른 Channel 상태변화

FG 내의 상태가 NO charge(intrinsic), electron charge, hole charge인 3족이지 경우에 대하여, V_{gs} 변화에 대한 channel상태의 변화를 살펴보자. (단, 이때 각각의 FG 내 carrier들의 charge 량은 한 번 charge되었으면 더 이상 변하지 않고 일정한 경우이다.)

1-2-5-1 FG가 NO Charge인 경우의 V_{gs}와 Channel 상태변화

FG가 NO charge상태를 intrinsic 상태라 부르고, transfer특성 trend에 따라서 channel이 V_{gs}에 연관되어 변화된다. <CH5. 그림 1-8>은 V_{gs}값에 따른 substrate의 electron channel 상태 및 I_{ds}값이다.

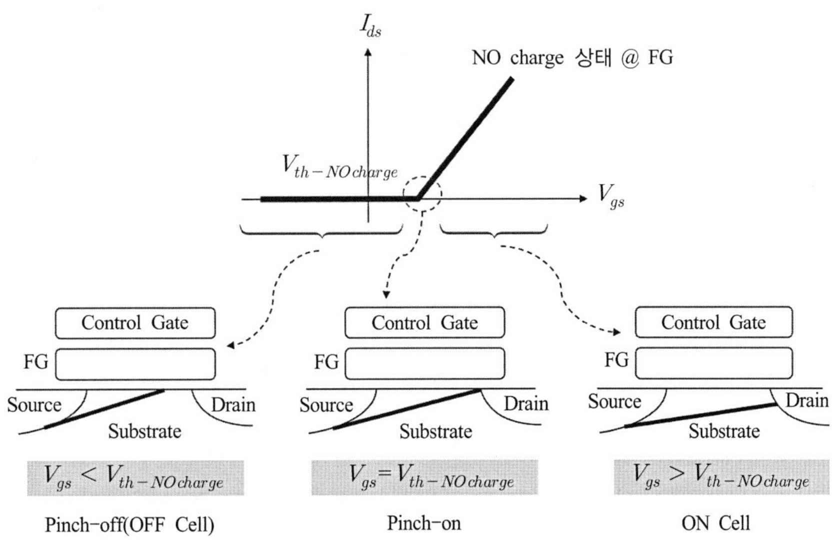

❑ CH5. 그림 1-8 V_{gs} vs Channel @ FG가 NO-charge 상태

V_{gs}가 $< V_{th-no\,charge}$인 경우 channel이 pinch off이므로 I_d가 흐르지 않고, $V_{gs} = V_{th}$일 때 channel이 pinch on 된다. V_{gs}가 $> V_{th-no\,charge}$인 경우부터 channel이 pinch-on되어 있으므로, V_d에 비례하여 I_d가 흐른다. V_{gs}는 V_{th}값을 기준으로 V_{gs}가 높은 전압치일수록

substrate의 channel이 두꺼워지고 V_{gs}가 V_{th}보다 낮아질수록 channel이 얇아진다(단, channel 두께가 saturation된 이후부터는 J_d의 결핍영역 증가로 인하여 channel 두께의 증가 폭은 극히 제한적이다).

1-2-5-2 FG가 Program된 경우의 V_{gs}와 Channel 상태변화

Program(PGM)되었다는 것은 FG에 전자가 charge되었다는 것이고, FG에 charge된 electron이 많아질수록, 전자는 음이온을 띄어 channel 형성에 부정적 영향을 끼치므로 같은 양의 I_{ds}를 흐르게 하려면, CG에 $FG_{no\,charge}$ 상태보다 더 높은 양의 전압을 인가하여, source와 drain 사이에 음전하의 channel을 형성시켜야 channel이 drain terminal에 pinch-on 된다. Charged FG에 의한 channel 상태를 NO charge 상태와 같은 channel 상태가 되도록 V_{gs}로 보상하려면, PGM에 의하여 줄어들고 얇아진 channel의 길이/폭만큼 V_{gs}가 $+\Delta V$만큼 상승하여야 한다.

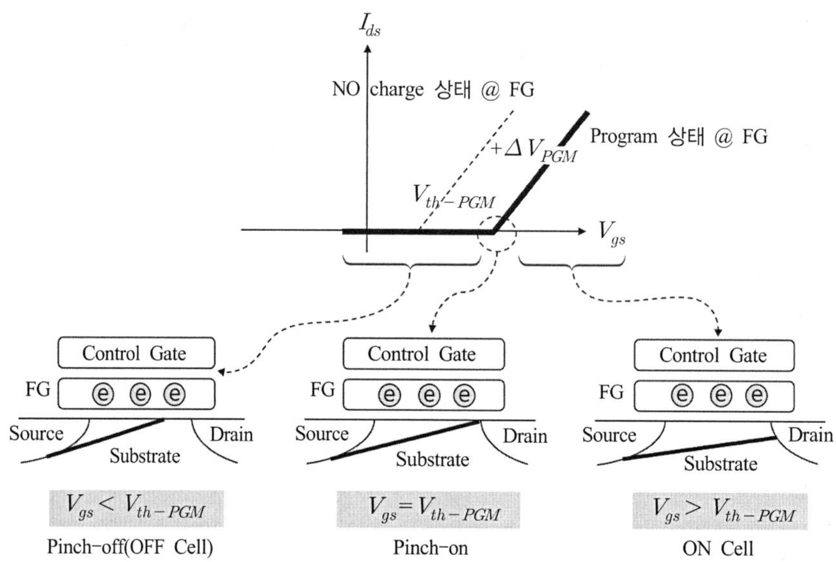

❐ CH5. 그림 1-9 V_{gs} vs Channel @ FG가 electron charge 상태

$V_{gs} < V_{th-PGM}$ 상태에서는 FG 내에 charge된 전자들의 영향으로 channel이 pinch-off되어, 아무리 높은 V_d가 인가되어도 source drain current가 흐르지 않는다. V_{th-PGM}은 FG가 PGM상태에서의 V_{th}값으로

$$V_{th-PGM} = V_{th-no\,charge} + C_{cr}(\text{capacitive coupling ratio}) \times \Delta V_{PGM} \qquad \text{식3)}$$

이다. $V_{th-no\,charge}$는 FG가 NO charge일 때의 V_{th}값이고 C_{cr}은 capacitance의 coupling ratio이다. V_{gs}의 ΔV_{PGM}값은 floating gate 내의 charge된 전자의 양뿐만이 아니고, coupling ratio

에 의해서도 영향을 받는다. $V_{gs} = V_{th-PGM}$일 때, channel이 source에서 drain termination에 pinch-on된다. Channel이 drain과 연결되는 순간, drain의 $+V$의 영향으로 I_{ds}가 흐르기 시작하고, $V_{gs} > V_{th-no\,charge} + C_{cr} \times \Delta V_{PGM}$일 때 I_{ds}가 V_{gs}에 비례하여 상승한다.

1-2-5-3 FG가 Erasure된 경우의 V_{gs}와 Channel 상태변화

FG 내의 전자를 erasure한 후에는, FG에서 electron이 빠져나가 FG는 hole charge가 되므로, V_{gs} 도움없이도 charge된 hole만으로도 source와 drain 사이에 electron channel이 유기된다. 이때, floating gate 내의 hole에 의한 영향으로 substrate 내에 있던 electron들이 substrate와 tox 사이의 계면으로 모여들어 hole charge량에 비례하여, electron channel이 형성된다.

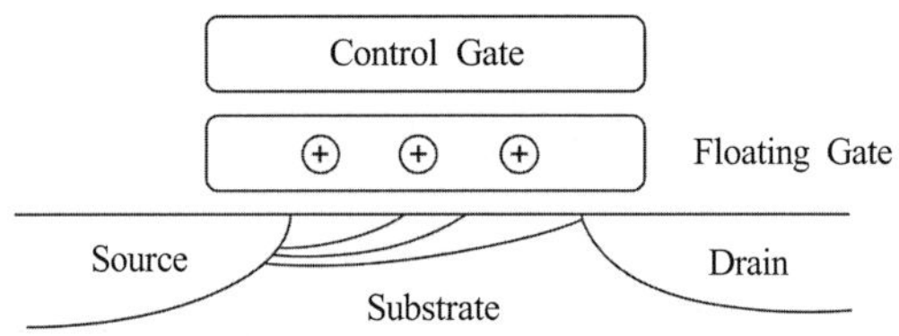

❒ CH5. 그림 1-10 Erasure 완료 후, Floating Gate 내의 Hole Charge 및 Channel 상태

Floating gate가 channel 형성에 기여하는 정도는, program 시에는 FG에 charge된 전자의 양에 반비례하여 channel이 형성되므로 V_{th}가 높아져서 read 시의 CG 전압 V_{gs}를 높여 인가하여야 ON cell되지만, FG가 erasure 시에는 반대로 FG에 charge된 hole량에 비례하여 channel이 형성되므로, FG_{hole}에 의한 영향 자체만으로도 그만큼 쉽게 channel이 유기되어 $V_{th-pinch\,off}$을 찾으려면 반대로 CG에 인가하는 V_{gs}전압을 minus 방향으로 낮춰주어야 한다. <식2) 참조>

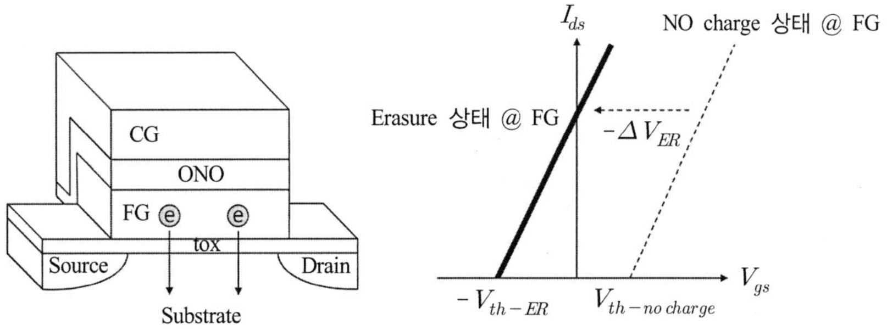

❒ CH5. 그림 1-11 FG의 Erasure와 V_{th} 감소

Data의 ON/OFF를 판정하는 기준은 V_{th}의 값으로서, FG hole charge에 따라서 CG에 얼마

의 V_{gs} 전압이 걸릴 때 pinch-off되느냐가 초점이므로, erasure(ER)가 많이 될수록 V_{th}가 낮다. FG가 erasure상태일 때는 $V_{gs} = 0V$일 때에도, electron channel이 source와 drain termination 사이에 이미 도통되어 있으므로, drain에 $+V$를 인가하면 I_{ds}가 즉시 흐른다. 즉, channel의 pinch-off point는 FG의 hole charge가 channel에 영향을 끼친 ΔV_{ER}만큼 V_{gs}에 minus 전압을 가하여야 한다.

$$V_{th-ER} = V_{th-no\,charge} - C_{cr} \times \Delta V_{ER} \qquad \text{식4)}$$

일 때 channel이 pinch-off되고, $V_{gs} > V_{th-no\,charge} - C_{cr} \times \Delta V_{ER}$ 영역부터, I_{ds}가 V_{gs}에 비례하여 증가한다. 따라서 $V_{gs} < V_{th-no\,charge} - C_{cr} \times \Delta V_{ER}$일 때에 I_{ds}가 turn-off된다.

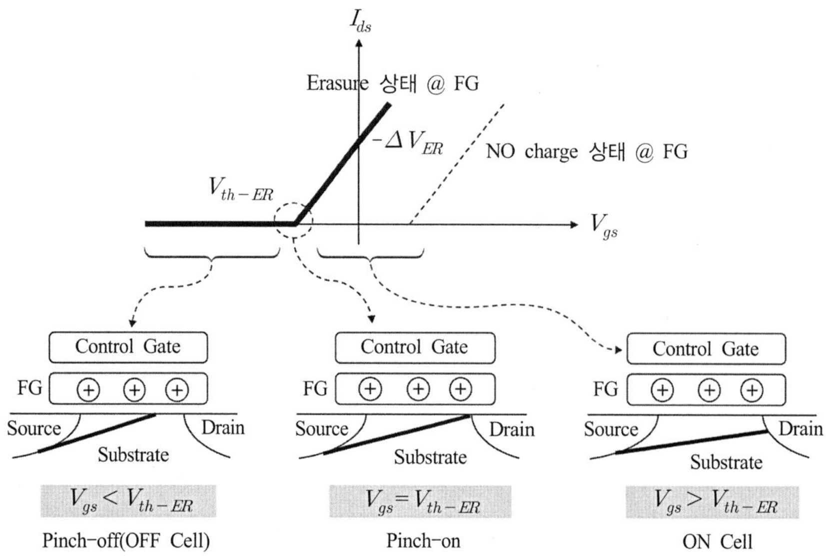

❒ CH5. 그림 1-12 V_{gs} vs Channel @ FG가 hole charge 상태

1-2-5-4 V_{gs}와 Channel의 관계에 대한 Summary

지금까지의 내용을 I_{ds}와 V_{th}의 상관관계로 정리하자면, I_{ds}는 channel의 단면적에 비례하고, channel의 단면적은 channel의 두께에 비례하며, channel의 두께는 V_{gs}에 비례하므로, V_{gs}가 증가함에 따라 linear 영역에서는 I_{ds}가 증가한다(Channel의 길이는 두께에 비례). FG가 NO charge, electron charge 및 hole charge의 3족이지 모든 경우, $V_{gs} = V_{th}$ 되는 조건에서부터 I_{ds}가 흐르기 시작하는 pinch-on point가 되고, $V_{gs} > V_{th}$일 경우는 I_{ds}가 (V_{gs}에 비례하여) 흐르고, $V_{gs} < V_{th}$인 경우 channel이 drain termination과 연결되지 못하므로 I_{ds}가 흐르지 못한다. 물론 이때 drain voltage는 항상 $+V$이고, source는 0V, Sub voltage는 0V로 정상적인

condition을 유지한다는 조건이다. FG 내의 carrier는 CG와 Sub 사이에 V_{cg-PGM} = ±16V 이상의 high voltage의 전압차이가 발생하는 경우에만 electron charge/discharge되므로, read operation구간에서의 V_{gs}는 FG의 carrier charge량의 증감에는 전혀 영향을 주지 못하고 channel에만 영향을 끼친다.

1-2-6 온도에 의한 V_{th}영향

NAND Flash cell의 V_{th}는, 주변 cell의 program 영향에 의한 interference, tunnel oxide의 열화상태, FG에 불필요하게 charge되는 disturbance 요인뿐 아니라, 온도에 의해서도 V_{th}가 가변된다. Cell V_{th}와 온도는 반비례 관계로서 온도가 상승할수록 V_{th}는 작아지고, 온도가 낮아질수록 V_{th}는 증가한다. V_{th}는 floating gate 내의 electron들의 숫자에 비례하고 electron들의 운동에너지에 반비례한다. Floating gate 내의 electron들이 외부로부터 온도 에너지를 받으면 운동에너지가 높아져서 floating gate를 탈출할 확률이 높은 만큼 V_{th}가 떨어지고, 온도가 떨어져서 에너지를 빼앗기면 floating gate를 뛰쳐나갈 확률이 떨어지는 만큼 V_{th}가 상승한다.

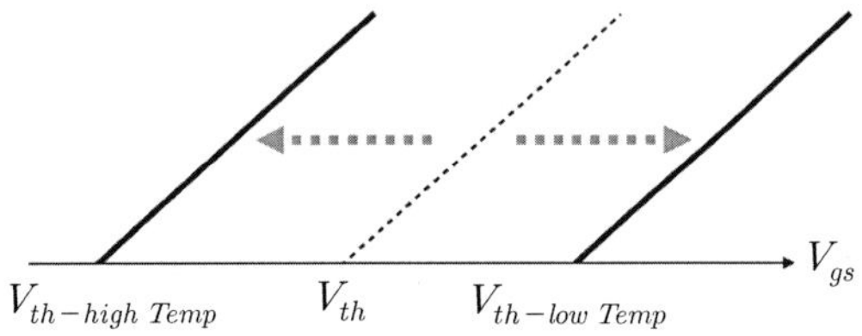

❒ CH5. 그림 1-13 온도영향으로 인한 V_{th}값 변화

<Session 2>에서 소개될, cell V_{th}분포로 나타나는 경우도, 개별 cell의 V_{th}와 마찬가지로 같은 영향을 받아서, V_{th}분포 전체가 온도에 의하여 shift된다. Temperature에 의한 분포 shift는 retention에 의한 shift와 유사하게, 분포 tail이 발생하지는 않고 V_{th}의 분포 전체가 하락하거나 상승하는 shifting movement 특징을 보인다.

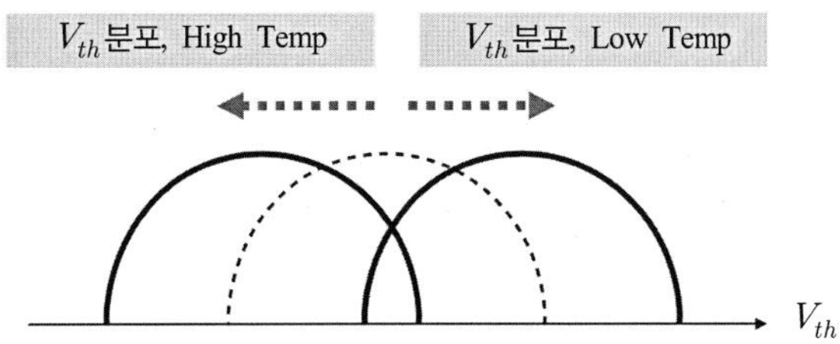

❒ CH5. 그림 1-14 온도에 의한 V_{th}분포의 Shift

Session 2 V_{th}분포, NAND 성공의 열쇠

NAND Flash의 동작은 V_{th}값을 기준으로 이루어지며, NAND는 V_{th}값의 통계적 모집단인 V_{th}분포를 활용하여, NAND 동작상의 다양한 scheme과 algorithm을 전개시킨다. 비휘발성 메모리에서는 V_{th}를 분석하기 위하여, 통계개념인 분포를 사용하여 동작 특성을 해석한다. 반도체 chip을 만드는 데는 물질도 다르고, wafer 내의 die 위치도 다르며, die 내의 cell 위치도 조금씩 다르므로, 같은 wafer 같은 chip 상에서도, 모든 cell이 동일한 특성을 갖게 되는 이상적인 chip을 만들 수는 없다. <chip과 die 개념은 Chapter 10. Session 4-2 참조>. 섭씨 500도~1,200도 가까이 되는 furnace 안에 여러 번 구워 내는 wafer의 각 cell은 미세하지만 제각각 상이한 원인으로 인하여 조금씩 다른 특성을 갖게 된다. Wafer 상에서의 site 차이뿐 아니고 온도 차이, 냉각 시의 대류의 차이, gas 주입 조건의 차이, gas의 농도차이 등, process상 여러 factor들의 차이가 나는 것이 자연현상이므로, 각 cell의 parameter(leakage, time, voltage) 값들은 Gaussian 분포를 그리게 되고, 그런 여러 parameter 중 V_{th}도 예외일 수는 없다.

NAND Flash에서 V_{th}분포를 이해하는 데는 물리적인 FG의 charging 현상과, charge된 FG 상태에 대한 coding 부여방법에 대하여 통합적으로 이해하여야 한다. <Session 2>에서는 분포의 물리적인 현상에 대하여만 설명하도록 하겠다. Data를 encoding/decoding하여 분포로 변화시키는 과정은 <Session 3>에서 다루겠다. Technology가 미세화되고 새로운 제품형태가 나타나면서 이에 맞는 분포를 형성시키는데 있어서, charging과 coding이 서로 주고 받으면서 다양해지고 복잡성을 더해가며 NAND의 새로운 product type들을 창출해낸다.

2-1 V_{th}값의 도수 정규분포 및 Modeling

V_{th}를 분석할 때 1개 cell만의 V_{th} 분석이면 간단하지만, 1개 wafer 안에 몇 백 개의 die (대략 300개~1,500개)가 나오고, 1개 die 내에도 각 제품의 density에 따라 물리적인 cell의 수가 억개 단위 이상으로 끊임없이 증가되어, 제품 특성은 cell의 개별 단위별로 control할 수 없으므로, chip 내의 operation 영역에 대한 V_{th}값과, V_{th}값에 따른 도수를 통계적 분포로 분석하여 파악하여야 한다. 분포의 모집단으로 NAND Flash에서는, page 단위의 cell 집단, block 단위의 cell 집단, 혹은 chip 전체 cell을 모집단으로 활용할 수 있으나, 특별히 한정된 범위는 없으므로, 일반적으로 program/read는 page 단위 혹은 erasure에서는 block단위를 모집단으로 활용하여

전체 cell을 대표하도록 한다.

따라서 V_{th}의 값을 개별적으로 분석하지는 않고, V_{th}값 대비 cell의 도수를 분포로 표현하면 V_{th}를 해석하기가 용이해진다. 즉, 일정한 모집단에서, 낮은 V_{th}의 값을 갖는 cell이 몇 개, 높은 V_{th}의 값을 갖는 cell이 몇 개, 그래서 전체 V_{th}값의 분포된 상태를 나타낼 수 있다. 분석 측면으로는, V_{th}의 통계적 분포(distribution) 상태로 graph를 이용한다. <CH5. 그림 2-1>의 V_{th}의 정규분포는 FG가 program 상태의 V_{th}분포이건 혹은 erasure상태의 V_{th}분포이건 모두 적용 가능한 일반적인 cell들에서의 V_{th}의 분포이다. x축은 V_{th}의 값을 나타내고, y축은 cell의 도수이다(도수 : 임의의 V_{th}값을 갖는 cell의 수).

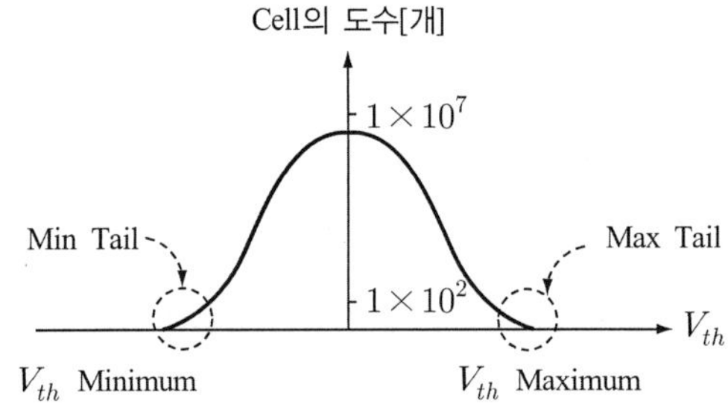

❐ CH5. 그림 2-1 V_{th}값에 대한 정규분포로의 Modeling

2-1-1 V_{th}값의 통계적 분포 의미

V_{th}는 cell을 read하여 측정한다. NAND에서는 V_{th}값이 fixed가 아니고 variable하게 높고 낮음을 능동적으로 조절할 수 있으므로, V_{th}값이 소속된 group에 따라 각각의 cell을 판정 할 수 있다. FG를 정보의 매개체로 활용할 수 있는 것은, cell의 FG에 electron을 charge하였으면, charge된 상태에 따른 V_{th}값이 FG를 update하기 전까지는 일정하게 유지되기 때문에 가능하다.

V_{th}을 이용하여 data를 확장하려면, V_{th} grouping 개수를 늘려야 하고, group 개수를 확장하려면 V_{th}의 available area를 넓히던가 V_{th}의 grouping된 폭을 줄여야 하며, 그에 따라 cover 가능한 data량이 확대되어 NAND 제품의 용량이 증가하는 효과로 나타난다. Volatile의 피동적 용량 확보방법 대비, nonvolatile의 적극적 용량 확보방법은 NAND Flash를 용량주도형 제품으로 다양화할 수 있게 한 원천이 된다. 그런데 문제는 chip당 수억 개~수십억 개되는 cell들의 V_{th}를 어떻게 일사분란하게 control하여 의도하는 목적에 맞도록 할 것이냐 이다.

2-1-2 Density와 V_{th}값의 정규분포

64Gb MLC인 경우, MLC의 density는 640억 개의 bit수(2bit/cell)를 갖고, 물리적 cell수는 320억 개를 확보하고 있다. MLC는, 최대 4개 분포 grouping이 가능하므로, 320억 개 물리적 cell의 경우의 수로는 1,280억 개 경우의 분포수가 가능하게 된다. 동일 cell 조건이라면, cell당 3개의 binary bit를 구현하는 TLC는 chip당 320억 개의 물리적 cell로 960억 개의 bit수를 보유하며, cell당 8개 분포 grouping이 가능하므로 2,560억 개 경우의 분포수가 가능하게 된다. 이처럼 Cell V_{th}를 control해야 하는 도수가 기하학적인 숫자이므로 SLC에서 MLC, TLC로 갈수록 통계적 관리 기법이 더욱 중요해진다. NAND에서는 초창기 SLC에서부터 통계적 분포를 도입하여 V_{th}값을 control해 왔다. 따라서 V_{th}분포는, x축을 V_{th}값의 축으로 하고, y축을 V_{th}값을 갖는 cell의 통계도수(cell의 개수)로 하여, grouping한 data량을 정규분포화하여 V_{th}분포(distribution)라 부른다.

2-1-3 V_{th} 통계적 분포값 대비 FG의 Carrier Charge량 비교

V_{th} 통계적 분포의 각 V_{th}값은 floating gate 내의 전자들의 charge량과 일치한다. 전자들의 charge량이 적으면 V_{th}값이 낮아지고 charge량이 많으면 V_{th}값이 높아진다. <CH5. 그림 2-2>는 MLC인 경우, x축의 V_{th}분포값과 분포값에 따른 floating gate 내에 전자가 얼마나 채워졌는지에 대하여 비교한 것이다. 각 분포 level별 program 분포와 erasure 분포는 charge되는 carrier type인 electron과 hole 차이만 다르고, 해석은 동일하게 할 수 있다. V_{th}분포는, 중앙값의 도수가 가장 높고, 중앙값(중앙값은 최빈값과 같다는 가정)에서 멀어질수록 도수가 줄어드는 전형적인 정규분포를 그린다. 각 분포 level 내에서도, level 내의 minimum(낮은 V_{th}값)과 maximum(높은 V_{th}값)의 차이에 따른 electron의 charge량 <CH5. 그림 2-2의 우측 graph 참조>이 다르다.

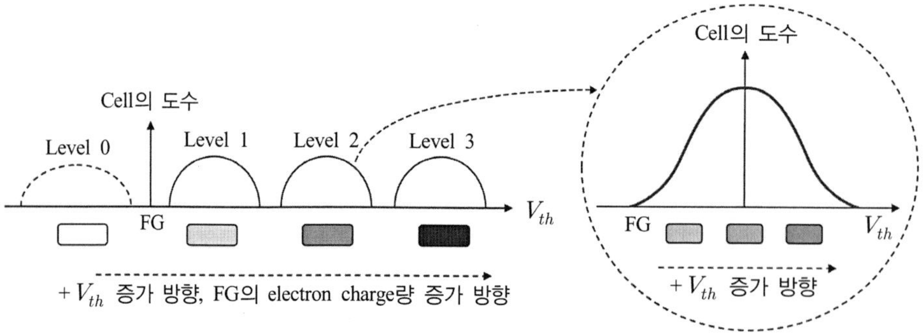

❐ CH5. 그림 2-2 V_{th}분포와 FG의 Electron Charge량 비교 @ MLC

<CH5. 그림 2-2>에서는 V_{th} 분포들의 정규분포함수 곡선 대비 FG 내의 전자가 charge되는 증가량에 대한 상관관계를 나타내었는데, 분포의 V_{th}값은 floating gate 내의 전자들의 charge량과 비례적인 함수관계에 있다.

V_{th}분포에 대한 용어정리

V_{th}분포 window의 maximum은 V_{th}분포 level을 모두 합한 전체 V_{th}분포의 available area 내의 V_{th}가 갖는 최대 전압치이고, V_{th}분포 window의 min은 전체 V_{th}분포의 available area 내의 V_{th}가 갖는 최소 전압치이며, V_{th}분포 window는 $V_{th-window-max}-V_{th-window-min}$이다. Erasure 분포를 포함 시에는 V_{th}분포의 window의 min은 erasure 분포 left side에 위치한다. V_{th}분포 maximum은 해당되는 V_{th}분포 내에서의 최대 V_{th}값이고, V_{th}분포 폭(width)은 해당되는 V_{th}분포의 maximum(V_{th-max})값에서 minimum값(V_{th-min})을 뺀 폭을 뜻한다. 분포간격(분포 margin)은 분포와 분포 사이의 간격이다.

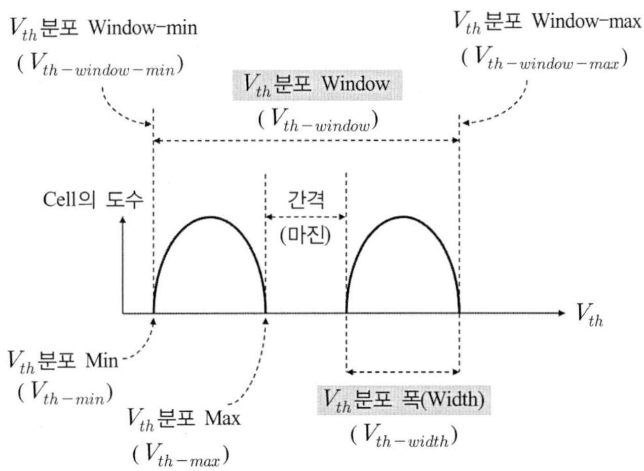

❒ CH5. 그림 2-2-1 V_{th}분포에 대한 용어정리

2-1-3-1 FG의 Charge 상태 대비 V_{th}값

<Session 1-2-5>에서는 FG 내의 charge 상태가 변하지 않은 V_{th}가 일정한 경우의 V_{gs}와 channel의 변화에 관한 상관관계를 다룬 것에 반하여, <Session 2-1-3-1>에서는 그와는 반대로, gate에 인가하는 V_{gs}가 일정한 조건하에서, channel이 pinch-on 조건을 형성하기 위한 FG 내의 carrier charge 변화(V_{th} 변화)에 대하여 다루었다.

Program operation(혹은 erasure operation)을 위하여 공통 WL에 동일한 V_{cg-PGM}(혹은 동일한 V_{SUB-ER})을 인가하여도, 각 cell 간의 근소한 차이로 인하여 FG 내의 carrier들의

charge량이 다르고, 이로 인하여 동일 page 내에서도 약간씩 다른 V_{th}값이 형성된 상태로 program 분포(혹은 erasure 분포)를 형성한다. V_{th}값은 bit line에 전류가 흐르는 ON/OFF 상태를 확인함으로써, WL의 인가 전압값인 V_{gs}을 통하여 V_{th}값을 측정해 낼 수 있다. Read operation에서 target cell의 control gate에 인가하는 V_{gs}는, 공통 WL을 통하여, 동일 page 내에서는 모두 일정하다. 이때 read값으로 Gaussian 분포를 유추해 내는데, 같은 Gaussian 분포 level일지라도 cell이 분포내 x축의 어느 위치에 속하느냐에 따라 V_{th}값이 다르다. <CH5. 그림 2-3>은 <CH5. 그림 2-2>의 분포 graph상의 tail(right tail/left tail)을 편의상 없앤 형태로서, program 분포와 V_{th}전압과의 상관관계를 나타낸 것이다. x축상의 V_{th}는 program 분포의 right edge의 V_{th}가 left edge의 V_{th}보다 전압이 높은 것을 나타낸다. 이는 $V_{th3} < V_{th4}$이다. V_{th}가 높아질수록 비례하여 FG의 electron charge가 많아진다. 즉, 전자들의 charge량이 적으면 V_{th}가 낮고 charge량이 많으면 V_{th}가 높다는 것으로, 같은 현상을 반대로 표현하면, V_{th}는 pinch-on전압임으로, V_{th}가 높다는 것은 FG 내에 전자의 charge가 많다는 것이고, V_{th}가 낮다는 것은 FG 내에 전자가 적게 charge되어 있다는 것이다.

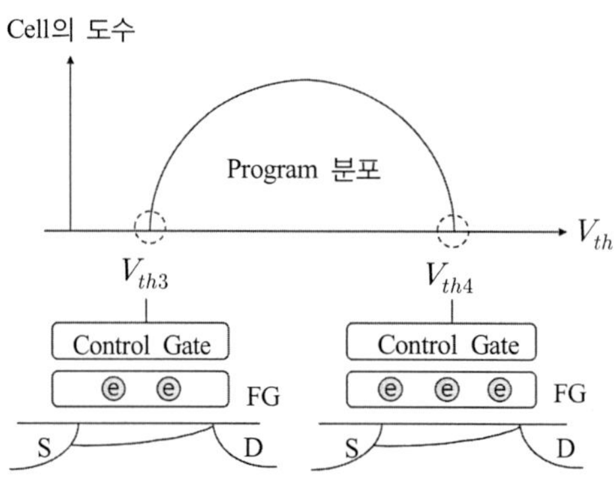

❒ CH5. 그림 2-3 Channel pinch-on 형성을 위한 Program 분포에 따른 V_{th}값 @ V_{gs}일정

<CH5. 그림 2-4>는 erasure 분포에서 right edge의 V_{th}가 left edge의 V_{th}보다 전압이 높은 것을 나타내며, 이는 $V_{th1} < V_{th2}$이다. V_{th}값으로, V_{th2}의 값을 갖는 cell이 V_{th1}의 값을 갖는 cell에 비하여 hole이 FG 내에 적은 양으로 charge되어 있다는 것을 알 수 있다. V_{th1}과 V_{th2}는 minus V_{th}값을 갖는다. Electron으로 표현할 경우 hole이 많다는 것은 electron이 그만큼 많이 depletion 되었다는 의미이다.

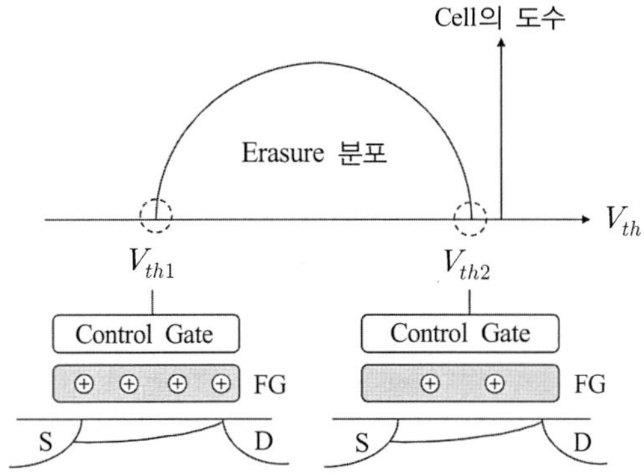

❐ CH5. 그림 2-4 Channel pinch-on 형성을 위한 Erasure 분포에 따른 V_{th}값 @ V_{gs}일정

2-1-4 V_{th}분포의 실질적 측정치 vs Gaussian 분포 Modeling

실질적으로 V_{th}분포를 정확히 측정해 보면 불규칙적인 측정값으로 나타나는 것을 알 수 있다. 왜냐하면 V_{th}별로 해당 cell의 도수 증감이 규칙적으로 나타나지는 않는 것이 자연현상이기 때문이다. 그러나 실질적인 측정치의 함수를 사용할 경우, 활용상 매우 불편하므로, 편리성을 도모하기 위하여, 해석 결과는 동일하게 하여 actual을 modeling한 것이 Gaussian 분포 혹은 정규분포함수이다. Gaussian 분포는 V_{th} 구간 별로 근사치를 찾아서 그려 놓은 graph이다. 따라서 NAND Flash의 실질적인 V_{th}분포는 Gaussian 분포와 정확히 일치하는 것은 아니고, 약간의 차이는 있지만, 일반적으로 modeling된 분포 곡선을 사용하여 cell의 상태를 근사적으로 나타내도 해석상 문제가 되지는 않기 때문에, V_{th}분포를 나타낼 때는 주로 Gaussian 분포를 사용한다.

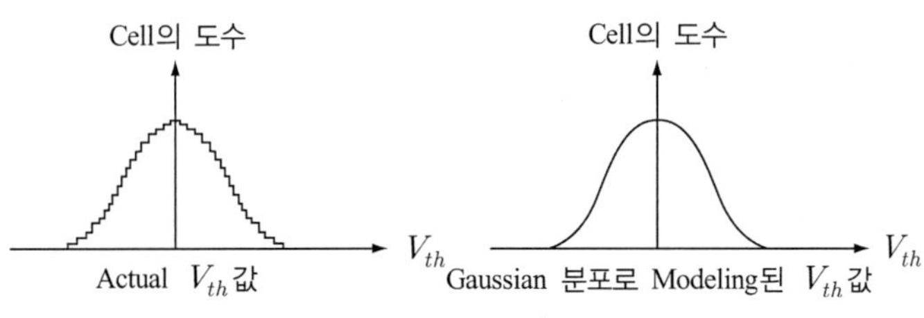

❐ CH5. 그림 2-5 V_{th}도수에 대한 Gaussian 분포 Modeling

2-1-4-1 V_{th}분포의 Read 횟수 증가에 따른 Gaussian 분포로의 근사

Chip 내의 각 cell의 V_{th}값을 read 하면, 동일 window 내 read 횟수에 따라서도, 통계분포의 graph가 미세하게 달라지는데, 이는 분포특성 상의 read 구간 ΔV_{th}에 따른 편차 때문이다.

V_{th} read 구간이(ΔV_{th}를 축소하여 read) 좁아질수록 점점 actual 분포와 Gaussian 분포의 차이는 줄어들며, 이는 actual과 modeling된 Gaussian분포와의 오차가 감소하는 현상으로 보면 된다. 실제값을 modeling 하는데 사용하는 Gaussian 분포의 또 다른 활용도는, 되도록 read하는 ΔV_{th}구간을 넓게 하여 read 횟수를 줄이고, 가능한 actual과 최대로 근사된 분포에 접근할 수 있도록 하겠다는 것이다. 여기서도 최소의 input과 최대의 output 개념의 경제논리가 적용된다.

아무리 cell의 도수를 증가시키고 V_{th}값의 read 구간을 좁게 하여도 actual 분포가 Gaussian modeling과 정확히 일치하지는 않고, 다만 read 구간이 좁아질수록(ΔV_{th}가 작아질수록) 점점 Gaussian modeling에 일치해지는 방향성을 갖는다. 되도록 넓은 ΔV_{th} read 구간에 따른 최소한의 read 횟수로 최적의 modeling을 찾는 방향 또한, 통계적으로 고난이도 방식을 요구한다. 그러나 효율성을 높이기 위하여 너무 과도하게 ΔV_{th} read 구간을 넓게하고 read 횟수를 적게 하면, actual과 오차 범위가 커지고, 오차 범위가 커지면 분포를 활용하고 해석하는데 data를 miss-reading할 수 있는 확률이 높아지므로, 시행착오를 거쳐서 적정한 ΔV_{th} read 구간과 그에 따른 read 횟수 및 Gaussian modeling을 통한 ΔV_{th} 분포를 설정하는 것이 중요하다. SLC와 같이 분포와 분포 사이의 margin이 충분한 경우는 오차 범위가 어느 정도 커도 문제가 없는데, MLC와 TLC 같이 분포와 분포 사이의 margin이 거의 없거나, 심지어 분포와 분포 사이가 overlap되어 있는 경우, read값과 해석상의 오차로 인하여 good cell이 fail cell이 되고 fail cell이 good cell로 되는 오판을 할 수 있기 때문에, V_{th}분포 level 수가 증가함에 따라 역설적이지만 정확도를 높여야 한다. 따라서 분포 level이 많아질수록, scale down이 진행될수록 더욱 advance된 Gaussian 분포 algorithm을 개발하여, 되도록 ΔV_{th}의 총 reading 횟수를 적게 하고 actual 분포와 Gaussian 분포가 근사되는 modeling을 찾는 것이 필요하다.

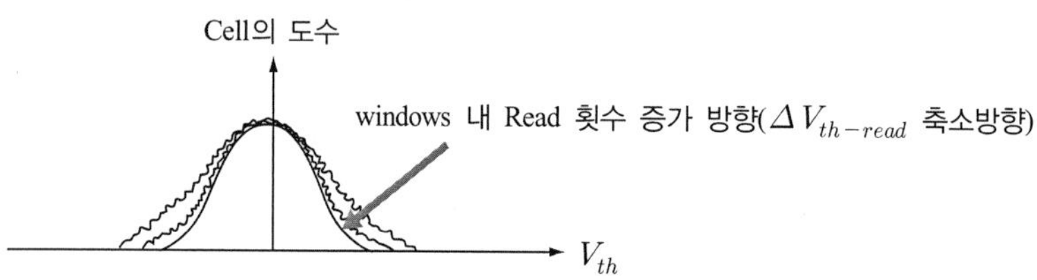

❒ CH5. 그림 2-6 Read 횟수 증가에 따른 Gaussian 분포

2-1-4-2 V_{th}분포 Level별 Cell의 누적 도수

그러면 MLC 제품에서의 cell counting에 대하여 실질적인 cell의 누적 도수와 modeling을 비교해 보자. <CH5. 그림 2-7>은 program 분포 3개 level만을 이용하였다. 누적 cell 도수는

program이 진행되면서 각 level별로 누적된 분포의 합을 나타낸다.

1st step은 V_{th}분포 level 한 개의 누적치이고, 2nd/3rd 분포 step은 2개(1st level + 2nd level)/3개(1st + 2nd + 3rd level) 분포 level의 총 누적치로서, 이는 누적 분포와 개별 분포와의 차이를 비교한 graph이다. 누적도수가 실질적으로 count시 pinch-on cell의 총 개수가 된다. 누적 분포만 보고도 개별 분포가 어떻게 형성되어 있는지, 분포 사이의 margin이 얼마나 되는지 유추할 수 있으므로, 누적분포의 graph의 기울기, 평탄도, 거리, step수 등을 분석하여 개별 분포의 특성을 해석해 내어야 한다. 이와 관련한 algorithm도 많이 개발 중에 있어서, 개별 분포가 없어도 실질적으로 계산한 누적 분포만으로 level 별 actual에 가까운 분포를 찾아 낼 수 있으나, 초점은 얼마나 적은 횟수를 read하여 근사치를 찾아낼 것인가가 핵심이고, NAND뿐 아니라 NAND를 support해주는 controller입장에서도 NAND를 분석하는 데 긴요하게 사용된다.

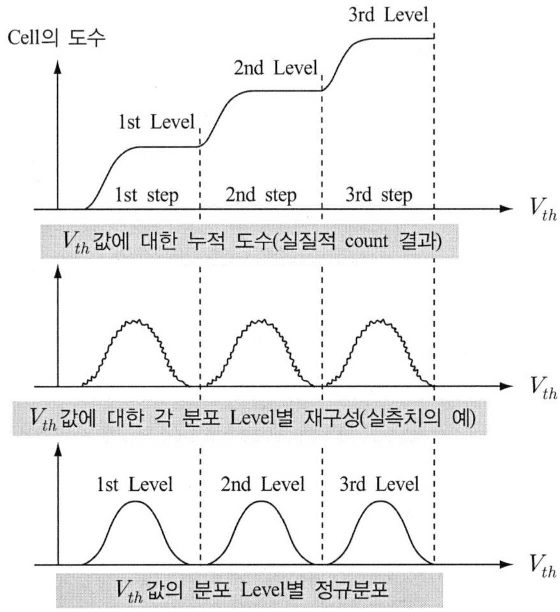

❐ CH5. 그림 2-7 V_{th}분포 Level 대비 누적도수 @ MLC PGM 분포

2-2 FG 내의 Carrier Charge량과 V_{th}분포 Level과의 관계

V_{th}의 통계적 분포와 최적의 Gaussian 함수로의 근사가 완료되면, leveling된 V_{th}분포가 배치된다. 배치에 있어서 분포개수, 형태, 위치조건 등은 제품별로 다르다. Erasure 분포는 모든 제품이 1개를 보유하므로 문제될 것이 없다. 걸림돌은 program 분포다. V_{th}분포 level은 FG

내의 electron charge량에 따라 V_{th}값을 grouping하여 나눈다.

SLC(Single bit MLC @ 여기서의 MLC는 level이 multi라는 의미)인 경우에는 erasure V_{th}분포와 program V_{th}분포, 총 2개로 나뉘므로 data로 인지되기 위해서는, SLC분포는 floating gate 내에 전자가 charge되었는지 discharge되었는지만 확인하면 된다. 그러나 MLC나 TLC는, erasure V_{th}값은 1개로 SLC와 동일하지만, program V_{th}값은 MLC(Double bit Multi Level Cell)는 3개, TLC(triple bit MLC @ 여기서는 MLC는 level이 multi라는 의미)는 7개로 나뉘어, 어떤 분포에 소속된 V_{th}인지를 확인할 수 있도록 되도록 명확하게 하기 위하여 V_{th}분포를 적절히 배분하고 positioning하여야 한다. Erasure상태일 경우는 V_{th}의 값은 0V 미만의 값을 갖고, program상태일 경우는 V_{th}값은 0V 이상의 값을 갖는다. 분포 level은 곧 경우의 수가 된다. Cell당 나타낼 수 있는 bit수는 경우의 수에 비례한다. 즉, density의 실체는 분포 level수를 어떻게 늘릴 것이냐 이다.

$$L = 2^N \tag{식5)}$$

L은 분포 level개수이고, N은 bit개수이다.

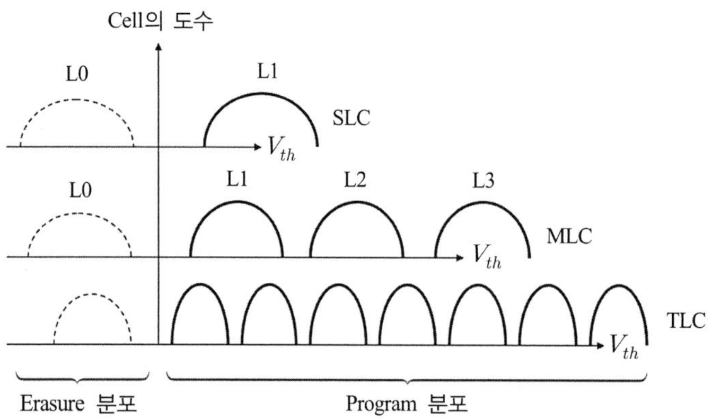

❒ CH5. 그림 2-8 제품에 따른 V_{th}분포 Level

FG 내의 전자들이 존재하는 위치는 명확하게 구획을 지어 나타낼 수 있는 것이 아니고, 잉크가 물에 번져있듯이 전자가 FG 내에 골고루 퍼져있는 형태로서, V_{th}값이 높으면 높을수록 FG 내에 전자의 charge량(전자의 농도)이 확률적으로 많다는 것을 의미한다. FG 내에서는 physical적으로 electron의 농도가 증가하거나 혹은 감소함에 따라서 V_{th}값이 연동되어 있다.

Data의 구분을 위하여 $+V_{th}$ 영역에서, V_{th}가 grouping된 level별로 FG 내의 전자의 charge 상태를 변별하여, 각 분포 level과 level 간의 charge량을 명확하게 해주어야 한다. 분포와 분포 사이의 영역은 inhibit area로서, 되도록 inhibit area에는 cell들의 V_{th}가 없어야 이상적인 분포 배열이 되고, 분포와 분포가 명확해진다. <CH5. 그림 2-9>는 MLC Tr에 적용가능 한 4개의 분포 level로써, 각 level대비 FG 내의 electron charge량을 비교했다.

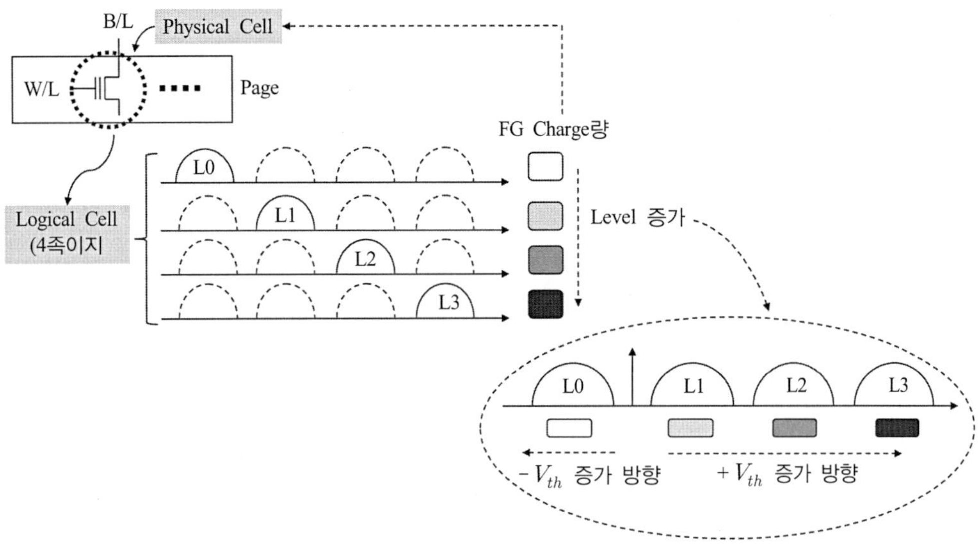

❒ CH5. 그림 2-9 FG 내, Electron Charge량과 V_{th}분포 Level과의 관계 @ MLC

2-3 V_{th}분포특성

TLC도 동일하지만, MLC분포 배치 특성을 보면, V_{th}분포 level과 level 간격을 되도록 넓게 하기 위하여, 각 분포 group 내의 V_{th}분포 폭은 가능한 좁게 하되, 분포 사이 간격과 V_{th}분포 window는 가능한 넓혀야 하는 동시모순이 발생된다. 그러나 분포 window를 넓히는 데는 V_{th} saturation 및 신뢰성 issue 등의 한계가 있으므로, 3족이지 요소인 분포 window, 분포 폭(width), 분포간격(margin)을 적절히 조절해야 한다.

V_{th}분포를 조절하고 배치하는데 있어서, 각 제품(SLC, MLC, TLC)별 분포 level 개수와 window-max치는 변경할 수 없는 fix된 사항이고, window 내의 각 분포 폭과 분포 간의 간격은 변경할 수 있는 option index이다. 분포조절은 window-max치 이내에서, 주어진 각 V_{th}분포 level을 제어해야 하므로, 제품이 SLC뿐만이 아니고 MLC나 TLC 등 cell 내의 분포 그룹이 많아질수록 반비례하여 leveling된 각 분포사이 간격과 분포 폭은 가능한 축소지향이 되어야, 최대치가 한정된 V_{th} window 내에 여러 level로 나뉘어진 V_{th}분포들이 들어갈 수 있다. 그러나 MLC용 window-max에 TLC의 7개 program 분포를 모두 넣을 수는 없으므로, MLC보다

는 TLC의 window-max가, MLC에 비교하여 더 넓게 arrange된다. 그러나 TLC도 MLC 대비 +1V～+2V 정도 밖에는 여유가 없고, 이마저도 다른 성능을 감소시켜 확보해야 하는데, 성능 감소는 공급자와 수요자의 고통분담이 따른다.

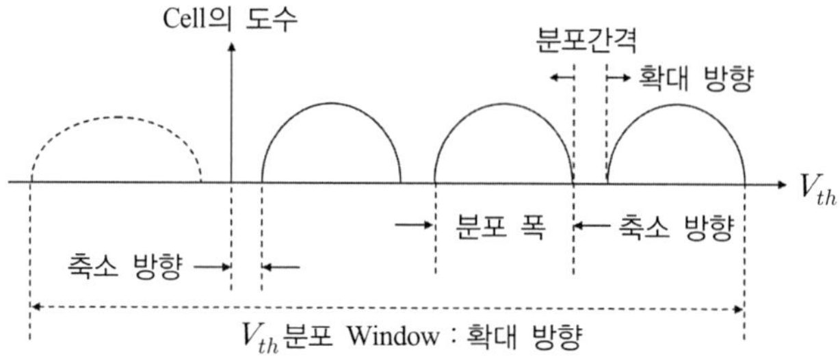

❒ CH5. 그림 2-10 V_{th}분포의 축소 방향과 확대 방향

2-3-1 V_{th}분포의 Overlap

V_{th}분포의 level과 level 사이는, 겹치게 되면 분포 fail이 되므로, 서로 겹치지 않게 하여야 하는데, 분포 fail의 기준은 data로서 이용할 수 있느냐, 없느냐이다. Tech가 고도화될수록, density가 높아질수록, 제품이 다양화 해질수록, 어쩔 수 없이 분포 폭이 wide해지는 요소들이 있고, 왜곡(한쪽 분포 tail이 넓게 퍼지거나 비정상적인 형태의 분포)시키는 factor들이 있으며, 더욱이 parasitic하게 분포 전체를 shift 시키는 요소들도 발생된다. 분포 사이의 분포간격이 점점 줄어들어서 분포와 분포 사이의 margin을 확보하지 못하면 어떻게 분포 level을

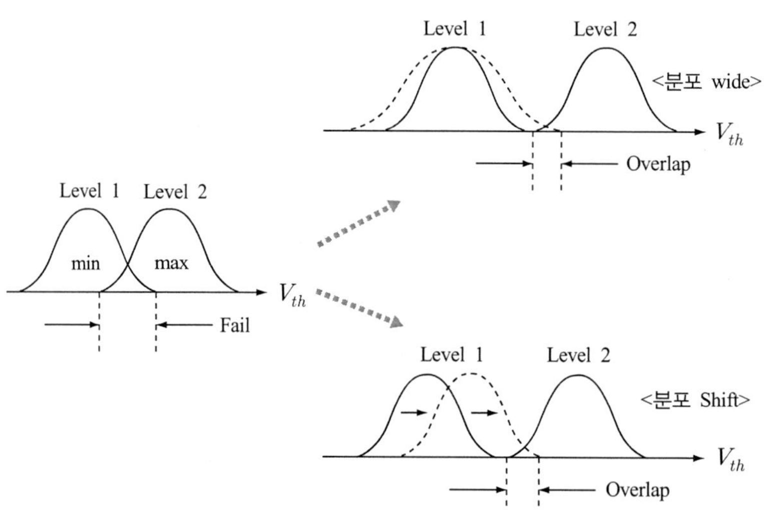

❒ CH5. 그림 2-11 V_{th}분포의 Overlap 형태

구분해 낼 수 있느냐가 V_{th}분포의 숙제이다. 그래도 MLC까지는 분포 폭(width)을 어느 정도 확보 할 수 있지만, TLC에서는 분포 window를 넓혀도 level수가 많다 보니 분포 폭(width)의 확보가 불가능해진다. 따라서 분포가 overlap되어도 분포 구분이 가능한 level을 data로 활용할 수 있도록 하기 위하여, TLC에서는 overlap을 구분해 낼 수 있는 algorithm을 다양하게 개발하고 있다.

2-3-2 V_{PGM}전압 대비 V_{th}분포 폭과 V_{th}분포 window

Program 시 CG에 인가하는 program 전압으로는 보통 +16V ~ +20V(경우에 따라서는 max +26V)까지 사용하는데, V_{PGM}을 줄이면 V_{PGM}(혹은 V_{cg-PGM})의 변동에 따라 V_{th}값도 비례하여 하락한다. 동일 크기의 V_{PGM}인가 시, V_{th}의 변동폭을 보면 V_{th}분포 maximum값의 변동폭이 V_{th}분포의 minimum값의 변동폭보다 크다. 따라서 V_{PGM}축소 시, V_{th}분포의 max값이 V_{th}분포의 min보다 더욱 폭넓게 떨어지므로, V_{PGM}을 줄이면, V_{th}분포 폭(width)자체가 줄어드는 효과가 있으므로 낮은 V_{PGM}이 도움이 된다. 그러나 V_{PGM}의 하락은 $V_{th-window-max}$의 하락도 동시에 유발되어 분포 windows를 축소시키는 단점이 있으므로 V_{PGM}을 계속 낮게 할 수는 없다.

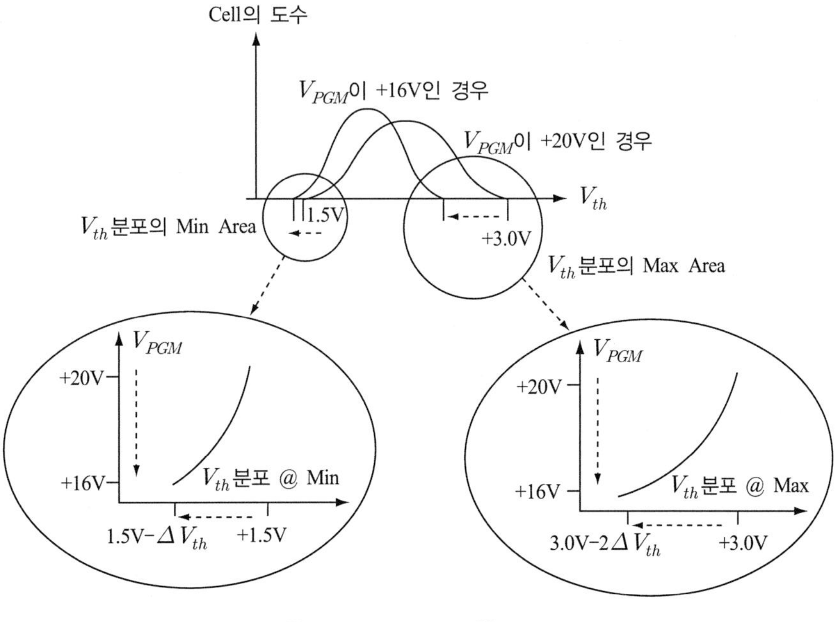

❒ CH5. 그림 2-12 V_{PGM} 변화에 따른 V_{th}분포값의 Min & Max 하락

분포 level 개수가 많을수록 혹은 분포 window가 넓을수록 V_{th}분포 max의 하락폭은 상대적으로 더 커지므로 TLC > MLC > SLC순으로 효과가 크게 나타난다. 또한, program 시의 전

압인 ISPP(Incremental Step Pulse Program)를 적용하면서 CG의 program 전압을 낮추면 이중으로 효과가 있다. 그러나 CG의 전압을 너무 낮추면 side effect로 program time이 증가하고, program 기능이 미진한 slow PGM cell은 program 이 아예 안될 수도 있기 때문에, 적정한 program 전압을 설정하는 것이 중요하다. (같은 조건이라면, program이 잘 되는 cell들이 모여 형성한 V_{th}분포가 program이 잘 안 되는 cell들이 모여 형성한 V_{th}분포보다, 분포 폭이 좁게 형성된다.)

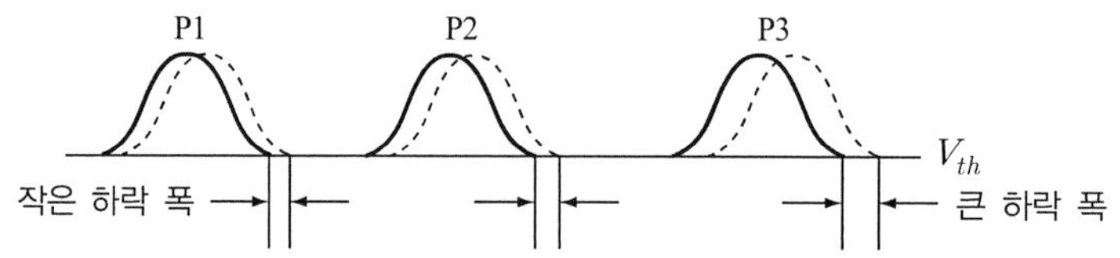

❒ CH5. 그림 2-13 V_{th}분포 Level에 따른 V_{th}분포 Max 하락폭 @ program V_{th}분포

2-3-3 V_{th}분포 폭(width) 줄이기 및 V_{th}분포 window 넓히기

Program 시 control gate의 전압을 인가할 때 1-pulse 전압을 인가하는 경우는, program time은 절약되지만 V_{th}분포의 산포는 넓게 나타난다. V_{th}의 산포가 넓게 나타나는 것은 FG에 charge되는 전자 양의 차이가 cell별로 그만큼 크다는 것이다.

PGM의 예를 들어보자. 필요한 target cell들을 한번 program 했다는 의미는 1개 pulse 전압을 여러 cell들의 CG에 인가했다는 것인데, 이 경우 die 내 cell들의 V_{th}분포는 대략 V_{th} program 시 +0.5V~+4.5V 사이에 걸쳐 넓게 퍼져 분포 windows은 4V가 된다. V_{th}당 도수를 보면 V_{th}가 +1V되는 cell들이 1k개, +1.2V되는 cell들이 250k개, +2.7V되는 cell들이 35k개 등으로 산출되면서(k는 1,000개를 의미) 정규분포함수 graph로 나타난다. 이 경우, SLC(1 bit per cell) 제품은 문제가 없지만, MLC(2bit per cell)로 가면서 program 분포가 3개 level이 되어, 총 3개 level의 의미 있는 PGM V_{th}분포가 일정한 분포 window 이내에 모두 형성되어야 하므로, MLC분포 배치에 문제가 된다. 예를 들어, $V_{PGM-window-max}$가 +4.5V인데 $V_{th-PGM-width}$가 2V라면, 3개 분포 level × 2V만해도 6V이므로 $V_{PGM-window-max}$로 설정해 놓은 4.5V를 넘어선다. 어떻게든 $V_{window-max}$영역 이내에서 목적하는 PGM 분포들을 모두 배치시켜야 하기 때문이다.

이를 보완하기 위하여 전압을 여러 step으로 나누어 pulse를 인가하는데, 1-pulse전압이 인가된 V_{th}분포 보다는 여러 pulse가 인가된 경우의 표준편차가 좁게 나타난다. Program voltage를 여러 번 나누어서 조금씩 program voltage step을 올려가며 cell에 program을 진행하면, 분포 width가 narrow한 V_{th}분포를 얻는데, 이는 erasure 시에도 동일한 현상을 보인다.

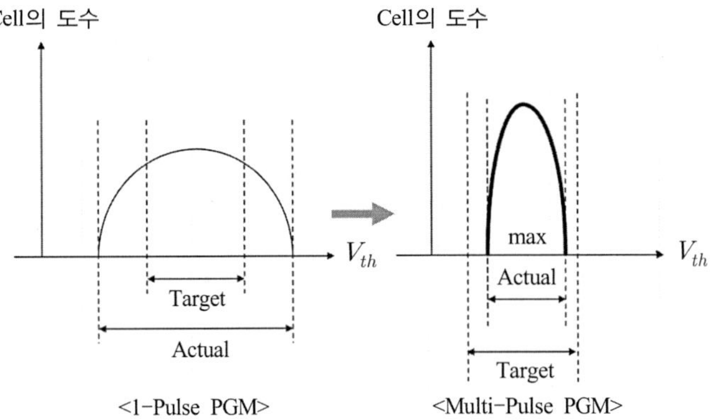

❒ CH5. 그림 2-14 Program V_{th}분포 @ 1 pulse 대비 multi-pulse

분포 window의 maximum 전압은 제품에 따라, 또 cell을 구성하는 재질에 따라 모두 약간씩 다르다. V_{th}분포 window(분포간격)과 maximum값이 높으면 높을수록, V_{th}분포를 만드는 데 있어서, 분포와 분포 사이의 margin 혹은 분포 폭의 여유가 생기고, V_{th}분포 window의 maximum값이 낮으면 낮을수록 여유가 줄어들 수밖에 없다. 그러나 $V_{window-max}$가 높을수록 interference의 영향이 커지는 단점이 발생된다. <Chapter 9. Session 3-2. 참조>. 또한, V_{th}분포 window maximum치는 V_{th}의 saturation 현상으로 인하여 무한정 늘릴 수는 없고 <Session 2-3-5. 참조>, 반면 제품이 발전될수록 TLC로 가면서 V_{th}분포의 경우의 수가 늘어나므로, 결국 할 수 있는 방법으로는 V_{th}분포 width를 줄여야 하는데, V_{th}분포 width를 줄이는 데도 한계가 있으므로, 이럴 경우 어쩔 수 없이 대안으로 분포가 overlap되는 경우에도, fail이 되지 않도록, 어느 level의 분포에 해당되는지 분포를 구분해내어 제집 찾기를 할 수 있도록 해야 한다.

TLC는 3 bit per cell 제품이므로 program 시에 7개 분포 level을 만들어야 하고, 가능성은 없지만 미래에 4 bit per cell NAND Flash가 등장하면 V_{th} program 분포 level의 개수는 15개가 되어야 한다. $V_{window-max}$를 최대 +6V라 해도 QLC(Quad bit per cell NAND)의 분포 width은 0.3V 정도 되어야 15개 분포가 들어간다. 0.3V 분포 폭은 현재의 기술로서는 불가능한 숫자이기 때문에 현재 worldwide기술 수준으로서는 QLC를 만들 수는 없다. QLC분포를 만든다면 program area의 분포형성 부담을 줄이고, erasure area의 분포 형성부담을 늘리는 방향으로 해야 할 것이다. 가령 erasure 분포를 4개쯤 assignment하고, program 분포를 12개쯤 assignment하는 방식이거나, 아니면 program과 erasure area가 반반씩 부담하는 방식 등이다.

SLC : $2^1 = 2$개 분포 Level (1개 Erasure + 1개 Program) 정리2)

MLC : $2^2 = 4$개 분포 Level (1개 Erasure + 3개 Program) 정리3)

TLC : $2^3 = 8$개 분포 Level (1개 Erasure + 7개 Program) 정리4)

QLC : $2^4 = 16$개 분포 Level (1개 Erasure + 15개 Program) 정리5)

Bit 1개당 경우(level)의 수가 2개가 나오므로, 정리2)에서 정리5)까지를 취합하면, 식5)의 $L = 2^n$(L은 number of level이고, n = bit 수)이 된다.

2-3-4 V_{th}분포 배치

SLC에서는 program 분포 Level을 1개만 사용하므로 분포 window의 $V_{th-window-max}$값이 작아도 되지만, MLC에서는 V_{th} window 영역 내에 3개의 PGM V_{th}분포 level을 형성해 주어야 하므로, V_{th} window를 최대로 늘려서 최소한 4.5V 혹은 5V 가까운 전압까지를 형성해 주어야 한다. 따라서 1개 V_{th}분포 level의 폭을 1V 미만 이내로 해주어야 3개가 허용된 $V_{th-window-max}$ 범주 내에 들어간다.

또한, V_{th}분포의 level과 level 사이의 간격(V_{th}분포 margin)도 어느 정도 형성해 주어야 분포 구분을 안정적으로 할 수 있다. 따라서 3개 PGM 분포인 L1, L2, L3을 verification하는 동작을 PV(Program Verification)라고 할 때, 최종 분포 level인 L3를 verification하는 전압인 V_{PV3}는 약 4V 정도에서 점검하고, 최종적으로 3개 PGM 분포가 제대로 정착되었는지의 여부는 window-max < 5V를 기준으로 해서 여유를 +1V 정도 두어서 약 6V 혹은 6.5V에서 $V_{read-window-max}$를 인가하여 모든 PGM cell에 전류가 흐르는지 확인한다. 이때 전류가 흐르지 않는 OFF cell이 발생되는 경우는 MLC의 $V_{window-max}$ 내에 분포가 제대로 형성되지 않았다는 것으로서 program operation에 문제가 있다는 의미가 된다. Erasure 분포도 반대 방향의 전압을 인가하여 동일한 방법으로 점검한다.

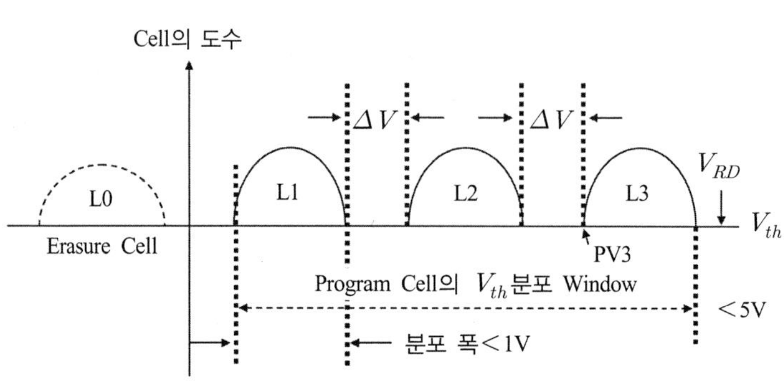

❒ CH5. 그림 2-15 V_{th}분포 Level별 위치 배정 @ MLC

<CH5. 그림 2-15>의 분포 폭 및 margin 등의 숫자는 임의로 계산된 값으로 actual은 아니다. 또한 technology 변수, density 변수, 공정변수들이 있어서 제품마다 제각기 다르지만, actual도 이와 유사하게 계산되어 배치된다고 보면 될 것이다. 그러나 분포 사이의 margin이 아예 없는 TLC같이 분포 level들의 V_{th} 분포값이 서로 overlap된 경우는 계산 방식이 많이 달라질 수밖에 없다. TLC는 window_max을 최대로 늘려서 MLC보다는 최소한 +1V 정도로는 setting해 주어야 하고, 분포 폭도 최대로 줄여서 폭(width)이 약 0.75V 이하가 되도록 arrange해 주어야 0.75V × 7개 = 5.25V에, 분포 사이의 간격(margin) ΔV는, 계산상으로는 6V − 5.25V = 0.75V ÷ 7개 = 0.11V 정도 확보할 수 있게 된다. 따라서 TLC인 경우, $V_{RD-WIN-MAX}$는 MLC +1V ~ +2V 여유를 두어서, 7V 혹은 8V 정도로 인가하여, 모든 cell에 전류가 흐르는지를 파악함으로써, TLC의 분포들이 제대로 setting 되었는지를 확인한다. 분포 개수가 많아질수록 CG에 인가하는 $V_{RD-WIN-MAX}$는 비례하여 상승할 수밖에 없다.

지금까지는 이상적인 경우로서 산술적으로만 분포 폭과 분포 간의 간격을 계산한 수치들이고, 실질적으로는 interference issue, disturbance issue, 공정 issue 등으로 인하여 상기 계산된 수치보다 worst하게 나타나므로 대부분 TLC 분포 간의 간격은 거의 확보하지 못한다고 보아야 한다. 분포가 제대로 확보되지 않으면, 가장 치명적으로는 user가 PE(Program/Erasure) cycling 동작을 반복하여 수행하는 데 제약이 따를 수밖에 없고, FG에 data를 오래 보관하는 retention도 문제가 발생된다. 따라서 디바이스의 density를 확장하는 차원에서 분포 level들을 안정적으로 확보해야 하므로, 분포 배치 관련 scheme들이 갈수록 중요해지고 있으며, 특히 TLC 관련한 보상 scheme들은 폭넓고 깊이 있게 발전되어 있고 또 성장해 나갈 것이다.

2-3-5 Threshold Voltage(V_{th}) Saturation

Control gate에 인가하는 2가지 성격의 전압은 동일 termination을 이용하지만 목적은 상반된다. Program 시의 FG에 electron을 charge하기 위하여 control gate에 인가하는 전압을 V_{cg-PGM}(혹은 V_{PGM})이라 하고, substrate에 electron channel을 형성하기 위하여 같은 control gate에 인가하는 전압을 V_{gs} 혹은 V_{cg}라 하자. FG의 electron량과 substrate의 electron channel 두께가 반비례하므로, control gate에 인가하는 program voltage(V_{PGM})와 threshold voltage(V_{th})는 비례한다. V_{PGM}을 증가하여 FG에 charge electron을 늘리면, 이것들이 V_{cg}가 형성시키려고 하는 e-channel들을 방해한다. 동일 cell에서는 V_{PGM}과 V_{cg}는 동시에 발생되지는 않고 항상 시간차를 두고 목적에 맞게 operation되며, V_{PGM}으로는 V_{cg}의 약 5배 이상의 높은 전압이 CG에 걸린다.

Program pulse 전압인 V_{PGM}을 무한대로 높여서 FG에 electron을 무한히 charge 하고 분포 개수를 무한대로 늘릴 수는 없을까? V_{PGM} 대비 V_{th}가 증가하는 linear 영역에서는, P-type substrate에 있던 소수 carrier인 electron이 V_{PGM}에 비례하여 floating gate에 charge되는 량이 늘어난다. 그러나 V_{PGM}의 임계점보다 높은 전압 영역 이상부터는 V_{PGM}을 아무리 증가시켜도 V_{th}가 증가하지 않고 일정한데, 이 경우가 FG에 V_{th}가 saturation된 상태이다. V_{PGM}을 상승시키면 FN tunneling에 의하여, sub에서 FG로 들어가는 electron charge량이 많아지는데, V_{PGM}을 아무리 올려도 FG 내의 electron량이 일정하다는 의미는 sub에서 FG로 유입되는 electron의 양과 FG에서 CG로 유출되는 electron의 양이 같다는 것이다. V_{PGM}이 계속 상승해도 FG 내의 electron이 더 이상 증가하지 않는 상태인 FG saturation의 V_{th}값을 $V_{th-saturation}$이라 한다. FG에서 CG로 electron이 빠져나가는 데 있어서, V_{PGM}의 임계전압을 기준으로, saturation 임계전압 이하에서는 유출되는 electron보다 유입되는 electron의 양이 많았지만, 임계점보다 높은 전압부터는 유입량과 유출량이 동일하여 FG 내의 electron net 개수가 항상 일정하게 유지된다(실질적으로는 매우 약하게 증가는 되지만, 이 마저도 증가율은 급격히 줄어들어 활용가치가 별로 없다). 즉, PGM용 control gate전압을 상승시켜도, V_{PGM}을 상승시킨 ΔV만큼에 해당되는, FG 내의 electron이 control gate로 이동하므로, 더 이상 FG 내의 electron이 증가되지 않는다. V_{PGM}에 비례하지 않고, V_{th}가 더 이상 증가하지 않으면서 일정하게 유지되는 V_{th}의 saturation 현상을 electron의 back tunneling 현상이라 한다(Back tunneling 입장에서는 FN tunneling을 front tunneling으로 본다).

그런데 V_{PGM}의 임계전압이 너무 낮은 전압에서 발생되면 $V_{th-window-max}$가 낮아져서 분포들이 제대로 형성되지 못하는 문제가 발생한다. 예를 들어 5V까지 MLC의 PGM 분포를 3개 형성시켜야 하는데, 임계전압이 4V라면 4V 이내에서 MLC의 PGM 분포 3개를 형성시켜

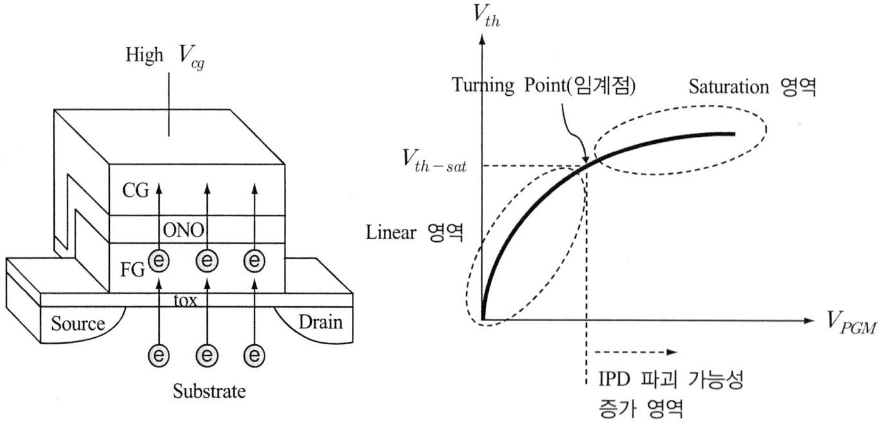

❒ CH5. 그림 2-16 Back Tunneling과 V_{th} Saturation

야 하므로 문제가 발생한다. 따라서 V_{PGM}의 임계전압이 어느 정도는 높아야 하므로, FG와 CG 사이에 있는 ONO층의 crack을 예방하여 FG에서 CG로 흐르는 leakage current를 줄인다거나, ONO층을 두껍게(tox의 약 1.5배 이상)하여 FG 내의 electron charge량을 늘린다거나, FG재질을 변경하여 FG가 자체적으로 charge할 수 있는 electron의 maximum량을 늘릴 수 있게 하는 등, FG 주변의 mechanical, chemical, logical 관련한 항목을 향상시켜야 한다. 그러나 이런 여러 가지 개선 activity에도 불구하고 $V_{th-window-max}$가 상승하지 않으면, 분포의 maximum 전압을 낮출 수 있도록 분포를 관리하여야 한다. SLC에서는 여유가 있기 때문에 이런 개선 노력들은 거의 필요없는 데 반하여, bit/cell수가 많아질수록 $V_{th-window-max}$가 최대한 넓어야 하므로, 분포 scheme 개발 이외에도 공정적 개선이 필수이다.

Back tunneling 발생 시, V_{PGM}의 인가 pulse가 임계전압 이상으로 너무 크다 보면, 증가된 electron 만큼 ONO을 거쳐 control gate로 대부분 빠져나가지만, FG로 들어온 양 대비 모두 빠져나가는 것은 아니므로, V_{th}의 미약한 상승은 있다. 그러나 V_{th}가 saturation되었음에도 불구하고 그 이상의 전압으로 V_{PGM}을 과도하게 높이면 ONO층이 파괴된다. <그림 2-16> 참조. Control gate와 floating gate 사이에는 IPD(Inter Poly Dielectrics)라는 3개 층의 ONO (Oxide-Nitride-Oxide) layer로 구성된 절연층이 있는데, control gate에 IPD가 견딜 수 없는 절연 전압 이상으로 V_{PGM}을 인가하면, IPD가 파괴되거나, 혹은 파괴되는 한계치 전압보다 낮은 V_{PGM}일지라도, 일반적인 PGM 동작상태의 V_{PGM} 보다 높을 경우는 floating gate에 charge된 다수의 electron들이 FG 내에 머물러 있지를 못하고, 강력한 V_{PGM}에 이끌려서 ONO층을 통과하여 control gate로 흡수되는 과정에서 정도의 차이는 있지만, IPD의 damage가 발생된다. Program 전압으로 control gate에 가해주는 max voltage는 대략 +24V 정도까지 이다. Device마다 혹은 structure(technology)에 의존하여 max program 전압은 약간씩 다르지만 약 +20V ~ +26V 사이에 있다. Technology가 shrinkage될수록 비례하여 $V_{PGM-saturation}$은 하락한다. <CH5. 그림 2-17> 참조. 여기서 technology shrinkage는 선 폭의 scale down을 의미한다.

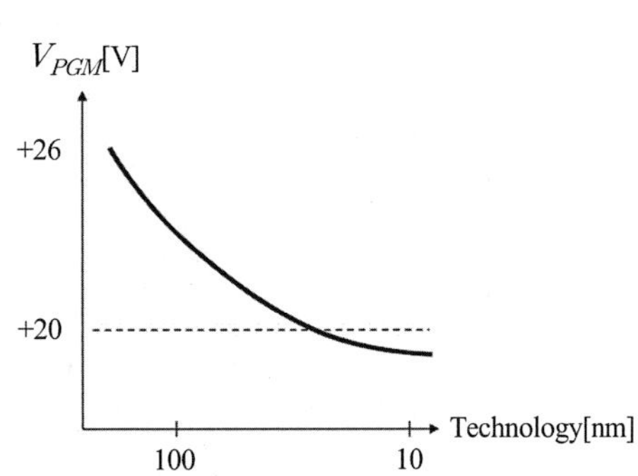

❒ CH5. 그림 2-17 선폭 Technology 대비 Program 인가전압(Max 기준)

2-3-6 V_{th}의 기술적 과제에 대하여

V_{th}분포 폭을 줄이는 것이 NAND의 특성과 신뢰성을 향상시키는 관건이며, 또한 각 분포와 분포 사이의 margin을 적절히 조절하는 기술이 향후 NAND가 해결해 나가야 하는 우선과제로서, NAND 회로 선 폭의 shrinkage가 진전될수록, 또 cell당 bit수가 많아질수록, 반대로 분포 폭과 margin 확보가 어려워진다. NAND의 성공은 V_{th}의 분포를 어떻게 narrow하게 만드느냐에 달려있다. 이는 몇 만 개에서 몇 백만여 개되는 cell들을 한정된 영역의 분포 조건 속으로 집어넣기 위한 작업이다. 그러나 Tech가 고도화될수록 분포는 도리어 넓어지는 속성이 있으므로 분포를 narrow하게 하기 위하여 program 시의 효과적인 여러 가지 방법(예, ISPP)을 동원하지만, 분포를 좁히기는 갈수록 난해해진다. 그러나 substrate와 FG 사이의 tunnel oxide 두께를 조절한다든지, FG와 CG 사이의 ONO 절연물질을 변경한다든지, 각 gate 구조의 cell 상호간의 dimension을 균일하게 맞추는 structuring 작업 등 다양한 option으로 적정 수준을 찾아서 분포의 최적화를 이루어야 한다.

2-3-6-1 Trapped Electron에 의한 V_{th} 상승

Floating gate와 channel 간의 PE cycling이 빈번히 이루어지다 보면, electron이 tunnel oxide에 trap되어, 도리어 PE cycling도 방해하게 되고, 인접 cell 간에 상호 간의 간섭도 발생시키는 부작용을 초래한다. Trapping electron은 또한 FG 안으로 완전하게 들어가 있지도 않고, FG 밖에서 서성거리고 있으면서 스스로의 전하량에 의하여 source와 drain 간의 channel 폭의 가감에 영향을 끼치게 된다. Trap된 electron의 양이 많아지면 FG에 electron이 존재하는 것과 유사한 효과로 인하여 channel 폭을 감소시키고, 반대로 trap된 전자량이 적어지면 channel 폭이 두꺼워져서 이에 따라 current I_{ds}도 trapping electron의 양에 반비례하여 의도하지 않게 변화되는 바람직하지 않는 현상이 발생된다.

그에 따라 channel 폭에 동조화되어 있는 I_{ds}가 start되는 시점인 V_{th} 또한 영향을 받게 되어, trap량이 많아지면 비례하여 V_{th}가 상승하게 된다. 이것은 개별 분포 폭이 넓어진다는 의미로서 분포 형성에 부정적 영향을 끼치므로, trap이 많을수록 $V_{window-max}$을 더 넓혀 주어야 하는 부담으로 작용한다. 분포에 대한 영향으로는 trap은 실질적으로는 게릴라식으로 일부 cell의 도수에만 한정적으로 영향을 주므로, 분포 tail을 유발한다. Trap된 electron들은 주로 tox layer 내 혹은 sub-tox 계면 가까이에 많이 발생되는데, 특히 source보다는 drain 근방에서 빈도수가 더욱 증가한다. Trapping electron을 줄이는 것은, FG based NAND의 interference 영향을 감소시키기 위한 NAND가 향후 풀어야 할 주요 과제 중의 하나이다.

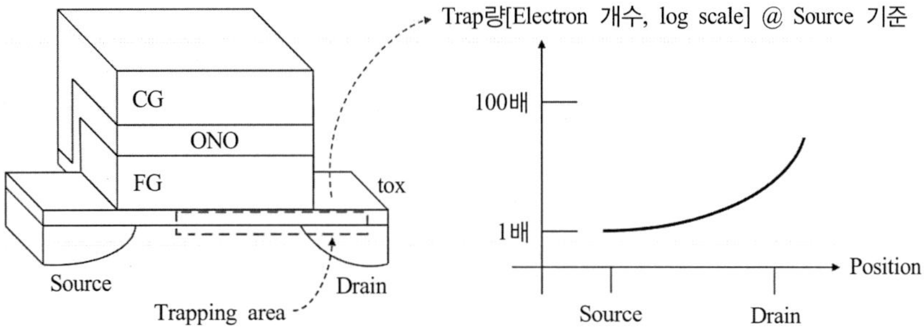

❐ CH5. 그림 2-18 tox 및 tox 주변의 Electron Trapping Area

Session 3 V_{th}분포를 이용한 Density 확장

제품다변화는 SLC제품이 MLC, TLC제품으로의 분화를 뜻한다. DRAM 메모리와 같이 cell당 physical density와 logical density가 같은 NAND Flash의 SLC와는 다르게, MLC, TLC는 SLC보다 한 단계 혹은 두 단계 jump up한 개념으로 cell의 physical density 대비 logical density가 2배, 3배가 되도록 cell 내의 FG에 charge된 electron 상태를 physical하게 그리고 logical하게 조절한 제품이다. Physical하게 조절했다는 것은 SLC의 program V_{th}분포 1개/cell을 3개 분포 level/cell(MLC)로 혹은 7개 분포 level/cell(TLC)로 나누었다는 뜻이고, logical하게 조절했다는 것은 그렇게 나뉜 각각의 V_{th}분포마다 logical code를 부여하여, 같은 physical cell 내에 bit수를 확장할 수 있도록 control했다는 의미이다.

3-1 Coding Flow @ SLC/MLC/TLC

Data가 chip에 input되면 정보를 physical cell에 저장하기 위하여 data를 data register (page buffer)에서 coding화한다. Coding 시는 SLC/MLC/TLC에 따라 제각기 다른 coding 방식이 적용되는데, coding되어 bit 묶음으로 변형된 data들은, 물리적인 address가 지정되면, 해당 cell에 program됨에 따라 SLC 용량에서 MLC는 2배로, TLC는 3배로 확장된다. Encoding된 information은 사전에 정해진 규칙에 따라 FG의 electron charge level이 정해지고, program 방식도 분포 형성의 복잡도로 인하여 각 제품별로 약간씩 다르게 적용된다.

Cell 내에 PGM된 data를 꺼낼 때에는 data를 input할 때와는 반대의 방향으로 진행한다. Data를 꺼낸다는 것은 SLC/MLC/TLC cell의 PGM상태를 읽어낸다는 것으로, 기준 전압 level(voltage sensing) 혹은 기준 전류량(current sensing)으로 판단한다. Data out 시에도 먼저 cell의 address를 지정한 후, target cell의 상태를 read해내는데, read한 전압/전류 level은 정해진 규칙에 따라 decoding되어 필요한 data로 변환된다. 결국 동일한 physical cell수이지만, input 시에는 n배화된 data가 encoding되어 FG에 program되었다가, output 시에는 decoding 방식에 따라서 다시 원래의 data로 복귀되어 출력된다. FG 내의 물리적인 level이 data로 원상복귀 된 후, chip 밖에서 기다리고 있는 host로 data가 전송된다.

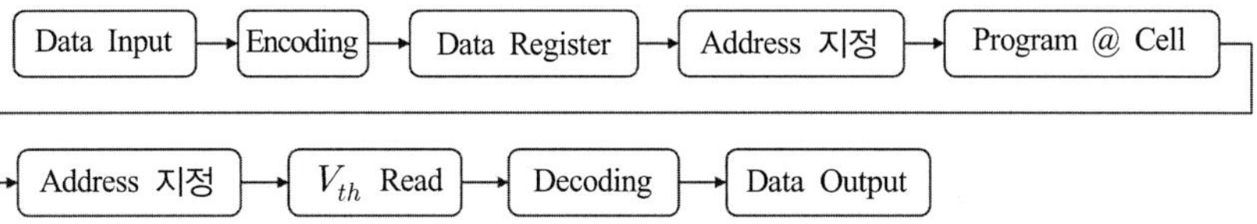

❒ CH5. 그림 3-1 Data Encoding/Decoding Flow

3-1-1 Physical Density를 Logical Density로의 확장

분포 level은 경우의 수와 마찬가지로 n bit당 2^n 개씩 형성된다. Cell은 물리적으로 최소단위의 저장 공간을 의미하고, bit는 logical적으로 data의 최소단위의 저장소로서 digit와 같은 개념이다. 저장이란 data를 보관한다는 것인데,

1) 물리적 저장의 의미는 NAND에서는 program을 했다는 것으로 physical cell 속에 electron을 강제로 charge시키는 현상이다. Floating gate 속에 한 번 charge된 electron들은 외부에서 의도적인 bias 전압을 가하지 않는 한, FG에서 빠져나가지 못하는 현상을 이용하여 logical한 개념을 도입하면, 물리적으로는 SLC와 동일 density인데도 MLC, TLC의 logical density인 bit가 2배, 3배로 증가되어 performance 입장에서는 data를 2배, 3배로 활용할 수 있는 제품이 된다. 1개 경우의 수마다 1개의 V_{th} 분포로 대비되므로, 3개 종류의 제품을 V_{th} 분포 형태로 나열해보면, 총분포수는 SLC는 2개, MLC는 4개, TLC는 8개의 V_{th} 분포로 표현된다. 경우(level)의 수는 물리적 형태와 1대1로 대비되고, 물리적 표현은 곧 V_{th} 분포 level이다. 결국, V_{th} 분포의 level수를 늘리면, Cell당 bit수를 증가시켜 표현해 낼 density를 다소 복잡한 encoding을 거쳐 MLC와 TLC의 용량으로 늘릴 수 있다. 즉, SLC/MLC/TLC의 cell에 저장하는 PGM상태는, 경우의 수에 따라서 FG 내에 저장되는 전자의 농도로 물리적 차이를 보인다.

2) NAND에서의 logical적 저장의 의미는 물리적 저장상태를 encoding화하여 저장한다는 것이고, coding화된 cell의 암호를 read 시에는 decoding 하는데, decoding은 여러 physical cell들에 의하여 조합된 code를 해독하여 data화 한다는 것이다. 따라서 예를 들자면, 영화를 한 편 밖에 저장할 수 없는 SLC 공간에, physical & logical한 작업을 통하여 2편, 3편의 영화를 저장할 수 있는 MLC, TLC제품으로 만들 수 있게 되므로 SLC가 32G bit density라면 MLC는 64G bit density, TLC는 96G bit density를 갖게 된다. MLC 및 TLC는 개별적 성능적으로 볼 때 SLC에 비하여 불리한 조건이지만, V_{th} 분포 폭도 좁게 하고, 동시에 V_{th} 분포 window도 가능한 조금 더 넓혀서, 가능하면 SLC와 유사한 성능을 내도록 하는 performance 향상이 관건이다. 초창기의 TLC는 worst한 성능이었으나, 최근의 TLC performance는 3, 4년 전의 MLC 성능 target에 가까이 따라왔고, MLC performance는 초창기 MLC 성능 보다 2배 이상 향상되었다.

3-2 SLC(Single bit MLC)

SLC는 cell 당 총 2개 Level로서, cell이 ON인지 OFF인지만을 구분하면 된다. Cell당 물리적인 cell의 density와 logic한 cell의 density가 같은 SLC의 cell은, 물리적으로는 NAND Flash Tr 1개를 의미하는 것이고, cell 내의 data 실체는 floating gate 내에 electron이 charge되어 있는가 혹은 charge되어 있지 않은가의 차이를 뜻한다. FG의 물리적 상태는 직접적으로, data의 information으로 전환되며, 이를 분포로 나타내보면 ON cell 분포 혹은 OFF cell 분포로 구성된다.

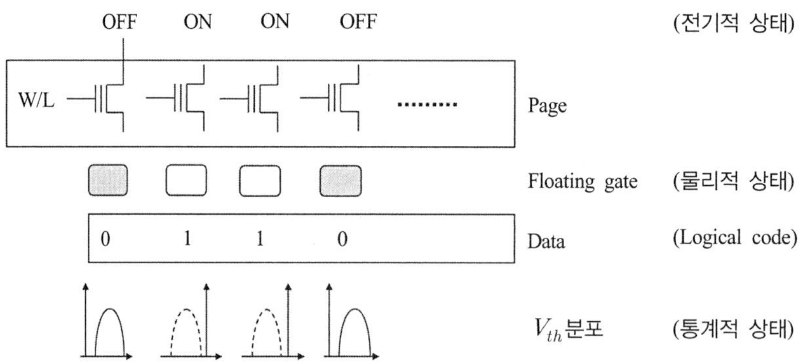

❒ CH5. 그림 3-2 FG의 물리적 상태 vs Logical Coding vs V_{th}분포 @ SLC의 1 대 1 함수 관계

3-2-1 Data를 Physical Cell로의 이식

SLC의 operation을 이해하는 것은 MLC나 TLC에 비하면 쉽다. 왜냐하면 SLC에서는 physical cell의 물리적인 현상과 logical cell(1개 erasure cell level 혹은 1개 program cell level)의 함수관계가 program/erasure operation에서 상호 1대1로 matching된다. 즉, SLC operation은 physical cell에 “0” 혹은 “1”둘 중의 한 개의 상태를 넣어 구분하므로, floating gate 내에서 electron이 charge된 상태의 여부와 의도하는 data가 직접적으로 일치하게 된다.

SLC에서는 먼저 해당되는 cell의 FG를 erasure상태로 둘 것인지 program상태로 변환할 것인지를 결정한 다음, program해야 하는 cell만 골라서 X, Y address를 access하여 1개의 level로 program시키면, 나머지 cell은 erasure상태이므로 결국 해당 page에 대한 전체 data가 완성된다(program 수행 전에 해당 block 전체를 erasure 수행했다는 전제조건임). Program해야 할 word line의 모든 cell의 CG에 V_{PGM}을 인가하면, bit line의 선택(0V : PGM charge 혹은 V_{cc} : NO PGM charge)에 따라서, selected Cell의 FG가 electron charge되어 결국 input된 data가 cell 내에 저장된다.

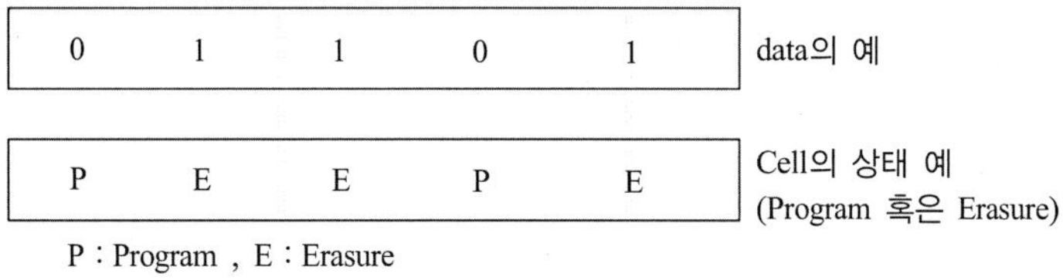

❒ CH5. 그림 3-3 Data와 Program @ SLC

SLC PGM의 ISPP 시에는 SLC PGM 분포가 한 개만 존재하여, verification도 간단하게 1개 PGM pulse당 한번씩만 실행하면 된다. 여기서 verification은 program verification을 의미하며, PGM pulse로 인하여 target된 양만큼 program이 되었는지를 점검하고, program 분포 폭을 narrow하게 하기 위하여 program pulse를 인가한 후에 verification을 실시한다.

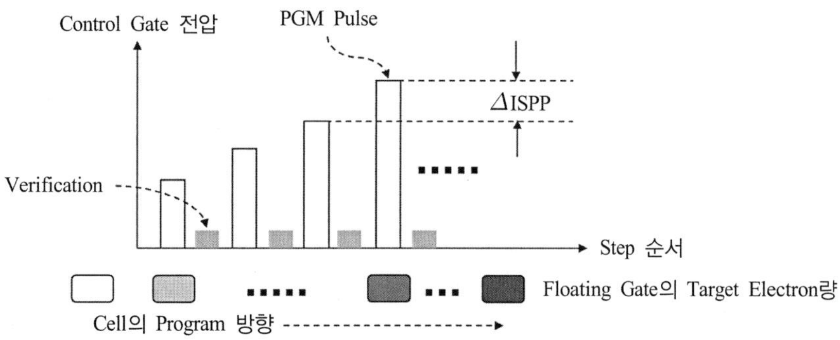

❒ CH5. 그림 3-4 SLC PGM @ ISPP 및 program verification

SLC는 분포 level수가 적기 때문에 분포를 구성하는 데 있어서, $V_{windows}$ 영역 내에서 margin이 충분하므로 신뢰성 issue, 불량 issue가 MLC에 비하여 자유롭다. 특히, user가 중요하게 여기는 PE(Program/Erasure) cycling의 최대 횟수를 MLC의 10배 이상 늘릴 수 있다는 장점이 있다. 성능 또한 read/program speed가 MLC나 TLC에 비하여 제일 빠르지만, 대신 bit당 cost는 SLC가 가장 높다.

3-3 MLC(Double bit MLC)

MLC의 physical level의 option 개수는 4개로서, TLC의 제품화 방식과 유사하지만, SLC의 제품화 방식과는 판이하다. NAND Flash가 출시된 초창기에 SLC로 NAND를 사용할 때는 MLC라는 제품은 불가능하다고 판단했다. 기술의 발전은 언제나 불가능하다는 limitation을 뛰어넘으면서 발전되어 왔다. MLC는 SLC에서 한 단계 jump up한 개념으로, 물리적인 cell의 density 대비 logic한 cell의 density가 SLC의 방식에 비하여 2배가 되도록, cell 내의 electron charge를 4족이지 option 상태로 조절한 제품이다. MLC의 개발은 NOR Flash에서 NAND Flash를 개발한 정도의 획기적인 quantum jump이다.

3-3-1 MLC V_{th}분포 형성

MLC에서는 1개의 physical cell이 2개의 logical bit를 포함한다. 기본 mechanism은 MLC도 SLC와 같지만 MLC의 program인 경우, data를 어떻게 level을 구분해서 FG에 charge하여 charge된 상태가 SLC에 비하여 2배의 data를 포함할 수 있도록 하느냐이고, 반대로 read인 경우 program된 V_{th} level을 어떻게 구분하여 2배로 save된 data를 판독하느냐가 관건이다. 결론은 사전에 약속으로 정해 놓고 coding하고, 약속에 따라 decoding한다 이다.

Coding의 의미를 담아내어 분포를 만들 때, physically 정해지는 항목들은 분포 폭, 분포와 분포 사이 margin, fixed 분포 window값 등이다. Logical density의 경우의 수는 program V_{th}분포 Level의 경우의 수와 같으므로, MLC인 경우 총 4개 logical level이 필요하다. erasure에서 1개 Level로 표현하고 program에서 3개 level로 표현하지만, physical cell은 1개의 erasure 상태 혹은 3개의 program 상태 중에서, (실질적으로 FG에는) cell당 1개의 physical한 상태만 허용된다. 이는 SLC건, MLC건, TLC건 모든 제품에서, 물리적으로는 1개 상태 V_{th}값 per cell로 동일하다.

MLC의 최대 장점은 SLC에 비하여 물리적 cell당 bit 개수가 많음으로 인하여, SLC에 비하여 cell당 cost를 거의 반으로 떨어뜨릴 수 있다는 것이다. 보다 경제적인 가격으로 user가 MLC를 사용할 수 있게 되므로, user도 NAND 사용 시 PE cycling의 최대 횟수라던가 retention기간 상의 limitation이 낮아지는 (약 5분의 1 ~ 10분의 1) 불이익을 어느 정도 감내한다. 다행인 것은 신뢰성 issue는 server나 clouding system 등의 특별한 경우가 아닌 일반적인 user한테는, 한계치가 SLC기준에서 MLC 기준으로 어느 정도 줄어드는 limitation은 critical 하지 않고 acceptable하다.

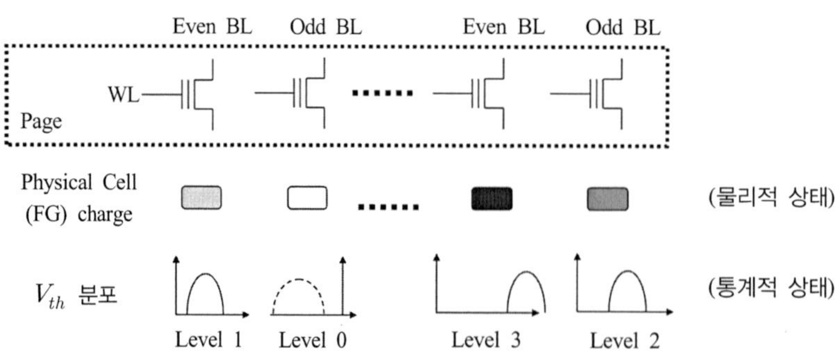

❏ CH5. 그림 3-5 Physical Cell과 V_{th}분포 Level 관계 @ MLC

예를 들어 smart phone을 사용하는 데 일반적으로 동일 제품을 10년까지 사용하고 사진을 10만 번까지 모든 cell에 대하여 반복적으로 update하는 user는 없을 것이기 때문이다. 그런 측면에서 MLC의 등장은 과도하고 불필요한 high reliability level을 user level로 맞추어 준 성공한 on time business case라고 볼 수 있다. 그러나 속도 면에서는 user의 양보가 없기 때문에, SLC에 비하여 2분의 1 이상으로 줄어든 program 시/read 시의 속도를 빠르게 회복시켜야 하는 숙제는 공급자의 큰 부담이다. MLC의 throughput을 향상시키기 위한 기법으로는 cache기능, multi-plane기능, interleave기능, clock rate을 증가시킨 SDR/DDR기능 등이 있고, 물리적으로는 data register size를 2배 이상 늘리고 plane수도 늘리는 등의 activity가 이루어져 왔으며, 용량확장과 cost down을 위하여 stacking factor 및 technology shrink가 다양하게 활용되고 있다. 그러나 Data register 혹은 page size를 늘린다고 operation 속도가 반드시 빨라지는 것은 아니다. Read time인 t_R과 program time인 t_{PGM}속도는 빨라지지만, t_{WC}, t_{RC} 등 cycle time은 bottleneck 현상이 발생되어 오히려 느려지기도 하므로 장단점을 고려하여 적정한 factor와 값으로 취사선택하여야 한다.

3-3-2 NAND Flash의 제품 분화 History

현재 일반적으로 통용되고 있는 SLC의 뜻은 Single Level Cell이고 MLC는 Multi Level Cell의 약자인데, 이는 naming적으로 보면 잘못된 표현이다. Level로 제품 naming을 표현하자면, 정확하게는 SLC는 2 level cell이므로 DLC(Dual Level Cell)이라고 해야 하고, MLC는 4개 level cell인 QLC, 즉, Quad Level Cell이라고 해야 좀 더 정확한 표현이 된다. MLC를 multi level cell의 의미로 naming한 것은 제품명을 사용할 당시 더 이상의 제품 분화가 없이 MLC가 최대의 level을 갖는 제품으로 판단하였기 때문이다. TLC도 Three(Triple) level cell이 아니라 Triple bit (per Cell) Multi Level Cell 즉 Triple bit MLC(혹은 Triple bit NAND)라고 해야 하며, level 수로는 TLC는 8LC(8 Level Cell)가 된다.

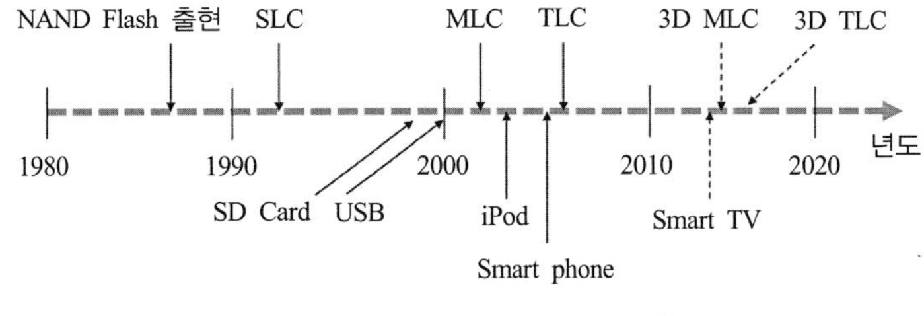

❒ CH5. 그림 3-6 연도별 제품 출현

Floating gate를 적용하는 EPROM은 1984년 Intel에서 양산하였고, 그후 기능적인 측면에서 EPROM보다 upgrade된 NAND Flash는 1987년 Toshiba에서 발명한 후로, 약 15년이 지나서 SLC부터 널리 쓰이기 시작하였으며, MLC는 약 2000년 초에, TLC는 2000년 말 쯤에 상용화되면서, 현재는 worldwide 사용하는 총 density측면에서는 DRAM에 앞서가고 있는 추세이다. External 저장매체인 USB, digital camera에 사용하는 SD card를 시작으로 MP3를 거쳐 현재는 smart phone 및 smart TV 등, NAND Flash가 들어가지 않는 application이 없을 정도로 저장매체가 필요한 대부분의 전자기기에 NAND가 널리 사용되고 있다. 향후 3D NAND Flash가 출현하면 TLC와 3D NAND Flash가 접목되어 powerful하게 시장을 확장해 나갈 것이다.2)

3-3-3 V_{th}분포 나누기

SLC의 ON cell을 OFF cell로 만드는 것은 erasure된 cell을 program하면 되므로 간단하다. 이는 FG에 electron을 charge시켜서 target cell들의 V_{th}가 모두 일정한 분포 범주($V_{th-window-max}$) 이내에 있도록만 하면 된다. 그러나 physical cell의 density는 SLC와 동일하지만, logical cell은 SLC 대비 2배의 density를 갖도록 MLC를 구현하기 위해서는 erasure 1개 상태와 program 3개

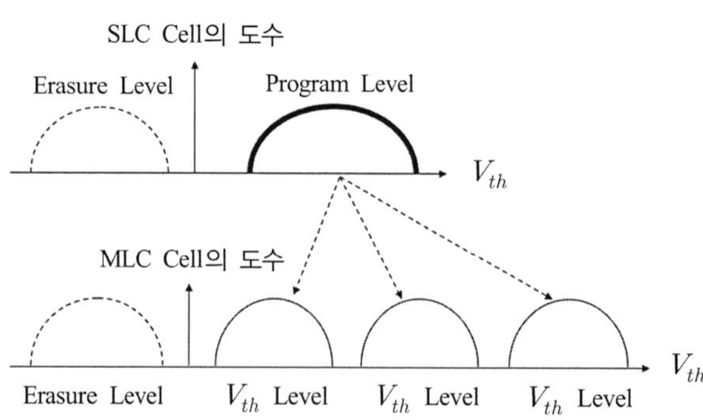

❒ CH5. 그림 3-7 V_{th}분포 나누기 개념 @ SLC → MLC

2) SLC, MLC는 Toshiba에서 작명되었고, TLC는 SK하이닉스에서 naming하여 worldwide하게 널리 사용되고 있다. 그러나 TLC가 triple level cell로 잘못 표기 혹은 잘못 인지되고 있어서, TLC를 직접 naming한 저자(하이닉스 반도체 Flash 개발본부 개발기획팀장 재직 시 3 bit NAND의 이름을 결정하지 못하고 표류 시에 직접 작명)로서, 이를 바로잡기 위하여 현재 혼용하고 있는 제품용어를 정리하였다. SLC : Single bit (per cell) MLC @ 현재의 SLC, DLC : Double bit (per cell) MLC @ 현재의 MLC, TLC : Triple bit (per cell) MLC @ 현재의 TLC, QLC : Quad bit (per cell) MLC @ 앞으로의 QLC, 그러나 MLC 용어는 사용상 너무 광범위하게 고착되어 있어서 MLC를 DLC로 사용하기는 어려울 것으로 판단된다. Single bit은 물리적 cell 당 bit 1개, double bit은 물리적 cell 당 bit가 2개, triple bit은 물리적 cell 당 bit가 3개임을 뜻한다.

경우의 상태를 나타내도록 SLC의 erasure상태는 동일하게 1개로 가고, SLC의 program 1개 상태를 3개 상태로 나누어야 한다.

4개 분포(Erasure분포 1개, PGM분포 3개)들의 각각의 분포들의 면적(x축 구간을 기준축으로 적분한 전체 면적)은 모두 동일하다. 그런데 erasure 분포의 x축인 V_{th}영역이 program 분포의 x축인 V_{th}영역보다 약간 더 넓은 이유는 erasure보다 program 분포 형성 시 더 step폭이 작은 치밀한 ISPP step을 사용하기 때문이다. 그러나 분포의 x축인 V_{th}영역이 넓어지면 대신 도수가 작아지게 되어, 각각의 분포면적은 어느 분포(ER 분포 혹은 PGM 분포)든 같게 된다.

SLC의 PGM 분포 1개를 MLC의 PGM 분포 3개로 나누는 것은 실질적으로는 단순하게 나누기만 해서 처리되지는 않고, Erasure(ER) level과 Program(PGM) level의 형평성을 고려하여 약간의 복잡한 과정을 거친다. 또한 나누는 방식도 한 가지만 정해진 방식이 있는 것이 아니라, 나누는 방식 또한 여러 개이고, 그 중에 어떤 방식을 사용할 것인지는 그때그때의 상황에 맞추어서 알맞은 방법을 택하여 정한다.

3-3-3-1 New Type MLC 분포 형성

<CH5. 그림 3-8>은 2단계를 거쳐 최종적인 MLC 분포를 완성하는 방식이다. Step 1은 SLC와 유사하게 MLC의 V_{th}분포 형성을 하지만, 이는 MLC 입장에서는 중간단계(interim)의 V_{th}분포로써, SLC와 다른 점은 MLC PGM의 중간단계 분포는 단순히 분화되는 과정의 분포로서, SLC처럼 최종 완료된 PGM 분포는 아니다. Step 2단계에 가서 비로서 이들 2개 분포(ER 분

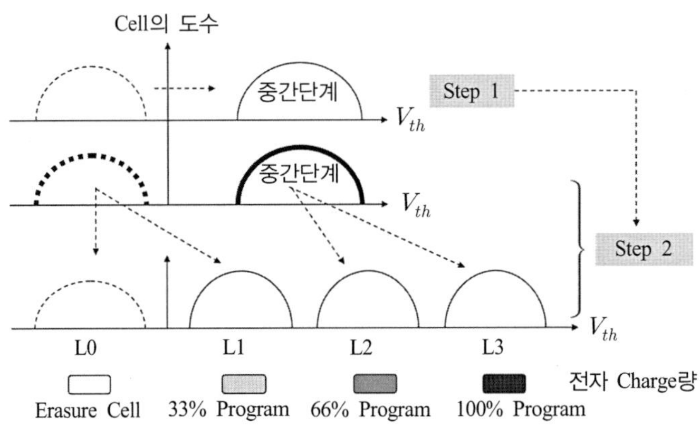

❐ CH5. 그림 3-8 MLC V_{th}분포 형성 @ new type

3) 각 분포 level 자체 내에서도 V_{th}값이 높아질수록 electron의 농도는 높아지지만, <CH5. 그림 3-8>의 작은 box에서는 V_{th}분포를 형성한 여러 charging 상태 중에서 대표적인 1개 charging 상태만 임의적으로 나타내었다.

포 1개 및 PGM 중간단계 분포 1개)를 다시 2개씩 분화시켜 최종적으로 총 4개 level로 형성한다. Erasure level L0를 erasure level L0 1개와 program level L1 1개로 나누고, 중간단계의 program level도 L2, L3인 2개의 PGM level로 나누어, 총 4개 level을 만든다.

Step 1에서는, 먼저 erasure 상태의 FG에서 출발하여 어느 정도의 중간단계(interim)로 electron을 charge시킨다. L0 분포는 ER 분포 그대로 사용하면 된다. 중간단계 분포위치는 L1과 L2 사이가 되며 분포 폭도 비교적 넓다. Step 2에서 L2와 L3의 분포를 만드는 경우는 중간단계의 FG charge 상태에서 level에 맞도록, electron을 더하여 program을 진행하여 L2 L3를 만들면 되지만, L1은 Step 1의 interim-PGM(중간단계) 분포를 이용하려면 오히려 erasure를 하여야 하므로, 그렇게 하지 않고, erasure 분포(level 0)에서 program하여 Step 2의 L1 상태를 형성시키는 것이 오히려 쉽다. L3의 V_{PGM}은 전체 level을 만들기 위하여 인가하는 전압 중에서 가장 높은 전압이다.

<CH5. 그림 3-8>의 white box, gray box 혹은 black box는, 각 분포 level별 electron의 charging 상태를 나타낸다. 즉, white box는 electron이 charge되어 있지 않은 상태이고, gray box에서 black box로 갈수록 electron의 charge가 많아진다. <Session 3-3-6-4> 참조.

3-3-3-2 Old Type MLC 분포 형성

Step 1에서 Step 2로 끌어 올리는 다른 방식(old type)으로는, <CH5. 그림 3-9>에서와 같이 Step 1에서 erasure 분포를 활용하여 온전한 L1을 형성한 다음, Step 2에서는 L1으로 L2를 파생시키고, erasure 분포를 이용하여 또 하나의 분포로써 L3를 만든다. L1분포는 Step 1에서 처음부터 제대로 된 분포로 형성시켰으므로 그대로 사용한다. V_{th}분포의 level 3를 형성시키는 데 있어서, fixed 분포 window의 margin($V_{th-widow-max}$)이 충분할 경우는, L3의 분포 폭이 조금 커도 분포 window 상으로 문제가 없으므로, erasure 분포(level 0)에서 floating gate에 높은 전압을 가하여 level 3를 program한다. 이 경우, 이점은 V_{PGM}이 높으므로, 분포는 거칠

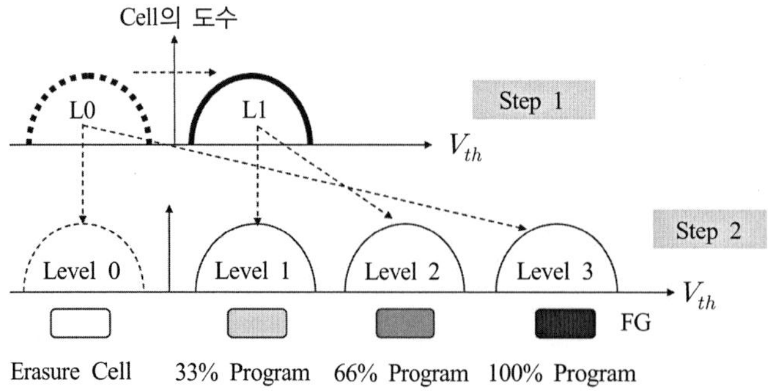

❒ CH5. 그림 3-9 MLC V_{th}분포 형성 @ old type

게 형성되지만, 그만큼 PGM time을 짧게 할 수 있다.

그런데 V_{PGM}의 크기가 클수록 분포 폭도 비례하여 상대적으로 커지므로, FG technology margin이 적을 경우는 fixed V_{th} 분포 window margin도 충분치 않으므로 level 3를 형성시키는 데 있어서, 분포형성 new type에서처럼 step 1에서 중간 단계의 분포를 형성한 후에, step 2의 작은 분포 폭을 갖는 L3로 만들어 주는 것이 old 방식보다는 유리하다. FG technology margin 이란, Tech가 발전됨에 따라 선 폭과 함께 FG의 크기도 줄어들어서, 그만큼 electron이 charge 할 수 있는 공간도 줄어들게 되어 분포 window max값이 적어지므로, 이에 대한 충분한 margin을 확보하는 데 있어서 FG Technology가 scale down될수록 점점 어려워진다는 것을 뜻한다. 분포 window max값이 줄어든다는 것은 floating gate에 charge할 수 있는, 최대 허용되는 electron 알갱이 개수가 적어진다는 것으로서, 방의 크기가 작아졌는데, 많은 인원이 들어갈 수가 없는 현상과 같다. Charge시킬 electron 개수가 줄어들면 $V_{window-max}$값도 비례하여 축소된다. <Session 3-3-6-5> 참조.

3-3-4 V_{th}분포와 Scalability 한계에 대하여

회로 선 폭이 size down될수록, 연동하여 cell의 physical 입체면적이 줄어들므로, FG에 charge 할 max electron 개수가 줄어들어야 하기 때문에, 줄어드는 electron으로 반대로 증가하는 V_{th} 분포 level을 나누기가 이중으로 까다로워진다. MLC는 erasure 상태는 1개 level로서 문제될 것이 없고, program 상태는 3개 level로서 P1(L1), P2(L2), P3(L3)로 구분한다고 했을 때, 먼저 physical cell에는 어떤 경우든 1개의 상태만 charge된다. 예를 들어, technology(cell 내의 평균 회로 선 폭)가 50nm인 경우, FG에 최대로 charge할 수 있는 electron 개수가 500개라면, 이를 3등분해서 물리적인 program 상태로 FG에 P1일 경우는 대략 150여개의 전자가 charge되고, P2일 경우는 300여개의 전자가, P3일 경우는 450여 개의 전자가 charge된다. 즉, 분포 level 나누기의 실체적인 변수는 FG에 charge되는 전자의 개수를 어떻게 배당하느냐이다.

FG에 charge할 수 있는 최대의 전자의 개수는 dimension이 작아지는 것에 따라 기하급수적으로 줄어들어서 technology가 100nm급 level일 때는 약 1,000개~1만 개의 전자 개수를 활용할 수 있는 데 반하여, 10nm급 level일 때는 100여개 정도, 1nm급 level일 때는 20~30여개로 축소된다. 1nm의 거리는 원자가 3개 혹은 4개가 늘어선 정도의 거리이다. 회로 선 폭이 10분의 1로 줄어들면 FG에 charge할 수 있는 electron의 개수는 10분의 1 이상으로 줄어든다. 현재의 Technology는 단 단위 nm($x$nm)로 개발되어 있지는 않지만, 4~5년 이내에 개발될 것으로 예측하는 견해가 있는 반면, 단 단위 nm($x$nm) level의 technology 개발은 반도체로는 불가능하다는 상반된 입장이 서로 논란이 되고 있다. 단 단위 nm급 NAND technology란 회로 선폭에 대한 평균 pitch(선폭+space)의 2분의 1, 혹은 floating gate의 길이, 혹은 source와 drain 사이의 거리가 10nm 미만을 말하며 구조적으로 구현이 가능한지의 여부를 제쳐놓고서라도, floating gate 내에서는 앞에서 계산된 FG 내의 최대 전자 개수가 몇 십 개 이내의 전자로서, MLC인 경우 1개 분포당 10개 미만의 전자(TLC인 경우는 MLC에 비하여 3분의 1로 줄어듬)를 활용하여, data가 ON/OFF를 결정질 수 있게 channel에 영향을 끼칠 수 있도록, 수십만 개에서 수백만 개의 cell이 일사분란하게 제어되어야 한다는 의미가 된다. 현재 NAND의 nano-technology로는 반도체 Fab공정상 구조적으로 구현해 낼 수 있는 회로 선 폭의 한계에 거의 도달했거나 3, 4년 내에 도달하게 되어, 신개념의 신기술이 등장하지 않고서는 다음 단계로 jump up 할 수 없다.

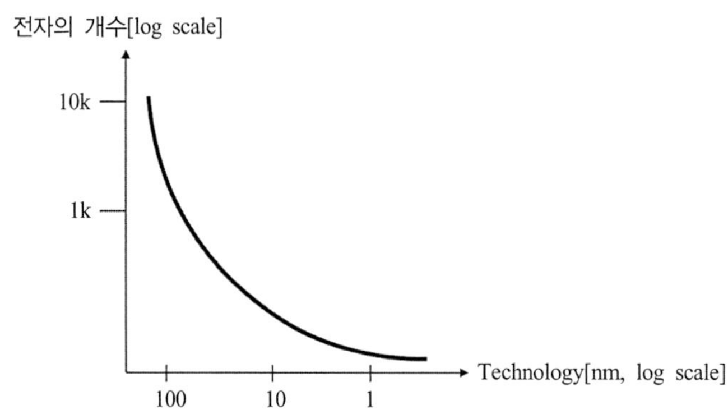

❐ CH5. 그림 3-10 Technology 대비 FG에 Charge되는 전자 개수

Dimension에 대한 technology가 답보상태이면 제품이라도 횡전개하여 새로운 개념의 신제품이라도 개발되어야 한다. 제품 Type은 SLC, MLC, TLC, 3D 등으로 모두 적용할 수 있지만, SLC는 density 측면에서 경쟁력이 없으므로 MLC와 TLC 위주로 개발되고 있으며, 현재 TLC, 3D 위주의 NAND 시장이 형성되어 가고 있다.

3-3-5 MLC 개념잡기

SLC, MLC, TLC의 logical data와 physical 분포관계를 이해하는 데는 크게 2단계인 encoding과 decoding으로 나누어서 설명하는 것이 편리하다. 첫 단계는 logical 상태에서 physical 상태로의 함수관계 정립에서의 encoding(부호화)이고, 두 번째 단계는 code 의미를 담고 있는 physical을 다시 logical로 풀어내는 decoding(복호화), 즉 data화이다. NAND의 물리적 현상으로는, 전자는 program operation에 해당되고, 후자는 read operation에 해당된다.

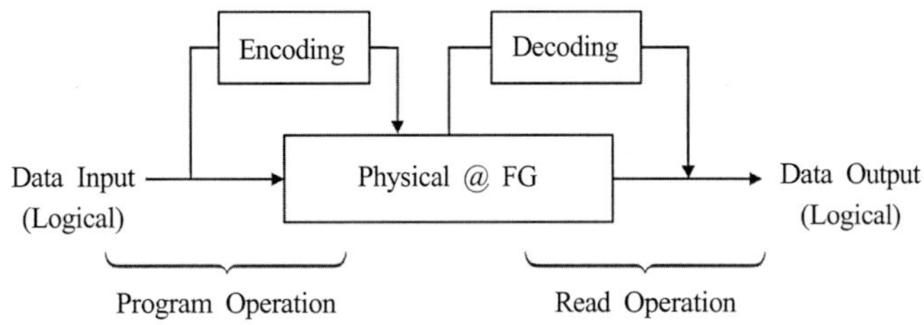

❒ CH5. 그림 3-11 NAND Operation과 V_{th}분포 관계의 Encoding과 Decoding

3-3-5-1 Logical 상태 vs Physical 상태의 관계 정립

NAND Flash 제품 중, SLC개념은 logical cell vs physical cell의 개념 전개가 명확하고, encoding화 작업이 보편적 이해로 가능하지만, MLC개념은 SLC와 많은 차이가 있으며, TLC는 MLC를 이해하면 분포숫자만 n배화하여 MLC에 준하여 이해하면 된다.

Logical 상태에서 physical 상태로의 전개는 입력된 logical data를 cell 내의 FG에 어떤 물리적 형태로 electron들을 charge시켜 주느냐이다. 전제조건은 임의의 time에는 physical 상태는 cell당 1개의 logical 상태만 가능하다는 것이다. MLC나 TLC라고 physical 1개 cell이 같은 cell 내에서 2 bit, 3 bit를 한꺼번에 구분해 낼 수 있는 특별한 재주가 있는 것은 아니다. NAND에서 data operation의 본질은 원하는 data가 제대로 저장된 후에, 필요한 시간 동안 온전히 보관되고, 출력 시에 입력했던 정보를 그대로 얻을 수 있으면 된다.

SLC에서는 cell 1개당 bit 1개를 assign하여 code를 부여했는데, MLC에서는 2bit/cell이므로 1개 V_{th}분포에 2개의 digit을 assign하여 encoding한다. MLC 표현방식에서는 code化가 순차적으로 정해진 방식이 아닌, 약간 복잡하게 scramble된다. <CH5. 그림 3-13> 참조. 4개의 cell을 이용한 <CH5. 그림 3-12>의 example은, MLC는 physical cell 4개로 8개의 data(물리적 cell이 4개면 SLC는 4개 data)를 표현해낸 경우(conventional HBL 방식 적용)이다. Logical data량(bit수)이 2배로 늘어나면, 경우의 수도 2배(SLC 대비 2^n배)로 늘어나서 physical 분포 level도

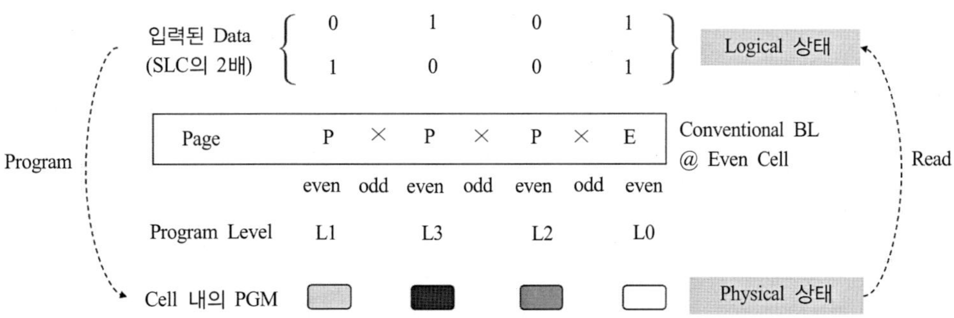

❒ CH5. 그림 3-12 MLC Logical vs Physical 비교 @ conventional HBL, 3102 code일 때

2배(SLC 대비 2^n 배)로 증가하는데, 실질적으로 MLC/TLC performance는 program 능력이 좌우하므로, MLC는 2배의 density를 얻기 위하여 FG에 electron의 기술적 저장능력을 SLC 대비 3배로 높여야 하고(MLC PGM 분포는 SLC PGM 분포 대비 3분의 1로 나누었기 때문), TLC는 SLC에 비하여 3배의 density를 얻기 위하여 7배에 해당하는 저장 능력으로 높여야 한다.

3-3-6 V_{th}분포의 각 Level별 Code화

Coding화의 근본적인 속성은 cell V_{th}를 어떻게 체계적으로 나타낼 것이냐이다. Cell들의 V_{th}가 다름으로써 이를 grouping하였고, grouping한 V_{th}를 leveling하였으며, leveling한 V_{th}의 group을 분포라 했다. 즉, leveling의 속성은 V_{th}값의 차이이다. MLC, TLC의 code화는 V_{th}분포를 이용하여 각 V_{th}분포 level에 2개 bit 혹은 3개 bit의 의미를 부여한 것으로, 이는 cell당 bit수를 확장하는 데 활용할 수 있게 되었는데, 이는 V_{th}값의 차이를 이용한 것이고, V_{th}값 차이를 이용할 수 있는 원천은 FG가 electron을 일정기간 electron들이 escape하지 않게 품을 수 있기 때문이다. Top page bit(MSB)와 Bottom page bit(LSB)는, V_{th}값의 다름을 operation하는 데 있어서, 편리성을 도모하기 위하여 coding 조합을 통하여 표현한 것이다.

3-3-6-1 V_{th}분포 Level 대비 Logical Coding의 상관관계 비교

SLC는 "0"과 "1"을 ON/OFF로 나타내므로 한 개의 V_{th}분포상태가 1개의 의미(bit)를 담아내는 초등적 coding이지만, MLC는 1개 분포 level당 2개의 bit를 담는 중등적 coding으로써, MLC부터 coding option이 다양해진다. Read 시의 분포 구분은 cell의 FG에 charge되어 있는 electron의 양을 확인해 낸 V_{th}분포 값으로서, 어떤 분포 level에 속한 data(information)가 cell에 저장되어 있는지 알아내도록 사전에 정해놓은 규칙, 혹은 V_{th}의 min/max limit로 설정된 구간에 따라 V_{th}분포 Level을 확인해내어 data를 해석(decoding)해낸다.

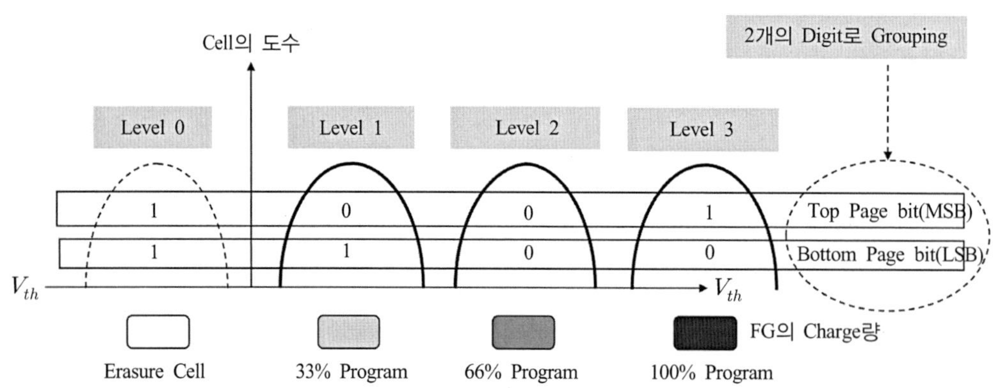

❒ CH5. 그림 3-13 V_{th}분포 Level vs Logical Coding과의 상관관계 @ 3102 code

Program할 때도 마찬가지다. NAND로 입력된 data가 어떤 V_{th} 분포 level에 해당되는지, 약속된 정보에 따라 data로부터 PGM할 level을 추출해내어(coding화) 해당되는 level만큼 FG를 program한다. Data로부터 추출해 낸다는 것은 data로 변환시킬 V_{th} 값이 erasure 상태인지 program 상태인지 확인한 후, program 상태이면 어떤 level인지를 알아낸다는 것이다.

Data 조합은 여러 방식으로 정할 수가 있는데, NAND에서는 "0"과 "1"을 조합하여 정한다. "0"과 "1"의 조합에서도 MLC의 erasure 상태를 "11"로 할 수 있고 "00" 혹은 "01"로도 할 수 있는데, 3102 code type에서는 erasure 상태인 E0(L0)를 "11"로 하였고 P1(L1) → 01, P2(L2) → 00, P3(L3) → 10으로 정했다. Coding 약속은 3102 혹은 3201 code 등, 어떤 code type으로 정해도 되지만, 일단 한 번 정해지면 전체 operation(PGM 시, read 시, verification 시)에서 동일하게 적용되어야 한다. MLC는 2개 bit per cell이므로, 각각의 V_{th} 분포 level 상태는 2개의 digit(bit)를 내포(표현, 혹은 numbering)한다.

이렇게 분류된 data를 handling하기 용이하도록 각 digit number의 순서적 position을 표시하기 위하여 2종류로 나누어서, 최하위 자리수를 Bottom Page bit(LSB : Least Significant bit)로, 최상위 자리수를 Top Page bit(MSB : Most Significant bit)라 했다(2개 자리수로 표현할 경우에서는 1st digit은 lowest order bit으로 1의 자리수, 2nd digit은 highest order bit으로 2의 자리수가 된다). 즉, MLC에서 logical data가 physical한 V_{th} 분포로 변화하는데 있어서, 1개 분포당 bit 숫자 2개씩을 부여하는데, 필요한 숫자의 positioning을 쉽게 감지하기 위하여 position 별로 grouping해서 Top Page bit(TP bit)와 Bottom Page bit(BP bit)로 이름을 붙였다. 2개 자리수(order수)로 조합된 2진수 bit를 십진수로 환산하면 (1,1 → 3), (0,1 → 1), (0,0 → 0), (1,0 → 2)이므로, 이를 3102 code라 한다. TLC인 경우, 고등적 coding으로서, 1개의 physical cell상태(V_{th} 값)를 3개의 digit로 coding하고, bit의 순서적 position 표시의 naming으로는 이 책에서는 Top Page bit(MSB), Middle Page bit(CSB), Bottom Page bit(LSB)로 하였다. 2진수에서 BP bit는 1의 자리수(lowest order bit), MP bit는 2의 자리수, TP bit는 4의 자리수(highest order bit)가 된다.[4)]

---

4) MSB는 Most Significant Bit, LSB는 Least Significant bit의 약자로서, 이들은 이진 정수의 data를 표기하는 방식에서 왔다. MSB/LSB는 좌우 position의 의미로서, MSB의 원래 개념은 Left Most bit 혹은 Highest Order bit라고 하기도 하면서, 이진수 표기 중에서, bit열 중 가장 왼쪽 bit를 나타내기로 약속된 최상위 bit(Most Significant bit)를 의미한다. LSB는 Right Most Bit 혹은 Lowest Order bit라고 하면서 이진수 bit열 중 가장 오른쪽의 bit를 나타내는 최하위 bit(Least Significant bit)라고 정하여서, 예로 들자면, 1(MSB) 0 0 1 0 0 1 0 0 1(LSB)가 된다. 따라서, MLC coding 방식에서도 좌우 position을 적용하여 사용하기도 하고 위 아래 position을 사용하기도 한다. 현재는 NAND area에서 일반적으로 MSB/LSB 표현을 사용하지만, MLC coding 방식을 보다 쉽게 이해할 수 있도록 하기 위하여, 본 서술에서는 Top Page bit, Bottom Page bit 표현으로 사용한다.

3-3-6-2 Coding과 경우의 수

Code구분 측면에서 보면 SLC 제품일 경우는 1개 digit이므로 coding 방식이 bottom page bit 혹은 top page bit 구분 없이 "0"과 "1"의 조합으로 한 번 program해서 2개의 경우의 수를 갖는 data 조합이 산출되는 반면, MLC는 bottom page bit "1"과 "0"의 각각에 대하여 top page bit 2가지 경우의 수인 "1"과 "0"을 구분하도록 하여, SLC를 2번 program한 것과 같은 효과를 나타내므로, 결국 logical density로는 MLC는 SLC의 2배가 된다. Cell 내의 동일한 공간을 활용하여, SLC에 비하여 MLC는 효과가 2배 높은 기능을 갖게 되는 셈이다.

Character를 binary bit로 encoding하여 변환하고, 이를 다시 character로 decoding하여 환원시키는 데 있어서, MLC는 조합상 필요한 cell 수가 최소한 4개의 physical cell로 8개의 logical bit를 조합(coding)하여 binary code로 확보하고, 4개 physical cell에 program한 후에, 꺼내서 사용할 때는 이를 다시 read(decoding)하여, 8개 bit의 binary code로 환원시킨다. 즉, MLC에서는 분포가 4개이므로 최소한 4개 이상의 physical cell을 활용하여 8개 이상의 logical bit로 encoding/decoding하는 process을 거치면서 data를 저장하고, 저장한 data를 output하여 활용한다(SLC는 4개 physical cell일 경우, 4개 logical bit만을 만들 수 있다).

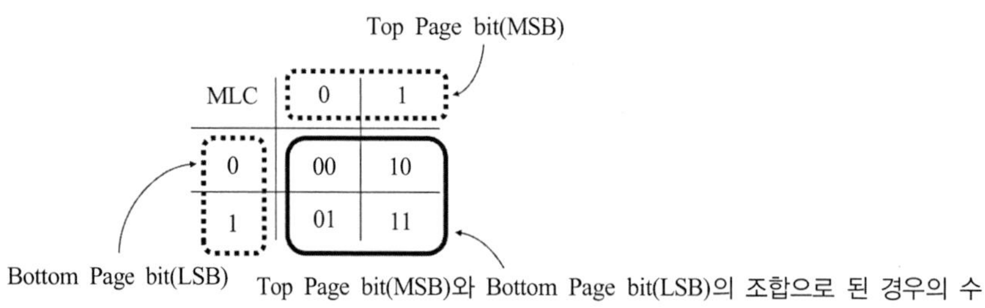

❒ CH5. 그림 3-14 Bottom Page bit/Top Page bit와 경우의 수

예를 들어 4면체인 정3각형 주사위의 각 면에 1개 digit를 적용한 주사위와 2개 digit를 기록한 주사위가 있다고 하자. 각 주사위를 4번 던져서 code화 하면 1개 digit 주사위는 4개 digit가 형성되고, 2개 digit 주사위는 8개 digit를 만들어 낼 수 있다. 이와 같이 동일 동작(노력)으로 data 용량을 SLC에 비하여 2배 효과가 나도록 얻은 방식이 MLC방식이다.

Chip 면적 측면을 보면, MLC제품은 MLC의 기능을 보좌하는 주변회로 기능이 포함되어야 해서, 동일 용량의 physical cell을 기준으로 볼 때, MLC chip이 SLC chip에 비하여 약간 크지만 density가 2배되는 효과에 비교했을 때, MLC chip size가 어쩔 수 없이 넓어지는 peripheral portion을 상쇄하고도 커다란 이득이 되므로, MLC가 SLC를 대체하여 majority device type으로 널리 쓰이게 되었다. <CH5. 그림 3-15>는 각 제품 내의 coding을 erasure/program 상태와 matching

제품	Erasure Cell Code	Program Cell Code(개)	Level(경우의 수)	bit(digit)
SLC	1	0(1개)	총 2개	1개
MLC	11	00, 01, 10(3개)	총 4개	2개
TLC	111	000 ~ 110(7개)	총 8개	3개

❒ CH5. 그림 3-15 제품별 Cell 상태에 따른 Code 종류

시켜놓은 배치표이다. TLC(MLC) 제품인 경우는 program 상태를 총 7가지(3족지) coding으로 배정해 놓고, 각 physial cell 당 encoding하여 품을 수 있는 digit수가 3개씩(2개씩) 되도록 하였다.

3-3-6-3 Gray Code

Code는 일반 code와 gray code type으로 나뉜다. 일반 code는 일반적으로 사용하는 자연수 규칙에 따른 순서로 배치된 code를 의미한다. Gray code는 일반 code를 modify한 것으로서, NAND Flash에서는 operation에 적합하도록 일반 code를 변경하여 별도로 마련한 gray code로서 3102 code(new type)와 3201 code(old type)를 주로 사용한다.

Gray code 구성은 binary code의 TP/BP digit 2개 중에서, code 변화 시에 error 발생확률을 줄이기 위하여, 어떤 code로 변화가 되는 경우든 1개 digit만 변화하도록 배치하여, 한꺼번에 binary code의 2개 digit가 모두 변경되는 것을 방지했다. 예를 들자면, <CH5. 그림 3-16>의 일반 code의 숫자 “2”에서 “1”로 변환될 시 binary code는 <1, 0>에서 <0, 1>로 2개 digit가 한꺼번에 변경되지만, gray code의 3102code 혹은 3201code에서는 code 변화 시에, 변경되는 모든 경우에서, 1개 digit만 변화되도록 짜여져 있다.

3201 old 방식일 때, bottom page PGM은 bottom page bit가 변화(“1” → “0”)을 일으키도록 조정한 동작(이때 top page bit는 변화되지 않음)이고, top page PGM은 top page bit의 변화(“1” → “0”)를 발생시킨 동작(이때 bottom page bit는 변화되지 않음)이다. 3102 new 방식도 마찬가지인데, 이 경우 좀 더 구체적으로 표현하자면 L0 → L1일 때, TP bit가 1 → 0이면서 BP bit는 1 → 1이다. L1 → L2일 때, TP bit가 0 → 0이면서 BP bit는 1 → 0이다.

일반 Code			Gray Code					
3210			3102			3201		
Type	TP	BP	Type	TP	BP	Type	TP	BP
3	1	1	3	1	1	3	1	1
2	1	0	1	0	1	2	1	0
1	0	1	0	0	0	0	0	0
0	0	0	2	1	0	1	0	1

❒ CH5. 그림 3-16 일반 Code와 Gray Code

3-3-6-4 Program 분포 Positioning

FG를 들여다보았을 때는 cell이 erasure 상태인지 program 상태인지, 혹은 PGM 상태이면 어느 정도 PGM level인지가 관심사인데, issue는 coding화 되어 1대1로 matching된 program cell이 position해야 할 level수준이다. 먼저 SLC는 program cell이 1개 분포만 갖고 있으므로 이 또한 고민할 필요 없이 chip 내의 cell에 해당되는 FG당 1개의 V_{th}분포가 형성되도록 electron을 charge해 넣으면 된다. 문제는 MLC program 3개의 분포를 제한된 window 내에 어떻게 명확하게 넣어야 reading 시에 제대로 구분된 data로서 감지할 수 있겠냐 하는 데 있다.

물리적으로 보았을 때, program operation이건 read operation이건 외부에서 biasing 조건을 주어서, 변화무쌍한 전자들을 의도한 데로 제어해야 하므로, 이에 대한 V_{th}의 programming level을 명확하게, 또 data로서 활용할 수 있도록 서로 간의 알맞은 간격을 두어 구분할 수 있도록 programming한다는 것이 까다로운 과제가 된다. 이를 해결하기 위하여 되도록 program 단계를 2단계로 구분하여 PGM하였다. 왜냐하면 erasure 상태에서 직접, 3개 분포 level로 구분하여 PGM할 수도 있지만, direct 방식은 error가 발생될 가능성이 높기 때문에 단계별로 나누어서 PGM을 level에 따라 electron을 add하는 방식을 취한다. <Session 3-3-3-1, 3-3-3-2> 참조.

3-3-6-4-1 New Type Programming @ 3102 code

PGM의 SW적 방식으로써 분포분화 <Session 3-3-3>와 coding <Session 3-3-6-2>을 결합하여 code assignment을 완성시켜 보자. PGM의 new type PGM 방식과 old type PGM 방식 중, new type PGM은, old type PGM 방식의 interference issue를 개선한 방식으로서, FG size가 줄어들면서, old type 방식으로 인하여 발생되는 error를 줄이기 위함이다.

Old type(3201 code) program 방식은 P1, P2, P3분포 형성 시에, P2는 P1에서 top page program(bottom page program된 분포 P1에 re-program)을 진행하여 분포를 형성시켰고, P3는 E0에서 top page program을 하였는데, 이는 4개 분포 중에서 가장 낮은 erasure 분포인 E0로부터 가장 높은 program 분포인 P3를, 높은 program 전압을 인가하여 직접 형성시킴으로써, 인접 cell들이 interference의 영향을 많이 받게 되는 경우이다.

이런 interference영향을 적게 받게 하기 위하여, program 시에 갑자기 높은 program 전압을 인가하지 않고, erasure 분포에서 중간단계(interim) 분포를 거쳐 final 분포로 program이 진행되는 절차가 필요하다. 이때 중간단계 분포를 먼저 만들어 놓고 re-program하여 final 분포를 형성시키는 것이 interference 영향을 덜 받도록 향상된 new 방식이다.

3-3-6-4-1-1 중간단계(Interim) Programming

중간단계(Interim) PGM은 rough한 PGM으로 final PGM을 하기 위한 일종의 pre-PGM 성격이다. 중간단계의 분포는, 수많은 cell 중에 V_{th}가 넓게 퍼진, 분포 accuracy가 높지 않은 상태다. 여기에 final 분포를 miss-reading할 수 있는 가능성을 이중으로 방지하기 위한 차원으로도 flag cell이 도입되었다. 중간단계 PGM 방식은 SLC PGM 방식과 유사하여, "1" 혹은 "0" code만을 구분하는 program 방식이다. SLC PGM 방식과 중간단계 PGM 방식과의 차이는 SLC PGM보다 중간단계 PGM의 분포 폭이 약간 더 넓고 전체적인 분포의 V_{th}값이 약간 더 right shift되어 있다. Interim-PGM은 MLC 분포를 염두에 둔 준비단계의 임시 PGM이므로 당연히 tight하게 형성시킬 필요없는 loose한 PGM 방식이라 하겠다. <CH5. 그림 3-17> 참조.

Flag cell이란, program 후에 flag cell에 "1" 혹은 "0"을 write 해놓아서, flag cell을 read한 것만으로도, main area의 cell들의 상태를 인지하고, 다음 step에 어떤 operation을 해야 하는지를 결정할 수 있게 해놓은 algorithm이다. 간단히 말해서 final 분포 program을 쉽게 구분해내기 위해서 깃발 하나를 추가로 더 세운 것이다. Flag cell은 SLC에서는 사용하지 않고 MLC 이상에서만 사용되는 개념으로, MLC에서는 flag cell이 "1"이면 target cell이 중간단계 PGM 되었다는 의미이고, "0"일 때는 target cell이 final PGM되었다는 뜻이다. Final 분포 program될 때 동시에 flag cell에 program을 실시한 후에, read operation 시에도 flag 상태를 확인한다.

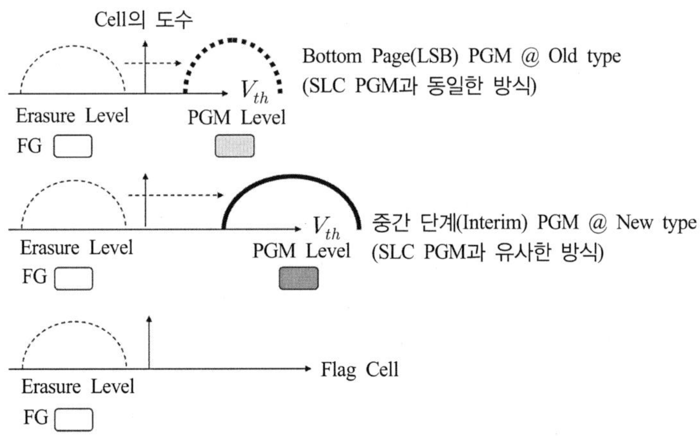

❒ CH5. 그림 3-17 중간 단계(Interim)분포 Programming

3-3-6-4-1-2 Final 분포 Programming @ 3102 code

Final 분포 program(3102 code)은 중간단계(interim 분포) program이 완료되면, 최종적으로 MLC의 3개 program level(L1, L2, L3)을 완성시키는 step이다. Level 0은 erasure cell로 이미 형성되어 있으며, level 1은 erasure cell인 level 0에서 add program하여 형성한다. Level 2와

level 3은 중간단계 level에서 add program하여 형성한다. Program은 물론 ISPP 방식으로 진행된다. FG 입장에서 보면, final 분포 PGM(new)은 중간단계 분포에서 FG에 추가적으로 electron을 더 charge 시킨 것이다. 즉, 중간단계 분포의 wide한 분포의 rough한 program 상태가 fine tuning을 거쳐서 분포 폭이 좁고, fixed V_{th} window 범위 이내에서 의도한 데로의 program 분포상태가 된다. 따라서 program verification은 중간단계 PGM에서는 실시하지 않고 final PGM에서 3번(PV1, PV2, PV3) 이루어진다. E0에서 P1으로 PGM하기 위하여 P1의 code을 (0, 1)로 정함으로 new type PGM 방식이 3102 code로 되었다. 중간단계 PGM은 code화 되지 못하기 때문에 P2, P3의 TP bit가 "0"이건 "1"이건 don't care이다.

이렇게 final 분포 program을 완료시킨 후에, 더 이상 PGM이 진행되지 않는다는 의미로 flag program을 실시한다. 처음 flag cell은 중간단계 PGM일 때는 flag cell이 erasure "1" 상태이고, final 분포 PGM 완료 후의 flag cell을 "0"의 상태로 만들기 위하여는 flag cell에 electron을 charge하여 program한다. Flag cell은 중간단계 program 방식으로 진행된다. 즉, flag PGM은 넓은 V_{window} 영역에 1개 분포만 PGM하므로 loose하게 PGM되어, 단지 program된 cell이 final 분포 program인지를 판별하는 indicator 역할만을 하도록 한다.

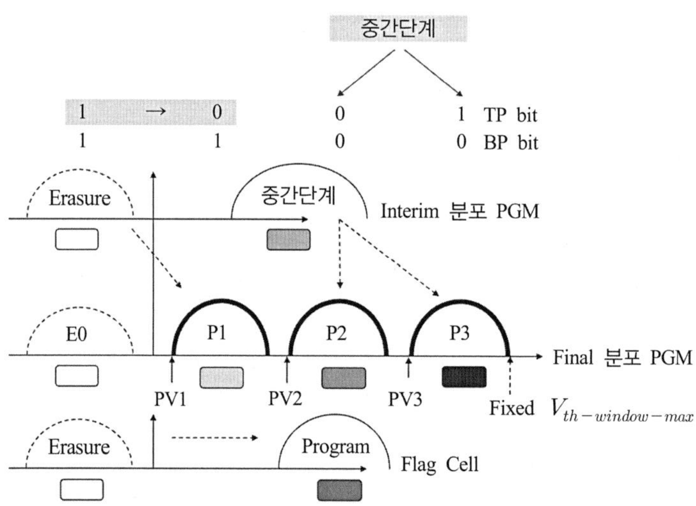

❐ CH5. 그림 3-18 3102 Code Programming

Final 분포 PGM의 ISPP 시에는, program 분포가 3개가 되어 program verification을 ISPP step마다 매번 3번(PV1, PV2, PV3) 점검하여야, 어떤 PGM level인지 확인 가능하다. <Chapter 6. Session 2-10> 참조. Fixed $V_{th-window-max}$는 분포 window의 최대치를 고정시켜놓고 그 이상 넘어설 수 없는 target값으로서, 모든 분포를 fixed $V_{th-window-max}$이내에 배치시켜야 하는 마지노선이다.

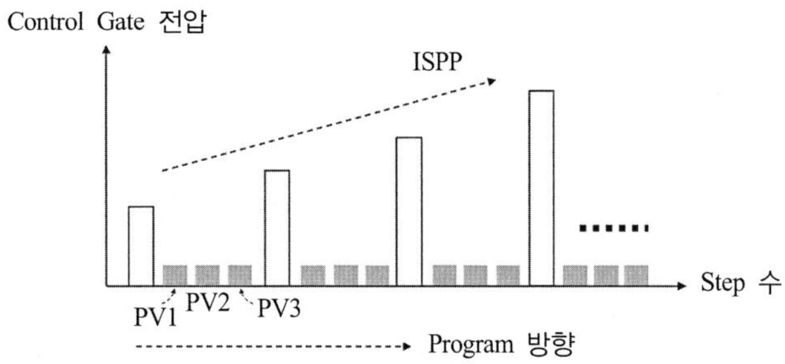

❏ CH5. 그림 3-19 Top Page Code ISPP 및 Verification

3-3-6-4-2 Old Type Programming @ 3201 code

PGM의 SW적 의미는 추가적으로 다음 step의 PGM을 수행하면서 code를 변화시킨다는 것이다. BP PGM은 2개(TP/BP)의 code 중에서 BP bit가 변화했다는 뜻이고 TP PGM은 BP bit는 변화하지 않고 TP bit가 변했다는 의미이다. Program 분포를 형성시키는 방식은 정해져 있는 것이 아니므로 여러 가지 방법으로 진행하며, old type program 방식의 coding은 주로 3201 code를 사용한다. Old type도 gray code 방식을 적용하며, 다음 step의 어떤 physical reprogram 시에도 physical PGM level 대비 logical code 변환 시 위/아래 2개 bit가 동시에 변경되지 않도록 조정된다.

Old 방식은, bottom page PGM으로 P1을 형성시키고, P1에서 P2를 (top page PGM) 형성시킨 후에, erasure의 분포 cell에서 P3을 형성(top page PGM)시킨다. FG와 gray code를 연관시킨 입장에서 보면, P1(1, 0)에서 P2(0, 0)로의 변환과 E0(1, 1)에서 P1(1, 0)로의 변환 및 E0(1, 1)에서 P3(0, 1)로의 변환 모두 digit가 1개씩만 변경되도록 조정되어 있다. 이때, 변환 시 E0 → P1은 bottom code가 변했고, P1 → P2와 E0 → P3는 top code가 변했으므로, 이를 각각 bottom page PGM, top page PGM이라 이름 붙였다. 이는 read와 verification 동작 시에도 마찬

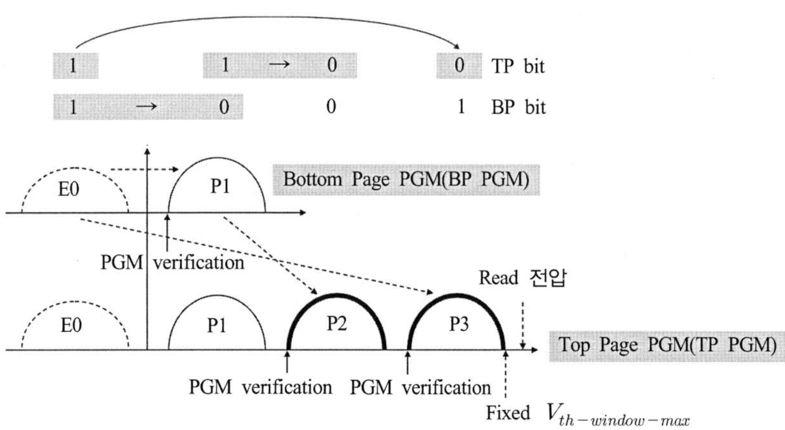

❏ CH5. 그림 3-20 3201 Code Programming

가지이다. E0에서 start한 PGM은 총 3번 PGM 진행되어 old type PGM이 완성된다. 이때의 program verification은 bottom page PGM에서 1번(P1), top page PGM에서 2번(P2, P3) 이루어진다. Old type PGM 방식에서는 bottom page PGM도 P1 분포에서와 같이 sharp한 V_{th} 분포를 형성하므로 모든 단계에서 명확하게 분포가 만들어지게 되어, 중간단계인 interim분포와 final 분포를 구분시킬 필요성이 없기 때문에 flag를 사용하지 않는다. 또한 old type PGM이 사용될 당시에는 flag개념 자체가 없었다.

3-3-6-5 Coding 방식과 Interference

New type MLC programming보다는 old type PGM이 speed 측면에서 이점이 있음에도 불구하고, old 방식보다는 new 방식을 선호하는 이유는 new 방식이 interference 측면에서 유리하며, dimension이 shrink됨에 따라 speed와 interference의 trade off 관계에서 interference의 비중이 더욱 커졌기 때문이다. 즉, speed가 느려지면 성능적인 측면에 문제가 발생되지만, interference가 문제가 되면 제품 자체가 기능을 하지 못하는 critical issue를 야기하기 때문이다. Old 방식의 단점은 erasure cell(E0)에서 P3로 program 시에 높은 CG의 program전압을 사용해야 하므로, 높은 전압으로 인하여 neighbor cell의 주변에 electron trap이 new 방식에 비하여 많아진다. trap으로 인한 interference의 영향은 floating gate size가 작아질수록 증가하고 주변 cell에 치명적이 된다.

New 방식은 P3 PGM 시에, 중간단계 분포에서 약간의 $+\Delta V_{PGM}$전압을 올려서 program하므로, old 방식에 비하여 최소 20~30% 적은 V_{PGM}을 사용하므로, interference 영향이 그만큼 줄어드는 장점이 있다. 또한, 높은 V_{PGM}일수록 분포 폭이 넓게 되어, $\mathrm{P3}_{new}$의 분포 폭을 $\mathrm{P3}_{old}$의 분포 폭보다 좁힐 수 있고, 특히 V_{window}가 좁은 경우의 영역에서는 V_{PGM}이 낮을수록 유리하다.

Dimension이 down될수록 FG와 FG 간의 간격이 가까워져서 electron이 neighbor FG 근방에 charge되는 interference 및 electron이 neighbor FG 속으로 charge되는 disturbance가 발생될 가능성이 높아짐으로, 그만큼 malfunction을 방지할 예방책이 마련되던지, 그렇지 않고 예방책이 마련되지 못하면, 관련된 다른 성능 분야가 손해를 볼 수밖에 없는 경우가 발생된다.

3-3-7 Physical 상태에서 Logical 상태로의 변환(Read 동작)

Logical을 physical로 치환하였으니, 이제 다시 physical 상태(PGM)를 logical(data)로 바꾸어 (Read) data out시키는 decoding 단계를 알아보자. 이는 encoding과 반대로 FG에 charge된 electron량을 sensing하여 binary code로 바꾸는 분포 reading 과정이다.

3-3-7-1 Decoding Process Flow

Cell array 내로 target cell의 address가 accessing되면, 1) cell의 상태를 data register(page buffer)가 분포{bottom page(BP) bit/top page(TP) bit}를 read하여, 2) BP & TP read 결과를 data register 내의 BP register(LSB register)와 TP register(MSB register)에 save한 후, read된 binary code 형태의 결과를 column decoder에게 보내면, 3) column decoder는 BP와 TP read 결과(binary code)를 decoding한 후, data out 시킨다.

상기에서 1) cell의 상태란 electron이 physical하게 FG 내에 charge되어 있는 상태를 말하고, 2) read란 coding type에 따라서 WL에 인가되는 전압 level을 변경해가면서, electron이 charge되어 있는 cell의 ON 혹은 OFF 상태를 판정하는 것을 말한다. Cell을 판정한 결과에 따라서, 3) column decoder는 target cell의 charge량을 automatic하게 code로 변환(decoding)시킨다. Column decoder의 decoding은 BP read와 TP read 결과를 조합하여 최종적으로 character 정보를 완성한다.

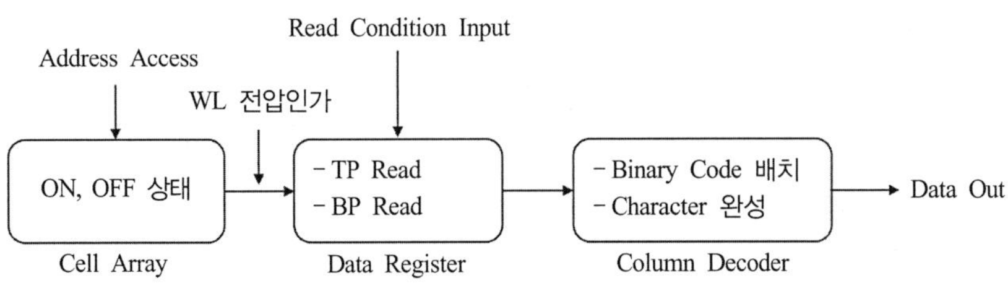

❐ CH5. 그림 3-21 FG 상태로부터 Data Output까지의 Flow

3-3-7-2 Read 순서와 Decoding 순서에 따른 Binary Code 배치

이때 필요한 word line상에서의 page구분은 conventional HBL일 경우, even page와 odd page로 구분된다. Column decoder는 even operation(혹은 odd operation) 시에 bottom page bit와 top page bit을 결합하여 최종 binary code를 완성한다. 이때 cell array 내의 cell을 read 시에는, 동일 WL의 모든 even cell(혹은 odd cell)에 대하여 parallel reading한다.

어느 gray code type이건 read 순서는 2개 step으로서, R2(1st step) → R1 혹은 R3 (2nd step)이다. 이를 판가르기 read라 하자. 2nd step은 1st step의 결과에 따라 R1을 진행할지 아니면 R3를 진행할지 결정된다. 이는 WL에 어떤 전압 level을 어떤 순서에 따라 인가할 것이냐를 정해놓은 규칙이다. R2를 먼저 진행하는 이유는 순서적 read(R1 → R2 → R3) 보다는 판가르기 read가 read 횟수로 보아서 33% 절약된다. R2를 read하여 ON cell이면 cell charge가 E0 혹은 P1에 소속되어 있으므로 R1을 진행하고, OFF cell이면 cell charge가 P2 혹은 P3에 소속

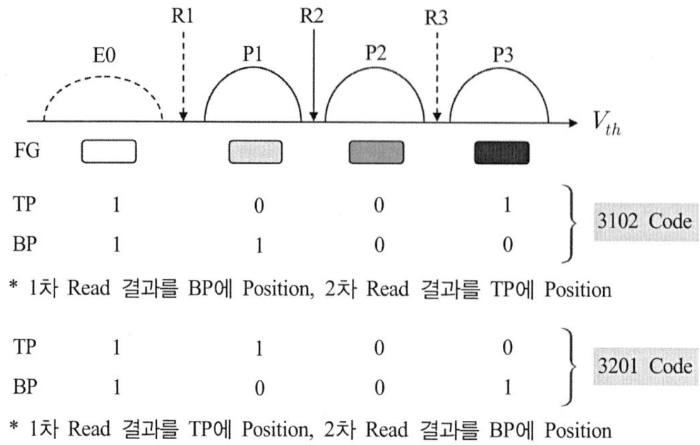

❐ CH5. 그림 3-22 V_{th}분포의 Reading 순서에 따른 Code 형성 순서

되어 있으므로 R3를 진행한다. R1 혹은 R3 reading도 동일하게 ON/OFF로써 cell이 좌우분포 중 어느 분포에 소속되어 있는지를 판정한다.

Decoding 순서는 cell을 read 하기 위한 gray code의 선별 순서(BP bit 혹은 TP bit)를 말한다. 이는 read 결과에 따라 cell을 조합하기 위하여, BP 혹은 TP을 조합할 때, code를 positioning하는 순서와 동일하다. Data register의 decoding 순서는 gray code 내의 3102 혹은 3201 type에 따라서 top page bit(TP)와 bottom page bit(BP)의 형성 순서가 정해진다. <그림 3-22>의 각 분포 별로 gray code type에 따라, binary coding 번호가 부여되어 있다. 3102 code는 먼저 read한 R2 결과를 BP bit에 position시키고, 3201 code는 R2 결과를 TP bit에 position시킨다. R2 결과가 position되면 R1 혹은 R3의 position은 나머지 bit 위치에 자동으로 선정된다. 3102 code인 경우, BP read(R2) → TP read(R1 혹은 R3)로 배치되면, BP bit와 TP bit인 2개 digit를 합하여 binary code을 완성(bottom page bit와 top page bit를 연결)한다. 3201 code인 경우도 read순서에 따른 BP, TP의 순서상 positioning만 다르지 process flow는 동일하다.

지금까지는 개념적으로 설명하였다. 예 <CH5. 그림 3-23>를 들어, 3102 code를 사용하면서 target cell이 P2 PGM 되어 있다고 가정하자. P1와 P2 사이의 R2 시에 1.75V의 V_{read} 전압을 WL에 인가하여 1차 read(BP read)하면, data register가 OFF cell이라고 감지하고, read 결과를 BP register에 save한 후, 이를 column decoder에 송부한다. OFF cell이므로 2차 read R3로 P2와 P3 사이 약 3.25V의 V_{read} 전압을 WL에 인가하여 TP read를 실시하면, 이번에는 ON cell로 읽혀질 것이고, data register는 이를 TP register에 save한 후, 이 결과를 column decoder에 2번째로 송부한다. Column decoder는 1차와 2차 결과를 조합하여 cell의 PGM 상태로 P2 PGM으로 확정한 후, gray code의 3102 code에 따라, 0(TP)0(BP)data로 binary code을 만든다. 이렇게 동일한 방식으로 다른 cell도 진행하여 binary code package를 완성한 후에, character 2개(8번 reading 한 경우로서, bottom page bit 4개, top page bit 4개)를 최종 결정하여

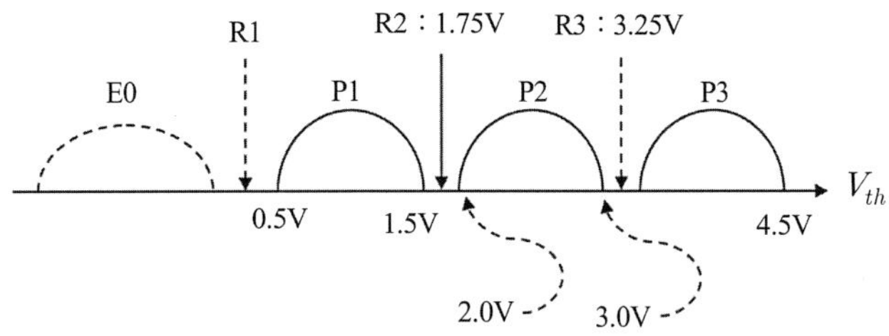

❒ CH5. 그림 3-23 V_{RD} 인가전압 예

data out시킨다(Character 1개가 편의상 4개 digit로 구성되었다고 가정한 경우). 실질적으로는 physical page 전체를 한꺼번에 병렬로 reading하여 code를 배열시킨다.

따라서 MLC에서는 cell당 최종적으로 2번 reading하여 모든 cell을 binary code로 변환시킬 수 있다. Old 방식으로 보자. WL 전압을 분포 level별로 순차적으로 올려가면서 read 시에는, P2와 P3 분포의 결과는 3번째 read에서 확인되므로, New read 방식에 비하여 read시간이 1.5배 걸린다. <CH5. 그림 3-23>의 reading값들은 loose하게 설정한 값들이고, 실질적으로는 reading값 및 $V_{window-max}$값들은 tight하게 설정되어, 분포폭 및 분포 간격들이 더욱 좁게 형성된다. Read operation에 대한 mechanism은 <Chapter 8>에서 상세히 다루겠다.

3-4 TLC(Triple bit MLC)

TLC에서는 7개 되는 PGM 분포로 인하여 분포와 연결된 고도의 다양한 통계적 기법이 요구된다. FG 내의 program상태는 mechanical 방식으로 측정 가능한 것이 아니므로 한정된 공간 속에 electron을 넣어보고 얼마나 charge되었나를, 전기적인 전압(혹은 전류)을 이용하여, verification해 봄으로써, PGM 진척도를 판단하는 데, TLC는 PGM 동작과 같이 read 동작에서도 7개 PGM level을 구분해 내야 한다. PGM 시 Target에 미달되면, V_{PGM}을 올려서 반복적으로 program을 진행한 후에, 연이어서 verification을 반복한다. 이런 방식으로 page 단위 기준일 경우 몇 만 개~몇 십만 개(block기준일 경우는 몇 백만 개~천만 개)되는 셀을 다루어야 하므로, 통계를 이용하여 확률적으로 계산해낸 결과로 분포를 control할 수밖에 없다.

3-4-1 TLC의 분포 Leveling

한정된 공간인 cell 내에 물리적으로는 같지만, software적으로 upgrade된 방법을 동원하여 더 많은 data를 담아내는 방식으로 SLC에서 발전시켜 MLC를 개발하였고, MLC의 density상의 이점을 software적인 방법을 더욱 개선시켜, 동일 물리적 공간 내에 SLC density의 3배까지

정보를 저장 할 수 있는 제품으로 TLC가 나왔다.

TLC PGM은 MLC PGM보다는 좀 더 복잡한 방식이지만, TLC 제품 형성의 근본적인 전개 방식은 MLC 개념과 동일하다. TLC erasure도 1가지 경우로 통일되어 있기 때문에 MLC와 동일하지만, program 분포 level이 MLC의 3족지에서 TLC에서는 7가지로 증가함에 따라 PGM 방식상의 변화가 있다. TLC에서도 핵심은, 3개 bit을 이용하여 8가지 경우의 수를 만들고, 각 경우의 수와 matching된 FG 내에 electron량을 어떻게 구분하여, FG에 물리적으로 알맞게 matching되는 electron양을 PGM하고 read할 수 있느냐 이다. TLC의 경우의 수는 (0,0,0) ~ (1,1,1)이고, program level은 L1 ~ L7까지 넓어진다. TLC code는 bottom page bit/middle page bit/top page bit으로 구분한다. TLC의 logical vs physical의 함수 관계 비교표, V_{th}분포 level vs logical coding과의 상관관계 및 TLC gray code와 TLC 그림 등은 복잡하므로 생략했으나 MLC에 유추하면 무난하게 그려질 것이다.

3-4-2 Foggy PGM & Fine Tuning PGM

TLC의 제품 성공은, electron을 FG에 charge하는 데 원하는 target에 얼마나 정확하게 PGM해 넣을 수 있느냐가 관건이다. 따라서 처음부터 한꺼번에 target을 meet하는 정확한 분포를 도출할 수 없으므로 크게 2단계로 나누어 진행한다. 첫 단계는 coarse한 program을 실시하고, 두 번째 단계에서는 목적하는 target에 맞는 정확한 program을 진행한다.

이를 foggy program 방식 및 fine tuning program 방식이라 하여, 이 둘을 결합하여 foggy-fine tuning program(coarse-fine program)이라고 한다. Foggy program은 TLC의 normal PGM으로 interim 분포/middle 분포/final 분포를 program하는 방식이고, fine tuning program은 rough하게 program된 foggy program 후에 target 내에 안착하도록 V_{th}값을 정확하게 미세조정하는 program이다. Foggy program도 세부적으로는 3단계로 나누어 진행한다. 1개 PGM 분

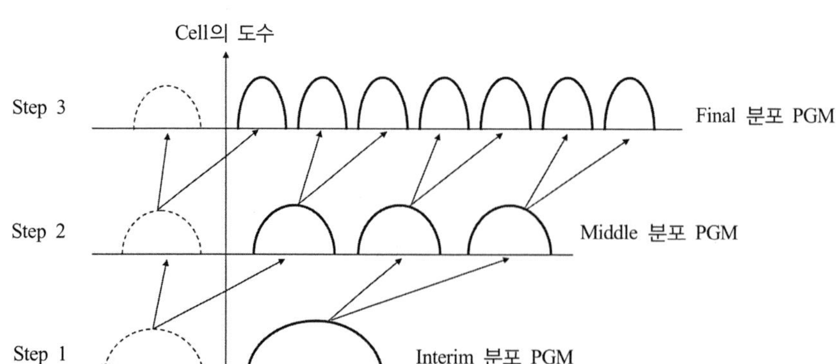

❒ CH5. 그림 3-24 Foggy Programming @ TLC

포(interim 분포)에서 시작하여, 3개 PGM 분포(+ middle 분포)을 분화하여 만들어 놓고, 한 번 더 foggy program을 진행하여, 7개 PGM 분포(final 분포)를 완성함으로써 interim 분포형성 > middle 분포형성 > final 분포를 형성하는 과정을 거친다. 前단계에서 next step으로 분포가 분화 시, 前단계의 모든 분포들이 2개씩 분화되도록 하였다. 이는 MLC의 new type PGM 방식과 동일한 방식이다. TLC분포 분화 방식은 3102 code MLC PGM 방식을 benchmarking하여 사용한다.

Foggy PGM까지는 target criteria 내로 분포들이 정확하게 안착된 상태는 아니어서, 형태적으로는 erasure 분포 1개와 program 분포 7개가 완성된 후에, 최종적으로 fine tuning 작업으로써 reprogram을 실시하여 target 내에 들어가는 정확한 program 분포를 7개 얻는다. FG 입장에서 물리적인 작용으로는 interim 분포 PGM(SLC PGM)에서부터 시작하여, TLC가 완성된다는 것은 총 4단계(foggy PGM 3단계 + fine PGM 1단계)의 program이 진행된다. 그에 따라 cell에 연결된 word line에도 4번의 program biasing voltage가 인가되면서 program 분포의 개수가 1개 → 7개로 증가되며, fine tuning program step에서는 더 이상의 분포 개수의 증가는 없으나 reprogram을 통하여 각각의 분포 폭이 줄어든다. 결국 fine tuning도 1개 PGM step으로 간주하여, TLC분포를 최종적으로 완성하는데 erasure분포를 PGM하는 step에서부터 시작하여, 총 4번 PGM이 진행된 것이다.

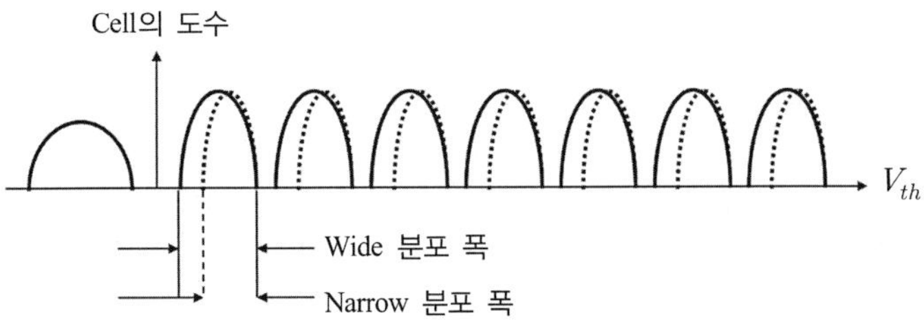

❒ CH5. 그림 3-25 Fine Tuning Programming @ TLC

Cell당 bit수를 높일수록 V_{th}분포를 여러 개로 분할해야 하며, 분할된 PGM 분포 개수에 반비례하여 FG의 저장공간이 SLC 대비 MLC는 3분의 1배(program 시), TLC는 7분의 1배(program 시)로 줄어드는 효과가 있다. 실질적으로는 TLC 분포는 분포끼리 서로 overlap되어 있다. 줄어든 margin은 기술적으로는 극복해야 할 대표적인 취약성 중의 하나가 되지만, 제품 다양화로 동시에 경제적으로는 막대한 이득을 얻는다.

3-4-3 SLC → MLC → TLC로의 제품 대체에 따라 다루어야 할 핵심요소

1Gb 이하 low density 위주의 SLC에서, 4Gb 이상의 high density인 MLC로 전환되면서 제품

성능과 신뢰성이 전반적으로 하락한다. Retention이 5분의 1 이하로 줄어들고 특히 program & erasure cycling(PE cycling)의 능력이 10분의 1이하로 떨어진다. Technology가 고도화되고 density가 높아짐에 따라 특히 program, erasure, read speed가 전반적으로 worst해지고 fail bit 발생확률도 늘어난다. 그러나 이 모든 것들의 하락에도 불구하고, user는 speed 만큼은 양보하지 않는다. 오히려 density가 높아질수록 speed는 빨라져야 한다. 따라서 speed는 제품의 다양화와 용량증가 속에서도 SDR > DDR > DDR2 > DDR3 (@ ONFi 및 Toggle 방식) 등으로 초당 bit의 전송 속도는 빠르게 향상되어 왔다. 이런 복합적인 요소들을 극복하기 위하여, SLC에 적용되었던 낮은 단계의 ECC보다는 MLC에서, MLC 보다는 TLC에서 몇 배 강력한 ECC능력이 필요하게 된다. 또한, MLC의 bit당 가격이 SLC 가격에 비하여 약 2분의 1 이하로 떨어질 수 있어서, SLC 대신 MLC가 시장을 선점하게 되었고, 이는 NAND Flash가 다른 반도체 형태나 혹은 disk 형태의 memory에 비하여 시장 경쟁력을 갖을 수 있는 근본적인 원인을 제공하였다.

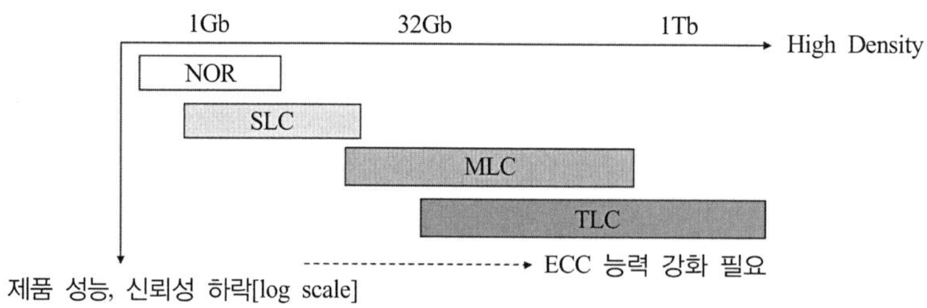

❐ CH5. 그림 3-26 제품 전개 및 용량 증가에 따른 성능/신뢰성 변화

TLC로 가면서 TLC의 bit당 가격을 더욱 하락시킬 수 있어서, TLC가 MLC의 시장을 급속히 교체해 나가고 있으며, 종국에는 3D-TLC가 planar type인 2D NAND을 대체할 것이다. 그런데 TLC는 신뢰성 issue가 MLC에 비하여 더욱 취약함으로, MLC의 SLC 시장 대체 속도처럼 TLC의 시장 대체 속도는 2010년 초반에는 빠르지는 않았다. 그러나 TLC의 신뢰성 및 performance가 MLC의 70%~80% 정도의 수준이 될 때, TLC의 시장 점유 속도가 빨라질 것이고, 그런 예측되는 turning point는 예상했던 시기를 앞질렀다.[5)]

---

5) ONFi와 Toggle : 2000년대 초반에는 NAND Flash의 spec은 각 제조회사의 개별 사양이 난립하여, DRAM 방식과 같이 사양을 통일 시키자는 의견이 비등하여, 2005년대 전후, Micron과 SK hynix가 주축이 된 ONFi라는 협의체가 구성되었다. ONFi가 NAND Flash의 spec을 주도하자 이번에는 2010년대 가까이에 Toshiba와 Samsung 반도체가 주축이 된 Toggle spec이 병행으로 만들어져 현재에 이르고 있다. 현재 NAND는 ONFi spec과 Toggle spec이 양립되어 진행되고 있는데, 점점 Toggle spec을 사용하는 방향으로 기울어져가고 있다. 이는 시장 점유율이 높은 업체의 주도권과도 연결되어 있으며, Micron과 SK Hynix도 Toggle spec을 적용하는 방향으로 기울고 있다.

3-5 V_{th}분포를 이용한 Density 다변화에 대한 Summary

지금까지는 cell의 분포 형성, coding화, data화를 다루었고, 이를 MLC와 TLC로 비교해보면서 NAND Flash의 제품분화에 대한 정리를 하였다. 이에 대한 data → bit → cell로의 연결되는 연관관계를 예를 곁들여서 일목요연하게 살펴봄으로써, MLC와 TLC에 대한 이해의 폭을 좀 더 넓힐 수 있도록 했다. <Session 3-5-1> 참조. 또한 각 제품별 동일 data량을 표현하는 경우, coding화에 따른 cell의 필요한 개수를 coding 방식에 근거하여 산출하였고, 각 제품별 경제적 이득 대비 분포를 구성하는 burden 지수를 비교하여, 제품을 개발하는 데 있어서, 경제적 가치의 의미를 비교하였다. <Session 3-5-2> 참조.

3-5-1 Coding화에 따른 필요한 Cell 개수 비교 @ SLC, MLC, TLC

총 bit수가 24개인 경우, SLC, MLC, TLC가 필요한 cell의 개수를 산출해 보자. 결론부터 보면 SLC는 24개 cell, MLC는 12개 cell, TLC는 8개 cell을 사용하여 동일한 data량을 표현해낸다. 편의상 문자 1개당 4개의 binary bit를 사용한 digit로 표현된다고 가정하면, 24개 bit로 SLC/

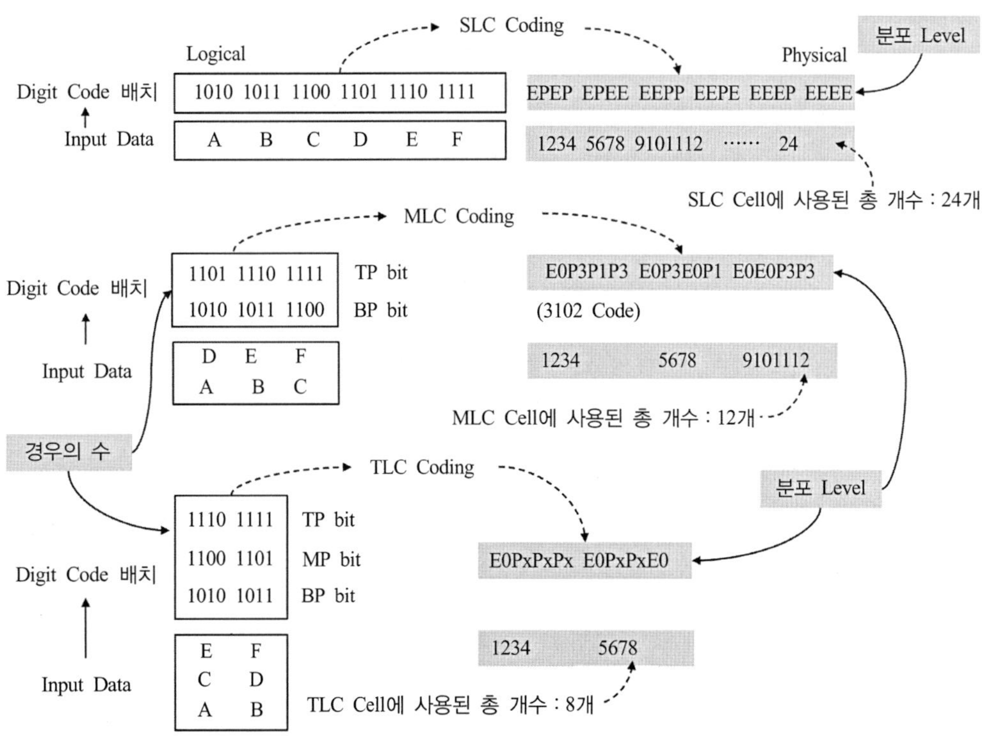

❐ CH5. 그림 3-27 Data 변환 및 제품별 Cell의 사용 개수 @ SLC, MLC, TLC

MLC/TLC에서는 모두 동일하게 총 6개의 문자가 나온다(Character encoding은 보통 7개 혹은 8개 digit로 표현해낸다).

SLC는 ON/OFF 경우의 수를 나타낼 수 있는 digit 1개당 cell 1개를 사용해야 하므로 24개 digit를 나타내는 데 있어서 SLC cell의 총 수는 24개가 필요하고, MLC인 경우는 cell당 사용하는 digit(bit)수가 2개 이므로 (즉, digit code를 bottom page bit/top page bit로 놓아서, 2개의 아래위 digit를 1개의 cell로 표현 가능하다) cell의 총 개수는 12개면 충분하다. TLC인 경우는, digit를 bottom/middle/top page bit로 3줄 배치해 놓고 보면, 3개의 digit 묶음을 1개의 cell로 표현가능 하므로 8개 cell이 필요하다. <CH5. 그림 3-27>은 logical상태에서 physical상태로의 변환을 보여주는 것인데, input된 data를 digital 숫자로 변환한 다음에, 각 제품별로 bit에 대한 position을 arrange하여, 제품별로 coding 및 분포 leveling 단계로 진행되는 flow를 보여준다.

이번에는 physical cell의 총 개수가 일정할 경우의 SLC/MLC/TLC의 총 bit 용량을 비교해 보면, 예를 들어 physical cell의 개수가 32G bit라면 SLC는 액면(net) 용량 그대로 32G bit가 되고, MLC는 SLC의 2배 data를 처리할 수 있으므로 MLC의 density는 64G bit이 되고, TLC는 SLC의 3배인 96G bit의 data를 처리할 수 있는 용량이 된다. 따라서 128Gb/256Gb TLC의 net cell수는 각각 42.7Giga/85.3Giga개가 된다.

3-5-2 제품별 V_{th}분포구성 상의 Burden 지수

SLC/MLC/TLC/QLC에 대한 총 bit수, 총 경우의 수 및 총 분포 level수 등을 바탕으로, 각 제품별 burden지수를 산출해 보자. <CH5. 그림 3-28> 참조. 이는 QLC를 개발하는 데 있어서 타당성 여부를 경제적 및 기술적 burden 관점에서 검토한 것이다. 그러나 신규 제품을 검토하는 데는 고려해야 할 변수들이 너무 많으므로, 다른 모든 변수를 제외하고, cell당 bit수 증가에 대한 경우에 한하여 검토해 볼 때, 제품을 다변화하는데 있어서, 어느 정도의 경제적 이득이 발생되는지, 다변화에 대한 기술적 부담은 어느 정도인지, 최종적으로 이득 대비 부담의 비율을 점검하여, QLC 제품에 대한 다변화의 필요성에 대하여 살펴보았다.

단계별로 살펴보면, <CH5. 그림 3-28>에서 1) 경제적 이득 지수는 각 제품별 물리적 cell당 확장된 bit수로 산술적으로 나타내었다. 이는 bit 확장으로 인하여 MLC/TLC의 기능 support를 위하여 peripheral영역의 chip size가 어쩔 수 없이 확장된 부분이 있기 때문에 산술적 수치와 경제적 이득지수가 정확하게 일치하는 것은 아니므로, MLC/TLC로 인한 additional chip size의 확장은 무시하였다.

2) 경제적 이득 대비 분포를 구성하는 데 소모되는 burden지수는, 경제적 이득을 감안한 분포구성상의 복잡도이며, 이는 bit당 구현해야 하는 분포 level을 구성하는데 있어서 감당해

야 할 경제적 burden이다. 분포 level을 구성하는 burden은 경제적 이득을 상쇄한 후에 전체 분포(erasure 분포 + PGM 분포)를 구성하기 위하여 추가적으로 부담되는 기술전개상의 burden 지수가 된다. TLC인 경우, coding 방식으로 density를 확장하는 방법은 MLC의 구현방법과 동일하지만, TLC의 총분포 level 개수가 MLC의 총분포 level 개수의 2배가 되므로, 경제적 이득을 감안한 bit당 V_{th}분포 level의 복잡도(분포 level 개수/cell당 bit 개수)가 MLC는 2(4 level/2bit)인 반면, TLC는 2.7(8 level/3bit)이 된다. 이는 경제성을 감안했을 때, TLC가 MLC에 비하여 경제적 burden 지수가 높아진다는 의미이다.

분포 중에서는 ER 분포보다는 PGM 분포가 형성하기 더 어려우므로 마찬가지 방법으로 3) 경제이득 대비 PGM 분포는 bit당 PGM 분포 구성 복잡도로 나타낼 수 있는데, 이는 경제적 이득을 상쇄한 후에 PGM 분포만을 구성하기 위한 burden을 나타낸 것이다. 분포 구성상의 burden지수는 모두 SLC를 1로 기준으로 하여 산출했다.

TLC에서 QLC를 개발하는 데도 경제이득으로 burden을 상쇄하고도, 추가적인 burden이 TLC에 비하여 QLC가 +63%로 증가했다. 계산치는 (3.75 − 2.3)/2.3 = 0.63이다. 이를 통하여 알 수 있는 것은, cell당 bit가 높은 제품일수록, 이로 인한 경제적 이득으로 상쇄를 한 후에도, bit당 감당해야 하는 V_{th}분포 개수가 비례적으로 높아져서, 계산상으로도 향후 QLC가 시장에 나올 가능성은 희박하다는 의미이다. QLC는 동일 V_{window}영역 내에 15개의 PGM V_{th}분포를 넣어야 하므로, 현재 MOSEFT base의 worldwide 기술 수준으로서는 불가능하다. 4 bit per cell은 3 bit per cell보다, V_{th}분포를 구현하는 데 있어서 PGM 분포개수의 단순 계산상으

경제적 이득 대비 V_{th}분포 구성상의 Burden 지수

구분	SLC기준 Density (bit/Cell) 배율	1) 경제적 이득 지수 @ SLC 기준 (bit/Cell)	총 분포 Level (총 경우의 수) per Cell	경제적 이득 대비 Burden 지수	
				2) 분포 구성 복잡도 (Level per bit)	3) Program 분포구성 복잡도
SLC	1	1배	2/cell	2(2개/1배)	1개/1배 = 1
MLC	2	2배	4/cell	2(4개/2배)	3개/2배 = 1.5
TLC	3	3배	8/cell	2.7(8개/3배)	7개/3배 = 2.3
QLC	4	4배	16/cell	4(16개/4배)	15개/4배 = 3.75

+50%
+53%
+63%

경제적 이득 대비 PGM V_{th}분포 구성상의 Burden 지수

❐ CH5. 그림 3-28 제품별 경제적 이득 및 Burden 지수

로도 2배 이상(15개/7개 @ PGM 분포 level 기준), MLC 보다는 5배(15개/3개 @ PGM 분포 level 기준)의 기술적 어려움이 따른다. (여기서는 cell cost 및 product price에 대한 변수는 복잡하므로 제외시켰다) 향후, nano-NAND technology와 non-MOSFET based 미래제품이 결합된 형태로 QLC가 구현될 것으로 판단된다. 그렇게 되면 program 분포구성이 수월하게 되어 QLC를 개발하는 burden 지수도 하락할 것이다.

References

고집적 NAND FLASH MEMORY의 프로그램 Cell VT최적화 기술 (1994.1) 이성수, 김진기, 권석천, et al., 대한전자공학회 학술대회 논문집 1, pp 35-36

A 151-mm^2 64-Gb 2 Bit/Cell NAND Flash Memory in 24-nm CMOS Technology (2012) Fukuda, K. ; Watanabe, Y. ; Makino, E. et al., Solid-State Circuits, Volume: 47, Issue: 1 pp 75-84, IEEE Journals & Magazines

A 3.3 V 4Gb four-level NAND flash memory with 90nm CMOS technology (2004) Seungjae Lee ; Young-Taek Lee ; Wook-Kee Han et al., Solid-State Circuits Conference, Digest of Technical Papers. ISSCC. pp 52-513 Vol.1, IEEE Conference Publications

A 32-Gb MLC NAND Flash Memory With Vth Endurance Enhancing Schemes in 32nm CMOS (2010) Changhyuk Lee ; Sok-Kyu Lee ; Sunghoon Ahn et at., Solid-State Circuits,Volume: 46, Issue: 1, pp 97-106, IEEE Journals & Magazines

A 5.6MB/s 64Gb 4b/Cell NAND Flash memory in 43nm CMOS (2009) Trinh, C. ; Shibata, N. ; Nakano, T. et al., Solid-State Circuits Conference-Digest of Technical Papers, pp 246-247,247a, IEEE Conference Publications

A High Performance Co-design of 26nm 64Gb MLC NAND Flash Memory using the Dedicated NAND Flash Controller (2011) ByoungSung You, JinSu Park, SangDon Lee, et al., Journal of Semiconductor Technology and Science Vol.11, No.2, pp121-129

A highly manufacturable integration technology for 27nm 2 and 3bit/cell NAND flash memory (2010) Choong-Ho Lee ; Suk-Kang Sung ; Donghoon Jang et al., Electron Devices Meeting (IEDM), pp 5.1.1-5.1.4, IEEE Conference Publications

A negative Vth cell architecture for highly scalable, excellently noise immune and highly reliable NAND flash memories (1998) Takeuchi, K. ; Satoh, S. ; Tanaka, T. et al., VLSI Circuits, pp 234-235, IEEE Conference Publications

A PMOS flash memory cell capable of multi-level threshold voltage storage (2001.08.01) EP00774788, Programmable Microelectronics Corporation

Analysis of the Correlation Between the Programmed Threshold-Voltage Distribution Spread of nand Flash Memory Devices and Floating-Gate Impurity Concentration (2011) Shirota, R. ; Sakamoto, Y. ; Hung-Ming Hsueh et al., Electron Devices, Volume: 58, Issue: 11 IEEE Journals & Magazines pp 3712-3719

Apparatus and method for reducing erased threshold voltage distribution in flash memory arrays (1997.02.04) US05600593, National Semiconductor Corporation

Apparatus for programming threshold voltage for non-volatile memory cell and method therefor (2000.08.15) US06104637, Hyundai Micro Electronics

Circuitry for controlling a threshold voltage in a flash memory cell (1998.02.24) US05721705, Hyundai Electronics Industries

Determining threshold voltage distribution in flash memory (2011.12.13) US08077520, Yang Xueshi Wu Zining Burd Gregory

Distributed programmed memory cells used as memory reference currents (2006.11.28) US07142456, Lexmark International

Efficient verification for coarse/fine programming of non volatile memory (2009.04.14) US07518928, SanDisk Corporation

Erase and programming techniques to reduce the widening of state distributions in non-volatile memories (2013.04.09) US08416624, Bo Lei Guirong Liang Anubhav Khandelwal Jun Wan

Flash Memorie (1999) Paulo Cappelletti, Carla Golla, Piero Olivo, Enrico Zanoni, Klumer Academic Publishers Massachusetts

Flash memory array having maximum and minimum threshold voltage detection for eliminating over-erasure problem and enhancing write operation (2002.04.30) US06381670, Aplus Flash Technology Inc.

Flash memory device being programmed and verified using voltage higher than target/read threshold voltage to achieve uniform threshold voltage characteristic (2008.05.27) US07379342, Hynix Semiconductor Inc.

Flash memory device having uniform threshold voltage distribution and method for verifying same (2005.02.08) US06853585, Samsung Electronics

Forecasting program disturb in memory by detecting natural threshold voltage distribution (2011.03.29) US07916533, Dong Yingda Hsu Cynthia

Fundamentals of Logic Design (1979) Charles H. Roth, Jr., West Publishing Co., Minnesota

Inside NAND Flash Memories (2010) Rino Micheloni, Luca Crippa, Alessia Marelli, Spinger Verlag, New York

http://www.imflash.com

http://www.micron.com

http://www.samsung.com

http://www.skhynix.com

http://www.toshiba.semicon-strorage.com

Integration Technology of 30nm Generation Multi-Level NAND Flash for 64Gb NAND Flash Memory (2007) Donghwa Kwak ; Jaekwan Park ; Keonsoo Kim et al., VLSI Technology, pp 12-13, IEEE Conference Publications

Method and apparatus for temperature compensation for programming and erase distributions in a flash memory (2013.09.24) US08542537, Allan Parker

Method for narrowing threshold voltage distribution in a block erased flash memory array (1997.10.21) US05680350, Micron Technology Inc.

Method for optimizing distribution profile of cell threshold voltages in NAND-type flash memory device (2003.07.15) US06594178, Samsung Electronics

Method of programming a four-level flash memory device and a related page buffer (2009.11.11) US01750278, Hynix Semiconductor Inc., STMicroelectronics S.r.l.

NAND flash memory devices and methods of LSB/MSB programming the same (2012.05.15) US08179727, Kim Hyung-Gon

NAND Flash Memory Technology (2008) Brewer, J. ; Gill, M. (Koji Sakui and Kang- Deog Suh) Nonvolatile Memory Technologies with Emphasis on Flash:A Comprehensive Guide to Understanding and Using Flash Memory Devices, Page(s): 223-311, Wiley-IEEE Press eBook Chapters

Open NAND Flash Interface Specification Revision 2.0 (2008) Hynix Semiconductor, Intel Corporation, Micron Technology, Phison Electronics, Sony Corporation, Spansion, STMicroelectronics @ ONFi homepage

Operation method of flash memory device capable of down-shifting a threshold voltage distribution of memory cells in a post-program verify operation (2010.08.24) US07782681, Kim Jun In Lee Ju Yeab

Performance validation for Applying NOP Scheme in LSB page of MLC NAND flash memory (2012) Yongwan Kim, Hak Yong Lee, Sanghyuk Jung, et al, 한국통신학회 동계종합학술발표회, pp459-460

Program reconnaissance to eliminate variations in vt distributions of multi-level cell flash memory designs (2002.07.23) US06424566, Advanced Micro Devices Inc.

Programming method for controlling memory threshold voltage distribution (2006.08.01) US07085168, Macronix International

Semiconductor memory device capable of achieving narrower distribution width of threshold voltages of memory cells and method of data write in the same (2010.01.26) US07652935, Ogawa Tomoya Ito Takashi Mitani Hidenori Kono Takashi

Semiconductor memory device having memory cells with floating gates and memory cell threshold voltage control method (2006.08.29) US07099210, Kabushiki Kaisha Toshiba

System and method for computing cumulative densities of data represented by gaussian distributions (2012.01.31) US08108333, Cunningham John Patrick

System and method for detecting flash memory threshold voltages (2001.03.20) US06205057, Advanced Micro Devices

The Operation Algorithm for Improving the Reliability of TLC(Triple Level Cell) NAND Flash Characteristics (2011) Dong Wook Lee ; Sunghoon Cho ; Byung Woo Kang, et al., Memory Workshop (IMW), pp 1-2, IEEE Conference Publications

VT statistics on nanoscale NAND Flash arrays (2011) Spessot, A. ; Calderoni, A. ; Fantini, P. et al., Microelectronics and Electron Devices (WMED), pp 1-4, IEEE Conference Publications

CHAPTER 06 Program, Electron Injection

NAND Flash memory의 3족이지 핵심동작인 program/erasure/read 중에 가장 중요한 operation은 program 동작이다. Program의 물리적 입장에서는 control gate에 program용 전압 pulse을 인가하여 storage node인 floating gate(FG)에 전자를 charge시키는 동작이다. 그러나 NAND에서 program의 광의의 의미는 단순히 physical하게 cell에 electron을 write하여 cell을 용량기능으로 활용하는 개념에 추가하여, 제품을 파생시키는 데 활용할 수 있다는 제품확장의 의미를 담고 있다. <Chapter 5. Session 3. 참조>. 즉, program의 SW적 입장에서의 의미는 PGM에 의하여 coding상태를 변화시켜서 data를 구분해 낼 수 있도록 하는 동작이다. NAND 내부에서의 data란 외부에서 입력된 정보를 NAND 내부에서 활용할 수 있도록 가공한 pattern이며, pattern은 binary code의 조합으로 이루어진다. DRAM의 저장장치인 capacitor 입장에서는 write는 보존의 개념 없이 data를 써넣어서 일정 시간 유지시키는 cache 기능으로의 의미를 두고 있지만, NAND에서의 program은 data를 floating gate 속에 charge시켜서 장기간 discharge 못하도록 일정 공간 안에 save해 둔, HDD에서의 저장과 같은, 보존적 가치도 함께 갖고 있다. 따라서 volatile memory에서의 단순히 data를 저장할 때 사용하는 용어인 write 대신, nonvolatile memory에서는 hardware적, software적, 신뢰성의 다목적 의미를 담아 program이란 용어를 사용한다.

Program 동작 시의 저장 매개체로는 electron charge가 main이지만, electron과는 반대의 element인 hole을 majority carrier로 charge시켜 FG의 전압상태를 plus potential로 만들어서 cell의 상태를 구분하는 방식도 있다. Electron을 base로 program한다는 입장에서는 floating gate의 hole charge는 electron을 없앤 것이므로 erasure 개념으로 보는 반면, hole을 base로 program한다는 관점에서는, floating gate에 electron을 charge했다는 것은 hole을 없앴다는 것이므로 electron charge를 erasure 개념으로 본다. Hole base charge는 SLC에서 약간 사용하기도 했었으나, SLC 이후 등장한 MLC에서는 operation상 불편한 단점 및 제약조건이 많아서 hole을 majority element로 갖는 program 방식은 사용되지 못하였다. 그러나 TLC 혹은 제품이

다양화되면서 예기치 못한 기술적 난제에 부딪히면서 이를 극복하기 위하여, hole base charge program을 다시 사용하려는 시도도 있다.[1)]

"Program, Electron lnjection"의 전개순서는, program 동작에 있어서, 작은 단위에서 시작하여 큰 단위로 확대하였다. 1) floating gate가 포함된 cell level, 2) word line/bit line의 동작상태가 반영된 page/string level, 3) data register(page buffer)를 포함한 plane level, 4) program 기능 block들의 동작 flow를 다룬 chip level 순으로 program 동작 설명이 전개되어 있다.

1) Program이라 함은 electron base의 charge를 의미하며, hole이 program된 상태는 erasure되었다는 개념으로 사용하겠다.

Session 1 Floating Gate와 Electron Injection

<Chapter 6. Session 1>에서는 program의 물리적 activity로서, floating gate based MOSFET를 program하기 위한 cell level에서의 electron injection동작을 살펴보고, FG에 carrier를 charge하는 방식에 이어서, 각 layer 사이에서 발생된 capacitance의 coupling ratio가 program cell에 어떠한 영향을 끼치는지를 알아보자. 이를 바탕으로, <Chapter 6. Session 2>에서는 NAND Flash memory의 string 구조로 인하여 전류/전압에 끼치는 독특한 특성과 연결하였다.

1-1 Program 의미

Program(PGM)은 cell이 평형상태 혹은 erasure(ER)된 상태("1"로 표시)에서, 입력된 pattern에 맞게 의도한 상태로 변화("1"에서 → "0"으로)시켜 cell을 구분하므로써, "0"과 "1"의 조합된 pattern이 정보의 의미를 갖도록 하는 데 목적이 있다. 전기적으로는 electron이 charge되지 않은 평형상태 혹은 electron이 소거된 상태의 floating gate(FG)에 electron을 charge시켜, FG를 마이너스 potential level로 만든 현상이다. PGM 상태를 표시하는 방식에 있어서는, FG에 electron이 charge되면 substrate의 electron channel 형성을 방해하여 current가 흐르지 못하므로 PGM cell을 OFF cell 혹은 "0" cell로 표시하고, 반대로 ER cell은 n-channel의 형성을 도와주어 current가 쉽게 흐르므로 ON cell 혹은 "1" cell로 표시한다. 즉, program을 진행하기 전의 상태는 ER 상태로서 모든 cell이 "1"로 program되어 있는데, 이 중 input되는 data에 따른 cell의 조합에 의해서 targeting된 cell만 "1"의 상태에서 "0"의 상태로 변환시켜, 필요에 따른 data를 cell array 내에 만들어내는 동작이 program이다.

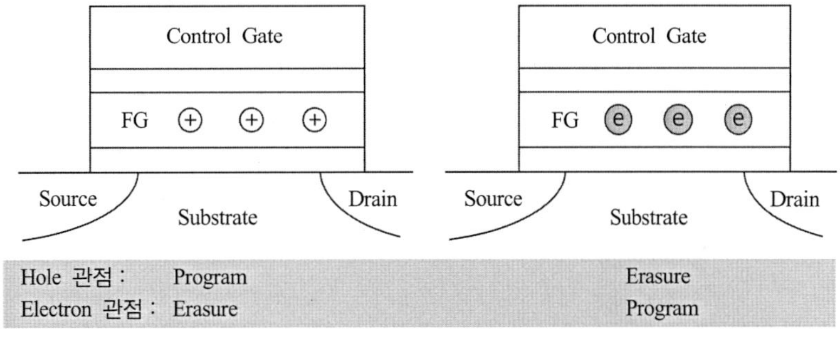

❒ CH6. 그림 1-1 Floating Gate의 Program 및 Erasure 상태 비교

1-2 Program Condition

Control Gate(CG)의 도움을 받아서 electron을 charge한 floating gate가 모순되게, control gate가 substrate에 형성하고자 하는 channel을 방해하는데, 이 모순의 개념이 NAND Flash의 핵심 조절기능으로서, NAND flash 동작상 중추적인 역할을 한다. 따라서 gate 1개를 갖는 일반적인 NMOS Tr이 형성하는 정도의 두께를 갖는 channel을 substrate 상단에 형성하기 위해서는, gate 2개를 갖는 NAND의 CG에는, FG 내의 charge된 carrier들이 형성한 voltage potential을 보상한 전압보다 더 높은 혹은 더 낮은 전압(hole charge인 경우)을 인가해주어야 한다.

1-2-1 Floating Gate와 Control Gate의 관계

Gate는 MOSFET에서 사용하는 termination으로서 bipolar transistor에서 사용하는 base termination과 같은 개념이며, 기능도 유사하게 사용된다. Volatile 반도체인 DRAM, SRAM 등은 gate가 1개이지만, nonvolatile 제품인 EEPROM 이상부터는 2개의 gate를 활용하고, 그중 1개의 gate는 PGM동작에서 제일 중요한 factor인 Floating Gate(FG)이고, 다른 1개의 gate는 Control Gate(CG)인데, CG는 FG에 electron을 charge시키는 용도와 substrate에 electron channel을 형성시키는 2가지 용도로 사용된다. 이때 같은 CG를 이용하여 사용되는 2개 전압인 FG용 전압과 Sub용 전압은 약 5배 이상 차이가 난다($V_{cg-PGM} \gg V_{gs} = V_{cg}$). Floating gate는 control gate와 substrate의 사이에 위치해 있으면서 electron을 FG에 charge시키고 floating gate 속에 일정기간 동안 electron을 가두어 놓아서 궁극적으로 substrate의 channel 폭에 영향력을 행사하기 위함이 목적이다. NAND의 FG 내의 전자들은 마이너스 전하를 띄므로

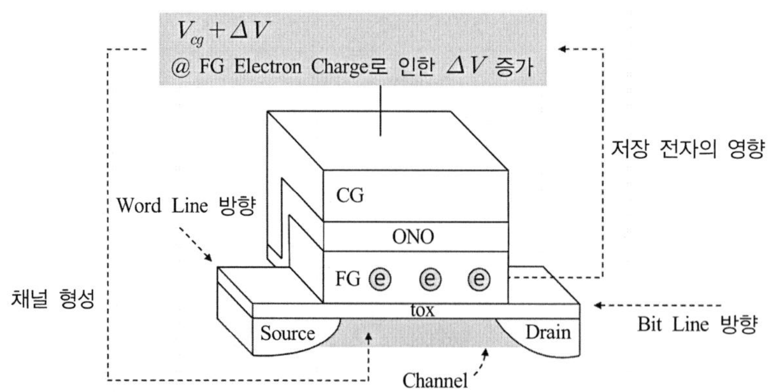

❒ CH6. 그림 1-2 Channel 형성을 위한 CG 전압(V_{cg}) 증가 @ FG에 electron charge 시, enhancement mode

electron charge가 많아질수록 substrate(Sub)의 electron channel 형성을 어렵게 하고, FG 내의 hole들은 반대로 channel 형성을 쉽게 한다.

<CH6. 그림 1-2>의 enhancement mode인 경우는, FG가 PGM된 후에는 drain current를 흐르게 하기 위하여는 CG에 충분히 높은 양전압($+V_{cg}$)을 걸어서, sub의 source와 drain 사이에 electron channel을 형성시켜야 하는데, CG의 양전압을 FG 속의 전자들이 상쇄시키니, FG의 electron이 program된 정도에 비례하여 CG의 operation 전압($+V_{cg}$)을 ΔV만큼 증가시켜야, channel이 source에서 drain 쪽으로 확장되면서 source와 drain 사이를 연결한다.

1-2-2 FG에 Electron Charge를 위한, Termination 전압 Setting

NAND flash memory의 구조가 형성되면, NAND termination들에 bias 전압을 인가하여 electron을 FG 속에 charge시킨다. Substrate에 0V(ground), control gate에 +18V(약 +16V ~ +24V 사이의 적정한 전압)를 가하면, substrate(Sub)에 있던 원자의 최외각 전자들이 control gate로부터 전달된 potential energy를 얻어서 소속된 원자의 최외각껍질에서 escape되어 자유전자가 되었다가, Control Gate(CG)의 양전위에 끌려서 FN Tunneling(FNT) 방식에 의하여 FG로 charge된다. <Chapter 3. Session 3-7-2. 참조>. FNT동작시, source와 drain termination을 무한대 저항으로 유지시켜 program 시에 channel과 gate 사이의 관계가, 주변에 포진해 있는 source와 drain 단자로부터 영향을 받지 않게끔 한다. 단, HCI(Hot Carrier Injection)인 경우는 FNT와는 상이하여, drain에 $+V$, source에는 +0V를 인가한다. FNT의 FG에 electron을 charge시키기 위해서는 FG전위차를 일정전압(조건에 따라 다르지만 보통 +16V) 이상 유지시켜 주어야 한다.

Program이 잘되는 fast PGM Cell에서는 CG의 전압은 상대적으로 낮은 전압인 +16V(CG전압) 정도에서도 원하는 electron들이 FG에 charge되지만, program이 잘되지 않는 slow PGM cell에서는 CG의 전압으로 +20V 이상을 CG에 인가해주어야 겨우 charge된다. Old technology를 사용할 때는 program maximum 전압이 +26V까지도 올라갔었지만, 지금은 그보다 낮은 전압을 사용하며, 향후 new Tech가 진행되면서 물리적으로 structure의 dimension이 작아지고, 단자 간의 간격이 가까워지므로 program(PGM) 전압은 계속 내려가는 추세이다. 제품 기준으로 볼 때도 EPROM보다는 EEPROM, NOR Flash, NAND Flash로 발전되면서 PGM 전압이 점점 하향 곡선을 그렸다.

1-3 Program 방식 @ HCI & FNT

FG로 전자를 이동시키는 방법으로는 FN Tunneling(Fowler-Nordheim Tunneling : FNT)과 HCI(Hot Carrier Injection) 2가지 방식이 있는데, program 방식은 cell의 구조적인 형태 및 기술의 발전에 따라 hot electron을 이용하던 hot carrier injection 방식에서 FN tunneling 방식으로 진화하였다. HCI의 electron은 높은 운동에너지와 열에너지를 발생시키므로 hot carrier라 하였고, FN tunneling 방식의 electron은 전위차를 이용한 charge 방식으로서 HCI에 비하여, 열에너지를 발생시키지 않으므로 cold carrier 방식이라고 부르기도 한다.

HCI는 P-type substrate n-channel에 존재하는 소수 carrier인 electron과 source termination에서 넘어 온 다수 carrier이었던 electron(P Sub에서는 소수 carrier)을 source와 drain 사이에 형성되는 전계에너지로 가속시켜 운동에너지의 potential을 높인 다음, 이를 이용하여 Sub와 FG 사이에 형성된 tunnel oxide(tox)의 barrier를 뛰어 넘겨서 FG로 charge하는 방식으로, HCI는 열에너지로 많은 에너지가 빠져나가는 에너지 효율이 낮은 방식이다. <Chapter 3. Session 3-7-1. 참조>. NOR flash는 cell들이 x축, y축에 둘러싸인 개별 방으로 구성되어 있어서, 각 source와 drain의 인가전압의 조절이 용이하여 source, drain, control gate의 전압차를 의도한 데로 조절하면서 hot carrier를 비교적 쉽게 유발시킬 수 있으므로, HCI를 이용하여 FG에 electron을 빠른시간 내에 charge시킨다.

FN tunneling 방식은, cell 입장에서 보면 강물 위의 floating island처럼, 주위의 모든 연결고리를 zero base 혹은 무한대 base level(substrate는 0V, drain과 source는 무한대로 유지)로 만든 다음에, 공중부양처럼 CG에서 전압을 가하여 substrate에 있는 전자들을 FG로 직접 끌어올리는 operation이다. <Chapter 3. Session 3-7-2. 참조>. 이때 핵심 요소는 WL에 가하는 전압의 크기인데, 전압의 크기가 FG에 액면 그대로 전달되는 것이 아니고, 내부 capacitance(C_{ono} 대비 C_{tox})의 비율에 의하여 전달되므로 ONO와 tox를 형성시키는 구조와 재질을 어떻게 할 것이냐가, NAND Flash에서 더욱 중요해졌다. <Session 1-5. 참조>.

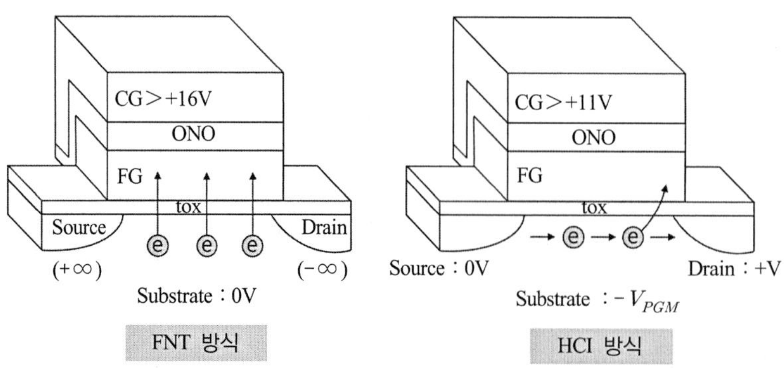

❐ CH6. 그림 1-3 Floating Gate로의 Electron Charging 방식과 인가전압 Condition @ program 시

1-4 Program Cell의 전압, 전류특성

Electron을 FG 속에 가두었으니, charge된 electron으로 인하여 발생되는 transfer특성과 출력특성을 비교하여 살펴보자.

1-4-1 Transfer특성

Gate가 2개 이상인 NOR 혹은 NAND Flash에서는 FG 내의 변수인 electron의 charge량에 따라 V_{th}가 가변된다. Gate가 1개인 일반적인 MOS Tr일 때는 fix되어 변동시킬 수 없었던 V_{th}가, floating gate 1개를 더 추가하면, 임의적으로 V_{th}가 변경시킬 수 있는 변수로 설정된다.

1-4-1-1 Program Cell에서의 Threshold Voltage, V_{th-PGM}

Cell read 시 CG의 전압 V_{cg}를 0V에서부터 서서히 상승시키면 Sub에 channel이 형성되기 시작하여, source와 drain 사이의 channel이 pinch-on되면서 전류가 흐르기 시작하고, 이 시점의 CG에 인가된 임계전압을 V_{th-PGM}(program된 상태에서의 threshold voltage)이라 하는데, program된 cell의 transfer 특성을 V_{th-PGM}을 중심으로 살펴보겠다. FG 내에 전자나 hole이 charge되지 않은 NO-charge 상태에 비하여, carrier가 program된 상태의 V_{th-PGM}은 ΔV 만큼 높거나(electron charge) 낮다(hole charge).

$$V_{th-PGM} = V_{th-no\,charge} \pm \Delta V \qquad \text{식1)}$$

Electron이 charge된 상태에서는, $V_{th-no\,charge} + \Delta V$ 보다 적은 전압이 CG에 인가되는 경우는, FG 내에 charge된 전자들의 영향으로, substrate 내에 channel이, I_d가 흐를 만큼, 충분히 형성되지 않아서 source drain current가 흐르지 않다가, V_{th-PGM}의 임계전압인 $V_{th-no\,charge} + \Delta V$ 이상이 되도록 V_{gs}가 상승하면서 channel이 source에서 drain으로 연결되는 순간에 양전위($+V_{drain}$)인 drain에서 source로 I_{ds}가 흐르기 시작한다. 이때 I_{ds}가 흐르기 시작하는 시점의 V_{gs} 전압이 V_{th-PGM}값이 된다. 전하량은 전하를 유기하기 위하여 가하는 전압과, 전하가 유기된 그릇에 해당하는 capacitance에 비례하므로, $Q = CV$로부터, FG가 NO-charge일 때와 charge일 때의 전압 difference는

$$\boxed{\Delta V = V_{th-PGM} - V_{th-no\,charge} = -\Delta Q_{electron} / C_{total}} \qquad \text{식2)}$$

이고, 이때 식2)의 Capacitance는

$$C_{total} = C_{fg-cg} + C_{fg-source} + C_{fg-substrate} + C_{fg-drain} \qquad \text{식3)}$$

이 된다. ΔQ는 FG 내에 charge되는 electron의 변화량이고, carrier가 electron이므로 음의 값을 붙였으며, C_{total}은 floating gate를 중심으로 FG에 영향을 끼치는 전체 capacitance의 값으로서 FG 기준으로는 각 capacitance들이 병렬구조을 이루고 있다.

Hole charge인 경우에서도 electron charge 상태와 mechanism은 같지만 V_{th}값은 정반대로 나타난다. FG에 hole charge인 경우는,

$$\boxed{\Delta V = V_{th-hole} - V_{th-no\,charge} = +\Delta Q_{hole}/C_{total}} \qquad \text{식4)}$$

이다. 식2)에서, FG에 charge된 양에 따라, V_{th}는 비례적으로 높아지는 것을 알 수 있다. FG가 erasure되었다가 점점 program이 진행됨에 따라, V_{th}값은 FG 내의 electron의 영향을 받아서 음의 값 $V_{th-erasure}$(V_{th-ER})에서 점차 양의 값 V_{th-PGM}으로 상승한다. 이는 V_{th}가 높아지는 만큼 channel에 부정적 영향을 끼쳐서 I_d의 전류 흐름을 방해한다. FG 주변에 형성된 capacitance와 V_{th}는 서로 반비례하므로, 적정한 V_{th}를 설정하기 위하여는 FG 내의 electron charge량과 capacitance의 balance 배합이 필요하다.

Program된 후의 electron charge량에 따라 다르지만, MLC에서 V_{th-PGM}은 대략 0.5V에서 4.5V 정도까지의 범위에 걸쳐 있다. V_{th}값은 fix된 것은 아니기 때문에, charge량뿐만이 아니고 제품 type(SLC, MLC, TLC, 3D)에 따라서도 다르고, cell 내의 material 종류 혹은 내부구조에 따라서도 가변적이다. V_{th}에 영향을 주는 main 요소 중에는 tunnel oxide의 thickness(tox)와 substrate의 농도가 있다. tox가 두꺼워질수록 V_{th}값은 비례하여 증가한다. 그 외에 oxide의 capacitance값도 V_{th}에 영향을 끼치지만, 이는 CCR(Capacitive Coupling Ratio) 등의 영향을 최소화시키기 위하여 CCR을 이미 최대치로 올려서 최적화되었기 때문에 더 이상 변동시킬 margin이 없으므로, oxide capacitance값은 더 이상 capacitance를 변화시켜서 V_{th}에 영향을 주는 요소로 볼 수는 없다. 상수가 아닌데 상수로 fix되어있는 것과 마찬가지이다.

요약하자면, FG가 마이너스/플러스 potential로 electron/hole이 charge되는 양만큼 비례하여, control gate(CG)에 인가되는 V_{cg}가 substrate(Sub)에 전달 시에, $\pm\Delta V$ 만큼 channel 형성에 어려움이 발생하므로, program된 cell을 동작시키려면 CG에는 그만큼 높은 혹은 낮은 전압을 추가로 보상해 주어야, CG에서 FG를 거쳐 Sub에 전달되는 전압이 channel을 형성할 수 있는 전압이 된다. 즉, V_{cg}(V_{gs})의 threshold voltage인 V_{th}는, 1개 gate를 포함하는 Tr에서는 고정되어 있지만, 2개 gate를 소유하는 Tr에서는 더 높아지거나 더 낮아지는 변동성을 갖는다.

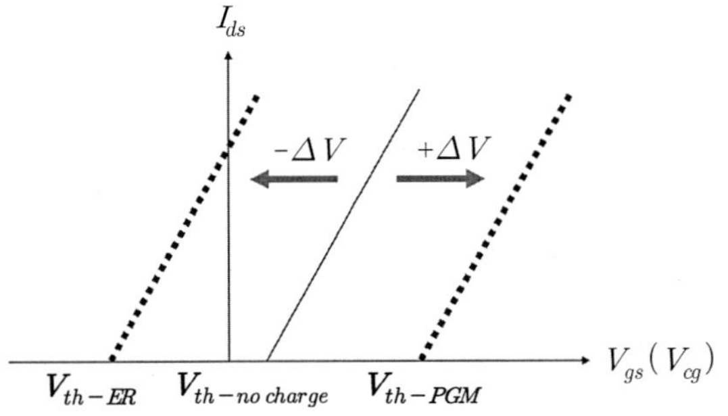

❐ CH6. 그림 1-4 V_{th} 변화, @ NO-charge와 Charge 상태

1-4-1-2 Transfer특성의 기울기 @ PGM vs NO-charge

Program cell에 가해지는 전압과 그에 비례하여 흐르는 전류의 기울기에 대하여 알아보자. FG NO-charge(2-gate) 상태는 floating gate 없이 control gate 하나만 있는 상태이거나, 혹은 FG가 있어도 FG가 program 혹은 erasure가 안된 intrinsic 상태이다. Electron charged FG는, FG의 NO-charge 상태에 비하여 program 상태는 V_{th}가 ΔV만큼 높아져 있고, conventional MOS(1-gate)에 비례하여 $V_g - I_d$ graph의 기울기 g_m도 감소한다. <CH6. 그림 1-4-1. 참조>. g_m은 저항의 반대 index인 도전율($g_m \propto \frac{1}{R}$)로서 ΔV 대비 ΔI의 증가 폭이다. 즉, 같은 양의 전압이 상승하는 것에 대비하여 전류의 증가량이 conventional MOS에 비하여 FG에 program된 상태가 더 적어져, 기울기가 완만하다. V_{th}값과 기울기의 변화는 PGM 상태가, 동일한 current량을 도출하기 위하여 conventional MOS(1-gate)와 NO-charge(2-gate) 상태에 비하여 $V_{cg}(V_{gs})$를 더 높이 인가해야 된다는 것을 뜻한다.

FG에 charge된 electron들이 channel 상의 source에서 drain으로 이동하는 electron들의 이동 속도를 떨어뜨리고, 이동 방향도 drain 직진 방향에서 벗어나게 하므로, DRAM보다 charged

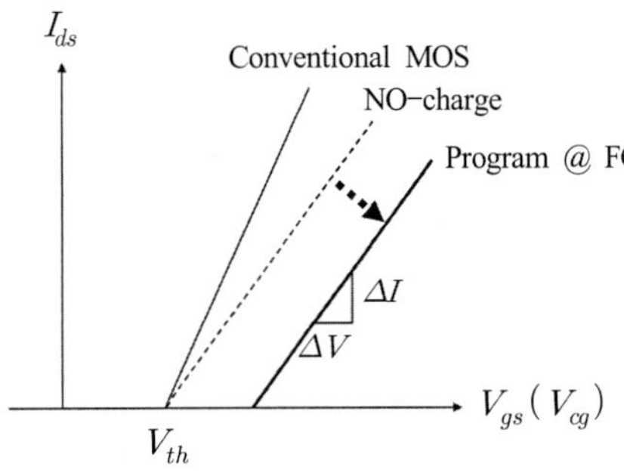

❐ CH6. 그림 1-4-1 Transfer 특성($I_{ds} - V_{gs}$)에서의 각 상태에 따른 g_m 변화

NAND Flash의 read/write operation 속도가 매우 느려지게 된다. 일반적인 NMOS Tr은 외부에서 가해주는 V_{cg}가 source와 drain 사이의 channel 형성에 직접적인 영향을 끼치지만, 절연체로 둘러싸인 FG가 존재하면 V_{cg}가 내부 FG charge 변수에 의하여 왜곡되므로, source와 drain 사이의 channel이, 의도하지 않았던 방향으로 변하게 되며, 이로 인하여 setting되어야 할 각 변수들의 계산이 다양해지고 복잡해진다. <Chapter 5. Session 1-2. 참조>

1-4-2 출력특성 @V_{ds}에 따른 I_{ds}($I_{ds}-V_{ds}$ curve)

Channel이 형성되고 모든 조건이 갖추어져 있다면, electron은 source에서 drain으로 이동하므로, I_{ds}는 drain에서 source로 흐르는 전류가 된다. Program된 cell에 전류 I_{ds}가 흐르기 위해서는 수평/수직의 2개 종류 전압이 작용한다. Channel이 source 단자에서 drain 단자까지 연결되었을 때, source에는 0V를 인가하고 drain에는 양전압인 V_{ds}를 인가하면, channel 속에 있는 전자들이 drain 단자 방향으로 움직이기 시작한다. Input 전압은 gate와 source 사이의 biasing 전압인 V_{gs}와 channel이 형성 후의 channel의 전자를 끌어당기는 drain 전압인 V_{ds}이다. V_{gs}는 어떠한 경우든 V_{th}보다 커야 channel이 형성되므로, source 단자의 전압이 올라가면, 상승한 source 단자의 전압(+ΔV)만큼 gate전압(V_{gs})도 증가(+ΔV)하여야 한다.

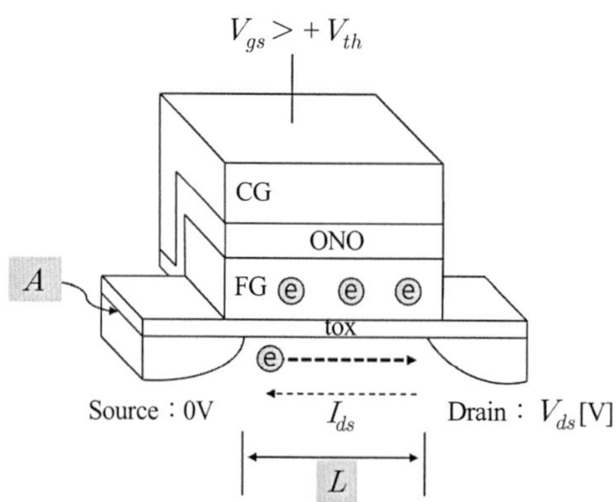

❒ CH6. 그림 1-5 Drain Current와 인가전압 @ read 시

V_{gs}는 gate-source 간의 전압이고 V_{cg}는 control gate에 인가하는 전압이므로, V_{gs}와 V_{cg}는 경우에 따라서 동일하게 사용하기도 하고 다르게 사용하기도 하지만, 여기서는 같은 전압으로 간주하겠다. 단, V_{cg}는 program 시에는 V_{cg-PGM}으로 표시하고, biasing 시에는 $V_{cg-biasing}$으로 구분하는데, $V_{cg-biasing}$은 간단히 V_{cg}로 표기한다. $V_{gs} = V_{gate} - V_{source} > V_{th}$일 때 I_{ds}가 흐른다. I_{ds}를 식으로 나타내면, 이상적인 MOSFET인 경우, 활성영역일 때

$$\boxed{I_{ds} = K\left(\frac{A}{L}\right)\left(V_{gs} - V_{th} - \frac{V_{ds}}{2}\right)V_{ds}} \quad (\text{단, } V_{ds} < V_{gs} - V_{th}) \qquad \text{식5)}$$

으로 drain current는 V_{gs}와 V_{ds}의 변수가 된다. Drain current는 면적(A)과 V_{ds}(Drain 전압)에 비례하고 길이(L)에 반비례한다. A는 channel의 단면적이고 L은 channel의 length이다.2) 설계자는 A와 L을 조정하여 I_{ds}값을 맞춘다. I_{ds}를 구하는 식5)로부터 threshold 전압(V_{th})을 구할 수도 있다. 공정이득 파라미터(Process Gain)인 상수 K는,

$$K = \mu C, \quad C = \frac{\epsilon_o \epsilon}{t_{ox}} \qquad \text{식6)}$$

으로서, carrier의 이동도(μ)와 oxide의 capacitance(C)로 구해진다. FG에 전자의 charge량이 많아질수록, source와 drain의 간격이 길수록 drain current는 작아진다. C.Gate(Control Gate)의 역할은 channel을 control하는 기능이므로, V_{gs}를 이용하여 target Tr을 ON($> V_{th}$) 혹은 OFF ($< V_{th}$)로 switching시킨다. Drain current의 turn on 전압 V_{th}에 FG의 charge량이 민감하게 영향을 끼치지만, 일단 FG based Tr이 turn on이 된 후에는 drain current는, V_{gs} 보다는 V_{ds} 전압에 의하여 더 큰 영향을 받는다. I_d 값은 V_{ds}에 비례하지만 FG based Tr에 영향을 주는 저항의 크기에 의해서도 변한다. 또한, I_d는 일정영역에서는 V_{ds}에 비례하여 증가하지만 무한으로 비례하지는 않고, 임계전압(변곡점) 이상에서는 I_d가 더 이상 증가하지 않는 영역이 발생되며, 이 영역이 saturation 영역이다. 포화영역일 때는, $I_{ds} = K\left(\frac{A}{2}\right)\left\{\frac{1}{2}(V_{gs} - V_{th})^2\right\}$, (단, $V_{ds} \geq V_{gs} - V_{th}$)이다.

Saturation 이하 영역은 linear 영역으로, linear 영역은 drain 전압(V_{ds})을 증가시켜서, V_{ds}가 gate 전압($V_{gs} - V_{th}$)과 같아질 때까지 drain current I_d가 V_{ds}에 비례적으로 증가하고, drain 전압이 gate 전압보다 커지는 순간부터 drain current I_d가 linear 영역에 비하여 소폭으로만 증가하고 거의 증가하지 않으므로 $V_{ds} > V_{gs} - V_{th}$ 영역은 saturation 영역이 된다. 즉, saturation point는 drain 전압이 gate 전압과 같아지는 지점이고, drain 전압(V_{ds})가 gate 전압

2) 본 서술에서는 shrink에 의한 구조적 특성으로 인하여 발생되는 short channel effect에 대하여는 다루지 않는다. Short channel (3μm 미만) effect는 gate size 혹은 동시에 source와 drain 사이의 length가 줄어들므로 인하여, source junction과 drain junction의 공핍층이 상대적으로 늘어나는 결과가 되어 punch through 현상이 더욱 쉽게 발생된다. 또한 길이, 두께등 모든 dimension이 줄어들어서 threshold voltage가 감소하는 요인이 되기도 한다. 반면, drain current가 증가하며, 기타 관련된 다른 parameter들의 변화도 유발된다. J_D근방에 n^-층인 LDD(light doped drain)구조를 넣으면, 이러한 부정적 현상들을 상쇄시킨다.

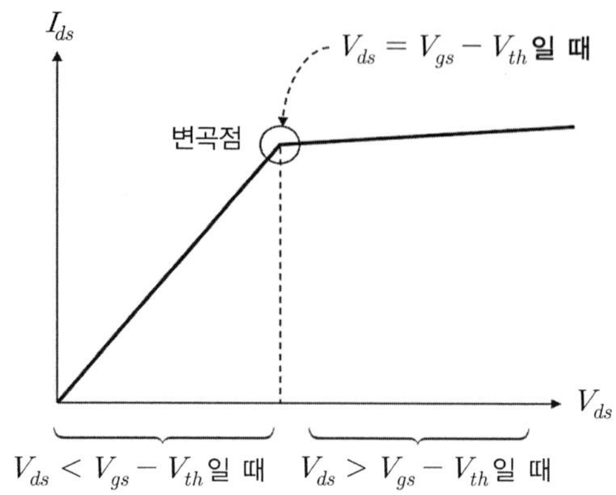

❒ CH6. 그림 1-6 Linear 영역 및 Saturation 영역의 Drain Current 증가 폭

(V_{gs})보다 커짐에 따라, gate와 drain 사이의 전류 및 drain junction의 depletion area 증가 등의 방해요인으로 I_d가 saturation 된다.

Linear 영역에서 saturation 영역으로 변경되는 point를 변곡점(turning point)이라 한다. 변곡점(V_{ds})은 V_{gs}에 비례하므로 V_{gs}가 증가함에 따라 변곡점도 상승한다. <CH6. 그림 1-7>의 P1과 P2 지점에서 $V_{gs2}>V_{gs1}$이면 $V_{ds2}>V_{ds1}$이므로 $I_{ds2}>I_{ds1}$이다.

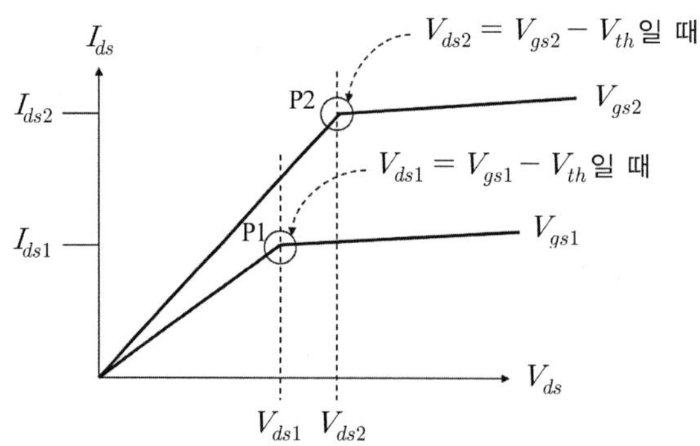

❒ CH6. 그림 1-7 변곡점과 $I_{ds}-V_{ds}$ Curve

그 외에 I_{ds} 관련한 저항으로는, cell 밖의 다른 cell에 의한 저항으로 drain side에서 발생되는 drain저항(R_d)과 source side에서 발생되는 저항인 source저항(R_s)이 있다. NOR의 parallel 구조와는 다르게, NAND의 구조로 인하여 cell에 작용되는 저항은 string 구조에서 더욱 큰 영향을 끼친다. Source 방향의 cell들이 도통(ON) 상태의 낮은 저항값을 갖는 Tr일지라도, ON-Tr들이 연속적으로 연결되어 있어서, string 내의 cell수가 증가할수록 source방향의 Tr이 누적되므로 source 저항값이 비례하여 증가한다. 기울기의 역수인 Source저항은 drain current의 linear current와 saturation current값에 영향을 끼쳐서, Source저항 대비 I_{drain}이 반비례하여 감

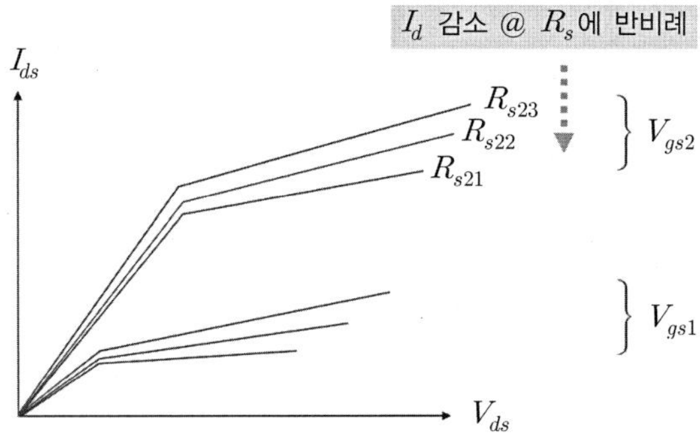

❒ CH6. 그림 1-8 R_s, Source 저항 증가에 반비례하는 I_{drain} @ linear 영역 & 포화영역

소한다. Source 저항이 증가함에 따라, <CH6. 그림 1-8>에서 예를 들어, $R_{s21} > R_{s22} > R_{s23}$일 경우 I_{d2}가 $I_{d23} > I_{d22} > I_{d21}$으로 감소되면서, R_s가 커짐에 따라 g_m특성이 낮아지는 현상을 보인다.

Drain 저항도 source 저항과 마찬가지로 drain side의 ON-Tr들의 저항의 합으로서, string 상의 ON-Tr들의 개체수가 증가할수록 drain 저항이 증가한다. Drain 저항이 커지면 마찬가지로 drain current가 줄어드는데, 이는 linear 영역의 current I_d를 줄어들게 한다. Drain 저항이 커짐에도 불구하고, linear 영역에서 동일 drain current를 흐르게 하려면 V_{ds}를 증가시켜야 한다. V_{gs}가 일정할 때, drain 저항이 증가하면 $R_{d21} > R_{d22} > R_{d23}$일 경우 $I_{d23} > I_{d22} > I_{d21}$으로 감소한다. Drain 저항과 source 저항은 구조적으로는 contact 저항도 포함하고, 단위 면적(sheet) 저항도 포함한다. Contact 저항은 physical dimension 변수에 의하여 좌우되고, 단위 면적(sheet) 저항은 physical dimension 및 doping량에 의하여 영향을 받는다.

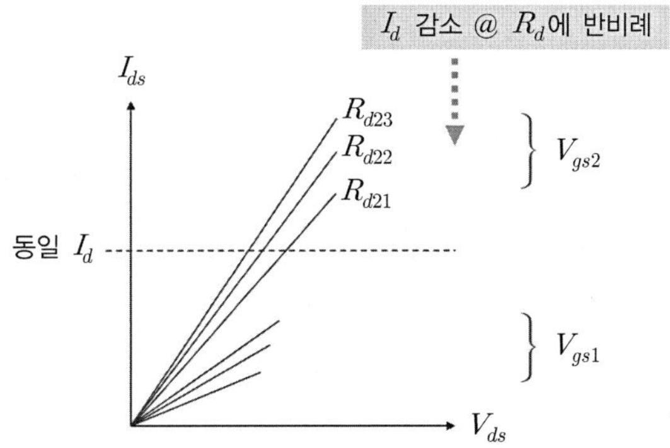

❒ CH6. 그림 1-9 R_d, Drain 저항 증가에 의한 I_d 감소 @ linear 영역

String의 cell수가 증가하면 R_s, R_d의 증가로 이어져 I_d가 감소하게 되고, I_d가 감소하면, WL/BL에 적정 biasing condition을 가해도 cell의 ON/OFF를 인지 못하게 되어 biasing condition을 재조정하여야 한다. 따라서 string상의 cell을 read 시 target cell의 cell address가 ascending하게 증가함에 따라, source 쪽의 R_s는 점차 증가하고, drain 쪽의 R_d는 점차 감소하여 이에 대한 변화가 $I_d - V_d$ curve에 영향을 끼친다. String size가 증가하면, DSL/SSL의 점유 portion이 줄어드는 효과가 발생되어, chip size가 작아지고, wafer당 net die수가 증가하므로, cost가 줄어드는 장점이 있는 반면, 기술적 난이도는 높아진다. 또한 floating gate의 electron charge가 증가하면 V_{gs}가 감소되는 효과와 동일하게 I_{ds}도 연동되어 감소한다. 이는 linear 영역의 drain 전류($I_{ds-linear}$)와 saturation 영역의 drain 전류($I_{ds-saturation}$) 모두, 동일하게 FG 전자 charge량에 영향을 끼친다.

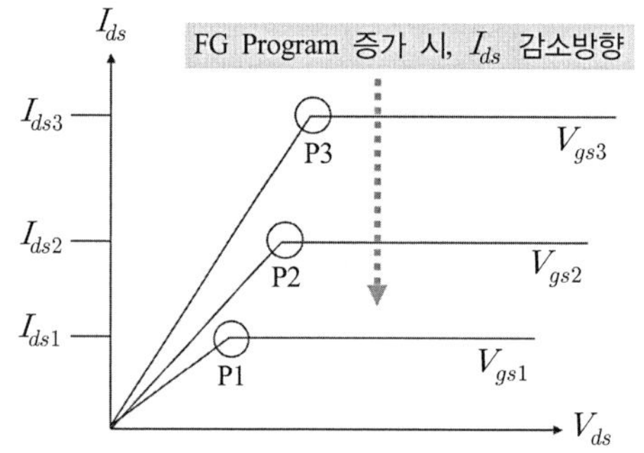

❑ CH6. 그림 1-10 FG 전자 Charge 증가에 의한 Cell의 I_{ds} 감소

1-5 Capacitive Coupling Ratio(CCR)

Control gate에 전압을 가하면 내부 layer들에 미치는 전압 potential 크기는, 내부 layer들이 형성한 capacitance 비율에 따라서 potential이 배분된다. NAND에서의 전체 인가되는 potential이 ONO 층에서 발생된 capacitance값과 tox 층에서 발생된 capacitance값의 배합비율에 따라서 나뉘어지는데, 이를 Capacitive Coupling Ratio(CCR)라 한다. CCR이 높을수록 potential drop이 작아져서 원하는 layer에, 목표로 한 potential에 가깝게 전달된다. CCR은 wafer공정상 치밀한 계산으로 거의 상수에 가깝게 사전에 setting된다.

1-5-1 Control Gate 전압의 Drop

Cell 단위에서 들여다보면, control gate potential level이 floating gate에 도달(V_{PGM})되어 FG 내의 charge량에 영향을 끼치기까지, 또 floating gate를 거쳐서 channel에 전달(V_{cg})되기까지, 처음에 인가된 potential이, 내재되어 있는 기생 capacitance와 FG 내에 charge된 전하량

으로 인하여 일정 비율로 drop되는 왜곡된 영향을 받으므로, $V_{cg}(=V_{gs})$ biasing potential을 얼마로 보상할지와 각 layer별 capacitance 값을 얼마로 안배할 것이냐는, FG에 charge되는 electron량과 NAND 동작 조건을 정확하게 예측하는 데 있어서 중요한 요소다. 이런 potential 강하 요인으로는, 1) FG charge 관련해서는 FG 주위에 형성된 parasitic capacitance에 의하여 발생되고, 2) channel 형성 관련해서는 ONO와 tox의 capacitance 배합비율에 의하여 영향을 받는다. 즉, 구성되어 있는 capacitance 값의 비율(Parasitic Capacitive Ratio)에 따라 control gate 전압(V_{cg})이 drop되어 전달되고, 이는 program operation 시 혹은 read operation 시 V_{cg}가 감소되는 부정적인 영향을 끼친다.

1-5-2 V_{fg}(Floating Gate 전압 Potential) 및 CCR

FG가 charge되어 있지 않은 intrinsic 상태 하에, capacitance에 의한 coupling ratio의 변화와 그로 인한 영향을 받아서 FG에 전달되는 potential을 살펴보자. Capacitance의 조합 비율인 Capacitive Coupling Ratio(CCR)는 일반적으로 Coupling Ratio라고 한다. Coupling ratio는 여러 수동소자 변수에 따라서 resistive coupling ratio로 나뉘기도 하고 capacitive coupling ratio로 쓰일 수도 있는데, capacitance로 인한 coupling이므로 capacitive coupling ratio라고 하겠다. FG에 전달되는 최종적인 potential은 각각의 voltage source(V_{supply})에 각각의 capacitive coupling ratio을 곱한 potential level을 모두 합한 level($V_{CCR-total}$)이다.

$$V_{CCR-total} = \Sigma(CCR : Cacitive\ Coupling\ Ratio) \times V_{supply} \qquad \text{식7)}$$

$V_{floating\ gate}$(floating gate potential)은 주변의 여러 방향으로부터 floating gate에 인가되거나 영향을 주어 FG가 받는 총 potential level이다. 인접 word line 혹은 주변의 전원 source로부터 영향을 끼치는 potential은 cell 내부로 파급되면서 floating gate에 전달되는 실효 potential에 의하여 FG가 charge되므로, 중심을 floating gate에 두고 주변의 voltage source들로부터 공급되는 전압 source들을 합한다. 이런 종류에는 vertical 방향으로는 control gate와 substrate로부터 인가된 전압 source가 있고, 수평방향으로는 target cell이 총 8개의 cell로 둘러싸여 있으며, 입체적 입장에서의 대각선 방향으로도 주변 cell의 control gate 혹은 substrate로부터 전해지는 다수의 voltage source들이 있다.

$$\boxed{V_{floating\ gate} = \Sigma V_{vertical} \times CCR + \Sigma V_{horizental} \times CCR + \Sigma V_{diagonal} \times CCR} \qquad \text{식8)}$$

1-5-2-1 Floating Gate를 기준으로 설정한 수직구조에 의한 CCR @ FG가 NO charge 상태

이 경우는 FG에 electron이 얼마나 charge될 지에 대한 영향을 계산한다. Floating gate에 끼치는 potential level은 4개 단자로부터 인가되는 전압이므로, FG를 둘러싸고 있는 capacitance (Cap) 종류를 크게 4개로 구분할 수 있다. C_{g1}, C_s, C_{g2}, C_d로 나누어 각각의 Cap은 2개의 gate(CG, FG)의 간격(C_{g1}인 경우), 혹은 tox의 두께(C_s, C_{g2}, C_d인 경우)에 반비례하고, FG 면적에 비례하는 값을 갖는다.

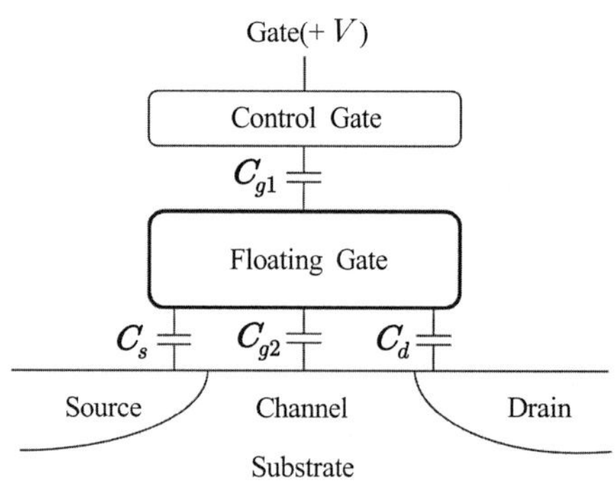

❒ CH6. 그림 1-11 기생 Capacitance 종류 @ NO charge 상태, FG 기준

4개 단자(CG, Source, Substrate, Drain)로부터의 전압 source는 단자와 단자 사이에 형성된 capacitance에 의하여 일정한 비율로 전압이 강하되어 FG에 전달된다. 이들 4개의 capacitance들은 floating gate 기준에서는 capacitance들이 병렬로 연결된 구조를 띄므로 total 합은 capacitance의 병렬식에 의하여

$$C_{fg-vertical\,total} = C_{g1} + C_s + C_{g2} + C_d \quad \text{식9)}$$

가 된다. 여기서 $C_{fg-vertical\,total}$은 전체 수직 Cap의 총합이며 수평방향의 interference 영향에 의한 capacitance 변화는 포함하지 않았다. <그림 1-12>은 수직방향의 capacitance들을 FG 기준으로 다시 배열한 것이다.

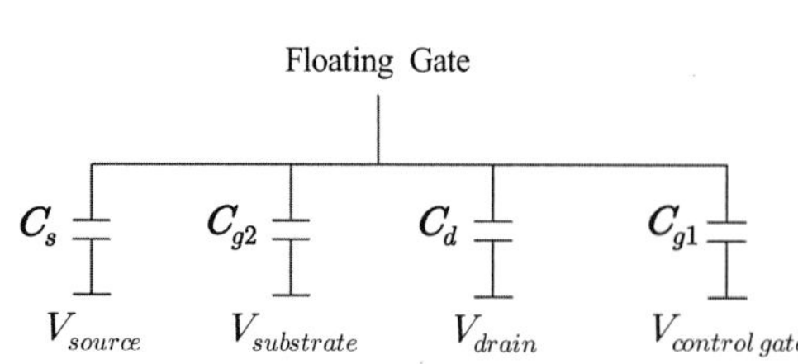

❒ CH6. 그림 1-12 병렬구조 Capacitance Simulation @ FG 기준

개별 capacitance가 floating gate에 영향을 끼치는 비율(coupling ratio)은, 각 개별 Capacitance/Total Capacitance이다.

$$CCR_{each} = C_{each} / C_{vertical\ total} \quad \text{식10)}$$

CG와 FG 사이인 경우의 CCR은 $C_{g1}/(C_{ono}+C_{tox})$이다. 여기서 $C_{ono}=C_{g1}$, $C_{tox} = C_s + C_{g2} + C_d$이다. 개별 Capacitive Coupling Ratio(CCR)를 모두 더한 값은 1이 되므로, 각각의 termination에 인가된 전압에 개별 capacitive coupling ratio를 곱하여 나온 전압들의 총합이 FG에 전달되는 총 전압 potential이 된다. <CH6. 그림 1-13>의 A지점의 전압은

$$V_{CCR-cg} = (C_{g1} / C_{vertical\ total}) \times V_{cg} \quad \text{식11)}$$

이고, B지점/C지점/D지점도 동일 방법으로 계산한다. 따라서 A/B/C/D 지점을 전부 합한 FG 전압은

$$\begin{aligned} V_{CCR-total} = &(C_{g1} / C_{vertical\ total}) \times V_{cg} + (C_s / C_{vertical\ total}) \times V_s + \\ &(C_{g2} / C_{vertical\ total}) \times V_{sub} + (C_d / C_{vertical\ total}) \times V_d \end{aligned} \quad \text{식12)}$$

이다. 그런데 FG에 electron charge 시의 인가전압 조건은 V_s와 V_d는 open으로서 영향을 미치지 못하고, $V_{sub}(=V_{g2})$는 0V이므로 FG에 영향을 끼치는 실질적인 potential은 $CCR_{ono} \times V_{cg}$이다.

$C_{g1} = C_{ono} = 4(C_s + C_{g2} + C_d)$라고 가정하면, program하기 위하여 V_{cg}로 18V를 인가할 때, CG전압으로 인하여 FG에 도달하는 전압 potential은 18V의 80%가 됨을 알 수 있다. <CH6. 그림 1-13>의 A에 도달하는 전압 potential은 실측할 수 있는 potential이 아니라, capacitive coupling ratio를 계산하여 간접적으로 유추할 수밖에 없다. 보통은 $C_{g1} \gg C_{tox}$로

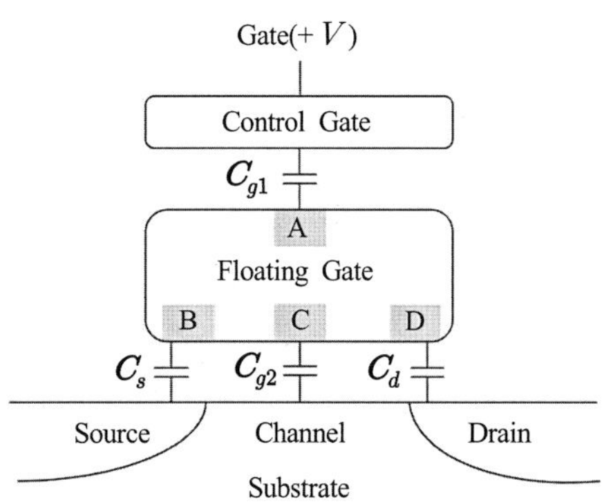

❒ CH6. 그림 1-13 수직축 CCR 및 인가 전압 @ FG 기준

조건을 설정하여 V_{cg}의 90% 이상이 FG에 인가되도록 한다. 지금까지는 FG가 NO charge일 경우이며, FG가 charge일 경우는 charge (electron 혹은 hole)에 의한 영향은 추가하여 검토되어야 한다. 이때에도 FG의 charge량에 CCR_{ONO}를 곱하여 산출한다. FG에 electron을 charge시키고자 할 때, CCR을 고려하지 않고 CG에 전압을 인가하면, FG에 불충분한 potential이 인가되어 electron이 충분히 charge되지 못한다. 혹은 너무 높은 전압을 인가하면, V_{th}의 saturation이 발생될 수 있다.

1-5-3 Substrate를 기준으로 설정한 수직구조에 의한 CCR @ FG가 NO Charge 상태

Read operation 시에 p-substrate에 n-channel을 형성시키기 위하여, V_{cg}을 인가할 때, substrate로는 V_{cg}의 전압에서 CCR을 곱한 전압 potential이 영향을 끼친다. 이때 영향을 끼치는 V_{supply}로는 V_{cg}밖에 없다. Substrate 입장에서 계산된 capacitive coupling ratio는 직렬구조이므로, $C_{tox} \times C_{g1}/(C_{tox}+C_{g1})$의 비율로서, V_{cg}가 substrate에 전달되는 potential은 동일 수직 구조축상이지만, FG에 전달되는 potential과 성격이 약간 상이하다. C_{tox}는 $C_s \parallel C_{g2} \parallel C_d$의 병렬구조의 capacitance로 $C_{tox} = C_s + C_{g2} + C_d$이다.

1-5-4 입체적 구조에 의한 CCR-Interference

이상은 수직구조에서의 capacitive coupling ratio에 의하여 FG에 유기되는 potential의 영향을 살펴보았다. $C_{vertical\,total}$은 수직적으로 영향을 받는 parasitic capacitance인 반면, interference는 입체적으로 영향을 받는 parasitic capacitance이다. Interference capacitance인 수평방향의 CCR과 대각선 방향의 CCR은 주변 cell에 의한 영향으로, cell이 shrink될수록, 그리고 chip density가 증가할수록, FG 간의 간격이 가까워져서, 수평/대각선 방향의 capacitance에 의한 효과가 증가하므로 입체적 parasitic capacitance로의 영향이 커진다.

Chip에 cell 한 개가 홀로 존재하면, FG가 외부로부터 interference 영향을 받을 필요도 없고, coupling ratio도 한개 cell 내의 수직 축 capacitance만 존재하지만, FG와 FG 간의 간격이 수십 nm 이하로 좁아짐으로 인하여, 주변 cell과의 관계가 점점 중요해진다. FG에 영향을 끼치는 주변 capacitance의 coupling 영향만을 본다면, 1개 cell을 중심에 놓고 주변 cell을 보면, 수직판 방향으로 6개 cell, 수평판 방향으로 8개 cell이 된다. <CH6. 그림 1-14 참조>. 이는 대각선판 방향을 제외하고도, random W/L accessing 방식 하에서의 총 14개 cell로부터 영향을 받는 가장 worst한 경우이지만, sequential W/L accessing 방식은 항상 target cell 뒤 쪽의 5개 cell은 이미 PGM 완료된 cell로서 영향을 받지 않는다고 가정하면, sequential 방식이 random 방식보다, charge되는 cell로부터의 V_{PGM}으로 인한 effect만을 고려했을 때, 간섭이 약 36%(5_pgm cell/14_total cell)가 줄어든다(단, erasure cell group과 program cell group 간에는 interference 영향을 받지 않는다는 가정이다). 이는 NAND flash type의 string 구조하에서 대용량 data을 sequential로 처리하는 방식이 NOR flash type의 병렬식 cell 고조하에서의 random 처리 방식보다 interference 측면에서 유리하다는 것이다.

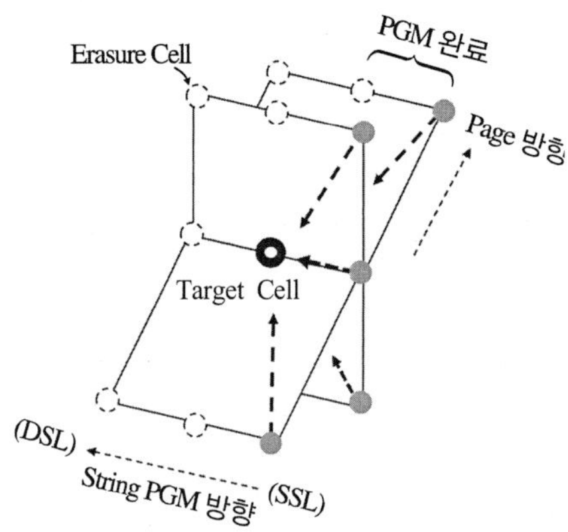

❒ CH6. 그림 1-14 Coupling에 영향을 주는 수직축과 수평축상의 주변 Cell @ sequential PGM 시

1-5-5 CCR Summary

CCR은 parasitic한 성격이고 이런 원하지 않은 CCR의 영향을 계산해 넣지 않는다면, 실질적으로 전달되는 전압 potential이 예상 potential에 비하여 왜곡되어, 기생 capacitance들에 의하여 실질적으로 전달되는 potential이 (미리 확인되지 못한 상태로서) 낮아지고, 이로 인하여 program 속도가 떨어지며, threshold 전압은 예측되지 못한 분포 구성으로 인하여 fail 되는 등 문제를 야기시킨다. 더우기 대각선 방향으로의 CCR 영향을 고려한다면 더욱 복잡해진다. 재질과 구조적인 영향 둘 중에서 CCR은 특히 구조적인 영향이 더 크다. NOR Flash type과는 NAND Flash type이 구조적으로 다르기 때문에 NAND CCR 계산도 NOR CCR 계산과 상이하여야 한다. 특히, NAND Flash에서는 design rule이 upgrade되면서, planar type에서는 수직적 구조보다는 수평적 구조에 의한 cell to cell interference(CCI) 영향을 점점 더 많이 받고, 3D는 수직축 구조에 의한 cell to cell interference(CCI) 영향을 더 많이 받게 된다. Planar type의 FG와 channel에 끼치는 CCR은 majority가 수직적 구조에 의한 capacitance(ONO capacitance와 tox capacitance)의 영향이며, 수평적 구조와 대각선 방향에 의한 capacitance의 영향은 interference 성격으로서, interference는 <Chapter 9>에서 다루었다.

Session 2 Program Condition과 Program 동작

<Session 1>에서는 cell의 관점에서 program을 살펴보았는데, <Session 2>에서는 page level과 string level로 영역을 넓힌 program동작에 대해 알아본다. Program은 word/bit 2개 line을 이용하여, 활성화되지 않는 bit line의 self-boosting을 이용한 program 동작을 inhibit시킨 후에, 활성화된 string에 단계적 program 방식인 ISPP를 진행하면서, 각 PGM pulse 시마다 program verification을 통하여 분포 폭을 조절하여 excess program을 방지한다. Program은 활용범위가 넓어서 program verification을 skip하는 방식을 통하여 program time을 단축시키기도 하고, erasure operation <Chapter 7>에서는 erasure 후에 post PGM 동작을 통하여 erasure 기능을 보강하기도 한다.

2-1 전압 인가 조건

Program은 먼저 cell의 주소가 지정된 후에 data를 외부에서 받아서 cell array로 저장하는 동작이다. Program 동작을 수행하기 위하여, word line biasing과 bit line biasing의 전압인가 조건을 알아보자.

2-1-1 Word Line의 전압인가 조건

Word line축에 인가되는 전압은 page 방향의 각 Tr들의 gate에 biasing되는 전압이다. y축으로는, program시킬 bit line은 일정하게 0V전위를 유지시키고 program 안 될 bit line은 일괄적으로 V_{cc}[V]를 가하면 되는 비교적 간단한 input 조건이지만, x축에는 해당 cell에 알맞는 각각 다른 bias 전압을 병렬로 연결된 각 Tr의 gate에 인가해 주어야 한다. Word line의 V_{pass} Tr전압으로는 약 V_{PGM}의 50% 수준의 전압을 인가하고, drain/source select line Tr에는 각각 DSL V_{cc}[V], SSL 0V를 인가한다. PGM Tr은 PGM이 목적이지만, Pass Tr은 PGM을 하지는 않고 단순하게 신호 혹은 current를 다음 cell로 pass시키는 역할만을 한다. Program할 target Tr이 포함되어 있는 target WL에는 16V(V_{PGM}) 이상의 높은 전압을 인가해야 한다.

Pass Tr의 gate에는 Tr이 ON으로 동작하도록 하는 것이 목적이므로, 낮은 전압인 V_{cc}보다 약간 높은 정도 level의 전압을 인가해 주어도 되지만, V_{cc} 보다는 2~3배 높은 전압이면서,

$V_{program}$의 약 50% 정도되는 전압 level을 인가하는 이유는, V_{cc} level 전압을 인가하면 인접 V_{PGM}과 너무 높은 전위차가 발생되어 program시키지 말아야 할 pass Tr에 인접 V_{PGM}에 의하여 electron이 charge되는 pass disturbance가 발생할 수 있기 때문이다. 예를 들어 target cell인 program cell에 높은 20V 전압을 인가하고 인접 pass cell에는 낮은 전압(예를 들어, 3.3V 혹은 5V)을 인가할 경우, 인접 FG 간에는 전위차이로 약 15V 이상 발생되고, 이 정도 전위차는 program이 잘 되는 cell은 쉽게 영향을 받으므로, pass Tr에 electron이 charge되지 않도록 약 50%정도의 전위차를 둔다. V_{pass} 10V와 $V_{program}$ 20V가 되면, 전위차이가 10V 이내로 조절되므로 pass Tr이 program되지는 않는다.

반면, target cell에는 word line을 통하여 FG에 electron이 FN tunneling을 할 수 있는 전위차가 발생되어야 한다. 즉, word line에 충분한 전압(+16V 이상)을 인가하여, cell의 CG에는 program할 수 있는 전압을 공급하도록 하고, Sub에는 zero 전위가 유지되도록 bit line에는 0V를 인가하여야, FG가 16V 이상의 전위차가 발생되어 electron이 FG에 charge될 수 있다. 이때 Sub를 마이너스 전위차로 유지할 수 있으면 CG에는 그만큼 낮은 전압을 인가해도 FG의 전위차는 유지되므로 high voltage를 supply하는 부담이 줄어든다. 그러나 Sub에 마이너스 전위차를 과도하게 높일 경우 V_{th}가 높아지고 signal speed가 감소되는 body effect 등, 다른 부작용이 따르므로 보통 영전위 [0V] 혹은 약간의 $-V$를 인가한다. <Chapter 3. Session 4-6> 참조. (P-type Sub 하단에는 항상 역 bias 상태를 유지하여야 하므로, PNP type를 구성하여 Sub에는 약한 $-V$를 인가하여, Sub 하단으로 전류가 흐르지 않도록 한다)

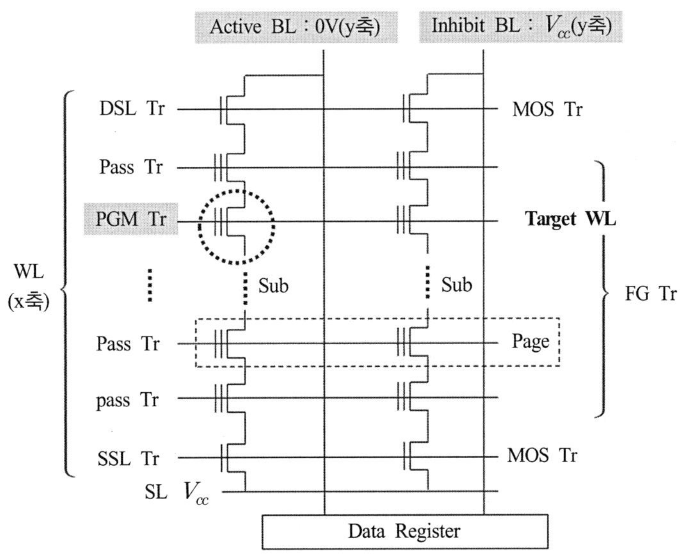

❒ CH6. 그림 2-1 Program Tr을 위한 Word Line Biasing @ conventional HBL의 active line PGM 시

DSL(Drain Select Line) Tr은 string의 맨 앞 단에, SSL(Source Select Line) Tr은 string의 맨 마지막 단에 position해 있으면서, DSL은 bit line과 연결해주고, SSL Tr은 SL(Source Line)과 연결해주는 switching 역할을 한다. 이는 모두 block 내에서 word line 방향으로 common 연결하여 사용된다. Drain select line과 source select line에 연결되어 있는 Tr은 gate가 1개인 NMOS Tr로서, ON 혹은 OFF 상태를 만들어, bit line에 인가된 전압 0V를 string에 연결해주거나, 아니면 차단시켜주는 역할을 한다. 연결시킬 필요가 있을 때는 NMOS Tr의 gate에 V_{cc}를 인가하고, 차단시킬 필요가 발생 시에는 NMOS Tr의 gate에 0V를 인가한다. 따라서 program 시에는 DSL Tr gate에는 V_{cc}를 인가하여 program할 BL의 0V가 turn on된 DSL Tr을 통하여 input되도록 하고, SSL Tr gate에는 0V를 인가하여, SSL Tr의 source쪽으로부터는 외부와 차단시켜, Source Line(SL)의 V_{cc}가 string에 영향을 주지 않도록 보호한다. 특히, V_{cc}로 인가된 common source line(CSL)으로부터 차단시켜, substrate의 channel을 0V로 가둠으로써, CG와 channel 사이의 potential 차이를 되도록 높게 유지하기 위함이다. 더욱이 SSL과 CSL 사이는 reverse biasing이 되도록 하여 string 내부의 circuit을 보호한다.

이렇게 되면 SSL Tr만 제외하고는, program 시의 X-decoder를 통하여 연결된 word line 방향의 모든 cell은 ON이 되고, bit line의 0V가 substrate(공통)를 타고 pass Tr과 program할 target Tr을 지나서 SSL Tr까지 동일 전위로 인가되어 PGM할 수 있는 조건이 완료된다. 여기서 DSL Tr은 pass Tr과는 word line 전위차는 약 5~6V 밖에 되지 않으므로 pass Tr의 FG에 disturbance가 발생되지 않지만, DSL Tr 옆에 program cell이 위치할 경우는 DSL Tr과 program될 Tr 간의 gate 전위차가 약 12V 이상 유기되므로 신뢰성 issue의 발생 가능성이 높다. 이럴 경우를 방지하기 위한 dummy cel(DSL Tr 인접) 등 여러 scheme이 적용되고 있다. 이렇게 x축 방향으로 적정한 전압 condition들을 조성시킨 후에, Y-decoder를 통하여 program할 data pattern을 bit line으로 page단위로 형성하여 input한다.

2-1-2 Bit Line의 전압인가 조건

Program될 target bit line은 0V를 인가하고 program되지 않을 unselected bit line은 V_{cc}를 인가하여 program할 bit line을 selection한다. Unselected bit line에 연결된 cell은 word line에 program전압(Gate전압)이 인가되어도, bit line inhibit으로 인한 substrate가 self-boosting에 의하여 cell과 Sub 사이가 V_{PGM} 이하의 전압이 유지되도록, substrate의 전압이 word line의 인가전압과 일정한 수준 이하의 전위차이를 보이며 동반 상승한다. FG의 전압 potential 차이(CG-Substrate 차이)가 V_{PGM} 이하로 control됨으로써, target cell의 WL선 상에 위치한

unselected FG에는 FN Tunneling이 불가능하게 된다. Conventional HBL(Half of BL)은 even bit line과 odd bit line을 구분하여 동작하는데, even bit line이 동작 시에는 odd bit line은 self-boosting되고, odd bit line이 동작 시에는 even bit line이 self-boosting되어 inhibit 상태로 관리된다.

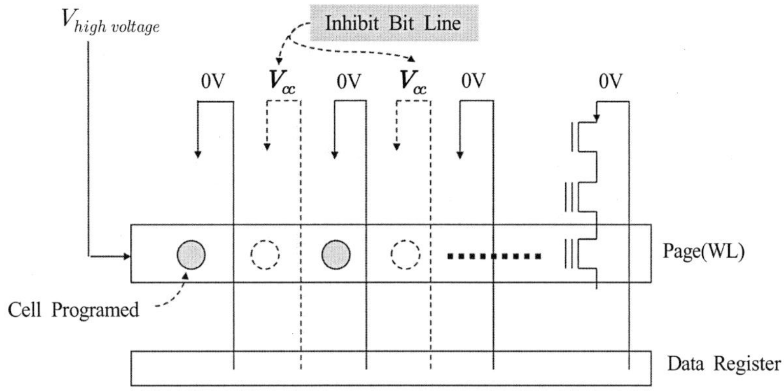

❒ CH6. 그림 2-2 Bit Line 인가 조건과 Inhibit Line @ conventional HBL인 경우

2-1-3 Page Program Operation

Program할 때도 마찬가지로 chip 내부에서 data pattern은 page 단위로 program한다. 외부로부터 input된 pattern은 column decoder의 data register(DR)에 저장된다. Data register로 저장될 때 serial로 input된 pattern은 DR에서 block 내에 지정된 page로 parallel하게 이동되어 program된

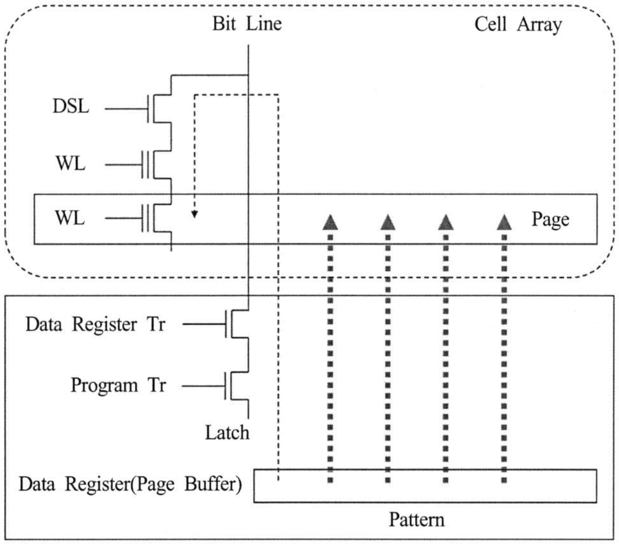

❒ CH6. 그림 2-3 Page Program 동작

다. Data register에서 cell array로 pattern을 이동하기 위하여 cell array 내의 page를 assign할 때는 random방식(SLC인 경우)으로 지정하거나, page 순서별로 하나씩 page를 증가시키면서 assign하는 ascending방식(SLC/MLC/TLC인 경우)을 사용한다.

Program할 pattern을 받아들인 data register는 pattern을 latch에 저장하고 있다가, program command가 떨어져 PGM Tr이 ON이 되면, latch Q에 있던 PGM할 pattern(0V와 V_{cc}의 조합)을 bit line에 연결시켜서 parallel하게 page 내의 cell로 이동시킨다. 이때 target bit line에는 0V가 인가된다. Row decoder로부터 들어온 row address에 의하여, cell이 지정되었으므로, target bit line의 Sub에는 0V로 leveling되고, target word line에는 V_{PGM}으로 leveling되므로, target cell의 FG에 electron이 charge된다. Data register에서 cell array로 data가 parallel로 page program되는 시간을 program busy time 혹은 program time($t_{program}$)이라 한다. Program busy time은 program하는 데 바쁘니 방해하지 말라는 뜻이다.

2-2 Inhibit 동작

Inhibit이란 activity가 발생되지 않도록 막는 것을 말하며, NAND는 inhibit operation을 자주 사용한다. Inhibit은 cell inhibit, bit line inhibit, block inhibit이 있다. Program 시에는 cell inhibit과 bit line inhibit을 이용하고, erasure operation에서는 block을 inhibit시켜서 target block 이외 block의 erasure를 막는다. Chip의 write protection도 chip의 program 동작이 불가능하도록 하는 chip inhibit의 일종이라 하겠다.

2-2-1 Cell Inhibit

Cell inhibit의 목적은 program 완료된 cell의 FG에 더 이상 PGM되지 않도록 보호하기 위해서다. ISPP를 진행하면서 program verification을 하여, V_{th-PGM}이 target criteria에 들어간 cell은 inhibit시켜서 더 이상 program이 진행되지 못하게 한다. 추가 program을 진행하고 안하고는 기준 level인 V_{ref}를 확인하여 V_{ref}보다 높은 V_{th}를 갖는 cell에 대하여는 CG 단자에 더 이상 V_{PGM}을 인가하지 않도록 조절함으로써, cell by cell로 inhibit시킨다.

Inhibit되는 cell의 FG에는 10V 이하의 전위차이가 형성되도록 input bias condition을 설정한다. Inhibit 단계로는, program이 완료된 순서에 따라 차례로 cell의 bit line에 V_{cc}를 인가하여, 더 높은 level의 PGM용 high voltage pulse가 PGM 완료된 cell의 gate에 인가되어도, 해당되는 address의 cell이 속한 bit line 자체가 self-boosting되어 target cell이 program inhibit되도록 한다. 맨 먼저 fast cell을 inhibit시켰으면 다음으로는 중간속도로 program되는 cell들이 program

완료되어 inhibit되고, 최종적으로 가장 늦게 program 완료된 slow cell들이 program inhibit됨으로써 conventional HBL 중의 even cell 전체 (pattern) 혹은 odd cell 전체(pattern)의 program이 완료된다.

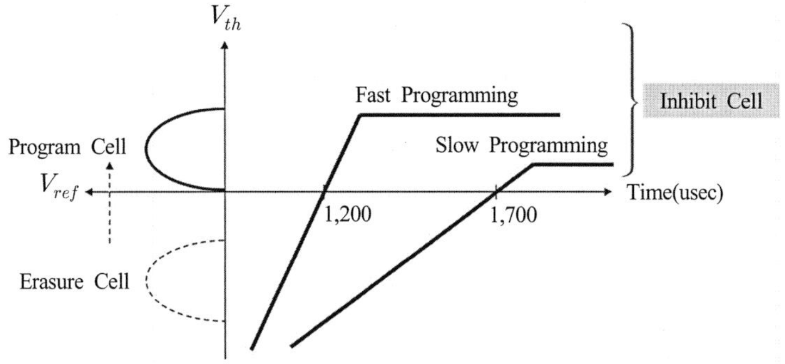

❐ CH6. 그림 2-4 Cell Inhibit순서

즉, cell inhibit에서는 cell의 inhibit에 앞서서, cell의 V_{th} verification을 수행하여 verification level이 target level보다 높으면 자동적으로 program operation이 stop되도록 하여, target cell의 CG에 next step pulse를 인가해도, 더 이상 program이 진행되지 않도록 해당 cell을 inhibit시킨다.

2-2-2 Bit Line Inhibit

공통 WL의 같은 page 상에 V_{PGM} 전압을 동시에 인가하는 조건하에서, PGM 시의 bit line inhibit은 BL별로 전압을 조절하여 inhibit한다. <CH6. 그림 2-5> 참조. Inhibit operation은 inhibit하려는 bit line에 V_{cc}를 인가하여 DSL Tr을 off시킴으로써, channel의 self-voltage boosting 현상을 발생되게 함으로써, bit line에 연결된 sting 전체를 inhibit시킨다.

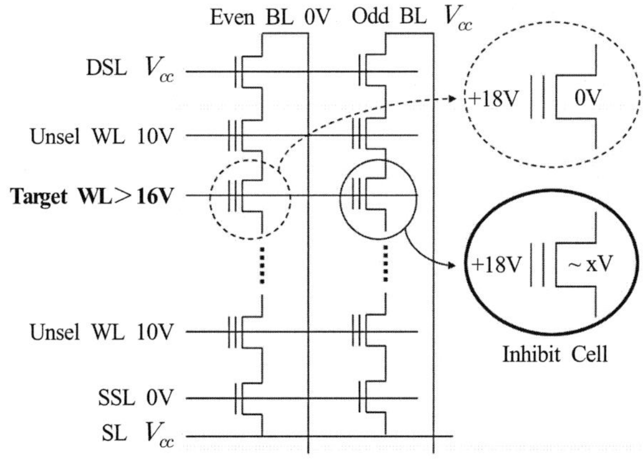

❐ CH6. 그림 2-5 Bit Line Inhibit 조건

Cell inhibit과 bit line inhibit은 근본적으로는 같은 현상으로서, bit line을 inhibit시킴으로써 PGM 완료된 cell이 inhibit된다. NAND의 string 구조에서는 cell 자체를 inhibit시킬 수 없는 구조이므로, bit line 방향으로는 bit line 전체를 inhibit시키고, page 방향으로는 program 시에는 사용하는 동일 V_{PGM}을 인가한다. Inhibit operation의 목적은 해당 area를 무력화시키는 것이지만, program 동작에서의 inhibit의 본질은 self-boosting이다. 아무리 WL 방향의 FG에 V_{cg-PGM}으로 high pulse를 인가해도, floating gate가 program되지 않도록, BL 방향으로 self-voltage boosting 방식을 이용하여, target cell의 CG 전압과 Sub 전압의 potential차이를 V_{PGM}전압 이하로 유지시키면, target FG가 더 이상 program되지 않는다. 또한, inhibit된 bit line으로부터 전압이 빠지지 않도록 SSL Tr gate에는 0V를 인가하여 SSL Tr을 OFF시키고, SSL과 SL 사이는 역 bias를 형성하게 한다. 따라서 Cell inhibit, bit line inhibit, self-boosting은 모두 같은 내용이면서, 또 각각의 관점에서는 약간씩 다른 기능과 목적을 갖고 있다.

$$V_{fg-potential\,difference} = V_{cg-PGM} - V_{substrate} \quad \text{정리1)}$$

Program과 erasure 동작이 완료 후, inhibit을 걸어서 더 이상 필요 없는 cell, bit line, block이 같은 동작을 수행하지 못하도록 강제할 수 있는 inhibit operation도 flash만이 갖고 있는 특성이다(block inhibit은 bit line inhibit과 다른 operation으로 <Chapter 7. Session 2-2> 참조).

2-3 Self-Boosting @ inhibit cell on inhibit bit line

외부와 단락된 상태에서 inhibit bit line의 substrate에 대한 자발적인 승압효과를 self-boosting이라 한다. Self-boosting은 전압이 스스로 boosting, 즉 승압되었다는 의미인데, 이는 입구와 출구를 모두 차단시켜 isolation시킨 후에, 한쪽 단자(gate)에 높은 전압을 불어 넣어주면, 인

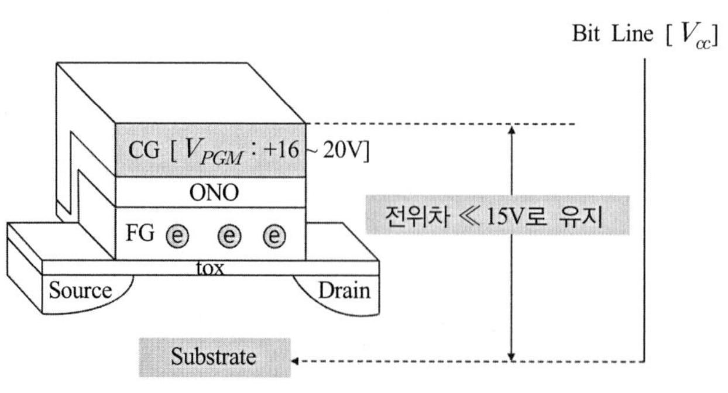

❐ CH6. 그림 2-6 Program Cell의 Inhibit을 위한 Biasing

가되는 전압에 따라 isolation된 전체 area의 전압이 동반 상승하는 효과로서, program operation에서는 self-boosting을 위하여 3번의 전압을 인가하여, 3단계로 승압된다.

Program 시에는 DSL Tr은 ON, SSL Tr은 OFF로 주변 조건을 조성하였지만, self-boosting을 수행하기 위하여 inhibit시킬 때는 입구와 출구인 DSL과 SSL 모두를 turn-off 시킨다. SSL turn off는 program과 동일 조건이므로 간단하게 SSL Tr의 gate에 0V를 가하면 SSL Tr의 FG 밑에 current가 흘러야 할 channel이 형성되지 않기 때문에 SSL이 turn off되는데, DSL Tr을 OFF시키기 위하여 0V를 인가할 수는 없다. 왜냐하면 word line 공통으로 연결된 DSL Tr의 gate에 0V를 인가하면, inhibit시킬 bit line에 딸린 DSL은 turn off되겠지만, program 해야 하는 다른 bit line의 DSL도 더불어 turn off가 되어 정작 target BL의 program되어야 할 cell이 program을 수행하지 못하게 된다. 따라서 PGM operation이 우선이므로 program 시 DSL Tr의 gate에는 무조건 V_{cc}를 인가할 수밖에 없어서, 결국 그 외의 방법을 이용할 수밖에 없으므로 선택할 수 있는 option은 bit line으로 control해야 한다.

Inhibit 시킬 BL에 V_{cc}를 인가하면, DSL과 bit line(V_{cc})의 전위차가 0V로 형성되어, target Tr에서 보았을 때 diode 형태가 된다. String 上에서의 전류 flow 순서가 DSL Tr > Pass Tr이라고 가정하면, DSL Tr과 bit line에 V_{cc}가 인가된 후에, V_{pass} Tr의 gate에는 시간차를 두어 2개 종류의 전압 level을 인가한다. V_{pass} Tr에는 먼저 0V를 인가하고 나중에 V_{pass} Tr에 10V를 인가한다. V_{pass} Tr에 0V인가 시, diode D1은 forward bias가 되어 $V_{cc}-V_{th}$의 전압이 A point와 substrate에 1차 인가된다. <CH6. 그림 2-7> 참조. 이어서 V_{pass} Tr이 10V로 상승하면 D1은 reverse bias가 되고, A point와 substrate는 $(V_{cc}-V_{th})+10V$로 2차 전압 상승 효과가 발생한다. 즉, V_{pass} 전압으로 pass Tr에 10V가 인가되면 역 bias된 D1의 앞 뒤 전위차는 $10V+V_{cc}-V_{th}-V_{cc}=10V-V_{th}$가 된다.[3] DSL Tr의 인접 cell이 program cell일 경우에도 높은 전압 level인 V_{PGM}이 걸리고 이때에도 역시 역 bias가 형성되어 DSL Tr이 off되므로 current가 흐르지 못한다.[4]

DSL Tr이 turn off되면 inhibit string 전체(DSL Tr - pass Tr - PGM Tr - SSL Tr)가 외딴 섬처럼 외부와의 연결이 끊어지게 되는 floating 상태가 된다. 이때 gate단자에 전압을 인가하면, 인가되는 전압에 따라 substrate 전압 level이 CCR변수에 따라 상승하게 되는데, 이를 스스로 boosting한다고 하여 substrate의 self-boosting 혹은 channel 전체가 boosting되었다고 하여 channel boosting이라 한다. Gate전압은 양의 전압이므로 boosting이라는 명칭으로 사용하

3) PGM Tr인 경우는 +16V 이상의 전압을 인가하던가, 혹은 dummy Tr로 인하여 약간의 다른 조건으로의 전압조건 형성이 가능하지만, 일반적으로 V_{pass} 전압은 10V가 인가되는 것으로 간주한다.

4) V_{pass} 전압으로 약 10V를 인가하는 이유는 PGM cell과의 interference를 방지하기 위한 목적도 있지만, DSL Tr과의 역 bias를 만들기 위한 다목적 포석이다.

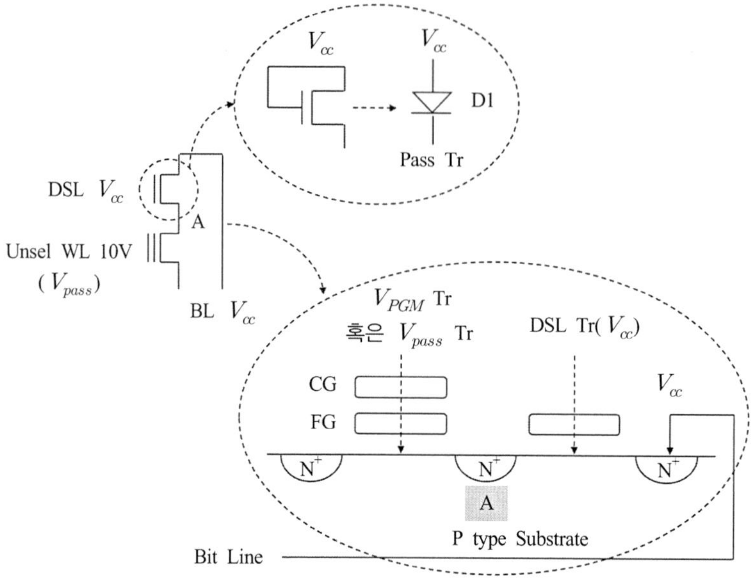

❒ CH6. 그림 2-7 DSL Tr의 Turn Off 구조 및 Condition

였다. Boosting 시 channel은 3단계로 승압된다. 첫 번째는 DSL Tr의 gate에 인가하는 전압 V_{cc}에 의해서 $V_{cc}-V_{th}$로 pre-boosting되고, 두 번째는 V_{pass} gate에 인가하는 전압(약 10V)으로 boosting되며, 세 번째는 V_{PGM} 전압으로 인하여 boosting된다. Boosting되어 배분되는 전압의 크기는 수직축 방향의 capacitive coupling ratio에 의하여 결정된다. DSL Tr의 V_{cc}에 의한 boosting 전압은 FG가 없기 때문에 CCR의 영향을 받지 않는다. V_{pass}와 V_{PGM}의 gate 전압인가는 시간차를 두고 인가하여, channel이 한꺼번에 2개 종류의 전압에 의하여 boosting 되지 않도록 조절한다. Self-Boosting 전압은,

$$V_{sub-self\,boosting}=(V_{cc}-V_{th})+V_{pass}\times CCR_{sub}+V_{PGM}\times CCR_{sub} \qquad \text{식13)}$$

이다. 따라서 inhibit bit line에 해당하는 string에 연결된 cell의 channel 영역 대비 CG에 공통으로 인가되는 V_{cg-PGM}의 전압 potential 차이가 항상 10V 보다 적으므로, 해당 FG는 FN tunneling이 일어나지 않으므로 self boosting 조건하에서는 program되지 못한다. Sub에 걸리는 전압 level은 string 상의 inhibit 영역 내에서는 모든 cell의 Sub에 동시에 동일한 전압 level로 영향을 끼친다.[5)]

5) CCR_{sub}는 substrate를 기준으로 했을 때, CG에서 Sub까지의 C_{ono}와 C_{tox}가 수직방향의 직렬로 연결되어 배분 capacitive coupling ratio(CCR_{sub})이다.

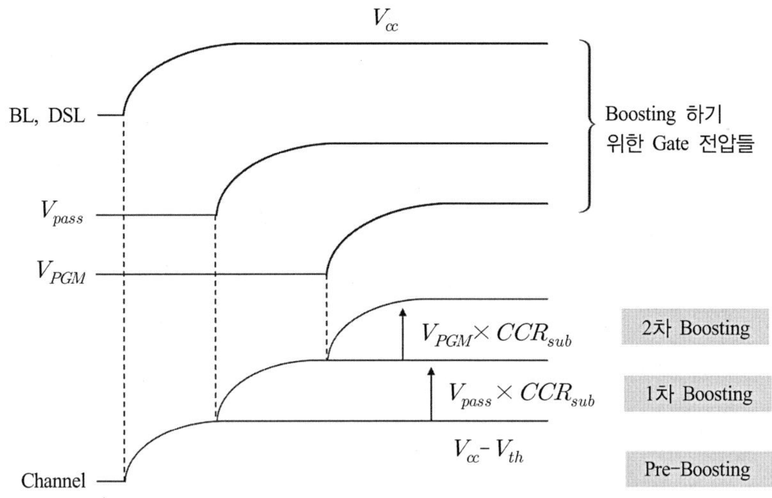

❒ CH6. 그림 2-8 Gate 전압들에 의한 3단계 Boosting

Self-boosting area는 NAND 초창기에는 string 전체 cell을 대상으로 하다가, technology가 shrink되면서 점차 boosting area가 분리되고 또 축소되어 local화 되고 있다. FG와 FG 사이의 간격이 좁아짐에 따라 원하지 않게 drain 주변 area에서의 electron들이 FG에 charge되기도 하고, gate와 drain 사이의 전압차이에 의하여 drain 단자로 흡수되어 형성되는 current의 양이 많아짐으로 인하여(GIDL), <Chapter 8. Session 2-1-8> 참조, 이에 대한 방지용으로 한정된 area의 page들에 상대적으로 낮은 전압을 인가하여 boosting area를 일정 영역으로 분리한다. 이렇게 분리된 area를 local boosting area라 한다. 그러나 local boosting area로 인하여 I-V 출력 특성이나 V_{gs} transfer특성이 영향을 받지는 않는다.

2-4 Program Operation 방향

Program방식은 구조적 위치에 따라서도 영향을 많이 받는다. x축과 y축으로 나뉘어진 cell array 상에서 program은 page 단위로 진행되는데, program을 진행할 word line 전체에 동일하게 V_{PGM}을 인가하면, 전압은 cell array 내로 한꺼번에 인가된다. Page × string 단위로 구성된 block에서 X-decoder에서 sorting하여, DSL/pass-Tr/target-Tr/pass-Tr/SSL로 동시에 전압을 인가한다. 인가 전압치는 V_{cc}/50% of V_{PGM}/ V_{PGM}/50% of V_{PGM}/0V가 된다. Y-decoder에서는 BLe/BLo/ …에 인가하고, 인가전압으로는 0V/ V_{cc}/0V/ V_{cc} … 이다(even bit line의 PGM operation 시).

실질적으로는 PGM pattern으로 인하여 PGM condition들이 정해지기 때문에 program할 condition들과 PGM pattern의 입력도 동시에 일어난다. Pattern은 data register에서 target page

로 입력된다. Target page의 선택된 odd bit 혹은 even bit 중에서(Conventional HBL일 경우), 외부에서 입력한 pattern에 의하여 해당되는 cell이 page 단위로 program된다. Program 방식은 모든 cell이 intrinsic 상태 혹은 erasure된 상태에서 시작하므로 program될 page에는 $V_{cg-program}$이 ISPP step으로 전압이 인가된다. Conventional HBL 중 even bit 부터 시작하였다면 even bit 중에 program이 필요한 cell들에 해당하는 bit line에는 0V가 인가되고, pattern에 의하여 PGM이 필요없는 even address cell들도, odd bit line처럼, V_{cc}가 인가되어 intrinsic 혹은 erasure 상태로 계속 유지된다. Even cell들에 대한 operation이 완료되면, even bit line 개별적으로 inhibit되고, 다음으로 odd bit line들이 활성화된다.

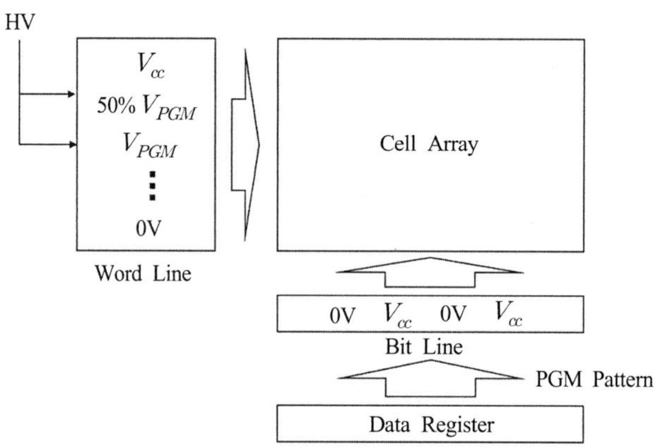

❐ CH6. 그림 2-9 Program Condition과 Pattern의 입력 방향

<CH6. 그림 2-10>은 page, string으로 voltage가 인가되고, self boosting을 적용한 후, cell array 내에서 각 cell이 받는 voltage potential에 대한 example이다. 이는 even cell이 모두 PGM 되고 CCR_{sub}는 100%라는 가정이다. 또한 DSL은 gate에 V_{cc}가 인가되고 pass Tr에는 10V,

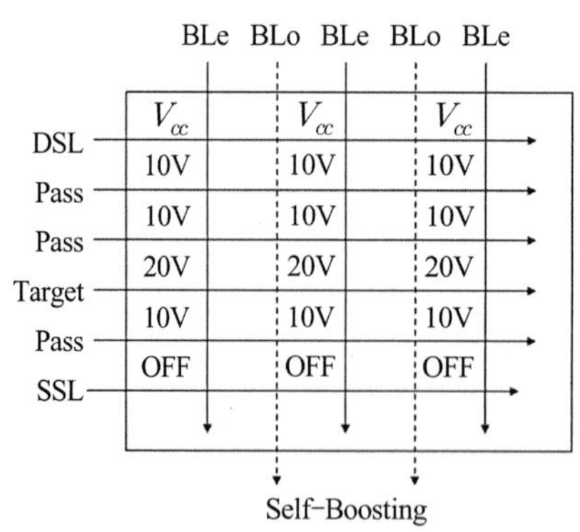

❐ CH6. 그림 2-10 Voltage Potential @ block 내 각 cell

PGM Tr에는 20V가 인가된다는 가정이다. SSL은 PGM 시 bit line을 floating시켜야 하기 때문에 OFF Tr로 유지시켰다.

Program하여야 할 cell이 모두 완료되면, page를 옮겨서 다음 page에 program을 수행하는 sequential program을 진행하므로, block 내에서는 한 word line이 완료되면 step by step으로 y축 방향으로 다음 word line으로 이동한다. 순서는 sequential program일 경우는 낮은 번호 page에서 높은 번호 page로 올라가면서 ascending하게 진행한다. Cell이 erasure 상태에서 ascending PGM을 진행할 경우, PGM을 수행하지 않은 area는 전부 erasure 상태이므로, erasure area와 PGM area 사이에 FG의 interference 작용이 클 수 있으며, 이런 것들이 NAND의 단점이 된다. 이를 보완하기 위하여 NAND 밖에 FTL이란 Flash Translation Layer를 두어 NAND PGM 시에 random word line이 선택되도록 row address를 map을 이용하여 관리하며 이를 map management라 한다. 따라서 외부에서 NAND를 볼 때는 ascending하게 PGM되지만, 실질적인 cell array 내부에서는 interference를 방지하기 위하여 random하게 PGM시킨다. FTL은 HDD에 write하는 방식과 같이, NAND를 이용하는 host가, NAND operation 형태로 인하여 불편을 느끼지 않도록 NAND와 host 사이에서 중계역할을 해준다. Random하게 program되는 address를 어떻게 선택할 것이냐는 제품 변수(MLC, TLC), bit line 변수(Conventional HBL, ABL), cell randomization 변수, cell wear leveling 변수, disturbance 방지 변수 등이 작용하여 복잡하므로 세부 scheme은 생략한다. 다량의 data를 program하는 경우는, 연속적인 address를 갖는 sequential program 방식의 throughput이 높고, data 용량이 적을 경우는 random 방식이 sequential 방식보다 throughput이 높다.

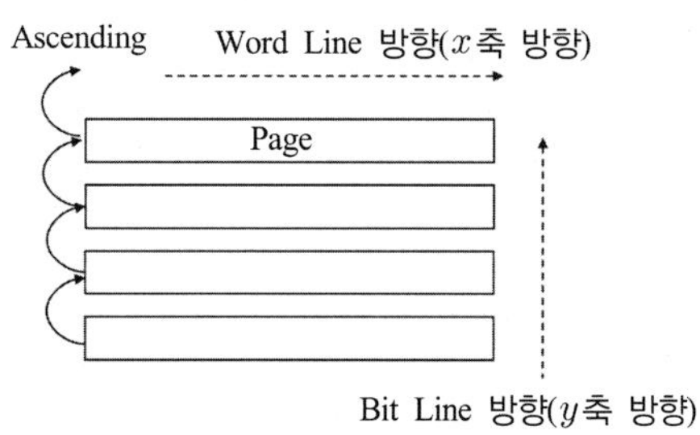

❒ CH6. 그림 2-11 Sequential Program

2-5 Program 분포

NAND Flash의 특성을 나타내는 index 중에 가장 대표적인 지수가 V_{th}분포다. NAND는 많은 부분을 V_{th}분포로 이해하고 측정하며 또 해석한다. 그만큼 V_{th}분포는 지수로서도 중요하고,

NAND 성능을 좌지우지 한다. 분포의 기본 성질 및 분포를 이용한 제품 다변화에 대하여는 <Chapter 5>에서 다루었으며, 본 Session에서는 program 입장에서 바라 본 분포에 대하여 좀 더 세부적으로 살펴보겠다.

2-5-1 Program Cell에서의 V_{th}분포 의미

Program된 cell의 V_{th}는 보통 0.5V 정도에서부터 시작되는데, V_{th}값뿐만이 아니고 V_{th}의 분포 폭도 얼마정도 되어있는가, program 시의 전압을 얼마나 높게 인가했는가, SLC/MLC/TLC 등 어떤 제품인가 등등 각각의 상태에 따라 제반 여건들이 다르게 나타난다. 일반적인 SLC 형태의 program에 따른 V_{th}분포는 <CH6. 그림 2-12>와 같다.

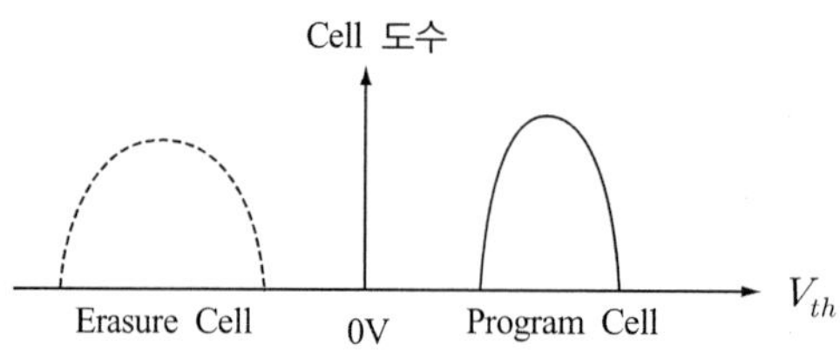

❒ CH6. 그림 2-12 Erasure Cell과 Program Cell의 분포 비교

V_{th}는 I_{ds}가 흐르기 시작하는 V_{cg}의 값이므로, program cell에서의 V_{th}값을 알아낸다는 것은, electron이 FG에 charge된 후에, 해당 cell의 drain current가 흐르는 전압값의 시작점을 확인하는 것이다. Cell의 물질과 주변의 상황에 따라 어떤 cell은 program이 잘 되어 낮은 쪽의 program전압(16V 근방)을 가해도 원하는 적정량의 electron이 FG에 charge되고, 어떤 cell은 상대적으로 program이 힘들기 때문에 동일한 전압을 가하면 program이 안되어, 높은 program전압(20V 이상 전압)을 가하여야 원하는 적정량의 electron이 FG에 charge된다. 그러나 일단 PGM된 cell의 V_{th}는 FG 내 electron의 양에 연동하여 높고 낮음이 결정되므로 V_{cg-PGM}과는 직접적인 상관관계는 없고 간접적인 영향을 끼친다. Program에서의 분포 폭이 narrow하다는 의미는 FG에 charge된 전자의 양이 적은 cell들끼리 혹은 많이 charge된 cell들끼리 몰려 있다는 것이다. 적은 electron charge cell들의 분포는 하향되어 있고, 많은 electron charge cell들의 분포는 상향되어 있다. 그런데 V_{th}분포 폭이 wide해진 경우는 FG 내에 electron이 적은 cell과 많은 cell이 넓게 퍼져 있는 바람직하지 않는 경우이다. 문제는 이렇게 성능이 다른 cell들이 많이 모여 있는 군(grouping)의 분포 폭을 어떻게 narrow하게 하고, 분포를 target 이내로 들게 할 것이냐 이다.

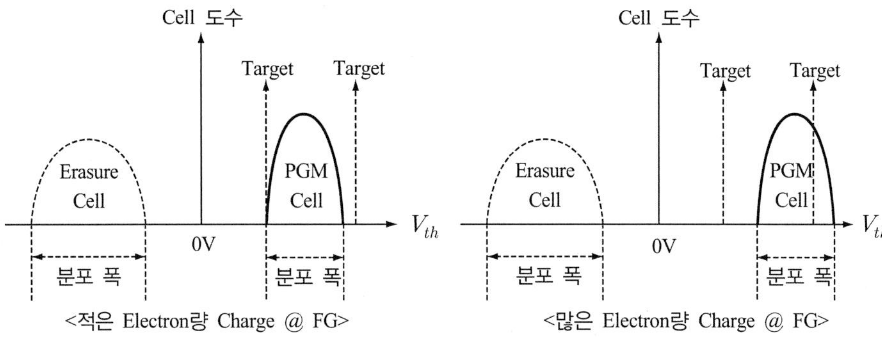

❒ CH6. 그림 2-13 PGM 분포 비교

2-5-2 MLC Program 분포 형성

SLC에서는 PGM 분포를 1개 형성하지만, MLC에서는 PGM 분포를 3개 형성하여야 한다. MLC PGM 분포를 형성하는 데 있어서 중요한 것은 V_{th} 분포 window_maximum ($V_{th-window-max}$) 내에 모든 필수 분포 level의 배치가 가능하도록 해야 하는 것이 물론이고, V_{th} 분포와 분포 사이의 margin을 확보하여야 한다. V_{th} 분포의 핵심은, V_{th} 특성상 모든 cell의 V_{th} 분포와 분포 사이의 영역에는 어느 cell이건 cell의 threshold voltage값이 존재하지 않도록 control 해야 한다. 분포와 분포 사이에 V_{th}값이 다수의 도수로 퍼져서 설정되어 있다면, 이는 분포 tail로써 분포를 구분하는 데 장애요소가 되며, 이 area는 실질적으로는 분포 fail로 간주되어야 한다.

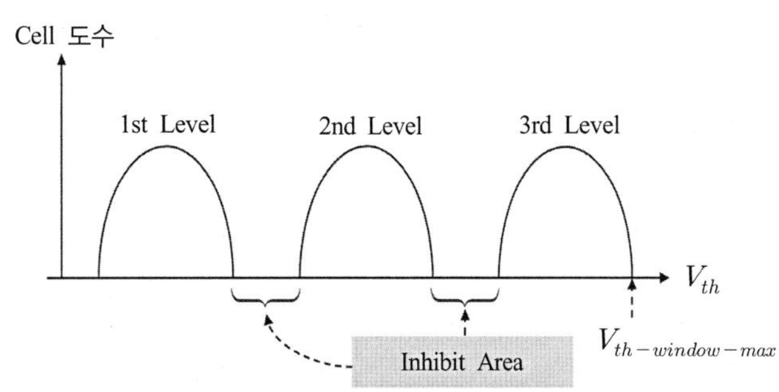

❒ CH6. 그림 2-14 V_{th} Inhibit Area @ program 시

예를 들어 용량이 64G bit chip이라면, Read 및 program 시에 V_{th}의 분포 level (4개 level @ MLC)별로, 64G bit의 모든 cell의 V_{th}가 4개 분포 level 중에서 어느 분포 level이든 data pattern 선택 시에 선택된 분포에 들어갈 수 있어야 한다. TLC도 마찬가지다. 그러나 TLC로 가면서는 V_{th} 분포 window 내에 7개의 PGM 분포 level을 정상적으로 넣기가 까다로워진다.

7개 PGM level을 넣으면 각 분포 width의 계산만으로도 $V_{th-window-max}$를 over하게 되어 분포 level끼리 상호 겹치게 되고 분포와 분포 사이의 inhibit area가 없어진다. 즉, 개별 V_{th} 분포의 max값이 이웃의 next level V_{th} 분포의 min값 보다 높아지게 되는 분포 overlap 현상이 발생한다. Program cell의 V_{th}값이 중복된 area가 존재할 경우, 해당되는 cell의 level이 어떤 분포 level인지 구분해야 한다. 이를 해결하기 위하여 특히 TLC에서는 여러 방식의 제집 찾기 algorithm이 개발되고 있다.

2-6 Incremental Step Pulse Program(ISPP)

V_{th}분포 width를 줄이려면 1 pulse program 방식이 아니고, step폭이 작지만 V_{cg-PGM}이 여러 step으로 나눈 program 방식을 사용하는데 이를 ISPP(Incremental Step Pulse Program)라 한다. ISPP는 program 시의 전압을 세분화하여 단계별로 V_{cg-PGM}을 조금씩 올리는 방식이다. 한 wafer 상의 sensitivity가 제각기 상이한 cell들을 page 단위로 program하기 위하여는 program 시에 program할 target cell의 word line에 가하는 약 +16V~20V 사이의 전압을 일시에 높은 전압으로 가하지 않고, starting bias 전압으로는 program이 가장 잘 되는 cell에 기준을 맞추어, 되도록 낮은 biasing 전압에서부터 시작하여 단계별로 조금씩 증가시키면서 program 전압을 인가함으로써, 분포 issue와 신뢰성 issue을 되도록 최소화시킨다.

2-6-1 1-Pulse 분포 vs ISPP 분포

V_{th}분포를 형성하는 데 있어서, CG에 인가하는 pulse의 횟수적인 측면에서 볼 때, PGM 분포는 1-Pulse 분포와 ISPP 분포로 나눌 수 있다. 1-pulse 분포는 분포 폭이 너무 넓게 분포되어 있어서, FG의 program 방식 중의 하나인 여러 pulse인가 방식을 이용하여 분포 폭을 narrow하게 작업을 한 분포가 ISPP이다. 1-pulse 분포는 program 시에 CG에 high voltage program bias를 1번만 가하여 program한 후, chip 내의 각 cell들의 V_{th}값을 측정한 분포다. 분포에 영향을 끼치는 요소들은 program 시에 인가하는 각종 bias voltage들의 변동 요인, coupling ratio에 의한 변동성, 제품 margin, 제조 공정상의 변동성 및 pulse인가 횟수 등이다. ISPP는 narrow한 program V_{th} 분포 폭을 얻기 위한 program algorithm으로서, pulse 인가 횟수를 늘리는 대신, 인가하는 step 폭을 좁힐수록 비례하여 분포 폭이 narrow하게 형성된다. 따라서 NAND Flash의 program에서 제일 중요한 요소인 분포 폭을 좁히고, excess program도 피하면서, re-program을 방지하기 위한 다목적용 program 방식으로 ISPP를 사용한다.

ISPP 분포는 cell을 program하는 데 program voltage step 단계별로 program을 실시한 후에, 각 step별로 verification을 하여 얼마 정도의 program이 진행되는지를 점검해가며, 원하는 target에 program 분포가 meet되도록 수행한 분포이다. ISPP는 SLC > MLC > TLC로 가면서 더욱 정교해지고 있다. ISPP 분포에 영향을 끼치는 요인들로는 Cell과 Cell 사이의 간섭 현상(CCI), FG 주변의 electron trapping, 농도, oxide 두께, source bouncing, cell 내의 구조적인 변수들이 있으며, 이런 요인들이 ISPP 분포 폭을 wide하게 하는 작용을 한다. <CH6. 그림 2-15>는 SLC인 경우의 1 pulse PGM과 ISPP 분포를 비교한 V_{th}값이다.

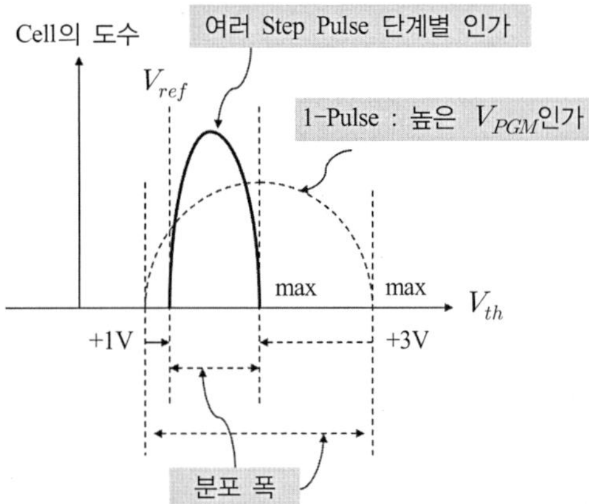

❒ CH6. 그림 2-15 V_{th} 분포 폭 @ ISPP vs 1-pulse PGM

2-6-2 ISPP 방법

Program 상의 단점들을 보완하기 위하여, 작은 step 단위로 나누어서 전압을 단계별로 올리면서 Program하는 step pulse 방식은, V_{cg-PGM}을 가하여 FG에 일정량의 전자를 주입한 후, 각 bit line에 연결된 data register가 FG에 charge된 전자 상태를 확인(program verification)하여 cell의 V_{th}가 target보다 낮으면 next step pulse로 gate에 전압을 한 단계씩 올려가면서 진행한다. Step의 전압차이($V_{cg-PGM-step}$)는 $0.x$[V] 단위로 진행하는데, 고정적으로 정해진 것은 없고 적정한 step수와 $+\Delta V(V_{step})$를 조정한다. ΔV를 0.75V씩 올려도 되고 0.25V씩 올려도 되지만, $V_{cg-PGM-step}$이 보통 0.5V 정도 되는데, 이는 단지 0.5V 정도씩 올리는 것이, FG 내의 target level까지 전자를 charge시키는 데 용이하기 때문이다. 또한, ISPP의 program start 전압도 15V가 아닌 16V 혹은 다른 적정한 전압 level을 찾아서 설정하면 된다.

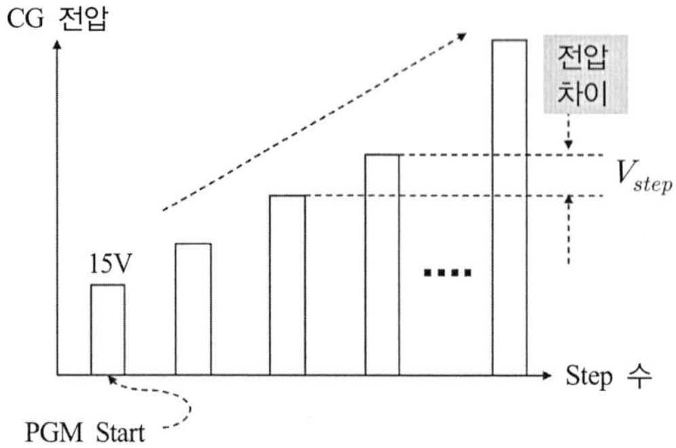

❐ CH6. 그림 2-16 ISPP의 단계별 전압

처음 시작은 cell이 erasure 상태에서 시작하여, ISPP가 증가됨에 따라 비례하여 electron이 점차 많이 charge되는 방향이다. 각 program step별 FG의 electron charge 상태를 <CH6. 그림 2-17>에 나타내었다. 15V 미만에서는 program을 수행하지 않으므로 cell은 erasure 상태이고, program된 cell의 FG 내의 electron charge량은 ISPP step이 증가되는 V_{cg-PGM}과 비례하여 증가한다. 이는 SLC를 기준으로 V_{th} 분포가 1개일 때를 설정한 것이고, MLC 혹은 TLC일 경우는 분포 level에 따라서 starting과 ending point에서의 V_{cg-PGM}, $V_{cg-PGM-step}$ 및 FG의 electron charge량이 다르다.

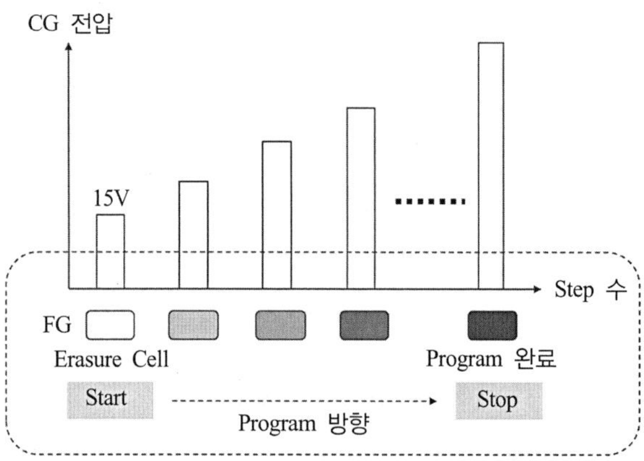

❐ CH6. 그림 2-17 ISPP Step과 FG의 Electron Charge 상태 비교

각 PGM step을 마치고, 매번 cell의 PGM이 계획된 양만큼 charge되었는지를 점검하기 위하여 진행하는 verification은 target cell을 읽어서 target bit line에 current가 흐르는지의 여부를 측정하여 해당 step에서의 PGM 완료 여부를 확인한다. Target bit line에 전류가 흐르면 program이 target에 meet하지 못한 cell이므로 다음 단계의 ISPP를 가하여 program을 계속 진행하고, target bit line을 program verification 후, 더 이상 bit line에 current가 흐르지 않으면,

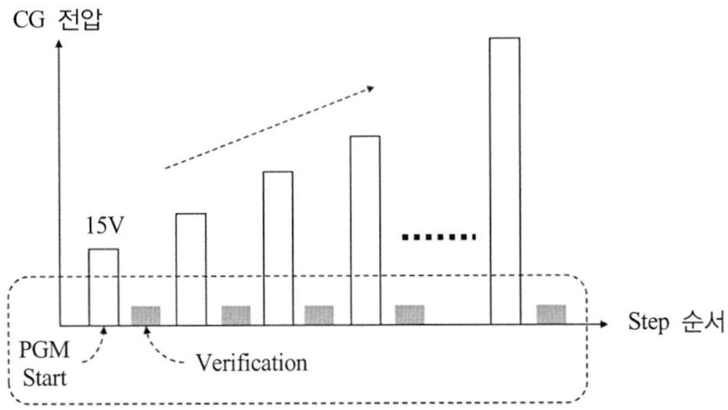

❒ CH6. 그림 2-18 ISPP와 Program Verification

PGM이 최종 완료된 것으로 판단하여 ISPP PGM을 완료한다. Program verification도 SLC, MLC, TLC에 따라 분포 level이 다르고 verification 적용방법이 다양하다.

그러나 ISPP는 만능이 아니기 때문에 이를 적용해도, 분포 폭이라던가 cell의 excess program issue가 완전히 해결될 수는 없다. ISPP 적용 후, PGM이 잘 되는 cell에서도 PGM time 및 interference로 인하여 문제가 되기도 하고, PGM이 잘 되지 않는 group에 속한 cell 중에서도 excess program이 발생될 수는 있으나, ISPP를 적용함으로써 ISPP를 적용하지 않은 경우에 비하여 많은 critical issue가 해소된다. 또한, FG에 ISPP의 순서에 따라서 electron이 항상 정확하게 일정량이 증가하면서 채워지는 것이 아니고, ISPP의 step이 일정하게 증가함에도 불구하고, FG 내에 electron이 비정상적으로 너무 많이 증가하기도 하고 예상외로 너무 적게 증가하기도 하면서 FG 내에 electron이 채워지는데, 이를 APC(Abnormal Programming Cell)라 부른다. 예측이 어려운 불규칙적 electron charge량이 원인인 APC에 대하여는 향후 더 많은 연구가 필요하다. 이를 해소하기 위하여 advanced ISPP가 계속적으로 진화를 거듭해 나가고 있다.

2-6-3 ISPP의 V_{th}분포 폭 설정

CG전압을 일정하게 상승시킨 폭만큼 분포가 일정하게 동일한 폭으로 shift되는 현상을 <CH6. 그림 2-19>에서 보여준다. 이를 바탕으로 ISPP의 step 전압을 인가했을 때, FG의 V_{th}가 얼마 정도 상승할 것인지 예측할 수 있다. 이는 V_{cg-PGM}의 증가에 따른 V_{th}의 $+\Delta V$는 변동폭이 같다는 가정이고, 각 분포 폭도 변하지 않는다는 가정이다. 실제적으로는 정확하게 일치하지는 않는다.

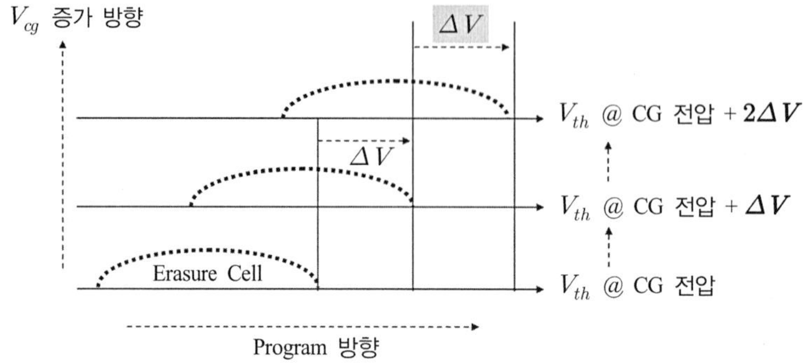

❒ CH6. 그림 2-19 V_{cg-PGM} 증가에 따른 분포 Shift

V_{th}와 V_{cg-PGM}사이의 변화 폭에 대한 기울기를 <CH6. 그림 2-20>에 나타내었다. V_{cg-PGM}의 변동폭으로 인하여 V_{th}가 동일한 변동폭으로 변화하는 것은 아니지만, 2개 factor는 서로 비례관계에 있다. ISPP는 V_{cg-PGM}의 ΔV를 짧게 세분한 후에, V_{th}를 일정 전압 구간 내에서 적분한 형태가 V_{th} 분포로 완성되게 하는 program동작으로 해석될 수 있다. 따라서 이론적으로는 V_{cg-PGM} 증가폭의 (ΔV) 한계치를 극한으로 좁히면 V_{th}분포 폭을 무한히 좁힐 수 있겠으나, 이론과 실제는 공정변수 및 제품변수 등으로 인하여 일치되지는 않으며, limitation이 있다.

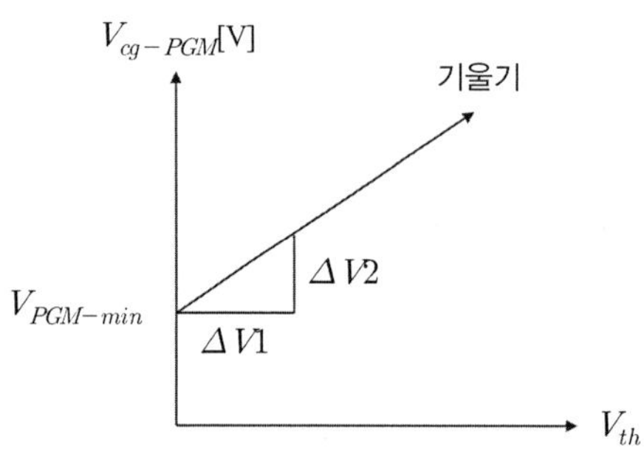

❒ CH6. 그림 2-20 V_{cg-PGM}과 V_{th}의 비례적 기울기

적정한 +ΔV를 설정 후, CG PGM을 step별로 증가하면서, ISPP PGM 방식을 적용하면 V_{th} 분포가 <CH6. 그림 2-21>처럼 narrow 해진다. 왜냐하면 ISPP는 max V_{th}(V_{ref}+ΔV)의 target을 정해놓고 진행하기 때문에, target에 도달된 cell은 더 이상 program을 시키지 않고 inhibit cell 상태로 전환시킨다. 즉, V_{th}의 target을 $V_{reference}$라 하고 V_{ref}를 넘어서는 cell은 더 이상 program operation을 진행시키지 않게 한다. 반면 V_{ref}에 도달되지 않은 cell들은 추가적으로 CG의 전압을 단계별로 계속 상승시켜 V_{cg-PGM}이 최대로 올릴 수 있는 전압 한도 내에서 cell이 program완결 될 때까지 program을 진행하므로, one shot의 pulse로 program을

완료한 cell들보다 분포 폭이 현격히 좁아진다. 한 번 inhibit된 cell은 V_{ref}에 도달되지 않은 다른 cell들의 program cycle이 끝날 때까지, program inhibit되도록 상태를 유지시킨다.

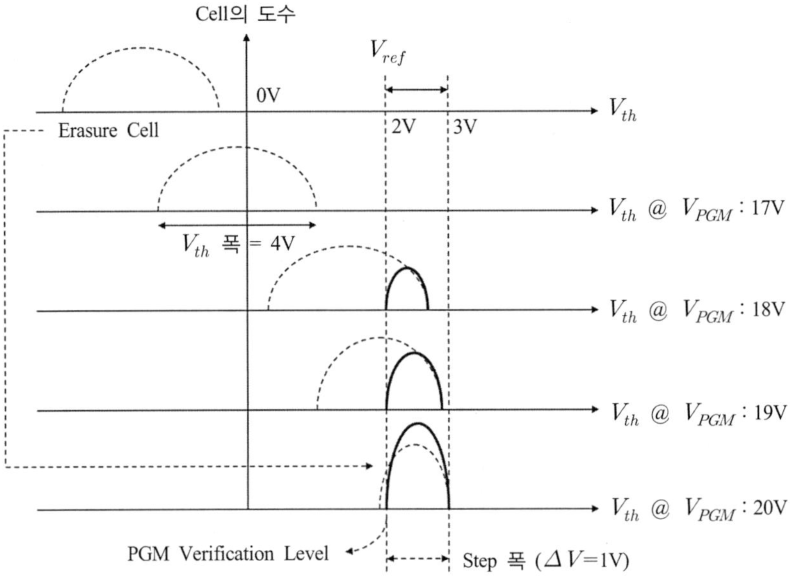

❒ CH6. 그림 2-21 $V_{reference}$에 따른 분포 폭 설정(ΔV= 1V인 경우)

<CH6. 그림 2-21>의 점선분포는 (1-pulse) program 전압 pulse를 인가할 때의 V_{th}분포이고, 실선분포는 V_{ref}가 2V이고 ΔV가 1V일 때, ISPP의 V_{th} 분포 및 분포 폭이다. 각각의 cell들을 step program 후에 verification해가면서 program시키는 ISPP는, step의 전압차이(V_{step})만큼 narrow한 V_{th}분포를 얻을 수 있다. 그러나 V_{step}을 여러 단계로 세분화할수록 V_{th}분포 폭은 narrow해지지만, 그만큼 program time이 많이 걸리는 단점이 있다.

ISPP의 핵심은 분포의 정확한 start point를 설정하는 것과 narrow한 분포 폭에 있으므로, 이를 수행하기 위하여 3족이지 동작인 ISPP + program verification + inhibit operation을 결합하여, 초창기의 erasure된 분포에서부터 시작하여 단계별로 program하면서 분포 폭을 줄인 형태가 <CH6. 그림 2-22>에 나타나 있다. 그림자 면적의 cell들은 program완료되어 inhibit된 cell들의 도수들의 합이다. 그러나 실질적으로 program은 <CH6. 그림 2-22>와 같이 이상적으로 되지는 않는다.

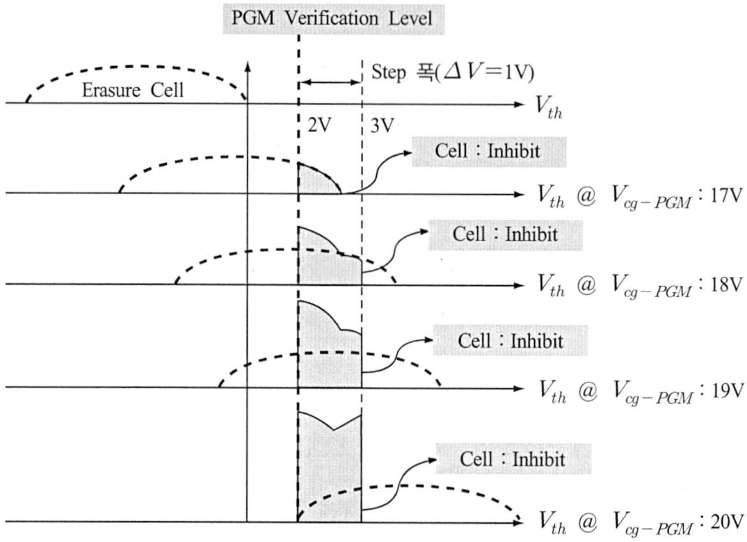

❒ CH6. 그림 2-22 ISPP + Program Verification + Inhibit @ $\Delta V = 1\text{V}$인 경우

그림자 영역을 확대해보면 <CH6. 그림 2-23>과 유사하게 된다. Clamp 전압값은 ΔV 중의 최대치 전압이 되며, program완료된 cell은 program inhibit operation에 의하여 더 이상 program되는 cell이 발생되지 않기 때문에 $V_{th-verification}$+ΔV보다 높은 V_{th}를 갖는 program cell은 존재하지 않게 되어 ΔV로 한정된, narrow한 program 분포를 얻게 된다.

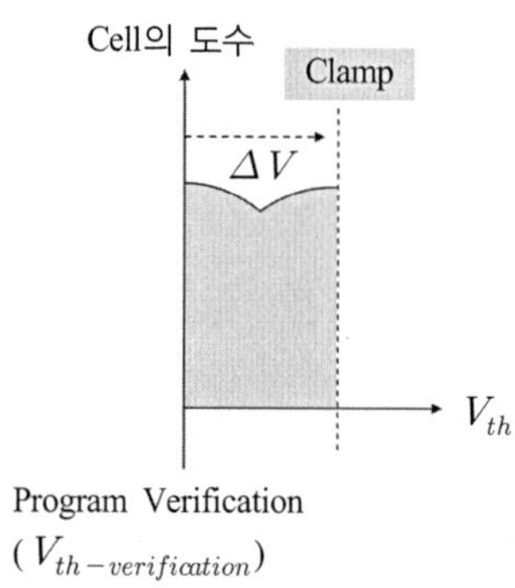

❒ CH6. 그림 2-23 ISPP완료 후의 Cell 분포

결론적으로, ISPP를 적용하는 경우, 1-pulse program 방식과 비교해보면, 분포 폭은 절반(주변 condition에 따라 변동) 이상 감소할 수 있다. 이는 분포 폭 축소 및 이로 인한 분포와 분포 사이의 margin 확대라는 이점이 있고, 분포 폭과 상호보완 관계에 있는 disturbance 축소 효과가 월등하여, PGM time이 늘어나는 단점을 보상하고도 남음이 있으므로 ISPP program 방식이, 특별한 경우를 제외하고는 program 동작 시 많이 활용된다. 또한 ISPP보다 좀 더 개

선된 advanced ISPP가 다양하게 개발되어 MLC의 신뢰성을 향상시킨 TLC의 performance을 높이는데 활용되고 있다.

2-6-4 ISPP의 Pulse 횟수 설정 및 PGM Time 단축

V_{th} 분포를 형성하기 위하여 level별 가해야 하는 pulse를 설정해 보자. SLC의 program 분포인 경우, 분포 폭은 V_{th1}에서 V_{th2} 사이로 가정하면, 분포 폭을 ISPP의 pulse step(pluse 간격)으로 나누면, ISPP시에 가해야 하는 pulse의 개수를 산출할 수 있다.

$$N_{pulse} = (V_{th2} - V_{th1}) / P_{step} \quad \text{식13-1)}$$

(N_{pulse}는 1개 분포당 필요한 pulse 횟수, P_{step}은 각 pulse의 간격)

<CH6. 그림 2-24>은 MLC인 경우의 3개 program 분포에 대한 ISPP의 pulse 횟수에 대한 산출 방식이다. MLC에서의 각 PGM 분포들은 하위 level 분포와 인접 상위 level 분포 형성 시, 일정 ISPP pulse 전압을 공동으로 사용할 수 있어서, 분포 level에 따라 ISPP을 sequential 하게 인가하는 일반적인 방법에 비하여, pulse 횟수를 절약하고 PGM time을 단축시킨다. 이는 하위 level의 PGM 분포가 완료되기 전, 일정 위치(약 20~40%)에서 인접되는 상위 PGM 분포의 ISPP pulse을 시작하는 time을 앞당겨서 필요한 총 pulse 회수를 단축시킬 수 있다.

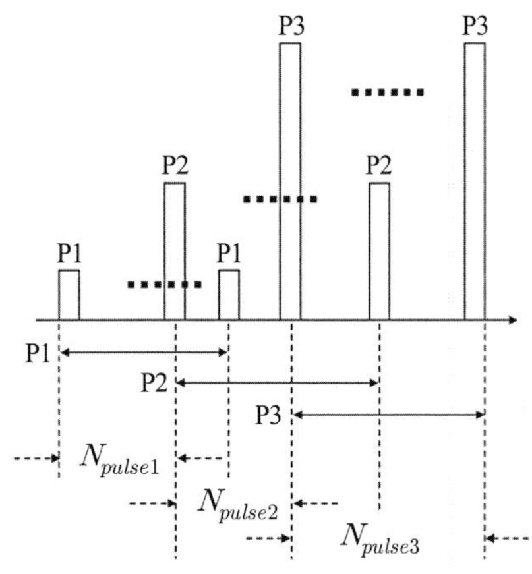

❐ CH6. 그림 2-24 ISPP Pulse 횟수 산출 및 ISPP 동작시간 단축

2-7 Program Time

Program time($t_{program}$)은 곧 NAND의 성능이고 절대적으로 줄여야 하는 index이다. PGM total time은 Y-decoder에서 data를 data register에 latch하는 시간(t_{WC}) + data register에서 cell array로 이동하여 cell에 PGM하는 시간(t_{PGM})으로 나뉜다.

$$t_{PGM-total} = t_{PGM} + t_{WC} \qquad \text{식14)}$$

Program operation시에는 data register에서 cell array 내의 target page로 data가 parallel 방식으로 이동 시, cell by cell로 program하지 않고 word line에 걸쳐있는 page 내의 cell 중에서 PGM이 필요한 cell 전체를 병행으로 PGM한다. 또한, ABL 방식이 conventional BL에 비하여 한 번에 PGM하는 양이 2배이기 때문에 program time도 2배 가까이 빠르다. Program 성능은 page 내의 여러 cell 중에 program time이 가장 느린 program time을 보유한 cell에 의해서 결정된다.

Structure의 dimension이 줄어들기 때문에 그만큼 용이하게 PGM되는 측면도 있지만 동시에 ono, tox층이 얇아져서, V_{cg-PGM}을 줄이는 이유는 V_{cg-PGM}전압에 의해 layer들이 쉽게 파괴되는 것을 방지하기 위한 목적도 있다. Layer두께가 얇아지면 이에 비례하여 t_{PGM}이 단축되는 이점이 있는 동시에, 반대로 V_{cg-PGM}의 하락으로 slow PGM cell이 더욱 다발하게 되어 total t_{PGM}이 오히려 증가하는 경향이 있다. 즉, scale down되면서 선 폭과 FG 사이의 간격은 계속적으로 좁혀야 하고, 그에 따라 V_{cg-PGM}이 줄어들어서 cell에 electron을 charge하는 데 어려워지므로 program time이 늘어난다.

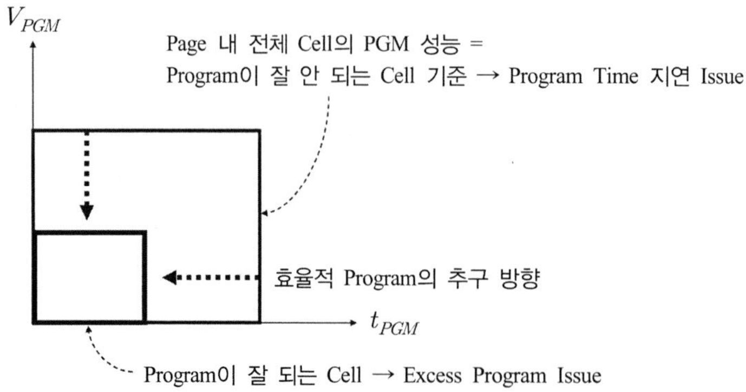

❒ CH6. 그림 2-25 Program Voltage vs Program Time에 따른 Issue

Page 단위로 실시하는 program 시에는 많은 cell을 일정 timing 이내에 PGM 해야 하기 때문에, $t_{program-max}$를 조절하기 위하여는 program이 잘 되지 않은 cell을 기준으로 전압을 가하게 되므로, program이 잘 되는 cell은 FG에 오히려 너무 많이 전자가 charge되는 excess program 문제가 생길 수 있다. 시간측면에서도 page 내의 가장 늦게 program되는 cell을 기준으로 program time을 설정하다 보니 program하는 데 시간이 많이 걸릴 수 있다. 최종목표는 PGM이 잘 안 되는 cell을 PGM이 잘 되는 cell의 PGM time으로 단축시키는 방향이다. <CH6. 그림 2-25 참조>.

Program time은 ISPP변수 이외에도 회로 선 폭이 scale down될수록, density가 높아질수록, 기능이 다기능화 될수록, cell이 동일 electron량을 FG에 charge하는 시간이 길어진다. Cell당 PGM하는 time인 t_{PGM}은 200us > 400us > 800us > 1,600us 등으로 점점 늘어났으며, 기능이 추가되고 density 확장이 발생 했음에도 불구하고 이를 보상하는 algorithm 개발로 2010년 이후부터는 약 1,300us ~ 1,500us 수준에서 saturation되어 가고 있다. 반면, read operation은 structure변수에 별 영향을 받지 않기 때문에, 새로운 scheme의 적용에 따라서 read time은 80us > 40us > 20us 등으로 짧아져가고 있다.

2-7-1 ISPP와 Program Time

PGM 시간에 대한 fast PGM과 slow PGM cell의 electron charge량에 대한 program 상태를 <그림 2-26>에 나타내었다. 이는 동일 V_{cg-PGM}을 인가할 때, fast PGM cell과 slow PGM cell들의 FG에 charge되는 electron량들을 동일 시간에 상호 비교한 것이다. $t1$에서 cell 상태를 살펴보면, fast cell은 program이 target에 meet한 상태이고, slow cell은 아직 FG에 electron량이 부족한 상태다. <CH6. 그림 2-26>는 inhibit 동작을 적용한 상태이지만, 동일 외부인가 조건에서 inhibit 동작을 사용하지 않고 PGM을 계속 진행한다면, 일정 시간이 얼마 흐른 뒤의 $t2$에서 fast cell은 program이 excess program되어 있고 slow cell은 target meet한 상태가 된다.

Program V_{th}분포 폭과 program time은 trade off 관계가 있어서 한쪽 요소가 긍정적 상태를 갖게 되면 다른 쪽 요소는 그만큼 부정적 결과를 초래한다. Program time을 빠르게 하기 위하여 program전압인 V_{cg-PGM}을 높이거나 step수를 줄이면 분포 폭이 넓어지고, 분포 폭을 좁게 하려면 여러 번 program을 하여야 하기 때문에 program time이 늘어난다. 빠르게 진행되는 cell은 적은 ISPP step수를 진행시켜도 program이 되고, slow program cell은 더 많은 ISPP step을 가해야 비슷한 electron량이 charge된 program이 완성된다. 일반적인 program 방식으로 진행되었건 혹은 ISPP방식으로 program이 진행되었건, program이 빠르게 진행되는 cell과 더디게 진행되는 cell의 program time에 있어서의 main 2가지 변수는, tox 두께 등의 구조적인 원인과 cell의 구성요소인 ONO, FG, tox, Sub 등의 물성적인 원인이 있다. ISPP의 program time은 pulse를 가하는 시간과 각 pulse별 verification을 시행한 단위 시간에 ISPP의 pulse을 가한 총횟수를 곱한 time이다.

$$t_{PGM-ISPP} = (\text{pulse time} + \text{verification time}) \times \text{pulse 횟수} \quad \text{식15)}$$

따라서 pulse 횟수가 늘어나든지, pulse time이 증가하면 전체 t_{PGM}이 증가한다. Pulse 횟수는 초기 분포 폭을 ΔV로 나눈 값인데, 초기 분포 폭은 one shot PGM 시 PGM 분포가 갖는 분포 폭이다. ΔV를 증가시키면 pulse 횟수가 줄어들고, pulse 횟수가 줄어들면 ISPP 횟수가 줄어들면서 t_{PGM}은 단축되지만, ISPP 분포 폭은 넓어진다. ΔV를 축소하면 pulse 횟수가 많아지면서, ISPP 분포 폭은 좁아진다.

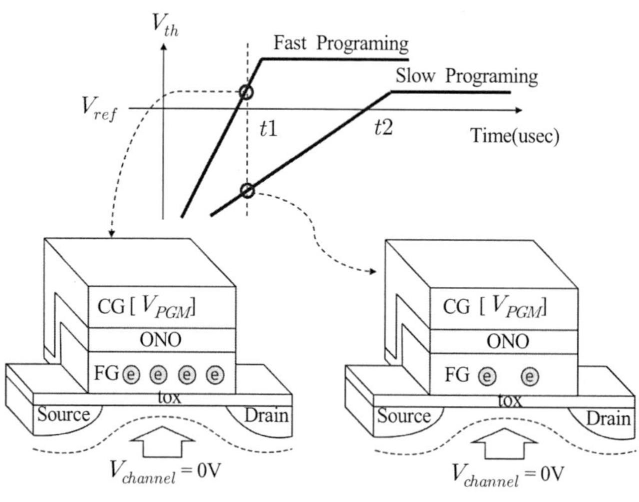

❐ CH6. 그림 2-26 Fast Program Cell과 Slow Program Cell의 Charge량 비교 @ 동일 V_{cg-PGM}

2-7-1-1 Direct Program Time

3102 code PGM과 3201 code PGM 모두, 중간단계 분포 혹은 P1 분포를 형성한 후에 P2 분포와 P3 분포를 완성하는 indirect PGM 방식을 사용하지만, 이보다 PGM time을 줄이기 위한 여러 가지 방식이 시도되고 있다. Direct PGM은 program time을 줄이기 위하여 P1 분포나 중간단계의 분포를 징검다리로 이용하지 않고 erasure 분포에서 P2, P3 분포(MLC인 경우)를 직접 program하는 방식이다. 따라서 direct PGM의 program time은 normal PGM time의 약 50% 가까이 되는 시간을 줄일 수 있다. 이 경우는 V_{th}분포 window의 margin이 있을 때 행할 수 있다. 보통 PGM(예 : 3201 code PGM)은 BP(LSB) PGM과 TP(MSB) PGM을 serial하게 동

작하기 때문에

$$t_{PGM} = t_{BP-PGM} + t_{TP-PGM} \quad \text{식16)}$$

이지만, direct PGM 시의 ISPP time은 TP PGM이 가장 오래 소모되므로

$$t_{PGM-direct} = t_{TP-PGM} \quad \text{식17)}$$

이 된다. 식16)과 식17)은 PGM 시 data를 외부에서 cache latch에 저장하는 데 들어가는 시간을 포함하지 않았다. 그런데 P2와 P3에 대한 direct PGM은 accuracy가 낮기 때문에 특별한 경우를 제외하고는 사용하지 않는다(P1은 항상 어떤 PGM 방식이든, 3201 code에서는 direct PGM 방식에 속한다).

2-7-2 V_{th}와 Program Time

PGM time이 늘어나면, host와 연결된 NAND와의 동작이 원활하지 못하여 NAND의 응용력이 떨어진다. 따라서 chip의 동작 속도를 빠르게 하기 위하여 가장 bottleneck인 program 시의 동작 time을 지속적으로 줄여야 하는데, program time을 줄일 수 있는 여러 factor 중, V_{th} 변화에 따른 program의 operation time을 비교해 보자.

Cell 내의 V_{th}와 program time과의 상관관계를 <CH6. 그림 2-27>에 나타내었다. 동일한 cell 구조일 때, 동일 ΔV_{th}만큼 증가시키기 위하여는 cell V_{th}가 작을수록 program time은 짧게 걸리고 반대로 V_{th}가 높아질수록 동일한 ΔV_{th}만큼 증가시키는 데 program time이 오래 걸린다. V_{th}가 음의 값(erasure 상태)인 경우는 cell이 erasure 상태이기 때문에 <Chapter 7>에서 다루겠다. 동일 ΔV_{th}만큼 증가시키는 데 있어서 FG에 electron이 charge되어 있는 양에 비례하여, t_{PGM}이 더 많이 걸린다. 이는 V_{th} saturation과 유사한 현상으로 설명될 수 있다.

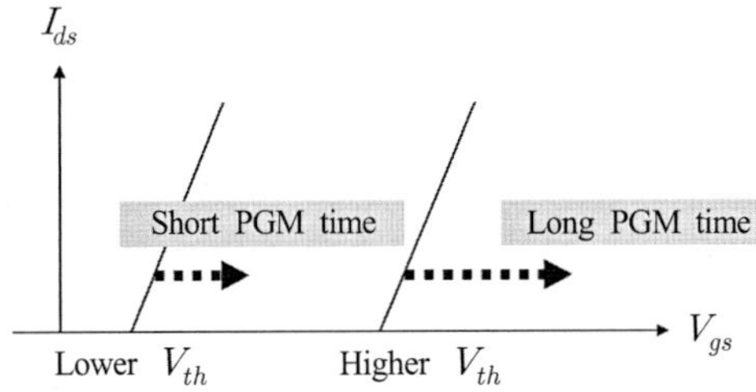

❐ CH6. 그림 2-27 V_{th}와 Program Time @ 동일 FG 내의 ΔV_{th} 상승시

2-7-3 V_{th}분포 Level과 t_{PGM}

V_{th}분포 level과 program time과의 관계를 따져보자. <CH6. 그림 2-28>에서 FG 내의 전자를 분포 level 1까지 채우는 시간이 분포 level 2까지 채우는 시간보다 짧게 걸린다. 이는 빈 물통에 물을 채우는 시간과의 관계에서 나타나는 현상과 유사하다. 또한 V_{th}값이 높은 L3에서 ΔV_{th}를 상승시키는 time이 L1에서 동일 ΔV_{th}를 증가시키는 time보다 오래 소요된다. 이는 V_{th}가 분포 level의 증가에 비례하여 전자 숫자가 증가함에 따라서, 높아지는 saturation이란 main 변수도 있지만, electron의 oxide층의 trapping 등과 같이 FG의 주변의 여러 특성에 의해서도 V_{th}의 변화가 발생하므로, 이런 V_{th}에 영향을 끼치는 모든 경우가 program time에 영향을 끼친다.

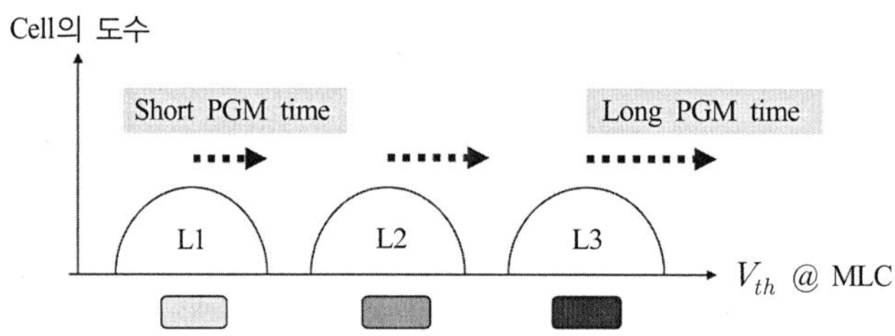

❒ CH6. 그림 2-28 MLC Cell 내의 V_{th} 분포와 Program Time @ 동일 ΔV_{th} 상승시

예를 들어 V_{th}가 L1의 0.5V에서 V_{th}가 +1V 상승할 때의 program time에 비하여 V_{th}가 +2V에서 +1V 상승할 때의 program time이 약 2배 가까이 증가한다. 이는 FG 내에 charge되는 electron량의 saturation 인자로 인함이며, 또한 $V_{cg-pgm-window}$의 max limit가 제약 받게 되어 max V_{th}를 계속 증가시킬 수 없게 되므로, 분포 window의 전체 V_{th-max}의 값을 떨어뜨리는 제어가 중요하다. <Chapter 5. Session 2-3-5> 참조.

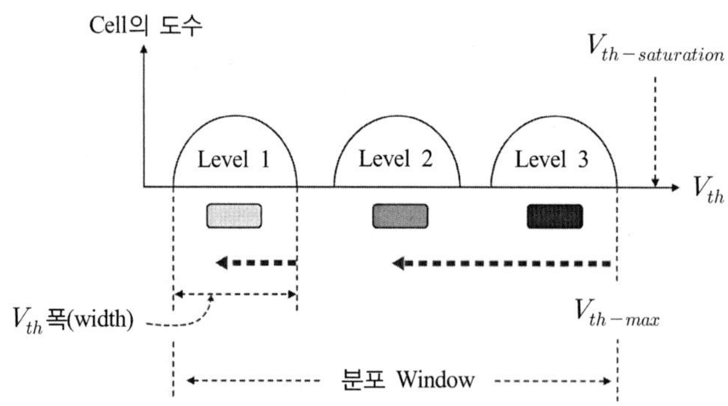

❒ CH6. 그림 2-29 MLC Chip 내의 V_{th}분포에 따른 $V_{th-\max}$값을 조절해야 하는 방향

같은 양의 electron을 program할 때, cell 내에서 낮은 V_{th}속성을 갖는 FG일 경우가, 높은 V_{th}속성을 갖는 FG일 경우보다 program time이 훨씬 짧으므로 SLC(PGM 분포가 1개)의 program 속도가 MLC(PGM 분포가 3개)의 program 속도보다 훨씬 빠르고, MLC가 TLC(PGM 분포가 7개)보다 PGM time이 빠르다. V_{th}가 증가할수록 timing은 V_{th}의 제곱에 비례하면서 증가한다.

$$t_{PGM} \propto V_{th}^{\ 2} \qquad \text{정리2)}$$

V_{th} graph가 linear 영역일 때 V_{th}가 높아질수록 program time이 비례하여 느려지지만, saturation 영역일 때는 program time이 V_{th}의 변화 영향을 더욱 많이 받아서 동일한 ΔV_{th} 차이로도 program time이 saturation 영역일 때가 linear 영역에 비하여 10배 이상 차이를 나타낸다.

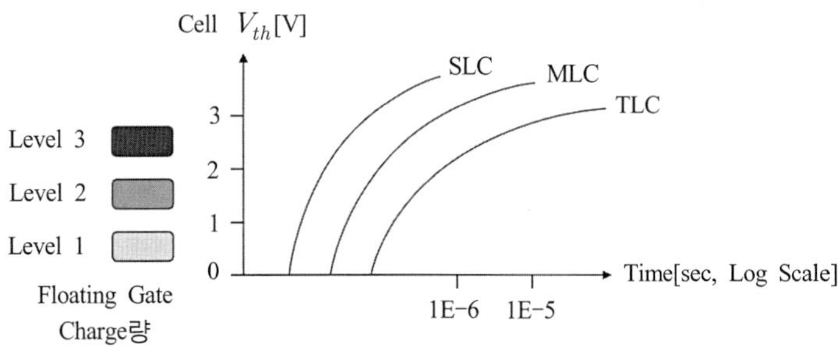

❐ CH6. 그림 2-30 제품과 Program Time

2-7-4 Program 시간 단축 @ cache program

Cache program operation은 <Chapter 4. Session 3-9-1>에 소개되었고, <Session 2-7-4>에서는 cache PGM 동작 시의 단축 timing에 대하여 알아보자. Cache PGM 동작은 3102 code PGM, 3201 code PGM 모두 적용할 수 있는데, 이를 time line으로 그려보면 <CH6. 그림 2-31>과 같다. Cache program을 3201 code MLC에 적용 시, normal PGM operation 대비 program Time이 1배 $\times t_{WC}$가 단축(이론치 기준에 의한 단순 계산)된다. Normal PGM에서는, data가 외부에서 data register(page buffer)로 이동한 후에 다시 DR에서 cell로 이동하는, step by step으로 PGM을 진행하기 때문에 data가 외부에서 data register(DR)로 이동하는 시간 동안은 program operation이 진행되지 못하여 시간 loose가 발생하였는 데 반하여, caching PGM에서는 외부에서 data register로 data가 이동하는 시간에도 병행으로 program operation이 진행되도록 data를

data register(DR)에 계속 대기시켜 놓기 위하여 외부와 data register 사이에 cache buffer를 두어 임시저장용 area로 사용함으로써, data loading(t_{WC} : write cycling time) 시간을 단축시켰다. 이는 연속되어 input되는 data들이 많을 경우에 t_{PGM} 성능향상으로 연결되며 data size가 클수록 효율이 높아진다. n개의 data를 PGM 시, normal PGM에 비하여 t_{WC}의 n배에 해당하는 time을 단축시키는 효과가 있다. MLC가 cache PGM을 사용할 경우, 미적용 시에 비하여, data량이 많을 경우 PGM throughput이 전체적으로 약 20%정도 향상된다.

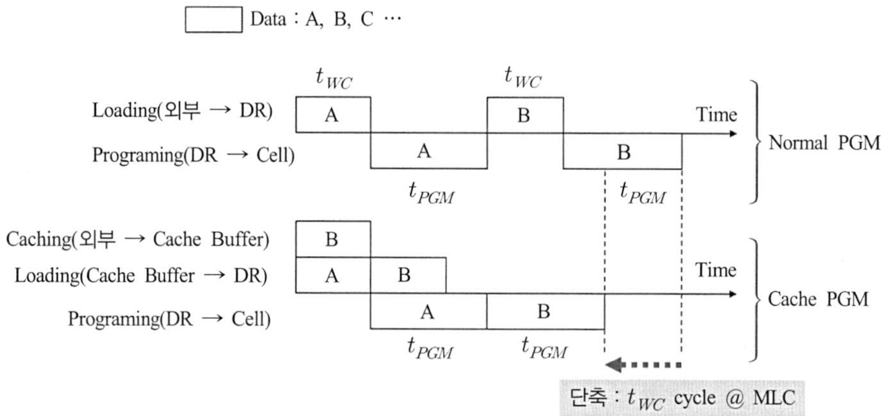

❐ CH6. 그림 2-31 Cache PGM Timing 단축 @ MLC인 경우

2-8 FG Size 대비 V_{PGM}

FG의 physical size가 크면, 작은 size와 동일한 electron 밀도를 유지하기 위해서는 CG의 전압도 비례하여 높아져야 한다. EPROM일 때는 V_{cg-PGM}(V_{PGM})이 +26V까지 필요했고, NOR flash 혹은 technology가 100nm급 일 때는 V_{cg-PGM}이 낮아져서 +24V까지 내려갔으며, NAND Flash는 $V_{PGM-\max}$을 +20V에서 +22V 정도를 사용한다. FG의 size가 더욱 작아지면서 program operation의 max 전압도 계속 줄어드는 추세이다. 각각(크기와 전압)의 한계치와 변화해야 하는 환경이 다르므로, V_{cg-PGM}이 감소할 수 있는 비율은 FG의 물리적 크기에 정확한 비율로 비례하지는 않지만, $1x$nm급에서는 $1xx$nm급 대비 10% 이상 V_{cg-PGM}이 줄어들 수 있고, $x$nm급에서는 $1x$nm급 대비 10% 이상 감소할 수 있을 것으로 추정된다. FG size가 줄어들면, source와 drain 사이의 channel 길이도 좁아져서, short channel effect로 인한 변화가 발생되지만 이에 대한 세부 특성은 생략하였다.

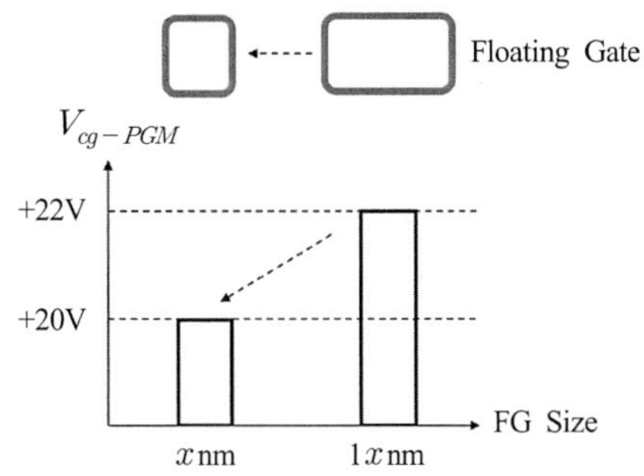

❒ CH6. 그림 2-33 FG Size 대비 V_{cg-PGM} 감소

2-9 Excess Program

Excess program은 cell 내의 FG에 target electron 수보다 원하지 않게 많은 electron들이 charge 된 경우이다. Word line축으로는 gate에 V_{PGM}을 가하면 같은 page 내의 모든 cell에는 동일 program voltage가 가해지지만, 동일 page에 있어서 cell들의 상태는 제각각 달라서 동일 program 전압이 인가되어도 floating gate에 charge되는 전자의 양이 다르게 나타난다. Capacitive coupling ratio라든지 oxide 두께도 제각기 다르고, chemical 구성비에 따라서 doping 상태도 다르므로 각 cell마다 I_{ds}도 약간씩 차이가 나게 흐른다. 이런 차이들로 인하여 동일 word line 내에 있는 cell들 사이도, 또 같은 string에 연결된 cell들 간에서도 특성들이 약간씩 다르게 나타난다. PGM이 잘 안 되는 cell들을 위하여 CG의 V_{cg-PGM}을 높이면 slow cell들의 program은 빨리 진행될 수는 있지만, 같은 word line에 묶여 있으면서 program이 잘 되는 cell들은 도리어 program이 과(excess program)하게 된다. Excess program되면 다시 re-erasure를 해주어야 하는 불편함과 손실이 있으며, re-erasure 해주는 operation도 시간지연 요소가 되며, 또한 erasure 시는 block erasure를 해야 하기 때문에 good cell의 data를 다른 곳으로 copy하는 등 불필요한 additional operation을 해야 하는 다른 부수적인 문제를 야기한다. 분포적으로는 excess program 현상은 분포의 right wing으로 치우쳐서 분포 폭이 넓어진다. 또한, erasure도 FG의 electron이 이동된다는 측면에서는 program과 같은 개념이면서 이동방향은 반대이므로(hole 이동이므로), excess erasure도 excess program과 유사하게, 그러나 방향은 반대로, 분포가 left wing으로 치우치는 현상이 발생된다.

Excess PGM된 cell이 program할 target cell이 아니고 pass Tr역할을 하는 경우는, pass Tr의 cell V_{th}가 높아서 pass 역할을 하지 못하고, program된 상태로서, verification 시 target cell이 turn-off로 인식되도록 작용하여 target cell의 program level이 낮음에도 불구하고 PGM된 것으로 잘못 판단되게 작용할 수 있다. 이는 string에 붙어있는 다른 cell에도 동일하게 영향을 미

쳐서 PGM이 부족함에도 불구하고 PGM된 것으로 오판되는 현상이 발생된다. 따라서 target PGM cell의 최대 V_{th}값을 maximum limit로 정해 놓아서, max V_{th} level을 뛰어 넘게 되면 excess program cell로 판단하여, excess PGM cell이 포함된 block을 erasure 하던지 아니면, cell fail로 redundancy 처리하여 다른 target cell들의 verification 시 오판되지 않도록 해야 한다. ISPP 혹은 advanced ISPP는 excess program을 사전에 방지하는데 효과적인 program 방식이다.

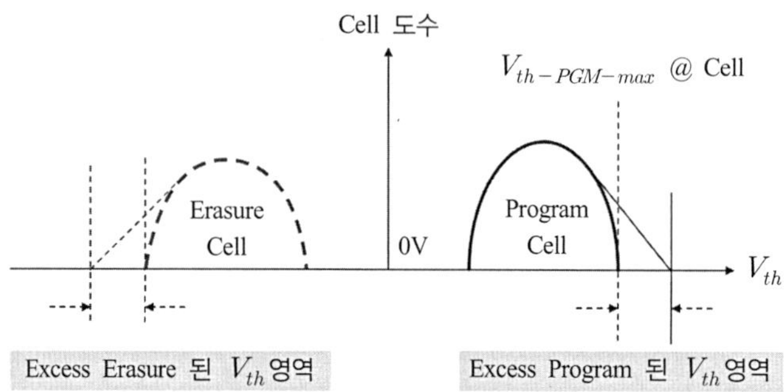

❐ CH6. 그림 2-34 Excess Program/Excess Erasure된 V_{th} 영역

2-10 Program Verification

Program operation을 실행한 후에는 $V_{verification}$을 V_{cg}에 가하면서 verification을 하여 program 분포가 얼마나 narrow하게 잘 형성되었는지, 또 target program V_{ref}의 level 이상으로 program이 안착되었는지 확인할 필요가 발생되고, 이런 확인하는 동작을 program verification이라 한다.

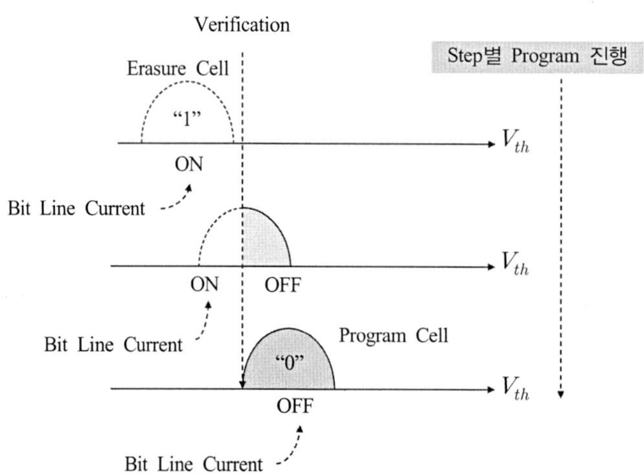

❐ CH6. 그림 2-35 Program 진척도에 따른 Program Verification 결과

모든 FG가 erasure 상태일 때는 일정 level을 기준으로 program verification을 실시하면, 모든 cell들이 ON 상태로 나타난다. Erasure 상태부터 출발하여 program이 점차 진행되면서 verification 결과에 따라, 추가적인 program을 진행하여 cell들이 일정 level 이상으로 PGM 되면, ON 상태에서 OFF 상태인 “0”의 cell들로 점점 많아지고, 그 결과 모든 cell들이 program을 완료하면 verification 결과는 모두 current가 흐르지 않는 OFF 상태로 확인된다. Program verification은 read operation과 목적이 다른 개념이므로, verification 시의 인가전압 level은 read level과는 차이가 있다. Program 후에 각 cell의 program이 target에 충분히 도달되었는지 알 수 있는 방법은 각 FG의 분포 별로 점검해 보아야 한다. Read 동작은 cell이 어떤 상태인지를 확인하기 위하여 단순히 읽어내는 수동적 기능인 반면, PGM verification은 program 후에 기준을 정하여 cell이 program이 덜 되었으면 cell에 추가로 program을 더 진행하고, cell이 충분히 program되었으면 next program을 중지시키도록 inhibit시키는, 적극적 개선 위주의 operation이다.

Program은 목표로 하는 word line들의 cell 모두를 한꺼번에 program하며, 그런 cell들을 모두 동시에 일률적으로 program하게 되면 program이 잘 안 되는 cell을 기준으로 program을 하여야 하기 때문에, cell V_{th}를 확인하여 cell들이 모두 OFF될 때까지 program을 하는데, fast cell들은 verification하여 PGM이 완료되면 ISPP를 계속하지 않고 PGM 완료가 확인되는 데로 그때그때 완료된 cell을 inhibit 시키는 것이 필요하다. 따라서 program 시마다 program 후에 program결과가 의도한 기준치에 알맞게 program되었는지를, ISPP의 각 pulse를 인가할 때 매번 점검할 필요가 생겼고, 이런 activity를 program verification이라고 한다. Verification하여 target WL의 모든 cell이 OFF되면 해당 WL은 더 이상 program을 수행하지 않도록, Y-decoder의 verification 결과를 X-decoder에 주어서 해당 WL에 V_{cg-PGM}의 인가를 중단하고, 아직 program이 충분치 않은 cell이 있는 WL은 program을 추가적으로 할 수 있도록 V_{cg-PGM}을 계속 인가한다. Program verification은 분포의 V_{th}를 확인하여 V_{th}가 reference전압(V_{ref})을 넘어서면 cell이 더 이상 program되지 않도록 해당 BL을 inhibit시키고, $V_{ref-PGM}$ 이하이면 V_{ref}에 meet할 때까지 계속 program시키기 때문에, V_{th}분포(PGM)의 left edge에 위치한다. 반대로 erasure verification의 $V_{ref-erasure}$는 V_{th}분포의 right edge에 위치한다.

PGM verification한 후에, V_{th}분포 내에서 cell들의 특성을 살펴보면, program이 잘 되는 cell의 FG에는 electron이 그만큼 잘 charge되기 때문에 $+\Delta V_{th}$가 커서, V_{ref}를 기준으로 V_{th} 값이 높아져서 V_{th}분포 상 일반적으로 right side에 위치하는 반면, program이 잘 안 되는 cell은 FG 내에 electron이 덜 charge되기 때문에 V_{th}값이 잘 올라가지 않으므로 V_{ref}를 기준으로 $+\Delta V_{th}$가 작아서 같은 V_{th}분포 Level 내에 있어도 낮은 V_{th}값을 보유하면서 V_{th}분포 상 일반적으로 left side에 위치하는 경향이 있다.

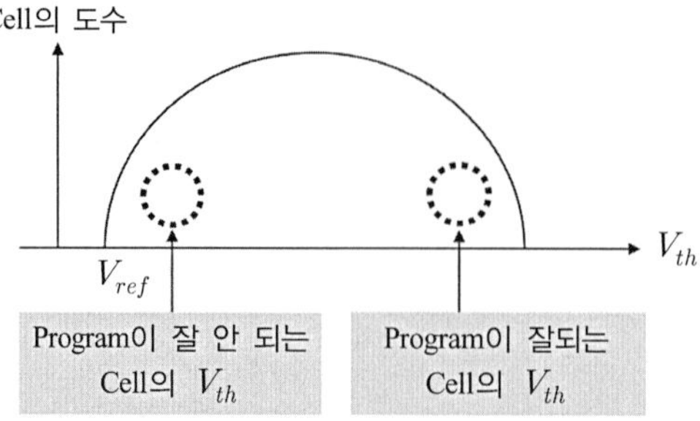

❒ CH6. 그림 2-36 분포 내의 Program 용이성에 따른 Cell V_{th} 위치

2-10-1 Program Verification 시의 Time Reduction

Physical cell에는 어떤 제품, 어떤 경우이든 1개 분포 level에 소속되므로, cell이 소속된 분포가 어떤 level의 분포인지를 판별하기 위하여는 program verification을 실시하여 확인한다. PGM 분포가 잘 형성하려면, ISPP를 수행하면서, ISPP 후에는 PGM 결과에 대하여 모든 분포 level에 대하여 every step verification을 실시하여 ISPP가 성공적으로 완료되었는지를 점검하는데, 예외적인 경우로 verification을 실행하지 않고서도 program 결과를 알고 있는 경우는 program verification을 skip한다. 아니면 다른 operation으로 유추하여 program 결과가 미리 인지될 경우에도 verification을 skip하는데, 이렇게 verification을 하지 않으면서 program을 실행하는 동작을 skip program이라 하고, 그런 program verification을 program skip verification이라 한다. 이는 verification을 하지 않고 program을 진행한다는 의미에서 skip이라 지칭했다. Verification을 skip으로 처리하는 방식은 다양하다. 어떤 형태로든 PGM 후 verification을 실시할 필요가 없는 경우는 모두 skip할 수 있고, 또 program verification 횟수를 가능하면 줄이거나 skip하는 것이 PGM operation 상 문제가 없으면, PGM time을 줄이는 효과적인 방법 중의 하나가 된다.

2-10-1-1 V_{th}분포 내에서의 Program Verification

Verification 입장에서의 ISPP는 각각 cell의 특성에 맞도록 하는 맞춤형 program 방식으로서, program하기 쉬운 cell은 낮은 전압에서 program이 수행되고, program이 어려운 cell은 높은 전압까지 program을 진행하며, V_{cg-PGM}을 인가한 every step 후에 program verification의 결과를 매번 feedback 받아서 ISPP를 계속 진행할 것인지 판정토록 하게 함으로써, 분포 폭을 획기적으로 줄일 수 있게 한 program 방식이다.

V_{th}분포 내에서도 ISPP 전체 구간 중, 낮은 ISPP전압 level의 pulse에서는 verification의 결과에 따라 ISPP의 실시여부를 결정하는 것이 아니라, ISPP를 당연히 실시하여야 하는 구간에서는 verification을 skip하고 진행하다가, verification 결과에 의존하여 추가적인 ISPP의 진행 여부가 결정되는 높은 ISPP 전압 pulse 구간에서만 verification을 진행하여도, verification을 skip하지 않고 진행한 경우와 PGM 분포를 형성하는 결과는 동일하다.

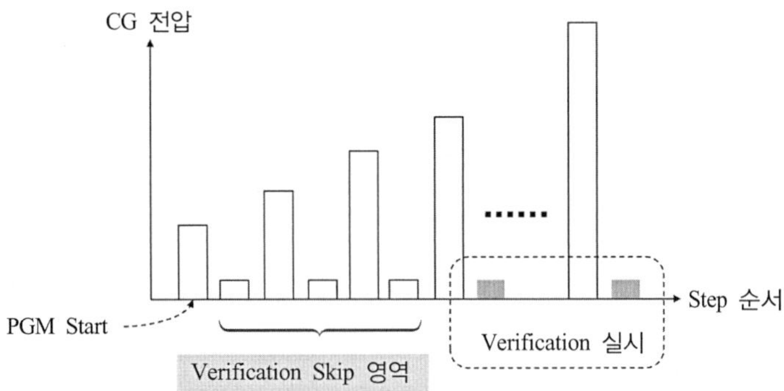

❐ CH6. 그림 2-37 ISPP Pulse 진행 시, 낮은 V_{cg-PGM} 구간인 left-end에서의 Verification Skip @ SLC 동일 PGM 분포 내

2-10-1-2 기준 PGM 분포를 이용한 Program Verification

Program verification(PV)은 program 분포의 시작 위치를 설정해주는 역할을 하고, target PGM 분포가 정확한 위치에 position하고 있는지를 점검하며, 추가적으로 PGM을 진행할 것인지도 판단할 수 있게 한다.

Erasure 분포로부터 시작하여, P1, P2, P3 분포를 직접 형성시키는 방식을 생각해 보자. ER 분포에서 PGM 분포를 형성하기 위하여는 어느 PGM 분포인지를 가려내기 위하여 모두 PGM verification을 수행해야하므로 MLC인 경우는 매 pulse 시마다 3개의 PGM 분포 type에 대하여 verification을 해 보아야 한다. TLC인 경우는 PGM 분포가 7개이므로 각 PGM pulse마다 7개 분포의 PGM verification(PV)를 해보아야 어떤 V_{th}분포인지를 선별할 수 있다(ISPP의 pulse 횟수도 try & error을 거쳐 확정한다). MLC의 3개 PGM용 분포를 PGM하기 위하여는 erasure 분포에서 출발하여, 첫 PGM 분포인 P1의 position과 ISPP pulse 개수를 정확하게 확정지어야 나머지 2개 분포를 형성시키기 위하여 몇 개 pulse의 ISPP를 인가할지 계산할 수 있다. 이를 통하여 사전에 계산된 분포당 ISPP pulse 횟수를 교정하면 최종적으로 erasure cell에서 P2 혹은 P3까지의 총 pulse 횟수가 나온다. 따라서 erasure 분포에서 P1 분포를 형성할 때까지만 PGM verification을 실시하고, 나머지 P2, P3분포의 형성 시에는 verification을 skip하면서 사전에 산출된 step으로 ISPP만 진행해도 매 pulse마다 verification을 실시한 것과 결과는 같아진다.

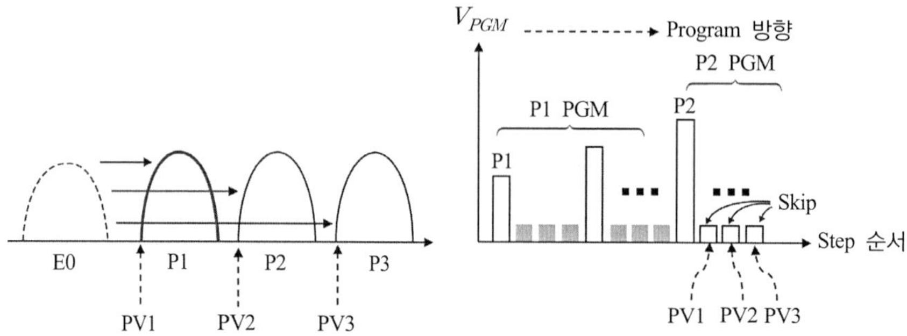

❐ CH6. 그림 2-38 Erasure 분포에서 직접 PGM 분포 3개를 각각 형성하는 경우의 PV Skip @ MLC ideal case

그러나 이 경우는 이상적인 case이며, P2 혹은 P3의 분포가 normal PGM verification을 적용할 때와 비교하여 부실해질 수 있는 단점이 있으므로, 실질적인 적용은 복합형태의 hybrid PGM 방식(old/new type)을 사용한다.

2-10-1-3 New PGM Type의 Program Verification

PGM level에 따라서 Program Verification(PV) 3회(MLC인 경우) 모두를 실시하지 않고도 V_{th} 분포의 accuracy를 충분히 확보할 수 있다면, 가능하면 verification 횟수를 줄여서 사용하는 것이 경제적이다. ISPP P1의 경우는 ER cell에서 PGM하므로 P2와 P3족 없다는 것이 사전에 인지되어 있으므로, P1 PGM의 ISPP 진행 중에는 verification을 1번만 실시해도 P1분포를 확인할 수 있어서 every pulse 마다 PV2, PV3를 시행할 필요가 없다.

3102 PGM의 P2 진행 중에는 중간 단계 PGM에서 add PGM되므로, 역시 P3족 없으므로 PV1, PV2로 2번만 실시해도 알 수 있다. 그러나 level이 높은 분포는 level이 낮은 아랫단의

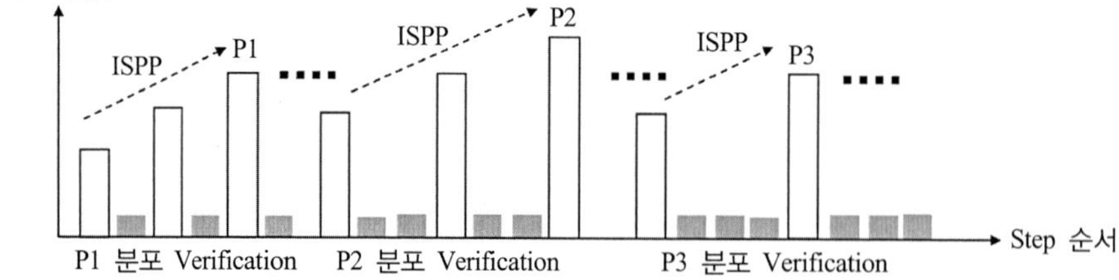

❐ CH6. 그림 2-39 3102 PGM 시, ISPP의 Pulse에 대한 단축 Verification @ new PGM type

분포를 반드시 PV로 확인해 주어야 아랫단 분포의 존재 여부를 확인할 수 있다. P2 후에 PV1, PV2 2번을 실시하는 이유는 PV2만으로는 target cell current가 흐르는 것만 확인이 되었지, P1인지 P2인지 정확하게 구분할 수는 없기 때문에, P1의 존재여부를 PV2 이전에 명확히 구분해 놓아야 하므로, PV1을 수행하여 P1이 아니라는 것을 확인한 후에, PV2로 P2 분포 여부를 선별한다. Program이란 미시의 세계에서 발생되는 동작이라 P2 동작이 P1이 될 수도 있으므로 명확한 검증 kill이 중요하다. 그러나 P1 동작이 P2로 잘못 PGM될 가능성은 거의 없다. 이는 ISPP 진행 시의 verification 기능에 의해 target 대비 excess program되면 next V_{PGM}이 원천차단 되기 때문이다. 마지막으로 P3 분포는 PV1, PV2를 실시하여 분포가 P1/P2가 아니라는 것을 확인한 후에, PV3로 P3 분포임을 최종 확인한다. <Chapter 5. Session 3-3-6-4> 참조.

<CH6. 그림 2-40>은 program verification의 횟수 차이에 따른 PGM time 비교이다.

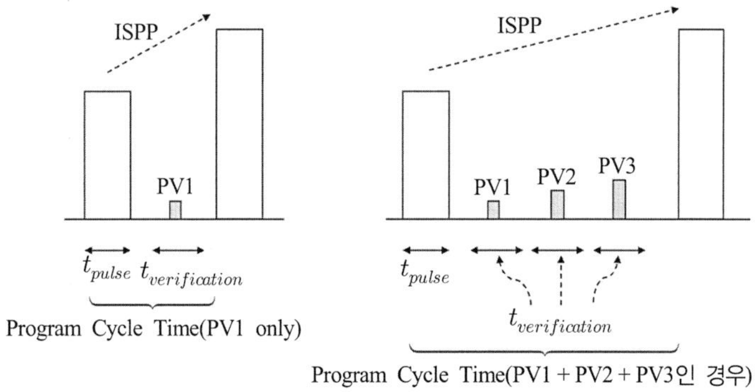

❒ CH6. 그림 2-40 Program Verification Time 비교(PV1 vs PV1 + PV2 + PV3)

2-10-1-4 Old PGM Type의 Program Verification

Old type PGM은 ISPP 시 PV 단계도 3단계로 실시된다. 3201의 Bottom page PGM에서 PV1을 실시한 후, bottom page PGM에 대한 verification을 진행한다. PV1 이후에 PV2를 진행하여 P1 → P2 분포를 확인하고, 마직막으로 PV3를 실시하여 E0 → P3로 분포의 positioning을 점검한다. 물론, P2 단계에서의 PV 시는 PV1도 실시하여야 하고, P3 단계에서의 PV 시는 P1 분포 혹은 P2 분포인지의 여부를 확인하여야 하므로 PV1, PV2도 실시한다.

2-11 Advanced Program 방식

2-11-1 Number of Partial page Program(NPP)

Small block일 경우는 hardware적인 page size 자체가 절대적으로 작아서, program 할 data가 일반적으로 physical page size보다 커서 page 전체를 모두 사용하고도 physical area가 부족했지만, density 확대 방향에 의하여, block size가 커짐에 따라 large block이 되면서 page 내의 물리적 cell의 개수가 data보다 많아지는 경향이다. (더욱이 large block으로 커지는 시기에 제품도 SLC에서 MLC로 다양해졌다.) 동일 물리적인 page 내에 저장할 data 용량은 small block인 경우의 page가 저장할 수 있는 용량 보다 4배~32배 혹은 그 이상 확장되어, 일반적인 data량 보다 page의 용량이 커져서, small block일 때와 비교하여, physical area에 여유가 발생된 경우가 많게 되었다. Hardware와 software적인 skill발전에 의한 page의 고용량화에 따라, program할 data량의 증가보다 물리적 page 용량 증가가 빠른 속도로 이루어져, page 용량에 비하여 PGM할 data량이 적게 되는 경우가 발생되기도 하고, 그에 따라 program되지 않는 page area가 늘어나게 된 것이다. 이런 program시의 page 공실율을 극소화 시키기 위하여 page를 여러 번 program할 수 있는 방안이 강구되었고, 이를 Number of Partial page Program(NPP)이라 한다. NPP는 동일 page 상에서 PGM이 몇 번까지 반복 program이 가능한지에 대한 max PGM횟수이다.

NPP는 일종의 page내에서의 re-PGM이라고 볼 수 있는데, 1개 page를 step을 여러 번 나누어서 program하는 방식으로, NPP을 나누어 PGM하는 방식은 1st step에 page를 PGM한 후, 2nd step부터는 기존에 program된 area는 inhibit시켜서 page PGM한다. 3rd step PGM 시는 1st/2nd PGM area을 inhibit 시켜서 기존 PGM data가 2중으로 PGM되지 않도록 보호한다. 이렇게 해서 program 횟수를 2배에서 4배까지 늘려서 page의 공실율을 최대한 적게 한다. 그러나, MLC, TLC의 신뢰성이 FG 크기가 작아짐에 따라 예상외로 취약해짐으로써, MLC, TLC의 NPP는 가능한한 최소화로 설정되는 추세이다. PGM disturbance가 높아지면 반복적 PGM

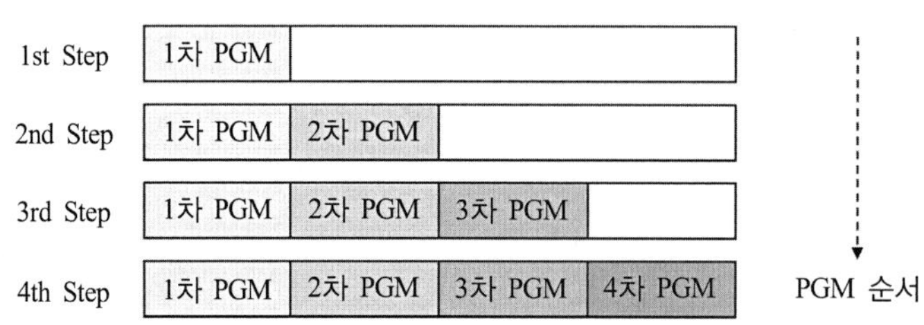

❒ CH6. 그림 2-41 NPP 순서

시 fail이 증가하므로, NPP를 되도록 낮출 수밖에 없다. 동일한 물리적 page density의 조건이라면, bit per cell이 높을수록 신뢰성 능력이 저하되어 NPP를 되도록 낮추어야 하므로, SLC > MLC > TLC순(동일 용량일 경우)으로 NPP를 조정한다. 그러나 page density가 월등히 높으면 여유 density area가 발생하므로 NPP가 비례적으로 높아져 TLC > MLC > SLC순으로 NPP가 개선된다.

2-11-2 Pulse Overlap Program(POP)

PGM 순서에 의한 interference/disturbance는 1) ISPP 전압 level에 의한 순서, 2) 분포 level간의 순서, 3) even or odd bit line간의 순서, 4) slow-fast cell 간의 순서로 인한 영향을 받는데, Pulse Overlap Program(POP)는 상기 1)항에 대한 신뢰성 issue 대응 방식이다. 즉, PGM 시 분포 stress을 줄이기 위하여 각 PGM 분포를 serial하게 PGM하지 않고, 모두 parallel하게 한꺼번에(이상적인 경우) P1, P2, P3을 실시하면, pulse 순서로 인한 stress을 방지할 수 있다. 그런데 실질적인 경우는 3개 PGM을 동시에 동작 시키지는 못하고, 2개 PGM 정도는 동시에 진행한다. PGM pulse 순서에 의해 발생된 인접 FG disturbance 영향을 최소화 시키기 위한 POP는 MLC인 경우, 3개 PGM 분포인 P1/P2/P3분포 중, 2개 PGM 분포 level을 한꺼번에 PGM을 하기 때문에 pulse overlap program이라 했다. 일반적인 PGM은 P1 > P2 > P3순으로 분포를 형성함으로 각 분포의 ISPP도 동일한 순서로 인가되어, P1분포들이 나중에 PGM되는 P2분포 혹은 P3분포의 PGM시에 disturbance 영향을 받게 된다. 이 경우는 ABL 방식이든 conventional HBL(Half of BL) 방식이든 유사하다.

그러나 pulse overlap program 방식은 P1분포시 P3분포를 거의 동시에 PGM하면, P3분포 PGM 시 발생되는 신뢰성 영향을 방지할 수 있다. 이는 P1분포에 영향을 끼치는 정도가 P3분포의 ISPP전압 보다는 P2 분포시 인가하는 ISPP 전압이 작기 때문에, P1분포와 P3분포를 동시에 1차로 PGM하고, P2를 나중에 2차로 PGM함으로써, P3 PGM으로 인한 PGM disturbance 영향을 줄이는 효과가 있다. 더욱이 P3분포가 P2분포에 비하여 상대적으로 분포 margin이 높기 때문에(3201 code PGM인 경우), P1 pulse을 가하면서 P2 pulse 대신 P3 pulse을 인가하는 것이 분포 margin 측면에서도 유리하다. Pulse overlap program 시의 소요 시간은 normal PGM 방식의 timing에 비하여 거의 유사하다. 이는 투입되어야 할 pulse는 동일하게 모두 투입되기 때문에 전체 t_{PGM}의 변화는 거의 없다. <CH6. 그림 2-42>는 P1, P2, P3 내의 세부 pulse 및 PV는 생략되어 있다. 그런데 POP 방식은 ABL PGM시에만 주로 사용하고 conventional HBL 시에는 잘 적용하지 않는다.

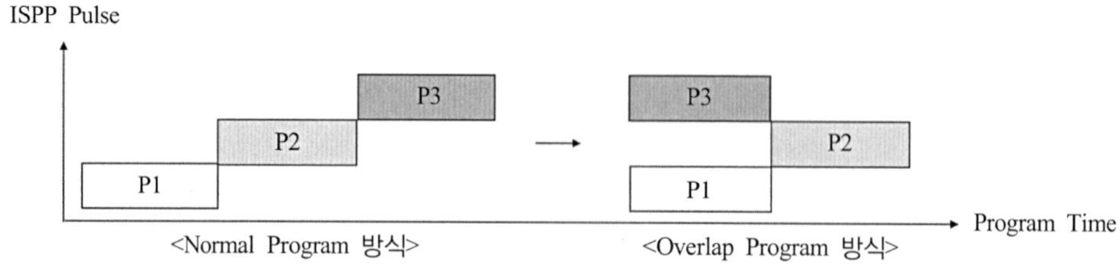

❒ CH6. 그림 2-42 Normal PGM vs Pulse Overlap Program

2-11-3 Transit Program

Transit Program은 형성하고자 하는 PGM 분포를 한꺼번에 직접 형성하지 않고, 2번에 나누어서 중간 분포를 거쳐서 최종 PGM 분포를 형성하게 하는 방식으로, V_{th} 간격이 큰 3201 coding 방식의 PGM에 더 효과가 있다. 3102 coding PGM 방식의 중간단계 PGM 분포도 이미 transit PGM에 해당한다고 볼 수 있다. 3201 coding 분포는 PGM분포 형성 시 E0에서 P3분포를 형성할 때, 가장 높은 V_{PGM}이 필요하므로 V_{PGM} 차이를 축소시키기 위하여 중간 형태의 transit PGM 분포를 거쳐서 P3분포를 형성시키면 V_{PGM} stress가 줄어든다. 그러나 3102 coding PGM 방식도 Vpgm으로 인한 interference 영향이 높을 경우, transit PGM 방식으로 나누어 PGM할 수 있다. 단, transit PGM은 PGM을 2번 진행함으로 PGM time이 길어지는 단점이 있다.

Session 3 Plane Level에서의 Program 동작

Program biasing이란 FG 내로 program을 수행하기 위하여 FG를 둘러싸고 있는 단자들에 전위차를 발생시킨다는 말이고, plane 내에서의 제어 및 전달이란 cell을 program하기 위하여, plane별로 2종류의 line(WL, BL)을 통하여 biasing시킬 전압들의 순서와 timing을 주변 회로들을 통하여 입력하고 control한다는 것이다. Program chapter에서 다룬 내용을 각 session별로 정리하자면, <Session 1>에서는 program cell 입장에서 cell에 직접적으로 그리고 이웃 cell에 인가되어야 하는 전압 조건들과 output특성을 알아보았고, <Session 2>에서는 PGM을 하기 위하여 word line & bit line을 통하여 인가되는 parameter들과 이를 통하여 V_{th}분포 폭을 축소시키고 program time을 줄일 수 있는 방법들을 다루었다. <Session 3>에서는 적용 area를 좀 더 확장하여, plane level에서 PGM을 수행하기 위하여 data input path를 점검해가면서 logic 기능들이 어떻게 제어되고 전달되는지를 data register(page buffer)를 중심으로 살펴보겠다. Program 동작 시의 data register의 기능은 외부의 data를 cell array로 공급하는 역할이므로 비교적 간단하지만, read 동작 <chapter 8>에서의 data register기능은 program인 경우에 비하여 복잡하다.

3-1 Program Biasing에 대한 제어 및 전달

Target cell이 포함되는 word line과 bit line이 선택된 후, conventional HBL(Half of BL) 방식일 경우, bit line 중에서 odd bit line(BLo)을 program한다고 가정하면, target bit line에는 latch data

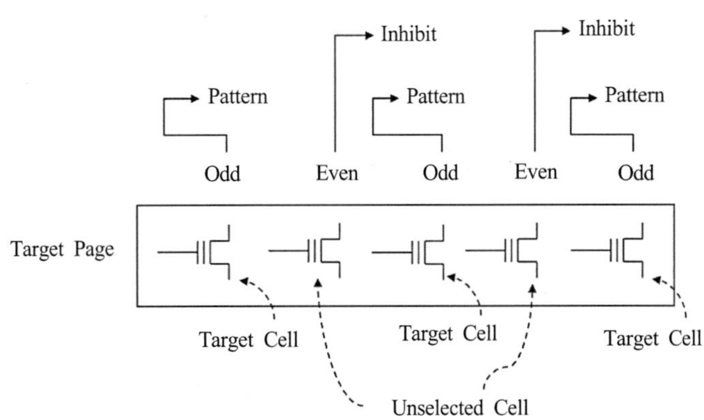

❒ CH6. 그림 3-1 Bit Line에 Program 전압 Biasing @ target cell vs unselected cell

가 인가되도록 한다. 여기서 target bit line이란, even bit line 혹은 odd bit line 중에, pattern에 의하여 PGM 하여야 할 bit line을 의미한다. BLe(even bit line)는 inhibit으로 처리하기 위하여, unselected bit line인 even bit line에 V_{cc}를 가하여 even bit line이 floating되도록 함으로써, substrate의 self-boosting에 의하여 FG의 상하 전위차이가 V_{PGM} 이하(약 10V 이하)로 setting 되도록 bit line을 inhibit시켰다.

Unselected Tr의 V_{cc}가 계속적으로 가해지기 위해서는 <CH6. 그림 3-2>에서 DR Tr_e의 gate에 0V를 인가하여, DR Tr_e를 OFF시켜 latch data가 data register Tr을 경유하여 넘어오는 것을 막고 대신 DR Tr_o는 gate에는 V_{cc}를 인가하여 pattern이 transit 되도록 ON시킨다. 동시에 V_{cc-PGM}인 $V_{cc}+V_{th}$를 BLe에 계속 공급하기 위하여 PWR Tr-even을 ON시킨다. 반면 target odd bit line의 string에는 program할 목적이므로 FG의 전위차이를 높이기 위하여 되도록 낮은 전압(pattern에 의함)을 인가해야 하고, V_{cc-PGM}이 인가되지 못하도록 PWR Tr-odd의 gate에 0V를 인가하여 PWR Tr-odd를 OFF시킨다(<CH6. 그림 3-2>에서는 bit line의 실질적 방향은 y축 방향으로 설정해져 있지만, 편의상 cell들을 x축 방향으로 나열하였다).

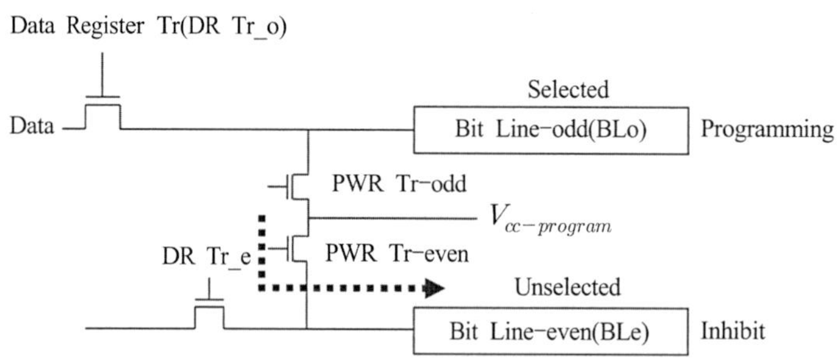

❐ CH6. 그림 3-2 Selected/Unselected Bit Line에 인가되는 전압 제어

Data register(page buffer)에서 올라오는 전압을 정리한 후에, DR Tr_o를 ON시키면, latch Q에 있던 data(pattern 정보)가 target line에 인가된다. 이 과정의 중간에는 program하는 데 필요한 적절한 전압공급의 timing을 PGM Tr과 data register Tr이 제어한다.

Latch는 일정 시간 동안 필요한 data를 저장해 놓기 위함인데, 1) 외부에서 DQ를 거쳐서 들어온 program할 pattern이 data register에 input되면, pattern을 latch에 저장한 후에 PGM Tr이 ON되었을 시 data를 target cell에 program하기 위하여 bit line에 전해줄 목적이고, 2) next step의 ISPP 혹은 data 출력 입장에서 program verification 후에 program이 완료된 cell의 information을 latch Q에 저장하고 있다가 verification level을 다음 program할 cell이 소속된 bit line에 인가하거나, 혹은 3) data를 NAND 밖으로 output시키기 위함이다. <Chapter 8. Session 4. 참조>. 따라서 latch Q가 0V라고 가정하면, PGM Tr과 data register Tr를 ON시키고 PWR

Tr-odd를 OFF시키면, target bit line이 latch Q level의 영향으로 ground로 떨어지고 channel은 연동되어 0V로 내려앉게 되며, target cell의 gate에 ISPP 전압이 걸리면 16V ~ 20V의 전압차이로 FN tunneling에 의하여 FG에 electron이 ISPP step에 따라 점점 증가하게 된다.

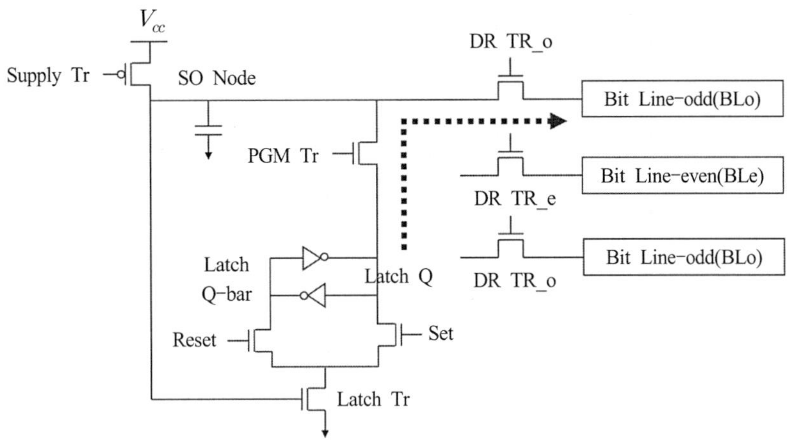

❒ CH6. 그림 3-3 Programing 시의 Data Register 제어 @ odd bit line

이런 ISPP 동작이 반복되어 FG에 의도했던 level로 electron이 charge되어 program이 완료되면, 더 이상 PGM이 불가하도록 해당 bit line에 V_{cc}를 가하여(PWR Tr : ON), inhibit mode로 전환한다. Target cell의 program된 결과는 요청시 output시키고, odd BL의 PGM이 모두 완료되면, input된 새로운 data pattern을 다음 bit line group인 even BL에 공급한다. Even BL 동작시에는 PWR Tr-odd를 ON시켜서 odd BL에는 모두 V_{cc-PGM}이 인가(odd bit line inhibit)되도록 한다.

3-2 Page Program 및 2-Plane Operation

3-2-1 Page Program

Program은 read 동작과 동일하게 plane 내에서 page 단위 별로 동작하며, 외부에서 들어온 data는 Y-decoder와 data register를 경유하여, cell array의 target page에 program된다. DQ에서 Data register에 input될 때의 data pattern은 serial 방식으로 등록되고, data register에서 cell array로 program될 때는 data register에 저장된 모든 data들이 parallel 방식으로 한꺼번에 cell array 내의 해당 page를 향하여 이동한다. Page number는 data register에 가까운 page에서부터 순차적으로 numbering되어 있어서, sequential program일 경우는 page#0부터 program이

ascending하게 진행되어 string size가 32개인 경우, page#31까지 programing된다. Random program일 경우는 data register에 있는 data들이 설정된 page로 직접 program된다. Sequential program은 대용량 data를 PGM 시에 program time reduction에 유리하며, random program은 program할 용량이 작을 때 유리하므로 random program 방식은 SLC에서는 적용되지만 대용량 data 처리에 적합한 MLC에서는 거의 사용되지 않는다.

3-2-2 2-Plane Operation

2-plane을 사용할 경우는 plane별로 모든 plane에 대하여 동일한 방식이 적용되고 page program이건 page read이건 모두 plane 단위별로 개별적 operation이 수행된다. 먼저 plane 내에서 page program을 보면 plane별 page address를 지정한 후, plane별 data register에 data를 registering한 후에, 각각의 target page를 향하여 data를 동시(2 plance 모두)에 program한다. Program되는 time인 t_{PGM}은 각 plane별로 거의 유사하다. Plane이 2개이므로 2-plane operation이 동시 가능하며, plane에 4개일 경우는 4-plane operation이 가능하다. 분포가 SLC > MLC > TLC로 확대되면서, 제일 취약한 operation이 program 시의 time delay인 데 반하여, plane수가 증가될수록 가장 효과를 많이 보는 동작이 program이다. 일반적으로 SLC에서는 1 plane을, MLC에서는 2 plane을 사용하였으며, TLC에서는 4 plane을 사용하는 추세이다(그렇다고 제품별로 plane수가 정해져 있는 것은 아니다). 3D에서도 TLC을 적용하는 제품은 4 plane으로 가야 할 것이다. Plane수가 많아지면 block size을 줄일 수 있다. 동일 chip 내에 plane수를 2배로 확대하면 block size을 2분의 1배로 축소할 수 있고 performance는 2배로 늘어난다. 그러나 plane수를 늘리는 방향은 전체 chip size를 줄여야 하는 측면에서는 불리하다. Page read operation은 page program operation과 동작 방향은 반대이지만 동작 개념은 거의 유사하다.

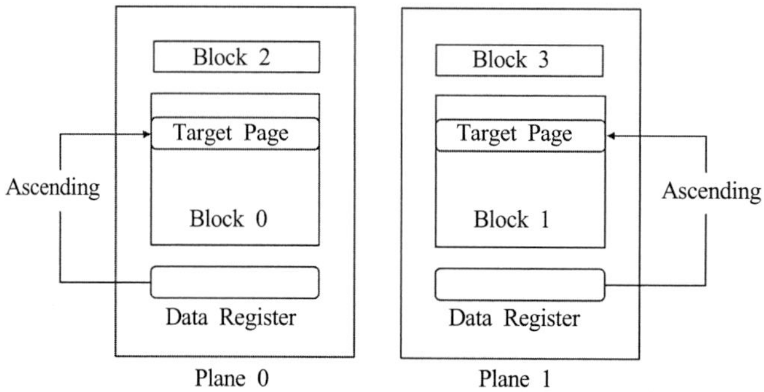

❒ CH6. 그림 3-4 2-Plane Operation

Program time을 비교해보면, 2-plane operation과 cache operation을 모두 적용하는 경우가 가장 많은 시간을 절약할 수 있어서 t_{PGM}이 가장 짧고, 시간 절약 측면에서 2-plane operation이 cache operation보다 powerful하다. 이는 SLC, MLC, TLC 등 모든 제품에서 동일하게 적용된다. 동일 조건에서 대략적으로 MLC는 SLC의 2배, TLC는 MLC의 2배 정도의 t_{PGM}이 소요되나, 다각적인 skill을 적용하여 MLC는 SLC의 1.5배 이내, TLC는 MLC의 1.2~1.5배 이내 정도는 meet할 수 있도록 하여야 경쟁력(SLC에 대한 MLC의 PGM 경쟁력, MLC에 대한 TLC의 PGM 경쟁력)을 유지할 수 있다. Cache operation은 <Chapter 4. Session 3-9> 및 <Chapter 6. Session 2-7-4>에서 소개되어 세부 설명은 생략하였다.

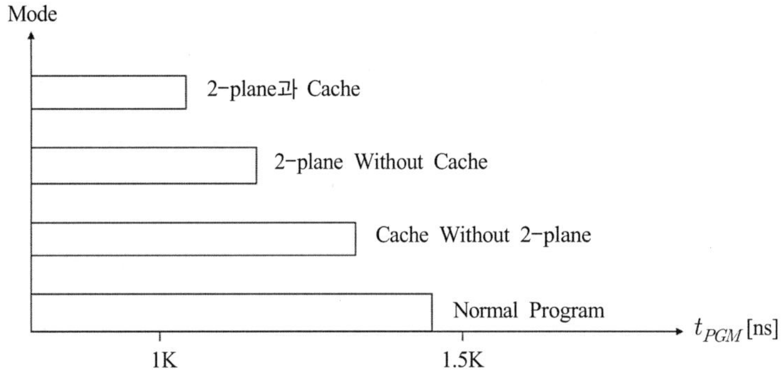

❒ CH6. 그림 3-5 Program Time 비교 @ MLC 64G bit based, conventional HBL

Session 4 Program의 기능 Block과 Operational Flow

이제 program operation을 기능(function) block들의 flow 위주로 살펴보자. 지금까지는 cell 단위와 page & string 단위에서 plane 단위까지의 program operation을 다루었는데, 관점을 더 넓혀서 cell array와 plane을 벗어나, chip 단위로 area가 확장된 NAND 내의 program을 관장하는 command operation을 다루겠다.

4-1 Programming Flow Overall

NAND의 program operation은 program 동작을 수행하기 위한 몇 개 flow와 기능 block으로 나눌 수 있다. Flow는 program command flow, address accessing flow, data input flow 및 program voltage supply flow로 세분할 수 있다. <Session 4-3> 참조. 상기 4개 flow를 support하기 위하여 cell의 peripheral 영역에서는 몇 개의 기능 block을 두고 있다. <Session 4-2> 참조. 이런 기능 block과 동작 flow는 전체적으로 algorithm ROM에서 관장하고 있다. <Chapter 7. Algorithm ROM> 참조. Program 동작에 앞서서 host에서 NAND로 먼저 program하라는 명령이 하달되면, NAND가 program command를 접수하여 해독한 후에 target address를 지정한다. Address assign flow도 command flow와 유사하게 먼저 host에서 address cycle(signal)이 NAND로 들어오면 NAND가 x, y address를 해독하여 해당 address를 지정한다. 다음 step으로, program할 data(pattern)를 input받아서 High Voltage(HV)를 이용하여 program을 진행하며, program은 ISPP로 진행하므로, program pulse step이 완료된 pulse와 시작하기 전 pulse의 중간에 program verification을 진행한다. Program verification은 program과는 또 다른 read operation 개념에 속하므로, 이 또한 read operation 순서와 유사하게 verification command > address 지정 > verification의 절차를 밟는다. Verification 후에는 PGM 완료된 cell에 대한 inhibit을 수행하는 데, target cell의 bit line에 대한 inhibit은 latch결과에 따라 연동되어 실시된다.

4-2 NAND의 기능 Block

Program 시에 주로 사용하는 기능 block으로는 signal을 주고 받는 DQ control block, command를 처리하는 command logic block, address를 선별하는 address register, cell array 내의 address

를 지정해주는 row decoder와 column decoder 등이 있다. Program을 수행하는 명령을 받아들일 때는 command logic/DQ control/command register/column decoder의 기능 block들을 사용하고, address를 지정할 때는 command logic/DQ control/address register/row decoder/column decoder 등이 참여한다. Cell에 data를 program할 때는 DQ control/HV generator/ECC/column decoder의 기능 block들이 연결되어 있다.

여기서 block개념은, cell array 영역의 hardware적인 cell 집합체의 block이라는 의미가 아니라, 편리상 device의 내부기능에 대하여 묶음 별로 분리를 해놓은 의미의 peripheral 영역 내에서의 기능 block이다. 기능 block 혹은 system block은 본 section 및 일부 program/erasure/read command를 설명할 때만 국한적으로 사용하겠다. 기능 block diagram은 약속된 규격이 없으므로 각 제품별로, 각 technology별로, 각 제조 회사별로 상황에 맞도록 구성되고 목적에 따라 용어도 약간씩 다르게 사용한다.

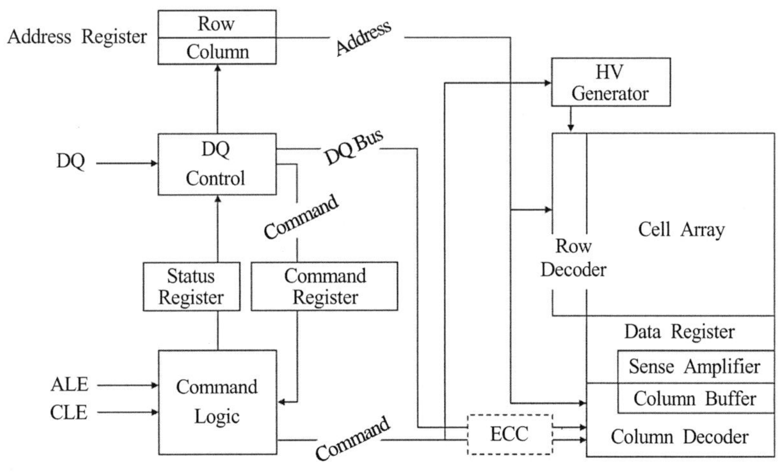

❒ CH6. 그림 4-1 NAND 기능 Block Diagram

4-3 Program Operational Flow @ 기능 block 관점

NAND flash의 3족이지 동작인 program, erasure, read를 수행하기 위해서는 먼저 host에서 NAND로 명령을 주어야 하는데, 명령은 DQ pin 혹은 CLE/ALE를 통한다. NAND는 NAND package와 외부의 신호연결을 위한 package 상의 pin수를 줄이기 위하여 DQ pin으로 data in/out, command 및 address 신호를 함께 사용한다. 반면 DRAM은 NAND에 비하여 사용하는 package 상의 pin수가 많으므로 pin별로 기능을 분리하여 적용한다. NAND도 DRAM처럼 pin을 기능별로 분리하여 적용할 수 있지만, package size가 커지는 단점이 있다. DQ는 8개 bit로 구성되어 있을 경우, command/address가 input 시에 $2^{8\times N}$(N은 cycle횟수)인 경우의 command/address가 가능하다.

4-3-1 Program Command Flow

Command를 시작할 수 있다는 의미의 CLE(Command Latch Enable) signal이 들어오면 command logic(혹은 control logic)은 DQ control에게 command를 받으라는 신호를 보낸다. DQ control은 command logic으로부터의 명령에 의하여 DQ pin을 통하여 host가 송부한 command를 받는다. 실직적으로는 host로부터 DQ pin으로 들어온 signal이 command인지 address인지 cell에 PGM할 data인지 모르는 상태이므로, CLE가 ON이 되어, DQ로 들어오는 input signal이 command임을 알려준다. DQ Control은 들어온 signal을 command로 분류하여 이를 command register로 보낸다. Command register에서는 command가 동작할 종류(PGM/ER/RD)를 분류한 다음, command logic으로 operation을 하라는 command를 송부한다. Command logic은 해당 operation의 어떤 세부명령인지 어떤 condition을 준비해야 하는지, 해석해낸다. 해석된 command는 중요하기 때문에 ECC를 거쳐 정확한 command로 correction된 다음, column decoder를 경유하여 cell의 operation에 적용된다. ECC engine은 NAND chip size 축소 측면에서 NAND 외부에 위치해 있는 controller로부터 공급된다. Command로는 basic 기능인 program, read, erasure 동작에서부터 응용기능인 copy back, cache operation, bad block management 등 여러 기능이 있다.

Program command 입장에서 좀 더 세분화하여 들여다보자. Command logic block으로 CLE(command latch enable)가 high로 input되면, command cycle이 활성화되어 command logic에서 status register를 거쳐 DQ control로 signal을 주어, host에서 보내온 signal을 DQ control이 받도록 한다. Status register는 command logic으로 들어온 신호들이 CLE pin으로 들어온 command latch에 대한 것인지, ALE pin으로 들어온 address latch에 대한 것인지 인지하여 DQ control이 signal을 배분(switching)하는 데 도움을 준다. DQ control은 status register가 보내온 신호에 근거하여 DQ pin으로 들어온 signal이 address인지/data인지/command인지를 구분하여 command이면 command register에게 보낸다. Command register는 command 내용이 program/erasure/read/verification을 하라는 것인지, bad block management를 하라는 것인지, 아니면 다른 종류의 어떤 command인지를 분류한다. Program동작이라고 인식을 하면 command register는 chip의 mode를 program mode로 변경하고, PGM command signal을 command logic으로 보낸다. Command logic에서는 접수된 PGM command를 해석한다. ISPP로 하라는 것인지, pulse의 voltage를 얼마로 하라는 것인지, pulse width를 12us에서 10us로 짧게 하라는 것인지, 등을

해석한 후에, row decoder와 column decoder에 명령을 하달한다. 이때 command logic 이후에 register가 하나 더 있어서, program과 erasure 동작일 경우는 해석과 동작이 다른 command에 비하여 복잡하므로, 별도로 분리하여 도움을 받는다. 이 경우, 동작 condition 등 동작에 필요한 세부 지시 항목들은 사전에 계산되어 algorithm ROM에 저장되었다가 필요시 algorithm ROM이 해당 block에 공급한다. 또한, command logic은 program 전압을 끌어오기 위하여 HV generator에 signal을 보낸다. 예를 들어 +18V를 +18.5V로 올리라고 HV generator에 command를 input하고 command logic이 column buffer에는 program을 하라는 명령을 내리면, HV generator는 command logic의 명령을 받아서 외부에서 입력된 V_{cc}를 승압회로에 따라 +18.5V까지 올려서, 이를 word line을 관장하는 row decoder에 보낸다. Command logic으로부터 input 조건을 전달받은 row decoder는 target WL을 선정하고 해당되는 word line에 program 전압을 인가하며 다른 WL에는 V_{pass} 전압을 가한다. Word line으로 입력되는 전압들은 row decoder가 관장하여 배분 및 switching한다. 한편, command logic으로부터 PGM command를 받은 column buffer는 cell array에 data를 input하기 위하여 지정된 bit line에 condition을 가하고, program할 data를 DQ로부터 받아서 bit line에 loading한다.

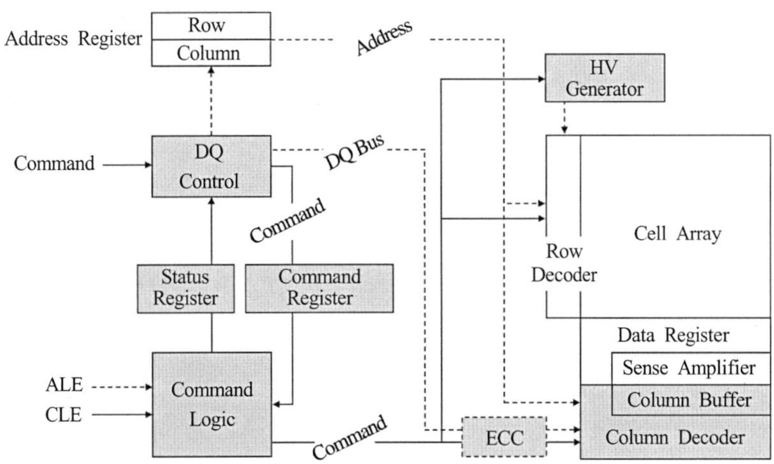

❒ CH6. 그림 4-2 Program Command Flow

4-3-2 Address Accessing Flow

Program command 접수가 완료되면, 다음으로 cell array 내에 program할 cell을 지정해야 한다. Memory에서 중요한 요소 중의 하나는 cell address를 어떻게 access하느냐 인데, address access operation은 target cell을 찾아 들어가는 address 정보를 공급하는 기능을 한다. 이는 DRAM과

마찬가지로 NAND flash도 cell을 제어하는 기능으로는 address cycle이 있다. Address cycle은 row address cycle과 column address cycle이 있다. Row address cycle은 row decoder를 통하여 cell matrix의 word line으로 입력되고, column address cycle은 column decoder를 통하여 bit line으로 들어간다. NAND flash에서 access하여야 할 대상은 cell, page, data register(page buffer), block, plane 등이다. 이 5종류에 대한 access는 row address cycle과 column address cycle이 분담하여 기능을 수행한다. Row address는 plane, block, page를 access하고 column address는 data register와 string을 access한다. 이렇게 input된 row address와 column address signal(cycle)로 cell array 내의 target cell은 row/column address 2개가 동시에 교차하는 지점으로 지정된다. Cell array 내의 여러 cell들은 긴 다리 교각과 같이 string type의 직렬 구조로 엮여 있어서 page의 첫 번째 cell 위치를 access하는 것이 중요하고, 첫 cell의 위치가 확인이 되면, 나머지 직렬 연결된 cell들은 string상에서 ascending하게 자동으로 access된다.

자세하게는, ALE(Address Latch Enable) signal이 들어오면 command logic은 DQ control에게 host로부터 DQ pin을 통하여 들어오는, program할 data를 저장할 site를 나타내는, address 신호를 받으라고 한다. ALE는 address access operation을 할 수 있다는 의미로서, ALE를 command logic을 통하여 받은 DQ control은 DQ로부터 들어온 signal을 address로 판단하여 address 요건을 갖춘 signal인지를 선별 후, program할 cell의 위치정보를 담은 address signal로 판단되면, 2종류의 x, y address signal을 동시에 address register에 보내준다. Address signal의 선별은 ALE가 high 상태에서, synchronous mode인 경우 write enable bar의 rising edge에 동기되어, DQ pin으로 signal이 input되면, 이 signal은 address register로 transfer되어 address로 활용된다. Address register는 DQ control로부터 받은 address cycle을 해석하여 x축 address와 y축 address를 선별해낸 후, x축 address는 row decoder로 보내고 y축 address는 column decoder로 할당하여 송부한다.

Column decoder는 program할 bit line을 assign하기 위하여 MUX에서 address signal을 분리한다. MUX는 일정 개수(2^n개)의 address 신호를 받아서 selection line(n개)의 선택에 따라 bit line을 할당해주는 역할을 한다. 또한, conventional BL이면 odd address인지 even address인지를 판별해낸다. Odd(혹은 even)이면 odd(혹은 even) bit line을 지정한 후, data(pattern)가 들어오면 program하기 위하여 지정된 bit line에 pattern을 인가한다. ISPP인 경우, bit line에 input할 전위 level은 latch Q로부터 왔으며, latch Q는 이미 그 전 program cell을 sensing한(program verification) 결과에 따라 latch에 charge되어 있다. ISPP가 완료되어 target pattern이 target cell에 PGM이 완료된 후, program할 next pattern이 host에서 들어오면, column decoder는 pattern을 latch에 인계한다. Latch Q data는, 순차적으로 PGM Tr-ON → data register(page buffer) Tr-ON → BSLe Tr-ON이 되면서, next line인 odd(혹은 even) bit line에 연결된다.

Word line을 선택하는 과정도 bit line을 선택하는 과정과 유사하다. 먼저 target block과 page를 선택하는데, block은 plane당 operation할 1개 block씩만 선택되고, page도 동일하게 block당 operation 할 1개 page만 선정한다. Word line이 access될 때에는, row decoder의 MUX에서, row address에 의하여 plane이 선정되고, cell array 내의 target block이 assign된 후에, page(word line 혹은 gate)가 선택된다. Word line row decoder를 통하여 접수된 row address로 target page를 지정하면, bit line 정보와 합하여 cell 위치가 확정된다. Row decoder는 plane 내의 block 개수를 counting하고, block 내의 page가 몇 개가 있는지 등도 확인하면서, row address cycle을 통제한다. Row decoder는 program하기 위하여 bit line에 매달린 Tr들의 gate에 해당되는 전압을 선별하여 x축 방향으로 matching된 전압을 인가한다. 그중 target Tr을 program하기 위하여 target Tr이 속한 WL에는, high voltage 발생기(HV generator)에서 생성된 program용 높은 전압을 끌어와서 ISPP step에 따라 공통으로 인가한다.

이때도 물론 algorithm ROM이 관여한다. Word line에는, 인가되는 bias 전압(V_{PGM}, V_{pass}, V_{target}, V_{dsl}, V_{ssl})들이 제각각 다르므로 해당되는 gate 전압을 정확하게 assign하여 인가해 주어야 한다. Word line 방향으로는 여러 종류의 Tr이 있으며, 각각의 Tr에 적기의 timing에 알맞은 전압을 sorting하여, 해당 page의 word line에 공급해 준다. V_{pass} 전압은 V_{PGM}의 약 50%에 해당하는 전압을 HV generator에서 받아서 다른 인접 word line에 동시에 공급하고, DSL 단자로 들어가는 V_{cc}나 SSL 단자로 입력되는 0V(PGM 시)는 HV generator로부터 전압을 받을 필요가 없으므로 외부에서 input되는 전압을 internal 전압으로 변환시킨 뒤, 사용한다. 선택되지 않은 block의 local DSL Tr과 SSL Tr gate에는 0V를 인가하여, DSL Tr과 SSL Tr이 OFF되게 함으로써 bit line의 누설전류를 방지한다.

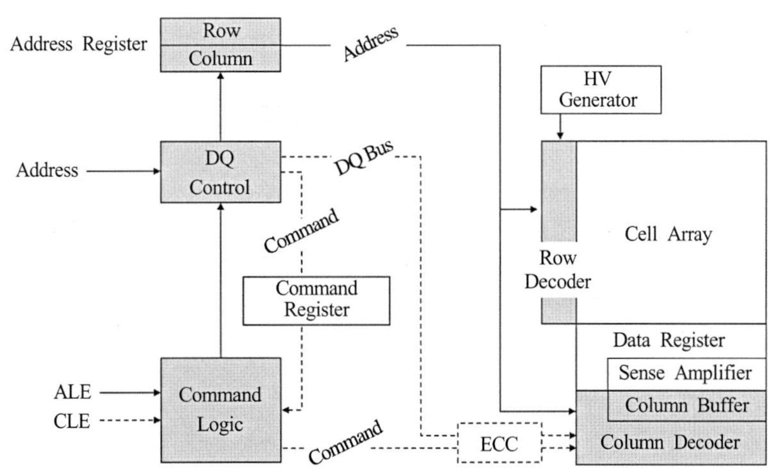

❒ CH6. 그림 4-3 Address Access Flow

Algorithm ROM

NAND Flash memory의 program/erasure/read/verification 동작들의 전체 functional block을 control 하는, ALU 형태로 되어 있는 연산장치로 algorithm ROM이 있다. 이는 peripheral area에 위치하고 있으면서 약 8KB~16KB용량 정도의 작은 size의 algorithm circuit이다. Algorithm ROM은 각 동작들을 관장하여, pulse, high voltage, clock등 operation 시에 필요한 각 항목들의 voltage level, timing 순서, pulse width, pulse 횟수 등의 세부 사항들을 관리 및 지휘한다. System 설계자들은 NAND operation에 필요한 condition을 입력하여 사전에 algorithm ROM에 입력하여 놓고, NAND Flash를 어떻게 동작시킬 것인지 계산하여, 산출된 기준들을 algorithm code 형태로 운용하여 NAND의 주요 동작들을 진행시킨다.

4-3-3 Data Input Flow

앞의 두 단계 flow를 정리하자면, 먼저 program할 command를 받아서 해석한 후에, row/column decoder에 넣어주고, 다음 step으로 address data를 받아서 해당 cell을 지정해주면 program할 준비가 모두 마쳐진다. 마지막 단계로 user가 원하는 program할 내용에 해당하는 input data(문자, 사진, 동영상, 음악 등)가 DQ pin(DQ pin은 ×1, ×8, ×16 등 다양하다)으로 들어와서 DQ control을 거쳐, ECC에서 input data가 정확한 data인지를 확인받고, 정확하지 않으면 일부 signal이 왜곡된 data는 correction 후에 column decoder에 input된다.

Data는 byte 단위로 input 되는데, DQ control은 외부에서 들어온 signal이 data signal인지, 아니면 다른 operation용 signal인지 선별하는 기능을 한다. ECC는 NAND Flash 밖의 host나 controller에서 담당하여 처리하던 기능인데, 점차 NAND 안으로 들어오려고 하고 있으며, ECC 기능은 NAND와 controller가 협업하여 처리하는 추세이다. Program/read operation flow인 경우, data 통로는 input이건 output 통로이건 공통으로 사용한다. Host에서 DQ control로 input 된 data는 data가 잠시 머무르도록 caching 기능을 하는 column buffer에 전달된다. Column decoder는 input된 data를 column buffer를 거쳐서 data register를 경유하여 cell array에 PGM하는 역할을 하고, 또 read operation 시에는 data register에서 나온 정보를 DQ control로 출력시키는 제어 기능을 한다. Data의 input/output speed는 점점 빨라지도록 요구되고 있는 데 반하여, speed 증가에 따라서 기술적 난제들은 반대로 증가하므로, column decoder는 이런 issue들을 비롯하여 signal 관련 parameter들을 column buffer에서 제어한다. 또한, column decoder는 data의 speed를 결정하는 각 operation들의 clock timing, write cycle timing들을 관리하며 전압/전류의 input level을 판단한다. 1개 Data의 input/output speed에 data register의 size를 곱하면,

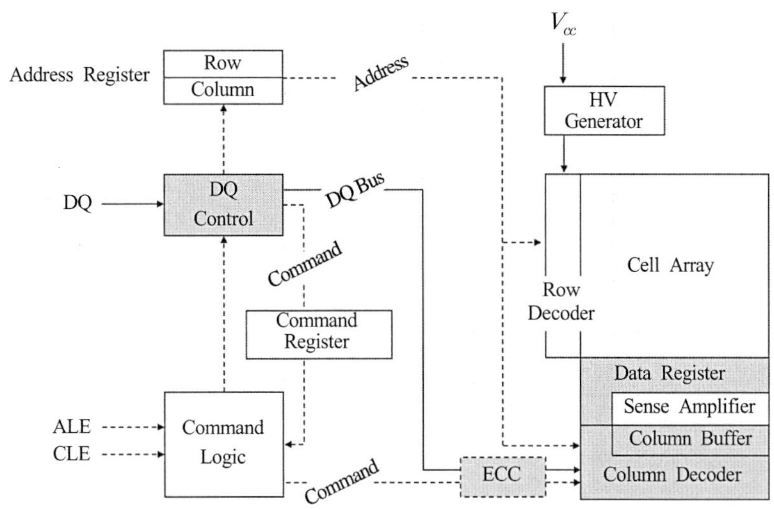

❒ CH6. 그림 4-4 Program Data Input Flow

data register에서 DQ까지 1개 page에 해당하는 data가 전달되는 데 소요되는 data transfer time이 된다.

4-3-3-1 Data Register 기능 Brief

여러 기능 중에 제일 중요한 기능으로는 core flow가 있다. Core는 cell의 핵심 영역인 memory array(혹은 cell array, cell matrix)를 의미하는 것으로, cell array를 구동시키는 데 필요한 기능상의 연결 고리인 core flow 기능에서 data register가 중추적인 역할을 한다. Data register는 page 단위의 data를 저장하고 switching하는 기능을 한다. Data register는 column buffer에서 전달된 data를 program 시에는 cell array에 입력하고, read 시에는 cell array에 존재하는 data를 출력하여 column buffer로 전달하는 통제 기능을 한다. Column decoder를 통하여 cell array 내의 cell address가 지정되면, X-decoder를 통하여는 word line에 동작전압을 loading하고, Y-decoder를 통하여는 data register를 거쳐서 bit line에 data(PGM pattern)를 loading함으로써 program operation이 완성된다. <Chapter 4. Session 3-6-2> 참조.

4-4 Program Voltage Supply Flow

Row decoder는 address accessing 기능 이외에도, voltage를 sorting하는 기능이 있어서, target page를 선택하여 전압을 공급한다. Program과 erasure operation 시에는 high voltage generator에서 만들어진 high voltage를 전압 drop없이 target page 혹은 target block에 연결해주어 전압

효율을 높여야 한다. Chip에 인가되는 전원전압은 +3.3V(internal V_{cc}는 1.8V)인데, program을 하기 위해서는 program용 내부 전압으로 +16V~+20V까지 올려야 하므로 charge pump가 필요하다. High voltage generator는 program 및 erasure 시 +16V 이상의 고전압을 생성하여 row decoder를 통하여 cell의 CG에 전달하는 기능을 한다. 이는 높은 전압을 만드는 기능이므로 전원전압으로부터 V_{cc}를 공급받아서 내부적으로 승압시킨다. NAND의 application 입장에서 보면, NAND Flash를 장착한 SSD는 입력되는 전원전압으로 +12V를 따로 사용할 수 있으므로 program 전압까지 올리는 데 gap이 적으므로 승압 폭이 적은 반면, V_{cc}부터 승압시켜야 하는 일반적인 대부분의 USB나 card 같은 application에서는 별도의 입력전압이 없으므로 승압에 대한 부담이 SSD보다 크다. High voltage generator가 소비하는 power consumption은 cell 전체가 소비하는 전력의 절반 정도를 점유할 만큼 크므로 program 전압(V_{PGM}) 자체를 줄이는 것도 NAND가 앞으로 풀어야 할 중요한 과제 중의 하나이다.

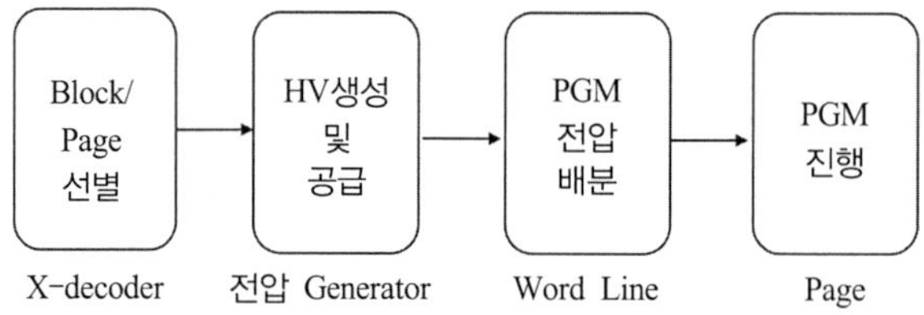

❒ CH6. 그림 4-5 Row Decoder 전압 공급 Sequence

4-4-1 High Voltage Generation

Cell을 Program하기 위한 16V 이상의 높은 전압은 외부에서 만들어서 가해줄 수 없으므로, NAND 내부에서 자체적으로 생성시켜 조달한다. 승압 회로는 여러 가지 종류가 있는데, 가장 일반적인 형태가 Dickson Charge Pump(DCP)다. DCP는 diode와 capacitor가 결합된 회로 구조를 갖는다. HV 회로는 HV용 Tr을 사용하여 diode 효과를 응용한다. 특수한 HV Tr로 구성되어 있는 High voltage generator는 높은 전압에서 내부 junction들이 파괴되거나 열화되지 않는 높은 내구성을 갖추어야 한다. Zener diode가 높은 breakdown voltage에서 견딜 수 있도록 내구성을 향상시킨 device로서 적용되는 원리와 유사하다. 이는 drain junction과 source junction 및 gate 사이의 oxide층의 breakdown voltage가 일반 Tr의 최대 전압치보다는 높여야 해서, Tr size를 키워야 하는 이유가 있고, 또 capacitance값도 그에 비례하여 커야 하므로, Cap 값을 높이기 위하여 면적을 확장하므로, HV Tr의 크기가 일반 Tr의 크기보다 증가한다. 이렇게 peripheral area가 확장될 수밖에 없는 요인을 갖고 있으면 core area를 줄여도, 줄어들지 않은 peripheral area로 인하여 전체 chip size가 축소되지 않는 issue가 있다.

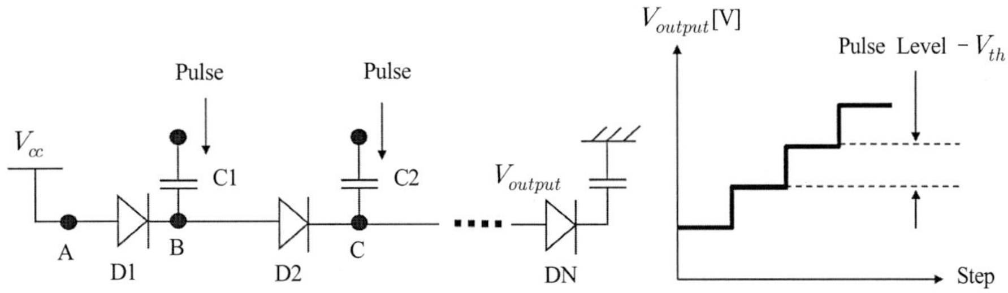

❐ CH6. 그림 4-6 이상적인 Dickson Charge Pump(DCP) 회로

<Ch6.그림 4-6>의 DCP회로를 비교해가면서 따라가 보자. DCP 회로의 전제 조건은 인가하는 전압은 일정 level(V_{cc})을 넘지 않는다는 것이다. High voltage 생성 process의 첫 단계인 D1에서 V_{cc}를 가하면, A point는 V_{cc}가 되며, 동시에 C1에 0V를 인가하면, diode D1은 V_{cc} - 0V가 인가되어, 순방향이 되고 B point에서는 $V_{cc}-V_{th}$의 전압이 걸린다. V_{th}는 diode의 threshold voltage로서 diode 내부에서 drop되는 전압이다. B point가 $V_{cc}-V_{th}$일 때 0V를 인가했던 C1에 전압 V_{cc} pulse로 up변경하여 가하면, B point는 $2V_{cc}-V_{th}$가 된다. B point가 $2V_{cc}-V_{th}$이고 A point가 V_{cc}이므로, 이때 D1에는 역bias가 걸리게 되어 역방향으로는 전류가 흐르지 않기 때문에 B point의 $2V_{cc}-V_{th}$는 보호된다. B point가 $2V_{cc}-V_{th}$이고 C2에 0V가 가해지면, D2는 $2V_{cc}-V_{th}-0V$로 순방향 diode가 되어, C point는 $2V_{cc}-2V_{th}$ level의 전압이 charge된다. 이번에는 C1 대신 C2에 V_{cc}를 인가하는 동시에 C1을 다시 0V로 떨어뜨리면, C point는 $3V_{cc}-2V_{th}$가 되고 B point는 $2V_{cc}-V_{th}$가 되어 있으므로 C point 전압 level이 B point 전압 level보다 높아서 D2 또한 역으로는 current가 흐르지 않게 된다. 이런 순으로 serial하게 연결되어 있는 diode을 넘어가면 최종적인 voltage output은

$$V_{output} = N \times V_{cc} - (N-1) \times V_{th} \qquad \text{식18)}$$

가 된다(N은 stage 개수).

High voltage 효율을 높이기 위해서는, V_{th}를 줄여서 transfer voltage를 높여야 하고, V_{th}의 조절은 substrate에 가해지는 전압을 조절하여 body effect를 최소화시킨다. Sub에 인가되는 전압을 너무 낮추면 V_{th}가 상승하는 문제가 발생된다. <Chapter 3. Session 4-6> 참조. Dickson pump는 high voltage를 만드는 데 간략화한 이론이고, 실제 HV generator 회로는 복잡하고 종류가 다양하다. 각 HV generator 종류별로 면적 및 효율성의 장단점이 있어서, 해당 circuit에 맞는 HV용 generator를 선택해야 한다. Scale down이 되면서 HV 회로구성에 어려움이 발생되어, advanced HV generator가 계속 개발되고 있다.

Write Protection

Device 중에서 volatile은 write protection 기능을 사용할 필요성이 없지만, nonvolatile type은 저장된 data를 보호해야 하는 경우가 있으므로 WP가 필요하다. User가 사용하는 저장 매체는 대부분 Write Protection(WP) 기능이 있다. 이는 외부의 예상치 않은 문제로부터 내부에 저장되어 있는 data를 보호하기 위함으로 USB, card, SSD 등, user가 쉽게 write protection 기능을 동작시킬 수 있는 switch가 장착되어 있다. WP가 available(WP bar가 low)할 때는 erasure를 한다거나 program을 하는 동작은 금지되어 외부에서 내부로 어떤 변화를 주어도 chip 내부의 data 상태는 변화되지 않는다. 그런데, chip이 program/erasure 동작을 하는 중에 write protection 기능이 활성화되면, chip의 동작은 멈추고 진행되는 data는 invalid data로 처리되거나 fail information으로 되므로, 동작중인 data를 보호하기 위해서는 busy time 중에는 WP bar를 high로 유지하는 것이 중요하다. WP pin은 NAND package의 pin configuration에서 별도로 구분되어 있어서 필요시 이를 활용하면 된다.

References

A 125mm/sup2/1Gb NAND flash memory with 10MB/s program throughput (2002) Nakamura, H. ; Imamiya, K. ; Himeno, T. et al., Solid-State Circuits Conference, Digest of Technical Papers. pp 82-411, IEEE Conference Publications

A 151-mm^2 64-Gb 2Bit/Cell NAND Flash Memory in 24-nm CMOS Technology (2012) Fukuda, K. ; Watanabe, Y. ; Makino, E. et al., Solid-State Circuits, Volume: 47, Issue: 1 pp 75-84, IEEE Journals & Magazines

A 3.3 V 4Gb four-level NAND flash memory with 90nm CMOS technology (2004) Seungjae Lee ; Young-Taek Lee ; Wook-Kee Han et al., Solid-State Circuits Conference, Digest of Technical Papers. ISSCC. pp 52-513 Vol.1, IEEE Conference Publications

A 34 MB/s MLC Write Throughput 16Gb NAND With All Bit Line Architecture on 56nm Technology (2009) Cernea, R.-A. ; Long Pham ; Moogat, F. et al., Solid-State Circuits, Volume 44, Issue 1, IEEE Journals & Magazines

A High Performance Co-design of 26nm 64Gb MLC NAND Flash Memory using the Dedicated NAND Flash Controller (2011) ByoungSung You, JinSu Park, SangDon Lee, et al., Journal of Semiconductor Technology and Science Vol.11, No.2, pp121-129

Adjustable programming speed for NAND memory devices (2013.11.26) US08595597, Ningde Xie Matthew Goldman Jawad B. Khan Robert W. Faber

Bias scheme of program inhibit for random programming in a nand flash memory (1998.02.03) US05715194, Advanced Micro Devices Inc.

Erase and programming techniques to reduce the widening of state distributions in non-volatile memories (2013.04.09) US08416624, Bo Lei Guirong Liang Anubhav Khandelwal Jun Wan

Flash Memories (1999) Paulo Cappelletti, Carla Golla, Piero Olivo, Enrico Zanoni, Klumer Academic Publishers, Massachusetts

Flash memory device capable of overcoming fast program/slow erase phenomenon and erase method thereof (2010.10.05) US07808829, Lee Hee Youl

Flash memory device having single page buffer structure and related programming method (2010.03.02) US07673220, Kim Moo-Sung Lee Seung-Jae

Flash memory device using program data cache and programming method thereof (2009.07.14) US07561467, Kang Dong-Ku Lim Young-Ho Kang Sang-Gu

Flash memory device with NAND architecture with reduced capacitive coupling effect (2008.07.01) US07394694, STMicroelectronics S.r.l.

Flash memory device with write protection (2009.08.25) US07580281, Chun Jin-Young Jeong Jae-Yong Yoon Chi-Weon

Flash memory structure with enhanced capacitive coupling coefficient ratio (CCCR) and method for fabrication hereof (2012.06.05) US08193575, Hsu Louis C. Ouyang Xu Wang Ping-Chuan Yang Zhijian J.

High voltage switching circuit of a NAND type flash memory device (2007.06.19) US07233193, Hynix Semiconductor Inc.

Hot carrier programming in NAND flash (2013.09.10) US08531886, Jyun-Siang Huang Wen-Jer Tsai

How to Read, Program, and Manage Small Page NAND OTP Area (2011) Technical Note TN-26-03, Micron Technology Home page

http://www.imflash.com

http://www.micron.com

http://www.samsung.com

http://www.skhynix.com

http://www.toshiba.semicon-strorage.com

Improving Programming Throughput of Automated Flash Memories (2008) Application Note-678, Micron Technology Home page

Inside NAND Flash Memories (2010) Rino Micheloni, Luca Crippa, Alessia Marelli, Spinger Verlag, New York

Local self-boosting method of flash memory device and program method using the same (2014.01.07) US08625357, ByungKyu Cho Kwang Soo Seol Sunghoi Hur Jungdal Choi

Memory Management in NAND Flash Arrays (2005) Technical Note TN-29-28, Micron Technology Home page

Method and circuitry for performing analog over-program and under-program detection for a multistate memory cell (2001.08.21) US06278632, Micron Technology Inc.

Method for programming NAND flash memory device and page buffer performing the same (2008.06.24) US07391651, Elite Semiconductor Memory Technology Inc.

Method for programming nonvolatile memory cells with program and verify algorithm using a staircase voltage with varying step amplitude (2009.08.26) US01249842, STMicroelectronics S.r.l.

Method of controlling program operation of flash memory device with reduced program time (2007.05.22) US07221598, Hynix Semiconductor Inc.

Method of making high coupling ratio NAND type flash memory (1996.05.14) US05516713, United Microelectronics Corporation

Method of measuring a channel boosting voltage in a NAND flash memory device (2009.07.28) US07567459, Hynix Semiconductor Inc.

Method of programming a flash memory cell and method of programming an NAND flash memory using the same (2006.02.14) US06999343, Hynix Semiconductor Inc.

Method of programming a flash memory device using self boosting (2011.09.27) US08027202, Lee Min Kyu

Method of programming a NAND flash memory device (2008.12.16) US07466598, Hynix Semiconductor Inc.

Method of programming and verifying cells of a nonvolatile memory and relative NAND FLASH memory (2008.06.10) US07385850, STMicroelectronics S.r.l. STMicroelectronics Asia Pacific Pte Ltd Hynix Semiconductor Inc.

Methods for programming and reading NAND flash memory device and page buffer performing the same (2008.04.15) US07359248, Elite Semiconductor Memory Technology Inc.

NAND flash memory device and method of programming the same (2007.05.01) US07212439, Hynix Semiconductor Inc.

NAND flash memory programming (2010.05.04) US07710786, Ghodsi Ramin Tang Qiang

NAND Flash Performance Improvement Using Internal Data Move (2006) Technical Note TN-29-15, Micron Technology Home page

NAND Flash Performance Increase with program page cache mode Command (2006) Technical Note TN-29-14, Micron Technology Home page

NAND Flash Status Register Response in Cache Programming Operations (2007) Technical Note TN-29-26, Micron Technology Home page

NAND-type flash memory device with multi-page program, multi-page read, multi-block erase operations (2004.05.11) US06735116, Samsung Electronics

Non-volatile memory device and ISPP programming method (2014.03.04) US08665649, Samsung Electronics

Non-volatile memory device reducing data programming and verification time, and method of driving the same (2010.11.02) US07826276, Park Jae-Woo Lim Bong-soon

Non-volatile memory with over-program protection and method therefor (1999.11.23) US05991201, Motorola Inc.

Nonvolatile reprogrammable interconnect cell with FN tunneling device for programming and erase (2001.06.26) US06252273, Actel Corporation

Nonvolatile semiconductor device using local self boost technique (2001.11.06) US06314026, Kabushiki Kaisha Toshiba

Non-volatile semiconductor memory device capable of preventing over-programming (2012.06.19) US08203877, Fujiu Masaki Harada Yoshikazu

Open NAND Flash Interface Specification Revision 2.0 (2008) Hynix Semiconductor, Intel Corporation, Micron Technology,

Page buffer circuit of flash memory device with dual page program function and program operation method thereof (2008.10.07) US07433240, Hynix Semiconductor Inc.

Page buffer of flash memory device and data program method using the same (2006.05.16) US07046554, Hynix Semiconductor Inc.

Page buffer used in a NAND flash memory and programming method thereof (2010.09.14) US07796431, Chen Chih Hao

Partial page programming of multi level flash (2004.12.28) US06836432, Advanced Micro Devices Inc.

Program algorithm including soft erase for SONOS memory device (2004.06.01) US06744675, Advanced Micro Devices Inc.

Program Disturb Phenomenon by DIBL in MLC NAND Flash Device (2008) Dongyean Oh ; Seungchul Lee ; Changsub Lee et al., Non-Volatile Semiconductor Memory Workshop, pp 5-7, IEEE Conference Publications

Semiconductor NAND type flash memory with incremental step pulse programming (1998.09.22) US05812457, Sony Corporation

Split-gate NAND flash memory at 120nm technology node featuring fast programming and erase (2004) Cheng-Yuan Hsu ; Chi-Wei Hung ; Da Sung et al., VLSI Technology, Digest of Technical Papers. pp 78-79, IEEE Conference Publications

Using Copyback Operations to Maintain Data Integrity in NAND Flash Devices (2008) Technical Note TN-29-41, Micron Technology Home page

CHAPTER 07

Erasure, NAND의 고유특성

Erasure는 nonvolatile memory만이 갖고 있는 독특한 기능으로서, 동일한 현상을 electron 측면에서 erasure이면, hole 입장에서는 program이다. Volatile memory인 DRAM이나 SRAM은 erasure라는 동작이 없다. 필요가 없으니 동작 자체가 없는 것이다. DRAM은 data를 저장하는 capacitor가 있고, SRAM은 latching 회로로 data를 저장하는데, 전원이 out되거나 일정시간이 지나면 data가 저절로 소멸되기 때문이다. 그러나 maskROM을 제외한 nonvolatile memory의 ROM 계열은 FG의 6면으로 보호막인 oxidation이 둘러쳐져 있어서, 전원을 OFF한다고 저장된 정보가 제거되거나 없어지지 않고, 외부에서 강제로 빼내지(Erasure) 않는 이상, 한 번 저장된 data는 계속 유지된다. Erasure cell은 program cell과 함께 pattern을 형성하여, data를 cell array에 저장시키는 기능을 하며, 4개 분포(MLC) 혹은 8개 분포(TLC)에 포함되어 동일 physical cell의 density를 확장시키는데 일조한다. Program 분포를 형성할 때에도 erasure 분포를 기준으로 PGM 분포를 형성시키므로, erasure는 NAND의 여러 동작 중에서 근본을 형성하는 동작이 되겠다.

Erasure chapter에서는 CCR 등 <Chapter 6>와 중복되는 내용들은 제외하였다. <Chapter 7>에서는 cell level → block level → chip level로 영역이 넓어지면서, 연관된 biasing 전압 및 condition, 출력특성, erasure 분포형성 및 소요시간, erasure 방법 및 검증절차 등을 소개하였다.[1)]

1) NAND/NOR Flash의 "Flash"란 말도 erasure를 수행하는 데 있어서, 카메라의 flash 기능과 같이 모두 한꺼번에 erasure를 수행한다는 NOR 디바이스만의 독특한 기능의 의미로, Toshiba(아리스미 쇼자)가 "Flash"라고 이름 붙였다.

Session 1 Electron 방출과 소거 분포

Erasure operation은 block 단위로 수행하지만, floating gate로부터의 electron 방출은 cell level에서 다루겠다. Erasure(ER) 상태란, 물리적으로는 electron이 charge되지 않은 평형상태 혹은 electron이 소거된 floating gate(FG)의 상태이고, erasure operation은 hole을 charge시키거나 electron을 discharge시켜서 FG가 plus potential화 되어가는 동작이다. FG에 hole이 charge되면 substrate에 electron channel이 활성화되고, 이를 bridge 삼아 source에서 drain(+V)으로 electron이 원활히 흐르므로 erasure cell을 ON cell로 표현한다. 즉, erasure 상태는 cell에 program을 진행하기 전의 PGM을 하기 위한 준비된 상태이고, erasure 분포는 PGM 분포 전체의 시작점이면서 기준이 되므로, 분포 개별 입장에서는 여러 분포 중에서 가장 기본이 되는 분포이다.

또한, erasure 분포는 program 분포와 erasure 분포를 조합하여 제품용량을 확장하는 기능으로 활용되는 의미도 담고 있다. Erasure cell은 외부에서 입력된 pattern을 program cell과 함께 이진수의 조합으로 표현해낸다. 즉, erasure는 hole을 FG 속에 charge시켜서 target 기간 동안 discharge가 되지 않도록 FG 내에 저장해 둠으로써 program 분포와 함께 data를 보존하는 기능을 갖고 있다. 혹은 동일한 의미이지만, erasure 분포는 electron을 FG에서 discharge시킨 후, 일정기간 동안 FG를 discharge된 상태로 유지시킨다. <Session 1>에서는 erasure cell(ER cell)을 기준으로 전압 transfer특성과 전류출력특성 및 ER 분포 형성에 대하여 살펴보고, <Session 2>의 block level에서의 erasure 동작방법과 연결하였다.

<CH7. 그림 1-0>은 NAND 내의 동일 cell에서 erasure 동작(상태)과 program 동작(상태)의

	Erasure vs Program @ NAND
Charge/Discharge 시의 전하 이동 주체	반대 방향 @ Hole vs Electron
Mechanism	동일 방식 @ FN Tunneling
인가 조건	상이한 Condition @ Sub에 V_{PGM} vs CG에 V_{PGM}
Speed	Slow vs Fast @ Cell Level Fast vs Slow @ Block Level
동작 적용영역	동일 영역 @ Floating Gate와 Substrate의 Channel
Electron 보존	반대 @ 소거 vs 보존

❐ CH7. 그림 1-0 Erasure와 Program의 주요항목 비교

주요 항목들을 비교한 것으로 각각의 항목별로 <Session 1>과 <Session 2>에서 서술되어 있다. NAND flash에서의 erasure는 next data를 저장하기 위하여 공간을 비워두는 것이고, 또 잘못된 data 혹은 더 이상 불필요한 data들을 지우는 초기화 동작으로서, 다음 동작인 program이나 read를 위한 준비 단계이다.

1-1 Input Voltage Condition @ electron discharge 및 electron channel 형성

NAND Flash memory는 program operation이 진행되기 전에 항상 erasure가 선행되어야 한다. 그렇지 않고, 기존의 pattern 위에 new pattern을 겹치면 모든 cell에 failure가 발생되어 chip을 사용하지 못하게 된다. Erasure 동작을 수행할 경우엔, PGM 시 cell level에서 진행했었던 row address 혹은 column address 입력이나 data register(page buffer)로의 data input은 필요 없고, 간단하게 row-decoder를 통한 block address만이 입력된다. Erasure 시에는 substrate에 가능한 높은 전압을 인가하여야 floating gate(FG)의 electron이 discharge된다. NOR에서는 erasure 시 control gate와 substrate을 모두 활용하지만, NAND는 substrate에만 높은 전압을 인가한다. Program pattern을 입력하면 chip에 data가 저장되고, 이는 cell이 ON과 OFF로 구분되어지는데 반하여(실질적으로는 PGM완료된 cell만 OFF cell로 변경), erasure operation에서는 block 내의 모든 data가 한꺼번에 erasure되고, erasure가 수행되면 target block 내의 모든 cell은 일률적으로 ON cell인 "1"로 읽혀지게 된다.

Program과 erasure는 electron의 물리적 현상이 FG를 기준으로 서로 반대방향으로 움직이지만, 2개 모두, 본질적으로는 동일한 현상이다. 그러나 program 동작 시의 매개체인 electron 대신에, erasure 동작 시에는 매개체인 hole이 charge되어야 하기 때문에, erasure operation을 위한 주변의 biasing 조건들은 program 시의 조건들에 비하여 반대 방향이 된다. Erasure operation의 biasing 조건은 크게 1) erasure operation을 수행할 때와, 2) erasure operation 완료 후의 target cell에 drain current를 흐르게 할 때인, erasure reading 혹은 erasure verification 동작을 수행할 때로 나눌 수 있다. 그 중 erasure reading은 reading chapter <Chapter 8>에서 다룬다.

1-1-1 Floating Gate의 Electron Discharge용 Voltage Biasing @ erasure operation 시

Control Gate(CG)와 substrate의 관계에서 보자면, erasure operation에서 CG는 erasure cell을

read 시 혹은 verification 시 혹은 read 시에 활용되고, substrate는 FG에 electron을 discharge시킬 때 사용된다. Erasure 시의 floating gate는 hole을 FG에 charge시키고, FG 주변의 oxide는 hole을 FG 내에 일정기간 저장시킨다. NAND의 FG 내의 hole들은 양전하를 띄므로 hole charge가 많아질수록 substrate(Sub)의 electron channel의 형성이 쉽다. FG 내의 hole의 양과 Sub의 channel 형성상의 비례관계는, erasure operation에서 NAND Flash의 조절기능으로서의 핵심 역할을 한다. (여기서 FG 내의 hole charge와 electron의 discharge는 동일한 의미로서, 혼용하여 표현하겠다.)

Source와 drain을 floating시켜놓고 substrate에는 20V(혹은 좀 더 높은 양전압)를, control gate(CG)에는 0V(ground)를 인가하면, FG의 위와 아래의 전압 gap이 20V 이상 차이가 나게 되며, 이로 인하여 FG 내의 electron들은 Sub의 +20V를 향하여 FG에서 빠져 나오는데, electron들이 방출하면서 빠져 나온 양의 전하만큼 FG에는 hole이 남게 된다. Electron들이 erasure 시에 FG를 탈출하는 mechanism은, program할 때의 electron들이 FG로 들어가는 mechanism인 FN Tunneling 방식과 동일하지만 방향은 반대이다. NAND Flash든 NOR Flash든 erasure 시에는 모두 FN tunneling 방식을 사용할 수밖에 없다. NOR인 경우에 program 시에는 HCI 방식을 적용하지만, NOR erasure 시에는 hot electron을 가속시킬 활주로 기능인 e-channel이 형성되어 있지 않기 때문에 HCI 방식을 이용하여 erasure시킬 수는 없다. 여기서 source와 drain을 floating시킨다는 "floating"은 floating gate를 의미하는 것이 아니고, 어떤 곳으로든 연결되지 않은 상태로 program operation과 erasure operation 기간 동안은 저항값이 무한대임을 뜻한다.2)

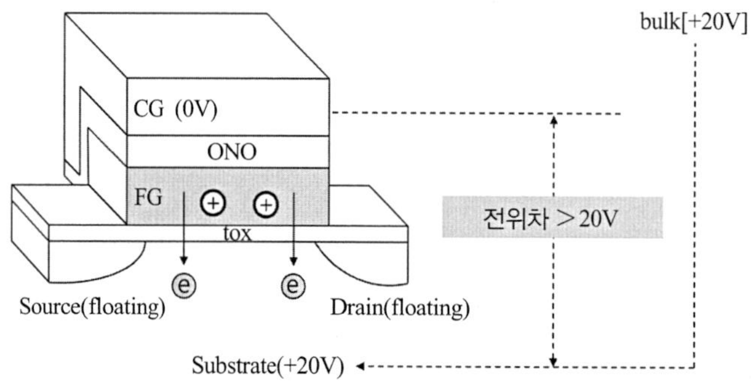

❒ CH7. 그림 1-1 Erasure 동작 시의 전자 이동

2) Floating gate의 "floating"의 의미도 저항값이 무한대라는 의미 자체는 동일하지만, FG의 floating은 permanent하게 물리적으로 floating 시킨다는 의미이고, erasure 동작 중의 drain/source의 floating은 drain과 source termination을 동작하는 일정기간 동안만 electrical floating 시킨 상태이다.

Erasure를 방해하는 요소로는, 이미 erasure가 된 인접 cell로 인한 간섭 원인도 있고, 인가전압에 의한 요인도 있다. FG의 전위차가 최소한도의 필요로 하는 전위차(+16V) 미만으로 떨어지는 경우, Sub와 FG 간에 erasure가 가능할 정도의 전압차이가 충분치 않아서 그에 따라 electron이 oxide층의 energy barrier를 넘지 못하여, 전자의 이동이 일어나지 않게 되므로, Sub에는 최소한의 erasure 전압인 V_{sub-ER} 이상이 가해져야 한다. Erasure가 많이 될수록 FG 내의 hole의 농도는 높아진다. <Chapter 3. Session 3-7-2> 참조.

NAND와 NOR의 Discharging 전압에 대하여

NOR type에서도 NAND type과 동일하게 FG에 $V_{ER}(V_{erase})$로 +16V 이상의 전위차이를 형성하여야 FG가 erasure된다. 그런데 NAND type은 FN tunneling 방식의 program 형성 시에 사용된 전압을 적용할 수 있어서 약 +20V의 전압을 Sub에 가하지만, NOR는 PGM 시 HCI 방식이므로, NOR의 낮은 PGM 전압을 이용할 수밖에 없으므로, 이 경우 NAND PGM 전압에 비하여 NOR의 PGM 전압이 약 절반 정도밖에 되지 않기 때문에, 이에 대한 보완책으로 NOR에서는 substrate에 $V_{sub-ER-nor}$전압(약 +10V~+11V)을 인가하고 CG에도 $-V_{cg-ER-nor}$전압(약 -10V~-11V 정도)을 인가하여, NOR FG에는 (NAND FG와 마찬가지로) 총 +20V 정도의 전압 potential 차이가 발생되도록 한다.

따라서 NAND는 program operation과 erasure operation 시 모두 FN tunneling 방식을 사용하면서, HV에서 발생된 약 +20V의 전압을 CG 혹은 substrate에 공급하는 반면, PGM 시 HCI 방식을 사용한 NOR의 erasure operation은, 약 20V 전위차이를 필요로 하는 FN tunneling 방식을 사용할 경우, erasure 시에는, HCI에서 사용하는 전압을 동시에 2개 단자에 인가해야 한다. 승압회로는 높은 전압을 사용할수록 더욱 부담이므로, 되도록이면 낮은 전압을 사용하여야 하는데, NOR에서 erasure만을 위하여 +20V 정도의 승압회로를 별도로 준비하기에는 비효율이 너무 크기 때문에, NOR erasure 시에는 Sub와 CG단자를 모두 활용하는 대신 낮은 전압을 적용한다.

1-1-2 Channel 형성 및 Drain Current를 위한 Input Condition @ cell level, erasure 완료 후

Erasure operation 완료 후에는, erasure된 FG 상태를 읽어내기 위하여 FG가 hole charge된 상태 하에서 electron channel을 substrate에 형성시킬 수 있도록, CG와 Sub의 biasing condition을 setting한다. 이미 과도한 electron이 빠져나가서 FG는 양전하의 상태가 되어, CG에 가해지는

외부의 전압이 없어도, hole이 charge된 FG 자체만의 전기력으로 인하여 substrate 계면(tox방향)에 electron channel이 유기되므로, CG에 가해지는 channel 형성용 V_{cg}는 동일 I_d를 흐르게 하기 위하여는, erasure일 때가 program일 때에 비하여 매우 적은 전압 level로 인가하여야 한다. 어떤 경우는 마이너스 전압($-V_{cg}$)을 인가해야 한다. Channel이 형성된 후, drain에 ($+V$) 및 source단자에 0V를 인가하면, I_{ds}가 drain 단자에서 source 단자를 향하여 흐르고, I_{ds}의 크기는 $+V_{ds}$에 비례하여 상승한다.

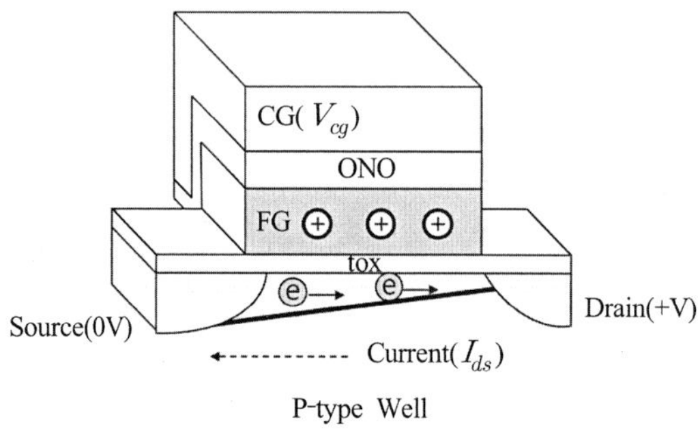

❒ CH7. 그림 1-2 Channel 형성과 I_{ds}를 위한 Voltage Condition @ P-well

1-2 FG의 Hole Charge에 의한 Threshold Voltage(V_{th-ER}) 변동

MOSFET가 만들어지면 FG가 없는 MOS Tr의 V_{th}는 fix되어 변동이 없지만, FG Tr에서는 program과 마찬가지로, erasure 시에도 FG의 erasure된 상태에 따라 V_{th}가 가변된다. Drain으로 전류가 흐르기 시작하는 임계전압(V_{th})을 찾으려면, erasure 상태에서는 이미 channel이 형성되어 있으므로, program인 경우와는 반대로, CG의 전압을 0V에서부터 시작하여 마이너스 전압으로 내려가면서 I_{ds}가 흐르지 않는 point를 찾아야 한다. CG에 V_{gs}를 0V에서 음의 방향으로 낮추면, 이에 비례하여 이미 charge되어 있는 FG의 hole이 Sub에 끼치는 전위를 상쇄하게 되어, V_{gs}의 감소에 따라 electron channel thickness가 점점 얇아진다. Channel thickness가 얇다는 것은 channel의 단면적이 작아진다는 것으로, 전류 I_{ds}는 source-drain 간의 거리에 반비례하고, channel의 단면적에 비례하므로, V_{gs}의 전압이 감소함에 따라 I_{ds}가 점점 줄어든다. I_{ds}가 점점 줄어들어서 OFF가 되는 CG의 마이너스 전압 point가 $-V_{th}$가 되는데, 물리적으로 보았을 때, 이때의 channel은, 연결되어 있던 drain junction으로부터 pinch off되는 시점이고, 이때의 threshold voltage가 erasure 시의 V_{th-ER}이다. CG의 음의 전위 $-V_{th}$는 FG에 charge되어 있는 hole이 channel에 대한 지배력을 완전히 상실하는 전압이다. 한편, channel을 유도하기 위하여 V_{gs}에 가하는 전압 level 정도로는 hole들이 FG의 energy 장벽을 뛰어 넘을 수 있는 energy에 못 미치기 때문에, V_{gs}의 변수로 FG 내의 carrier charge량을 증감시킬 수는 없다. V_{gs} level 정도로는 ER cell에 이미 설정된 V_{th-ER}값을 변화시킬 수는 없고, 다만 channel 폭과 길이에 대해서만 영향력을 행사할 수 있다.

1-2-1 NO Charge 상태 대비 Erasure Threshold Voltage($V_{th-NOcharge}$ vs V_{th-ER})

NO charge 상태의 V_{th}보다 erasure 상태의 V_{th}가 낮은 것은 FG 내에 charge된 hole에 의한 영향 때문이고, V_{th}는 FG의 hole charge된 erasure 상태에 반비례하므로 V_{th}가 낮다는 것은 erasure가 그만큼 많이 되었다는 반증이다. NO charge 상태는, 어떠한 electron 혹은 hole도 FG에 charge되어 있지 않은 상태이며 $V_{th-NO\,charge}$는 NO charge 상태 하에서의 I_{ds}가 흐르기 시작하는 V_{gs} 전압이므로, NO charge 상태에서 erasure하여 FG의 electron을 빼내면, V_{th-ER}이 FG의 hole charge량에 반비례하여 낮아진다.3)

$$\boxed{V_{th-ER} = V_{th-NO\,charge} - \Delta V} \qquad \text{식1)}$$

즉, erasure된 상태의 V_{th-ER}가 NO charge 상태의 $V_{th-NO\,charge}$ 보다 ΔV만큼 낮다. 이는 program 시의, $V_{th-PGM} = V_{th-NO\,charge} + \Delta V$와 반대 현상이다.

1-2-2 V_{th-ER}과 Drain Current

<Session 1-1-2>와 <Session 1-2-1>을 종합하자면, FG의 hole과 V_{gs}에 의하여 유기된 e-channel 내의 electron은 source에서 drain 사이에 channel이 pinch-on되어 있어야 I_{ds}가 흐를 수 있는 기본 조건이 형성되고, drain current를 흐르게 하려면 drain에는 $+V_{ds}$를, source는 0V를 인가해야 한다. V_{gs}는 항상 threshold voltage보다 커야 channel이 형성되므로, $V_{gs}(V_{gate} - V_{source}) > V_{th-ER}$이다.

Control gate이건 floating gate이건 gate의 역할은 target channel을 만들어주는 기능인데, FG는 fixed channel을 공급하고 CG는 flexible channel을 형성한다. FG와 CG가 협력하여 channel

---

3) V_{gs} 혹은 V_{cg}는 모두 같은 의미로서 substrate에 N-channel을 형성하기 위하여 ER cell의 control gate에 인가하는 전압이다.

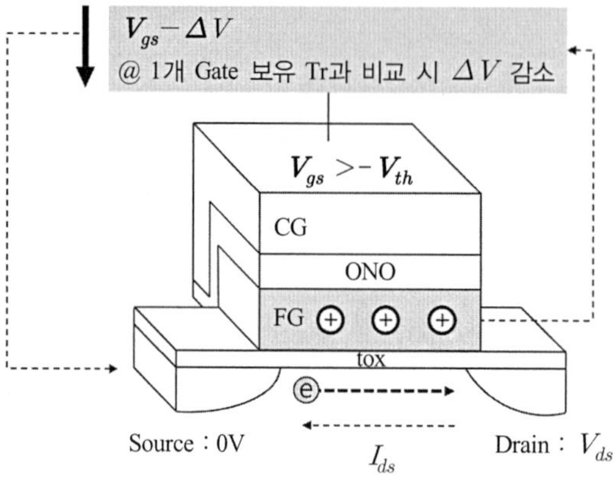

❐ CH7. 그림 1-3 Drain Current를 유도하기 위한 전압 Condition

폭을 조절하고, 조절된 channel 폭에 따라 target cell을 ON 혹은 OFF로 switching시킨다. 즉, target Tr이 erasure 시에 ON이 되는 조건은 V_{gs}가 $-V_{th}$보다 높은 조건이고 target Tr이 OFF 되는 조건은 V_{gs}가 V_{th-ER}보다 낮을 때이다.

$$V_{gs} > V_{th-ER}(-V_{th}),\ \text{target cell이 ON} \qquad \text{정리1)}$$

$$V_{gs} < V_{th-ER}(-V_{th}),\ \text{target cell이 OFF} \qquad \text{정리2)}$$

1-3 Erasure Cell의 전압, 전류특성

Erasure된 FG에 의한 cell의 carrier 이동 mechanism 관점으로, ER cell의 transfer특성과 출력특성을 알아보자. FG를 program 상태에서 erasure시켰다는 것은 동일 substrate type 내의 MOSFET를 enhancement mode에서 depletion mode로 $I-V$ 특성을 변경한 상태와 같다고 볼 수 있는데, Erasured FG는 depletion mode의 출력특성/transfer특성을 보인다. 즉, conventional MOS(1-gate)에서는 MOSFET의 구조자체를 변경하여 enhancement mode에서 depletion mode로 구분하는데 반하여, NAND flash에서는 동일 2 gate-MOSFET structure로 FG의 상태만을 electrical하게 변경함으로써 2개 mode(enhancement/ depletion)의 효과를 얻을 수 있다.

1-3-1 Transfer특성 @ ER Cell

Erasure operation에서도 threshold voltage는 program과 마찬가지로, I_{ds}가 흐르기 시작하는 임계전압이고, 임계전압보다 높은 전압에서는 source와 drain 사이에는 channel이 충분히 형성된 상태이다. V_{gs}를 임계점 $-V_{th}$에서부터 시작하여 +전압 영역으로 전압을 올리면 I_{ds}는 V_{gs}에 비례하여 전류가 증가한다. N-channel(depletion mode)의 V_{th}는 enhancement에 비하여 이미 설정된 channel에 의한 영향만큼, N-channel/P-well인 경우, threshold voltage가 음의 방향으로 후퇴해 있다. V_{th} starting point를 구하려면, erasure cell인 경우, $V_{gs}=0$V에서 이미 일정 channel이 형성되어 있으므로 V_{gs}에 마이너스 전압을 가하여, erasure FG에 의하여 이미 형성된, N-channel을 depletion시켜서 channel의 pinch-off를 확인할 수 있다.

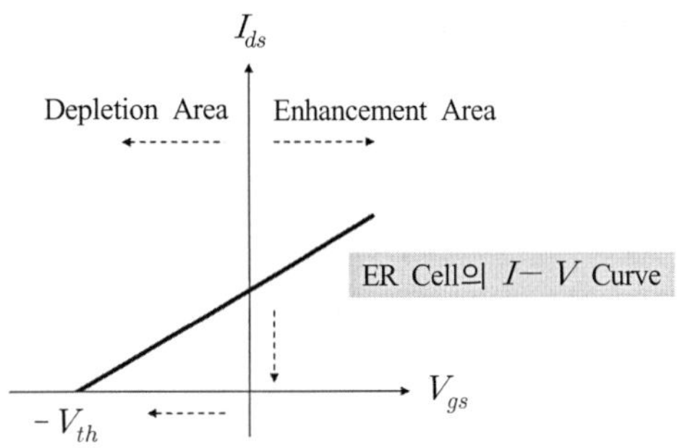

❒ CH7. 그림 1-4 Erasure Cell의 Transfer특성 @ N-channel/P-well

$-\Delta V$는 $FG_{NO\ charge}$ 대비 electron이 escape된 양에 해당하는 potential level이다. FG에 carrier가 hole로 charge된 경우는 ΔV만큼 V_{gs}가 낮은 전압쪽으로 이동하여 V_{th}가 시작된다. 광의의 개념으로는 일반 MOSFET(1-gate)의 depletion mode이건 enhancement mode이건, enhancement mode 하에서의 ER cell이건 PGM cell이건, 전압과 전류 특성의 근본은 동일한 양상으로 볼 수 있으나, 각각의 고유한 특성으로 인하여, 인가전압의 극성이 바뀌어야 하고, 전류의 방향이 반대가 되며, carrier type과 charge량에 따라 threshold voltage가 shift되는 이동경로와 폭이 다르게 형성된다.

1-3-1-1 Transfer특성의 기울기 @ erasure vs NO-charge

Transfer 특성의 graph 기울기는 NO-charge 상태에 비하여 erasure인 경우가 더 둔화되어 있다. 이는 program case와 동일하게 V_{gs}가 V_{th}에서부터 시작하여, 같은 양의 전압이 상승하는 것에 대비하여 전류의 증가량이 NO-charge에 비하여 erasure상태가 더 적다. 이는 erasure된 block이 NO-charge 상태인 block에 비하여 erasure speed 및 program speed 모두 늦다는 것을 의미한다. 즉, erasure가 이미 완료된 block에 추가로 erasure를 실시하는 것보다는 erasure가 안 된 block을 erasure시키는 것이 같은 양을 erasure시키는 데 짧은 시간이 소요된다. 같은 ΔV의 변화에 대하여 current의 증가 속도가 느리면 erasure도 그만큼 늦게 되기 때문이다.

Erasure 상태의 I_{ds}에 영향을 주는 변수들로는 V_{gs}에 인가하는 전압의 크기와 FG 내의 charge된 hole뿐만이 아니고, oxide의 두께와 절연물질 구성에 의해서도 영향을 받는다. Program case와 마찬가지로, oxide의 두께가 두꺼워질수록 반비례하여 I_{ds-ER}은 감소한다. Tunnel oxide을 형성하는 절연물질인 유전율 ε_r의 양이 높아질수록 capacitance값이 증가하고, 그에 따라 C_{tox} 대비 C_{ONO}의 비율로 인하여, V_{gs}인가 시, CCR이 영향을 끼쳐, 결국 FG에 전달되는 전압 level이 변동되고 그에 따라 I_{ds}도 영향을 받는다. <Chapter 6. Session 1-5. 참조>. <CH7. 그림 1-5>에서 V_{th2-ER}가 V_{th1-ER}보다, FG 내의 electron erasure가 더욱 많이 진행된 상태이다.

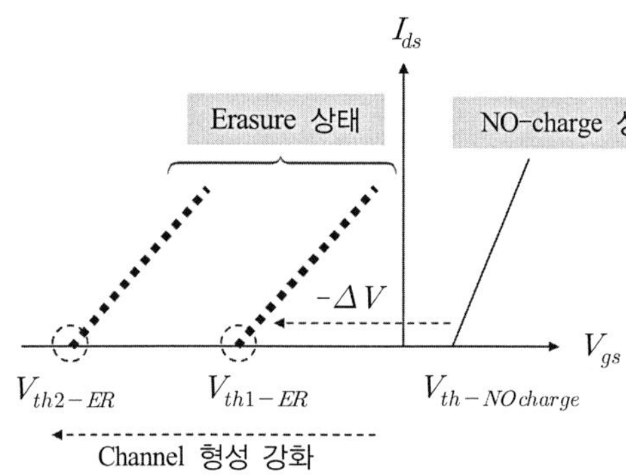

❐ CH7. 그림 1-5 Transfer 특성 기울기 @ ER cell

1-3-2 출력특성(I_d - V_d Curve) @ ER Cell의 수평축 구조에서의 특성

Drain current의 동작은 PGM cell에서의 $I_{ds}(I_d)$와 마찬가지로, 먼저 erasure된 cell에 I_{ds}가 흐르기 위해서는 gate와 source 사이의 V_{gs}와 source와 drain 사이의 V_{ds}가 인가되어야 한다. MOSFET 수평구조 특성인, $I_d - V_d$ 출력특성은 ER cell인 경우 V_{gs}가 일정할 때, $V_{ds}(V_d)$에 비례하여 I_d가 증가한다. Drain current의 linear 영역 동작과 saturation 영역 동작을 구분하면, <Chapter 3. Session 4-4>에서 나타난 것처럼 linear구간에서는 $I_d - V_d$가 비례하고, saturation 구간에서는 V_d의 증가에도 불구하고 I_d가 일정하다. 단, ER cell의 $V_{gs}=0\text{V}$ 이하에서는 depletion mode로 동작하므로 V_{gs}가 0V일 때도 drain current가 흐름으로써 $I-V$ curve의 전류 특성과 Transfer 전압 특성에서 enhancement mode와는 상이한 depletion mode의 curve특성을 나타낸다. I_d는 V_d와 V_{gs}에 의해서도 영향을 받지만, FG의 carrier chage량에 의해서도 변화된다. Erasure(hole charge)가 증가 혹은 감소함에 따라 drain current는 비례 관계를 보이므로, 이는 $I-V$ curve의 linear 영역과 saturation 영역에서도 I_{ds}가 동조화되어 증감하므로 turning point($V_{gs}=0\text{V}$ 일 때도 포함)도 같이 오르락내리락 한다.

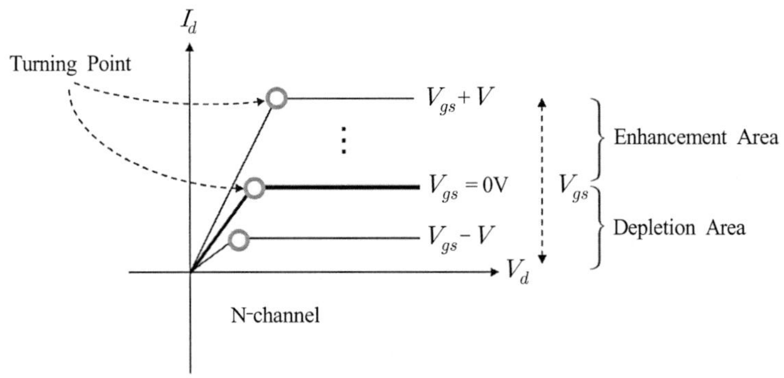

❐ CH7. 그림 1-6 출력특성 $I_d - V_d$ Curve @ N-channel/P-well

Erasure된 FG의 charge carrier가 hole인 N-channel의 경우는 N-type으로 형성된 channel 차이만큼 current가 양의 방향으로 증가되어, V_d가 일정한 경우, V_{gs}= 0V를 기준으로 V_{gs}를 0V에서부터 +V방향으로 상승시키면 I_d가 증가하고, V_{gs} 전압을 0V에서부터 -V방향으로 하강시키면서 N-channel을 deplete시키는 방향이므로, I_d가 감소한다.

1-4 소거 분포(Erasure Distribution)

Block(program은 page 단위, erasure는 block 단위) 내의 각 ER cell의 V_{th}값 대비 cell의 도수를 함수로 표현한 것이 erasure 상태의 V_{th} 정규분포이다. Erasure V_{th} 분포 값은 대략 -3.5V ~-1.5V를 형성하는데, SLC, MLC, TLC의 각 제품마다 편차가 크다. SLC가 loose하고 MLC 혹은 TLC가 tight하다. Erasure이든 program이든 data를 구성하기 위하여 분포를 형성하여 표현한다는 자체는 SLC/MLC/TLC 모두 유사하다. Erasure 분포는 1개만 사용하고, program 분포는 여러 개를 사용한다는 것과, program은 전체가 erasure된 cell 위에 data를 만들어가야 하는 과정인 데 반하여, erasure는 이미 만들어져 있는 PGM data를 모두 초기화시킨다는 반대 입장이어서, 이에 따라 동작조건이 erasure와 program은 반대가 된다.

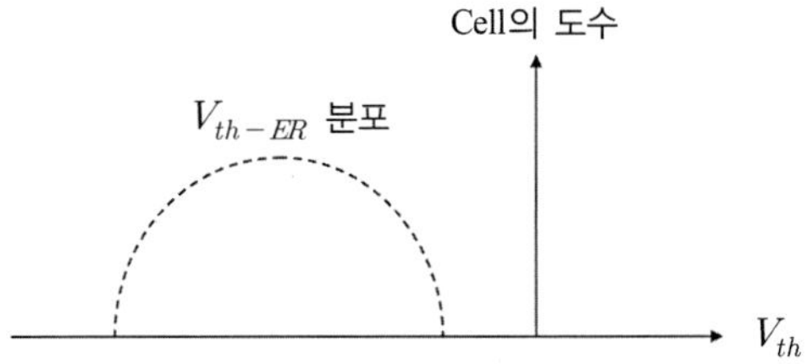

❐ CH7. 그림 1-7 Erasure의 V_{th} 정규분포

1-4-1 Erasure 분포 내에서의 V_{th} 대비 FG Charge량

FG의 상태를 V_{th}값에 따라 도수들을 정규분포화한 통계치는 <CH7. 그림 1-8>과 같다. V_{th}는 I_{ds}가 흐르기 시작하는 channel에서의 V_{gs}에 인가하는 전압이므로, erasure 분포도 program 분포와 마찬가지로 FG 내의 carrier charge 상태에 따라서, V_{th}값이 다르다. 분포 내에서도 $-V_{th2}$는 erasure가 잘되는 cell들이고, $-V_{th1}$은 erasure가 잘 안 되는 cell들의 V_{th}값인데, $-V_{th1}$이건 $-V_{th2}$이건 channel의 두께는 모두 동일한 상태이면서, V_{th}는 각각 다른 값을 갖는다.

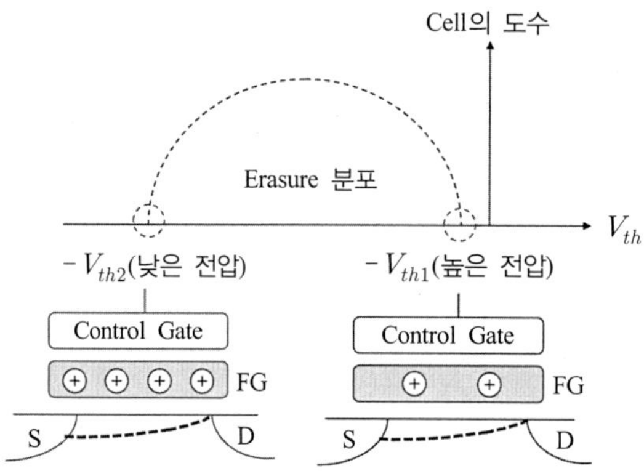

❏ CH7. 그림 1-8 Erasure 분포의 V_{th} 값에 따른 FG Charge 상태

FG가 erasure되었다가 program이 점점 많이 진행됨에 따라, V_{th}값은 FG 내의 electron의 영향을 받아서 음의 값에서 차차로 양의 값으로 상승하며, 이와 관련해서는 <Chapter 6. Section 2-5>에 언급되어 있다. Erasure를 너무 많이 시키면 $-V_{th}$가 더욱 낮아져서 PGM 시 FG 내에 동일 electron을 charge시키기 위해서는 V_{PGM}값이 커야 하므로 interference/disturbance 등 신뢰성 문제를 야기하므로, erasure level을 erasure 분포 형성 전에 정확하게 계산해 놓는 것이 중요하다.

1-4-2 Erasure 분포 형성

SLC, MLC, TLC 모두, 제품을 구성하는 분포 set에서 erasure 분포는 1개만 형성된다. Erasure 동작 상의 세부 방식은 제품(SLC, MLC, TLC)에 따라 erasure 순서, 복잡도, 절차 등이 약간씩 다르게 적용된다. Program operation도 SLC가 가장 쉬운 제품이듯이, erasure operation도 마찬가지다. SLC의 erasure는 NO charge 혹은 program 1개 분포 상태에서 directly erasure 분포 상

태를 만들면 되기 때문에, ER 분포 margin이 충분하여 substrate에 적당한 양전압을 걸어주어 erasure시킨다. SLC ER 분포와 P1 사이의 폭도 SLC > MLC > TLC로 가면서 점점 좁아지는데, substrate가 문제되지 않는 범위 내에서 V_{sub-ER}전압을 조절하여 ER분포를 형성한다.

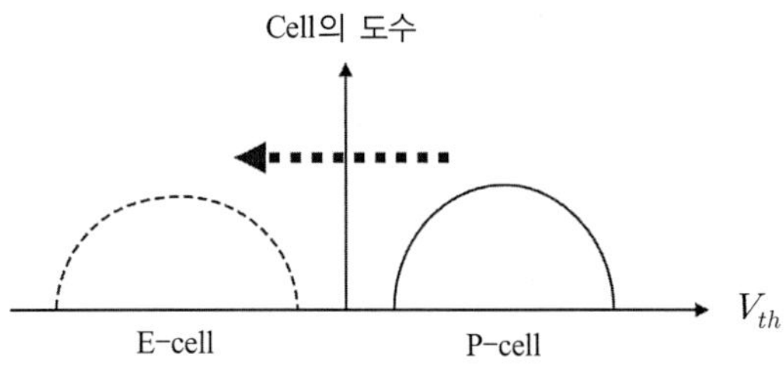

❐ CH7. 그림 1-9 SLC Erasure 분포 형성

Erasure 분포를 형성하는 데 있어서는, program 분포가 단순한지 복잡한지에 따라 erasure 분포가 영향을 받으므로 MLC erasure 분포 형성이 SLC erasure 분포 형성에 비하여 복잡도가 수배 증가한다. MLC는 총 분포가 4개이고, 그중 erasure 분포는 1개이지만 program 분포가 3개가 되어, program 분포가 많을수록, erasure 분포에서 program 분포를 형성하는 데 까다롭기 때문에, SLC에 비하여 erasure 분포 폭을 좁게하고 erasure 분포 위치도 SLC에 비하여 PGM 분포에 가깝게 설정되게 한다. SLC와는 다르게 MLC에서는 erasure 분포와 나중에 형성될 program 분포와의 간격인 분포 margin도 미리 예측하여 조율하여야 한다.

1-4-2-1 Pre-program

MLC나 TLC는 program 분포가 여러 level이므로 erasure하기 전에 erasure 전단계 조치로서 한 가지의 program 분포 level로 모으는 작업이 필요한데, 이를 pre-program이라 한다. 이는 분산되어 있는 4족이지 분포를 직접 erasure를 하면, block 전체가 동일한 erasure condition 하에서 erasure가 되어, erasure 후에도 각 cell별로 4족이지 형태의 erasure 분포로 분산되므로 이를 방지하기 위하여 E0, P1, P2, P3로 분산되어 있는 program 분포 및 erasure 분포를 모두 한 곳, 한 분포로 모으는 사전준비 작업이 필요하다. 4족이지 분포를 한 가지 분포로 만들기 위해서는 program 분포로 하여야 하고, program 분포도 V_{th}가 제일 높은 분포로 하여야 한 곳으로 비교적 용이하게 모아지므로, ISPP 방식을 이용하여 높은 V_{PGM}을 target block 내의 모든 cell에 가하여, 최우측으로 program 분포를 형성시킨다. Pre-program의 인가전압 조건은 target block 내의 모든 word line(CG)에 높은 +20V 이상을 인가하여 program한다. 이때 pre-program 시의 해당되는 target cell들의 범위도 block area로 설정하는 이유는, erasure할 target area와 동일한 area로 pre-program 시에도 설정하여야 miss-matching되지 않기 때문이다.

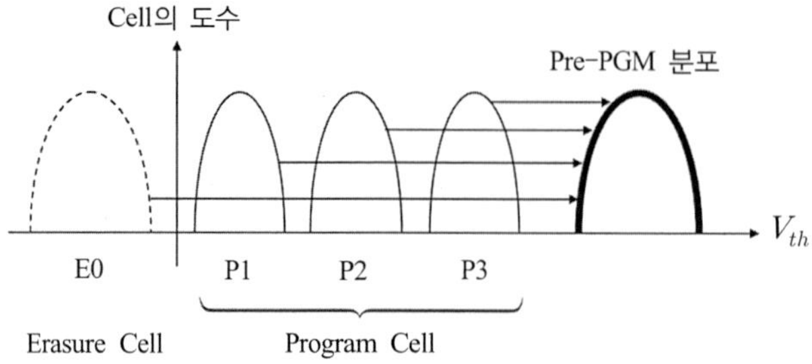

❐ CH7. 그림 1-10 4개의 분포를 1개의 가장 높은 PGM 분포로 형성 시키는 Pre-program

1-4-2-2 Pre-program 후의 Erasure

Erasure 전에, 4족이지 분포를 한 가지 분포로 pre-program하여 몰아 넣은 후에, 1개 pre-PGM 분포를 erasure시키면 erasure 분포는 1가지 분포로 형성된다. Pre-program하여 형성된 1개 program 분포를 target block 내의 모든 word line에는 0V, well(substrate)에는 +20V를 인가하여, 최우측에 위치한 pre-program 분포를 V_{th}가 0V 이하로 위치하도록 이동시킨다. Erasure 분포를 정밀하게 위치시키는 이유는, 다음 step으로 진행할 3개의 program 분포를 적정하게 position하기 위하여, 먼저 기준이 되는 erasure 분포의 위치를 최적화시켜야 한다.

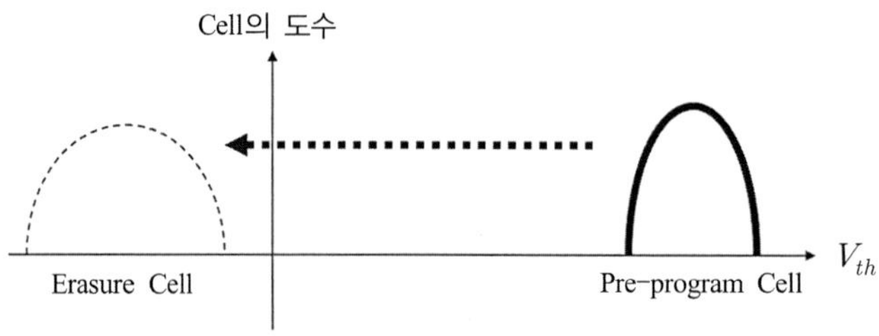

❐ CH7. 그림 1-11 Pre-program 분포를 Erasure 분포로 이동

1-4-2-3 Post-program

Erasure를 하다 보면 CG에 target 대비 너무 많은 minus 전압을 가하거나 substrate에 너무 높은 $+V$를 주면, erasure target 대비 너무 많이 erasure가 되며, 이를 excess erasure라고 한다. Excess erasure 분포는 분포 자체의 문제라기 보다는, ER 분포와 program 분포와의 분포 간격이 너무 커짐에 따라 V_{PGM}에 부담을 주므로 erasure condition을 조절하여 불필요하게 excess erasure가 되지 않도록 하는 것이 중요하다. Excess erasure가 된 cell들은 program 진행 시에 V_{th}를 양의 방향으로 움직여야 할 거리가 크다 보면, ISPP 적용 시 더 많은 step, 더 높은 pulse를 진행하여야 하기 때문에, interference/disturbance 영향으로 인하여 주변 cell들의 FG 내에 원하지 않은

electron을 charge시키기도 하고 oxide층에 trap electron을 과도하게 만들기도 하여, PGM 분포 자체 뿐만이 아니라 전반적으로 다른 분포에도 불필요한 V_{th}를 높여주는 부작용을 초래한다. 따라서 program 분포를 만들기 전에 excess erasure되어 있는 분포는 어느 정도 normal하게 target 위치까지는 올려놓아야 할 필요가 발생되는데, 이를 위하여 약하게 program을 진행하는 것을 post program이라 한다. 이때 PGM 방식은 ISPP 방식으로 하여 post-PGM 분포 폭도 narrow하게 하고 erasure 분포와 program 분포 사이의 margin도 좁혀야 한다. 이럴 경우 operation time 등 소모적인 요소가 추가로 발생된다.[4)]

Post-program은 erasure 분포 전체를 $+V_{th}$ 방향으로 $+\Delta V$ shift하고 분포 폭도 좁히는 일종의 fine tuning 성격이다(TLC에서는 fine tuning PGM을 일반적인 PGM 분포 방식에 적용한다). Post-program된 분포가 제대로 형성되었는지 확인하기 위하여, 연이어 post-program-verification도 실시함으로써, PGM 분포를 형성하는 데 기준이 되고 start가 되는 최종적인 erasure 분포를 완성한다. Post-program-verification하여 post-program된 분포가 target에 meet하지 못했으면, 다시 한 번 re-re-PGM을 실시한 후에 re-re-PGM-verification을 실시한다. <Session 2-6> 참조. Post-PGM의 효과에 대하여는 <Chapter 9. Session 3-2-2-1> 참조.

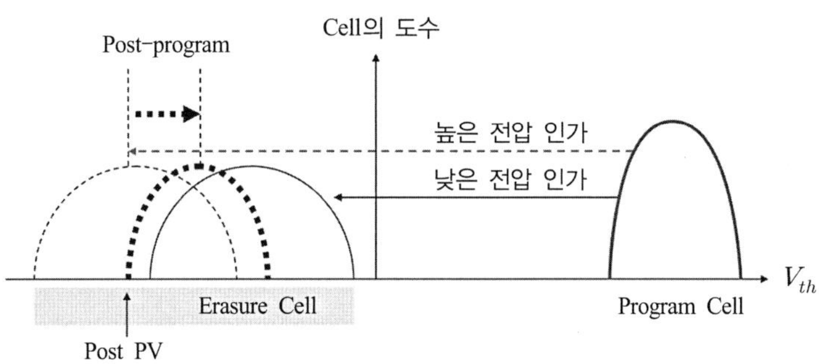

❒ CH7. 그림 1-12 Erasure 분포의 Post-program(Soft-program)

4) Post program은 erasure라는 행위 뒤에 program을 진행한다는 의미로 post라고 이름을 붙였다(일반적으로 post PGM 보다는 soft program이라 부른다. Soft란 약하게 PGM을 한다는 의미이다).

Session 2 Erasure Condition과 Erasure 동작

<Session 1>에서는 FG입장에서의 동작과 분포를 살펴보았고, <Session 2>에서는 block단위의 erasure condition과 방법 및 그에 따른 erasure 소요시간을 다루었다. 또한 erasure 동작 후에 실시하는 erasure verification을 추가하였다. Program과 read는 page 단위의 cell by cell operation을 진행하지만, erasure는 block 단위로 진행하므로, PGM 시의 bit line 대신 erasure 동작에서는 block select line을 사용한다. Word line은 erasure도 program/read와 같이 개별적으로 필요한 전압을 인가한다.

2-1 Erasure Operation을 위한 입력 전압 조건 @ block level

FG가 program 상태이건, NO charge(program도 erasure도 아닌 평형상태) 상태이건, electron을 discharge시키기 위해서는, FG의 사방이 절연물질로 둘러싸여 있어서, FG에 강한 전압 차이를 만들어 주어야 한다. ER 전압으로는 program operation에서 사용하였던 약 20V 정도의 high voltage generator에서 생성한 전압을 그대로 사용한다. Biasing condition으로는 cell들을 erasure 시키기 위하여 target string들이 포함되어 있는 C-well(P-well + N-well)에 20V를 인가하면, bit line에는 threshold volt만큼 차감되어 20V- V_{th}가 전달된다. C-well에 20V가 인가되니, P-Well에도 20V가 전해져서 substrate에 20V가 가해진다. Target block의 해당 word line의 모든 Tr의 gate에 0V를 가하면, FG 내의 electron이 20V의 전압차로 인하여 substrate의 양전위를 향하여 FN tunneling 방식으로 escape한다.

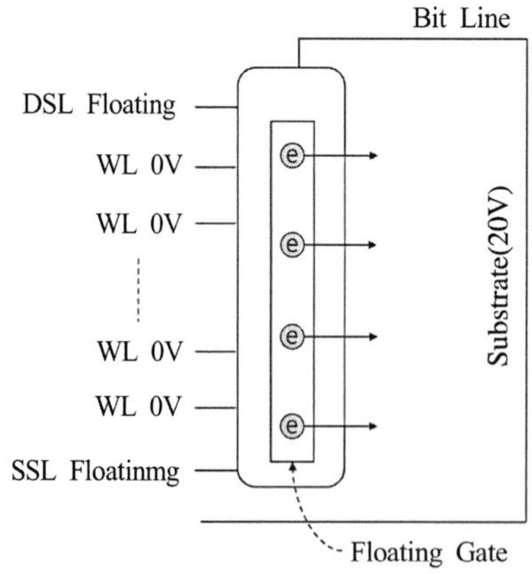

❒ CH7. 그림 2-1 Biasing Condition @ erasure operation 시

Floating에 대하여 @ erasure operation

Flash는 기능적으로 target 영역을 floating시켜서 동작하는 것이 많다. Floating gate 자체는 물론이거니와, FN Tunneling 시에도 target cell을 floating level로 만들고, program 동작 시에는 unselected bit line 전체 string을 self-boosting화 하기 위하여 bit line을 floating시킨다. Read 동작 시에는 target cell을 read하기 위하여 일정 signal 기간 동안 data register Tr을 floating시키기도 하고, erasure 시에는 erasure operation을 진행하기 위하여 해당 block 내의 전체 bit line을 floating level로 만든다. Floating의 장점은 주변의 영향을 차단시키고 목적하는 operation에 집중할 수 있으며 효율성이 높다는 장점이 있다. 특히 NAND는 주변의 FG 내에 electron이 charge된 특성으로 인하여 interference의 stress가 심한데, floating 방식을 적용하여 interference의 영향을 현격히 줄일 수 있는 장점이 있다.

2-2 Block Selection

Erasure하기 위하여 쉬운 방법으로는 target block의 well에는 +20V를 인가하고, inhibit block의 well에는 0V를 인가하는 방법이 있는데, 이는 block과 block 간의 interference를 유발하는 단점이 있다. 이런 단점을 보완하기 위하여 erasure operation 시에 erasure를 할 plane 내의 모든 block의 well에 동일한 +20V를 인가한 후, target block의 선택은 well option이 아니라 gate option으로 구분한다. 즉, 선택 block의 word line에 0V를 인가하여 전위차를 20V로 만들고, 선택되지 않은 block의 word line을 floating시키면, unselected gate line에도 self-boosting 효과에 의하여 unselected block 내의 cell은 voltage potential 차이를 erasure 가능한 전위차 이하로 유지시켜서 erasure가 불가능하도록 한다. 이때 unselected control gate에는 CCR 영향으로 인하여 $CCR_{erase} \times V_{well}$로 유기된다($V_{well}=20V$). 이런 self-boosting은 program 시에 bit line의 양쪽 termination(DSL, SSL)을 floating시켜놓고 unselected cell이 self-boosting되도록

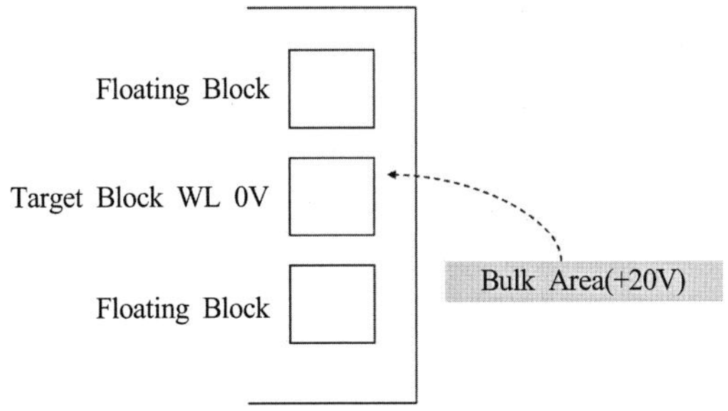

❒ CH7. 그림 2-2 Unselected Block의 Self-boosting

적용한 과정과 유사한 방식이다. 또한, Block을 형성하는 common p-type substrate의 하단은 triple well(PNP type)로 형성되어 well 밖에서 negative biasing을 가해줌으로써 well 내의 circuit을 보호한다. 이는 program operation 시 SSL을 OFF시키고 CSL(Common Select Line)과 SSL(Source Select Line) 사이를 negative biasing하는 목적과 같다. Negative biasing을 가하여 내부 회로를 보호하는 것도 floating 방식의 일종이다.

2-3 Incremental Step Pulse Erasure(ISPE)

ISPP와 동일한 방법으로 erasure(ER) 시에 단계별로 ramp pulse step을 $+\Delta V$ 만큼 상승시켜가며 진행하는 erasure 방법을 ISPE라 한다. 이는 erasure의 V_{th} 분포 폭을 획기적으로 축소시키는 유용한 방법이다.

2-3-1 Erasure 분포 폭을 조절해야 하는 이유

일반적으로, program인 경우는 전체 cell이 “0”이 되는 pattern은 존재하지 않기 때문에 cell 전체를 100%로 program 시키지는 않는다. 그렇지만 erasure인 경우는 data pattern 형성과 관계없기 때문에 block 내의 전체 cell을 한꺼번에 100% erasure한다. 그런데 erasure할 전체 cell에 높은 erasure 전압을 가하여 1 pulse로 동시에 erasure를 시키면, erasure 분포 target 폭의 범위 이내로 들어오지 않는 cell들이 발생되고, program 분포 width가 넓어지는 원인과 마찬가지로, erasure 분포의 V_{th}가 넓게 퍼지게 된다. V_{th-ER} 분포가 넓게 퍼진다는 것은 높은 V_{th}값도 있지만, 매우 낮은 V_{th}값을 갖는 cell이 있다는 것이다. 그런데 V_{th}가 너무 낮으면, erasure 상태에서 program 동작 시 그만큼 더 높은 V_{PGM}을 인가해야 하고, 높은 전압차이에 따라 neighbor cell에 끼치는 damage가 비례하여 커지므로, erasure cell도 program cell과 같이 분포 폭을 최적화해야 한다. V_{th} 분포 width를 줄이려면 1 pulse erasure 방식이 아니고, step

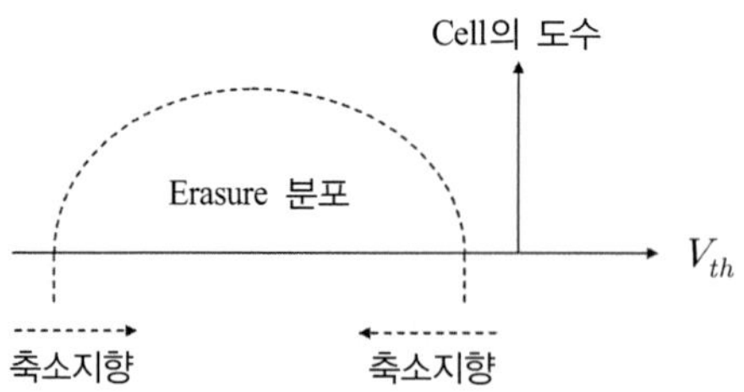

❒ CH7. 그림 2-3 1개 Pulse 전압인가 형성한 넓은 Erasure 분포

폭이 작지만 여러 step으로 나눈 erasure 방식을 사용하여야 한다. 그렇게 해서 나온 방식이 ISPE(Incremental Step Pulse Erasure)로서, 이는 분포 폭이 어느 일정 관리 범위 내에 들어올 수 있도록 하는 방식이다.

2-3-2 Erasure 시의 V_{th} 분포 폭

Erasure 분포 형성 과정은 program 분포 형성 과정과 유사하므로, program 분포와 중복되는 부분은 생략하였다. 1-pulse erasure 분포도 1-pulse program 분포와 동일한 이유로 인하여 1-pulse erasure 분포 폭이 단계별 erasure 방식인 ISPE(incremental step pulse erasure)분포 폭보다 넓다. 1-pulse erasure 분포는 1-pulse 전압으로 만들어진 V_{th} 분포를 의미하는데, 1-pulse erasure 분포는 erasure 시에 충분히 높은 high voltage bias를 Sub에 한 번 인가하여 erasure한 후, block 내의 각 cell들의 V_{th}값을 측정한 erasure 분포다. 이때 V_{sub-ER}의 선택은 erasure가 잘 안 되는 cell을 기준으로 선정하기 때문에 높은 전압이 인가된다(PGM 1-pulse 방식과 동일하다).

단계별 erasure 방식인 ISPE를 사용하면, 1 pulse erasure를 적용했던 각 cell의 V_{th} 분포 폭보다 ISPE pulse erasure 시의 V_{th} 분포 폭이, 제품마다 다르지만, 최대 절반 이상 줄어든다. 또한, program 시와 동일하게 erasure 시 sub에 가하는 전압인 V_{ER-max}를 줄일 경우, erasure 분포 폭이 현저히 좁아지는 효과가 있어서 erasure 시의 substrate 전압(+20V)을 되도록 낮추는 것이 중요하다. 이때 ISPE도 적용하면서 V_{sub-ER}를 낮출 수 있으면 이중으로 효과가 있다. 그러나 너무 낮추면 slow erasure cell은 erasure가 아예 안 되는 cell이 발생할 수도 있고, erasure time이 증가하는 문제가 발생되기도 한다. Program 분포는 여러 개이지만 erasure 분포는 모든 제품 type들이 1개만 사용하기 때문에 erasure 분포 폭을 줄여야 하는 issue는 program cell의 분포 폭을 줄여야 하는 issue보다는 심각하지는 않다. 따라서 erasure 분포를 줄이기 위한 여러 activity들을 투입했을 때 들어간 burden과 그에 따른 결과로 얻은 erasure의 축소된 분포 폭으로 부터 얻은 이득을 비교하여, burden보다 이득이 훨씬 높을 때 erasure 관련 activity를 시행하여야 한다. 이는 제품에 따라, 그리고 technology에 따라, Fab processing에 따른 상황변수에 따라, 일률적이지는 않다. 1-pulse erasure 분포에 영향을 끼치는 좀 더 직접적인 요소들은 erasure 시에 인가하는 bias voltage들의 변동 요인, 제품이 자체적으로 갖는 margin 변수들인데, 제품 margin에 영향을 끼치는 요인들로는 electron trapping, 농도, oxidation 두께, 신뢰성, source line voltage bouncing, cell 내의 구조적인 변수들이 있으며, 이런 요인들이 또한 ISPE operation 시에도 동일하게 분포 폭을 넓어지게 하는 방향으로 영향을 끼친다.

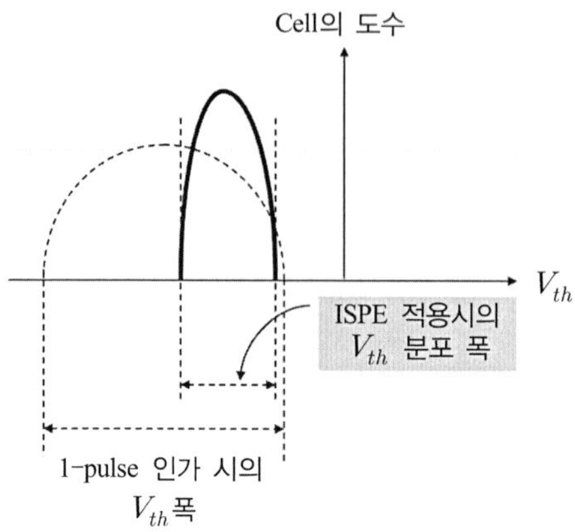

❐ CH7. 그림 2-4 V_{th} 분포 폭 비교 @ 1-pulse vs ISPE

ISPE는 block 단위 동작이므로 erasure 동작 시에는 cell 간의 간섭 현상은 극히 미미한 대신, block 간의 간섭현상이 majority이다. ISPE 분포는 pulse별 erasure를 실시한 후에, voltage step별로 verification을 하여, 기준 전압인 V_{ref}까지 erasure가 진행되는지를 점검한 최종 분포를 의미한다. ISPE도 SLC > MLC > TLC로 가면서 허용될 수 있는 erasure 분포 target 폭과 program 분포와의 target 간격 margin이 좁아져서, 점점 worst해진다.

2-3-3 ISPE 방법

앞에서 언급한 분포 폭과 분포 margin, 2가지 index 모두를 만족시키기 위하여 erasure를 step by step으로 진행하는 step erasure 방법인 ISPE(incremental step pulse erasure)는 erasure 시의 전압을 세분화하여, V_{sub-ER}을 step별로 ΔV만큼 상승시켜가면서 erasure한다. <CH7. 그림 2-5>의 step은 Sub에 가하는 전압 level이다. Biasing 전압은 CG에는 0V를 인가하며 Sub에는 erasure 시의 cell이 받는 stress를 적게 하기 위하여 높은 pulse로 가하지 않고 처음에는 최대한 낮은 전압부터 starting하여 단계별로 erasure 전압을 $+\Delta V$씩 상승시키면서 FG 내의 전자를 Sub 방향으로 빼낸다. Starting bias 전압으로는 erasure가 가장 잘 되는 cell로 기준을 맞춘다. FG에 program되었던 electron은(혹은 cell이 NO charge 상태일 때도 동일하다) erasure 전압을 상승시킴에 따라 FG에서 점점 빠져나가면서 FG가 erasure된다.

그러나 ISPE를 사용하면 시간이 길어진다는 단점이 있다. Operation time을 비교해 보면 보통 erasure time이, 한 cell을 비교했을 때, program 동작 time보다 30배 느려지지만, block 단위의 performance 입장에서는 1개 block을 program하는 데 소요되는 시간보다는 한 block을 erasure하는 시간이 적게 걸린다. 그러나 ISPE time이 1-pulse erasure time과 비교하여 너무 많이 걸리면, 전체 erasure time이 문제가 되므로 operation time 축소 측면에서 erasure step을 줄이고 적정한 총 erasure time을 산출하여 erasure step을 결정해야 한다.

<CH7. 그림 2-5> ISPE step의 start는 cell이 PGM 상태에서 시작하는 것으로 가정하였다. 15V 이하에서는 erasure를 수행하지 않으므로 cell은 PGM상태이고, 보통 15V 이상부터 진행되는 ISPE step이 증가될수록 electron discharge량이 많아지는데, erasure된 cell의 hole charge량은 erasure step에 비례하여 증가한다. 이는 SLC를 기준으로 V_{th} 분포를 설정한 것이고, MLC 혹은 TLC일 경우는 starting과 step 전압의 $V_{sub-ER-start}$, $V_{sub-ER-step}$에 따른 FG의 hole charge량이 각각 다르며 cell당 bit수가 증가할수록 좀 더 tight한 방향으로 설정된다. Erasure 분포의 PGM 분포와의 간격 margin은 program 분포끼리의 간격 margin 보다는 loose하기 때문에 ISPE step수는 ISPP step수보다 적게 하는 것이 유리하다.

Device를 제조하는 공정은 일괄적이지 못하여 erasure bias를 높게 하여야 하는 cell이 있는 반면, 또 낮게 하여도 erasure가 가능한 cell이 있는데, erasure 동작 bias의 전압이 높으면 높을수록 옆 block의 FG들이 받는 disturbance 영향이 커지며, 동일 block 내의 cell들은 program/erasure cycling 시의 endurance로부터 오는 stress를 받는다. Step 폭을 좁힐수록, 비례하여 분포 폭이 narrow하게 형성되는데, ISPE는 narrow한 분포 폭을 얻기 위한 여러 erasure algorithm을 적용한다. ISPE는 erasure에서 제일 중요한 요소인 분포 폭을 좁히고, excess erasure를 피하면서, re-erasure 및 re-program을 최소화하기 위한 다목적용 erasing 방식이다.

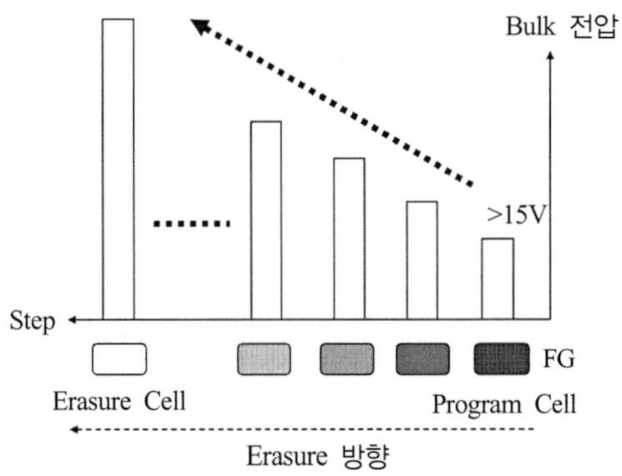

❒ CH7. 그림 2-5 단계별 Erasure Operation

2-4 Back Pattern Dependency(BPD)

BPD는 interference의 일종으로 볼 수 있는데, 유사하게, FG 내로 electron이 직접 charge되지는 않고 주변의 FG에 electron이 charge된 pattern에 의하여, FG들에 영향을 주어 victim FG들의 분포가 shift되는 현상이다. 즉, 동일 block 내에서 victim cell들의 V_{th} 특성이 어떤

program pattern 혹은 erasure pattern 등으로 인하여 약간씩 변한다. 예를 들어 string 상의 연이은 다수의 cell들이 erasure에서 program이 되면, DSL side의 victim cell들의 V_{th}가 program된 cell들의 전하량으로 인하여 변하게 된다.

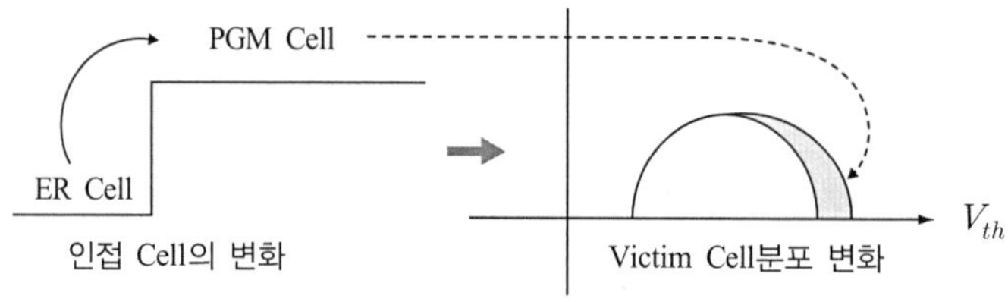

❒ CH7. 그림 2-6 Back Pattern에 의한 Victim Cell의 V_{th} Level Right Shift

Victim cell의 V_{th}가 의도하지 않게 변했다는 것은 주변에 program 혹은 erasure된 cell들의 모인 숫자가 커졌다는 것으로, 동일 상태의 FG들이 많이 모이면 모일수록 나머지 동떨어진 victim cell에 대한 영향이 커진다. 그러나 영향을 줄 수 있는 program 혹은 erasure된 cell들이 광범위한 영역에 걸쳐 연속적으로 동일한 상태가 아니고, random하게 이곳저곳 골고루 분산되어 있다면 residue cell에 미치는 영향은 줄어들게 되고, 이런 조절은 cell array area의 address mapping을 통하여 damage를 최소화 시킨다. <Chapter 9. Session 3-2-1-4-1> 참조.

Pattern이란

일률적으로 정해놓은 반복적인 형태에 따라 cell의 FG에 electron을 charge시킨 유형을 pattern이라 한다. 즉, program cell 혹은 erasure cell들이 사전에 정해놓은 유형(mapping type)에 따라 질서 정연하게 혹은 random하게 position 된다. 이런 pattern들은 NAND Flash에서 뿐 아니고 cell을 최소 단위로 구성한 모든 반도체 device에서 사용하고 있다. 예를 들자면 checker board pattern은 대각선 방향으로는 같고 상하좌우는 다른 형태의 pattern으로 된 position에 PGM cell 혹은 ER cell이 zig-zag로 위치해 있는 형태이다. Column 혹은 row 방향으로 한 줄씩 혹은 두 줄씩 건너 뛴 column bar pattern, row bar pattern이라던가, random 유형으로 아무렇게나 난수표 pattern에 따른 random pattern이라던가, 일정 area 내의 모든 cell을 erasure한 형태라던가, 2줄씩 program하고 1줄씩 erasure한 형태라던가 등등 수없이 많은 경우로 어떤 반복된 형태의 규칙을 마련해 놓을 수 있고, 이런 여러 형태를 적용한 것이 NAND Flash의 pattern이다. 문제는 주변 cell이 ER cell에서 PGM cell로 변경 시, abnormal pattern 형성으로 인하여 victim cell이 영향을 많이 받기도 하고 적게 받기도 하므로, 이런 pattern들을 이용하여 interference를 예방 혹은 최대한 축소하여야 하며, 불량을 가려내는 test 시에도 pattern들을 유용하게 사용한다.

2-4-1 BPD의 MLC Cell Array에 적용

MLC에서는 좀 더 세분화하여 program cell이라 하더라도 P1, P2, P3를 구분하여 pattern 유형을 만들어 낼 수 있으므로 다른 device에 비하여 더 다양한 pattern들이 있다. 어떤 형태로든 erasure 분포 1개, program 분포 3개(1E3P)를 사용하는 MLC에서는, 전체 cell이 erasure(1st step)된 상태에서, 필요한 site의 cell에다 program(2nd step)을 수행한 형태가 가장 손쉬운 방법이 되겠다. 혹은 erasure 분포 2개, program 분포 2개(2E2P)를 사용할 때는 바탕으로 erasure를 깔아놓을 수도 있고, 아니면 바탕으로 program을 깔아놓을 수도 있으므로 1E3P보다는 2E2P가 더 복잡하다. 그러나 2E2P는 실용상의 제약이 많으므로 일반적 MLC에서는 2E2P는 사용하지 않고 1E3P를 주로 사용하면서 전cell을 erasure ground에서부터 출발하여 program하는 방식으로 pattern을 만든다.

Application 기기에 입력되는 actual data는 주기적이지도 않고 일정한 pattern을 형성하지도 않기 때문에, host와 NAND 사이에 위치한 controller 내의 FTL(Flash Translation Layer)이 입력 data를 감지하고, address mapping을 활용하여 cell과 cell 사이에 interference 등의 damage가 최소화되도록 새로운 pattern으로 변환시켜 NAND에 공급한다.

2-5 Erasure Time

Erasure time은 program time에 비하여 critical하지는 않지만, cell의 전체 operation time을 줄여야 하는 입장에서는 erasure time도 필수적으로 최소화해야 한다. t_{ER}을 오래 걸리게 하는 변수 및 erasure time과 PE cycling 관계를 살펴보자. Erasure는 slow cell을 기준으로 erasure용 ISPE step수와 전압(V_{ER})을 인가하게 되고, erasure time(t_{ER})은 ISPE step수에 비례하므로, block 단위로 실시하는 erasure들의 erasure 총 소요시간은 ISPE pulse수로 조절된다. 그런데 기준이 slow cell이 되면, block 내에 fast cell은 오히려 너무 많은 hole이 charge되는 excess erasure 문제가 발생할 수 있다. 이는 program operation 시에도 동일한 문제가 발생된다. 현재까지는 excess erasure를 방지할 수 있는 방법 중에, ISPE 방식이 최적의 방식이 되겠다. <Chapter 6. Session 2-6 및 2-7> 참조.

Erasure V_{th} 분포 폭과 erasure time은 trade off 관계가 있어서 한쪽 요소가 긍정적 상태를 갖게 되면 다른 쪽 요소는 그만큼 부정적 결과를 초래한다. Erasure time을 빠르게 하기 위하여 erasure전압인 V_{sub-ER}을 높이거나 step수를 줄이면 분포 폭이 넓어지고, 반대로 분포 폭을 좁게 하려면 여러 번 erasure를 하기 때문에 erasure time이 늘어난다.

2-5-1 Erasure Time 대비 V_{th}값

Erasure time과 V_{th}의 관계에서, erasure 시에는 program 경우와는 반대상황이 된다. Linear 영역일 때 cell V_{th}가 1V 떨어지면 erasure time은 10배 이상 느려진다. V_{th-ER}이 하락했다는 것은 cell의 erasure가 그만큼 많이 진행된 상태이다. Program일 때보다 erasure인 경우가 V_{th}의 변화에 따른 속도에 더욱 민감하게 반응하여 느려지게 된다. 보통 1개 cell을 기준으로 본다면, 동일 조건에서 erasure time은 program time의 5천 배 정도 느리다. Saturation 영역일 때는 더욱 worst 해져서 V_{th}가, linear일 때 보다 포화상태일 때가 2배 가까이 느려진다. 이는 V_{th} < 0V 상태라는 것은 전자가 모두 없어진 상태이고 $-V_{th}$ 값이 그만큼 마이너스 방향으로 커진다는 것은 그만큼 excess erasure가 많이 되어 양전하가 많아진 상태이다. 이는 $-V_{th}$의 절댓값에 비례하여 전자를 원자로부터 떼어내는 에너지가 높을 수밖에 없다는 것이고, erasure 정도에 따라 time delay가 갈수록 더욱 길어진다. FG에 전자가 충분한 상태에서 전자가 추가적으로 charge된 excess program 상태보다는, erasure된 cell에서 추가적으로 전자를 discharge시키는 excess erasure인 경우가, 같은 전하량(program일 때의 전자의 양과 같은 양의 erasure일 때의 hole의 양)을 형성하는 데, 에너지가 더욱 많이 들고, operation time이 더 길어진다.

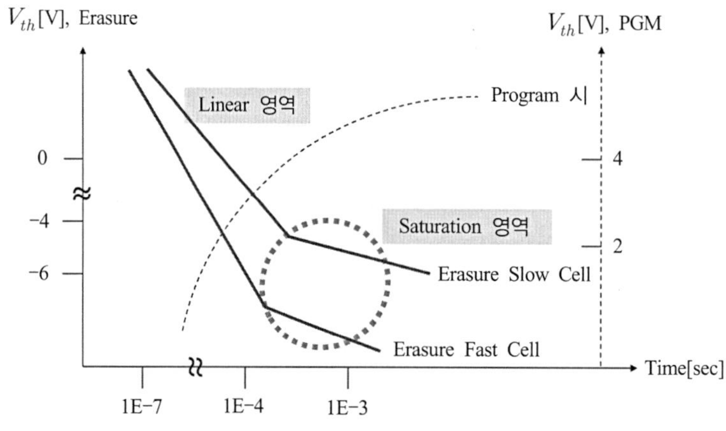

❒ CH7. 그림 2-7 V_{th}와 Erasure Time

2-5-2 Erasure 속도

Cell 내의 V_{th} 변화에 따른 erasure time delay을 살펴보면, V_{th}가 점점 낮아질수록 erasure 속도가 점점 느려지고 <CH7. 그림 2-8. 참조>, cell의 V_{th}값이 상승할수록 비례하여 cell의 erasure 속도는 상승한다.

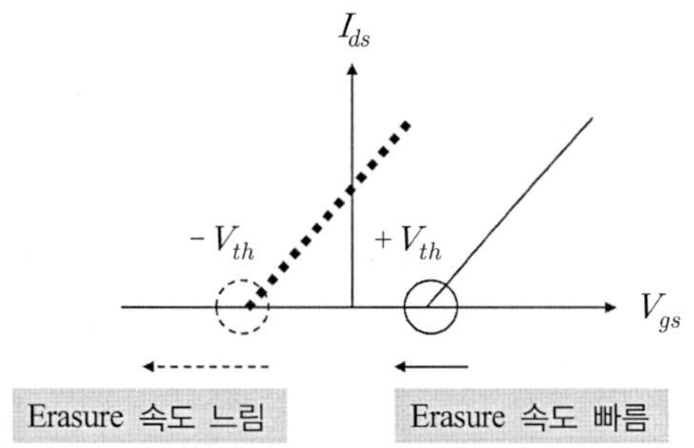

❐ CH7. 그림 2-8 Cell 내에서의 V_{th} 변수에 따른 Erasure 동작 속도

<CH7. 그림 2-9>의 동일분포 내에서의 V_{th} 분포에 따른 erasure 속도를 보면, erasure 분포의 $V_{th-ER-min}$값을 높이면, erasure 속도가 $V_{th-ER-max}$값을 상승시킬 때보다 효과가 크다. 이는 erasure 분포 내에서도 $-V_{th}$값이 큰 영역의 cell의 도수를 제거하는 것이 전체 erasure time control을 하는 데 도움이 된다.

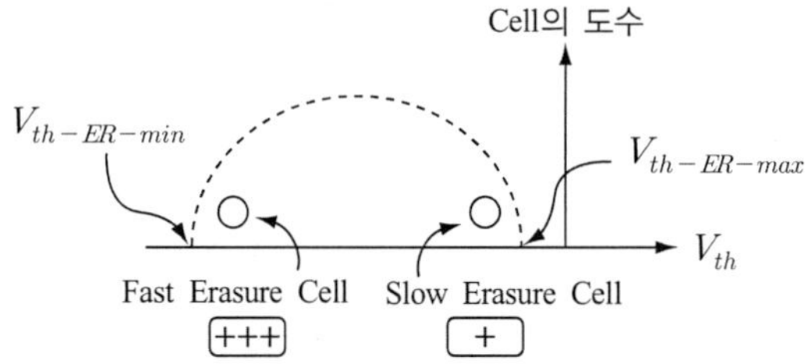

❐ CH7. 그림 2-9 Erasure 분포 내에서의 V_{th}값 변화에 따른 Erasure 속도

2-5-3 Erasure Time(t_{ER}) 대비 Program Time(t_{PGM})

Wafer 공정상의 위치적, 화학적, 물리적 변수로 인한 cell 특성의 variation 발생으로 인하여, erasure 시 동일 erasure 분포 내의 ISPE bias하에서, 빠르게 erasure되는 fast cell이 있는 반면 erasure가 잘 되지 않는 slow cell이 있다. Erasure가 잘 되는 cell은, +20V Gap(Sub 전압) 미만에서도 electron이 FG로부터 이탈되어 빠져 나온다. Program이 잘 되는 cell은 적정 program voltage(약 +20V) 미만에서도 program이 잘 되는 현상과 유사하다. Slow cell은 +26V까지 HV를 가해주어야 erasure가 되는 것은 slow PGM 현상과 같다.

FG 내에 charge/discharge되는 전자를 살펴보면, 원자에서 전자를 빼내는 시간이 전자를 원자에 채우는 시간보다 더욱 많이 걸린다. 이는 원자 내에서의 원자핵의 구심력에 지배를 받는 최외각전자의 에너지 상태와 연관된다. 전자를 채우는 것은 원자와 원자의 격자구조 사이에 전자가 들어차는 것으로 이때의 에너지는 원자핵으로부터 멀리 position되어 있는 전자를 원자핵 가까이 끌어오는 데 소모되는 에너지이고, 전자를 빼내는 에너지는 원자 내의 최외각 전자껍질 상의 전자를 뽑아내는 데 소요되는 일함수이다. 원자핵과의 거리가 가까운 만큼 원자핵으로부터 작용하는 구심력이 커서, erasure하는 energy가 같은 양의 전자를 program 하는 데 드는 energy보다 높다. 즉, 원자에서 전자를 방출하는 energy가 전자를 원자들의 격자 사이에 밀어 넣는 것보다 더 많은 에너지를 소모하여, cell 기준으로 볼 때, program time 보다 erasure time이 더 많이 걸리게 되어, 일반적인 cell에서 보면 erasure가 잘 되기 보다는, program에 비하여, 대부분의 cell들이 erasure가 잘 안 된다. 그러나 erasure의 단위는 block이므로 block erasure time은 page program time보다 10배 이상 소요되지만, block erasure을 page 단위로 환산하면 $t_{ER} < t_{PGM}$이다.

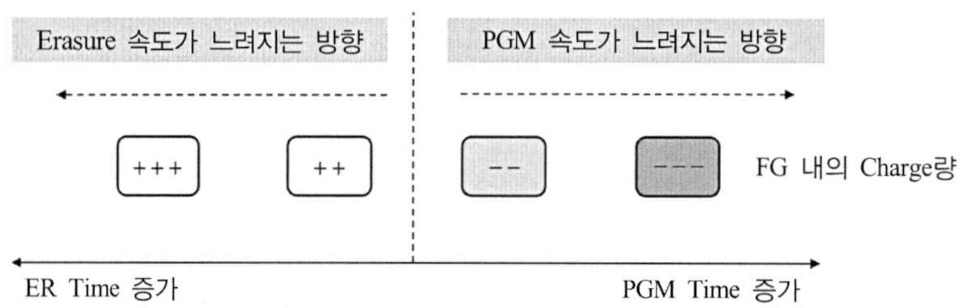

❒ CH7. 그림 2-10 Charge Time vs Discharge Time

2-5-4 Erasure Time 대비 PE Cycling

Data를 PGM하고 erasure하는 operation인 Program & Erasure cycling(PE cycling)과 erasure time과는 비례관계가 있다. 즉, PE cycling을 많이 할수록 program time도 늘어나지만, 동시에 erasure time도 길어지는 이유는 cycling 동안 발생되는 oxide층에 trapping된 electron들이 증가하면서 FG 내의 electron과 함께 erasure할 전자의 총량이 늘어나기 때문이다. 따라서 PE cycling 하기 전에 V_{ER}이 필요했다면, PE cycling 후에는 더 높은 $V_{ER}+\Delta V$가 필요하고 ISPE step도 더 증가하게 된다. <CH7. 그림 2-11>의 PGM cell의 분포 중에 PE cycling 후 높아진 V_{th} 영역을 erasure시키는 데는, ΔV_{th}에 따른 Δt가 증가된다.

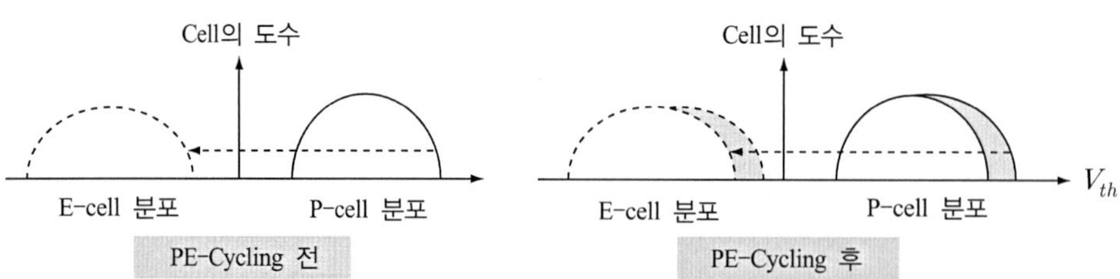

❒ CH7. 그림 2-11 PE-Cycling 전/후의 PGM, Erasure 분포 비교 및 그에 따른 Erasure Time Delay

2-5-5 Erasure Time Summary

음의 영역에서의 V_{th} 분포는 1개 분포만 활용하므로 양의 영역에서의 V_{th} 분포보다는 margin이 있기 때문에, program의 경우보다는, erasure일 때 operation time을 줄여야 하는 것이 절대적이지는 않다. 향후에 V_{th} 음의 영역에서 분포의 활용 개수가 2개, 3개로 늘어나면 그 때는 $V_{th-minimum}$ 값을 높여서 ER 분포 간격 margin을 확보하고 erasure 시간을 되도록 짧게 가져가는 것이 중요한 의미를 가질 것이다. 1E3P에서는 PGM동작에 비하여 아직 ER 분포 폭, 간격, erasure time이 critical하지는 않다고 보아야 하겠다. MLC에서는 줄여야 할 operation time으로 program time에 비하여 erasure time이 아직은 최우선순위는 아니다. 그러나 MLC에서 TLC로 변천되면서 V_{th} 분포 level 수가 MLC에 비하여 2배로 많아지기 때문에 그에 따라 TLC의 total operation time이 길어짐으로 time 변수가 critical해져서 t_{ER}은 줄여야 할 중요한 index가 된다.

Erasure할 data량이 적은 경우를 보자. Block size는 계속 증가 추세인 데 반하여, erasure할 data량이 block size 대비 절반 혹은 반의 반도 안되는 작은 용량인 경우, block 전체를 erasure 한다면, cell의 효용측면에서, 손실이 커지므로 erasure 시에 block 전체를 erasure할 필요가 없는 경우도 발생된다. Block 사용상의 효율성을 높이기 위하여 block 단위로 진행하는 erasure도 진화하므로, 한꺼번에 erasure하는 max area가 줄어들기도 하고 늘어나기도 한다. 줄어드는 경우는 erasure 영역을 절반으로 줄여서 half block erasure가 되기도 하고, 4분의 1로 줄여서 quarter block erasure가 되기도 하며, 더욱 area를 줄인다면 page 단위의 erasure가 되기도 한다. 향후 erasure를 page 단위로 한다면, page erasure도 block erasure 대비 장단점이 있어서, erasure biasing 조건, operation 조건, erasure time 등등 각 index들의 장단점이 변한다. 반대로 erasure area를 확장하는 경우는 2-block, 4-block, 8-block 등으로 넓혀진 erasure area 내에서 반복적으로 erasure을 여러 번 수행하는 경우보다는, 동일 erasure 동작을 one shot으로 전 area를 한꺼번에 erasure 처리하면 효율을 높일 수 있다. 또한 여러 block을 erasure하는 경우, plane당 한꺼번에 1개 block만을 erasure하므로, 여러 plane을 동시에 erasure하면, 여러 block을 동시에 erasure하는 효과와 같다. 혹은 garbage collection도 여러 block을 동시에 erasure하는 경우가 되겠다. 단, erasure area를 축소하고 혹은 확대하는 경우는 PE cycling과 retention이 1-block erasure에 비하여, 축소 혹은 확대한 경우의 erasure 동작 time이 유사한 수준을 유지하여야 가능하고, 그렇지 않은 경우는 성능과 신뢰성 등 종합적으로 이해득실을 따져보아야 한다.

2-6 Erasure Verification

Erasure Verification은 ISPE의 각각 step별로, 혹은 erasure operation을 완료 후에, erasure가 제대로 되었는지를 검증하는 동작이다. 이는 기능적으로 볼 때 read operation 혹은 program verification과 거의 유사한 기능으로, FG가 원하는 V_{th} level까지 제대로 electron이 discharge 되었나를 점검하여, 목표에 meet하지 못한 것으로 확인되면, erasure를 계속 수행한다. V_{th}값 중에서 read level과 PGM verification level, erasure verification level은 제각각 목적에 맞도록 다르게 설정되어 있다. Erasure verification level은 V_{th}분포의 right wing에 position되어 있다. 즉, ER 분포 내의 모든 ER cell들은 ER verification level보다는 좌측에 (reference limitation 보다 V_{th}가 낮은 값으로) 위치하여야 한다.

2-6-1 Erasure Verification 시의 Condition 및 Verification 동작 Flow

Erasure 동작 flow는 ISPE를 진행하면서, final erasure target에 meet되었는지의 여부를 점검하기 위한 단계별 flow로서, erasure의 최종 target의 완료 여부를 verification하여 OK되지 않으면, ISPE를 한 단계씩 상승시켜가며 erasure target까지 FG가 erasure될 수 있도록 계속적으로 ISPE를 실시한다. <CH7. 그림 2-12> 참조.

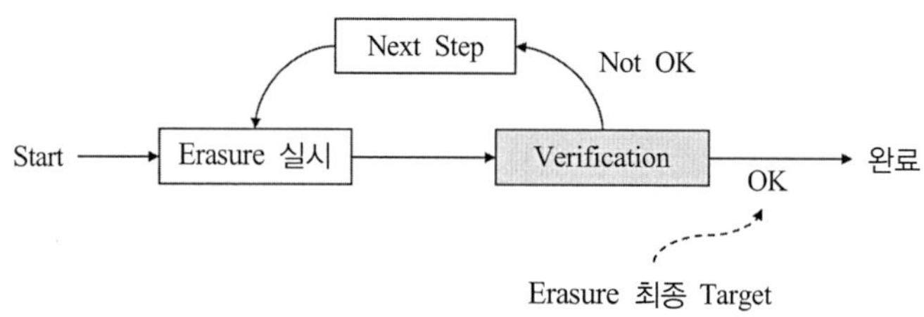

❒ CH7. 그림 2-12 단계별 ISPE Erasure Operation Flow

즉, ISPE의 각 erasure step별 verification은 각 step마다 erasure 후에 target cell을 읽어서 해당 bit line에 current가 흐르는지의 여부를 측정하여, 각 erasure step에서의 erasure 완료 여부를 확인한다. Target bit line에 전류가 흐르지 않으면 erasure가 target에 meet하지 못한 cell이므로 다음 step pulse의 ISPE를 진행하고, bit line에 current가 흐르면 target cell의 erasure가 완료된 것으로 판단하여 해당 ISPE step 혹은 해당 erasure조건에서 ISPE를 종료한다. MLC program verification은 PGM 분포 level이 3개이므로 ISPP 후에 P3 분포에서는 각 단계별로

3회의 verification(PV1, PV2, PV3)을 진행하지만, erasure verification은 SLC건 MLC건 TLC건 erasure 분포가 1개이므로 erasure verification은 1번씩만 진행한다.

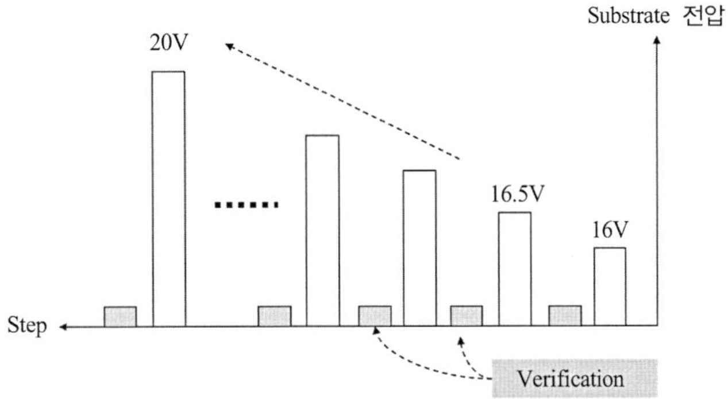

❒ CH7. 그림 2-13 Erasure Verification Step @ SLC/MLC/TLC

2-6-1-1 Erasure Verification 진행에 따른 분포 상태 추이

Erasure 하기 전, FG가 program 상태일 때는 verification 결과, 해당되는 cell(bit line)들이 모두 OFF 상태로 나타나다가, erasure가 진행됨에 따라 verification 결과가 ON 상태의 cell들이 증가하고, 목표되는 모든 cell들이 erasure가 완료되면 verification 결과가 (해당 bit line에서) 모두 ON 상태로 확인된다.

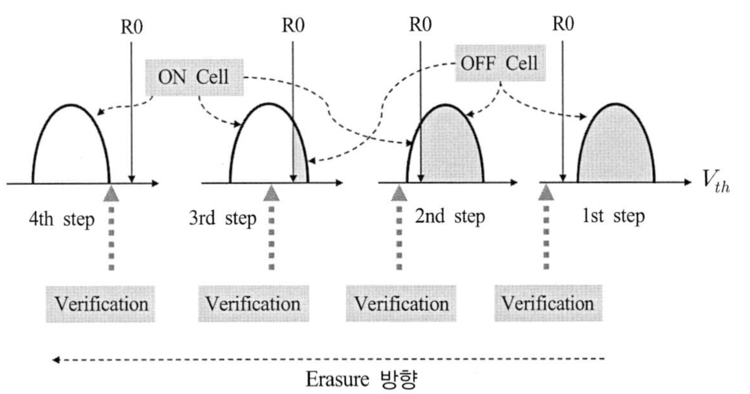

❒ CH7. 그림 2-14 ISPE 진행 상태에 따른 PGM Cell에서 Erasure Cell로의 전환 시, V_{th} 분포 상태 추이

ISPE step별 erasure도 ISPP step별 program과 마찬가지로, 장점은 erasure 후에 V_{th} 분포 폭을 줄이는 데 있으며, 분포 폭 축소 mechanism은 program operation과 동일하고, 단점은 1-pulse erasure operation에 비하여 erasure time이 늘어난다는 것이다. <CH7. 그림 2-14> 참조.

2-6-1-2 Verification Margin

Go/NO-Go 관점으로 본다면, 이론상으로는 erasure 시의 verification은 V_{RD}와 같이 0V를 가하면 된다. 그러나 0V로 erasure verification을 control하게 되면, 실제 V_{th}분포는 Gaussian 분포를 하여 분포 tail에 의하여 erasure cell의 V_{th}가 random하게 0V보다 높아지기도 하고, retention 혹은 interference로 인하여 erasure cell의 V_{th}가 원하지 않은 상승 요소가 발생되어 0V target 조절이 불가능해진다. 따라서 erasure 시에 어느 정도의 margin이 필요하므로 erasure verification 기준을 0V 미만으로 margin을 설정한다. <CH7. 그림 2-15>는 A분포가 B분포로 이동되면서 margin이 늘어났고, $V_{verification}$이 0V 미만으로 설정된 경우이다. 그러나 margin을 너무 넓게 배치하면 program 시에 V_{PGM}을 그만큼 높게 인가해야 하므로, 적정한 margin 조절이 필요하다.

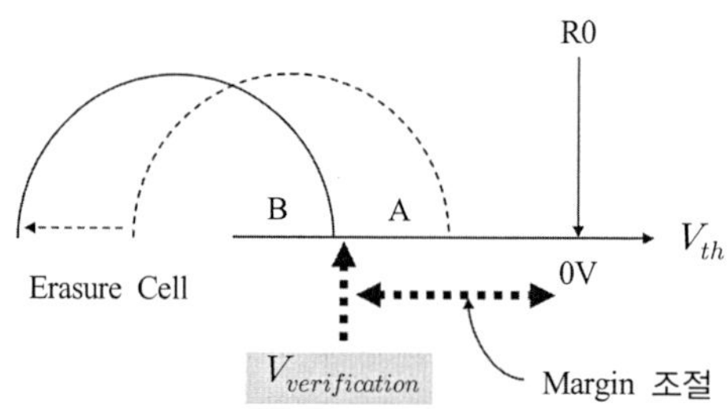

❒ CH7. 그림 2-15 Erasure Verification을 통한 ER 분포의 Margin 조절

2-6-1-3 Erasure Verification Condition

Erasure verification 동작은 read 혹은 program verification과 유사하여 page 단위로 수행된다. 이는 select된 block 내의 word line에 ascending하게 $V_{ER-verification}$를 인가하여, target Tr이 erasure상태인지의 여부를 점검한다.

Verfication 동작은 read 동작과 유사하기 때문에 <Chapter 8. Session 2-2>을 참고하면, 이해가 더욱 용이해 질 것이다. Data register Tr의 gate에 V_1(1st 인가전압 : $V_{precharge}+V_{th}$)을 공급하고 DSL에 V_{cc}와 SSL에 0V를 가하면, DSL은 ON, SSL은 OFF가 되어 select된 BL은 SO node로부터 공급받은 V_{cc} 및 Data Register Tr의 gate로 공급된 V_1 중의 낮은 전압이 BL으로 인가된다. 일반적으로 $V_{cc}>V_1$이므로 BL은 V_{cc}보다 낮은 전압인 $V_{precharge}$ (V_1-V_{th}) 전압까지 상승한다. V_1이 공급되는 시점에 supply Tr을 off 시켜서 SO node로 공급되던 전압을 중단하면 SO node는 capacitor에 V_{cc}를 charge함으로써 V_{cc} level을 유지한다(Capacitor가 이상적인 경우). Bit line 상태는

$$V_{precharge} = V_1 - V_{th} \quad \text{식2)}$$

이므로 BL은 $V_{precharge}(V_1 - V_{th})$가 될 때까지 전압이 상승하는데, 이때 최대 상승 전압이 1V가 되도록 evaluation time을 미리 계산해놓고, 다음에 인가될 V_2에 대한 time control을 한다.

그런 후 target cell이 ON cell인지 OFF cell인지의 상태를 점검하기 위하여, V_1 전압 공급을 중단하면서, 동시에 SSL을 0V에서 V_{cc}로 바꾸면 bit line에 채워져 있던 $V_{precharge}$의 전압이 erasure cell인 경우는 ON cell이 되어 SL node의 ground로 빠지고, program cell인 경우는 target cell에 n-channel이 형성되지 못하므로 OFF cell이 되어 $V_{precharge}$를 유지한다. Evaluation time은 bit line 전압 level이 $V_{precharge}$의 10% level까지 하강하는 데 소요되는 time이며, evaluation 시간이 완료되는 시점에 DR Tr의 gate로 next 전압인 $V_2(V_{sense} + V_{th})$를 공급한다. V_2의 공급은 점검할 area를 SO node까지 넓혀서, sensing된 BL전압 level을 amplification 하기 위해서이다. 일정 시간이 지난 evaluation time 후의 data register Tr에 V_2를 인가한다는 것은 DR Tr을 ON시켜서 SO node가 bit line에 연결되게 하고, target cell이 erasure인 경우 SO node의 전압이 bit line을 거쳐 ground로 빠지게 하고, 반대로 PGM cell인 경우는 PGM cell이 OFF cell이 되므로 SO node의 전압은 V_{cc} level 상태로 유지시키기 위함이다. 결국 erasure cell인 경우와 PGM cell인 경우의 gap이 1V 이내의 전압 차이(B−A)에서, SO node 개입으로 V_{cc} 전압 차이(B′−A′)로 벌어진다. Gap이 클수록 ON/OFF 구분이 명확해지므로 verification이 용이하다. <Chapter 8. Session 3-4> 참조. Verification은 bit line의 voltage level을 sensing하여 reference level보다 높은지 낮은지를 비교하여, target cell이 erasure 되었는지 program 상태인지 확인한 후에, PGM cell이면 ISPE를 계속 진행하도록 조치한다.

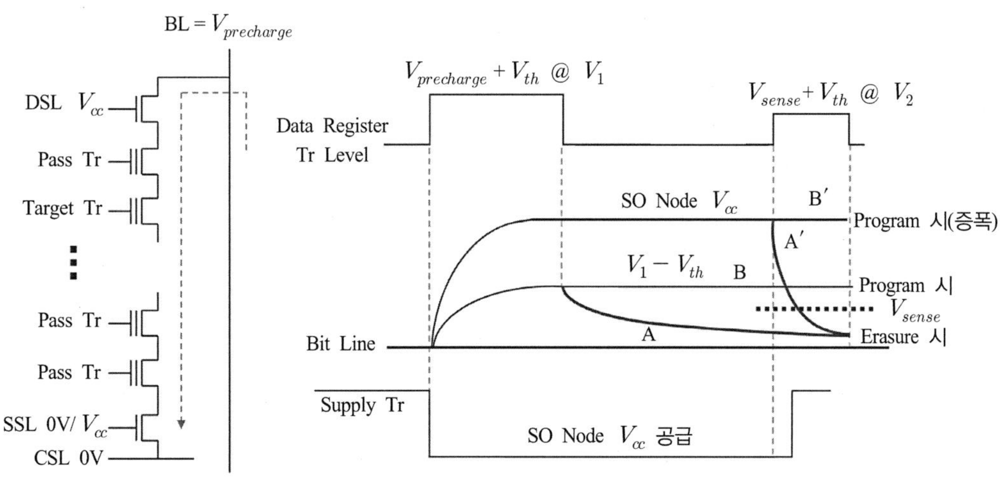

❒ CH7. 그림 2-16 Bit Line과 Data Register Tr의 Signal Diagram 및 Verification 동작

2-6-2 All Zero Verification(AZV)

All zero verification은 page 단위로 flexible하게 erasure verification을 하지 않고, verification할 block 내의 cell 전체의 word line에 일괄적으로(target page/pass page 구분없이) 동일한 $V_{ER-verification}$을 한꺼번에 인가하여 erasure의 완료 여부를 점검하는 방식이다. 일반적으로 program cell과 erasure cell을 구분하기 위한 read 동작 시에는 page 단위로 operation되지만, block erasure 후의 erasure verification은 block 내의 전체 cell에 대하여 erasure 진행상태 여부를 점검하므로서 verification의 효율성을 높일 수 있다. 단, conventional HBL인 경우 even BL과 odd BL을 구분하여 2번 실시하고 ABL인 경우는 한꺼번에 점검할 수 있다. 그러나 AZV는 erasure cell fail이 많지 않을 경우 가능하며, block 내 fail이 다량 내재되어 있는 경우는 block erasure verification time의 효율성이 저하된다.

Read operation 시에 judge용으로 word line에 인가하는 전압인 $V_{read}(V_{RD})$ 판정의 의미는 V_{RD} 보다 낮은 전압 level에 위치하는 분포는 ON cell이 되고, V_{RD}보다 높은 전압 level에 위치하는 분포는 OFF cell이 된다는 것과 동일하게, all zero verification 시에 인가하는 V_{AZV}은 ISPE로 erasure한 후에, block 전체 cell에 대하여 erasure 진행 상태 여부를 검증하는 operation voltage로서, V_{AZV} 이하의 cell은 ON cell이 되어 erasure cell로 판정되고, V_{AZV} 이상의 V_{th} 전압 위치에 있는 분포상의 cell은 OFF cell이 되어, 원하는 만큼의 erasure가 안 된 cell로 판정되므로, OFF cell은 V_{AZV} 이하의 ON cell이 될 때까지 계속 ISPE를 수행하고, 각 ISPE 단계별로 verification level을 두어 판정한다. 보통 V_{AZV}이 V_{RD}(0V)보다 낮기 때문에 V_{AZV}도 0V 이하로 setting되어야 하지만, block 전체 WL에 대하여 수행하므로 loose한 기준인 0V로 통일하여 인가하기도 한다. 이때 DSL과 SSL은 V_{cc}을 가하여 ON Tr로 하여야 current가 bit line을 타고 통과할 수 있다.

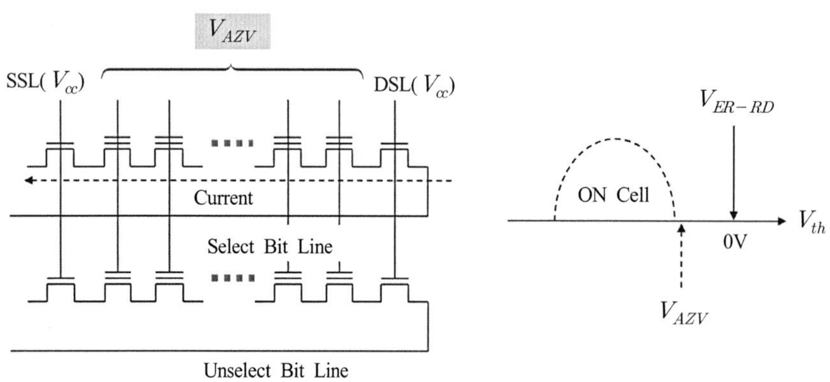

❒ CH7. 그림 2-17 All Zero Verification Condition 및 Verification Level

CG에 인가하는 전압 입장에서 read와 verification을 비교해보면, E0분포 level과 P1분포 level 사이의 reading인 R0시에는 target cell(target WL)의 CG에 0V를 인가하고, unselected cell(WL)의 CG에는 모든 V_{th}분포의 전압보다 높은 5V 이상의 전압을 인가 한 후에, target BL에 차등전압(V1 → 0V → V2)을 ON/OFF 해가면서 cell이 어느 분포에 소속되어 있는지 확인 하기 위하여 read 혹은 verification을 실시한다. Read시에는 R0로 0V를 target WL에 인가하고 normal verification 시는 0V보다 좀 더 낮은 -1V 이하를 target WL에 인가하여, cell의 ON/OFF를 판별했다. (R1, R2 시에는 R0와 방식은 동일하지만, target cell의 CG에 read 하고자 하는 target V_{th}분포 level 보다는 높은 전압을 인가하여, R1은 P1분포와 P2분포를 구분하고, R2는 P2분포와 P3분포를 구분할 수 있도록 한다. 따라서 R0의 인가전압은 0V, R1의 인가전압은 P1보다 높은 전압 level, R2의 인가 전압은 P2 보다 높은 전압 level로 설정한다.)

그런데 verification의 목적은 분포를 단순히 구분하기 위한 read 목적과는 다르게, 분포 형성 시에 되도록 분포 폭을 좁게 만들기 위해서 행하는 CG 전압이므로, 분포 edge에 붙여서 인가된다. 다시 말하면, 분포는 verification 시의 CG인가 전압을 기점으로 형성됨으로, $V_{verification-ER}$은 ER분포 E0의 right side edge에 위치한다. ($V_{verification-PGM}$은 PGM 분포 P1, P2, P3의 left side edge에 위치한다.) 이는 매 pulse마다 verification을 수행 한 후, cell의 ON/OFF을 판정하여 erasure 시에는 E0가 ON cell일 경우(PGM 시에는 P1, P2, P3족 OFF cell일 경우) inhibit시킨다.

Conventional erasure verification은 read 인가 조건과 유사하여 unselected cell은 pass Tr(CG에 5V인가)로 만들고 target cell은 $V_{verification-ER} < 0V$로 하는데, 이런 방식은 erasure 분포 level 0V 가까이 접근하고, 혹은 interference/disturbance의 영향을 받으면, cell의 조건에 따라서 0V가 넘는 cell이 발생되기도 하여 erasure 분포 margin이 취약해진다. 이런 단점을 보완하기 위하여 all zero verification은 unselected cell이건 target cell이건 모든 cell의 CG에 $V_{verification} = 0V$을 인가하여 측정하는 방식이다. Pass Tr의 CG에도 5V 대신 0V를 인가한다는 것은 모든 분포들이 0V 이하로 위치되어야 가능하고, string 내의 cell 중에 1개라도 V_{th}가 0V보다 높게 형성되어 있으면 fail이 되는 tight한 조건으로, 이 방식은 unselected cell을 구별하지 않고 모든 cell이 target cell화 되어 verification 기능을 수행한 것이다. AZV는 주로 block erasure 직후에는 block 내의 모든 cell이 erasure가 된 상태이므로 가능하게 되었고, 그 결과 ER 분포는 어느 정도의 분포 margin을 갖게 된다.

2-6-2-1 Minus Erasure Verification(MEV)

Technology가 shrink됨에 따라 분포간 폭이 좁아지면, 비교적 여유롭던 ER 분포와 PGM 분포 사이의 margin도 점점 줄어들고, CCI(cell to cell 간의 interference)가 확대되며, ER분포를 기준 삼아 program 분포로 만들 때, conventional HBL 방식이든 ABL 방식이든 PGM순서에 따른 FG의 coupling 영향이 증가한다. 따라서 ER 분포도 되도록 P1분포와의 사이에 충분한 margin이 필요하다. ER분포와 P1분포 사이의 좀 더 넓은 margin을 확보하려면, target cell의 분포 기준이 되는 $V_{verification-ER}$의 level을 가능한 낮추어야 한다. 이를 위하여 conventional erasure verification방식 보다 좀 더 worst한 CG 전압 조건을 사용한 all zero verification 방식을 적용하였고, 그것도 부족하면 AZV 방식보다 좀 더 tight한 minus erasure verification(MEV)방식을 적용하여 줄어드는 margin을 확보해야 한다. Conventional EV → AZV → MEV로 갈수록, pass Tr의 CG에 인가하는 전압 level이 점차 하향되며, 그에 따라 ER 분포 level도 V_{th}축 상에서 left shift 방향으로 비례하여 하향되어, E0와 P1 분포와의 간격 margin이 넓어지는 효과가 발생한다.

2-6-3 Post PGM Verification

<Session 1-4-2>에서 erasure 분포 level이 너무 많이 erasure된 경우, post program을 실시하고, 이를 다시 post PGM verification을 하는 동작에 대하여 알아보자. Post PGM verification은 post PGM을 실시한 후에 verification하는 operation으로 post PGM verification을 실시하는 이유는 excess erasure을 보완하기 위함이다. Erasure operation 관련해서는 3종류의 verification이 있다(E0와 P1 사이의 R0 level인 read는 별도로 read operation <Chapter 8>에 언급되어 있다). 정상적으로 erasure 후에 진행하는 verification으로는 AZV가 있고, post PGM을 실시한 후에 PGM 분포 입장에서 post PGM 여부를 점검하는 post PGM verification(soft PGM verification)이 있으며, post PGM 완료된 분포를 erasure 분포 입장에서 점검하는 post erasure verification이 있다. Post PGM verification은 일반적인 PGM verification 방식과 동일하게 PGM 완료 여부에

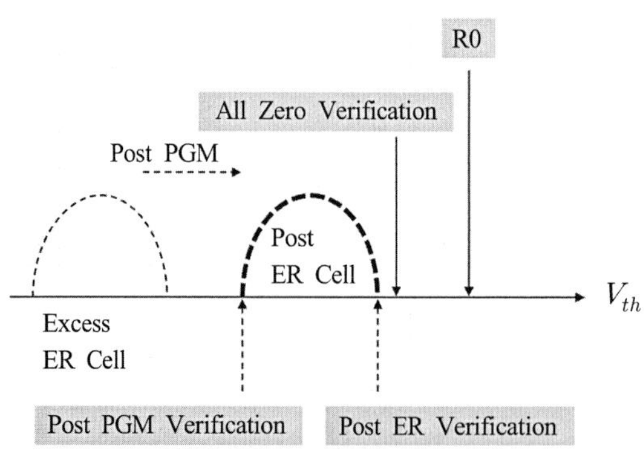

❒ CH7. 그림 2-18 Post Program Verification

대하여 점검하는 verification이다. Excess ER 분포 발생시, post PGM verification level을 설정해 놓고 (최종 완성된 분포의 left wing에 위치) excess erasure된 분포를 ISPP방식으로 post PGM하여 post PGM verification level을 모두 통과하면, post PGM을 stop한다. Post ER verification(soft ER verification)은 ER 분포의 right wing의 margin을 확보하기 위한 목적으로서 post program된 분포(E0)의 right wing과 P1 분포의 left wing과의 간격을 조절해준다. 이는 post PGM 분포의 right tail을 방지하기 위함으로 특히, ER cell 중에서 post PGM 시 PGM이 잘 되는 fast PGM cell들의 V_{th}값이 0V를 넘어서지 않고 P1분포와 overlap되지 않도록 하기 위함이다.

2-7 Wear Leveling

Cell을 program하고 erasure를 반복해서 동작시키는 것을 cycling 혹은 program/erasure cycling(PE cycling) 혹은 E/W(erasure/write) cycling이라고 하는데, cycling을 최대로 할 수 있는 횟수는 cell의 신뢰성을 판단하는 지수 중의 하나이다. Program/erasure cycling test를 endurance test라고 하는데, cell마다 endurance의 한계가 있다. 이는 cell array 내의 storage용 block 및 (OTP block 제외) 모든 block에 해당된다. <Chapter 9. Session 2-2 참조>. Endurance의 한계는 HDD가 NAND Flash 보다 10배 이상 강하다. NAND Flash는 이런 단점을 보완하기 위하여 erasure의 maximum한계를 verification하고 점검한 결과를 비교하여, 모든 block이 형평성 있게 erasure/program이 되도록 wear leveling을 실시할 필요가 발생된다.

Endurance의 한계로 인하여 block accessing을 조절하는 것은, HDD도 동일한 방법을 사용한다. Wear leveling 방식은 HDD방식으로부터 NAND가 Benchmarking한 것이다. Wear leveling maximum의 제한으로 인하여, HDD에 비하여 NAND based SSD의 application 확대에 제한이 있으나, 맞춤형 application(endurance 극대화 field 혹은 retention 극대화 field)으로 NAND based SSD의 적용영역이 넓어지고 있다. Cell 상에 program/erasure의 횟수를 많이 하면, tunnel oxide의 crack 혹은 floating gate 주변에 열화가 발생되어 점점 cell의 기능이 약해지고, 어느 순간에 permanent fail cell이 된다. 더욱이 일부 한정된 block 혹은 한정된 cell에 대하여 PE cycling을 집중적으로 실시하면, 집중 사용된 block 혹은 cell은 쉽게 wear out되어, 동일 chip 내에 good cell이 다량 존재함에도 불구하고 일부 wear out된 block 혹은 cell로 인하여 chip을 기대하는 기간 동안까지 사용하지 못하는 경우가 발생된다.

집중적으로 사용된 특정 block 위주로 wear out되는 경향을 방지하기 위하여, 저장된 valid data가 손실되기 전에, copy back PGM을 실시하여, valid data를 다른 저장 site로 이동시켜

놓아야 한다. 그러나 cell 입장에서는, 손실된 site의 cell을 영구적으로 사용하지 못하는 것은 아니다. Bit fail이 곧 모두 physical cell fail을 의미하는 것은 아니기 때문이다. Permanent한 hardware fail이 아니면, cell이나 block을 erasure하면 재생된 good cell로 다시 data을 저장 가능하다. 이런 기능은 nonvolatile 메모리에서만 가능한 기능으로, volatile에 비하여 장점이 되지만, 이를 수행하기 위한 회로가 어쩔 수 없이 점유하는 면적으로 인하여 chip size가 미세하게 커지는 단점이 있다.

한정된 지역의 소나기를 피하기 위하여 program/erasure cycling 동작을 되도록 모든 cell array 내에 골고루 분산시키는 작업이 필요한데, 이런 동작을 wear leveling이라고 한다. 따라서 특정한 block에 P/E가 집중되지 않도록 P/E수행에 대한 block당 횟수를 count하고 제어할 필요가 생겼다. P/E의 counting은 주로 block 단위로 진행되는 erasure operation을 수행한 횟수로 계산한다. Program operation을 수행한 횟수도 counting할 수도 있지만, program은 page 단위로 수행되고 또한 PGM 종류가 다양하기 때문에, cell의 damage와 PGM 횟수와의 연관성 있는 count가 난해하므로, PGM 동작 보다는 erasure 동작으로 counting한다. Counting한 결과치와 block당 사전에 계산된 PE cycling의 max횟수가 가능한 limitation과 비교하여, counting 수가 max limitation을 초과되지 않도록 조절한다. P/E operation을 수행하는 데 있어서, chip 내의 block을 되도록 공평하게 사용될 수 있도록 block address mapping을 조절하는 flash management를 Wear Leveling Management라 한다. Wear leveling은 page 단위로도 할 수 있으나, page 단위는 너무 세분화되어 복잡도가 증가하기 때문에 block 단위로 수행한다.

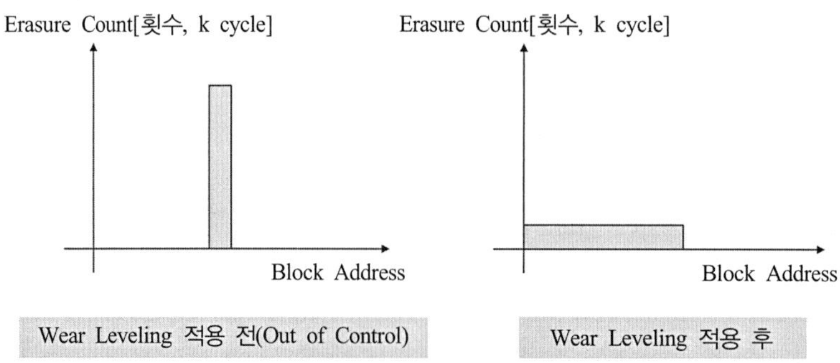

❒ CH7. 그림 2-19 Wear Out된 Block과 Wear Leveling 적용된 Block 비교

PE 수행으로 인한 block의 wear out되는 aging의 max값(회수)을 chip 내의 다른 block들과 공평하게 counting되도록 하는 wear leveling은 static과 dynamic으로 나뉘는데, static wear leveling은 일반적인 leveling으로서, wear out되는 aging 상태를 수평하게 맞춘다는 의미로써, 단순하게 erasure count를 계산하여 실시한다. PE을 수행하기 위하여 block을 배분할 경우, 되

도록 erasure count가 작은 block을 assignment하므로, static wear leveling은 wear out이 많이 진행된 block을 회피할 수 있는 장점이 된다. 그런데 block을 할당 시에, data가 가득 찬 full data block은 제외하고 되도록 empty에 가까운 block을 free block으로 제공하는데, 그렇게 full data block을 회피하다보니 static wear leveling의 단점은 low erasure count block일지라도 data가 full block이면 free block으로 제대로 활용하지 못한다는 단점이 발생된다. 이런 단점을 보완하기 위하여 low erasure count block의 full data를 대신 high erasure count가 높은 wear out block으로 옮겨, high wear out block의 추가적인 PE cycling의 빈도수를 줄이고 low erasure count block의 활용을 극대화시키는 방식을 dynamic wear leveling이라 한다. 그러나 dynamic wear leveling은 low erasure count block 내의 full data을 옮기는데 따르는 over head가 발생되고, 그에 따라서 추가적인 operational algorithm과 그와 연관된 circuit이 개발되어야 해서 chip size가 커지는 단점이 있다. 그러나 wear leveling의 대부분의 동작을 FTL에서 control하므로 NAND chip size로의 영향은 크지 않은 대신, controller 내에서 block별 erasure 회수를 count하고 full data 여부를 비교하여, block을 assignment 하는 process상의 algorithm이 복잡해진다.

Chip 입장에서는 wear leveling을 수행하는 chip인 경우가 wear leveling을 수행하지 않는 chip에 비하여 수명이 길어지고, 또한 device의 용량이 증가할수록 cell이 wear out되는 burden이 분산되므로 wear out되는 block 수가 줄어든다. 계산상으로도 wear leveling을 적용시킨 chip과 적용하지 않은 chip을 비교해보면, 신뢰성적인 측면에서 10배까지 차이가 난다.

Session 3 Erasure의 기능 Block과 Operational Flow

지금까지는 erasure operation에서 cell 단위와 block 단위까지의 동작을 다루었는데, <Session 3>에서는 erasure command를 control하는 peripheral 영역까지를 포함한 chip level까지 확장한 operation이다. Erasure 기능 block flow는 기본적인 erasure 동작을 명령하는 command flow, block의 위치를 설정하는 block address accessing flow, erasure 후에 verification을 실시하는 erasure verification flow가 있다. Erasure와 program은 두 개의 operation이 서로 상반되는 기능과 범위가 다르게 적용되는 차이를 제외한, 나머지 항목들은 program과 erasure가 서로 유사하다.5)

Erasure operation은 erasure > verification > block inhibit의 과정으로 진행되는데, erasure 시에 사용되는 기능 block으로는 command를 처리하는 command logic과 DQ control, command register block이 있고, block address를 선별하고 지정해주는 address register와 row decoder가 있다. Program flow는 program command가 input되면 x축, y축 address가 accessing된 후 data가 들어오는 데 반하여, erasure에서는 data pattern을 이용한 동작을 하지 않으므로 data input이 필요없이 x축 decoder를 이용한 block accessing만 진행한다. Y-decoder와 data register는 erasure 동작 시에는 활성화되지 않고 erasure verification 동작 시에 사용한다.

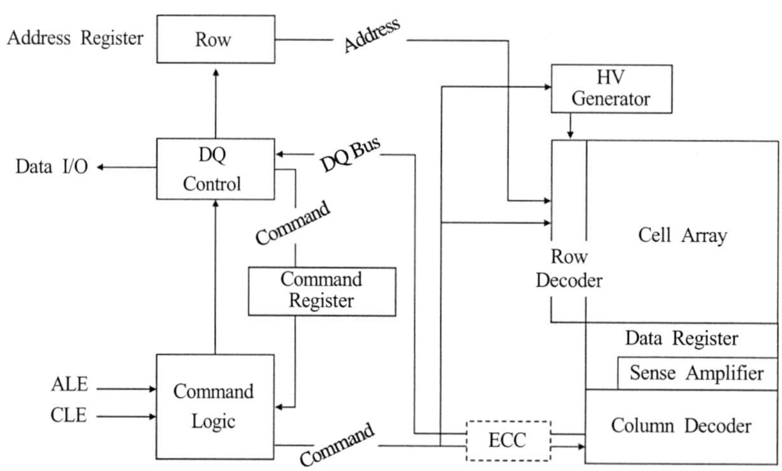

❐ CH7. 그림 3-1 Erasure Process Block Diagram @ overall

5) <Chapter 7. Session 3>에서 사용되는 block용어는, <Chapter 4>에서 언급한 hardware상의 physical cell block을 의미하는 것은 아니라 동작 기능상의 functional block을 뜻한다.

3-1 Erasure Command Flow

Erasure process도 program process처럼 몇 개 기능 block으로 나눌 수 있는데, erasure를 하기 위한 command가 host로부터 NAND에 들어오면, NAND는 이를 확인하여 어떤 command인지, 어떤 조건인지를 확인하고 condition을 setting한다. Command flow는, program flow와 유사하여, Erasure명령을 받아들일 때는 command logic/DQ control/command register/column decoder의 기능 block들이 참여한다.

Block을 erasure하기 위하여 맨 처음, DQ control은 command logic으로부터 들어온 CLE에 따라서 DQ pin으로 들어오는 signal을 받아서, command data을 확인한 후 이를 command register에 보낸다. Command register는 command를 분석하여, 여러 command 중에 erasure하라는 command로 해석되면, plane 내의 전체 mode를 erasure mode로 변경한다. Erasure command를 command register로부터 받은 command logic은 erasure condition인 ISPE 세부 step 및 erasure 순서를 세분화하여 row decoder와 column decoder에 송부하고, erasure 시 사용할 HV level을 확보하기 위하여 HV generator에 정보를 input하면, target block 내의 전 cell에 대한 erasure가 시행된다.

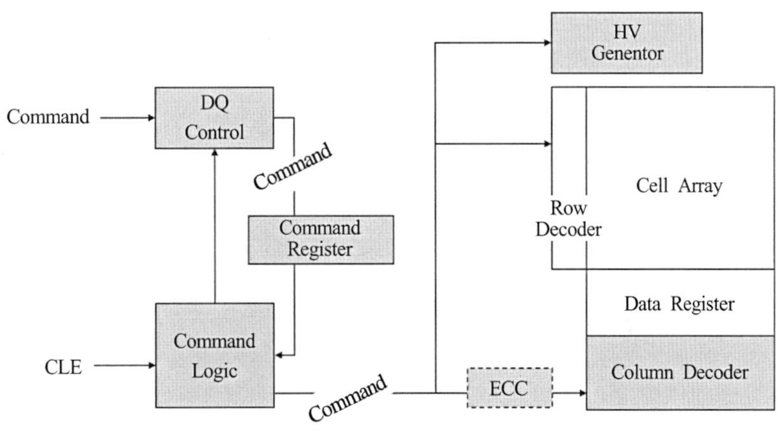

❒ CH7. 그림 3-2 Erasure Operation Command Flow

3-2 Block Address Accessing Flow

Block을 assign 시에는 DQ control/address register/row decoder의 기능 block 순으로 진행된다. Command flow와 마찬가지로, address flow도 host로부터 address를 지정하라는 information이

ALE를 통하여 command logic에 input되면, command logic은 DQ control에게 address information을 받으라고 통보한다. DQ control은 DQ pin을 통하여 입력된 signal을 address인지 확인한 후, address data를 address register로 보낸다. Address register는 row address인지 column address인지 교통정리 할 필요없이, erasure address는 block단위를 access하는 address이므로 row decoder로 보낸다. Erasure process는 block accessing 방식을 사용하고, data pattern을 사용할 필요가 없으므로, program process에 비하여, address accessing 과정이 간단하다. Row decoder는 erasure시킬 block을 assign 후, block이 지정되면 block 내의 전체 cell이 erasure된다.

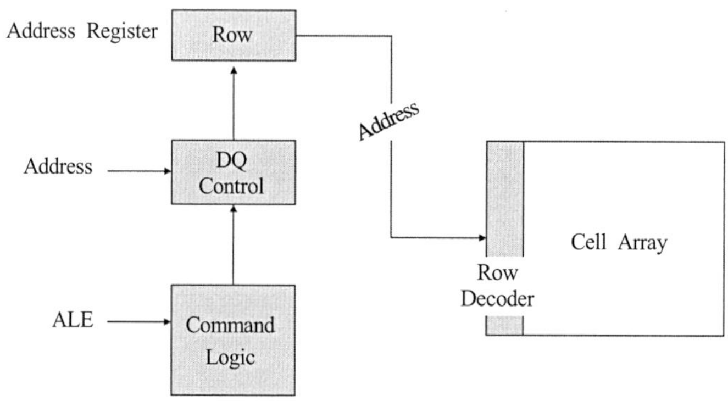

❒ CH7. 그림 3-3 Block Address Accessing Flow

Erasure할 때는 high voltage를 사용해야 하므로, HV generator가 높은 전압을 row decoder에 공급한다. Program에서는 HV를 X-decoder를 통하여 개별 cell의 target Tr의 gate에 공급하지만, erasure에서는 HV를 chip select line을 통하여 전체 substrate에 bulk로 한꺼번에 block area로 공급하는 것들이 다르다.

3-3 Erasure Verification Flow

Erasure 방식은 ISPE로 진행하면서, 모든 step마다 verification을 수행한다. Erasure verification은 program verification과 마찬가지로, 개념적으로는 read operation에 속하므로 erasure verification은 read 순서에 따라, verification용 command > address 지정 > verification 완료 순으로 진행한다. Column decoder는 erasure가 완료된 후의 erasure verification 시에 verification operation이 진행되도록 주관하여 진행한다. Verification은 먼저 All Zero Verification(AZV)을 수행하는 데, 이는 일반적인 erasure operation 후에 conventional BL에 따라 even bit line 혹은 odd bit line별로 verification을 한다. AZV를 하여 모든 cell이 ON cell이 된 것을 확인

후, erasure 분포가 excess erasure되어 $+\Delta V$만큼 이동시킬 필요가 발생되면, post program을 실시한다. Post PGM의 매 ISPP의 pulse 완료 후, post PGM verification을 하는데, 이때 post PGM verification도 conventional BL에 따라 구분되어 수행한다. Post PGM verification 후에, post PGM 분포에 대하여 post erasure verification을 진행한다. 그러나 post erasure verification을 반드시 실시하지는 않고, ER 분포와 PGM 분포 사이에 margin이 충분히 있는 경우는 진행하지 않는다. Verification 결과(AZV 혹은 post erasure verification)는 sense amplifier에서 증폭된 후, column decoder가 verification 결과를 ECC를 거쳐 DQ control로 보내면, DQ control은 이를 host와 NAND 밖에 있는 controller에 전달한다.

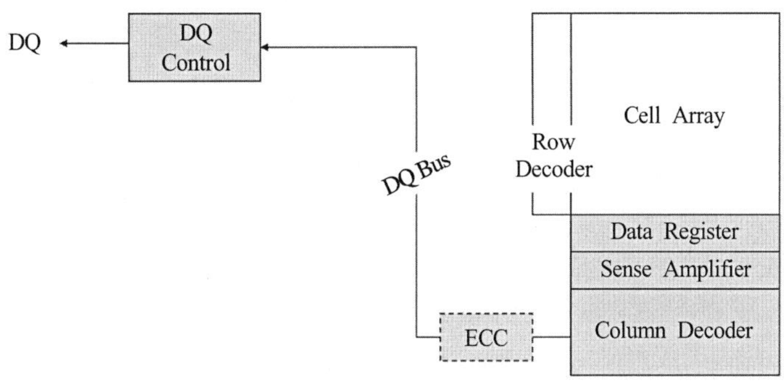

❐ CH8. 그림 3-4 Erasure Verification Flow

Verification 완료 후에는 erasure를 완료한 block을 inhibit하여 더 이상 erasure를 진행하지 못하도록 한다. Block inhibit도 독립된 flow로서, inhibit 동작은 erasure 완료 후 시간차를 두어서 ALE가 활성화되면, inhibit address가 들어오는데, inhibit할 block이 assign된 후 command logic의 inhibit 조건에 따라 block inhibit이 진행된다. Inhibit 조건은, inhibit command가 DQ control로부터 input된 후 command register가 inhibit command라고 정의를 내리면 (chip은 block inhibit mode로 바뀌고) command logic은 세부적인 inhibit조건이나 방법을 정한다.

References

블록 단위 Clean 삭제 방식을 이용한 플래시 메모리 기반 저장장치의 버퍼 관리 기법(2010.6) 정상혁, 송용호, 대한전자공학회 학술대회, pp 1921-1924

시간 복잡도와 메모리 사용량을 최소화하기 위한 낸드플래시메모리 최소 삭제 블록 탐색 기법 (2010.6) 하건수, 김태진, 김지홍, 대한전자공학회 학술대회, pp 1905-1908

A 151-mm^2 64-Gb 2 Bit/Cell NAND Flash Memory in 24-nm CMOS Technology (2012) Fukuda, K. ; Watanabe, Y. ; Makino, E. et al., Solid-State Circuits, Volume: 47, Issue: 1 pp 75-84, IEEE Journals & Magazines

A 19nm 112.8 mm^2, 64Gb Multi-Level Flash Memory With 400 Mbit/sec/pin 1.8V Toggle Mode Interface (2013) Kanda, K. ; Shibata, N. ; Hisada, T. et al., Solid-State Circuits, Volume: 48, Issue: 1, pp 159-167, IEEE Journals & Magazines

A 3.3V 4Gb four-level NAND flash memory with 90nm CMOS technology (2004) Seungjae Lee ; Young-Taek Lee ; Wook-Kee Han et al., Solid-State Circuits Conference, Digest of Technical Papers. ISSCC. pp 52-513 Vol.1, IEEE Conference Publications

A Cleaning Policy of NAND-type Flash Memory with Efficient Wear-leveling (2009) Song-Hwa Park, Eunchul Park, 가을 학술발표논문집 Vol.36, No.2(B), LIG Nex1 Co.,Ltd, pp298-302

A High Performance Co-design of 26nm 64Gb MLC NAND Flash Memory using the Dedicated NAND Flash Controller (2011) ByoungSung You, JinSu Park, SangDon Lee, et al., Journal of Semiconductor Technology and Science Vol.11, No.2, pp121-129

A Wear-leveling Scheme for NAND Flash Memory based on Update Patterns of Data (2010) Hyojoung Shin, Don-Jung Choi, Bo-Keong Kim, et al., 한국지능시스템학회 논문지, Vol.20, No.6, pp. 761-767

Depletion mode NAND string electrically erasable programmable semiconductor memory device and method for erasing and programming thereof (1996.04.23) US05511022, Samsung Electronics

Device for preventing excess erasing of a NAND-type flash memory and method thereof (1994.03.29) US05299166, SamSung Electronics

Dynamic Vpass ISPP scheme and optimized erase Vth control for high program inhibition in MLC NAND flash memories (2009) Park, Ki-Tae ; Myounggon Kang ; Hwang, Soonwook et al., VLSI Circuits, pp 24-25, IEEE Conference Publications

Efficient Wear-leveling Scheme for Flash Memory File System (2004.10) Young Hyun Bae, Donghee Lee, Sam H. Noh, et al., 대한전자공학회 ISOCC, pp 472-475

Erase and Program Verification Circuit for NON-Volatile Memory (2000.02.02) EP00714546, Macronix International

Erase and programming techniques to reduce the widening of state distributions in non-volatile memories (2013.04.09) US08416624, Bo Lei Guirong Liang Anubhav Khandelwal Jun Wan

Erase ramp pulse width control for non-volatile memory (2013.01.01) US08345485, Jon S. Choy Chen He

Erase verifying method of NAND flash memory device (2009.10.20) US07606080, Lee Ju Yeab

Flash Memories (1999) Paulo Cappelletti, Carla Golla, Piero Olivo, Enrico Zanoni, Klumer Academic Publishers, Massachusetts

Flash memory device capable of overcoming fast program/slow erase phenomenon and erase method thereof (2010.10.05) US07808829, Lee Hee Youl

http://www.imflash.com

http://www.micron.com

http://www.samsung.com

http://www.skhynix.com

http://www.toshiba.semicon-strorage.com

Improving Performance Using Two-Plane Commands (2007) Technical Note TN-29-25, Micron Technology Home page

Inside NAND Flash Memories (2010) Rino Micheloni, Luca Crippa, Alessia Marelli, Spinger Verlag, New York

Integration Technology of 30nm Generation Multi-Level NAND Flash for 64Gb NAND Flash Memory (2007) Donghwa Kwak ; Jaekwan Park ; Keonsoo Kim et al., VLSI Technology, pp 12-13, IEEE Conference Publications

Memory Management in NAND Flash Arrays (2005) Technical Note TN-29-28, Micron Technology Home page

Method for erasing data of NAND flash memory device (2009.12.08) US07630255, Yang Hea Jong

Method of erasing NAND flash memory device (2006.08.22) US07095656, Hynix Semiconductor Inc.

Method of monitoring an erase threshold voltage distribution in a NAND flash memory device (2009.04.14) US07518931, Hynix Semiconductor Inc.

Methods to resolve hard-to-erase condition in charge trapping non-volatile memory (2008.04.08) US07355897, Macronix International

NAND flash memory device having page buffer adapted to discharge bit line voltage during erase operation (2009.03.03) US07499327, Samsung Electronics

NAND Flash Memory Technology (Copyright Year: 2008) Brewer, J. ; Gill, M. (Koji Sakui and Kang-Deog Suh) Nonvolatile Memory Technologies with Emphasis on Flash:A Comprehensive Guide to Understanding and Using Flash Memory Devices, Page(s): 223-311, Wiley-IEEE Press eBook Chapters

NAND flash memory with erase verify based on shorter evaluation time (2008.04.22) US07362616, STMicroelectronics S.r.l.

NAND type nonvolatile memory with improved erase-verify operations (2001.09.11) US06288944, Fujitsu Limited

NAND-type flash memory device having array of status cells for storing block erase/program information (2005.08.16) US06930919, Samsung Electronics

NAND-type flash memory device with multi-page program, multi-page read, multi-block erase operations (2004.05.11) US06735116, Samsung Electronics

NAND-type memory array and method of reading, programming and erasing using the same (2003.05.27) US06570786, Hynix Semiconductor Inc.

Open NAND Flash Interface Specification Revision 2.0 (2008) Hynix Semiconductor, Intel Corporation, Micron Technology,

Operation method of flash memory device capable of down-shifting a threshold voltage distribution of memory cells in a post-program verify operation (2010.08.24) US07782681, Kim Jun In Lee Ju Yeab

Self-convergence of post-erase threshold voltages in a flash memory cell using transient response (2001.01.02) US06169693, Hyundai Electronics America Inc.

Soft programming non-volatile memory utilizing individual verification and additional soft programming of subsets of memory cells (2009.02.03) US07486564, SanDisk Corporation

Split-gate NAND flash memory at 120nm technology node featuring fast programming and erase (2004) Cheng-Yuan Hsu ; Chi-Wei Hung ; Da Sung et al., VLSI Technology, Digest of Technical Papers. pp 78-79, IEEE Conference Publications

Symmetrical program and erase scheme to improve erase time degradation in NAND devices (2001.06.12) US06246610, Advanced Micro Devices Inc.

Systems for soft programming non-volatile memory utilizing individual verification and additional soft programming of subsets of memory cells (2008.08.05) US07408804, SanDisk Corporation

Wear-Leveling Techniques in NAND Flash Devices (2008) Technical Note TN-29-42, Micron Technology Home page

CHAPTER 08 Read, Cell 상태의 구분 및 출력

Read는 cell address를 accessing한 후에 cell의 status를 sensing하는 동작이다. Cell의 상태를 sensing한다는 것은 FG에 저장되어 있는 data를 읽어내는 동작으로서, program 동작과 동작 방향이 반대이다. Read는 근본적으로는 cell과 cell 혹은 bit와 bit를 구분하는 동작이다. 구분은 cell이 program 상태인지 erasure 상태인지, program 상태이면 어떤 level의 program 상태인지를 알아내는 동작이다. Physically는 NAND Flash memory의 대표적인 특징인 floating gate에 전자가 charge되었는지, charge되었으면 어느 정도나 charge되었는지, 아니면 전자가 모두 빠져나간 erasure 상태인지를 확인한다. 알아낸다는 것은 전기적으로는 cell에 전압을 biasing 시켜 전류가 흐르는지 아니면 흐르지 않는지, 흐르면 흐르는 데로 흐르지 않으면 흐르지 않는 데로, current를 감지한 후, 증폭시켜 외부로 출력시킨다. 즉, Read 동작은 NAND cell 내의 “1” 혹은 “0”의 정보를 measurement하도록 설계되어 있어서, read 측면으로 볼 때, NAND Flash cell도 conventional MOS Tr(1-gate)처럼 동작하는데, 이는 gate전압이 주어지면 cell전류는 문턱 전압에 대한 함수가 되므로, 전류값 측정을 통해서 NAND cell이 어떤 V_{th}분포에 속해 있는지 알 수 있다. Read는 process적으로 보면, cell에 있는 information을 data register로 옮긴 후에, 이를 out시키는 동작이다. 이때 cache read operation 및 multi plane operation을 같이 하면 throughput이 극대화된다. Reading 동작도 PGM과 유사하게 MLC는 SLC에 비하여 복잡도가 몇 배 증가되고, TLC 혹은 3D는 MLC에 비하여 난이도가 몇 배 높다.

Session 1 Read Operation Overall

NAND Flash memory의 basic operation을 3족지로 나눈다면, 순서적으로 program, erasure, read로 나눌 수 있는데, 그중에 read operation이 가장 basic operation이 된다. Read operation과 비슷한 operation으로 verification 동작이 있는데, verification 동작도 read 동작의 일종이며, verification은 program 후에 program 수행여부를 확인하는 program verification과 erasure 후에 erasure 수행여부를 확인하는 erasure verification이 있어서, 결국 read operation은 NAND의 3족이지 majority operation area에서 모두 수행된다고 볼 수 있기 때문이다. Program과 erasure 후에는 verification을 하지만 read operation 후에는 verification을 할 필요는 없다. 이는 read 자체가 확인하는 동작이기 때문이고, 나머지 다른 program과 erasure 2가지 동작에서는 동작에 대한 결과를 달리 확인할 수가 없어서 verification을 통해서만이 확인이 된다.

Read operation은 크게 sensing, amplification, output 3단계로 나뉜다. Sensing은 target cell의 상태가 program 상태인지 erasure 상태인지 감지하는 단계이고, amplification은 감지된 signal이 미약한 전압(혹은 전류) level이므로 이를 다음 단계에서 사용할 수 있도록 증폭하는 단계이며, output은 증폭된 signal을 이용하여 target cell의 상태를 host가 사용할 수 있도록 출력시키는 단계이다. 그런데 이 3족지(sensing, amplification, output) 덩어리가 제각기 독립적으로 분리되어 있는 것이 아니고, cell area와 peripheral area에 포진해 있으면서 상호 긴밀하게 voltage 및 current를 주고받도록 연결되어 있다.

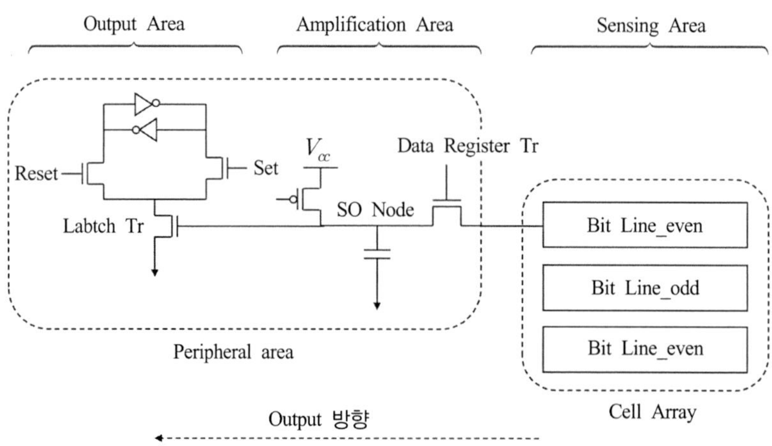

❐ CH8. 그림 1-1 Read Operation 흐름도

Session 2 Cell 상태의 Sensing

Sensing은 크게 cell level에서의 sensing과 WL/BL에서의 sensing으로 나뉠 수 있는데, cell level sensing은 cell array 내의 각 floating gate 상태를 감지하는 것이고, WL/BL level의 sensing은 peripheral area 내의 전압 condition과 input 전압 조건에 따른 current의 도통 상태를 확인하여, ON cell 혹은 OFF cell 여부를 판정하는 동작이다.

2-1 ON Cell과 OFF Cell 구분, Sensing Operation @ cell level

NAND operation의 핵심요소인 program 분포(PGM 분포)와 erasure 분포(ER 분포)의 속성도 결국, cell을 read한 V_{th}값을 확률분포로 표현한 것으로서, 통계상의 확률분포의 의미가 NAND Flash에서의 cell 특성상의 V_{th} 확률분포의 의미 그대로 활용된다. V_{th}와 같은 특성적 factor 측정치들의 전제조건은, string 내에서 address가 select된 target cell에 대한 data만 해당하고, target cell 이외의 string 내의 다른 unselect cell은 pass Tr로서만 역할을 하여 pass Tr들은 측정되지도 않을 뿐 아니라 분포 data에서도 제외된다. 그러나 string동작이므로 pass Tr들도 ascending하게 address accessing되므로 차례로 target Tr이 된다.

Read는 분포와 분포 사이의 임의의 전압(주로 중간 값)을 read한 결과로 분포의 종류와 위치를 판별해 낸다. 보통 erasure cell의 V_{th}는 −1.5V보다 적고, program된 cell의 V_{th}는 +0.5V보다 크므로 erasure cell과 program cell 사이(−1.5V ~ 0.5V)의 임의의 V_{th}값을 택하여(measuring 시의 독립변수로 하여), bias 전압으로 target Tr의 gate에 인가함으로써, 알고자 하는 cell을 read해 보면, cell이 erasure 상태인지 아니면 program 상태인지 알 수 있다. ER 분포와 PGM 분포의 구분뿐만 아니고, PGM 분포와 PGM 분포 사이에서도 구분이 가능하다. 분포와 분포 사이의 전압을 selection하여 read한 결과로, V_{RD}의 양쪽 side의 분포가 PGM 분포이면 어떤 종류의 PGM 분포인지, 분포가 어느 정도 right 혹은 left shift되었는지까지도 확인할 수 있다. Enhancement mode이므로 FG에 electron이 charge되어 있으면 N-channel을 형성하지 않으며, FG에 hole이 charge되어 있으면 N-channel을 잘 형성하여서, gate전압으로 V_{th}분포보다 높은 전압을 가하면 I_{ds}가 흐른다. 다른 program 분포들도 동일한 방법으로 read를 수행한다.

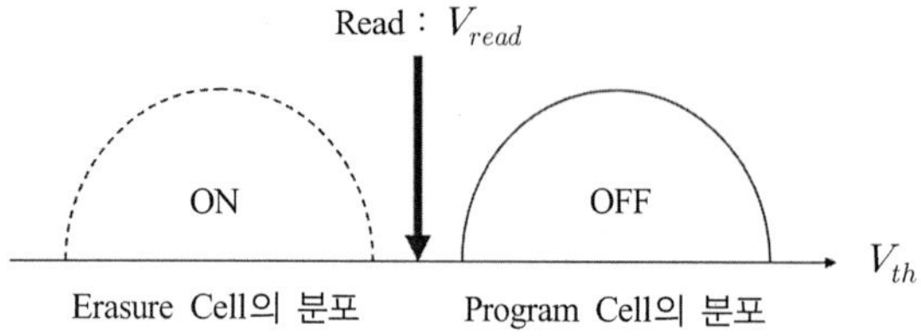

❒ CH8. 그림 2-1 Reading을 통한 ON Cell과 OFF Cell 구분

단순히 ER(erasure) cell과 PGM(program) cell만 구분한다면, 예를 들어 SLC 혹은 MLC 중의 첫 번째 분포와 두 번째 분포 사이에 있는 0V를 gate 전압 V_{gs}로 bias하여, cell에 I_{ds} 전류가 흐르면 ON cell 혹은 erasure cell이라 하고, I_{ds} 전류가 흐르지 않으면 OFF cell 혹은 program cell로 판단한다. 좀 더 세부적으로 해석하면, <CH8. 그림 2-1>에서 cell을 동작시키기 위하여 가하는 bias 전압인 $V_{read}(V_{RD})$보다 작은 전압값이 소속된 분포는 ON cell이 되고, V_{RD}값보다 큰 V_{th} 전압값이 소속된 분포 혹은 분포 내의 각 cell은 OFF cell이 된다. 1) cell이 program되었다는 것은 Floating Gate(FG)에 electron이 채워져 있다는 것이고, electron이 채워져 있으면, FG에 charge된 electron량에 비례하여, gate 전압으로 program 시의 V_{th}인, V_{th-PGM}이 상승한다. V_{th-PGM}보다 낮은 V_{RD}값으로 V_{gs}에 인가하면, V_{RD}값이 program된 cell의 V_{th-PGM}보다 낮아서 n-channel을 형성하지 않기 때문에 program cell이 도통되지 않는다. 2) erasure cell인 경우는 FG의 electron charge량이 아예 없거나 hole charge가 되어서 erasure cell의 V_{th}인, V_{th-ER}가 V_{RD}보다 낮은 값을 형성하는데, 이의 의미는 V_{RD}를 V_{gs}로 인가하면 n-channel을 형성하거나 이미 형성되어 있다는 의미이므로, erasure cell의 V_{th}보다 높은 V_{RD}를 인가하면 erasure cell은 도통된다. 즉, V_{RD}의 의미는 ER 분포든 PGM 분포든, 분포로 인하여 형성된 어떤 channel 상태이든, 인가된 read용 전압 level에 의하여 N-channel (enhancement mode의 NMOS인 경우)의 형성여부가 결정되므로, drain current의 go/no-go가 최종적으로 판별된다.[1)]

2-1-1 Bottom Page Read/Top Page Read

각 분포상의 각 cell의 도통 조건은 $V_{th-ER} < V_{RD}$, $V_{th-PGM} < V_{RD}$로, 어떤 경우든 V_{RD}가 분포의 V_{th}값보다 높아야 하므로 ON cell 혹은 OFF cell 판단의 기준은 V_{RD}의 level을 조정하여 정한다. 보통 "ON Cell"은 도통되므로 "1" cell이라고 부르고, 반대로 "OFF cell"은 불통되므로 "0" cell이라고 부른다. Read 시에 분포의 상태를 판단하기 위하여, 분포와 분포

1) Erasure cell은 erasure 분포를 의미하고, program cell은 program 분포로서, 분포와 cell을 서로 구분하지 않고 혼용하여 사용하겠다.

사이의 중간값을 읽는 이유는, V_{RD}가 분포 한쪽으로 치우칠 경우는 margin이 적은 쪽의 분포가 read 해석 상 불리해지기 때문이다. 불리해진다는 의미는 불량이 아닌데도 fail로 읽힌다거나, margin을 근거로 다른 조건들을 설정할 때, V_{RD}가 한쪽 분포에 너무 근접하게 되는 worst 조건이 설정될 수 있게 되므로, 이를 예방하거나 damage를 최소화하기 위함이다. 분포가 두 번째와 세 번째인 경우의 reading은 두 번째 분포 내에 속한 어떤 V_{th}값보다 더 높은 reading 전압이 되고 세 번째 분포 내에 속한 어떤 V_{th}값보다 낮은 reading 전압이 된다는 전제 조건이다. 따라서 R0는 ER 분포와 PGM 분포 사이, R1과 R2는 PGM 분포와 PGM 분포 사이를 reading한다.

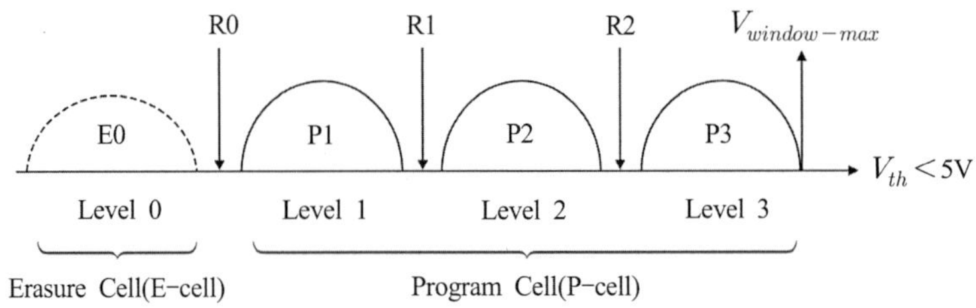

❒ CH8. 그림 2-2 분포구분과 Read 종류

분포와 분포 사이를 read하는 순서는, SLC에서는 R0를 읽고 필요 시 확인 사살용으로 R1을 읽으면 모든 분포 reading이 완료된다. SLC R1를 read하는 이유는 P1분포를 최종적으로 확인하기 위한 작업이므로, 이는 P1분포가 확실하면 R1을 생략해도 되는 option이다. MLC에서는 R1 → R0/R2을 순차적으로 읽고, 필요 시 R3를 읽는다. 3102 code인 경우 MLC에서의 R1은 bottom page bit reading(LSB)이고 R0/R2 reading은 top page bit reading(MSB)이다. MLC에서는 BP와 TP의 2번 reading으로 MLC의 4개 분포를 모두 읽어낸다. <Chapter 5. Session 3-3-7> 참조. 3201 code에서는 R1은 top page reading이고, R0/R2는 bottom page reading이다. Top page reading은 read 결과를 top page bit에 배치하고, bottom page reading은 bottom page bit에 배치한다는 의미이다.

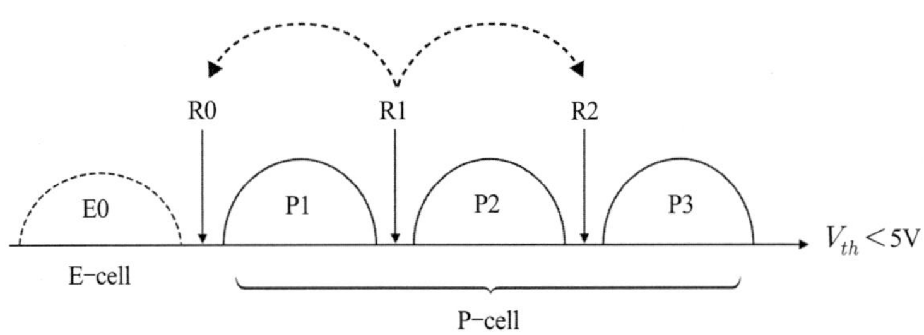

❒ CH8. 그림 2-2-1 Bottom Page Read/Top Page Read

<Chapter 6>에서 편의상 정하였지만 erasure cell을 E-cell로, program cell을 P-cell로 통칭하며, 첫 번째 분포는 erasure 분포라는 의미로 E0(erasure level 0)로 표기하고, 두 번째 분포부터는 program 분포이므로 순차적으로 P1(Program level 1), P2(Program level 2), P3(Program level 3)라고 표기되므로, R2는 P2와 P3 사이에 위치하게 된다. 또한, 제일 높은 level인 P3분포의 어떤 V_{th}값도 V_{window_max}보다는 작은 값으로 setting된다. Read 동작속도가 느려지는 것을 방지하기 위하여 MLC에서는 확인사살용으로 R3을 read하지는 않지만, MLC 분포 배치가 취약할 경우 할 수 없이 R3를 활용하는 경우도 있다.[2)]

PE(Program/Erasure) cycling을 진행하면, 분포의 right edge가 확장되고, 특히 erasure분포의 right side가 늘어나서 분포와 분포 사이의 margin이 좁아지므로 인하여, read을 할 수 있는 area가 줄어든다. Read area는 충분히 확보되어야 효과적인 분포 구분이 가능하다. 실질적인 read 가능한 area인 E0 right edge에서 P3분포의 PV3까지의 area을 read window 혹은 PE window라고 하며, read window가 넓을수록 read margin의 확보가 쉬워진다. Endurance 혹은 program disturbance 특성을 개선시켜 read window를 넓혀야 NAND 동작 특성이 향상된다.

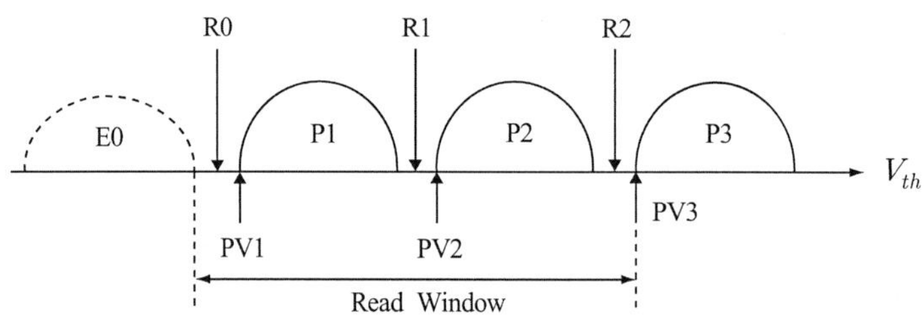

❒ CH8. 그림 2-3 Read Window @ MLC V_{th} 분포

2-1-2 Access 방식과 Read 순서

Word line에서 보면, 기본 단위가 page인 NAND Flash의 read와 program을 수행하는 data register(page buffer)는 page 크기에 정확하게 맞추어져 있다. SLC 초창기에는 1개 word line은 1개의 page size에 맞추어져 있었지만, 제품이 MLC로 확대되면서 word line size가 커지고 그에 따라 1개 word line은 2개 혹은 4개의 page로 나뉘게 된다. 향후에는 word line size가 추가로 확장되면 page가 8개 혹은 16개로 나뉠 수도 있을 것이다. Page size는 1KB, 2KB, 4KB, 8KB, 16KB, 32KB 등 flexible하게 결정될 수 있고, page size가 커지면서 data register size도

2) V_{th-ER} : ER 동작 후의 ER 분포의 V_{th}값, V_{th-PGM} : PGM 동작 후의 PGM 분포의 V_{th}값, V_{PGM} : FG에 PGM하기 위하여 CG에 인가하는 전압, V_{ER} : ER하기 위하여 Sub에 인가하는 전압, V_{RD} : RD하기 위하여 CG(WL)에 인가하는 전압

점점 커지고 있다. Page size가 1KB라면 page 내에 물리적인 cell의 수가 1K×8개인데, 이렇게 page size가 결정되면 page operation(read 및 program 동작)은 page 내의 모든 cell에게 biasing 전압을 동시에 동일한 전압으로 인가하여 동작시킨다. 즉, target page가 operation될 때에는 target word line 상의 select bit line에 걸쳐있는 cell이건, unselect bit line상에 cross되어 있는 cell이건 모든 WL상 cell의 gate에는 동일한 V_{gs} 전압 level이 공통으로 인가된다.

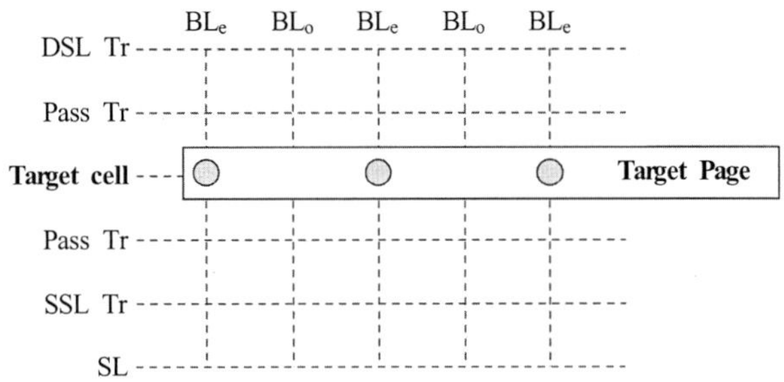

❐ CH8. 그림 2-4 Page Reading

Bit line에서 보면, bit line에 주렁주렁 매달린 각 cell들의 address가 access될 때는 random하게 access되는 random read 혹은 string에 직렬로 연결된 순서대로 access되는 sequential reading이 있다. Random read 혹은 sequential read는 option이다. Random read는 string 내의 cell을 random하게 access하여 read하는 방식으로 read할 data량이 적을 때 유리하고, sequential read는 낮은 address에서부터 높은 address로 ascending하게 address를 상승시켜가면서 read하는 방식으로 data량이 많을 때 효율이 높아진다. Flag cell이 있는 경우에는 page operation 시

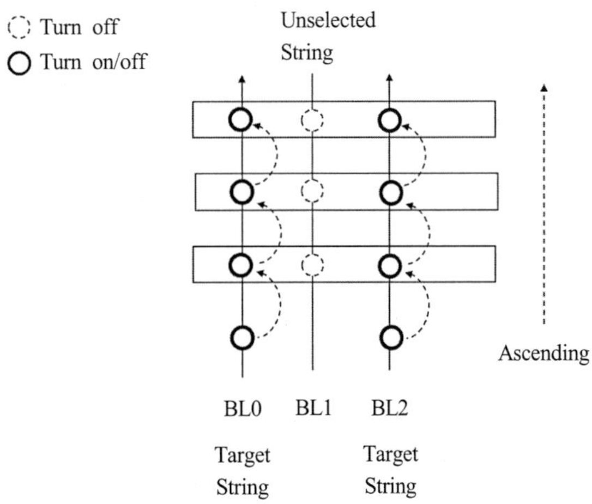

❐ CH8. 그림 2-5 Sequential Reading

에 flag cell도 동시에 read 혹은 program하며, string에 매달린 cell의 총 개수를 string size라고 하는데, string size는 제품용량 증가에 비례하므로, string size가 길어지면 총 read time도 비례하여 증가한다.

Row address수에 비례하여 cell들이 string에 매달리는데, string size 증가는 cell의 performance와 block size에 커다란 영향을 끼친다. String size는 지속적으로 증가하지만, capacitance 증가 및 current loss 등으로 인하여 무조건 cell의 수가 많다고 좋은 것은 아니다. Sting에 매달리는 physical cell의 수는 technology 변수 및 time 변수에 따라 제약을 받는다.

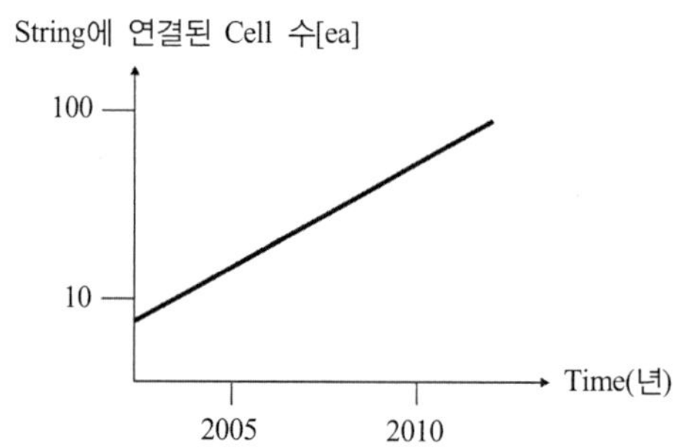

❒ CH8. 그림 2-6 String의 Cell수 증가변화

String에 연결된 cell의 수가 32개 > 64개 > 128개 등으로 확장되면 chip size는 유리해져도 performance는 약화된다. 이는 확장에 따른 current가 충분히 공급되어야 하고, 적절한 read time도 설정되어야 하며, 이와 연관된 내부의 여러 parameter(전압감소, 저항증가 등)들이 유기적으로 setting되어야 하는데, string size가 확장됨에 따라 상호 trade off 관계에 있는 다른 여러 변수들의 제약된 한계치를 어느 정도까지 설정하여야 할 것인지, issue들을 어떻게 극복할 것인지가 관건이다. NAND의 total performance는 물통원리에 의하여 가장 worst한 performance항목에 의하여 영향을 받는 경향이 있다.

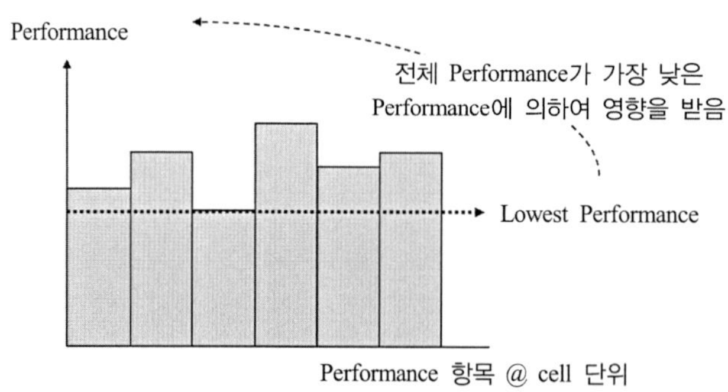

❒ CH8. 그림 2-7 최저의 Performance에 의하여 영향을 받는 NAND Performance

2-1-3 V_{pass} 전압

V_{pass} 전압은 cell들이 어떠한 환경 하에서도 pass되는 전압치를 의미한다. Read 기능을 수행하는 데 있어서 전제조건은 같은 string에 매달려있는 pass Tr들은 항상 current가 흐르는 조건이어야, target cell들의 측정이 가능하다. 이때 string 내의 pass 용도의 모든 FG cell들이 pass되도록 할 수 있는 전압치를 V_{pass} 전압이라고 한다. 즉, unselected cell들이 program 혹은 erasure 등 어떤 상태로 되어있던 상관없이, bit line의 string에 달려있는 unselected cell들의 gate에 충분히 높은 전압을 가하여, unselected cell들이 모두 I_{ds}가 흐르도록 조정되어야 한다. Read는 page 단위로 진행되므로, access된 page 이외에, access되지 않은 page에 해당하는 cell 들에는 gate에 V_{pass}전압이 가해져서, read 동작 시에 모든 unselected cell들이 OFF Tr이 되지 않게 하여야 한다.

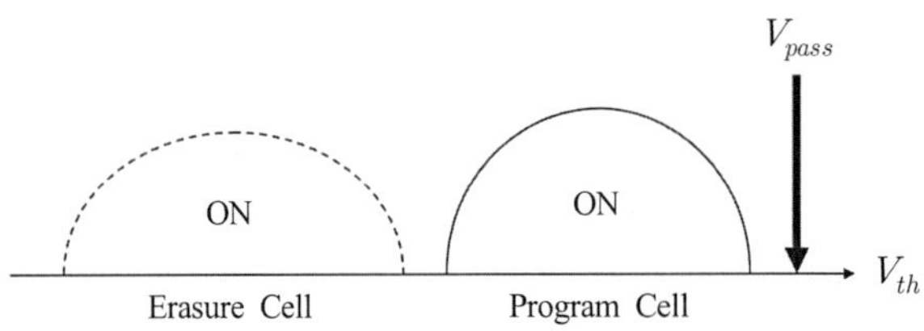

❒ CH8. 그림 2-8 Unselected Cell(erasure/program)을 Pass시키기 위한 V_{pass} 전압

2-1-3-1 MLC의 V_{pass} 전압

MLC인 경우는 SLC에 비하여 분포 개수가 많고 TLC보다는 분포 개수가 적으므로, $V_{pass-MLC}$ 전압은 SLC인 경우보다는 커야 할 필요가 있고, TLC인 경우보다는 작다. Target cell들이 access되면, V_{pass} bias level은 target string에 연결된 모든 unselected cell을 turn on시키기 위하여 일정 전압 level 이상을 유지하면서, 동시에 모든 block 내의 WL들에 인가된다. 이때, target cell(target WL)은 제외다. V_{pass}가 높은 전압 level인 이유는 pass Tr이 어떤 분포 level을 갖고 있는지 알 수 없기 때문이기도 하고, 설령 인지된다 하더라도 V_{pass}는 maximum 치로 동일하게 인가한다. 그렇지 않고, pass cell(unselected cell)에 인가하는 전압 bias가 cell의 FG에 charge된 전자량에 따라 Tr이 ON 될 정도의 level로 각 cell의 맞춤형으로 인가될 경우는 각각의 cell에 따라, 혹은 word line에 따라, V_{pass} 전압 level을 다르게 하여야 하므로 operation상 복잡해지는 불편한 점이 있고 또 그렇게 개별적으로 인지하기 위한 추가 회로가 필요하여 peripheral size가 커지므로, 복잡하게 해서 얻을 득보다는 실이 더 많다. 따라서

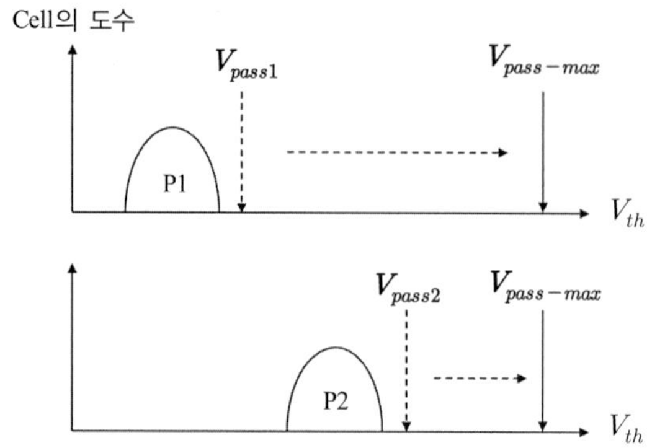

❒ CH8. 그림 2-9 V_{pass_max} Control @ pass Tr

target bit line에 연결된 unselected cell들의 read 시 V_{th}분포값을 구분하지 않고 V_{pass_max}로 전체를 통일해서 인가하는데, V_{pass_max}값은 모든 분포값보다 높도록 설정한다.

정리하자면, unselected cell들이 모두 pass되어야, target cell이 erasure 상태인지 program 상태의 cell인지 판단할 수 있기 때문에, unselect된 각 cell마다, 분포마다, 제품에 따라 pass되는 V_{th}값이 다르므로, 모든 unselect cell이 turn on될 수 있는 최대치의 전압을 일괄적으로 설정하여, 각각의 pass Tr이 포함된 word line에 $V_{pass-max-RD}$를 인가하여 read operation을 수행한다.

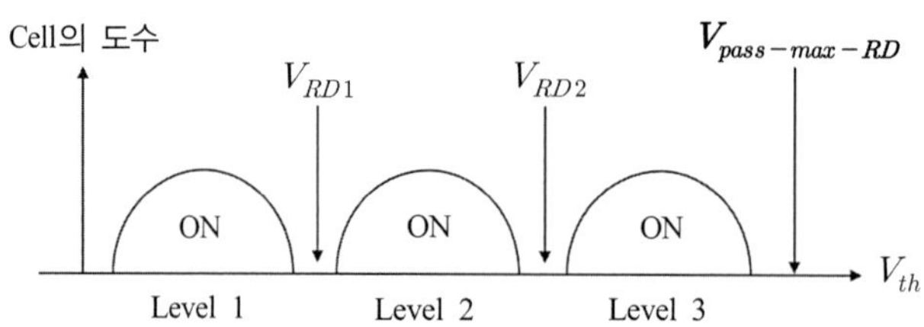

❒ CH8. 그림 2-10 MLC인 경우 $V_{pass-max-RD}$

2-1-3-2 Read Disturbance

그런데 string 상의 unselected cell은 곧 unselected cell이 포함된 word line도 같이 적용되므로, 한 번에 많은 수의 cell들의 gate에 동시에 pass biasing이 가해지고, 그런 전압들이 같이 변화하면 의도했던 의도하지 않았던 간에 인접 cell에 disturbance 영향을 끼친다. 이렇게 해서 발생된 disturbance을 read disturbance(read pass disturbance)라고 한다. Pass read bias 전압 level ($V_{pass-max-RD}$)을 너무 높이면, 인접 cell들의 FG에 원하지 않은 electron이 charge되어 program되지 않아야 할 cell이 엉뚱하게 program되기도 한다. 따라서 $V_{pass-max-RD}$ level은 높으면서 동시에 되도록 낮아야 read disturbance가 적게 발생하지만, 너무 낮추면 거꾸로 turn on되어야 할 cell이 turn off될 가능성이 높아진다.3) <Chapter 9. Session 3-1-1-4> 참조. Pass Tr이 OFF가 되면 ER cell이건 PGM cell이건 read 자체가 불가능해지는 것은 물론이고, target Tr이 erasure 상태임에도 PGM 상태로 잘못 읽혀질 수가 있다.

SLC는 분포가 총 2개 밖에 되지 않아서 $V_{pass-RD}$ control이 쉽지만, MLC만 해도 분포가 총 4개가 되고 TLC는 총 8개가 되어 $V_{pass-RD}$ level을 점점 상승시켜야 되고, 반대로 인접 victim cell에는 의도하지 않는 electron이 charge되지 않도록 해야 하는 부담이 증가하여, cell 당 bit 수가 증가할수록 trade-off burden이 커진다. Read operation뿐만이 아니고, PGM operation 시의 pass Tr에 $V_{pass-PGM}$ 전압을 인가하는 경우도 유사한 영향을 끼치며 program 시의 program operation에 의한 pass disturbance는 <Chapter 9. Session 3-1-1-3>에서 다루겠다.

2-1-4 Flag Cell Read

분포에는 cell 분포 이외에도 flag cell 분포와 CAM cell 분포가 있는데, flag cell은 말 뜻 그대로 깃발을 올려서 신호하는 용도로 사용되는 cell로서 flag cell 분포는 flag cell operation에 따른 flag cell 분포 위치를 파악하여, 확인하고자 하는 target 분포가 erasure 분포인지 PGM 분포인지를 알아내기 위한 목적으로 쓰인다. 여기서는 MLC 제품을 기반으로 한 new type PGM 방식으로 한정하여 알아보자. Old type PGM 방식은 flag cell 개념이 없었기 때문에 flag cell을 사용하지 않았다. <Chapter 5, Session 3-3-3> 참조. Flag cell은 ER 분포와 PGM 분포의 구분뿐만이 아니고, 더 나아가서 cell의 PGM 상태가 new type의 중간단계 PGM인지 혹은 new type의 3102 code PGM인지까지 구분할 수 있다.

3102 code 분포가 중간단계 PGM인 경우에는 flag 분포를 erasure 분포에 위치시킨다. 이 경우는 flag cell을 program하지 않은 original 상태로 나타내는데, flag read는 R1을 하여 ON cell이면 flag cell은 ER cell이므로 다시 한 번 R0로 flag read를 하여 flag cell이 ER cell이라고 confirmation 후에, data 분포가 중간단계 분포임을 결론내린다. 이번에는 PGM 분포가 완료된 경우이다. Flag read R1 후에 flag read 결과가 OFF이면 R2를 실시하고, R2 후 read 결과가 ON이면 data 분포는 PGM이 모두 완료된 것임을 알 수 있으며, PGM 분포는 P1, P2, P3 중 한 곳에 위치하는 것으로 추정할 수 있다. Flag PGM 분포는 되도록 flag ER 분포와 구분을 명확하게 하기 위하여 대게 E0에서 멀리 떨어진 P2 위치쯤에 둔다. 위치를 선정하는데 원칙이 있는 것은 아니다. 그러나 flag분포가 P3 근방에 위치되면 R2 시 너무 높은 $V_{RD-flag}$ 전

3) Pass Disturbance : 일반적으로는 PGM 동작 시의 pass disturbance을 지칭, Read Pass Disturbance : read 동작 시의 read disturbance

압을 사용하게 되므로 배제한다. TLC에서는 MLC의 연장선상에서 3개의 flag 분포를 활용하고 flag read는 최대 3회 실시하여, TLC PGM 분포 상태를 최종 점검한다.

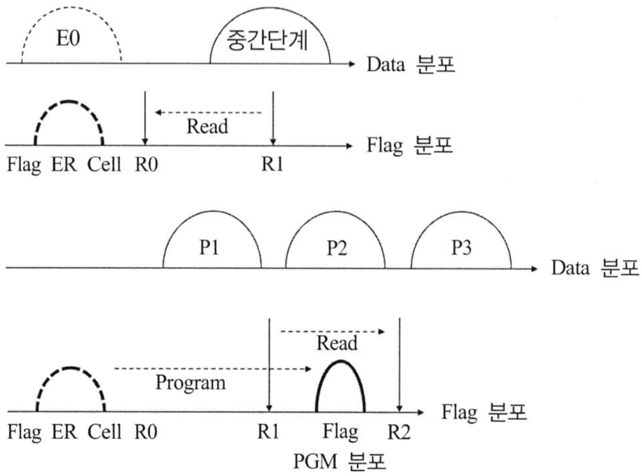

❐ CH8. 그림 2-11 New Type PGM에 대한 Data 분포 대비 Flag 분포 위치

정리하자면, SLC 혹은 MLC old type PGM 방식에서는 flag cell은 사용하지 않는 기능이고, flag cell은 MLC-new type 혹은 TLC에서 사용하는 것으로서 중간단계 program 혹은 최종 완료단계 program을 구분하는 데 이용한다. 추가적 개념인 Flag cell은 page당 1개 cell이 할당되어 있는데, target cell이 중간단계 program으로 진행되었으면 flag cell이 ON(R1 기준 read 시) cell이 되고, 최종 완료단계 program까지 진행되었으면 flag cell이 OFF cell(R1 기준 read 시)이 되어, 결국 flag cell만 read하여도 target cell의 program 단계가 어디까지 진행되었는지 알 수 있게 된다. Data 분포를 찾는 데 효율을 높이기 위한 측면에서 보면, MLC read 시에는 data cell read와 flag cell read를 병행한다.

2-1-5 Read와 Verification의 차이

Read는 단어 뜻 그대로 읽어낸다는 것이고 verification은 검증한다는 의미로, erasure(혹은 program) verification은 cell이 erasure(혹은 program)가 잘 되었는지 검증한다는 것이다. Read라는 의미는 DRAM이나 NAND 모두 동일하게 읽어낸다는 의미로 쓰이지만 DRAM에서는 verification이라는 용어는 사용하지 않는다. Read와 verification의 같은 점은, 각 cell에 전압 bias를 가하고 그에 따라서 흐르는 전류 상태를 점검하여 cell 내의 FG가 program 상태인지 erasure 상태인지를 알아내는 동작이다. 다른 점은 read는 cell이 ON cell인지 OFF cell인지 알아내는 것이 목적이고, verification은 program 혹은 erasure 각각의 operation들이 목적에 맞게

끔 target V_{th}분포 구간 이내에 안착되어 있는지 확인한다는 데 있어서, 서로 목적이 다르다.

즉, read는 cell이 erasure cell인지 program cell인지, 혹은 ER 분포/PGM 분포의 위치를 확인하여 binary code를 data로 decoding하기 위한 logical level의 operation이고, verification은 분포의 시작위치를 설정하고 폭을 조절하는 physical level의 기능을 한다. Read는 분포 폭을 줄이기 위한 목적에는 관심이 없고 operation(program 혹은 erasure)이 모두 완료 후, 분포가 좌우로 어느 곳에 위치하였는지 확인하기 위한 목적으로 분포와 분포의 중간 point를 읽는다. Verification은 program 혹은 erasure 완료(ISPP 혹은 ISPE의 각 step별 operation 완료) 후에, cell이 target V_{th}에 달성되었는지 확인하는 것으로 분포의 edge를 읽는다. <CH8. 그림 2-12>는 read와 verification의 위치를 나타낸다. Verification 시에는, program 분포일 경우는 분포의 left edge를 probing하고, erasure 분포일 경우는 분포의 right edge를 probing한다. ISPP 시의 verification은 각 step 후에 실시하면서 분포 폭을 좁히기 위하여 $V_{REF-PGM}$ 이상되는 cell별로 inhibit cell로 설정하기 위함이고, ISPE 시의 verification은 각 step 후에 실시하면서 erasure 분포 폭을 좁히기 위하여 V_{REF-ER} 이하되는 block별로 inhibit block으로 설정하기 위함이다. 따라서 read 전압과 verification 전압의 차이가 erasure 분포 혹은 program 분포 margin의 절반이 되고, 분포 margin이 클수록 NAND 동작은 안정적이 된다.

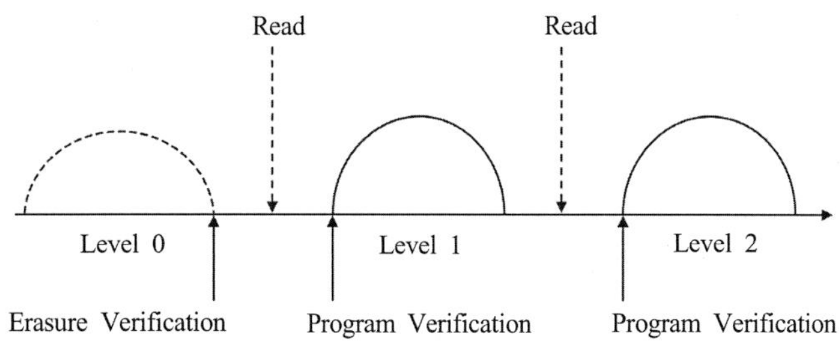

❐ CH8. 그림 2-12 Read 및 Verification 위치

2-1-6 Jumping Read

Fail이란 (의도하지 않게) reference(limit)를 벗어난 상태나 값을 의미한다. Cell 단위에서 cell의 V_{th}가 의도하지 않게 shift되어 limit를 벗어난(상승 혹은 하락한) fail cell들을 pass시키려면 이미 shift된 V_{th}를 이동시킬 수는 없으므로, gate에 인가하는 V_{gs}를 ΔV만큼 변경(상승 혹은 하락)해야 한다. V_{th}분포도 cell V_{th}들의 집합체이므로 shift된 분포가 ON분포가 되려면 V_{RD}값을 분포 V_{th}가 변경된 최대치로 상승 혹은 하락한 ΔV만큼 가감시켜서 read하여야 하므로 program & erasure 분포일 경우, 하락한(혹은 상승한) 분포의 ΔV_{th}만큼 V_{gs}를 가

감시켜서 읽어내야 pass로 판별된다. 이렇게 V_{RD}를 증가 혹은 감소시켜서 reference limitation을 벗어난 분포를 pass시키는 것을 jumping read라고 한다.

2-1-6-1 분포 Shift Fail

분포 fail은 ON 분포 혹은 OFF 분포를 정확하게 구분해내지 못하는 상태이다. 구분해내지 못하는 상태란 분포 자체의 원인일 수도 있고, 적절하지 않은 condition을 biasing한 경우일 수도 있다. 분포의 V_{th}값이 되도록 바뀌지 않도록 하려는 것도 분포 shift가 발생되면 ON/OFF를 명확하게 구분하기가 어렵기 때문이기도 하고, 명확히 구분된 분포라도 shift된 정도가 reference을 넘어서면 분포 fail이 된다. Read operation에서 가장 심각하게 여기는 부적합 상태는 cell의 ON/OFF가 뒤바뀌는 경우이다. 즉, 전류가 흘러야 할(혹은 흐르지 않아야 할) cell이 전류가 흐르지 않는(혹은 흐르는)경우이다. <CH8. 그림 2-13>에서는 ER 분포(PGM 분포)가 shift되어 current가 흘러야 할(흐르지 않아야 할) cell에 흐르지 않는 (흐르는) 상태인 erasure 분포 (program 분포)인 경우의 fail이다.

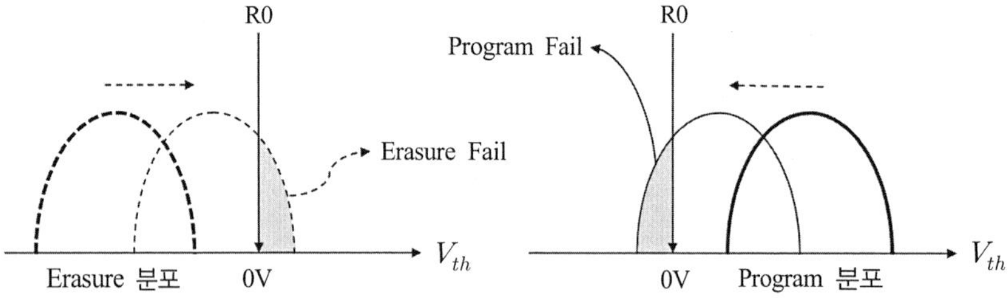

❒ CH8. 그림 2-13 분포 Shift로 인한 Erasure Fail 및 Program Fail

<CH8. 그림 2-14>는 reading bias를 잘못 선정하는 경우의 fail에 해당된다. V_{RD}를 ON cell 분포의 최대치보다 낮게 설정하거나, OFF cell 분포의 최소치보다 높게 설정하면, 잘못 설정된 영역에 해당되는 부분의 cell들은 판정 시 모두 fail이 된다.

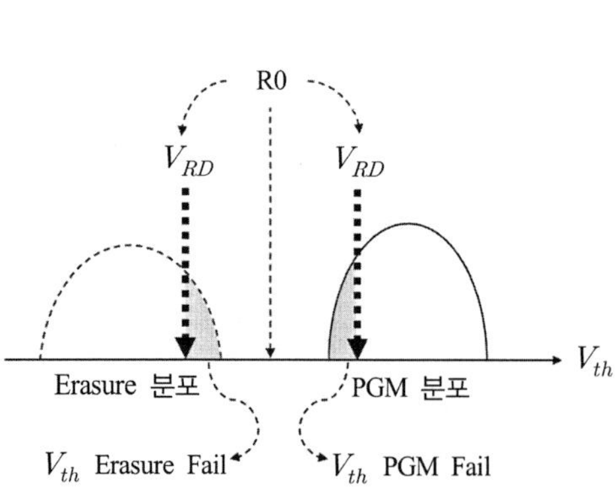

❒ CH8. 그림 2-14 Read Bias를 잘못 선정한 경우

2-1-6-2 분포 Shift에 따른 Jumping Read

Jumping read는 분포가 이동하여 V_{RD1}/V_{RD3} reading 시 fail이 발생하였지만, 다시 reading bias를 변경하여 분포 내의 해당되는 모든 cell들이 good cell로 read될 수 있도록 read level을 V_{RD2}/V_{RD4}로 조정하는 방식이다. <CH8. 그림 2-15> 참조. 혹은 fail은 fail로 처리하면 될 것이지, 왜 fail을 good으로 사용하게 했다가, 나중에 제품을 사용하지 못하는 문제가 발생하지 않겠느냐는 의문이 생길 수도 있다. 그런데 NAND의 특성상 분포 fail이라는 정의는 약속된 규칙에 어긋났다는 것으로서, 약속된 reference는 일정 조건 하에서는 언제든 다른 biasing 값으로 update가 가능한 기준일 따름이다. Old 방식은 fail에 대한 해석으로 한 번 fail은 계속 fail이라는 고정개념으로 보았지만, new 방식은 fail 자체는 reference와 condition의 변경으로 good으로 바뀔 수 있는 변동개념으로 본 것이다. Biasing condition을 변경한다는 개념은 거꾸로 분포의 shift개념과 동일하다고 볼 수 있으며, 이는 TLC 분포 구성 시에 결과치를 보면서 fine tuning하는 과정도 유사하다고 볼 수 있다.

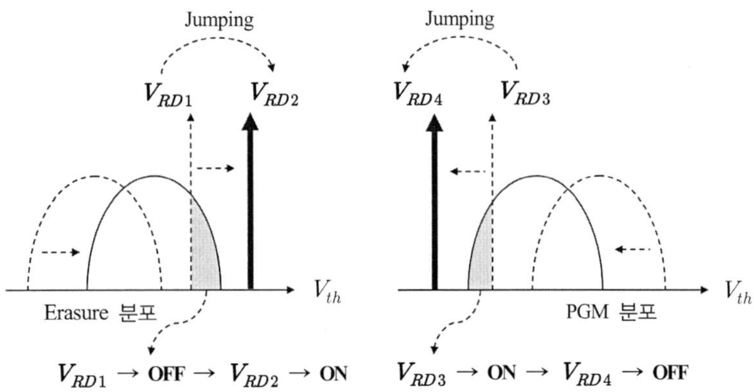

❒ CH8. 그림 2-15 분포 Shift에 따른 Jumping Read @ erasure/PGM case

그러나 분포가 너무 많이 변경이 된다거나 분포와 분포 사이의 V_{th} margin이 너무 작다거나 하면, jumping read를 적용해도 pass되지 않는 경우가 발생한다. 이런 경우는 out of control이므로 어쩔 수 없이 fail처리한다. Fail되는 원인으로는 program 변수, erasure 변수, read biasing condition 변수, cell bias 한계범위, material 변수 등이 있으며 이들을 종합적으로 검토하여 알맞은 방식을 정하고, 한계 영역을 조율하여야 한다. 여기서의 jumping read는 read retrial과 moving read를 모두 포함한 개념으로서 read retrial은 사전에 분포가 움직이는 예측치(변수)들을 준비해놓고 그에 따른 V_{RD}의 보상 시나리오를 미리 만들어 놓은 후에 그에 따라 read biasing을 수행하는 방식이고, moving read는 분포 shift의 상황 변화에 따라 biasing 전압이 변동된다. Moving read와 read retrial은 <Chapter 9. Session 2-1-5>에서 다룬다.

Jumping read는 NAND 자체적으로 operation할 수 없으므로, 변동 예측 치 계산과 연동되는 V_{RD}값 설정을 NAND 밖의 controller나 host의 도움을 받아서 operation한다.

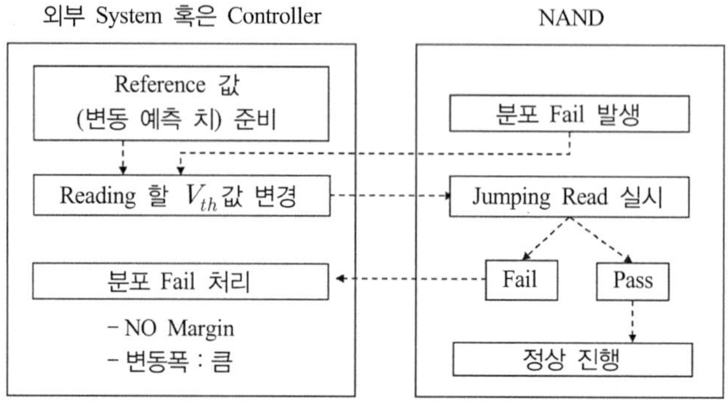

❒ CH8. 그림 2-16 Jumping Read Flow

2-1-7 Down Shift Read(DSR)

Jumping read는 분포가 국지적으로 변동이 발생했을 경우 적용하는 방식이고, down shift reading은 분포전체가 일률적으로 동일한 간격으로 shift가 발생하는 경우에 처방하는 방법이다. 이는 전체적으로 ΔV_{th} 분포 shift에 따라서 연동하여 read biasing 전압 level을 변동시키는데, read biasing 전압을 직접 변동하는 대신, read biasing 전압 level은 그대로 두고 주변의 인가전압 level을 read biasing 전압 방향과 반대 방향으로 변동시켜, read biasing 전압 level이 변동된 것과 같은 virtual효과를 얻도록 하기 위함이다.

2-1-7-1 분포 Left Shift

Floating gate 내의 electron들이 일정 기간 지난 후에는 FG로부터 leak가 발생되어, 분포 폭과

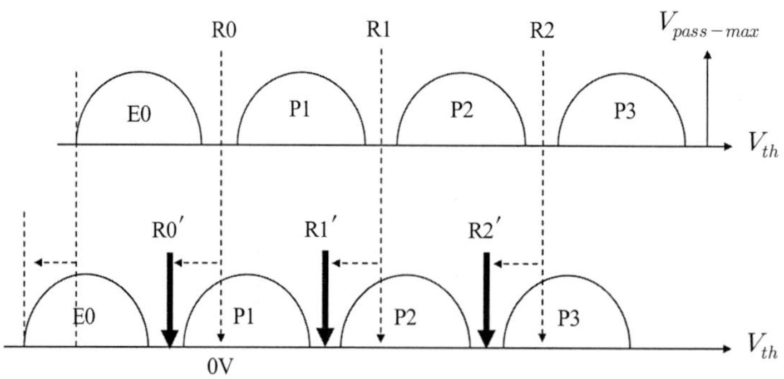

❒ CH8. 그림 2-17 분포 Shift에 따른 Down Shift Read

분포 간의 margin이 변하지 않은 상태에서 분포 전체가 낮은 V_{th}값으로 일정하게 shift되는 경우, 기존에 설정된 동일한 judge level로 reading할 경우, fail이 발생되므로 judge level을 하향된 동일한 전압간격으로 shift시켜서 read하면 정상적인 read operation이 가능해진다. 이는 reading 시의 judge 전압인 V_{RD}뿐 아니라, 전체적 분포 shift가 발생하면, program verification, erasure verification도 동일한 문제에 직면하게 되며, 이럴 경우 모두 동일한 방법으로 해결할 수 있다.

그런데 target Tr의 gate에는 인가하는 V_{RD}값은 변동시키지 않으면서, target Tr 이외의 주변의 모든 voltage level을 ΔV만큼 높여주면, target Tr의 gate에 Virtually $-\Delta V$만큼 낮추어서 공급하는 것과 같은 전위 potential이 형성되어, 분포 하향 shift로 인한 문제가 해결되는데, 이런 하향 분포 shift로 인하여 보상하는 방식을 Down Shift Read(DSR)라 한다. (임의적으로 naming 했음) DSR을 erasure verification 시에는 DSEV(Down Shift Erasure Verification)라 하고, program verification 시에는 DSPV(Down Shift Program Verification)라 할 수 있다. DSR을 적용 시에는 $V_{pass-max}$의 전압값도 같이 하향시킬 수 있어서, 높은 $V_{pass-max}$로 인한 문제를 개선할 수 있다. 그런데 DSR 적용 시 well에도 $+\Delta V$를 인가하는 경우, $+\Delta V$의 크기에 따라, 항상 역방향으로 biasing되어 있어야 하는 substrate와 well 사이가 forward로 bias되는 biasing issue가 발생할 수 있어서, 역방향 biasing이 틀어지지 않는 범위 내에서 $+\Delta V$의 조절이 필요하다. 또한, substrate 전압이 높아지면 sub-source junction과 sub-drain junction이 순방향 biasing이 되어 leakage가 흐르는 issue가 발생되고, body effect에 영향을 끼쳐서 V_{th}가 변

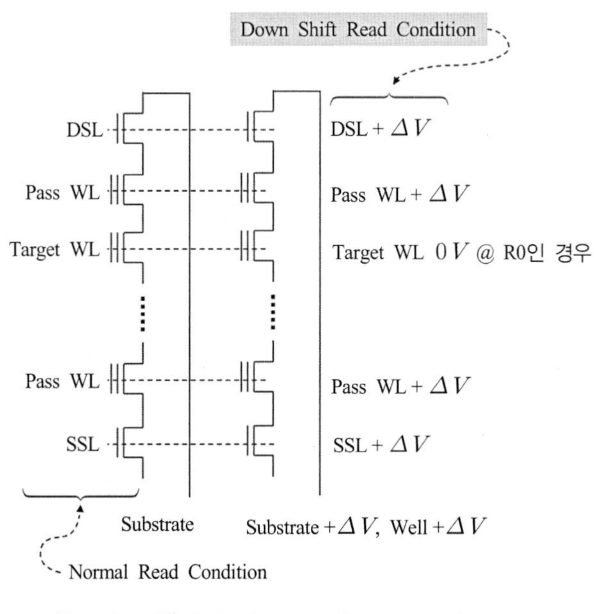

❒ CH8. 그림 2-17-1 Down Shift Read Condition

화되므로 DSR condition은 제한적이다. Retention에 의한 분포 left shift는 오랜 기간 동안에 발생되는 현상이기 때문에, DSR을 사용하는 데 알맞은 timing을 arrange하기가 힘들다. 따라서 DSR 필요 시에, target Tr의 gate을 제외한 다른 termination의 전압 level은 사전에 충분히 검토 후 적용하여야 한다.

2-1-7-2 분포 Right Shift

반대로 분포 폭과 분포 간 margin이 변하지 않은 상태에서 분포전체가 일정하게 right shift 되는 경우에도, 방향이 반대이면서, 동일 현상이 V_{RD} 및 program verification, erasure verification 시에도 발생된다. Right shift분포인 경우는 R0~R2 level을 상향시킴으로 가능한 control이다. 그런데 분포 left shift는 retention issue인 FG 내의 전자가 time dependent 영향으로 발생할 수는 있으나, 일률적인 분포 right shift는 left shift보다는 잘 발생하지 않는다. 더욱이 분포 right shift가 되면 $V_{pass-max}$ 전압을 상향시켜야 하는 단점이 발생되고, 경우에 따라서는 공급전압을 변동하여 공급하여야 하는 문제가 발생되어 분포 right shift는 되도록 억제되어야 한다. 전체적인 분포 right shift 보다는 right tail(이 경우는 분포 left side는 변동이 없고, 분포 right side만 확장되는 현상)로 인한 fail은 자주 발생된다.

2-1-8 GIDL(Gate Induced Drain Leakage)

GIDL은 단어 뜻 그대로 gate로 연유한 drain current 유발을 의미하며, 전류가 흐르지 않아야 할 gate와 drain 사이에 current가 흐르는 현상으로서 이는 breakdown의 한 종류로 볼 수 있다. Gate와 drain 간에 역방향으로 높은 전위차이가 발생하면, gate와 drain 사이의 junction에서 depletion이 발생되어 electron-hole pair가 급격히 생성되며, 이중 electron이 drain 단자로 이동하여 높은 drain current를 발생시킨다. Zener breakdown과 유사하게 역방향으로 전류가 흐르는 현상이 gate와 drain 사이에서 형성되고, gate vs drain 간에 역으로 인가된 전압으로 인하여 reverse current가 흐르는 현상을 GIDL이라 한다.

2-1-8-1 Breakdown 현상

Gate와 drain 사이는 물리적으로 open(역 방향 전압인가)되어 있어서 gate와 drain 간에는 정상적으로 전류가 흐를 수 있는 상황이 아닌데도 불구하고, 전류가 흐르는 현상을 breakdown 이라 부르는데, 이는 역방향으로 전압이 걸린 diode 내의 소수 carrier에 의하여 흐르는 전류가 과다하게 발생되는 현상을 말한다.

Breakdown이 역방향의 통제가 불가능한 current라면, breakdown이면서 통제할 수 있는 현상이 Zener breakdown이고, Zener breakdown을 이용한 소자가 Zener diode이다. Zener diode 내에는 다수 carrier와 소수 carrier가 상존해 있는데, diode에 순방향으로 전압을 인가하면 다수 carrier에 의하여 정상적인 전류가 흐르고, 역방향으로 전압을 인가하면 다수 carrier에 의한 전류는 멈추고, 소수 carrier에 의한 전류만 미세하게 흐른다. 이 reverse current량은 너무 약하기 때문에 측정되지 못하거나 주변에 별다른 영향을 미치지 못할 정도이므로 무시된다. 그러나 역방향 전압이 증가함에 따라 소스 carrier의 활동이 커져서 reverse current가 무시할 수 없을 정도로 되면 electron avalanche 현상이 나타나는데, 이때를 breakdown이라 한다. 일반적인 electron avalanche breakdown은 보통 −20V 정도에서 발생되지만 그보다 훨씬 적은 일반적인 operation 전압 영역인 약 −5V 정도에서 발생되는 breakdown을 Zener breakdown이라 하고 Zener breakdown이 발생되면서 동시에 파괴되지 않은 소자로 Zener diode를 만들었다. 일반적인 diode에서는 breakdown이 발생하면 내부에서 carrier 사이의 충돌이 많아져서 열이 많이 발생되고, 열에너지를 견딜 수 있는 한계를 넘어서면 diode 자체가 파괴되어 더 이상, 순방향이던 역방향이던 전류가 흐르지 못하게 된다. 그러나 Zener diode는 역방향으로 전류가 커져서 일반적인 소자가 파괴되는 한계치를 넘어서도, diode 내의 termination들의 농도를 높게 형성시켜 junction이 파괴되지 않을뿐더러, 반대로 마이너스 정전압을 이용할 수 있도록 한 소자이다. <Chapter 3. Session 2-2-2-3> 참조.

2-1-8-2 GIDL 현상

Zener diode가 역방향 전압이 인가되어도 파괴되지 않는 것은 doping 농도를 높게 하여, 일정 전압의 역방향이 인가될 경우에도 높은 열energy가 발생되지 않고 high current가 쉽게 흐르도록 만들었기 때문이다. GIDL 현상도, gate와 drain 사이에 형성된 doping 농도가 높을 경우,

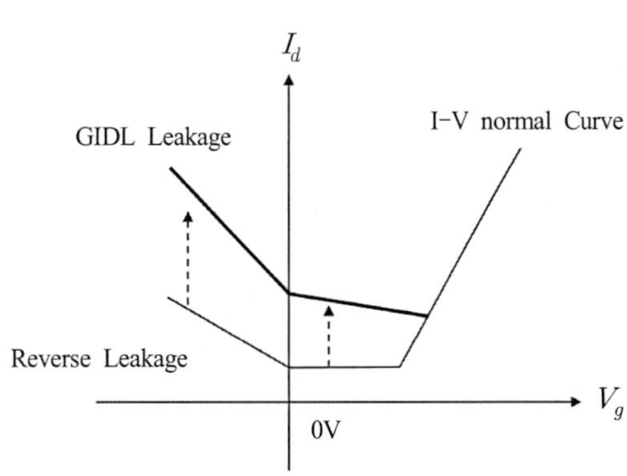

❐ CH8. 그림 2-18 Reverse Leakage 대비 GIDL이 증가된 Graph

일정한 역방향 전압이 인가되면 junction이 파괴되지 않으면서 reverse current가 흐르게 된다. 그런데 reverse current가 쉽게 흐르지 못하도록 doping 농도를 낮추면, 어느 정도 일정한 역방향 전압이 gate와 drain에 인가되어도 reverse current가 흐르지 않도록 control되지만, 농도가 낮으면 duration time 등 read operation 자체가 문제가 되므로 drain termination/tox 등에 doping 농도를 너무 낮출 수도 없다.

GIDL을 줄이려면, 물리적으로 gate와 drain 사이에 형성된 oxide층을 두껍게 하여, 이 두 terminal 사이를 멀리 떨어뜨리면 reverse current를 흐르기 어렵게 하는 조건이지만, 두꺼운 thickness는 반대급부로 PE cycling을 어렵게 한다. 물론, drain 전압을 낮추는 것도 GIDL에 효과가 있는데, 이번에는 I_{ds}가 영향을 받는다. 따라서 oxide층은 일정한 capacitance (capacitance는 oxide doping 농도에 비례)를 유지하여야 하고, 또한 erasure & write cycling도 진행해야 하며, 되도록 GIDL도 약화시키면서 동시에 GIDL이 발생되어도 oxide가 파괴되지 않아야 한다. 따라서 oxide 간격은 좁고 농도는 어느 정도 높은 doping 상태를 유지하여야 balance가 맞춰지므로 두 개 factor(농도와 두께)의 parameter에 대한 적정한 조절이 필요하다.

Read operation 시 target cell을 read하기 위하여 가하는 gate 전압으로 0V조건(E-cell 분포와 P-cell 분포 구분 시)과 drain에 V_d의 plus 전압이 가해지면, oxide의 높은 doping으로 인하여 reverse leakage(electron)인 GIDL이 drain과 gate 사이에서 발생된다(사실 GIDL leakage는 gate 전압의 영향보다는 drain의 높은 전압으로 인하여 유기되는 영향이 크므로 GIDL이 아니라 DIDL(Drain Induced Drain Leakage)이라고 하는 것이 좀 더 실제에 가까운 표현이 될 것이다).

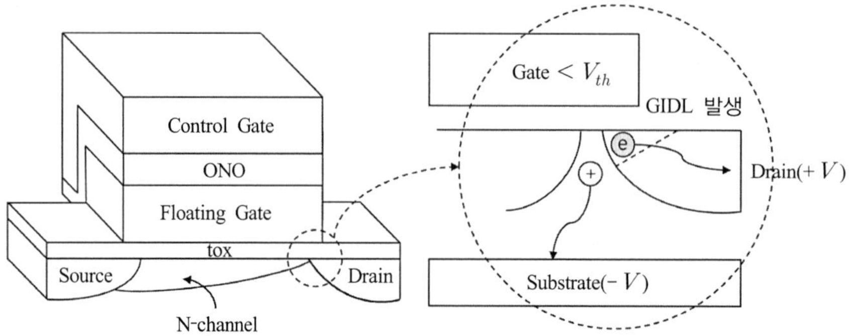

❒ CH8. 그림 2-19 Oxide와 Drain 사이에서 발생되는 GIDL 위치

GIDL은 drain과 gate 사이에서 program과 erasure를 하면서 trap되었던 electron들과, 정상적인 operation 후 oxide와 drain층의 계면에 포진해 있던 minority carrier들에 의하여 더욱 활성화된다. Technology가 고도화되면서 cell 내부 구조도 작아져서 channel도 short channel이 되고, 그에 따라 GIDL 현상도 더욱 worst해지며, 넓고 큰 구조에서는 문제가 되지 않았던 항목에서

도, 점점 reverse current의 비중이 높아짐으로 인하여 예기치 않게 normal 동작 시의 current에 영향을 주게 된다.

정리하자면, drain 전압으로 인하여 drain과 gate 사이에 있는 oxide층에 trap된 electron, 혹은 oxide와 drain의 계면 사이에 있던 minority carrier인 electron들이 $+V_{ds}$의 영향으로 drain voltage를 향하여 흐르게 되는데, doping량이 많아지면 normal current인 source-drain current에 비하여 gate와 drain 사이에서 흐르는 reverse current의 portion이 점점 높아짐으로 인하여, 총 drain current가 out of control 혹은 예측되지 못한 양으로 흐르게 되므로, GIDL에 의하여 miss operation을 유발하게 된다. Miss operation이란 통제된 전압과 전류량에 근거하여 흐르지 못하여, I_{trip}과 data register Tr의 $V_{precharge}$ 전압 level의 duration time 설정에 오류를 유발시키고, 이와 연관된 각각의 signal 시점이 적절히 arrange가 안되어, 결국 read operation이 비정상적으로 진행되어 잘못된 data로 측정되는 현상이다. GIDL은 gate와 drain 사이의 계면으로 부터의 거리에 반비례하고, oxide와 drain 단자의 농도에 비례하며, GIDL의 증가량은 지수함수 trend를 따른다.

2-2 WL, BL을 통한 Sensing Operation @ word line & bit line level

Read하기 위해서는 먼저 cell을 선택하고(select cell), selected cell은 program 상태 혹은 erasure 상태, 둘 중의 하나로 되어 있으므로, 이 2가지의 상태는 read 동작을 함으로써 data가 구분된다. Floating gate의 hole charge와 NO charge 상태는 erasure 상태로 보았고, electron charge 상태를 PGM 상태로 하며, selected cell을 편의상 target cell이라고 하겠다. Cell area에서 ON cell과 OFF cell을 구분할 수 있는 변수는 전압 혹은 전류가 되는데, 전압변수로 sensing하는 방식을 voltage sensing이라 하고, 전류변수로 sensing하는 방식을 current sensing이라 한다. <Chapter 8>에서는 floating gate base의 SLC와 MLC 제품 위주로 다루었고, conventional BL이란 가정하이기 때문에 voltage sensing 방식으로 설명하겠다. Voltage sensing 혹은 current sensing은 제품, 구조, technology의 선 폭, 구현해 낼 수 있는 기술적인 요소, algorithm 중에서 어떤 장단점을 취사선택하느냐로, sensing 방식이 바뀔 수 있다. Target cell의 program 혹은 erasure의 2가지 경우의 결과가 출력으로는 voltage level 형태로 나타나며, 출력은 latching 방식을 사용한다. Latching은 외부에서 변화가 입력되기 전에는 power가 down되지 않는 한, 계속 동일 data를 유지하고 있어서, 출력하기 전에 data를 담아두어야 할 그릇으로는 latching 회로가 유용하다. Latching 회로는 SRAM에서는 data를 저장하는 데 main으로 사용되는 회로이다.

2-2-1 Bit Line 방향으로의 전압 Level 제어

Bit line 방향으로의 input condition과 전류의 흐름을 이해하는 것은 read operation의 핵심이다. Cell의 charge 상태에 따라서, signal timing에 따라서, condition 변수가 달라지고 미세한 condition 변화에 의해서도 판정결과가 크게 영향을 받는다.

2-2-1-1 Initialization Stage @ latch

첫 step은 read 기능을 본격적으로 start하기 전에 준비 단계인 initialization stage로, target cell이 read operation을 정상적으로 동작하기 전에 준비하여야 하는 단계로서, initial stage는 latch 내의 data를 초기화시키는 단계이다. 초기화는 latch가 현재 어떤 상태의 data를 갖고 있는지에 상관없이 reset시키는 동작으로 latch의 reset 단자에 pulse를 가하여 latch Q_bar를 0V로 하면 latch Q에서는 latch Q_bar의 반대 data를 확보하므로 V_{cc}로 up된다.

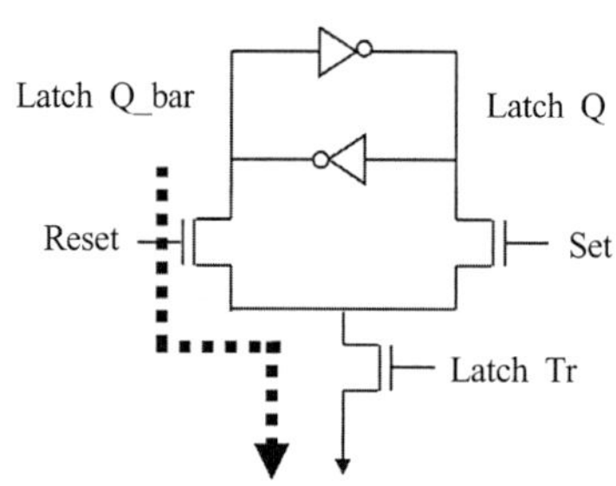

❒ CH8. 그림 2-20 Latch의 초기화 시 회로동작

전원이 공급되는 동안 신호를 일정하게 유지하는 역할을 하는 latch는 2가지 형태가 있는데, 여기서는 저장한 data를 유지하기 위한 목적이므로 storage type을 사용한다. Storage type의 latch 형태는 inverter가 서로 mirror 상태로 바라보고 있으면서, 한쪽 입력이 다른 쪽의 출력 단에 엇갈려서 꼬리를 물고 연결되어 있는 구조로서, 주로 한쪽에 커다란 변화를 가하기

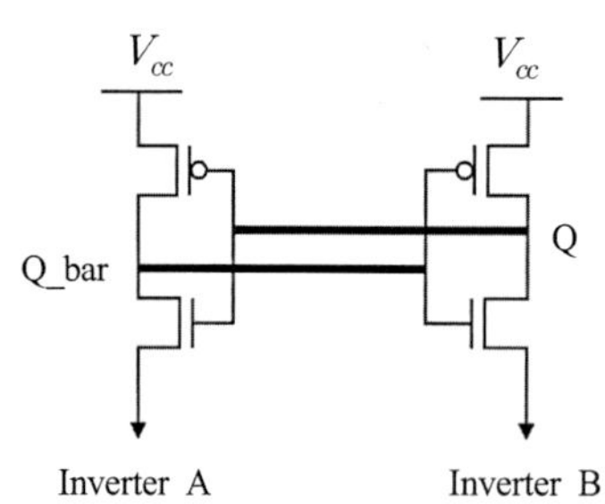

❒ CH8. 그림 2-21 Latch 구조

전까지는 값이 변하지 않는 장점이 있다. Latch 값을 변화시키기 위해서는 한쪽을 ground로 연결하여 변화시킨다. Latch는 "1" 혹은 "0"의 data를 기억할 수 있는 circuit으로서, 외부에서 내부 data를 변화시키는 입력이 가해지지 않는 한, 변동 없이 유지되고 또 유지된 data를 끄집어 낼 수 있는, flip-flop(엎드리기-뒤집기) 회로이다. <CH8. 그림 2-21> 참조.

Reset timing에 맞추어 latch Tr에는 V_{cc}가 인가<CH8. 그림 2-20. 참조>되고, 사전에 arrange된 timing schedule에 맞추어 reset signal을 인가하면 Q_bar가 ground와 연결이 되니, Q bar level은 무조건 0V가 된다. Latch Tr에 들어오는 signal은, initial stage에서는 cell의 상태를 대변할 수 있는 것이 아닌 단순한 V_{cc}전압으로, 목적이 단순히 latch Tr을 ON시키기 위함이지만, cell reading 후의 출력 시에는 V_{cc}전압 대신 target cell의 reading 결과를 담아낸 중요한 signal로 바뀌어서 latch Tr을 ON 혹은 OFF 시킴에 따라서, program 상태인지 erasure 상태인지 target cell의 상태를 latch를 경유하여 구분할 수 있게 한다.

❐ CH8. 그림 2-22 Latch 초기화 시의 Input/Output Signal Diagram

2-2-1-2 SO Node 및 Data Register Tr(Bit Line Pre-Charge)

Cell을 동작시키려면, cell에 2가지 종류의 biasing 전압을 인가한다. 하나는 bit line을 거쳐 cell의 drain 방향에서 들어가는 전압이고, 다른 하나는 word line을 거쳐 gate 방향에서 들어가는 전압이다. 먼저 bit line 방향을 살펴보면, 전원전압 V_{cc}에서 출발한다. V_{cc} 전압은 supply Tr(PMOS)이 0V로 떨어지면 turn on이 되어, Sensing Out(SO) node의 capacitor가 V_{cc} level로 charge된다. Sensing out node의 의미는 read한 결과를 출력시키는 데 있어서, 미약한 신호 level을 V_{cc} level로 증폭시키는 turning point역할을 하는 핵심 node이다. SO node에 charge된 V_{cc}는 sensing Tr인 data register Tr(page buffer Tr)의 drain에 인가되며, 동시에 data register Tr의 gate에는 $V_{precharge} + V_{th}$ 전압이 biasing되면서 data register Tr(혹은 BSL Tr : bit select line Tr)이 Turn-on된다.

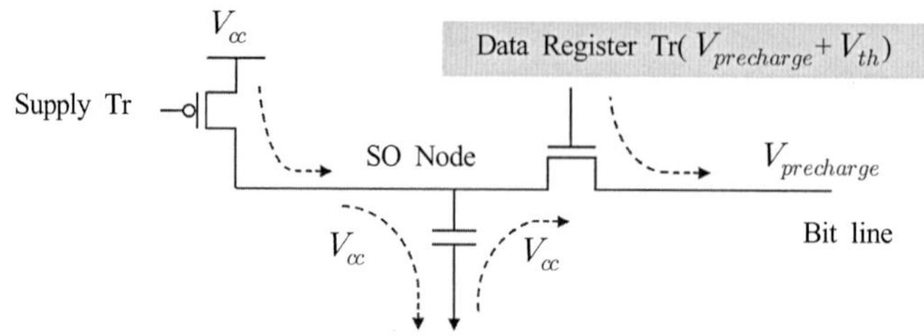

❒ CH8. 그림 2-23 SO Node에서 Data Register Tr를 경유하여 Bit Line으로 전압 Precharge

이에 따른 각 node 및 단자(termination)에서의 전압상태는 <CH8. 그림 2-24>에 timing diagram 형태로 나타내었다. x축은 시간축이고, y축은 전압축이다. 각 node 간의 변화되는 전압 level의 차이가 point이다. Data register Tr이 0V로 떨어지는 과정은 뒤에 설명하겠다.

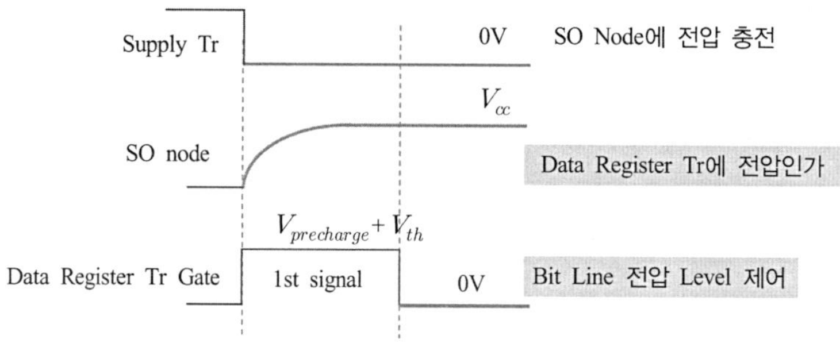

❒ CH8. 그림 2-24 SO Node 및 Data Register Tr의 인가전압에 대한 Timing Diagram

<CH8. 그림 2-25>에서 gate 전압 V_{cc}는 NMOS Tr을 구동시키는 역할을 한다. Gate 전압으로 V_{cc} 대신 $V_{precharge}+V_{th}$를 인가해도 data register Tr이 Turn on된다. Selected bit line으로 공급하려는 실질적인 전압 level은 $V_{precharge}$이다. 이는 data register Tr의 gate 전압으로 $V_{precharge}+V_{th}$가 가해지면, data register Tr이 turn-on되면서, data register Tr 자체에서 V_{th} 전압강하가 일어나고, 나머지 전압인 $V_{precharge}$가 selected bit line에 인가된다.

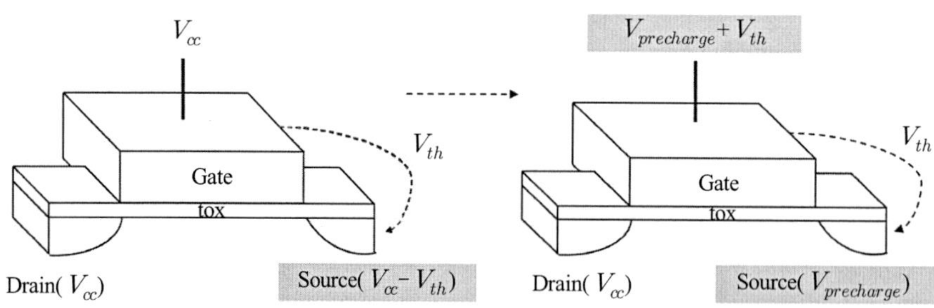

❒ CH8. 그림 2-25 Data Register Tr에서의 V_{th} 전압강하

2-2-1-3 Data Register Tr Control

전압 transfer 과정을 세부적으로 들여다보겠다. Bit line에 인가되는 전압 level은 data register Tr에 의하여 제어된다. SO node에서 넘어온 전압 $V_{so\ node}$가 data register Tr의 biasing용으로 input되는 전압이고, data register Tr의 gate 전압이 인가되면, V_{output}이 bit line으로 공급된다. <CH8. 그림 2-26>의 box는 data register Tr의 NMOS Tr을 의미한다.

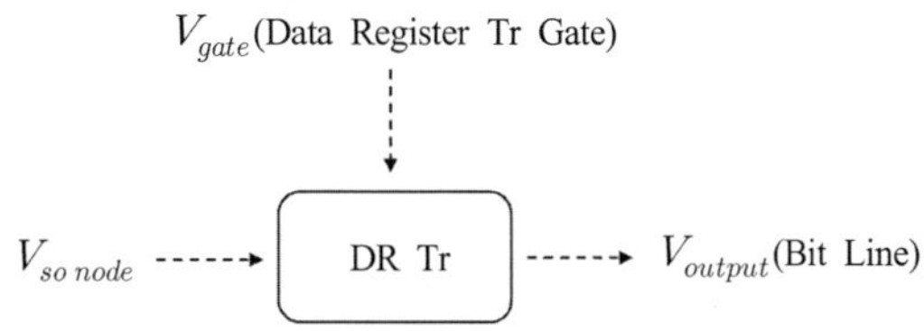

❐ CH8. 그림 2-26 Data Register Tr의 기본 Diagram

V_{input}/ V_{output}/ V_{gate}이 bipolar Tr의 common collector type의 operation 시에 인가하는 전압과 유사한 형태로서, data register Tr은 NMOS의 common drain type으로 동작한다. nMOSFET는 source와 drain의 명확한 구분이 있는 것이 아니고, source 단자와 drain 단자 사이의 전위 차이에 의하여 전류가 drain 단자에서 source 단자로 흐르도록 구성되므로 전위가 높은 쪽이 drain이 되고, 전위가 낮은 쪽 termination이 source가 된다(source는 electron을 공급한다는 뜻이다). 여기서 source 단자는 전압을 transfer 받는 역할을 한다. 따라서 <CH8. 그림 2-27>의 경우는 SO node쪽이 drain이 되고 bit line쪽이 source가 된다. Bit line(source단자)으로 전달되는 전압은 SO node(drain) 혹은 gate 전압 중에 낮은 전압이 전달되는 것이 MOSFET의 특성이다. 단, 전압이 한쪽 termination에서 다른 쪽 termination으로 전달되는 조건은 MOS Tr이 Turn on되어 있어야 한다. MOS Tr이 OFF되어 있으면 어떠한 전압도 전달되지 않는다. MOS Tr이 Turn on되기 위해서는 gate 전압이 최소한 threshold 전압보다 높아야 한다.

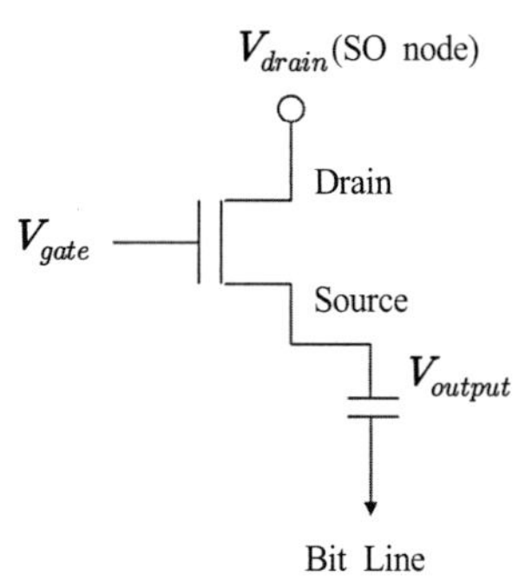

❐ CH8. 그림 2-27 Common Drain Type의 Data Register Tr 구성

첫 번째, $V_{drain}=0V$, $V_{gate} > V_{th}$인 경우, V_{gate}에 의하여 NMOS Tr은 channel을 형성하여 NMOS Tr의 ON switch 역할을 하게 되므로, DR Tr은 ON이 된다.

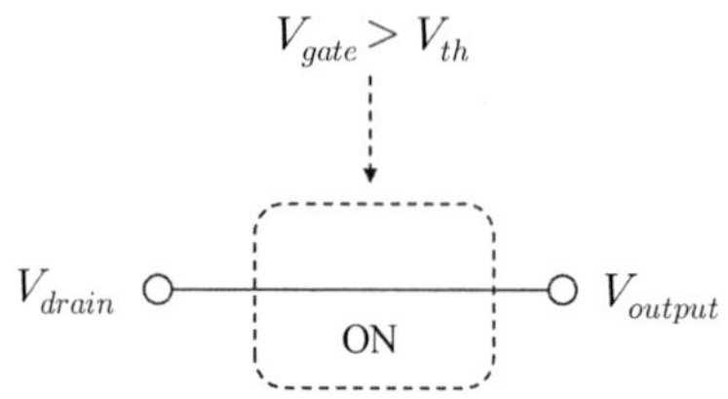

❒ CH8. 그림 2-28 Data Register Tr의 ON Switch 역할

이번에는 전압 level을 바꾸어서 V_{drain}을 V_{cc}로 상승시키고 V_{gate}를 ground로 down시켜보자. $V_{gs}=0$일 때는 NMOS Tr에 channel이 형성될 수 없으므로 NMOS Tr은 어떤 전압도 transfer시키지 않는다.

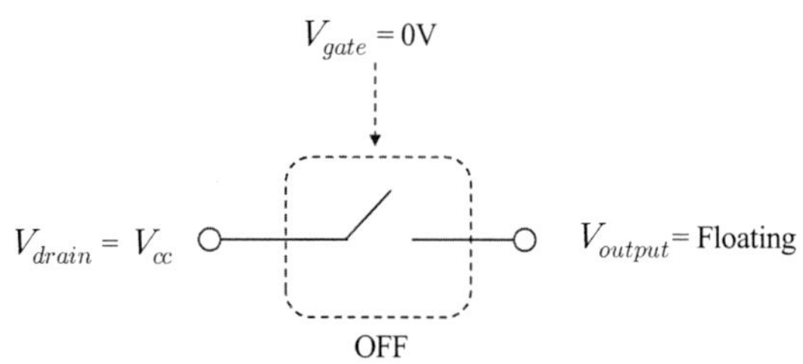

❒ CH8. 그림 2-29 Data Register Tr의 OFF Switch 역할

다음으로는 V_{drain}과 V_{gate}에 모두 V_{cc}를 인가하면 $V_{output}=V_{cc}-V_{th}$가 된다. V_{gate}에 V_{cc}를 인가하면 NMOS Tr에 channel이 형성되어 Turn on switch역할을 하므로 current가 흐르게 되며, threshold 전압인 V_{th}만큼 전압 강하가 발생된다. 따라서

$$V_{output}=V_{cc}-V_{th} \qquad \text{식1)}$$

가 된다. Drain과 gate의 V_{drain}과 V_{gate}의 전위차이가 0V이므로, 이 경우 data register Tr은 diode 기능을 한다.

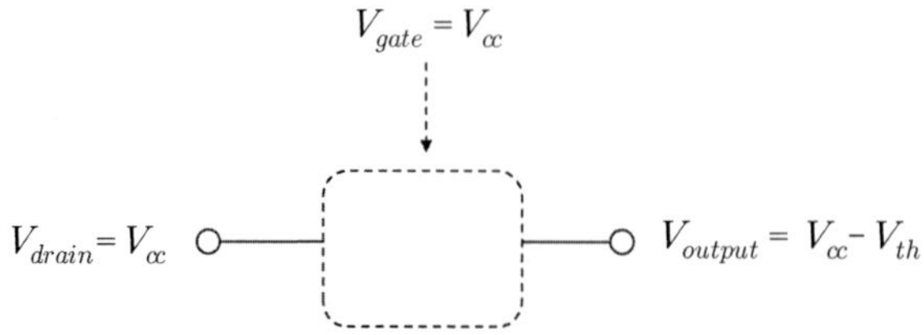

❒ CH8. 그림 2-30 Data Register Tr의 V_{output}

마지막으로, $V_{drain} = V_{cc}$로 유지한 채, V_{gate}전압을 V_{drain}에 비하여 2분의 1 수준 정도인 $V_{precharge}$전압으로 떨어뜨리면, V_{output}도 이에 비례하여 하강한다. 즉, V_{output}전압은 V_{drain}전압에 의하여 결정되는 것이 아니라, drain 전압보다 낮은 전압인 V_{gate}전압에 의하여 제한 받는다. $V_{gate} > V_{th}$인 조건에서는 NMOS Tr의 channel이 형성되고, V_{output}은 V_{gate}전압에서 V_{th}가 차감된 전압으로 source에 전달된다.

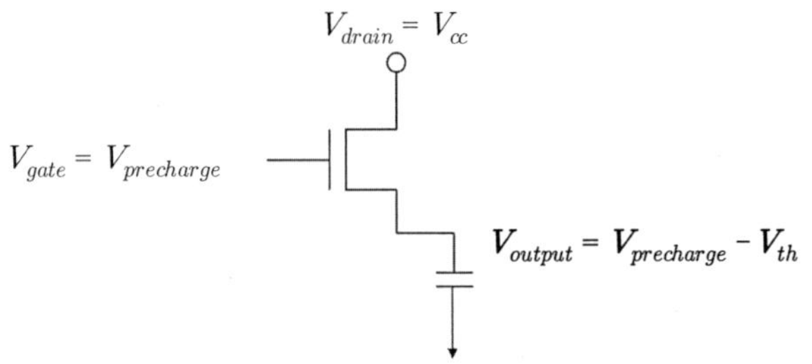

❒ CH8. 그림 2-31 Biased NMOS Tr

이때의 NMOS Tr의 동작조건은 $V_{gate} - V_{source}(V_{output})$가 V_{th}보다 커야하므로

$$V_{gate} - V_{output} > V_{th}$$
$$V_{gate} - V_{th} > V_{output}$$

이다. V_{gate}에 $V_{precharge}$전압을 인가하고 $V_{precharge}$ level을 더욱 낮은 level인 1/3 V_{cc}로 떨어뜨리면

$$\boxed{V_{output-bit\,line} = V_{gate} - V_{th} = 1/3\,V_{cc} - V_{th}} \qquad 식2)$$

가 되어 bit line에는 gate 전압에 depend된 전압이 $V_{output-bit\,line}$으로 인가된다. 정리하자면, V_{output}인 bit line의 input 전압은 data register Tr의 gate전압으로 인가되는 $V_{precharge}$전압에서 V_{th}를 차감한 전압으로 transfer된다.

$$V_{source} = V_{output} = V_{bit\,line} = V_{precharge} - V_{th} \qquad 식3)$$

(MOS Tr에서 주의할 점은 source 혹은 drain의 전압은 항상 substrate 전압보다 높아야 한다. V_{drain} 혹은 V_{source}가 V_{SUB}보다 작으면, source와 drain의 terminal이 N^+로 doping되어 있으므로 drain junction(혹은 source junction)에 forward bias가 걸리게 되어 electron이 bit line으로 흐르지 않고 substrate로 빠진다.)

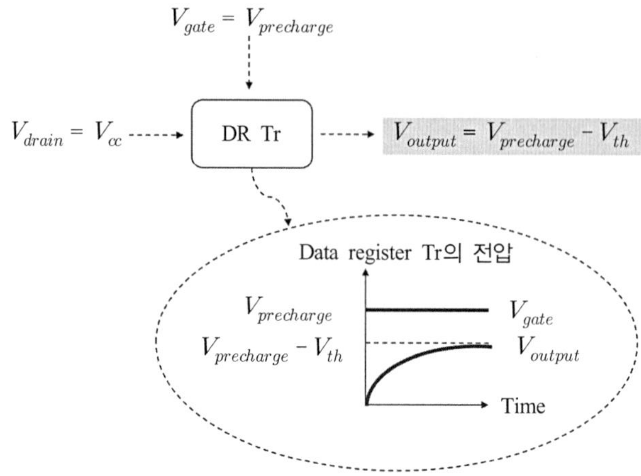

❒ CH8. 그림 2-32 Bit Line으로 Transfer되는 전압

$V_{precharge}$는 전압 level이 높을수록 data register Tr 및 bit line의 turn on time이 빨라지는데 반하여, string 자체의 전력소비(power dissipation)는 늘어난다. 또한, bit line에 높은 전압이 인가되면 순간적으로 peak current가 증가하게 된다. 특히, 사용을 많이 한(program & erasure cycling횟수가 높은) NAND Flash의 경우, 너무 많은 peak current가 흐를 경우 string 상의 current가 부족하여 NAND operation 자체가 down되기도 한다. String에 매달린 cell수가 많아진다거나, 적층된 NAND package가 1개의 NAND package가 아니라 2개, 4개, 8개 등, 여러 개의 NAND가 연결 혹은 쌓여진(stacked package) 상태에서 동시에 current가 흐를 경우, 각 bit line에 흐르는 current가 급격히 줄어들어서 operation이 더욱 어려워진다. 따라서 $V_{precharge}$ 전압 level은 제한된 범위 내에서 되도록 높게 하되 문제가 발생되지 않을 정도의 적정한 level로 설정되어야 한다.

그런 의미에서, 이번에는 enhancement mode의 V_{gate}에 $V_{precharge}$ 전압에다, ΔV_{th}를 증가하여 $V_{precharge} + V_{th}$를 가하면 V_{output}으로 $V_{precharge}$전압 level을 얻는다($V_{precharge} + V_{th} - V_{th} = V_{precharge}$). $V_{precharge}$전압 level은 bit line에서 current가 빠져나가는 duration time과도 연관된다. 이는 곧 NAND Flash의 read 성능과 직결되기 때문에 중요한 요소이다. 즉, read time과 read 시의 소비전력 사이에는 trade off 관계가 있어서, 한쪽으로 치우치지 않는 data register Tr의 전압 level을 설정하는 것이 필요하다.

2-2-1-4 Read 관점에서의 Conventional HBL과 ABL

Read 동작시 인가전압에 대하여 살펴보면, conventional HBL(Half of BL)인 경우, target bit line에 $V_{precharge}$가 인가되도록 하고 unselected bit line에는 0V가 인가되어 unselected bit line

은 shielding되도록 한다. Bit line에 0V가 인가되면 DSL Tr에 biasing 전압이 인가되지 않아서 read operation 자체가 일어나지 않는다. Odd bit line을 select하였으면 반대로 Even bit line이 unselect되며, 그 반대도 마찬가지다. ABL(All Bit Line)인 경우는 Odd 혹은 Even의 bit line 구분없이 전체 string에 동시에 $V_{precharge}$ 전압이 인가된다. <CH8. 그림 2-33>의 string 구조는 설명하기 편의상, string이 x축 방향으로 나열되었으나, 실질적으로는 y축 방향으로 정렬되어 있다.

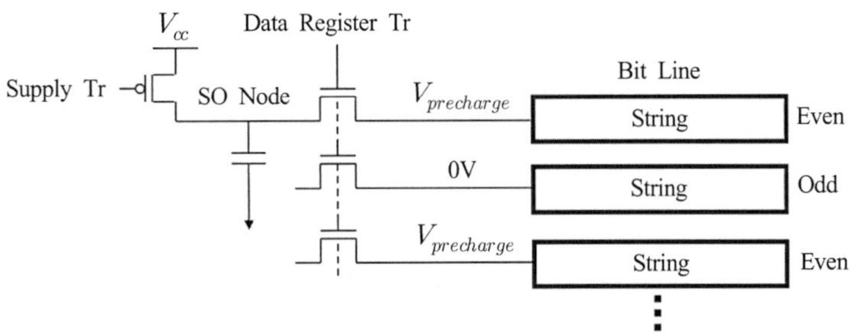

❒ CH8. 그림 2-33 Even/Odd Bit Line에 대한 Conventional HBL 방식의 전압인가

2-2-1-4-1 Conventional HBL과 ABL 장단점

NAND의 3족이지 operation인 program, erasure, read에 따라 conventional HBL 혹은 ABL의 장단점이 각각 다르고, conventional HBL 혹은 ABL이 한 번 결정되면 모든 operation이 동일하게 적용되므로, 어떤 scheme을 사용할 것인지는 NAND의 어떤 operation에 비중을 많이 둘 것이냐에 따라 다르게 결정된다. Read operation에 더 큰 비중을 둔다면 conventional HBL을 사용하는 것이 좋고 program operation에 더 비중을 둔다면 ABL 방식이 유리하다(물론 bit line 관리 방식을 단순히 operation에 따라 선정하지는 않으며, 이외에도 고려하여야 할 변수는 많다). Program 시의 장점 때문에 최근에는 ABL 방식을 선호하는 추세이지만, conventional HBL과 ABL을 혼합한 hybrid방식을 사용하기도 한다. Program operation이 가장 어렵고, cell 입장에서 PGM이 가장 중요하기 때문이다.

2-2-1-5 Bit Line에서의 전압 강하 및 Current 소모

Erasure cell의 read 시에는 E-cell이 ON cell이므로, bit line상에 전류가 흐르는 관점을 볼 때, data register Tr에서부터 DSL > unselected Tr > target Tr을 경유하여 Source Line(SL)인 ground level로 향하여, 해당되는 bit line에 매달린 모든 cell을 지나서 current가 흐르게 된다. 이는 string에 연결된 cell의 수가 늘어날수록 비례하여 전압강하의 부담이 증가한다. 또한, 모든 bit line이 한꺼번에 동작을 하는 ABL의 경우, 모든 bit line에 current가 한꺼번에 흐르므로

bit line들이 증가하면, 총 current가 부족해진다. String size, conventional HBL 방식 등의 변수가 package stacking 및 NAND Flash가 mount된 SSD의 current량에 끼치는 영향이 크다.

2-2-1-6 Bit Line 간의 Interference

Bit line 관련해서는, 전압강하 및 current 소모가 과하게 되는 문제 이외에도 interference issue가 있다. Current가 흐르지 않는 bit line(P-cell)이건 흐르는 bit line(E-cell)이건 서로의 상태로 인하여 bit line 간에는 영향을 받는데, 인접 전압의 영향으로 current가 흐르던 bit line상에서 current가 완전히 빠지지 않기도 하고, 빠지는 데 시간이 과도하게 많이 걸리는 문제가 발생된다. 인접 bit line에 직간접으로 영향을 끼친다는 것은 전류가 흐르지 않아야 할 bit line(0V 인가)인데 흐른다거나, 혹은 전류가 흐르는 bit line인데 적게 흐르는 경우로서 ABL 경우가 더욱 심해진다. 인접 bit line으로부터 영향을 받지 않도록 하는 방법은 여러 가지가 있겠지만, 하나씩 건너서 bit line을 ground화하여 shielding시키는 conventional HBL도 하나의 효과적인 방법이 된다.

Conventional HBL shielding은 한쪽 group(even 혹은 odd) bit line을 operation 시키는 동안에는, 다른 쪽 group의 bit line(odd 혹은 even)은 ground level로 떨어뜨려, operation하고 있는 group의 bit line들이 인접 bit line으로부터 영향을 받지 않도록 하여 interference 영향을 감쇠 혹은 차단시키는 작용을 한다. ABL 방식은 모든 bit line을 활성화시켜서 사용함으로, 이런 인접 bit line에 의하여 받는 영향을 여러 가지 scheme을 활용하여 단점을 보완시켜서 사용하는 방식인데도 불구하고, conventional HBL의 차단효과에는 미치지 못한다.

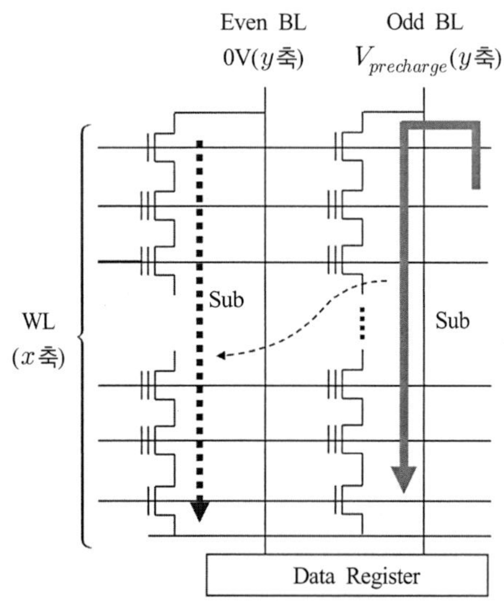

❒ CH8. 그림 2-34 Odd Bit Line에 의한 Even Bit Line의 Current 영향 @ odd BL operation 시

2-2-2 Word Line 방향의 전압 Level 제어

지금까지는 bit line 방향의 voltage control에 대하여 알아보았다. 하기는 word line 방향으로 인가되는 전압에 대하여 살펴보면서, bit line과 word line의 복합적인 cell의 read 시의 동작 조건을 확인하자.

2-2-2-1 Word Line 방향의 전압조건 Setting

Word line을 통해서는 string에 연결된 cell들의 gate에 각각 개별 전압이 인가된다. String에 매달려 있는 cell들의 word line 방향으로 인가되는 gate 전압들을 차례로 살펴보면, DSL Tr의 gate 전압으로 V_{DSL}를 인가하면 DSL Tr이 ON이 되고, data register Tr로부터 공급된 $V_{precharge}$ 전압도 bit line에 동시에 인가되면, V_{DSL}에 의하여 DSL Tr이 ON되므로 bit line은 시간이 지남에 따라 $V_{precharge}$ 전압까지 상승한다. 동일 bit line상의 다른 word line 위치에 물려있는 unselected cell들의 control gate에는 V_{pass}의 전압이 charge된다. 이는 pass Tr을 judge(혹은 cell read)하지 않고 그냥 통과시키기 위함이다. V_{DSL}의 전압으로는 V_{pass} 전압보다 10%정도 약간 낮은 level 정도로 가한다. DSL Tr과 pass Tr들의 gate에 전압을 인가한 후, bit line에 $V_{precharge}$ 전압이 saturation이 될 때까지 충분한 시간이 지나고 난 다음에 SSL을 ON시킨다. 이때 SSL Tr에도 DSL Tr과 같은 level의 전압을 인가한다. $V_{SSL} = V_{DSL}$.

Bit line에서 SL까지의 전류의 전달 통로를 살펴보면, 전류가 target bit line에서 시작하여 DSL의 gate에 V_{DSL}이 인가됨으로 DSL Tr을 통과 후, unselected Tr의 gate에, floating gate가

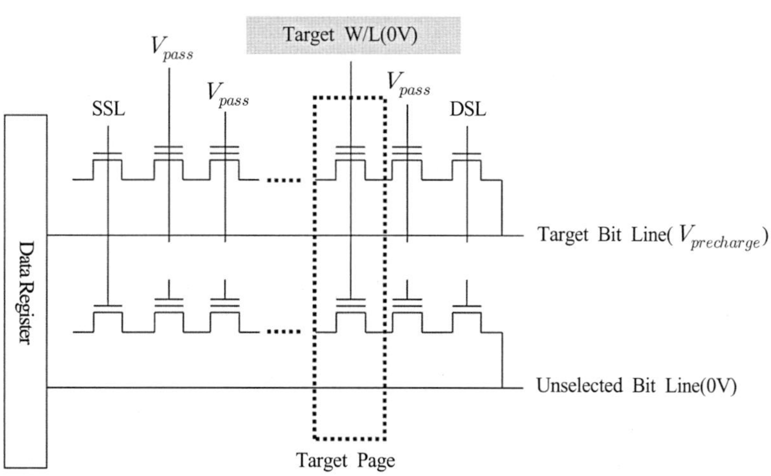

❒ CH8. 그림 2-35 Read Operation을 진행하기 위해 인가되는 Bias 전압 Status

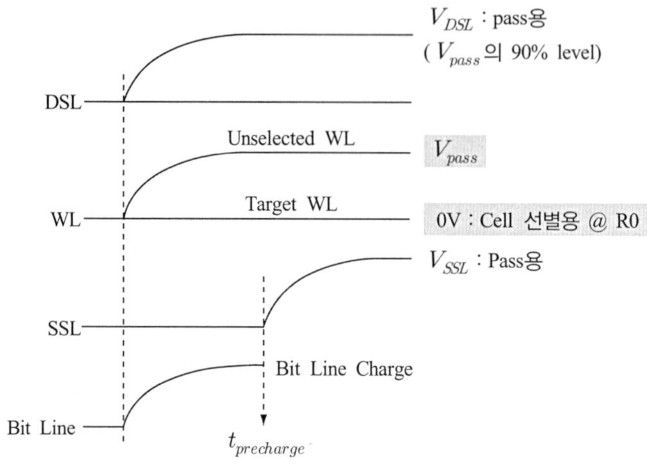

❒ CH8. 그림 2-36 Word Line 인가전압 Level 및 Timing Diagram

어떤 상태이건 current가 통과할 정도의 V_{pass}를 가한다. Target cell의 gate에 R0인 0V(SLC인 경우, MLC인 경우는 R1을 P1과 P2 사이에, 혹은 R2를 P2와 P3 사이 전압)를 가하여 해당 cell이 erasure 상태이면 I_{ds}가 흘러서 통과(ON cell)하고 program 상태이면 I_{ds}가 흐르지 않으므로 cell이 OFF가 되어 더 이상 전류가 흐르지 않게 됨으로써, 이런 2가지(erasure와 program) 상태를 sensing하게 되면 read operation이 완성된다. MLC인 경우, target cell의 PGM 상태인 P1/P2/P3을 read하기 위해서는, R1 → R2/R0를 수행하고, 이때의 전압은 $V_{RO}=0V < V_{R1} < V_{R2}$이다. MLC인 경우에는 SLC에 비하여 $V_{window-max}$가 상승하므로 $V_{pass-MLC}$를 $V_{pass-SLC}$에 비하여 높게 인가할 수 있다. V_{pass}는 read 시의 모든 분포를 pass시켜야 하므로 V_{RD-max}라고 표현할 수도 있다. V_{RD-max}는 $V_{window-max}$보다는 약간 높게 control 되며, 분포개수에 비례하여 상승한다. SSL Tr은 cell이 ON 상태일 경우, 전류가 빠질 수 있도록 bit line이 $V_{precharge}$로 saturation되었을 timing에 ON시킨다.

2-2-2-2 Target Cell Sensing

Target Tr의 gate에 0V를 인가하는 이유는 SLC인 경우, target cell 이외의 모든 cell들을 정상 상태로 만든 후에, target cell이 erasure 상태인지 program 상태인지를 구분하여 판별하기 위함이다(MLC의 P1, P2, P3 분포를 구분하기 위한 read 시는 V_{RD} level이 각각 다르다). Bit line에 $V_{precharge}$전압이 충분히 차오르는 duration time이 지나는 시점에 맞추어 SSL을 ON시키기 위하여 SSL에 V_{SSL}을 인가하고, 또 이때의 timing에 맞추어, 동시에 data registe Tr에는 $V_{precharge}+V_{th}$의 전압을 중단한다. Data register Tr을 OFF시키는 이유는, 동일한 조건하에서 target cell의 상태(program 혹은 erasure)를, bit line에서 전압이 빠지는지 빠지지 않는지의 차이로 확인하기 위함이다. 왜냐하면 bit line은 erasure cell인 경우는 cell이 ON이 됨으로 SSL이 ON이 되면, current가 ground로(SL은 항상 0V level로 유지) 빠지면서 bit line의 전압도 ground level로 떨어지는 반면, program cell인 경우는 cell이 OFF됨으로, SSL이 ON이 되어도 그와 상관없이, 기존에 charge된 전압 level 그대로 bit line이 유지된다.

즉, program cell인 경우는 양쪽 단자(data register Tr 및 target cell)에서 모두 OFF되어 있어서, bit line에 charge되어 있는 전압 level이 변동할 수 없다. SSL의 전압 인가의 의미도 data register의 gate에 인가전압을 중단하는 의미와 반대로, bit line에 충전된 전압을 cell이 erasure 상태일 때 ground로 빼주어 target cell을 sensing하기 위한 역할이다. 즉, target cell의 한쪽 방향(DR Tr)은 OFF시키고, 반대 방향(SSL Tr)은 ON으로 하여 target cell의 상태를 판별할 수 있도록 한다. Target Tr의 상태를 판별하기 위하여 BL의 전압 level을 시간차를 두어 조정하면서, 그에 맞추어 WL의 target Tr과 unselect Tr 및 DSL Tr/SSL Tr의 전압 level들도 연동하고 또 duration time 차이를 두어 인가하여, program cell과 erasure cell 모두 동일한 조건을 조성한 후에, target Tr을 sensing한다.

정리하자면, unselected cell들은 무조건 turn on으로 동작시켜서 unselected cell로 인한 변수를 없애고 난 후에, target cell의 FG가 program된 OFF cell이면 전류가 흐르지 않아서 bit line이 precharge 전압상태 그대로 유지되고, target cell의 FG가 erasure 상태인 ON cell이면 전류

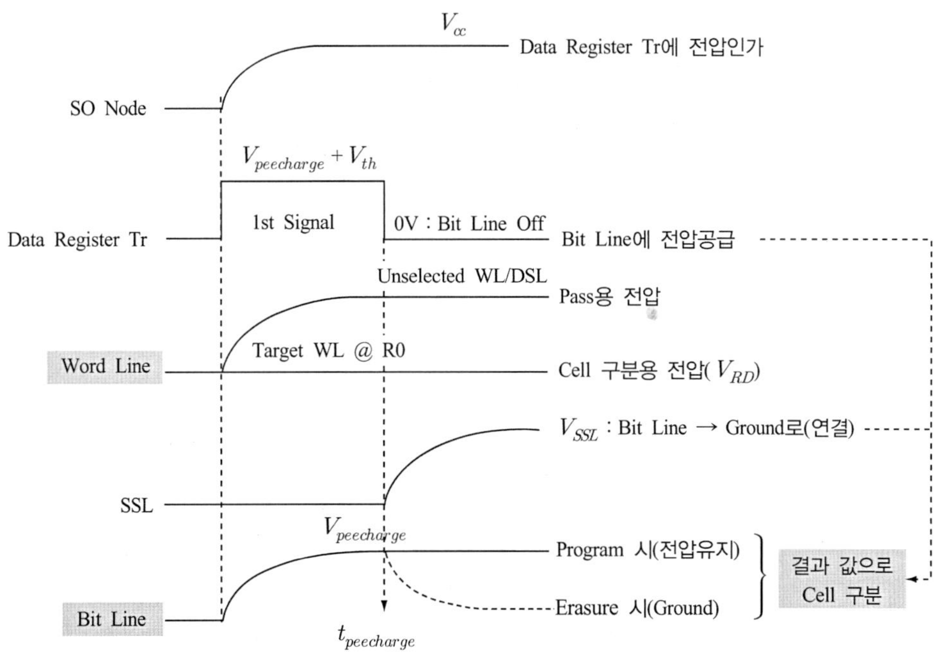

❒ CH8. 그림 2-37 Target Cell Sensing을 위한 전압 Level Diagram

가 ground로 빠져서 bit line에 인가한 precharge전압이 0V로 되어, cell의 FG상태를 bit line의 2가지의 전압 level 차이로 구분해 낼 수 있게 된다. MLC인 경우도 P1, P2, P3의 분포에 소속된 cell들에 대하여 E-cell과 P-cell의 구분과 동일한 방법으로 V_{RD}를 조정하여 P1, P2, P3분포를 구분한다. 이때 interference를 감소시키기 위하여 cell들의 gate에 인가하는 상호 간의 전압을 조절하여야 하고, 동시에 cell 동작에 문제가 일어나지 않도록 $V_{precharge}$ 전압 level과 연관된 duration time 조절이 중요하다. Bit line current량/전압 drop과 연관되어 고려해야 할 변수로는 string에 달라붙어 있는 cell의 숫자와 NAND stacking 개수들이다.

지금까지 read operation의 주요 역할에 대하여 알아보았는데, program cell과 erasure cell의 read operation 수행 시에는 data register가 main 기능을 한다. Program과 read는 page 단위로 동작하기 때문에 data register의 동작 효율이 program과 read의 random/sequential performance에 직접적인 영향을 끼친다.

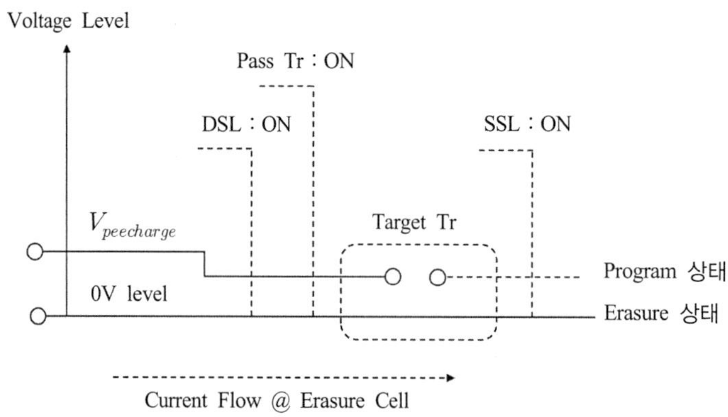

❒ CH8. 그림 2-38 Word Line Tr들의 전압 Level Condition 및 Target Cell 상태 비교

2-2-2-3 Target Cell 판정, V_{gap}

Data register Tr의 gate에 가하는 전압은 전위 level을 변경시켜가면서 인가되었다가 인가되지 않았다가 2차로 다시 인가되었다가를 반복하는데, 이는 target cell에서 current 양이 많아졌다 적어졌다 하는 변수에 따라 연동시킨다. 이때에도 물론 timing이 중요한 변수가 된다. 이렇게 하는 이유는 BL의 전압 level을 SL과 연결하여 high/low를 조절한 후, 다시 SO node 전압 level도 끌어들여, BL 전체의 high/low level을 조절하기 위함이다.

<CH8. 그림 2-39>는 $\Delta V(V_1 - V_2)$의 차이와 duration time과의 연관관계를 bit line에 걸리는 전압의 변화(margin)로 나타낸 graph이다. Program cell인 경우는 data register Tr도 OFF이고 target cell도 OFF가 되어 V_1에서 charge된 $V_{precharge}$ 전압이 빠지질 않고 약 -10%의 $V_{precharge}$ 이내에서 유지되면서 current도 거의 흐르지 않는다. Erasure cell인 경우, target cell

의 상태를 알아내기 위하여, data register Tr의 gate에 $V_{precharge}$를 인가한 후, 다시 0V로 떨어뜨려서 data register Tr을 OFF해주고 SSL Tr을 ON으로 하면, target cell이 ON으로된 bit line 통로를 통하여, bit line에 이미 charge되었던 V_1의 전압이, (I_{BL}이 흘러서 일정시간(duration time)이 지난 후에는) 0V까지 강하된다. V_2가 인가되기 직전에 P-cell과 E-cell의 전압 level 차이(V_{gap})를 살펴보면, PGM cell인 경우는 bit line전압이 거의 V_1일 때의 V_{BL} 수준을 유지하고 있고(-10% drop), E-cell인 경우는 전압 강하가 유발되어 V_1 수준의 -90%까지 떨어지게 되어, V_{PGM} cell과 V_{ER} cell 차이인 V_{gap}으로 나타나게 되므로서, 최종적으로 2가지 상태의 cell 차이를 선별할 수 있게 된다.

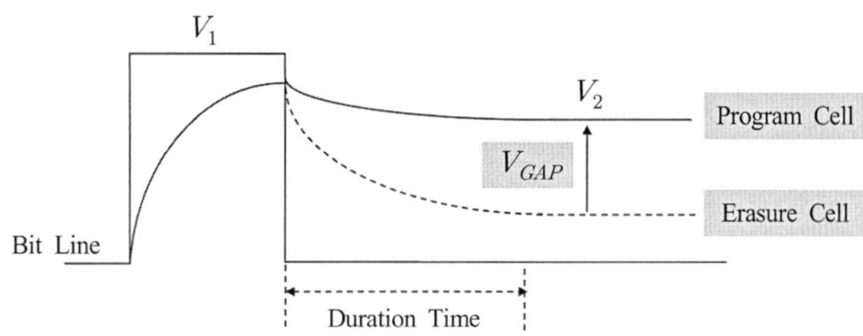

❒ CH8. 그림 2-39 전압 V_1 인가에 따른 Bit Line 전압 변화

2-2-2-3-1 Data Register Tr의 인가전압 변화에 따른 SO Node의 전압 Level 변화

V_{gap}이 충분하다고 판단되는 시점인 duration time이 완료된 때에 data register gate에 2번째 전압인 V_2를 인가한다. V_2의 목적은 data register Tr의 turn on 목적에 있으므로, V_{th}보다 약간 높은 전압($V_1 > V_2 > V_{th}$)을 인가하고, data register Tr을 turn on하여 bit line의 전압 level과 SO node의 전압 level을 맞춘다. V_2를 인가하면, E-cell인 경우 V_2가 ON cell인 E-cell을 경유하여 ground로 빠지므로 SO node는 GND level까지 떨어지고, P-cell은 OFF되어 있어서 SO node는 V_{cc} level을 유지한다. 이는 <Session 3> bit line의 전압 level을 증폭하기 위한 전단계 과정이다.

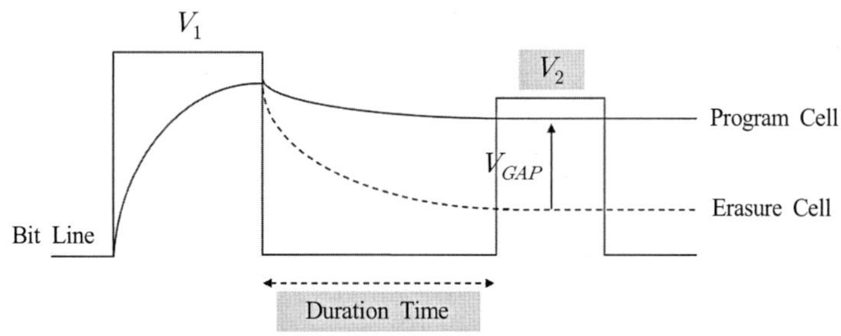

❒ CH8. 그림 2-39-1 V_{GAP} 발생 후의 V_2 인가

한편, program 시는 bit line전압 level($V_{precharge}$)을 한계치 이내에서 되도록 높여주어야 margin폭(V_{gap})이 커지는데, 그렇지 않고 도리어 소수 carrier의 current로 인한, $I_{PGM-saturation}$ current가 증가하면, P-cell의 bit line 전압 level이 떨어져서 P-cell인데도 불구하고 P-cell로 판정되지 못할 수도 있으므로, 사전에 ISPP를 포함하여 핵심요소들이 작용하는 변수들이 정확하게 예측되어야 한다.

2-2-3 Target Cell 판정, I_{trip}

FG 내로 electron은 analog적으로 charge되기 때문에, FG의 physical charge 상태는 명확하지 않고 한계가 불분명하게 되며, 이런 상황에서 cell이 ON-cell인지 OFF-cell인지 혹은 분포별로 어떤 분포에 속하는 지를 판정해야 된다. 따라서 이에 대한 current 혹은 voltage의 reference 값을 설정하여, reference 전후의 값을 비교하므로서 cell상태를 ON-cell인지 OFF-cell인지를 판정토록 하는 것이 필요하다. 이런 measuring tool로서 current reference를 이용한 측정방식인 I_{trip}은, FG의 electron charge가 증가하여 cell이 ON-cell에서 OFF-cell로, 혹은 FG의 electron charge량이 감소하여 OFF cell에서 ON cell로 변하는 시점의 bit line을 흐르는 current 값이다. Current의 판정 기준이 되는 I_{REF}로 활용되어 cell이 어떤 분포인지를 확인하기 위한 sensing tool의 일종인 I_{trip}은, 미리 계산된 current의 기준치로서 bit line을 통하여 I_{trip}보다 높은 current가 흐르면 ON cell이고, 낮은 current가 흐르면 OFF cell로 판정한다. Read operation에서는 voltage sensing으로서 V_{REF}보다 높으면 OFF cell이고, 낮으면 ON cell로 판단하였다. Voltage sensing이든, current sensing이든, 표현상의 차이가 다를 뿐 모두 같은 의미이다. Cell의 current를 측정하는 I_{trip}은 실질적으로는 read operation 전체에 대하여 적용가능하지만, 여기서는 I_{trip}의 적용 범위를 program verification 위주로 들여다보았다.[4)]

2-2-3-1 I_{trip}을 이용한 ON-cell과 OFF-cell의 판정

Program cell일 경우 정상적인 bias를 가한 조건에서는, target(PGM) cell은 OFF가 되어 bit line 상에 current가 거의 흐르지 않고 역bias로 인한 소수 carrier들의 current만 bit line에 존재하며, 이를 bit line에 흐르는 leakage(cut-off) current라 한다.

---

4) SLC인 경우, PGM cell은 OFF cell로 ER cell은 ON cell이 되며, MLC에서는 verification 시 인가하는 전압($V_{verification}$)을 기준으로, $V_{verification}$보다 낮은 V_{th}분포의 PGM cell은 ON cell이 되고 $V_{verification}$보다 높은 V_{th}분포의 PGM cell은 OFF cell이 되어, E0/P1/P2/P3을 구분하게 된다.

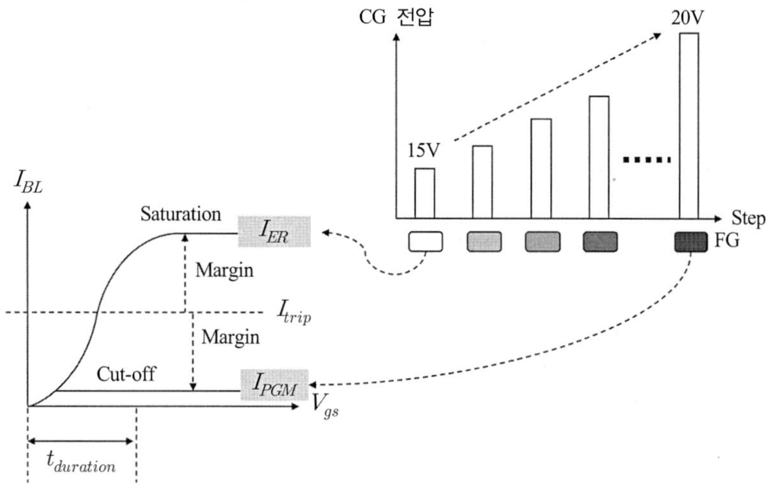

❒ CH8. 그림 2-40 Bit Line Current와 Cell 상태 비교

Erasure cell일 경우는 target cell이 ON 상태일지라도 SSL이 ground로 연결되기 전(연결 전에는 open상태)까지는 current가 흐르지 않고 (cut off current만 흐름), bit line의 전압으로 data register Tr에서 제어된 $V_{precharge}$ 전압이 공급되면, bit line이 $V_{precharge}$까지 상승한다. Duration time 후에 data register Tr을 OFF시키고 SSL을 ON시키면 bit line에는 ON cell을 통과하여 current가 급격히 상승한 결과, saturation current가 흐른다. <CH8. 그림 2-40> 참조. 이렇게 하여 나온 erasure cell의 saturation current값과 program cell의 cut-off current값의 산술평균한 중간 상태를 사전에 산출하여, reference current인 I_{trip}으로 정한 후에, cell의 actual 결과와 I_{trip}의 차이를 비교하여 cell의 상태를 판정한다.

<CH8. 그림 2-41>은 앞에서 설명한 내용을 간단하게 단축시켜서 구성된 회로로서 <CH8. 그림 2-37>과 비교하면 근본적인 operation은 동일함을 알 수 있다.[5)]

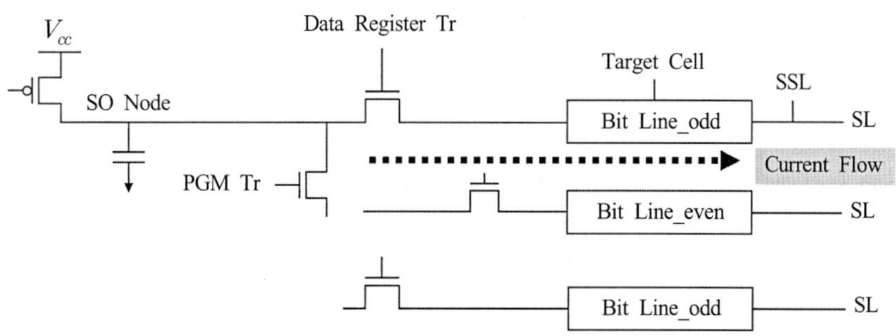

❒ CH8. 그림 2-41 Bit Line Current Flow 방향 @ erasure cell인 경우

5) Bit line은 실질적으로는 y축 방향이지만, <그림 2-41>은 편의상 x축 방향으로 arrange되어 있다.

2-2-3-2 I_{trip} Current 산출

Bit line에 흐르는 current를 공식으로 나타내보자. 전하량은 전류가 일정한 시간 동안 흐르는 양으로 표현될 수 있으며, 또한 ΔV의 전압 변동으로 발생된 capacitance를 갖는 charge된 전하량과 같으므로 $Q = CV$는

$$Q = C\Delta V = I \times time = I \times \Delta t \qquad \text{식4)}$$

으로 표현될 수 있고, C는 bit line상의 capacition 값이며 Δt는 duration time이므로, bit line을 흐르는 current I_{trip}은

$$Q = C_{BL} \times \Delta V = I \times time = I_{trip} \times t_{duration} \qquad \text{식5)}$$

$$\boxed{I_{trip} = C_{BL} \times \Delta V / t_{duration} = C_{BL} \times (V_2 - V_1) / t_{duration}} \qquad \text{식6)}$$

이 된다. $\Delta V = V_2 - V_1$: Data Register Tr의 Gate에 인가되는 전압의 변화차이, $t_{duration}$: Voltage Level의 Duration 시간, C_{BL} : bit Line의 Capacitance

ΔV는 제어기능을 갖은 data register Tr의 gate에 인가하는 전압차이를 나타낸 값으로, 식6)은 bit line을 제어하는 Tr에 전압차이를 발생시킨 후, 전압차이를 이용하여 bit line에 흐르는 current를 일정시간(duration time) 동안 flow시켜 I_{trip}을 구한다. I_{trip}을 이용하여 target cell의 상태가 erasure/program 상태에 따른, bit line에서의 current 차이를 감지하여 verification 할 수 있다. ISPP/ISPE 경우에는, bit line에 흐르는 current량을 점검해가면서 target cell의 gate에 인가하는 ISPP/ISPE의 전압을 ΔV만큼씩 높이거나 낮추면 FG에 charge되는 electron량에 반비례하여, verification 동작 시의 I_{BL}이 영향을 받게 된다.

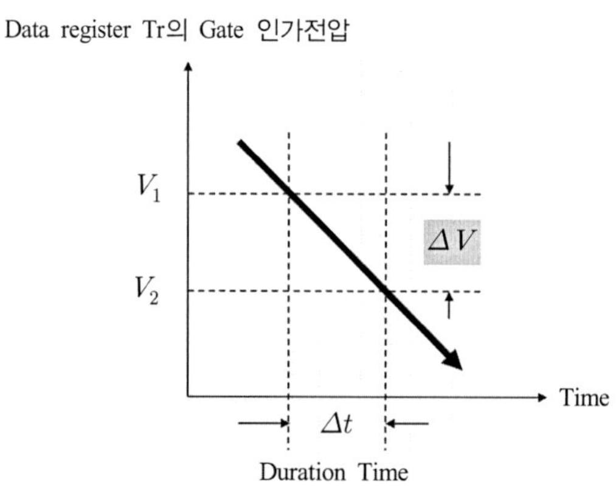

❐ CH8. 그림 2-42 Bias 전압 대비 Duration Time

2-2-3-3 Target Cell의 판정변수

이제 I_{trip}과 P-cell 혹은 E-cell의 current량과의 ΔI 차이를 만들어내는 변수에 대하여 살펴보자. Cell을 판정하는 데 있어서 error를 최소화시키려면 I_{trip}값으로 인한 판정이 명확해야 하고, 그러려면 P-cell일 때와 E-cell일 때의 current margin을 되도록 극대화시키는 것이 바람직하며, 두 상태의 current margin폭을 넓히려면 bit line의 capacitance값을 낮추고 되도록 duration time을 길게 가져가는 것이 유리한 변수들이다.

Cell을 판정하는 데 있어서는 I_{trip}의 current량이 많고 적음이 주안점이 아니고, I_{trip}과 I_{PGM} 혹은 I_{trip}과 I_{ER} 간의 판정하기에 용이하고 적합한 간격 설정이 중요하다(이때 I_{trip}값은 I_{PGM}과 I_{ER} 사이에 존재하여야 한다). 즉, duration time과 I_{trip} margin은 trade off 관계가 있어서, duration time을 늘리면 margin이 증가하고 duration time을 줄이면 margin이 축소한다. <CH8. 그림 2-43> 참조.

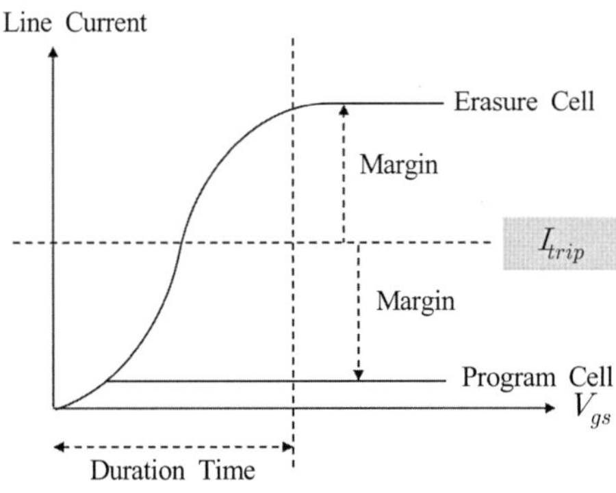

❒ CH8. 그림 2-43 Duration Time과 Margin @ I_{trip}

2-2-4 기타 판정을 어렵게 하는 변수들

$I_{ER-saturation}$과 $I_{PGM-cut\ off}$ 사이의 중간 정도의 current값으로 정하여 놓고 비교 판정하여 cell의 상태를 결정하는 I_{trip}으로 판정이 불가하거나 뒤집히는 경우는 erasure 혹은 program 상태에 흐르는 전류들이 정상적이지 않고 program 상태인데 전류가 많이 흐르거나, erasure 상태인데 전류가 적게 흐르던지, 아니면 I_{trip}값이 너무 높아지거나 낮아져서 한쪽의 margin이 현격히 줄어드는 경우이다.

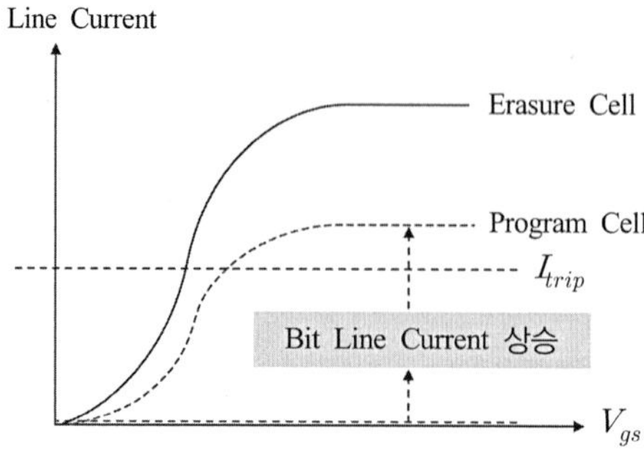

❐ CH8. 그림 2-44 PE Cycle이 과다하여 Trap에 의한 Program Cell의 Current Level이 상승한 경우

따라서 I_{trip} margin을 적정한 값으로 유지하는 것이 필요한데, margin이 줄어드는 경우는 앞에서 언급한 capacitance값과 duration time 영향 이외에도, 온도가 너무 높아서 current가 상승했다거나, program/erasure cycling을 너무 많은 횟수로 진행하여 발생된 trap electron 혹은 oxide의 crack에 의한 current가 상승했다거나, retention이 약화되어 FG 내의 charge되었던 전자들이 과도하게 discharge되었다던지, ground level인 source line에 bounce가 뜬다든지, 주변 cell의 bias된 상태가 worst한 상태여서 주변에 program된 cell이 과도하게 많은 경우의 interference 혹은 disturbance 영향을 받았던가 하는 경우이다. <Ch8.그림 2-44> 참조. Erasure cell에서 P-cell로 가는 과정에 ISPP의 V_{PGM}이 높아질수록 FG의 electron charge량이 많아짐에 따라 bit line을 흐르는 전체적인 current량이 줄어들어 $I_{ER}-I_{trip}$의 margin 폭이 점점 작아졌다가, P-cell의 charge가 더욱 진행됨에 따라 $I_{trip}-I_{PGM}$의 margin이 점점 커진다.

Session 3 Sensing 결과의 증폭

Tr 내에서의 증폭이란 signal이 능동소자를 거치면서 낮은 전압 level이 높은 level로 변경되는 것을 말하고 보통 동일한 신호 내에서 증폭을 다루는데, 여기서는 낮은 전압이 data register와 SO node를 거쳐 transfer되면서 높은 전압으로 전환되는 상태를 다루겠다. 즉, bit line 상에서의 작은 폭의 potential 차이가 SO node에서 큰 potential 차이로 변환된다.

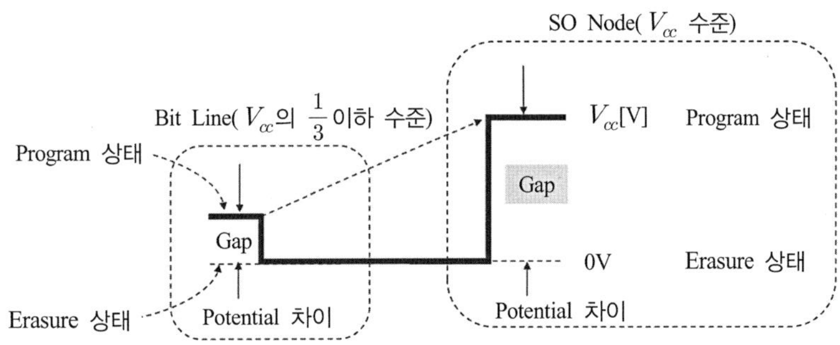

❒ CH8. 그림 3-1 Bit Line vs SO Node의 Gap 변환

Cell의 상태를 외부로 출력시키기 전에, bit line으로부터 sensing된 cell의 미약한 전압으로는 출력 stage에서의 latch Tr를 turn on시킬 수 없으므로, latch input 전에 latch를 drive할 수 있을 정도의 충분한 전압 level로 증폭시켜야 한다. Data register에서의 증폭은 target cell을 read한 후의 program과 erasure, 두 가지(혹은 분포로 구분 시, ON cell과 OFF cell) 상태의 작은 전압 level 차이를 SO node의 V_{cc} 전압 level과 ground level로 transfer하는 것을 의미한다. 이와 연관된 Tr의 역할로는 1) SSL Tr(ground와 연결시켜 주는 역할을 하여 되도록 V_{gap}을 크게 함), 2) data register Tr(signal 감지 및 증폭 작용에 관여), 3) supply Tr(V_{cc}를 공급하여 V_{GAP}을 크게 함), 4) latch set Tr(latch 회로에서 알맞은 출력 timing을 선정)들이 있으며, 이들 간의 유기적인 협업을 위하여는 정확한 시간차 조절이 필요하다. 전압 level의 transfer 순서는 bit line 전압 level → SO node 전압 level → Latch Q의 전압 level로 전개되면서, 순차적으로 영향을 끼친다. <CH8. 그림 3-2> 참조. Bit line의 정보를 읽기 위하여는 target bit line을 선택한 후, bit line 정보를 sensing하고, sensing된 정보는 data register와 SO node에서 증폭되어 latch로 보내진다. Latch는 SO 전압 level을 읽은 후에 저장한다. Latch에 저장된 bit line의 정보는 host에서 필요 시 DQ pin을 통하여 data out되고, out되는 data는 application 기기에 활용되는 data가 된다.

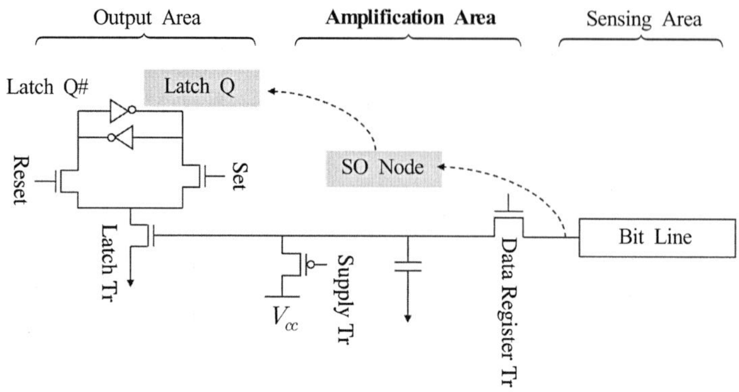

❐ CH8. 그림 3-2 Amplification 회로도

3-1 Sensing 전압 제어

Bit line의 read 동작을 순서적으로 flow를 따라가 보면, 먼저 bit line에 $V_{precharge}$ 전압이 가해진 후, word line을 통해서 target cell에 0V(E0 vs P1 reading인 경우), unselected cell에 V_{pass}, DSL에 V_{DSL}이 인가되어 cell을 read할 준비가 완료된다. Bit line의 최종 termination인 SSL이 0V이면 SSL Tr이 turn on되지는 못하고, 이로 인하여 bit line에는 SSL Tr ON때까지는 전류가 흐르지 않는다. 모든 cell의 준비가 완료된 후, SSL에 V_{SSL}을 가하면서 동시에 data register Tr이 OFF되면, SSL Tr이 ON되어 bit line이 SL(Source Line)에 연결되고 SL은 ground로 항상 0V 전위이므로 $V_{precharge}$ 전압으로 charge되어 있던 bit line도, data register Tr이 OFF되어 있어도, erasure cell인 경우 target cell이 ON되어, ground를 향하여 높은 current가 흐르면서 bit line의 전압 level이 0V 전위로 drop된다. 그러나 SSL Tr이 OFF에서 ON 상태로 바뀌어도 program cell인 경우는 target cell 자체가 OFF되어 있어서 bit line의 전압 level이 0V로 떨어지지 않고 $V_{precharge}$ 전압 level 상태로 유지한다. <CH8. 그림 3-3> 참조.

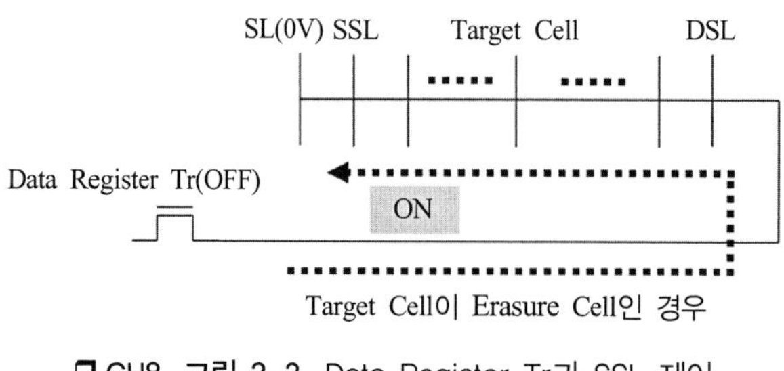

❐ CH8. 그림 3-3 Data Register Tr과 SSL 제어

다음으로 동일 동작 현상을 bit line상의 read 방향을 반대로 바꾸어서, 범위를 data register Tr쪽으로 좀 더 확대하여, 전압 level control diagram과 비교하면서 들여다보면, bit line이 (target cell을 포함하여) SL방향으로 동작하는 동안에는, bit line의 SO node(latch) 방향 termination은 OFF 되어 있어야 하므로, SSL에 V_{SSL}을 인가하는 시점에 맞추어, data register Tr gate에는 기존에 인가하고 있던 $V_{precharge}+V_{th}$를 stop하고 gate전압 level을 0V로 떨어뜨린다. 그렇게 되면 target cell이 erasure 상태인 경우, bit line은 SO node 방향으로는 막혀있고 SL 방향으로는 ground로 연결되는 path가 마련된다. Bit line 전압은 $V_{precharge}$ 전압으로 charge되어 있었고, bit line에 걸쳐있는 모든 cell들이 ON 상태로 대기하고 있었으므로, SSL에 V_{SSL}이 가해지는 순간 bit line current는 target cell이 erasure 상태인 경우는 ground를 향하여 빠진다. 한편, 이때 drop되는 bit line의 최종 전압 level은 SL이 ground level과 contact되어 있으므로 0V로 되어야 하나 실질적으로는 0V까지 drop되지는 않고 $V_{precharge}$의 약 10%(조건에 따라 가변적임) 정도는 ground level보다는 level up된 상태에서 minority carrier에 의한 역bias의 전류 발생으로 인하여 더 이상 내려가지 않는다.

Program cell인 경우에는 target cell이 OFF 상태가 되므로, $V_{precharge}$ 전압으로 charge된 bit line의, 양쪽(data register Tr과 target Tr) termination에서 OFF되어, bit line이 $V_{precharge}$ level 상태 그대로 전압 level을 유지한다. <CH8. 그림 3-4> 참조.

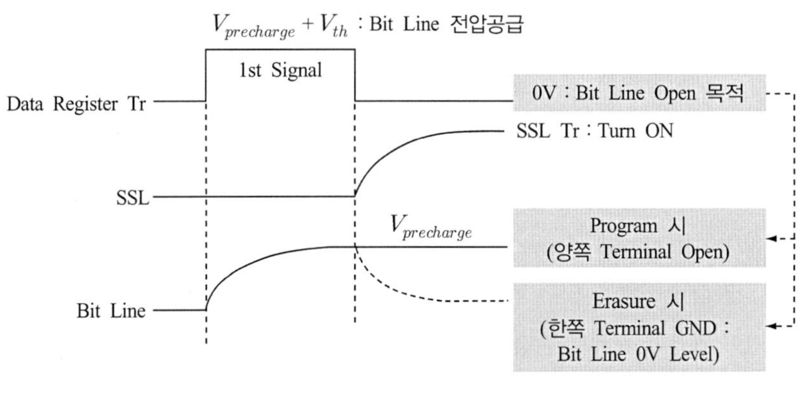

❐ CH8. 그림 3-4 SSL 제어에 대한 전압 Control Diagram

그렇지만 이 경우도 erasure cell의 case와 유사하게, 그러나 역의 개념으로, $V_{precharge}$전압이 그대로 유지하고 있지는 못하고 $V_{precharge}$의 약 10%(조건에 따라 가변적임) 정도는 drop되어, original $V_{precharge}$전압 보다는 실제의 bit line은 일정 폭의 낮은 level의 전압을 유지하게 된다. 약간의 일정 전압 level이 하강한다는 의미는 회로가 이상적일 수는 없으므로 누설 전류가 발생한다는 것이다. 누설전류는 Tr 특성상 bias에 의한 minority carrier에 의한 것이 대부분이고, 그 외에 다른 원인이 있을 수 있지만 대세에 영향을 끼치는 portion이 아니므로 무시해도 되겠으며, 이에 대한 것은 판정 margin으로 적절히 조절한다. 이때에도 SSL은 SL을 통하여 ground로 연결되어 0V level이지만, 앞 단에 위치한 target cell이 OFF되어 있으므로, PGM cell인 경우에는 SL level과 bit line의 $V_{prechage}$ 전압 level과는 V_{gap}의 전위차이가 발생된 상태로 유지된다.

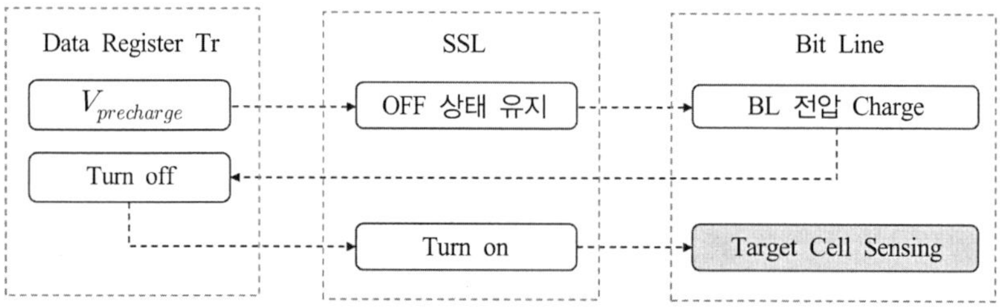

❒ CH8. 그림 3-5 Sensing 전압 제어 Flow @ ER cell, PGM cell 판정

3-2 Duration Time

Duration time은 erasure cell/program cell의 read operation 시, bit line의 $V_{precharge}$가 ground로 충분히 빠져서 전압 level이 0V로 saturation된 level까지의 시간을 말한다. Duration time의 측정이 필요한 이유는, 일정 전압 level 이하로 떨어지는 시점에, data register Tr의 전압을 ground에서 V_2 전압으로 올려야 하는 시점을 확인하여 time을 설정해야 하기 때문이다. Data register Tr의 전압은 V_1 level → ground level → V_2 level → ground level 순으로 변화를 준다. Erasure cell인 경우 bit line의 precharge된 전압 level이 원하는 level까지 떨어질 때까지의 time을 미리 계산하여 read operation을 제어한다. 이런 duration time은 erasure cell 때문에 주어지는 time이고, program cell에 의한 전압 변동으로는 duration time을 측정하기가 거의 불가능하다. PGM cell인 경우는 duration time이 흐르고 난 전후의 bit line의 전압 level은 거의 일정하기 때문에 ER cell을 기준으로 계산한 duration time은 PGM cell에서는 의미가 없다. Duration time을 사전에 계산하는 보다 근본적인 이유는 program cell과 erasure cell의 적절한 gap을 벌리는 시점을 estimate하기 위함이다. 왜냐하면 duration time이 짧아서 두 상태 간의 전압 level 차이가 작으면, program cell과 erasure cell을 구분하는 데 어려워지거나 불가능해지게 된다. Minority carrier의 방해에 의해서도, 전압 level이 원하는 level 대비 유지(PGM cell인 경우)하지 못하거나, 충분히 drop되지(erasure cell인 경우) 않아서 margin 폭이 줄어들 수도 있기 때문이다.

Duration time이 경과된 후, cell의 2 type level의 bit line 전압 gap은

$$\boxed{V_{gap} = V_{BL-PGM} - V_{BL-ER}} \text{(누설 전류 영향 포함)} \qquad \text{식 7)}$$

$$= V_{precharge} - 0V\text{(이상적인 경우)}$$

이다. 요지는 이 V_{gap}에 의한 차이를 감지하여 이를 어떻게 증폭하여 출력시키느냐 이다. 감지를 쉽게 하려면 gap 차이를 되도록 크게 하여야 하는데, gap을 wide하게 하려면 durntion time을 충분히 늘려야 하고, gap margin을 축소시키는 요인들을 제거하여야 하며, duration time에 의한 $V_{sensing}$전압[V_2] level과 V2를 인가하는 timing을 정확히 예측하여야 한다. <CH8. 그림 3-6>은 이상적인 경우와 actual case이다.

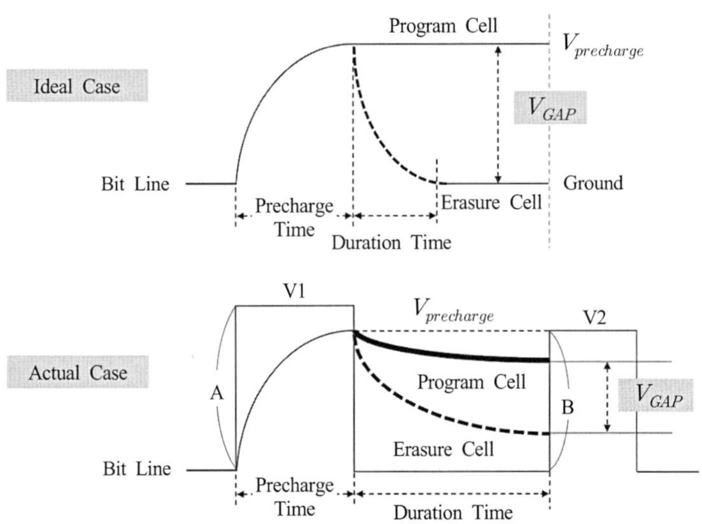

❐ CH8. 그림 3-6 Duration Time에 따른 V_{GAP} @ ideal case vs actual case

3-2-1 Cascading Program Verification(CPV)

PGM verification을 연속적으로 진행하는 Sequential PGM verification mode 시에는, 정상적인 flow는 data register Tr의 전압 level을 V1 → (1st pre-charge) → 0V → (duration) → V2 → 0V → V1 → (2nd pre-charge) → 0V → (duration) → V2로 진행하는데, 이때 2nd pre-charge를 생략하면 PV operation time을 절약할 수 있다. 이는 PGM mode일 경우에는, BL 상의 V1이 1ST pre-charge된 후에는 drop되지 않고 동일 전압 level을 유지하기 때문에 가능하다. 그러나 이 경우는 erasure 분포인 경우는 해당되지 않고, program 분포로 판정결과가 완료되었을 경

우만 해당하는 경우이다.

CPV는 cell의 erasure/program 상태의 변화를 최종적으로 latch 출력의 ON/OFF로 나타내도록 연결시켜 판정하는 동작인데, 1번째 cell의 PGM 상태 판정 후, 2번째 cell을 판정하기 위하여 bit line을 charge 시키는 과정에서, 1번째 분포의 판정 결과가 PGM cell인 경우는 bit line이 이미 charge되어 있으므로, 2번째 cell의 verification 시 이를 discharge시켜서 다시 charge시킬 필요 없이, 앞에서 charge된 bit line의 level을 그대로 활용할 수 있기 때문에, old 방법일 때 진행하는 1번째 cell의 verification 완료 후 bit line의 discharge & charge time을 줄일 수 있다. 특히, ISPP시에는 verification 횟수가 30~50회 되므로 pre-charge time을 줄일 경우, 전체 program time을 reduction시키는 데 도움이 된다. 이는 erasure verification이나 단독 program verification을 진행하는 동작에서는 적용할 수 없는 scheme으로, 반드시 cascading된 PV 동작 상에서만 가능하다.

3-3 Data Register Tr을 통한 V_{gap} Transfer(Data Register와 SO Node 관계)

다음은 target cell sensing 결과를 bit line 내에서 SO node까지 확대하는 step이다. 지금까지의 과정을 요약하면, data register Tr은 DR Tr의 gate 전압을 이용하여 bit line에 공급하는 전압을 제어한다. Data register Tr은, V_1 level($V_{precharge}+V_{th}$)을 인가하여 bit line을 $V_{precharge}$까지 상승시킨 후에 → 다시 data register Tr의 gate 전압을 ground로 낮춰서 bit line의 data register Tr을 open시킨 후 → pre-charge된 bit line의 전압을 이용하여 target cell을 점검한다 → 이는 bit line의 한쪽 termination을 OFF시켜야 voltage level을 점검할 수 있으므로, 그에 따라 bit line은 latch 방향의 termination이 OFF가 되고 → SL(Source Line) 방향의 termination이 ON되는 조건하에서 target cell의 상태에 따라 bit line 전위 level은 $V_{precharge}$ level에서 0V(erasure 상태)로 줄어들거나, 아니면 그대로 유지(program 상태)한다 → 그 후 bit line상태를 SO node와 link시키기 위하여 data register Tr의 gate를 0V에서 다시 $V_{sensing}$ level(V_2 level)로 상승시킨다. 이는 OFF되어 있는 latch side의 data register Tr을 ON시켜서 → data register Tr이 bit line과 SO node 사이의 bridge 역할을 하고 → 이를 통하여 SO node까지를 확대하여 signal을 amplification시키기 위함이다.

두 번째 전압[V_2]을 인가하는 시점은 bit line의 duration time이 지난 후이고, 두 번째 $V_{sensing}$전압은 첫 번째 $V_{precharging}$전압보다 좀 더 낮은(첫 signal V_1의 약 -40%정도이지만, 이는 try & error를 거쳐 적절히 조정하는 option) 전압을 인가한다. V_2는 data register Tr

을 다시 ON만 시키기 위함이므로, 굳이 높은 전압을 인가할 필요가 없다. V_2는 V_{sense} + V_{th} 정도의 level로 control한다.

$$V_{BL-ER} < V_{sensing} < V_{BL-PGM}$$

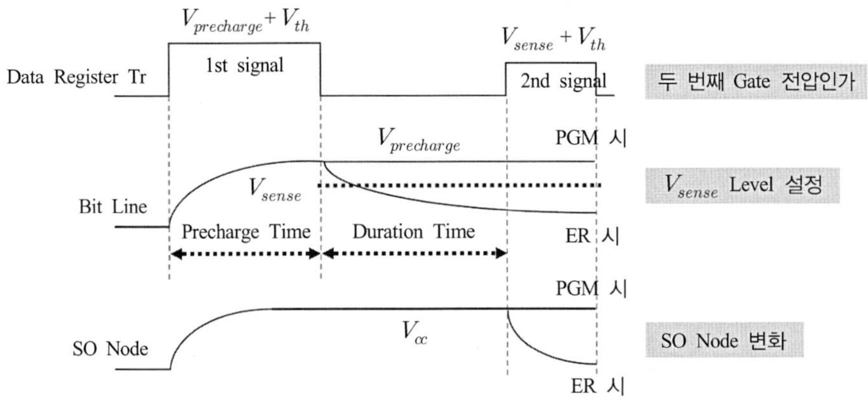

❒ CH8. 그림 3-7 Data Register Tr의 Timing Diagram

PGM cell일 경우, 2번째 step에서 data register Tr을 ON시켜도 PGM Tr이 OFF이므로 SO node level인 V_{cc}의 변화가 없지만, target cell이 erasure cell일 경우 target cell이 ON이 되어 SO node level이 SL level인 ground로 전압강하가 일어나므로, target cell의 상태에 따라 SO node level 변화가 V_{cc}에서 0V 사이로 potential 차이가 발생한다. 동일한 현상이지만 SO node 입장에서 보면, data register Tr이 OFF상태에서, V_2가 인가되기 전까지의 SO node는, 계속 V_{cc}가 가해져 있어서 SO capacitance는 V_{cc} level로 charge된 채로 대기 상태에 있다가, data register Tr이 ON이 되는 순간 SO node의 V_{cc}는 data register Tr을 경유하고 bit line을 통하여 ground(SL)로 빠지던지(erasure cell일 경우 cell이 ON 상태이므로) 아니면 V_{cc} level(program cell일 경우 OFF 상태이므로) 그대로 유지된다.

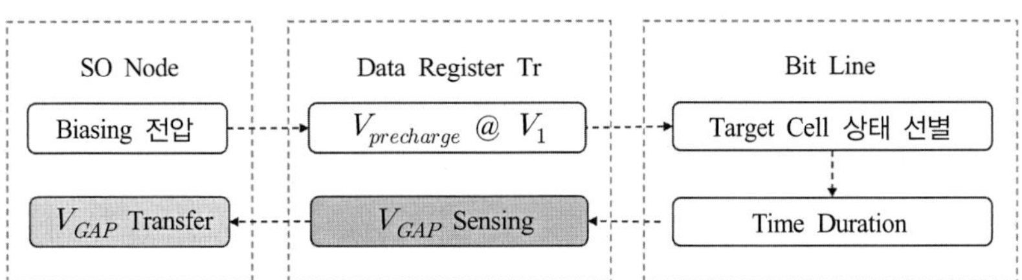

❒ CH8. 그림 3-8 V_{GAP} Transfer Flow

3-4 Read 상태 증폭(SO Node와 Latch 관계)

Target cell의 sensing 결과를 SO node에서 latch까지 확대하는 step이다. Data register Tr에 $V_{sensing}$ level[V_2]이 인가되기 직전에, supply Tr의 gate 인가전압을 0V에서 high voltage로 상승시켜 supply Tr(PMOS Tr)을 OFF시키면, V_{cc} 공급은 중단되고 SO node의 capacitance는 외부에서 공급받지 않는 독립적인 전압으로 V_{cc} level을 유지한다.

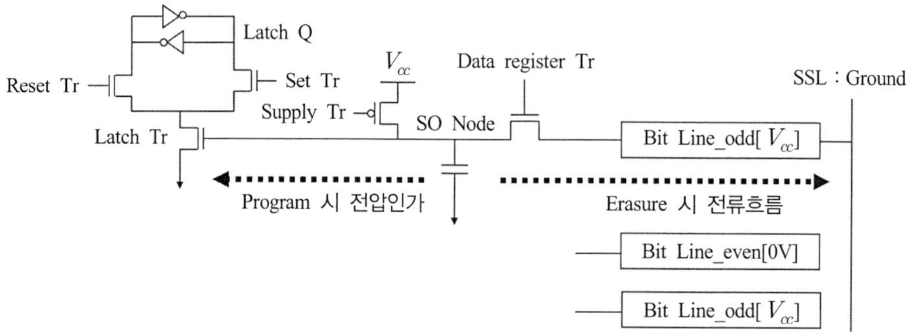

❒ CH8. 그림 3-9 Data Register Tr 제어에 따른 SO Node 역할

이런 상태에서 SO node는 latch Tr의 gate와 연결되어 있으므로 latch Tr은 공급되는 V_{cc}의 영향을 받아서 항상 ON 상태를 유지하다가, V_{cc}의 공급이 단절되면서 대신 SO node 전압 level과 link 된다. Duration time이 경과된 후에 data register Tr의 gate에 $V_{sensing}$[V2]이 공급되면서, erasure cell인 경우는 SO node의 V_{cc}가 bit line을 거쳐 SL로 sink되므로 SO node가

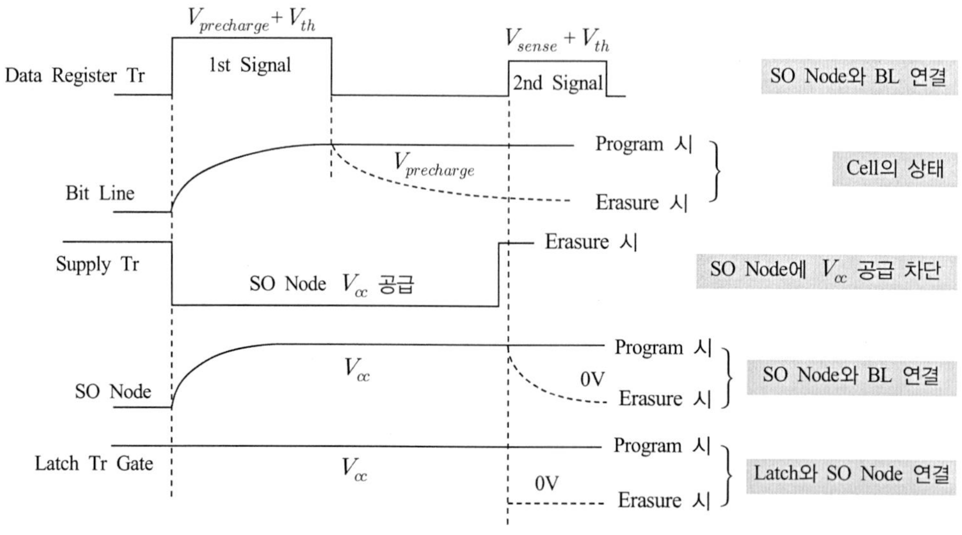

❒ CH8. 그림 3-10 제어 Tr들의 Signal Diagram

0V로 떨어져 latch Tr이 OFF 상태로 바뀐다. 반대로 target cell이 program cell인 경우는, $V_{sensing}$[V2]이 공급되면서 data register Tr이 ON이 되어도, PGM Tr이 OFF이므로 SO node는 V_{cc}를 계속 유지하여 latch Tr은 ON상태를 이어간다. Latch Tr의 gate에는 read operation이 시작되면서부터, supply Tr의 계속적인 turn on으로 인하여, V_{cc}로부터 지속적으로 공급되어 latch Tr이 계속 ON 상태를 유지해 왔었지만, latch 내의 set Tr 혹은 reset Tr이 동작되지 않아서 latch data는 외부 영향을 받지 않고 초기 data 상태를 유지하면서 대기한다.

결론적으로, latch 입장에서 data register Tr의 gate에 $V_{sensing}$ level이 공급되면서, 동시에 supply Tr이 OFF이면, latch Tr은 SO node 전압에 의존하며, SO node 전압은 data register Tr이 ON되면서 target cell의 상태에 좌지우지되므로, 결국 target cell 상태가 latch Tr의 turn on 혹은 turn off를 결정한다. 즉, SO node를 통하여 bit line cell의 상태를 담아낸 정보(전압 level)의 변화가 latch Tr에 연동하므로 cell 상태를 출력할 수 있는 준비가 완료된다. 이는 미약한 bit line information인 bit line 전압 level의 변동을, SO node의 capacitor에 충전된 V_{cc} 전압으로 변환시켜, latch Tr을 작동시킬 큰 폭의 전압으로 amplification된 것이다.

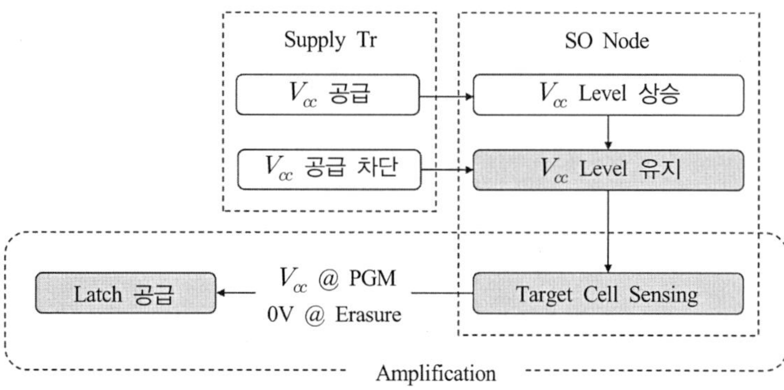

❒ CH8. 그림 3-11 SO Node Role 및 Amplification Flow

Session 4 Read 결과의 출력

이제 cell을 read한 결과를 block 밖으로 출력시켜 보자. NAND Flash memory의 output stage는 DRAM에서 capacitor에 저장되어 있던 data를 out시키는 output path와 유사하다. NAND의 read data를 out시킨다는 것은, target cell 상태를 인지한 bit line의 전압 level을 data register를 거쳐서, latch로 transfer시킨 후에, latch에 저장된 data를 출력시키는 과정으로, latch에 있는 data는 "0" 혹은 "V_{cc}"가 cell array 내의 target cell의 read 결과에 종속되어 있다.

먼저 <Session 2-2-1-1>에서 언급했듯이, latch를 동작시키기에 앞서서, latch를 reset시키는 것이 필요하다. Latch reset 시 reset Tr의 V_{th}보다 적당히 높은 voltage level을 reset Tr에 인가하면, latch Q_bar가 0V로 reset되고 0V level로 reset된 latch Q_bar의 반대편인 latch Q는 "V_{cc}"로 latching된다. Latch reset 후에는 supply Tr이 ON되어 V_{cc} level이 latch Tr의 gate에 인가된다. Latch Tr이 ON이 되고 있는 동안에도, set/reset Tr이 OFF상태로 유지하여 latch data가 보호된다. SO node가 latch에 연결되기 전까지 latch 상태를 유지한다는 것은, cell의 sensing이 완료되기 전까지는 latch에 영향을 끼치지 않도록 방어 하겠다는 의미이다.

Latch의 변화는, latch Tr의 gate에 ground 혹은 V_{cc} 전압 중 한 가지 경우의 전압이 인가되면서, 동시에 switching 기능의 reset/set Tr의 활성화와 맞물려 결정된다. <그림 4-1>은 latch의 actual 회로는 복잡하지만, 핵심만 간소화시켰다. Reset Tr은 initialization stage에 latch를 clear하면서 사용하였으므로, cell을 read한 결과를 latch와 link할 때와 출력 시에는 set Tr을 사용한다. Read operation은 1) target cell이 string 상에서 read가 완료되고, 2) cell의 상태가 data register Tr을 포함한 bit line에 반영된 후에, 3) SO node에서 증폭이 되고, 4) 증폭된 전압이 latch Tr에 가해지면, bit line area에서는 모든 출력준비가 완료된다.

Target cell의 변수는 최종적으로 latch Tr이 결정권을 쥐는 형국이고, latch Tr에 전달되는 cell의 program혹은 erasure 상태는 latch Tr을 ON/OFF 시킨다. Cell data에 대한 출력이 필요시에는, set Tr에 pulse가 가해져 set Tr이 ON이 되고, latch Tr에 가해지는 cell의 read 결과인 전압 level에 연동되어, 결국 cell의 판정 결과가 latch에 저장된 효과가 된다. 그 기간 동안에 다른 하나인 reset Tr은 OFF 상태 그대로 유지된다. Cell 결과가 latch에 반영된 최종 output은 latch Q에서 출력할 전압이 V_{cc}인지 0V인지로 판단된다.

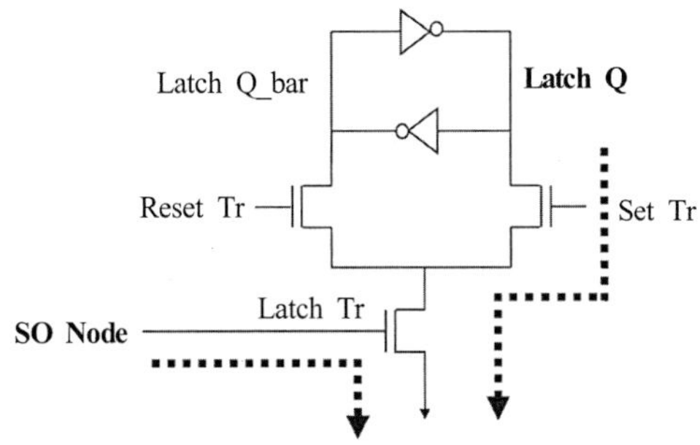

❒ CH8. 그림 4-1 Latch Output

결국 PGM cell은 latch Tr을 ON시켜서 latch Q를 ground level로 하락시켜 low("0"의 상태)가 되고, erasure cell은 latch Tr을 OFF시켜서 set Tr이 ON이 되어도 latch Q가 ground와 연결하지 못하여 latch Q의 data가 high("1"의 상태) 그대로 유지한다. 즉, cell의 erasure의 도통 상태를 "1"로, PGM의 불통 상태를 "0"으로 한 logic과, 이와 연결된 latch Q의 logic이 동일한 logic으로 맞물린다. 한편, latch Q 대신 cell의 read 결과를 latch Q_bar와 연동시켜 logic을 반대로 출력 시킬 수도 있다.

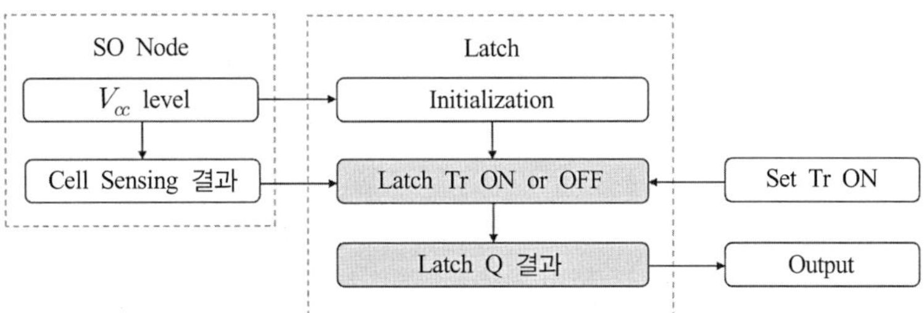

❒ CH8. 그림 4-2 Latch 결과 Output Flow

4-1 Latch Output

Output stage에서, latch output 관점으로 signal timing의 diagram을 살펴보자. Cell을 read한 결과, target cell이 program 상태이면, OFF cell이 되어 전류가 흐르지 않으므로 bit line의 전압은 precharge 전압 level을 그대로 유지하면서, SO node에서 V_{cc}로 증폭된 후에, latch Tr의 gate에 인가되어 latch Tr을 도통시킨다. Latch Tr이 ON된 후, Set Tr이 ON되면 high로 있던 latch Q가 ground로 떨어진다. Latch Q는 V_{cc}에서 0V로 되어 cell이 program 상태임을 나타낸다(Latch Q_bar는 항상 latch Q의 반대 전위를 갖는다). Target cell이 erasure 상태이면, ON cell이 되어 bit line의 전류가 SL level인 ground로 흘러서 bit line이 0V가 되고, SO node의 전압 level도

연동되어 V_{cc}에서 0V로 떨어진다. latch Tr gate에 가해지는 전압 level이 latch V_{th}보다 낮게 되므로, latch Tr을 변화시키지 못하여, latch Tr은 OFF 상태를 계속 유지함으로써, set Tr gate에 timing에 맞추어 pulse가 가해져도 latch Q의 V_{cc} 상태는 변함이 없다. 결국 latch Q 상태를 점검하면 cell이 어떤 상태인지를 판단할 수 있게 된다. 상기의 각 Tr 상태에 따른 전압 level을 signal diagram으로 <CH8. 그림 4-3>에 종합적으로 나타내었다.

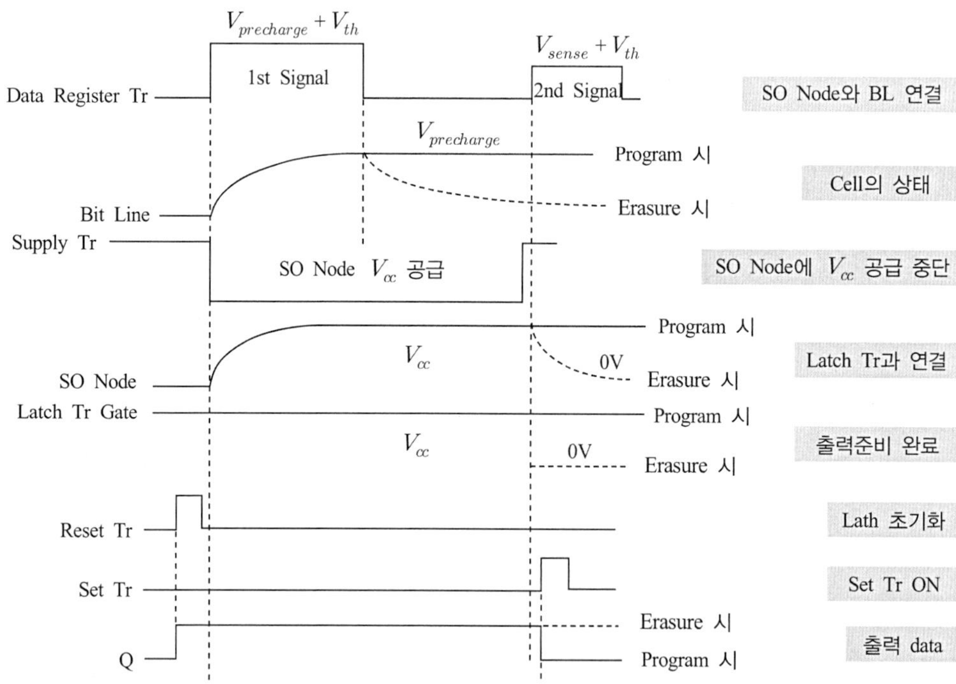

❐ CH8. 그림 4-3 Latch Output Diagram

4-2 Read Time

Data는 page 단위로 read하는데, 이는 read 동작의 기본 동작 단위이다. 단, erasure verification은 block 단위 내 전 cell을 한꺼번에 실시한다. String방향으로의 각 page 묶음의 read operation을 <CH8. 그림 4-4>에 나타내었다. Random read 혹은 sequential read 방식은 PGM과 동일한 방식이고 data를 이동시키는 방향은 반대이다. <CH8. 그림 4-4>는 read 동작 시 multi plane operation으로서, 2개 plane 상의 zig-zag로 numbering되어 있는 block 내의 page 상에서 read 동작 방향을 나타내었다. 총 read time은

$$t_{RD}=t_R+t_{RC} \qquad \text{식8)}$$

이다. t_R(read time)은 data를 cell array의 page에서 data register로 parallel하게 옮겨오는 page read 시간으로서, 이는 cell array 내의 architecture 구성에 따라서 약간의 영향을 받는다. t_{RC} (read cycling time)는 data register에서 DQ pin으로 data를 serial로 옮기는 시간이다.

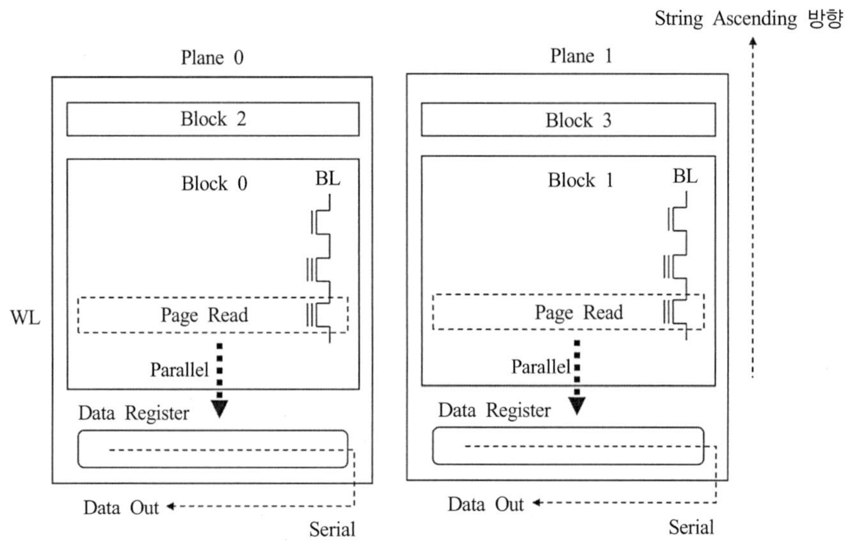

❐ CH8. 그림 4-4 Read Time 및 Read Path

Conventional HBL일 경우, page 내에서 odd bit만 read할 때는 odd bit only read하고 odd bit read가 끝나면 even bit only read를 한다. ABL일 경우는 odd/even에 상관없이 page 내의 all bit 전체를 읽어낸다. Conventional HBL은 1개의 data register가 odd bit와 even bit를 시간차를 두고 번갈아 가며 읽어 낼 수 있으므로 ABL에 비하여 data register size가 반으로 줄어드는 대신 read time은 두 배로 소요된다.

Block 내의 지정된 page의 data들을 data register로 옮긴 후, data들은 DQ를 통하여 data out 된다. Cell array에서 data register로의 이동은 page 단위별 parallel 방식으로 random page read/

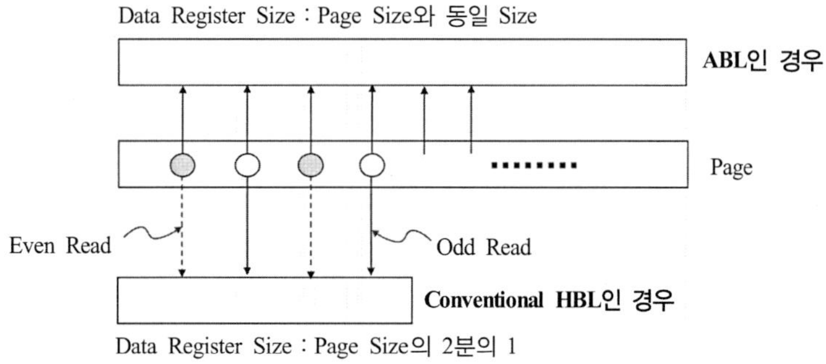

❐ CH8. 그림 4-5 Conventional HBL과 ABL의 Read 동작비교

혹은 sequential page read이고, data register에서 data out은 주로 serial 방식으로 빼낸다. 이때 data register 내의 data들도 bit 단위의 random read 방식으로 가능하나, 주로 serial로 read하여 순차적으로 한꺼번에 output시킨다. DR 내에서, bit 단위의 random data read는 random data out command를 사용하여, 읽어야 할 column을 바꿔가면서 serial data 중에 random하게 data를 data register에서 꺼낸다. Cell array 내의 많은 양의 data를 read할 때는, 연속적인 address로 ascending하게 진행하는 sequential read가 throughput이 높지만, data 용량이 적을 경우는 sequential read가 random read에 비하여 throughput이 오히려 떨어진다.

Cell array에서 data가 data register로 옮겨질 때는, page 내의 data들이 parallel로 동시에 read가 수행되고, 2-plane read operation 시에는 2개 plane 내의 cell array에 있는 page를 각 plane 별로 동시에 read해낸다. 이 경우 plane별 t_{RD}는 같으며 4-plane도 마찬가지이다(Plane 내의 각 block address는 zig-zag로 배정되며, block 내의 page address를 배정할 때는 serial로 ascending하게 번호를 부여한다). 이때 cache read operation을 적용하면 read time이 normal operation time에 비하여 약 20~30% 절감된다.

4-2-1 Cache Read Operation

Cache read operation은 <Chapter 4, Session 3-9-2>에 언급되어 있다. Program operation과 마찬가지로 2-plane과 cache operation을 모두 적용하면 cache read multi plane 동작이 되며, 2가지를 모두 적용할 때가 t_{RD}가 가장 빠르고, 2-plane only operation이 cache only operation 보다 t_{RD}의 절약폭이 크다. 이런 option들을 적용할 경우 read 동작도 program 동작 시와 마찬가지로 SLC < MLC < TLC 순으로 t_{RD}의 감소폭이 크다. 그러나 read operation에서는 program operation보다는 전체 timing 감소 효과는 적다.

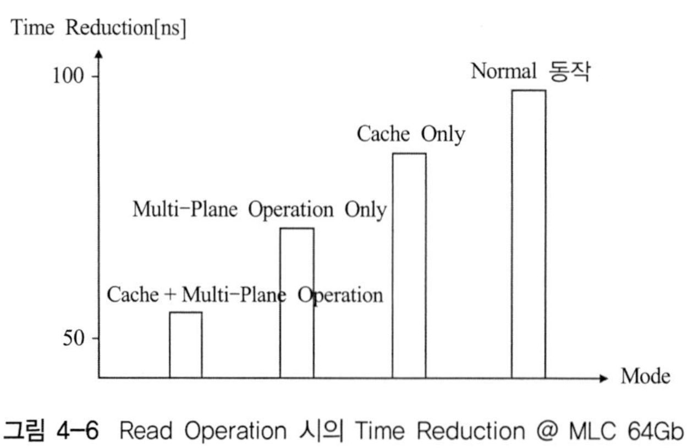

❐ CH8. 그림 4-6 Read Operation 시의 Time Reduction @ MLC 64Gb based

4-2-2 Read 동작과 Program 동작의 Delay Time 비교

2000년대의 NAND Flash 메모리는 SLC에서 TLC까지 성능보다는 용량 확장에 더 큰 비중을 두고 발전되어 왔다. DRAM은 용량에 비례하여 성능이 꾸준하게 개선되었지만, NAND는 거대해진 용량 몸집에 비하여 성능 향상이 뒤떨어짐으로써, DRAM에 비하여 NAND가 다양한 application상에 장착되는데 제약이 되어왔다. 이는 NAND가 DRAM보다 항상 10nm는 앞선 scale down을 유지하기 위하여, density 확장 위주의 방향으로 기능보다는 용량에 더욱 초점이 맞추어져서 진행되어 왔던 결과이기도 하다.

이를 보완하기 위하여, 2000년 후반부터 NAND의 성능, 특히 operation 속도를 높이는 작업이 빠르게 진행되어 asynchronous NAND을 사용할 때의 40MB/s의 read operation 속도(sequential read)가, DDR3을 적용하게 되면서, 5년만에 10배인 400MB/s로 interface 속도가 향상되었다. 이는 NAND가 DRAM의 DDR speed protocol 방식을 채용하게 되면서 가능하게 되었고, 향후 DRAM은 DDR4 > DDR5 > DDR6 등으로 향상 계획을 갖고 있으며, NAND도 이런 high speed 방향을 뒤따를 것이다. 그런데 문제는 NAND는 DRAM에는 없는 data을 저장하는 특이한 방법인 program operation이 있는데, program speed가 read speed와 비교하여 매우 느림으로써, NAND의 또 다른 bottleneck이 되어왔다. NAND에서는 program operation 속도를 높이고는 있으나, 아직도 NAND가 주변기기와의 interface동작 시에 불편함이 따른다. 6)

Program time의 burden을 보면, read와 program operation 모두 동작시의 소요 시간은 동작 time(t_{RD}, t_{PGM})과 cycling time($t_{cycling}$: t_{RC}, t_{WC})으로 구분되는데, 동작 시간은 cell과 data register 사이의 data transfer time이고, cycling time은 data register와 host(DQ pin) 사이의 delay time이다. Cycling time은 operation 종류에 상관없이, t_{RC}와 t_{WC}가 비슷하다. 그런데 동작시간과 비교시, 같은 cell 내에서 동일조건이라면, 보통 t_{RD}가 t_{RC}에 비하여 4분의 1배, t_{WC}가 t_{PGM}에 비하여 4분의 1배 소요되어, t_{RD}가 t_{PGM}에 비하여 약 16분의 1배 정도 밖에 소요되지 않는다. t_{RC}와 t_{WC}는 page size에 따라 변화가 크므로, <CH8. 그림 4-7>은 page size가

6) Asynchronous, Synchronous : NAND Flash memory의 속도는 asynchronous type에서 synchronous type으로 넘어오면서 비약적으로 발전했다. NAND의 speed protocol은 DDR1 > DDR2 > DDR3 > DDR4 > DDR5로 변화해 가고 있으며, 그에 맞추어서 초당 data 처리 속도는 100MB/s급 > 200MB/s급 > 400MB/s급(현재) > 800MB/s급 > 1,600MB/s급으로 급속히 향상되어 가고 있다. NAND가 비동기를 적용할 때까지는 speed의 개선이 용량의 증가를 따라가지 못하였지만, 동기식을 적용하면서부터 속도를 내기 시작하여, 특히 synchronous방식인 SDR일 때는 100MB/s이내에서 처리 속도는 서서히 개선되었으나, DDR로 전환되면서 향상 속도가 더욱 빨라졌다.

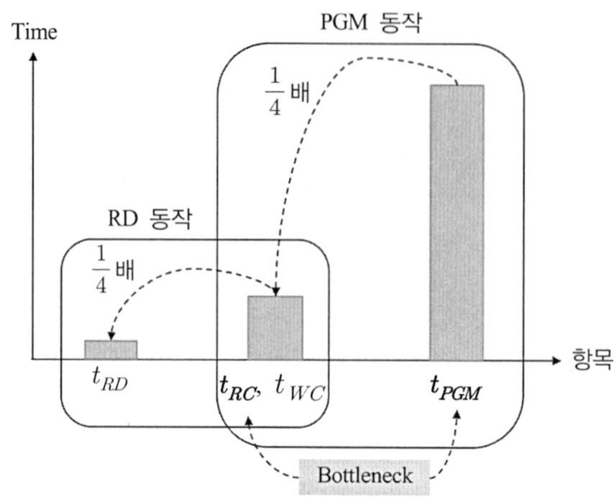

❒ CH8.그림 4-7 Read 동작과 Program 동작시의 Delay Time 비교 @ MLC 64Gb based, page size 1Kb

대략 1Kb 단위일 경우의 operation 소요 시간에 대한 비율 비교이다. 그러나 page size에 상관없이 t_{PGM}대비 t_{RD}의 소요시간 비율은 거의 일정하다.

Read 시에는 t_{RD}에 비하여 t_{RC}가 걸림돌이고, program 시에는 t_{WC}에 비하여 t_{PGM}이 걸림돌이 되어, NAND 전체의 operation time 측면으로 볼 때, bottleneck인 program time을 줄이는 것이 최대 관건이 된다. 따라서 data transfer time을 줄이기 위하여 clocking protocol 방식을 upgrade시키고, 다양한 program operation scheme을 도입하여 copy back program, cache program operation, multi plane 및 interleave operation 등을 적용하여 최적의 NAND operation time이 구현되도록 한다.

4-2-3 Operation Speed @ DDR mode

NAND의 동작속도를 높이기 위하여 program, read, erasure의 동작 관련 최적화를 진행하는 등 여러 activity들이 있어왔다. Application 별로 차이는 있지만, field에서의 일반적으로 필요로 하는 signal 속도인 약 300MB/sec 이상에 맞추어, clock 자체의 signal speed rate를 향상시켜서 동작속도를 빠르게 이끌어 가야 하는 것도 NAND가 나아가야 할 방향이다.

Clock signal 자체의 speed 향상은 DRAM이 먼저 적용을 하였고, NAND에서는 5년쯤 앞서 가고 있는 DRAM을 따라가고 있다. NAND가 동작하기 위하여는 먼저 host로부터 command를 받고 이에 대한 반응을 하는데, host와 NAND 사이의 주고 받는 signal의 전기적인 신호 전달 interface로서 설정해 놓은 data의 speed 방식 중의 하나가 synchronous data rate(SDR) mode이다. NV SDR은 nonvolatile synchronous data rate이고, NV DDR은 NV double data rate로서, DDR은 SDR의 약 2배 가까운 signal 속도를 갖도록 targeting되어 있으며, NV DDR2

(266MB/sec)는 NV DDR(133MB/sec)보다 약 2배 향상된 signal speed를 갖는다. 약 300MB/sec 정도의 speed는 제반여건이 갖추어져 있다면, 5초만에 영화 1편을 down 받을 수 있는 속도이다.

Signal은 여러 종류가 있겠으나, 그중 system clock이 data를 clock에 동기시켜 동작되게 함으로써 speed를 빠르게 향상시킨다. Clock 구성은 전압의 rising과 falling의 반복으로 만들어지며, SDR은 clock의 rising과 falling의 반복되는 변화 중에 rising edge 혹은 falling edge 중에, 한쪽 side edge와 data signal을 동기화시켜 사용하면서, host와 NAND가 상호 동일한 timing 기준에 맞추어 interface하자는 signal 규칙이고, NV DDR은 NV SDR의 규칙 위에 더 나아가서 signal의 rising과 falling edge 모두에서 시간적으로 synchronous data를 동기시켜 data를 입출력하도록 정해놓은 signal interface 규칙이다. 따라서 DDR은 1개 clock 내의 2개의 edge 모두를 data와 연동하여 사용하는데, 이는 FTL이 NAND를 control하는 데 있어서, data의 start 시점과 end 시점의 clock cycling time을 정확히 sensing하도록 하여, 이를 통하여 FTL의 initiative operation인 cache operation, copy back program, interleaving 2-plane operation 등을 빠르고 정확하게 진행할 수 있도록 한다.

4-2-4 Interleaving operation

이외에도 operation time을 감소시키는 동작으로 interleaving이 있다. Interleaving은 2개 이상의 multi plane 혹은 서로 다른 single chip이 2개 이상 stacking되어 있는 multi stacking device의 operation상에서, 적용되는 동작이다. 이는 하나의 read operation이 진행될 때, ready busy interval 시에 또 하나의 다른 plane 혹은 device의 각각 세분화 된 동작 segment를 끼워 넣어 (interleaving) 전체 동작 performance을 향상시키는 scheme이다. Read와 program operation시 core area와 data register 사이 및 data register와 output 사이에서, 동작 시 interleaving을 실시하여 total accessing time과 transfer time을 단축시킨다.

4-3 Word Line Grouping을 통한 Read Compensation

Wafer는 모든 chip, block, string, word line, cell들의 특성이 서로 같게 되는 것이 이상적이지만, device 공정상 위치적으로, 화학적으로, 물리적으로 편차가 발생될 수밖에 없는 구조이기 때문에 모든 cell의 index들의 값들이 서로 동일할 수가 없는데, block 내의 word line 특성도 예외는 아니다. 같은 read biasing 전압을 인가하여도 word line variation에 의하여 control gate

에 전달되는 전압이 다르게 되고, 분포가 일정한 이상적인 경우에도 biasing 전압의 shift로 인하여 fail이 발생할 수 있다.

종전에는 이런 variation 특성을 무시하고 일정하게 모든 word line에 동일 biasing 전압을 인가하였지만, word line의 variation을 감안하여 분포가 좌로 shift된 word line group에는 좀 더 낮은 read 전압인, $V_{RD}-\Delta V$로 보상된 biasing 전압을 인가하고, 분포가 우로 shift된 word line group은 좀 더 높은 read 전압인, $V_{RD}+\Delta V$로 보상된 biasing 전압으로 인가해 주어야 read fail bit를 최소화할 수 있다. 이렇게 word line 변수로 인하여 분포가 유사한 특성을 보일 경우, 서로 비슷한 특성을 갖는 word line끼리 묶어서 관리하는 것이 필요한데, 이는 별도의 register에서 word line을 grouping하면서 최적화된 read level을 설정한다. 이런 보상 방식은 word line별 분포 reading을 통하여 feedback된 결과를 FTL에서 조합하여 분석한 후, word line grouping을 하기도 하고 register에서 directly grouping하여 read variance을 compensation하기도 한다.

CAM Read

NAND는 사용하기 전에 initialization을 실시한다. NAND를 initialization하려면 최소한 CAM block에 있는 정보를 꺼내어 bad block information 등 기본적인 NAND의 fail된 상황 혹은 사용하지 못하는 피해야 하는 area 등을 읽어내야 하는데, 이때 CAM block 정보를 읽어내는 것을 CAM read라 한다. CAM 내의 meta data는 application에서 사용되기 전에, NAND 자체적으로 또 자동적으로 confirmation되도록 하여, NAND를 사용하는 데 있어서 불편함을 최소화하도록 되어 있다.

CAM block에 save하여 놓은 CAM information에는 NAND가 self-operation을 위하여 절대적으로 필요한 factory information도 포함되어 있는데, 이곳에는 특별한 bad block 위치라던가, repair 정보라던가, trim status 등의 factory bad block 정보는 user가 user operation을 진행하는 데 있어서, 직접적인 관련이 없는 information으로서 CAM block에 저장하여 놓고 access하지 못하도록 제한구역(data sheet에 CAM의 위치 정보가 inform 되기도 한다)을 설정하여 놓는데, 이는 NAND chip을 initialization해도 CAM block 내의 정보는 영향을 받지 않도록 OTP block보다도 더욱 강력하게 통제하여 놓기도 한다. 이는 invalid data 정보가 손실되면 NAND 자체를 사용할 수 없게 되기 때문이다. 예를 들어, CAM data 속에 factory invalid data를 포함시켜, 전체 bad block list를 종합적으로 관리하여야만 block erasure 시에 bad block list에 있는 physical invalid block들은 처음부터 제외시켜 erasure하지 않고 배척할 수 있으며, physically valid한 data block(main area + spare area)만을 재사용할 수 있도록 erasure 할 수 있게 된다.

Session 5 Read의 기능 Block과 Operational Flow

Chip 내부의 기능 block에 대하여 program chapter에서는 program operation 측면에서 다루었으나, 여기서는 read operation 관점에서 살펴보겠다. Read 시에 주로 사용하는 기능 block으로는 data를 주고 받는 DQ control block이 있고, command를 처리하는 command register 및 command logic block이 있다. 또한, address를 선별하는 address register 및 cell array 내로 address를 지정해주는 row decoder와 column decoder가 있다. Read 명령을 받아들일 때는 DQ control/command register/command logic/column decoder block들이 사용되고, read할 address를 assign 할 때는 DQ control/address register/row decoder/column decoder block들이 개입한다. Read한 data를 output할 때는 column decoder/ECC/DQ control block들이 참여한다.

5-1 Read Command Flow

Read 동작은 맨먼저 command를 받아서 움직이므로 command latch enable(CLE)이 활성화 되면, command logic(혹은 control logic)은 DQ control에게 read command를 받으라는 신호를 보낸다. Read operation을 수행하기 위해서 먼저 NAND는 command pin, address pin을 따로 갖고 있지 않고, 일반적으로 8개의 I/O pin(최대 16개의 Data pin)을 통하여 command와 address signal을 받고, data를 입출력시키는 데 사용한다. Host에서 보내온 정보를 NAND의 DQ pin을 통하여, signal을 받은 DQ control은 command인지/address인지/data에 대한 것인지 선별하여 command이면, command register에 보낸다. Command register는 information이 read operation이면, chip mode를 read 동작 mode로 전환 후에, read의 세부동작을 수행하기 위하여 어떤 종류의 read인지 판별 후, 후속조치를 진행하라고 command logic에 명령한다. Read command를 받은 command logic은 read하기 위한 condition 및 read의 구체적 명령들을 해석해낸다. 해석된 read command는 중요하기 때문에 ECC를 거쳐서 column decoder에게 전달된다. 또한 command logic은 read bias 전압 조건 및 공급할 전압들을 어디에서 수배하여 row decoder에 건네줄 것인지를 챙긴다. Column decoder는 data register와 협업하여 cell array 내에서 read operation을 시작한다. <CH8. 그림 5-1>은 read 명령을 수행하는 흐름도이다.

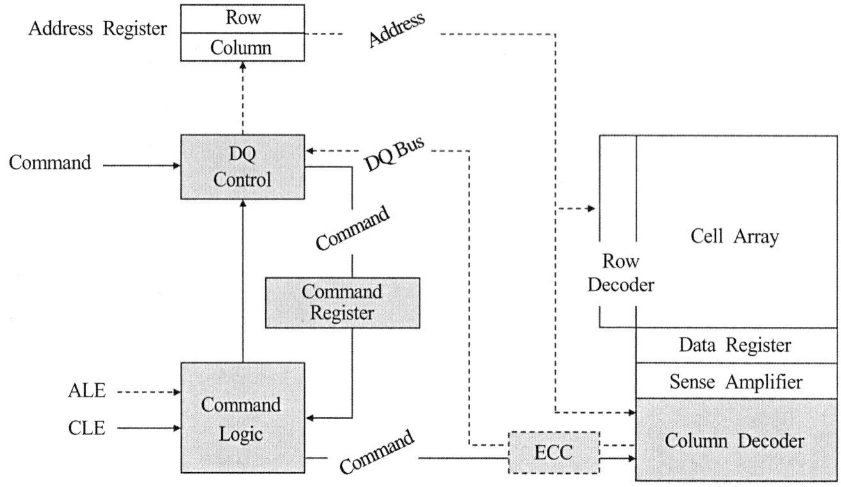

❒ CH8. 그림 5-1 Read Command Access Flow

5-2 Address Access Flow

Read command 접수가 완료되면, cell array 내에 read할 target cell을 지정하여야 한다. Read할 cell을 지정하는 address access operation이 가능하다는 의미의 ALE(address latch enable)가 들어오면 command logic은 DQ control에게 DQ pin을 통하여 들어오는 address data를 받으라고 한다. Data를 받은 DQ control은 read할 cell 위치를 포함한 address data인지를 확인한 후, 이를 address register에 보내준다. Address register는 DQ control로부터 받은 address cycle을 해석하여, X축 address는 row decoder로 보내고 Y축 address는 column decoder로 송부한다. 구분된 address는 각각의 decoder를 통하여 cell array로 input되어 read할 target cell이 지정된다. Column decoder는 conventional BL인 경우, read할 bit line을 지정하기 위하여 odd address인지 even address인지를 판별해내어 bit line을 지정한 후, data register Tr로부터 받은 $V_{precharge}$를 해당 bit line에 인가한다. Read 시의 word line을 선택하는 과정도 program operation과 유사하지만, read 동작 시에는 high voltage를 사용하지는 않는다. Random read 시, row address를 전달받은 row decoder는 target page를 선정하여 column decoder에 의하여 선정된 bit line과 cross 시켜 최종적으로 target cell 위치를 확정한다. Sequential read 시에는 read 동작을 start할 page address를 설정 후에, asending read일 경우, X-address를 +1씩 증가시키면서 page read를 진행한다. Row decoder는 string에 매달린 Tr(DSL, unselected Tr, target Tr, SSL)들의 gate에 전압을 선별/공급하여, word line을 활성화시킨다. <CH8. 그림 5-2> 참조.

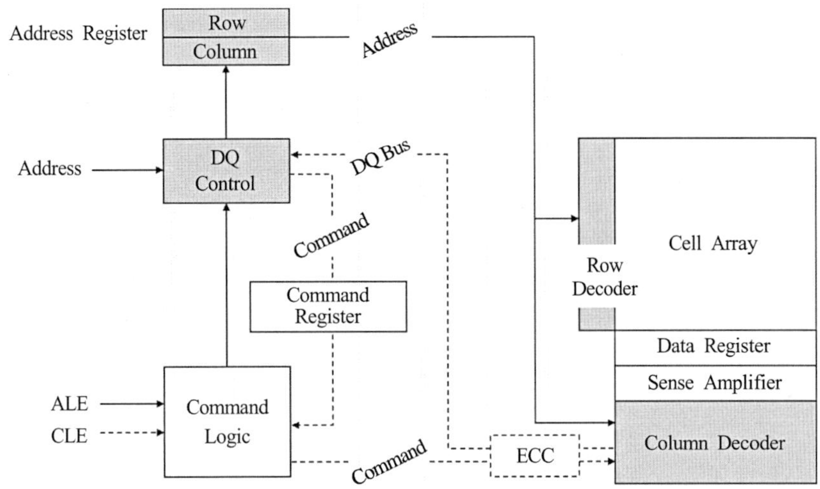

❒ CH8. 그림 5-2 Address Access Flow

5-3 Data Output Flow

지금까지는 cell이 read operation을 수행하기 전 단계를 진행했다. Read command를 받아서 해석한 후에, read command를 column decoder에 넣어주고, 다음으로, read할 cell address data를 접수하여 해당 cell 혹은 page를 지정해주면, read operation을 진행할 준비가 모두 완료된다. Read operation을 진행하는 과정에서의 command를 접수하고 address를 assign하는 일련의

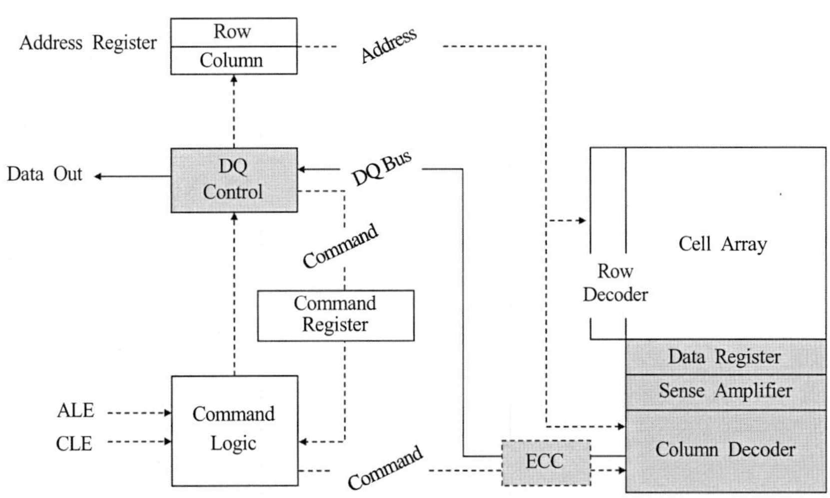

❒ CH8. 그림 5-3 Read Data Output Flow

동작은 program operation과 유사하지만, data 진행 방향은 PGM operation과는 반대로 cell array에서 host로 향한다.

Target cell의 data를 read하여, read 결과는 data register를 경유하여 data signal를 증폭시킨 후에, latch로 이동된다. Latch는 read 결과에 따라 latch data를 column decoder를 거쳐서 출력시킨다. Read data는 중요하기 때문에 host로 보내기 전, 잘못된 data가 발생되었는지 ECC에서 이를 check하고, 잘못된 data는 ECC engine이 cover가능한 범위 내에서 correction한 후, data를 out시키기 위하여 DQ control로 보낸다. DQ control은 data을 serial하게 host(혹은 FTL)에 통보한다. <CH8. 그림 5-3> 참조.

5-4 Error Check Correction(ECC)[7)]

NAND Flash에서는 bit 수가 64×10^9 bit인 수십억 개에서 수백억 개 bit의 data를 꺼내고 집어넣는 동작을 반복하는 과정에서 불량이 발생되거나, 혹은 cell 자체의 hardware defect로 인하여 data의 불량이 발생한다(물론 한 번에 사용되는 data량은 이렇게 크지는 않다). 불량이 발생되면 chip을 못쓰게 되는데, 이렇게 되면 chip 공급자건, 혹은 사용자건 서로 손해가 막대하므로, 이의 손실을 되도록 줄이기 위하여 여러 방법들이 동원된다. DRAM에서는 제작과정에서 cell 불량이 발생하면 여분의 cell을 준비하고 있다가, bad cell과 good cell을 교환하여 사용토록 하는 redundancy cell area가 있다. NAND Flash에서는 redundancy 기능뿐만이 아니고 spare area가 있어서, chip 내에서 DRAM보다 더 큰 portion을 차지하고 있으면서 fail case를 해소한다. Page를 data 영역과 spare 영역으로 구분하여, spare area에는 ECC 결과를 기록하는 ECC area와 mapping information(제작 과정에서 발생된 필요한 정보)을 기록하는 area를 두었다. ECC는 hardware/software적으로 발생된 fail bit를 software적으로 해당 bit를 찾아내어, 이를 SW적으로 good bit화시켜서 사용하게끔 하는 방법으로 hardware적으로 correction하는 것은 아니다. 통신분야에서는 이런 correction code 분야로 많은 발전이 있어 왔으며, NAND Flash에서는 여러 code 중에 chip에 적합한 code를 활용하고 있다. ECC engine은 처음에는 대

7) ECC는 Error Check Correction 혹은 Error Correction Code 등 조금씩 다른 용어로 불리는데, 이들 모두 같은 의미를 갖는 ECC는 data 영역의 main data들이 fail되었을 시, 불량을 확인하고 필요한 경우 정정해주는 기능을 한다. ECC는 원래 대수학에 적용하기 시작하여, vector의 error correction에 응용되었다가, Morse signal communication에서 발생되는 error를 조정하는데 사용되는 것을, 최근에는 디지털 통신 및 응용기기에 광범위하게 사용되고 있다. NAND Flash에서도 ECC를 이용하여 어떻게 하면 error를 correction하고 data pattern을 original data에 가깝게 재구성해 낼 것인가하는 correction 기법들을 활발하게 개발도하고 적용도 하고 있다.

부분 NAND 밖의 host side(system area)에 두어 NAND를 support했었다. 그러나 NAND는 점차로 total solution provider화 되어가고 있고, user의 편리성에 편승하여 ECC engine을 NAND side에 두는 방향으로 진행되어, NAND + controller(ECC)의 결합된 stacking package(MMC 등)로 user에 공급하는 방향으로 급변해가고 있다. <Chapter 4. Sesion 3-3-7-1> 참조.

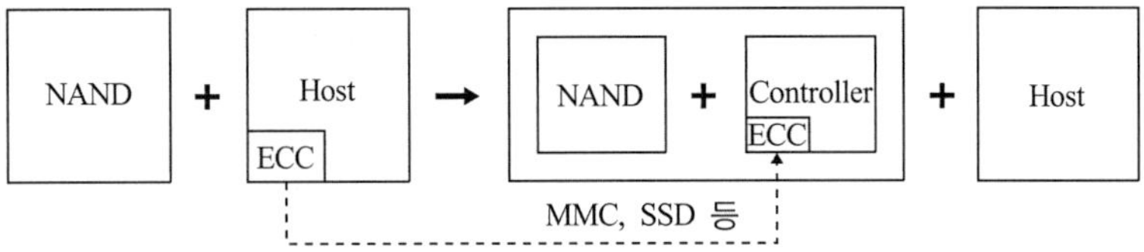

❒ CH8. 그림 5-4 ECC Engine의 위치 이동

5-4-1 BCH와 LDPC 비교

ECC code로는 Hamming code, BCH code, Reed-Solomon code, LDPC(Low Density Parity Check), TPC(Turbo Product Code), convolution code 등 여러 가지 종류의 error check 및 correction 기능을 갖는 code들이 있다. BCH는 발명자 3명의 이름을 딴 명칭(Bose Chandhuri Hocquenghem)으로서, error correction에 가장 전형적인 code로서 code 조합에 의하여 correction 능력 이하의 error bit를 계산에 의하여 정확하게 correction한다. BCH의 단점은 device의 density가 커짐에 따라 correction 능력이 커져야 하고, 그에 따라 BCH code의 복잡도의 급상승으로 인하여 correction 능력이 out of control됨으로써, 이를 해소하기 위하여 LDPC가 도입되었다.[8] NAND area에서는 자체적으로 NAND에 맞는 code를 발전시키기도 하고, 도입하여 일부만 변경하여 적용하기도 한다. 더 강력한 ECC algorithm을 사용할수록 controller 혹은 NAND의 chip size는 영향을 받겠지만 hardware적으로 어쩔 수 없이 발생되는 신뢰성 문제 및 density가 증가함에 따라 software적으로도 다발되는 error를 보상하여야 하기 때문에 점점 효율적이고 강력한 ECC 알고리즘을 개발하는 추세다. Worldwide하게 2000년 후반만 해도 4K bit당 1개 bit의 error를 correction할 수 있는 ECC를 사용하였고, 지금은 훨씬 많은 bad bit를 correction한다.

여러 ECC code 중에 가장 기본이 되는 BCH code를 NAND Flash에서 활용하는 간단한 예를 들어보자. 먼저 error가 발생되었는지를 확인하자면, original data를 encoding 한다. ECC에서의 encoding이란 정보를 부호화(coding화)한다는 것으로 original data가 error를 발생시켰

8) LDPC는 soft decoding 방식으로서, trend를 통한 error correction 방법으로 correction 능력이 상승해도 복잡도가 BCH처럼 급상승하지는 않는다. LDPC는 error + error가중치를 활용하여 correction한다. 이는 높은 correction능력이 필요한 경우에 BCH를 활용하는 것보다 유리하다.

는지 확인하여, error가 발생되었으면 error를 정정하기 위하여 original data에 parity bit를 더하는 방식을 말한다.[9)]

❒ CH8. 그림 5-5 Encoding

Parity bit를 사용하는 목적은 data check 방식의 일환으로서, NAND의 cell array로부터 data를 read하여 host로 출력하기 전에, 혹은 반대 방향으로는 NAND가 외부로부터 data를 input 받아서 cell array에 original data를 program하기 전에, error를 골라내기 위함이다. Parity bit만을 활용한 방식은 error bit detection만 되고 correction까지는 불가능하다. Parity bit을 활용한 기능이외에 correction 기능을 첨가한 것이 Hamming, BCH, LDPC code들이다. ECC를 적용하면 main data의 bit error rate가 현저히 줄어들지만, original bit fail 자체가 너무 많으면 parity bit를 활용하여 error를 correction할 수 있는 maximum fail bit수를 넘게되어 ECC engine을 사용할 수 없다. 그래서 대게 어느 수준의 ECC를 사용할 것인지는 chip의 신뢰성 검증 자료를 바탕으로 선정한다.

따라서 BCH 방식을 사용할 경우는 각 page마다 main cell영역에 original data를 write할 때, spare cell area의 ECC area에 ECC data인 parity bit 정보를 동시에 write해 놓는다. 이때 ECC data는 주로 NAND chip이 아닌 외부 controller의 ECC 발생 engine에서 ECC data를 만들어서 NAND의 ECC area에 공급한다. Main data들은 1) 저장할 때 여러 가지 원인으로 error가 발생할 수도 있고, 2) hardware적으로 cell에 문제가 있어서 original data가 main cell에 저장되지 못하고 반전된 data가 PGM될 수도 있으며, main cell에 저장된 data도 시간이 지남에 따라 수시로 OFF cell 혹은 ON cell로 값이 변하는 fail이 발생될 수 있다. 3) 또한, data를 read 할 때도 동일한 문제가 발생할 수 있다. 이렇게 크게 3족이지 과정에서 fail이 발생할 개연성이 있으므로, main data를 꺼낼 때 old ECC code도 같이 꺼내어 main data가 정확한 data 인지를 비교 점검한다. Main data를 read하여, 이를 근거로 new ECC data를 새로 생성(controller)시킨 후, 기존 ECC area에서 꺼내온 old ECC code와 비교하여 2개의 old와 new의 ECC code들이 상호 같으면 fail이 없는 것이고, 상이하면 꺼내온 main data가 문제가 있는 것으로 판단하여, NAND 외부에서 main data를 correction(원래의 data로 고침)하여 의도했던 용도(host로 송부)로 사용한다.

---

9) Parity는 odd parity bit(전체 "1"의 bit수를 홀수 개로 만듦) 혹은 even parity bit(전체 "1"의 bit수를 짝수 개로 만듦)을 이용한다. 통신 방식에 해당되는 자세한 오류 검출 방식은 생략한다.

이때 good/bad의 기준은 기존 old ECC code로 한다. 물론, 이미 ECC area에 write시켜 놓은 기존의 old ECC code도 문제가 있을 수 있고, 꺼낸 main data를 근거로 새로 발생시킨 new ECC code가 문제일 수도 있지만, old ECC code가 new보다 good일 가능성이 확률적으로 더 높기 때문에 old ECC code를 기준으로 삼는다. 그런데 old와 new를 비교하여 fail bit 수가 error를 correction할 수 있는 한계치를 넘으면 fail된 main data를 원상 복귀할 수 없으므로 해당 page는 bad가 되는데, 1개 page만 fail처리하고 나머지는 good page를 살려서 사용할 수는 없으므로 fail page가 소속된 block 전체를 fail로 하여 bad block으로 처리한다. 이때 bad block 내의 다른 good data들은 bad block 처리 전에 다른 good block으로 copy하여 옮겨 놓는데 이를 copy back operation이라 한다. <Chapter 4. Session 3-8> 참조.

LDPC, TPC, BCH 등의 ECC방식은 fail 자체를 줄일 수 있는 방법이 아니라, fail 발생 후에도 NAND가 정상적으로 동작을 할 수 있도록 사후약방문을 활용하는 case에 해당한다. 한편, ECC가 강력해질수록 신뢰성에 도움도 된다. 특히, program/erasure cycling 횟수를 견딜 수 있는 NAND의 endurance가 높아진다. Data 용량이 클 경우의 ECC는 LDPC가 유리하여 LDPC의 correction능력으로 NAND를 사용 시, BCH에 비하여 약 2배 가까이 활용 능력이 높아진다. 예를 들어 20nm급 64Gb NAND를 사용한다는 기능 중의 하나의 측정 항목인, 저장하고 지우는 동작(PE cycling)을, BCH를 적용하면 5천 번 밖에 PE cycling 횟수를 사용할 수 없다면, LDPC는 1만 번까지 사용 가능하다는 것이다. 그러나 data용량이 작아지면, LDPC가 BCH에 비하여 효율이 크다고 할 수 없으며, 어떤 경우(매우 작은 data 용량)는 BCH의 능력이 LDPC에 비하여 높아진다.

최근에는 ECC가 개선되어 advanced BCH code 이외에도 advanced LDPC 혹은 advanced TPC 등의 강력한 ECC engine의 활용도를 다양하게 높이고 있어서, 이들이 BCH code에 비하여 chip 내 점유하는 면적은 커졌지만, 고용량화에 따른 다량 fail로 인한 문제점에 대한 대응력을 높일 수 있어서 장점이 더 크다. 그런데 size 문제로는, error check correction 기능이 강력해질수록 chip 내에서 점유하는 면적이 커지면서, user에게 제공하는 OP(over provision) size가 줄어드는 경향이 있다. <Chapter 4. Session 3-3-5-1> 참조. 그러나 size 대응방식은 한 가지 방식만 있는 것이 아니라 다양하여, ECC로 인한 chip size의 증가를 최소화하면서, ECC 효율을 높일 수 있는 강력한 ECC engine이 여러 가지 방식으로 개발되고 있다.

5-4-2 BER vs UBER

Bit error rate의 약어인 BER은 cell에서 순수하게 발생된 fail률을 의미하는 것으로서 ECC 도움을 받지 않은 cell array의 fail 현황을 나타낸다.

$$\text{BER(Bit Error Rate)} = \text{fail된 전체 bit 수/전체 bit 수(good + fail)} \qquad \text{식9)}$$

BER 중에서 ECC을 적용하면, ECC 기능 변수에 따라서 user가 느끼는 fail 개수는 줄어든다. 따라서 ECC 적용 후에 더 이상 고칠 수 없는 final fail rate의 index로는 Uncorrectable Bit Error Rate(UBER)를 사용한다. UBER은 ECC처리 후의 fail된 bit수/전체 bit수이다.

$$\text{UBER(Uncorrectable BER)} = \frac{\text{Cumulative Bit Fail(ECC 적용 후)}}{\text{Cumulative Bit Read(Tested)}} \qquad \text{식10)}$$

여기서 cumulative bit read는 test된 전체 bit수를 의미하므로 test 안 된 bit수는 모집단에서 제외된다. NAND 자체에 어느 정도의 실질적인 불량이 있고 없고 보다는, UBER이 user가 느끼는 NAND의 실질적인 성능으로서, user입장에서는 BER보다 UBER이 더 의미가 있다.

ECC 능력은 어느 일정 area 혹은 test된 일정 bit수를 분모로 하여, ECC가 cover할 수 있는 fail률로 나타내므로, 특정 area에 fail이 집중적으로 몰려 있으면 ECC가 cover할 수 없으므로 UBER fail이 높아진다. UBER이 zero이면, chip 내의 fail이 position별로 균등하게 발생되고, ECC가 모든 fail을 cover하여 user가 느끼는 fail은 없는 경우이다. 즉, fail이 있어도 fail이 없는 것이 된다. UBER은 항상 BER > UBER > 0이다. BER과 UBER의 차이는 ECC의 처리 능력에 따라 좌우되므로, ECC 능력이 커지면 BER과 UBER의 차이가 커진다. BER과 UBER의 편차가 커지면, 그에 비례하여, chip 내에서 fail 발생 site의 균등성이 높아진다고 판단할 수 있다.

ECC는 NAND structure 상에서는 page area 단위의 page fail rate, 혹은 좀 더 큰 block area 단위로 block fail rate로도 UBER을 계산할 수 있다. 경우에 따라서는 sector단위로 측정하여 sector fail rate를 활용하는데, sector 개념은 HDD에서 사용하던 것을 NAND가 빌려와서 개념적으로 활용하기도 한다.

References

비휘발성 메모리를 위한 병렬 BCH 인코딩/디코딩 방법 및 VLSI 설계 (2010.5)이상혁, 백광현, 대한전자공학회, 전자공학회논문지-SD 47(5), pp 41-47

정보전송의 기초, (1982) 조성준역(汐崎 陽), 선진문화사

A 151-mm^2 64-Gb 2 Bit/Cell NAND Flash Memory in 24-nm CMOS Technology (2012) Fukuda, K. ; Watanabe, Y. ; Makino, E. et al., Solid-State Circuits, Volume: 47, Issue: 1 pp 75-84, IEEE Journals & Magazines

A 19nm 112.8mm^2, 64Gb Multi-Level Flash Memory With 400Mbit/sec pin 1.8V Toggle Mode Interface (2013) Kanda, K. ; Shibata, N. ; Hisada, T. et al., Solid-State Circuits, Volume: 48, Issue: 1, pp 159-167, IEEE Journals & Magazines

A 3.3V 4Gb four-level NAND flash memory with 90nm CMOS technology (2004) Seungjae Lee ; Young-Taek Lee ; Wook-Kee Han et al., Solid-State Circuits Conference, Digest of Technical Papers. ISSCC. pp 52-513 Vol.1, IEEE Conference Publications

A 64Gb NAND Flash Memory with 800MB/s Synchronous DDR Interface (2012) Hwang Huh ; ChunWoo Jeon ; CheolWoo Yang et al., Memory Workshop (IMW), pp 1-4, IEEE Conference Publications

A Hard Decision LDPC Decoder Implementation for Error Correction of NAND Flash Memory (2008.6) Jieun Lim, Junho Cho, Wonyong Sung, 대한전자공학회, ICEIC : International Conference on Electronics, Informations and Commumications, pp 460-463

A High Performance Co-design of 26nm 64Gb MLC NAND Flash Memory using the Dedicated NAND Flash Controller (2011) ByoungSung You, JinSu Park, SangDon Lee, et al., Journal of Semiconductor Technology and Science Vol.11, No.2, pp 121-129

Ascending staircase read technique for a multilevel cell NAND flash memory device (2003.09.02) US06614683, Advanced Micro Devices Inc.

CCI Error Correction to Correct Bit-line Applied Voltage for MLC NAND Flash Memories (2014) Kui-Yon Lee, Journal of KIIT. Vol.12, No. 11, pp. 23-29

Circuit and method for pre-charging from both ends of an array in a read operation in NAND flash memory (2010.04.13) US07697343, Tang Qiang

Circuit for measuring current in a NAND flash memory (2010.02.09) US07660162, Cho Yong Deok

Descending staircase read technique for a multilevel cell NAND flash memory device (2001.10.23) US06307783, Advanced Micro Devices Inc.

Designing for Successful Flash Memory Read and Verify Operations (2008) Application Note-679, Micron Technology Home page

Determining NAND Flash Ready/Busy Status (2005) Technical Note TN-29-13, Micron Technology Home page

Enabling Software BCH Error Correction Code (ECC) on a Linux Platform (2012) Technical Note TN-29-71, Micron Technology Home page

Enhanced read retrial scheme (2002.05.14) US06389573, Maxtor Corporation

Flash Memories (1999) Paulo Cappelletti, Carla Golla, Piero Olivo, Enrico Zanoni, Klumer Academic Publishers, Massachusetts

Flash memory device of capable of sensing a threshold voltage of memory cells on a page mode of operation (2008.11.11) RE040567, Intel Corporation

Hamming Codes for NAND Flash Memory Devices (2005) Technical Note TN-29-08 @ Micron Technology Home page

Highly reliable 26nm 64Gb MLC E2NAND (Embedded-ECC & Enhanced-efficiency) flash memory with MSP (Memory Signal Processing) controller (2011) Hyunyoung Shim ; Seaung-Suk Lee ; Byungkook Kim et at., VLSI Technology (VLSIT), pp 216-217 IEEE Conference Publications

Hot-Carrier 스트레스에 의하여 발생된 계면상태가 PMOSFET의 밴드간 터널링 전류에 미치는 영향 (The Effect of Interface State (Nit) Generated by Hot-Carrier Stress on GIDL Current of PMOSFET) (1993.1) 김호, 유동열, 이상돈, et al., 대한전자공학회 학술발표회 논문집 11(1), pp 107-110

How to Read the Unique Identifier in Small Page NAND Memory (2011) Technical Note TN-21-27, Micron Technology Home page

http://www.imflash.com

http://www.micron.com

http://www.samsung.com

http://www.skhynix.com

http://www.toshiba.semicon-strorage.com

Improvement of Sensing Margin of NAND Flash Memory (2006) KuiYon Lee, 한국정보기술학회논문집, 제4권 제6호, pp 109-114

Improving Performance Using Two-Plane Commands (2007) Technical Note TN-29-25, Micron Technology Home page

Increased NAND flash memory read throughput (2009.04.28) US07525842, Micron Technology Inc.

Inside NAND Flash Memories (2010) Rino Micheloni, Luca Crippa, Alessia Marelli, Spinger Verlag, New York

Method and apparatus for reading and programming a non-volatile memory cell in a virtual ground array (2010.11.02) US07826267, Frayer Jack Lin Ya-Fen Pellegrini Gianfranco et al.

Method and circuit for performing read operation in a NAND flash memory (2009.08.18) US07577033, Kishimoto Jiro

Method and system for adaptively finding reference voltages for reading data from a MLC flash memory (2010.12.07) US07848152, Huang Chien-Fu Chou Ming-Hung Huang Han-Lung Cho Shih-Keng

Method for accessing in reading, writing and programming to a nand non-volatile memory electronic device monolithically integrated on semiconductor (2009.05.05) US07529881, Pascucci Luigi Rolandi Paolo

Method for reading NAND memory device and memory cell array thereof (2008.02.26) US07336532, Elite Semiconductor Memory

Method of correcting read error in digital data processing system by implementing a predetermind number of data read retrials (1998.06.16) US05768494, NEC Corporation

Method of operating nonvolatile memory device capable of reading two planes (2012.09.18) US08270219, Joo Byoung In

NAND Flash Memory Technology (2008) Brewer, J. ; Gill, M. (Koji Sakui and Kang- Deog Suh) Nonvolatile Memory Technologies with Emphasis on Flash : A Comprehensive Guide to Understanding and Using Flash Memory Devices, Page(s): 223-311, Wiley-IEEE Press eBook Chapters

NAND flash memory with erase verify based on shorter evaluation time (2008.04.22) US07362616, STMicroelectronics S.r.l.

NAND flash memory with read and verification for threshold uniformity (2006.07.18) US07079419, Micron Technology Inc.

NAND Flash 메모리를 위한 오류정정부호 (2011) 하정석, 오지은, 정보와 통신

NAND-type flash memory device with multi-page program, multi-page read, multi-block erase operations (2004.05.11) US06735116, Samsung Electronics

Nonvolatile memory device and method of operation to program/read data by encoding/decoding using actual data and random data for program/read operation (2011.07.26) US07986552, Shin Tae Ho, Yang Joong Seob, Chung Jun Seop, Kim You Sung

Nonvolatile semiconductor memory capable of generating read-mode reference current and verify-mode reference current from the same reference cell (2004.11.09) US06816413, Kabushiki Kaishi Toshiba

Nonvolatile semiconductor memory device of virtual-ground memory array with reliable data reading (2004.10.12) US06804151, Fujitsu Limited

Non-volatile semiconductor memory device with cache function and program, read, and page copy-back operations thereof (2004.04.06) US06717857, Samsung Electronics

Open NAND Flash Interface Specification Revision 2.0 (2008) Hynix Semiconductor, Intel Corporation, Micron Technology, Phison Electronics, Sony Corporation, Spansion, STMicroelectronics, ONFi homepage

p-MOSFET에서 동작상태 스트레스에 따른 게이트에 유기된 드레인 누설(GIDL) 전류의 효과 (1994. 7) 정연식, 임재우, 이용재, 대한전자공학회 학술대회 논문집, pp 382-385

Read operation scheme for a high-density, low voltage, and superior reliability nand flash memory device (2001.01.16) US06175522, Advanced Micro Devices Inc.

Reading method for MLC memory and reading circuit using the same (2010.09.14) US07796436, Ho Hsin-Yi Hung Ji-Yu

System and method for data read of a synchronous serial interface NAND (2012.01.24) US08103936, Pekny Theodore T. Tsai Victor Y. Feeley Peter S.

System, apparatus, and reading method for NAND memories (2012.08.21) US08248851, Pio Federico

CHAPTER 09 NAND의 신뢰성과 불량 Mechanism

NAND가 고용량화가 될수록 성능과 신뢰성이 떨어짐에도 불구하고, 시장에서 요구되는 NAND는 고용량을 유지하면서 고성능 및 고신뢰성을 필요로 한다. Transitor의 structure가 축소함에 따라, wefer당 cell수가 증가하고 Tr의 동작특성이 향상되는 반면, retention과 endurance는 급격히 degradation되고, disturbance 및 interference도 열악해져서 cell당 fail bit가 급증하게 된다. NAND의 신뢰성은 기대하는 일정 기간 동안 최소한의 성능 이상을 온전히 발휘하는 확률을 의미한다. NAND 품질은 관찰 시점에 NAND Flash 제품 성능 및 불량률이 기대치에 합당한지의 여부이고, NAND 신뢰성은 time dependent한 NAND 품질, 즉 품질 + 수명을 합한 개념이다.

<Session 1>에서는 fail의 tracing graph인 bathtub와, 시간 변수에 따른 불량률 및 신뢰성 simulation에 대하여 알아보고, <Session 2>와 <Session 3>에서는 NAND Flash의 4대 issue인 retention과 endurance 및 disturbance와 interference에 대하여 원인 및 이를 개선하기 위한 기술적 향상방향을 살펴보았다.

Session 1 Time Dependent Reliability

NAND의 초기 불량이 발생하면, device를 시장에 공급하기 전에, 100% 선별(screen)하여 폐기시킨다. 따라서 시간효율적으로 살펴보면, user는 비교적 안정된 품질을 초기에 공급받아 사용하다가, device 수명이 다하는 시점에 불량률이 급격히 증가하게 되고, 높은 불량률로 인하여, user는 사용을 포기하게 된다. 그러나 일반적으로 초기와 중기 불량은 user에게 치명적이지만, 말기 불량률로 인한 user의 피해는 제품이 수명을 다하기 전에 사용포기 되는 경우가 대부분이므로 제한적이라고 볼 수 있다. 불량률 trend를 나타내는 지수인 bathtub curve을 NAND 제품에 적용하여, 시간 변수에 따른 불량률과 신뢰도의 변화를 살펴보자.

1-1 불량률 Curve와 신뢰성 변수

1-1-1 Bathtub Trend

사용시간 축으로 본 NAND 불량은 초기와 후기에 불량률이 높고, 중기에는 초기와 후기에 비하여 안정적인 품질 상태를 유지하는데, 시간에 따른 불량률 trend는 욕조 외형을 닮았다고 하여 bathtub 곡선이라고 한다. Time dependent한 NAND의 불량률을 나타내는 bathtub trend는 어떤 fail mode이든 다양하게 적용될 수가 있어서, 개별 chip의 불량률 상태도 적용가능하고, 임의의 성능적, 구조적 parameter로 나타내는 불량률도 적용 가능하다. 예를 들어, 구조적으로 볼 때, chip 내의 NAND의 layer상태인 ONO 혹은 tox의 절연품질 상태도 oxide reliability로

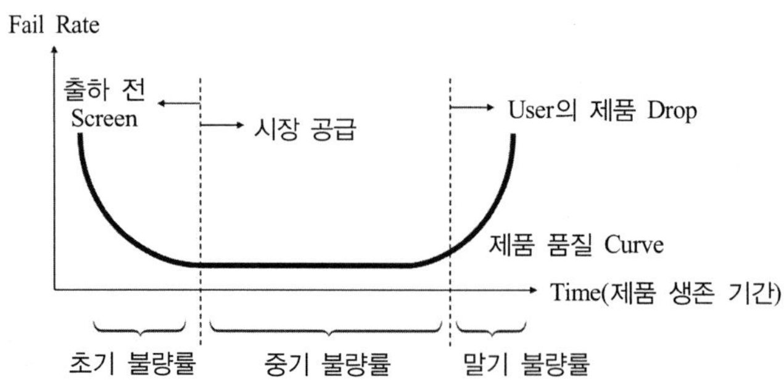

❒ CH9. 그림 1-1 Bathtub Curve

나타낼 수 있다. Oxide의 치명적 불량은 layer가 파괴되는 dielectric breakdown인데, 이는 time zero breakdown이 있고, 시간의 흐름에 따라 불량률이 변해가며 발생되는 time dependent dielectric breakdown이 있어서, <CH9. 그림 1-1>을 이용하면 dielectric breakdown도 bathtub를 이용하여 해석할 수 있다. Bathtub는 대부분의 항목에 대하여 각 fail mode별로 맞춤형 대응을 할 수 있도록 해준다.

불량 양상도 device의 사용 기간에 따라 각기 다르게 나타난다. 초기 fail은 제품에 치명적 손상을 끼치는 구조적, 물리적, 기능적 불량들이고, 중기 fail은 device에 내재되어 있다가, 시간에 따라서, 사용상의 random 불량이 발생되는 현상으로 일정 수준의 accidental 불량이 꾸준하게 나타나며, 후기 fail은 더 이상 사용할 수 없는 회복 불가능 상태의 wear out 불량으로 짧은 기간 동안에 불량률이 급격히 높아진다. 이를 시간함수의 확률로 볼 때, 어느 시점에서 NAND를 측정하여도, 누적 불량률+신뢰도는 100%의 확률로 존재하게 된다. 누적 불량률과 신뢰도는 trade off 관계이면서 동시에 상호 반비례 관계에 있는데, 제품이 수명을 다하여 탄성한계점(변곡점)을 넘어서면 신뢰도는 급강하하고 누적 불량률은 급격히 상승하게 된다.

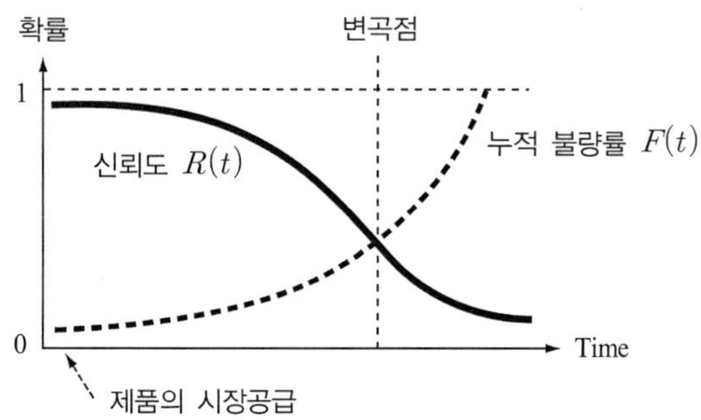

❐ CH9. 그림 1-2 신뢰도와 누적 불량률의 함수 관계

신뢰도 $R(t)$는 주어진 stress 하에서 신뢰성 항목이 time 0에서 time t까지, failure가 발생되지 않은 상태로 유지하는 확률을 의미하며, 누적 불량률 $F(t)$는 time 0에서 time t까지 failure가 발생될 확률을 말한다.

$$\boxed{R(t)+F(t)=1} \quad \text{식1)}$$

일반적으로 불량률 $f(t)$는 time t일 때의 순간 불량률을 의미하며, 식1)을 미분하면

$$f(t)=\frac{d}{dt}F(t)=-\frac{d}{dt}R(t) \quad \text{식2)}$$

이 된다. User는 NAND를 1천 개든, 1만 개든, 어떤 모집단이 갖고 있는 평균수명에 관심이 있다. 평균수명의 척도로는, time 0에서 time t까지의 Mean Time To Failure(MTTF)가 사용되어, 시간을 독립변수로 갖는 MTTF는

$$\mathrm{MTTF} = \int_0^t t f(t) dt \quad \text{식3)}$$

로서, 순간 불량률 함수에 time t를 곱하여 time 0에서 time t까지 적분한 값이다. NAND cell 내에서 reliability failure가 가장 많이 발생되는 위치는, 구조적 측면에서 tox와 ONO(제품마다 다르지만)이며, 그 외에 wafer top side를 cover하고 있는 passivation layer의 crack이라던지, molding한 package의 crack 등으로 기인하여, 주어진 stress 하에서 시간이 경과함에 따라 time dependent cumulated failure인 $F(t)$는 증가한다.

1-1-2 신뢰성 변수

신뢰성이 target을 달성하는지의 여부를 점검하려면, 신뢰성 항목을 개별적으로 평가해야 한다. Nonvolatile device의 신뢰성에는 시간에 따라 device가 열화되는 수명변수, 열악한 환경에 의한 환경변수, 성능과 관련된 특성변수, 다양한 application의 적응성 여부에 대한 실장변수들로서, 약 30~40여 개의 main 항목들이 있다. 신뢰성 평가는 NAND가 일정기간 동안 규정된 조건 하에서, 목표로 하는 기능을 수행하는지를 확률로 평가한 것이다.

NAND Flash의 reliability변수 중 제일 중요한 항목으로는 수명 변수인 retention과 endurance가 있다. Retention은 FG 내에 전자가 정보로써 활용할 수 있는 level로 얼마나 오랜 기간 동안 유지할 수 있는지에 대한 항목이고, endurance는, program/erasure cycling(혹은 그냥 cycling)이라고도 하며, FG를 사용하여 program과 erasure를 반복하여 동작할 수 있는 최대 cycling 횟수에 대한 항목이다. (반면 volatile memory인 DRAM에서 수명변수로는 capacitor의 refresh 관련 항목이 최대의 신뢰성 issue가 된다.) <Session 2> 참조.

Retention과 endurance는 trade off 관계에 있다. Endurance 동작시 보상해야 할 max cycling 횟수를 줄여서 loose하게 하면 oxide의 crack 감소 등의 효과로 인하여 retention을 향상시켜 기간을 늘릴 수 있고, 반대로 retention의 보장해야 할 max 기간을 줄이면 tox의 thickness 등을 감소시킬 수 있어서, program/erasure의 max cycle 횟수를 더 많이 확보할 수 있다. Cycling 횟수를 줄인다는 것은 FG를 in/out하는 electron의 movement 횟수를 감소시킨다는 것이므로, electron의 급격한 변화 횟수가 줄어들어, FG가 electron을 보존할 수 있는 유리한 환경이 되

기 때문이다. Retention과 endurance의 trade off 관계 또한 분포의 총 개수의 영향을 받아서, control할 분포개수가 증가할수록 retention과 endurance의 trade off 관계 설정이 까다로워진다.

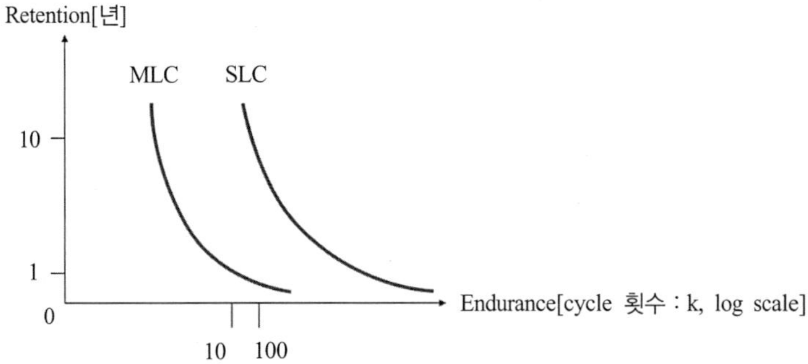

❒ CH9. 그림 1-3 Retention과 Endurance의 Trade off 관계

즉, retention을 강화하면 cycling이 약화되고, cycling을 강화하면 retention이 약화된다. User입장에서는 최대한의 cycling과 동시에 최대한의 retention을 요구하므로, 신뢰성에서의 retention과 cycling은 개별적으로 보증하는 것이 아니라, retention과 cycling을 통합하여 보증하는 방식이 효과적이다. 따라서 최장기간의 retention guarantee가 요구되면 minimum cycling을 guarantee하고, minimum retention이 요구될 때면 maximum cycling을 guarantee하도록 하여 적정 수준을 조절하기도 하고, application별로 요구되는 신뢰성에 개별적으로 맞추기도 한다.[1)]

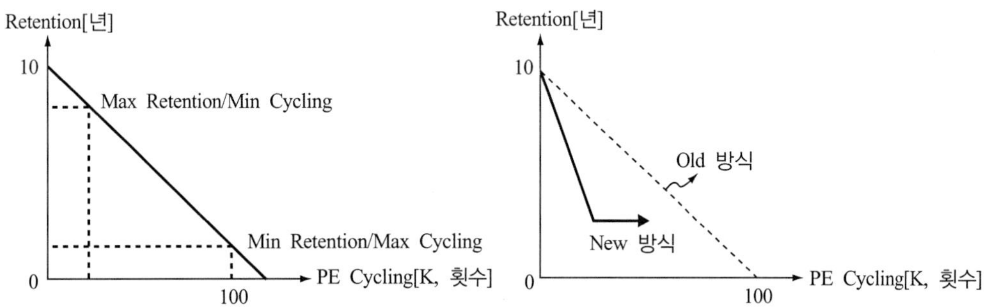

❒ CH9. 그림 1-4 Retention과 Endurance의 Guarantee 방향

Retention 혹은 endurance 중에 어느 방향을 보다 집중할 것이냐는 application에 따라 다르지만, 최근에는, retention이 maximum의 5분의 1이하, endurance가 maximum의 10분의 1 이하로 하향되는 경향이다. 특히 FG based MLC에서 → TLC로 제품이 다양화됨에 따라 신뢰성 항목들

1) Endurance는 PE(Program/Erasure)cycling 혹은 EW(Erasure/Write)cycling 혹은 그냥 cycling 등의 용어로 사용되며, 이는 program 동작과 erasure 동작을 반복적으로 동작시킨 결과에 대하여, 신뢰성적으로 계산된 수치이다. 어떤 NAND 제품이든 최소한 k(1,000)회 단위 이상으로는 PE cycling을 guarantee해야 한다.

의 guarantee 기간과 횟수가 더욱 worst해지고 있다. 이에 따른 issue을 최소화하기 위하여 controller 기능을 추가하고 보상하는 algorithm을 강화하는 추세이다.

1-1-3 Defect 변수

NAND의 공급 flow를 보면, 크게 memory 반도체 제조업체 → system 업체 → user로 구분할 수 있는데, memory 제조업체와 system 업체는 NAND가 사용되는 전체 기간 중에 회복될 수 없는 불량률을 낮추는 데 관심이 있고, user 입장에서는 불량률 하향과 불량이 일단 발생되었을 경우에도 회복될 수 있는 불량에 관심이 있으며, 불량과 불량 사이의 기간이 길어지는 factor에 관심이 있다.

NAND의 defect 변수 중에는 majority한 Top 2로, disturbance와 interference가 있다. NAND 입장에서는 defect 변수로 주로 FG에 끼치는 영향을 고려하여야 하는데, disturbance는 충분한 energy를 공급 받은 electron이 FG로 charge/discharge되어 FG의 V_{th}값에 원하지 않는 영향을 오랜 시간 동안 지속적으로 주는 defect이고, interference는 FG 내로 진입할 수 있을 정도의 energy를 공급받지 못한 electron이 FG 내로 charge되지는 않았지만, FG 주변에 머물면서 마치 electron이 FG에 charge되어 있는 것처럼, V_{th}값에 원하지 않는 영향을 시간제한적으로 끼치는 defect이다. 따라서 interference는 V_{th}에 영향을 주었다가, 어느 순간에 V_{th}에 대한 영향이 없어지는 현상을 반복하는 게릴라적 failure특징을 가진다. <Session 3> 참조.

1-2 신뢰성 Simulation

NAND의 failure는 normal operation 시작 후, 가까운 시간 t 이내에서 발생되는 것이 아니라 (가까운 시간 t 이내의 fail들은 선별되었음), 대체적으로 오랜 시간($t+\Delta t$)이 경과 후에 failure되므로, 오랜 시간에 걸친 field의 정상적인 stress 하에서 NAND의 failure 및 수명을 예측하고, wear-out mechanism이나 failure mechanism을 밝혀내야 한다. 그러나 오랜 시간에 걸리는 failure 분포 함수를 분석하기에는, 시간적으로나 경제적으로나 거의 불가능하다. 따라서 의도적으로 열악한 조건을 device에 집중적으로 가하여, 장기간에 걸쳐 발생되는 failure와 상응한 동일한 효과를 내도록 (취약한 상태는 단기간 내에 failure을 앞당겨서 발생) 하는 acceleration test가 필요하며, 이러한 과정을 신뢰성 simulation이라 한다.

1-2-1 Acceleration Factor에 의한 Simulation

신뢰성에 대한 timing simulation은 Acceleration Factor(AF)를 활용하여, 시간 변수에 대한 불량률의 trend와 device의 life time을, user가 NAND을 사용하는 시간으로 simulation하여, 사전에 미래를 예측하여 측정할 수 있게 해준다. Acceleration 상태란, 정상상태 대비 사전 계산치에 의한 stress를 가한 조건하의 상태이고, acceleration factor(AF)는 의도적으로 device에 피로도를 높여서, 짧은 시간 동안에 long term fail을 유발시키는 요소로서, 온도변수, 전압변수 및 환경변수에 대한 AF를 적용하여, field에서의 NAND의 특성을 비교하고 평가할 수 있게 해준다. 이는 stress에 약한 제품을 일찍 선별해낼 수 있는 기준을 마련해주고 device의 EOL(end of life) time을 예측할 수 있는 효과적인 방법이다. 즉, AF는 가속 조건 하에서의 제품 수명 대비, 가속 조건을 제거한 normal 상태 하에서의 제품 수명의 비율이다.

$$AF_{total} = AF_{temp} \times AF_{voltage} \times AF_{humidity} \times AF_{pressure} \qquad \text{식4)}$$

(AF = normal product life time @ normal 조건/accelerated product life time @ 가속조건)

이는 user의 환경이 가속 조건과 비례관계에 있다는 가정 하에서 수행되며, 그런 비례관계를 갖는 요소들을 도출하여 적용하는데, 이는 fail mechanism 형태에 따라 차이를 보인다. AF를 이용한 test를 acceleration test라 하는데, acceleration test 중에 초기 불량률을 제거하는 주요 기능 중에 burn-in test가 있다.

Failure parameter들의 시간변수에 대한 통계 관점의 함수관계를 나타내는 신뢰성의 fail 정도를 가늠하기 위하여 나타내는 불량률 수치방식으로, FIT가 있다. FIT 개념을 도입한 것은, 정상동작을 시작한 NAND에서는 failure가 발생되기까지는 오랜 시간이 걸리기 때문이다. Normal 불량률은 간단하게 전체 모집단과 failure된 집단과의 백분율인데, NAND의 신뢰성은 여기에 시간변수를 포함한 불량률로써, Failure In Time(FIT)란 단위를 사용한다. 1FIT는 1×10^9시간 동안에 1개의 failure unit가 발생된 field operation 상태를 나타낸다. 여기에 failure란 ECC 처리를 적용한 failure 결과이다.

1-2-2 Burn-in을 통한 Screen

Burn-in의 의미는 단어 뜻 그대로 태워버린다는 의미인데, device를 높은 온도하에서 일정시간 stress를 가한 상태 하에서, 초기에 발생될 hidden불량들을 미리 선별해내기 위함이다. 이는 약한 cell 혹은 fail cell을 user에게 공급되는 것을 방지하기 위한 것으로서, 열악한 환경을 조성하여 짧은 시간 이내에 양품에서 fail을 screen해내고, device의 life time이 적정한지를 판단한다.

따라서 AF를 이용하여 bathtub curve를 설정한 다음, 온도변수에 따른 factor뿐만이 아니고 초기불량 가능성이 있는 mechanical fail factor, electrical fail factor 등 가능한 모든 요소들에 대한 시나리오 점검을 통하여 양품을 sorting한다. 양품 sorting은 신뢰성적인 선별뿐만이 아니고, 품질적 측면의 ECC을 적용한 screen-ability를 강화하는 process다. ECC를 적용하지 않은 burn-in을 통한 screen은 수율 저하를 야기하여 device의 경제성을 하락시키므로 배제한다. 신뢰성 category는 크게 수명시험과 환경시험이 있는데, 수명시험은 device의 life time과 관련된 stress를 가하여 시행하는 test이고, 환경시험은 환경관련 stress를 가하여 수행하는 test로서, burn-in은 환경 test의 category에 포함시킬 수 있다.

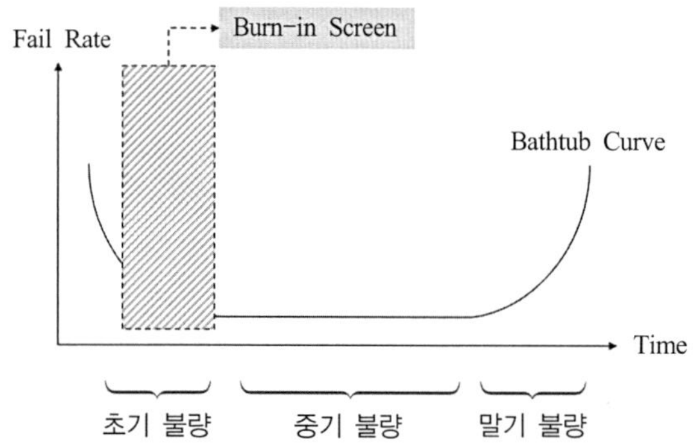

❒ CH9. 그림 1-5 Burn-in을 통한 Screen

1-2-3 Burn-in 방식

Burn-in은 static burn-in과 static burn-in의 좀 더 발전된 모습인 advanced burn-in이 있다. Advanced burn-in은 dynamic burn-in과 intelligent burn-in으로 나눌 수 있다. Static burn-in은 burn-in 중에서 가장 낮은 단계의 burn-in 방식으로서 환경 stress만을 가한다. 고온 환경을 만들어 놓고 NAND의 각 pin에는 V_{cc}와 ground만을 인가해놓은 상태로서, NAND의 program 혹은 erasure를 동작시키는 것은 아니다. 현재 static burn-in은 screen-ability가 떨어지기 때문에 사용하지 않는 방식이다.

1-2-3-1 Advanced burn-in

Dynamic burn-in은 static burn-in + NAND operation의 개념으로서, NAND에 높은 온도로 stress를 가하는 것은 물론이고, NAND에는 user가 NAND를 사용하는 조건 중에 worst한 조건

으로 program과 erasure 및 read를 동작시키면서 burn-in을 수행한다. Program 시에는 cell 간의 interference를 점검하기 위하여 다양한 pattern을 사용하기도 하고, voltage stress를 높여서 worst 환경 조건을 가하기도 한다. Dynamic burn-in 시에는 burn-in time을 단축시키기 위하여 acceleration factor를 가한다. Dynamic burn-in 후에는 NAND를 test하여, burn-in stress로 인한 fail을 screen해내고 bathtub curve를 구하는 데 활용한다. 그런데 burn-in stress를 끝마친 후에 실시하는 post burn-in test는 device가 fail된 정확한 time을 확인할 수 없기 때문에 실제에 가까운 bathtub curve를 구하기가 어렵다. 즉, dynamic burn-in의 bathtub curve로는 user가 NAND를 사용하다가 fail되는 actual time을 예측하기 어렵다. Intelligent burn-in은 이런 dynamic burn-in의 취약점을 보완한, 좀 더 진일보한 dynamic burn-in이다. 이는 NAND에 stress를 가하는 burn-in 기간 동안에, DC test 및 functionality test를 실시하여 NAND가 언제 문제가 되는지, fail time 및 stress와 fail과의 관계를 보다 정확하게 알아낼 수 있다. 이런 방식을 TDBI(Test During Burn-In) 방식이라 한다.

Burn-in의 개념은, 일반적으로는 NAND가 package 상태에서 NAND에 환경 및 동작 stress를 가하는 것이었으나, NAND die를 packaging하기 전인 wafer 상태 하에서도 burn-in을 실시하는 추세로 바뀌었다. 이는 반도체 process 중에 앞당겨서 실시하는 burn-in으로서, 이를 wafer burn-in이라고 한다. 이는 packaging하는 데 소요되는 원재료(gold wire 및 molding compound) 및 중간 process(die attachment/wire bonding/molding 등)로 인한 불필요한 비용을 회피할 수 있어서 원가절감에 기여하고, process time 절약 및 test 측면에서는 screen-ability를 높일 수 있는 장점이 있어서 많이 적용되고 있다.

Session 2 Retention과 Endurance

Retention과 endurance는 NAND의 동작상의 reliability 특성으로서, retention은 floating gate 내 electron의 보존능력이고, endurance는 반복적인 program과 erasure cycling의 수행능력에 대한 한계조절 능력이다. 제품과 신뢰성 관계를 살펴보면, 제품이 다양해지고 용량이 늘어나는 경향에 반비례하여 신뢰성은 더욱 취약해져 왔다. FG based SLC의 출현 후, 약 5년 후에 MLC가 제품화되었고, MLC 후 약 5년 후에 TLC가 나왔는데, (3D는 TLC 후 약 5년 후에 출현했다) SLC 신뢰성 능력 대비 10년 후의 TLC의 신뢰성 능력은 10분의 1로 줄어들었다. FG와 FG 사이의 간격이 좁아지면서 저하된 성능을 높이기 위한 다양한 scheme과 algorithm이 개발되었고, 이러한 것들도 retention과 cycling에는 부정적 영향을 끼쳤다. 특히 SLC > MLC > TLC 순으로 가면서 더욱 불리해지는 상황이다.

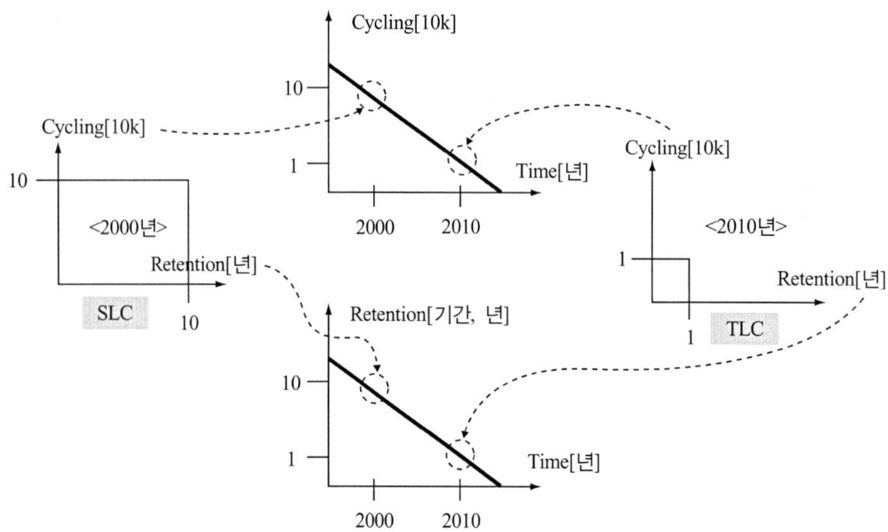

❒ CH9. 그림 2-1 제품 출현과 신뢰성의 상관관계 @ 2000년 vs 2010년

FG based planar type 제품에서는 retention/endurance 모두 SLC가 월등하고, MLC가 중간이며, TLC가 가장 열악한데, CTD based 3D의 출현은 reliability의 새로운 환경적 변화를 가져온다. 3D는 FG based planar type NAND에 비하여 CTD(Charge Trap Device 혹은 CTN : Charge Trap Nitride) 고유의 특성으로 인하여 endurance에 강하고 retention에 취약한데, 3D type별로 장단점이 약간씩 다르다. Retention과 endurance는 모두 신뢰성에 해당되므로, burn-in과

동일하게 acceleration factor를 활용하여 실제 사용에서의 장기간 사용하는 수준과 실제 사용 빈도수 level 등을 사전에 계산하여, 실사용과 거의 유사한 수준으로 점검할 수 있다.

NAND chip 내의 data의 보관 및 data가 NAND에 들고나고 하는 데의 신뢰성을 guarantee하기 위해서는 storage area와 coding area로 구분하여, data의 쓰임새에 따라 관리하면 보다 효율화 된다. Storage data는 주로 저장목적으로 사용하면서 자주 그리고 cell array의 폭넓은 영역을 사용하는 data로서, endurance와 retention이 guarantee되어야 한다. 이는 주로 program과 erasure를 몇 회까지 가능할 것이냐의 endurance와, cycle 횟수 대비 trade off 관계에 있는, data를 보관하는 retention 기간을 얼마까지로 보증할 것이냐의 이슈로서 NAND의 대부분의 area을 점유하고 있다. Coding data는, NAND의 operation을 위하여 booting 시 및 NAND 내 작은 영역(algorithm ROM)에 저장된 operation system을 관리할 때 필요한 중요한 data이므로, MLC chip 내의 일정 영역을 별도로 마련하여 partition시켜 놓은, 신뢰성이 탁월한 SLC영역에 저장하여 놓는다. 이는 coding data의 운용이, 한 번 저장해 놓으면, program하고 erasure를 반복할 필요 없이 가끔씩 필요 시 read만 하면 되므로, endurance는 최소한/retention은 최대한으로 guarantee하고 read disturbance만 적정 level로 control되도록 한다.

2-1 Retention

FG 내의 carrier들은 불안정한 상태가 되면, 안정한 상태로 회귀하려는 특성을 보인다. 이는 electron이 charge된 상태이건 hole이 charge된 상태이건 모두 동일하므로, NAND가 장기간 방치되면 erasure 분포는 right shift되고, PGM 분포는 left shift된다. 또한, 불안정한 상태가 높으면 높을수록 회귀속도가 빨라지고 회귀력이 커지므로, P3분포의 left shift가 동일기간 내의 P1이나 P2보다 많다. 이는 초창기 cell의 V_{th}가 높을수록, 일정 기간이 지나면, 초창기 V_{th}가 낮은 cell의 V_{th} 이동(ΔV_{th})에 비하여, 더 많은 $V_{th}(\Delta V_{th})$가 shift된다. 더욱이 endurance 영향을 많이 받은 cell은 trap된 electron들이 빠져나갈 수 있는 확률이 높으므로 retention shift도 비례하여 더 많이 발생된다. 그런데 동일한 endurance 영향을 받았다고 하더라도, tox 두께 등, 제조 공정 시의 각 cell 조건 상의 편차로 인한 변수가 상존하여, electron이 escape하는 정도가 모든 cell별로 약간씩 다르다.

FG에 강제로 injection된 전자는 절대온도 이상에서는 thermal energy를 외부로부터 계속적으로 받기 때문에, electron이 FG에 injection된 순간부터 끊임없이 밖으로 탈출(discharge)을 시도 한다. 그러나 FG 외곽성벽이 강하게 둘러쳐져 있어서 외부에서 충분한 potential energy를 인가하지 않은 조건하에서는, SLC는 10년을 guarantee하고 MLC는 SLC의 10분의 1 가까이 줄어들고 있다. NAND의 data retention 기간은 회로 선 폭 shrink와 data 처리 기법 사이의 적정 수준에서 결정되는데, <session 2-1>에서는 retention의 속성 및 retention fail이 발생되었을 경우에 대한 fail 회피방안에 대하여 살펴보자.[2)]

2-1-1 Leakage Path @ Floating Gate

FG 내의 electron은 여러 방향의 path로 leak된다. Tunnel oxide(tox)를 통하여 substrate로 빠지기도 하고, oxide–nitride–oxide(ONO) layer를 통과하여서는 control gate로 escape하는데, 특히 CG에 높은 program전압이 걸릴 때는 ONO를 거쳐서 많은 양의 electron이 방출된다(V_{th} saturation 현상). 그 외에도 FG의 측면 side방향을 통해서도 leakage가 발생되는데, tox나 ONO layer을 통과하여 수직축 방향으로 escape되는 electron량에 비하여 측면 side 방향으로는 10분의 1 이하로서 portion이 크지 않다.

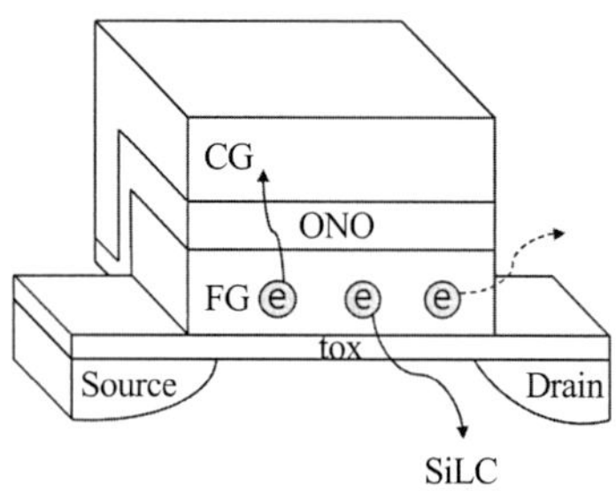

❐ CH9. 그림 2–2 Floating Gate 주변으로 Electron이 Loss되는 Path방향

CTD에 비하여 Floating Gate(FG)의 단점은 tox, ONO 등의 절연층에 crack 등 문제가 발생되면 FG 내의 electron들이 crack을 path로 하여 대부분 빠져나가는 반면, FG에 비하여 CTD는 절연성이 비교적 높은 물질 속에 electron이 박혀 있기 때문에, CTD 자체 내부에서도 전자의 이동이 원활하지 않음으로써, CTD–crack은 발생된 근방의 electron만 escape되고 근방이 아닌 먼거리 site에 위치한 electron은 crack의 영향을 받지 않으므로, crack leak에 대하여는 CTD가 FG에 비하여 강하다.

---

2) MLC로 만든 제품으로 사진 등 정보를 담았을 경우에는 어느 일정 기간에 한번씩은 data refresh를 해주어야 손상되지 않은 data로 보존할 수 있다. 그러나 일반적으로 약간의 data 손상은 user가 잘 느끼지 못하므로, 고도의 정밀성을 요구하는 중요한 data가 아닌 경우는 일반적인 기간 동안은 보관 가능하며, 약간의 손상은 ECC로 cover 가능하며 fail correction이 가능한 advanced ECC 기법이 계속적으로 개발되고 있다.

2-1-2 Technology와 분포 개수에 의한 영향

회로 선 폭이 shrink되거나 NAND 용량이 증가함에 따라, device 내의 신뢰성 환경도 비례하여 worst해진다. Technology shrink의 척도로 삼는 평균 선 폭의 technology shrink에 따라서 FG의 크기도 변동되고 그에 따라 FG에 charge되는 electron수도 감소한다. 100nm 선 폭일 때는 보통 몇 천 개의 electron이 FG에 charge되고, 선 폭이 10nm일 경우는 100여 개 정도로 감소한다. 또한 FG size가 축소됨에 따라 electron이 FG 내에 retention 가능한 기간도 비례하여 줄어드는데, FG면적이 50% 감소하면 retention 역량도 절반 가까이 줄어든다. 또한, 제품이 다변화되어 관리하여야 할 분포 개수가 n배로 증가하면 분포 민감도가 비례하여 높아지므로, retention은 $1/n$배로 하락하게 된다.

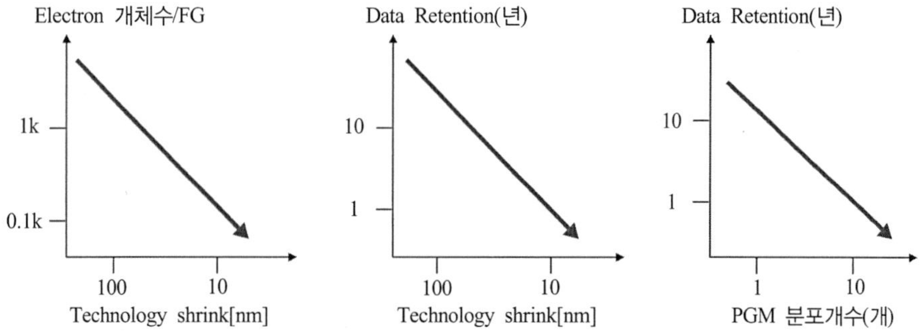

❐ CH9. 그림 2-3 선 폭의 Shrink 대비 Data Retention 능력 비교 @ 단위 : log scale

2-1-3 Tunnel Oxide Thickness 변수에 따른 Retention

Tox(tunnel oxide)의 thickness를 줄이면 줄일수록 program 시 PGM이 용이하게 되는 이점은 있으나, 두께를 너무 얇게 하면 반대방향으로 electron이 쉽게 tox를 통과하여 escape되므로 FG가 electron을 보유할 수 있는 retention time이 짧아져서 tox의 두께를 줄이는 데는 제한적일 수밖에 없다. 따라서 물리적인 두께를 조정하는 대신 tox의 재질을 변경하여 program은 잘 되고 escape는 어렵게 되도록 재질 변경을 꾀하기는 하지만, discharge가 너무 어렵게 되면 역으로 erasure가 잘 안 되는 문제가 issue되므로, retention은 최저 한계의 erasure능력을 유지하도록 tox 두께와 재질을 조절하여야 한다. (NAND에서는 program 동작이든 erasure 동작이든 모두 동일한 structure와 동일한 FNT방식 하에서, 서로 반대 개념인 program과 erasure를 모두 만족시킬 수는 없으므로, 일반적으로 erasure를 손해보고, 손해 본 만큼 program에서 이득을 취하는 방향으로 parameter들이 설정된다) <CH9. 그림 2-4>는 tox 두께에 따라 비례하는 retention time과의 관계인데, tox 두께가 100Å일 때, retention 능력이 약 10년 정도 가능하다는 경향이지만, 10Å일 때는 retention 기간이 10분의 1로 줄어들므로, retention은 주변의 상태에 따라 가변적이고 복합적으로 영향을 받는다.

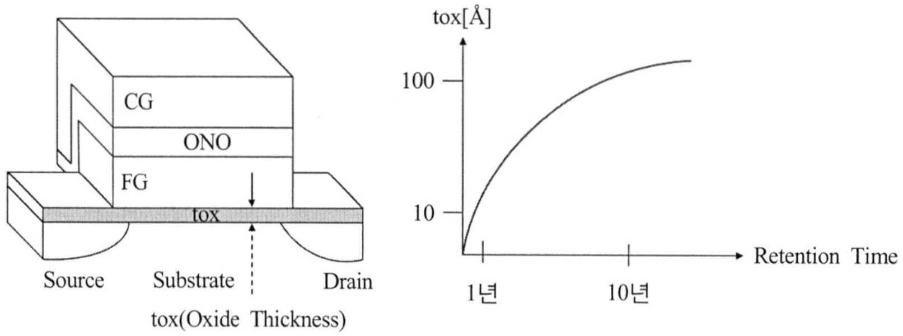

❒ CH9. 그림 2-4 Tox 대비 Retention Time

2-1-3-1 Electrical tox 두께

NAND의 여러 가지 신뢰성 항목 중에 dielectric reliability가 가장 critical 한데, 그 중에서도 tox(floating gate와 channel 사이의 tunnel oxide)와 ONO층이 가장 취약하다. Dielectric의 신뢰성은, 얼마 정도의 dielectric layer의 두께를 만들 것이냐와 어떤 chemical을 사용하여 ε_R값을 형성할 것이냐 이다. Electrical tox는 일정한 동작 전압을 tunnel oxide에 인가했을 때, 형성된 capacitance값을 oxide 두께로 환산한 값이다(여기서의 일정한 동작 전압은 NAND의 read 동작을 구동시킬 때의 control gate에 인가하는 전압이다). Oxide의 capacitance 및 thickness는 NAND의 operation 특성을 구하는데 main 변수이다. Wafer 공정이 완료된 oxide layer의 physical thickness는 실질적인 측정은 불가능하므로, oxide의 capacitance와 oxide의 두께가 반비례하는 성질을 이용하여, control gate에 인가하는 전압대비 oxide의 capacitance를 측정하여, oxide의 electrical 두께를 유추할 수 있다.

2-1-4 Temperature에 따른 Data Retention

NAND Flash가 사용되는 환경은 다양하다. Application에서 사용하는 worst한 환경 중에서, 온도 변수에 의한 영향이 가장 크다. 온도가 높아질수록 electron의 활동이 활발해지고, 그에 따라 electron이 discharge될 가능성이 비례하므로 retention에는 부정적이다. 반면 temperature가 낮아질수록 retention에는 긍정적이나 cycling에는 부정적이다. Retention 점검은 실제 운용상의 min/max 온도를 적용하여 high temperature data retention(HTDR)과 low temperature data retention(LTDR)으로 온도에 따른 data의 retention 기간을 설정해놓고, 최소한의 NAND가 유지해야 하는 retention 기간 이상 NAND가 fail이 없어야 한다. PE cycling 및 각 기능들과 trade off 관계에 있는 retention은 온도 변화 이외에도, 온도 변화에 따른 다른 여러 항목들과의 연관관계도 같이 고려하여야 retention의 정확한 성능을 점검할 수 있다. Retention을 점검하는 worst condition은 여러 가지가 있지만, 그 중 PE cycling을 여러 번 수행한 후, 실시하는 일정한 온도와 일정한 시간 동안의 bake 변수에 따라서는 2D-TLC보다는 3D-TLC가 특히 retention에 취약하다. Retention을 측정할 때에도 application환경에 근접된 condition을 활용하여 확인한다.

2-1-5 V_{th} 및 분포의 Left Shift

Retention의 특징은 일정 기간이 지남에 따라 비례하여 electron이 leak되고, electron의 leak에 따라 V_{th}가 drop하는 현상이다. 그런데 모든 FG에서 일률적으로 비슷한 양의 electron이 leak되므로, 모든 cell의 V_{th}가 일정한 ΔV_{th} 만큼 drop되어, V_{th}분포가 left shift되는 현상으로 측정된다. NAND를 사용하기 전의 retention 기간이, NAND를 어느 정도 사용한 후의 retention 기간보다 길다. 이는 FG가 electron을 charge하여 data를 보관하는 능력이, NAND를 사용한 PE cycling 후가 더욱 떨어진다는 것이다. 이는 NAND를 사용하기 전의 retention감소는 자연적인 electron 손실이지만, NAND를 많이 사용한 후의 retention 기간단축은 tox의 damage 및 FG 주변에 scattering된 electron들의 방해 때문이다. 온도와 cycling에 민감하게 반응하는, 기간에 따른 electron의 손실은 chip 내의 분포전체의 하락(left shift)으로 이어지는데, 일반적으로 V_{RD}와 $V_{pass-RD}$는 fix되어 동작하므로, 분포가 이동하게 되면 $V_{RD-margin}$이 축소되므로, 정상적인 cell 동작을 위해서는 하락에 따른 program, erasure, read 시의 condition(V_{RGM}, V_{ER}, V_{RD})을 보상해 주어야 한다. 보상하는 방법 중에 가장 간편한 방법은 V_{RD}를 이용한 보상 방식으로서 read retrial과 moving read 방식이 있다. <Chapter 8. Session 2-1-6> 참조.

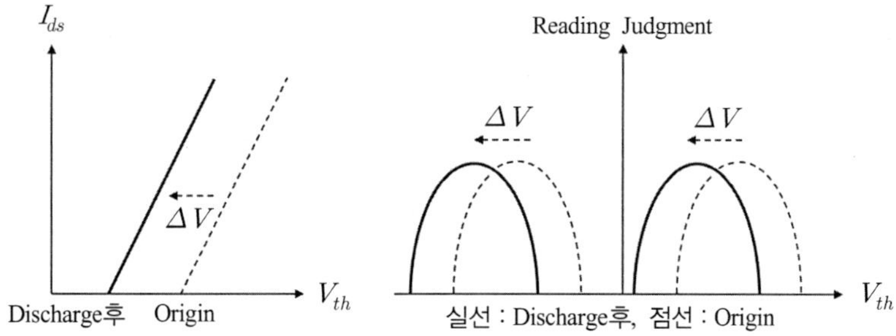

❒ CH9. 그림 2-5 FG로부터의 Electron Escape에 따른 V_{th} 및 분포의 일괄적 하향 Shift

2-1-5-1 Read Retrial

Jumping read의 일종인 read retrial과 moving read는 retention issue를 직접적으로 개선하기 보다는, retention 발생 후의 retention에 의한 영향을 최소화하기 위한 방안이다. NAND는 Power off 후에도 저장되어 있는 data를 유지할 수 있다는 장점이 있는 동시에, 반대급부로 fail 발생률이 높아서 fail 예방 및 fail 발생 후의 개선 activity가 다양하게 발달되어 있다. Read retrial은 V_{th}분포가 shift될 것을 예측하여 read할 V_{RD}값을 여러 개 미리 준비하였다가, 분포 shift 후에, shift로 인한 분포 fail이 발생되지 않도록 사전에 계획된 shift read값에 따라 read하는 방식이다.

NAND가 initialization된 후, 제품 종류에 따라 분포 level이 결정되면, 결정된 분포 level을 기준으로 read와 verification을 어떤 전압 level로 operation할 것인지, 실질적인 operation 전에 산출해 놓는다. Erasure와 program을 반복하여 사용함에 따라, NAND가 노후화되고 분포 level 변경이 일어나서 처음에 setting된 level로 read 혹은 verification 진행 시, 나중에는 fail되는 시점이 발생됨에 따라 read biasing level을 변경하여 RD 동작을 하게 되면, V_{th}분포가 original 분포에 비하여 shift되었다 하더라도 해당되는 분포의 선별이 가능하게 되므로, 분포 shift 전에 예측된 read biasing 전압을 통계적으로 사전에 계산하여, 지워지지 않는 OTP(One Time Program) block 혹은 NAND 밖의 controller의 협조를 받아서 FTL에 저장해 놓는다. 단, 이는 사전에 electron이 FG로부터의 loss가 어느 정도 될 것인지 예측 가능하여야 한다.

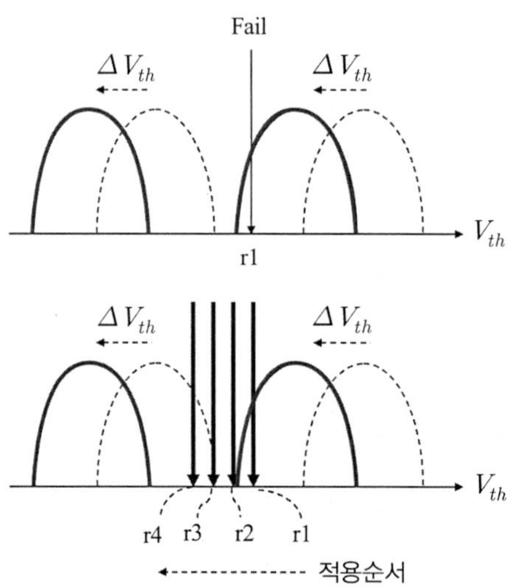

❒ CH9. 그림 2-6 Left Shift된 분포에 대한 Read Retrial

즉, NAND가 사전에 arrange된 biasing 전압으로 read 도중 fail이 발생 시, 처음에는 error check correction을 진행하고, ECC 적용 후에도 계속 fail이 발생되면, 이미 계산해 놓은

original 대비 shift된 read level로 biasing하여 다시 reading하는 것을 read retrial이라고 한다. Read retrial list에는 biasing할 step 전압이라던가, maximum retrial 횟수라던가 하는 전체적인 정보가 저장되는데, 분포 shift로 인하여 발생된 NAND fail을 보정하기 위하여 사전에 저장되어 있는 read retrial 정보를 꺼내어 반복적으로 V_{RD}를 가하여 try & error read를 실시함으로써 pass되는 V_{RD}값을 찾는다. <CH9. 그림 2-6>은 사용 예로서 분포의 left shift로 인하여 r1으로 V_{RD1} 시, fail이 발생되었다면, OTP 혹은 FTL에서 공급한 V_{RD2}, V_{RD3}, V_{RD4}값으로 r2 → r3 → r4를 순차적으로 V_{RD}하여 fail이 발생되지 않는 V_{RD}, 혹은 fail이 처음 발생된 point로부터 더 shift시켜 분포와 분포 사이 간격의 중간값을 찾아내어 ON 분포와 OFF 분포를 구분한다. <CH9. 그림 2-6>은 개념적 상황이고 실제적으로는 복잡하지만, 더 나아가서 read retrial도 진화를 거듭하여 단점을 보완한 advanced read retrial이 계속 발전되고 있다.

2-1-5-2 Moving Read

Moving read는 read retrial과 개념적으로 비슷한 방식으로서, 분포가 shift된 후의 분포 이동에 따른 fail 발생 시 reading 값을 flexible하게 변화시켜 read하는 방식이다. 이는 retention 문제로 인하여, PGM 분포의 left shift가 $-\Delta V_{th}$만큼 발생 시, shift된 cell에 맞춤형의 judgment level($V_{RD}-\Delta V_{th}$)로 변경하여, 보상함으로써 read 동작을 수행하는 방식이다. 해당되는 분포 내의 cell들이 original V_{RD} level보다 어느 정도 shift되었는지를 판단하여 $-\Delta V_{th}$를 계산해낸다. Δ_{shift}의 판단은 V_{RD-REF}를 read하여 original과 reference의 cell도수를 비교하여 어느 정도 이동하였는지를 추정한다. 그런데 각 P1, P2, P3의 shift량은 $\Delta V_{th1} < \Delta V_{th2} <$

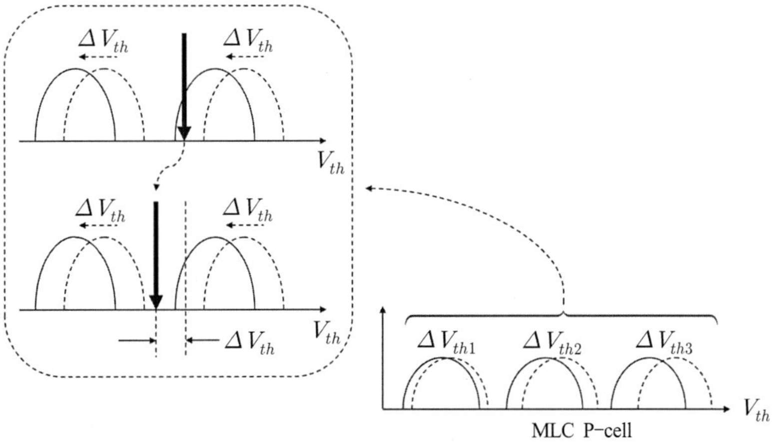

❒ CH9. 그림 2-7 Left Shift된 분포에 대한 Moving Read

ΔV_{th3}가 모두 제각기 다르므로 Δ_{shift}에 맞는 R1과 R2의 moving target을 정하기 위한 algorithm 계산이 복잡하다. 판정 시 분포의 돗수 trend을 고려해야 하기 때문에 각 V_{th}에 해당하는 cell의 도수가 주요한 변수가 된다.

Read retrial과 moving read가 다른 점은 read retrial은 사전에 여러 개의 V_{RD} level option을 설정하여 놓고, 분포 fail 발생 시 기존에 list로 설정된 V_{RD}에 따라 수행하는 fixed reading 방식이지만, moving read는 분포 shift 상태를 점검해 가면서 V_{RD} level을 재설정하는 flexible reading방식이다. Moving read는 read retrial보다는 분포의 하락 현상에 대해서는 능동적으로 대처하지만, 적용하기는 read retrial이 더 간편하다. Moving read 역시 advanced moving read가 계속적으로 update되고 있다. Read retrial이나 moving read는 V_{th}의 변화 후의 보상방식이므로, 근본적으로는 분포 폭을 줄인다거나, trapping electron을 감소시키기 위하여 tox를 두껍게 하거나, 기초가 되는 erasure 분포 level을 조정하여 연동된 PGM 분포 level을 조정하고, wear leveling을 통한 cell stress를 줄이는 등 근원적인 방안이 우선되어야 한다.

2-2 Endurance

PE cycling은 program과 erasure operation을 번갈아 가면서 반복적으로 진행하는 것이고, endurance는 worst한 pattern을 이용하여 program하고 erasure하면서 FG와 substrate 사이의 oxide layer가 파괴되지 않은 상태에서 device가 몇 회까지의 PE cycling에 견딜 수 있을 것이냐를 측정해내는 maximum cycling 횟수를 의미한다. 그런데 electron을 charge하고 discharge 한다는 것은 1개 cell만의 관점인 데 반하여, chip 상에서는 실질적으로 32×10^9개 이상의 physical cell(64G bit인 MLC 경우)이 존재하므로 각 cell과 cell 사이의 영향력을 되도록 최소화하기 위하여 cell의 charge와 discharge의 mix pattern 중 알맞은 pattern들로 활용한 조합이 중요하다. 또한, 동일한 data in/out이지만, cell array 내에서는 program pattern과 read pattern을 다르게 하여 read 시 주변 cell에 주는 영향을 최소화하기도 한다. Data를 저장하고 지우는 동작을 반복함으로, NAND가 program과 erasure의 cycling 동작을 몇 회까지 guarantee 할 것이냐는 NAND 성능을 향상시키는 데 있어서 main factor가 된다.[3)]

3) Endurance를 test하는 경우는 가능한 worst한 환경을 형성하여 screen해야 하므로, pattern 형태는 복잡한 pattern으로 다양하게 적용하면서 되도록 random 형태를 취하나, 완전 random 형태는 아니더라도 quasi-random 형태가 되게 하여 worst condition을 만든다. Test 시에는 cell과 cell 간의 interference 영향을 극대화하기 위하여 worst pattern을 사용하고, user operation 시에는 interference 영향을 줄이기 위하여 가능한 loose한 pattern의 형태를 구성하도록 FTL에서 조정한다. 이때의 pattern 구성은 word line에 따라 다양하게 변화되는 pattern을 구사하기도 하고, bit line에 따라 변화를 주기도 한다.

2-2-1 Cycling에 의한 Trapping Electron

그런데 PE cycling이 증가됨에 따라 tunnel oxide의 열화가 진행되면 program과 erasure의 특성 모두가 저하된다. 여기서 열화는 cycling의 횟수가 많아질수록, tox layer가 crack의 발생으로 물리적으로 약화되고, electron이 tunnel oxide area에 trap되기도 하고, sub-tox의 계면 혹은 tox-FG의 계면에 interference trap이 발생된다는 것이다.

Trapping electron이 많아질수록, PE cycling 시 substrate 혹은 FG로 움직이는 electron의 이동도가 떨어져서 PGM, erasure 시의 operation time을 지연시킨다. 또 trap된 electron으로 인하여 실질적으로 FG에 charge되는 electron량이 계획 보다는 감소되게 포획되었다가, 정작 V_{th}분포를 사용하는 시점에는 trap electron이 없어져서 낮은 V_{th} level로 비정상적인 분포가 형성되는 걸림돌이 된다. Cell 전체적으로는 electron trap으로 인하여 read 시 V_{th}가 증가된 것으로 잘못 판정되어 drain current를 줄어들게 한다.

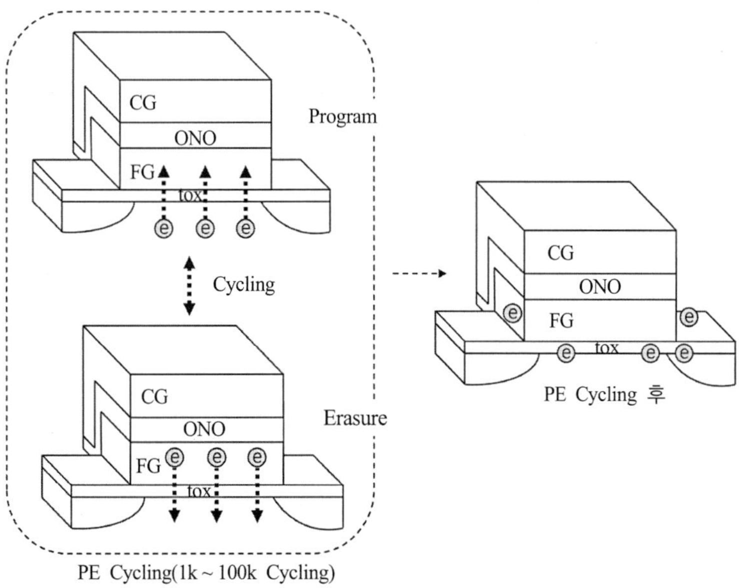

❒ CH9. 그림 2-8 PE Cycling으로 인한 Electron Trapping

2-2-2 V_{th}분포 폭 및 Margin증가에 따른 Read Window Control

Trapping electron이 증가하면, cell 전체적으로는 electron 개수가 증가하는 방향이므로, program과 erasure의 V_{th}가 의도하지 않게 상승한다. V_{th}가 증가한 만큼 실질적으로는 program이 수행되지 않았음에도 불구하고 OFF cell로 읽혀진다. <CH9. 그림 2-9>는 cycling

으로 인하여 erasure 분포 혹은 PGM 분포에 $+\Delta V_{th}$의 right tail이 추가적으로 발생된 경우이다. Right tail의 의미는 retention처럼 분포 전체가 한꺼번에 ΔV_{th}만큼 이동되지는 않기 때문에, cycling으로 인하여 전체 cell이 영향을 받는 것이 아니고, 일부 cell만 cycling의 영향을 받아 ΔV_{th}만큼 상향된 결과이다. 또한, sub-tox 계면에 산포되어 있는 electron으로 인하여, source에서 drain으로 이동하는 electron의 이동도도 떨어져서 I_d가 감소하고 trans-conductance도 감소된다. Right tail이 발생되면 fail 회피 수단으로(retention의 read retrial/moving read와 유사한 개념으로) V_{RD}를 이동하여 read operation을 수행하지만, reading scheme은 불규칙적인 right tail로 인하여, retention failure을 보상하는 방법보다 복잡해진다. V_{th} 증가는 같은 P/E cycling 조건일 경우, P-cell보다는 E-cell이 2～3배 더 큰 폭으로 상승하여 P-분포 fail보다 E-분포 fail이 더욱 증가한다. PE cycling을 진행하면 할수록 분포의 right edge가 상승하고, 특히 ER 분포의 right side가 가장 크게 상승하므로 read window가 줄어든다. <Chapter 8. Session 2-1-1. 그림 2-3> 참조.

Right shift을 보상하기 위하여 read window(E0의 Verification ~ P3의 Verification)를 넓게 하면, 넓게 한 만큼 erasure 분포에서 program 분포로 PGM시키는데, 그에 비례하여 V_{PGM}을 높이 인가해야 하고, V_{PGM}이 높으면, 비례하여 tox의 damage가 커지는 악순환이 발생한다. Tox damage가 커지면 FG 내의 electron이 쉽게 escape되어 장기 retention적으로 볼 때 V_{th}분포의 left shift가 발생된다. 단기적으로 볼 때도 read window를 넓힌다는 것은 전체 V_{PGM}의 biasing 전압이 상승하게 되고, biasing 전압이 상승하면 그에 비례하여 PGM과 ER 분포의

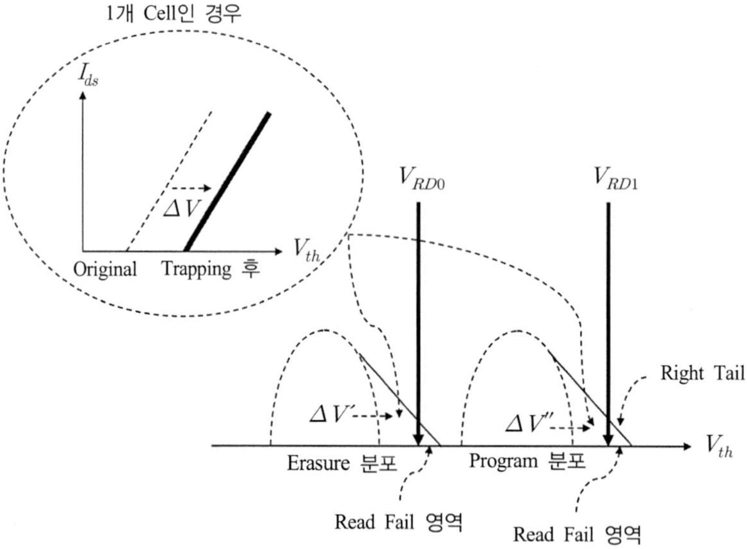

❒ CH9. 그림 2-9 PE Cycling 후 V_{th} 상승 @ 분포상 right tail 발생

right edge가 더욱 많이 shift하여 추가적인 failure를 야기시키며, 특히 ΔV_{th}가 큰 ER 분포가 PGM 분포에 비하여 damage가 더욱 커진다. Read window를 넓히면 넓힐수록, 분포 폭이 일정하다는 가정에서, read margin은 커지지만, V_{pass} 또한 높아지므로 read disturbance에도 negative 영향을 준다. <Session 3-1-4-4> 참조. 그러나 read margin이 확보되어야 효과적인 분포 구분이 가능하므로, 분포 폭 간의 read margin을 위하여는 read window를 넓게 확보하는 것도 중요하다.

2-2-3 Endurance와 SILC

User가 data를 NAND에 저장하고 지우고 하는 횟수를 증가시킬수록, PE cycling으로 인한 stress가 높아짐에 따라 FG가 electron을 저장할 수 있는 retention능력도 저하되지만, tunnel oxide가 비례하여 damage되므로, cycling stress에 의한 SILC도 증가한다. SILC(Stress Induced Leakage Current)는 FG을 둘러싸고 있는 절연체들의 열화 작용으로 발생된 crack, 격자구조 damage 등으로 electron이 정상상태인 경우에 비하여, 쉽게 FG를 빠져 나오는 현상인데, 동일한 외부전압을 인가해도, damage 정도에 따라, electron이 escape하는 정도가 비례한다. 그 중 IPD(ONO)층 보다는 channel 위치와 연결된 tunnel oxide층이 영향을 더 크게 받는다. NO biasing 전압인 normal 상태의 SILC 보다 외부에서 CG 혹은 Sub에 약 +20V 전압을 가하는 program과 erasure 동작 시의 SILC가 10^5배에서 10^6배 많이 흐른다. 이때, tox의 두께가 두꺼우면 당연히 SILC가 줄어들므로 SILC는 tox의 두께에 반비례하는데, tox 두께가 10% 얇아짐에 따라 SILC는 2배 이상 증가하여 SILC가 tox 두께에 매우 민감하게 반응함을 알 수 있다.

Session 3 Disturbance와 Interference

Disturbance와 interference는 NAND의 operation 시, floating gate와 연관되어 발생되는 fail mechanism 중의 가장 심각한 failure 인자이다. 이 2개 항목의 영향을 최소화시키는 방향으로 모든 operation 조건 및 scheme들이 setting되고 있음에도 불구하고, 회로 선 폭 shrink 및 high density 추구는 오히려 이런 defect들을 증가시키는 방향이다. 특히, high voltage를 사용하는 program 시에 더욱 worst해지며, 그 외에 structure 및 pattern에 의해서도 worst한 영향을 받는다. Disturbance와 retention을 비교하면, 2개 모두 electron과 FG의 관계는 유사하지만, 문제를 해결하려고 하는 방향은 서로 반대이다. Disturbance fail은 의도하지 않게 carrier가 FG로 강제로 들어가는 것이고, retention fail은 의도하지 않게 carrier가 FG를 빠져나가는 현상이다. PE cycling과 interference 사이에서도 인과관계가 있어서, PE cycling을 많이 하면 electron trapping영향으로 인하여 interference fail이 증가하는 현상을 보인다.

3-1 Disturbance

Program을 진행하다 보면, 이론적으로는 program되지 않아야 할, target cell 옆의 victin cell에 electron이 물리적으로 charge되는 현상이 발생된다. Disturbance가 interference와 다른 점은, disturbance는 electron이 직접적으로 인접 FG 내로 charge되거나 discharge되어 인접 FG의 전하량이 물리적으로 변하는 현상이며, interference는 electron이 인접 FG 내로 직접 charge 혹은 discharge되지는 않고, 인접 FG를 둘러싸고 있는 주변 layer 내에 trapping되어 간접적으로 인접된 cell의 V_{th}에 영향을 주는 현상으로서, disturbance와 interference는 program/erasure operation 완료 후에 발생되는, 원하지 않은 상태와 defect이다. 그런데 PGM에 의한 disturbance/interference와는 달리 erasure disturbance 혹은 erasure interference는 인접 FG에 영향이 거의 없거나 미미한 영향만을 끼친다. 왜냐하면 erasure operation은 block 단위로 진행되어, block 내의 전체 cell을 대상으로 동시에 실시하므로, erasure 후에는 모든 cell의 V_{th} 분포가 erasure 분포 level로 낮아지므로 인접 cell 간에 영향을 줄 인자가 거의 없기 때문이다. 그러나 erasure operation 시에, target block과 victim block 사이에서는 거리에 따라 영향을 받는다. 또한, program과 erasure cell이 조합된 worst한 back pattern일 경우는, program과 일부 erasure cell에 의해서도 영향을 받는데, 이는 erasure 후 실시된 program 결과에 의한 back pattern dependency

영향 때문이다.

따라서 disturbance는 주로 program/read 동작과 연관된 issue들에 대하여 전개하였다. FG에 electron이 charge되려면 FG를 가운데에 두고 voltage potential 차이를 최소한 15V 이상 차이가 나도록 해야 FN Tunneling이 발생한다. 그러나 Δ15V는 일시에 다량의 electron을 효과적으로 발생시키기 위한 가시적 전압 폭의 의미이고, 실질적으로는 Δ15V 이하에서도 FN Tunneling은 발생된다. 미약할 뿐이지, 심지어 Δ10V에서도 FG에 electron이 charge된다. Δ10V의 voltage potential difference 정도로 charge되는 electron량은 미미하여 current drivability가 떨어지지만, 문제는 Δ10V가 발생되는 경우가 원하지 않게 program operation 시에 자주 그리고 여러 site에서 다발된다는 데 있다. 이런 전위차들의 원인제공은 program을 하기 위하여 word line으로 투입되는 high voltage(HV)와 ISPP 동작에 있다. 15V 이상의 전압을 만들어 내고, 이동시키고, 어떤 site에 반복적으로 인가한다는 것은, 손톱만한 크기 안에 몇 백억 개의 Tr을 집적한 chip 입장에서는 반복적 HV 변수가 매우 큰 부담이다. 그렇다고 disturbance 때문에 HV를 투입하지 않으면 program 자체가 완성되지 않으니, HV를 인가하지 않을 수는 없다. 10V~20V가 되는 HV의 부작용 혹은 파급효과가 인접 cell에 미치는 영향이 크므로, 반복적 HV로부터 발생되는 부작용의 원인을 알아내고, 이를 막기 위한 여러 가지 조치를 취해야한다.

3-1-1 Disturbance의 종류와 개선방향

Disturbance의 원인으로는 아직 모든 원인이 명확하게 밝혀진 것은 아니고, 또 발생되는 원인들이, 시간 흐름에 따라, technology와 상대적이 된다. Scale이 down되고 제품이 다양화되면서 minority했던 원인이 새롭게 majority한 원인으로 되기도 하고 극히 드물지만, majority했던 원인이 minority하게 변하기도 한다. Disturbance 원인은 앞으로도 꾸준하게 규명하는 작업이 전개될 것이지만, 그중에 물리적인 dielectric breakdown이 있으면 이를 통하여 substrate에 있던 electron이 쉽게 FG로 charge, 혹은 FG 내에 있던 electron이 외부로 discharge되므로 tunnel oxide의 파괴를 줄이기 위해서 다양한 방법이 시도되고 있다. 그 외에 substrate와 tox 사이 혹은 tox 내의 trap된 electron이 존재하는 경우도 trap된 electron들이 약간의 높은 전압인가만으로도 비교적 쉽게 FG로 들어가게 된다. 즉, interference 불량이 많아지면 disturbance에도 영향을 주게 되므로 interference 불량을 줄이는 activity도 disturbance를 향상시키는 데 있어서 중요한 역할을 한다.

3-1-1-1 WL 방향으로의 Program Disturbance(Target Word Line + Unselected Bit Line Cell)

동일 word line에는 항상 동일 voltage level이 인가되는데, 이는 program 시에도 selected cell이건 unselected cell이건 target word line에 속한 전체 cell의 gate에 동시에 HV를 인가한다. PGM cell이 속한 target bit line에는 0V가 인가되어 PGM FG의 word line과 bit line 간의 voltage potential 차이는 HV - 0V가 되므로 FN Tunneling이 발생될 조건이 충족된다. PGM word line의 unselected cell의 bit line에는 inhibit용 voltage인 V_{cc}[V]를 인가한 후, DSL이 open됨에 따라 substrate가 self-boosting되므로, unselected FG에 끼치는 voltage potential 차이 ΔV는 CCR_{sub} 변수에 의하여 약 8V ~ 10V 이하로 조성된다. <Chapter 6. Session 2-3> 참조. Program이 잘 되지 않는 target cell이 포함된 WL인 경우는 ISPP 시 control gate 인가전압을 20V 이상까지도 상승시키므로, unselected FG의 ΔV는 CCR_{sub}가 50%까지 하락하는 worst한 경우는, 10V 이상까지도 차이가 날 수 있다. 그런데 ΔV가 10V 정도의 영향 하에서는 charge 정도가 미약한 양의 electron이지만 unselected FG에도 FN Tunneling이 발생할 가능성이 있으므로, 적은 양이라도 횟수가 많아지면 FG에 charge되는 양이 쌓여서 누적된 electron들이 channel에 영향을 끼칠 정도가 되기 때문에 issue가 된다. 이런 형태의 원하지 않은 electron들이 program 시 발생되었다고 하여 program disturbance라 한다. Self-boosting은 program 시 unselected cell에 electron이 charge되지 않도록 하는 좋은 tool이지만, program disturbance를 발생시킬 수 있는 side effect가 있다.

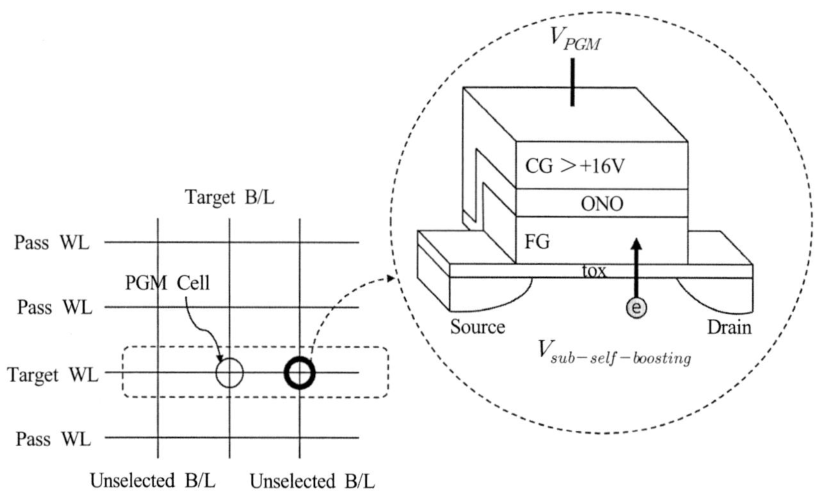

❐ CH9. 그림 3-1 WL 방향으로의 Program Disturbance @ PGM 동작 시

3-1-1-1-1 WL 방향으로의 Program Inhibited Cell Disturbance(Target Word Line + Selected But Inhibited PGM BL)

<CH9. 그림 3-1>에서 program disturbance의 영향을 받는 cell들은 target WL 상에 있으면서, 1) unselected BL에 위치한 모든 cell이 포함되고, 2) selected BL이면서 program 완료된 cell도 해당되며, 3) select된 even line 혹은 selected odd line이면서 PGM pattern 상 PGM하지 않는 BL에 포함된 cell도 영향을 받는다. <Session 3-1-1-1-1>에서는 2)항, 3)항의 경우에 대한 disturbance이다.

이는 PGM 완료된 cell이 추가적으로 PGM되는 현상이다. PGM되는 WL 상에는 PGM이 잘 되는 fast PGM cell이 있고, PGM이 잘 안 되는 slow PGM cell이 있다. Fast PGM은 ISPP PGM이 완료되면, 더 이상 PGM이 수행되지 못하도록 inhibit BL에 의한 inhibit cell이 된다. 그러나 PGM이 완료되어 PGM inhibit된 cell의 FG에 연결된 BL에도 inhibit용 V_{cc}가 인가되어 substrate가 self-boostinge되므로, 더 이상 PGM 수행만 안 될 뿐이지, PGM 시의 active WL과 동일 WL을 사용하기 때문에, 다른 slow cell에 PGM pulse가 가해질 때마다 inhibit cell의 gate에도 ISPP PGM 전압이 주기적인 pulse 전압으로 인가된다. Program inhibited cell disturbance는 slow cell이 모두 PGM 완료될 때까지 계속된다. Pass WL 상의 cell보다 PGM WL 상에 있는 inhibit cell이 더 높은 전압차이에 노출되어 worst disturbance영향을 받게 된다. 그러나 이런 경우는 사전에 예방하거나 조치할 특별한 대응책이 없으므로, 되도록 slow cell과 fast cell의 편차를 줄여서 ISPP의 횟수를 최소화하거나, page size을 축소하여 PGM할 cell을 줄일 수밖에 없다.

Program inhibited cell disturbance도 PGM disturbance의 일종이라고도 할 수 있는데, PGM disturbance와 다른 점은 BL의 위치가 다르다. Conventional HBL인 경우에도 active bit line group에 소속되어 있으면서 PGM pattern 상 ER cell로 남아있는 cell도 동일 WL 상에 위치해 있으므로 상기 2항과 유사한 영향을 받는다. 즉, program-용 pattern상 “1” cell의 BL에 있거나, PGM 완료 cell의 BL에 위치해 있으면 victim cell이 된다.

3-1-1-1-2 Advanced Program Verification @ PGM Operation 시

PGM 최소화 방안 중의 하나는 PGM을 하여야 함에도 불구하고 PGM을 의도적으로 하지 않고도 PGM을 실시한 것과 같은 결과를 내는 것이다. 동일 WL 상에서 먼저 fast cell이 PGM 완료되고 slow cell 중에서 PGM이 완료되지 않았다 하여도, cell들이 ECC로 cover가 가능한 fail number에 해당되는 cell숫자의 이하로 남아 있을 경우에, 더 이상의 PGM을 진행하지 않고, stop하여 의도적으로 slow cell들을 fail시킨다. 즉, PGM을 계속 진행하면 pass 처리될 cell임에도 불구하고 ECC로 처리 가능하기 때문에 fail 처리한 것이다. 그러나 ECC로 cover하지 못하면서 slow cell의 PGM을 stop하면, page PGM 자체가 fail이 되므로, 별도의 점검 회로를 두어 ECC cover 가능 여부를 매번 또 매 word line 마다 사전에 확인하여야 한다. 이렇게 ECC를 이용하여 PGM 횟수를 줄일 때 적용하는 verification을 Advanced Program Verification이라 한다.

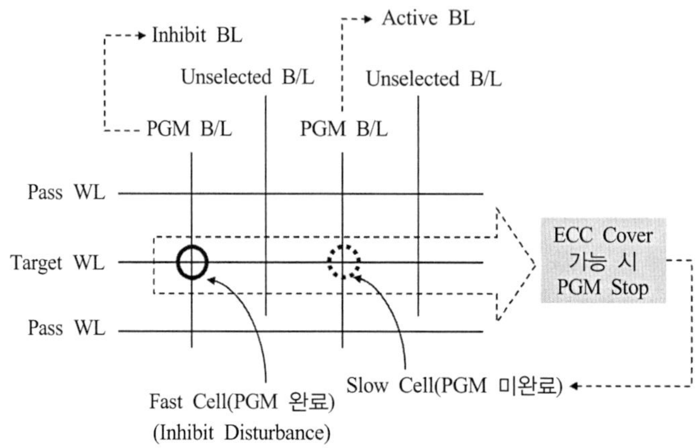

❐ CH9. 그림 3-2 Inhibit Disturbance와 Advanced PGM Verification

Advanced PGM verification은 ECC engine이 더 강력해질수록 PGM하지 않아도 되는 slow cell의 처리 가능 숫자는 비례하여 많아진다. 이는 PGM operation과 PGM status check를 결합한 방식으로서 순서적으로는 PGM status를 check한 후에 ECC로 점검한다. PGM status check는 PGM cell의 FG들이 PGM이 완료되었는지를 점검하는 논리회로로서, 이는 Data Register(PB)에서 판정되는데, target FG의 PGM결과가 latch에 남게 되고, 각 latch를 논리회로인 NAND회로로 연결하여, PGM완료 여부에 대한 status를 check하는 algorithm이다.

❐ CH9. 그림 3-3 Advanced Program Verification

3-1-1-2 Bit Line 방향으로의 Pass Voltage Disturbance(Pass WL + Target BL의 Cell) @ program operation 시

PGM되는 FG을 둘러싸고 있는 모든 cell에는 disturbance가 발생된다. 앞 Session에서는 WL방향의 disturbance를 알아보았는데, 이번에는 PGM 실시하는 cell을 기준으로 볼 때, BL 방향의 disturbance 영향을 살펴보자. PGM cell이 포함된 bit line 방향의(PGM cell 옆의) 인접 cell(pass WL)에 영향을 끼치는 전압은 WL 방향으로는 V_{pass}가 있고 target BL은 0V가 인가된다.

Program 시 row-decoder와 평행한 방향으로, 전압 level을 보면, PGM page에는 HV를, PGM page 이외의 pass WL(unselected WL)에는 HV의 약 50%를 인가하고, DSL과 SSL Tr의 gate에는 V_{cc}를 투입하는데, 그 중 50% V_{PGM}인 V_{pass}가 pass voltage disturbance에 영향을 준다.

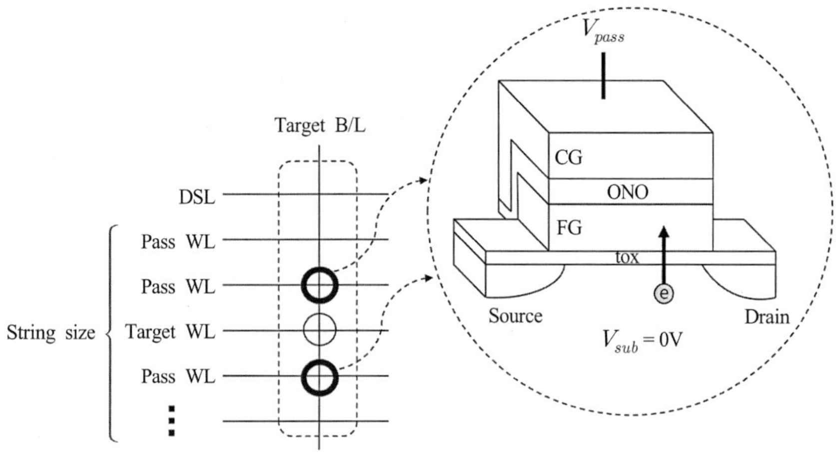

❒ CH9. 그림 3-4 Pass Voltage Disturbance @ bit line 방향, PGM 동작 시

3-1-1-2-1 ISPP에 의한 Pass Voltage Disturbance

동일 bit line에서의 인접 FG와 target FG 사이의 ΔV_{PGM} 차이로 인한 문제(interference)도 issue이지만, pass Tr 내의 자체적 CG-Sub 사이에 있는 FG에 미치는 전위차이가 더 큰 disturbance 영향을 준다. HV는 fixed voltage가 아니라, ISPP변화에 의하여 +15V에서 +20V 가까이 까지 혹은 program이 잘 안 되는 cell은 심지어 +24V 가까이 까지도 올려야 하므로 가변적이다. Program하지 않는 pass cell의 gate에 인가하는 V_{pass} 전압 level을 ISPP 전압 level의 50% 정도로 V_{PGM}에 연동시켜 유지할 경우, V_{pass} 전압이 8V ~ 12V가 되므로 Pass Tr 자체적인 전위차이가 평균 $V_{pass} - V_{sub}$ =(8V ~ 12V) - 0V로서 pass Tr의 FG가 약하게 charge되는 현상이 발생된다.

이를 최소화하기 위하여 V_{pass}를 V_{ISPP}의 50%로 비례적으로 연동된 비례형으로 하지 않고, V_{pass}를 계단형으로 grouping하여, grouping 내에서 V_{pass}를 일정하게 하면 V_{pass}의 증가를 어느 정도 억제할 수 있다. 혹은 계단형으로 하지 않고 모든 V_{pass}를 일정하게 동일한 level로 setting하여 fixed V_{pass}를 더 이상 증가시키지 않게 하는 고정형 방식도 있으나, 고정형은 V_{pass} 전압으로 인한 disturbance는 감소되지만, 인접 V_{PGM}과의 전위차이로 인한 interference에는 부정적인 영향을 끼치므로 계단형 V_{pass}보다는 덜 활용되는 방식이다.[4)]

4) Pass voltage disturbance는 pass disturbance라고도 하며 모두 같은 의미이다.

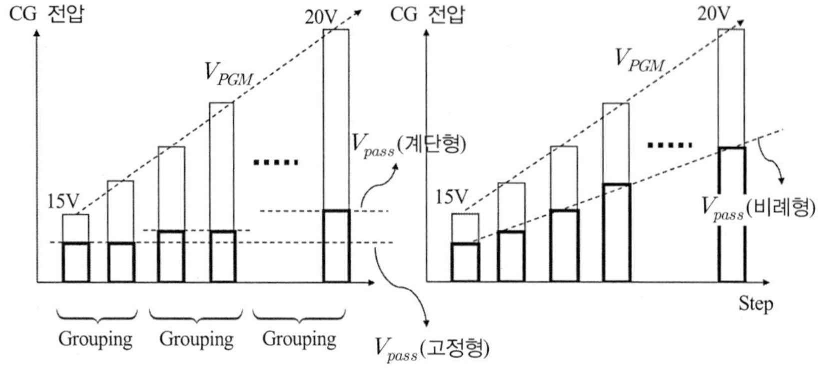

❐ CH9. 그림 3-5 V_{pass} 전압에 의한 Victim FG에 의한 Disturbance 영향 @ PGM 동작 시

지금까지는 string의 중간 영역을 살펴보았지만, string 끝단으로 인한 영향을 보면, DSL과 SSL cell은 FG가 없기 때문에 disturbance나 interference와는 상관이 없지만, DSL의 인접 cell과의 전위차이가 10V 가까이 발생되므로 인하여, 도리어 인접 FG가 역으로 영향을 받기도 하므로, 서로의 거리를 둔다거나 중간에 dummy cell 등 구조적 관점에서의 개선 방향이 필요하다.

3-1-1-2-2 String Size(String Cell 개수) 증가에 따른 Pass Voltage Disturbance

String에 연결된 cell이 32개, 64개, 128개로 증가하면서, ascending하게 진행되는 cell program 시, 동시에 인가되는 낮은 전압인 V_{pass}(약 10V pulse)가 gate에 31회, 63회, 127회 반복적으로 인가됨으로 인하여, pass Tr의 V_{th}가 channel에 영향을 끼칠 수 있는 정도까지 up될 수 있다. 이런 string size 증가로 인한 multi-times-program 현상은, PGM cell처럼 짧은 시간 동안에 높은 V_{PGM}이 인가되는 program이라기 보다는, 적은 V_{PGM}으로 인한 미약한 program 현상이지만, 여러 횟수에 의한 반복적 PGM에 의하여 무시하지 못할 정도의 electron이 FG에 charge된다. 이는 program이 비교적 잘 되는 cell들이 더욱 크게 영향을 받는다.

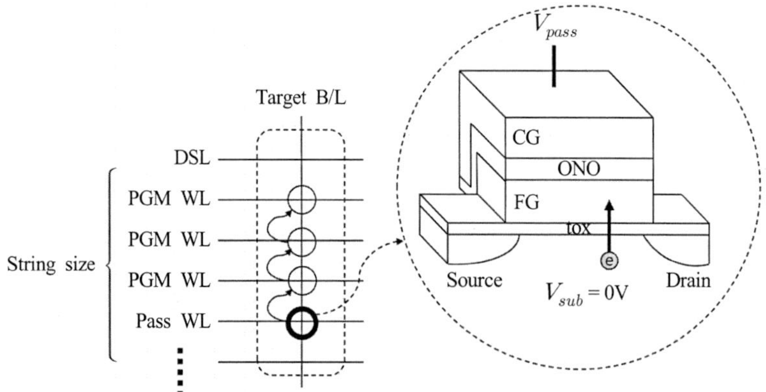

❐ CH9. 그림 3-6 String Size 증가에 따른 Pass Voltage Disturbance @ PGM 동작 시

앞에서 BL방향으로 2가지 경우를 살펴보았다. 이는 PGM cell이 program되는 시간 동안, ISPP에 의한 반복에 의해서, 또 string size에 의한 반복에 의해서 계속적으로 약 10V 전위차가 발생되므로, 인하여 짧은 pulse 횟수는 문제가 되지 않지만, 많은 횟수가 반복될 경우는, effected number of Time = ISPP 횟수 × string size[횟수]가 되어, 비교적 많은 양의 전자가 pass Tr에 charge될 수 있다. 이런 현상을 disturbance fail이 pass Tr에 발생된다고 하여 pass voltage disturbance라고 한다. Pass voltage disturbance는 V_{th} 분포 형성 시, excess program인 경우와 마찬가지로 분포의 right tail을 발생시킨다. Right tail은 분포와 분포 사이의 margin을 확보하는 데 있어서 치명적이므로, 가능한 발생되지 않도록 예방하던가 아니면 축소시켜야 한다.

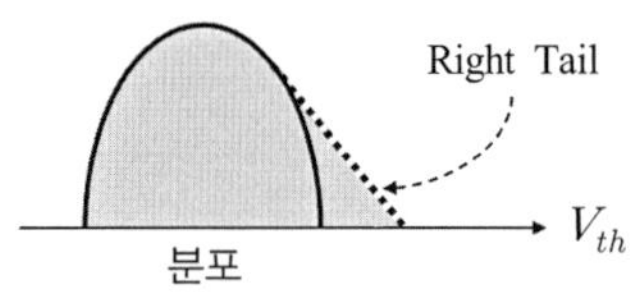

❒ CH9. 그림 3-7 분포의 Right Tail

한편, PGM 동작 시 pass WL 상의 inhibit B/L과 cross되는 FG에는 V_{pass} 인가 시, substrate와 control gate 사이의 전위차이 ΔV가 2~3V정도로서 거의 나타나지 않기 때문에 disturbance free FG가 된다. 이는 inhibit B/L이 self-boosting되어 substrate의 전압이 거의 V_{pass} 전압에 접근해 있기 때문이다.

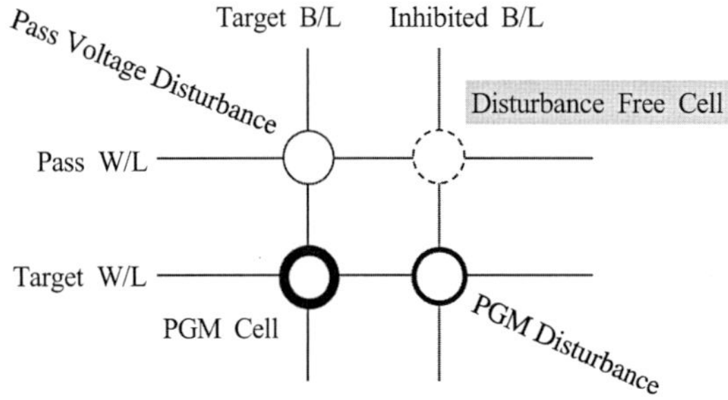

❒ CH9. 그림 3-8 Disturbance Free Cell @ PGM 동작 시

3-1-1-3 Program Disturbance와 Pass Voltage Disturbance의 동시 발생

Target block 내에서는 Target cell과 연관된 WL 방향 및 BL 방향으로 positioning된 FG에는 많고 적음의 차이이지 모두 어떤 형태로든 CG에 인가되는 전압에 의하여 disturbance 영향을 동시에 받는다. BL 방향의 pass voltage disturbance에 비하여 WL 방향의 PGM disturbance가

gate 공급전압의 더 큰 차이로 인하여, 더 많은 영향을 준다. 그런데 word line 방향의 program disturbance와 bit line 방향의 pass voltage disturbance가 동시에 발생될 경우, 이번에는 PGM하여야 하는 target cell에도 2가지 case(PGM disturbance cell/pass voltage disturbance cell)가 역방향으로 interference 영향을 끼친다. Program disturbance와 pass voltage disturbance는 일시에 많은 양의 electron이 charge되는 것이 아니라, disturbance의 전형적인 형태로서 조금씩 여러 번에 걸쳐서 electron이 FG에 charge되므로, target PGM cell에 대한 interference 영향이 program operation에 의한 영향인지, 아니면 주변 cell에 charge된 electron에 의한 다른 형태의 영향인지 판별하기가 어렵다는 특징이 있다.

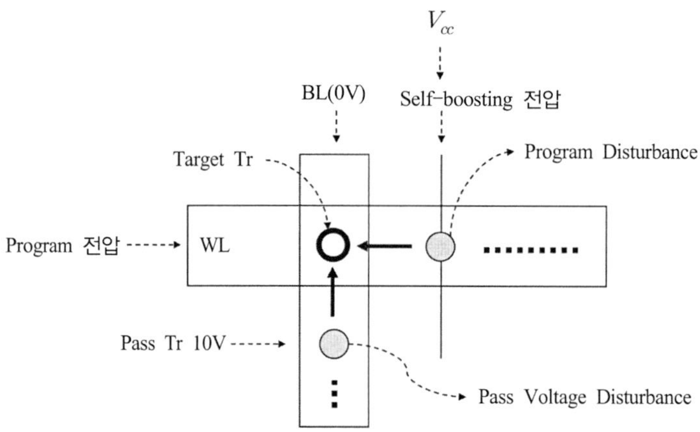

❒ CH9. 그림 3-9 Program Disturbance와 Pass Voltage Disturbance가 동시 발생 시의, PGM Target Cell에 대한 Interference의 역방향 영향

3-1-1-4 Read Disturbance

Read disturbance는 retention과 endurance와 함께 NAND가 필히 개선시켜야 할 3대 신뢰성에 해당된다. NAND에 저장된 data가 오래 유지되어야 하고, 또 자주 읽어볼 수 있어야 하는데, read disturbance는 data를 read하는 과정에서 의도하지 않게 인접 victim FG에 electron을 charge시켜서 발생되는 문제이다. NAND의 bit line은 string 구조이기 때문에, read 시 개별 pass FG에 일일이 별개의 V_{pass}를 가할 수 없으므로, 일괄적으로 string 전체의 pass cell에 대하여 인가하는 $V_{pass-max-RD}$로 인하여 victim FG에 electron이 charge된다.

Read operation의 target WL에는 0V ~ V_{RD}가 인가되어, V_{PGM} 혹은 V_{ER}에 비하여 read 전압은 낮은 전위차이를 발생시키지만, pass WL에는 $V_{pass-max-RD}$의 비교적 높은 전압이 인가되며, 인가되는 빈도수도 많다. Read 시 가해지는 전압의 횟수가 많아지는 것에 더하여, $V_{pass-max-RD}$로 인하여도 unselected FG에 electron들이 charge되는데, 미약하지만 charge된 경우의 누적된 electron들이 cell의 V_{th}를 증가시키는 현상을 read disturbance라고 한다. Read disturbance는 E0 > P1 > P2 > P3순으로 영향을 끼친다. $V_{pass-max-RD}$가 하향되면, 분포의 right side V_{th}가 비례하여 하향되므로, 분포 폭이 축소하여 read margin이 좋아지므로 read 동작에 의한 FG로의 electron charge량이 줄어들게 된다. PGM 분포보다는 특히 ER 분포에 해당되는 cell들의 FG에 electron이 없기 때문에 read 동작 시에, charge가 더욱 쉽게 된다. Read disturbance을 개선하려면, V_{pass}를 하향시켜야 하는데, cell은 이와는 모순되게 read 시 bit line에 흐르는 current량은 일정하게 흘러야 한다. String current량을 줄어들게 하는 요인은 V_{pass}를 낮게 하는 것 이외에도, FG 내에 charge된 electron 분포 right side 확대, retention의 악화, tox 두께의 축소 등인데, 이런 현상들의 반대 방향으로의 개선조치 시에 V_{pass}를 줄여도 일정한 bit current을 유지할 수 있으므로, read 동작 시의 V_{pass}로 인한 read disturbance에 도움이 된다. 또한, read 횟수 자체를 줄인 다거나, ISPP/IPSE 시의 verification 횟수를 줄이는 방법도 효과적이다. <Chapter 8. Session 2-1-3-2> 참조.

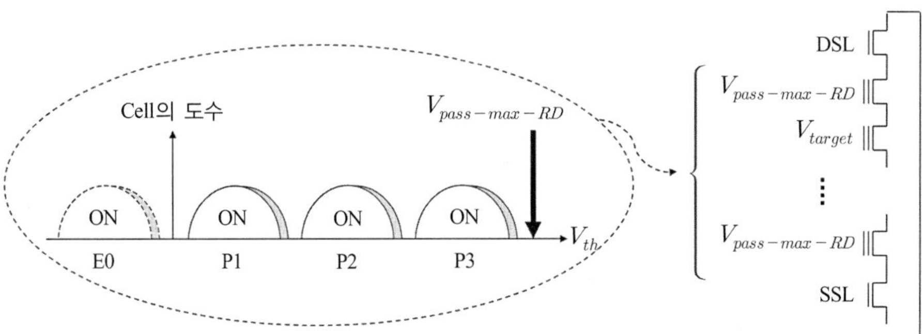

❒ CH9. 그림 3-10 $V_{pass-max-RD}$에 의한 Read Disturbance

3-1-1-5 Boosting 방식에 의한 Disturbance : Cold Carrier/Hot Carrier Disturbane

Boosting 시의 substrate에 인가되는 전압 level에 의해서도 근방의 FG에 electron이 charge되는 disturbance가 발생된다. Program operation 시에 적용하는 inhibit line 상에 있는 Tr의 FG에 electron을 charge시키지 못하도록 하는 self-boosting은 inhibit line 상의 unselected cell에 대한 disturbance를 예방하기 위한 best 방안이다. 그러나 self-boosting 중에 일반적인 conventional boosting인 경우는 substrate가 단일 self-boosting전압으로 인가되는데, 이때 FN tunneling type에서 gate 전압 level 혹은 CCR control이 적정하지 못하여 unselected cell들의 substrate에 너무 낮은 전압 level이 형성되면, target line 상의 pass Tr을 사이에 두고 substrate level과

V_{PGM}(혹은 V_{pass})와의 사이에서 전압차이가 발생된다. 이렇게 발생된 전압 차이(V_{PGM} − $V_{low\ self\ boosting\ level}$)에 의하여 target B/L 상의 FG 상단과 하단 사이에 potential variance가 10V 가까이 차이가 나게 되면, target B/L 상의 pass FG에 의도하지 않은 electron이 charge되기도 하는데, 이를 cold carrier disturbance라 한다. 이는 FNT type으로 인한 disturbance이기 때문에, cold carrier disturbance라 했다.

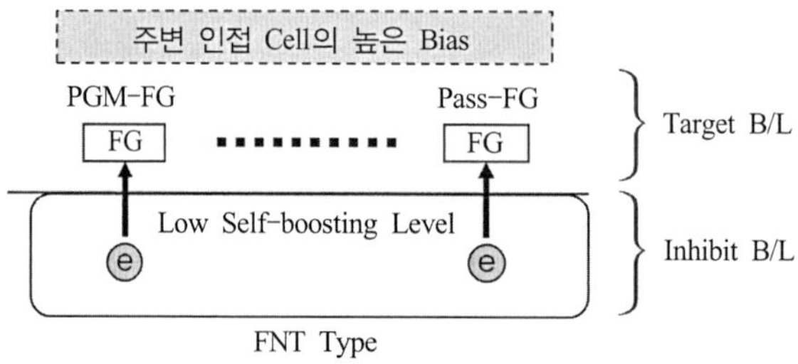

❒ CH9. 그림 3-11 Cold Carrier Disturbance @ PGM 동작 시/Conventional Boosting

또한, inhibit line 상의 cell들 중의 일부 영역을 나누어서 실시하는 local-boosting 시, 이번에는 반대로 substrate의 전압 level이 너무 높으면, high local-boosting area밖에 위치한 electron들이 high local boosting으로 인하여 substrate에 형성된 높은 V_{sub}에 끌려서 acceleration되므로, HCI(hot carrier injection)와 유사한 electron의 이동 mechanism이 형성되어 인접 pass Tr의 FG에 charge되기도 하는데, 이를 hot carrier disturbance라고 한다. 이는 HCI 형태에 의한 disturbance로, hot carrier disturbance라 했다. Hot carrier disturbance는 sequential PGM 동작 시에, string의 양쪽 edge side인 SSL과 DSL area에서 target BL 상에 있는 pass cell에 영향을 끼치는 현상이다. 이 또한 program disturbance의 일종이다.

결국 disturbance는 gate에 인가되는 전압, substrate에 인가되는 전압 등 FG 주변의 모든 전원 source로부터 민감하게 반응하며, 특히 그 영향은 거리의 제곱에 반비례하므로, structure 요인에 많이 좌우된다.

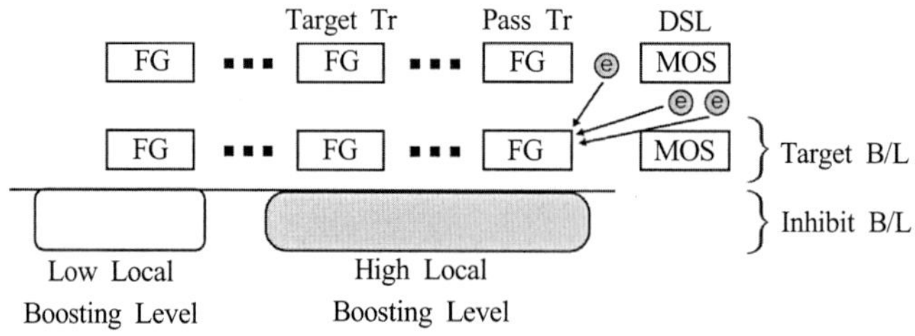

❒ CH9. 그림 3-12 Hot Carrier Disturbance @ PGM 동작 시

3-2 Interference

Disturbance는 electron이 FG에 직접 charge 혹은 discharge되어 cell V_{th}가 상승 혹은 감소되는 현상인 데 반하여, interference는 FG 내의 실질적인 electron 개수의 변화는 없는데도 불구하고, target cell과 주변 cell 사이에서 발생된 기생 capacitance에 의하여, 혹은 주변 FG의 charge 량 변화에 의하여, 혹은 FG 주변에 trap된 electron에 의하여 target cell의 V_{th}가 마치 target cell 내의 FG에 electron이 charge 혹은 discharge된 것과 같은 효과처럼, V_{th}가 일시적으로 혹은 어느 일정기간 shift되는 현상이다.

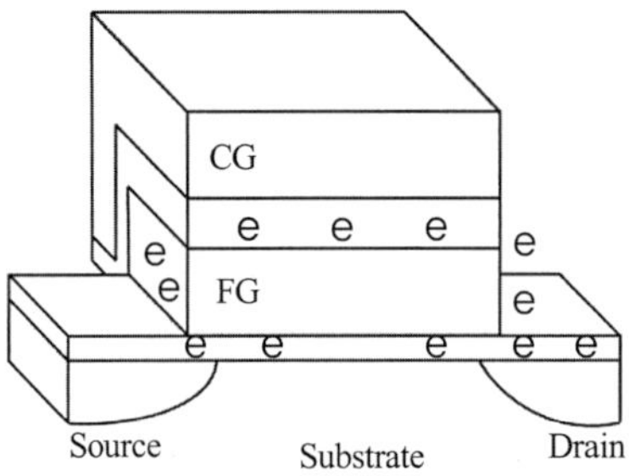

❐ CH9. 그림 3-13 Interference Defect으로 인한 FG 주변의 Electron이 Trap된 현상

3-2-1 Interference 종류

3-2-1-1 Cell to Cell Interference(CCI)

Density가 높아지고 technology가 고도화되면서 물리적 공간인, cell과 cell 간의 폭이 좁아짐으로 인하여, FG 간의 capacitance, 즉 Cell to Cell Interference(CCI)가 더욱 증가하게 된다. Capacitance가 증가한다는 것은, 구조적으로 capacitor 한쪽의 node 변화에 따라 다른 쪽 node로의 변화 유발 효과가 크다는 것이므로, capacitance값을 줄이는 물리적, 화학적 공정 변화가 필요하다. 물리적 방법으로는 FG의 면적을 축소하거나 FG-FG 혹은 FG-CG 거리를 넓힌다. 그러나 이런 structure를 조정하는 물리적 방법으로는 technology를 고도화해야 하는 명제 때문에 한계가 있고, net die 증가 방향에 상반되므로 제약이 있게 되어, 화학적 방법이나 기타 다른 방법을 적용하는데, 공정적 방법으로 capacitor와 capacitor 사이의 절연체에 대한 유전율을 낮추는 것도 유효한 방법 중의 하나가 된다. Oxide 대신 유전상수가 낮은 air로 gap을 만들어 FG-FG 사이의 oxide인 Fox에 삽입하는 방법도 효과적이다. 20nm급에서는 대부분 air gap을 적용하고 있다. 또 FG-FG 거리가 가까워지면, cell 근방에 trap되어 있는 전자 혹은 FG

내의 전자들로 인하여, 다른 쪽 cell의 V_{th}에 대한 영향력을 높이므로 trap된 electron을 줄이는 activity와 V_{PGM} 자체의 축소가 필요하다.

3-2-1-2 Program 순서에 의한 Interference

1개의 FG가 주변으로부터 받는 interference 영향은 입체적으로 14개 site의 FG가 존재하는 구조로부터 기인한다. <Chapter 6. Program Operation, 1-5-4> 참조. (실질적으로 모든 대각선을 포함하면 26개 방향으로 부터 영향을 받는다.) 이런 입체적 FG로부터, PGM 순서에 의한 FG들 간에 서로 물리적 영향을 끼치는 interference를 들여다보자. Disturbance, interference 등의 영향력을 최소화하기 위하여 program하는 순서를 사전에 정해 놓아야 한다.

FG 간의 서로의 영향으로 다른 cell을 PGM 시 V_{th} interference를 +5% 받는다고 가정하자. <CH9. 그림 3-14 참조>. PGM은 FG 0 → FG 1 → FG 2 → FG 3 순으로 진행할 경우, FG 0은 FG 1의 PGM을 완료 후 FG 1 PGM으로 인하여 FG 0의 V_{th}가 +5%가 증가되고, FG 2 → FG 3이 진행 완료되면 최종적으로 FG 0의 V_{th}가 총 +15%가 up된다. 이런 방식으로 FG 1은 FG 3 PGM이 완료 후 +10%, FG 2는 V_{th}가 +5% up된다. 먼저 PGM 된 FG로 인하여 나중에 PGM된 FG가 역으로 받는 interference는 미약하므로 무시하면, FG 3은 V_{th}가 변동되지는 않는다. 물론 interference는, 상기처럼 산술적으로 add되는 것은 아니고 여러 변수인 재질, 구조, PGM 순서 등으로 영향을 받는다. PGM 순서에 의한 interference의 영향을 최소화하기 위하여 interference에 강한 PGM algorithm이 꾸준히 개발되고 있다.

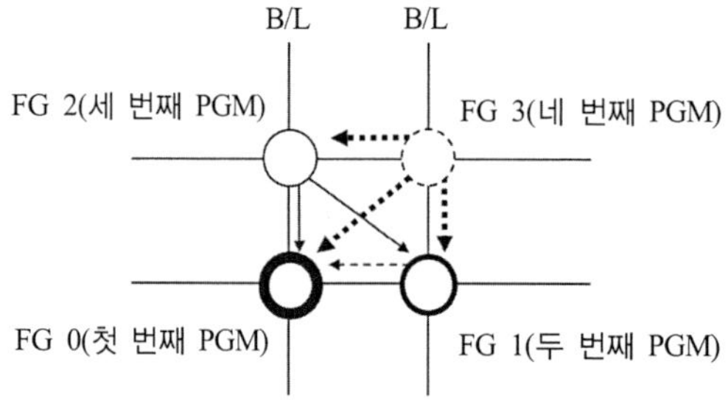

❐ CH9. 그림 3-14 FG의 PGM 순서에 의한 Interference 영향 @ cell structure base

상기는 단순히 bit line과 bit line 간에 시간 차이를 두고 cell이 program되는 경우에 대하여 알아보았다. 먼저 program 완료된 cell들이 나중에 program되는 인접 cell들로 인하여, 먼저 PGM 완료된 cell의 V_{th}분포의 right side 폭이 확대되어 전체 V_{th}분포 폭이 넓어진다. 이는 나중에 PGM된 cell의 FG에 의한 coupling 및 나중 PGM된 cell의 CG에 인가되는 high voltage의 전계에 의하여 영향을 받는데, FG coupling에 의한 전계의 세기가 약할 경우는, PGM된

FG 주변에 전자가 trap되는 bit line to bit line interference(BBI) 정도이지만, CG에 인가되는 multi pulse의 HV로 인한 강한 전계에 의한 영향일 경우에는, trap된 FG 주변의 전자가 FG 안으로 진입할 정도의 높은 energy을 받게 되는 disturbance불량을 유발한다.

3-2-1-2-1 Bit line to Bit line Interference(BBI)

BBI는 bit line 간에 발생된 interference를 의미한다. PGM 순서는 구조적 변수에 의한 순서일 수도 있고, conventional HBL/ABL 방식에 의한 변수일 수도 있다. Conventional HBL(Even Odd Bit Line) 방식으로 PGM 시 처음 PGM을 even bit부터 시작하였다면, even bit에 PGM된 cell들은 나중에 PGM된 odd bit에 PGM된 cell들의 FG 상태에 의하여 interference 영향을 받으며, 나중에 PGM된 odd bit의 FG들은 even bit cell들이 모두 PGM 완료되었으므로 even bit cell로부터 interference 영향을 받지는 않는다. Conventional HBL의 even PGM을 완료 후에 odd PGM을 진행하면, 이미 even bit에 연결된 PGM된 FG들로부터 interference 영향을 받아서, 약간의 $+\Delta V_{th}$가 증가된다. 그러나 ABL 방식은 even과 odd bit line이 동시에 PGM되기 때문에 bit line 간의 interference에 의한 영향을 적게 받아서, conventional HBL 방식에 비하여 interference가 10% 이상 개선된다. 그러나 ABL이라고 할지라도 BL 상에서는 PGM 차례에 의하여 순서적으로 진행되므로 이미 PGM 진행된 cell이 있다면, 나중에 진행하는 PGM에 의하여 $+\Delta V_{th}$ shift가 발생된다. <Session 3-3-2> 참조.

3-2-1-2-2 ABL MLC PGM 시, PGM 순서에 의한 Interference 영향

ABL(All bit line) PGM인 경우, <Session 3-2-1-2> 보다 좀 더 세부적으로 들여다 보자. Erasure 분포, P1분포, P2/P3 분포의 시간 차이로 인한, ER 분포와 P1 분포가 나중에 PGM되는 P2/P3 분포 형성 시의 stress를 받게 된다. 그 중 인접 cell의 PGM operation으로 인하여 가장 worst한 경우는, 1차 동작 시의 cell이 ER cell이면서, 양쪽 side의 bit line에 모두, 2차 동작 시의 cell들이 ER level에서 PGM level로 되는 경우이다. 즉, 2차 동작 시의 cell의 ER 분포의 left edge에 position된 cell이 P3 분포로 PGM되는 경우(old PGM type 3201 code)가, 1차 동작 완료 된 cell의 V_{th}값에 가장 큰 변동을 준다. 이 경우가 ISPP pulse 폭이 가장 크고 가장 많은 step pulse을 가장 오랜 시간 동안 인가해야 함으로 stress을 많이 받는다.[5)]

3102 code PGM 순서에 의한 경우는, P1/P2/P3 분포를 PGM하는데 있어서, interim-PGM과 final-PGM의 PGM 순서에 의하여, interim PGM에서 P2분포(final-PGM)가 가장 먼저 PGM이 완료되었다고 가정하면, P1 분포와 P3 분포가 P2 분포 보다는 늦게 PGM되어, 먼저 PGM 완료된 P2 분포의 right edge가 P1(ER cell로부터 final-PGM)과 P3(interim-PGM으로부터 final-

---

5) 1차 cell은 stress를 받는 victim cell이고, 2차 cell은 인접 cell로써 stress를 주는 cell을 의미한다.

PGM)분포 시의 ISPP 전압에 의한 영향으로 넓어진다. 그러나 이런 CCI의 영향은 conventional HBL 방식에 비하여 상대적으로 약하다.

3-2-1-3 Floating Gate Crack에 의한 Interference

FG에 crack이 발생되면, 전자가 FG 밖으로 이동하지 않은 상태일지라도, FG crack 밖으로 파동energy가 펴져나가서 인접 cell에 영향을 끼친다. 이 파동에너지는 h(플랑크상수)의 n배의 energy를 갖는 파동으로 전달되는데, 인접 cell의 FG 내의 전자의 활동에 간섭 현상을 일으킨다. 에너지량은 진동수에 비례하므로 $E = hf = \frac{hc}{\lambda}$, h는 플랑크상수, f는 진동수(frequency)이고 c는 광속, λ는 파장이다. <Chapter 1. Session 1-3, 식2 참조>. Electron은 입자의 성질과 파동의 성질을 갖고 있기 때문에, electron의 상태와 움직임으로 인한 영향을 받는 interference도 입자성에 의한 것과 파동성에 의한 2가지의 영향으로 나눌 수 있다. 입자성에 의한 interference는 electron 증감에 따른 V_{th}의 변화이고 이는 지금까지 앞에서 다루었던 interference 영향에 해당한다. 파동성에 의한 interference는 crack을 통한 파동에너지의 전달이다. 입자는 일부 공간만을 점유하고 입자에 의한 interference영향은, 입자에 의해 점유된 일정한 근거리 area로 한정되지만, electron의 파동은 chip 내의 전체 공간에 영향을 끼친다. <CH9. 그림 3-15>는 파동에 의한 거리에 따른 interference 영향을 나타낸 trend이다. 파동의 영향은 거리의 제곱에 반비례하여, 영향을 끼치는 area가 거리에 따라 급감하지만 cell과 cell 간의 거리로 볼 때, 2개~3개 이내의 cell에는 비교적 큰 portion의 영향을 끼치므로 인접 cell 간에는 floating gate의 crack으로 인한 전자의 파동성에 의한 영향은 크다고 할 수 있다. 이에 대한 연구가 진행되고 있어서, 향후 crack에 의한 damage 정도가 구체적으로 밝혀질 것이다.

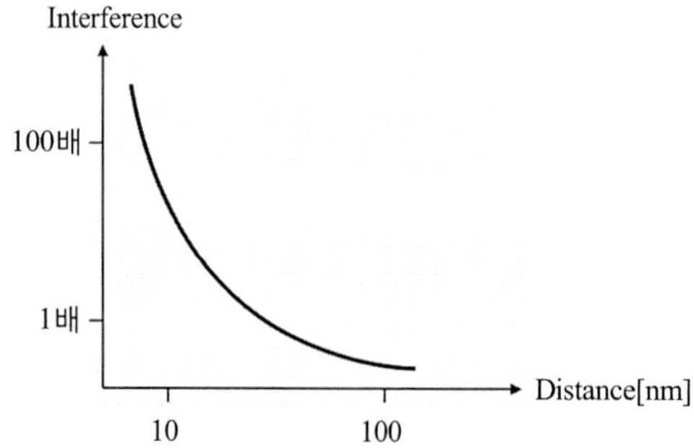

❒ CH9. 그림 3-15 파동에 의한 Interference 영향 @ distance 변수

3-2-1-4 Vertical Interference와 Horizontal Interference

Disturbance도 수평축(PGM disturbance)과 수직축(Pass disturbance) 방향으로 발생되고, interference도 target cell을 중심으로 수평축(Horizontal interference)과 수직축(Vertical interference) 방향으로 영향을 준다. 수직축으로 받는 interference는 cell의 V_{th}값을 상승하게 하여 분포폭을 넓히고, 수평축으로 받는 interference는 V_{th}값을 하락시켜 분포폭을 넓힌다. 수직축의 interference는 back pattern dependency(BPD)라고도 하는데, 이는 back pattern에 의하여 target cell의 V_{th}값이 높아지는 현상이다.

3-2-1-4-1 Vertical Interference @ sting 영향

Vertical interference는 string 방향의 cell들에 의한 interference이다. Back pattern은, string 상에서의 target cell의 electron charge량은 변함이 없다는 가정 하에서, target cell을 제외한 나머지 cell들의 상태 변화를 의미하고, 상태 변화는 victim(target) cell 이외의 나머지 cell들의 FG가 ER 상태에서 PGM 상태로 변할 때를 가정한다(cell이 PGM 상태에서 ER상태로 변화할 때는 block erasure일 때이므로 interference가 block 단위로 발생하고 cell 단위로는 미약하기 때문에 cell 단위 interference는 다루지 않는다). Target FG 내의 electron charge량은 변함이 없는 상태에서 V_{th}값이 상승한 것처럼 measure된다는 것은, string 방향의 cell들의 영향으로 인하여 target cell의 drain current가 흐르기 더 어려워졌다는 것이고, 이를 보상하기 위하여 V_{RD}값을 더 높게 하여 가해주어야, target cell의 channel이 형성되게 되어, I_{drain}이 흐르게 된다.

V_{th}가 ON된 이후의 Read operation 시에는, bit line에 current량이 FG의 charge량을 정확하게 대변하는 것이 이상적이지만, FG는 정상상태일지라도 주변의 여러 가지 변수에 의하여 허수 current가 발생되어 오판되게 하는 경우가 있다. Target FG의 electron charge량에 따라서 각 string line에 흐르는 current량이 판정되는데, FG의 charge량 이외에도 bit line상의 다른 FG의 PGM과 ER cell의 조합에 의한 pattern 상태에 따라 current량이 영향을 받게 된다. 이렇게 되면, 본래 FG에 charge된 양보다 더 많이 electron이 charge된 것으로 오판되며, 이런 failure를 bit line상의 PGM pattern에 의한 것이라고 하여 pattern dependency failure라고 한다. 따라서 read 시 혹은 verification 시에는 back pattern을 점검하여 V_{RD}, $V_{verification}$을 적절히 조절하는 방향으로 보상하여 biasing 하여야 FG 내의 charge량에 대한 알맞은 판단을 할 수 있다.

처음에는 string 상에서 target cell만 PGM 되었다고 가정한 후, string 상의 나머지 cell들이 ER상태인 경우의 verification voltage level(target cell)보다도, target cell 이외의 나머지 cell이 모두 PGM cell로 변한 후에는 target cell의 V_{cg}에 더 높은 전압을 가해주어야 target cell이 ON이 된다. 이 경우에도 target 이외의 나머지 cell들의 V_{cg}에는 충분히 높은 V_{pass}가 인가되

는 조건이 되어야 target cell의 V_{th}의 변동을 독립적으로 측정할 수 있다. Data를 저장하는 과정에서 나머지 cell(back pattern)들이 ER상태에서 PGM상태로 변함에 따라, 나머지 각 cell 들의 FG에 charge되는 electron의 량에 반비례하여 current가 점점 적게 흐르게 되고, string의 저항값 R_{string}이 그에 따라 점점 상승하게 된다. 즉, String의 DSL에서 SSL까지 전체적으로 볼 때, 직렬로 연결된 나머지 cell들이 PGM화 될수록, 직렬 저항값은 높아져서, target cell의 V_{cg}에는 높아지는 저항값에 비례하여 verification 경우보다 더욱 높은 전압(V_{read})을 인가해야 target cell의 동일 string current(I_{string})가 흐르게 된다. 결국 이는 target FG 내의 electron charge량이 변화하지 않았음에도 불구하고, 나머지 cell들이 PGM된 후에는, 처음 verification 시의 V_{th}(target cell)보다 read 시의 V_{th}(target cell)가 높아졌고, 이런 현상은 back pattern의 영향이 없어지면 같이 없어지므로, target cell이 back pattern에 의하여 interference 영향을 받게 된 것이다. 이런 영향하에서는 read 동작 시 뿐 아니고, target cell을 PGM하는 speed도 느려지게 된다. <Chpter 7. Session 2-4> 참조.

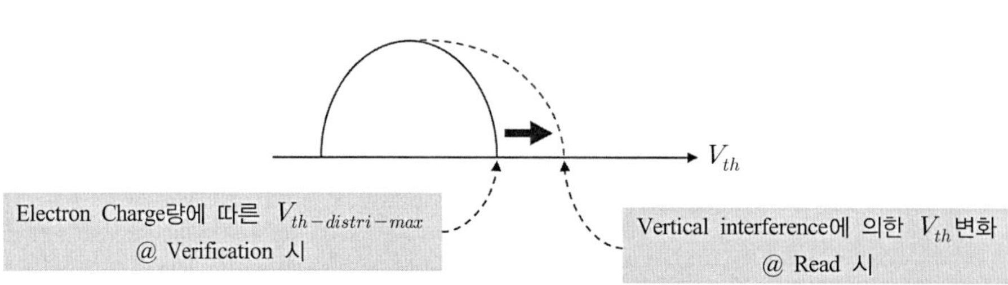

❒ CH9. 그림 3-16 Vertical Interference (BPD)

3-2-1-4-2 Horizontal Interference @ page 방향

Horizontal interference는 page 방향의 cell들에 의한 interference이다. Page mode일 경우의, target cell의 electron charge량은 변함이 없다는 가정 하에서, target cell을 제외한 동일 page 상에서의 나머지 cell들의 FG가 ER 상태에서 PGM 상태로 변하는 경우를 보자. Target FG 내의 electron charge량은 변함이 없는 상태에서 V_{th}값이 하락한다는 것은, page 방향의 cell들의 영향으로 인하여 target cell의 drain current가 흐르기 더 쉬워졌다는 것이고, 이를 반영하여 V_{cg}값을 더 낮게 하여 biasing 해주어도, target cell의 channel이 형성되어(page 방향의 cell들의 영향이 없는 상태의 target cell과 같은) I_{drain}이 흐를 수 있게 된다.

처음에는 target cell만 PGM 되었다고 가정한 후, 동일 page 상의 나머지 cell들이 ER 상태인 경우, target cell의 verification voltage level보다도, 동일 page 상의 나머지 cell이 모두 PGM cell로 변한 후에는 target cell의 V_{cg}에 더 낮은 전압을 가해주어도 target cell이 ON이 된다. 이 경우에도 <Session 3-2-1-4-1>과 마찬가지로 matrix array내의 전체 cell들(동일 page 상의

cell들에 연결된 string line상의 모든 cell들)의 V_{cg}에는 충분히 높은 $V_{pass-RD}$가 인가되는 조건이 되어야 target cell의 V_{th}의 변동을 독립적으로 측정할 수 있다. Data를 저장하는 과정에서 동일 page 상의 나머지 cell들이 ER 상태에서 PGM 상태로 변함에 따라, 동일 page 상에서의 나머지 각 cell들의 FG에 charge되는 electron의 양에 반비례하여 동일 page 상에 위치하는 cell들에 연결된 bit line으로 current가 점점 적게 흐르게 된다. 이는 source line을 통하여 흐르는 총 전류량은 일정한데, 나머지 cell들에 연결된 bit line 상의 current가 줄게 되면, 줄어든 current만큼 target cell에 연결된 bit line으로 흐르는 current가 증가하게 되며, 이때 current가 증가되는 만큼 역으로 보상된 target cell의 V_{th}가 낮아지는 결과로 이어지기 때문이다. 단, 동일 page 상의 모든 cell gate로는 target cell을 ON시키는 V_{cg} 전압이 WL에 동일하게 인가되는 조건이다.

결국 이는 target FG 내의 electron charge량이 변화하지 않았음에도 불구하고, 동일 page 상의 나머지 cell들이 PGM된 후에는, 처음 verification 시의 V_{th}(target cell)보다 read 시의 V_{th}(target cell)가 낮아졌고, 이런 현상은 동일 page 상의 cell들로부터의 영향이 없어지면 동시에 없어지므로, target cell이 동일 수평축 상의 cell들에 의하여 interference 영향을 받게 된 것이다.

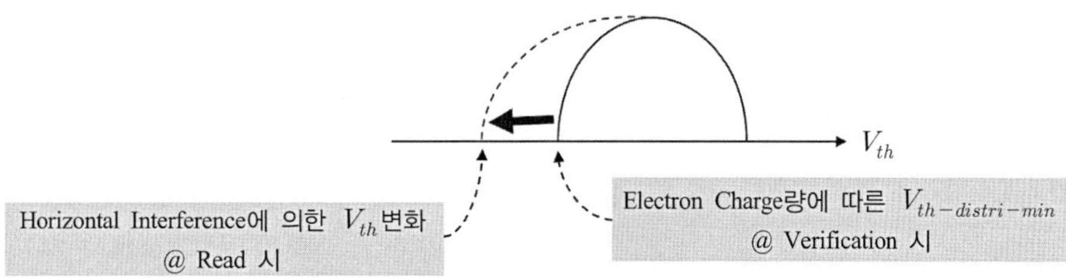

❒ CH9. 그림 3-17 Horizontal Interference

3-2-2 Interference 개선 방향

NAND operation상, NAND structure상 어쩔 수 없이 발생되는 source는 해결할 수는 없으므로, NAND interference의 소자적인 source 자체를 모두 없애는 것은 불가능하다. 이는 NAND의 영원한 숙제이다. 그러나 interference를 발생시키는 source의 영향을 최대한 축소하기 위한 activity로는 모든 가능한 방법이 동원되고 있으며, 꾸준히 개선되고 있다. 여기서는 interference의 해결방안과 사후 보상방안 중 일부를 소개하였다.

3-2-2-1 Post Program을 이용한 Interference 향상 @ erasure 분포에 대한 post-program

Program 분포와 erasure 분포의 간격이 크면, erasure 분포를 program 동작 시에는 분포 간의 간격에 비례하여 높은 전압을 인가하여야 하고, 높은 전압은 주변의 FG에 interference영향을 끼치므로 이를 방지하기 위하여 erasure 후에 post PGM을 실시하는데, post PGM의 장점으로는 PGM 분포를 형성하는 ISPP의 step 단축과 interference영향의 축소를 들 수 있다.[6)]<Chapter 7. Session 1-4-2-3. 참조> PGM 분포와의 사이에 margin이 크게 형성된 erasure 분포를 일정 pulse와 일정 level의 biasing을 가하여 program하면 ER 분포 폭을 줄이고, ER분포 전체를 right shift시켜 PGM 분포와의 간격이 좁혀지게 된다. 좁혀진 ΔV_{th}만큼 program 전압(V_{PGM})도 축소시킬 수 있으므로, 인접 cell에 끼치는 interference 영향이 줄어들게 된다. <그림 3-18>은 분포 간의 간격(ER 분포와 PGM 분포 대비 post PGM 분포와 PGM 분포)과 V_{PGM} 시의 burden을 비교한 것이다. Post PGM으로 인하여 감소되는 PGM 전압은

$$V_{PGM-burden} = V_{PGM-burden-origin} - \frac{1}{K}\frac{\Delta V_{th}}{CCR} \qquad \text{식5)}$$

이다(K는 공정변수). Post PGM 완료 후에는 분포 폭도 축소되어, 축소된 분포 폭(ΔV_{th})에 CCR을 나누기한 만큼 인접 FG에 interference 영향이 줄어든다. $V_{PGM-burden-origin}$은 post PGM 실시전의 erasure 분포상의 left edge cell을 PGM 분포의 left edge cell까지 끌어 올리는데 필요한 V_{th} 간격이고, $V_{PGM-burden}$은 post PGM 후의 간격이다.

Interference를 방지할 수 있는 개선 방안 중의 하나인 post PGM은 특히 erasure 분포의 left edge area cell들이 P3 분포로 PGM될 때, post PGM된 ΔV_{th}에 비례하여 V_{PGM}을 감소시킬 수 있으므로 CCI를 줄일 수 있게 된다. 그러나 post PGM에 의한 PGM time이 증가하고, program verification을 해야 하는 단점이 발생된다. Verification 시에는 negative V_{th}분포의 left edge를 verification 해야 하므로, post PGM 사용 시는 이에 맞는 algorithm이 새로 setting 되어야 한다 (post PGM 분포가 아닌 일반적 ER 분포인 negative V_{th}분포의 verification은 분포의 right edge을 verification 한다). Post PGM은 TLC의 fine PGM 개념과 유사하므로, MLC/TLC분포를 형성하기 위한 program 시에 기준분포로 활용하는 erasure 분포를 fine

---

6) Post program(혹은 soft program)은 ER 분포의 V_{th}를 상향시켜 분포 위치를 조정한다는 의미에서는, TLC에서 coarse program 후에 실시하는 fine tunning program과 동일한 목적이지만, fine tunning PGM은 분포 margin 확보가 주목적이고, post program은 interference의 영향을 축소시키는 것이 주목적이다.

tuning하면, 3102 code PGM의 중간단계(interim) PGM 시와, 특히 3201 code PGM의 top page program 시에 ISPP의 V_{PGM}을 현격히 줄일 수 있다.[7)]

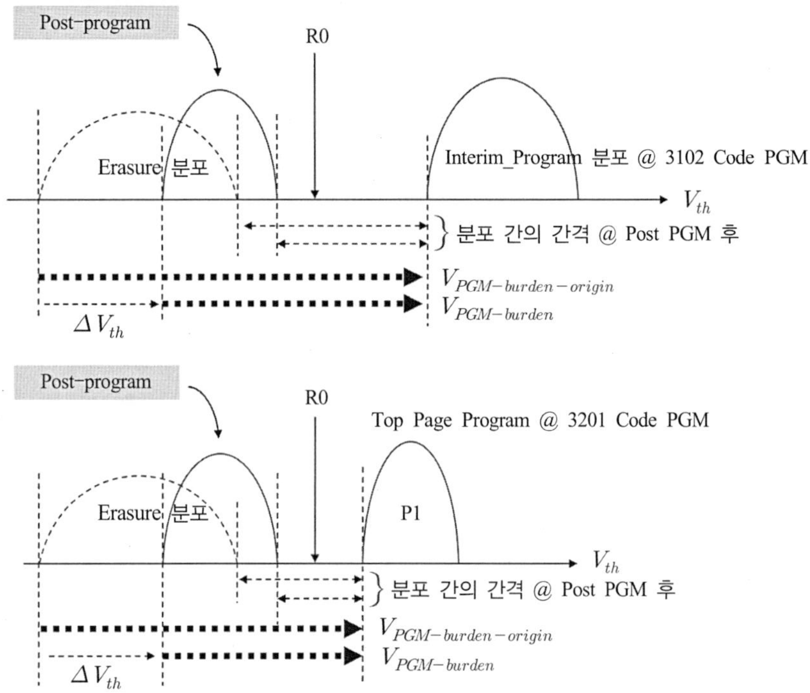

❒ CH9. 그림 3-18 Erasure 분포에 대한 Post Program을 이용한 Interference 개선 @ 3102/3201 Code PGM

3-2-2-2 Interference와 Randomization

Victim Floating gate의 간섭현상은 주변 cell의 FG, CG 및 substrate, 혹은 victim cell 자체 내의 upper layer인 CG 및 lower layer인 substrate 전압 등 모든 electron storage node로부터 영향을 받는다. 분포를 형성하고 분포를 구분하는 데 있어서 가장 큰 negative한 어려움을 주는 interference로부터 free해지기 위한 여러 방편 중의 하나가 program cell의 배치에 관련한 randomization이다. PGM cell이 chip 내의 일정한 area로 몰리게 되면 BPD와 연관된 영향으로, 분포 중첩, signal distortion이 발생된다. 따라서 NAND cell 내에 PGM cell을 얼마나 형평성 있게 배치할지가 randomization의 핵심인데, 이는 chip level뿐만 아니라, block 자체 내에서도 되도록 균등하게 배치하여야 하고 각 page및 bit line별로도 골고루 배치하여야 한다. 균등하

7) Erasure 분포의 post-program과 BP/TP program(3201 code PGM)은 별개의 program 개념이며, post-PGM을 실시한 결과는 SLC보다는 MLC 혹은 TLC에서 더욱 개선된 효과로 나타난다.

게 배치한다는 것은 "0" cell과 "1" cell을 위치적으로 50% 확률로 배치하던가, "0" cell 혹은 "1" cell이 연속되지 않거나 한쪽 area로 몰리지 않게 배치한다던가, PGM cell 자체 내에서도 모든 분포(E0, P1, P2, P3)의 존재 확률이 형평성 있게 배치되도록 한다는 의미이다.

그런데 NAND는 NAND 자체적으로 randomization pattern을 만들 수는 없다. NAND와 data를 input/output하는 host 역시 NAND의 randomization과는 상관없이 original data만을 취급한다. Host로부터 송부된 original data를 그대로 binary code로 변경하여 NAND cell에 PGM하는 경우는, cell 배치상에 있어서 physical randomization을 형성하지 못하므로, NAND와 host 사이에 위치하는 controller가 양쪽을 조절한다. Controller는, host와 controller 사이에서는 정상적인 original data를 주고 받고, NAND와 controller 사이에서는 controller가 original data를 근거로 new pattern을 만들어서 NAND에는 randomization된 pattern을 공급한다.

3-2-2-3 Word line to Word line Interference Read(WWI Read)

여러 원인을 해소하여 interference의 영향을 어떻게 최소화 할 것이냐 하는 원인 제거도 중요하지만, V_{th}가 shift된 영향을 어떻게 보상하여 read할 것이냐도 원인을 제거하는 것만큼 비중이 크다. PGM의 V_{th}에 $+\Delta V_{th}$를 add하여, 보상 read하는 대표적인 operation이 Word line to Word line Interference read(WWI read)이다. WWI read는 이웃 word line의 program 시의 전압이나 program된 pattern (erasure 분포 포함)으로부터 영향을 받아서 program/erasure의 V_{th} 분포 level이 변하여, target cell을 read 시에, 사전에 예측되었던 margin이 부족하거나, 심하면 안정된 영역인데도 불구하고 fail이 발생되므로, 이를 피하기 위하여 추가적인 read biasing voltage로 보상하여 read하는 방식이다.

WWI read 시의 가장 큰 영향인 WL-WL 간의 interference 현상을 어떻게 보상할 것인가이다. 3102 code PGM에서 그 중 neighbor WL으로부터 interference의 영향이 가장 큰 경우는, neighbor WL의 분포가 erasure 분포에서 interim-PGM 분포를 형성한 후에, final-PGM으로 P3 분포를 형성하는 경우가 V_{PGM}이 가장 크게 인가되는 경우로서, 특히 target WL을 가운데에 두고 neighbor WL의 아래위로 상기의 경우가 발생시, 이미 target WL에 MLC PGM이 완료된 분포가 ΔV_{th}만큼 right shift된다. 물론 right shift되는 ΔV_{th}의 양은 FG의 특성에 따라서 다르다. 따라서 target WL에 V_{RD}를 인가할 경우, WL 간의 영향에 의한 interference fail을 피하려면, read 전압을 WL에 인가 시 $V_{RD}+\Delta V_{th}$ 및 $V_{verification}+\Delta V_{th}$로 read 및 verification 전압에 ΔV_{th}만큼 add하여 target cell을 read하여야, 안전하게 read 동작을 수행할 수 있다. 이런 WL to WL을 보상하면서 진행하는 read는 read 시의 fine tuning에 해당되므로 fine read라 할 수 있다. WWI read의 $V_{RD}+\Delta V_{th}$값을 정하는 데 있어서는, 사전에 FG를 read하는

데 소요되는 시간인 read time도 고려하여야 한다. <CH9. 그림 3-19>의 target WL′의 분포는 right tail을 포함한 분포이면서, erasure 분포 및 PGM 분포 모두 일정하게 right shift된 형태이지만, 실제로는 right tail이 길어져 정형적이지 않게 분포가 형성된다.

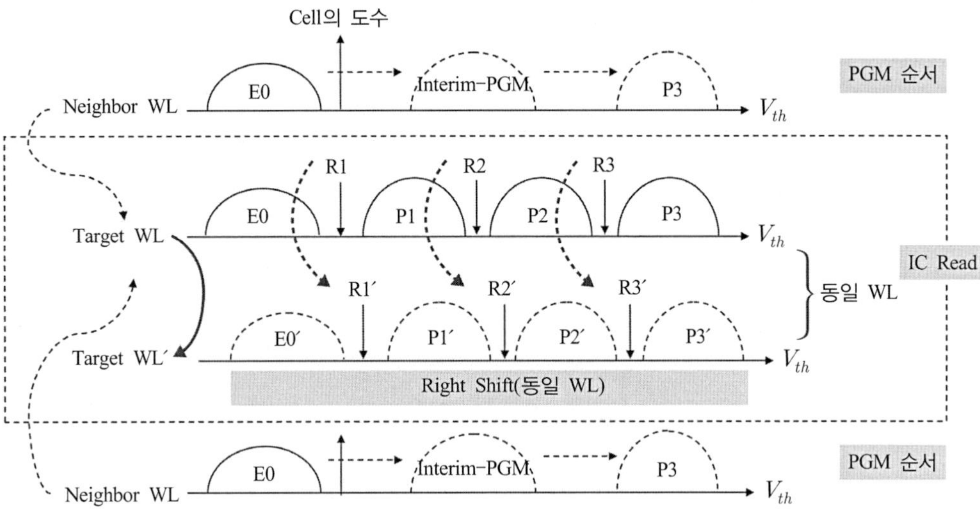

❒ CH9. 그림 3-19 WL to WL Interference Read(WWI Read)

WWI read는 read condition이나 분포에 대한 사전 예방책이 아니고, read 시의 judge하는 전압 level을 이동시키는 사후 보상 방식이다. WWI가 분포 read 시의 V_{RD} level을 이동시킨다는 자체만으로는 jumping read인 read retrial이나 moving read와 유사하지만, 몇 번 read할 것이냐와 보상을 어떤 방식으로 할 것이냐 등 개선하고자 하는 처방이 다르다. Read retrial이나 moving read는 분포 자체의 retention issue로 인한 left shift 문제를 해결하기 위한 것이고, WWI read는 neighbor WL 혹은 neighbor FG로부터의 interference에 의한 분포의 right tail shift에 대한 해결 방안이다.

신뢰성 및 Defect 변수에 의한 분포 변화 Summary

신뢰성 변수와 defect 변수에 의한 V_{th} 분포의 폭변화와 shift 현상을 종합해 보자. 이는 NAND가 동작하는 상황을 분포와 연관된 것으로 가정하였다. Erasure 분포와 PGM 분포는 cell의 operation area(block 혹은 page)로 구분되므로, 모집단은 약간 다르다. Erasure 분포는 block operation이므로 분포의 모집단이 block 단위이고, PGM 분포는 page operation이므로 주로 분포의 모집단이 page 단위가 된다. 그러나 PGM 분포도 page operation이지만, 1개 page만을 대표할 수 없으므로, 여러 page 분포들이 모여 형성된 block 단위의 cell 도수를 갖는 분포로 간주하여 erasure 1개당 분포 전체 면적과 PGM 1개당 분포 전체 면적을 동일하게 표기했

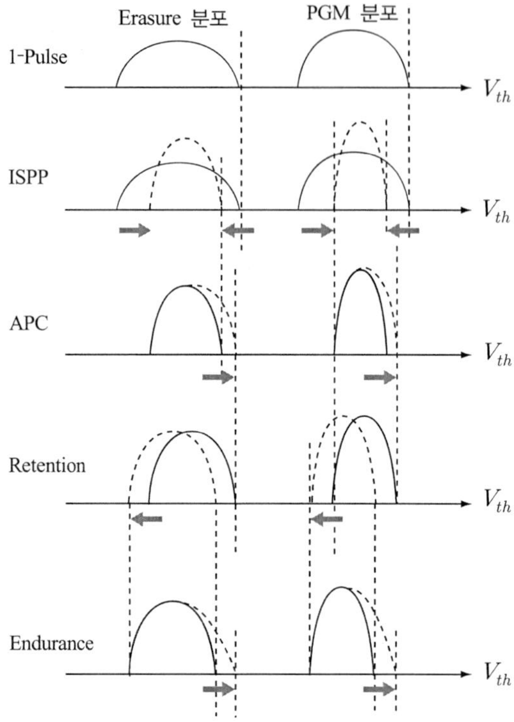

❒ CH9. 그림 3-20 분포 Shift 종합-1

다. Original 분포에서부터 출발하여 ISPP/APC/retention/endurance/disturbance/BPD/interference 등 모든 경우의 긍정적/부정적 영향을 받는 경우의 분포 형태를 살펴보자.

Original 분포인 1-pulse 분포는 ISPP를 적용하지 않았으므로, 분포에 대한 verification을 하기 전의 각 page와 각 block 내의 cell을 합한 전체의 분포가 되어, 넓은 분포 폭을 갖는다. 여기에 ISPP를 진행하면, pulse verification 후에는 분포 폭이 좁아지고 분포 전체 면적은 일정하기 때문에, 대신 V_{th}값에 대한 도수는 상승한다.

ISPP(Incremental Step Pulse Program)는 분포 폭을 좁히는 유일한 방법이다. 그러나 ISPP도 이상적이지 않기 때문에, ΔV_{PGM} step에 대한 FG 내의 ΔQ charge량이 일정하지 않은 APC(Abnormal Programmed Cell)가 발생된다. 이는 PGM을 진행하면서 trap된 electron에 의한 영향과 공정상 변수에 의하여 APC가 발생되고, APC인 abnormal cell에 대한 영향으로 분포 폭이 right wing쪽으로 약간 넓어진다. 그 후 FG 내의 electron은 timing변수에 따라 loss되는 retention 영향으로, electron이 discharge된 만큼 분포 전체가 $-\Delta V_{th}$ left shift된다. Endurance 영향으로는 FG에 electron을 charge/discharge를 반복적으로 시키다 보면, FG로 charge될 정도의 충분한 energy를 얻지 못한 electron은 FG 주변에 electron이 trapping되며, trap된 electron들의 영향으로 V_{th}분포의 right side wing 부분이 넓어진다. <CH9. 그림 3-20> 참조.

분포는 FG에 의한 영향과 FG 이외의 영향으로 나뉠 수 있고, FG에 대한 영향으로는 FG 내의 charge loss에 대한 retention 영향과, disturbance 영향으로 나눌 수 있다. Disturbance는 PGM 동작 시의 bit line 방향으로 pass disturbance와 word line 방향으로 PGM disturbance 및, read 동작 시의 pass WL에 대한 인가전압에 따른 read disturbance로 나뉘는데, PGM/erasure/read를 진행하면서 3족이지 disturbance로 인하여 right tail이 발생된다. FG 내에 charge된 electron들로 인한 직접적인 영향 이외의 다른 cell에 의한 V_{th}분포에 대한 영향으로는 BPD와 interference가 있다. 주변의 여러 cell의 PGM된 형태에 의한 영향인 back pattern은 분포 폭을 right쪽으로 더욱 넓어지게 한다. 여기에 인접 cell의 PGM 농도 및 biasing 조건 등의 영향으로 분포 폭이 넓어지는 interference가 더해지면 분포 폭이 right side로 추가로 확장된다. Interference영향은 Tech가 진행될수록 density가 높아질수록 비례하여 커지며 돌발변수가 많다. 그 외에 source line bouncing 및 structure에 의해서도 영향을 받는다. Source line이 fluctuation될 때에도, FG 내에 electron이 직접적으로 charge되는 현상은 없어도 substrate가 SL에 동조되어, fluctuation의 크기에 따라 V_{th}분포가 좌우로 shift된다.

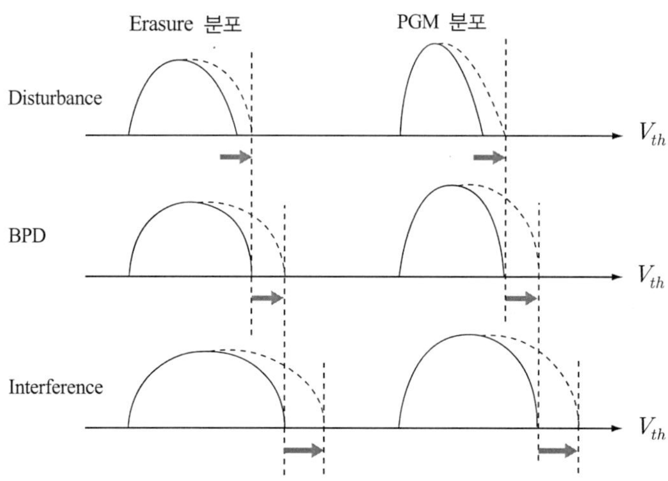

❒ CH9. 그림 3-21 분포 Shift 종합-2

ISPP만 분포 폭을 좁게 하고 나머지 factor들은 모두 분포 폭을 넓혀서 분포 폭 측면에서는 부정적인 영향을 끼친다. V_{th}분포 폭이 넓다는 의미는 단위 모집단 내, cell들의 V_{th}값이, 낮은 V_{th}값과 높은 V_{th}값들의 차이가 많이 난다는 것이고(V_{th}분포 width 확장), 이는 V_{th}값과 연동되어 있는 FG 내의 charge되어 있는 electron의 개수가 cell 별로 많기도 하고 적기도 하다는 의미이며, 실질적으로 FG 내의 charge된 electron 개수가 아니라도 FG 주변이나 tox근방에 trap된 전자에 의하여 V_{th}분포가 영향을 받기 때문에 분포 폭이 넓어진다. Cell별로 V_{th}

값의 차이가 많이 나면 e-channel의 폭과 길이가 cell에 따라 일률적이지 못하다는 것으로서, 이는 NAND를 동작시키는 데 있어서, CG와 BL에 인가하는 동일한 전압 조건들하에서, drain current(I_d)가 상이해져 cell의 reading 결과가 정반대로 바뀔 수도 있는 부정적인 영향을 초래한다. 따라서 NAND는 어떤 상황에서건 분포 폭을 좁혀서 in-control되도록 조건들이 setting 되어야 한다. 그런데 각 cell별로 조건을 설정할 수 없으므로 NAND 동작 scheme과 algorithm이 다양하게 발달되어 있다. 정상적인 동작 범주에 들어온 V_{th} 분포는 NAND의 특성 및 신뢰성의 요소들과 trade off 관계가 있어서, NAND의 performance를 향상시키기 위하여는 NAND의 동작특성을 설정하는 index 중에 분포 관리가 가장 중요하다. 안정적인 Threshold voltage 분포의 성공은 NAND의 성공이다.

References

반도체 평가기술(Techniques for characterization of semiconductors), (1994) 홍봉식, 구강원, 김광호역 (Takashi Kadota), 기전연구사

A 32-Gb MLC NAND Flash Memory With Vth Endurance Enhancing Schemes in 32nm CMOS (2010) Changhyuk Lee ; Sok-Kyu Lee ; Sunghoon Ahn et at., Solid-State Circuits,Volume: 46, Issue: 1, pp 97-106, IEEE Journals & Magazines

A High Performance Co-design of 26nm 64Gb MLC NAND Flash Memory using the Dedicated NAND Flash Controller (2011) ByoungSung You, JinSu Park, SangDon Lee, et al., Journal of Semiconductor Technology and Science Vol.11, No.2, pp121-129

A Investigation of E/W Cycle Characteristics for 2y-nm MLC NAND Flash Memory Devices (2012) YeonJoo Jeong ; Sangjo Lee ; Sunghoon Cho, et al., Memory Workshop (IMW), pp 1-3, IEEE Conference Publications

A New Programming Disturbance Phenomenon in NAND Flash Memory By Source/Drain Hot-Electrons Generated By GIDL Current (2006) Jae-Duk Lee ; Chi-Kyung Lee ; Myung-Won Lee et, al., Non-Volatile Semiconductor Memory Workshop, IEEE Conference Publications pp 31-33

Adaptive Moving Read References for Memory Cells (2012.03.29) US13976463, Lark-Hoon Leem Kiran Pangal Xin Guo

An Equalizing Algorithm for Cell-to-Cell Interference Reduction in MLC NAND Flash Memory (2010) Doo-Hwan Kim, Sang-Jin Lee Ki-Hun Nam, et al., 전기학회논문지 59권 6호, pp1095-1102

Bottom Nitridation Engineering of Multi-Nitridation ONO Interpoly Dielectric for Highly Reliable and High Performance NAND Flash Memory (2009) Liu, C.H. ; Lin, Y.M. ; Yin, D.Y. et al., Memory Workshop, IMW pp 1-2, IEEE Conference Publications

Comprehensive modeling of NAND flash memory reliability: Endurance and data retention (2012) Zhiliang Xia ; Dae Sin Kim ; Narae Jeong, et al., Reliability Physics Symposium (IRPS), pp MY.5.1-MY.5.4, IEEE Conference Publications

Electronic memory device having high density non volatile memory cells and a reduced capacitive interference cell-to-cell (2009.11.04) EP01672645, STMicroelectronics S.r.l.

Endurance Degradation Analysis for NAND Flash Cell (2012) Dong Hua Li, Sangjin Kwon, Sangku Park, et al, 대한전자공학회 하계 학술대회 제35권 1호, pp44-47

Enhanced read retrial scheme (2002.05.14) US06389573, Maxtor Corporation

Flash Memories (1999) Paulo Cappelletti, Carla Golla, Piero Olivo, Enrico Zanoni, Klumer Academic Publishers, Massachusetts

Flash memory device and method of forming the same with improved gate breakdown and endurance (2006.06.27) US07067388, Spansion LLC

Highly reliable 26nm 64Gb MLC E2NAND (Embedded-ECC & Enhanced-efficiency) flash memory with MSP (Memory Signal Processing) controller (2011) Hyunyoung Shim ; Seaung-Suk Lee ; Byungkook Kim et at., VLSI Technology (VLSIT), pp 216-217 IEEE Conference Publications

http://www.imflash.com

http://www.micron.com

http://www.samsung.com

http://www.skhynix.com

http://www.toshiba.semicon-strorage.com

Influence of the Airgap on Floating-gate Interference of NAND Flash Memory, (2013) Min-Hwi Kim, Se Hwan Park, Sunghun Jung, 대한전자공학회 추계학술대회 논문집, pp94-97

Inside NAND Flash Memories (2010) Rino Micheloni, Luca Crippa, Alessia Marelli, Spinger Verlag, New York

Method for improving performance and reliability of MOS technologies and data retention characteristics of flash memory cells (2001.12.04) US06326274, Texas Instruments Incorporated

Method of forming select gate to improve reliability and performance for NAND type flash memory devices (2001.03.20) US06204159, Advanced Micro Devices Inc.

Multi level cell NAND Flash Memory의 cell to cell 간섭 상쇄 알고리듬, 정진호, 이현주, 김시호, 대한전자공학회 학술대회, (2011.4) pp 1-4

NAND Flash Memory Technology (2008) Brewer, J. ; Gill, M. (Koji Sakui and Kang- Deog Suh) Nonvolatile Memory Technologies with Emphasis on Flash:A Comprehensive Guide to Understanding and Using Flash Memory Devices, Page(s): 223-311, Wiley-IEEE Press eBook Chapters

NAND Flash Scaling Beyond 20nm (2009) Yohwan Koh, Memory Workshop, pp 1-3, IEEE Conference Publications

Novel integration technologies for improving reliability in NAND flash memory (2012) Hyunyoung Shim ; Myoungkwan Cho ; Kunok Ahn, et. al.,Circuits and Systems (ISCAS), pp 424-427, IEEE Conference Publications

Open NAND Flash Interface Specification Revision 2.0 (2008) Hynix Semiconductor, Intel Corporation, Micron Technology

Optimal cell design for enhancing reliability characteristics for sub 30nm NAND Flash memory (2010) Eun Suk Cho ; Hyun Jung Kim ; Byoung Taek Kim, et al., Reliability Physics Symposium (IRPS), pp 611-614, IEEE Conference Publications

Optimization of control gate material and structure for enhancing 20nm 64Gb NAND flash reliability (2012) Hae Soo Kim ; Kang Jae Lee ; Kwang Hee Han et al., VLSI Technology, Systems, and Applications (VLSI-TSA), pp 1-2, IEEE Conference Publications

Process to improve read disturb for NAND flash memory devices (2002.04.30) US06380033, Advanced Micro Devices Inc.

Process to reduce post cycling program VT dispersion for NAND flash memory devices (2001.09.04) US06284602, Advanced Micro Devices Inc.

Program Disturb Phenomenon by DIBL in MLC NAND Flash Device (2008) Dongyean Oh ; Seungchul Lee ; Changsub Lee et al., Non-Volatile Semiconductor Memory Workshop, pp 5-7, IEEE Conference Publications

Programming memory with reduced pass voltage disturb and floating gate-to-control gate leakage (2012.03.13) US08134871, Dutta Deepanshu Chin Henry

Programming method to reduce gate coupling interference for non-volatile memory (2008.07.15) US07400532, Micron Technology Inc.

Quality/Reliability Requirements for Bare Die (2001) Technical Note TN-00-14, Micron Technology Home page

Retention Model of NAND-type Nitride-Based Charge Trapping Flash Memory (2008.6) Doo-Hyun Kim, Gil Sung Lee, Jung Hoon Lee, et al., 대한전자공학회, ICEIC : International Conference on Electronics, Informations and Commumications, pp 1033-1036

Technique to reduce FG-FG interference in multi bit NAND flash memory in case of adjacent pages not fully programmed (2012.06.05) US08194448, Moschiano Violante Santin Giovanni

Test pattern structure for endurance test of a flash memory device (1999.01.26) US05864501, Hyundai Electronics Industries

The Operation Algorithm for Improving the Reliability of TLC (Triple Level Cell) NAND Flash Characteristics (2011) Dong Wook Lee ; Sunghoon Cho ; Byung Woo Kang, et al., Memory Workshop (IMW), pp 1-2, IEEE Conference Publications

CHAPTER 10

NAND Density 확장 방향

Session 1	Density와 Marketing	Session 3	3D NAND Flash Memory
Session 2	Design Rule	Session 4	NAND Packaging 방식과 차세대 제품

본격적인 NAND Flash는 2000년 초에 나타나기 시작하였고, 초기에는 density가 1 Giga bit 미만의 128Mega bit, 256Mega bit 단위의 density인 SLC 제품이 등장하였는데, 10년 후에는 그보다 용량이 1,000배 증가한 64Giga bit, 128G bit 제품이 대세가 되었다. 앞으로 10년 후인 2020년 초에는 Giga(2^{30}) bit의 1,000배인 Tera(2^{40}) bit 제품이 주류가 될 것으로 예측된다. NAND Flash Density는 약 10 ~ 15년에 1,000배(2^{10})씩 증가하는 trend인 셈이므로 이런 trend 라면, Tera bit의 1,000배인 Pita(2^{50}) bit 시대가 2020년 후반 대에 찾아올 것이다. 책 1권당 평균 10M bit 미만이 필요하고, 영화 1편당 20G bit이면 충분하므로, 1Tera bit는 평생읽을 책 10만권 이상을 저장가능하고 영화 수십 편을 보관할 수 있는 용량이 된다.

그런데 1Tera bit를 구현하기 위하여는 한계에 다다른 2010년대 중반인 현재의 MOSFET base design rule로서는 불가하여, 회로 선 폭의 shrinkage 대신 제품 type을 바꾸는 작업이 진행되고 있다. 즉, density를 구현하기 위하여 지금까지는 technology 개발이라는 개발축 상의 수직전개가 main이었는데, 2010년대는 수직 전개보다는 제품 다양화라는 수평전개가 주류로 바뀌었다. 2000년대가 technology 중심의 집적화라면, 2010년대는 제품다양화 중심의 집적화로 볼 수 있다. 그러다가 2020년대는 집적화의 주류로서 다시 dimension을 축소시키는 방향인 technology가 주축이 되고, 이때 2020년에서 2030년 사이에 적용되는 NAND는 nano-NAND가 될 것이다. nano-NAND는 10nm 미만의 half-pitch 회로를 갖는 memory이다. 2016년 현재 NAND는 14nm에 거의 근접되어 있고, 회로 half-pitch dimension은 10년에 약 50% 이상 축소되어 왔으므로, technology saturation 현상을 감안해도, 향후 10년 후 2020년 중반 혹은 2030년 가까이 접근될 때쯤에는 현재의 16 ~ 14nm가 8 ~ 7nm 정도로 근접된 nano-NAND가 출현될 것으로 추정된다. 그때의 nano-NAND는 현재의 MOSFET-2D base가 아닌, 미래제품끼리 결합된 Hybrid제품과 3D가 연결된 복합적인 형태로써, Gate length나 Source-Drain 사이의 간격에 좌지우지되지 않는, 그리고 TLC 혹은 QLC 분포를 형성하는데 있어서 전자 알갱이 개체수에도 연연해하지 않아도 되는 그런 획기적인 형태가 될 것이다 <Session 1>.

<Session 2>에서는 density 확장에 대한 수직 전개상의 회로 선 폭에 대한 MOSFET based technology를 확보하기 위한 process 측면과 구조적 측면을 다루었다. <Session 3>은 density 확장에 대한, 수평축 상의 3D NAND로의 제품 다변화를 전개하였다. 제품으로는 FG base에서는 cell당 3bit의 정보를 구현하는 TLC(Triple bit MLC)가 main이 되기 시작했으며, electron을 저장하는 방법도 현재의 floating gate에 저장하는 planar type 방법에서 탈피하여, 이미 charge trap device storing 방법을 활용한 3D가 부상되어 있다. NAND 개별 제품이 완성된 후에, density의 확장을 극대화시키기 위하여는 개별 제품을 physical dimension상 수직축 방향으로 쌓는 stacking 방식을 이용한다. <Session 4> 참조. Stacking 방식으로는 package level stacking이 있고, 이외에도 chip level에서의 stacking과 cell level에서의 stacking(3D NAND)이 있다. Density 확장 측면으로 보면, package NAND보다는 density가 평균 16배 많은 SSD도 수평축 방향으로 쌓은 horizontal chip stacking 방식 중의 하나가 된다. 이종의 화합물을 결합하여 평형상태를 비평형상태로 변환시켜 생성한 electron을 움직여서 동작토록하는 MOSFET을 기반으로하는 반도체로는, user speed을 맞추지 못하는 시대가 도래하고 있다. 따라서 speed와 용량이란 두가지 핵심 요소를 만족시킬 차세대 제품인 non-MOSFET 기반의 PCRAM, ReRAM, MRAM을 간략히 개념적으로 소개하여 놓았다.

Session 1 Density와 Marketing

Cell의 physical 형태가 면적개념의 2-Dimension의 평면 Type에서 3-Dimension의 입체 개념으로 변경되어가고 있다. 결국, 2010년대 후반기에는 3D와 TLC가 대세로 될 것이므로, TLC와 3D가 결합된 NAND가 중반부터 나오기 시작하여, 2020년 초반에 density는 quantum jump된 2~4 Tera bit까지도 가능할 것으로 예측된다. 이는 NAND package 단품 한 개만을 이야기 한 것이고, NAND package 여러 개를 겹겹이 쌓아 올린 stacking NAND일 경우는, 단품의 2배에서 16배는 항상 기본으로 확장되는 것을 염두에 두어야 한다. 따라서 3D와 TLC가 성숙되었을 때, 시장에 나오는 package level의 최고의 density는 16 Tera bit 혹은 32 Tera bit의 제품이 나타날 것이다. 여기에 SSD이면 최소한 평균 10배를 곱할 경우, 최대 용량으로 약 256 Tera가 될 것이고 그러면 3D 영화 수천여 편은 항상 내 손안에 넣고 다닐 수 있는 시대가 2020년 초반에는 가능할 것이다.

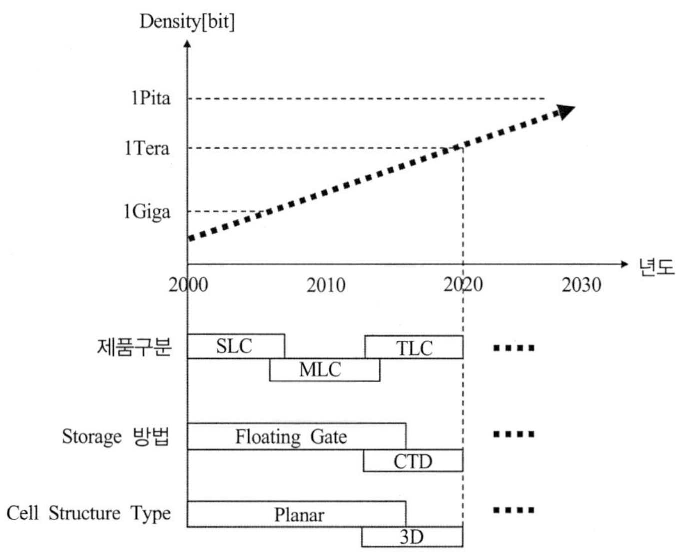

❒ CH10. 그림 1-1 연도 대비 제품 전개

Performance는 신뢰성과 trade off관계에 있지만, density와도 trade off 관계가 있어서, density가 높으면 performance가 떨어지는 현상이 있고, performance을 올리면 density의 확장속도가 느려진다. 저장 매체의 대명사인 DRAM, NAND Flash, HDD를 비교해보면 density의 대표적인 제품으로는 HDD를 꼽을 수 있고, 제품 성능적인 측면은 DRAM이 NAND Flash보다는 speed 측면에서 월등히 빠르다. NAND Flash는 density이건, speed이건 중간을 유지하고 있으나, NAND Flash의 speed가 DRAM과의 간격을 좁히고 있고, NAND density도 HDD를 바싹 뒤 쫓고 있어서 이런 수준의 trend라면, 향후 10년 이내에 NAND Flash가 용량과 speed를 결합한 측면에서 가장 merit있는 제품이 될 가능성이 높다. Memory 시장의 주류는 GB당 어떤 제품이 가장 낮은 price로 내놓을 것이냐로 볼 때, 향후에 density와 cost가 결합된 복합적인 측면에서는 DRAM 혹은 HDD보다는 NAND Flash의 경쟁력이 높아질 것으로 판단된다. 연 평균 성장 속도도 NAND Flash가 시장에 출시된 이후부터 줄곧, DRAM이나 HDD보다 2배 이상 높다.

그런데 현재 수준의 NAND Flash는 아직 극복해야 할 과제가 산적해 있다. 첫째, reliability 측면에서 NAND Flash가 HDD보다는 취약하다. Data를 저장할 수 있는 retention 기간도 HDD는 10년 이상으로 반영구적인 데 비하여, MLC는 1년 이내이고, program/erasure의 최대 가능한 PE cycling 횟수도 technology가 발전될수록 10만 회에서 1만 회 미만으로 점점 떨어지고 있다. 둘째, performance 측면에서는 speed에서 현재 NAND가 DRAM에 비하여 약 10분의 1 수준에 머무르고 있다. 이런 NAND의 단점을 보완해 줄 새로운 형태의 non-MOSFET base 제품이 개발되고 있는데, 3D-NAND가 최근 가장 빠른 시일 내에 제품화가 안정적으로 될 예정이고, 그 이외에도 향후에 미래 제품이며 NAND 개념을 base로 한 PCRAM, MRAM, ReRAM 등 10여개 type이 new concept로 검토되고 있다.

NAND Flash는 쓰임새에 따라서는 storage용과 performance용으로 양분할 수 있다. Storage용으로는 저장을 주목적으로 하는 NAND을 탑재한 기기로서 USB, SSD, memory CARD 등이 있다. 그 중 대용량을 지향하는 방향에는 ultra mobile PC를 포함한 computer기기 및 server storage인 cloud computing, web scale-IT 등에 적용되고, 비교적 소용량 기기로는 MMC를 포함한 memory CARD를 사용하는 recorder 혹은 camera, set-top box 등 다방면의 application에 장착하여 사용된다. Storage용으로는 대용량을 지향하므로 GB당의 낮은 단가가 필수이고 기능적으로는 retention 및 endurance가 좋아야 하는데, application에 따라서 retention용 혹은 endurance용으로 방향이 극명하게 나뉘기도 한다. 특히, 대용량이 필요한 storage용 application으로는 random operation보다 sequential operation(program & read)이 적합하다.

Performance용 device로는 일반적으로 code memory를 의미하는데, code용 NAND는 storage용 NAND보다 application area가 훨씬 넓으며, storage가 아닌 area는 대부분 code용 application이라고 볼 수 있다. NOR Flash 영역을 NAND Flash가 대체하여 점유해가는 code용 NAND Flash로는 여러 가지 performance 중에 특히 high speed가 요구되는데, 활용되는 여러 동작 중에 sequential operation 보다 random operation의 사용 빈도수가 상대적으로 높다. Code용

application으로는 game console, communication용 산업 및 가전 기기와 대표적 application인 smart phone 등 mobile 기기가 있다.

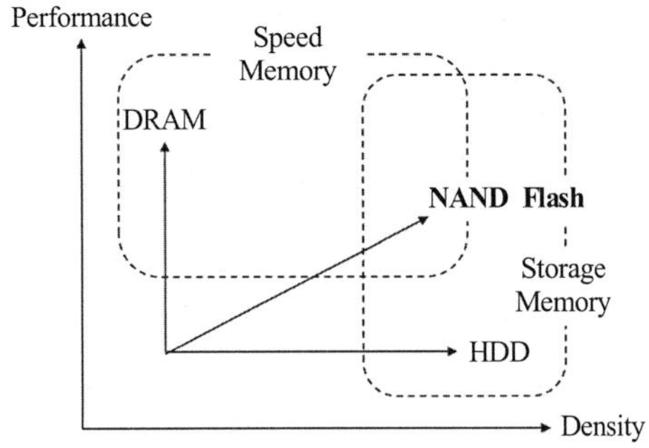

❒ CH10. 그림 1-2 Density 및 Performance 비교 @ NAND/DRAM/HDD

1-1 Net Die 증가율 @ wafer

Net die는 wafer 내에서 만들어지는 wafer당 good과 fail을 모두 합한 얻을 수 있는 최대한의 chip수이다. 최근 memory 반도체 wafer의 net die 증가율이 급속히 둔화되고 있고, 이는 10년에 절반씩 떨어지고 있는 추세이다. 아직까지는 DRAM보다는 NAND Flash의 net die 증가율이 덜 둔화되지만, 최근 회로 선 폭 미세화의 기술이 한계에 직면하면서 scale down으로 인한 net die 늘리기는 몇 년 후에는 한계치에 saturation되어, DRAM/NAND Flash 모두 technology로 인한 net die 증가율을 논하는 것은 의미가 없어지게 될 것이다. <CH10. 그림 1-3>은 wafer 내의 net die 증가율이다. 일반적으로는 wafer당 physical chip의 알갱이 숫자는 거의 500개에서 1,000개 미만으로 일정한데, chip 내의 용량이 매년 증가하기 때문에 chip의 density가 2배

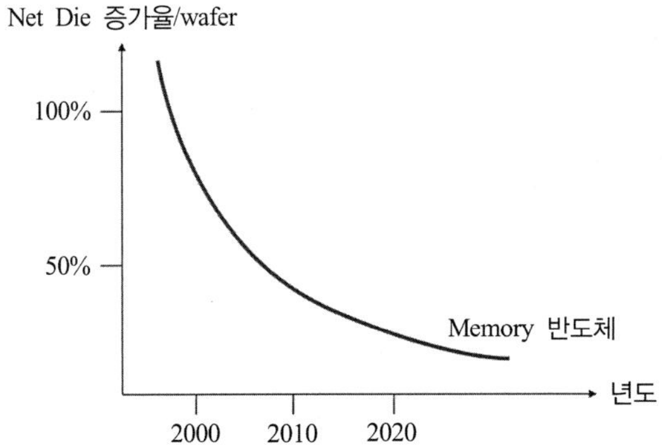

❒ CH10. 그림 1-3 급격히 떨어지는 Net Die 증가율 @ memory 반도체

증가하면 physical chip의 개수는 동일하여도 wafer당 net die 수가 2배 증가한 것으로 산출한 trend이다.

Net die 증가는 wafer당 물리적인 die(chip)수가 증가하는 것을 의미한다. 이를 위해서는 wafer의 직경이 커지는 것이 가장 큰 효과가 있다. 그러나 이는 투자비용이 많이 들어가고, 그 외에도 wafer 크기를 받쳐줄 장비와 기술의 발전이 병행되어야 하는데, 기술의 발전보다는 장비의 발전이 뒤처지는 경향이 있으므로, wafer 직경을 늘리는 것은 전략적 요소가 된다. 그 다음으로 net die 증가를 위하여 technology적인 측면에서는 회로 선 폭이 감소하는 경우이며, 제품 전개적인 측면에서는 3D 개발이 있다. 설계적으로는 string size 증가라던가 pad 위치 등 다양한 회로상의 structure 관련한 요인들이 있고, 공정적인 요인도 셀 수 없이 많다. 반면 wafer 내에서의 net die수를 감소시키는 요인으로는 성능의 향상 및 기능의 다변화와 신뢰성을 개선시키기 위한 항목들이 추가되는 경우이다. 하기 <CH10. 그림 1-3-1>상의 항목은 일부만 나열된 것으로, net die의 증감 요인은 그림에 나열된 항목 이외에도 무수히 많다(그림 상의 화살표의 크기와 net die 증감의 폭은 일치하는 것은 아니다).

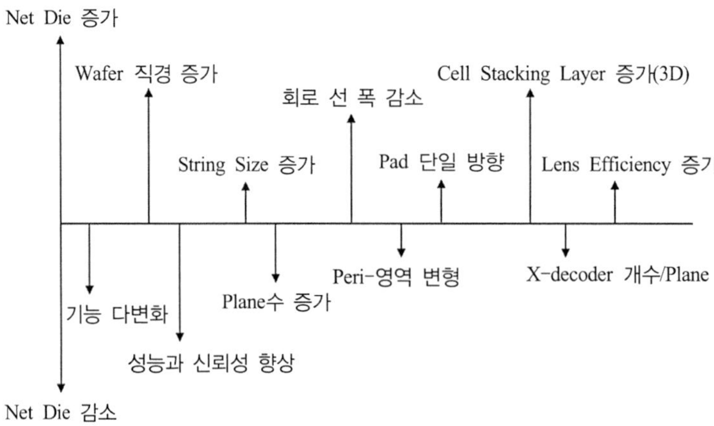

❒ CH10. 그림 1-3-1 Net Die 증감 요인

1-2 제품 출시 기간

회로 선 폭의 미세화가 진행될수록 NAND Flash, DRAM 모두 개발기간 또한 점점 길어지고 있으며, 미세화 기술 고도화, 개발기간 확대, 투자부담으로 인하여 반도체 memory 산업으로의 진입장벽이 높아지고 있고, 높아진 진입장벽은 상대적으로 기술과 투자 여력이 부족한 업체에게는 치명적이 되어 시장에서의 퇴출압력이 거세지고 있다.

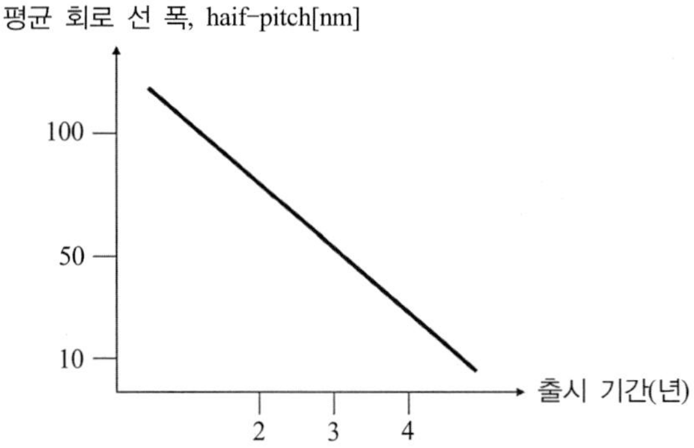

❒ CH10. 그림 1-4 Technology 대비 시장에 출시하는 데 걸리는 기간[1] @ 반도체 memory, NAND based

반도체 memory의 미세화가 고도화됨에 따라 설비 및 장치 투자의 부담이 10년 전에 비하여 2배~4배 이상 대규모로 늘어나다 보니, technology와 투자 모두 공급을 어렵게 하는 요인이 되고 있으며, 투자-기술-시장진입시기-수익이 선순환 고리로 연결되지 않으면, 사업 지속이 불가능하게 된다. 이렇게 memory 분야에서 선순환의 cycle을 순조롭게 연결하지 못한 예가, 유럽 내에서는 유일한 반도체 memory 제조업체이자 독일의 자존심이었던 Infineon Technology(DRAM)와 일본 최후의 DRAM memory 반도체의 상징이었던 Elpida의 memory 시장에서의 퇴출이 되겠다. NAND의 공급업체 4곳(SK Hynix, Samsung, Toshiba, Micron)은 NAND 사업초창기인 2000년 초부터 현재까지 유지되고 있다. 특히, NAND Flash memory는 SK하이닉스에서 2013년에 세계 최초 10nm급 중반의 회로 선 폭 scale down까지 개발을 마쳤다. 이제 더 이상의 선 폭 미세화의 진전은 불가능할 것으로 보였지만, 최근 lynm급의 advanced technology가 시도되고 있다.

1-3 Bit Growth Rate

일반적으로 제품가격이 매년 하락하려면 (물량 shortage인 기간을 제외한 경우), 가격이 하락한 만큼 원가도 비례하여 떨어져야 수익구조가 유지된다. 원가를 떨어뜨리는 요소로 가장 손쉬운 방법은 원재료 가격을 하향시키거나, 인건비를 줄이던가, 장비 투자를 줄여야 하는데, 이런 방법들은 그 동안 꾸준히 개선되어 대부분 한계에 와 있거나, 기술을 향상시켜야 하는 절대 명제 앞에 별 의미가 없어져가고 있다. 따라서 반도체 산업에서는, 단위 physical 면적당 bit 수를 늘리는 방법을 사용한다. 이는 단위 cell 면적자체를 줄이는 방법(cell size 축소)이 있고, cell 당 bit 수를 늘리는 방법(MLC, TLC)이 있으며, 공간을 활용한 stacking 방법(3D)

1) 출시기간 : 개발 기간+시장변동 요인+전략적 요인

등이 모두 여기에 해당된다.

Bit growth rate는 wafer 상의 단위 면적당 bit 증가율이지만, marketing 측면으로는 반도체의 판매증가율로 자주 활용된다. 판매증가율을 측정하는 데 TV같은 일반적인 경우는 revision에 따른 판매 대수 혹은 판매금액으로 확인하면 쉽게 계산되지만, memory 반도체는 알갱이 개수 변수 이외에도 density 변수가 포함되어 약간 복잡하다. Density 변수는 technology 변수, 제품변수, stacking 변수 등이 영향을 끼치는데, 예를 들자면, 동일한 memory 알갱이 수를 판매하여도 density가 2배이면 bit growth는 +100%p가 된다.

Density 증가와 회로 선 폭의 미세화는, 궁극적으로는 bit growth율을 떨어지지 않게 유지하여, 매년 수직낙하 하는 제품 가격을 보완하기 위함이다. Engineering 측면의 bit growth rate는 wafer당 bit 수의 증가율인데, 이는 매년 약 20% ~ 40%는 유지하여야 가격 경쟁에 부합할 수 있다. 따라서 매년 NAND 가격이 bit당 20 ~ 40%는 하락한다는 의미이다. Cell의 density가 일정할 경우를 가정하면, bit growth를 높이려면 chip size을 축소시켜야 하는데, chip size는 단위 cell size가 주요 변수 중의 하나가 된다. Cell area size을 줄이려면 chip의 전체면적대비 cell area가 점유하는 면적의 비인 cell efficiency가 낮을수록 유리하며(peri area가 일정할 경우), 그외에 lens efficiency도 고려하여야 한다. 광학적 방법인 lens efficiency는 새로운 technology/새로운 제품이 선보일 때마다 보통 일정하게 98 ~ 99%는 유지되어야 한다. Lens efficiency는 wafer 내에 cell수를 극대화시키는 작업으로, cell의 layout 조정 및 wafer 내에 cell을 넣는 과정에서 사용하지 못하는 area를 얼마나 축소시킬 수 있느냐이다. 그러나 이 방법도 오래 전에 saturation되어 신제품에 끼치는 영향은 미미한다.

$$\text{Cell Efficiency} = \frac{\text{Cell의 점유 면적}}{\text{Chip 전체 면적}} \times 100[\%] \qquad \text{정리1)}$$

Chip size를 최소화시키기 위해서는 회로적 측면, 설계적 측면, 공정적 측면, 재료적 측면 등등 수 많은 option들이 있으며, 이런 항목들의 상호 인과관계 또한 검토되어야 한다.

1-4 Core 제품과 파생 제품에 따른 Density 영향

Technology는 한 번 시장에 나오면 최소 2, 3년은 유지하는데, technology 내에서 1st generation은, 일반적으로는, 높지 않은 density 제품으로 출시된다. 왜냐하면 출시 시 공급자 측면에서는, technology와 density에 대한 이중 부담을 되도록 축소하기 위해서이다. 더욱이 지금까지는, density보다는 technology를 선점하기 위한 출시경쟁이 치열하여, 제품을 시장에 내놓을 시기를 당기려고 하기 때문에, technology의 첫 generation 제품은 높은 density로 선택되지 않고, 시장에서 old technology로 검증된 쉬운 density부터 시작하는 경향이 있어 왔다. 그런 후, 다음 제품으로 개발되는 동일 technology의 2nd generation은, 대게 1st generation에 비하여 2배 이상 density가 크고 성능 및 신뢰성을 강화하여 시장에 나온다. 2nd 혹은 3rd generation 제품을 파생제품(derivative product)이라 하는데, 1st generation인 core 제품 출시 후에, 일정 기간이 지나면 시장이 요구하는 여러 density 및 upgrade된 다양한 성능의 파생제품들이 구비된다.

Technology 발전 대비 core density의 상관관계는 비례관계로서, 2000년대 말까지는 application에서 필요로 하는 density를 NAND의 core density가 따라가지 못하여, technology가 shrinkage될수록 density는 높아지는 경향이 유지되어 왔었다. 2010년 이후에는 core density의 증가율이 application에서 필요로 하는 density의 증가율을 앞지르게 되면서 비례관계가 깨져, 반드시 advanced technology가 높은 density 제품을 생산해야 하는 것이 아니라, 시장의 눈높이에 따라 core density가 결정될 수밖에 없게 되었다. NAND의 32G bit 이후에 technology가 2, 3단계 shrinkage되는 jump가 있었음에도 불구하고, 시장에 출시된 64G bit가, 후속으로 그보다 높은 core density 증가없이 3, 4년 동안 NAND 시장을 점유한 사례는, 시장의 소화력에 따라서 EOL(End of Life)이 결정되며, 또한 density가 높아짐에 따라 차기 Tech에 필수적으로 뒤따르는 제반 기술들의 뒷받침이 부족하게 되면, 이로 인하여 기존에 출시된 제품의 life time이 길어지는 경향이 있다는 것을 보여준다.

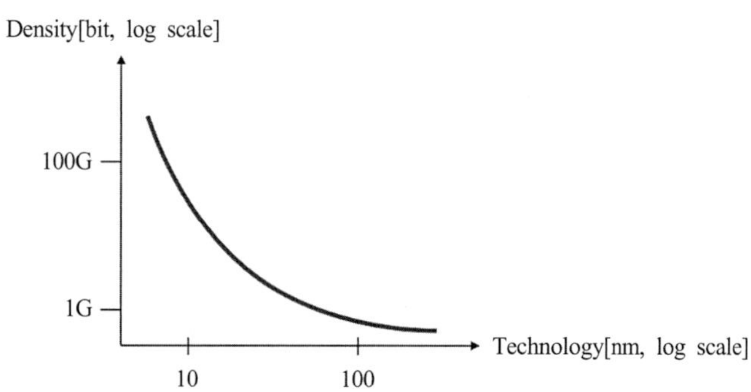

❐ CH10. 그림 1-5 Technology와 Core Density

1-5 투자와 시장경쟁

시장측면에서 Flash(NAND + NOR)는 DRAM과 달리 처음 출발부터 대만을 제외한 한, 미, 일, 유럽 지역 내의 그 중, 몇 안 되는 공급자들만의 한정된 공급 영역에서 출발한 비교적

운 좋은 기회였다.

그러나 유럽 Flash는 NOR Flash 시장이 물러나면서 쇠퇴하였고, Flash 산업은 유럽을 제외한 한미일간에 각축을 벌이고 있어서, 유럽은 DRAM, Flash 모두 memory 반도체 산업은 쇠퇴하였다. System IC분야에서도 유럽은 아직까지 특별히 두각을 나타내고 있지 않아서, 향후 유럽은 세계 반도체 각축 경쟁에서 밀려나 소비시장으로 전락되고 유럽의 공백을 대신 중국이 채우겠다고 나서고 있다. 중국은 특히 반도체 산업을 국가전략사업으로 선정하여 반도체 경쟁력을 향상시키기 위하여 국가 최우선과제 중의 하나로 추진하고 있어서, 한/미/일을 맹추격하고 있다.

그러나 향후 반도체 투자는 천문학적인 투자가 필요하여 중국의 참여가 시간이 흐를수록 어려워질 것이다. Wafer 생산으로 월 20만장 기준의 fabrication line을 set up하는 데는, 10nm급에서는, 약 10조원 가까운 투자부담이 따른다. 동일 Fab capacity일 경우, 20nm급에서는 약 6,7조원, 30nm급에서는 3,4조원의 투자 비용이 필요하던 것이 technology가 어려워질수록 투자비도 급격히 상승하게 되었기 때문에 기술과 투자 burden이 time delay가 된 만큼 커졌다. 한국의 반도체 산업이 70년대 Motorola, 시그네틱스, Fairchild 등의 다국적 반도체 회사들이 한국 내에 설립한 package assembly & test 사업부터 시작하여, test 능력을 키운 후에, Fab 공정 투자를 성공한 학습 효과를 중국이 따라 하고 있지만, 3,40년 전과 현재의 투자 환경은 판이하게 다르므로, 중국이 반도체 산업에 본격적으로 뛰어들 경우 예상치 못한 변수를 많이 접할 것이다. 그러나 중국 반도체 내수시장 규모만 해도 Fab당 15만장 규모로 4~5개 Fab line을 소화할 수 있으므로, 중국 반도체 투자가 성공할 수 있는 가능성은 충분하다고 본다.

Session 2 Design Rule

Chip당 density를 증가시키는 목적은 cost down과 시장의 요구에 부합해야 하는 2가지 이유가 있지만, wafer 내의 net die수를 증가시키는 목적은 시장의 요구와는 상관없이 제품원가를 하락시키기 위해서이다. 즉, density 고사양화는 공급자와 수요자 공통의 이익에 부합하지만, net die는 순전히 공급자 이익에만 기여한다. 그런데 공급자가 wafer당 net die를 증가시켜 발생된 공급자 이익을 수요자에게 일정부분 배분시킴으로써, 시장 점유율을 높이는 전략을 구사하는 것이 반도체 chicken game의 다른 모습이다.

Wafer 상에 chip수를 많게 하기 위하여는 회로 선 폭을 줄여 chip size를 작게 하여야 하는데, 회로 선 폭을 좁히면 cell의 신뢰성과 V_{th}분포 형성이 취약해지는 단점이 있어서, chip size를 계속 작게만 할 수는 없으므로, chip의 개수를 증가시키기 위한 최적의 선 폭 condition을 찾는 것이 design rule이다. 협의의 design rule은 design상의, 동작 특성을 확보하기 위한 도체 line 폭 및 도체와 도체 line 사이의 물리적인 space에 대한 layout를 의미하지만, 광의의 design rule의 의미는, 협의의 의미에 더하여, process 상태, package의 physical 형태, 인가되는 electrical condition 등 여러 factor들에 대한 최적의 조건을 setting시키는 것이다.

그러나 wafer fabrication 공정상으로 한정하여 이야기 하자면, 최상의 design rule은 면적과 면적 사이의 최단 space(회로 선 폭) + 최적의 CD bias + 기타 요인에 대한 criteria를 setting 하는 것이다. 면적과 면적의 형태는 두 개의 서로 다른 면적이 떨어져 있을 수도 있고, 교집합 형태로 일부 일정 면적을 공유하고 있을 수도 있고, 한 면적이 다른 면적 속에 들어가 있을 수도 있는 다양한 형태가 있는데, 여러 경우가 어떤 position이 되었든, 모두 두 개 면적 사이의 거리를 의미한다. 공정상 변수에 의한 면적과 면적 사이의 기울기인 CD(Critical Dimension) bias란 공정변수 중 특히 etch 시의 경사도와, 또 Photo Resistor(PR) 등이 dimension상에 영향을 주는 PR slope로 나타낼 수 있다. 기타 요인으로는 implantation 시의 불순물이 투입되는 경사 각도나 carrier의 확산 거리 등이 되겠다. <Chapter 2. Session 2-1-1. 참조>. Fab 공정변수 이외에도 chip을 동작시키기 위한 인가전압에 의한 요소 및 chip을 package assembly하기 위한 할당영역, package test를 위한 할당영역도 design rule에 있어서 넓은 의미의 영역에 포함된다.

2-1 회로 선 폭(Half-pitch), Technology

반도체에서 technology라고 하는 회로 선 폭(Half-pitch)은 반도체회로 내에서 terminal과 terminal을 연결해주는 회로 폭을 축소시키는 기술이다. 회로 선 폭이 좁아야 동일한 chip size 내에 cell의 수를 그만큼 많이 넣을 수 있어서, 용량을 증가시킬 수 있고, 혹은 chip size가 작아지게 되어, 동일 wafer 내에 넓은 선 폭을 사용한 wafer보다 좁은 회로 선 폭을 적용한 wafer가 더 많은 net die를 확보할 수가 있어서, 원가를 줄일 수 있으므로, GB당 cost를 낮출 수 있다.

Technology 정의는 보는 입장에 따라 약간씩 다른 관점(Floating gate 길이 혹은 Source-Drain 거리)이 있으나, 통상적으로는 회로 선 폭 pitch에 대한 평균거리의 절반을 기준으로, 단위는 nm(nano meter)로 나타낸다. 최근 2015~2016년 사이에 10nm급 중반까지 size가 down 되어있다. Pitch란 전자를 실어 나르는 metal line인 회로 선 폭과 전자의 이동을 차단한 회로와 회로 사이를 절연시킨 space까지를 포함한 거리(주기성을 갖는 dimension)로써 word line 축 방향과 bit line축 방향 모두에 적용된다.

현재 개발된 최소의 회로 선 폭은 middle 1$x$nm급이고 향후 연구는 계속되겠지만, MOSFET base로는 단단위 $x$nm의 회로 선 폭은 물리적으로나, 공정적으로나 모두 불가능하게 보는 것이 worldwide의 일반적인 관점이다. 회로 선 폭의 shrinkage에 대한 전개를, 제품의 발전전개상 수직전개로 본다면, MOS 회로 선 폭 축소가 saturation된 수직전개가 한계에 부딪친 후로는, 제품을 다양하게 하는 수평전개가 활발하게 진행되며, non-MOSFET base로 10nm 미만의 회로-half-pitch를 형성하는 nano-NAND가 주류로 떠오를 것으로 전망된다.

회로 선 폭 축소를 빠르게 전개시켜 나간다고 장점만 있는 것은 아니다. 회로 선 폭 축소는 net die가 증가하는 장점이 있는 반면, technology가 발전할수록 한계 선 폭을 구현해내기 위하여 장치 투자가 늘어나는 부담이 있다. 여기서 기술과 투자를 한 보따리 속에 넣고서 최적의 선택을 해야 하는 고민이 있다. MOSFET base 회로 선 폭의 한계는 이미 2010년 즈음의 30nm급이 limit였다. 2000년 초에 본격적으로 시작된 NAND Flash(MLC)가 10년 만에 기술의 한계에 맞부딪친 것이다. NAND의 floating gate가 구현할 수 있는 회로 선 폭의 down scale 한계는, FG를 상층부로부터 절연시켜주고 FG와 FG 사이를 구분할 수 있도록 하는 ONO(IPD) layer 두께를 줄이는데 한계가 있기 때문에, MOSEFT base에서는 10nm급으로 보고 있다. 이는 30nm급의 lithography의 한계를 double patterning기술(DPT)로 극복한 후에, FG의 한계로 immersion + ArF의 한계인 1$x$nm 중반대(DPT의 적용 포함)로 예측하기 때문이기도 하다. (Quad Pattering 기술인 QPT는 Logic IC area만 적용되어 선폭 haif-pitch로 14nm까지 개발되었으며, memory pitch도 뒤따라가고 있다.)

NAND의 회로 선 폭 shrinkage는 항상 DRAM의 회로 선 폭 shrinkage에 비하여 앞서 나아갔다. 이는 NAND의 저장 node가 DRAM의 capacitor가 아니고, nonvolatile의 floating gate type으로서 공정 구현 능력이 capacitor structure보다 유리하기 때문이다. Capacitor structure는 storage node을 switching Tr의 옆에 위치시켜 일정 area을 점유하는 구조인 반면, FG structure는 storage node을 switching Tr의 상단에 위치시켜 electron이 별도로 점유하는 area가 절약된다. DRAM의 기술적 장벽은, wafer 공정상에서, capacitor의 CD(critical dimension)폭에 대한 한계와 좁아지는 밑면 폭에 의한 capacitance 값의 축소를 보상하기 위하여, 높이 방향으로 capacitor를 높게 세울 경우 옆으로 무너지는 leaning 현상 때문으로 높이 방향도 한계에 도달하여, 20nm급으로 추정하고 있다가 2016년에 10nm대로 진입하였다.

그러나 NAND의 FG도 DRAM의 capacitor와 유사한 공정상의 어려움을, 매 단계의 technology를 구현할 때마다 극복하여야 한다. 2010년 이전까지는 NAND Flash가 DRAM보다 회로 선 폭 기술에 대해서는 최소 10nm는 항상 앞서나가고 있었지만, 2010년 이후에 scale down이 saturation되면서 DRAM과의 격차는 점점 줄어들고 있다. 한계 기술에 대한 stress는 DRAM보다 앞서가고 있는 NAND가 더 크다고 할 수 있다. Worldwide trend로 볼 때, 2012년에 NAND technology는 20nm를 돌파한 후로, 1.5년~2년 지나서 다시 16nm를 극복했으며, 그 이후에는 1$x$nm의 중반을 넘보고 있는데, 출시 term이 점점 길어지고 있다. 향후 EUV를 적용하여 1$x$nm 초반 및 znm도 바라볼 수 있을 것이다. <CH10. 그림 2-1> 참조.

물리적 거리 관점으로 technology node을 보자면, ITRS(전세계 반도체 기술로드맵)의 full-node는 전(前)세대 대비 다음 세대의 Tech로 항상 chip size를 50% 축소시키는 방향이다. Full과 full 사이는 tech node로는 half node를 적용하는데, full은 주로 소자와 공정기술을 이용한 축소이고, half node는 주로 설계와 제품 등의 기술을 이용한다. Full node 시 chip size를 절반 줄이려면 한쪽 변의 최소 CD를 70% 줄여야하고 이런 full node 변화를 technlolgy의 generation 변화로 본다. 그러나 대부분의 IDM업체에서는 이런 방향을 참고로만 하고 full과 half을 혼용해서 적용한다.

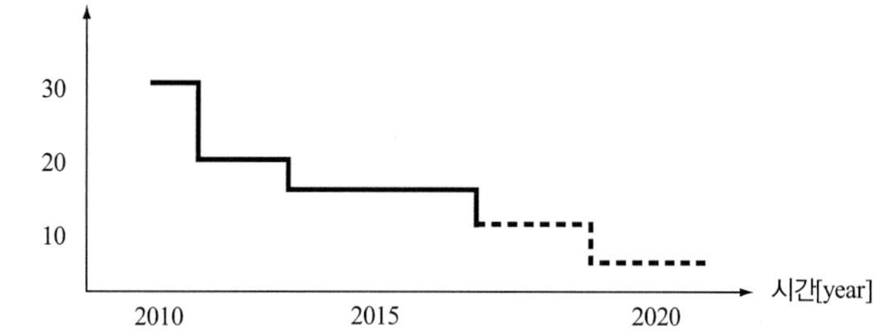

❒ CH10. 그림 2-1 NAND Flash Technology Roadmap2)

2-2 광원

Silicon회로 pattern을 구현하는 데는 photo lithography인 노광장치의 해상도(resolution)가 좌우하는데, photo lithography상, 빛의 회절을 이용한 회로 선 폭을 구현하는 한계가 30nm급이다. 즉, 회로 선 폭을 silicon wafer 상에 물리적으로 도전성 선을 그어 나타나게 하려면, 먼저 mask 상에 physical image가 있어야 하고, target image는 mask을 이용하여 사진으로 찍어서 wafer 상에 나타내게 하는 데, wafer 상에 형상을 올려놓을 때, 빛이 최소 굴절각도의 한계치 이상이어야 image가 형성된다. 이 최소한의 굴절각도 한계치가 선 폭으로 환산하면 30nm가 된다.

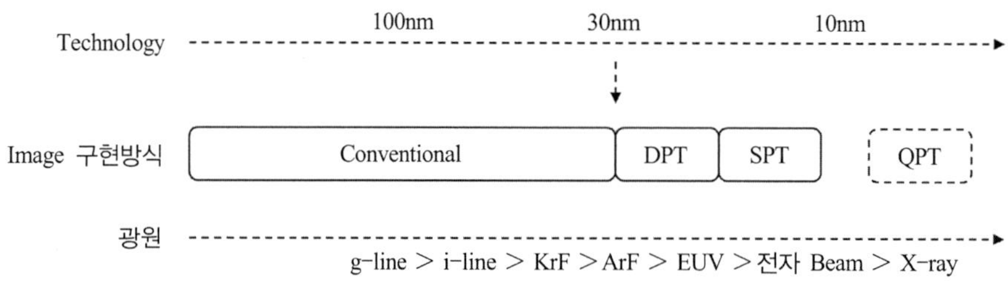

❒ CH10. 그림 2-2 Scale down에 따른 Image 구현방식 대비 광원의 종류

Image는 빛이 통과되는 매질로부터도 영향을 많이 받는다. 노광방식은 contact(mask + 감광액) 방식, 근접식(proximity) 방식, 투영식(projection) 방식 등이 있는데, Wafer와 projection lens 사이는 진공이거나 air(굴절률이 거의 1)로 채워져 있는 것이 아니라, 굴절률이 1 이상인 purified water(굴절률이 약 1.44)로 채워져 있고, 이런 wet type 노광 방식을 immersion lithography라 한다. 굴절률이 1보다 높은 DI water(Deionized water) 속에서는 파장이 짧아지는 성질을 이용하여 해상도를 향상시킨다. 최근에 사용하는 파장은 가시광선의 100분의 1정도 되는 파장으로 극자외선인 EUV 전단계인 UV(Ultra Violet) 파장을 사용하는데, 문제는 사용 가능한 빛의 파장도 한계에 다다랐다는 것이다. 빛의 파장을 줄이기 위하여 g-line> i-line > KrF > ArF > EUV(Extreme Ultra Violet) > e-beam > soft X-ray > hard X-ray 등으로 광원이 발전되면서, patterning을 위한 빛의 파장은 20년 기간 동안에 약 10분의 1로 짧아졌다. 빛의 파장도 광원이 있어야 하고 광원도 광원장치가 수반되어야 한다. 30nm, 20nm급에서는 광원으로 ArF를 사용하였고, 차세대의 선 폭 shrinkage 구현을 위하여는 EUV(13.5nm)가 있다. 따라서 Fab 공정 측면에서는, monolithic 반도체는 60년대 이후의 약 40년 동안, chip 집적

2) ZD Net Korea @ 2014.8.24일자의 인용(IC Insights : 각 제조사별 메모리 공정로드맵)된 data인 Technology Roadmap을 참고함.

도상의 bottleneck인 회로 선 폭을 wafer 상에 구현하기 위한 광원장치의 개발에 의존해 왔다고 해도 과언이 아니다. 또한 image를 밝게 하기 위하여는 resolution을 향상시켜야 하는데, 이는 광원장치의 Numeric Aperture(NA)를 최대한 크게 할 수 있어야 하고, 반대로 파장은 짧게 하여야 한다. 그러나 chip size 때문에 NA를 크게 하는 데는 물리적 limitation이 있고, 파장 자체를 줄이는 데도 복합적인 한계에 직면해 있다. 즉, process 측면의 회로 선 폭 shrinkage상의 현재 당면한 실체는, 핵심 key을 쥐고 있는 광원 및 광원을 통제할 광학장비 모두 기술적 maximum에 도달되어 있다. <CH10. 그림 2-3>은 mask image를 구현하는 데 사용된 파장의 trend로서 현재는 적용할 수 있는 광원의 파장도 saturation되어 있다.

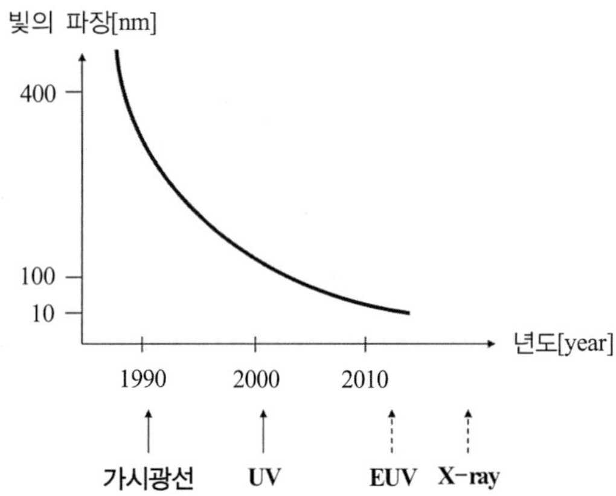

❐ CH10. 그림 2-3 광원으로 적용된 파장의 변천

2-3 회로 Pattern 구현 방식

그러나 30nm급의 한계를, photo process를 두 번 실시하여 형성하는 Double Patterning Technology(DPT) 방식으로 극복하였으며, 이는 회로 선 폭을 반으로 줄이는 데 막대한 기여를 했다. Photo mask 중첩이라고도 하는 double patterning은 upgrade된 lithography 기술로서, single patterning에 비하여 line과 line pitch를 50% 가까이 줄이는 효과가 있다. Design rule을 획기적으로 변화시킨 DPT는 wafer 상에 pattern을 겹치게 구성함으로써, diagram적으로 폭이 좁고 혹은 넓게 여러 경우의 patterning이 가능한데, size축소를 위해서는 그중에 최소 폭의 형태를 적용한다.

이를 확대 적용하여 double patterning 방식의 2배인 Quad Patterning Technology(QPT) 방식을 적용하면, 회로 선 폭을 더욱 좁게 줄일 수 있다. 그러나 이런 additional patterning 방식들은 이에 맞는 장치가 준비되어야 하며, photo 및 photo와 연관된 맞춤형 etch 공정 등이 연결

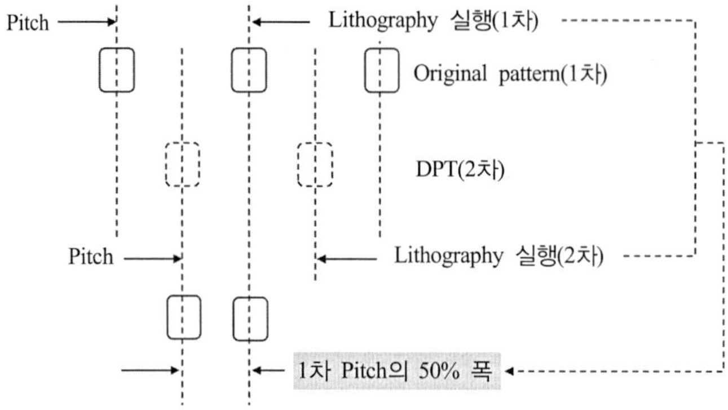

❒ CH10. 그림 2-4 Double Patterning 방식에 의한 회로 Pitch 축소

되어 upgrade 되어야 실행상으로 의미가 있으므로, 공정수, 투자비, 재료비가 증가한다. 또한, 원가가 올라가는 부담 이외에도, 물리적인 floating gate내에 전하를 저장하는 공간이 축소됨으로써 NAND의 핵심인 V_{th}분포를 배치하기 어려워지고, 이웃 cell 간의 거리가 가까워짐에 따라 cell 간 interference 현상의 증가로 인하여, 기술적으로 해결해야 할 난제들이 눈덩이처럼 불어나는 단점이 있어서 memory 제품의 QPT의 적용 가능성은 불확실하다.

DPT 이외에도 이와 유사한 효과를 내는 방법으로 SPT(Spacer Patterning Technology)가 있다. SPT는 original patterning에 spacer를 덮어 씌우기를 한 후, spacer와 spacer 사이의 공간에 추가 patterning을 함으로써, 결국 original pattern 사이에 또 다른 pattern을 형성시키는 방식으로, 과정은 DPT와 SPT가 서로 다르지만, pattern 형성 후의 결과는 거의 동일하게 shrinkage가 50%된 pattern이 된다. DPT 혹은 SPT, 두 방식 중에 어느 방식이 적합할 것인지는 각각의 공정 능력과 환경에 따라 다르다. Mask 투입 수로 인한 원가 상승변수, etch 공정 능력 여부, dimension의 uniformity의 장단점을 고려하여 density - 방식 - 공정이 서로 matching되는 적절한 process가 결정되어야 한다. DPT나 SPT 모두 original patterning 방식보다는 line width 및 half-pitch(line 폭 + space) 간격이 약 반으로 줄어들므로 30nm limitation에서 middle 1$x$nm까지 shrinkage가 가능하게 되었다. 가능성은 희박하지만, 향후 QPT를 적용할 경우, 동일 파장을 사용하는 것으로 가정하면, 이론적으로는 회로 선 폭이 8nm까지 가능해진다. ArF와 DPT 연결로 10nm중반대까지 가능했던 scale down 방향이, 향후 EUV를 이용한 기술적 quantum jump로 10nm 초반대의 shrinkage을 구현할 것인지 기대된다. 회로 선 폭에서의 quantum jump의 의미는 앞으로 2~3년 후에 1$x$nm 초반대로 진입할 수 있는 변혁을 의미한다.

2-4 Photo Lithography

Wafer 크기와 wafer 회로상의 1$x$nm급의 크기를 비교해보면, 직경이 12inch(300mm) wafer가 한반도 전체면적이라면, 1$x$nm는 배구공 약 1개 직경의 비율이다. Technology가 shrinkage될수록 회로의 pattern 폭이 작아지고, 회로 선 폭이 줄어들면, mask aperture도 줄고, 그에 따라 빛의 파장도 줄어들어야 한다. 거꾸로 광원의 파장이 짧아지기 때문에 제반 장치여건이 그에 따라 변경되어야 하는 구조이다. Silicon wafer 상에 MOSFET를 구성하는 일은 기본적인 Tr 형태가 구조적으로 형성되어야 한다. Wafer 상에 몇 천억 개의 Tr을 한꺼번에 구성하기 위한 회로를 형성하는 operation을 석판인쇄술인 lithography 방식이라 한다. 석판은 litho-mask를 의미하고, 빛을 이용하는 graphy를 photo graphy라 한다. 따라서 빛을 사용한 석판인쇄술을 photo lithography라 하는데, 빛은 석판(mask)의 모양을 그대로 wafer에 정확하게 옮겨 놓는 노광 역할을 한다. 반도체 process의 핵심인 노광은 wafer를 빛에 노출시킨다는 의미이고, 정확하게 옮겨 놓는다는 것은 NAND 제품(예를 들어 128Gb) 회로 설계가 tape-out후, 완성된 lay out을 photo mask로 1차 만들고, 만들어진 mask의 pattern을 x축 및 y축 간의 간격과 위치의 비율에 맞게 wafer에 positioning한다는 것이다. 빛을 활용하기 위한 이런 석판을 photo mask(reticle)라 하며, 선택적 감광과 선택적 etching을 이용한 patterning을 형성하는 데 있어서 coating, exposure, development, etching 과정은 각 MOSFET의 layer가 substrate 상에 stacking될 때마다 반복적으로 processing된다. 현재의 lithography 방식으로는 mask와 wafer 사이에 일정 간격을 두고, 빛이 mask를 지나면서 발생된 그림자를 wafer에 pattern으로 형성시키는 projection 방식인데, 그와는 다르게 wafer 위에 photo resist라는 감광액을 바른 후에, mask를 wafer에 직접 눌러서 pattern을 형성하는 방식으로 Nano Imprinting Lithography(NIL)가 있다. 이는 mask를 분리한 노광 projection 방식에 비하여 광원/장치/process 측면에서 경제적으로 이득인 반면, pattern 형성 및 etching 상의 기술적 측면에서 해결해야 할 이슈들이 많다. Lithography process에서 확보하여야 하는 핵심은 수평축 방향으로 pattern의 alignment와 수직축 방향으로 layer의 overlay이다.3)

2-4-1 Pattern을 형성시키기 위한 Cell의 수평구조 – Pattern의 Alignment

먼저 pattern을 만들려면 형상의 분해능력인 해상도(resolution)가 좋아야 하는데, 해상도의 공식을 Rayleigh 식1)로 나타내었다. 식1)에서 Rayleigh 식의 R값이 작을수록 resolution이 개선

3) Lithography 방식으로는 photo lithography 방식이 아직 NIL보다 보편화되어 있다.

된다.

$$R = k_1 \frac{\lambda}{NA} \quad \text{식1)}$$

R은 resolution의 initial, k_1은 alignment 관련 process factor, NA는 렌즈 수차(numerical aperture), λ는 빛의 파장으로서, 이는 얼마나 효율이 높은 장비와 방법을 선택하느냐에 따라 해상도가 좌우된다. Image가 wafer에 잘 형성되려면, 빛의 파장이 짧아야 하고, NA가 커지는 방향이며, process factor는 줄어드는 방향으로 0.5이하로 계속 하향되고 있다.

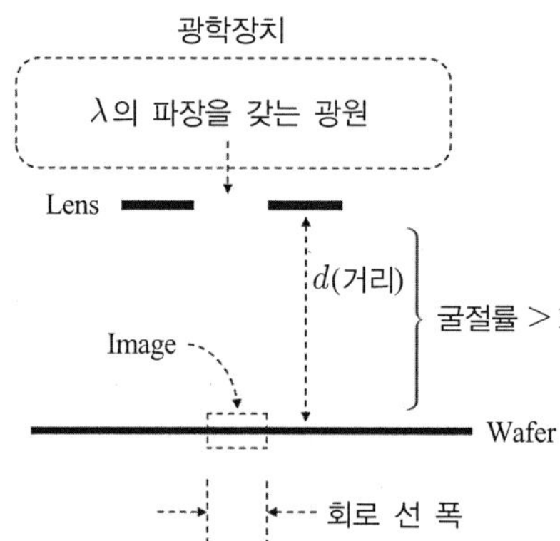

❐ CH10. 그림 2-5 Wafer 상의 Image 형성(빛의 파장과 Numerical Aperture) @ projection type

Lithograph 방식으로는 현재는 대부분 projection 방식을 사용하는데, NA는 빛을 통과시키는 capacity로서, lens 개구의 반지름 r(open area) 대비 lens와 wafer의 간격 d의 비율이며, 이는 pattern이 wafer 상에 모양새를 갖추기 위한 최소한의 입사각(회절각)을 확보하는 주요인자이다. 또한 굴절률을 높이기 위한 화학적 방법으로, lens와 wafer 사이에 기존에 사용하던 DI(De-ionized) water(굴절률 1.4) 대신 immersion 물질로 바꾸어 굴절률을 DI water 대비 1.5배 이상으로 상향시켜 적용한다.

$$NA = r(\text{개구의 반지름})/d(\text{간격}) \quad \text{식2)}$$

또한, NA를 높이기 위한 물리적 방법으로는 파장과 입사각 및 주변장치와 피사체들의 위치를 조정하여 wafer 상의 image를 최적화시켜 NA를 1.5~1.7까지 개선하고 있다. 이렇게 하여 형성된 수평구조상의 cell의 크기는 면적 단위이므로 word line축과 bit line축의 곱형태로 나타내고, face라는 의미인 F를 이용하여 면적을 F^2으로 표현한다. F의 광의의 의미는, 해당되는 cell이 몇 nm technology를 적용했는지를 알아내어 chip에 사용된 technology를 정의

하는데 있다. Cell 단위 배치 구조에 따라 cell 형태가 $4F^2$, $6F^2$, $8F^2$로 나뉘는데, 이때 photo lithography로 만든 cell의 총 면적이 산출되면 F를 구할 수 있다. 즉, cell 면적이 $4F^2$ = 3,600nm^{2}일 경우, 30nm tech을 사용한 chip이 되겠다.

2-4-2 Pattern을 형성하기 위한 Cell의 수직구조 - Layer의 Overlay

수평적인 image만 형성되었다고 해서 monolithic Tr의 형태가 완료되는 것은 아니다. Wafer 공정 상에 NAND를 완성시키려면 수직축으로 볼 때 십수 개의 layer를 형성해야 한다(metal layer만 해도 서너 개의 layer로 형성된다). Pattern을 형성하기 위해서는 평면 상의 resolution 이외에도 깊이에 따른 초점이 맞아야 하는데, 이를 DOF(Depth of Focus)라 하며, 상하 layer 간의 image를 정렬하는 것을 overlay라고 한다.

$$\mathrm{DOF} = k_2 \frac{\lambda}{2(NA)^2} \qquad \text{식3)}$$

k_2는 overlay 관련 process factor, NA는 numeric aperture, λ는 광원의 파장이다. DOF는 aperture에 반비례하고 파장에 비례한다. 1개 chip에는 수백 억 개의 cell이 형성되므로, cell은 전후좌우로 형성되는 cell(alignment)과 cell 그 자체적으로 upper layer와 lower layer로 형성되는 구조물(overlay)들이 정확하게 일치되어야 한다. 윗집의 화장실 파이프가 아랫집의 부엌 정수기 파이프로 연결되면 안되듯이, wafer의 substrate 위에 substrate(source/drain) - tox - floating gate - ONO - CG - WL/BL 등 각 layer마다 아래위로 위치를 맞추어 layer stacking을 해나가야 한다. 이는 topology 상의 수직측 위치 변화에 의한 film 두께 차이로도 issue가 될 수 있는데, wafer 면적이 커짐에 따라 조절하기가 더욱 어려워진다. 따라서 overlay 시의 불량을 줄이기 위하여 SW program을 이용하여 image를 개선시킨다.

Tr을 만들기 위하여 layer를 수직구조로 형성하는 방식으로는 stacking 방식과 trench 방식이 있다. 유럽(독일) 반도체 회사인 Infineon Technology는 DRAM memory chip을 형성하는 데 있어서, stacking 방식이 아니라 참호 파듯이 위에서 밑으로 파 들어가는 trench 방식을 수직 구조 형성에 적용했다가, stacking 방식과의 원가경쟁에서 밀려 도태되었다. Stacking 방식은 한국 및 미국의 반도체 제조업체들이 적용하고 있는 방식으로, NAND Flash도 DRAM과 같이 cell의 수직구조를 형성하는 데 있어서 layer를 쌓아 올리는 stacking 방식을 채택하고 있다. 3D-NAND는 stacking 방식으로 layer를 쌓아 올린 후에, trench 방식으로 channel을 형성시켜 cell과 cell 사이의 channel을 만든다.

용량과 성능의 관계

NAND의 용량을 증가시키는 것과, NAND의 성능을 개선시키려고 하는 것과는 서로 trade off (상반관계)가 있어서, 한쪽 측면으로 볼 때는, 2개의 요소를 한꺼번에 향상시키지는 못하지만, 시장의 요구는 2가지가 모두 향상되기를 필요로 한다. 일반적으로 NAND의 용량 증가율은 2000년부터 2010년까지는 연평균 약 +80~+100%p의 증가세를 이어왔으나, 성능은 +10~+30%p의 향상률로서 용량증가율보다는 낮았다. <CH10. 그림 2-6>의 density 증가율은 technology의 첫 core density(1st generation)를 기준으로 한 증가율의 평균 산출이고, 성능 증가률은 program/erasure/ read 모두를 합한 NAND performance 개념으로, NAND의 용량 증가율 대비 NAND의 성능 증가률을 2개의 그래프로 비교하였다.

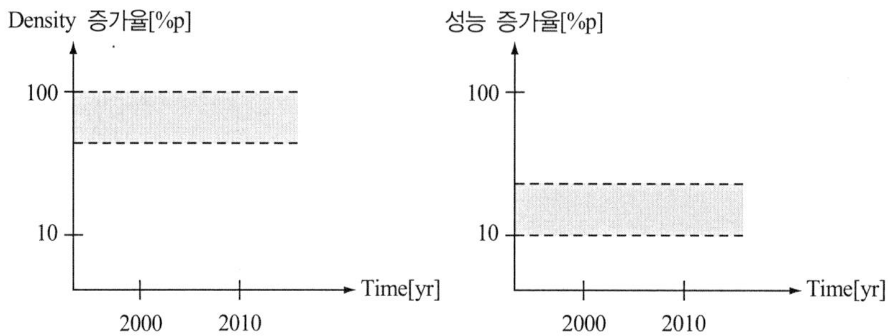

❐ CH10. 그림 2-6 NAND Flash Memory Density 증가율 대비 성능 향상률의 비교

용량증가율 대비 성능 향상률이 낮은 이유는 chip 내부 structure 제약 및 electron/hole의 mobility 관련 t_{ox}, ONO issue의 영향이 크다 하겠다. 특히, tox 두께가 두꺼워지면, oxide barrier가 높아지므로 program과 erasure의 동작이 반비례하여 어려워진다. Thick-tox를 통과하는 electron의 이동을 thin-tox와 동일한 performance를 발생시키게 하려면, V_{PGM} 및 V_{ER}을 그만큼 비례하여 높여야 함으로 그에 따라 endurance가 제약되고 interference 영향이 커지며 cell V_{th}값 위치 변동 등 부작용이 많아진다. 그러나 read 동작 시의 $V_{pass-RD}$로 인한 분포들의 right shift(특히 ER 분포)가 줄어드는 장점도 있다. 또한 physical cell당 bit수를 늘릴 수 있는 NAND의 SW적 장점은, 다른 memory 제품에 비하여 용량을 늘리는 데는 유리하며, 동시에 성능을 향상시키는 데는 불리하게 작용한다. Technology가 발전한다는 것도 density가 증가하는 측면으로는 긍정적이지만, scale down에 따른 structure상 stress가 많아지므로 성능에는 긍정적인 영향과 부정적인 영향을 끼친다. 따라서 NAND의 일부 저하된 성능향상을 위한 방향으로는, NAND 자체적으로 내부구조적 변화 및 program과 erasure의 advanced operation 방식의 개발과 operation speed 향상 등이 꾸준히 이루어져 가야 한다. 추가하여, NAND 이외의 외부 controller를 이용한 support 비중을 꾸준히 증가시켜야 하는데, 2D-MLC, 2D-TLC뿐만 아니라 3D-TLC가 등장하게 되어 controller를 이용한 개선이 더욱 필요해졌다.

Session 3 3D NAND Flash Memory

고집적화가 진행되므로써 FG based planar type의 물리적 한계는, 성능적으로는 FG와 FG 사이의 간섭현상이 증가하므로, 이를 더 이상 조절할 수 없게 되었으며, photo lithography상의 image를 구현하는 issue <Session 2-4. 참조>뿐 아니라, 구조적으로는 FG와 FG를 물리적으로 격리하기 위한 control gate의 격리막인 Inner Poly Dielectric(IPD)의 축소도 한계에 근접하여 FG 사이를 더 이상 줄일 수 없게 됨으로써, FG가 $x$nm 단위로의 진입이 불가능하게 되었다. <Chapter 5. Session 3-3-4. 참조>. 따라서 구조적인 제약을 해결하기 위하여 Z축 방향으로 cell을 쌓아 올려, 평면적 개념의 word line structure를 입체적으로 stacking함으로써, 단위면적당 cell 밀도를 증가시킨 structure가 3D 구조이다.

3D NAND의 개발은 약 20년 이전부터 연구되어 왔으며, 최근에 제품 가능성이 높아져, 3D 제품이 시장에 출시되기 시작했다. 시장출시의 의미는 FG와 비교하여 성능과 용량에서 80~90% 정도로 거의 차이가 없으면서, middle 1$x$nm급의 128Gb~512Gb TLC planar type보다 cost면에서 경쟁력이 있는 MLC based 혹은 TLC based 3D NAND를 의미한다. 저용량 3D NAND는 검증용 sample 수준으로 초기 시장에서 이미 가능성이 점검되었었다.

3-1 3D 의미

3D는 3 Dimension의 약자이고, 의미 그대로 2D NAND가 horizontal NAND라면, 3D는 cell을 stacking한 vertical NAND의 입체구조로서, Z축 방향으로 구조적 공간이 확장된 structure이다. Floating gate based planar type cell은 cell과 cell 사이가 수평구조이기 때문에 cell을 구성하는 layer들은 수직구조를 이루고 있고, vertical type(3D)은 cell과 cell 사이가 수직구조이므로 cell을 구성하는 layer들은 수평구조를 이루고 있다.

3D 이점은 Z축으로의 cell stacking을 통한 density 증가에 있다. 따라서 3D는 cell당 cost가 floating gate NAND에 비하여 가격 경쟁력이 탁월하여, 3D 용량과 performance의 수준이 FG planar type 수준에 근접한다면 높은 시장 폭발력을 가질 것이다. Stacking 방식에는 package stacking, chip stacking, cell stacking(3D) 등 여러 stacking 방식이 있지만, 그중 cell level의 stacking이 저비용, 고기능으로, stacking 효율 측면에서는 가장 바람직한 stacking 방향이다. 2D 개념에서, density 확장측면으로 볼 때 hardware적 확장방향이 saturation되므로 인하여,

logical 확장 방향으로 시도되었고, 그런 측면에서 MLC와 TLC는 성공한 경우가 된다. SLC에 비하여 cell 용량을 최대 3배까지 증가시킬 수 있는 TLC제품을 개발해내고 있지만, 앞으로 제품 측면으로 density를 SLC에 비하여 4배[Quad bit (per cell) MLC]로 확장할 수 있을지는 불확실하다. 현재로서는 QLC는 어렵다는 의견이 지배적이다. <Chapter 5. Session 3-5-2> 참조. Shrinkage 축으로는, 회로 선 폭을 감소시켜 전체 물리적 cell 개수로 chip당 최대 64G bit (몇백억개 bit)의 용량까지 증가시켰지만, middle 10nm급을 10nm급 초반대로 전개시키는 데는 MOSFET base의 기술적 한계에 직면해 있으므로 가능성 여부에 대하여 이 또한 어려운 쪽으로 갑론을박 하고 있는 상황이다. 따라서 density를 증가시키는 데 있어서 어떤 방향으로든 걸림돌이 발생되어 있는 상태이므로, 현재 planar type 이외의 다른 대안으로는, non-MOSFET base인 new device type 개발 아니면 3D NAND 밖에 없다.

정리하자면 Planar type의 logical 방향 및 technology 방향 또한 saturation되었기 때문에, 구조적 확장 측면으로써 3D로 활로를 찾은 것이다. SLC > MLC > TLC의 흐름이 logical density를 확장하는 방향이라면, 회로 선 폭 축소와 3D는 physical 확장방향으로서 <CH10. 그림 3-1> 중에서 NAND Flash의 위치는 현재 middle $1x$nm-MLC-2D이고, 근접된 미래의 모습은 middle $1x$nm-TLC-3D가 되겠다. 향후 early $1x$nm-TLC-3D의 portfolio를 갖춘 제품이 출시되면, 많은 HDD 시장이 3D-TLC로 교체될 것이다. 지금까지 physical 방향으로 용량을 확장하는 방식은 scale down밖에 없었지만, 3D의 등장으로 density의 물리적 확장 방식이 다양해짐으로서, 이는 용량 확장방향의 혁명이라고 볼 수 있다.

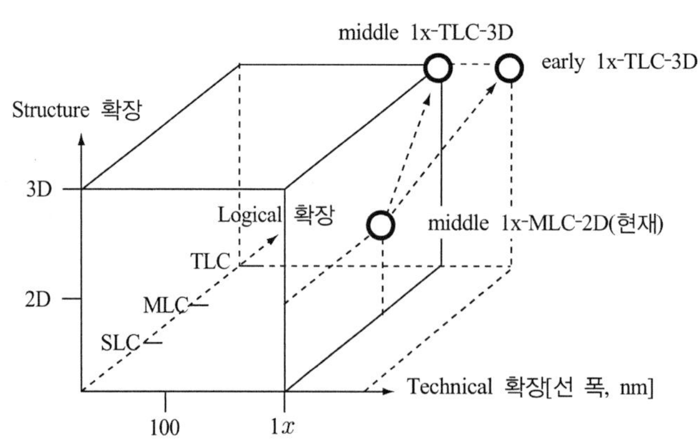

❐ CH10. 그림 3-1 3개 축으로의 Density 확장 방향

3-2 3D 구조

Planar type 측면에서, cell 간의 간격을 줄이는 공정기법 등 여러 기법을 적용하여 word line 방향으로 middle 1$x$nm급까지 줄일 수 있었지만, word line축을 줄이는 데는 한계가 있으므로, bit line 방향으로 줄이기 시작했다. 그런데 bit line 방향으로의 shrinkage는 전압 drop, leakage current loss, interference 등으로 page 방향보다는 string 방향이 더 까다롭기 때문에 string축으로는 약간의 개선이 있었지만, 진전이 되지 않았고, 대신 Z축 방향으로의 density 확장 개념을 본격적으로 도입하게 되었다.

CTD(Charge Trap Device)는, planar type처럼 electron을 FG에 강력하게 가두어서 저장하는 것이 아니라, electron을 trap할 수 있는 물질에 약하게 가두어 저장하는 형태의 storage 방식이다. CTD 자체의 storage node는 2D NAND 제품에서도 사용 가능한 기술로 2D-CTD NAND는 상용화되지는 못했지만, SONOS 구조로 NOR Flash에서는 적용을 하였고, 그 외에도 worldwide하게 오랜동안 nitride 물질에 대한 개발시도가 있어 왔다. 2D에서는 storage type이 직육면체 형태이었지만, 3D에서는 storage형태가 원통형(GAA : gate all around) 구조이다. CTD는 electron charge 밀도가 낮아서 data의 ON/OFF을 지원할 수 있는 최소한의 electron량을 확보하기 위하여는, planar type CTD보다는 표면적이 넓은 GAA type CTD가 적합한 material로서, 2D-CTD에서 try & error를 거친 planar type CTD의 evaluation 결과 덕분에, 3D-CTD가 GAA type에 비교적 쉽게 응용될 수 있었다. 3D는 수직으로 세운 기둥을 중앙에 두고, 원형 ring을 걸어놓은 모양으로써 mechanical적으로 electron을 ring type 구조에 저장시킨다. CTD는 FG에 비하여 program/erasure cycling은 강하지만, electron을 holding하는 능력이 부족하여, de-trapping 특성으로 인하여 electron이 쉽게 빠져나갈 수 있어서 retention은 상대적으로 약하다.

<CH10. 그림 3-2>에 CTD type과 FG type의 각 termination을 비교해 놓았다. 2-Dimension cell의 평면구조(planer) type인 floating gate based NAND는 cell structure를 구성하는 매체들이 수직축으로, upper layer에서부터 poly silicon - ONO - poly silicon - oxide - poly silicon (SOSOS) type으로 구성되어 있다.[4] 반면 vertical 3D는 저장방법으로, FG대신 CTD(Charge Trap Device)를 적용하여 수평축으로, outer layer로부터 metal gate - block oxide - nitride - oxide - poly silicon(MONOS 등) type이다. 기능적으로는 CTD와 FG의 각 termination이 일대일 matching될 수 있으며, 3D-CTD구조는 2D-FG의 직선 구조를 원형으로 둥글게 구부린 구조라고 볼 수 있다. 3D type은 option이 여러 가지이므로 <그림 3-2> 구조와 정확히 일치하지

4) 각 termination의 poly silicon의 화학적 구성비는, 각 termination의 기능에 맞도록 다르게 구성되어 있다.

는 않고, 각 type별로 약간씩 다른 구조를 갖지만 기본 구조는 거의 유사하며, 세부 구조에 있어서는 performance 효율을 높이고 신뢰성을 보강하기 위하여 형태를 약간씩 다르게 적용하고 있다. Substrate position은 type별로 상이하므로 명시해놓지 않았다. Planar type의 FG 두께보다는, 3D cell의 GAA(gate all around)방향의 nitride 두께가 30%~50%정도 얇고 tox도 비례하여 얇다. tox_{CTD}의 두께가 두꺼우면, electron뿐만 아니라, mobility가 약한 hole의 trap/de-trap에도 제약이 발생하여, program/erasure cycling에 부정적 영향을 끼친다. 3D-CTD의 endurance 특성이 좋고 반대로 retention 특성이 열악한 원인은, 3D-CTD의 tox가 구조적으로 얇기 때문이기도 하다.

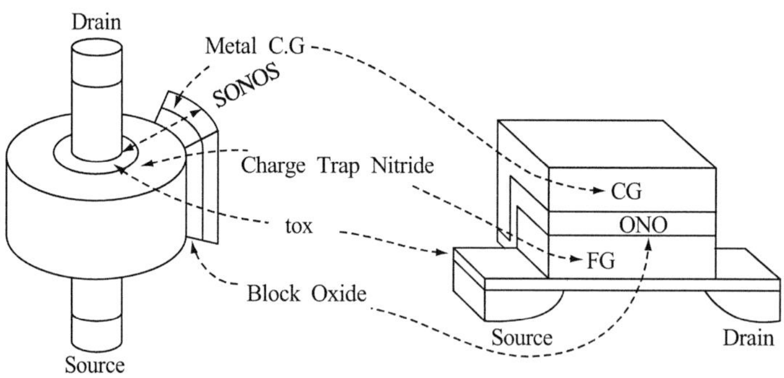

❒ CH10. 그림 3-2 CTD Base와 FG base의 Cell 구조 비교

GAA type 원통형의 cross section을 <그림 3-3>에 그려놓았다. 3D는 vertical gate type과 vertical channel type으로 나눌 수 있는데, vertical channel type의 substrate는 아래 base로 빠져 있고, 원통의 중심은 channel이 위치하고 있으며, DSL과 SSL은 FG의 string구조와 동일하게 stacking cell의 맨 가장자리에 position되어 있다. CTD의 핵심물질은 silicon-nitride로서, 이는 silicon과 nitride의 복합화합물로 되어 있고 3D-type별로 약간씩 다른 material을 사용하고 있다. Channel과 nitride 사이에는 oxide층으로 구분해 놓고 있다. Control gate는 poly silicon material을 사용(SONOS type 혹은 TANOS, MANOS, SANOS 등)하는데, FG에 비하여 metal성분이 많이 들어가는 경우는 MANOS type이라고 부른다. CG와 CTD 사이에서도 마찬가지로 ONO대신 다른 oxide 물질을 사용하는데, 이를 block oxide라 부른다. (Block oxide의 block은 physical용량 block 개념과는 다른 의미를 갖는다.) 이는 program 시, 높은 V_{PGM} 전압 인가에도 불구하고 절연층이 파괴되지 않고, erasure 동작 시 C.gate로부터 nitride로 back tunneling electron들이 되도록 적게 발생되도록 방지할 수 있는 물질이어야 한다.

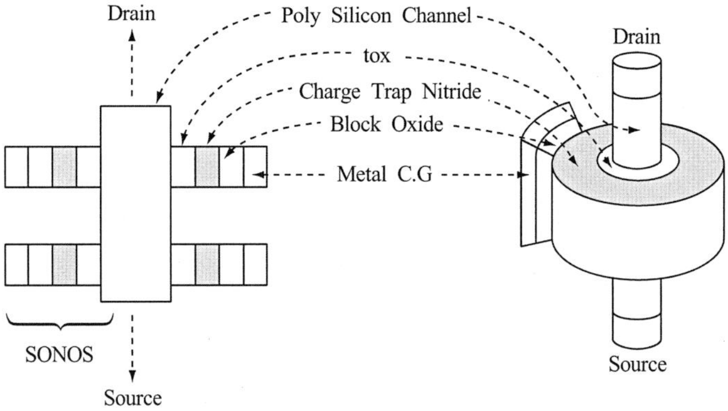

❐ CH10. 그림 3-3 CTD Based 3D Cell의 Cross Section

<CH10. 그림 3-3>은 3D 개별 cell에 대한 구조이고, <CH10. 그림 3-4>는 3D-CTD의 ring 구조를 *Z*축 방향으로 cell을 stacking한 구조로서 24 cell stack, 32 cell stack, 48 cell stack … 등 stacking layer가 많아질수록 physical block size도 8 stack 대비 3배 > 4배 > 6배 등으로 증가하여, 2D에 비하여 차별성이 부각된다. 3D는 8 stacks의 3배수인 24 stacks부터 시작하여, 4배수인 32 stacks는 되어야 2D MLC에 비하여 bit cost 경쟁력이 개선된다. Stacking layer는 6배수인 48 stacks, 8배수인 64 stacks, 12배수인 96 stacks 등 계속적으로 전개되는데, 24배수인 192 stacks까지 가려면 향후 4~5년은 소요될 것으로 예상된다. 단, stacking 단수가 많아지면 channel 구조를 확보하기 위한 etching 공정상의 어려움이 따르므로, 64 stacks, 96 stacks를 단일 channel로 연결하지 않고 별개의 2개 channel 혹은 3개 channel로 분리된 구조를 사용하는 추세이다. +8 stacks을 upgrade하는 데 드는(1*x*nm-TLC-3D) 투자는 장기적으로 볼 때 투자에 소요되는 기초자금은 줄겠지만, wafer 20만장 기준으로 약 1조원 가까이 천문학적 자금이 소요될 것으로 추정된다.

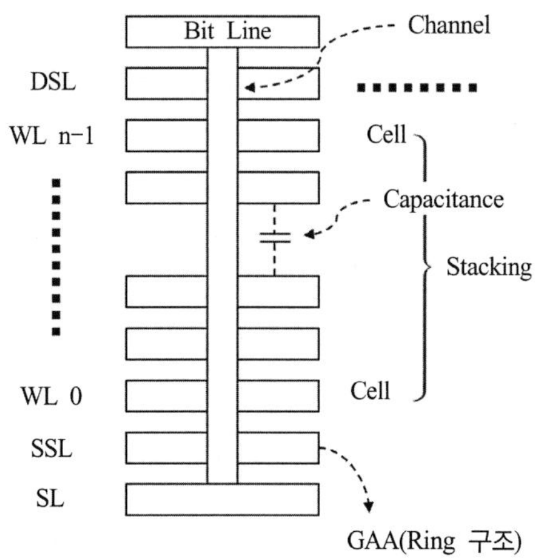

❐ CH10. 그림 3-4 3D Cell Stacking 구조

Cell structure 상의 FG block은 평면적인 데 비하여, 3D block은 block도 입체적이다. *Z*축 방향에서의 cross section으로 들여다 본 string 단면은 zig-zag 형태로서, 이는 CTD 간의 간격은 일직선 형태보다 zig-zag 형태가 집적도를 높일 수 있기 때문이다. 3D는 3~5개의 structure type이 있으며, 각각의 type에 따라 특성과 신뢰성의 장단점이 각기 다르다. 구조적으로는 gate와 gate 사이를 연결한 원통형의 channel을 만들기 위하여 gate들을 stacking한 높이만큼 다시 trench 방식을 사용하여 동일한 깊이로 파내려가는, wafer fab 공정상, stacking과 trench 방식을 모두 이용한 구조이다. <CH10. 그림 3-4> 참조.. Trench 방식을 계속 유지하여 DRAM 메모리 사업을 철수한 독일의 인피니언이 3D NAND을 했다면, trench 제조 공정에서는 두각을 나타냈을 것이다.

3D의 stacking layer도 saturation될 것이지만, 일정 기간 동안은 density를 확장하기 위하여 stacking layer를 급신장시켜야 한다. 그러나 stacking을 가로막는 장애물은 여러 가지가 있다. 3D는 stacking layer 개수가 많기 때문에 단위 stacking height(단일 cell의 높이)가 상승할수록 전체 stacking layer의 height에 끼치는 영향이 커져서 application 장착 시 및 제반 issue들이 문제가 될 수 있기 때문에, 단위 layer의 height도 줄여야 하고 stacking 전체 높이의 증가율도 줄여 주어야하는데, 반면 stacking 전체 height를 너무 줄이면 RC가 높아져서 speed 지연 등의 문제가 발생된다.

3D의 문제는 얼마나 *Z*방향으로 많은 gate를 stacking할 것이냐 이면서, 동시에 stacking 높이는 가능한 한 압축시키기 위한 효율적인 architecture가 개발되어야 한다. 3D cell의 structure 요소 중에는 bit당 cell이 점유하는 area(nm^2)가 얼마나 큰지에 대한 cell 단위의 효율성이 중요한데, 이는 제품(SLC/MLC/TLC) 변수를 포함한 핵심적인 index로서 bit당 차지하는 cell 면적이 작으면 작을수록 낮은 cost 전략을 구사하는 데 강점이 되고, stacking layer 수가 많아질수록 density 확장에 유리하다. Physical적으로 cell이 점유하는 면적은 동일하다고 가정한다면, SLC에 비하여 area 효율성은 MLC가 2배, TLC가 3배로 높다. 또한, FG에 비하여 단위 체적당 CTD 내의 낮은 electron charge 밀도 및 FG에서 사용하는 e-channel 대신 poly-silicon channel을 사용함으로써 electron의 mobility가 저하되어, 3D의 cell current가 FG에 비하여 5분의 1내지 10분의 1 정도로 낮은 반면, multi stacking될 경우는 stacking 개수에 비례하여 총 channel current는 증가하는데, 이는 3D NAND의 program/erasure 성능을 올리는 데 부담으로 작용한다.[5)]

5) Electron 입장에서는 2D의 e-channel은 저항력이 적은 아스팔트 도로의 표면이라면, 3D의 poly-silicon channel은 저항력이 높은 비포장 도로의 표면 정도로 비교할 수 있어서, electron 이동도가 낮으며, 그에 따라 current가 적게 흐른다.

3-3 3D 동작

Gate의 물질 type에 따라서도 나눌 수 있는 FG based와 CTD의 차이는 electron을 저장하는 mechanism에 있다. Storage node로 FG대신 CTN(Charge Trap Nitride)을 사용하는 3D는 nitride라는 절연물질에 가까운 부도체 내에 electron을 trapping시켜 저장함으로 인하여, program과 erasure의 동작 mechanism은 기본적으로는 2D와 3D가 같지만 3D가 좀 더 복잡하다.

구조 및 electron의 storage type 변화에 의하여 3D의 program 분포 폭과 erasure 분포 폭을 FG based 2D 분포 폭에 비하여 좁게 개선시킬 수 있다. 이는 3D cell의 V_{th}값의 표준편차를 FG based 2D cell의 표준편차에 비하여 작게 할 수 있으므로, 3D 분포 간의 간격 margin이 넓어져서 PGM과 read operation을 FG-2D보다는 유리하게 진행할 수 있는 조건이 된다. 이는 CTD의 형태가 원통형(GAA type)으로 설치되어 FG에 비하여 storage size 및 channel과 접촉 면적도 서너배가 커서 V_{th}분포 형성 및 cell 특성을 개선할 수 있는 margin이 많이 확보되었기 때문이기도 하고, trap된 형태로 인하여 FG에 비하여 electron의 mobility가 작음으로써, 오히려 V_{th}의 산포된 값이 작아지기 때문이기도 하다. FG type에서, FG에 charge된 electron은 energy level 상으로 conduction band에 위치하여, energy level variance가 넓고 mobility가 커서 CTD type에 비하여 electron이 쉽게 charge되고 쉽게 escape되어 FG 내에 charge되는 electron 개수의 편차가 많이 나므로, cell V_{th}의 편차가 넓어짐에 따라 V_{th}분포 폭이 커진다. 반면, CTD type의 nitride에 trap된 electron은 energy gap이 큰 절연체 내에 포획되어 있으면서, energy level 상으로 conduction band 이하의 낮은 energy level을 보유하여 FG type에 비하여 mobility가 낮고 energy level variance가 좁아져서 nitride에 trap된 electron들의 개수 편차가 비교적 좁게 되어 V_{th}분포 폭도 좁게 된다. 특히 hole의 이동은 valence band의 energy level 근방에서 이루어짐으로 mobility가 더욱 낮다. Program 및 erasure 동작 시에 channel과 nitride 사이 및 nitride와 control gate 사이의 electron/hole 이동 및 trap되는 mechanism은 복잡하므로 생략하고, 추후 3D NAND version에서 별도로 준비할 예정이다.

3-3-1 3D Program Operation

Program operation에 있어서는 electron을 channel에서 CTN(Charge Trap Nitride) 내부로 charge시키는 방식으로, FG based planar type과 동일하게, FN Tunneling 방식을 사용하여 program V_{th}를 높인다. Target cell의 control gate에는 V_{PGM}을 공급하고 substrate는 ground를 유지함으로써 CTN의 전위차이를 16V 이상 되도록 한다. NAND Flash program의 최대 장점인 ISPP

는, FG based 2D NAND와 동일하게 V_{PGM}의 step을 ΔV만큼 up시켜가면서 CTN에 trapping 되는 electron량을 조절하는데, FG-2D에 비하여 V_{th} 분포 형성이 개선되어 있으므로, ISPP의 총 step 수를 줄일 수 있어서 PGM time을 짧게 할 수 있다. PGM 시의 pass WL에 인가되는 V_{pass}는 FG-2D와 동일한 방식이고, unselected bit line도 channel의 모든 구간에 걸쳐서 2D와 동일하게 일반적인 self-boosting 방식이 적용된다. Self-boosting 방식은 conventional self-boosting 방식만 사용하고, local boosting 방식은 아직 적용되지 않고 있지만, 향후에는 3D에 적합한 modified self-boosting 방식이 개발될 것이다.

3-3-1-1 FN Tunneling

FN Tunneling은, 2D-FG와 동일하게, electron 혹은 hole을 nitride에 direct-charge 혹은 direct-discharge하는 mechanism으로서, program 혹은 erasure 동작 시에 적용된다. Control gate의 전압이 높아지면, oxide에 영향을 주는 전계에 의한 oxide barrier의 전기적 두께가 얇아지는 효과를 나타내므로 channel에서 nitride 사이의 electron 이동이 용이해진다.

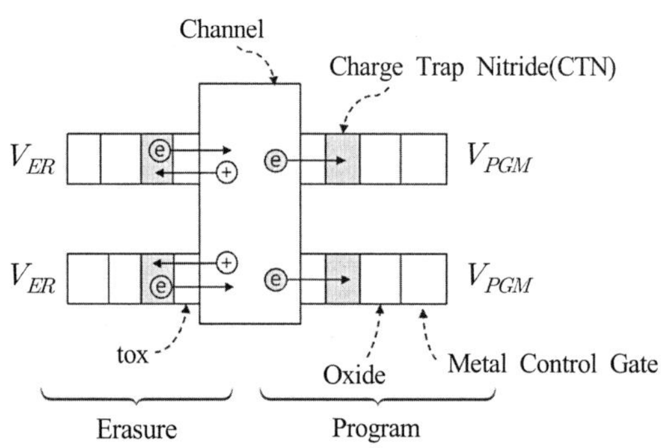

❒ CH10. 그림 3-5 Electron과 Hole의 FN tunneling @ n-channel과 CTN 사이

이는 channel에서 electron이 tox를 통과하여 silicon nitride로 charge되는 데 있어서, tox의 물리적인 두께는 변함이 없지만, energy barrier는 oxide에 가해지는 electric field에 반비례하여 loose 해지는 현상을 이용한 것이다. Silicon nitride의 전자들은 energy level이 낮아지면서 nitride에 trap된다. Trap된 전자들은 활발하지는 않지만, trap된 상태로 nitride 내에서 이동되기도 하고 일부는 외부로부터 온도/전계 에너지를 공급받아서 다시 방출되기도 한다. 3D-CTD는 V_{th} 분포 폭이 좁고, CTN의 두께가 thin하기 때문에 program time을 2D-FG type에 비하여 약 절반 가까이 줄일 수 있다. <Chapter 3. Session 3-7-2> 참조. 그러나 control gate 전압(V_{PGM})에 의하여 nitride에서 CG로 FNT에 의하여 electron이 escape되는 의도하지 않은 back tunneling 현상도 발생하므로, V_{PGM}의 적절한 조절이 필요하다. 그런 back tunneling path 중에서도 전자들의 일부는 block oxide에 다시 trap되기도 한다.

또한, 3D는 SSL 부근의 하단 GAA 단면적(cell이 channel과 접촉하는 면적)이 DSL 부근의 상단 GAA 단면적보다 좁아져서, 동일 동작 전압을 인가 시에는, 하단의 channel에 더 높은 potential이 인가하게 되어, electron 혹은 hole의 활동이 더욱 활발하게 진행된다. 이로 인하여 program(혹은 read) 시에는 target 대비 SSL 부근의 cell이 excess program (혹은 V_{th} read fail) 등을 유발하게 되므로, 하단 cell과 상단 cell에 인가되는 동작(PGM, RD) 전압을 조절(level 편차)하여 상단과 하단 cell의 nitride에 potential 전압이 일정하게 유지되도록 하여야 한다.

3-3-2 3D Erasure Operation

3D-erasure는 3D-program에 비하여 좀 더 복잡한 동작 mechanism을 갖는다. CTD는 hole을 FN Tunneling시켜서 erasure용 V_{th}분포를 하향시킨다. Erasure는 CTN(charge trap nitride) 자체적으로는 erasure가 잘 안 되는 특성을 갖지만, CTN-GAA(gate all around) 구조로는 모든 방향으로 erasure가 되므로, operation 면적이 넓어져 전체적으로 볼 때 erasure operation이 한쪽 방향으로만 face되어 있는 CTD-planar type에 비하여 향상된 특성을 보인다.

Program operation은 3D가 어떤 type을 적용하던지, CG 단자까지 인가될 PGM 전압이 연결되고 page 단위로 program이 진행되므로 WL별로 V_{PGM}을 인가하는 데는 전압공급 측면에서 문제는 없으나, erasure operation은 block 단위로 실시하다 보니 target block의 substrate 전체에 대하여 높은 전압인 V_{ER}를 인가해야 하는데, substrate가 2D처럼 cell-channel에 직접 연결되어 있는 구조에서는 문제가 없지만, 3D erasure는 substrate가 각 cell-channel에 직접 연결되어 있지 않은 경우이므로, 구조적 결함 때문에 (간접적으로 연결된 구조에서는) erasure를 위한 전압을 cell-channel에 직접적으로 인가할 수 없으므로, GIDL 현상을 이용하여 hole을 channel에 공급하고, cell-channel에서는 FN tunneling을 이용하여 hole을 nitride에 injection함으로써 nitride로 hole을 charge시킨다. Hole의 이동은 electron들이 비어있는 hole에만 이동하는 현상으로 hole의 이동이 electron 이동보다 mobility가 하락한다. <Chapter 2. Session 1-1-5-2. 그림 1-5> 참조. 이때 tox가 너무 두꺼우면 hole의 tunneling이 잘 안 되는 문제가 생기므로, 3D-CTD의 tox가 2D-FG의 tox에 비하여 더 얇게 형성되어야 한다. 그러나 substrate가 channel에 직접 연결되어 있는 구조에서는 block 단위 erasure 동작이 용이하여 직접 channel의 hole을 nitride에 주입하고, 동시에 conduction energy band로 상승한 일부 electron들이 Poole-Frenkel emission에 의하여 빠져나오기도 하여 V_{th}하락에 기여한다. 일반적인 절연체는 electron이 conduction band로 이동하지 못하지만, CTD의 nitride 복합물질은 절연체 성질을 보유하면서 일부 electron이 conduction band로 이동할 수 있는 energy level을 갖도록 하여 detrap 성질도 보유하며, 이런 detrap으로 복합 nitride에서 channel로 일부 electron이 escape한다. Erasure 시에는 C.gate에서 electron이 nitride로 FNT로 인하여 tunneling되기도 하여, V_{th}을 상승시키므로 각 termination의 다양한 화학적 조절이 필요하다.

3D-erasure는 복잡한 flow로서 erasure시키기도 어렵고, 더욱이 C.G로부터 back tunneling 등으로 인하여 erasure 시간도 많이 소요된다. Erasure와 retention은 trade off 관계에 있다. Retention은 장기간 electron을 보유해야 하지만, erasure는 빠르게 electron을 빼내야 한다. Erasure가 잘 되면 retention성능이 취약해지고, retention 성능이 강화되면, erasure가 잘 안 된다. 3D-CTD는 erasure 성능을 어느 정도 높여야 하므로, 3D-CTD의 tox가 구조적으로 화학적으로 erasure focus되어야 하므로, 3D-retention 기능이 2D-retention에 비하여 취약할 수밖에 없다.

3-4 3D 신뢰성

3-4-1 Retention과 Endurance

3D-CTD의 구조적 결함과 nitride의 취약한 trap 특성으로 인하여, 3D-erasure의 치명적 단점을 보강하기 위하여 3D는 tox-thin 방향으로 설정되었고, 그에 따라 3D-retention이 취약하다. 따라서 retention은 3D가 약하고 FG가 강하며, 3D-retention이 약한 대신, tox-thin으로 인하여 3D-endurance는 3D가 강하고 FG type이 상대적으로 약하다. FG는 PE cycling 후에는 FG 주변에 trap되는 electron들로 인하여 V_{th}분포의 right up- shift/right tail 현상이 발생되지만, 3D는 PE cycling 후에도 CTN 주변에 electron이 trap될 site도 적고, trap되어도 CTN 주변보다는 CTN 내에 trap될 확률이 높기 때문에, PE cycling 후에도 V_{th}분포가 right up-shift/right tail될 가능성이 줄어들어서, endurance가 FG type에 비하여 3D가 5배 이상 강하다.

반면, Nitride에는 electron이 charge되는 것이 아니라 trapping되어 있는 상태이기 때문에, nitride의 layer에 electron을 오랫동안 holding 하는 데 있어서 약한 특성을 갖게 되어, FG에 비하여 CTN의 V_{th}분포 전체가 비교적 쉽게 left down shift되므로 retention 특성이 취약하다. 그러나 crack으로 인한 retention은 오히려 CTD-3D가 FG에 비하여 강하다. Tunnel oxide에 crack이 발생될 경우, FG인 경우는 FG 내의 electron들이 대부분 crack을 통하여 escape되려는 움직임이 있으나, CTD인 경우는 crack 주변의 electron들만 일부 escape되고, crack으로부터 일정 거리 이상에 위치해 있는 site의 나머지 electron들의 움직임은 거의 없다. 또한, cell 별로 분리(isolation) channel을 사용하는 FG와는 다르게, 3D는 수직구조로 인하여 cell 간의 channel을 공통으로 사용하므로, retention loss 시에, channel to channel 간의 electron loss가 발생되어 retention 특성이 열화된다. Retention loss는 nitride-channel 사이 path 및 nitride-C.gate 간의 path에서도 발생한다. 이는 cell 간의 trap된 electron량의 격차가 클수록 electron의 이동이 비례하여 커진다. 이를 최대한 제어하기 위하여, electron을 trapping하면서 동시에 이동에 제한을 두는 적정한 nitride의 유전체를 CTD에 deposition하여야 한다. 3D cell의 trench 공정상의 한계로 인하여 string 구조의 상부 tox 두께가 하부 tox 두께보다 넓어서, 이로 인한 retention과 endurance에 막대한 영향을 끼치므로 상부와 하부를 별도로 grouping하여 control하여야 한다. <Session 3-3-1-1>의 3D PGM FNT 동작 시와 유사한 조절이 필요하다.

3-4-2 Interference와 Disturbance

CTD-3D의 cell과 cell 간의 전체적인 interference 영향은 FG-planar type에 비하여 약 5% 정도로서 거의 없기 때문에 안정적이며, 분포 폭도 좁고, 분포 사이의 margin도 FG-2D에 비하여 20% 이상 향상되어 있다. 따라서 CTD-3D는 FG-2D에서 적용한 많은 interference 제약 사항이 해제된다. 따라서 CTD-3D는 conventional BL을 사용하지 않고 even BL과 odd BL 모두를 동시에 operation시키는 ABL을 사용한다거나, scramble 형식으로 만든 cell PGM 순서를 간편하게 할 수 있다. 그리고 가장 중요한 V_{th}분포 처리가 수월해져서 TLC 적용이 용이하고, 공정 및 operation 상의 scheme을 단순화할 수 있다. 그러나 CTD-3D는 FG-2D에 비하여 입체 면적당 많은 개수의 CTD cell이 array되어 있고 tox가 얇음으로써 쉽게 electron charge/discharge가 유발되어 CTD-disturbance는 해결해야 할 issue가 많으며, 특히 CTD-PGM disturbance가

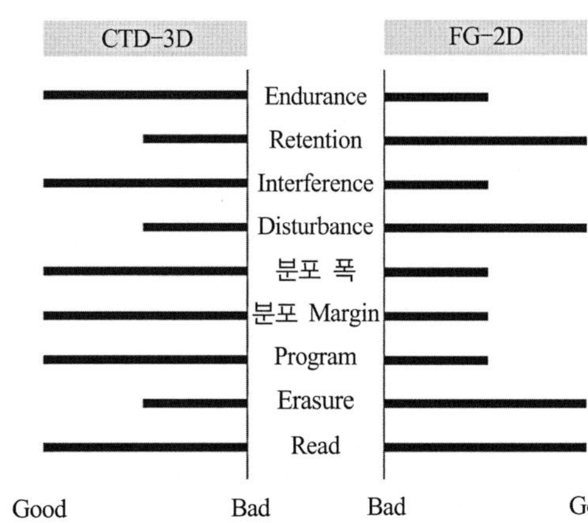

❒ CH10. 그림 3-6 CTD-3D와 FG-2D의 성능 및 신뢰성에 대한 상대 비교치

상대적으로 취약하다. PGM disturbance 이외에도 pass disturbance, read disturbance 등, 2D-FG의 disturbance defect들이 3D-CTD에서도 부정적 영향을 끼친다.

CTD-3D와 FG-2D를 비교하면, 성능/신뢰성 등이 전체적으로 볼 때 어느 한쪽 device type으로 치우치지 않고, 3D와 2D의 장점과 단점들이 비교적, 성능과 신뢰성 항목들 중에서 골고루 분산되어 있다. 이런 균형을 맞춘 장단점으로 인하여 3D가 실현가능한 operation이 되었고, 특히 TLC의 취약한 분포 폭, 분포 margin, interference의 단점들을 CTD-3D가 보완할 수 있어서, TLC-3D가 성공할 수 있는 원천이 되었다.

Session 4 NAND Packaging 방식과 차세대 제품

NAND Flash memory가 온전한 제품으로 태어나려면, wafer에서 package를 거쳐, 전기적으로 동작하는지 여부를 최종적으로 test해서 filtering된 후에야 가능하다. Wafer 상태로는 내장이 외부로 노출되어 물리적으로나 환경적으로 취약하므로, package화하여 환경변화에 damage없이 안전하게 고유의 성능을 발휘할 수 있도록 하여야 한다. 광의의 package는 반도체가 wafer에서 package화하여 PCB board에 mount될 때까지의 모든 형태적 변화를 package라 하고, 협의의 package는 wafer에서 단일 chip 자체의 형태변화인 molding 및 외부와 전기적 통로를 연결하는 lead frame/혹은 ball 형성을 완료한 단계까지만 의미한다.

Density를 고사향화하기 위하여는 package와 die를 수직으로 겹쳐서 쌓는 방법이 동원되어 stacking하는 개수만큼 density가 확장된다. Package를 쌓으면 package stacking이라 하고 die를 쌓으면 die stacking이라고 하는데, NAND Flash memory는 아직 die를 stacking 하는 방식인 TSV(Through Si Via)는 적용하지 않고 package stacking, 혹은 한 PKG 내에 여러 chip을 쌓는 방식을 광범위하게 적용하고 있다.

4-1 단일 제품 Packaging

직경이 12 inch되는 1개의 wafer 상에 생성되는 500개에서 1천 개의 silicon chip(die)들은 wafer 상태로 각 chip 별로 전기적 특성이 정상인지를 판별하는 test(wafer burn-in test 포함)를 거치며, 이를 probe test라 한다. Probe test 후, good die에 대하여 개별 packaging을 수행하는데, packaging에 앞서서 wafer로부터 개별 chip를 분리해낸다. Wafer에서 chip를 분리하는 방법은 wafer가 딱딱한 도자기와 유사한 상태이므로 diamond blade를 이용하여, device 설계 시에 chip과 chip 사이를 구분한 scribing lane을 따라서 개별 chip으로 sawing 한다. Chip이 분리되면 chip을 받쳐주어야 하는 package용 substrate에 chip을 mounting하고, substrate의 단자와 chip의 pad 간에 전기적 연결을 하기 위하여 electron이 잘 전달되는 gold wire를 초음파를 이용하여 pad에 bonding시킨다. 그 후 chip 전체를 외부 환경으로부터 보호하기 위한 열경화성 수지인 black colored compound로 molding을 실시하여 외관을 완성한다. NAND가 검게 보이는 이유가 epoxy molding compound가 검정색이기 때문이다. 상기의 process와 같이 wafer에서 molding까지를 packaging이라고 한다. Packaging의 목적은 package가, packaging 하기 전의

chip 상태와 비교 시 기능과 performance에 변동이 없어야 하고, 나아가서 내외부의 환경으로부터 chip을 보호할 수 있어야 하며, 시간변수에 따른 신뢰성 등 각 항목별 특성에 문제가 없도록 하기 위함이다. 즉, 외부적 변화로부터 package 상태의 전기적 특성과 신뢰성이 wafer level일 때의 상태와 동일하게 유지되어야 한다. Package는 또한 내부적 변화인 device operation으로 인하여 발생되는 열 또한 신속히 외부로 발산시켜 내부에서 열 상승으로 인한 device의 damage를 예방해야 한다. 따라서 package는 내/외부 stress인 온도, 압력, 습기, EMI(Electro-Magnetic Interference) 등의 damage를 완화할 수 있는 기능을 갖추면서, 동시에 device를 동작시키기 위하여 input되는 signal들이 내부 chip으로 잘 전달되어야 하고, 또 내부의 signal이 외부로 연결된 system으로 문제없이 output되어야 한다. Chip size가 거의 극한에 다다르고 있고, package에 의한 기술적 변수가 원가에 미치는 portion이 갈수록 커지며, packaging option에 의하여 이제는 거꾸로 device design에까지 영향을 끼치게 됨으로써, package 기술과 device 기술의 접목이 점점 중요해져 가고 있다. 이렇게 완성된 package를 stacking한 형태를 multi chip packaging(MCP)이라 한다. MCP는 단일 package density를 2배 > 4배 > 8배 > 16배 등으로 확장하는 데 사용한다.[6)]

Package size가 작아짐에 따라 NAND가 외부와의 contact 방식도 바뀌어서, lead frame을 이용한 lead frame type(SOP → TSOP)의 packaging 방식에서 현재 대부분 광범위하게 substrate type packaging을 적용하고 있다. <CH10. 그림 4-1> 참조. Substrate type은 lead frame type에 비하여 경박단소가 가능하고 전기적 연결 path가 짧기 때문에 speed 등 electrical 특성이 월등하다. 이것의 전기적 연결은 lead frame 대신 package의 ball land에 solder ball을 mount한 FBGA(Fine pitch Ball Grid Array) 방식이 이용된다. 그에 따라 package type 혹은 pin type 정보를 확인하면, NAND의 speed spec도 알 수 있다. <CH10. 그림 4-2> 참조.

Mechanical적으로 더 단순화한 형태로는, chip pad와 substrate의 landing area 사이의 gold wire을 없애고, 대신 chip과 substrate 사이를 solder ball로 직접 contact시킴으로써 전기적 신호를 전달하는 path를 고밀도화한 방식으로 flip chip packaging이 있다. Flip chip은 substrate를 가운데 두고 상하로 mounting하기도 한다.

지금까지는 wafer에서 chip을 분리해 낸 후에 packaging하는 방식을 사용했었는데, 그밖에 wafer level package 방식이 있다. 이는 wafer 상태로 packaging을 한 후에 chip별로 분리하는 wafer level의 chip scale package 방식으로 low cost 및 경박단소의 장점이 있음에도 불구하고

---

6) Die size는 core area와 peripheral area의 순수 회로 영역이고, chip size는 die size에 더하여 pad area와 scribing lane 등 순수 회로 이외의 영역을 모두 포함하므로, die size보다 chip size가 미세하게 약간 더 크다. 여기서는 chip size와 die size를 구분없이 사용하였다. Package size는 die를 molding한 package 결과와 lead frame을 모두 장착한 최종 반도체 package 부품의 out layer size이다.

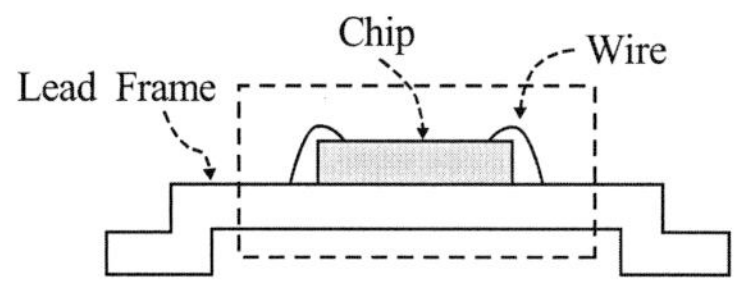

❒ CH10. 그림 4-1 Lead Frame Type Package 구조

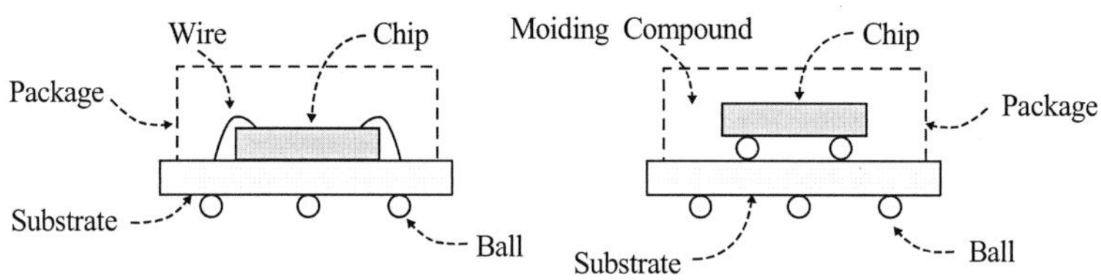

❒ CH10. 그림 4-2 FBGA type Package 구조

die size 형태에 대한 system board의 flexibility가 떨어지고 신뢰성에 취약하므로, 이는 특별히 고객 맞춤형의 필요한 경우만 사용된다. Packaging 후에는 NAND는 chip > module > card> board로 점점 영역을 넓히는 단계를 거쳐서 system에 장착된다.

4-2 Multi-Stacking

단품 density보다 몇 배 더 높은 고용량이 요구되는 application에 진입하기 위해서는 package (PKG)를 겹쳐서 쌓아 2단 > 4단 > 8단 > 16단 등으로 만들던지, SSD처럼 PCB를 따로 마련하여 PCB에 단품을 mount하여 density를 높이는 방법이 있다. 이때 chip의 선별은 chip enable operation을 적용하여 package의 accessing을 조절한다. Package가 2단 이상 적층 되었을 때는 cell에 연결되어 있는 chip enable(CE) pin을 사용하여 적층된 multi-package(chip) 내의 개별 chip을 구분해 낸다. 보통 1개 chip당 1개 CE을 갖는 것이 일반적이지만, 2개 package일 경우는 1개 CE를 common으로 이용하여 2개 chip의 page/block operation이 순차적으로 진행토록 조절하므로 1개 chip의 density가 2배 확장된 것처럼 동작되도록 한다. 그러나 1CE-2PKG인 경우는 operation time이 2배 증가하게 되므로, 2개 CE로 2개 chip을 link시키면 chip interleaving 방식을 복합적으로 적용할 수 있어서 시간을 절약 할 수 있다. 이는 chip 내부 operation과 host와 연결된 외부 operation을 나누어서, 동시에 내부 operation인 program/erasure/read을 진행하는 chip과 host와 toggling하는 chip을 병행으로 동작시켜, 총 시간이 절약되도록 하는데, 이런 방식이 2CE를 이용한 chip interleaving 방식이 된다. <Chapter 8. Session 4-2-4> 참조.

한편, chip level stacking은, 단일 package 내에, chip을 여러 개 쌓는 chip stacking(die stacking)과 TSV가 있다. Package stacking > chip stacking > TSV로 갈수록 mechanical적으로

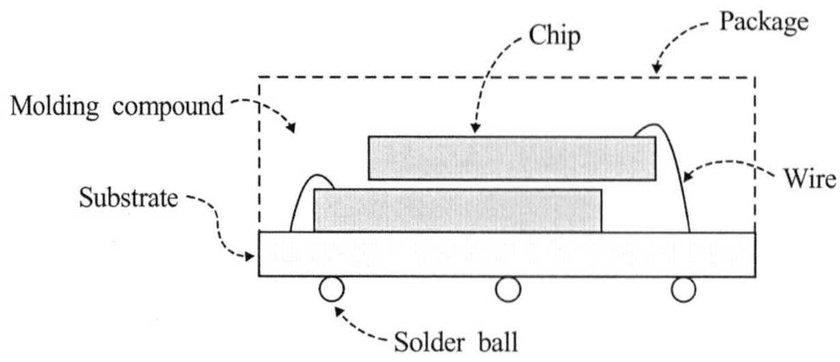

❒ CH10. 그림 4-3 Chip Stacking 단면

는 점점 복잡해지지만 size는 작아진다. Electrical적으로는 path가 작아져 성능효율이 개선되며 경박단소로서, chip의 저장밀도가 높아짐에 따라, density가 고밀도화되고 speed가 빨라지는 장점이 있다. 3D의 cell stacking은 stacking 방식 중에 최고로 고도화된 stacking 방식으로서, stacking 밀도가 가장 높고 cell stacking 이외의 더 이상의 고도화된 stacking 방식은 현재로서는 없다. 단일 chip의 NAND가 시장에 나오면, 향후에는 package stacking 방식의 발전으로 인하여, 출시된 NAND density의 약 100배에 가까운 density확장(module화인 경우 포함)이 가능해질 것이다. <CH10. 그림 4-4> 참조.

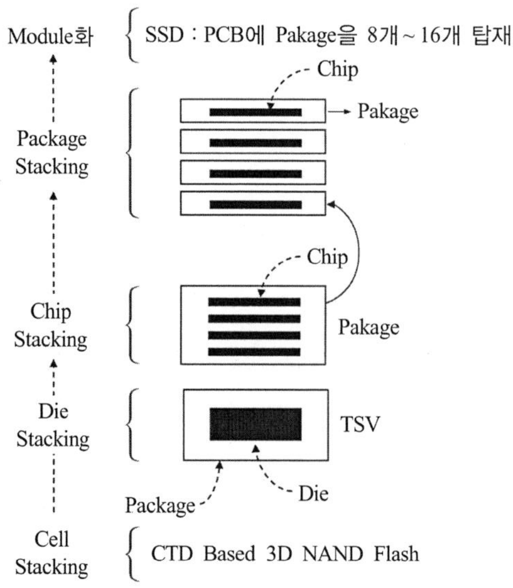

❒ CH10. 그림 4-4 Stacking Type 및 전개

NAND Identification

NAND package의 epoxy compound로 molding된 표면에 laser로 marking한 device의 top side에는 NAND의 identification이 기록되어 있다. 이는 NAND의 관등성명으로서, user가 NAND를 사용하는 데 필요한 기본적인 식별정보를 담고 있다. Top side의 marking 정보를 part number

라고 하는데, 이곳에는 device에 적용된 technology level, device의 용량, block size, speed, package type, 사용 할 수 있는 전압 range, 허용 온도 범위, BUS 크기, technology revision 등을 의미하는 coding이 marking되어 있다. Top side marking 정보는 제품별로, 제조사별로 약간씩 다르다.

그러나 device의 상태를 나타내는 정보는 top side marking에만 있는 것이 아니고, memory block의 일정 영역인, Block 0 혹은 CAM block 등에도 보다 상세한 device 정보를 저장해 놓고 있어서, NAND를 사용하기 전에 initialization 한 후에, operation하는 데 필요한 정보를 read ID하여 확인할 수 있도록 하고 있다. Initialization은 PGM/ER을 실시할 cell array 영역인 memory block 전체를 erasure하고, NAND를 동작시키는 데 필요한 CAM block 정보를 읽어서 CAM에 있는 정보를 NAND 내의, 다른 필요한 register에 upload 해놓는 과정이다. Read ID는, top side marking에 의미 부여된 정보 이외에도, 1) block/page/redundancy 관련 제반 사항, failure block status, OP information, internal chip 개수(chip stacking인 경우), cell type, pin에 대한 정보 등 structure에 따른 상세한 information 및 2) cache/interleave 동작여부, program/erasure/read의 동작 mode, power dissipation 등 NAND의 동작에 따른 specification에 대한 사항들이 담겨있다. 그 외에 특정한 register에 setting해놓은 device feature에 대한 정보들은 get feature를 하여 I/O, speed, 각종 device 동작에 필요한 parameter 정보들을 read해내어 활용한다. NAND 제품 내에 존재하는 정보 이외에도, data sheet에는 실질적으로 NAND를 operation하는 데 필요한 중요한 정보들이 있으므로, NAND를 사용하기 전에는 data sheet의 information을 확인하여야 한다.

4-3 차세대 제품

Memory device의 핵심은 memory size인 density를 상향시켜야 하고, density를 높이기 위하여 cell structure가 작아져야 하는데, cell structure를 작게 하기 위하여 DRAM은 capacitor의 구현 방법에 있어서, NAND Flash는 floating gate의 확보에 있어서, 불가능에 봉착하게 되는 shrinkage limitation으로 인하여, capacitor나 floating gate 방식이 아닌 다른 형태의 storage type이 등장하게 된다. MOSFET base의 DRAM과 NAND Flash의 scalability의 문제는, electron이나 hole charge를 이용하여 전류를 변화시켜서, 확장된 density의 각 cell들의 ON/OFF를 어떻게 판별할 수 있게 하느냐 이다. Electron을 storage node에 charge/discharge하다 보니, electron이 일정 거리를 이동하는 데 시간이 걸리고(operational speed issue), 또 electron을 저장하는 공간(FG, CTD, capacitor)을 별도로 마련하여야 하기 때문에 size가 일정 크기 이하로 줄어들

지 못하게 된다. 따라서 electron을 이용하지 않고도 signal의 ON/OFF를 구분할 수 있는 non-MOSFET 방법으로, electron 대신 저항값 상태를 이용하여 current를 변화시켜서 data의 ON/OFF를 구분하는 방법을 고안하게 되었고, 그런 저항값 차이를 유도하기 위하여, 위상의 변화, 자화의 변화, 저항 자체의 직접적인 변화를 이용한 new device들이 나타나게 되는데, 이런 신개념의 non-MOSFET base device들로는 PCRAM, MRAM, ReRAM 등이 있다. 매질로는 해당기능에 맞는 복합물질인 여러 type의 alloy 물질들이 연구되고 있다.

미래의 memory 대체 제품의 성능은 현재의 memory device의 두 개 축인 DRAM과 NAND Flash의 장점을 어느 제품이 많이 확보하였느냐로 판가름 날 것이다. 장점이란, 현재 NAND에 비하여 소비전력이 2분의 1배 정도는 낮아야 하고, 저장된 data는 저장기간이 2배 이상되어야 하며, data의 input/output 속도가 10배 이상 빨라야 하며, 높은 density가 가능하면서 동시에 단가는 낮아야 한다. 그러면서 사용 중에 불량이 발생되지 않는 안정적인 품질을 보유한 device이어야 한다. 이런 device로서, 격자상태를 reversible(amorphous 상태와 crystalline 상태)하게 하여 전압을 주었을 때, 위상의 변화를 high/low resistance로 연계되게 함으로써 data를 저장하고 인지할 수 있는 Phase Charge RAM(PC RAM)이 미래 대체 device로 유력하다. 그 다음 주자로는 뒤이어 인가전압에 따른 capacitor 구조 상의 절연체층 내부 저항 변화를 이용하여, data를 저장하고 감지하는 Resistance RAM(ReRAM)이 있다. 또한 전압을 인가시 storage node로 사용되는 Magnetic Tunnel Junction(MTJ) 내의 electron의 spin 방향과 torque 현상을 자기저항 효과인 자화변화로 이용하여, data의 on/off를 판별해내는 Magnetic RAM (MRAM) 등이 검토되고 있다.

상기의 3족지는 각각 장단점이 다르고, 실현가능성은 2020년대 초반 혹은 중반대가 될 것이다. 이들은 모두 비휘발성 기능을 갖고 있거나 아니면, 가끔씩 refresh가 필요한 정도로서 DRAM의 최대 약점인 volatile 특성을 보강할 수 있으며, 현재의 DRAM이나 NAND에 비하여 chip size를 작게 할 수 있는 장점이 있다. Speed는 electron을 이동시킬 필요가 없으므로 현재의 MOSFET memory보다 당연히 빨라서 NAND의 취약점인 slow read/write을 보완할 수 있는데, 문제는 PCRAM을 제외하고는 모두 소비전력이 높고 개별적으로 약간씩 다르지만 전체적으로는 신뢰성이 약한 것이 단점이다. 상기 3개 type 이외에도 graphene, magnetic domain wall motion, polymer random access memory, nano floating gate memory 등 6~7개의 type이 검토되고 있으나, PCRAM, MRAM, ReRAM이 아직까지는 월등한 장점을 갖고 있고, 실현 가능성도 다른 소자들에 비하여 더 높게 보고 있다.

References

고집적 MRAM 개발을 위한 기술적 현안 (2005.2) 김태완, 김기원, 황인준, 대한전자공학회, 전자공학회지 32(2), pp 35-43

반도체 공정(Semiconductor Device Processing) (2008) 김학동, 홍릉과학출판사

반도체 산업 (1994) 조민호, 웅진출판주식회사

반도체 소자 기술 (1993) 이병헌, 강희일, 문병주, 한국전자통신연구소

반도체 제조장치 입문 (2000) 임종성 역(前田 和夫), 성안당(공업조사회)

반도체 회로 설계 (1996) 박현철, 한성출판사

비휘발성 메모리 STT-MRAM을 위한 양방향 선택 소자 (2012.6) 최철민, 길규현, 송윤흡, 대한전자공학회, 학술대회, pp 363-366

차세대 Resistance 메모리(ReRAM) 소자의 최근의 연구 동향 (2005.2) 이동수, 심현준, 황현상, 대한전자공학회, 전자공학회지 32(2), pp 15-26

차세대 메모리 개발 현황 및 전망 (2007.7) 이장은, 백인규, 오세충, et al., 대한전자공학회, 전자공학회지 34(7), pp 28-43

차세대 비휘발성 메모리 소자를 위한 상변화 메모리(Phase Change Memory) 기술의 특징 및 발전 방향 (2006.5) 조만호, 전자공학회지 33(5), pp 56-64

3-D electrically programmable and erasable single-transistor non-volatile semiconductor memory device (2013.06.25) US08471323, De Yuan Xiao Gary Chen Roger Lee

3D memory array arranged for FN tunneling program and erase (2012.06.19) US08203187, Lung Hsiang-Lan Shih Yen-Hao Lai Erh-Kun Lee Ming Hsiu Lue Hang-Ting

3-D Stacked NAND Flash String with Tube Channel Structure Using Si and SiGe Selective Etch Process (2009) Min-Kyu Jeong ; Kwon, Hyuck-In ; Lee, Jong-Ho, et al., Memory Workshop, IMW pp 1-2, IEEE Conference Publications

3D two bit-per-cell NAND flash memory (2013.05.07) US08437192, Hsiang-Lan Lung Hang-Ting Lue Yen-Hao Shih Erh-Kun Lai Ming-Hsiu Lee Tien-Yen Wang

3차원 적층 NAND 플래시 메모리의 설계 및 특성 분석 (2011.11) 김윤식, 박세환, 김완동, et al., 대한전자공학회 학술대회, pp 129-132

Characterization of traps in 3-D stacked NAND flash memory devices with tube-type poly-Si channel structure (2012) Min-Kyu Jeong ; Sung-Min Joe ; Bong-Su Jo et al., Electron Devices Meeting (IEDM), pp 9.3.1-9.3.4, IEEE Conference Publications

Comparison of device characteristics of planar and GAA structured SONOS type NAND flash memory by trapped charge density analysis (2013) Myung Hyun Baek, Se Hwan Park, Joo Yun Seo, Byung-Gook Park, 대한전자공학회 추계학술대회 논문집, pp90-93

Comparative investigation of endurance and bias temperature instability characteristics in metal-Al_2O_3-nitride-oxide-semiconductor (MANOS) and semiconductor-oxide-nitride-oxide-semiconductor (SONOS) charge trap flash memory (2012.12) Dae Hwan Kim, Sungwook Park, Yujeong Seo, et al., 대한전자공학회, 12(4), pp 449-457

Erase inhibit for 3D non-volatile memory (2013.07.16) US08488382, Haibo Li Xiying Costa

EUV light source, EUV exposure equipment, and semiconductor device manufacturing method (2010.06.22) US07741616, Murakami Katsuhiko

Exploring technology solution paths for expaned 3D devices, interconnects and system integrations beyond TSV (2014) Huang, H. VLSI Technology, Systems and Application (VLSI-TSA), IEEE Conference Publications. pp 1

Fabrication process of a semiconductor device by electron-beam lithography (2001.05.01) US06225025, Fujitsu Limited

Flash Memories (1999) Paulo Cappelletti, Carla Golla, Piero Olivo, Enrico Zanoni, Klumer Academic Publishers, Massachusetts

Flash memory device using double patterning technology and method of manufacturing the same (2010.08.31) US07787301, Lee Doo-youl Cho Han-ku Lee Suk-joo Yeo Gi-sung Koh Cha-won Kwak Pan-suk

Flash memory의 기술 동향 (2012.7) 최기환, 전자공학회지 39(7), pp 27-32

http://www.dramexchange.com

http://www.imflash.com

http://www.micron.com

http://www.samsung.com

http://www.skhynix.com

http://www.toshiba.semicon-strorage.com

http://www.trendforce.com

http://www.zdnet.co.kr

Image masks for semiconductor lithography (1996.04.30) US05512395, LSI Logic Corporation

Inside NAND Flash Memories (2010) Rino Micheloni, Luca Crippa, Alessia Marelli, Spinger Verlag, New York

Magnetoresistive random access memory (MRAM) package including a multilayer magnetic security structure (2014.08.19) US08811072, Romney R. Katti James L. Tucker Anuj Kohli

Memory Devices (2013) Burghartz, J. (Kinam Kim and Dong Jin Jung), Guide to State-of-the-Art Electron Devices, Wiley-IEEE Press eBook Chapters

Method and apparatus for memory overlay (1986.02.04) US04569048, GenRad Inc.

Method of fabricating a charge trap NAND flash memory (2012.12.11) US08329545, Umberto M. Meotto Giulio Albini Paolo, et al.

Method of measuring numerical aperture of exposure machine, control wafer, photomask, and method of monitoring numerical aperture of exposure machine (2012.03.13) US08134708, Wu Chien-Min Chen Chien-Chih

Wire-Bonding Techniques (2010) Technical Note TN-00-22, Micron Technology Home page

NAND Flash Security (2005) Technical Note TN-29-11, Micron Technology Home page

New scaling limitation of the floating gate cell in NAND Flash Memory (2010) Yong Seok Kim ; Dong Jun Lee ; Chi Kyoung Lee, et al., Reliability Physics Symposium (IRPS), pp 599-603, IEEE Conference Publications

ONFi: Achieving Breakthrough NAND Performance (2008) MEMCON08(Denali), Amber Huffman, Intel Corporation, ONFi homepage

PCRAM memory cell and method of making same (2006.07.04) US07071021, Micron Technology Inc.

Reducing weak-erase type read disturb in 3D non-volatile memory (2014.03.11) US08670285, Yingda Dong Man L Mui Hitoshi Miwa

Resistance 메모리(ReRAM) 소자의 최근의 연구 동향 (2005.2) 이동수, 심현준, 황현상 대한전자공학회, 전자공학회지 32(2), pp 15-26

Scaling Challenges in NAND Flash Device toward 10nm Technology (2012) Seokkiu Lee, Memory Workshop (IMW), pp 1-4, IEEE Conference Publications

Self-aligned NAND flash select-gate wordlines for spacer double patterning (2013.06.11) US08461053, Tung-Sheng Chen Shenqing Fang

Semiconductor device and method of forming TSV semiconductor wafer with embedded semiconductor die (2013.08.27) US08518746, Reza A. Pagaila Yaojian Lin Seung Uk Yoon

SANOS 메모리 셀 트랜지스터의 다른 Charge Trapping layer에 따른 전기적 특성 및 신뢰성 분석 (2007.7) 박성수, 주한수, 최원호, et al., 대한전자공학회 학술대회 논문집 30(1), pp 741-742

SONOS NAND 비휘발성 메모리 소자의 retention 특성 시뮬레이션 모델링 (2007.11) 김두현, 박병국, 대한전자공학회 학술대회 논문집, pp 437-438

Spacer-Defined EUV Lithography Reducing Variability of 12nm NAND Flash Memories (2012) Poliakov, P. ; Blomme, P. ; Pret, A.V. et al., Memory Workshop (IMW), (2012) IEEE Conference Publications

Study of 3-dimentional stacked vertical NAND Flash Memory (2010) Yoon Kim, Jang-Gn Yun, Se Hwan Park, et al., 대한전자공학회 하계학술대회 제33권 1호, pp730-733

Study of P/E Cycling Endurance Induced Degradation in SANOS Memories Under NAND (FN/FN) Operation (2010) Sandhya, C. ; Oak, A.B. ; Chattar, N. et al., Electron Devices, Volume: 57, Issue: 7 IEEE Journals & Magazines pp 1548-1558

Study of Program and Erase Characteristics for the Elliptic GAA SONOS Cell in 3D NAND Flash Memory (2013) Deuk-Sung Choi, Seung-Heui Lee, and Sung-Kye Park, Journal of The Institute of Electronics Engineers of Korea Vol.50, NO. 11, pp2924-2929

Three-dimensional 128Gb MLC vertical NAND Flash-memory with 24-WL stacked layers and 50MB/s high-speed programming (2014) Ki-Tae Park ; Jin-Man Han ; Daehan Kim, et al., Solid-State Circuits Conference Digest of Technical Papers. IEEE Conference Publications pp 334-335

Understanding the impact of metal gate on TANOS performance and retention (2010) Van den Bosch, G. ; Arreghini, A. ; Breuil, L., et al., Memory Workshop (IMW), IEEE Conference Publications pp 1-4

Vertical NAND flash memory device (2008.05.06) US07369436, Micron Technology Inc.

Index

B

C

Q

R

S

후기

NAND Flash Memory 경쟁력에 대하여

NAND의 공급자 위주의 호황은 2000년대 중반까지였다. 이즈음을 전후하여 wafer도 200mm wafer에서 300mm wafer를 사용하였고, 대부분의 NAND 제품들의 회로 dimension이 50~40nm급에서 30nm급으로 축소되면서, 내부 구조 및 동작상의 기능들이 급속히 변화하는 전환점이 되었다. 이 시기는 NAND가 전세계적으로 공급자 시장중심에서 수요자 중심 시장으로 변해가는 과도기적 기간으로, 각 제품별로 performance 향상과 chip size 축소를 통하여 하락하는 수익구조를 보완하기 위한 극심한 경쟁이 시작된 시기였다. 2000년 초부터 시작되어 중반까지 발생된 잠재적 경쟁 요소들이 한꺼번에 분출된 것이다.

NAND의 technology가 50nm까지는 직경이 200mm wafer를 사용하였으나, Tech이 40nm부터는 대부분 직경이 300mm wafer를 사용하기 시작함에 따라, wafer 전체 면적이 2.3배 증가하므로 200mm에서는 wafer당 net die가 200여개에서 300여개 사이로 유지하여 오다가, 300mm로 증가하면서 density가 동일할 경우 net die 개수가 500여개 이상으로 급증하게 된다. 그러나 직경 300mm wafer에서 450mm로의 전환은 200mm → 300mm의 기간보다 2배 이상 소요될 것이다. 200에서 300mm wafer로의 전환이 memory 업체의 수익성은 많이 높였지만, 장비업체들의 수익성과 규모의 확장에는 기여하지 못했으며, 디바이스 특성에도 부정적이었기 때문이다.

Wafer 직경이 커지면서 병행으로 chip당 density도 증가함에 따라, 2개 factor(wafer/density 변수)가 상승효과를 일으켜서 NAND의 bit growth는 몇 배가 증가되었다. NAND 시장은 순식간에 공급이 넘쳐나게 되어 수요자 중심 시장으로 바뀌었고, 공급이 수요를 2~5% 꾸준히 앞서게 되면서 10여년 동안 지속되었다(물론 일정 기간, 공급이 부족할 때도 있었다). 더욱이 NAND는 구조상의 1개 switching Tr로 인하여 회로 선 폭을 줄일 수 있는 여건이 DRAM보다 유리하다 보니, memory technology를 선도하게 되었고, 그에 따라 bit growth가 폭발적으로 증가하였으며, 공급은 시장의 수요를 앞서는 구조가 될 수밖에 없었다. 특히 이런 현상은 미세화된 회로 선 폭(40nm급 → 30nm급)으로 인한 net die 증가로 인하여, 1~2년 사이의 단기간에 걸쳐 wafer 변수와 미세화된 design rule의 변수로 인하여 물량이 급격히 늘어난 NAND는 단가가 수직낙하하였고, NAND가 본격적으로 생산하기 시작한 2000년대 상반기의 호황 분위기는, 2000년대 후반기로 들어서면서 급속히 냉각되기 시작하였다.

이런 과도기에 density도 16Gb에서 32Gb으로 늘어나면서, NAND 회로 내의 data register size도 4KB에서 8KB로 확장되었고, ECC 능력 또한 jump up하게 되었다. 그로 인하여 cell 내부구조가 성능 및 신뢰성과의 적절한 matching 구조를 찾기 위하여 많은 변화가 생겼다. 이 시기에 비교적 잘 변하지 않는 string size도, 공급 회사별로 차이는 있지만, 32개 cell에서 64개 cell로 확대되었다. 그러나 NAND density는 2000년 중반까지는 1년에 2배씩 꾸준히 증가해 왔지만, 2000년 후반, 한때 시장에서 소화하지 못하는 과잉 Density로 인하여 32Gb에서 2년 이상 머물다가 64Gb로 진행되었고, 64Gb에서도 2008년에 128Gb으로 쉽게 transit하지 못하고 일정기간 증가되지 않은 채, 유지된 기간이 3~4년 발생되었다(소위 무어의 법칙이 깨진 것이다). Application에서의 density saturation 현상이 앞으로도 random하게 나타날 것인지 지켜볼 필요가 있다.

수요자 시장 중심 속에서 NAND 사업이 수익성을 극대화하기 위하여, 제조 영역에서는 규모가 우선시되고 maketing에서는 market share 위주로 변하다 보니, bit growth 대비, NAND의 성능과 신뢰성이 trade off되는 현상이 발생되었다. 따라서 SLC에 비하여 성능적인 면에서 MLC에서 program time이 약 +0.3~+0.5배 증가하였으며, data retention 보증기간이 3분의 1배 혹은 더 worst한 경우에는 그 이하로 줄어드는 추세이고, endurance cycling도 5분의 1배 이하로 guarantee limitation이 축소하게 되었다. 그러나 다른 안목으로 보면, 그때까지의 성능과 신뢰성은 NAND 초창기의 SLC기준에 맞춰지다 보니, server 이외의 client시장에서는 실질적 Spec 수준이 과잉 Spec 수준이었던 것이다(물론 server 시장 등의 요구는 지금도 SLC 기준의 높은 수준인 endurance 100k cycle은 되어야 한다). 성능과 신뢰성 level이 시장에 최적으로 맞춰가면서 market이 더욱 커질 경우, 향후에는 application segment별로 성능과 신뢰성이 좀 더 세분화 될 것이다. NAND의 성능 품질과 신뢰성 품질이 급속히 저하되면서 공급 경쟁이 가열되었지만, 반대급부로, NAND 내부의 치열한 경쟁은, NAND와 유사한 사업으로의 확장을 손쉽게 하여, HDD 시장이나 NOR, DRAM 시장에서 NAND가 대체 제품으로 영역을 넓혀 갈 수 있게 하였다.

Spec과 신뢰성의 down stream으로 인하여, 아이러니컬하게도 2000년대 NAND 산업에서 앞서 나아갔던 Toshiba NAND가 2010년을 전후하여 Samsung NAND에 뒤쳐지기 시작하게 했던 원인을 제공하기도 했다. 이는 일본 반도체 회사들끼리 두 차례에 걸쳐서 연합한 Elpida DRAM의 경우에서 극명하게 입증된, 일본 특위의 변화에 빠르게 적응하지 못하는 특성으로 기인했다고 볼 수 있다. 그렇다고 Toshiba NAND가 당장 문제가 있다는 것은 아니다. 지금도 MLC, TLC 등에서 높은 기술력을 기반으로 NAND 산업의 한 축을 담당하고 있지만, 3D에서는 아직 두각을 나타내지 못하고 있다. 바꾸어 말하면 NAND의 원조인 Toshiba가 NAND의 원조기술력마저 없었다면, 이미 일본의 DRAM 반도체와 같은 전철을 밟았을 가능성도 배제할 수 없다.

2000년대 중반 즈음에 일본과는 반대로, 미국에서 다른 형태의 변혁이 일어났다. Intel과 Micron Technology의 합작회사인 IM(Intel & Micron) Flash Technologies가 탄생된 것이다. Intel의 MLC와 NOR Flash 기술을 Micron의 wafer 공정 기술에 수혈한 것이다. 이는 곧, Micron NAND의 기술로는 더 이상 NAND 산업에서 존재할 수 없다는 것으로, 미국 NAND산업은 Intel NAND 기술 drive로 변화된 것이고, 대신 Micron NAND는 공정기술과 Marketing 능력에서 두각을 나타내었다. 따라서 IM은 뒤쳐진 NAND 기술을 따라잡기 위하여, technology incremental step의 폭을 넓게 잡아서, 약 10nm씩 혹은 그 미만으로 jumping up했던 기존 대부분의 Tech 전개 step을 20nm step의 폭으로 변환시켜, 50nm급 Tech에서 30nm급 Tech으로 upgrade하는 데 성공했고 이것으로 Intel의 위력을 다시 한 번 확인할 수 있는 계기가 되었다.

이렇게 공정상의 이유(wafer 확장)로, 기술적 이유(density 확장)로, 사업 전략상의 이유(IM 탄생)로 2000년대 중반의 NAND의 기술과 사업 영역은 더욱 치열해지면서, 2010년으로 넘어오게 되었다. 하지만 2010년대는 2000년대와 같으면서도 다른 변화가 기다리고 있었다. TLC와 3D 그리고 technology, 이 3족지의 융합 기술적 변화에 적절히 대응하는 NAND는 살아남을 것이고, 그렇지 않으면, 이 또한 일본 혹은 독일의 DRAM과 같은 처지가 될 것이다. TLC 기술은 Toshiba의 활약이 두드러졌고, 3D는 아직까지는 Samsung NAND의 활약이 두드려져 있다. SK Hynix NAND는 2000년대의 열악한 환경에도 불구하고 MLC의 앞선 개발 등 top 수위 혹은 중간 수준을 유지했었고, 최근에는 top level technology를 향하여 도약하고 있다.

2000년대 중반의 공정과 미세화의 변혁 이후, 10년 만에 다시 다가 온 NAND의 TLC와 3D가 결합된 기술혁명은 또 한 번, NAND를 시험대에 올려놓았다. 그리고 앞으로 10년 후인 2025년 즈음에는 nano-NAND 및 new memory 등장으로 인하여, MOSFET base 메모리 대신 non-MOSFET base 메모리가 주류가 될 것이다. 이러한 모든 것들의 방향은 고성능화 고집적화이다.

2015년 5월 저자

Appendix

1 기초 물리 상수

항목	물리량
1eV의 양자 파장	$\lambda = 0.23977\mu m$
열에너지 @ 상온	$kT = 0.0259eV$
빛의 속도 @ 진공	$c = 2.998 \times 10^{8} m/s$
유전율 @ 진공	$\varepsilon_0 = 8.854 \times 10^{-12} F/m = 8.854 \times 10^{-14} F/cm$
전자의 비전하	$q/m_0 = 1.759 \times 10^{11} C/kg$
전자 볼트	$1eV = 1.602 \times 10^{-19} J = 23.053 kcal/mol$
Planck 상수	$h = 6.624 \times 10^{-34} J \cdot s = 4.14 \times 10^{-15} eV\text{-}s$
Planck 상수/2π	$\hbar = 1.05458 \times 10^{-34} J \cdot s (h/2\pi)$
Bohr 반경	$r = 5.292 \times 10^{-11} m$
수소의 이온화 에너지	$W = 13.58eV$
Bolzmann 상수	$k = 1.38 \times 10^{-23} J/K = 8.62 \times 10^{-5} eV/K$
전자의 전하량	$e = 1.60 \times 10^{-19} C$
자유전자의 정지질량	$m_0 = 9.11 \times 10^{-31} kg$
투자율 @ 진공	$\mu_0 = 4\pi \times 10^{-7} H/m$
양자 정지 질량	$M = 1.67 \times 10^{-27} kg$
열 전압@상온	$V = \frac{kT}{e} = 0.0259V$

2 Silicon과 Germanium의 특성 비교

항목	Si	Ge
원자(cm^{-3})	5.0×10^{22}	4.42×10^{22}
원자량	28.09	72.60
밀도(g/cm^3)	2.33	5.33
격자상수(Å)	5.43	5.65
융점(°C)	1415	937
유전상수	11.7	16.0
밴드갭 에너지(eV)	1.12	0.66
전도대역에서 유효상태 밀도N_c(cm^{-3})	2.8×10^{19}	1.04×10^{19}
가전자대역에서 유효상태 밀도N_v(cm^{-3})	1.04×10^{19}	6.0×10^{18}
진성 캐리어 농도(cm^{-3})	1.5×10^{10}	2.4×10^{13}
전자이동도, μ_n($cm^2/V\text{-}s$)	1350	3900
전공이동도, μ_p($cm^2/V\text{-}s$)	480	1900

3 반도체 원소들의 Band Gap

원소	Band Gap[eV]
Si	1.12
GaAs	1.43
Ge	0.67
InP	1.35
AlAs	2.16
AlP	2.45
AlSb	1.6
SiC	2.2
GaN	3.39
GaP	2.34
GaSb	0.81
InAs	0.36
InSb	0.18
ZnO	3.35
ZnS	3.68
ZnTe	2.25
ZnSe	2.7
PbS	0.41
PbTe	0.31

4 주기율표

전자 껍질	I족 a b	II족 a b	III족 a b	IV족 a b	V족 a b	VI족 a b	VII족 a b	VIII족 a	 b
n=1	1H 1.0079								2He 4.003
n=2	3Li 6.94	4Be 9.02	5B 10.82	6C 12.01	7N 14.01	8O 16.00	9F 19.00		10Ne 20.18
n=3	11Na 22.99	12Mg 24.32	13Al 26.97	14Si 28.06	15P 30.98	16S 32.06	17Cl 35.45		18Ar 39.94
n=4	19K 39.09 29Cu 63.54	20Ca 40.08 30Zn 65.38	21Sc 44.96 31Ga 69.72	22Ti 47.90 32Ge 72.60	23V 50.95 33As 74.91	24Cr 52.01 34Se 78.96	25Mn 54.93 35Br 79.91	26Fe 27Co 28Ni 55.85 58.94 58.69	36Kr 83.7
n=5	37Rb 85.48 47Ag 107.88	38Sr 87.63 48Cd 112.41	39Y 88.92 49In 114.76	40Zr 91.22 50Sn 118.70	41Nb 92.91 51Sb 121.76	42Mo 95.95 52Te 127.61	43Tc 99 53I 126.92	44Ru 45Rh 46Pd 101.7 102.91 106.4	54Xe 131.3
n=6	55Cs 132.91 79Au 197.2	56Ba 137.36 80Hg 200.61	57-71 희토류 81Tl 204.39	72Hf 178.6 82Pb 207.21	73Ta 180.88 83Bi 209.00	74W 183.92 84Po 210	75Re 186.31 85At 211	76Os 77Ir 28Pt 190.2 193.1 195.2	86Rn 222
n=7	87Fr 223	88Ra 226.05	89Ac 227	90Th 232.12	91Pa 231				

정가 39,000원

Basic Insight [개정판]

NAND Flash 메모리 동작특성

2015년 7월 3일 초 판 인쇄
2016년 8월 20일 개정판 발행
2017년 8월 16일 개정판 2쇄
2019년 4월 15일 개정판 3쇄
2020년 8월 21일 개정판 4쇄

저 자: 진종문
발행자: 송 준
발행처: 홍릉과학출판사
주 소: 서울시 강북구 인수봉로 50길 10
01093
등 록: 1976년 10월 21일 제5-66호
전 화: (02) 999-2274~5, 903-7037
팩 스: (02) 905-6729
e-mail: hongpub@hongpub.co.kr
http://www.hongpub.co.kr
ISBN: 979-11-5600-450-9